Technische Mechanik 2 - Elastostatik

Andreas Huber

Technische Mechanik 2 - Elastostatik

Andreas Huber
Pischelsdorf, Österreich

ISBN 978-3-662-67758-2   ISBN 978-3-662-67759-9 (eBook)
https://doi.org/10.1007/978-3-662-67759-9

Die Deutsche Nationalbibliothek verzeichnet diese Publikation in der Deutschen Nationalbibliografie; detaillierte bibliografische Daten sind im Internet über http://dnb.d-nb.de abrufbar.

Springer Vieweg
© Der/die Herausgeber bzw. der/die Autor(en), exklusiv lizenziert an Springer-Verlag GmbH, DE, ein Teil von Springer Nature 2023
Das Werk einschließlich aller seiner Teile ist urheberrechtlich geschützt. Jede Verwertung, die nicht ausdrücklich vom Urheberrechtsgesetz zugelassen ist, bedarf der vorherigen Zustimmung des Verlags. Das gilt insbesondere für Vervielfältigungen, Bearbeitungen, Übersetzungen, Mikroverfilmungen und die Einspeicherung und Verarbeitung in elektronischen Systemen.
Die Wiedergabe von allgemein beschreibenden Bezeichnungen, Marken, Unternehmensnamen etc. in diesem Werk bedeutet nicht, dass diese frei durch jedermann benutzt werden dürfen. Die Berechtigung zur Benutzung unterliegt, auch ohne gesonderten Hinweis hierzu, den Regeln des Markenrechts. Die Rechte des jeweiligen Zeicheninhabers sind zu beachten.
Der Verlag, die Autoren und die Herausgeber gehen davon aus, dass die Angaben und Informationen in diesem Werk zum Zeitpunkt der Veröffentlichung vollständig und korrekt sind. Weder der Verlag noch die Autoren oder die Herausgeber übernehmen, ausdrücklich oder implizit, Gewähr für den Inhalt des Werkes, etwaige Fehler oder Äußerungen. Der Verlag bleibt im Hinblick auf geografische Zuordnungen und Gebietsbezeichnungen in veröffentlichten Karten und Institutionsadressen neutral.

Springer Vieweg ist ein Imprint der eingetragenen Gesellschaft Springer-Verlag GmbH, DE und ist ein Teil von Springer Nature.
Die Anschrift der Gesellschaft ist: Heidelberger Platz 3, 14197 Berlin, Germany

Das Papier dieses Produkts ist recyclebar.

Für meine Familie von denen niemand das Buch jemals lesen wird, mich aber trotzdem immer unterstützt hat und im Speziellen sei mein Vater genannt, der es nie mehr lesen können wird, allerdings trotzdem stolz auf mich wäre, so wie er es immer war.

Vorwort

Die Technische Mechanik begleitet einem im Studium bei nahezu allen technischen Fachrichtungen. So auch im Maschinenbau, Physik oder Wirtschaftsingenieurwesen. Das Besondere an der Mechanik ist, dass die Mathematik auf die Realität übertragen und dazu genutzt wird, die Gesetze der Natur zu beschreiben. Sie bildet daher den ältesten Zweig der Physik, wie bereits im ersten Band dieser Buchreihe ausführlich behandelt wurde. Im ersten Teil dieser Buchreihe wurde auf die Stereostatik eingegangen und auf die Ermittlung von Kräften und Belastungen Wert gelegt. Kennt man die Kräfte durch deren Betrag und Richtung, bringt einem das jedoch in Wahrheit noch nicht wirklich weiter. Beispielsweise bei einem Sessel: Man kennt die Kraft, die auf einem Sesselfuß wirkt, jedoch ist man noch nicht in der Lage zu beurteilen, ob der Fuß bricht oder nicht. Um dies beurteilen zu können, werden in diesem Band der Buchreihe die Beanspruchungen und Spannungen untersucht. Die mithilfe der Gesetze aus Band 1 bestimmten Randbedingungen (Kräfte) werden als Grundlage für die im Band zwei hergeleiteten Gleichungen verwendet, um eine Ermittlung der Spannungen von Bauteilen zu ermöglichen.

Besonders Wert wird auch in diesem Buch wieder auf die Verbindung zwischen der Technischen Mechanik, wie man sie aus Schul- und Unizeiten kennt, und der Mechanik aus der Industrie gelegt, worin man alle Gleichungen hergeleitet und diese dann angewendet hat, jedoch darf dabei die sinnvolle Anwendung nicht zu kurz kommen. Es wird immer wichtiger, die Mechanik Computergestützt zu verwenden, so als Beispiel durch FE-Methoden, aufgrund im Laufe des Buches nahezu alle Beispiele zuerst analytisch und im Anschluss mittels FEM analysiert werden.

Die meistgestellte Frage, die Unterrichtenden, Professoren und Dozenten, von Studierenden, gestellt bekommen ist mit Sicherheit: „Für was' soll ich das jemals benötigen?" Darauf gibt es mit Sicherheit mehr als eine Antwort, auf einige wird im Buch eingegangen. Eine Antwort darauf ist, um Berechnungen auf Basis der Mechanik für Bauteile aus der Industrie durchzuführen, zu können. Heutzutage macht man dies meist nur mehr mittels FEM, jedoch wird im Laufe dieses Buches klar werden, dass ein FE-Programm noch so effizient und schnell rechnen kann, wenn man falsche Randbedingungen eingibt, oder gar das System nicht versteht, kann man die Ergebnisse 1 : 1 wieder löschen, da diese Null Aussagekraft genießen. Eine falsche Randbedingung und die Berechnungen sind komplett falsch. Man kommt also um die Grundlagen nicht herum. Man erspart sich das mühsame Lösen von Gleichungen, das stimmt, aber auch dies wird der ein oder andere nochmals benötigen, dazu gleich mehr. Viele Leser- und Leserinnen werden sich jetzt denken: Klar, und wofür wird man jemals noch die Herleitungen benötigen? Oftmals werden in Herleitungen Vereinfachungen vorgenommen, um Gleichungen für spezielle Anwendungsbeispiele zu schaffen, die in der FEM plötzlich weitaus allgemeiner dargestellt werden, und siehe da, die Gleichungen sehen plötzlich völlig anders aus. Auch dafür sind Herleitungen oftmals zu gebrauchen und von Vorteil, wenn man diese versteht, und dadurch die Möglichkeit des Erkennens und Verwendens der ursprünglichen Gleichung zu ermöglichen. Eine weitere Antwort auf die zuvor gestellte Frage für die Anwendung ist, dass jedes FE-Programm einmal programmiert werden musste. Die meisten FE-Programme bieten die Möglichkeit durch Makros (in SolidWorks: API Anwendungen) spezielle Berechnungen in das Programm zu implementieren, wenn man entsprechende Programmierkenntnisse verfügt. Allein die Programmierkenntnisse reichen jedoch nicht aus, wenn man keine Ahnung von den zu verwendenden Gleichungen hat. Es wird deshalb im letzten Teil des Buches auf die Kontinuumsmechanik eingegangen, die eine Anwendung der Grundlagen der Festigkeitslehre bei FE-Programmen herstellt. Es werden Berechnungen weitaus allgemeiner betrachtet, sodass man als Beispiel Differentialgleichungen numerisch lösen kann. Um zu zeigen, dass solche Gleichungen wirklich in FE-Programmen verwendet werden, wird immer wieder das theoretische Handbuch der Simulation von SolidWorks, indem alle zugrunde liegenden Gleichungen von SolidWorks FEM notiert sind, hinzugezogen, um dort die verwendeten Gleichungen mit den hergeleiteten vergleichen.

Es handelt sich hierbei um die erste Auflage des zweiten Bandes, einer mehrbändigen Buchreihe zur Technischen Mechanik, die folgende Kapitel behandelt: Stereostatik, Elastostatik, Dynamik, Hydromechanik, Thermodynamik, Aeromechanik. Da dies die erste Veröffentlichung zu dieser Reihe, in erster Auflage ist, sind Fehler nicht ausgeschlossen. Fehler, Ergänzungen, Kritik sind stets unter meiner, zuvor angeführten E-Mail-Adresse, willkommen.

Verbesserungen werden ständig vorgenommen, damit das Ziel, möglichst viele Studierende von der Schönheit des Faches Technische Mechanik zu überzeugen und eines Tages möglichst vielen Studierenden das Leben vor der Prüfung zur Technischen Mechanik zu vereinfachen.

Das Zielpublikum sind Studienanfänger, HTLer (Schüler der Höheren Technischen Lehranstalt), der Studienrichtungen: Maschinenbau, Mechatronik, Wirtschaftsingenieurwesen. Zusätzlich sollte es mit einigen Kapiteln (vorrangig mit dem Abschließenden) Anregungen zur Anwendung in der Industrie schaffen, sowie interessierten Personen einen neuen, interessanten Zugang, zur Technischen Mechanik darlegen.

Bei Fragen richten Sie sich an mich unter folgender eMail-Adresse: andreas.huber.ahm@gmail.com

Eine Übersicht über alle Bücher erhalten Sie unter meiner Website:
► https://andreas-huber-buecher.jimdofree.com/

Ing. Dipl.-Ing. (FH) Andreas Huber, CSWE
Juni 2023

Verwendete Programme

Das gesamte Buch wurde in LaTeX verfasst. Das Literaturverezichnis in BibTeX. Diagramme, Abbildungen, einige Tabellen wurden in TikZ, Matlab, GeoGebra, Adobe Illustrator, IPE, PSTricks und dem CAD Programm SolidWorks erstellt. Diese wurden dann durch .pdf Dateien in das Dokument eingebunden.

Danksagung und Autor

Ich möchte mich besonders bei allen Unterstützern und Helfern bedanken. Zum einen jene, welche mir bei Problemen mit LaTeX geholfen haben, ich habe mich nicht vom ersten Moment an in dieses Programm verlieben können, allerdings bin ich mit Word bei solch großen Dokumenten an meine Grenzen gestoßen, aufgrund ich mich mehr oder minder auf LaTeX einlassen musste. Heute kann ich allen Kritikern (so auch ich, damals) sagen: „Es ist das beste Textverarbeitungsprogramm auf dem Markt, für große Dokumente, auch wenn der Anfang nicht einfach fällt. Hier wurden, um das Layout des Buches zu erhalten, ca. 1000 Programmzeilen in die Präambel eingebettet, bevor mit dem Schreiben begonnen wurde". Zum Anderen möchte ich mich für die Hilfe bei fachlichen Problemen bedanken und auch bei der rechtlichen Beratung. (Die angesprochenen Personen werden wissen, wen ich meine). Um eine Strukturierung in das Buch zu bekommen, möchte ich mich bei allen Professoren, die durch ihre Skripten, eine grobe Strukturierung vorgaben, bedanken.

Des Weiteren möchte ich mich bei meinen Professoren aus der HTL – Zeit bedanken, die mir auch immer wieder geholfen haben, Lösungen für Designwünsche in LaTeX umzusetzen, oder mir halfen die optimalen Zeichenprogramme für die Erstellung der Vektorgrafiken zu finden. Auch diese werden wissen, wen ich meine, wenn sie das lesen.

Ganz besonders möchte ich mich bei einem Professor aus meinem Studium bedanken, der mich immer wieder beraten hat beim Vorgang an den Verlag heranzutreten und mich immer durch Zoom-Meetings unterstützt hat, da ihm dieser, doch teilweise langwierige Vorgang, aufgrund eigener Erfahrung bekannt war. Zweitens möchte ich mich noch bedanken, bei der Unterstützung für bei der grundlegenden Herangehensweise zum Veröffentlichen für das Buch, bei der Unterstützung einen Verlag zu finden, danke dafür an den Hochschulverlag der Hochschule Mittweida.

Zu guter Letzt bedanke ich mich besonders beim gesamten Springer Team, ohne die dieses Buch so nicht existieren würde. Ich bin sehr dankbar für die tolle Zusammenarbeit mit meinem Verlags-Team und der Erfahrung die mir dadurch mitgegeben wurde. Danke schön für die Projektleitung dieses Buches seitens des Verlages, Michael Kottusch. Ebenso möchte ich mich herzlich für die Planung und Realisierung des Designs und der gesamten Kapitel bei Lisa Burato bedanken, die mich dazu immer wieder beraten hatte.

Der Autor

Andreas Huber
beschäftigt sich mit den Themen: Angewandte Mathematik, Maschinenbau, Maschinenelemente, Kolbenmaschinen, Strömungsmaschinen, Getriebetechnik, Thermodynamik, Technische Mechanik, Informatik, Computerunterstützte Programmberechnungen in der Technik, CAD-Programmoptimierungen und Anwendungen, Konstruktionsmethoden und Technische Konstruktionen sowie der Mechatronik, darunter Mikrocontroller und Robotik.

Er hat die Höhere Technische Bundeslehr- und Versuchsanstalt in Salzburg (Abteilung: Maschinenbau, Vertiefung: Anlagentechnik) besucht und anschließend an der University of Applied Science in Mittweida, Maschinenbau, mit Vertiefung Mechatronik studiert. Zudem besuchte er immer wieder Fortbildungen im Bereich der CAM- und CAD Technik, und ließ sich anschließend in diesen Bereichen zertifizieren. So sammelte er Zertifizierungen als Expert für Mechanical Design und Simulation, als auch Zertifizierungen für PDM- Systeme, FlowSimulation und API bzw. Makroprogrammierung. Am Ende sammelte er dadurch ca. 50 Zertifizierungen, von denen manche nur die wenigsten schaffen. Zudem wurde er als SolidWorks Champion ausgezeichnet.

Berufserfahrung hat er schon in jungen Jahren, durch diverse Neuentwicklungen sammeln können und später durch Neuerfindungen und Entwicklungen in der Industrie, vorwiegend in den beiden Sparten: Automatisierung und für Maschinen der Automobilindustrie. In der Industrie arbeitet er als Projekt- und Neuentwicklungsleiter für Werkzeugbaumaschinen Spannmittel. Er selbst ist neben der Projektleitung primär mit der FEM-Berechnung diverser Bauteile und Baugruppen beschäftigt sowie der API-Programmierung und der Ideenentwicklung sowie der IT und Datenbankeinstellungen im Unternehmen.

Um viele Beispiele anschaulicher zu gestalten, wurde eine Website zu dieser Buchreihe erstellt, die unter dem unten angeführten Link zu erreichen ist. Dort können diverse Animationen, FEM-Berechnungen, CAD-Dateien eingesehen werden; zudem kann man sich unter dem ersten Link noch ein besseres Bild des Autors machen. Bei Fragen, Anregungen, Wünschen oder Beschwerden, ist ebenfalls noch eine E-Mail-Adresse angefügt.

▶ http://linkedin.com/in/ing-dipl-ing-fh-andreas-h-5783b912b

andreas.huber.ahm@gmail.com

Abkürzungsverzeichnis

a	Beschleunigung $[\frac{m}{s^2}]$	t	Zeit [s]
$\cosh(x)$	Kosinushyperbolicus Funktion [ ]	v	Geschwindigkeit $[\frac{m}{s}]$
		W	Arbeit [J]
d_0	Ausgangsdurchmesser [mm]	w	maximle Durchbiegung [mm]
d_2	Flankendurchmesser [mm]	w'	Neigung [ ]
		w''	Krümmung der Biegelinie, Biegemoment $[\frac{1}{mm}]$
e	Randfaserabstand [mm]		
F	Kraft [N]	w'''	Querkraft $[\frac{1}{mm}]$
F_{eq}	Streckenlastenkraft [N]	w_{max}	maximle Durchbiegung [mm]
F_G	Gewichtskraft [N]		
F_H	Hilfskraft [N]	x	lokale Wirklänge [mm]
F_N	Normalkraft [N]	x_{max}	maximale Wirklänge [mm]
F_R	Reibungskraft [N]		
F_{Res}	resultierende Kraft [N]	x_S, y_S	Schwerpunktabstände [m]
F_{S1}	Lasttrum [N]		
F_{S2}	Leertrum [N]	$\langle x-a \rangle^0$	Flöppl-Symbol [ ]
F_U	Umfangskraft [N]	Δd	gedehnter Durchmesser [mm]
F_V	Vorspannkraft [N]		
$F_{Z,D}$	Zug- bzw. Druckkraft [N]	Δl	Verlängerung [mm]
g	Erdbeschleunigung $[\frac{m}{s^2}]$	κ	Krümmung $[\frac{1}{mm}]$
k	Bettungsfaktor (elastischer Träger) oder Steigung (Allgemein) [ ]	μ	Reibungskoeffizient [ ]
		ν	Possion-Zahl [ ]
		ρ	Krümmungsradius [mm]
l	gedehnte Länge [mm]	φ	Gewindesteigungswinkel [deg]
l_0	Ausgangslänge [mm]		
M	Drehmoment [Nm]	ϱ	Gewindereibungswinkel [deg]
M	Drehmoment [Nm]		
M_b	Biegemoment [Nm]		
$M_{b,max}$	maximales Biegemoment [Nm]		
M_K	Kippmoment [Nm]		
M_R	Reibungsmoment [Nm]		
M_S	Standmoment [Nm]		
M_{vorh}	vorhandenes Moment [N]		
M_{XY}	Statisches Moment für Volumen [Nm]		
M_X, M_Y	Statisches Moment [m³]		
M_{zul}	zulässiges Moment [Nm]		
n	Drehzahl $[\frac{1}{min}]$		
P	Leistung [W]		
p	Streckenlast [mm]		
R	gekrümmter Trägerradius [mm]		
S, ν	Sicherheit [ ]		
$\sinh(x)$	Sinushyperbolicus Funktion [ ]		

Inhaltsverzeichnis

I Teil I. Elastostatik (oder: Festigkeitslehre)

1	**Spannungen**	3
1.1	**Zulässige Spannungen**	6
1.1.1	Ablesen von zulässigen Spannungen	6
1.1.2	Wöhlerversuch	6
1.1.3	Smith-Diagramm (Dauerfestigkeitsschaubild)	8
1.1.4	Zeitliche Änderung der Spannungen	8
1.1.5	Spannungs-Dehnungs-Diagramm und Zugversuch	9
1.1.6	Hooke'sches Gesetz	19
1.2	**Vorhandene Spannungen und Festigkeitsnachweis**	19
1.2.1	Grundlagen	19
1.3	**Spannungsarten**	20
1.3.1	Normalspannungen	20
1.3.2	Tangentialspannungen	20
1.4	**Spannungsverteilung**	20
1.4.1	Gleichmäßige Spannungsverteilung	20
1.4.2	Lineare Spannungsverteilung	21
1.5	**Übungen**	24
2	**Zug- und Druckbeanspruchung**	31
2.1	**Druck- und Zugspannung**	34
2.1.1	Bei konstantem Querschnitt	34
2.1.2	Bei variablem Querschnitt	41
2.1.3	Stab optimaler Druckspannung	45
2.2	**Formänderung infolge Druck- und Zugbeanspruchung**	48
2.2.1	Einzelstab, $A = $ const.	48
2.2.2	Querdehnung, Querkontraktion	49
2.2.3	Kompressionsmodul	55
2.2.4	Lamé-Konstanten	55
2.2.5	Wärmeausdehnung	56
2.3	**Einzelstab, etwas allgemeiner**	63
2.3.1	Spannungsverhalten im Stab	63
2.3.2	Formänderung im Stab	64
2.3.3	Gleichung für die Verschiebung	64
2.4	**Statisch bestimmte Stabsysteme**	64
2.5	**Statisch unbestimmte Stabsysteme**	69
2.6	**Finite Elemente Methode**	73
2.6.1	Analytische Methode als Referenz	75
2.6.2	Näherungslösung	76
2.6.3	FEM	77
2.6.4	FEM-Simulation mit SolidWorks	79
2.6.5	Steifigkeitsmatrix für schräge Stäbe	81
2.7	**Übungen**	83

3	**Kontaktmechanik**	89
3.1	**Flächenpressung auf ebene Flächen**	92
3.2	**Flächenpressung bei gleichsinnig gekrümmten Flächen:**	92
3.2.1	Flächenpressung bei Wellenzapfen (Lagerzapfen)	92
3.2.2	Flächenpressung/Lochleibungsdruck bei Nieten und Bolzen:	93
3.2.3	Flächenpressung bei Gewindeflanken	93
3.3	**Der reale Fall**	94
3.4	**Flächenpressung an gegenseitig gekrümmten Flächen – Hertz'sche Flächenpressung**	95
3.4.1	Gleichungen	96
3.4.2	Fall: Kugel–Kugel; Kugel–Ebene	96
3.4.3	Fall: Zylinder–Zylinder; Zylinder– Ebene	96
3.5	**Pressung mithilfe von FEM ermitteln**	97
3.5.1	Bei gleichsinnigen Flächen	97
3.5.2	Bei gegensinnigen Flächen	97
3.6	**Übungen**	103
4	**Flächen- und Widerstandsmomente**	109
4.1	**Widerstandsmoment**	112
4.2	**Flächenmomente, 1. Ordnung**	112
4.3	**Flächenmomente, 2. Ordnung**	113
4.3.1	Axiales und polares Flächenmoment	113
4.3.2	Flächenmoment bekannter Flächen	114
4.3.3	Überblicke und Tabellen für I_A und I_P	119
4.4	**Bredt'sche Formel**	121
4.4.1	1. Bredt'sche Formel	121
4.4.2	2. Bredt'sche Formel	121
4.4.3	Anwendung: Torsion	121
4.5	**Deviationsmoment**	123
4.6	**Satz von Steiner**	123
4.7	**Zusammengesetzte Flächen**	124
4.8	**Flächenmomente bezogen auf eine beliebige Schwerachse**	124
4.9	**Hauptachsen bei Flächenträgheitsmomente**	126
4.9.1	Grundlagen	126
4.9.2	Berechnung der Hauptachsen	127
4.10	**Ermittlung Computerunterstützt**	129
4.10.1	Hauptträgheitsmomente und Trägheitswinkel	129
4.10.2	Trägheitsmoment mittels SolidWorks	130
4.11	**Übungen**	130
5	**Abscher- und Schubbeanspruchung**	147
5.1	**Abscherung**	149
5.1.1	Einfache Abscherung	149
5.1.2	Zulässige Abscherspannung	149
5.1.3	Formänderung	149
5.2	**Schubspannungen infolge Querkraftbiegung**	150
5.2.1	Satz zugeordneter Schubspannungen	150
5.2.2	Lage des Schubmittelpunktes	162
5.2.3	Arten von Belastungen auf Träger, Schub	163
5.2.4	Geschlitzte, dünnwandige offene Kreisquerschnitte	164
5.2.5	Bedeutung der Schubspannungen	166

5.3	**Verformungen infolge Schubbeanspruchung**	167
5.3.1	Herleitung	167
5.3.2	Schubkorrekturfaktor	169
5.3.3	Beispiel	169
5.4	**Balkentheorie nach Bernoulli und Timoschenko**	171
5.4.1	Euler-Bernoulli-Balkentheorie	171
5.4.2	Timoschenko-Balkentheorie	172
5.5	**Übungen**	172
6	**Spannungs- und Verzerrungszustand**	183
6.1	**Grundlagen**	185
6.1.1	Hydrostatischer Spannungsanteil	185
6.1.2	Spannungsdeviator	186
6.2	**Grundgleichungen der Elastizitätstheorie**	186
6.2.1	Cauchy'sches Fundamentaltheorem	186
6.2.2	Lokales Gleichgewicht	188
6.2.3	Verschiebung	189
6.2.4	Verzerrungs-Beziehungen	189
6.3	**Koordinatentransformation**	190
6.3.1	Grundlagen	190
6.3.2	Mohr'scher Spannungskreis	191
6.4	**Dünnwandige Behälter, unter Innendruck**	201
6.4.1	Träger unter Last	201
6.4.2	Kräfte in Druckbehälter	202
6.4.3	Zylindrischer Druckbehälter	203
6.4.4	Kugelförmiger Druckbehälter	204
6.4.5	Ermittlung durch FEM	204
6.5	**Verzerrungszustand**	207
6.5.1	Mehrachsiger Verzerrungszustand	208
6.6	**Übungen**	210
7	**Biegebeanspruchung**	225
7.1	**Grundlagen der Biegung**	230
7.1.1	Reine, gerade und schiefe Biegung	230
7.1.2	Plastische Stützwirkung	230
7.1.3	Herleitung der Biegespannungshauptgleichung	231
7.1.4	Biegespannungsformel	233
7.1.5	Ermittlung der Parameter in der Biegespannungsformel	233
7.1.6	Dimensionierung einer Welle	234
7.2	**Schnittgrößen in der Ebene**	234
7.2.1	Definitionen	234
7.2.2	Balken mit Einzellast (zweimal gelagert)	235
7.2.3	Diagramme	237
7.2.4	Maximales Biegemoment	245
7.2.5	Kragträger	247
7.2.6	Balken mit mehreren Kräften	247
7.2.7	Balken mit Streckenlasten (Rechtecklasten)	249
7.2.8	Eingeleitetes Moment	251
7.2.9	Lagerverschiebung	252
7.3	**Schnittgrößen im Raum**	253
7.3.1	Momente als Momentenvektoren	253

7.3.2	Verschiebung	253
7.3.3	Kontrolle	253
7.3.4	Beispiele	253
7.4	**Spezielle Tragwerke**	257
7.4.1	Dreieckslast	257
7.4.2	Trapezlast	258
7.4.3	Parabellast	259
7.4.4	Elliptische Last	259
7.4.5	Bogen	259
7.4.6	Zusammengesetzte Tragwerke	260
7.5	**Biegung bei veränderlichem Querschnitt**	263
7.6	**Träger gleicher Biegespannung**	264
7.6.1	Anformgleichung	264
7.6.2	Freiträger, Kreisquerschnitt, Einzellast	265
7.6.3	Freiträger, Rechteckquerschnitt, $b = $ const., Einzellast	269
7.6.4	Freiträger, Rechteckquerschnitt, konstante Höhe, Einzellast	269
7.6.5	Freiträger, Rechteckquerschnitt, konstante Höhe, Streckenlast	270
7.6.6	Freiträger, Rechteckquerschnitt, $d = $ const., Dreieckslast	271
7.7	**Grundlagen Formänderung**	271
7.7.1	Krümmungsradius ρ_x	271
7.7.2	Krümmung κ	272
7.7.3	Durchbiegung f und Neigungswinkel der Endtangente α	272
7.7.4	Weiteres zum Schubmittelpunkt	273
7.8	**Zweiachsige – oder schiefe Biegung**	273
7.8.1	Darstellungsbeispiel von schiefer Biegung	273
7.8.2	Spannungen bei schiefer Biegung	273
7.8.3	Berechnung der Spannungen bei schiefer Biegung	274
7.8.4	Bestimmung der Nulllinie	275
7.8.5	Doppelte Biegung	276
7.9	**Verläufe eines Gerberträger**	276
7.10	**Statisch unbestimmte Systeme**	280
7.10.1	Anwendungsbeispiel: dreifach gelagerter Träger, Biegeträger	280
7.10.2	Ergänzung	282
7.11	**Die elastische Linie**	282
7.11.1	Krümmung	282
7.11.2	Differentialgleichung der Biegelinie, vereinfacht	285
7.11.3	Durchbiegungsgleichung statisch bestimmt, am Kragträger	285
7.11.4	Durchbiegungsgleichungen statisch bestimmt, Stützträger	291
7.11.5	Durchbiegungsgleichungen zusammengesetzter Systeme	299
7.11.6	L-Rahmen mit Streckenlast $I \cdot E = $ const.	302
7.11.7	L-Rahmen mit Streckenlast $I \cdot E \neq $ const.	302
7.11.8	Interpretation der Durchbiegungsgleichungen	303
7.11.9	Durchbiegung, wenn $EI \neq $ const.	303
7.11.10	Durchbiegungsgleichungen (statisch unbestimmt)	304
7.11.11	Computergestützte Methode	307
7.11.12	Klammersymbol von Föppl	310
7.11.13	Verformungen infolge schiefer Biegung	313
7.11.14	Gleichungen einiger Balken	315
7.12	**Elastisch gebetteter Träger**	317
7.12.1	Analytische Lösung	317
7.12.2	Differenzenverfahren	326

Tabellenverzeichnis

Tab. 2.1	Poisson-Zahlen	50
Tab. 2.2	Wärmeausdehnungskoeffizienten	57
Tab. A.1	Poisson-Zahlen	560
Tab. A.2	Wärmeausdehnungskoeffizienten	560

Abbildungsverzeichnis

Abb. A.49	Beanspruchungsarten	584
Abb. A.50	Normalspannungsüberlagerung	584
Abb. A.51	Tangentialspannungsüberlagerung	585
Abb. A.52	Näherungsfaktoren für α_0 (Stahl)	585
Abb. A.53	Vergleichsspannungen im Überblick	585
Abb. A.54	Überblick der Euler Fälle	587
Abb. A.55	Vergleich Euler- und Tetmajer Knickung	587
Abb. A.56	Werte für Koeffizienten a, b und c	587
Abb. A.57	Werte für ω	588
Abb. A.58	Kippfälle im Überblick	589
Abb. A.59	Herleitung der Rotationsmatrix	591
Abb. A.60	Herleitung der Rotationsmatrix eines Tensors	592

Abb. A.1	Beispiel für ein Smith-Diagramm	556
Abb. A.2	Wöhlerkurve von Stahl	556
Abb. A.3	Beispiel zum Ablesen der zulässigen Werte im Smith-Diagramm	557
Abb. A.4	Zeitliche Änderung der Spannung in Abhängigkeit der Zeit – dargestellt in einem Diagramm	557
Abb. A.5	Spannungs-Dehnungs-Diagramm	557
Abb. A.6	Spannungs-Dehnungs-Diagramm, unterschiedliche Materialien	558
Abb. A.7	Spannungs-Dehnungs-Diagramm, Proportionalitätsbereich	558
Abb. A.8	Normalbeanspruchung	558
Abb. A.9	Tangentialbeanspruchung	558
Abb. A.10	Gleichmäßige Spannungsverteilung	559
Abb. A.11	Lineare Spannungsverteilung	559
Abb. A.12	Beispiel konischer Stab	559
Abb. A.13	Einzelstab mit Variabler A	561
Abb. A.14	Flächenpressung Hertz'sche Pressung	562
Abb. A.15	Flächenmomente bezogen auf eine beliebige Schwerachse	564
Abb. A.16	Mohr'scher Trägheitskreis	564
Abb. A.17	Formänderung infolge von Schub	565
Abb. A.18	Die Schubspannungsverteilung	565
Abb. A.19	90 Grad Winkel – Profil	565
Abb. A.20	Tabelle mit Gleichungen zur Berechnung der Schubspannungen wichtiger Figuren	566
Abb. A.21	Schubkorrekturfaktoren	567
Abb. A.22	Vergleich zwischen Timoschenko- und Bernoulli Balken	567
Abb. A.23	Lokales Gleichgewicht – anhand eines Würfels	568
Abb. A.24	Verformtes – und unveformtes Bauteil	568
Abb. A.25	Massenelement mit Verzerrungen	568
Abb. A.26	Mohr'scher Spannungskreis – Beweis der Gleichungen	569
Abb. A.27	Mohr'scher Spannungskreis – 3D-1	570
Abb. A.28	Mohr'scher Spannungskreis – 3D-2	570
Abb. A.29	Vergleichsspannung (σ_{vM} = von Mises und σ_{vT} = von Tresca)	570
Abb. A.30	Biegung auf Balken	571
Abb. A.31	Stützzahlen einiger Figuren	571
Abb. A.32	Achsbeschriftung	571
Abb. A.33	Vergleich: Biegemomenten- & Querkraftverlauf	572
Abb. A.34	Träger mit Hebel	572
Abb. A.35	Übersicht: Verhalten Biegemomenten-, Querkraft-, und Belastungsverlauf	573
Abb. A.36	Träger mit veränderlichem Querschnitt	573
Abb. A.37	Biegelinien, statisch bestimmte Systeme 1	575
Abb. A.38	Biegelinien, statisch bestimmte Systeme 2	576
Abb. A.39	Biegelinien, statisch unbestimmte Systeme	576
Abb. A.40	Abgestufte Stützzelle mit Einzellast	577
Abb. A.41	Bei konstanter Streckenlast, bei $x = a$	578
Abb. A.42	Bei Dreieckslast	578
Abb. A.43	Föppl Symbol bei einem Gelenk und Parallelführung	578
Abb. A.44	Arten von Schiefer Biegung	578
Abb. A.45	Randbedingungen von Balkenenden	579
Abb. A.46	Tabelle für κ	581
Abb. A.47	Verformte Welle aufgrund Torsion	581
Abb. A.48	Tabelle für Sicherheiten bei Torsion	582

Abb. 11.4	Kragträger mit Gleichlast, abgestützt	461
Abb. 11.5	Enrico Betti	463
Abb. 11.6	James Clerk Maxwell	463
Abb. 11.7	Stützträger mit Einzellast und Moment	464
Abb. 12.1	Spannungstensor durch das Levi-Civita-Symbol illustriert	471
Abb. 12.2	Herleitung der Rotationsmatrix	474
Abb. 12.3	Herleitung der Rotationsmatrix eines Tensors	475
Abb. 12.4	Drehtransformationsmatrix-Beispiel	476
Abb. 12.5	Beispiel für ein Verschiebungsfeld in einer FEM Analyse	483
Abb. 13.1	Einschränkungen bei der Eingabe des E-Moduls in einer FEM Studie (SolidWorks)	500
Abb. 13.2	E-Modul Eingabe in einem High-End Simulation Programm wie ANSYS	500
Abb. 13.3	Normalspannungs-Querdehnungs-Kopplungen	500
Abb. 13.4	Dehnungs-Schiebungs-Kopplung	501
Abb. 13.5	Entlang der Kante liegt eine ungleiche Verschiebung vor	501
Abb. 13.6	Dehnungs-Schiebungs-Kopplung in einer FEM Simulation	501
Abb. 13.7	Schiebungs-Schiebungs-Kopplung in einer FEM Simulation	501
Abb. 13.8	Das Koordinatensystem mit den drei Orthotropieachsen Radial, Transversal, Longitudinal	502
Abb. 13.9	Bildhafte Erklärung der transversalen Isotropie. Der Werkstoff ist rotationssymmetrisch bezüglich der 1-Achse, die senkrecht auf der isotropen 2-3-Ebene steht. Ein so orientierter Rundstab aus diesem Material kann um seine Längsachse gedreht werden, ohne dass sich seine Eigenschaften ändern	502
Abb. 13.10	Materialmodelle in SolidWorks Simulation	504
Abb. 13.11	Materialmodelle in ANSYS (1)	505
Abb. 13.12	Materialmodelle in ANSYS (2)	506
Abb. 13.13	Materialmodelle in ANSYS (3)	507
Abb. 14.1	Abrufen des theoretischen Handbuches von SolidWorks	519
Abb. 14.2	Überführung eines räumlichen Systems in ein ebenes System, damit ein ebener Spannungszustand vorliegt anhand einer Staumauer	521
Abb. 14.3	Wenn keine Belastungen in einer Koordinatenrichtung auftreten, können trotzdem Verzerrungen auftreten	522
Abb. 14.4	Spannungsverlauf eines auf Zug belasteten Bauteils	523
Abb. 14.5	Airy'sche Spannungsfunktion anhand eines eingespannten Balkens	524
Abb. 14.6	Lineare Elastizitätstheorie in Polarkoordinaten	527
Abb. 14.7	Axialsymmetrisches Problem	528
Abb. 14.8	Kinematik in einem Radialschnitt	528
Abb. 14.9	Zusammenhang zwischen dem Deformationswinkel ϑ und den beiden Verschiebungskomponenten u_2 und u_3	532
Abb. 14.10	Torsion, Prandtl'sche Spannungsfunktion	533
Abb. 14.11	Das Prinzip von St. Venant, anhand eines Zugstabes	534
Abb. 14.12	Torsion bei einem Ellipsen-Querschnitt	539
Abb. 15.1	Philosophie des Rayleigh–Ritz-Verfahren (bilinearer Ansatz)	548
Abb. 15.2	Bestimmen eines Trägers durch das Ritz'sche Verfahren	549
Abb. 15.3	Vernetzter Balkenausschnitte	551
Abb. 15.4	Dargestellte Randnetzelemente anhand eines Balkens	551

Abb. 8.24	Koordinaten und Verschiebungen	387
Abb. 8.25	Mutternschlüssel	395
Abb. 9.1	Beanspruchungsarten	399
Abb. 9.2	Eingespanntes Bauteil	400
Abb. 9.3	Normalspannungsüberlagerung	400
Abb. 9.4	Tangentialspannungsüberlagerung	404
Abb. 9.5	Herleitung der GE-Hypothese	404
Abb. 9.6	Näherungsfaktoren für α_0 (Stahl)	405
Abb. 9.7	Vergleichsspannungen im Überblick	406
Abb. 9.8	Vergleichsspannungen FEM (1)	408
Abb. 9.9	Vergleichsspannungen FEM (2)	409
Abb. 9.10	Tresca- und Mises-Festigkeitskriterium im Spannungsraum	411
Abb. 10.1	Versuch 1	417
Abb. 10.2	Versuch 2	417
Abb. 10.3	Druckspannung vs. Knickung	418
Abb. 10.4	Knickfall 1	420
Abb. 10.5	Gleichungen für k für die unterschiedlichen Euler Fälle	420
Abb. 10.6	Knickfall Freie Knicklänge	421
Abb. 10.7	Überblick der Euler Fälle	422
Abb. 10.8	Vergleich Euler- und Tetmajer-Knickung	424
Abb. 10.9	Werte für Koeffizienten a, b und c	424
Abb. 10.10	Werte für ω	425
Abb. 10.11	Kolbenstange eines Zylinders	426
Abb. 10.12	Lineare Knickanalyse mittels SolidWorks FEM	428
Abb. 10.13	Mode einer Schwingung, für Knickung gilt Mode = 1	428
Abb. 10.14	Sinusschwingungswerte und Randbedingungen	431
Abb. 10.15	Funktionenplots	432
Abb. 10.16	Verformungen des Balkens	432
Abb. 10.17	Lineare Knickanalyse mittels ANSYS FEM (1)	433
Abb. 10.18	Lineare Knickanalyse mittels ANSYS FEM (2)	434
Abb. 10.19	Matlab Berechnung einer Knickanalyse	434
Abb. 10.20	Kippen eines Biegeträgers	435
Abb. 10.21	Kippen eines Biegeträgers mit eingeleitetem Moment	437
Abb. 10.22	Kippfälle im Überblick	439
Abb. 10.23	Schalenbeulen, hier als Beispiel bei einer zusammengedrückten Getränkedose	443
Abb. 10.24	Schalenbeulen, bei einer Rechteckscheibe, belastet durch einen gleichmäßigen Druck in allen Richtungen	443
Abb. 10.25	Schalenbeulen, bei einer Rechteckscheibe, belastet durch eine im Zentrum angreifende Druckkraft	443
Abb. 10.26	Schalenbeulen, bei einer Rechteckscheibe, infinitesimal kleines Flächenstück	444
Abb. 10.27	Rechteckscheibe, Beispiel	447
Abb. 10.28	Knicken eines T-Profils	453
Abb. 10.29	Knicken – Zweiachsige Biegeknickung	454
Abb. 10.30	Knickung FEM bei einer nicht symmetrischen Querschnitt (1)	454
Abb. 10.31	Knickung FEM bei einer nicht symmetrischen Querschnitt (2)	455
Abb. 11.1	Formänderung bei einem Zusammenprall zweier Fahrzeuge. Dies hat elastostatische Ursachen zugrunde	458
Abb. 11.2	Formänderungsarbeit (Spannungs-Dehnungs-Diagramm)	459
Abb. 11.3	Carlo Alberto Castigliano	459

Abb. 7.129	Beidseitig geschnittener Träger	336
Abb. 7.130	Anwendung in der Realität wäre eine Brücke	337
Abb. 7.131	Gekrümmter Träger mit konstanter Linienlast	338
Abb. 7.132	Trägerstück	340
Abb. 7.133	κ-Wert eines Rechtecks	341
Abb. 7.134	Tabelle für κ	342
Abb. 7.135	Kranhaken, Realität	343
Abb. 7.136	Kranhaken	343
Abb. 7.137	Spannungen des Kranhakens mittels Matlab	344
Abb. 7.138	Verformtes Balkenstück	344
Abb. 7.139	Verschiebung einen Punktes	345
Abb. 7.140	Verschiebung des Trägers	346
Abb. 7.141	Schnittgrößen am Bogen	347
Abb. 7.142	Beispiel Kragträger (2)	349
Abb. 7.143	Beispiel Kragträger (3)	350
Abb. 7.144	Beispiel Durchlaufträger (1)	351
Abb. 7.145	Beispiel Durchlaufträger (2)	352
Abb. 7.146	Beispiel eingeleitetes Moment (1)	353
Abb. 7.147	Beispiel eingeleitetes Moment (2)	354
Abb. 7.148	In welchem Abstand b muss die zweite Person die Kiste aufnehmen, damit das Biegemoment konstant ist?	355
Abb. 7.149	Lagerverschiebung – Lösung	356
Abb. 7.150	Räumliches System 1	356
Abb. 7.151	Räumliches System 2	358
Abb. 8.1	Versuchsaufbau zur Bestimmung der Torsionsgesetze (Holzstich 1897)	365
Abb. 8.2	Torsion eines Winkeleisens (L-Profil)	365
Abb. 8.3	Verformte Welle aufgrund Torsion	366
Abb. 8.4	Formänderungsarbeit bei Torsion	368
Abb. 8.5	Tabelle für Sicherheiten bei Torsion	368
Abb. 8.6	Torsionsmomentenverlauf	369
Abb. 8.7	Getriebewelle	370
Abb. 8.8	Getriebewelle – SolidWorks (Getriebewellensimulation als Volumenmodell)	370
Abb. 8.9	Matlab-Code	374
Abb. 8.10	Torsion bei Querschnitten 1	375
Abb. 8.11	Torsion bei Querschnitten 2	376
Abb. 8.12	Unverformte und verformte Scheibe	377
Abb. 8.13	Veranschaulichung mittels FEM	377
Abb. 8.14	Verzerrung an einem Rohr mit konstantem und variablem Querschnitt	379
Abb. 8.15	Gleitungsanteile der Verdrehung und Verwölbung	379
Abb. 8.16	Winkel bei der Verformung infolge Torsion	379
Abb. 8.17	Lösung durch SolidWorks	381
Abb. 8.18	Lösung durch Matlab	382
Abb. 8.19	Dünnwandige, offene Profile (eingespannt!)	383
Abb. 8.20	Drillmoment offener Profile	383
Abb. 8.21	Balkenformen	384
Abb. 8.22	Matlab Code	385
Abb. 8.23	Verwölbung an Profilen – FEM-Verschiebungsdarstellung, Verwölbung durch V gekennzeichnet	386

Abb. 7.79	Dreieck 2	284
Abb. 7.80	Kragträger mit Einzellast	285
Abb. 7.81	Kragträger mit eingeleitetem Moment	286
Abb. 7.82	Kragträger mit Rechtecklast	287
Abb. 7.83	Kragträger mit Dreieckslast, q_{max} an der Einspannungsstelle	288
Abb. 7.84	Kragträger mit Dreieckslast, q_{max} beim freien Ende	289
Abb. 7.85	Drehmomentenschlüssel	290
Abb. 7.86	Stützträger mit Einzellast, außermittig	291
Abb. 7.87	Stützenträger mit eingeleitetem Moment, außermittig	294
Abb. 7.88	Stützenträger mit eingeleitetem Moment, am Außenrand	295
Abb. 7.89	Stützenträger mit durchgehender Gleichlast	296
Abb. 7.90	Stützenträger mit Dreieckslast	297
Abb. 7.91	Kragträger mit Trapezlast	299
Abb. 7.92	Durchbiegungsdiagramm einer Trapezlast	300
Abb. 7.93	Stützträger mit Dreieckslast	300
Abb. 7.94	L-Rahmen, $E \cdot I =$ const.	302
Abb. 7.95	Abgestufte Stützzelle mit Einzellast	303
Abb. 7.96	Kragträger mit Gleichlast, abgestützt	304
Abb. 7.97	Kragträger mit Gleichlast und Parallelführung	305
Abb. 7.98	Beidseitig eingespannter Balken mit Dreieckslast	306
Abb. 7.99	Querkraft	307
Abb. 7.100	Biegemoment	307
Abb. 7.101	Streckenlast	307
Abb. 7.102	Durchbiegung	307
Abb. 7.103	Bei konstanter Streckenlast, bei $x = a$	311
Abb. 7.104	Bei Dreieckslast	311
Abb. 7.105	Föppl-Symbol bei nicht durchgehender Gleichlast	311
Abb. 7.106	Föppl-Symbol bei einem Gelenk und Parallelführung	311
Abb. 7.107	Stützträger mit Einzellast, außermittig	312
Abb. 7.108	Arten von schiefer Biegung	313
Abb. 7.109	Biegelinien, statisch bestimmte Systeme 1	315
Abb. 7.110	Biegelinien, statisch bestimmte Systeme 2	316
Abb. 7.111	Biegelinien, statisch unbestimmte Systeme	316
Abb. 7.112	Grundidee: elastisch gebetteter Träger	317
Abb. 7.113	Beispiel	319
Abb. 7.114	Biegelinie, Beispiel elastisch gebetteter Träger	320
Abb. 7.115	Biegemoment, Beispiel elastisch gebetteter Träger	321
Abb. 7.116	Matlab-Code	322
Abb. 7.117	Beispiel, Dreieckslast	322
Abb. 7.118	Diagramme	324
Abb. 7.119	Grundskizze zum Differenzenverfahren	327
Abb. 7.120	Beispiel Differenzenverfahren	328
Abb. 7.121	Finden der Randbedingungen und der Matrizen (Lager)	329
Abb. 7.122	Randbedingungen von Balkenenden	329
Abb. 7.123	Koeffizienten mittels Matlab	331
Abb. 7.124	Lösung mittels Matlab	332
Abb. 7.125	Fehleranalyse	333
Abb. 7.126	Feder	335
Abb. 7.127	Beispiel elastisch gebetteter Träger bei veränderlicher Biegesteifigkeit	335
Abb. 7.128	Schnittufer des gekrümmten Trägers	336

Abb. 7.30	Träger mit Hebel	252
Abb. 7.31	In welchem Abstand b muss die zweite Person die Kiste aufnehmen, damit das Biegemoment konstant ist?	253
Abb. 7.32	Momentenvektor	253
Abb. 7.33	Beispiel Handkurbel (1)	254
Abb. 7.34	Beispiel Handkurbel (2)	254
Abb. 7.35	Beispiel Tragwerk im Raum	255
Abb. 7.36	Verläufe	256
Abb. 7.37	Übersicht: Verhalten Biegemomenten-, Querkraft-, und Belastungsverlauf	257
Abb. 7.38	Dreieckslast	257
Abb. 7.39	Dreieckslast mit SolidWorks (Biegemomentenverlauf)	258
Abb. 7.40	Dreieckslast mit SolidWorks (Querkraftverlauf)	258
Abb. 7.41	Trapezlast	259
Abb. 7.42	Parabellast Biegemomentenverlauf	259
Abb. 7.43	Parabellast Querkraftverlauf	259
Abb. 7.44	Elliptische Last Querkraftverlauf	259
Abb. 7.45	Elliptische Last Biegemomentenverlauf	259
Abb. 7.46	Schnittgrößen am Bogen	260
Abb. 7.47	Querkraftverlauf des Bogens mittels SolidWorks	260
Abb. 7.48	Biegemomentenverlauf des Bogens mittels SolidWorks	260
Abb. 7.49	Verläufe, Bogen mit Einzellast	260
Abb. 7.50	Zusammengesetztes Tragwerk	261
Abb. 7.53	Zusammengesetztes Tragwerk – Verläufe	262
Abb. 7.51	Träger mit veränderlichem Querschnitt	263
Abb. 7.52	Träger mit veränderlichem Querschnitt – Lösung mittels Excel	263
Abb. 7.55	Achsschenkelbolzen	265
Abb. 7.54	Anformgleichung	265
Abb. 7.56	Konsolenträger	269
Abb. 7.57	Blattfeder	270
Abb. 7.58	Federung durch eine Blattfeder, an einer Eisenbahn	270
Abb. 7.59	Konsolenträger mit Streckenlast	270
Abb. 7.60	Träger mit konstanter Biegesteifigkeit, mit Dreieckslast	271
Abb. 7.61	Konsolenträger verformt, und unverformt	271
Abb. 7.62	Schubmittelpunkte einiger Flächen	273
Abb. 7.63	Kragträger, schief belastet	274
Abb. 7.64	Kragträger, schief belastet, Vorderansicht	274
Abb. 7.65	Kragträger, schief belastet Spannungsvektoren	274
Abb. 7.66	Kragträger, schief belastet 3D	275
Abb. 7.67	Kragträger schief belastet, Steigungswinkel	275
Abb. 7.68	Kragträger schiefe Biegung	275
Abb. 7.69	Gerberträger Beispiel 1	276
Abb. 7.70	Gerberträger rechnerische Bestimmung Schnittgrößen	277
Abb. 7.71	Gerberträger rechnerische Bestimmung Verläufe	279
Abb. 7.72	Dreifach gelagerter Träger	280
Abb. 7.73	Dreifach gelagerter Träger, Durchbiegung	280
Abb. 7.74	Dreifach gelagerter Träger, mit allen Auflagerreaktionen	281
Abb. 7.75	Dreifach gelagerter Träger, Biegelinie	282
Abb. 7.76	Dreifach gelagerter Träger, Biegemomentenverlauf	282
Abb. 7.77	Krümmungsformel Herleitung	283
Abb. 7.78	Dreieck 1	284

Abb. 6.20	Vergleichsspannung (σ_{vM} = von Mises und σ_{vT} = von Tresca) . .	201
Abb. 6.21	Vergleich mit Druckbehälter	202
Abb. 6.22	Verläufe	202
Abb. 6.23	Spannungen im zylindrischen Druckbehälter	203
Abb. 6.24	Spannungen im kugelförmigen Druckbehälter	204
Abb. 6.25	Analytische Lösung zum Beispiel Druckbehälter, in Form einer Kugel und Zylinder	205
Abb. 6.26	Spannungen im kugelförmigen Druckbehälter – FEM	205
Abb. 6.27	Beispiel zum Mohr'schen Verzerrungskreis	208
Abb. 6.28	Lokales Gleichgewicht – anhand eines Würfels	211
Abb. 6.29	Beispiel zum Mohr'schen Spannungskreis	212
Abb. 6.30	Mohr'scher Spannungskreis – 3D-GeoGebra-1	216
Abb. 6.31	Mohr'scher Spannungskreis – 3D-GeoGebra-2	217
Abb. 6.32	Mohr'scher Spannungskreis – 3D-GeoGebra-Vergleichsspannung	219
Abb. 6.33	Anwendung des Mohr'schen Verzerrungskreis anhand der Verschiebung eines Quaders	223
Abb. 6.34	Mohr'scher Verzerrungskreis	223
Abb. 6.35	DMS als Messrosette	224
Abb. 6.36	Mohr'scher Verzerrungskreis einer DMS-Rosette	224
Abb. 7.1	Biegung auf Balken	229
Abb. 7.2	Ermittlung der Biegung anhand eines Versuches, 1897	229
Abb. 7.3	Hauptfasern bei der Biegung	230
Abb. 7.4	Plastische Stützwirkung	230
Abb. 7.5	Stützzahlen einiger Figuren	230
Abb. 7.6	Balken, geschnitten auf Biegung	231
Abb. 7.7	Seitenansicht geschnittener Balken	231
Abb. 7.8	Balken, geschnitten auf Biegung, verformt	232
Abb. 7.9	Achsbeschriftung	233
Abb. 7.10	Wellenbeispiel	234
Abb. 7.11	Träger geschnitten	235
Abb. 7.12	Träger zweimal geschnitten	236
Abb. 7.13	Vergleich: Biegemomenten- und Querkraftverlauf	237
Abb. 7.14	Verläufe	238
Abb. 7.15	Infinitesimal kleines Trägerstück	239
Abb. 7.16	Zusammenhang Querkraftverlauf-Biegemomentenverlauf	239
Abb. 7.17	Verläufe mittels Matlab	242
Abb. 7.18	Matlab-Programmcode – Biegemomenten-, Querkraft-, Normalkraftverlauf, 1. Beispiel (a)	243
Abb. 7.19	Matlab-Programmcode – Biegemomenten-, Querkraft-, Normalkraftverlauf, 1. Beispiel (b)	244
Abb. 7.20	Lösung durch Matlab (Querkraft)	245
Abb. 7.21	Lösung durch Matlab (maximales Biegemoment)	245
Abb. 7.22	Lösung durch Matlab (maximales Biegemoment)	246
Abb. 7.23	Verläufe beim Kragträger	247
Abb. 7.24	Träger mit mehreren Kräften	247
Abb. 7.25	Beispiel Träger mit mehreren Maxima	248
Abb. 7.26	Träger mit durchgehender Streckenlast	249
Abb. 7.27	Träger mit nicht durchgehender Streckenlast	250
Abb. 7.28	Träger mit Streckenlast und Einzellast	250
Abb. 7.29	Beispiele für eingeleitete Momente	251

Abbildungsverzeichnis

Abb. 5.13	Programmcode: statisches Moment und Flächenträgheitsmoment, mit Matlab, Lösung	157
Abb. 5.14	Beispiele offene Querschnitte	157
Abb. 5.15	Normprofile	158
Abb. 5.16	Lage des Schubmittelpunktes	162
Abb. 5.17	Tabelle mit Gleichungen zur Berechnung der Schubspannungen wichtiger Figuren	162
Abb. 5.18	Belastung durch Querkraft ohne Blech-Spannung	163
Abb. 5.19	Belastung durch Querkraft mit Blech-Spannung	163
Abb. 5.20	Belastung durch Querkraft ohne Blech-Verschiebung	163
Abb. 5.21	Belastung durch Querkraft mit Blech-Verschiebung	164
Abb. 5.22	Reine Biegung und Biegung sowie Torsion	164
Abb. 5.23	Dünnwandiger geschlitzter Kreisquerschnitt	164
Abb. 5.24	90 Grad Winkel-Profil	164
Abb. 5.25	Die Schubspannungsverteilung	165
Abb. 5.26	Schubspannungsverlauf in Polarkoordinaten, Matlab, Programmcode	165
Abb. 5.27	Schubspannungsverlauf in Polarkoordinaten, Matlab	166
Abb. 5.28	Schubkorrekturfaktoren	169
Abb. 5.29	Beispiel zu Schub, Kragträger	169
Abb. 5.30	Einfluss der Schub- und Biegeverformung bei einem Kragträger	170
Abb. 5.31	Vergleich zwischen Timoschenko- und Bernoulli Balken	172
Abb. 5.32	Die Schubspannungsverteilung eines längs geschweißten I-Trägers	173
Abb. 5.33	Schubspannungsverteilung eines längs geschweißten I-Trägers	174
Abb. 5.34	Schubspannungsverteilung eines längs geschweißten I-Trägers, Schubspannungsverteilung	175
Abb. 5.35	U-Profil, Schubmittelpunktberechnung	176
Abb. 5.36	U-Profil, Schubspannungsverteilung und Schubmoment	178
Abb. 6.1	Volumenelement, in Form eines Quaders, belastet	187
Abb. 6.2	Volumenelement, in Form eines Tetraeders, belastet	187
Abb. 6.3	Schnittkräfte eines Würfels	187
Abb. 6.4	Lokales Gleichgewicht – anhand eines Würfels	188
Abb. 6.5	Anstieg einer Kurve, partielle Schreibweise	188
Abb. 6.6	Verformtes – und unverformtes Bauteil	189
Abb. 6.7	Massenelement mit Verzerrungen	189
Abb. 6.8	Infinitesimal kleines Balkenstück	191
Abb. 6.9	Mohr'scher Spannungskreis – Beweis der Gleichungen	192
Abb. 6.10	Mohr'scher Spannungskreis – GeoGebra	193
Abb. 6.11	Mohr'scher Spannungskreis 2D-Beispiel Computer-Angabe	194
Abb. 6.12	Mohr'scher Spannungskreis 2D-Beispiel Computer-GeoGebra	194
Abb. 6.13	Mohr'scher Spannungskreis 2D-Beispiel Computer-Matlab-Programmcode	196
Abb. 6.14	Mohr'scher Spannungskreis 2D-Beispiel Computer-Matlab-Diagramm	196
Abb. 6.15	Mohr'scher Spannungskreis 2D-Beispiel Computer-Matlab-Lösung	197
Abb. 6.16	Mohr'scher Spannungskreis – 3D-1	199
Abb. 6.17	Mohr'scher Spannungskreis – 3D-2	199
Abb. 6.18	Mohr'scher Spannungskreis – 3D-GeoGebra	200
Abb. 6.19	Mohr'scher Spannungskreis 3D-Beispiel Traktionsvektor	201

Abb. 3.7	Flächenpressung zwischen Lagerlasche und Welle hoch, nicht optimal	95
Abb. 3.8	Flächenpressung Hertz'sche Pressung	95
Abb. 3.9	Welle und Buchse	103
Abb. 4.1	Brückenbrett	111
Abb. 4.2	Lineal – Belastung 1	112
Abb. 4.3	Lineal – Belastung 2	112
Abb. 4.4	Flächenmoment, mit Integral	113
Abb. 4.5	Flächenmoment allgemeines Dreieck	114
Abb. 4.6	Flächenmoment Kreis	114
Abb. 4.7	Flächenmoment Kreis, axial	115
Abb. 4.8	Flächenmoment, Rechteck, axial	117
Abb. 4.9	Flächenmoment, Kreis, axial	117
Abb. 4.10	Herleitung 1. Bredt'sche Formel	121
Abb. 4.11	Absoluter Fehler	122
Abb. 4.12	Relativer Fehler	122
Abb. 4.13	Satz von Steiner	124
Abb. 4.14	Flächenmomente bezogen auf eine beliebige Schwerachse	124
Abb. 4.15	Beispiel für zusammengesetzte Flächen	125
Abb. 4.16	Schwerpunktermittlung mittels Tabelle	125
Abb. 4.17	Flächenträgheitsmoment mittels Tabelle	125
Abb. 4.18	Beschriftung der Hauptachsen	127
Abb. 4.19	Trägheitskreis nach Mohr, Zeichenschritt 1	127
Abb. 4.20	Trägheitskreis nach Mohr, Zeichenschritt 2	128
Abb. 4.21	Ermitteln der Flächenmomente	128
Abb. 4.22	Ermittlung des Hauptachsenwinkels mit GeoGebra	128
Abb. 4.23	Ermittlung des Hauptachsenwinkels mit Matlab	129
Abb. 4.24	Flächenmoment allgemeines Dreieck	132
Abb. 4.25	Flächenmoment eines Profils	134
Abb. 4.26	Mohr'scher Kreis 1, Angabe	135
Abb. 4.27	Mohr'scher Kreis 1, Lösung	136
Abb. 4.28	Mohr'scher Kreis 2, Lösung	137
Abb. 4.29	Mohr'scher Kreis 3, Lösung	138
Abb. 4.30	Rechnerische Lösung, mittels Matlab	139
Abb. 4.31	Skizze zeichnen	140
Abb. 4.32	Querschnitteigenschaften auswählen	140
Abb. 4.33	Werte ablesen	141
Abb. 5.1	Die Abscherbeanspruchung hat sich schon jeder von uns bereits als Kind zunutze gemacht	149
Abb. 5.2	Formänderung infolge von Schub	150
Abb. 5.3	Volumenelement, in Form eines Quaders, belastet	150
Abb. 5.4	Träger geschnitten	150
Abb. 5.5	Massivträger und Bretterstapel gegenübergestellt	151
Abb. 5.6	Veranschaulichung mittels FEM	151
Abb. 5.7	Geschichteter Holzstapel im Detail A	152
Abb. 5.8	Querschnittstück	153
Abb. 5.9	Schubspannungsverteilung Rechteckquerschnitt	153
Abb. 5.12	Schubspannungsverteilung Kreisquerschnitt	154
Abb. 5.10	Schubspannungsverteilung Rechteckquerschnitt, mittels Excel	155
Abb. 5.11	Programmcode: statisches Moment und Flächenträgheitsmoment mit Matlab	155

Abb. 1.33	3. Belastungsart	27
Abb. 1.34	4. Belastungsart	27
Abb. 2.1	Stab unter Zug- bzw. Druckbeanspruchung	34
Abb. 2.2	Herleitung der Grundformel an einem geschnittenen Stab	34
Abb. 2.3	Betrachtung einer schrägen Fläche	38
Abb. 2.5	Diagramme für Durchmesser, Fläche und Spannung	41
Abb. 2.4	Beispiel konischer Stab	41
Abb. 2.6	Beispiel Windrad	46
Abb. 2.7	Dehnung anhand eines Stabes, wenn $A =$ const.	48
Abb. 2.8	Örtliche Dehnung	48
Abb. 2.9	Beweis Hooke'sche Gesetz und Ermittlung des Materials aus einer FEM Studie	49
Abb. 2.10	Querkontraktion	49
Abb. 2.11	Einzelstab mit Variabler A	63
Abb. 2.12	Stab unter Eigenlast, hängend	65
Abb. 2.13	Statisch bestimmtes Stabsystem	66
Abb. 2.14	Absenkung	66
Abb. 2.15	Statisch bestimmtes Stabsystem (2)	67
Abb. 2.16	Statisch unbestimmtes Stabsystem	69
Abb. 2.17	Statisch unbestimmtes Stabsystem, Anwendung des Strahlensatzes	70
Abb. 2.18	Statisch unbestimmtes Stabsystem, Lösung mittels Excel	71
Abb. 2.19	Korrigierte analytische Lösung, statisch unbestimmtes Stabsystem	73
Abb. 2.20	Korrigierte analytische Lösung und Fehleranalyse	74
Abb. 2.21	Bauteil wird mit F auf Druck belastet	74
Abb. 2.22	Stab mit konischer Fläche	76
Abb. 2.23	Spannungs-Dehnungs-Diagramm	76
Abb. 2.24	Spannungs-Dehnungs-Diagramm, Proportionalitätsbereich	76
Abb. 2.25	Stab-Näherungslösung	76
Abb. 2.26	Stab – FEM	77
Abb. 2.27	Globales – und lokales Stabsystem	78
Abb. 2.28	Spannung durch FEM-SolidWorks	79
Abb. 2.29	Verschiebung durch FEM-SolidWorks	79
Abb. 2.30	Dehnung durch FEM-SolidWorks	80
Abb. 2.31	Netz	80
Abb. 2.32	Netz bei Kanten	80
Abb. 2.33	Netz bei Kanten	81
Abb. 2.34	Steifigkeitsmatrix für ein Stabelement	81
Abb. 2.35	Randbedingungen	82
Abb. 2.36	Zuglasche	85
Abb. 2.37	Statisch unbestimmtes Stabsystem, mit Festlager	86
Abb. 2.38	Statisch unbestimmtes Stabsystem, Lösung mittels Excel (2)	88
Abb. 3.1	Beispiel aus der Tierwelt für Flächenpressung	91
Abb. 3.2	Prismatische Führung, projizierte Fläche	92
Abb. 3.3	Prismatische Führung	92
Abb. 3.4	Flächenpressung bei Wellenzapfen	93
Abb. 3.5	Flächenpressung an Gewindeflanken	93
Abb. 3.6	Flächenpressung zwischen Lagerlasche und Welle gering, optimal	94

Abbildungsverzeichnis

Abb. 1.1	Im Flugzeugbau – als Beispiel – müssen die zulässigen Spannungen weitaus geringer gewählt werden, da beim Versagen ein enormer Schaden entstehen kann	6
Abb. 1.2	Beispiel für ein Smith-Diagramm	7
Abb. 1.3	Schwingspiel bzw. Lastspiel	7
Abb. 1.4	Wöhlerkurve von Stahl	7
Abb. 1.5	Konstruktion des Smith-Diagramms	8
Abb. 1.6	Beispiel zum Ablesen der zulässigen Werte im Smith-Diagramm	9
Abb. 1.7	Zeitliche Änderung der Spannung in Abhängigkeit der Zeit – dargestellt in einem Diagramm	9
Abb. 1.8	Der Prüfstab wird bis zum Bruch gedehnt und belastet	10
Abb. 1.9	Hier kann man eine Zugmaschine für einen Zugversuch betrachten	10
Abb. 1.10	Der PC liefert dann nach dem Versuch das sogenannte Spannungs-Dehnungsdiagramm	10
Abb. 1.11	Zugmaschine SolidWorks	10
Abb. 1.12	Spannungs-Dehnungs-Diagramm	16
Abb. 1.13	Spannungs-Dehnungs-Diagramm, Vergleich zwischen technischer und wahrer Spannungs-Dehnungs-Kurve	16
Abb. 1.14	Spannungs-Dehnungs-Diagramm, für hochfeste Stähle, ohne ausgeprägter Fließgrenze	18
Abb. 1.16	Spannungs-Dehnungs-Diagramm, unterschiedliche Materialien .	19
Abb. 1.17	Winkelberechnung mittels des E-Moduls...................	19
Abb. 1.15	Spannungs-Dehnungs-Diagramm, Proportionalitätsbereich	19
Abb. 1.18	Normalbeanspruchung	20
Abb. 1.19	Tangentialbeanspruchung	20
Abb. 1.20	Gleichmäßige Spannungsverteilung	20
Abb. 1.21	Gleichmäßige Spannungsverteilung, Beispiel bei Belastung einer Welle auf Druck	21
Abb. 1.22	Gleichmäßige Spannungsverteilung, Beispiel bei Belastung einer Welle auf Druck, Verschiebungsbild	21
Abb. 1.23	Gleichmäßige Spannungsverteilung, Beispiel bei Belastung einer Welle auf Druck, Sondierungspunkte	21
Abb. 1.24	Gleichmäßige Spannungsverteilung, Beispiel bei Belastung einer Welle auf Druck, Spannungsverlaufdiagramm	22
Abb. 1.25	Lineare Spannungsverteilung	22
Abb. 1.26	Lineare Spannungsverteilung, Beispiel bei Belastung einer Welle auf Biegung	22
Abb. 1.27	Lineare Spannungsverteilung, Beispiel bei Belastung einer Welle auf Biegung, Verschiebungsbild.....................	23
Abb. 1.29	Lineare Spannungsverteilung, Beispiel bei Belastung einer Welle auf Biegung, Spannungsverlaufdiagramm	23
Abb. 1.28	Lineare Spannungsverteilung, Beispiel bei Belastung einer Welle auf Biegung, Sondierungspunkte	23
Abb. 1.30	Tabelle für Zeit, Spannung und Frequenz	26
Abb. 1.31	1. Belastungsart.......................................	26
Abb. 1.32	2. Belastungsart.......................................	26

A.7.4	Spezielle Tragwerke	573
A.7.5	Biegung bei veränderlichem Querschnitt	573
A.7.6	Träger gleicher Biegespannung	574
A.7.7	Grundlagen Formänderung	574
A.7.8	Zweiachsige – oder schiefe Biegung	574
A.7.9	Statisch unbestimmte Systeme	574
A.7.10	Die elastische Linie	575
A.7.11	Elastisch gebetteter Träger	578
A.7.12	Der gekrümmte Träger	580
A.8	**Torsionsbeanspruchung**	581
A.8.1	Einfache Torsionstheorie	581
A.8.2	Torsion nach St. Venant	582
A.8.3	Wölbkrafttorsion	583
A.9	**Zusammengesetzte Beanspruchungen**	584
A.9.1	Gleichartige Beanspruchung	584
A.9.2	Ungleichartige Beanspruchung	585
A.9.3	Spannungsraum und Fließbedingungen	585
A.10	**Stabilitätsprobleme**	586
A.10.1	Biegeknickung	586
A.10.2	Zweiachsige Biegeknickung	589
A.10.3	Biegedrillknicken (Kippen)	589
A.10.4	Übersicht Kippen	589
A.10.5	Beulen	589
A.11	**Arbeitsbegriff in der Elastostatik**	589
A.12	**Tensoren und Grundlagen der Tensorrechnung**	591
A.13	**Grundgleichungen der linearen Elastizitätstheorie**	593
A.13.1	Stoffunabhängige Gleichungen	593
A.13.2	Stoffabhängige Gleichungen	593
A.13.3	Spezielle Elastizitätsgesetze	593
A.13.4	Thermoelastizität	594
A.13.5	Verallgemeinertes Hooke'sches mit Thermoelastizität bei Isotropie	594
A.14	**Spezielle Randwertprobleme**	594
A.14.1	Ebener Spannungszustand	594
A.14.2	Ebener Verzerrungszustand	595
A.14.3	Lineare Elastizitätstheorie in Polarkoordinaten	595
A.14.4	St. Venant'sche Torsion	596
A.15	**FEM zur Lösung des Feldproblems**	596
A.15.1	Prinzip der virtuellen Verschiebungen	596
A.15.2	Die „finiten Elemente"	597
	Literatur	598
	Personenverzeichnis	603
	Stichwortverzeichnis	605

14.2	**Ebener Spannungszustand**	520
14.2.1	Voraussetzungen	520
14.2.2	Definitionen	520
14.2.3	Wann darf der ebene Spannungszustand verwendet werden?	521
14.2.4	Abschluss und Folgerungen	526
14.3	**Ebener Verzerrungszustand**	526
14.3.1	Definitionen	526
14.3.2	Hooke'sches Gesetz	526
14.3.3	Kompatibilitätsbedingungen	527
14.3.4	Abschluss und Folgerungen	527
14.4	**Lineare Elastizitätstheorie in Polarkoordinaten**	527
14.4.1	Koordinatentransformation	528
14.4.2	Axialsymmetrisches Problem	528
14.4.3	Ebener Spannungszustand bei Axialsymmetrie	529
14.4.4	Ebener Verzerrungszustand bei Rotationssymmetrie	530
14.5	**St. Venant'sche Torsion**	532
14.5.1	Spannungs-Dehnungs-Beziehungen	533
14.5.2	Prandtl'sche Spannungsfunktion	533
14.5.3	Gleichgewichtsbedingung für das Torsionsmoment	533
14.6	**Prinzip von St. Venant**	534
14.7	**Übungen**	534

15	**FEM zur Lösung des Feldproblems**	543
15.1	**Prinzip der virtuellen Verschiebungen**	545
15.1.1	Arbeitssatz der Elastizitätstheorie	545
15.1.2	Virtuelle Verrückung	546
15.1.3	Verzerrung	547
15.1.4	Matrizenschreibweise	547
15.1.5	Rayleigh–Ritz-Verfahren	547
15.2	**Methode der finiten Elemente (FEM)**	550
15.2.1	Die „finiten Elemente"	550
15.2.2	Anwendung des Ritz'schen Verfahrens auf ein Element	551
15.2.3	2D-Scheibenelement	552
15.2.4	Zusammenbau der Elemente	552
15.2.5	Auswertung der anderen Feldgrößen auf Elementebene	553
15.2.6	The Principle of Minimum Potential Energy	553

	Serviceteil	555
	Formelsammlung Elastostatik	556
A.1	**Grundlagen der Spannungen**	556
A.2	**Druck- und Zugspannung**	559
A.3	**Kontaktmechanik**	561
A.4	**Flächen- und Widerstandsmomente**	562
A.4.1	Widerstandsmoment	562
A.4.2	Flächenmomente	563
A.5	**Abscher- und Schubbeanspruchung**	564
A.6	**Spannungs- und Verzerrungszustand**	567
A.7	**Biegebeanspruchung**	571
A.7.1	Grundlagen der Biegung	571
A.7.2	Schnittgrößen in der Ebene	571
A.7.3	Schnittgrößen im Raum	572

Inhaltsverzeichnis

II Teil II. Grundlagen der Höheren Mechanik: Kontinuumsmechanik in der Elastostatik

12 Tensoren und Grundlagen der Tensorrechnung 469
- 12.1 **Tensorbegriff** 471
  - 12.1.1 Levi-Civita-Symbol 471
  - 12.1.2 Symbolische Darstellung 471
  - 12.1.3 Orthonormierte Basisvektoren als Tensorbasis 471
- 12.2 **Tensoralgebra** 472
  - 12.2.1 Tensoraddition 472
  - 12.2.2 Tensormultiplikation 472
  - 12.2.3 Einfaches Skalarprodukt (inneres Produkt) 472
  - 12.2.4 Doppeltes Skalarprodukt 473
- 12.3 **Tensorkoordinatentransformation** 473
  - 12.3.1 Drehtransformation eines Punktes 473
  - 12.3.2 Drehtransformation eines Tensors 475
  - 12.3.3 Transformation Tensoren zweiter Stufe 476
- 12.4 **Hauptspannungen und Hauptachsensystem** 477
  - 12.4.1 Hauptspannungstransformation von Hauptspannungen 479
  - 12.4.2 Invarianten 479
  - 12.4.3 Maximale Schnittspannungen 480
  - 12.4.4 Maximale Schubspannungen 480
  - 12.4.5 Zusammenfassung 481
  - 12.4.6 Anwendung in SolidWorks 481
- 12.5 **Tensorfelder und Differenzialoperatoren** 482
  - 12.5.1 Nabla-Operator ∇ 482
  - 12.5.2 Gauß'scher Integralsatz 483
- 12.6 **Übungen** 484

13 Grundgleichungen der linearen Elastizitätstheorie 493
- 13.1 **Stoffunabhängige Gleichungen** 495
  - 13.1.1 Wiederholung: Cauchy'sches Fundamentaltheorem, lokales Gleichgewicht und Verschiebung 495
  - 13.1.2 St.-Venant'sche Kompatibilitätsbedingungen 496
- 13.2 **Stoffabhängige Gleichungen** 498
  - 13.2.1 Elastizität im technischen Sinne 498
  - 13.2.2 Lineare Elastizität 498
  - 13.2.3 Interpretation der Elastizitätskonstanten 500
  - 13.2.4 Spezielle Elastizitätsgesetze 501
- 13.3 **Thermoelastizität** 504
- 13.4 **Verallgemeinertes Hooke'sches Gesetz mit Thermoelastizität bei Isotropie** 508
- 13.5 **Übungen** 508

14 Spezielle Randwertprobleme 513
- 14.1 **2D-Vereinfachung mittels FEM** 515
  - 14.1.1 2D Vereinfachung: ebener Spannungszustand 515
  - 14.1.2 2D Vereinfachung: ebener Verzerrungszustand 517
  - 14.1.3 2D Vereinfachung: Axialsymmetrie 517
  - 14.1.4 Hinterlegte Gleichungen bei der FEM Analyse 519

10	**Stabilitätsprobleme**	415
10.1	**Biegeknickung**	419
10.1.1	Ursachen von Knickung	419
10.1.2	Euler'sche Knickfälle	419
10.1.3	Dimensionierung bei Knickung	423
10.1.4	Grenzschlankheitsgrad λ_0	423
10.1.5	Eulerbedingung	423
10.1.6	Elastische Biegeknickung	424
10.1.7	Überprüfung von Knickung	425
10.1.8	Anwendungsbeispiel zu Knickung	426
10.1.9	Knickung mittels FEM	426
10.2	**Zweiachsige Biegeknickung**	435
10.3	**Biegedrillknicken (Kippen)**	435
10.3.1	Auftreten von Kippen	435
10.3.2	Herleitung der Kippformel	435
10.3.3	Herleitung der Kippformel	437
10.3.4	Übersicht Kippen	438
10.3.5	Kippen mittels FEM	440
10.4	**Beulen**	442
10.4.1	Grundlagen	442
10.4.2	Schalenbeulen	443
10.4.3	Beulgleichung	443
10.4.4	Lösung der Beulgleichung	444
10.4.5	Beulen mittels FEM	446
10.5	**Übungen**	452
11	**Arbeitsbegriff in der Elastostatik**	457
11.1	**Differentielle Arbeit**	458
11.1.1	Arbeitssatz der Statik	458
11.1.2	Formänderungsarbeit	459
11.2	**Sätze von Castigliano und Menabrea**	459
11.2.1	Satz von Castigliano	459
11.2.2	Satz von Menabrea	461
11.2.3	Anwendung	461
11.3	**Sätze von Betti und Maxwell**	462
11.3.1	Voraussetzungen und Anwendung	462
11.3.2	Satz von Betti	463
11.3.3	Satz von Maxwell	463
11.3.4	Anwendung	463
11.4	**Übungen**	465

7.13	**Der gekrümmte Träger**	336
7.13.1	Schnittgrößen	336
7.13.2	Spannungen beim gekrümmten Träger	339
7.13.3	Verschiebungen	344
7.14	**Übungen**	348
8	**Torsionsbeanspruchung**	**363**
8.1	**Grundlagen**	365
8.1.1	Herleitung der Grundformel	366
8.1.2	Formänderung infolge Torsionsbeanspruchung	367
8.1.3	Zulässige Verdrehwinkel	367
8.1.4	Formänderungsarbeit bei Torsion	368
8.1.5	Festigkeitsnachweis bei Torsion	368
8.1.6	Verlauf bei Torsionsbeanspruchung	369
8.1.7	Torsionsfederkonstanten	369
8.1.8	Beispiel einer Getriebewelle	369
8.2	**Torsion nach St. Venant**	375
8.2.1	St.-Venant'sche Torsionstheorie	376
8.2.2	Dünne, geschlossene Querschnitte	378
8.2.3	Dünne, offene Querschnitte	380
8.3	**Wölbkrafttorsion**	385
8.3.1	St. Venant'sche Torsion-Grundgleichungen und Erweiterungen	387
8.3.2	Querkraftschub	387
8.3.3	Potentialgleichung und deren Lösung	388
8.3.4	Potentialgleichung und deren Lösung	389
8.3.5	Lösungsansatz und Gleichung des tordierten Stabes	390
8.3.6	Bestimmung der sekundären Schubspannungen	391
8.4	**Übungen**	393
9	**Zusammengesetzte Beanspruchungen**	**397**
9.1	**Gleichartige Beanspruchung**	399
9.1.1	Allgemeines	399
9.1.2	Normalspannungen (1, 2, 3)	399
9.1.3	Schubspannungen (4, 5, 6)	402
9.2	**Ungleichartige Beanspruchung**	404
9.2.1	Hypothese der größten Gestaltänderungsarbeit	404
9.2.2	Hypothese der größten Normalspannung (Rankine)	405
9.2.3	Hypothese der größten Schubspannung	406
9.2.4	Zusammenfassung	406
9.2.5	MISES Vergleichsspannung	406
9.2.6	TRESCA Vergleichsspannung	406
9.2.7	Beispiel	406
9.3	**Spannungsraum und Fließbedingungen**	410
9.3.1	Fließbedingungen	410
9.3.2	Fließbedingung nach von Mises (Gestaltänderungsenergiehypothese)	410
9.3.3	Fließbedingung nach Tresca (Schubspannungshypothese)	411
9.3.4	Fließbedingung nach Burzyński-Yagn	411
9.3.5	Fließbedingung nach Huber	412
9.3.6	Fließbedingung nach Mao-Hong Yu	412
9.4	**Übungen**	413

Teil I. Elastostatik (oder: Festigkeitslehre)

Inhaltsverzeichnis

Kapitel 1   Spannungen – 3

Kapitel 2   Zug- und Druckbeanspruchung – 31

Kapitel 3   Kontaktmechanik – 89

Kapitel 4   Flächen- und Widerstandsmomente – 109

Kapitel 5   Abscher- und Schubbeanspruchung – 147

Kapitel 6   Spannungs- und Verzerrungszustand – 183

Kapitel 7   Biegebeanspruchung – 225

Kapitel 8   Torsionsbeanspruchung – 363

Kapitel 9   Zusammengesetzte Beanspruchungen – 397

Kapitel 10   Stabilitätsprobleme – 415

Kapitel 11   Arbeitsbegriff in der Elastostatik – 457

Spannungen

Inhaltsverzeichnis

1.1	**Zulässige Spannungen** – 6	
1.1.1	Ablesen von zulässigen Spannungen – 6	
1.1.2	Wöhlerversuch – 6	
1.1.3	Smith-Diagramm (Dauerfestigkeitsschaubild) – 8	
1.1.4	Zeitliche Änderung der Spannungen – 8	
1.1.5	Spannungs-Dehnungs-Diagramm und Zugversuch – 9	
1.1.6	Hooke'sches Gesetz – 19	
1.2	**Vorhandene Spannungen und Festigkeitsnachweis** – 19	
1.2.1	Grundlagen – 19	
1.3	**Spannungsarten** – 20	
1.3.1	Normalspannungen – 20	
1.3.2	Tangentialspannungen – 20	

© Der/die Autor(en), exklusiv lizenziert an Springer-Verlag GmbH, DE, ein Teil von Springer Nature 2023
A. Huber, *Technische Mechanik 2 - Elastostatik*, https://doi.org/10.1007/978-3-662-67759-9_1

1.4 **Spannungsverteilung** – 20
1.4.1 Gleichmäßige Spannungsverteilung – 20
1.4.2 Lineare Spannungsverteilung – 21

1.5 **Übungen** – 24

Kapitel 1 · Spannungen

Sie lernen hier…
- den Spannungsbegriff kennen.
- zulässige Spannungen berechnen.
- das Spannungsdehnungsdiagramm kennen.
- den Zugversuch kennen.
- den Unterschied zwischen den unterschiedlichen Spannungstypen kennen.
- wie ein Wöhlerversuch entsteht.
- wie ein Spannungs-Dehnungs-Diagramm entsteht und mit dem Wöhlerversuch zusammenhängt.

> **Zitat**
>
> Techniktücken sind Entwicklungslücken.
> *Bellermann, Menschs Tierleben, Schardt Verlag 2001*

Was sind Spannungen? „Spannung" ein Begriff aus dem täglichen Leben, der vielseitig interpretierbar ist. Die einen verstehen darunter die Anspannung vor einem Test, die anderen die angespannten Sehnen beim Sport – diese Art ähnelt der Betrachtung der Spannung in der Mechanik allerdings schon sehr stark – und wiederum andere verstehen unter „Spannung" die elektrische Spannung. Die elektrische Spannung – ebenfalls ein Begriff aus der Mechanik – oder besser Physik – wird hier jedoch keinen Einfluss haben. Wird in diesem Buch von „Spannungen" geschrieben, so meint man eigentlich die „mechanische Spannung".

> **Definition 1.1 (Spannung)**
>
> Unter einer mechanischen Spannung versteht man das Maß an innerer Beanspruchung, die infolge äußerer Belastung entsteht [78].

Unterschieden werden folgende Arten der Spannungen. Zum einen je nach Belastungsart: Druck-, Zug-, Biege-, Torsions-, Schubbeanspruchung (diese werden später Kapitel für Kapitel behandelt) und zum anderen in zulässigen – und vorhandenen Spannungen.

Die vorhandene Spannung ist jene Art der Spannung, welche durch die Größe, Richtung und Art der äußeren Belastung entsteht. Es handelt sich um jene Art der Spannung, die „wirklich" in einem Bauteil – bei Belastung – herrscht.

Die zulässige Spannung ist die Spannung, welche vom Material und vom Querschnitt des Materials abhängt. Jedes Material kann andere Spannungsbeträge – ohne Bruch – aufnehmen. Ein Bauteil aus Holz kann keine so großen Spannungen aufnehmen, als ein Bauteil aus Metall. Die zulässigen Spannungen können aber wieder unterteilt werden, in die Spannung, die bei Überschreitung den Bruch des Werkstückes hervorrufen – und in Spannungen, die bei Überschreitung eine Gefahr für Personen etc. darstellen. Sind an Baugruppen Komponenten zu dimensionieren, bei deren Versagen Personen zu Schaden kommen können, so muss die zulässige Spannung, durch Sicherheitsfaktoren korrigiert und damit niedriger angesetzt werden, als bei einem Bauteil, bei dessen Versagen nur ein finanzieller Schaden entsteht.

Alle hier getätigten Berechnungen entsprechen nur dem Optimalfall, selten Realfall. Die gezeigten Berechnungen in diesem Buch basieren allesamt auf der Tatsache, dass optimales Materialverhalten, ohne Einschlüsse, Lunker etc. vorliegen, ebenso wird man schnell bei komplexen Bauteilen an seine Grenzen stoßen, wenn man Spannungen von schwierigen Figuren berechnen soll. Mit der heutigen Technik im Fertigungswesen des Maschinenbaus ist es kein Problem mehr, durch CNC-Methoden, oder auch allmählich mittels 3D-Druck Verfahren hochkomplexe Bauteile herzustellen, die kompliziert zum Nachrechnen sind. Deswegen wird immer mehr und mehr auf die computergestützten Methoden wie: FEM zurückgegriffen, die Grundlagen der Mechanik müssen jedoch in beiden Fällen beherrscht werden, aufgrund die Mechanik auch in Zukunft keinen Studenten erspart bleiben wird. Zusätzlich muss es immer wieder Personen geben, die FEM Programme weiterentwickeln und programmieren, auch diese müssen die Mechanik in jeder Hinsicht durchblicken. Auch wenn vieles, hier Gezeigte, als unnötig empfunden wird, es hat doch immer wieder eine gewisse Daseinsberechtigung.

In der Höheren Mechanik stößt man auf den Begriff der Kontinuumsmechanik. Diese Art der Mechanik wird hier auch kurz in geeigneten Kapiteln angesprochen. Die Kontinuumsmechanik behandelt im Grunde die Kapitel der Festigkeitslehre, allerdings viel allgemeiner. Grob kann man sagen, dass keine Unterteilung, wie in diesem ersten Teil des Buches gezeigt wird, in beispielsweise: Biegebeanspruchung, Zug- oder Druckbeanspruchung usw. stattfindet. Viel mehr geht es in der Kontinuumsmechanik darum, dass Spannungen im Raum in gewissen Richtungen wirken, die im Anschluss durch Matrizen in entsprechende Schub- und Normalspannungen überführt werden können. Die Kontinuumsmechanik fordert allerdings dem Leser sofort einen deutlich höheren anspruchsvollen Teil der Mathematik ab, sodass es momentan noch zu früh wäre, diese zu behandeln, der Vorteil besteht allerdings in der allgemeinen Anwendung, man kann diese Verfahren sehr einfach in die Numerik überführen, sodass auch entsprechende Programmcodes für die FEM unter Kenntnis der Kontinuumsmechanik geschrieben werden können.

1.1 Zulässige Spannungen

> **Definition 1.2 (Zulässige Spannungen)**
> Als zulässige Spannung wird jene Art der Spannung bezeichnet, die durch eine Belastung entsteht, die das Bauteil in seinem Anwendungsfall nicht weiter als erlaubt verformt und dadurch alle Spannungen bis zu diesem Bereich aufnehmen, sodass trotzdem noch ein Halten des Teils garantiert werden kann (vgl. ◘ Abb. 1.1).

> **Corollary 1.1**
> Wird die vorhandene Spannung größer als die zulässige, so kann ein Erfüllen der vorgehenden Definition nicht mehr gewährleistet werden, sodass sogenannte Sicherheitsfaktoren verwendet werden müssen, um die angenommenen Lastbedingungen, die angenommen Materialdaten etc. zu berücksichtigen.

1.1.1 Ablesen von zulässigen Spannungen

Die zulässigen Spannungen lassen sich aus Tabellen oder Diagrammen ablesen. Die erste Möglichkeit bietet sich mittels der Smith-Diagramme an. Man kann aus diesen Diagrammen die zulässigen Spannungen je Material, Belastungsart und Belastungsfall ablesen. Der Belastungsfall bezieht sich auf den Einsatz des jeweiligen Werkstückes. Dieser kann statisch (I), schwellend (II) oder wechselnd (III) sein. Ein Beispiel für ein Smith-Diagramm ist in ◘ Abb. 1.2 zu sehen. Dieses zeigt das Diagramm für die Belastungsart Zug-Druck und für die Materialien: S235, S275, E295, E335 und E360. Man kann aus diesen Diagrammen für Zug- bzw. Druckbeanspruchung, in Abhängigkeit der Belastungsart, die zulässige Spannung ablesen. Wie kommt man auf dieses Diagramm? Diese Antwort wird in den nächsten beiden Abschnitten erarbeitet, dazu muss man allerdings vorher noch den Wöhlerversuch genauer verstehen.

1.1.2 Wöhlerversuch

Dieser Versuch geht auf den Eisenbahningenieur August Wöhler zurück. Dieser hat den Versuch durchgeführt, nachdem das Eisenbahnunglück von Timelkam passiert war. Der Versuch besteht darin, ein Bauteil mit einer definierten Belastung, je nach Versuchsaufbau: statisch, schwellend oder wechselnd, mit unterschiedlich vielen Lastspielen zu belasten. Es werden dafür Proben verwendet, die je nach Belastungsanzahl,

◘ **Abb. 1.1** Im Flugzeugbau – als Beispiel – müssen die zulässigen Spannungen weitaus geringer gewählt werden, da beim Versagen ein enormer Schaden entstehen kann

1.1 · Zulässige Spannungen

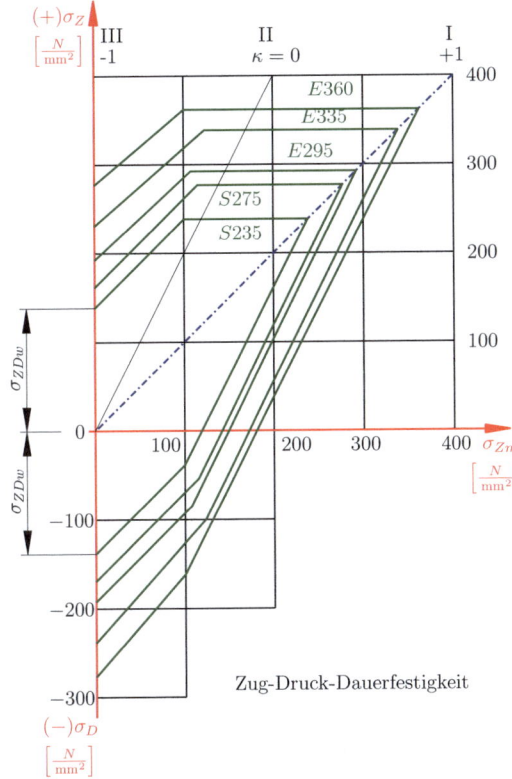

Abb. 1.2 Beispiel für ein Smith-Diagramm, aus [114, S. 870]

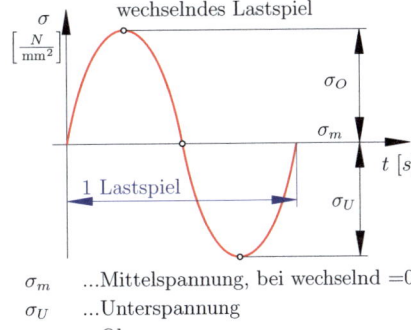

Abb. 1.3 Schwingspiel bzw. Lastspiel

σ_m ...Mittelspannung, bei wechselnd $=0$
σ_U ...Unterspannung
σ_O ...Oberspannung

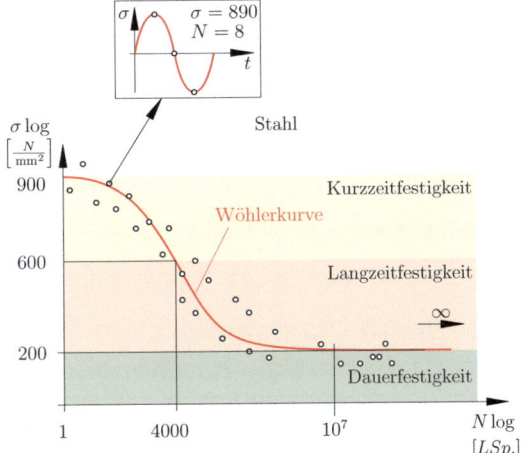

Abb. 1.4 Wöhlerkurve von Stahl

Schwingspiele (vgl. ■ Abb. 1.3) genannt, immer wieder zum Bruch geführt werden. Führt man diesen Versuch schrittweise mit einer immer niedrigeren Mittelspannung durch, so halten die Versuchskörper immer höhere Schwingspielzahlen aus. Anders als man vermuten würde, kommt es bei einer gewissen Belastung zu einer theoretisch unendlich hohen Schwingspielzahl, das Bauteil hält quasi der Spannung unendlich lang stand. Diese Mittelspannung zu ermitteln, hat der Wöhlerversuch als Aufgabe.

Auf die unterschiedlichen Belastungsarten wird später noch genauer eingegangen, hier sei einmal eine wechselnde Beanspruchung zu untersuchen. Um den Versuch verstehen zu können, ist es notwendig, vorerst einmal ein Schwingspiel genauer zu untersuchen.

Stahl ist dann dauerfest, wenn in etwa 10^7 Lastspiele vergangen sind. Ein Wöhlerversuch besteht aus 10 Proben, die im Anschluss bei unterschiedlicher Belastung eine unterschiedliche Schwingspielzahl zur Folge haben. Trägt man diese beiden Punkte logarithmisch in ein Diagramm ein, so folgt für ein spezifisches Material, in Abhängigkeit des Versuchsaufbaus, die Wählerlinie bzw. Wöhlerkurve. Diese ist in ■ Abb. 1.4 zu sehen.

In ■ Abb. 1.4 ist die Spannung durch σ und die Lastspielzahl durch N abgekürzt. Diese beiden Werte sind logarithmisch aufgetragen, deswegen die Beschriftung log. Es ist erkennbar, dass Stahl bei ca. $\sigma = 200\,\text{N/mm}^2$, je nach Art des Stahls und einer Schwingspielzahl von $N = 10^7$ dauerfest wird.

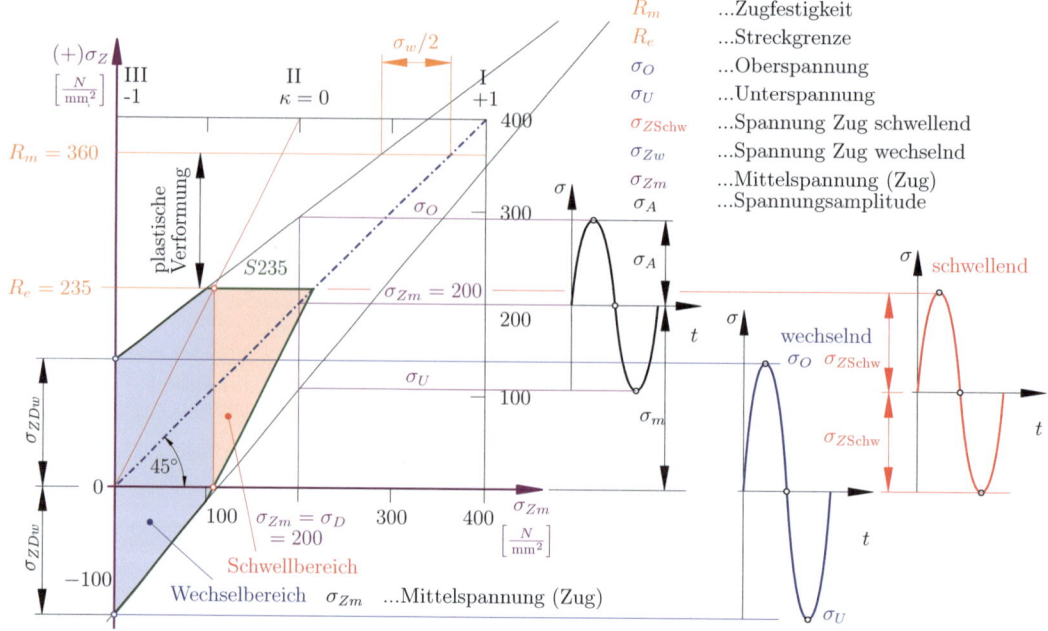

Abb. 1.5 Konstruktion des Smith-Diagramms

1.1.3 Smith-Diagramm (Dauerfestigkeitsschaubild)

Das Smith-Diagramm ist nach dem englischen Maschinenbauingenieur Smith benannt. Nachdem man die Wöhlerkurve gefunden hat, ist es einfach die Dauerfestigkeitsspannung σ_d abzulesen. Diese wird im Smith Diagramm auf der Abszisse und Ordinate aufgetragen, es folgt damit ein Punkt, der gleichzeitig die Mittelspannung darstellt. Wenn man diesen Punkt mit dem Ursprung verbindet, dann folgt eine 45°-Linie. Von dem zuvor eingetragenen Punkt schlägt man jetzt die Ober- und Unterspannung (aus dem Wöhlerversuch bzw. aus einem Lastspiel ermittelt) ab. Zusätzlich kann man die Dehngrenze $R_{p0,2}$ bzw. Zugfestigkeit R_m des entsprechenden Materials eintragen (diese folgt aus dem im Anschluss behandelten Spannung-Dehnungs-Diagramm). Ebenso ist es möglich, die Streckgrenze R_e einzutragen. Aus dem Wöhlerschaubild folgt zusätzlich noch die Wechselfestigkeit, welche ebenfalls direkt in das Diagramm durch $\frac{\sigma_w}{2}$, in der Waagrechten, eingetragen werden kann. Verbindet man alle Punkte, so folgt das Smith-Diagramm (vgl. Abb. 1.5).

Im nächsten Schritt wird jetzt noch auf das Ablesen der zulässigen Werte bei einem Beispiel eingegangen. Erneut wird das Material S235 dazu verwendet. Dies wird mithilfe von Abb. 1.6 gezeigt.

1.1.4 Zeitliche Änderung der Spannungen

Spannungen können sich in Abhängigkeit der Zeit ändern [48] (vgl. Abb. 1.7).
- **Belastungsfall I:** Ruhende bzw. statische Belastung – Belastung steigt nur bis zu einem bestimmten Punkt und bleibt ab dort konstant. (Beispiel: Last hängt am Seil.)
- **Belastungsfall II:** Schwellende Belastung – Die Kraft schwankt (ist jedoch stets ungleich 0). Die Unterspannung ist immer gleich null, weil sich das Werkstück immer in die Ausgangslage zurückbewegt.
- **Belastungsfall III:** Schwingende bzw. wechselnde Belastung – Die Kraft schwankt zwischen positiver und negativer Belastung. (Beispiel: Pleuel).

1.1 · Zulässige Spannungen

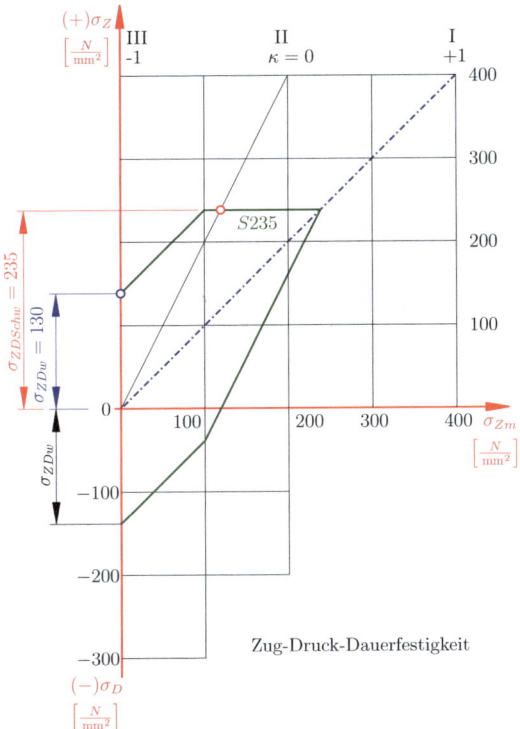

Abb. 1.6 Beispiel zum Ablesen der zulässigen Werte im Smith-Diagramm

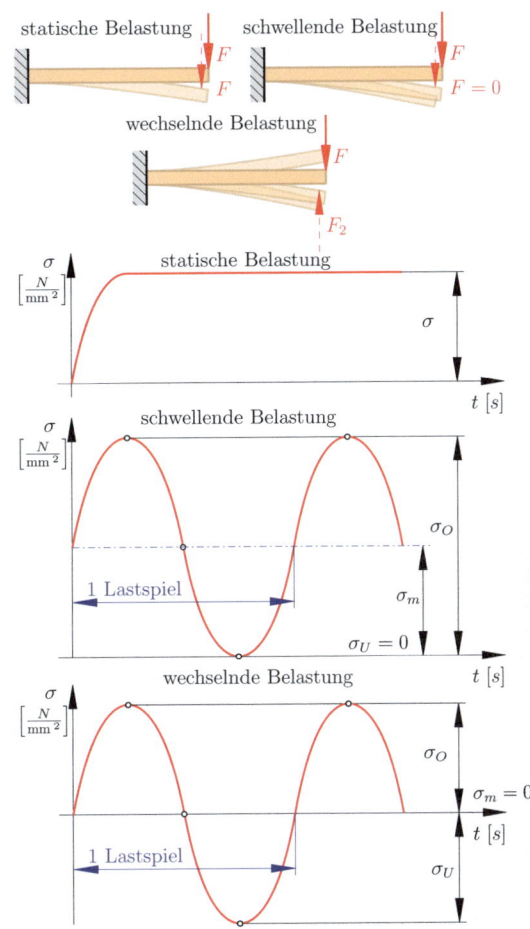

Abb. 1.7 Zeitliche Änderung der Spannung in Abhängigkeit der Zeit – dargestellt in einem Diagramm

1.1.5 Spannungs-Dehnungs-Diagramm und Zugversuch

In der Technik ist es häufig von großer Bedeutung, die Eigenschaften eines verwendeten Materials hinsichtlich seiner Festigkeit, seiner Plastizität bzw. seiner Sprödigkeit, seiner Elastizität und einige andere Eigenschaften genau zu kennen. Zu diesem Zweck werden Materialproben im Zugversuch getestet (vgl. Abb. 1.8 und 1.10), indem die Probe mit bekanntem Ausgangsquerschnitt in eine Zugprüfmaschine eingespannt (vgl. Abb. 1.9 und 1.11) und mit einer Zugkraft F belastet wird. Die Probe beginnt sich zu verformen. Die Kraft wird so lange gesteigert, bis die Probe mit definiertem Querschnitt den Bruch erfährt.

Es folgt dabei eine Kennlinie, die durch geeignetes Auftragen der Spannung über die Dehnung das Spannungs-Dehnungs-Diagramm folgen lässt. Die Konstruktion dieses Spannungsdehnungsdiagramm wird im Anschluss genauer beschrieben.

Beim Spannungs-Dehnungs-Diagramm wird die Erhöhung der Kraft Längenänderung Δl grafisch dargestellt. Diese Kurve bezeichnet man als Kraft-Verlängerungs-Diagramm. Um eine Messkurve zu erhalten, die nicht von den geometrischen Abmessungen der Probe abhängt, wird die Längenänderung Δl auf die Anfangslänge l_0 und die Kraft F auf den normal stehenden Querschnitt A_0 des Körpers im undeformierten Zustand bezogen. Die von der Probenform unabhängige Kurve nennt man Spannungs-Dehnungs-Diagramm.

In die Zugmaschine wird ein genormter Zugstab, gemäß jenem aus Abb. 1.10 eingespannt und anschließend durch eine definierte Kraft zum Verformen gebracht. Die Kraft wird in Abhängigkeit der Zeit so lange gesteigert, bis die

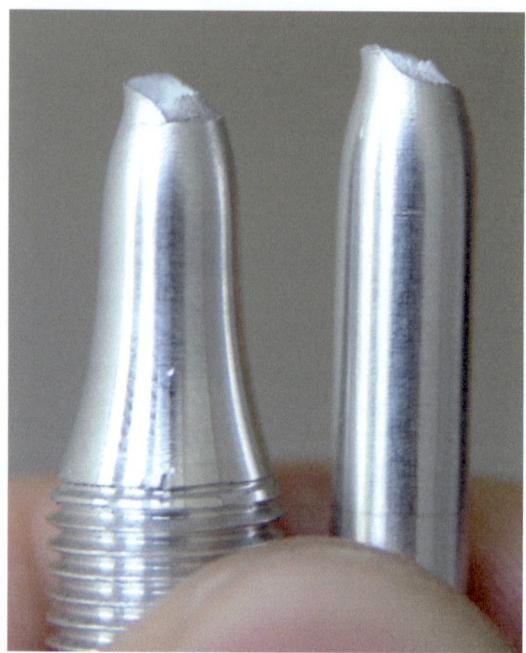

◘ **Abb. 1.8** Der Prüfstab wird bis zum Bruch gedehnt und belastet [89]

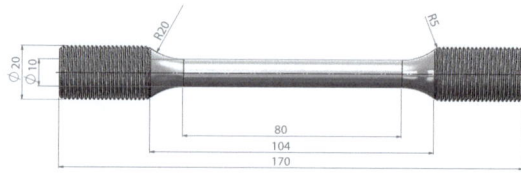

◘ **Abb. 1.10** Der PC liefert dann nach dem Versuch das sogenannte Spannungs-Dehnungsdiagramm [45]

◘ **Abb. 1.11** Zugmaschine SolidWorks

Zugprobe reißt. Während dieses Vorgangs wird die Veränderung der Längung aufgezeichnet und im Anschluss zum Spannungs-Dehnungs-Diagramm umgerechnet.

Um das Ganze etwas besser nachweisen zu können, wird die Zugprobe mittels SolidWorks FEM (nicht lineare, dynamische Analyse) nachgestellt. Genaueres zu diesen Analysen wird erst später im Laufe des Buches vorkommen, Interessierte können jedoch mittels der nachstehenden Anleitung die Analyse nachstellen und damit die Ergebnisse überprüfen, wenn diese vielleicht auch nicht jeden Schritt exakt nachvollziehen können.

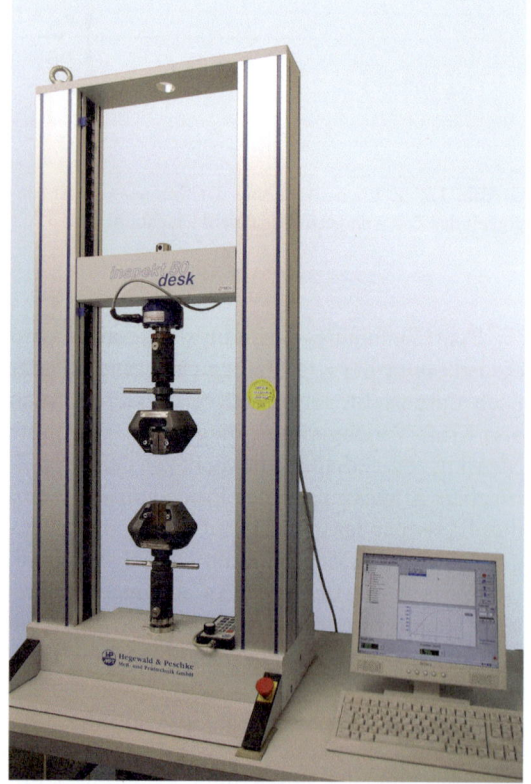

◘ **Abb. 1.9** Hier kann man eine Zugmaschine für einen Zugversuch betrachten [107]

1.1 · Zulässige Spannungen

Pos.	Bild	Erklärung
1		Zugstab modellieren.
2		Zugstab für die FEM Analyse vereinfachen. Da, nicht wie beim echten Zugversuch das Spannungs-Dehnungs-Diagramm (SDD) mittels dem Zugversuch bestimmt werden kann, wird hier das SDD eingegeben und im Anschluss das Verhalten unter Belastung des Zugstabes überprüft.
3	Nicht linear / 2D-Vereinfachung verwenden	Neue, nicht lineare, statische Analyse aufsetzen. Da große Verformungen auftreten, bis in den plastischen Bereich hinein, muss eine nicht lineare Analyse aufgesetzt werden. Da hier in Abhängigkeit der Zeit gearbeitet wird muss eine dyamische-nicht-lineare Analyse verwendet werden.
4	Zugstab1 (-1.0037 (S235JR)-) SDD aus dem Web abrufen (Seit SW2022 ist als Webbrowser auch Opera, Chrome... zulässig, vorher funktioniert nur Internet Explorer (auch nicht Microsoft Edge)!). RMT: 1.7005 (45Cr2) Ebene vorn / Material bearbeiten und im Anschluss links unten, im sich öffnenden Fenster: Zugriff auf mehr Materialien von SOLIDWORKS Webportal für Materialien, den Link anklicken (SW Sim Prof SOLIDWORKS Simulation muss aktiviert sein (=> Zusatzanwendungen => Lizenz Professional bzw. Premium aktivieren, sonst wird einem dieser Link nicht angezeigt!)	Material für die Analyse auswählen. Da es sich um eine nicht lineare Analyse handelt, müssen hier einige Einstellungen beachtet werden. Es muss ein Material angelegt werden, da in SolidWorks Standardmäßig keine Spannungs-Dehnungs-Kurven hinterlegt sind. Hier wird 1.0037 S235JR als Material verwendet. Die Daten für das SDD bekommt man aus dem Zugversuch oder durch die Bibliothek in SolidWorks, die ab der Lizenz „SolidWorks Simulation Professional" über einen Webbrowser geöffnet wird. Dazu nebenstehend mehr.

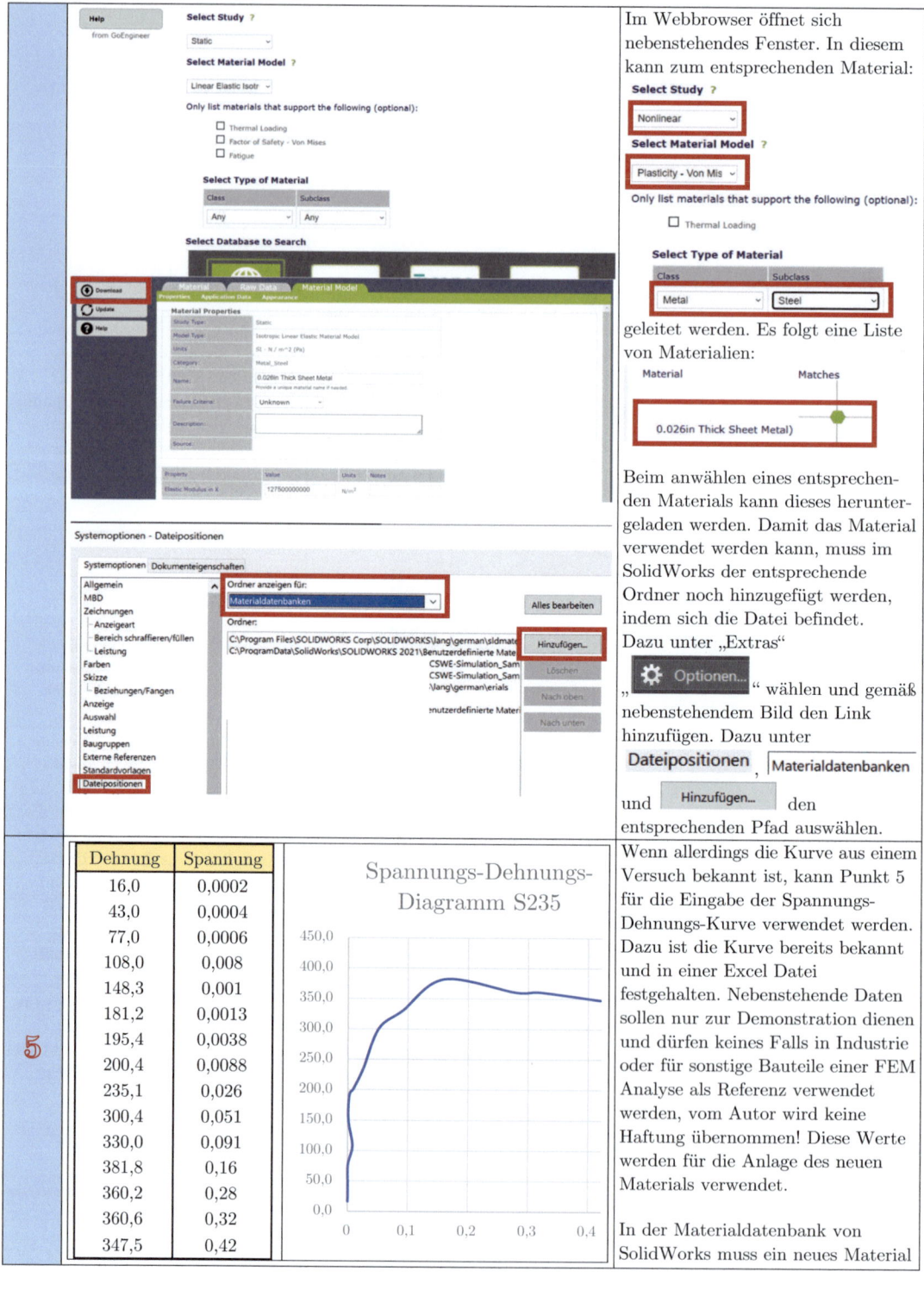

Im Webbrowser öffnet sich nebenstehendes Fenster. In diesem kann zum entsprechenden Material:

geleitet werden. Es folgt eine Liste von Materialien:

Beim anwählen eines entsprechenden Materials kann dieses heruntergeladen werden. Damit das Material verwendet werden kann, muss im SolidWorks der entsprechende Ordner noch hinzugefügt werden, indem sich die Datei befindet. Dazu unter „Extras"

„ Optionen... " wählen und gemäß nebenstehendem Bild den Link hinzufügen. Dazu unter Dateipositionen, Materialdatenbanken und Hinzufügen... den entsprechenden Pfad auswählen.

Wenn allerdings die Kurve aus einem Versuch bekannt ist, kann Punkt 5 für die Eingabe der Spannungs-Dehnungs-Kurve verwendet werden. Dazu ist die Kurve bereits bekannt und in einer Excel Datei festgehalten. Nebenstehende Daten sollen nur zur Demonstration dienen und dürfen keines Falls in Industrie oder für sonstige Bauteile einer FEM Analyse als Referenz verwendet werden, vom Autor wird keine Haftung übernommen! Diese Werte werden für die Anlage des neuen Materials verwendet.

In der Materialdatenbank von SolidWorks muss ein neues Material

Dehnung	Spannung
16,0	0,0002
43,0	0,0004
77,0	0,0006
108,0	0,008
148,3	0,001
181,2	0,0013
195,4	0,0038
200,4	0,0088
235,1	0,026
300,4	0,051
330,0	0,091
381,8	0,16
360,2	0,28
360,6	0,32
347,5	0,42

1.1 · Zulässige Spannungen

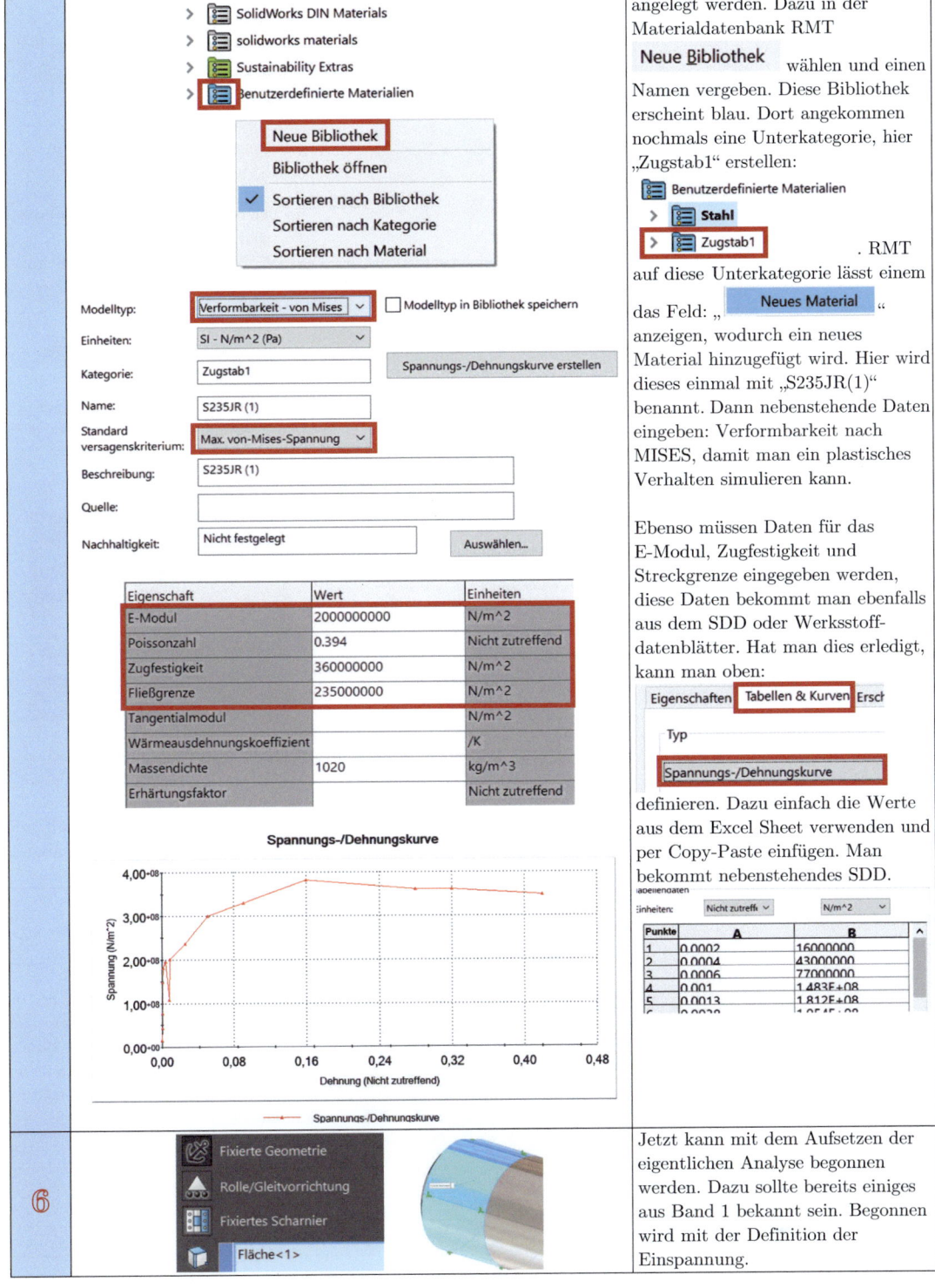

angelegt werden. Dazu in der Materialdatenbank RMT **Neue Bibliothek** wählen und einen Namen vergeben. Diese Bibliothek erscheint blau. Dort angekommen nochmals eine Unterkategorie, hier „Zugstab1" erstellen:

. RMT auf diese Unterkategorie lässt einem das Feld: „ **Neues Material** " anzeigen, wodurch ein neues Material hinzugefügt wird. Hier wird dieses einmal mit „S235JR(1)" benannt. Dann nebenstehende Daten eingeben: Verformbarkeit nach MISES, damit man ein plastisches Verhalten simulieren kann.

Ebenso müssen Daten für das E-Modul, Zugfestigkeit und Streckgrenze eingegeben werden, diese Daten bekommt man ebenfalls aus dem SDD oder Werkstoff-datenblätter. Hat man dies erledigt, kann man oben:

definieren. Dazu einfach die Werte aus dem Excel Sheet verwenden und per Copy-Paste einfügen. Man bekommt nebenstehendes SDD.

Jetzt kann mit dem Aufsetzen der eigentlichen Analyse begonnen werden. Dazu sollte bereits einiges aus Band 1 bekannt sein. Begonnen wird mit der Definition der Einspannung.

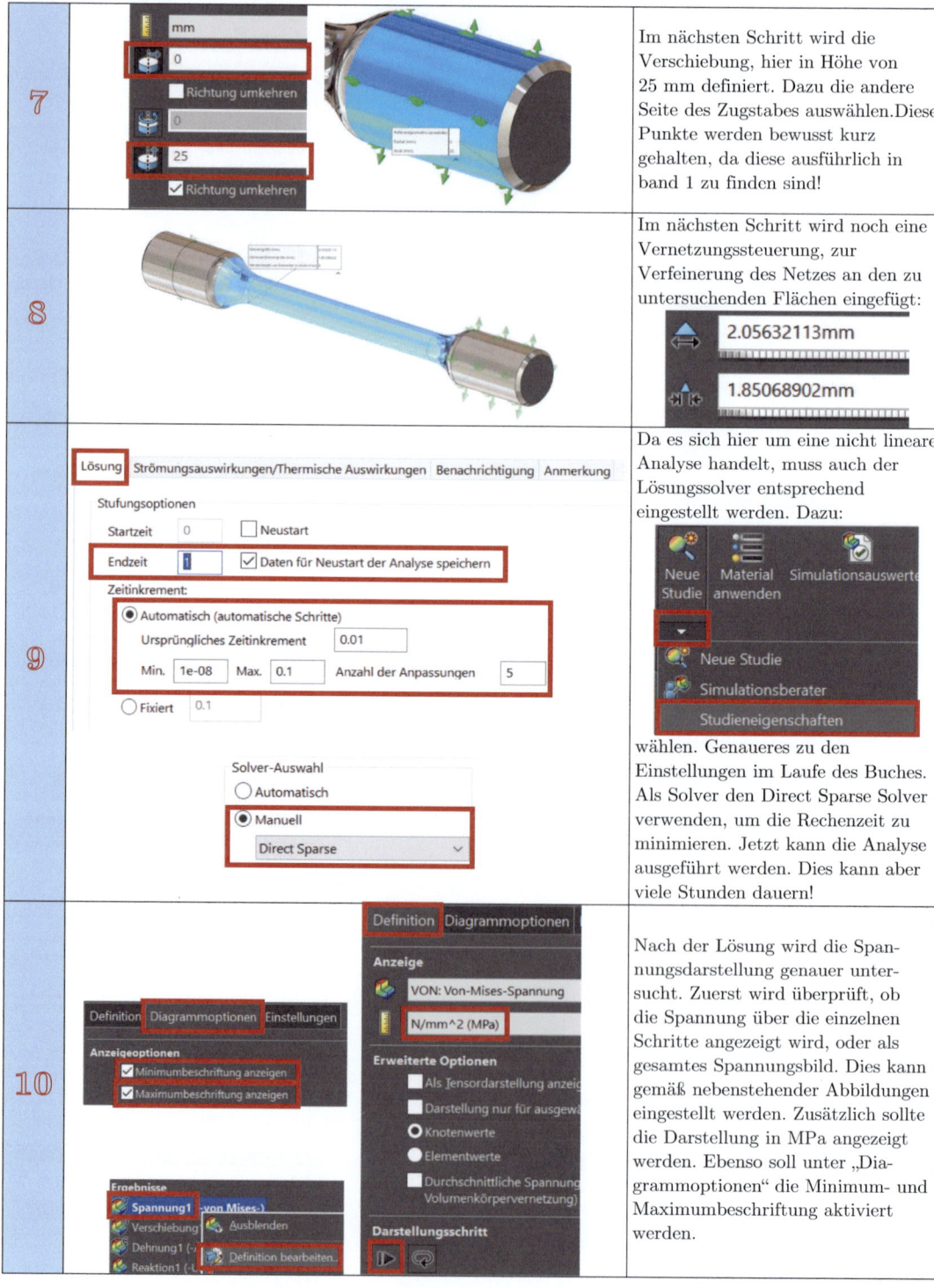

7		Im nächsten Schritt wird die Verschiebung, hier in Höhe von 25 mm definiert. Dazu die andere Seite des Zugstabes auswählen. Diese Punkte werden bewusst kurz gehalten, da diese ausführlich in band 1 zu finden sind!
8		Im nächsten Schritt wird noch eine Vernetzungssteuerung, zur Verfeinerung des Netzes an den zu untersuchenden Flächen eingefügt:
9		Da es sich hier um eine nicht lineare Analyse handelt, muss auch der Lösungssolver entsprechend eingestellt werden. Dazu: wählen. Genaueres zu den Einstellungen im Laufe des Buches. Als Solver den Direct Sparse Solver verwenden, um die Rechenzeit zu minimieren. Jetzt kann die Analyse ausgeführt werden. Dies kann aber viele Stunden dauern!
10		Nach der Lösung wird die Spannungsdarstellung genauer untersucht. Zuerst wird überprüft, ob die Spannung über die einzelnen Schritte angezeigt wird, oder als gesamtes Spannungsbild. Dies kann gemäß nebenstehender Abbildungen eingestellt werden. Zusätzlich sollte die Darstellung in MPa angezeigt werden. Ebenso soll unter „Diagrammoptionen" die Minimum- und Maximumbeschriftung aktiviert werden.

1.1 · Zulässige Spannungen

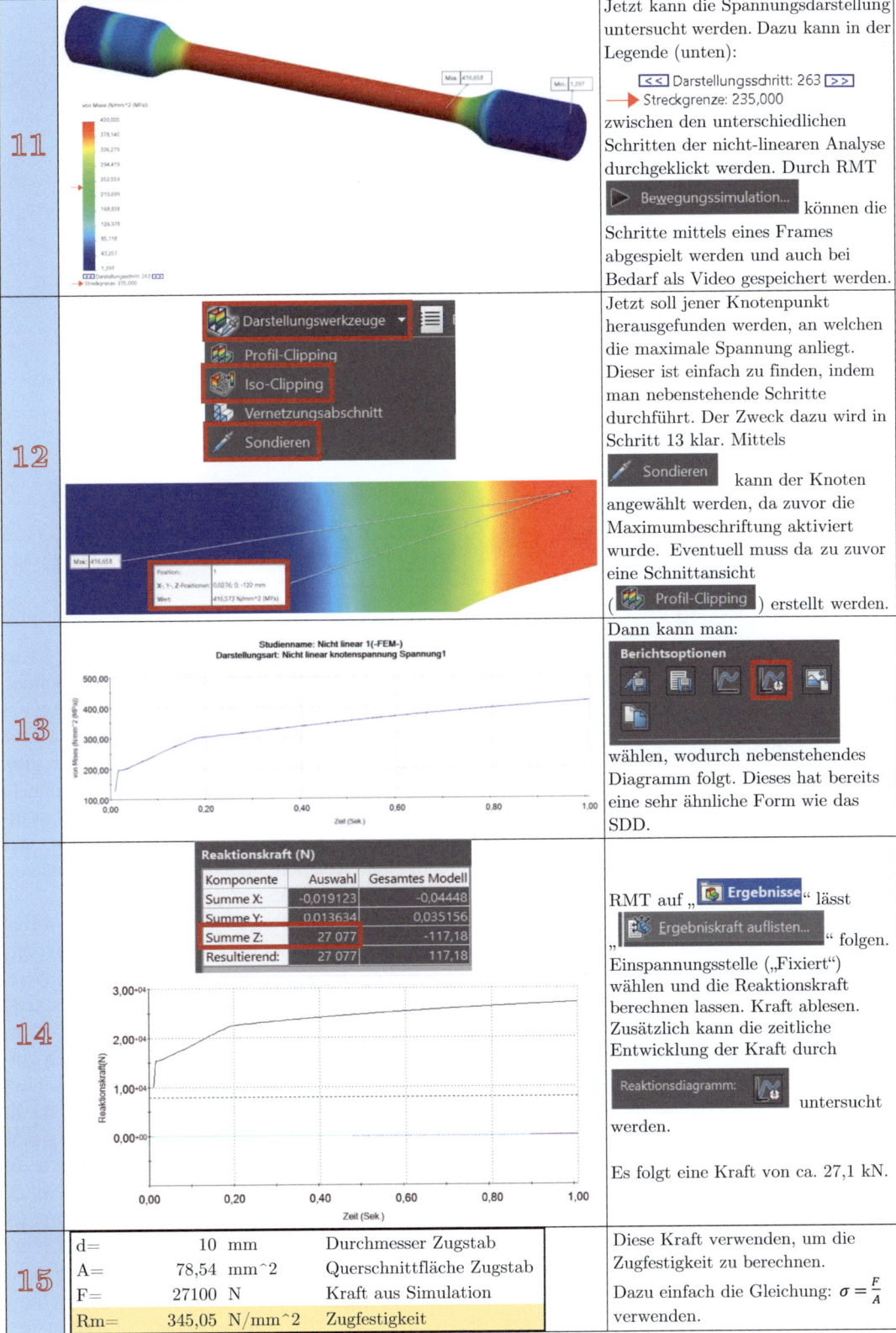

11			Jetzt kann die Spannungsdarstellung untersucht werden. Dazu kann in der Legende (unten): `<<< Darstellungsschritt: 263 >>>` `Streckgrenze: 235,000` zwischen den unterschiedlichen Schritten der nicht-linearen Analyse durchgeklickt werden. Durch RMT `Bewegungssimulation...` können die Schritte mittels eines Frames abgespielt werden und auch bei Bedarf als Video gespeichert werden.
12			Jetzt soll jener Knotenpunkt herausgefunden werden, an welchen die maximale Spannung anliegt. Dieser ist einfach zu finden, indem man nebenstehende Schritte durchführt. Der Zweck dazu wird in Schritt 13 klar. Mittels `Sondieren` kann der Knoten angewählt werden, da zuvor die Maximumbeschriftung aktiviert wurde. Eventuell muss da zu zuvor eine Schnittansicht (`Profil-Clipping`) erstellt werden.
13			Dann kann man: `Berichtsoptionen` wählen, wodurch nebenstehendes Diagramm folgt. Dieses hat bereits eine sehr ähnliche Form wie das SDD.
14			RMT auf „`Ergebnisse`" lässt „`Ergebniskraft auflisten...`" folgen. Einspannungsstelle („Fixiert") wählen und die Reaktionskraft berechnen lassen. Kraft ablesen. Zusätzlich kann die zeitliche Entwicklung der Kraft durch `Reaktionsdiagramm:` untersucht werden. Es folgt eine Kraft von ca. 27,1 kN.
15	d= 10 mm	Durchmesser Zugstab	Diese Kraft verwenden, um die Zugfestigkeit zu berechnen. Dazu einfach die Gleichung: $\sigma = \frac{F}{A}$ verwenden.
	A= 78,54 mm^2	Querschnittfläche Zugstab	
	F= 27100 N	Kraft aus Simulation	
	Rm= 345,05 N/mm^2	Zugfestigkeit	

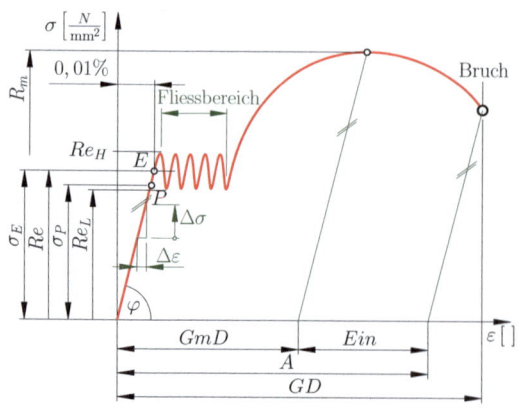

◘ **Abb. 1.12** Spannungs-Dehnungs-Diagramm

Für ◘ Abb. 1.12 gilt:

- P Proportionalitätsbereich
- E Elastizitätsbereich
- R_m Zugfestigkeit $[\frac{N}{mm^2}]$
- R_e Streckgrenze $[\frac{N}{mm^2}]$
- R_{eH} Obere Streckgrenze (High) $[\frac{N}{mm^2}]$
- R_{eL} Untere Streckgrenze (Low) $[\frac{N}{mm^2}]$
- σ_E Elastizitätsspannung $[\frac{N}{mm^2}]$
- σ_P Proportionalitätsspannung $[\frac{N}{mm^2}]$
- GD Gesamtdehnung [ ]
- A Bruchdehnung [ ]
- GmD Gleichmaßdehnung [ ]
- Ein Einschnürde [ ]

Man darf im Normalfall nur im Proportionalitätsbereich dimensionieren, da ansonsten bei höheren Belastungen keine reversiblen Verformungen mehr stattfinden, weshalb auch meist nur die Werte für die Streckgrenze wichtig sind. Aus dem Spannungs-Dehnungs-Diagramm ergibt sich das Hooke'sche Gesetz. Die Kurve des Spannungsdehnungsdiagramms ist abhängig vom Werkstoff, dies hängt von verschiedenen Parametern, wie zum Beispiel dem E-Modul ab. Man erhält diese Kurve durch Durchführen eines Zugversuches, wie bereits erwähnt wurde. Daraus resultiert eine Kurve in Abhängigkeit der aufgebrachten Kraft auf den Probequerschnitt, zur Dehnung. Das E-Modul von

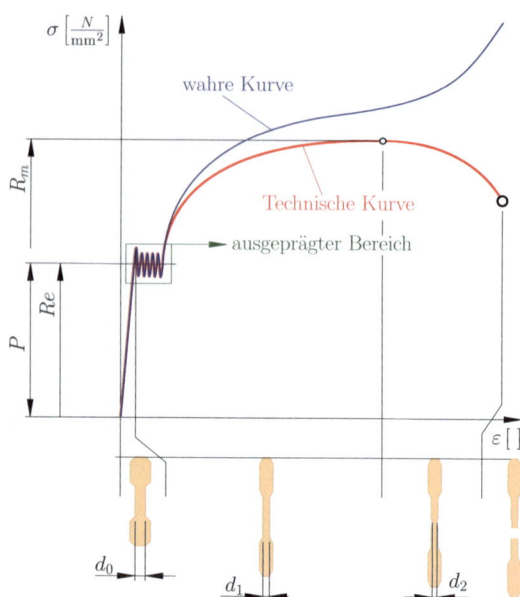

◘ **Abb. 1.13** Spannungs-Dehnungs-Diagramm, Vergleich zwischen technischer und wahrer Spannungs-Dehnungs-Kurve

Stahl beträgt $2{,}1 \cdot 10^5 \frac{N}{mm^2}$. In ◘ Abb. 1.13 ist ein Spannungs-Dehnungsdiagramm gezeichnet, welches zum einen die technische- und zum anderen, die wahre Spannungs-Dehnungs-Kurve zeigt. Der Grund, dass es zwei Kurven gibt, wird im Anschluss noch genauer untersucht. In diesem Spannungs-Dehnungs-Diagramm ist eine ausgeprägte Streckgrenze zu erkennen, was auf einen weichen Stahl hindeutet. Beispielsweise S185 oder S235.

Warum gibt es zwei Kurven und worin liegt der Unterschied? Dies liegt an der Verformung des Zugstabes, bei der Prüfung. Wenn eine Zugprobe analysiert wird, mittels des Zugversuches, so wird diese bei steigender Kraft immer mehr verformt, damit wird der Stab entlang der Längsachse länger und der Querschnitt kleiner. Im proportionalen Bereich bzw. im linearen Bereich ist dies nicht sehr viel, ca. 1–2 % der Ausgangsgeometrie, wodurch sich die technische und die wahre Kurve nicht wesentlich unterscheiden. Nach diesem Bereich beginnt jedoch die plastische Verformung, was zu einer größeren Dehnung führt und die wahre Kurve entsteht, da mit der Zug-Druck Gleichung $\sigma = \frac{F}{A}$ die Kraft immer weiter anwächst und

1.1 · Zulässige Spannungen

die Querschnittfläche immer kleiner wird. Die rote Kurve ist die sogenannte technische Spannungs-Dehnungs-Kurve, die entsteht, wenn man die Spannung nicht auf den verformten, sondern den Ausgangsquerschnitt bezieht. Dazu nachfolgend ein Beispiel, wie man die beiden Kurven erhält. Grundlage dazu ist, die bereits erstellte nicht lineare Analyse aus SolidWorks.

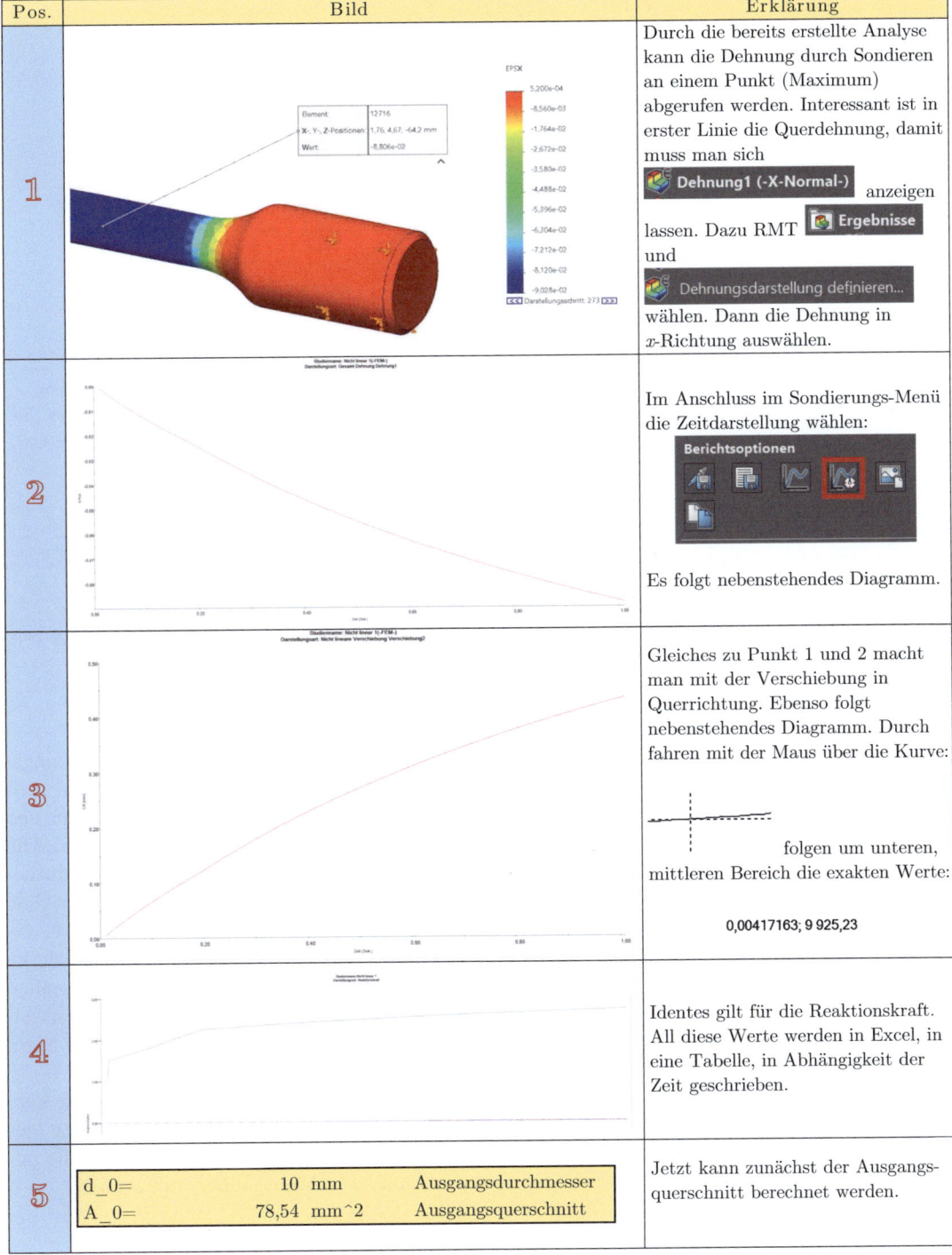

⑥

t	F	ε_q	u_x	d_{verf}	A_{verf}	σ_{tech}	σ_{wahr}
0	10000	0,00%	0	10	78,54	127,32	127,32
0,2	22400	-2,40%	-0,12	9,76	74,82	285,21	299,40
0,4	24000	-4,60%	-0,23	9,54	71,48	305,58	335,76
0,6	25164	-6,20%	-0,31	9,38	69,10	320,40	364,15
0,8	26405	-7,90%	-0,39	9,21	66,62	336,20	396,35
1	27700	-8,80%	-0,44	9,12	65,33	352,69	424,03
1,2	27600	-9,00%	-0,45	9,10	65,04	351,41	424,36
1,4	26700	-11,98%	-0,59	8,80	60,85	339,95	438,79
1,6	25100	-17,56%	-0,87	8,24	53,38	319,58	470,23
1,8	24800	-19,25%	-0,96	8,07	51,21	315,76	484,26
2	23900	-20,56%	-1,02	7,94	49,56	304,30	482,20

Es folgt nebenstehende Tabelle.

⑦

Spannungs-Dehnungs-Diagramm aus Analyse

Jetzt können die beiden Graphen mittels Excel gezeichnet werden. Es folgt zum einen die technische- und zum anderen die wahre Spannungskurve.

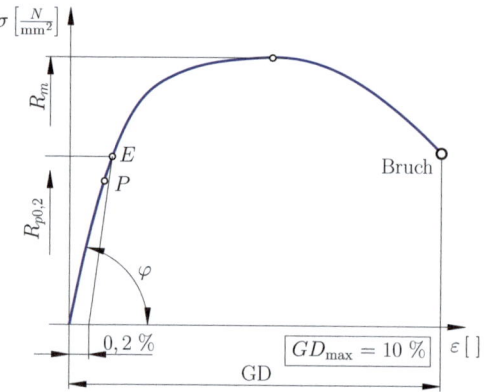

Abb. 1.14 Spannungs-Dehnungs-Diagramm, für hochfeste Stähle, ohne ausgeprägter Fließgrenze

Jedes Material hat eine andere Spannungs-Dehnungs-Kurve. Der größte Unterschied lässt sich aber bei Materialien mit ausgeprägter und nicht ausgeprägter Fließgrenze feststellen. Alle bis jetzt behandelten SDD hatten eine ausgeprägte Fließgrenze. Für hochfeste Materialien entfällt diese, wie im SDD in ◘ Abb. 1.14 erkennbar ist. Ebenso wird die Streckgrenze durch die Dehngrenze ersetzt, da hochfeste Materialien eine reversible Dehnung bis zu 0,2 % aufweisen können. Man bezeichnet die Dehngrenze mit $R_{p0,2}$.

Im letzten Schritt werden nochmals alle kennengelernten Spannungs-Dehnungs-Linien gemeinsam in einem SDD dargestellt und die unterschiedlichen Materialien verglichen.

1.1.6 Hooke'sches Gesetz

> **Gesetz 1.1**
> Es gilt der Differentialquotient für den linearen Bereich, woraus sich für diesen das Hooke'sche Gesetz folgern lässt, zu: $k = \frac{dy}{dx} = \frac{d\sigma}{d\varepsilon} = \tan(\varphi) = E$ (vgl. ◘ Abb. 1.15).

$$\sigma = E \cdot \varepsilon \quad \text{mit} \quad E = \tan(\varphi) \qquad (1.1)$$

Ein Anwendungsbeispiel zu dieser Gleichung ist mit ▶ Bsp. 1.1 gezeigt. Die 2. Bedingung gilt nach Definition.

E E-Modul, Elastizitätsmodul
ε Dehnung
σ Spannung

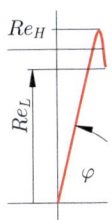

◘ **Abb. 1.15** Spannungs-Dehnungs-Diagramm, Proportionalitätsbereich

1.2 Vorhandene Spannungen und Festigkeitsnachweis

Vorhandene Spannungen werden infolge äußerer Belastung berechnet. Diese hängen von der Kraftbelastungsrichtung, Art, Größe … ab.

1.2.1 Grundlagen

Bei der Dimensionierung von Bauteilen ist immer darauf zu achten, dass die vorhandenen Spannungen die zulässigen nicht übersteigen. Um dies nachzuweisen, muss man einen so-

Beispiel 1.1

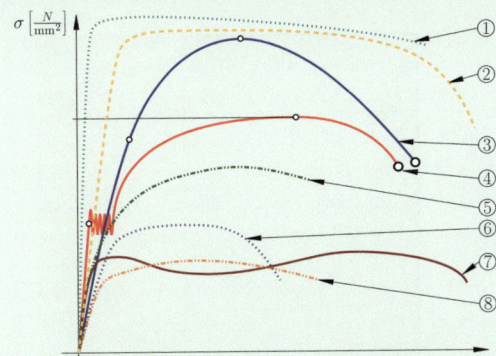

Material	E-Modul [MPa]
① ········ HSS-Stahl	$2{,}24 \cdot 10^5$
② ----- Titanlegierung	$1{,}2 \cdot 10^5$
③ ——— hochfeste Stähle	$2{,}1 \cdot 10^5$
④ ——— weiche Stähle	$2{,}1 \cdot 10^5$
⑤ -·-·- Gusseisen	$1{,}0 \cdot 10^5$
⑥ ········ Aluminium	$0{,}7 \cdot 10^5$
⑦ ——— Kupfer	$1{,}1 \cdot 10^5$
⑧ -·-·- Magnesium	$0{,}45 \cdot 10^5$

◘ **Abb. 1.16** Spannungs-Dehnungs-Diagramm, unterschiedliche Materialien

Berechnen Sie mithilfe der angegebenen E-Module aus ◘ Abb. 1.16 die unterschiedlichen Werte für den Winkel φ. Geben Sie ebenfalls die Abweichung zu 90° an, also $90° - \varphi$. Dies zeigt ◘ Abb. 1.17.

Pos	Material	E-Modul [Mpa]	Winkel [°]	Abw. zu 90°
1	HSS-Stahl	224000	89,999744	0,00026
2	Titanlegierung	120000	89,999523	0,00048
3	hochfeste Stähle	210000	89,999727	0,00027
4	weiche Stähle	210000	89,999727	0,00027
5	Gusseisen	100000	89,999427	0,00057
6	Aluminium	70000	89,999181	0,00082
7	Kupfer	110000	89,999479	0,00052
8	Stahl	45000	89,998727	0,00127

◘ **Abb. 1.17** Winkelberechnung mittels des E-Moduls

genannten Festigkeitsnachweis durchführen. Es muss dabei gelten:

> **Gesetz 1.2**
>
> $B < W.$ (1.2)
>
> B Beanspruchung
> W Widerstandsfähigkeit

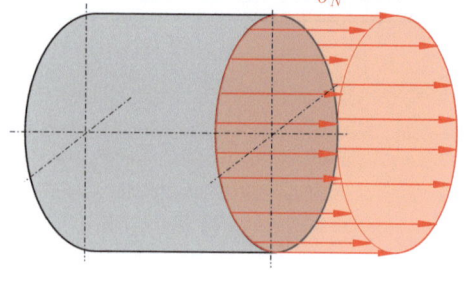

Abb. 1.18 Normalbeanspruchung

1.3 Spannungsarten

1.3.1 Normalspannungen

> **Definition 1.3**
> Bei der Normalbeanspruchung zeigen die Spannungsvektoren normal auf die beanspruchte Querschnittsfläche (Zug, Druck, Biegung) (siehe Abb. 1.18).

1.3.2 Tangentialspannungen

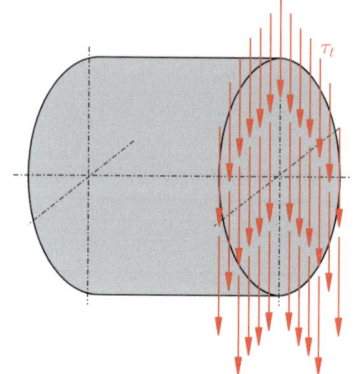

Abb. 1.19 Tangentialbeanspruchung

> **Definition 1.4**
> Bei der Tangentialbeanspruchung zeigen die Spannungsvektoren parallel zur beanspruchten Querschnittsfläche (Abscherung, Torsion) (siehe Abb. 1.19).

1.4 Spannungsverteilung

Man unterscheidet zwischen drei unterschiedlichen Spannungsverteilungen:
1. gleichmäßige Spannungsverteilung
2. lineare Spannungsverteilung
3. ungleichmäßig Spannungsverteilung

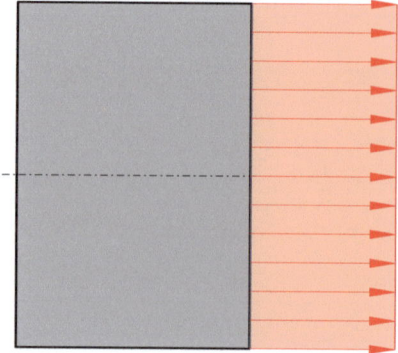

Abb. 1.20 Gleichmäßige Spannungsverteilung

1.4.1 Gleichmäßige Spannungsverteilung

> **Definition 1.5**
> Bei der gleichmäßigen Spannungsverteilung verteilen sich die Spannungsvektoren über die gesamte Querschnittsfläche gleichmäßig (siehe Abb. 1.20).

Nachstehend ist ein Beispiel für eine gleichmäßige Spannungsverteilung dargestellt (vgl. Abb. 1.21 und 1.22). Dabei ist die Welle einseitig mit einer Druckkraft beansprucht und auf der anderen Seite fix eingespannt. Es folgt nachfolgendes Spannungsbild.

Lässt man die Spannungen über die Querschnittfläche, entlang einer Achsrichtung mittels SolidWorks sondieren (vgl. Abb. 1.23),

1.4 · Spannungsverteilung

Beispiel 1.2

1. Zugspannung
2. Druckspannung
3. Flächenpressung
4. Abscherung, angenommen (Eigentlich parabolische Spannungsverteilung, wird aber als eine gleichmäßige angenommen)

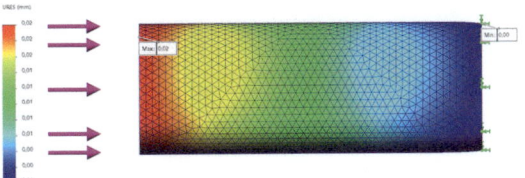

☐ **Abb. 1.22** Gleichmäßige Spannungsverteilung, Beispiel bei Belastung einer Welle auf Druck, Verschiebungsbild

☐ **Abb. 1.21** Gleichmäßige Spannungsverteilung, Beispiel bei Belastung einer Welle auf Druck

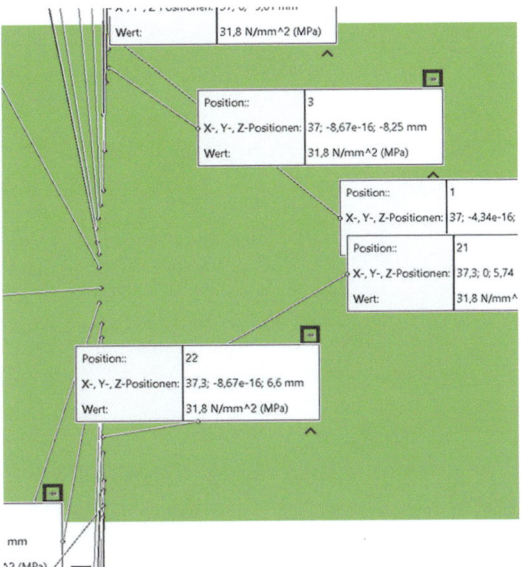

☐ **Abb. 1.23** Gleichmäßige Spannungsverteilung, Beispiel bei Belastung einer Welle auf Druck, Sondierungspunkte

so folgt nachstehendes Spannungsverlaufdiagramm (vgl. ☐ Abb. 1.24).

Auch wenn es beim ersten Blick nach keiner gleichmäßigen Verteilung aussieht, so ist dem bei genauerem Hinsehen doch so. Die Spannungsspitzen schwanken nur im Hundertstel-Bereich, dies ist der numerischen Lösung durch die FEM geschuldet, als auch den Querspannungen, die durch die Randbedingung der Einspannung entstehen.

1.4.2 Lineare Spannungsverteilung

Definition 1.6

Bei der linearen Spannungsverteilung verteilen sich die Spannungsvektoren über die gesamte Querschnittsfläche nicht gleichmäßig. Die neutrale Faser ist nicht beansprucht, die inneren Fasern anders als die Randfaser (☐ Abb. 1.25).

Nachstehend ist ein Beispiel für eine lineare Spannungsverteilung dargestellt. Dabei ist die Welle einseitig mit einer Schubkraft beansprucht und auf der anderen Seite fix eingespannt (vgl. ☐ Abb. 1.26). Es folgt das Spannungsbild aus ☐ Abb. 1.27.

Lässt man die Spannungen über die Querschnittfläche, entlang einer Achsrichtung mittels SolidWorks sondieren: ☐ Abb. 1.28, so folgt das Spannungsbild aus ☐ Abb. 1.29.

Hier ist nun eindeutig erkennbar, dass die Spannungsverteilung nicht mehr gleichmäßig, sondern am Rand höher als in der Mitte ist.

Beispiel 1.3

1. Biegespannung
2. Torsionsspannung

Abb. 1.24 Gleichmäßige Spannungsverteilung, Beispiel bei Belastung einer Welle auf Druck, Spannungsverlaufdiagramm

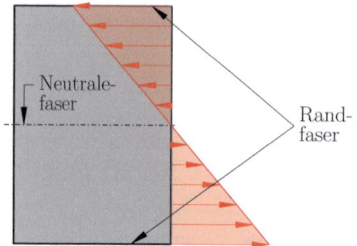

Abb. 1.25 Lineare Spannungsverteilung

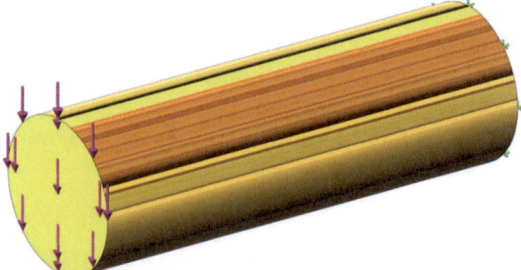

Abb. 1.26 Lineare Spannungsverteilung, Beispiel bei Belastung einer Welle auf Biegung

1.4 · Spannungsverteilung

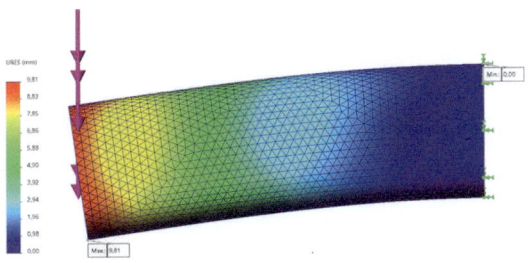

Abb. 1.27 Lineare Spannungsverteilung, Beispiel bei Belastung einer Welle auf Biegung, Verschiebungsbild

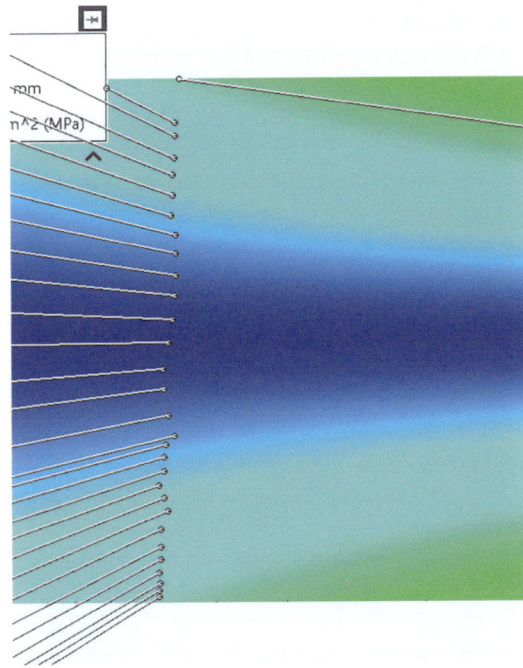

Abb. 1.28 Lineare Spannungsverteilung, Beispiel bei Belastung einer Welle auf Biegung, Sondierungspunkte

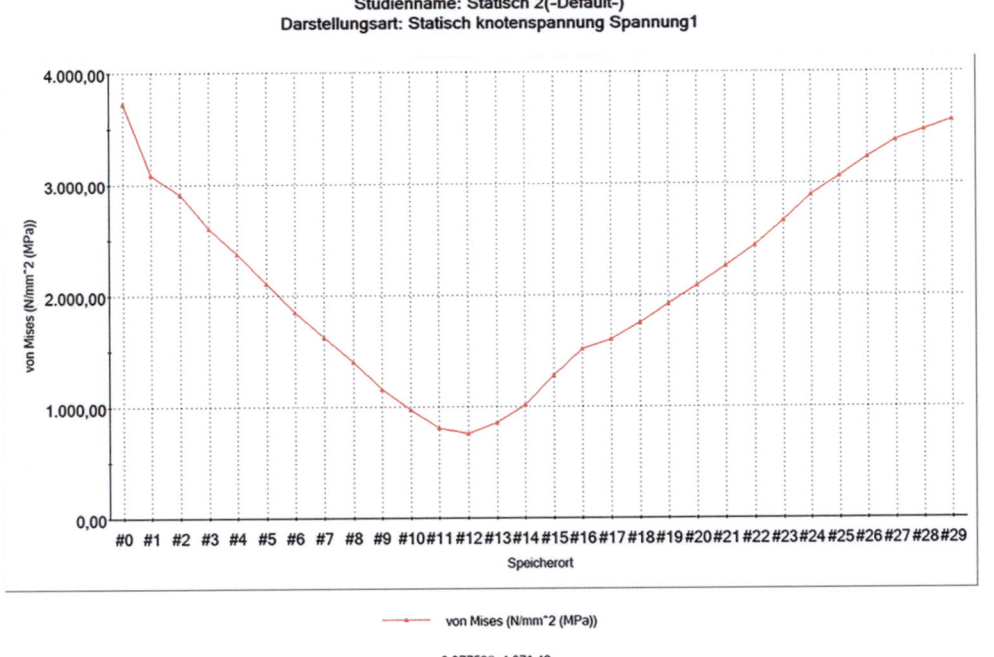

Abb. 1.29 Lineare Spannungsverteilung, Beispiel bei Belastung einer Welle auf Biegung, Spannungsverlaufdiagramm

1.5 Übungen

Übungsbeispiel 1.1

Von einem Pleuel ist das Material (42CrMo4) bekannt. Gesucht ist die Beanspruchungsart während des Stillstandes, wenn die Gewichtskräfte in die Überlegung einbezogen werden.

Lösung

Es handelt sich hierbei um eine statische Beanspruchung, da nur die Gewichtskraft, während des Stillstandes, auf das Pleuel wirkt. (statisch I)

Übungsbeispiel 1.2

Von einem Pleuel ist das Material (42CrMo4) bekannt. Gesucht ist die Beanspruchungsart während des Betriebes, wenn die Gewichtskräfte nicht die Überlegung einbezogen werden.

Lösung

Es handelt sich jetzt um eine wechselnde Beanspruchung, da diese immer zwischen einer Zug- und einer Druckbeanspruchung wechselt, während des Betriebs. (wechselnd III)

Übungsbeispiel 1.3

Welche Beanspruchungsart liegt bei einem Balkon vor, wenn sich keine Last (Person) auf diesen befindet?

Lösung

Es handelt sich um eine statische Belastung, da erneut nur die Gewichtskräfte wirken. (statisch I)

Übungsbeispiel 1.4

Welche Beanspruchungsart liegt bei einem Balkon vor, wenn sich über den gesamten Sommer darauf Blumen befinden. Es soll eine Zeit von einem Monat untersucht werden.

Lösung

Es liegt eine statische Beanspruchung vor, da sich die Blumen länger auf dem Balkon befinden, als die Zeit in der die Beanspruchungsart zu untersuchen ist. (statisch I)

Übungsbeispiel 1.5

Welche Beanspruchungsart liegt bei einem Balkon vor, wenn sich über den gesamten Sommer darauf Blumen befinden. Es soll eine Zeit von einem Jahr untersucht werden.

Lösung

Es liegt eine schwellende Beanspruchung vor, da sich die Blumen kürzer auf dem Balkon befinden, als die Zeit in der die Beanspruchungsart zu untersuchen ist. Schwellend deswegen, weil die Belastung nur in einer Richtung Spannung hervorruft und nicht in beide, damit kann wechselnd ausgeschlossen werden. (schwellend II)

1.5 · Übungen

Übungsbeispiel 1.6

Welche Beanspruchungsart liegt bei einem Balkon vor, wenn sich eine Person immer wieder zwischendurch Raucherpausen auf dem Balkon macht?

Lösung

Es liegt eine schwellende Beanspruchung vor, da die Person den Balkon immer wieder belastet und entlastet. (schwellend II)

Übungsbeispiel 1.7

Es werden an einer unbelasteten Brücke Spannungen in Höhe von 80 N/mm² gemessen. Dieser Zustand liegt in der Nacht von 02:00–04:00 Uhr vor. In der Zeit von 22:00–02:00 Uhr und 04:00–06:00 fahren weniger Autos über die Brücke, wodurch Spannungen in Höhe von 130 N/mm² gemessen werden. Die restlichen Stunden ist die Brücke noch mehr befahren, was zu Spannungen in Höhe von 200 N/mm² führt. Stellen Sie diesen Sachverhalt mittels eines Spannungs-Zeit-Verlaufs dar.

Lösung

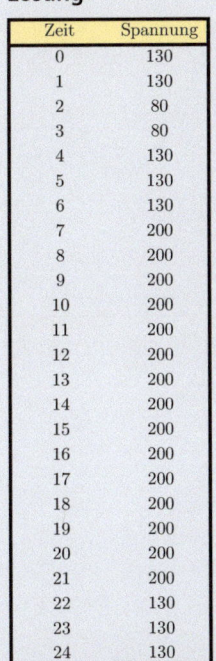

Zeit	Spannung
0	130
1	130
2	80
3	80
4	130
5	130
6	130
7	200
8	200
9	200
10	200
11	200
12	200
13	200
14	200
15	200
16	200
17	200
18	200
19	200
20	200
21	200
22	130
23	130
24	130

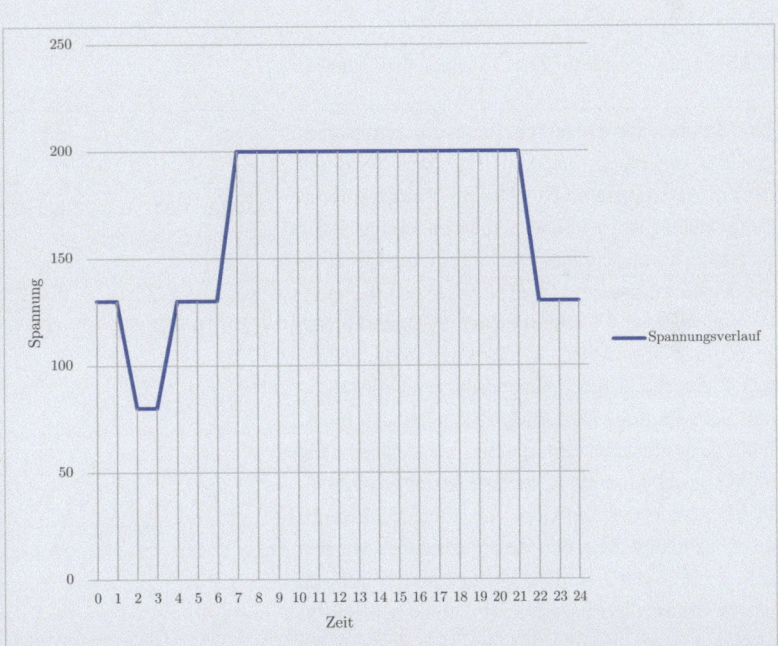

Übungsbeispiel 1.8

Ein Fahrzeug bewegt sich mit gleichbleibender Geschwindigkeit und Motordrehzahl von 3000 U/min für 30 Sekunden fort. Es werden Spannungen von 80 N/mm² gemessen. Nach dieser Zeit beginnt das Fahrzeug zu bremsen, wodurch vorerst die Drehzahl auf 4000 U/min steigt und damit auch die Spannungen im Pleuel auf 120 N/mm². Dies passiert für 10 Sekunden. Dann schaltet das Fahrzeug in den nächst niedrigeren Gang, wodurch die Spannungen auf 140 N/mm², für 5 Sekunden steigen und die Drehzahl auf 2500 U/min fällt. Nach dieser Zeit wird das Fahrzeug gestoppt, wodurch sich eine statische Spannung von 20 N/mm² ergibt. Die statische Spannung soll für eine Zeit von 10 Sekunden dargestellt werden. Stellen Sie jeden Beanspruchungsart mittels eines Diagramms dar.

Lösung

Als Erstes werden alle bekannten Daten (Zeit, Drehzahl und Spannung) in eine Tabelle zusammengefasst und im Anschluss in vier verschiedene Beanspruchungsart unterteilt. Wenn dies getan ist, kann man die Frequenz (Schwingungen pro Sekunde in Hz) durch die Gleichung: $f = \frac{n}{60}$ berechnen, wenn n die Drehzahl in U/min ist. Dies ist Thema der Dynamik, kann darum genauer in Band 3 dieser Buchreihe nachgelesen werden, tut hier aber nichts zu Sache (vgl. Abb. 1.30).

Zeit [s]	Drehzahl [U/min]	Spannung [N/mm^2]	Frequenz [Hz]	
5	3000	80	50	1
3	4000	120	66,67	2
1	2500	140	41,67	3
1		20		4
10				

Abb. 1.30 Tabelle für Zeit, Spannung und Frequenz

Jetzt können die einzelnen Beanspruchungsarten genauer untersucht werden. Begonnen wird mit der ersten (wechselnd III). Um die Sinus-Schwingung zeichnen zu können, müssen einige Parameter bestimmt werden. Die allgemeine Funktion zur Bestimmung lautet: $f(x) = A \cdot \sin(\omega \cdot x + \varphi)$. (auch diese Gleichungen werden ausführlich in Band 3 hergeleitet) In der Gleichung bedeutet A die Amplitude, beschreibt also die Höhe der Schwingung, hier muss dies also der maximale Spannungsausschlag sein, ω beschreibt die Winkelgeschwindigkeit, welche durch $\omega = 2 \cdot \pi \cdot f$ berechnet werden kann. Da hier die Funktion in Abhängigkeit der Zeit gezeichnet werden soll, kann x nur t sein. φ ist hier gleich null, da dieser Faktor die Phasenverschiebung beschreibt, also den Wert, um den die Funktion entlang der x-Achse verschoben ist. Es gilt damit hier die Gleichung:

$$\sigma(t) = \sigma_{max} \cdot \sin(2 \cdot \pi \cdot f \cdot t). \quad (1.3)$$

Ein weiterer, oft genutzter Wert ist die Periodenzeit T, diese beschreibt die Zeit, bis ein Lastspiel vergeht. T kann durch $T = \frac{1}{f}$ berechnet werden. Hier ist also $T = 0{,}02$, was sofort logisch erscheinen lässt, dass extrem kleine Intervalle für die Berechnung der Funktion angesetzt werden müssen. Hier wurden Millisekunden gewählt. Es müssen damit aber in etwa 200 Werte berechnet werden, ohne Excel wird dieses Beispiel also mühsam. Für die erste Beanspruchung folgt nachstehendes Diagramm (vgl. Abb. 1.31–1.34).

1. Belastungsart					
Zeit [s]	Spannung [N/mm^2]	Lastspiele [ ]	Omega	Periodenzeit	Spannung
0	80	0	314,16	0,02	0,0000000
0,001	80	0,05	314,16	0,02	24,7213595
0,0002	80	0,01	314,16	0,02	5,0232416

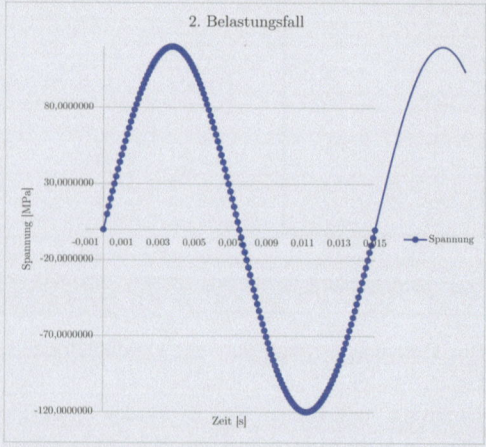

Abb. 1.31 1. Belastungsart

2. Belastungsart					
Zeit [s]	Spannung [N/mm^2]	Lastspiele [ ]	Omega	Periodenzeit	Spannung
0	120	0	418,88	0,015	0,0000000
0,001	120	0,066666667	418,88	0,015	48,8083972
0,0002	120	0,013333333	418,88	0,015	10,0413412

Abb. 1.32 2. Belastungsart

1.5 · Übungen

3. Belastungsart					
Zeit [s]	Spannung [N/mm^2]	Lastspiele [ ]	Omega	Periodenzeit	Spannung
0	140	0	261,80	0,024	0,0000000
0,001	140	0,041666667	261,80	0,024	36,2346663
0,0002	140	0,008333333	261,80	0,024	7,3270339

4. Belastungsart					
Zeit [s]	Spannung [N/mm^2]	Lastspiele [ ]	Omega	Periodenzeit	Spannung
0	20	0	261,80	0,024	0,0000000

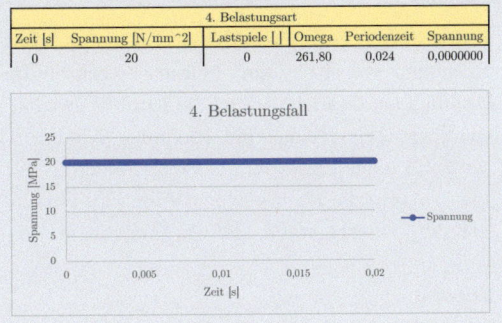

Abb. 1.34 4. Belastungsart

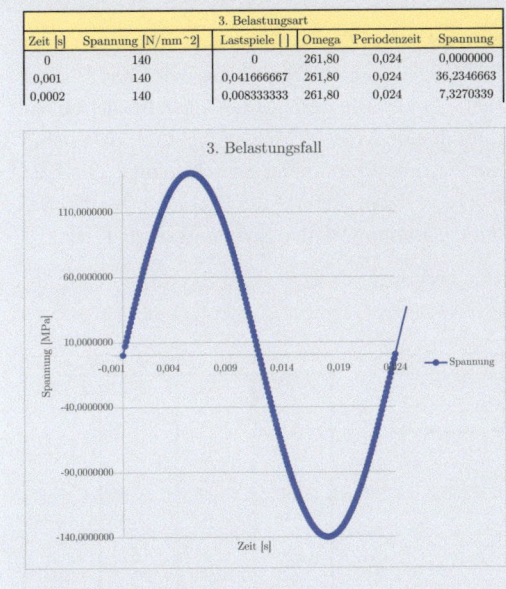

Abb. 1.33 3. Belastungsart

Übungsbeispiel 1.9

Ein Pleuel eines Motors wird im Durchschnitt durch eine Drehzahl von 3000 U/min belastet. Der Besitzer des Fahrzeuges verwendet das Auto nur zum Fahren in die Arbeit und wieder nach Hause. Dabei wird das Fahrzeug je Fahrt für 30 Minuten beansprucht. Das Pleuel wird der Einfachheit halber aus Stahl gefertigt. Das Pleuel wird durch eine Belastung in Höhe von $350\,\text{N/mm}^2$ beansprucht. Wie lange würde das Pleuel dabei halten, wenn allein auf Basis der Wöhlerkurve dimensioniert wird? (Aus dem entsprechenden Wöhlerdiagramm resultiert eine Lastspielzahl in Höhe von 10^6 Lastspielen.

Lösung

Drehzahl [U/min]	Dauer pro Tag [min]	Umdrehungen
2500	60	150000

Erlaubte Lastspiele:	1000000	
Dauer bis zum Bruch:	6,67	Tage

Übungsbeispiel 1.10

Wie unterscheiden sich das Spannungs-Dehnungs-Diagramm eines Standard-Stahls und eines Hochfesten Stahls?

Lösung

Beim hochfesten Stahl ist kein Fließbereich zu erkennen, hingegen beim Standardstahl ein erhöhter Fließbereich zu erkennen ist.

Übungsbeispiel 1.11

Was gibt der Winkel φ im Spannungs-Dehnungs-Diagramm an?

Lösung

Mittels der Funktion Tangens kann dadurch das E-Modul berechnet werden.

Übungsbeispiel 1.12

Eine Stütze wird für 3 Sekunden durch eine Spannung von $40\,\text{N/mm}^2$ belastet (wechselnd), Achtung auf Gewichtskräfte, die Kraft wechselnd in dieser Zeit dreimal die Richtung, begonnen wird mit einer Last von $F = 0\,\text{kN}$. Nach 2 Sekunden wird die Kraft weggenommen, es wirken nur die Gewichtskräfte, die Spannungen in Höhe von $20\,\text{N/mm}^2$ verursachen, dies geschieht für 4 Sekunden. Im Anschluss wird das Bauteil für 3 Sekunden durch eine schwellende Belastung in Höhe von $18\,\text{N/mm}^2$ belastet, dabei sind die Gewichtskräfte nicht berücksichtigt. Die Last wechselt dabei viermal die Richtung. Stellen Sie ein Diagramm mit dem Spannungsverlauf dar.

Lösung

Pos.	Zeit [s]	Spannung [Mpa]	Richtungswechsel	Frequenz [Hz]	Periodenzeit [s]
1	3	40	3 Mal	0,5	2,00
2	2	20	0 Mal		
3	4	18	4 Mal	0,5	2

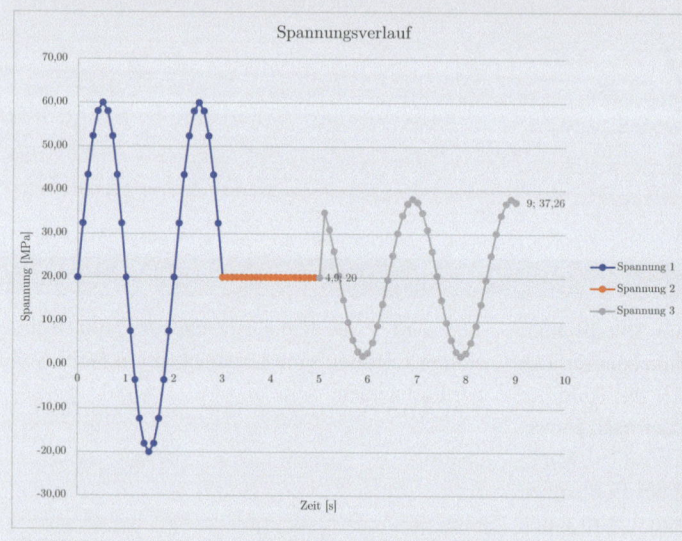

t	Spannung 1	Spannung 2	Spannung 3
0	20,00	20	20,00
0,1	32,36	20	25,56
0,2	43,51	20	30,58
0,3	52,36	20	34,56
0,4	58,04	20	37,12
0,5	60,00	20	38,00
0,6	58,04	20	37,12
0,7	52,36	20	34,56
0,8	43,51	20	30,58
0,9	32,36	20	25,56
1	20,00	20	20,00
1,1	7,64	20	14,44
1,2	-3,51	20	9,42
1,3	-12,36	20	5,44
1,4	-18,04	20	2,88
1,5	-20,00	20	2,00
1,6	-18,04	20	2,88
1,7	-12,36	20	5,44
1,8	-3,51	20	9,42
1,9	7,64	20	14,44
2	20,00	20	20,00
2,1	32,36	20	25,56
2,2	43,51	20	30,58
2,3	52,36	20	34,56
2,4	58,04	20	37,12
2,5	60,00	20	38,00
2,6	58,04	20	37,12
2,7	52,36	20	34,56
2,8	43,51	20	30,58
2,9	32,36	20	25,56
3	20,00	20	20,00

Übungsbeispiel 1.13

Was ist der Unterschied zwischen Re und $R_{P0,2}$?

Lösung

Beides ist ein Maß für die Grenze zwischen dem linearen und dem Proportionalitätsbereich, $R_{P0,2}$ liegt bei hochfesten Stählen vor, da bis zum Ende des linearen Bereichs eine Dehnung von 0,2 % möglich ist, es beschreibt die Dehngrenze. Re hingegen (Streckgrenze) besitzt eine Dehnung im Bereich von 0,01 %

Übungsbeispiel 1.14

Was beschreibt Rm?

Lösung

Rm beschreibt die Zugfestigkeit und damit den höchsten Bereich im SDD.

1.5 · Übungen

Übungsbeispiel 1.15

Ein nicht ausgeprägter Fließbereich lässt auf ein ... Material schließen.

Lösung

hochfestes

Übungsbeispiel 1.16

Wie wirken Normalspannungsvektoren in Bezug auf die Querschnittfläche?

Lösung

Normal.

Übungsbeispiel 1.17

Wie wirken Tangentialspannungsvektoren in Bezug auf die Querschnittfläche?

Lösung

Parallel.

Übungsbeispiel 1.18

Nennen Sie zwei Beispiele für Schubspannungen!

Lösung

Torsion, Abscherung

Übungsbeispiel 1.19

Nennen Sie zwei Beispiele für Normalspannungen!

Lösung

Zug-Druck, Biegung

Übungsbeispiel 1.20

Nennen Sie zwei Beispiele für eine nicht lineare Spannungsverteilung.

Lösung

Torsion, Biegung

Übungsbeispiel 1.21

Nennen Sie zwei Beispiele für eine lineare Spannungsverteilung.

Lösung

Zug, Druck, Abscherung (angenommen)

Übungsbeispiel 1.22

Wie groß ist die Spannung in der neutralen Faser bei einer Biegebeanspruchung?

Lösung

Null, da dort der Übergang von positiver in negative Spannung ist bzw. von Zug in Druck oder umgekehrt.

Übungsbeispiel 1.23

Sie haben die Aufgabe, eine nicht lineare FEM-Analyse eines neuen Bauteils aus dem Material Aluminium 7050 zu erstellen. Dazu stellen Sie fest, dass Sie eine Wöhlerkurve im SolidWorks (Werkstoffdatenbank) hinterlegen müssen. Sie müssen also Werte für die Wöhlerkurve finden und diese im Anschluss darstellen. Versuchen Sie solche Werte zu finden, egal ist dabei, ob diese aus dem Internet stammen (allerdings sollte darauf geachtet werden, ob es sich um eine seriöse und vertrauenswürdige Seite handelt) oder durch einen Versuch.

Lösung

Punkt	Spannung [N/m^2]	Lastspiele
1	11000	4,20E+08
2	20000	3,65E+08
3	50000	3,00E+08
4	1,00E+05	2,50E+08
5	2,00E+05	2,10E+08
6	5,00E+05	1,50E+08
7	1,00E+06	1,20E+08
8	2,00E+06	1,05E+08
9	5,00E+06	1,05E+08

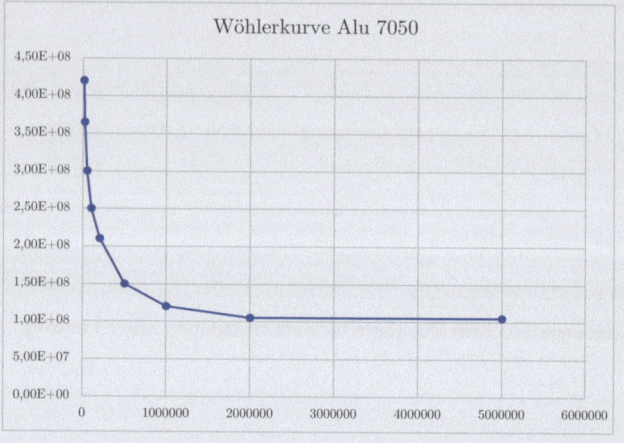

Übungsbeispiel 1.24

Sie haben die Aufgabe, eine nicht lineare FEM-Analyse eines neuen Bauteils aus dem Material Titanium zu erstellen. Dazu stellen Sie fest, dass Sie eine Wöhlerkurve im SolidWorks (Werkstoffdatenbank) hinterlegen müssen. Sie müssen also Werte für die Wöhlerkurve finden und diese im Anschluss darstellen. Versuchen Sie solche Werte zu finden, egal ist dabei, ob diese aus dem Internet stammen (allerdings sollte darauf geachtet werden, ob es sich um eine seriöse und vertrauenswürdige Seite handelt) oder durch einen Versuch.

Lösung

Punkt	Spannung [N/m^2]	Lastspiele
1	100000	4,05E+02
2	200000	3,80E+02
3	1000000	3,60E+02
4	3,00E+06	3,55E+02
5	9,00E+06	3,52E+02

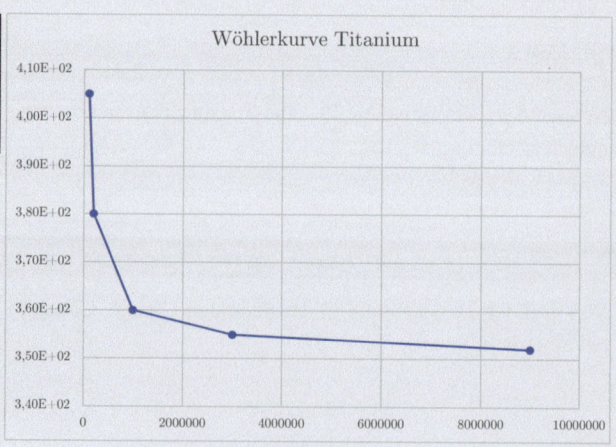

Zug- und Druckbeanspruchung

Inhaltsverzeichnis

2.1 Druck- und Zugspannung – 34
2.1.1 Bei konstantem Querschnitt – 34
2.1.2 Bei variablem Querschnitt – 41
2.1.3 Stab optimaler Druckspannung – 45

2.2 Formänderung infolge Druck- und Zugbeanspruchung – 48
2.2.1 Einzelstab, $A =$ const. – 48
2.2.2 Querdehnung, Querkontraktion – 49
2.2.3 Kompressionsmodul – 55
2.2.4 Lamé-Konstanten – 55
2.2.5 Wärmeausdehnung – 56

© Der/die Autor(en), exklusiv lizenziert an Springer-Verlag GmbH, DE, ein Teil von Springer Nature 2023
A. Huber, *Technische Mechanik 2 - Elastostatik*, https://doi.org/10.1007/978-3-662-67759-9_2

2.3	**Einzelstab, etwas allgemeiner** – 63
2.3.1	Spannungsverhalten im Stab – 63
2.3.2	Formänderung im Stab – 64
2.3.3	Gleichung für die Verschiebung – 64

2.4	**Statisch bestimmte Stabsysteme** – 64

2.5	**Statisch unbestimmte Stabsysteme** – 69

2.6	**Finite Elemente Methode** – 73
2.6.1	Analytische Methode als Referenz – 75
2.6.2	Näherungslösung – 76
2.6.3	FEM – 77
2.6.4	FEM-Simulation mit SolidWorks – 79
2.6.5	Steifigkeitsmatrix für schräge Stäbe – 81

2.7	**Übungen** – 83

Kapitel 2 · Zug- und Druckbeanspruchung

Sie lernen hier…

- Zug- und Druckbeanspruchung kennen.
- Zug- und Druckspannungen in Stäben kennen.
- Stoffgesetze kennen.
- Bauteile optimaler Druck- und Zugspannungen kennen.
- Verformungen infolge Druck- und Zugbeanspruchung berechnen.
- Querkontraktion bzw. Querdehnung berechnen.
- statisch bestimmte- und unbestimmte Stabsysteme kennen.

Zitat

Der größte Feind der Qualität ist die Eile.
Henry Ford

Zug- und Druckspannungen begegnen uns andauernd. Dies kann am Spielplatz, bei Stützen, die einen Balkon abstützen, oder beim Tisch, die Tischfüße, sein. Im Anschluss sind einige Beispiele aus dem täglichen Leben zu sehen, an denen man Zug- und Druckspannungen feststellen kann. Ebenfalls sind einige Beispiele für Bauteile optimaler Spannung gegeben. Was dies

Druckspannungen treten bereits bei jeder Säule auf.

Druckspannungen treten auch bei Badestegen auf.

Stalaktiten: Stäbe gleicher Zugspannung

Kühltürme sind typische Beispiele für Träger gleicher Druckspannung. Hier muss auch die Windkraft bedacht werden, solche Türme fangen sehr viel Wind, wodurch der Turm einer Biegung ausgesetzt ist. Wo nicht mehr so viel Material, zu Stabilitätsgewährleistung notwendig ist, oben, kann die Windkraft durch Minimierung der Angriffsfläche, verringert werden.

2.1 Druck- und Zugspannung

Die Zug- bzw. Druckbeanspruchung ist jene Spannung, die bei Belastung durch eine Kraft, dessen Wirklinie entlang der Stabachsrichtung, die normal auf den Flächenquerschnitt steht, entsteht. Dabei kann die Kraft in – oder gegen die Koordinatenrichtung jener Achse wirken. Es ergibt sich dadurch eine Vorzeichenabhängigkeit der Spannung und ermöglicht damit die Unterscheidung zwischen Zug- und Druck. Druck trägt immer ein negatives Vorzeichen, wirkt also entgegen der positiven Richtung der Koordinatenachse, welche auf der Stabachse liegt.

In der Höheren Mechanik bzw. Kontinuumsmechanik lernt man den Begriff der Hauptspannungen kennen. Dazu wird später mehr erläutert, hier kann dieser mal durch die nachfolgende Erklärung als hinreichend genau angesehen werden.

Hauptspannungen sind jene Spannungen, die entlang der Hauptachsrichtungen des Koordinatensystems wirken, welches durch den Schwerpunkt einer zu untersuchenden Querschnittfläche, normal auf diese Fläche, gelegt wird. Es ergeben sich damit Spannungen in den drei Koordinatenrichtungen: σ_x, σ_y und σ_z. Um eine Analogie zur Kontinuumsmechanik herzustellen werden diese aber mit σ_{xx}, σ_{yy} und σ_{zz} bezeichnet, der Grund dafür: Es handelt sich als Beispiel bei der Spannung σ_{xx} um jene Spannung, die in der Ebene wirkt, die normal auf die x-Achse steht, sowie entlang der Richtung der x-Achse wirkt.

Besondere Vorsicht ist bei den Begriffen „Druck" und „Druckspannung" geboten. Diese beiden Begriffe bezeichnen zwei völlig unterschiedliche Reaktionen. Druckspannung wurde bereits definiert, hingegen Druck die Reaktion infolge von Fluideinwirkung (Gas, Flüssigkeit) in einem Behälter beschreibt. Druck breitet sich in alle Richtungen gleichmäßig aus, weshalb dieser isotrop ist. Isotrop bedeutet, dass die Reaktion nicht richtungsabhängig wirkt. Druck wird im Band 4 dieser Buchreihe ausführlich behandelt.

2.1.1 Bei konstantem Querschnitt

Wird ein Stab auf Druck oder Zug belastet, so findet die Belastung entlang der Stabachse statt, gemäß ◘ Abb. 2.1. Der Unterschied, in der Berechnung, zwischen Druck- und Zugspannung, besteht darin, dass bei der Druckspannung ein „Minus" vor die Gleichung gesetzt wird (nach Definition). Dies kommt daher, da die Spannungsvektoren in die entgegengesetzte Richtung, im Vergleich zur Zugspannung, zeigen.

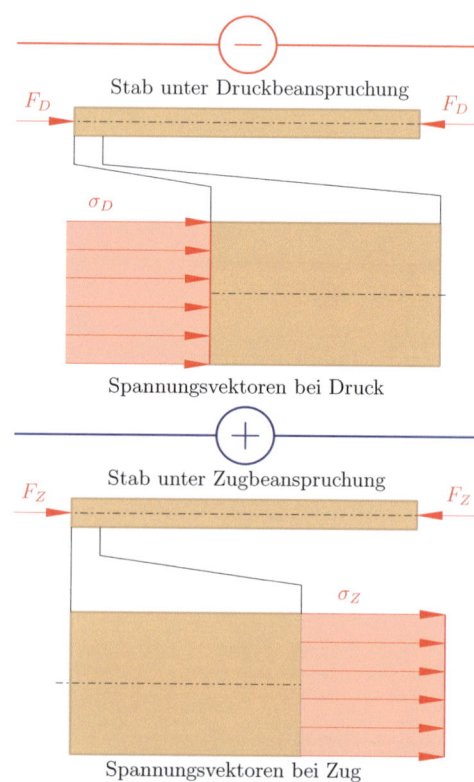

◘ **Abb. 2.1** Stab unter Zug- bzw. Druckbeanspruchung

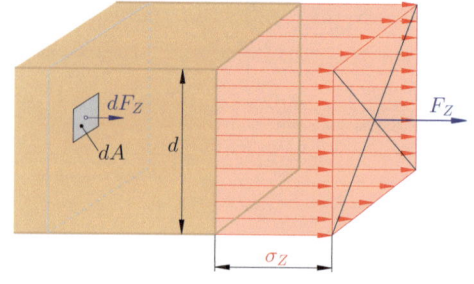

◘ **Abb. 2.2** Herleitung der Grundformel an einem geschnittenen Stab

2.1 · Druck- und Zugspannung

Mit $F_N = \int_A dF_N$ folgt (◘ Abb. 2.2) folgende Gleichung, wenn gemäß der Infinitesimalrechnung die unendlich kleinen Stabkräfte (hier Normalkräfte) auf die gesamte Fläche integriert werden. Die Gleichung für die Schubspannung folgt mit der Bedingung

$$\sigma = \lim_{\Delta A, \Delta F_N \to \ll} \left(\frac{\Delta F_N}{\Delta A}\right) = \frac{dF_N}{dA}$$
$$\implies \int_A dF_N = \int_A \sigma \cdot dA = F_N,$$

zu

$$F_N = \int_A \sigma_N \cdot dA \implies \sigma_N = \frac{F_N}{A}. \quad (2.1)$$

Hier wurde bereits zu Beginn davon ausgegangen, dass die Spannungsvektoren nur in der Fläche normal auf die Stabachse stehend betrachtet wirken, also nur Normalspannungen vorliegen.

Beispiel 2.1

Wie groß ist die Druckspannung in einem Vierkantstahl mit den Abmessungen 20 × 20 mm, wenn dieser durch eine Druckkraft in Höhe von $F = 25$ kN belastet wird?

$$\underline{\underline{\sigma_D}} = -\frac{F}{A} = -\frac{F}{a^2} = -\frac{25.000 \text{ N}}{(20 \text{ mm})^2}$$
$$= \underline{\underline{-62{,}5 \frac{\text{N}}{\text{mm}^2}}}. \quad (2.2)$$

Jetzt wird das zuvor gerechnete Beispiel noch mittels SolidWorks überprüft. Bei dieser Analyse ist nur die Spannung zu überprüfen, das Material kann dadurch beliebig gewählt werden, da dieses erst einen Einfluss bei der Verformungsberechnung hat. Die Spannungen sind immer gleich, egal welches Material verwendet wird, solange die Gleichung $\sigma_D = \frac{F}{A}$ Geltung hat und keine elastischen Materialien vorliegen.

Pos.	Bild	Erklärung
1		Modell zeichnen und neue statische Studie aufsetzen und darin Material definieren. Dieses ist hier zunächst Kupfer.
2		Randbedingungen erstellen, dazu den Stab auf der einen Seite einspannen und auf der anderen Seite die Druckkraft aufbringen.

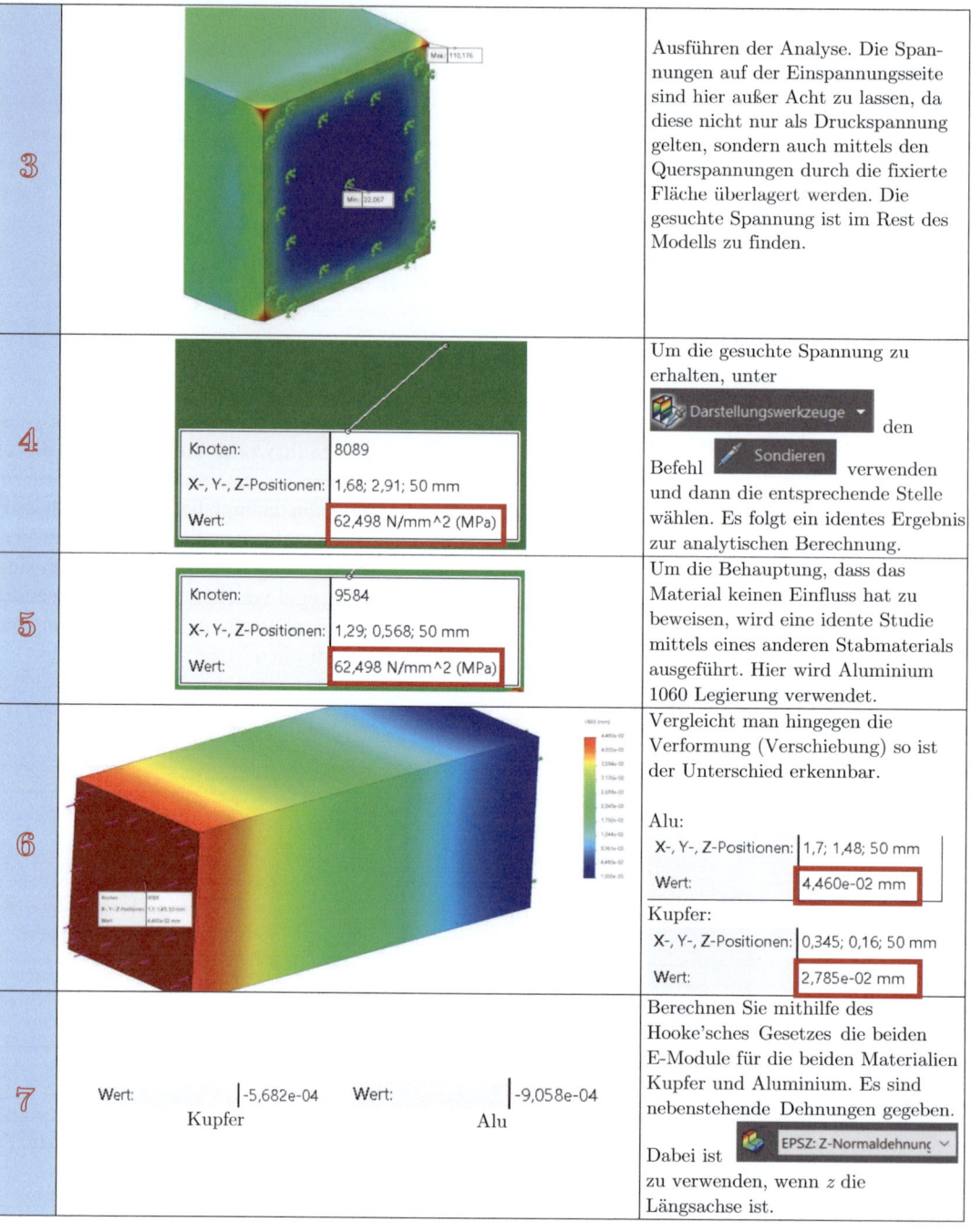

3	Ausführen der Analyse. Die Spannungen auf der Einspannungsseite sind hier außer Acht zu lassen, da diese nicht nur als Druckspannung gelten, sondern auch mittels den Querspannungen durch die fixierte Fläche überlagert werden. Die gesuchte Spannung ist im Rest des Modells zu finden.
4	Um die gesuchte Spannung zu erhalten, unter ⬛ Darstellungswerkzeuge ▼ den Befehl 🖊 Sondieren verwenden und dann die entsprechende Stelle wählen. Es folgt ein identes Ergebnis zur analytischen Berechnung.
5	Um die Behauptung, dass das Material keinen Einfluss hat zu beweisen, wird eine idente Studie mittels eines anderen Stabmaterials ausgeführt. Hier wird Aluminium 1060 Legierung verwendet.
6	Vergleicht man hingegen die Verformung (Verschiebung) so ist der Unterschied erkennbar.
7	Berechnen Sie mithilfe des Hooke'sches Gesetzes die beiden E-Module für die beiden Materialien Kupfer und Aluminium. Es sind nebenstehende Dehnungen gegeben. Dabei ist ⬛ EPSZ: Z-Normaldehnung ▼ zu verwenden, wenn z die Längsachse ist.

2.1 · Druck- und Zugspannung

⑧	Kupfer-Tabelle: E-Modul 110000, Poissonzahl 0.37, Schubmodul 40000 N/mm^2, Massendichte 8900 kg/m^3, Zugfestigkeit 394.38, Fließgrenze 258.646. Alu-Tabelle: E-Modul 69000 N/mm^2, Poissonzahl 0.33 Nicht zutreffend, Schubmodul 27000 N/mm^2, Massendichte 2700 kg/m^3, Zugfestigkeit 68.9356 N/mm^2, Fließgrenze 27.5742 N/mm^2.		Ergebnistabelle:

	Alu	Kupfer	
$\sigma =$	62,498	62,498	MPa
$\varepsilon =$	9,06E-04	5,68E-04	
E-Mod.	68998	109993	MPa

Es folgen nahezu idente Ergebnisse mit der Materialdatenbank (nebenstehend).

---

⑨ Eine weitere Möglichkeit für eine Lösung bietet sich in SolidWorks durch Idealisierung als Balkensystem an. Dabei wird das Bauteil als Blaken berechnet, wodurch eine schnellere und effizientere Lösung ermöglicht werden kann. Dazu wird eine neue statische Studie erstellt. Im Anschluss muss mittels RMT auf Teil1 (-[SolidWorks]K als **Als Balken behandeln** angewählt werden. Unter RMT Teil1 (-[SolidWorks] und **Definition bearbeiten…** können Querschnitteigenschaften angepasst werden, falls notwendig, ansonsten werden jene aus dem Modell übernommen.

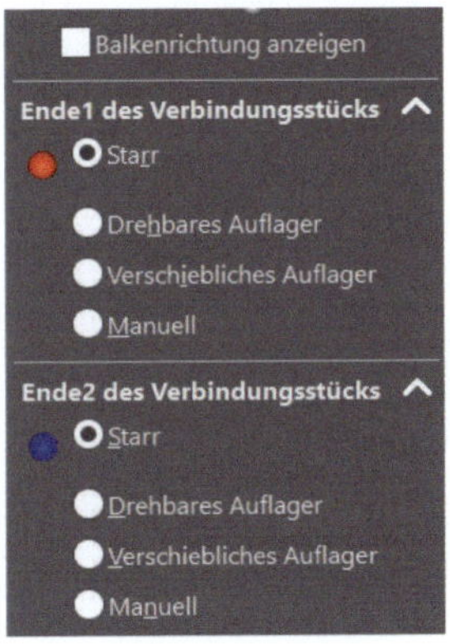

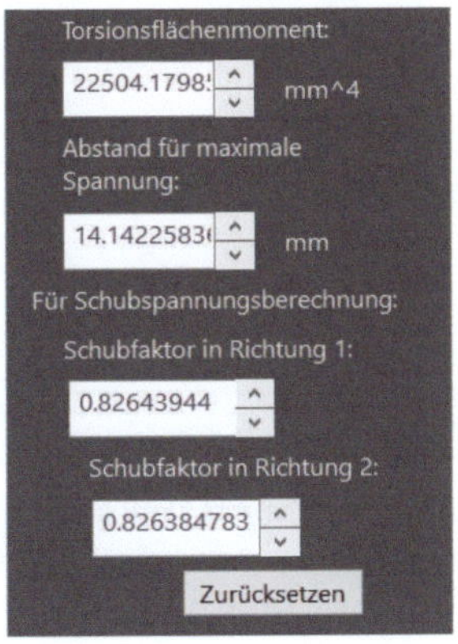

---

⑩ Die Randbedingungen können ident zu vorher gesetzt werden. Dieses mal müssen jedoch anstatt Flächen Verbindungen angewählt werden. Diese sind durch Grüne Kugeln gekennzeichnet.

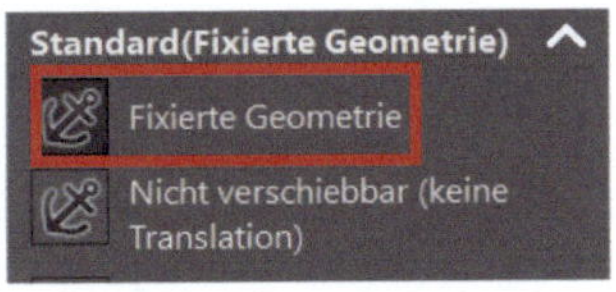

11	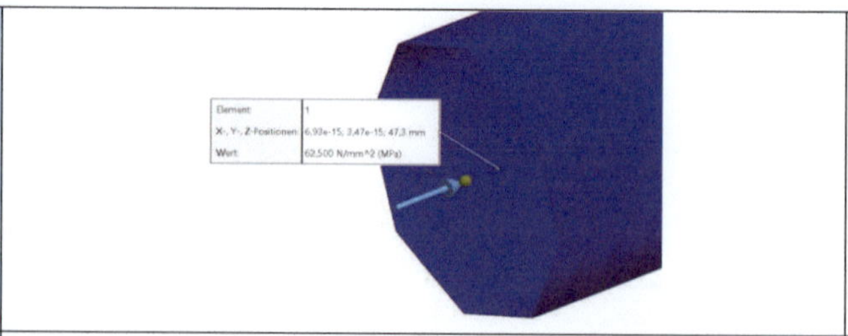	Ausführen liefert nahezu idente Ergebnisse: 62,500 N/mm^2 (MPa)
12	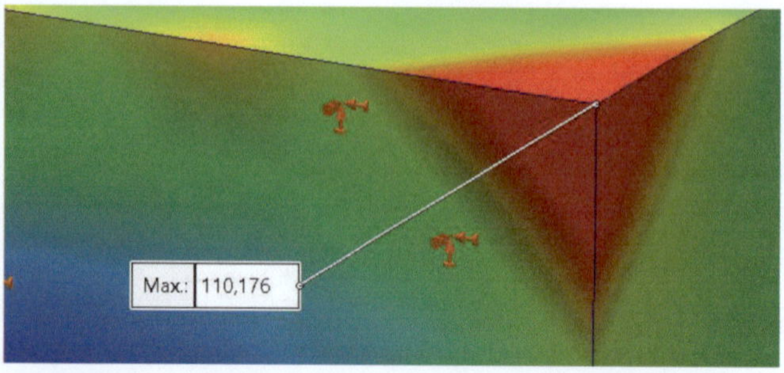 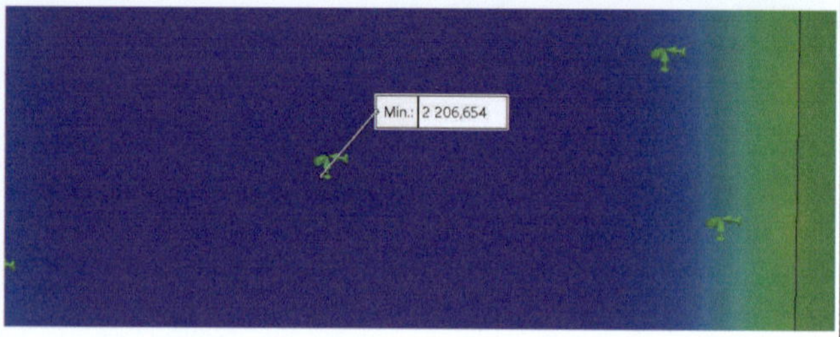 Max.: 110,176 Min.: 2 206,654	Anmerkung zum Ablesen der Spannungen in einer FEM Studie: Die Farbe allein ist nicht aussagekräftig, ohne Legende! „Rot" bedeutet nicht, wie irrtümlich oftmals vermutet, dass die Spannungen im Bauteil zu hoch sind, sondern stellen nur den vorliegenden Höchstwert der Spannung dar! Angenommen das Bauteil ist aus Kupfer gefertigt, so ist die zulässige Spannung (Streckgrenze) bei 258MPa. Im ersten, nebenstehenden Bild, ist zu erkennen, dass trotzdem rote Flecken, bei einer Spannung von 110MPa vorliegen, da die Legende so eingestellt wurde. Gleiches gilt für Bild 2. Obwohl die Spannungen bereits im blauen Bereich viel zu hoch sind, ist dieser Bereich trotzdem blau!

Theorem 2.1

Zu zeigen ist, dass bei einer Beanspruchung durch F_N Zug- oder Schubspannungen zustande kommen können, wenn die zu untersuchende Querschnittebene nicht mehr normal auf die Stabachse steht und durch F_Q nur Schubbeanspruchungen entstehen können. Zu beachten ist, dass $F_Q \perp$ normal und $F_N \parallel$ auf die Stabachse wirkt (◘ Abb. 2.3).

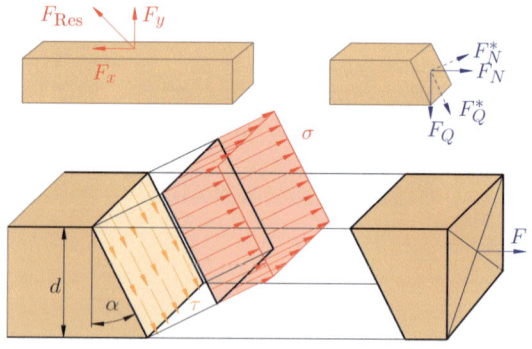

◘ **Abb. 2.3** Betrachtung einer schrägen Fläche

Beweis Neigt man den Schnitt durch ein Bauteil um den Winkel α, nach Belastung mit F_x und F_y (Komponenten von F_{Res}), so treten Normalspannungen σ und Schubspannungen τ auf.

Die Kräfte rufen die inneren Kräfte F_Q und F_N hervor (Kräftegleichgewicht) und diese wiederum Spannungen. Die Kräfte können gemäß den

2.1 · Druck- und Zugspannung

Gleichgewichtsbedingungen gefunden werden,

$$\sum_{i=1}^{n} F_{ix} = 0:$$

$$F_N^* \cdot \cos(\alpha) + F_Q^* \cdot \sin(\alpha) - F_N = 0 \qquad (2.3)$$

$$\sum_{i=1}^{n} F_{iy} = 0:$$

$$F_N^* \cdot \sin(\alpha) + F_Q^* \cdot \cos(\alpha) - F_Q = 0, \qquad (2.4)$$

mit $F_x = -F_N$ und $F_y = -F_Q$ folgt

$$\sum_{i=1}^{n} F_{ix} = 0:$$

$$F_N^* \cdot \cos(\alpha) + F_Q^* \cdot \sin(\alpha) + F_x = 0 \qquad (2.5)$$

$$\sum_{i=1}^{n} F_{iy} = 0:$$

$$F_N^* \cdot \sin(\alpha) + F_Q^* \cdot \cos(\alpha) + F_y = 0. \qquad (2.6)$$

Mit den Gleichungen für die Spannung folgt $F_N^* = A^* \cdot \sigma$, bzw. $F_Q^* = A^* \cdot \tau$

$$\sum_{i=1}^{n} F_{ix} = 0:$$

$$\sigma \cdot A^* \cdot \cos(\alpha) + \tau \cdot A^* \cdot \sin(\alpha) + F_N = 0 \qquad (2.7)$$

$$\sum_{i=1}^{n} F_{iy} = 0:$$

$$\sigma \cdot A^* \cdot \sin(\alpha) - \tau \cdot A^* \cdot \cos(\alpha) + F_Q = 0 \qquad (2.8)$$

Mit der Gleichung $A^* = \frac{A}{\cos(\alpha)}$ folgt

$$\sum_{i=1}^{n} F_{ix} = 0:$$

$$\sigma \cdot \frac{A}{\cos(\alpha)} \cdot \cos(\alpha)$$

$$+ \tau \cdot \frac{A}{\cos(\alpha)} \cdot \sin(\alpha) + F_N = 0 \qquad (2.9)$$

$$\sum_{i=1}^{n} F_{iy} = 0:$$

$$\sigma \cdot \frac{A}{\cos(\alpha)} \cdot \sin(\alpha)$$

$$- \tau \cdot \frac{A}{\cos(\alpha)} \cdot \cos(\alpha) + F_Q = 0 \qquad (2.10)$$

$$\sigma \cdot \frac{A}{\cos(\alpha)} \cdot \cos(\alpha)$$

$$+ \tau \cdot \frac{A}{\cos(\alpha)} \cdot \sin(\alpha) + F_N = 0 \qquad (2.11)$$

$$\sigma \cdot \frac{A}{\cos(\alpha)} \cdot \sin(\alpha)$$

$$- \tau \cdot \frac{A}{\cos(\alpha)} \cdot \cos(\alpha) + F_Q = 0 \qquad (2.12)$$

vereinfachen

$$\sigma \cdot A + \tau \cdot \frac{A}{\cos(\alpha)} \cdot \sin(\alpha) + F_N = 0 \qquad (2.13)$$

$$\sigma \cdot \frac{A}{\cos(\alpha)} \cdot \sin(\alpha) - \tau \cdot A + F_Q = 0 \qquad (2.14)$$

Mit der Bedingung für den Tangens $\frac{\sin(\alpha)}{\cos \alpha} = \tan(\alpha)$ folgt

$$\sigma \cdot A + \tau \cdot A \cdot \tan(\alpha) - F_N = 0 \qquad (2.15)$$

$$\sigma \cdot A \cdot \tan(\alpha) - \tau \cdot A - F_Q = 0. \qquad (2.16)$$

Umformen auf die Kräfte und der Bedingung $F_x = -F_N$ und $F_y = -F_Q$ folgt

$$F_N = \sigma \cdot A - \tau \cdot A \cdot \tan(\alpha) = -F_x \qquad (2.17)$$

$$F_Q = \sigma \cdot A \cdot \tan(\alpha) + \tau \cdot A = -F_y. \qquad (2.18)$$

Mit der Bedingung $\alpha = 0°$ (dies muss für einen senkrechten Schnitt gelten) folgt die Behauptung, da $\tan(0°) = 0$ ist

$$-F_N = \sigma \cdot A = F_x \qquad (2.19)$$

$$-F_Q = \tau \cdot A = F_y \qquad (2.20)$$

□

Es sind die Spannungen (Schub- und Normalspannung) für einen Träger gemäß überstehender Abbildung und den Werten: $d = 20 \times 20$ mm; $\alpha = 25°$ und $F = 25$ kN mittels der hergeleiteten Gleichungen mittels SolidWorks FEM und Excel zu ermitteln.

Pos.	Bild	Erklärung
1		Modell zeichnen und neue statische Studie aufsetzen und darin Material definieren. Dieses ist hier zunächst Kupfer.
2		Randbedingungen erstellen, dazu den Stab auf der einen Seite einspannen und auf der anderen Seite die Druckkraft aufbringen.
3		Zusätzlich wird die untere und die Seitenfläche durch eine Gleitvorrichtung festgehalten, da damit Schub anstatt der Biegespannung entsteht, bei gegebener Belastung.
4		Ausführen und Spannungen ablesen. Für die Normalspannung muss die Spannung in x-Richtung dargestellt werden. Dazu RMT Ergebnisse „Spannungsdarstellung definieren…" und wählen. Es folgt: -64,1 MPa.
5		Für die Schubspannung muss die Spannung in x-Richtung dargestellt werden. Dazu RMT Ergebnisse „Spannungsdarstellung definieren…" und wählen. Es folgt: -21,6 MPa.
6	a= 20 mm F_x= 22657,7 N A= 400 mm^2 F_y= 10565,5 N alpha= 25 ° F= 25000 N sigma= 56,64 MPa tau= 26,41 MPa	Überprüfung mittels Excel liefert ähnliche Ergebnisse. Die Abweichung ist der Gleitvorrichtung geschuldet, die unter Punkt 3 definiert wurde.

2.1 · Druck- und Zugspannung

2.1.2 Bei variablem Querschnitt

In Verbindung mit Abb. 2.4 folgt durch Ansetzen der Geradengleichung für Kurve $f(x) = d(x) = k \cdot x + d$, wobei $k = \frac{d_1 - d_0}{2 \cdot l}$ und $d = \frac{d_0}{2}$ ist. Dadurch kann die variable Fläche (Kreis), wenn die Kreisflächenformel $A = \frac{d^2 \cdot \pi}{4}$ lautet, beschrieben werden, gemäß

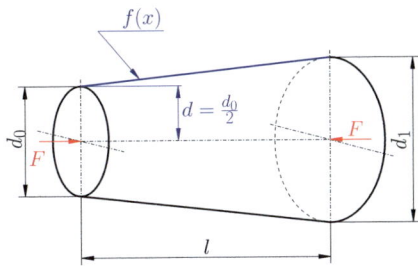

Abb. 2.4 Beispiel konischer Stab

$$A(x) = \frac{d^2(x) \cdot \pi}{4}$$
$$= \frac{\left[2 \cdot \frac{d_1 - d_0}{2 \cdot l} \cdot x + 2 \cdot \frac{d_0}{2}\right]^2 \cdot \pi}{4}$$
$$= \left[\frac{d_1 - d_0}{l} \cdot x + d_0\right]^2 \cdot \frac{\pi}{4}.$$
(2.21)

Diese Bedingungen eingesetzt, in die Zug- und Druckspannungsformel, ergibt

$$\sigma(x) = \frac{F}{A(x)} = \frac{F}{\left[\frac{d_1 - d_0}{l} \cdot x + d_0\right]^2 \cdot \frac{\pi}{4}}.$$
(2.22)

Beispiel 2.2

Von einem Träger, gemäß Abb. 2.4, kennt man die Maße: $d_0 = 65$ mm, $d_1 = 100$ mm, $l = 670$ mm und die Belastungsgröße $F = 1$ kN. Gesucht ist der Zusammenhang zwischen der Spannung, dem Durchmesser und der Fläche in Abhängigkeit der Laufvariable x in Diagrammen dargestellt (vgl. Abb. 2.5, hier mithilfe von Matlab).

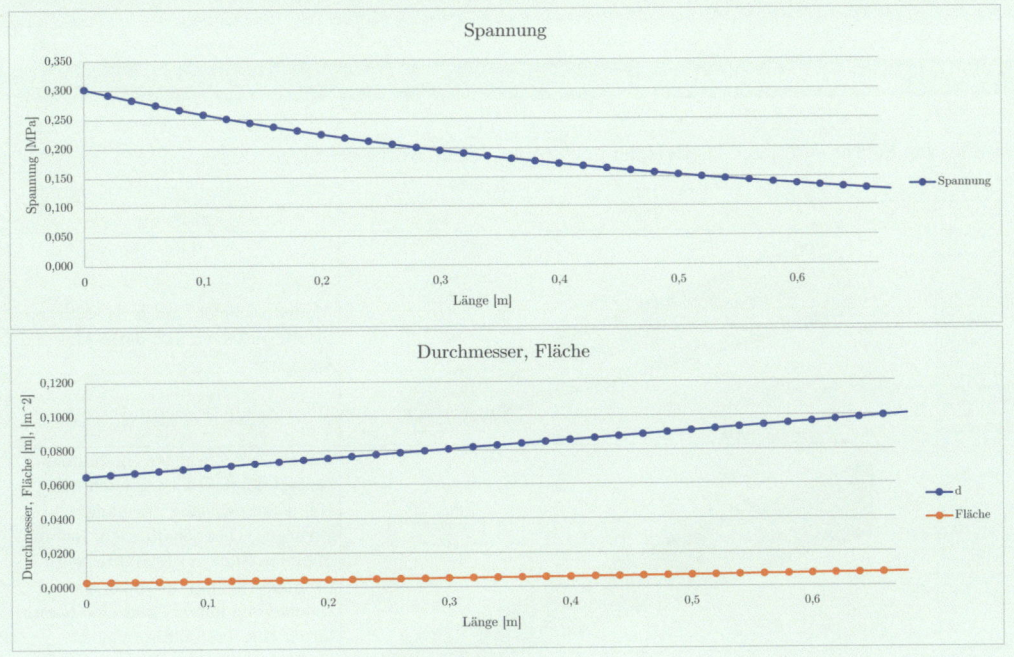

Abb. 2.5 Diagramme für Durchmesser, Fläche und Spannung

Methode: Lösung durch Matlab 2.1

```
%Längen, Kräfte definieren

F=1;                %in kN
d0=0.065;           %in m
d1 = 0.1;           %in m
l = 0.67;           %in m

x = 0:0.01:l;       %Bereich von x einschränken


%Gleichung für den Querschnitt
A = (((d1-d0)/l)*x +d0).^2 * pi / 4;

%Durchmesser
d = (d1-d0)/l*x +d0;

%Gleichung für die Spannung
sigma = F./A;

%Funktion plotten
%plot(x,sigma,'b.')
hold on
plot(x,A,'r')
hold on
plot(x,d,'g')

%Achsbeschriftungen
xlabel('Abstand')
ylabel('Spannung, Fläche, Durchmesser')

%Schraffiert die Fläche unter der Kurve:
%h1=fill([x flipdim(x,2)], [sigma flipdim(A,2)],'k','Edgecolor', 'none');
%set(h1,'FaceAlpha',[0.3])
```

Methode: Lösung durch SolidWorks – FEM 2.1

Im letzten Schritt wird jetzt das Beispiel noch mittels SolidWorks gelöst.

Pos.	Bild	Erklärung
1		Modell zeichnen und neue statische Studie aufsetzen und darin Material definieren.
2		Um im Anschluss den Spannungsverlauf darstellen zu können muss eine Kante entlang der Längsachse vorliegen. Dies schafft man, indem man den Stab in der Hälfte teilt (Symmetrie, dann ist auch die Berechnung kürzer) und eine Kante durch eine Trennlinie erzeugt. Es liegt zunächst nebenstehendes Modell vor.

2.1 · Druck- und Zugspannung

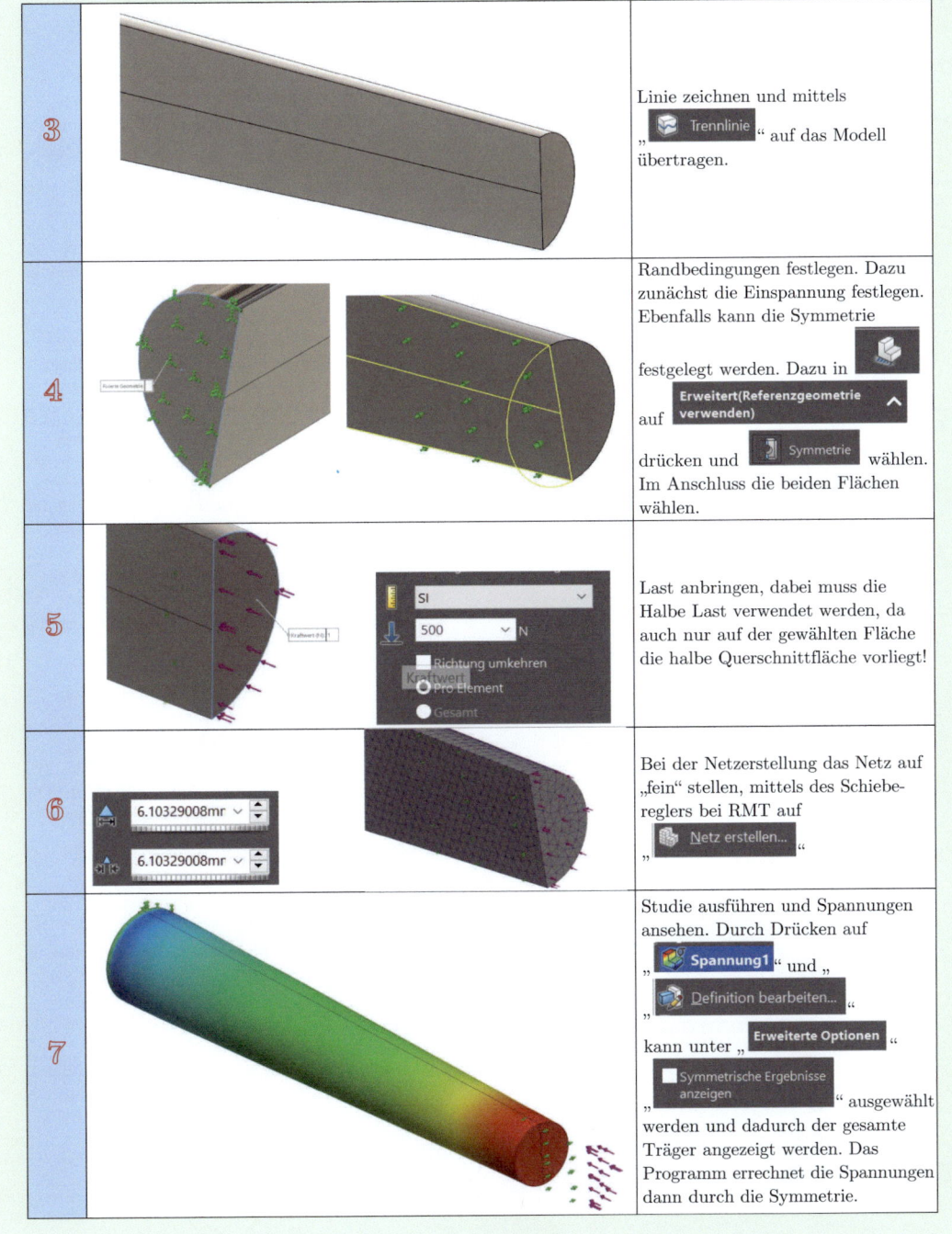

3		Linie zeichnen und mittels „Trennlinie" auf das Modell übertragen.
4		Randbedingungen festlegen. Dazu zunächst die Einspannung festlegen. Ebenfalls kann die Symmetrie festgelegt werden. Dazu in auf Erweitert(Referenzgeometrie verwenden) drücken und Symmetrie wählen. Im Anschluss die beiden Flächen wählen.
5		Last anbringen, dabei muss die Halbe Last verwendet werden, da auch nur auf der gewählten Fläche die halbe Querschnittfläche vorliegt!
6		Bei der Netzerstellung das Netz auf „fein" stellen, mittels des Schiebereglers bei RMT auf „Netz erstellen…"
7		Studie ausführen und Spannungen ansehen. Durch Drücken auf „Spannung1" und „Definition bearbeiten…" kann unter „Erweiterte Optionen" „Symmetrische Ergebnisse anzeigen" ausgewählt werden und dadurch der gesamte Träger angezeigt werden. Das Programm errechnet die Spannungen dann durch die Symmetrie.

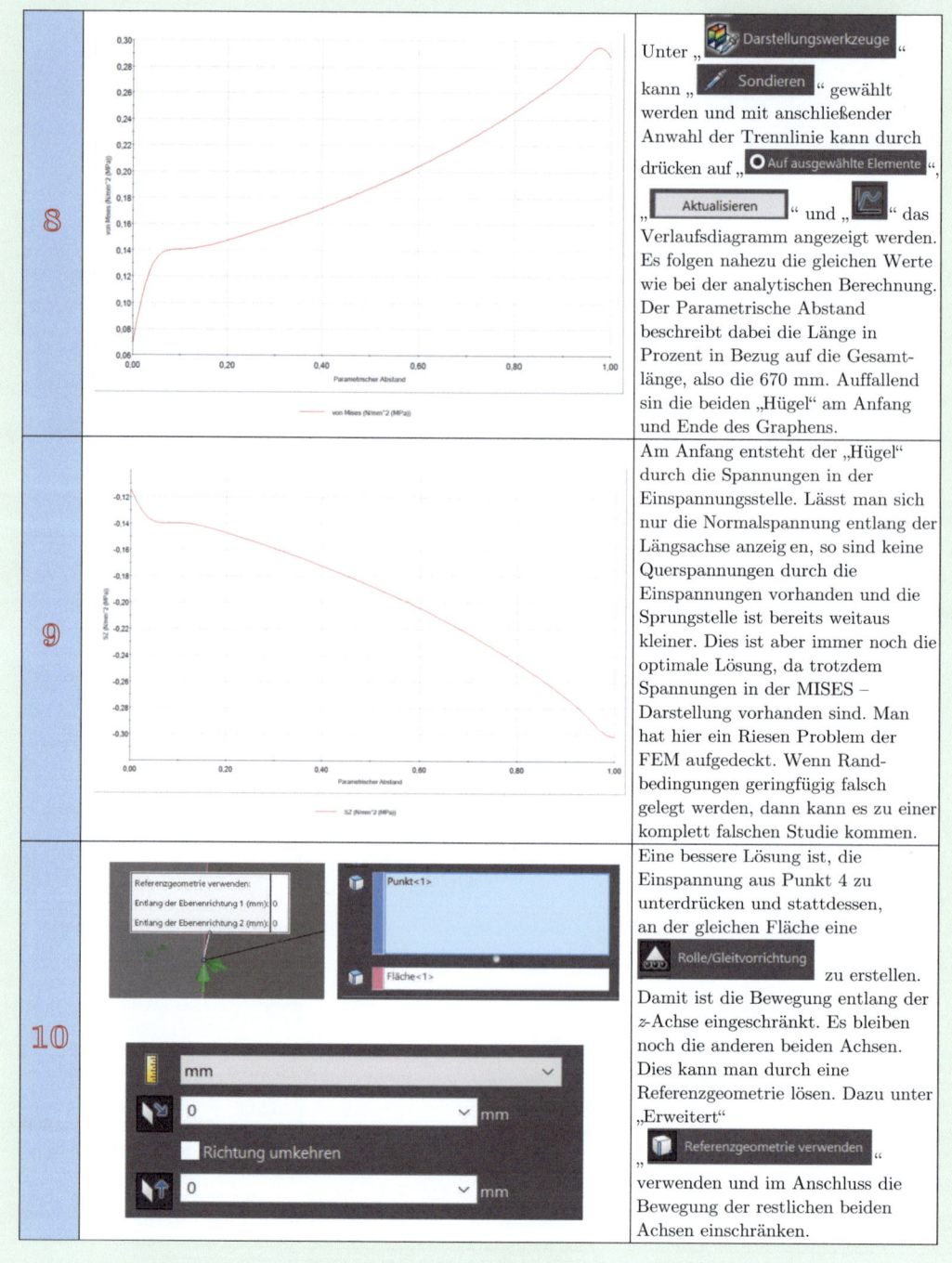

8	Unter „Darstellungswerkzeuge" kann „Sondieren" gewählt werden und mit anschließender Anwahl der Trennlinie kann durch drücken auf „Auf ausgewählte Elemente", „Aktualisieren" und „ " das Verlaufsdiagramm angezeigt werden. Es folgen nahezu die gleichen Werte wie bei der analytischen Berechnung. Der Parametrische Abstand beschreibt dabei die Länge in Prozent in Bezug auf die Gesamtlänge, also die 670 mm. Auffallend sin die beiden „Hügel" am Anfang und Ende des Graphens.
9	Am Anfang entsteht der „Hügel" durch die Spannungen in der Einspannungsstelle. Lässt man sich nur die Normalspannung entlang der Längsachse anzeigen, so sind keine Querspannungen durch die Einspannungen vorhanden und die Sprungstelle ist bereits weitaus kleiner. Dies ist aber immer noch die optimale Lösung, da trotzdem Spannungen in der MISES – Darstellung vorhanden sind. Man hat hier ein Riesen Problem der FEM aufgedeckt. Wenn Randbedingungen geringfügig falsch gelegt werden, dann kann es zu einer komplett falschen Studie kommen.
10	Eine bessere Lösung ist, die Einspannung aus Punkt 4 zu unterdrücken und stattdessen, an der gleichen Fläche eine Rolle/Gleitvorrichtung zu erstellen. Damit ist die Bewegung entlang der z-Achse eingeschränkt. Es bleiben noch die anderen beiden Achsen. Dies kann man durch eine Referenzgeometrie lösen. Dazu unter „Erweitert" Referenzgeometrie verwenden" verwenden und im Anschluss die Bewegung der restlichen beiden Achsen einschränken.

2.1 · Druck- und Zugspannung

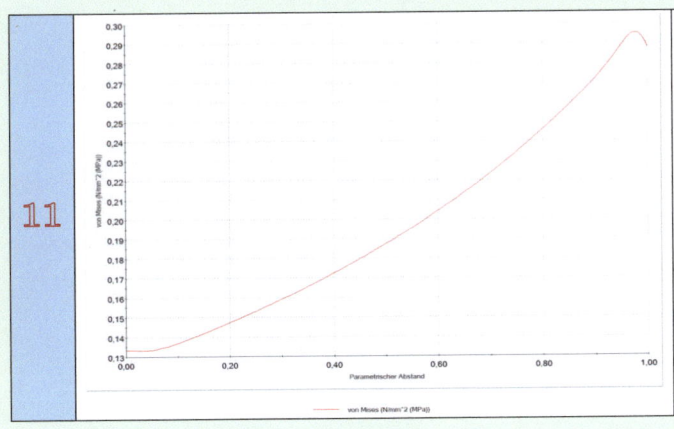

Löst man die Studie erneut und lässt man sich jetzt die Spannung anzeigen, so ist die Sprungstelle vollkommen weg. Was bleibt ist die zweite Sprungstelle. Diese entsteht durch die Krafteinwirkung. Dies kann aber nicht vermieden werden.

2.1.3 Stab optimaler Druckspannung

Siehe ▶ Bsp. 2.3 und ▶ Methode: Lösung durch Matlab 2.2.

Beispiel 2.3 (Stab gleicher Druckspannung, anhand eines Windrades)

Vgl. [7, Beispiel aus S. 7 ff. Bsp. 1.2; mit Abwandlungen] und [24, 40]. Von einer Windkraftanlage kennt man das Gewicht des Maschinenhauses von $m = 205$ t. Aus diesem Gewicht entsteht die Druckkraft. Die Höhe und der untere Durchmesser (Sockel) des Windrades sind ebenfalls durch $H = 137$ m und $d(x = H) = 6$ m bekannt. Der innere Durchmesser sei $d_i = 2$ m $=$ const. Welche Funktion entsteht für die Außenkontur, bei einem Stab konstanter Druckspannung? (◨ Abb. 2.6).

Lösung

Aufstellen der Gleichgewichtsbedingungen für die senkrechten Kräfte ergibt in den skizzierten Schnitt

$$\sum_{i=1}^{n} F_{i\uparrow} = 0: F_1 - F_0 - F_G. \quad (2.23)$$

Soll konstante Druckspannung vorliegen, so muss $\sigma_1 = \sigma_0 = \sigma$ gelten, wodurch mit der Druckspannungsformel $\sigma = \frac{F}{A} \Longrightarrow F = \sigma \cdot A$ folgt. Genauer gilt $F_0 = \sigma \cdot A$ und durch den infinitesimal kleinen Flächenzuwachs folgt die Beanspruchungsfläche $A_1 = A_0 + dA$; zu $F_1 = \sigma \cdot (A + dA)$. Einsetzen liefert

$$\sum_{i=1}^{n} F_{i\uparrow} = 0:$$

$$\sigma \cdot (A + dA) - \sigma \cdot A - m \cdot g$$
$$= \sigma \cdot dA - m \cdot g = \sigma \cdot dA - V \cdot \varrho \cdot g$$
$$= \sigma \cdot dA - A \cdot dx \cdot \varrho \cdot g, \quad (2.24)$$

Umformen ergibt

$$\frac{dA}{A} = \frac{\varrho \cdot g}{\sigma} \cdot dx \implies$$

$$\int_{A_0}^{A} \frac{dA}{A} = \int_{0}^{x} \frac{\varrho \cdot g}{\sigma} \cdot dx$$

$$\ln\left(\frac{A}{A_0}\right) = \frac{\varrho \cdot g}{\sigma} \cdot x \implies$$

$$A = A_0 \cdot e^{\frac{\varrho \cdot g \cdot x}{\sigma}}. \quad (2.25)$$

46 Kapitel 2 · Zug- und Druckbeanspruchung

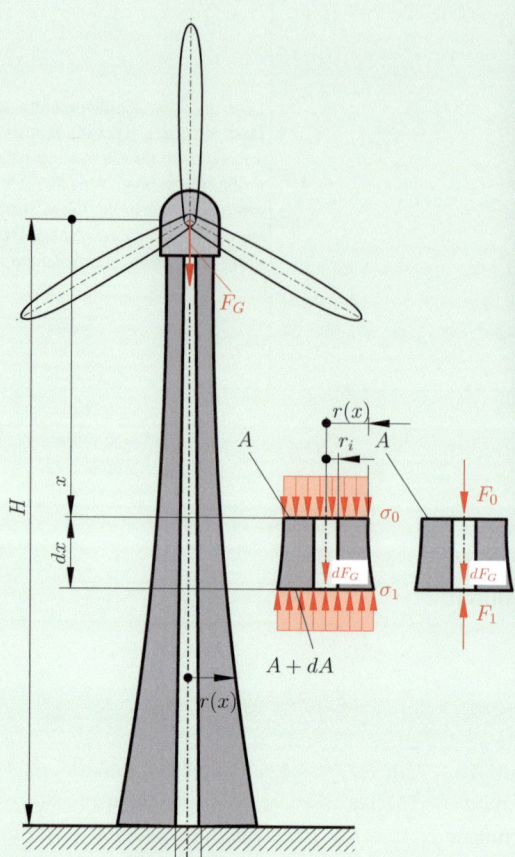

Gewicht des Maschinenhauses: 205 t,
Durchmesser des Sockels: 6 m,
H = 137 m

Abb. 2.6 Beispiel Windrad

Hierin ist $A(x)$ auch durch die Flächenformel des Kreises, gemäß $A(x) = (r^2(x) - r_i^2) \cdot \pi$ bestimmbar. Gleichsetzen und umformen lässt auf

$$(r^2(x) - r_i^2) \cdot \pi = A_0 \cdot e^{\frac{\varrho \cdot g \cdot x}{\sigma_0}}$$

$$\implies r(x) = \sqrt{\frac{A_0}{\pi} \cdot e^{\frac{\varrho \cdot g \cdot x}{\sigma_0}} + r_i^2} \qquad (2.26)$$

schließen. A_0 ist die Grundfläche, welche mittels der Druckspannungsformel $\sigma = \text{const.} = \frac{F_G}{A_0}$ berechnet werden kann. F_G ist hier das Gewicht des Maschinenhauses. Es folgt damit $A_0 = \frac{m \cdot g}{\sigma}$. Einsetzen liefert die allgemeine Gleichung

$$r(x) = \pm \sqrt{\frac{m \cdot g}{\pi \cdot \sigma_0} \cdot e^{\frac{\varrho \cdot g \cdot x}{\sigma_0}} + r_i^2} \qquad (2.27)$$

Einsetzen der Werte ergibt, wenn $\sigma = 3 \cdot 10^6 \, \frac{\text{N}}{\text{m}^2}$ (ist sehr, sehr gering angenommen) und $\varrho = 7890 \, \frac{\text{kg}}{\text{m}^3}$ ist, den Graph aus unten stehender Abb. Der Programmcode ist darunter dargestellt. Die Annahme, dass nur Druckspannung vorliegt ist falsch. Darum folgt auch die geringe Wandstärke. In Wirklichkeit würde eine deutlich größere Spannung, durch die Biegespannung hinzukommen. Darum ist bei realen Windkraftanlagen der

2.1 · Druck- und Zugspannung

untere Radius auch mit 6 m ausgeführt und der innere mit 0,5 m. Hier wäre der innere Radius 6 m und der äußere nur um einige Millimeter größer, was zu einer sehr geringen Wandstärke führt. Zusätzlich müssen noch sämtliche Sicherheitsfaktoren eingehalten und die Konstruktionsbedingungen beachtet werden. Theoretisch müsste man den Durchmesser bei $d(x=0)$ unendlich klein machen, um einen Stab konstanter Druckspannung zu erhalten. Praktisch ist dies nicht möglich. Es muss eine Mindestwandstärke vorliegen. All diese Faktoren lassen dann einen Windradsockel so aussehen, wie man ihn kennt. Dieses Beispiel sollte jedoch trotzdem die Anwendung in der Realität und das Prinzip deutlich machen.

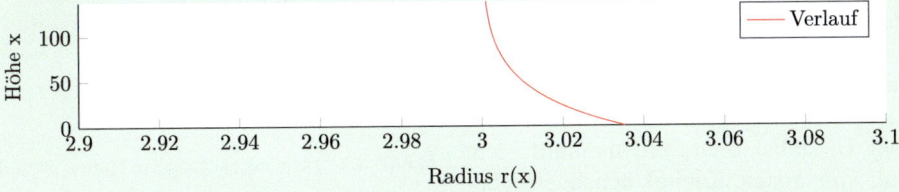

Methode: Lösung durch Matlab 2.2 (Programmcode zum Konturverlaufes des Windrades)

```
%Konstanten definieren
ri = 3;                 %m          Innenradius
sigma = 3*10.^6;        %N/m^2      Spannung
m = 205000;             %kg         Gewicht des Maschinenhauses
g = 9.81;               %m/s^2      Erdbeschleunigung
rho = 7890;             %kg/m^3     Dichte Stahl
H = 137;                %m          Höhe

%Grundlegende Gleichungen
FG = m * g;             %N          Gewichtskraft

%Wertebereich eingrenzen
x = 0:1:H;

%Gleichung für r(x) (das Minus vor $-rho*g*x./sigma$ folgt aus der Annahme,
%dass der Radius oben am kleinsten sein muss und untem am größten. Dies
%resultiert aus der Randbedingung. Würde man dieses Minus weglassen, so
%würde die Funktion in die falsche Richtung zeigen.

r = sqrt(FG./(pi*sigma)*exp(-rho*g*x./sigma)+ri.^2);
y = r;

%Funktion zeichnen
hold on
plot(r, x, 'r')

%Achsbeschriftungen
xlabel('Radius r(x)')
ylabel('Höhe x')

xlim([2.9 3.1])
ylim([0 H])

%Schraffiert die Fläche unter der Kurve:
%h1=fill([x flipdim(x,2)], [sigma flipdim(A,2)],'k','Edgecolor', 'none');
%set(h1,'FaceAlpha',[0.3])
```

2.2 Formänderung infolge Druck- und Zugbeanspruchung

2.2.1 Einzelstab, $A = \text{const.}$

Wird ein Stab auf Zug- oder Druck beansprucht, so werden Zug- und Druckspannungen im Inneren des Bauteils hervorgerufen, was dann zu einer Formänderung im Stab führt. Es kann ein direkter, proportionaler Zusammenhang zwischen der Spannung und der Verformung festgestellt werden. Da jedes Material anders auf eine Beanspruchung reagiert, Aluminium hat andere Ausdehnungseigenschaften als Kunststoff oder Stahl. Diese Faktoren werden mithilfe dem E-Modul, (im ersten Kapitel behandelt), berücksichtigt. Die Verknüpfungen ergeben das Hooke'sche Gesetz für den eindimensionalen Spannungszustand, gemäß

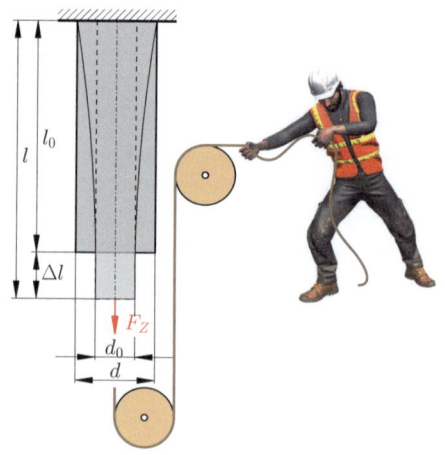

Abb. 2.7 Dehnung anhand eines Stabes, wenn $A = \text{const.}$

$$\sigma_{Z,D} = \pm E \cdot \varepsilon. \qquad (2.28)$$

Hierin ist $\sigma_{Z,D}$ die Spannung, welche durch ein positives Vorzeichen zu einer Zugspannung und durch ein negatives Kennzeichen zu einer Druckspannung wird. Das Werkstück erfährt bei Beanspruchung auf Druck eine Stauchung, deshalb negative Längung. Wird ein Bauteil belastet und erfährt es Formänderung, so werden die Maßeigenschaften gemäß Abb. 2.7 aufgefasst. Es folgt bei Zugbeanspruchung eine Streckung der ursprünglichen Länge von l_0 auf l. Diese Streckung kann durch Gl. (2.29) berechnet werden. Formt man das Hooke'sche Gesetz um, so folgt die Gleichung zur Bestimmung der Dehnung.

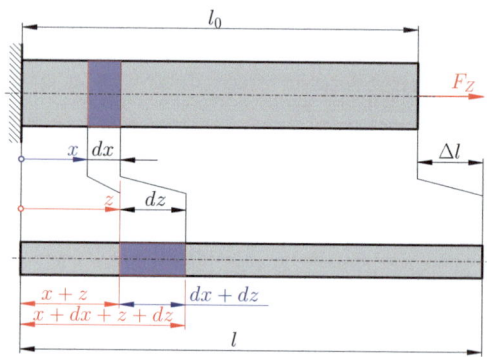

Abb. 2.8 Örtliche Dehnung

$$\varepsilon = \pm \frac{\sigma_{Z,D}}{E} \qquad l = l_0 + \Delta l \qquad (2.29)$$

Zur Berechnung der örtlichen Dehnung (die Dehnung an einem beliebigen Punkt, entlang des Stabes) wird der Stab an einer Stelle geschnitten. Der Abstand bis zur Schnittfläche wird durch die Laufvariable $0 \leq x \leq l$, wenn l_0 die Länge des unverformten Stabes ist, beschrieben. Abb. 2.8 zeigt zum einen den unverformten und zum anderen den verformten Stab. Wird ein Stab auf Zug belastet, so dehnt dieser sich aus und die Punkte verschieben sich entlang der Stabachse. Da sich ein Stab an jedem Molekül ausdehnt, verschiebt sich sowohl der Startpunkt der Schnittfläche um die Länge u und die Schnittfläche verlängert sich, wenn die ursprüngliche Länge dx der undeformierten und dz der deformierten war, um $dx + dz$. Stellt man die Dehnungsbeziehung $l = l_0 \cdot \varepsilon$ für die örtliche Verschiebung der kleinen Stabstücke dx und dz

2.2 · Formänderung infolge Druck- und Zugbeanspruchung

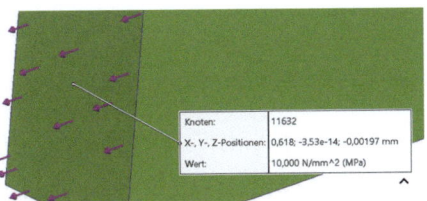

Spannung: 10 MPa

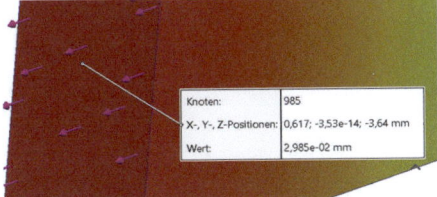

Verschiebung: 0,02985 mm

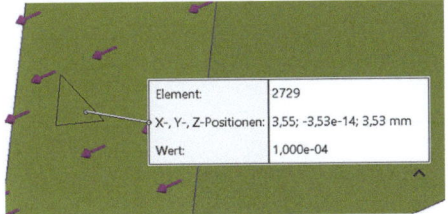

Dehnung: 1,00e-04

Abb. 2.9 Beweis Hooke'sche Gesetz und Ermittlung des Materials aus einer FEM Studie

auf, folgt

$$\varepsilon = \frac{dz}{dx}. \tag{2.30}$$

Die beiden Parameter $u(x)$ und ε sind kinematische Größen. Die Gl. (2.30) heißt auch noch **kinematische Beziehung**.

Zeigen Sie mithilfe der Werte aus überstehender Abbildung, dass das Hooke'sche Gesetz gilt und zeigen Sie, aus welchem Material das Bauteil bestehen kann.

Beweis Es wird angenommen, das Hooke'sche Gesetz in diesem Sachverhalt gilt. Es gilt demnach: $\sigma = E \cdot \varepsilon$. Da E nicht bekannt ist, kann dieses mithilfe von ◘ Abb. 2.9 berechnet wer-

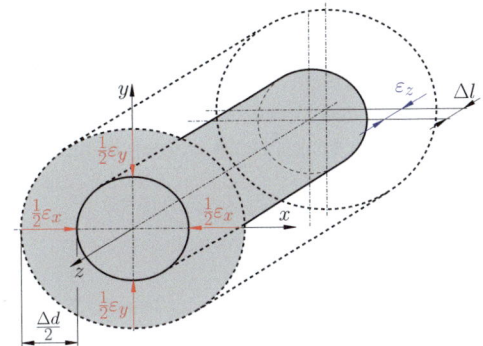

Abb. 2.10 Querkontraktion

den, gemäß

$$\underline{\underline{E}} = \frac{\sigma}{\varepsilon} = \frac{10\,\text{MPa}}{1 \cdot 10^{-4}} = \underline{\underline{100.000\,\text{MPa}}}. \tag{2.31}$$

Dieses E-Modul besitzt als Beispiel Messing. □

2.2.2 Querdehnung, Querkontraktion

2.2.2.1 Linear elastisch isotropes Verhalten

Wird ein Stab gestaucht oder gedehnt, so geschieht dies entlang einer Achse, bei Betrachtung der Längenänderung, wie es im Abschnitt zuvor gezeigt wurde. Die Verlängerung oder Verkürzung ist ein eindimensionaler Vorgang. Bei Betrachtung der Änderung der Querschnittfläche handelt es sich um eine Änderung in zwei Dimensionen, wie in ◘ Abb. 2.10 ersichtlich ist [85].

Wenn man ein linear elastisches isotropes Verhalten untersucht, so kann dies zunächst als Standardverhalten der meisten Metalle hingenommen werden. Dies bedeutet, dass das vereinfachte Hooke'sche Gesetz gilt, wie es bereits im Laufe dieses Kapitels verwendet wurde und damit die Elastizitätsmodule in allen Richtungen gleich sind (isotrop) und damit auch die Querdehnungszahlen. Andere Materialmodelle werden im Laufe dieses Buches, vorwiegend bei der

Höheren Elastostatik und Kontinuumsmechanik noch genauer untersucht. Holz als Beispiel hätte kein linear elastisch isotropes Verhalten, da bei diesem die Längsfasern wesentlich stärker als die Querfasern beansprucht werden können.

> **Definition 2.1 (Poissonzahl [85])**
> Die Poissonzahl ist definiert als linearisiertes negatives Verhältnis aus relativer Änderung der Abmessung quer zur einachsigen Spannungsrichtung ε_{yy} zur relativen Längenänderung ε_{zz} bei Einwirkung eines eindimensionalen mechanischen Spannungszustandes σ_{zz}
>
> $$\nu_{xy} = -\frac{\varepsilon_{xx}}{\varepsilon_{zz}}. \quad (2.32)$$

Bei konstanter Spannungseinwirkung über den Querschnitt, dies ist bei einem homogenen Körper der Fall, folgt aus Gl. (2.32)

$$\nu = -\frac{\Delta d/d}{\Delta l/l}. \quad (2.33)$$

Da in dieser Gleichung das Verhältnis von Längen- zu Querdehnung definiert ist, können die Gleichungen

$$\varepsilon_q = \varepsilon \cdot \nu \quad \Delta d = \varepsilon \cdot d_0 \quad d = d_0 + \Delta d. \quad (2.34)$$

gefunden werden. Die Poisson Zahl ist bei jedem Werkstoff anders. Bei metallischen Werkstoffen wird 0,3 verwendet, Messing hat 0,37 und Kunststoffe 0,43, um nur ein paar zu nennen. Weitere Zahlen sind in ◘ Tab. 2.1 zu finden.

◘ **Tab. 2.1** Poisson-Zahlen

Material	Querdehnzahl ν
Kork	0,00 (etwa)
Beryllium	0,032
Bor	0,21
Schaumstoff	0,10…0,40
Siliciumcarbid	0,17
Beton	0,20
Sand	0,20…0,45
Eisen	0,21…0,259
Glas	0,18…0,3
Si_3N_4	0,25
Stahl	0,27…0,30
Lehm	0,30…0,45
Kupfer	0,35
Aluminium	0,35
Titan	0,33
Magnesium	0,35
Nickel	0,31
Messing	0,37
PMMA (Plexiglas)	0,40…0,43
Blei	0,44
Gummi	0,50

2.2.2.2 Ermittlung der Querkontraktionszahl mittels FEM

Siehe ► Methode: Lösung durch SolidWorks – FEM 2.2.

2.2 · Formänderung infolge Druck- und Zugbeanspruchung

Methode: Lösung durch SolidWorks – FEM 2.2

Es ist die Querdehnungszahl mittels SolidWorks zu ermitteln. Dies soll anhand eines Bauteils mit Querschnittfläche Kreis, sowie Rechteck getan werden. Es ist dabei ein linear elastisch isotropes Verhalten zu untersuchen. Das zu untersuchende Material sei legierter Baustahl aus der SolidWorks Materialbibliothek. Die Ermittlung der Kontraktionszahlen ist dabei durch Verhältnis setzen anhand der Sondierungsgrößen für Querschnittdehnung und Längendehnung zu finden.

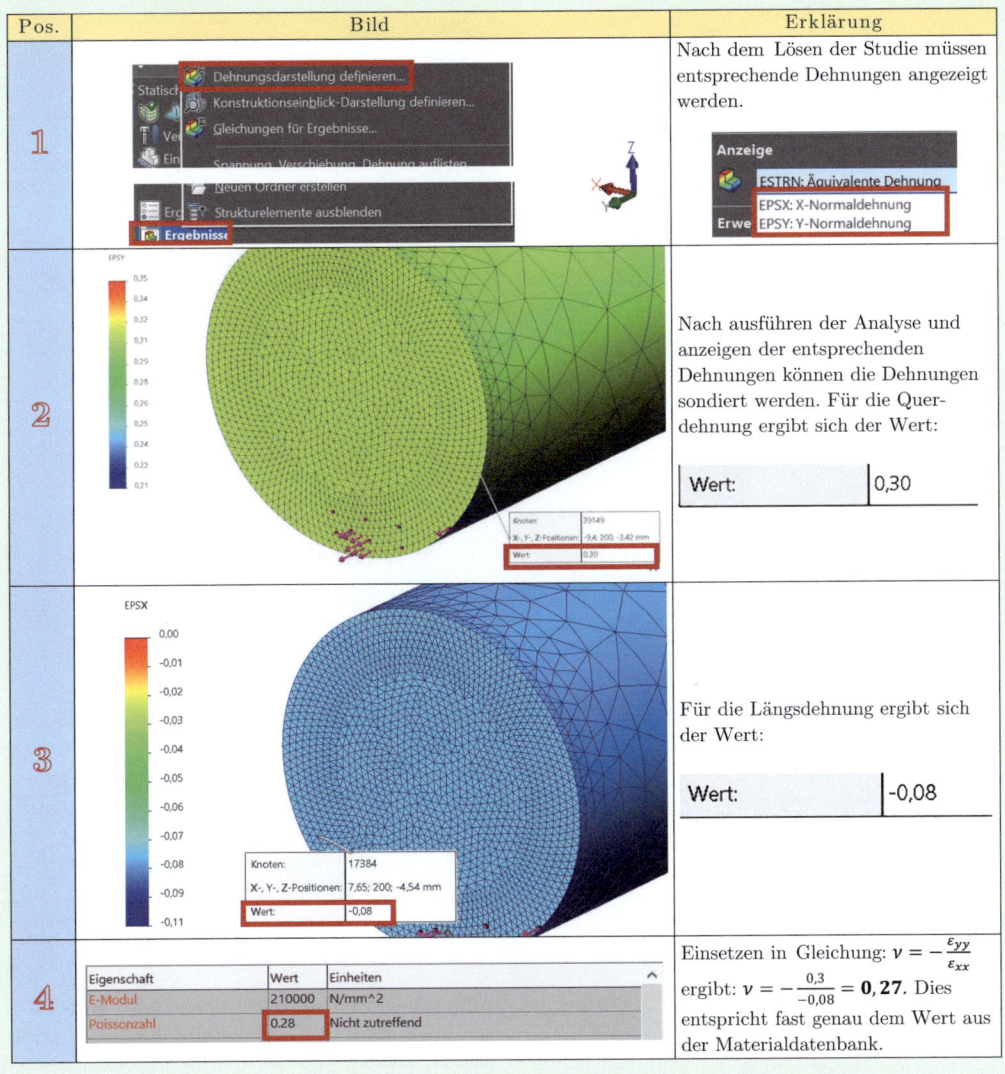

Pos.	Bild	Erklärung
1		Nach dem Lösen der Studie müssen entsprechende Dehnungen angezeigt werden.
2		Nach ausführen der Analyse und anzeigen der entsprechenden Dehnungen können die Dehnungen sondiert werden. Für die Querdehnung ergibt sich der Wert: Wert: 0,30
3		Für die Längsdehnung ergibt sich der Wert: Wert: -0,08
4		Einsetzen in Gleichung: $\nu = -\frac{\varepsilon_{yy}}{\varepsilon_{xx}}$ ergibt: $\nu = -\frac{0,3}{-0,08} = \mathbf{0,27}$. Dies entspricht fast genau dem Wert aus der Materialdatenbank.

Die Abweichung zwischen dem errechneten Wert in Höhe von 0,27 und dem wahren Wert von 0,28 entsteht durch Rundungsfehler bei der Sondierung der Dehnungen. Wenn man sich dort mehr Komma-Stellen für das Diagramm anzeigen lässt, stimmt dieser Wert auch exakt überein. Im zweiten Schritt wird das gleiche anhand eines Rechteckquerschnittes gemacht. Dabei stimmt die Querkontraktionszahl am Ende auch exakt überein.

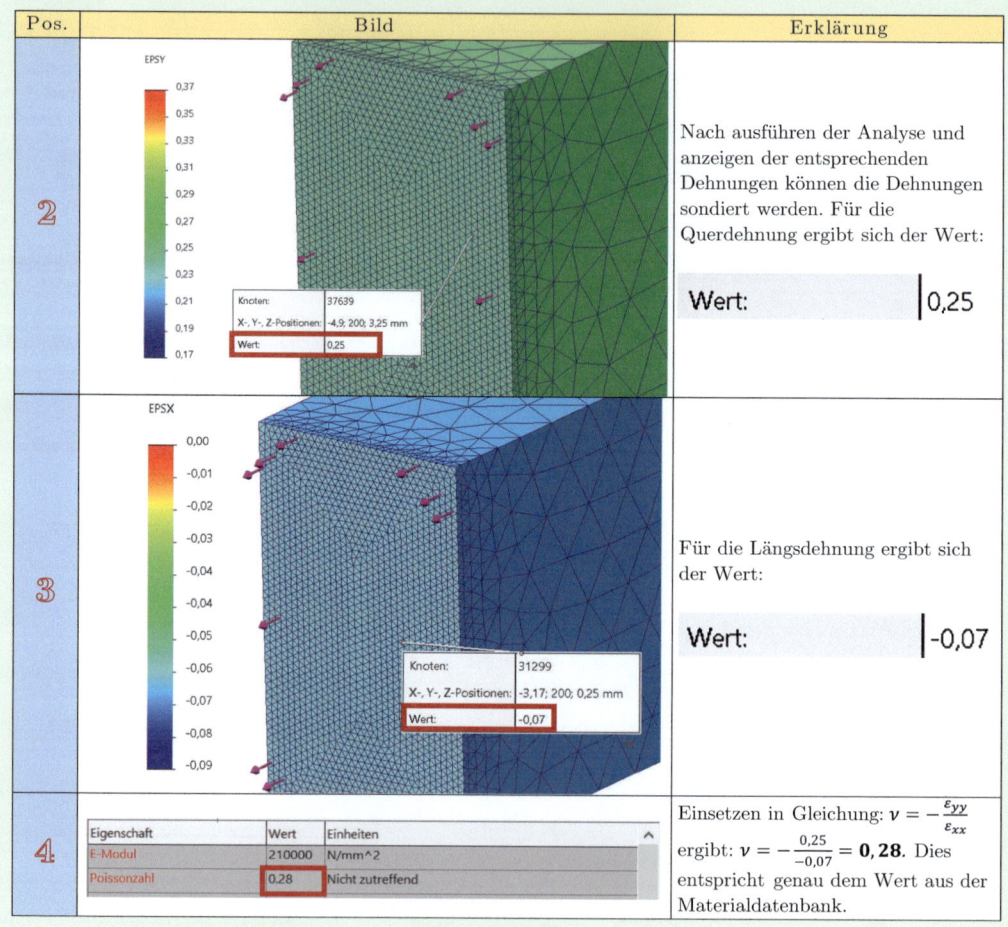

2.2.2.3 Linear elastisch orthotropes Verhalten

Bei genauerem Untersuchen der Materialmodelle fällt auf, dass nicht jedes Material ein linear elastisch isotropes Verhalten besitzt. Für Metalle ist dieses Verhalten noch nah an der Realität, hingegen es aber bei Holz, als Beispiel, oder Karbon vollkommen falsch ist. Das Problem bei diesen beiden ist, dass die Materialien entlang der Faserbelastung viel steifer als quer zu diesen Fasern belastbar sind. Es muss damit ein anderes Materialmodell verwendet werden. Untersucht man diese Modelle genauer, so wird einem schnell klar, dass es sich dabei um mathematisch hochkomplexe Modelle handelt. Dies wird vor allem in der Kontinuumsmechanik und zu einem späteren Zeitpunkt in diesem Buch noch genauer behandelt. Hat man ein allgemeingültiges Modell gefunden, als Beispiel ein Anisotropes Materialmodell, so fällt aber auch auf, dass dieses Vereinfacht werden kann. Für Holz als Beispiel kann linear elastisch ortho-

2.2 · Formänderung infolge Druck- und Zugbeanspruchung

tropes Verhalten angenommen werden. Dieses Modell wird im Anschluss anhand der FEM kurz betrachtet, genauer und vor allem der mathematische Hintergrund kann im Teil Höhere Elastostatik eingesehen werden (Kontinuumsmechanik).

In SolidWorks ist dabei in der Materialdatenbank eine Umstellung des Modells zwischen: linear elastisch isotropes Verhalten und linear elastisch orthotropes Verhalten möglich, wenn eine lineare statische Studie vorliegt. In der nicht linearen Analyse hat man noch weit aus mehr Möglichkeiten, die in der nachstehenden Abbildung zu sehen sind. Die beiden Kontraktionszahlen stehen dabei in Beziehung mit der Gleichung

$$\frac{v_{xy}}{v_{xy}} = \frac{E_x}{E_y}. \qquad (2.35)$$

Dabei wird das Verhältnis zwischen Quer- und Längsdehnung beschrieben.

Methode: Lösung durch SolidWorks – FEM 2.3

Es ist die Querdehnungszahl mittels SolidWorks zu ermitteln. Dies soll anhand eines Bauteils mit Querschnittfläche Rechteck getan werden. Es ist dabei ein linear elastisch orthotropes Verhalten zu untersuchen. Das zu untersuchende Material sei Balsa Holz aus der SolidWorks Materialbibliothek. Die Ermittlung der Kontraktionszahl ist dabei durch Verhältnis setzen anhand der Sondierungsgrößen für Querschnittdehnung und Längendehnung zu finden. Vom Holz kennt man folgende Werte:

- E-Modul in x-Richtung: 10.000 MPa
- E-Modul in y-Richtung: 450 MPa
- E-Modul in z-Richtung: 450 MPa
- Poissonzahl xy-Richtung: 0,45 MPa
- Poissonzahl yz-Richtung: 0,2025 MPa
- Poissonzahl xz-Richtung: 0,2025 MPa

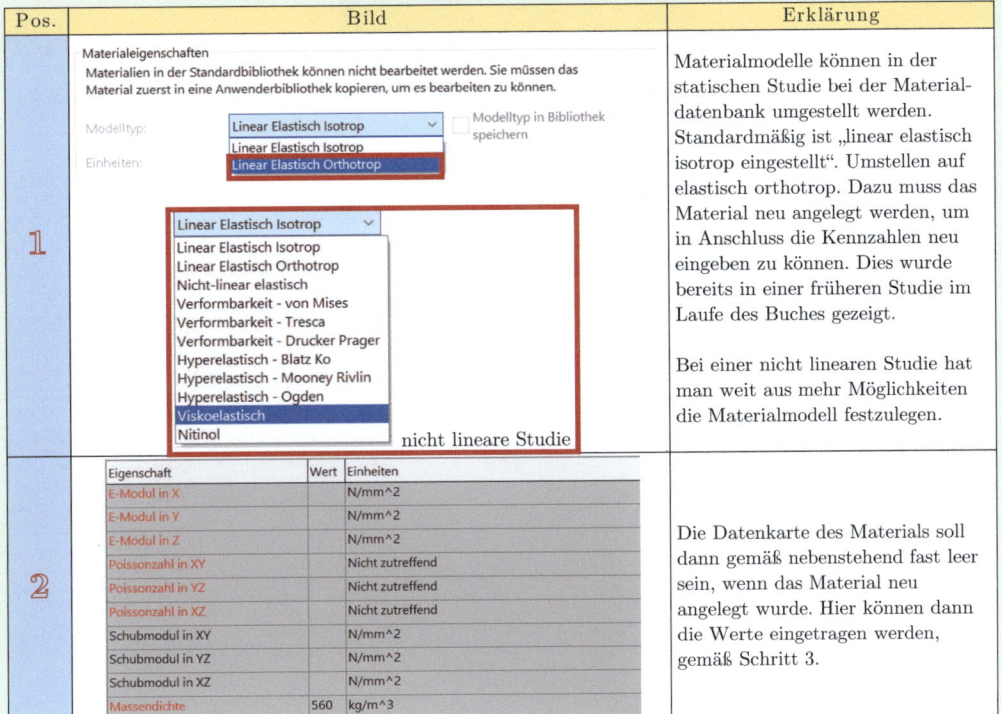

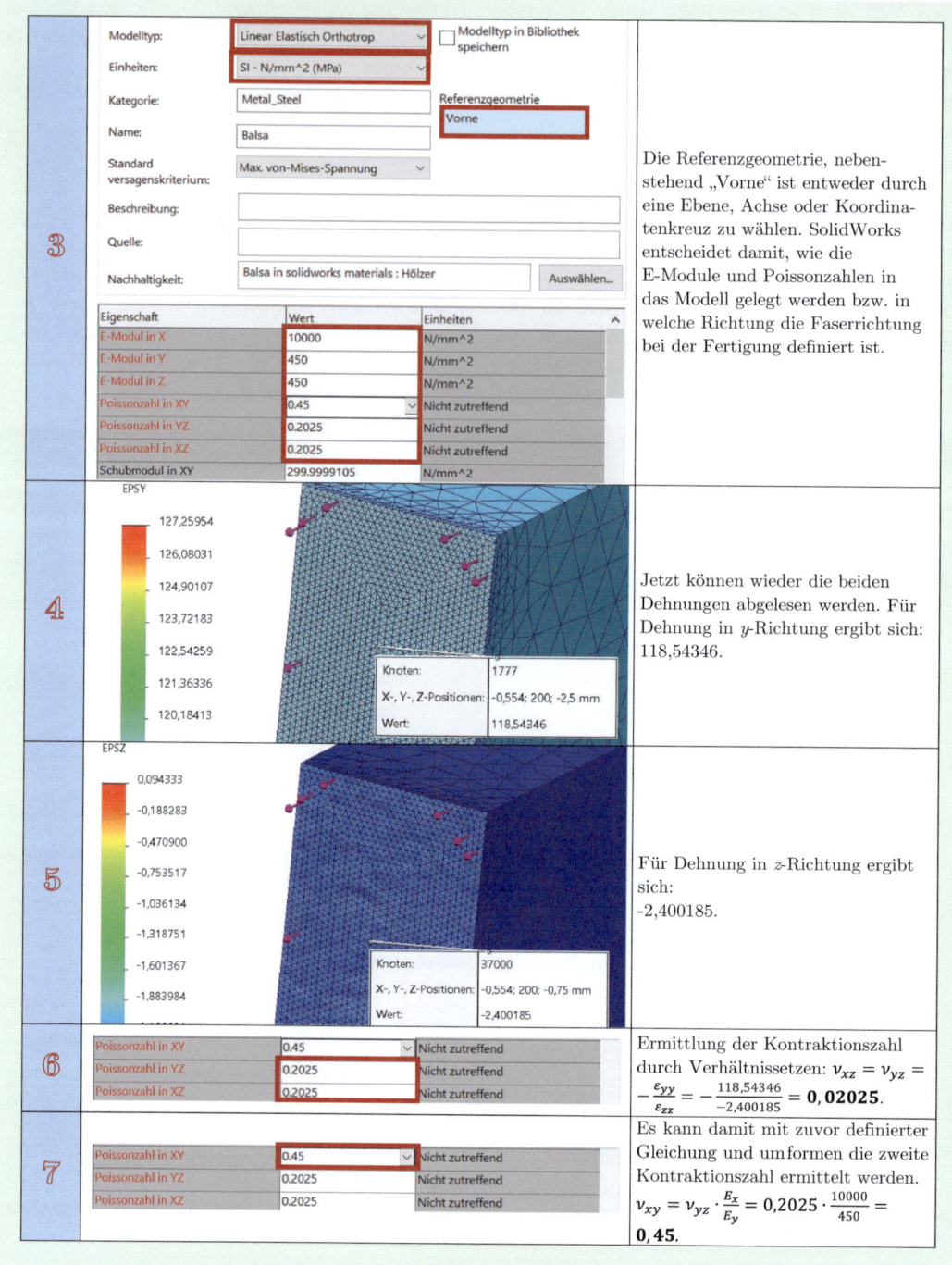

3	(Materialeinstellungen: Modelltyp Linear Elastisch Orthotrop, Einheiten SI - N/mm^2 (MPa), Kategorie Metal_Steel, Name Balsa, Referenzgeometrie Vorne; E-Modul in X = 10000, E-Modul in Y = 450, E-Modul in Z = 450, Poissonzahl in XY = 0,45, Poissonzahl in YZ = 0,2025, Poissonzahl in XZ = 0,2025; Schubmodul in XY = 299,9999105)	Die Referenzgeometrie, nebenstehend „Vorne" ist entweder durch eine Ebene, Achse oder Koordinatenkreuz zu wählen. SolidWorks entscheidet damit, wie die E-Module und Poissonzahlen in das Modell gelegt werden bzw. in welche Richtung die Faserrichtung bei der Fertigung definiert ist.
4	EPSY-Darstellung: Knoten 1777, X-, Y-, Z-Positionen: -0,554; 200; -2,5 mm, Wert: 118,54346	Jetzt können wieder die beiden Dehnungen abgelesen werden. Für Dehnung in y-Richtung ergibt sich: 118,54346.
5	EPSZ-Darstellung: Knoten 37000, X-, Y-, Z-Positionen: -0,554; 200; -0,75 mm, Wert: -2,400185	Für Dehnung in z-Richtung ergibt sich: -2,400185.
6	Poissonzahl in XY = 0,45; Poissonzahl in YZ = 0,2025; Poissonzahl in XZ = 0,2025	Ermittlung der Kontraktionszahl durch Verhältnissetzen: $\nu_{xz} = \nu_{yz} = -\frac{\varepsilon_{yy}}{\varepsilon_{zz}} = -\frac{118,54346}{-2,400185} = \mathbf{0,02025}$.
7	Poissonzahl in XY = 0,45; Poissonzahl in YZ = 0,2025; Poissonzahl in XZ = 0,2025	Es kann damit mit zuvor definierter Gleichung und umformen die zweite Kontraktionszahl ermittelt werden. $\nu_{xy} = \nu_{yz} \cdot \frac{E_x}{E_y} = 0,2025 \cdot \frac{10000}{450} = \mathbf{0,45}$.

2.2.3 Kompressionsmodul

Definition 2.2 (Kompressionsmodul)
Unter dem Kompressionsmodul versteht man eine Kenngröße, welche den Betrag und Vektor der Druckänderung, um einen Körper, einen Gegenstand zusammenzudrücken zu können, beschreibt.

Es ist nicht von Entscheidung, ob ein Starrkörper oder ein Fluid vorliegt. Da die Druckänderung in Verbindung mit der Volumenänderung gemäß dem Differentialquotienten dp/dV definiert werden kann, kann die Gleichung für den Kompressionsmodul gemäß

$$K = -V \cdot \underbrace{\frac{dp}{dV}}_{<0} = -\frac{dp}{dV/V} > 0 \qquad (2.36)$$

gefunden werden [74].

2.2.4 Lamé-Konstanten

2.2.4.1 1. Lamé-Konstante

Wird das bereits kennengelernte Hooke'sche Gesetz auf den mehrdimensionalen Spannungszustand erweitert, so kann dieses in mehrere Dimensionen, hier jetzt in zwei (Ebene), in einem ij-Koordinatensystem, mit $\sigma_{ij} = E_{ij} \cdot \varepsilon_{ij}$ geschrieben werden. Hierin stellt σ_{ij} den Spannungstensor[1] und ε_{ij} den Verzerrungstensor (Verzerrung in den Dimensionen ij), dar. E_{ij} ist hier der Elastizitätstensor, welcher durch ein Ansetzen des Spannungsgleichgewichtes, an einem infinitesimal kleinem, belastetem Volumenstück gefunden werden kann. (Wird ebenfalls noch genauer erläutert.) Man findet dann die Gleichung (bedacht werden Normalspannungen σ_{ijk}, als auch Tangentialspannungen τ_{ijk} in allen Richtungen, wenn ijk einen Würfel im Raum

aufspannt)

$$\sigma_{ijk} = \begin{bmatrix} \sigma_{11} & \tau_{12} & \tau_{13} \\ \tau_{21} & \sigma_{22} & \tau_{23} \\ \tau_{31} & \tau_{32} & \sigma_{33} \end{bmatrix}. \qquad (2.37)$$

Ident können Verzerrungen, nach folgender Gleichung

$$\varepsilon_{ijk} = \begin{bmatrix} \varepsilon_{11} & \varepsilon_{12} & \varepsilon_{13} \\ \varepsilon_{21} & \varepsilon_{22} & \varepsilon_{23} \\ \varepsilon_{31} & \varepsilon_{32} & \varepsilon_{33} \end{bmatrix} \qquad (2.38)$$

gefunden werden. Sei σ_{ijk} der Dividend und ε_{ijk} der Divisor folgt gemäß dem dreidimensionalen Hooke'schen Gesetz

$$E_{ijk} = C_{ijk} = \frac{\sigma_{ijk}}{\varepsilon_{ijk}} \implies$$
$$\sigma_{ijk} = C_{ijk} \cdot \varepsilon_{ijk} \qquad (2.39)$$

oder durch Einsetzen der Matrizen

$$\sigma_{ijk} = C_{ijk} \begin{bmatrix} \varepsilon_{11} & \varepsilon_{12} & \varepsilon_{13} \\ \varepsilon_{21} & \varepsilon_{22} & \varepsilon_{23} \\ \varepsilon_{31} & \varepsilon_{32} & \varepsilon_{33} \end{bmatrix} \begin{bmatrix} \sigma_{11} & \tau_{12} & \tau_{13} \\ \tau_{21} & \sigma_{22} & \tau_{23} \\ \tau_{31} & \tau_{32} & \sigma_{33} \end{bmatrix}. \qquad (2.40)$$

eine $3 \times 3 \times 3 \times 3 = 81$ Komponenten-Matrix. Ferner kann diese Gleichung durch Summen-Zeichen als

$$\sigma_{jk} = \sum_{k=1}^{3} \sum_{l=1}^{3} C_{ijkl} \cdot \varepsilon_{kl} \qquad (2.41)$$

zu (mit der Einstein'schen Summenkonvention [61])

$$\sigma_{jk} = C_{ijkl} \cdot \varepsilon_{kl} \qquad (2.42)$$

geschrieben werden. Liegt ein isotropes Material vor, kann durch Vereinfachen

$$\sigma_{ij} = 2\mu \, \varepsilon_{ij} + \lambda \, \text{Spur}(\varepsilon) \, \delta_{ij} \qquad (2.43)$$

gefunden werden, worin

- $\lambda = \dfrac{\nu}{1 - 2\nu} \cdot \dfrac{1}{1 + \nu} \cdot E$ die erste Lamé-Konstante, und
- $\mu = G = \dfrac{1}{2} \cdot \dfrac{1}{1 + \nu} \cdot E$ der zweite Lamé-Konstante ist.

---

[1] Dieser wird im Kapitel „Spannungstensor" noch ausführlich behandelt.

2.2.4.2 2. Lamé-Konstante

Die 2. Lamé Konstante kann auch als **Schubmodul** G bezeichnet werden. Dieses wird noch genauer im Kapitel „Schub" und Kapitel „Torsion" behandelt.

2.2.5 Wärmeausdehnung

2.2.5.1 Analytische Berechnung

Wärmeausdehnung entsteht, wenn sich ein Gegenstand von dessen Umgebungstemperatur an eine andere Temperatur angleicht. Es kommt zu inneren Spannungen, aufgrund Verzerrung. Es folgt eine Veränderung der geometrischen Abmessungen des Gegenstandes.

In Gl. (2.45) ist die geometrische Veränderung in einer Dimension (Verschiebung der Punkte entlang einer Achse) dargestellt. Da sich nicht nur die Abmessungen in einer Dimension ändern, sondern auch die Flächen und das Volumen, können diese Änderungen gemäß nachstehender Gleichungen berechnet werden. Sei ein Quader mit den Abmessungen $x \times y \times z$ gegeben, dann errechnet sich die Fläche mit $A_{xy} = x \cdot y$ oder $A_{yz} = y \cdot z$ und das Volumen $V = x \cdot y \cdot z$. Es folgt durch Einsetzen dieser Bedingungen in Gl. (2.45)

$$\Delta x = \alpha \cdot x_0 \cdot \Delta\vartheta \qquad \Delta y = \alpha \cdot y_0 \cdot \Delta\vartheta \tag{2.46}$$

folgt mit der Tatsache, dass eine geometrische Änderung in zwei Dimensionen, also $\Delta x + \Delta y$ stattfindet gemäß [113] $\Delta(x+y) = \Delta A = 2 \cdot \alpha \cdot A_0 \cdot \Delta\vartheta$; für die Volumenänderung [113] gilt $\Delta V = 3 \cdot \alpha \cdot V_0 \cdot \Delta\vartheta$. Zusammenfassend:

$$\Delta A = 2 \cdot \alpha \cdot A_0 \cdot \Delta\vartheta$$
$$\Delta V = 3 \cdot \alpha \cdot V_0 \cdot \Delta\vartheta \tag{2.47}$$

Für α kann man die Werte aus Tab. 2.2 einsetzen.

Herleitung 2.2 (Wärmespannung)

Aus dem Hooke'schen Gesetz resultiert, unter Betrachtung der Wärmespannung $\sigma_\vartheta = E \cdot \varepsilon$, mit der Definition für die Dehnung: $\varepsilon = \frac{\Delta l}{l_0}$. Diese beiden Bedingungen ineinander eingesetzt, liefert $\sigma_\vartheta = E \cdot \frac{\Delta l}{l_0}$. Hier kann Gleichung 2.45 eingesetzt werden, $\sigma_\vartheta = E \cdot \frac{\alpha \cdot l_0 \cdot \Delta\vartheta}{l_0}$, wodurch sich schließlich

$$\sigma_\vartheta = E \cdot \alpha \cdot \Delta\vartheta. \tag{2.48}$$

ergibt.

Herleitung 2.1 (Temperaturabhängige Länge)

Es gilt nach Beobachtungen $\alpha L = \frac{dL}{dT} \implies \alpha \cdot L \cdot dT = dL$. Lösung der Differentialgleichung führt auf

$$L(T) = L(T_0) \exp\left(\int_{T_0}^{T} \alpha(T) dt\right)$$

$$\implies L(T) = L_0 \exp(\alpha \Delta T). \tag{2.44}$$

Dies kann durch die Taylorreihe [2] angenähert werden, zu $L = L_0(1 + \alpha \cdot \Delta T)$. Somit lautet die Formel durch Vereinfachen:

$$\Delta l = \alpha \cdot l_0 \cdot \Delta\vartheta. \tag{2.45}$$

---

[2] Diese wird in der Mathematik in unendliche Folgen und Reihen behandelt...

2.2 · Formänderung infolge Druck- und Zugbeanspruchung

Tab. 2.2 Wärmeausdehnungskoeffizienten

Material	$\alpha_0 \cdot 10^{-6} \frac{1}{K}$
Aluminium, Al	23,8
Beton	12
Blei, Pb	29
Bronze	17,5
Diamant	1,3
Eisen, Fe	12,2
Glas (Quarzglas)	0,5
Gold, Au	14,2
Gusseisen	10
Hartmetall	60
Kupfer, Cu	16,5
Mangan, Mn	23
Messing	18,4
Nickel, Ni	13,0
Platin, Pt	9
Polyamid (PA)	110
Polystyrol	75
Polyvinylchlorid (PVC)	80
Porzellan	3...4
Silber, Ag	19,5
Stahl	11,7
Stahl, hochlegiert, hier V2A	16
Wolfram, W	4,5
Zink, Zn	29
Zinn, Sn	26,7

Beispiel 2.4

Wie viel dehnt sich eine Eisenbahnschiene bei einer Strecke zwischen Wien und Salzburg? Die Strecke ist dabei mit 300 km anzunehmen, es handelt sich um die Westbahnstrecke. Zu betrachten ist ein Temperaturbereich von $-20°$ bis $40°$.

Lösung

$$\underline{\underline{\Delta l}} = 11{,}7 \cdot 10^{-6} \frac{1}{K} \cdot 300.000 \, \text{m} \cdot 60 \, \text{K}$$
$$= \underline{\underline{210{,}6 \, \text{m}}}. \tag{2.49}$$

Beispiel 2.5

Zu berechnen ist die Wärmeausdehnung bei einer Eisenbahnschiene mit einer Länge von 60 Meter. Die Eisenbahnschiene ist zulässig bei einem Temperaturbereich von $-20°$ bis $60°$. Für die erste Berechnung ist die Längung zu bestimmen, im zweiten Schritt die Wärmespannung, wenn keine Längung der Schiene möglich ist.

Lösung

Mit Gleichung: $\sigma_\theta = E \cdot \alpha \cdot \Delta\theta$ folgt die gewünschte Lösung. In dieser muss die Temperatur gemäß Herleitung in K eingesetzt werden. Da es sich hier um eine Temperaturdifferenz handelt, kommt auch beim Einsetzen in Grad das richtige Ergebnis heraus, mathematisch richtig ist es allerdings nur in K.

$$\underline{\underline{\Delta l}} = 11{,}7 \cdot 10^{-6} \frac{1}{K} \cdot 60 \, \text{m} \cdot 90 \, \text{K}$$
$$= \underline{\underline{63 \, \text{mm}}}. \tag{2.50}$$

$$\underline{\underline{\sigma_\theta}} = 2{,}1 \cdot 10^5 \cdot 11{,}7 \cdot 10^{-6} \cdot 90$$
$$= \underline{\underline{221{,}13 \frac{\text{N}}{\text{mm}^2}}}. \tag{2.51}$$

2.2.5.2 FEM-Berechnung

Siehe ▶ Bsp. 2.6 und ▶ Methode: Lösung durch SolidWorks – FEM 2.4–2.6.

Beispiel 2.6

– Von einem Balken, der beidseitig, durch ein Fest- und ein Loslager, gelagert ist, kennt man die Länge $l = 500\,\text{mm}$. Wie weit muss sich das Loslager bewegen können, damit keine Wärmespannung entsteht, wenn der Balken einem Temperaturbereich von 10° bis 42° ausgesetzt ist? (Material: 1.7131 (16MnCr5))

Lösung

$$\underline{\underline{\Delta l}} = 1{,}1 \cdot 10^{-5}\,\frac{1}{\text{K}} \cdot 500\,\text{mm} \cdot 32\,\text{K}$$

$$= \underline{\underline{0{,}18\,\text{mm}}}. \tag{2.52}$$

– Von einem Balken, der beidseitig, durch ein Fest- und ein Festlager, gelagert ist, kennt man die Länge $l = 500\,\text{mm}$. Welche Wärmespannung entsteht, wenn der Balken einem Temperaturbereich von 10° bis 42° ausgesetzt ist? (Material: 1.7131 (16MnCr5))

Lösung

$$\underline{\underline{\sigma_\theta}} = 2{,}1 \cdot 10^5 \cdot 1{,}1 \cdot 10^{-5} \cdot 32$$

$$= \underline{\underline{73{,}92\,\frac{\text{N}}{\text{mm}^2}}}. \tag{2.53}$$

In Band 1, dieser Buchreihe, wurde mehrmals auf die Notwendigkeit der Verwendung der Kombination aus Fest- und Loslager hingewiesen, hier kann dies aber erstmals auch klargemacht werden, welche Spannungen sonst im Lager entstehen können, wenn auch nur eine Temperaturschwankung von 32 Grad Celsius vorliegt, wie es hier der Fall ist.

Methode: Lösung durch SolidWorks – FEM 2.4

Von einem Balken, der beidseitig, durch ein Fest- und ein Loslager, gelagert ist, kennt man die Länge $l = 500\,\text{mm}$. Wie weit muss sich das Loslager bewegen können, damit keine Wärmespannung entsteht, wenn der Balken einem Temperaturbereich von 10° bis 42° ausgesetzt ist, wenn die Lösung mittels FEM (SolidWorks) gesucht ist? (Material: 1.7131 (16MnCr5))

Pos.	Bild	Erklärung
1	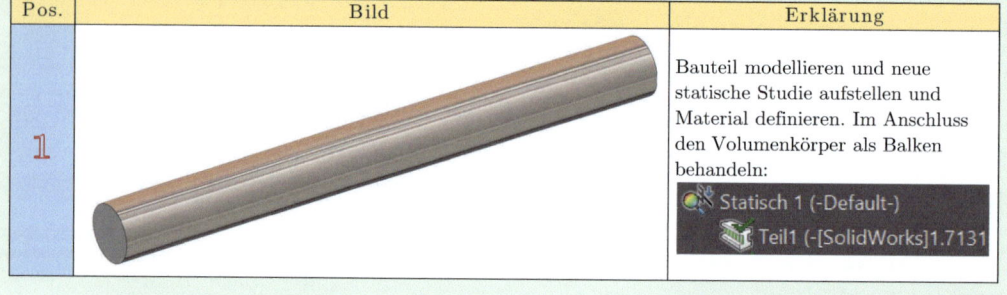	Bauteil modellieren und neue statische Studie aufstellen und Material definieren. Im Anschluss den Volumenkörper als Balken behandeln: Statisch 1 (-Default-) Teil1 (-[SolidWorks]1.7131

2.2 · Formänderung infolge Druck- und Zugbeanspruchung

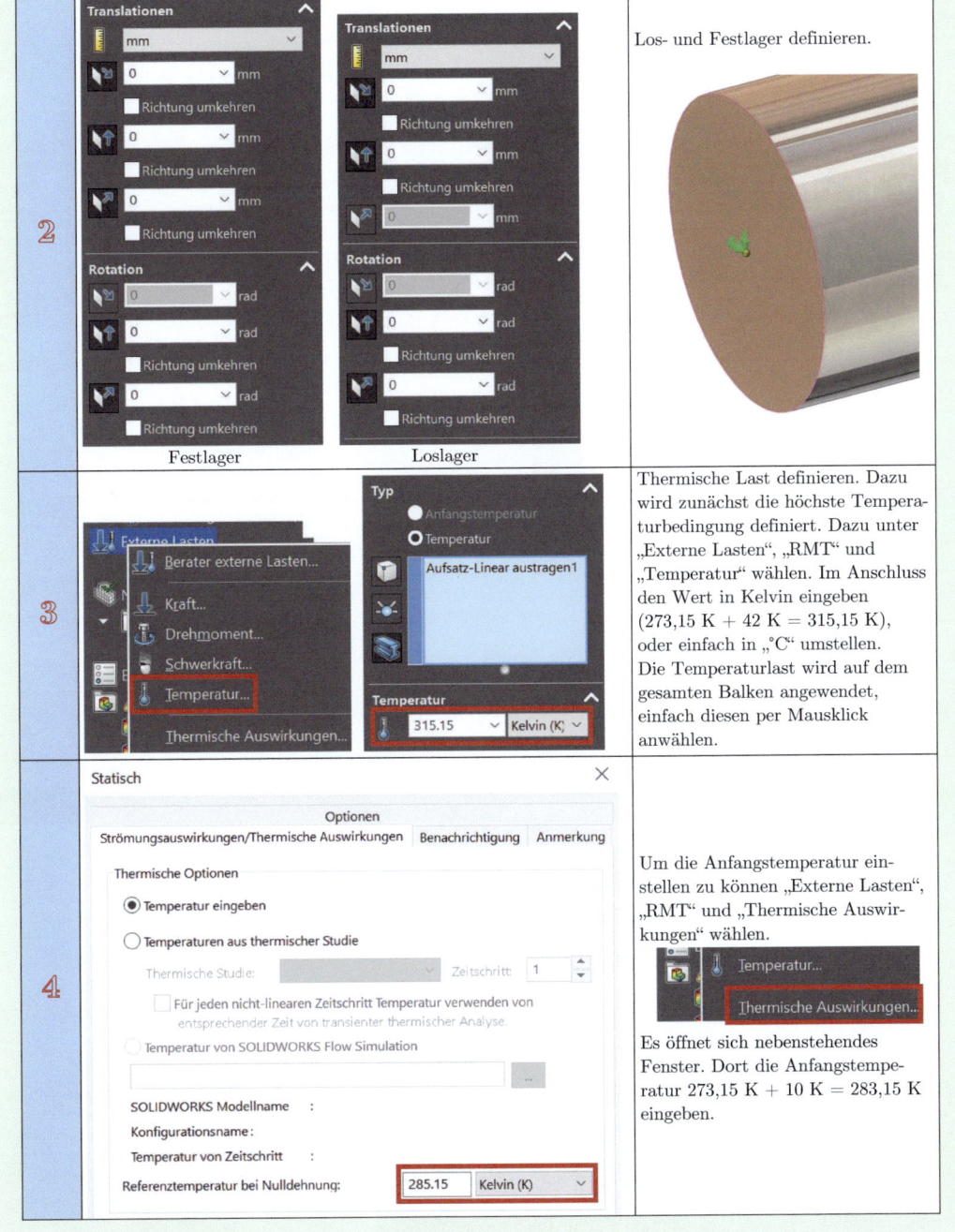

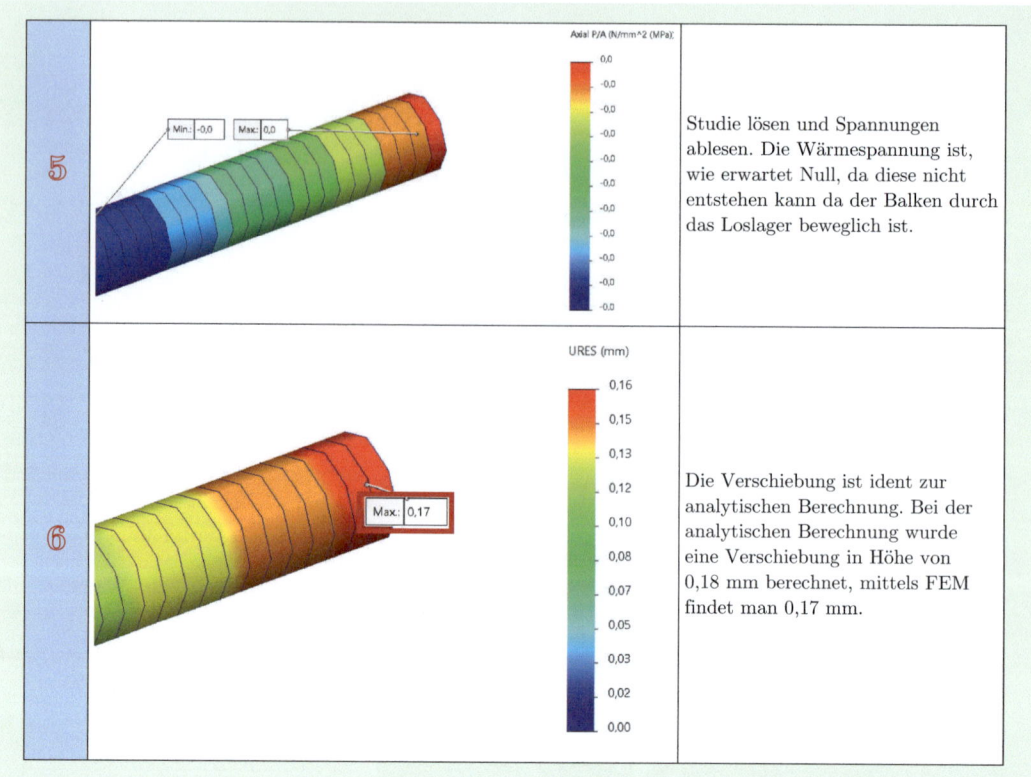

Methode: Lösung durch SolidWorks – FEM 2.5

Von einem Balken, der beidseitig, durch ein Fest- und ein Festlager, gelagert ist, kennt man die Länge $l = 500$ mm. Welche Wärmespannung entsteht, wenn der Balken einem Temperaturbereich von 10° bis 42° ausgesetzt ist, wenn die Lösung mittels FEM (SolidWorks) gesucht ist? (Material: 1.7131 (16MnCr5))

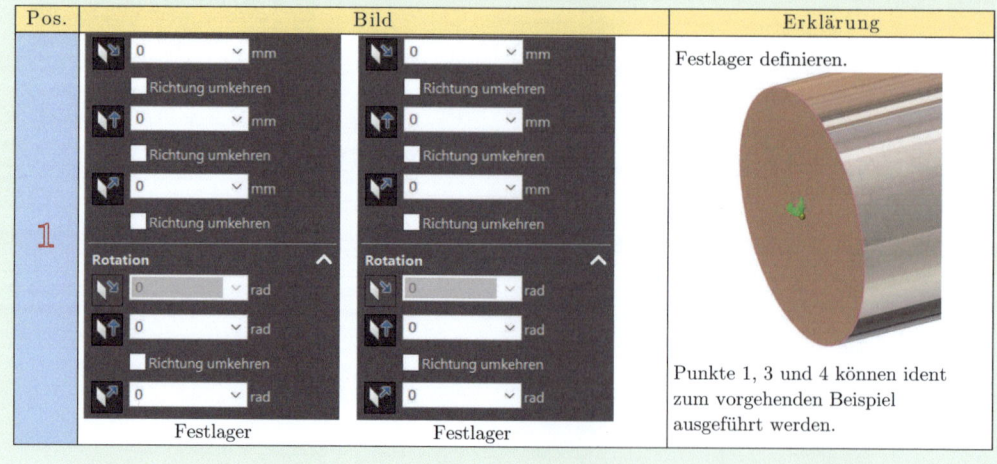

2.2 · Formänderung infolge Druck- und Zugbeanspruchung

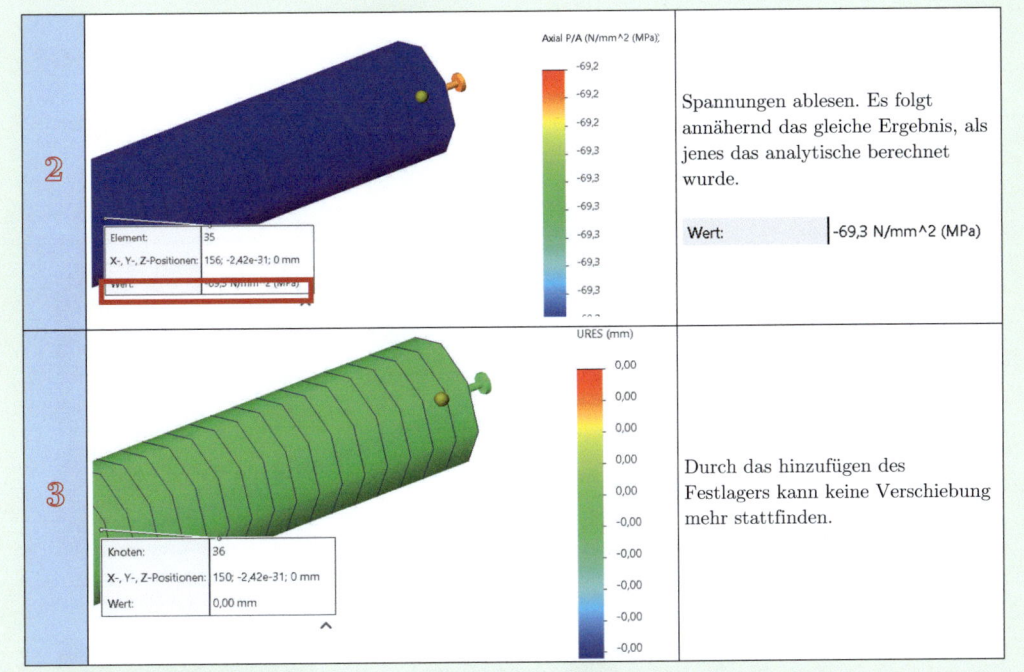

Pos.	Bild	Erklärung
2		Spannungen ablesen. Es folgt annähernd das gleiche Ergebnis, als jenes das analytische berechnet wurde. Wert: -69,3 N/mm^2 (MPa)
3		Durch das hinzufügen des Festlagers kann keine Verschiebung mehr stattfinden.

Methode: Lösung durch SolidWorks – FEM 2.6

Dieses Beispiel im Anschluss ist ein Mischbeispiel zwischen der Thermodynamik und der Elastostatik. Die Grundlagen der Thermodynamik sollten dazu bereits bekannt sein, wenn dem nicht so ist, können diese im Buch Technische Mechanik Band 5 nachgelesen werden. Die Aufgabe beschäftigt sich mit der Berechnung der Thermodynamik durch eine thermische Studie und übergeben im Anschluss in eine statische Studie, damit die Wärmespannungen bzw. Verschiebungen abgelesen werden können. Dieses Beispiel ist nur für Interessierte, oder Personen aus der Industrie, die solche Studien dem öfteren erstellen müssen. Auf das Bauteil aus den vorgehenden Beispielen (Material 1.7131) ist eine Wärmekonvektion, auf die zylindrische Fläche mit einem Konvektionskoeffizient in Höhe von $0,1 \frac{W}{m^2 K}$ anzuwenden, sowie auf eine Stirnfläche eine Temperatur in Höhe von $20°C$. Setzen Sie eine neue thermische Studie auf und ermitteln Sie darin den Temperaturverlauf entlang des Stabes. Im Anschluss erstellen Sie eine neue statische Analyse und importieren dort die zuvor ermittelten Werte aus der thermischen Studie. Lesen Sie mittels dieser Studie die Wärmespannung und die Verschiebung ab, wenn der Stab einerseits mit einem Fest- und andererseits mit einem Loslager gelagert ist.

Pos.	Bild	Erklärung
1	Erweiterte Simulation – Thermisch / Knicken / Ermüdung	Modell modellieren und neue Thermisch Studie erstellen.

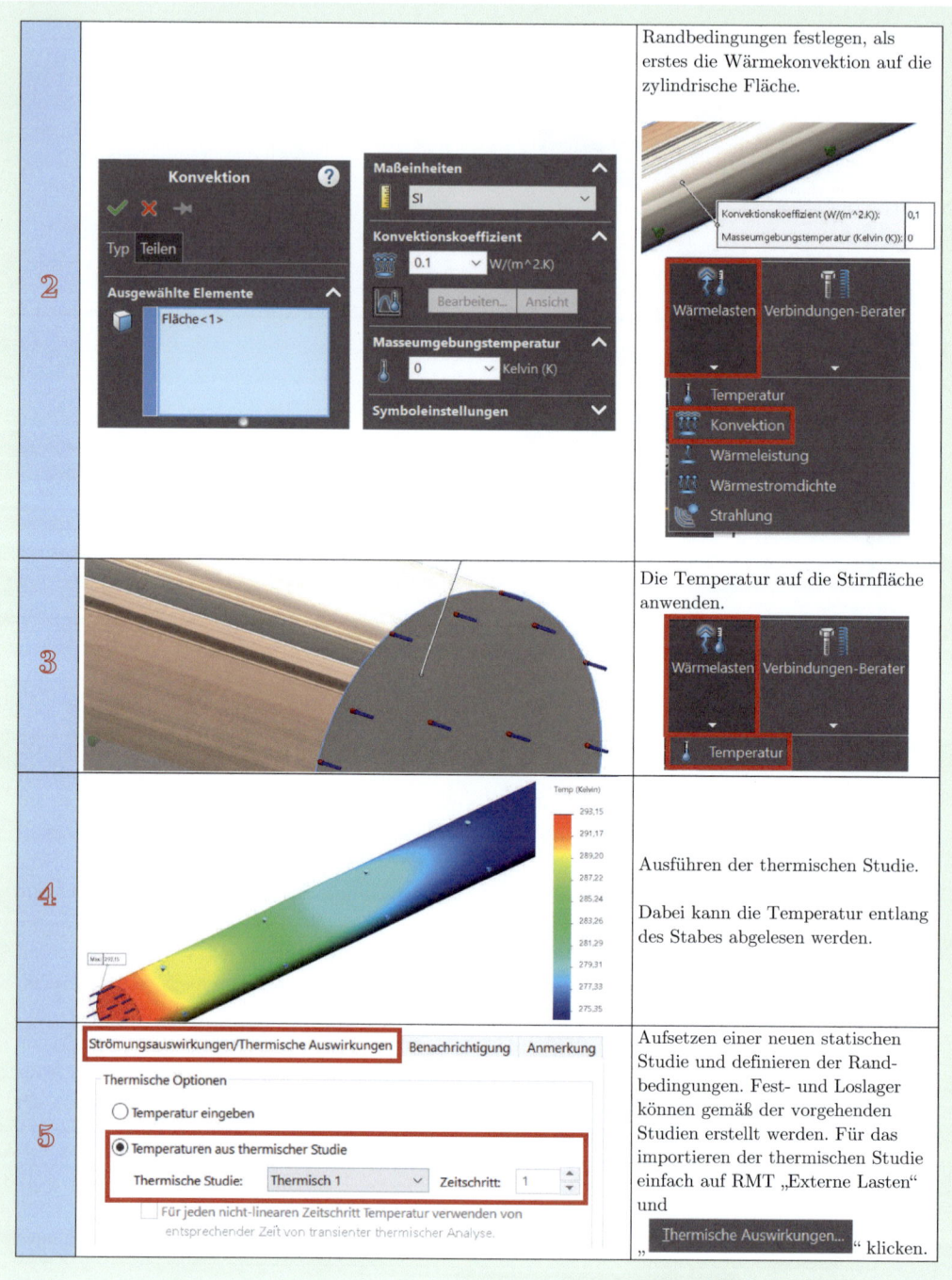

2.3 · Einzelstab, etwas allgemeiner

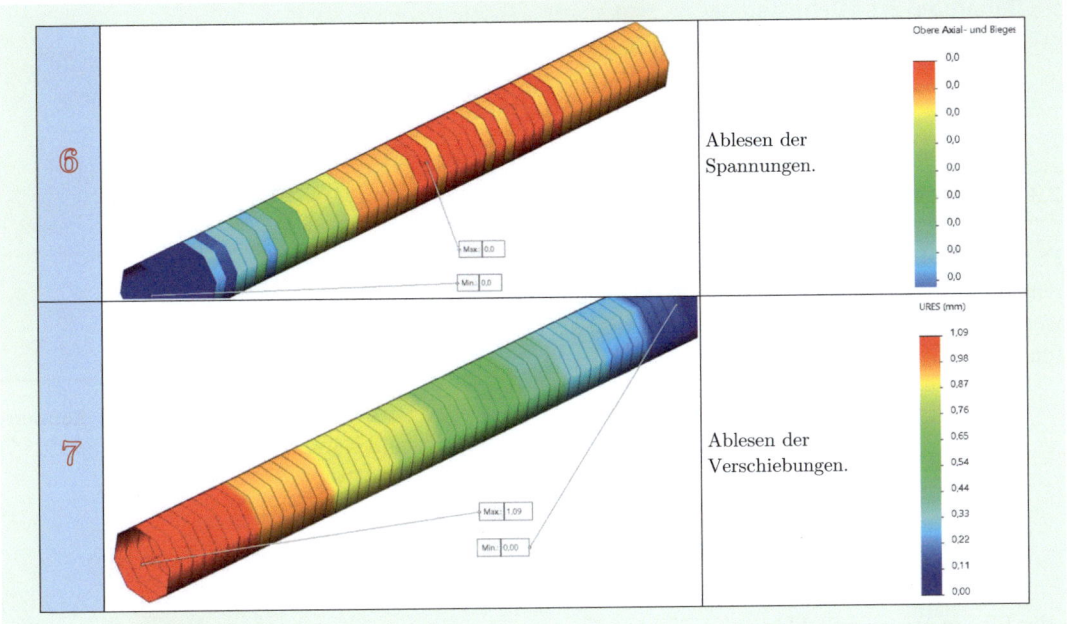

2.3 Einzelstab, etwas allgemeiner

2.3.1 Spannungsverhalten im Stab

Mit der Gleichgewichtsbedingung in x-Richtung ($\rightarrow$ Richtung) folgt mittels ◘ Abb. 2.11

$$\sum_{i=1}^{n} F_{ix} = 0:$$
$$(F_N + dF_N) + (F_n \cdot dx) - F_N = 0. \tag{2.54}$$

Umformen zu

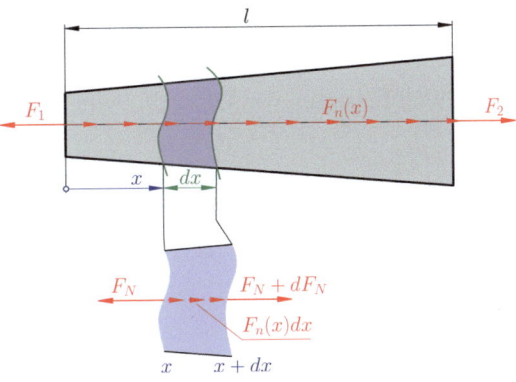

◘ **Abb. 2.11** Einzelstab mit Variabler A

$$\frac{dF_N}{dx} + F_n = 0. \tag{2.55}$$

Mit dem Hooke'schen Gesetz $\sigma = E \cdot \varepsilon \Longrightarrow$ $\varepsilon = \frac{\sigma}{E}$ ist die Spannung bestimmt, vollständig ist diese jedoch erst bestimmt, wenn auch die Wärmespannung noch einbezogen wird, gemäß $\sigma_\vartheta = \Delta\vartheta \cdot \alpha \cdot E \Longrightarrow \varepsilon_\vartheta = \frac{\sigma_\vartheta}{E} = \alpha \cdot \Delta\vartheta$. Gesamt folgt $\varepsilon = \varepsilon_1 + \varepsilon_\vartheta$; wobei ε gemäß Gleichung $\varepsilon = \frac{du}{dx}$ zu

$$\frac{du}{dx} = \frac{F_N}{E \cdot A} + \alpha \cdot \Delta\vartheta. \tag{2.56}$$

bestimmt werden kann.

> **Definition 2.3 (Dehnsteifigkeit)**
> Das Produkt $E \cdot A$ wird als Dehnsteifigkeit bezeichnet.

2.3.2 Formänderung im Stab

Die Verschiebung kann durch Lösung der Differentialgleichung $\varepsilon = \frac{du}{dx}$ und Gl. (2.56) berechnet werden. Eine Lösung wird durch Integration gefunden. Es folgt

$$\implies \int_0^x du = \int_0^x \varepsilon\, dx$$

$$\implies u(x) - u(0) = \int_0^x \varepsilon\, dx; \quad (2.57)$$

oder für die gesamte Stablänge

$$\Delta l = u(l) - u(0) = \int_0^l \varepsilon\, dx, \quad (2.58)$$

bzw. durch Einsetzen von Gl. (2.56) wird

$$\Delta l = \int_0^l \left(\frac{F_N}{E \cdot A} + \alpha \cdot \Delta \vartheta \right) dx. \quad (2.59)$$

> **Bemerkung 2.1**
> Für die bereits kennengelernten Stäbe, mit konstantem Querschnitt und dadurch konstanter Dehnsteifigkeit, wird
>
> $$\Delta l = \int_0^l \left(\frac{F_N}{E \cdot A} + \alpha \cdot \Delta \vartheta \right) dx$$
> $$= \frac{F_N \cdot x}{E \cdot A} + \alpha \cdot \Delta \vartheta \cdot x \Big|_0^l$$
> $$= \frac{F_N \cdot l}{E \cdot A} + \alpha \cdot \Delta \vartheta \cdot l. \quad (2.60)$$

Für kleine Temperaturänderungen kann $\Delta \vartheta$ als konstant angesehen werden, wodurch

$$\Delta l = \frac{F_N \cdot l}{E \cdot A}. \quad (2.61)$$

2.3.3 Gleichung für die Verschiebung

Betrachtet werden die beiden, bereits kennengelernten und hergeleiteten Gleichungen (2.55) und (2.56) [24].

$$\frac{dF_N}{dx} + F_n = 0 \implies -F_n = \frac{dF_N}{dx} \quad (2.62)$$

$$\frac{du}{dx} = \frac{F_N}{E \cdot A} = u' = -F_n \quad (2.63)$$

$$\frac{du^2}{d^2 x} = \frac{F_N}{E \cdot A \cdot dx} = u'' = \frac{-F_n}{dx}$$

$$-\frac{F_N}{E \cdot A \cdot dx} = u'' \implies -\frac{F_N}{dx} = E \cdot A \cdot u'' \quad (2.64)$$

$$-F_n = E \cdot A \cdot u'' \quad (2.65)$$

Siehe ▶ Bsp. 2.7.

2.4 Statisch bestimmte Stabsysteme

Siehe ▶ Bsp. 2.8, 2.9 und ▶ Methode: Lösung durch SolidWorks – FEM 2.7.

2.4 · Statisch bestimmte Stabsysteme

Beispiel 2.7

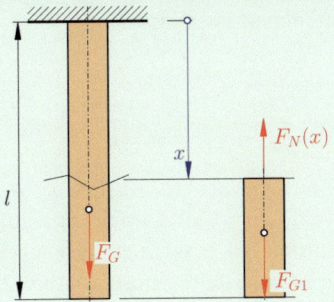

Abb. 2.12 Stab unter Eigenlast, hängend

Von [24] einem hängendem Stab kennt man die Gewichtskraft F_G und die Länge l. Wird der Stab entlang der Längsachse, geschnitten und der Schnittebenenabstand von Aufhängung zu Stabende sei mit x bezeichnet, so ist die Gleichung für die Längenänderung Δl gesucht (Abb. 2.12). Wie lang kann ein S235 Stahl maximal in angegebener Position werden, ohne dass dieser durch sein Eigengewicht abreißt? Vergleichen Sie dies mit der Festigkeit von Spinnennetzen, die eine Zugfestigkeit von 1600 MPa und $\varrho = 1300 \, \mathrm{kg/m^3}$ haben.

Lösung

Mit Gl. (2.65) können die Differentialgleichungen

$$E \cdot A \cdot u'' = -\frac{F_G}{l} \quad (2.66)$$

$$E \cdot A \cdot u' = -\frac{F_G}{l} \cdot x + C_1 \quad (2.67)$$

$$E \cdot A \cdot u = -\frac{F_G}{2 \cdot l} \cdot \frac{x^2}{2} + C_1 \cdot x + C_2. \quad (2.68)$$

gefunden werden. Werden hier die Integrationskonstanten bestimmt, folgt mit den Randbedingungen $u(x=0)=0$ und $u'(l)=0$, $\underline{C_2 = 0}$ bzw.

$\underline{C_1 = F_G}$. Diese eingesetzt ergibt

$$u(x) = \frac{1}{2} \cdot \frac{F_G \cdot l}{E \cdot A} \left(2 \cdot \frac{x}{l} - \frac{x^2}{l^2} \right), \quad (2.69)$$

und schließlich folgt, durch Umformen der zweiten Gleichung und definitionsgemäß

$$F_N(x) = E \cdot A \cdot u'(x) = F_G \cdot \left(1 - \frac{x}{l}\right). \quad (2.70)$$

$$\Delta l = u(l) = \frac{1}{2} \cdot \frac{F_G \cdot l}{E \cdot A}. \quad (2.71)$$

- **Reißlänge von Stahl**:
Mit der Gleichung

$$\sigma = \frac{F_Z}{A} = \frac{F_G}{A} = \frac{\varrho \cdot A \cdot l \cdot g}{A} = \varrho \cdot l \cdot g$$

$$\implies l = \frac{\sigma}{\varrho \cdot g} \quad (2.72)$$

$$\underline{l_{\mathrm{Stahl}}} = \frac{\sigma}{\varrho \cdot g} = \frac{235 \cdot 10^6 \, \mathrm{N/m^2}}{7850 \, \mathrm{kg/m^3} \cdot 9{,}81 \, \mathrm{m/s^2}}$$

$$= \underline{3{,}05 \, \mathrm{km}} \quad (2.73)$$

- **Reißlänge eines Spinnennetzes**:

$$\underline{l_{\mathrm{Spinnennetz}}} = \frac{1600 \cdot 10^6 \, \mathrm{N/m^2}}{1300 \, \mathrm{kg/m^3} \cdot 9{,}81 \, \mathrm{m/s^2}}$$

$$= \underline{125{,}46 \, \mathrm{km}} \quad (2.74)$$

- Gegen die Erwartung ist ein Spinnennetz weitaus reißfester als Stahl. Dieser Wert kann nur von wenigen Materialien getoppt werden. Spinnennetze haben in etwa die gleiche Reißlänge als Glasfaser. Kevlar hat eine Reißlänge in Höhe von 256 km, Zylon: 384 km und Graphen in etwa 5500 km. ▶ https://de.wikipedia.org/wiki/Rei%C3%9Fl%C3%A4nge

Beispiel 2.8

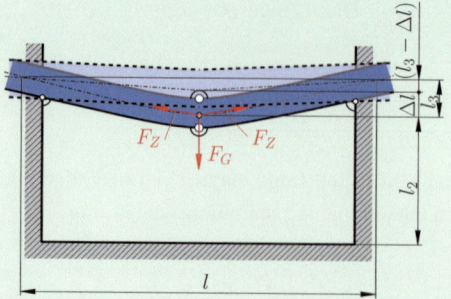

Abb. 2.13 Statisch bestimmtes Stabsystem

Zwei gelenkig verbundene Rohre sind in einem Winkel $\alpha' = 10°$ an beiden Seiten gelagert. Es liegt eine Belastung durch das Eigengewicht der Rohre und des Wassers im inneren in Höhe von $F_G = 1600\,\text{N}$ vor. Ebenfalls ist das Durchmesserverhältnis zwischen Innen- und Außendurchmesser des Rohrs mittels $D/d = 5$ gegeben. Es handelt sich um Stahl als Material bei den Rohren und einer zulässigen Zugspannung von 80 MPa, die aber noch durch die einzurechnende Sicherheit $v = 1{,}6$ verringert wird. Bestimmen Sie die beiden Durchmesser d und D sowie die Absenkung des Systems l_3 in Verbindung mit ◘ Abb. 2.13, wenn der Winkel zwischen der Ausgangslage der Rohre α' und nach dem Absenken des Systems α, aufgrund kleiner Verformungen gleich angenommen werden darf. Der Abstand l sei 4 m. Würde das System bei höherer Belastung weiter absinken?

Lösung

Mittels des Gleichgewichtes dreier Kräfte, durch die Gleichgewichtsbedingungen, kann die Zugkraft ermittelt werden, gemäß

$$\underline{\underline{F_Z = \frac{F_G}{2 \cdot \sin(\alpha)}}} = \underline{\underline{4607{,}01\,\text{N}.}} \tag{2.75}$$

Mit der Druckspannung

$$\sigma_{Z,D} = \frac{F_Z}{A} = \frac{4 \cdot F_Z}{(D^2 - d^2) \cdot \pi}$$
$$= \frac{\sigma_{\text{zul}}}{v} \implies$$

$$\frac{4 \cdot F_Z \cdot v}{\sigma_{\text{zul}} \cdot \pi} = D^2 - d^2 = (5 \cdot d)^2 - d^2 = 24d^2 \tag{2.76}$$

kann der Durchmesser gemäß

$$\underline{\underline{d = \sqrt{\frac{F_Z \cdot v}{6 \cdot \sigma_{\text{zul}} \cdot \pi}}}} = \underline{\underline{2{,}21\,\text{mm}}} \tag{2.77}$$

und $D = 5 \cdot d = 11{,}055$ bestimmt werden. Um die Verformungen bestimmen zu können, muss ein Verschiebungsbild gemäß ◘ Abb. 2.14 gezeichnet werden. Für kleine Δl ist α annähernd α'. Aus diesem Grund können diese beiden Winkel als winzig und gleich angenommen werden. Ebenfalls müssen zuerst einige andere Abstände bestimmt werden. Der Abstand $l_3 - \Delta l$ sei mit a bezeichnet. Der Abstand a kann auch über die Winkelfunktionen, zu

$$\underline{\underline{a = \tan(\alpha') \cdot \frac{l}{2}}} = \underline{\underline{0{,}352\,\text{m}.}} \tag{2.78}$$

berechnet werden. Da die Stablängenänderung nicht direkt die Absenkung ist, muss zuerst diese berechnet werden. Mittels des Hooke'schen Gesetz folgt die Dehnung zu

$$\sigma = E \cdot \varepsilon \implies \underline{\underline{\varepsilon = \frac{\sigma_{\text{zul}}}{v \cdot E}}} = \underline{\underline{2{,}38 \cdot 10^{-4}}}. \tag{2.79}$$

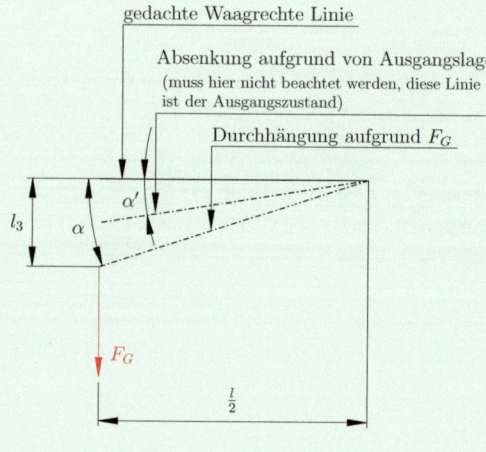

Abb. 2.14 Absenkung

2.4 · Statisch bestimmte Stabsysteme

Damit kann auch die Längung des Stabes berechnet werden, wenn $l_{St} = \frac{l}{2 \cdot \cos(\alpha')} = \underline{\underline{2{,}03 \text{ m}}}$ ist:

$$\underline{\underline{\Delta l_{St}}} = l_{St} \cdot \varepsilon = \underline{\underline{0{,}4835 \text{ m}}} \qquad (2.80)$$

Die Längung des Stabes kann jetzt durch Umrechnen und beachten der eingehenden Bedingung für kleine Verschiebungen $\alpha \approx \alpha'$ mittels

$$\underline{\underline{\Delta l}} = \frac{\Delta l_{St}}{\cos(\alpha')} = \underline{\underline{0{,}49 \text{ mm}}} \qquad (2.81)$$

bestimmt werden und damit die Gesamtabsenkung des Systems mittels

$$\underline{\underline{l_3}} = \Delta l + a = \underline{\underline{353{,}15 \text{ mm}}} \qquad (2.82)$$

Nein, die Absenkung ist ident, egal wie hoch die Belastung ist, da ein variabler Querschnitt des Rohres auf die vorgegebene Spannung dimensioniert wurde.

Beispiel 2.9

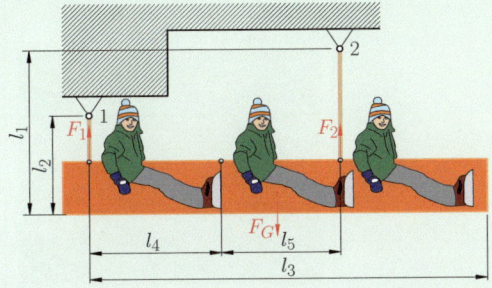

Abb. 2.15 Statisch bestimmtes Stabsystem (2)

Auf einer Schaukel (vgl. Abb. 2.15) befinden sich drei Personen. Die Schaukel wird mittels Stahlseilen gehalten, die aber als Stab mit einem Durchmesser von 10 mm angenommen werden

dürfen. Die Geometrieabmessungen sind bekannt, mittels: $l_1 = 500$ mm; $l_2 = 250$ mm; $l_3 = 700$ mm; $l_4 = 300$ mm und $l_5 = 270$ mm. Die Belastung sei durch das Eigengewicht der Schaukel und der Personen mit $F_G = 3000$ N zusammengefasst. Bestimmen Sie die Absenkung der einzelnen Aufhängepunkte, die beiden Seilkräfte und die Dehnungen. Der Balken mit der Sitzfläche ist als unendlich starr anzunehmen, sodass dieser keine Verformung erfährt!

Lösung

Es wird nur eine Lösung mittels Excel erbracht, da davon ausgegangen wird, dass dieses Beispiel mit den bekannten Grundlagen einfach gelöst werden kann.

l1=	500	mm
l2=	250	mm
l3=	700	mm
l4=	300	mm
l5=	270	mm
E=	210000	MPa
F G=	2000	N
d=	10	mm

	Kraft		Spannung		Dehnung		Verschiebung
1	1228,07 N	=>	15,64 MPa	=>	7,446E-05	=>	0,04 mm
2	771,93 N	=>	9,83 MPa	=>	4,680E-05	=>	0,01 mm

Methode: Lösung durch SolidWorks – FEM 2.7

Vom vorgehenden Beispiel ist die Lösung mittels SolidWorks FEM zu erbringen.

Pos.	Bild	Erklärung
1		Modell modellieren und neue statische Studie erstellen. Bei der Modellierung sollen die Seile nicht mit dem Rest des Modells verschmolzen werden, sodass diese eigene Volumenkörper darstellen. Dies kann bei der Featureerstellung geändert werden:
2		Randbedingungen festlegen, dazu die Seile am Ende einspannen und die Belastung definieren. Um die einzelnen Volumenkörper zu verbinden, kann unter nebenstehende Einstellung eingestellt werden.
3	Kraft F_1 / Kraft F_2	Lösen der Studie und ablesen der Kräfte, mittels „Ergebniskraft auflisten" durch klicken der RMT auf „Ergebnisse" ergibt die gleichen Ergebnisse als bei der analytischen Lösung.
4		Im nächsten Schritt kann die Spannung an den Stäben abgelesen werden, auch diese ist sehr ähnlich zu jener aus der analytischen Berechnung.
5		Zuletzt noch die Verschiebung...

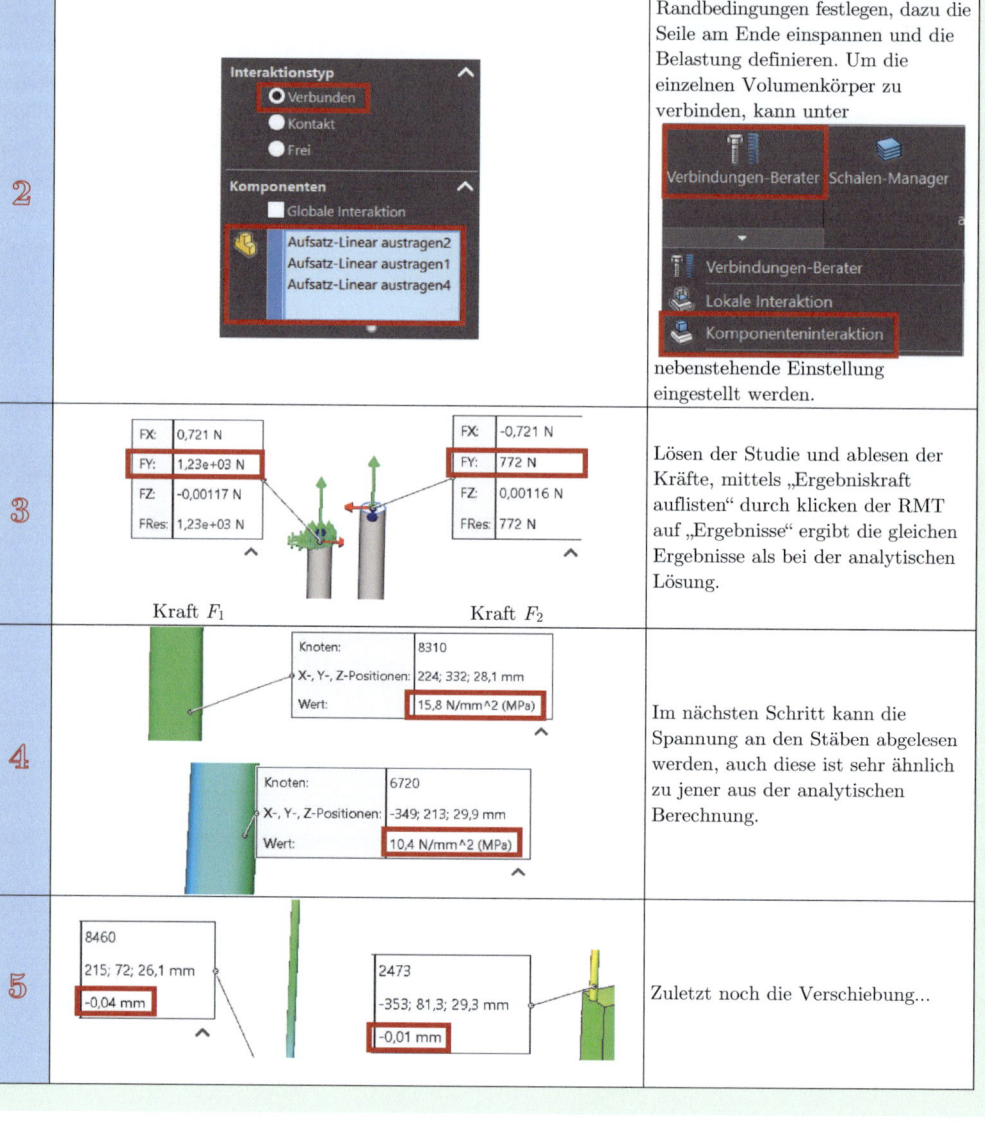

2.5 Statisch unbestimmte Stabsysteme

Bei statisch unbestimmten Systemen sind mehr unbekannte Kräfte, als Gleichungen aus der Statik entnommen werden können, vorhanden. Aus diesem Grund muss man sich der resultierenden Gleichungen aus der Elastostatik bedienen.

Beispiel 2.10

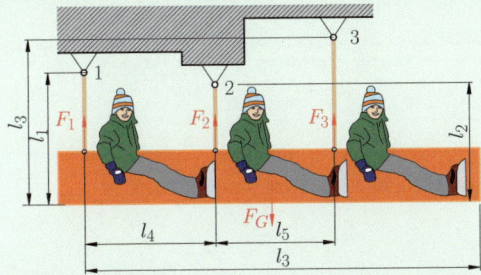

Abb. 2.16 Statisch unbestimmtes Stabsystem

Auf einer Schaukel (vgl. Abb. 2.16) befinden sich drei Personen. Die Schaukel wird mittels Stahlseilen gehalten, die aber als Stab mit einem Durchmesser von 10 mm angenommen werden dürfen. Die Geometrieabmessungen sind bekannt, mittels: $l_1 = 500$ mm; $l_2 = 250$ mm; $l_3 = 700$ mm; $l_4 = 300$ mm und $l_5 = 270$ mm. Die Belastung sei durch das Eigengewicht der Schaukel und der Personen mit $F_G = 3000$ N zusammengefasst. Bestimmen Sie die Absenkung der einzelnen Aufhängepunkte, die drei Seilkräfte und die Dehnungen. Der Balken mit der Sitzfläche ist als unendlich starr anzunehmen, sodass dieser keine Verformung erfährt!

Lösung

Aufstellen der Gleichgewichtsbedingungen am freigemachten Balken lässt auf

$$\sum_{i=1}^{n} F_{iY} = 0:$$

$$F_1 + F_2 + F_3 - F_G = 0 \quad (2.83)$$

$$\sum_{i=1}^{n} M_{i(1)} = 0:$$

$$F_2 \cdot l_4 + F_3 \cdot (l_4 + l_5) - F_G \cdot \frac{l_3}{2} = 0 \quad (2.84)$$

schließen. Aus der Elastostatik folgt für die Formänderung

$$\Delta l_1 = l_1 \cdot \varepsilon_1 \quad \Delta l_2 = l_2 \cdot \varepsilon_2 \quad \Delta l_3 = l_3 \cdot \varepsilon_3 \quad (2.85)$$

$$\sigma_1 = \frac{F_1}{A_1} \quad \sigma_2 = \frac{F_2}{A_2} \quad \sigma_3 = \frac{F_3}{A_3} \quad (2.86)$$

und dem Hooke'schen Gesetz lassen sich die Bedingungen

$$\sigma_1 = E \cdot \varepsilon_1 = \frac{F_1}{A_1} \implies E \cdot \frac{\Delta l_1}{l_1} = \frac{F_1}{A_1}$$

$$\implies E = \frac{F_1 \cdot l_1}{A_1 \cdot \Delta l_1} \quad (2.87)$$

$$\sigma_2 = E \cdot \varepsilon_2 = \frac{F_2}{A_2} \implies E \cdot \frac{\Delta l_2}{l_2} = \frac{F_2}{A_2}$$

$$\implies E = \frac{F_2 \cdot l_2}{A_2 \cdot \Delta l_2} \quad (2.88)$$

$$\sigma_3 = E \cdot \varepsilon_3 = \frac{F_3}{A_3} \implies E \cdot \frac{\Delta l_3}{l_3} = \frac{F_3}{A_3}$$

$$\implies E = \frac{F_3 \cdot l_3}{A_3 \cdot \Delta l_3} \quad (2.89)$$

aufstellen. Umformen auf F_2

$$F_2 = F_G \cdot \frac{l_3}{2 \cdot l_4} - F_3 \cdot \frac{l_4 + l_5}{l_4} \quad (2.90)$$

Mit $E = E$

$$\frac{F_3 \cdot l_3}{A_3 \cdot \Delta l_3} = \frac{F_2 \cdot l_2}{A_2 \cdot \Delta l_2} \implies$$

$$F_3 = \frac{F_2 \cdot l_2 \cdot A_3 \cdot \Delta l_3}{A_2 \cdot \Delta l_2 \cdot l_3} \quad (2.91)$$

Mit $A_2 = A_3$ folgt

$$F_3 = F_2 \cdot \frac{l_2 \cdot \Delta l_3}{\Delta l_2 \cdot l_3}. \tag{2.92}$$

Einsetzen von $F_2 = F_G \cdot \frac{l_3}{2 \cdot l_4} - F_3 \cdot \frac{l_4 + l_5}{l_4}$ ergibt

$$F_3 = \left(F_G \cdot \frac{l_3}{2 \cdot l_4} - F_3 \cdot \frac{l_4 + l_5}{l_4}\right) \cdot \frac{l_2 \cdot \Delta l_3}{\Delta l_2 \cdot l_3}$$

$$= F_G \cdot \frac{l_3}{2 \cdot l_4} \frac{l_2 \cdot \Delta l_3}{\Delta l_2 \cdot l_3} - F_3 \cdot \frac{l_4 + l_5}{l_4} \frac{l_2 \cdot \Delta l_3}{\Delta l_2 \cdot l_3}$$

$$= \frac{F_G \cdot \frac{l_3}{2 \cdot l_4} \frac{l_2 \cdot \Delta l_3}{\Delta l_2 \cdot l_3}}{\left(1 + \frac{l_4 + l_5}{l_4} \frac{l_2 \cdot \Delta l_3}{\Delta l_2 \cdot l_3}\right)} \tag{2.93}$$

Jetzt muss eine Verbindung zwischen den Verschiebungen am zweiten und am dritten Stab gefunden werden, da sonst in der vorgehenden Gleichung zu viele Unbekannte vorliegen. Dies ist aber leider nicht so einfach möglich, da sich keine geometrische Figur bilden lässt, da sich bereits der Aufhängepunkt 1 verschiebt. Anders wäre dies, wenn der Punkt als Lager, anstatt eines Seils vorliegen würde. Eine exakte Lösung ist hier nicht mehr möglich. Wenn man jedoch annimmt, dass $\Delta l_1 \ll$ ist, dann kann dieser Aufhängepunkt 1 zunächst als Lager angenommen werden. Dies bedeutet, dass der Strahlensatz, gemäß ◘ Abb. 2.17 und nachstehender Formel, angewendet werden kann, da gilt $\Delta l_3 \approx \Delta l_3 - \delta l_1$ wenn $\Delta l_1 \ll$.

$$\frac{\Delta l_2}{l_4} = \frac{\Delta l_3}{l_4 + l_5} \implies \Delta l_2 = \Delta l_3 \cdot \frac{l_4}{l_4 + l_5} \tag{2.94}$$

Bzw. folgt durch Einsetzen

$$F_3 = \frac{F_G \cdot \frac{l_3}{2 \cdot l_4} \frac{l_2}{\frac{l_4}{l_4 + l_5} \cdot l_3}}{1 + \frac{l_4 + l_5}{l_4} \frac{l_2}{\frac{l_4}{l_4 + l_5} \cdot l_3}}. \tag{2.95}$$

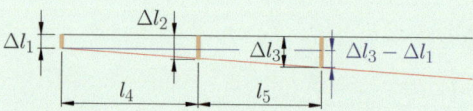

◘ **Abb. 2.17** Statisch unbestimmtes Stabsystem, Anwendung des Strahlensatzes

Mit $\frac{l_4}{l_4 + l_5} = a$ wird

$$F_3 = \frac{F_G \cdot \frac{l_3}{2 \cdot l_4} \frac{l_2}{a \cdot l_3}}{1 + \frac{1}{a} \frac{l_2}{a \cdot l_3}} = \frac{F_G \cdot \frac{l_3}{2 \cdot l_4} \frac{l_2}{a \cdot l_3}}{1 + \frac{l_2}{a^2 \cdot l_3}}$$

$$= \frac{F_G \cdot \frac{l_2}{2 \cdot l_4 \cdot a}}{1 + \frac{l_2}{a^2 \cdot l_3}} = F_G \cdot \frac{\frac{l_2}{2 \cdot l_4 \cdot a}}{1 + \frac{l_2}{a^2 \cdot l_3}}$$

$$= 30 \cdot \frac{\frac{250}{2 \cdot 300 \cdot 0{,}56}}{1 + \frac{250}{0{,}52^2 \cdot 700}} = 10{,}37 \, \text{kN}. \tag{2.96}$$

Mit den bereits gefundenen Gleichungen können die übrigen Kräfte bestimmt werden

$$F_2 = F_G \cdot \frac{l_3}{2 \cdot l_4} - F_3 \cdot \frac{l_4 + l_5}{l_4}$$

$$= 30 \cdot \frac{700}{2 \cdot 300} - 10{,}3 \cdot \frac{300 + 270}{300} = 15{,}2 \, \text{kN} \tag{2.97}$$

$$F_1 = F_G - F_2 - F_3$$

$$= 30 - 15{,}2 - 10{,}37 = 4{,}3 \, \text{kN}. \tag{2.98}$$

Jetzt können die Spannungen $\sigma = \frac{F}{A}$, die Dehnungen durch das Hooke'sche Gesetz $\sigma = E \cdot \varepsilon$ und dadurch die Verschiebungen $\varepsilon = \frac{\Delta l}{l}$ berechnet werden, gemäß

$$\sigma_1 = \frac{4 \cdot F_1}{d^2 \cdot \pi} \qquad \sigma_2 = \frac{4 \cdot F_2}{d^2 \cdot \pi} \qquad \sigma_3 = \frac{4 \cdot F_3}{d^2 \cdot \pi} \tag{2.99}$$

$$\varepsilon_1 = \frac{\sigma_1}{E} \qquad \varepsilon_2 = \frac{\sigma_2}{E} \qquad \varepsilon_3 = \frac{\sigma_3}{E} \tag{2.100}$$

$$\Delta l_1 = \varepsilon_1 \cdot l_1 \qquad \Delta l_2 = \varepsilon_2 \cdot l_2 \qquad \Delta l_3 = \varepsilon_3 \cdot l_3. \tag{2.101}$$

Es folgen die Werte aus der Tabelle in ◘ Abb. 2.18. Ebenso kann die Querdehnung und damit die Verjüngung der Durchmesser bestimmt werden, mittels der Querkontraktionszahl von Stahl.

Wie groß der Fehler durch die Annahme der Geltung des Strahlensatzes ist, wird in den nächsten Methoden noch genauer untersucht, wenn dieses Beispiel mittels FEM gelöst wird.

2.5 · Statisch unbestimmte Stabsysteme

l1=	500 mm
l2=	250 mm
l3=	700 mm
l4=	300 mm
l5=	270 mm
E=	210000 MPa
F_G=	30000 N
d=	10 mm
nu=	0,28
a=	0,5263158 mm

	1. Berechnung des Stabsystems				
	Kraft	Spannung	Dehnung	Verschiebung	DM Verj.
3	10374,41 N =>	132,09 MPa =>	6,290E-04 =>	0,31 mm	9,998
2	15288,61 N =>	194,66 MPa =>	9,270E-04 =>	0,23 mm	9,997
1	4336,97 N =>	55,22 MPa =>	2,630E-04 =>	0,18 mm	9,999

Abb. 2.18 Statisch unbestimmtes Stabsystem, Lösung mittels Excel

Methode: Lösung durch SolidWorks – FEM 2.8

Das zuvor gerechnete ▶ Beispiel 2.10 ist mittels FEM zu überprüfen. Besonders ist darauf zu achten, wie groß der Fehler durch die Annahme der Geltung des Strahlensatzes in Gl. (2.94) ist. Nach der Analyse berechnen Sie den relativen und absoluten Fehler zwischen der analytischen Berechnung und der FEM-Analyse. Um etwaige Fehlerquellen zwischen der Verbindung zwischen Seil und Balken auszuschließen, verwenden Sie dort drehbare Stiftverbindungen und stellen das E-Modul des Balkens sehr hoch ein, sodass eine unendliche Steifigkeit dieses Bauteils garantiert werden kann. Dazu einfach ein neues Material, für den Balken anlegen und schreiben Sie dort ein sehr hohes E-Modul ein.

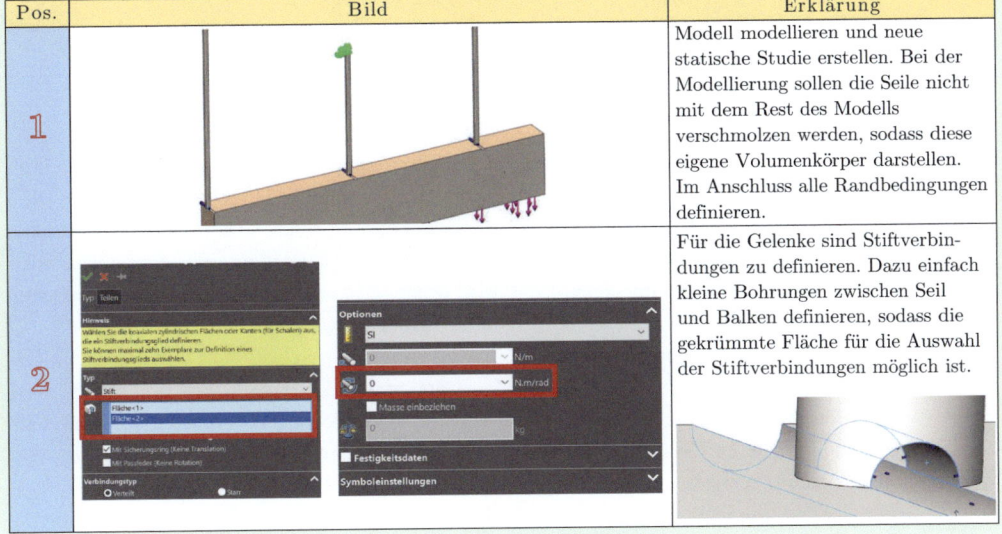

Pos.	Bild	Erklärung
1		Modell modellieren und neue statische Studie erstellen. Bei der Modellierung sollen die Seile nicht mit dem Rest des Modells verschmolzen werden, sodass diese eigene Volumenkörper darstellen. Im Anschluss alle Randbedingungen definieren.
2		Für die Gelenke sind Stiftverbindungen zu definieren. Dazu einfach kleine Bohrungen zwischen Seil und Balken definieren, sodass die gekrümmte Fläche für die Auswahl der Stiftverbindungen möglich ist.

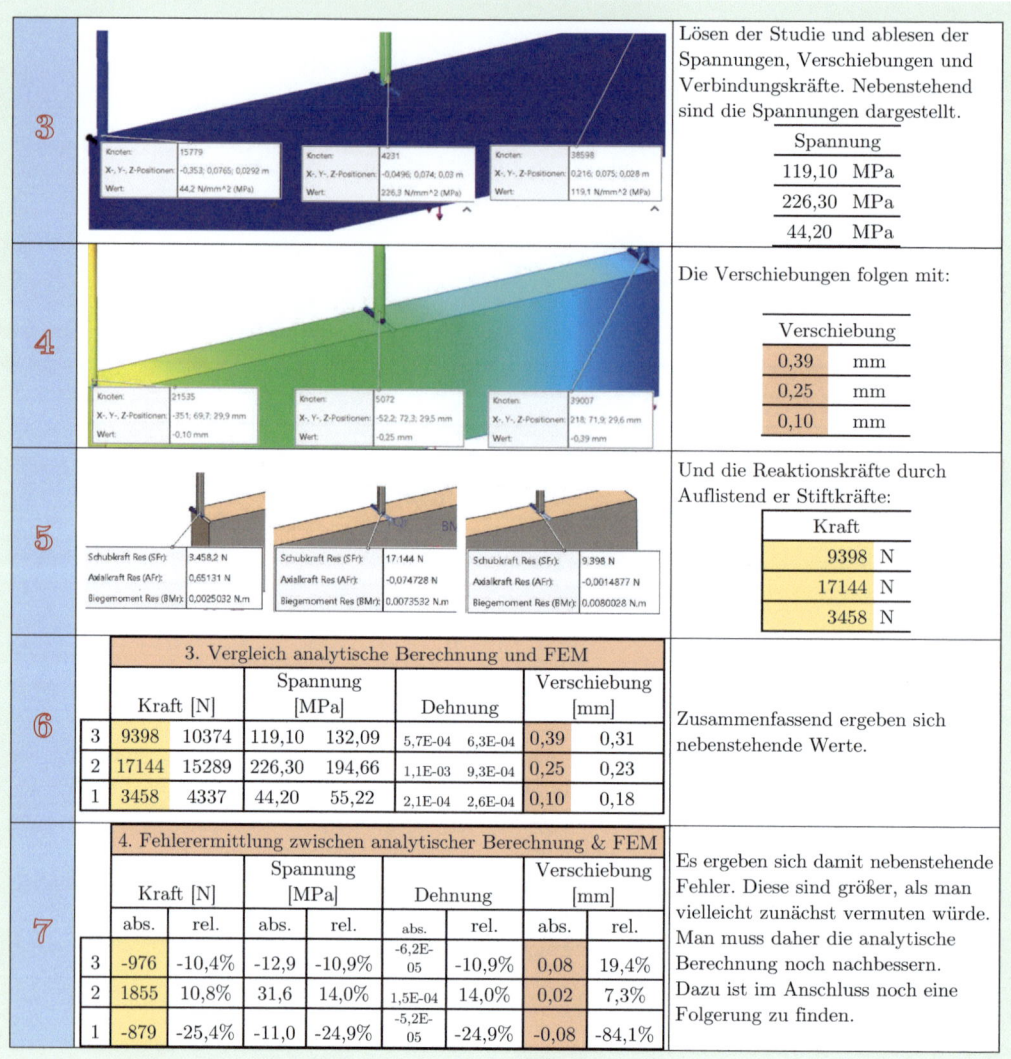

		Spannung	
		119,10	MPa
		226,30	MPa
		44,20	MPa

	Verschiebung	
	0,39	mm
	0,25	mm
	0,10	mm

	Kraft	
	9398	N
	17144	N
	3458	N

3. Vergleich analytische Berechnung und FEM

	Kraft [N]		Spannung [MPa]		Dehnung		Verschiebung [mm]	
3	9398	10374	119,10	132,09	5,7E-04	6,3E-04	0,39	0,31
2	17144	15289	226,30	194,66	1,1E-03	9,3E-04	0,25	0,23
1	3458	4337	44,20	55,22	2,1E-04	2,6E-04	0,10	0,18

4. Fehlerermittlung zwischen analytischer Berechnung & FEM

	Kraft [N]		Spannung [MPa]		Dehnung		Verschiebung [mm]	
	abs.	rel.	abs.	rel.	abs.	rel.	abs.	rel.
3	-976	-10,4%	-12,9	-10,9%	-6,2E-05	-10,9%	0,08	19,4%
2	1855	10,8%	31,6	14,0%	1,5E-04	14,0%	0,02	7,3%
1	-879	-25,4%	-11,0	-24,9%	-5,2E-05	-24,9%	-0,08	-84,1%

Lösen der Studie und ablesen der Spannungen, Verschiebungen und Verbindungskräfte. Nebenstehend sind die Spannungen dargestellt.

Die Verschiebungen folgen mit:

Und die Reaktionskräfte durch Auflistend er Stiftkräfte:

Zusammenfassend ergeben sich nebenstehende Werte.

Es ergeben sich damit nebenstehende Fehler. Diese sind größer, als man vielleicht zunächst vermuten würde. Man muss daher die analytische Berechnung noch nachbessern. Dazu ist im Anschluss noch eine Folgerung zu finden.

Corollary 2.1
Da es zwischen dem analytischen Beispiel (2.10) im Vergleich zur FEM Analyse erstaunliche Abweichungen gibt, muss versucht werden die analytische Berechnung nachzubessern. Dazu wird nachstehende Skizze (◘ Abb. 2.19) der Verschiebungen des Systems betrachtet. Gleich vorn weg: Diese Lösung ist mehr oder weniger durch Intuition zu finden und nur für dieses Beispiel so anwendbar. Für andere Systeme ist wieder eine komplett neue Korrekturgleichung zu suchen.

Wenn man mit den nachstehenden Gleichungen und unterschiedlichen Werten das Beispiel durchrechnet, so kommt man aber immer wieder auf fast identische Ergebnisse zwischen der analytischen und FEM Berechnung (vgl. ◘ Abb. 2.19).

Im ersten Schritt wird mittels der Winkelfunktionen der Winkel zwischen Drehpunkt 1 und Verschiebung Δl_2 gesucht. Es folgt Winkel α_2. Identes wird für Verschiebung Δl_3 getan, durch Winkel α_1. Bildet man die Differenz dieser beiden Winkel, teilt dies durch 2

2.6 · Finite Elemente Methode

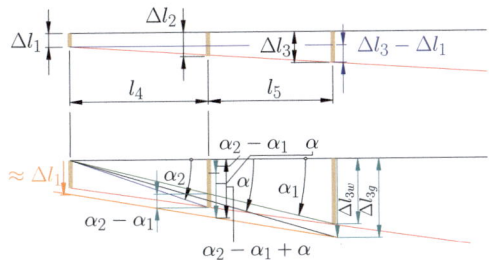

Abb. 2.19 Korrigierte analytische Lösung, statisch unbestimmtes Stabsystem

und addiert α_2 so folgt α. Im Anschluss müssen die korrigierten Verschiebungen bestimmt werden. Für Δl_3 wird dazu einfach der Winkel α verwendet. Für die Verschiebung im Punkt 2 wird die Differenz der beiden Winkeln α_1 und α_2 verwendet und α addiert. Es folgt damit ein korrigierter Verschiebewert nach oben. Zeichnet man die beiden korrigierten Werte ein, legt eine lineare Verschiebefunktion zwischen die beiden Endpunkte, so kommt man in etwa auf Verschiebung 1. Wenn man dies mit den korrigierten Werte durchrechnet, dies kann man in die entgegengesetzte Richtung durch die Gleichungen der Elastostatik, wie beim eingehenden Beispiel, indem die analytische Lösung des Beispiels gezeigt wurde, getan werden. Es folgend die beiden Seilkräfte F_2 und F_3. Aufgrund des Kräftegleichgewichtes kann damit F_1 berechnet werden und damit die restlichen Verschiebungen. Vergleicht man diese Werte mittels der FEM und führt eine Fehleranalyse durch, so ist dieser Fehler sehr gering (vgl. Abb. 2.20).

2.6 Finite Elemente Methode

Die finite Elemente-Methode wurde bereits mehrmals im Buch Technische Mechanik 1 (Statik) [15] zum Bestimmen von Kräften benutzt. Hier wird diese Methode jetzt verwendet, um Zug- und Druckspannungen in Bauteilen zu berechnen. Beim FEM-Verfahren handelt es sich um ein numerisches Verfahren, das „finite elemente" = eine endliche Anzahl von Elementen eines Stabes in eine Struktur aus Linien und Punkten (Knoten) umwandelt, um dann an diesen Knoten Gleichungen (endlich viele) für Zug- und Druck aufstellen zu können. Genauer wird hier nicht auf diese Thematik eingegangen, da dies ganze Bücher füllen könnte. Verwiesen wird auf die Bücher: Bernd Klein (Springer): FEM [20], Marcus Wagner (Springer): Lineare und nicht lineare FEM: Eine Einführung mit Anwendungen in der Umformsimulation [39], Michael Riemer, Wolfgang Seemann, Jörg Wauer, Walter Wedig (Springer): Mathematische Methoden der Technischen Mechanik: Für Ingenieure und Naturwissenschaftler [28]. Sinnvoll ist die FEM-Methode zur Bestimmung der Spannungen in komplexen Bauteil-Strukturen. Heutzutage wird die FEM Methode jedoch bei jedem beliebigen Bauteil verwendet, da nahezu jedes CAD-Programm die Zusatzanwendung FEM beinhaltet. Beispielsweise hierfür ist das Bauteil in Abb. 2.21, worin Verschiebungen, Dehnungen (Formänderungen) und Spannungen gesucht sind, wenn das Bauteil mit der Kraft F belastet wird und an der Unterseite eingespannt ist.

Bis jetzt sind bereits einige Beispiele zur FEM gezeigt worden. Da es sich hier um kein FEM-Buch handelt, wird diese auch nur kurz gezeigt. Es soll hier nun weniger um die Lösungsfindung mittels eines Programm gehen, sondern mehr um die Theorie hinter der FEM. Dazu wird auch ein einfaches Beispiel gezeigt, bei welchen die analytische Berechnung mit der numerischen verglichen wird.

Wie eine Lösung mittels FEM genau durchgeführt, wird ist ein komplexer Vorgang, der hier nicht im Detail behandelt werden kann. Dazu müssen viele numerische Methoden der Mathematik bekannt sein und einige Lösungsmethoden und Algorithmen aus dem Programm. Auf dies kann hier nicht im Detail eingegangen werden. Hier sollen die Grundlagen behandelt werden, wie die Vorgehensweise bei einer numerischen Lösung funktioniert, dies wurde aber bereits bei der Lösung der einer linearen Gleichung der Gestalt $x - 2 = 4$, durch Einsetzen der Werte gezeigt. Dass dies eine sehr starke Vereinfachung der Lösung ist, muss zunächst so hingenommen werden. Wirklich entscheidend ist aber nicht der grundlegende Lösungsvorgang an sich, sondern die Algorithmen im Hintergrund, die eine prozesssichere, kapazitätssparende und vor

74   Kapitel 2 · Zug- und Druckbeanspruchung

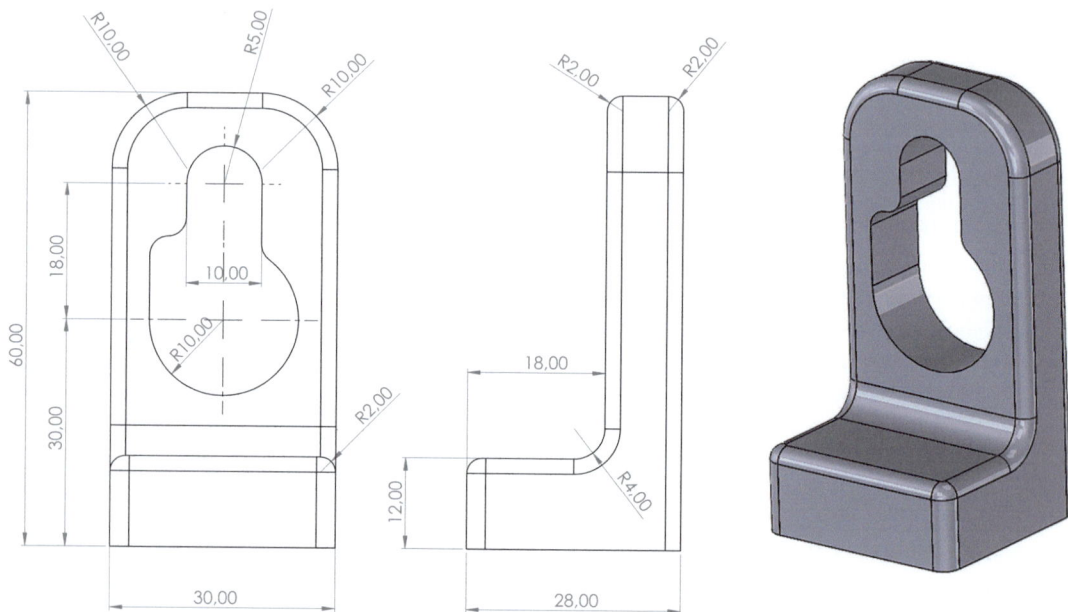

5. Berechnung des Stabsystems mit korrigierten Werten							
	Kraft		Spannung		Dehnung		Verschiebung
3	8892,36 N	<=	113,22 MPa	<=	5,391E-04	<=	0,38 mm
2	17893,02 N	<=	227,82 MPa	<=	1,085E-03	<=	0,27 mm
1	3214,63 N	=>	40,93 MPa	=>	1,949E-04	=>	0,10 mm

		Verschiebung
alpha1=	0,03161	0,377
alpha2=	0,04426	0,271
alpha=	0,03794	

6. Fehlerermittlung zwischen korr. analytischer Berechnung und FEM								
	Kraft [N]		Spannung [MPa]		Dehnung		Verschiebung [mm]	
	abs.	rel.	abs.	rel.	abs.	rel.	abs.	rel.
3	506	5,4%	5,88	4,9%	2,8E-05	4,9%	0,01	3,2%
2	-749	-4,4%	-1,52	-0,7%	-7,2E-06	-0,7%	-0,02	-8,5%
1	243	7,0%	3,27	7,4%	1,6E-05	7,4%	0,003	2,5%

■ **Abb. 2.20** Korrigierte analytische Lösung und Fehleranalyse

■ **Abb. 2.21** Bauteil wird mit F auf Druck belastet

allem schnelle Lösung finden, dabei unterscheiden sich viele FEM-Programme, vorwiegend bei der Herangehensweise bei der Lösung von sogenannten Kontaktbeziehungen, die zwischen Bauteilen bei Baugruppen vorliegen und während der Studie durch die Verformung verändert und angepasst werden müssen. So kann eine Analyse auch in einem Tag oder einer Woche gelöst werden, je nachdem, wie effizient solche Algorithmen arbeiten oder ob vielleicht gar keine Lösung erreicht wird. Dabei unterscheidet sich auch ein FEM-Programm wie SolidWorks von einem High-End-FEM-Programm wie ANSYS oder ABAQUS SIMULA.

Ausgenommen von der Mathematik, kann aber die FEM Studie in folgende Abschnitte unterteilt werden. Man unterscheidet zwischen der Eingabe, Verarbeitung und Ausgabe.

– **Eingabe = Präprozessor** Hierbei wird der Vorgang bezeichnet, der zwischen der Modellierung des Bauteils und der Übergabe in das FEM Programm passiert. Bei SolidWorks ist dies im Grunde durch die Aktivierung der Zusatzanwendung „Simulation". Bei anderen Programmen, in welchen CAD und FEM nicht aus einem Programm bestehen, wie bei ANSYS oder SIMULIA ABAQUS geschieht dies durch den Export des

2.6 · Finite Elemente Methode

CAD-Modells und Import des Modells in das FEM-Programm. Wenn dies getan wurde, kann das Netz erstellt und festgelegt werden und die Eingabe aller Randbedingung erfolgen.

- **Verarbeitung = Solver** Dieser Abschnitt ist an das Skript [23] angelehnt. Im nächsten Schritt müssen die im Präprozessor definierten Eingaben ausgewertet und analysiert werden. Dazu bedient man sich, wie bereits erwähnt, an der numerischen Mathematik. Für FEM Berechnungen genügt es jedoch nicht, einfach lineare Gleichungen anzusetzen und numerisch zu lösen, wie es am Anfang erwähnt wurde, sondern es müssen Integrale numerisch gelöst werden. In der FEM gilt der sogenannte „Arbeitssatz der Elastizitätstheorie". Dazu wird der Energiesatz für virtuelle Bilanzen angesetzt. Mit dem lokalen Gleichgewicht aus der Kontinuumsmechanik (diese wird zu einem späteren Zeitpunkt behandelt)

$$\sigma_{ij,j} = \varrho f_i = 0 \qquad (2.102)$$

Multipliziert man diese Gleichung zunächst mit der Koordinate u_i und integriert den Ausdruck über das gesamte Volumen, so erhält man folgenden Ausdruck

$$\int_V \sigma_{ij,j} u_i \, dV + \int_V \varrho f_i u_i \, dV = 0 \qquad (2.103)$$

Anwenden der Kettenregel, auf den Ausdruck $\sigma_{ij,j} u_i$ ergibt $[\sigma_{ij} u_i]_{,j} - \sigma_{ij} u_{i,j}$ bzw. folgt

$$\int_V \sigma_{ij,j} u_i \, dV + \int_V \rho f_i u_i \, dV = 0. \qquad (2.104)$$

Weiterhin gilt aus der Kontinuumsmechanik $[\sigma_{ij} u_i]_{,j} = \nabla \sigma_{ij} u_i$, wodurch die Anwendung des Gauß'schen Integralsatz angewendet werden kann. Es folgt damit die Gleichung

$$\int_A \sigma_{ij} u_i n_j \, dA - \int_V \sigma_{ij} u_{i,j} \, dV$$
$$+ \int_V \rho f_i u_i \, dV = 0. \qquad (2.105)$$

gefunden werden. Anwenden der Cauchy'schen Formel $\sigma_{ij} n_j = t_i$ und ersetzen von $\sigma_{ij} u_{i,j}$ mit $\sigma_{ij} \varepsilon_{ij}$ lässt den **allgemeinen Arbeitssatz der linearen Elastizitätstheorie** folgen, zu

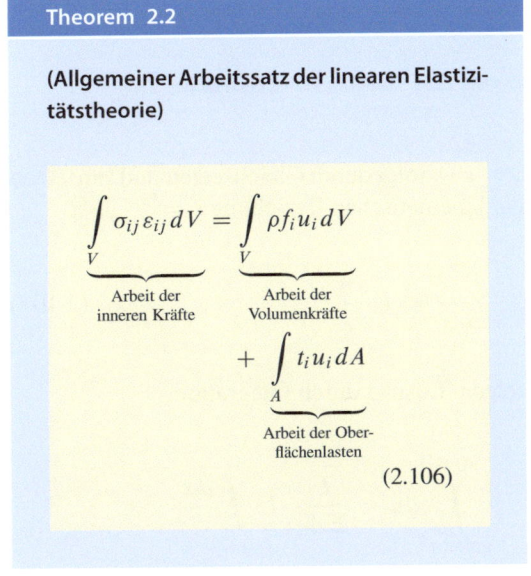

Theorem 2.2

(Allgemeiner Arbeitssatz der linearen Elastizitätstheorie)

$$\underbrace{\int_V \sigma_{ij} \varepsilon_{ij} \, dV}_{\text{Arbeit der inneren Kräfte}} = \underbrace{\int_V \rho f_i u_i \, dV}_{\text{Arbeit der Volumenkräfte}}$$
$$+ \underbrace{\int_A t_i u_i \, dA}_{\text{Arbeit der Oberflächenlasten}}$$

(2.106)

Beweis Auf einen Beweis wird hier verzichtet. □

Wenn man diesen geeignet löst, ergibt sich die Lösung der entsprechenden Studie.

- **Ausgabe =Postprozessor** Nach dem Lösen wird dem Benutzer die Lösung mithilfe von Falschfarbenbildern dargestellt. Es ist dem Anwender möglich, elastostatische Ergebnisse wie: Spannungen, Dehnungen, Verschiebungen abzulesen als auch Reaktionskräfte, Sicherheiten etc.

2.6.1 Analytische Methode als Referenz

Um das Beispiel aus ◘ Abb. 2.21 lösen zu können, durch ein FEM Programm (SolidWorks-Simulation) und die dahinter liegenden Abläufe verstehen zu können, wird zunächst ein einfacher, konischer, Stab betrachtet. ◘ Abb. 2.22 zeigt diesen Stab. Zunächst wird dieser mithilfe einer analytischen Methode gelöst. Die Fläche $A(x)$ kann durch $A(x) = A_0 \cdot \frac{x}{l}$ berechnet werden. Mit den beiden Gleichungen $\sigma = \frac{F}{A}$ und

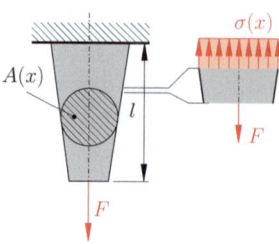

Abb. 2.22 Stab mit konischer Fläche

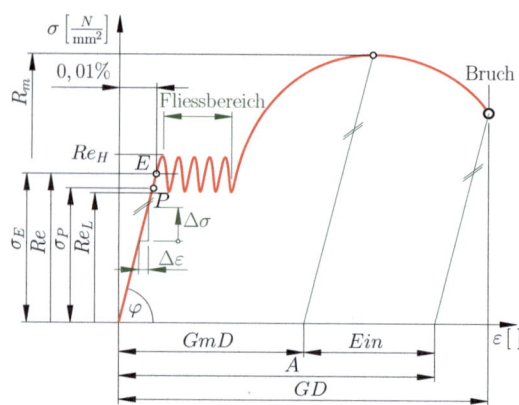

Abb. 2.23 Spannungs-Dehnungs-Diagramm

Abb. 2.24 Spannungs-Dehnungs-Diagramm, Proportionalitätsbereich

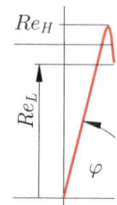

$\sigma = E \cdot \varepsilon$ folgt durch Gleichsetzen und Einsetzen der kinematischen Beziehung $\varepsilon = \frac{du}{dx}$ lässt

$$\frac{F \cdot l}{A_0 x} = E \frac{du}{dx} \tag{2.107}$$

folgen. Lösung durch Integration

$$\int_{u(x=0)}^{u(x=l)} du = \frac{F}{EA_0} \cdot l \cdot \int_0^l \frac{dx}{x}$$

$$\implies u = \frac{F \cdot l}{EA_0} \cdot \ln(x) \tag{2.108}$$

2.6.2 Näherungslösung

Aus dem Spannung-Dehnungs-Diagramm (Abb. 2.23) kann man im Hooke'schen Bereich (vgl. Abb. 2.24) einen linearen Verzerrungszustand erkennen. Dies bedeutet, dass wenn ein Bauteil in diesem Bereich belastet wird und eine Formänderung im Proportionalitätsbereich stattfindet, begibt sich das Bauteil, bei Weglassen der Last, wieder in den ursprünglichen Zustand. Es zeigt sich ein Federähnliches verhalten. Eine Feder, so aus der Statik bereits bekannt (aus Buch Technische Mechanik – Stereostatik [15]), berechnet sich gemäß $F_F = c \cdot f$, wobei r die Längung der Feder, F_F die Federkraft und c die Federkonstante ist. In der Elastostatik kann man für einen starren Körper, durch Ähnlichkeitsbetrachtung zum Federgesetz, $F = c \cdot \Delta l = c \cdot l_0 \cdot \varepsilon$, wobei aber für F die Druckspannungsformel $\sigma = \frac{F}{A}$ und das Hooke'sche Gesetz $\sigma = \varepsilon \cdot E$ gleichgesetzt werden kann, gemäß $E \cdot \varepsilon = \frac{F}{A}$. gefunden werden.

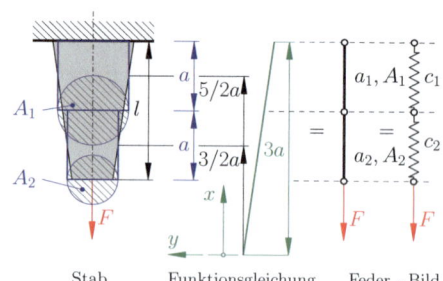

Abb. 2.25 Stab-Näherungslösung

Eingesetzt und umgeformt folgt

$$E \cdot \varepsilon = \frac{c \cdot l_0 \cdot \varepsilon}{A} \implies E = \frac{c \cdot l_0}{A}$$
$$\implies c = \frac{E \cdot A}{l_0} \tag{2.109}$$

Zurück zum Beispiel. Es wird der Stab, also in Flächen, unterteilt, welche durch Federwirkung näherungsweise bestimmt werden können. Dies ist in Abb. 2.25 gezeigt.

2.6 · Finite Elemente Methode

Mit Gl. (2.109) folgt für die beiden Federkonstanten

$$c_1 = \frac{E \cdot A_1}{a} \qquad c_2 = \frac{E \cdot A_2}{a} \qquad (2.110)$$

wobei nach Gesetzen der Statik für die Serienschaltung von Feder

$$\frac{1}{c_{\text{ers}}} = \frac{1}{c_1} + \frac{1}{c_2} = \frac{c_1 + c_2}{c_1 \cdot c_2}$$
$$\iff c_{\text{ers}} = \frac{c_1 + c_2}{c_1 \cdot c_2} \qquad (2.111)$$

gilt. Setzt man hier die zuvor gefundenen Federkonstanten ein, folgt

$$c_{\text{ers}} = \frac{\frac{EA_1}{a} \cdot \frac{EA_2}{a}}{\frac{EA_1}{a} + \frac{EA_2}{a}} = \frac{EA_1 A_2}{(A_1 + A_2)a}. \qquad (2.112)$$

Gemäß der Funktionsgleichung aus ◘ Abb. 2.25 folgt für die beiden Flächen

$$A_1 = A\left(x = \frac{5}{2}a\right) = A_0 \cdot \frac{5}{6} \qquad (2.113)$$

$$A_2 = A\left(x = \frac{3}{2}a\right) = A_0 \cdot \frac{3}{6} \qquad (2.114)$$

Eingesetzt in die Federkonstante ergibt sich

$$c_{\text{ers}} = \frac{EA_0^2 \cdot \frac{5}{6} \cdot \frac{3}{6}}{A_0 \left(\frac{5}{6} + \frac{3}{6}\right) \cdot a} = \frac{5}{16} \cdot \frac{EA_0}{a} \qquad (2.115)$$

und mit dem Hooke'schen Gesetz für die Feder $F = c_{\text{ers}} \cdot x$ folgt

$$\underline{\underline{x}} = \frac{F}{c_{\text{ers}}} = \frac{16}{5} \cdot \frac{Fa}{EA_0} = 3{,}2 \frac{Fa}{EA_0}. \qquad (2.116)$$

Da hier x so gelegt ist, da sich der Stab von $a \leq x \leq l$ befindet, muss bei der analytischen Lösung die Grenze gemäß $\int_a^{l=3a}$ gelegt werden, was auf

$$\int_{u_1}^{u_2} du = \frac{F}{EA_0} \cdot l \cdot \int_a^{3a} \frac{dx}{x} \implies$$

$$u = \frac{F \cdot l}{EA_0} \cdot \ln\left(\frac{3a}{a}\right)$$

$$\underline{\underline{u = 3{,}3 \cdot \frac{F \cdot a}{EA_0}}} \qquad (2.117)$$

führt. Es folgt ein sehr ähnliches Ergebnis, zwischen der analytischen- und der Näherungslösung.

2.6.3 FEM

Gemäß ◘ Abb. 2.26 lassen sich folgende Gesetzmäßigkeiten aufzeichnen:
- Aus dem Kräftegleichgewicht folgt $F_1 + F_2 = 0 \Rightarrow F_1 = -F_2$;
- aus dem Elastizitätsgesetz $F_1 = c(u_1 - u_2)$ bzw. $F_2 = c(u_2 - u_1)$
  - mit $u_1 = 0 \implies F_2 = \frac{EA}{\ell} u_2$
  - bzw. $u_1 \neq 0 \implies F_2 = \frac{EA}{l}(u_2 - u_1)$

Schreibt man diese Bedingungen in eine Matrix zusammengefasst, folgt

$$\underbrace{\begin{Bmatrix} F_1 \\ F_2 \end{Bmatrix}}_{\text{lokale Kräfte}} = \overbrace{\begin{bmatrix} c & -c \\ -c & c \end{bmatrix}}^{\text{Element-Steifigkeitsmatrix}} \underbrace{\begin{Bmatrix} u_1 \\ u_2 \end{Bmatrix}}_{\text{lokale Verschiebung}} \qquad (2.118)$$

Jetzt wird das FEM-Modell als globales – und als lokales System skizziert. Dies ist in ◘ Abb. 2.27 getan.

Zusammenbau der (finiten) Elemente: Ansetzen des Gleichgewichts:

Knoten I: $P_{\text{I}} = F_{1a}$ (2.119)
Knoten II: $P_{\text{II}} = F_{2a} + F_{1b}$ (2.120)
Knoten III: $P_{\text{III}} = F_{2b}$ (2.121)

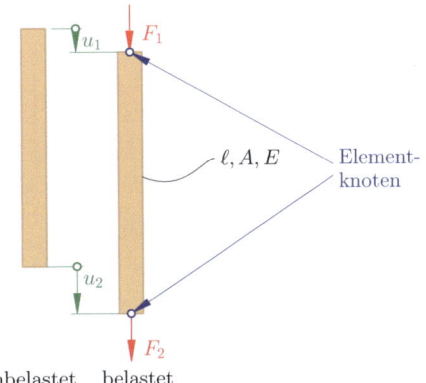

◘ **Abb. 2.26** Stab – FEM

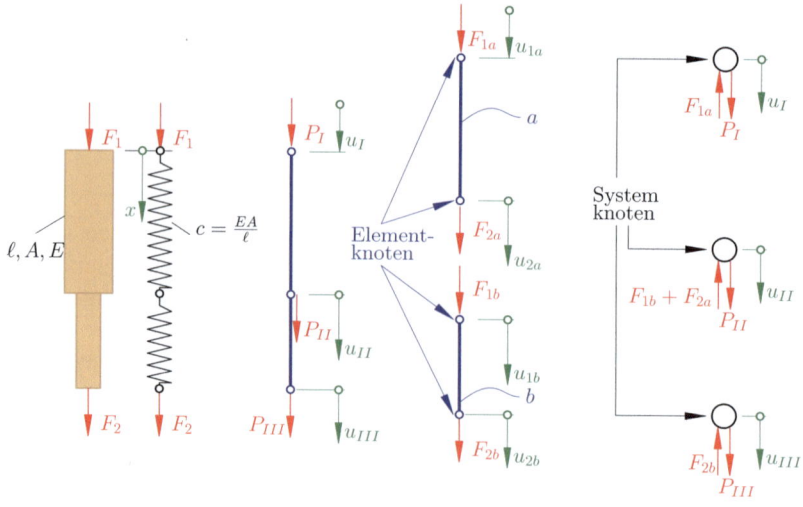

Abb. 2.27 Globales – und lokales Stabsystem

Verträglichkeit (Kinematik), Kompatibilität der Verformung:

Knoten I: $u_I = u_{1a}$ (2.122)

Knoten II: $u_{II} = u_{2a} = u_{1b}$ (2.123)

Knoten III: $u_{III} = u_{2b}$ (2.124)

Es folgen damit die Stabsgleichungen (in Matrizen-Form), gemäß

$$\begin{bmatrix} F_{1a} \\ F_{2a} \end{bmatrix} = \begin{bmatrix} c_a & -c_a \\ -c_a & c_a \end{bmatrix} \begin{bmatrix} u_{1a} \\ u_{2a} \end{bmatrix} \quad (2.125)$$

$$\begin{bmatrix} F_{1b} \\ F_{2b} \end{bmatrix} = \begin{bmatrix} c_b & -c_b \\ -c_b & c_b \end{bmatrix} \begin{bmatrix} u_{1b} \\ u_{2b} \end{bmatrix}; \quad (2.126)$$

bzw. durch Zusammenfassen in eine Matrix:

$$\begin{bmatrix} F_{1a} \\ F_{2a} \\ F_{1b} \\ F_{2b} \end{bmatrix} = \begin{bmatrix} c_a & -c_a & & \\ -c_a & c_a & & \\ & & c_b & -c_b \\ & & -c_b & c_b \end{bmatrix} \begin{bmatrix} u_{1a} \\ u_{2a} \\ u_{1b} \\ u_{2b} \end{bmatrix}$$

(2.127)

Aus dem Gleichgewicht, global:

$$\begin{bmatrix} P_I \\ P_{II} \\ P_{III} \end{bmatrix} = \begin{bmatrix} c_a & -c_a & & \\ -c_a & c_a & c_b & -c_b \\ & & -c_b & c_b \end{bmatrix} \begin{bmatrix} u_{1a} \\ u_{2a} \\ u_{1b} \\ u_{2b} \end{bmatrix}$$

(2.128)

Aus der (Knotenverschiebung) folgt:

$$\underbrace{\begin{bmatrix} P_I \\ P_{II} \\ P_{III} \end{bmatrix}}_{\text{glob. Kräfte}} = \underbrace{\begin{bmatrix} c_a & -c_a & 0 \\ -c_a & c_a + c_b & -c_b \\ 0 & -c_b & c_b \end{bmatrix}}_{\text{Systemsteifigkeitsmatrix}} \underbrace{\begin{bmatrix} u_I \\ u_{II} \\ u_{III} \end{bmatrix}}_{\text{glob. Versch.}}$$

(2.129)

Um dieses Gleichungssystem lösen zu können, müssen zuerst Randbedingungen gefunden werden. Diese Randbedingungen müssen speziell gewählt werden, da es sonst nicht zielführend ist. Es wird gemäß ☐ Abb. 2.27 $P_{II} = 0$ und $P_{III} = F$ P_I ist noch unbekannt; $u_I = 0$, u_{II} und u_{III} sind trotzdem unbekannt. Einsetzen dieser Bedingungen ergibt

$$\begin{bmatrix} P_I = ? \\ P_{II} = 0 \\ P_{III} = F \end{bmatrix} = \begin{bmatrix} c_a & c_a & 0 \\ -c_a & c_a + c_b & -c_b \\ 0 & -c_b & c_b \end{bmatrix} \begin{bmatrix} u_I \\ u_{II} \\ u_{III} \end{bmatrix}$$

(2.130)

Da $u_I = 0$ ist, folgt ein zweidimensionales System:

$$\begin{bmatrix} P_{II} \\ P_{III} \end{bmatrix} = \begin{bmatrix} ca + c_b & -c_b \\ -c_b & c_b \end{bmatrix} \begin{bmatrix} u_{II} \\ u_{III} \end{bmatrix}$$

(2.131)

2.6 · Finite Elemente Methode

mit: $P_{II} = 0$ und $P_{III} = F$. Lösen des Systems durch Aufstellen der Gleichungen

$$\implies (c_a + c_b)u_{II} = c_b u_{II}$$

$$\iff u_{II} = \frac{c_b}{c_a + c_b} u_{III} \qquad (2.132)$$

$$\implies F = -c_b \cdot u_I + c_b \cdot u_{III} \qquad (2.133)$$

$$\iff u_{III} = \left(\frac{1}{c_a} + \frac{1}{c_b}\right) F \qquad (2.134)$$

... Reihenschaltung (Nachgiebigkeit). Erneut können die Werte für die Flächen

$$A_a = A\left(x = \frac{5}{2}a\right) = A_0 \frac{5}{6} \qquad (2.135)$$

$$A_b = A\left(x = \frac{3}{2}a\right) = A_0 \frac{1}{2} \qquad (2.136)$$

und damit die Federkonstante mit $c = \frac{F \cdot A_i}{a}$ bestimmt werden. Wählt man gleiche Vorgehensweise wie im vorgehenden Kapitel „Näherungslösung" so folgt dasselbe Ergebnis, durch

$$\underline{\underline{u_{III} = 3{,}2 \frac{Fa}{EA_0}}}. \qquad (2.137)$$

Mit diesem Beispiel wurde ein grober Überblick in das Arbeiten FEM gegeben. Ein Computer oder CAD-Programme lösen Gleichungen in ähnlicher Form, jedoch viel effizienter und mit hochkomplexen Algorithmen. Es kann vorkommen, bei Baugruppen Simulationen, dass bis zu 500.000 Gleichungen oder mehr gelöst werden müssen.

2.6.4 FEM-Simulation mit SolidWorks

Zurück zum Beispiel aus ◘ Abb. 2.21. Dieses wird mit dem Simulationsprogramm FEM in SolidWorks gelöst.

2.6.4.1 Spannung
Siehe ◘ Abb. 2.28.

2.6.4.2 Verschiebung
Siehe ◘ Abb. 2.29.

Methode: Lösung durch SolidWorks – FEM 2.9

- Bauteil zeichnen
- Einspannungen definieren
- Material definieren
- Lösen durch FEM-Methode.
- Ergebnisse ablesen

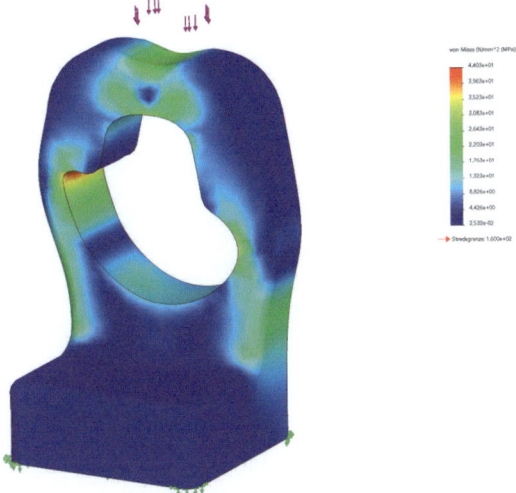

◘ **Abb. 2.28** Spannung durch FEM-SolidWorks

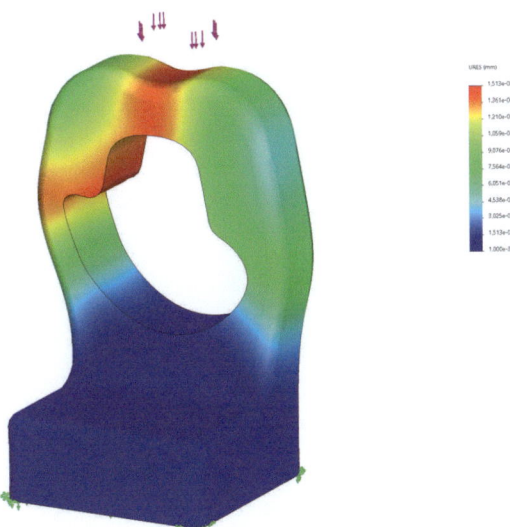

◘ **Abb. 2.29** Verschiebung durch FEM-SolidWorks

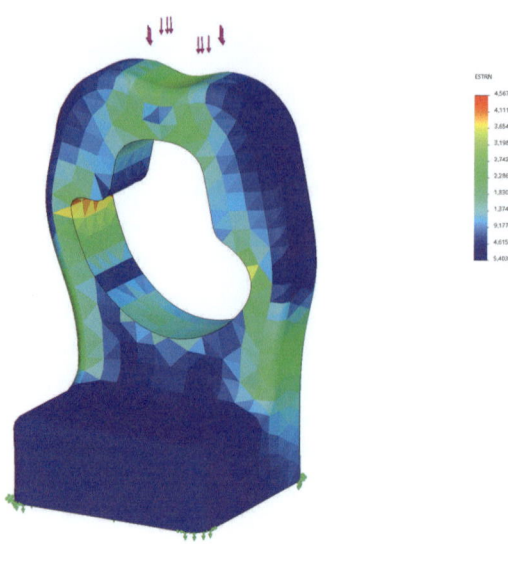

● **Abb. 2.30** Dehnung durch FEM-SolidWorks

2.6.4.3 Dehnung
Siehe ● Abb. 2.30.

2.6.4.4 Netz
In dem Beispiel aus ● Abb. 2.27 wurde der Stab in Rechteck-Elemente unterteilt. In der Realität macht man dies jedoch mit Dreiecken, da sonst Ecken und Rundungen schwer zu beschreiben sind. Ein generelles Problem stellen immer diese Kanten dar, da diese sehr schwierig zu lösen sind. Ein Netz sollte so fein wie nötig – und so rau wie möglich gewählt werden. Je feiner das Netz ist -, desto höhere Rechenzeit ist nötig und damit auch eine höhere Systemleistung. In ● Abb. 2.31 ist das Netz für das oben stehende Bauteil dargestellt und in ● Abb. 2.32 ein Detail vom Netz bei Kanten und Ecken.

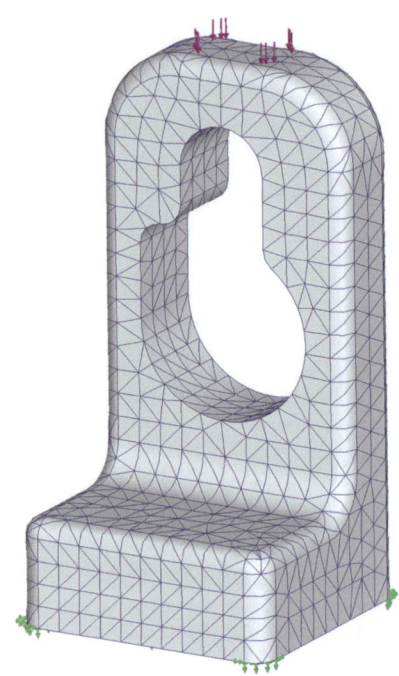

● **Abb. 2.31** Netz

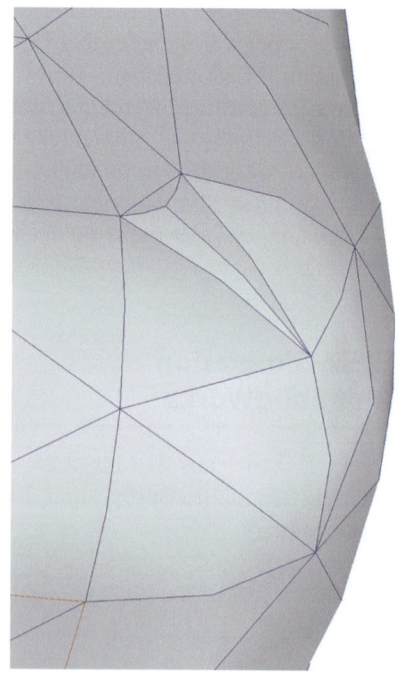

● **Abb. 2.32** Netz bei Kanten

2.6.5 Steifigkeitsmatrix für schräge Stäbe

Das Fachwerk aus ◘ Abb. 2.33 wird betrachtet. Es sei der Winkel $\alpha = 45°$. Zuerst muss eine Steifigkeitsmatrix, für ein Stabelement erstellt werden. Dazu wird das einzelne Stabelement aus ◘ Abb. 2.34 betrachtet.[3]

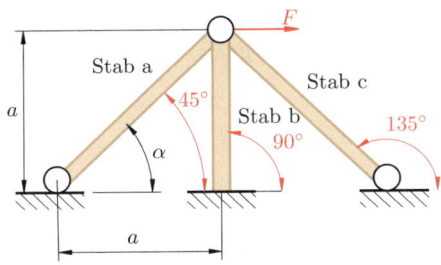

◘ **Abb. 2.33** Netz bei Kanten

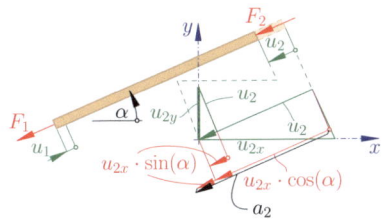

◘ **Abb. 2.34** Steifigkeitsmatrix für ein Stabelement

Gemäß ◘ Abb. 2.34 gilt für die Verschiebung

$$a_2 = u_{1x} \cdot \cos(\alpha) + u_{1y} \cdot \sin(\alpha) \\ - u_{2x} \cdot \cos(\alpha) - u_{2y} \cdot \sin(\alpha). \quad (2.138)$$

Gemäß ◘ Abb. 2.34 folgt für die a_{2x} Komponente

$$\begin{aligned} a_{2x} &= a_2 \cdot \cos(\alpha) \\ &= u_{1x} \cdot \cos^2(\alpha) + u_{1y} \cdot \sin(\alpha) \cdot \cos(\alpha) \\ &\quad - u_{2x} \cdot \cos^2(\alpha) - u_{2y} \cdot \sin(\alpha) \cdot \cos(\alpha); \end{aligned} \quad (2.139)$$

und für a_{2y}

$$\begin{aligned} a_{2y} &= a_2 \cdot \sin(\alpha) \\ &= u_{1x} \cdot \cos(\alpha) \cdot \sin(\alpha) + u_{1y} \cdot \sin^2(\alpha) \\ &\quad - u_{2x} \cdot \cos(\alpha) \cdot \sin(\alpha) - u_{2y} \cdot \sin^2(\alpha). \end{aligned} \quad (2.140)$$

Ident folgen die Funktionen für a_{1x} und a_{1y}. Fasst man diese Bedingungen in eine Matrix zusammen, so folgt die **Elementarsteifigkeitsmatrix** nach Gl. (2.141).

Wird hierbei die Kraft hinzugezogen, indem mit $c = \frac{E \cdot A}{\ell}$ multipliziert wird, wenn ℓ die Länge des einzelnen Stabelements ist, folgt Gl. (2.142).

$$\begin{bmatrix} \cos^2 \alpha & \sin \alpha \cdot \cos \alpha & -\cos^2 \alpha & -\sin \alpha \cdot \cos \alpha \\ \sin \alpha \cdot \cos \alpha & \sin^2 \alpha & -\sin \alpha \cdot \cos \alpha & -\sin^2 \alpha \\ -\cos^2 \alpha & -\sin \alpha \cdot \cos \alpha & \cos^2 \alpha & \cos \alpha \cdot \sin \alpha \\ -\sin \alpha \cdot \cos \alpha & -\sin^2 \alpha & \cos \alpha \cdot \sin \alpha & \sin^2 \alpha \end{bmatrix} \cdot \begin{bmatrix} u_{1x} \\ u_{1y} \\ u_{2x} \\ u_{2y} \end{bmatrix} \quad (2.141)$$

$$\begin{bmatrix} F_{1x} \\ F_{1y} \\ F_{2x} \\ F_{2y} \end{bmatrix} \cdot \begin{bmatrix} \cos^2 \alpha & \sin \alpha \cdot \cos \alpha & -\cos^2 \alpha & -\sin \alpha \cdot \cos \alpha \\ \sin \alpha \cdot \cos \alpha & \sin^2 \alpha & -\sin \alpha \cdot \cos \alpha & -\sin^2 \alpha \\ -\cos^2 \alpha & -\sin \alpha \cdot \cos \alpha & \cos^2 \alpha & \cos \alpha \cdot \sin \alpha \\ -\sin \alpha \cdot \cos \alpha & -\sin^2 \alpha & \cos \alpha \cdot \sin \alpha & \sin^2 \alpha \end{bmatrix} \cdot \begin{bmatrix} u_{1x} \\ u_{1y} \\ u_{2x} \\ u_{2y} \end{bmatrix} \quad (2.142)$$

---

3 In ähnlicher Form auch in [4] zu finden, auf S. 203 ff.

Für die einzelnen Stäbe gilt:
1. **Stab:** $\alpha = 45°$: $\cos(45°) = \sqrt{2}/2$; bzw. $\sin(45°) = \sqrt{2}/2$, eingesetzt in die Elementarsteifigkeitsmatrix:

$$\begin{bmatrix} F_{2xa} \\ F_{2ya} \end{bmatrix} = \begin{bmatrix} 1/2 & 1/2 \\ 1/2 & 1/2 \end{bmatrix} c_a \begin{bmatrix} u_{2xa} \\ u_{2ya} \end{bmatrix} \quad (2.143)$$

und für die Verschiebungen (Festlager);

$$0 = u_{1xa} = u_{1ya}. \quad (2.144)$$

2. **Stab:** $\alpha = 90°$: $\cos(90°) = 0$; bzw. $\sin(45°) = 1$, eingesetzt in die Elementarsteifigkeitsmatrix:

$$\begin{bmatrix} F_{2xb} \\ F_{2yb} \end{bmatrix} = \begin{bmatrix} 0 & 0 \\ 0 & 1 \end{bmatrix} c_b \begin{bmatrix} u_{2xb} \\ u_{2yb} \end{bmatrix} \quad (2.145)$$

und für die Verschiebungen (Festlager);

$$0 = u_{1xb} = u_{1yb}. \quad (2.146)$$

3. **Stab:** $\alpha = 135°$: $-\cos(45°) = -\sqrt{2}/2$; bzw. $\sin(45°) = \sqrt{2}/2$, eingesetzt in die Elementarsteifigkeitsmatrix:

$$\begin{bmatrix} F_{2xc} \\ F_{2yc} \end{bmatrix} = \begin{bmatrix} 1/2 & 1/2 \\ 1/2 & 1/2 \end{bmatrix} c_c \begin{bmatrix} u_{2xc} \\ u_{2yc} \end{bmatrix} \quad (2.147)$$

und für die Verschiebungen (Festlager);

$$0 = u_{1xc} = u_{1yc}. \quad (2.148)$$

Zusammensetzen der Matrizen:

$$\begin{bmatrix} F_{1x} \\ F_{1y} \\ F_{2x} \\ F_{2y} \end{bmatrix} =$$

$$\begin{bmatrix} \cdots & \cdots & \cdots & \cdots \\ \cdots & \cdots & \cdots & \cdots \\ \cdots & \cdots & \frac{1}{2}(c_a+c_c) & \frac{1}{2}(c_a-c_c) \\ \cdots & \cdots & \frac{1}{2}(c_a-c_c) & \frac{1}{2}(c_a+c_c)+c_b \end{bmatrix} \begin{bmatrix} u_{1x} \\ u_{1y} \\ u_{2x} \\ u_{2y} \end{bmatrix}$$

$$(2.149)$$

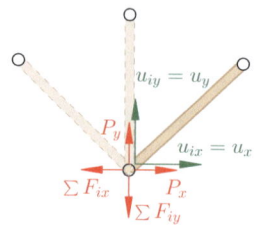

Abb. 2.35 Randbedingungen

Randbedingungen: **Abb. 2.35**
Knotengleichgewicht:

$$P_x = F = F_{2xa} + F_{2xb} + F_{2xc} = \sum_{i=1}^{n} F_{ix} \quad (2.150)$$

$$P_y = 0 = F_{2ya} + F_{2yb} + F_{2yc} = \sum_{i=1}^{n} F_{iy} \quad (2.151)$$

Mit

$$u_x = u_{2xa} = u_{2xb} = u_{2xc} \quad (2.152)$$
$$u_y = u_{2ya} = u_{2yb} = u_{2yc} \quad (2.153)$$
$$0 = u_{1xa} = u_{1xb} = u_{1xc} \quad (2.154)$$
$$0 = u_{1ya} = u_{1yb} = u_{1yc} \quad (2.155)$$

Einsetzen der Randbedingungen lässt

$$\begin{bmatrix} F \\ 0 \end{bmatrix} = \begin{bmatrix} \frac{1}{2}(c_a+c_c) & \frac{1}{2}(c_a-c_c) \\ \frac{1}{2}(c_a-c_c) & \frac{1}{2}(c_a+c_c)+c_b \end{bmatrix} \begin{bmatrix} u_x \\ u_y \end{bmatrix} \quad (2.156)$$

folgen, mit den Federkonstanten $c_a = c_c = \frac{EA}{\sqrt{2}a}$, $c_b = \frac{EA}{a}$. Daraus wird

$$\begin{bmatrix} F \\ 0 \end{bmatrix} = \begin{bmatrix} \frac{EA}{\sqrt{2}a} & 0 \\ 0 & \frac{EA}{\sqrt{2}a} + \frac{EA}{a} \end{bmatrix} \begin{bmatrix} u_x \\ u_y \end{bmatrix} \quad (2.157)$$

2.7 Übungen

Übungsbeispiel 2.1

Wie lautet die Druckspannungsformel?

Lösung

$$F_N = \int_A \sigma_N \cdot dA \implies \sigma_N = \frac{F_N}{A}. \quad (2.158)$$

Übungsbeispiel 2.2

Welche Art der Spannung, in Bezug auf die Querschnittfläche, stellt eine Druck- oder Zugspannung dar?

Lösung

Eine Normalspannung.

Übungsbeispiel 2.3

Wie können Spannungsvektoren bei einer Zug-. bzw. Druckspannung wirken?

Lösung

Normal zur Beanspruchung.

Übungsbeispiel 2.4

Wie lautet die Druckspannungsformel für einen Stab „gleicher Druckspannung"?

Lösung

$$\sigma(x) = \frac{F}{A(x)} = \frac{F}{\left[\frac{d_1 - d_0}{l} \cdot x + d_0\right]^2 \cdot \frac{\pi}{16}}. \quad (2.159)$$

Übungsbeispiel 2.5

Wie lautet das Hooke'sche Gesetz, im eindimensionalen Spannungszustand?

Lösung

$$\sigma_{Z,D} = \pm E \cdot \varepsilon. \quad (2.160)$$

Übungsbeispiel 2.6

Wie kann die Dehnung eines Stabes berechnet werden?

Lösung

$$\varepsilon = \pm \frac{\sigma_{Z,D}}{E} \quad l = l_0 + \Delta l \quad (2.161)$$

$$\varepsilon = \frac{dz}{dx}. \quad (2.162)$$

Übungsbeispiel 2.7

Wie lautet die Definition für die Poisson-Zahl?

Lösung (Poissonzahl [85])

Die Poissonzahl ist definiert als linearisiertes negatives Verhältnis aus relativer Änderung der Abmessung quer zur einachsigen Spannungsrichtung ε_{yy} zur relativen Längenänderung ε_{xx} bei Einwirkung eines eindimensionalen mechanischen Spannungszustandes σ_{xx}

$$\nu_{xy} = -\frac{\varepsilon_{xx}}{\varepsilon_{yy}}. \tag{2.163}$$

Übungsbeispiel 2.8

Wie kann die Querdehnung berechnet werden?

Lösung

$$\varepsilon_q = \varepsilon \cdot \nu \quad \Delta d = \varepsilon \cdot d_0 \quad d = d_0 + \Delta d. \tag{2.164}$$

mit $\nu = -\frac{\Delta d/d}{\Delta l/l}$.

Übungsbeispiel 2.9

Wie kann die Dehnung eines Stabes, bei nicht konstanter Temperatur bestimmt werden?

Lösung

$$\Delta l = \alpha \cdot l_0 \cdot \Delta \vartheta. \tag{2.165}$$

Übungsbeispiel 2.10

Wie kann die Wärmespannung berechnet werden?

Lösung

$$\sigma_\vartheta = E \cdot \alpha \cdot \Delta \vartheta. \tag{2.166}$$

Übungsbeispiel 2.11

Wie lautet die Differentialgleichung für den Einzelstab?

Lösung

$$\frac{du}{dx} = \frac{F_N}{E \cdot A} + \alpha \cdot \Delta \vartheta. \tag{2.167}$$

Übungsbeispiel 2.12

Was beschreibt die Dehnsteifigkeit?

Lösung

Das Produkt $E \cdot A$ wird als Dehnsteifigkeit bezeichnet.

Übungsbeispiel 2.13

Wie lautet die Gleichung für die Stabverschiebung, bei Belastung?

Lösung

$$-F_n = E \cdot A \cdot u'' \tag{2.168}$$

Übungsbeispiel 2.14

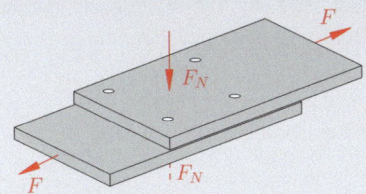

Abb. 2.36 Zuglasche

Zwei Zuglaschen (vgl. Abb. 2.36), die durch vier Schrauben (Festigkeitsklasse: 3.6) miteinander verbunden sind, sollen eine Zugkraft von $F = 4\,\text{kN}$ übertragen. Die Schrauben müssen so angezogen werden, dass die Zugkraft allein durch Reibungsschluss zwischen den Laschen ($\mu = 0{,}15$) übertragen werden kann. Bestimmen Sie den erforderlichen Schrauben-Nenndurchmesser und die erforderliche Laschenbreite b für ein 1 mm dickes Blech mit $120\,\text{N/mm}^2$ zulässiger Zugspannung. (Die zulässige Spannung der Schrauben ist mit $\nu = 0{,}7$ zu berücksichtigen) [30]

Lösung

Mit der Reibungskraft [30]

$$F_R = \mu \cdot F_N = F \;\Rightarrow\; F_N = \frac{F}{\mu} \;\Longrightarrow\;$$

$$F_S = \frac{F_N}{4} = \frac{F}{4 \cdot \mu} \tag{2.169}$$

$$\sigma_z = \frac{F_L}{A} \le \sigma_{z\,\text{zul}} \qquad F_L = F_S \qquad A = A_S \tag{2.170}$$

Mit dem Schraubenwerkstoff ($3.6 \Longrightarrow 3 \cdot 100 = 300\,\text{N/mm}^2 = R_m$; 60% davon ist $R_e = 180\,\text{N/mm}^2$). $\sigma_{z\,\text{zul}} = 0{,}7 \cdot R_e$. Es folgt

$$A_{S,\text{erf}} \ge \frac{F_S}{\sigma_{z\,\text{zul}}} = \frac{F}{4 \cdot \mu \cdot 0{,}7 \cdot R_e}$$

$$= \frac{4000}{4 \cdot 0{,}15 \cdot 0{,}7 \cdot 180} = 52{,}91\,\text{mm}^2$$

$$\Longrightarrow \underline{\underline{M\,10}} \quad (A_S = 58\,\text{mm}^2) \tag{2.171}$$

Mit der Druckspannungsformel: $\sigma_z = \frac{F_L}{A} \le \sigma_{z\,\text{zul}}$, mit $F_L = F$ folgt

$$\underline{\underline{A_\text{erf}}} \ge \frac{F}{\sigma_{zzul}} = \frac{4000}{120} \ge \underline{\underline{33{,}33\,\text{mm}^2}} \quad \Longrightarrow$$

$$A_\text{erf} = (b_\text{erf} - 2 \cdot d) \cdot s \tag{2.172}$$

wobei $d = 10{,}5\,\text{mm}$ Durchgangslochdurchmesser bei M10;

$$b_\text{erf} = \frac{A_\text{erf}}{s} + 2 \cdot d = \frac{33{,}33}{1} + 2 \cdot 10{,}5$$

$$= 54{,}33\,\text{mm}$$

$$\underline{\underline{b = 55\,\text{mm}}} \tag{2.173}$$

Übungsbeispiel 2.15

Ein Stahlstab wird von 20°C auf 100°C erwärmt. Bestimmen Sie die herrschende Druckspannung, wenn er an seiner Ausdehnung gehindert wird [30].

Lösung

$$\underline{\underline{\sigma_\vartheta}} = E \cdot \alpha \cdot \Delta\vartheta$$

$$= 2{,}1 \cdot 10^5 \cdot 12 \cdot 10^{-6} \cdot (100 - 20)$$

$$= \underline{\underline{201{,}6\,\text{N/mm}^2}} \tag{2.174}$$

Übungsbeispiel 2.16

Ein Stalaktit befindet sich hängend in einer Höhle. Dieser bildet annähernd einen Stab gleicher Zugspannung aus und besitzt einen kreisrunden Querschnitt. Bekannt ist die Dichte ϱ, die Gewichtskraft F_G, σ_0 und die Länge l. Wie groß ist der Radius in Abhängigkeit von der Laufvariable x, in Längsrichtung (hängend).

Lösung

In Gl. (2.27) wurde

$$r(x) = \pm \sqrt{\frac{m \cdot g}{\pi \cdot \sigma_0} \cdot e^{\frac{\varrho \cdot g \cdot x}{\sigma_0}} + r_i^2}$$

für einen Stab optimaler Druckspannung, mit einer Bohrung, gefunden. (Achtung, diese Herleitung kann auch verlangt sein! Unbedingt so ansehen, dass man sie bei der Prüfung jederzeit abrufen kann!) ohne Bohrung folgt

$$r(x) = \pm \sqrt{\frac{F_G}{\pi \cdot \sigma_0} \cdot e^{\frac{\varrho \cdot g \cdot x}{\sigma_0}}} \qquad (2.175)$$

Übungsbeispiel 2.17

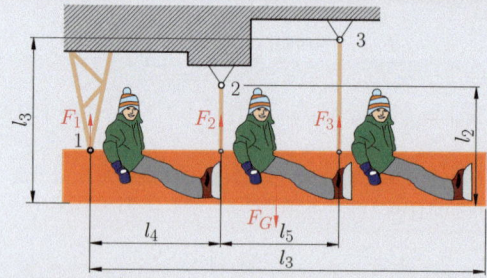

Abb. 2.37 Statisch unbestimmtes Stabsystem, mit Festlager

Auf einem im Punkt 1 drehbar gelagerten Balken befinden sich drei Personen (vgl. Abb. 2.37). Dieser wird mittels Stahlseilen gehalten, die aber als Stab mit einem Durchmesser von 10 mm angenommen werden dürfen. Die Geometrieabmessungen sind bekannt, mittels: $l_2 = 250$ mm; $l_3 = 700$ mm; $l_4 = 300$ mm und $l_5 = 270$ mm. Die Belastung sei durch das Eigengewicht und der Personen mit $F_G = 3000$ N zusammengefasst. Bestimmen Sie die Absenkung der einzelnen Aufhängepunkte, die drei Seilkräfte und die Dehnungen. Der Balken mit der Sitzfläche ist als unendlich starr anzunehmen, sodass dieser keine Verformung erfährt!

Lösung

Aufstellen der Gleichgewichtsbedingungen am freigemachten Balken lässt auf

$$\sum_{i=1}^{n} F_{iY} = 0:$$

$$F_1 + F_2 + F_3 - F_G = 0 \qquad (2.176)$$

$$\sum_{i=1}^{n} M_{i(1)} = 0:$$

$$F_2 \cdot l_4 + F_3 \cdot (l_4 + l_5) - F_G \cdot \frac{l_3}{2} = 0. \qquad (2.177)$$

schließen. Aus der Elastostatik folgt für die Formänderung

$$\Delta l_2 = l_2 \cdot \varepsilon_2 \qquad \Delta l_3 = l_3 \cdot \varepsilon_3 \qquad (2.178)$$

$$\sigma_2 = \frac{F_2}{A_2} \qquad \sigma_3 = \frac{F_3}{A_3} \qquad (2.179)$$

2.7 · Übungen

und dem Hooke'schen Gesetz lassen sich die Bedingungen

$$\sigma_2 = E \cdot \varepsilon_2 = \frac{F_2}{A_2} \implies E \cdot \frac{\Delta l_2}{l_2} = \frac{F_2}{A_2}$$
$$\implies E = \frac{F_2 \cdot l_2}{A_2 \cdot \Delta l_2} \quad (2.180)$$

$$\sigma_3 = E \cdot \varepsilon_3 = \frac{F_3}{A_3} \implies E \cdot \frac{\Delta l_3}{l_3} = \frac{F_3}{A_3}$$
$$\implies E = \frac{F_3 \cdot l_3}{A_3 \cdot \Delta l_3} \quad (2.181)$$

Umformen auf F_2

$$F_2 = F_G \cdot \frac{l_3}{2 \cdot l_4} - F_3 \cdot \frac{l_4 + l_5}{l_4} \quad (2.182)$$

Mit $E = E$

$$\frac{F_3 \cdot l_3}{A_3 \cdot \Delta l_3} = \frac{F_2 \cdot l_2}{A_2 \cdot \Delta l_2} \implies$$
$$F_3 = \frac{F_2 \cdot l_2 \cdot A_3 \cdot \Delta l_3}{A_2 \cdot \Delta l_2 \cdot l_3} \quad (2.183)$$

Mit $A_2 = A_3$ folgt

$$F_3 = F_2 \cdot \frac{l_2 \cdot \Delta l_3}{\Delta l_2 \cdot l_3}. \quad (2.184)$$

Einsetzen von $F_2 = F_G \cdot \frac{l_3}{2 \cdot l_4} - F_3 \cdot \frac{l_4+l_5}{l_4}$ ergibt

$$F_3 = \left(F_G \cdot \frac{l_3}{2 \cdot l_4} - F_3 \cdot \frac{l_4 + l_5}{l_4} \right) \cdot \frac{l_2 \cdot \Delta l_3}{\Delta l_2 \cdot l_3}$$
$$= F_G \cdot \frac{l_3}{2 \cdot l_4} \frac{l_2 \cdot \Delta l_3}{\Delta l_2 \cdot l_3} - F_3 \cdot \frac{l_4 + l_5}{l_4} \frac{l_2 \cdot \Delta l_3}{\Delta l_2 \cdot l_3}$$
$$= \frac{F_G \cdot \frac{l_3}{2 \cdot l_4} \frac{l_2 \cdot \Delta l_3}{\Delta l_2 \cdot l_3}}{\left(1 + \frac{l_4 + l_5}{l_4} \frac{l_2 \cdot \Delta l_3}{\Delta l_2 \cdot l_3}\right)} \quad (2.185)$$

Mittels des Strahlensatzes folgt

$$\frac{\Delta l_2}{l_4} = \frac{\Delta l_3}{l_4 + l_5} \implies$$
$$\Delta l_2 = \Delta l_3 \cdot \frac{l_4}{l_4 + l_5} \quad (2.186)$$

Bzw. durch Einsetzen

$$F_3 = \frac{F_G \cdot \frac{l_3}{2 \cdot l_4} \frac{l_2}{l_4 + l_5} \cdot l_3}{1 + \frac{l_4 + l_5}{l_4} \frac{l_2}{\frac{l_4}{l_4 + l_5} \cdot l_3}}. \quad (2.187)$$

Mit $\frac{l_4}{l_4+l_5} = a$ wird

$$F_3 = \frac{F_G \cdot \frac{l_3}{2 \cdot l_4} \frac{l_2}{a \cdot l_3}}{1 + \frac{1}{a} \frac{l_2}{a \cdot l_3}} = \frac{F_G \cdot \frac{l_3}{2 \cdot l_4} \frac{l_2}{a \cdot l_3}}{1 + \frac{l_2}{a^2 \cdot l_3}}$$
$$= \frac{F_G \cdot \frac{l_2}{2 \cdot l_4 \cdot a}}{1 + \frac{l_2}{a^2 \cdot l_3}} = F_G \frac{\frac{l_2}{2 \cdot l_4 \cdot a}}{1 + \frac{l_2}{a^2 \cdot l_3}}$$
$$= 30 \cdot \frac{\frac{250}{2 \cdot 300 \cdot 0{,}56}}{1 + \frac{250}{0{,}52^2 \cdot 700}} = 10{,}37 \, \text{kN}. \quad (2.188)$$

Mit den bereits gefundenen Gleichungen können die übrigen Kräfte bestimmt werden

$$F_2 = F_G \cdot \frac{l_3}{2 \cdot l_4} - F_3 \cdot \frac{l_4 + l_5}{l_4}$$
$$= 30 \cdot \frac{700}{2 \cdot 300} - 10{,}3 \cdot \frac{300 + 270}{300} = 15{,}2 \, \text{kN} \quad (2.189)$$

$$F_1 = F_G - F_2 - F_3$$
$$= 30 - 15{,}2 - 10{,}37 = 4{,}3 \, \text{kN}. \quad (2.190)$$

Jetzt können die Spannungen $\sigma = \frac{F}{A}$, die Dehnungen durch das Hooke'sche Gesetz $\sigma = E \cdot \varepsilon$ und dadurch die Verschiebungen $\varepsilon = \frac{\Delta l}{l}$ berechnet werden, gemäß

$$\sigma_2 = \frac{4 \cdot F_2}{d^2 \cdot \pi} \quad \sigma_3 = \frac{4 \cdot F_3}{d^2 \cdot \pi} \quad (2.191)$$

$$\varepsilon_2 = \frac{\sigma_2}{E} \quad \varepsilon_3 = \frac{\sigma_3}{E} \quad (2.192)$$

$$\Delta l_1 = \varepsilon_1 \cdot l_1 \quad \Delta l_2 = \varepsilon_2 \cdot l_2 \quad \Delta l_3 = \varepsilon_3 \cdot l_3. \quad (2.193)$$

Es folgen die Werte aus nachstehender Tabelle (Abb. 2.38). Ebenso kann die Querdehnung und damit die Verjüngung der Durchmesser bestimmt werden, mittels der Querkontraktionszahl von Stahl.

	1. Berechnung des Stabsystems, mit Festlager						
	Kraft		Spannung		Dehnung		Verschiebung
3	10374,41 N	=>	132,09 MPa	=>	6,290E-04	=>	0,44 mm
2	15288,61 N	=>	194,66 MPa	=>	9,270E-04	=>	0,23 mm
1	4336,97 N						

Abb. 2.38 Statisch unbestimmtes Stabsystem, Lösung mittels Excel (2)

Kontaktmechanik

Inhaltsverzeichnis

3.1 Flächenpressung auf ebene Flächen – 92

3.2 Flächenpressung bei gleichsinnig gekrümmten Flächen: – 92
3.2.1 Flächenpressung bei Wellenzapfen (Lagerzapfen) – 92
3.2.2 Flächenpressung/Lochleibungsdruck bei Nieten und Bolzen: – 93
3.2.3 Flächenpressung bei Gewindeflanken – 93

3.3 Der reale Fall – 94

3.4 Flächenpressung an gegenseitig gekrümmten Flächen – Hertz'sche Flächenpressung – 95
3.4.1 Gleichungen – 96
3.4.2 Fall: Kugel–Kugel; Kugel–Ebene – 96
3.4.3 Fall: Zylinder–Zylinder; Zylinder– Ebene – 96

© Der/die Autor(en), exklusiv lizenziert an Springer-Verlag GmbH, DE, ein Teil von Springer Nature 2023
A. Huber, *Technische Mechanik 2 - Elastostatik*, https://doi.org/10.1007/978-3-662-67759-9_3

3.5   **Pressung mithilfe von FEM ermitteln** – 97
3.5.1   Bei gleichsinnigen Flächen – 97
3.5.2   Bei gegensinnigen Flächen – 97

3.6   **Übungen** – 103

Kapitel 3 · Kontaktmechanik

Sie lernen hier…
- Auftreten von Flächenpressung.
- Flächenpressung auf ebene Flächen kennen.
- Flächenpressung auf gekrümmte Flächen kennen.

> **Zitat**
>
> Moderne Technik ist zumeist ein aufmerksamer Gast, der genau weiß, wann er sich zu verabschieden hat.
> *Renzie Thom*

Welches, der in ◘ Abb. 3.1 dargestellten Tiere, übt den größten Druck auf den Boden aus und bei welchem Tier kann die größte Flächenpressung erkannt werden? Warum haben die Tiere unterschiedliche Pfotengrößen?

Antwort: Man kann dies nicht einfach so beantworten. Man muss sich dazu die Flächen der Füße der Tiere und das Gewicht ansehen. Dann kann man mit der Gleichung $p = \frac{F}{A}$ die Pressung ausrechnen. Wahrscheinlich wird es aber der Elefant sein, trotz seiner großen Trittfläche. Dies ist auch der Grund, für die große Fläche, da so die Pressung minimiert wird. Flächenpressung ist definiert als Kraft durch Kontaktfläche, zwischen zwei Festkörpern, wodurch sich eine Druckspannung erkennen lässt. Werden zwei Festkörper mit einer Kraft F aufeinander gedrückt, so stellt sich in der Berührungsfläche zwischen den Körpern eine Normallastverteilung ein, die als Flächenpressung bezeichnet wird. Sie wird üblicherweise in der Einheit der Flächenpressung N/mm^2 angegeben [66].

Die Flächenpressung ist im Gegensatz zum Druck (hydrostatischer Druck, nicht Druckbeanspruchung!) nicht isotrop, das heißt, sie hat – wie eine Spannung – eine Richtung, und sie ist über die Kontaktfläche nicht notwendigerweise konstant; neben der Höhe der Kraft F und den Materialeigenschaften sind die Oberflächenkonturen der beteiligten Körper für die Lastverteilung über der Kontaktfläche und für die Größe und Form der Kontaktfläche ausschlaggebend [66].

◘ **Abb. 3.1** Beispiel aus der Tierwelt für Flächenpressung

Definition 3.1

Es gilt die Formel:

$$p = \frac{F_N}{A} \leq p_{zul} \qquad (3.1)$$

Die Größe der Flächenpressung hängt von der Steifigkeit der Bauteile ab. Die Spannungsverteilung ist wieder nicht gleichmäßig, wird aber als gleichmäßig angenommen.

3.1 Flächenpressung auf ebene Flächen

Dazu wird ein Beispiel einer prismatischen Führung, einer Werkzeugmaschine, betrachtet (vgl. ◘ Abb. 3.3).
Mit $p_1 = \frac{F_{N1}}{A_1} = \frac{F}{A_1 \cdot \cos(\alpha)}$ und $p_2 = \frac{F \cdot \tan(\alpha)}{A_2}$. Untersucht man die Pressung anstatt der Fläche A_1 mit der projizierten Fläche $A_{1,proj}$ (vgl. ◘ Abb. 3.2) so ist anstatt der Kraft $F_{N,1}$ sofort F zu verwenden, wodurch mit $A_{1,proj} = A_1 \cdot \cos(\alpha)$ ein identes Ergebnis folgt.

$$p = \frac{F}{A_1 \cdot \cos(\alpha)} = \frac{F}{A_{1,proj}} = \frac{F_N}{A_1} \qquad (3.2)$$

ergibt.

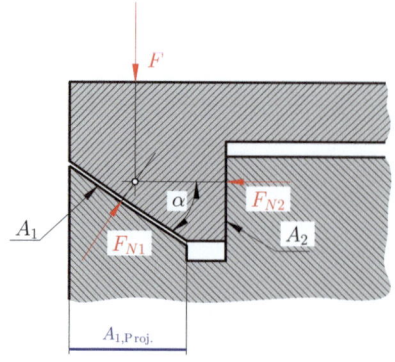

◘ **Abb. 3.2** Prismatische Führung, projizierte Fläche

Beispiel 3.1

Gemäß ◘ Abb. 3.3 kennt man die Randbedingungen: $F = 8000\,\text{N}$, die Länge des Schlittens: $l = 100\,\text{mm}$ die Breite der Fläche von A_2 mit $a = 20\,\text{mm}$ und die Breite anstelle A_1 (waagrecht) mit $b = 30\,\text{mm}$ sowie den Winkel $\alpha = 20°$.

$$\underline{\underline{p = \frac{F}{A_1 \cdot \cos(\alpha)} = 2{,}66\,\text{MPa}}}. \qquad (3.3)$$

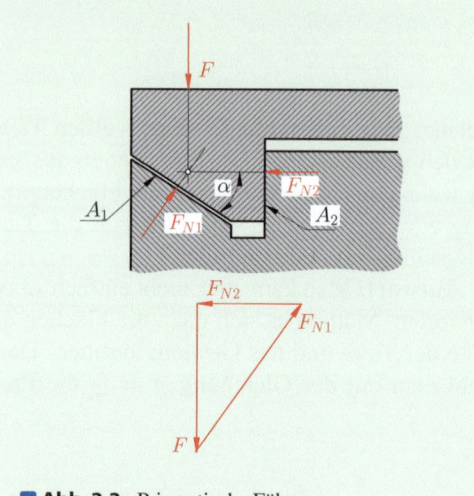

◘ **Abb. 3.3** Prismatische Führung

3.2 Flächenpressung bei gleichsinnig gekrümmten Flächen:

3.2.1 Flächenpressung bei Wellenzapfen (Lagerzapfen)

Um die Untersuchungen und Berechnungen zu vereinfachen, wird ein konstanter, gleichmäßiger Spannungsverlauf angenommen. Beobachtungen aus der Praxis haben gezeigt, dass dies ohne Probleme in den meisten praktischen Beispielen getan werden darf.

$$p = \frac{F}{A_{proj}} = \frac{F}{d \cdot L} \qquad (3.4)$$

3.2 · Flächenpressung bei gleichsinnig gekrümmten Flächen:

Beispiel 3.2

Gemäß ◘ Abb. 3.4 kennt man die Randbedingungen: $F = 8000\,\text{N}$ und die Länge des Zapfens: $l = 20\,\text{mm}$ bei einem Durchmesser von $d = 10\,\text{mm}$.

$$\underline{\underline{p = \frac{F}{d \cdot l} = 40\,\text{MPa}}}. \tag{3.5}$$

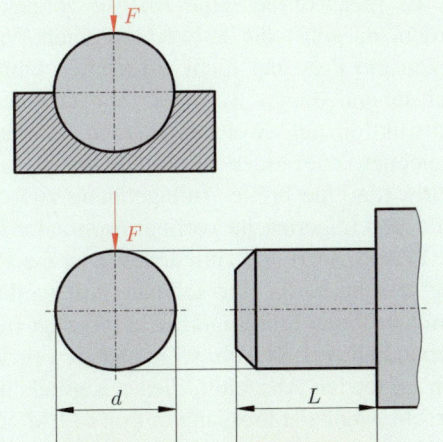

◘ **Abb. 3.4** Flächenpressung bei Wellenzapfen

3.2.2 Flächenpressung/ Lochleibungsdruck bei Nieten und Bolzen:

Die Flächenpressung an Nieten wird nur am Rande erwähnt, da dies Thematik des Gegenstandes „Maschinenelemente" ist. Der Vollständigkeit halber sollte es allerdings trotzdem kurz erläutert werden.

Definition 3.2 (Lochleibungsdruck)

Man spricht bei Nieten nicht mehr von Flächenpressung, sondern vom „Lochleibungsdruck". Die Berechnung erfolgt jedoch auf Basis identer Gesetze und Definitionen.

Die Formel lautet wie folgt, Herleitung findet man im Gegenstand Maschinenelemente.

$$\sigma_L = \frac{F}{n \cdot A_{\text{proj}}} = \frac{F}{n \cdot d \cdot s}. \tag{3.6}$$

mit:

d Schaftdurchmesser [mm]

s Kleinste Blechdicke, Richtung F [mm]

n Anzahl der Verbindungselemente [ ]

3.2.3 Flächenpressung bei Gewindeflanken

Besonders wichtig ist die Pressung an Gewindeflanken (vgl. ◘ Abb. 3.5) bei Bewegungsspindeln. Für Genaueres wird ebenfalls auf den Gegenstand „Maschinenelemente" verwiesen.

d_2 Flankendurchmesser [mm]

p Steigung [mm]

H_1 Tragtiefe [mm]

m Mutterhöhe [mm]

F_S Schraubenkraft [N]

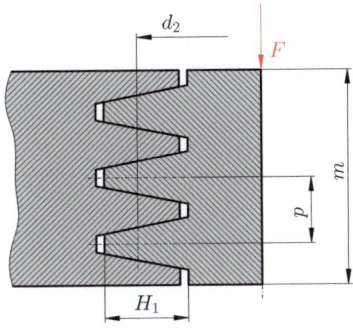

◘ **Abb. 3.5** Flächenpressung an Gewindeflanken

Allgemein gilt

$$p_{\text{zul}} = \frac{F_S}{A_{\text{proj}}}.$$

Für mehrere Gewindeflanken folgt dadurch $A_{\text{proj}} = A_{\text{proj},1} \cdot i = d_2 \cdot \pi \cdot H_1 \cdot i$ und die Gewindesteigung lässt

$$i = \frac{m}{p} \tag{3.7}$$

folgen. Diese Bedingung kann für A_{proj} eingesetzt werden, wodurch schließlich

$$p_{\text{zul}} = \frac{F_S \cdot p_{\text{vorh}}}{d_2 \cdot \pi \cdot H_1 \cdot m} \tag{3.8}$$

folgt.

3.3 Der reale Fall

Kaum ein Thema genießt in der Industrie eine solch große Bedeutung wie die Flächenpressung. Die zuvor gezeigten Gleichungen werden sicherlich von nahezu jedem, der in der Konstruktion tätig ist, benötigt. Die Bedeutung der Flächenpressung wird oft unterschätzt, aber sie ist essenziell, bei etwa Gelenkbolzen in Formrohren oder generell bei dünnwandigen Bauteilen. Es muss immer eine Buchse vorgesehen werden, da sonst die teilweise dünnen Wandstärken die Pressung nicht aufnehmen können. Nachstehend einige Beispiele. Es ist dieselbe Konstruktion auf zwei verschiedene Varianten gezeichnet. Zum einen ist die Flächenpressung niedrig (da eine breite Auflagefläche zwischen Welle und Lagerlasche vorliegt (optimaler Fall, vgl. ◘ Abb. 3.6)) und zum anderen ist die Pressung sehr hoch (da eine schmale Auflagefläche zwischen Welle und Lagerlasche vorliegt (nicht optimal Fall, vgl. ◘ Abb. 3.7)). Der Beweis wird auch im letzten Abschnitt, dieses Kapitels noch erbracht, wenn die Pressung mithilfe FEM nachgewiesen wird.

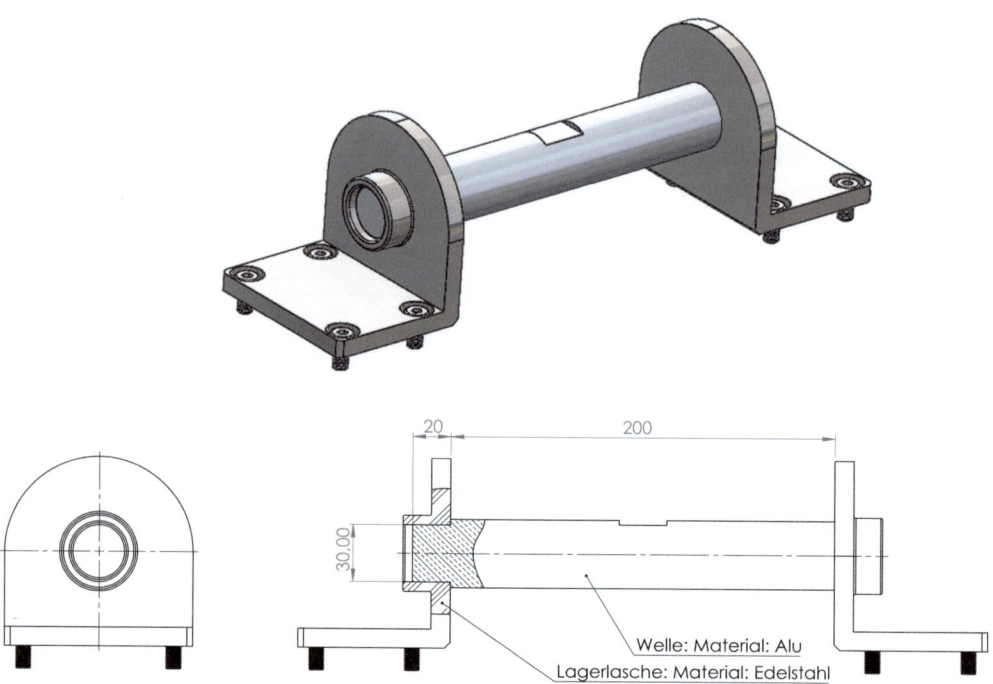

◘ **Abb. 3.6** Flächenpressung zwischen Lagerlasche und Welle gering, optimal

3.4 · Flächenpressung an gegenseitig gekrümmten Flächen – Hertz'sche Flächenpressung

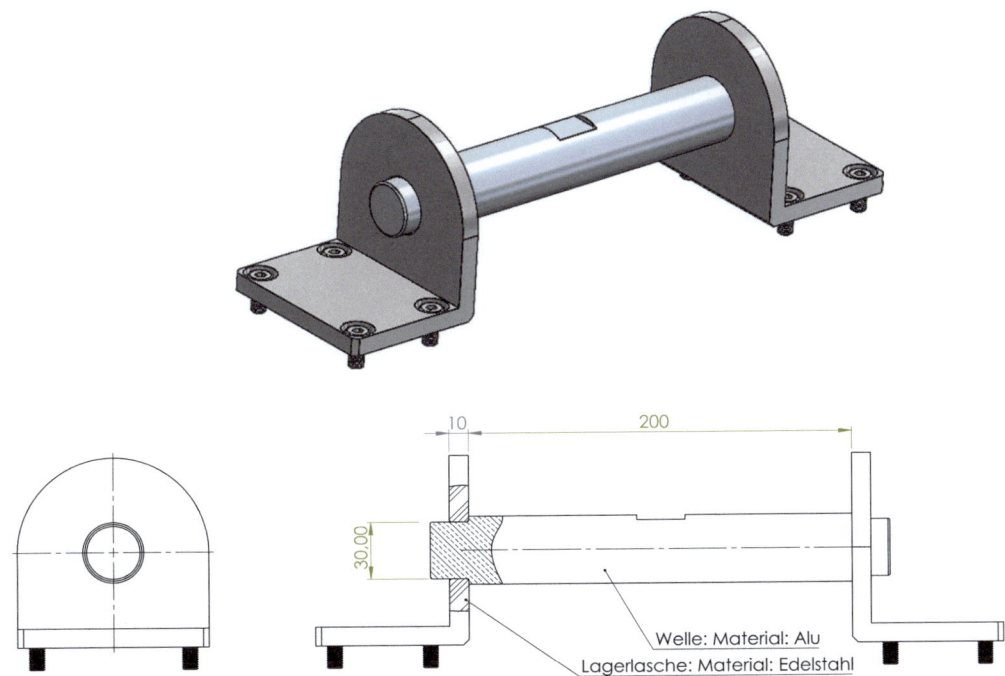

◘ **Abb. 3.7** Flächenpressung zwischen Lagerlasche und Welle hoch, nicht optimal

3.4 Flächenpressung an gegenseitig gekrümmten Flächen – Hertz'sche Flächenpressung

Bei gegensinnig gekrümmten Körpern (vgl. ◘ Abb. 3.8) erfolgt die Berührung nicht auf ganzen Flächen, sondern nur punktförmig bei Kugel–Kugel, oder linienförmig bei Zylinder–Zylinder. Durch das Berühren platten diese Berührungsflächen ab, und es entstehen bei einer Punktberührung eine Kreisfläche und bei einer Linienberührung eine Rechtecksfläche. Für diese Fälle hat Heinrich Hertz Gleichungen erstellt, mit welchen man die Flächenpressung, an gegensinnig gekrümmten Flächen, ermitteln kann. Verwendung findet diese Art der Pressung bei Wälzlagern (Kontakt zwischen Wälzkörper und Lagerring) oder bei Rädern (zwischen Rad und Unterlage, besonders bei Kunststoffrädern), um nur einige Beispiele zu nennen.

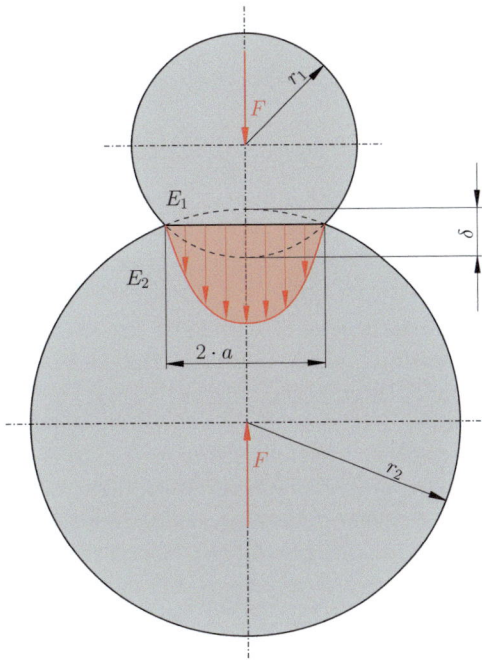

◘ **Abb. 3.8** Flächenpressung Hertz'sche Pressung

3.4.1 Gleichungen

Man unterscheidet vier Berührungsfälle, wobei man 1 und 2, sowie 3 und 4 gleich berechnet.
1. Kugel-Kugel
2. Kugel-Ebene
3. Zylinder-Zylinder
4. Zylinder-Ebene

Es ergeben sich folgende Formeln:
Für die **Krümmung**:

$$r = \frac{1}{\frac{1}{r_1} + \frac{1}{r_2}} \tag{3.9}$$

Ersatz E-Modul:

$$E = \frac{2 \cdot E_1 \cdot E_2}{E_1 + E_2} \tag{3.10}$$

Gesamtabplattung:

$$\delta = \frac{a^2}{r} \tag{3.11}$$

3.4.2 Fall: Kugel–Kugel; Kugel–Ebene

Für a ergibt sich:

$$a = 1{,}11 \sqrt[3]{\frac{F \cdot r}{E}} \tag{3.12}$$

und für die Flächenpressung:

$$p_{\max} = \frac{1{,}5 \cdot F}{\pi \cdot a^2} \leq p_{\text{zul}} \tag{3.13}$$

3.4.3 Fall: Zylinder–Zylinder; Zylinder–Ebene

$$a = 1{,}52 \sqrt[3]{\frac{F \cdot r}{E \cdot L}} \tag{3.14}$$

$$p_{\max} = \frac{2 \cdot F}{\pi \cdot a \cdot L} \leq p_{\text{zul}} \tag{3.15}$$

Beispiel 3.3

Untersuchen Sie die Hertz'sche Pressung, wenn eine Kugel auf eine Kugel und ein Zylinder auf einen Zylinder drückt. Es seien folgende Daten gegeben: $F = 30.000\,\text{N}$, $r_1 = 70\,\text{mm}$, $r_2 = 100\,\text{mm}$, beide Körper sind aus Stahl gefertigt und der Zylinder hat eine Länge von $l = 80\,\text{mm}$.

Bestimmen Sie die maximale Pressung und die Eindrückung der Körper. Warum ist die Pressung zwischen Kugel und Kugel, bei gleicher Belastung, deutlich größer als zwischen Zylinder-Zylinder?

Die Pressung zwischen Zylinder-Zylinder ist deutlich geringer, da eine größere Berührung vorliegt. Es kann die Pressung auf die gesamte Länge verteilt werden, hingegen bei der Berührung zwischen Kugel-Kugel nur eine punktuelle Verteilung ermöglicht wird.

3.5 · Pressung mithilfe von FEM ermitteln

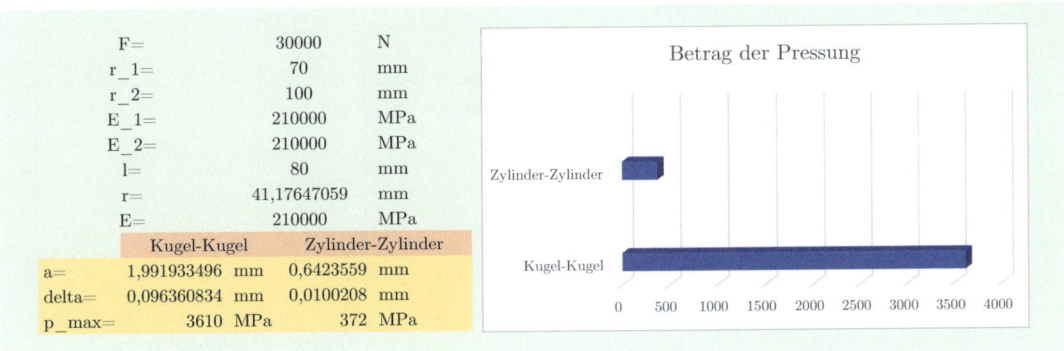

3.5 Pressung mithilfe von FEM ermitteln

3.5.1 Bei gleichsinnigen Flächen

Siehe ▶ Methode: Lösung durch SolidWorks – FEM 3.1.

3.5.2 Bei gegensinnigen Flächen

3.5.2.1 Pressung von Kugel an Kugel
Siehe ▶ Methode: Lösung durch SolidWorks – FEM 3.2.

3.5.2.2 Pressung von Scheibe an Scheibe
Siehe ▶ Methode: Lösung durch SolidWorks – FEM 3.3.

Methode: Lösung durch SolidWorks – FEM 3.1

Gemäß ◘ Abb. 3.6 und 3.7 sind die beiden Modelle auf Flächenpressung in den Lagerlaschen zu untersuchen. Gegeben sind alle geometrischen Abmessungen und die Belastung, welche an der Welle mittig, an der abgeflachten Stelle, angreift.

Pos.	Bild	Erklärung
1	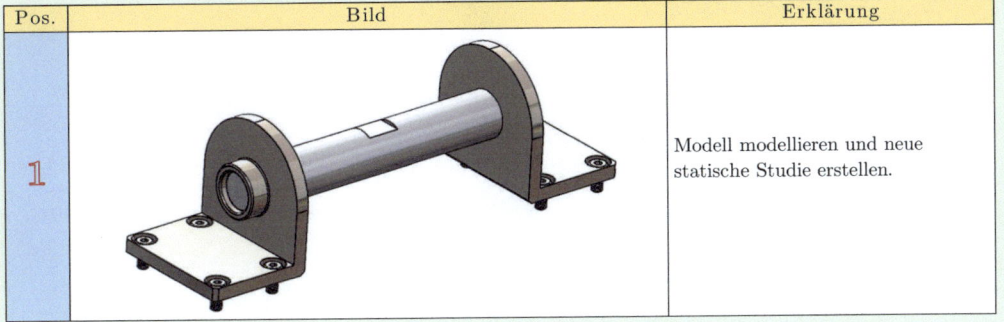	Modell modellieren und neue statische Studie erstellen.

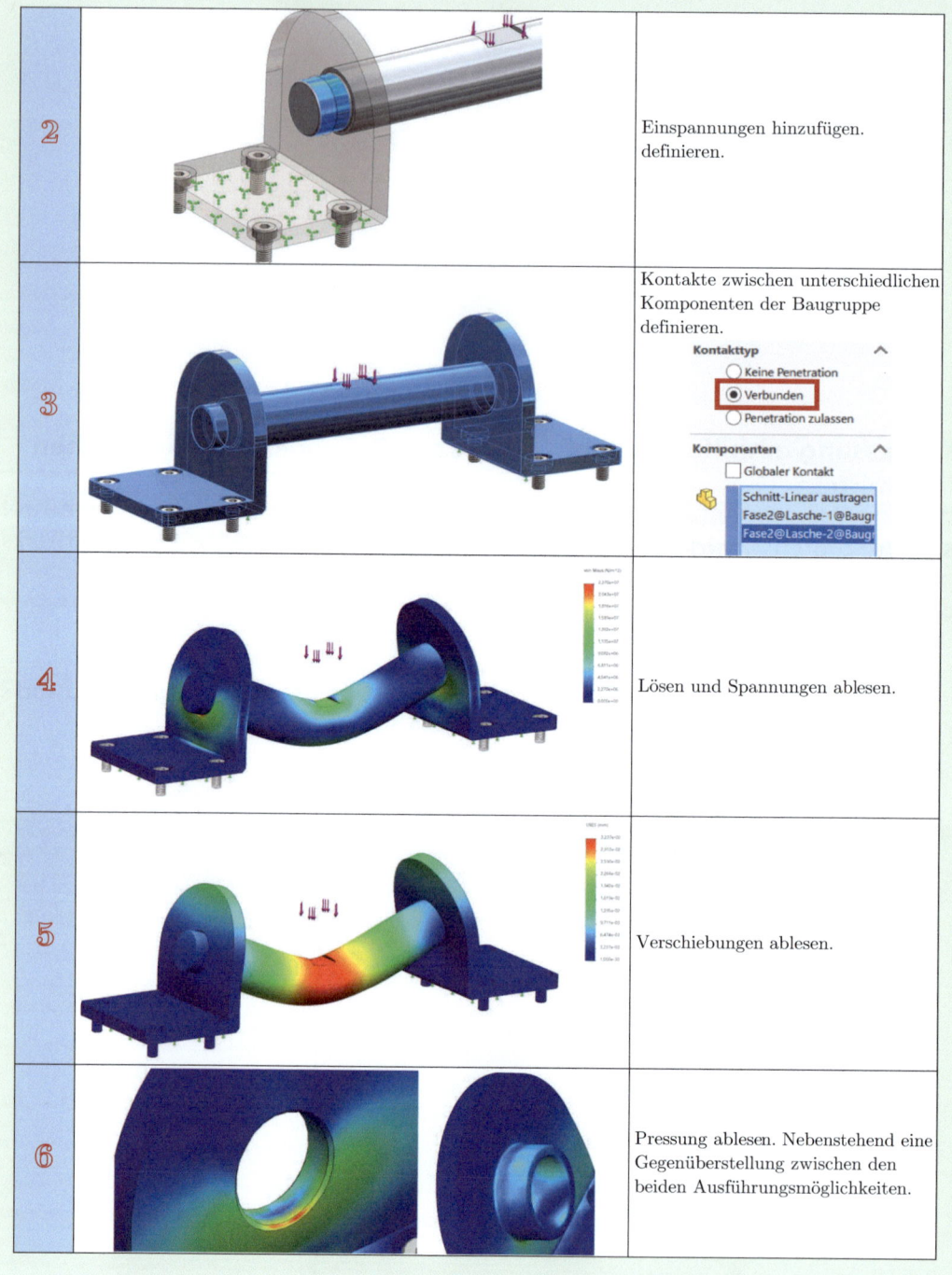

3.5 · Pressung mithilfe von FEM ermitteln

Methode: Lösung durch SolidWorks – FEM 3.2

Untersuchen Sie die Hertz'sche Pressung, wenn eine Kugel auf eine Kugel drückt. Es seien folgende Daten gegeben: $F = 4000\,\text{N}$, $r_1 = 70\,\text{mm}$, $r_2 = 100\,\text{mm}$, beide Körper sind aus Stahl gefertigt.

Bestimmen Sie die maximale Pressung und die Eindrückung der Körper.

Pos.	Bild	Erklärung
1		Kugeln modellieren und im Anschluss in einer Baugruppe zusammenbauen. Bei den beiden Kugeln müssen Trennlinien definiert werden, damit eine Verfeinerung des Netzes, an notwenigen Stellen, ermöglicht wird. Aus Rechenkapazitätsgründen werden zwei Halbkugeln gezeichnet, die durch eine Gleitvorrichtung gespiegelt werden.
2	Einspannung — Gleitvorrichtung	Einspannung der ersten Kugel definieren und eine Gleitvorrichtung auf Symmetrieflächen anwenden. Ebenfalls kann die Kraft definiert werden (Symmetrie: Halbe Kraft!) Kraftwert (N): 2.000
3		Durch eine entsprechende Referenzgeometrie die waagrechte Verschiebung der belasteten Kugel verhindern.

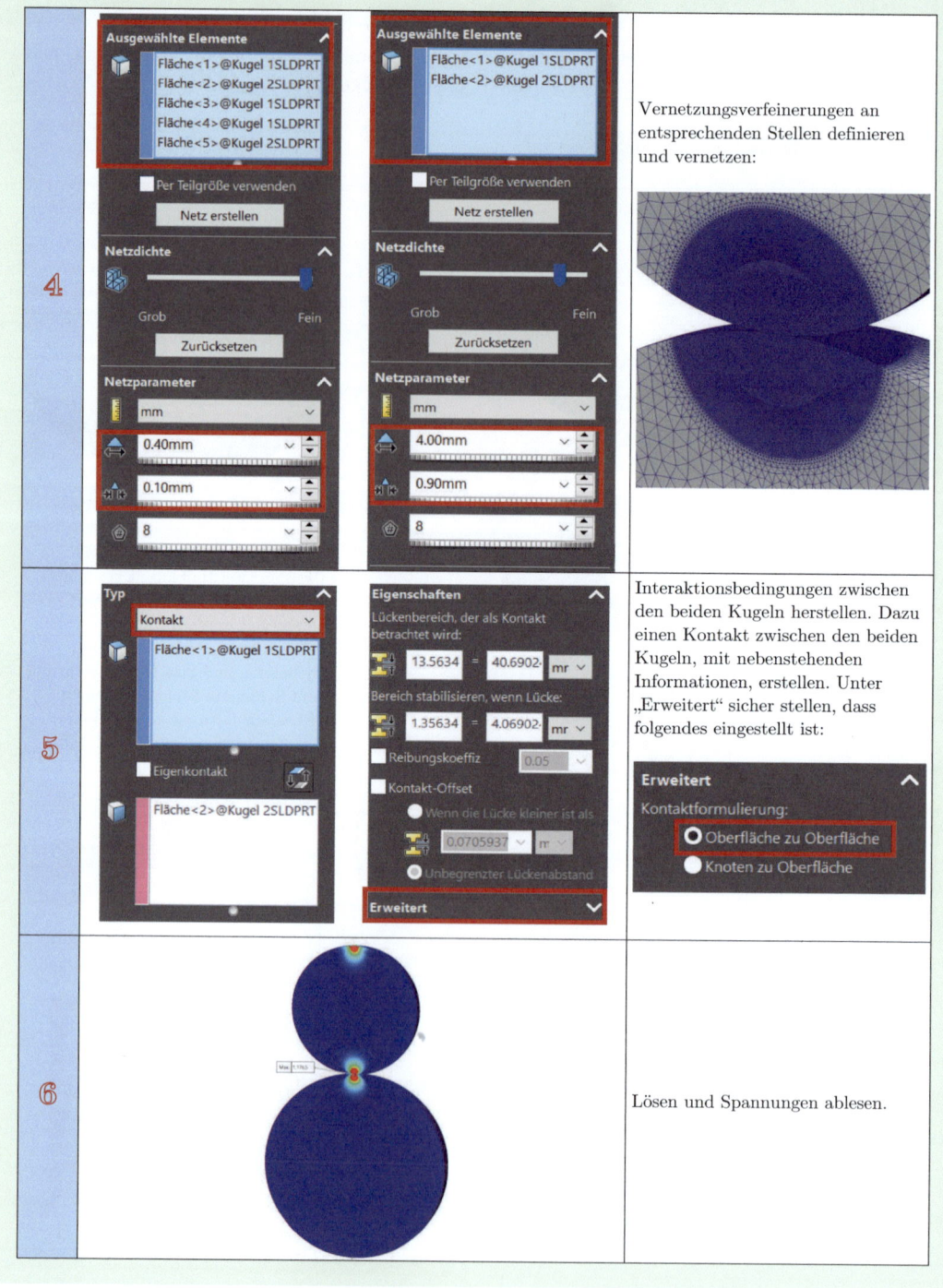

3.5 · Pressung mithilfe von FEM ermitteln

Pos.	Bild	Erklärung
7		An den Berührungsstellen lässt sich nebenstehendes Spannungsbild verzeichnen.
8		Am gekrümmten Trennlinienabschnitt lässt sich nebenstehendes Spannungsdiagramm zeichnen.
9		Lässt man den Spannungsverlauf entlang der Berührungsstelle darstellen, ergibt sich auch die parabolische Form aus der Theorie.

Methode: Lösung durch SolidWorks – FEM 3.3

Untersuchen Sie die Hertz'sche Pressung, wenn eine Scheibe auf eine Scheibe drückt. Es seien folgende Daten gegeben: $F = 30.000\,\text{N}$, $r_1 = 100\,\text{mm}$, $r_2 = 100\,\text{mm}$, beide Körper sind aus Stahl gefertigt. Die Länge sei $l = 20\,\text{mm}$.

Pos.	Bild	Erklärung
1	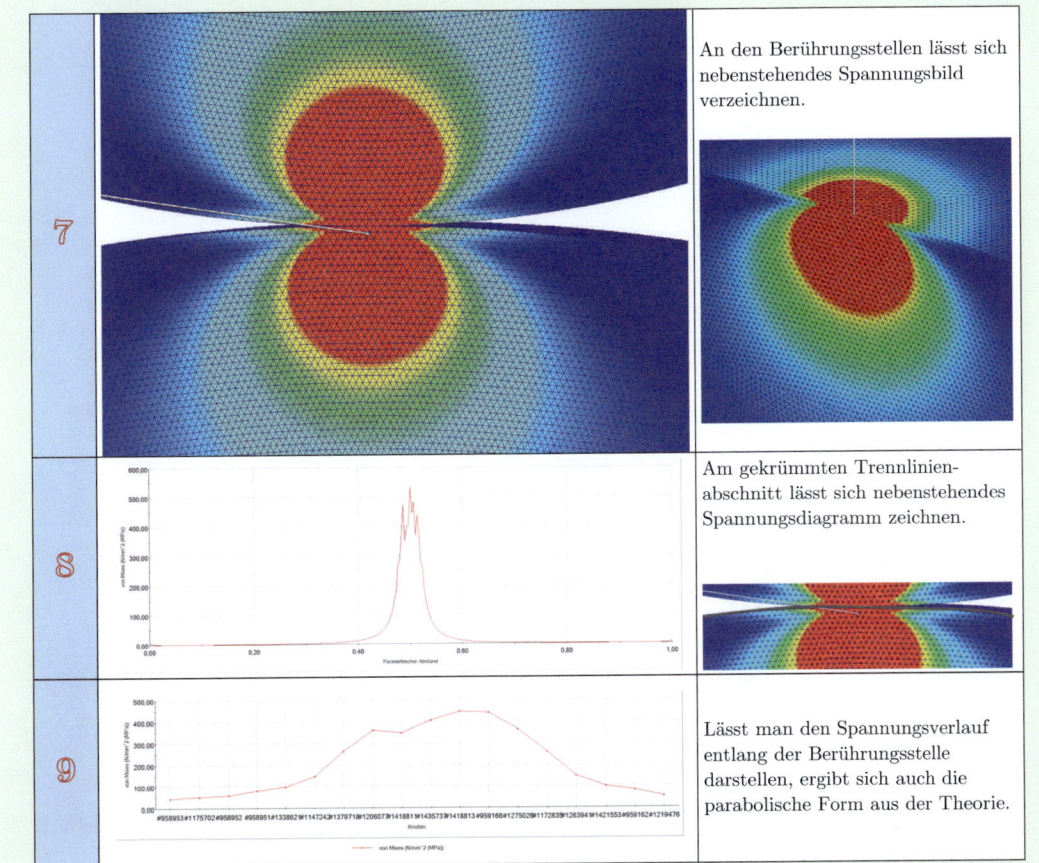	Scheiben modellieren und im Anschluss in einer Baugruppe zusammenbauen. Bei den beiden Scheiben müssen Trennlinien definiert werden, damit eine Verfeinerung des Netzes, an notwendigen Stellen, ermöglicht wird.

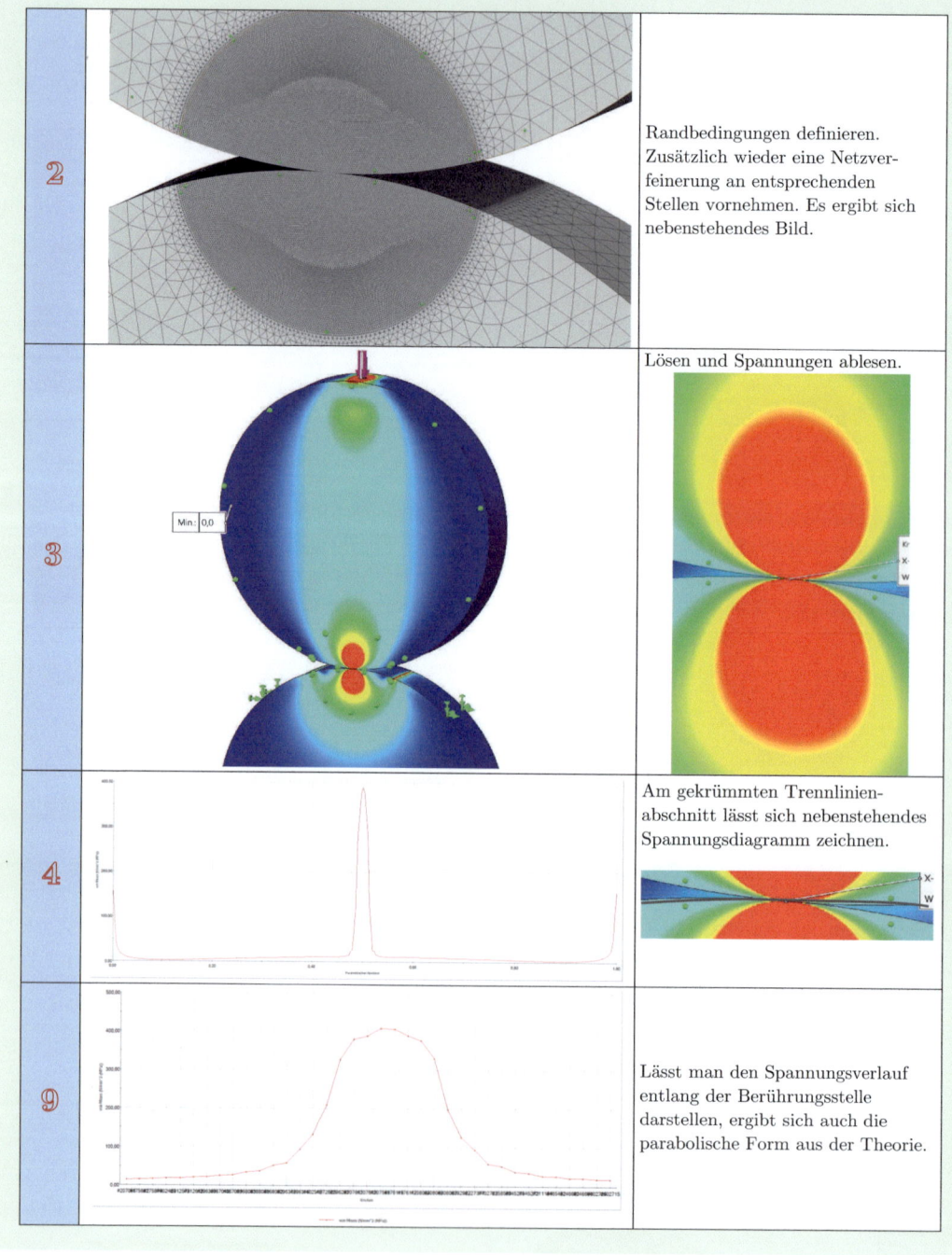

3.6 Übungen

Übungsbeispiel 3.1

Vgl. [30], in ähnlicher Form. Für eine Wellenlagerung werden Buchsen mit einer Presse in eine Platte gepresst (vgl. Abb. 3.9). Die Presse drückt die Buchsen mit einer Anpresskraft von $F = 5\,\text{kN}$ in die Platte. Die zulässige Flächenpressung sei $p_{zul} = 2{,}5\,\text{N/mm}^2$. Der Durchmesser der Einpresswelle sei $d = 80\,\text{mm}$. Der erforderliche Außendurchmesser der Buchse ist gesucht.

Lösung

Der Durchmesser d' berechnet sich, gemäß der Konstruktionszeichnung,

$$\underline{d' = d + 2 \cdot r = 80 + 2 \cdot 5 = 90\,\text{mm}}.$$

Die Fläche der Pressung durch

$$A = \frac{\pi \cdot (D^2 - d'^2)}{4}.$$

Es folgt mit der Flächenpressungsformel, für gleichgesinnte Flächen, gemäß

$$p = \frac{F}{A} \leq p_{zul} \quad p = \frac{4 \cdot F}{\pi \cdot (D^2 - d'^2)} \leq p_{zul} \tag{3.16}$$

Umformen und Einsetzen der Werte ergibt

$$D = \sqrt{\frac{4 \cdot F}{\pi \cdot p_{zul}} + d'^2} = \sqrt{\frac{4 \cdot 5000}{\pi \cdot 2{,}5} + 90^2}$$
$$= 103{,}18\,\text{mm}$$

$$\underline{D = 105\,\text{mm}}. \tag{3.17}$$

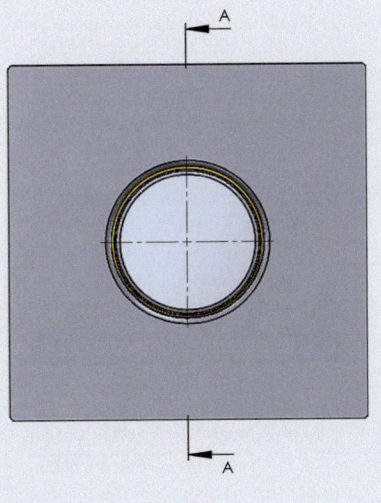
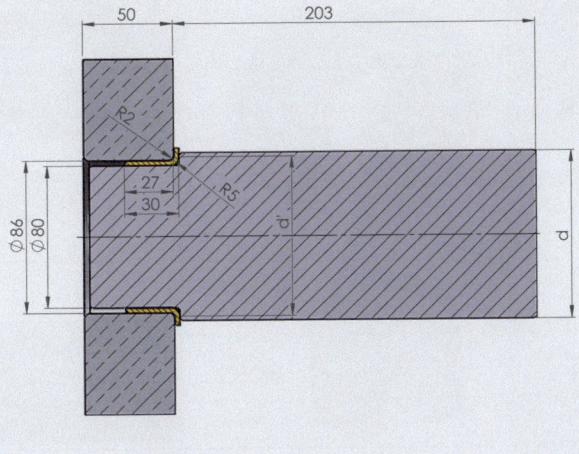

Abb. 3.9 Welle und Buchse

Übungsbeispiel 3.2

Vgl. [30], in ähnlicher Form. Ein Gleitlager mit einem Bauverhältnis $L/d \approx 1{,}6$ soll bei einer zulässigen Flächenpressung von $10\,\text{N/mm}^2$ eine Radialkraft von $F = 12{,}5\,\text{kN}$ aufnehmen. Bestimme L und d.

Lösung

$$p = \frac{F}{A_{\text{proj}}} = \frac{F}{d \cdot L}$$

mit $\quad \dfrac{L}{d} = 1{,}6 \qquad p = \dfrac{F}{1{,}6 \cdot d^2} \leq p_{\text{zul}} \qquad (3.18)$

$$d_{\text{erf}} = \sqrt{\frac{F}{1{,}6 \cdot p_{\text{zul}}}} = \sqrt{\frac{12.500}{1{,}6 \cdot 10}} = 27{,}95\,\text{mm}$$

$\underline{d = 28\,\text{mm}} \quad \Longrightarrow \quad \underline{L = 45\,\text{mm}} \qquad (3.19)$

Übungsbeispiel 3.3

Zu untersuchen ist die Pressung eines Rillenkugellagers nach DIN 625 (Typ 6203) mittels FEM, bei maximal zulässiger statischer Belastung. Die Daten sind aus einem Tabellenbuch zu entnehmen!

Lösung

Im Tabellenbuch findet man für dieses Lager eine maximale zulässige statische Belastung in Höhe von 6550 N. Damit kann die FEM Analyse gemäß folgender Anweisungen aufgesetzt werden.

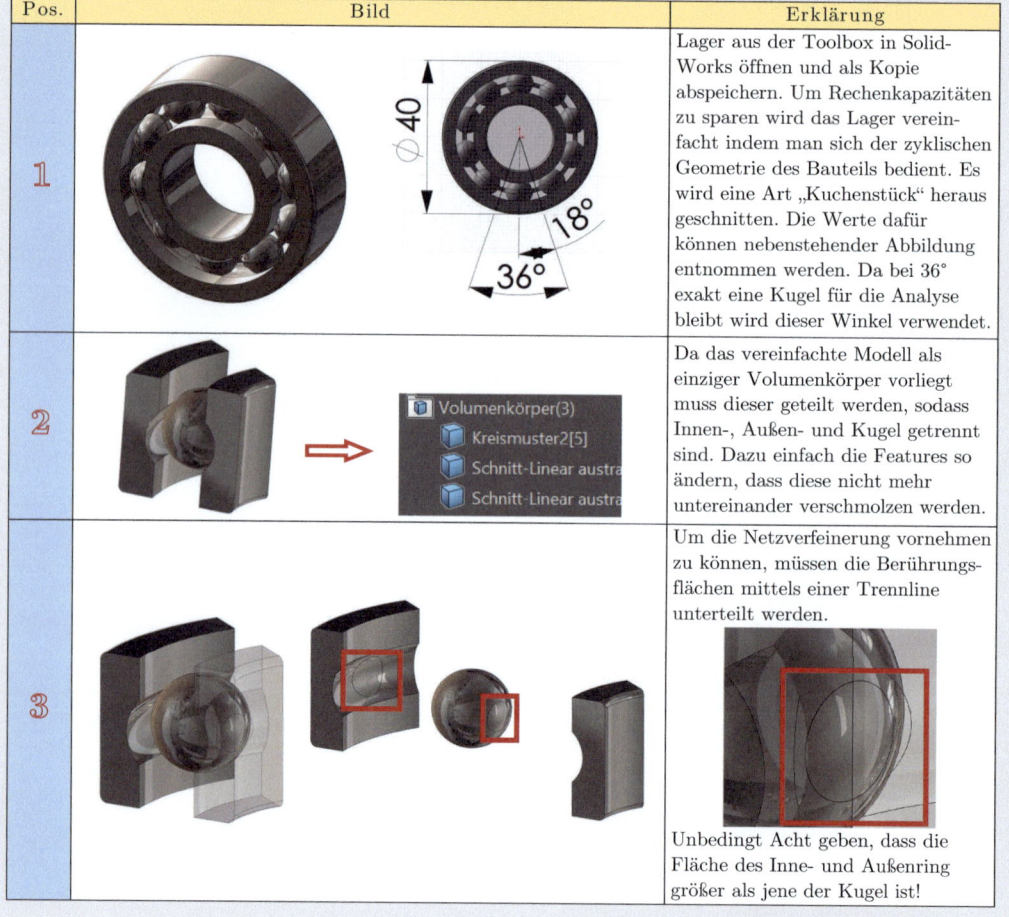

Pos.	Bild	Erklärung
1		Lager aus der Toolbox in SolidWorks öffnen und als Kopie abspeichern. Um Rechenkapazitäten zu sparen wird das Lager vereinfacht indem man sich der zyklischen Geometrie des Bauteils bedient. Es wird eine Art „Kuchenstück" herausgeschnitten. Die Werte dafür können nebenstehender Abbildung entnommen werden. Da bei 36° exakt eine Kugel für die Analyse bleibt wird dieser Winkel verwendet.
2		Da das vereinfachte Modell als einziger Volumenkörper vorliegt muss dieser geteilt werden, sodass Innen-, Außen- und Kugel getrennt sind. Dazu einfach die Features so ändern, dass diese nicht mehr untereinander verschmolzen werden.
3		Um die Netzverfeinerung vornehmen zu können, müssen die Berührungsflächen mittels einer Trennline unterteilt werden. Unbedingt Acht geben, dass die Fläche des Inne- und Außenring größer als jene der Kugel ist!

3.6 · Übungen

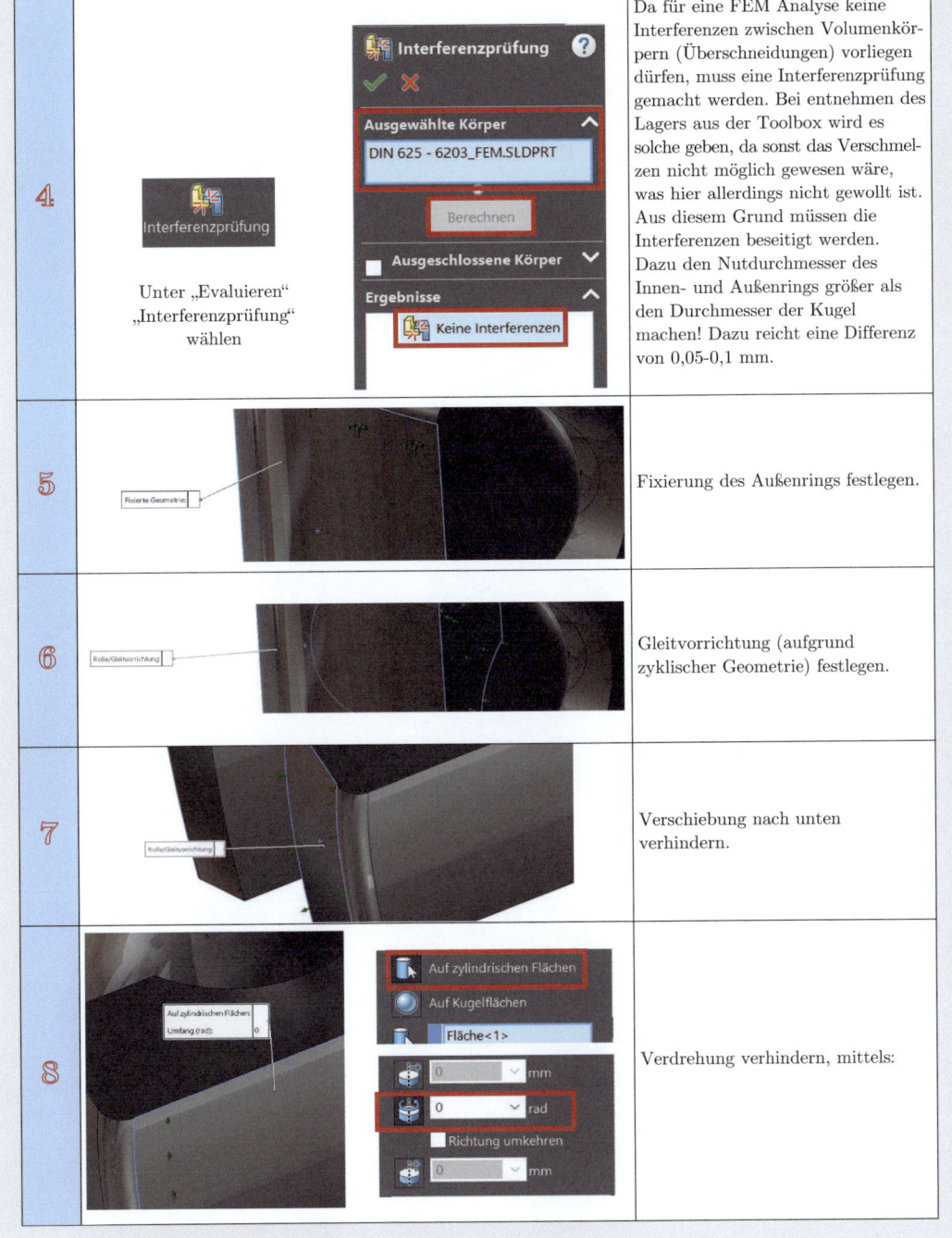

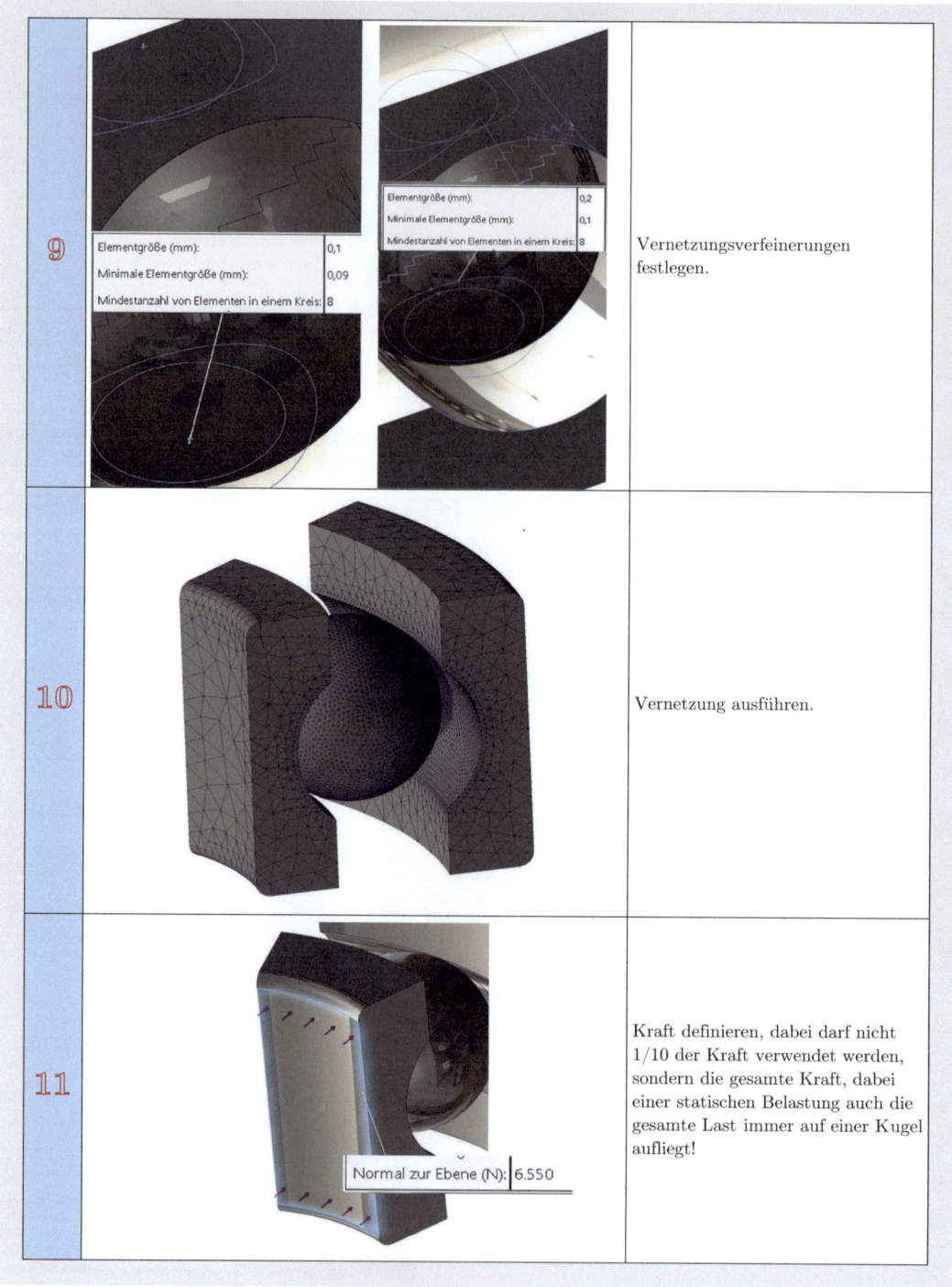

9		Vernetzungsverfeinerungen festlegen.
10		Vernetzung ausführen.
11		Kraft definieren, dabei darf nicht 1/10 der Kraft verwendet werden, sondern die gesamte Kraft, dabei einer statischen Belastung auch die gesamte Last immer auf einer Kugel aufliegt!

3.6 · Übungen

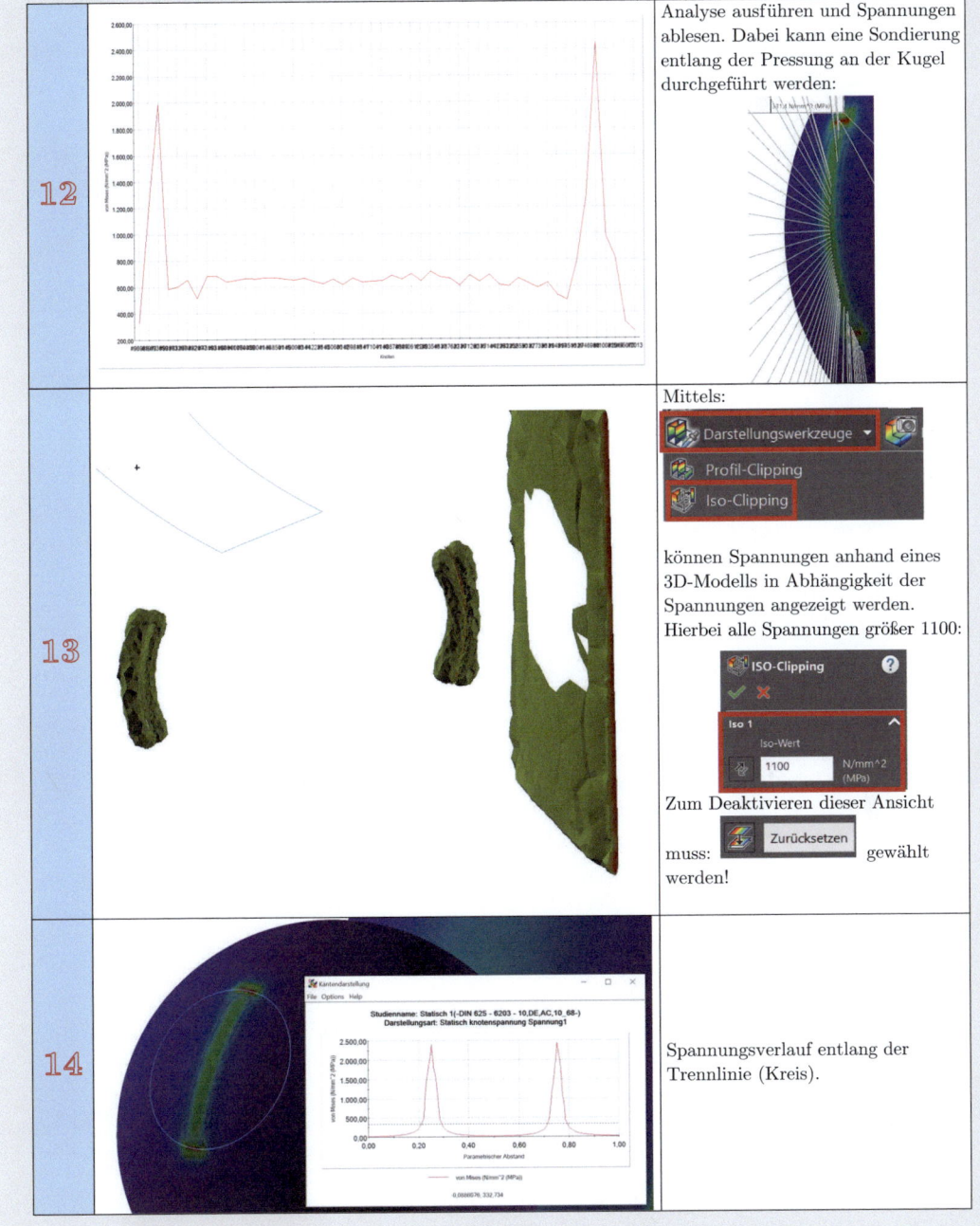

12		Analyse ausführen und Spannungen ablesen. Dabei kann eine Sondierung entlang der Pressung an der Kugel durchgeführt werden:
13		Mittels: Darstellungswerkzeuge, Profil-Clipping, Iso-Clipping können Spannungen anhand eines 3D-Modells in Abhängigkeit der Spannungen angezeigt werden. Hierbei alle Spannungen größer 1100: Zum Deaktivieren dieser Ansicht muss: Zurücksetzen gewählt werden!
14		Spannungsverlauf entlang der Trennlinie (Kreis).

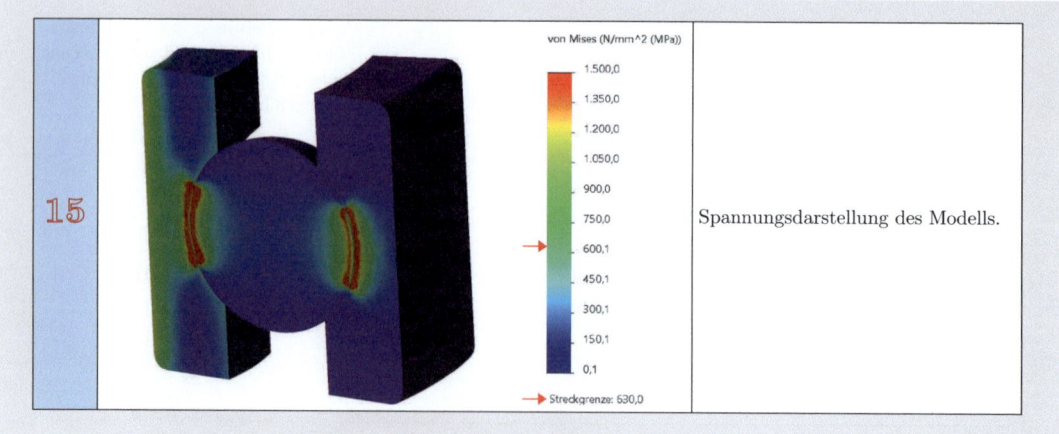

15 | Spannungsdarstellung des Modells.

Flächen- und Widerstandsmomente

Inhaltsverzeichnis

4.1 Widerstandsmoment – 112

4.2 Flächenmomente, 1. Ordnung – 112

4.3 Flächenmomente, 2. Ordnung – 113
4.3.1 Axiales und polares Flächenmoment – 113
4.3.2 Flächenmoment bekannter Flächen – 114
4.3.3 Überblicke und Tabellen für I_A und I_P – 119

4.4 Bredt'sche Formel – 121
4.4.1 1. Bredt'sche Formel – 121
4.4.2 2. Bredt'sche Formel – 121
4.4.3 Anwendung: Torsion – 121

© Der/die Autor(en), exklusiv lizenziert an Springer-Verlag GmbH, DE, ein Teil von Springer Nature 2023
A. Huber, *Technische Mechanik 2 - Elastostatik*, https://doi.org/10.1007/978-3-662-67759-9_4

4.5	Deviationsmoment	– 123
4.6	Satz von Steiner	– 123
4.7	Zusammengesetzte Flächen	– 124
4.8	Flächenmomente bezogen auf eine beliebige Schwerachse	– 124
4.9	Hauptachsen bei Flächenträgheitsmomente	– 126
4.9.1	Grundlagen	– 126
4.9.2	Berechnung der Hauptachsen	– 127
4.10	Ermittlung Computerunterstützt	– 129
4.10.1	Hauptträgheitsmomente und Trägheitswinkel	– 129
4.10.2	Trägheitsmoment mittels SolidWorks	– 130
4.11	Übungen	– 130

Kapitel 4 · Flächen- und Widerstandsmomente

Sie lernen hier…

— Anwendungen von Widerstandsmomente kennen.
— Anwendungen von Flächenmomente kennen.
— Herleitungen von Flächenmomente und Widerstandsmomente (Formeln) kennen.
— Berechnung von Flächen- und Widerstandsmomenten von technisch wichtigen Querschnitten.

> **Zitat**
>
> Ein Mikrophon ist kein Ohr, eine Kamera ist kein Auge und ein Computer ist kein Gehirn. Wir dürfen uns von der Technologie nicht so blenden lassen, dass wir den Wert des Menschen nicht mehr einzuordnen wissen. Wir haben zu entscheiden, ob wir um unser Recht kämpfen wollen, Baumeister der Zukunft zu sein.
>
> *Mike Cooley*

Flächenmomente sind Querschnittkennwerte: sie beschreiben, wie die Form der Querschnittfläche die Eigenschaften länglicher Bauteile beeinflusst [65]. Anwendung finden die Flächenträgheitsmomente in der Elastostatik. Die Momente beschreiben, wie groß das entgegenwirken, der Widerstand eines Bauteils, gegen Belastung ist. Beim Zug- und Druck war die geometrische Kenngröße die Querschnittfläche, je größer die Querschnittfläche, desto größer die zulässigen Spannungen. Bei Beanspruchungen, die nicht gleichmäßig verlaufen (Biegung, Torsion …) ist die geometrische Kenngröße das Flächen- bzw. das Widerstandsmoment. Es gilt hier nicht mehr, anders als bei Beanspruchungen mit gleichmäßig verteilten Spannungsvektoren, wenn das Bauteil die doppelte Querschnittfläche hat, dieses auch doppelt so viel aushält. Dies kann sehr stark abweichen, da bei nicht gleichmäßiger Spannungsverteilung Randfaser anders als neutrale Faser belastet werden. Es gibt Beanspruchungen, welche in weiterer Folge lineare, parabolische … Spannungen aufweisen (z. B. Biegung und Torsion). Bei Biegespannungen ist nicht der gesamte Querschnitt gleichmäßig an der Spannungsübertragung beteiligt, sondern die Randfasern mehr (Fasern, die nicht im Zentrum liegen). Dies wird berücksichtigt, indem Flächenträgheitsmomente bzw. Flächenmomente 2. Ordnung und Widerstandsmomente einführt. Es werden folgende Arten der Momente unterschieden:

1. **Flächenmoment 0. Ordnung:** Das Flächenmoment 0. Ordnung einer Figur ist die Fläche.
2. **Flächenmoment 1. Ordnung:** Als Flächenmoment 1. Ordnung bezeichnet statische Moment $(S(x))$ $x_S \cdot A = \int_1^2 f(x) dA$ (vgl. Schwerpunktlehre)
3. **Flächenmoment 2. Ordnung** der Widerstand gegen Verformung einer geometrischen Figur.

Was denken Sie, welcher Querschnitt, in ◘ Abb. 4.1 hält der größten Belastung stand, bzw. bei welchem ist die Durchbiegung f_i am kleinsten? Viele werden sofort antworten: „Fall B", da dort die Querschnittfläche am größten ist. Dies ist aber nicht zwingend der Fall, da bei der Biegung, die Randfasern stärker als die innen liegenden Fasern beansprucht werden. Dies hat zur Folge, dass Fall C ebenso wenig Durchbiegung als B haben kann. Denken Sie an ein

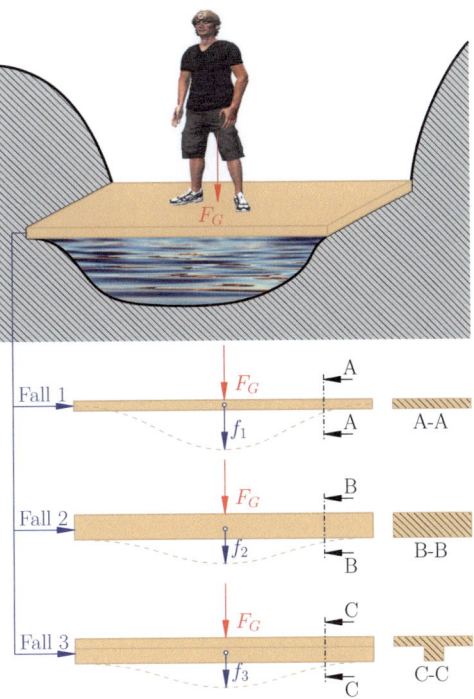

◘ **Abb. 4.1** Brückenbrett

Kapitel 4 · Flächen- und Widerstandsmomente

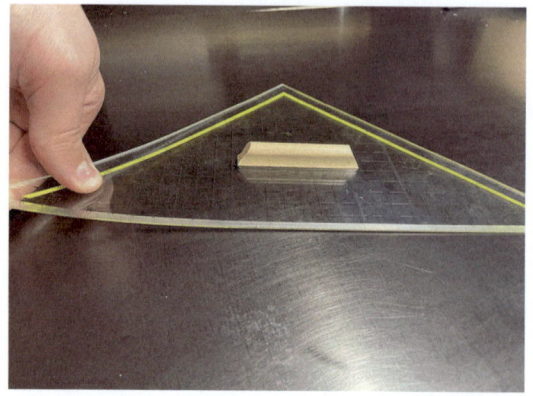

◘ **Abb. 4.2** Lineal – Belastung 1

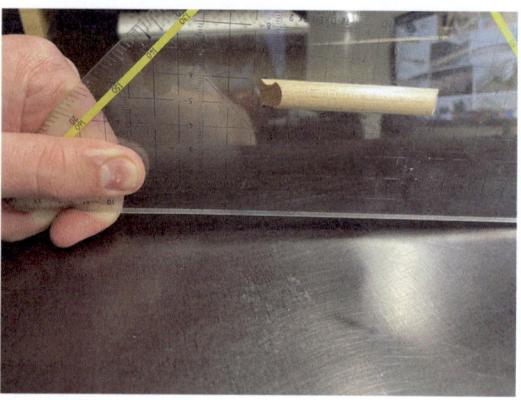

◘ **Abb. 4.3** Lineal – Belastung 2

Lineal, wird dieses wie in ◘ Abb. 4.2 belastet oder wie in ◘ Abb. 4.3. Weniger Durchbiegung, bei gleicher Querschnittfläche, wird im Fall 2 erreicht. Grund: Flächenmomente.

4.1 Widerstandsmoment

> **Definition 4.1 (Widerstandsmoment)**
>
> Das Widerstandsmoment W, in [mm^3], ergibt sich bei Division des Flächenmomentes I, in [mm^4] durch den größten Randfaserabstand (e).
>
> $$W_P = \frac{I_P}{e} \quad W_A = \frac{I_A}{e}. \qquad (4.1)$$
>
> Index A... axial; Index P... polar.

> **Bemerkung 4.1 (Randfaserabstand)**
>
> e ist beim Rechteck, je nach Bezugsachse, $\frac{b}{2}$ bzw. $\frac{h}{2}$, beim Kreis: $r, \frac{d}{2}$...

> **Bemerkung 4.2 (Flächenmoment, Widerstandsmoment)**
>
> Da das Flächenmoment (in mm^4) durch eine Länge dividiert wird, muss die Einheit des Widerstandsmomentes immer mm^3 sein.

4.2 Flächenmomente, 1. Ordnung

> **Definition 4.2**
>
> Das Flächenträgheitsmoment 1. Ordnung ist durch
>
> $$S_x = \int_1^2 y \, dA \qquad S_y = \int_1^2 x \, dA$$
>
> $$S_z = \int_1^2 y \, dA \qquad (4.2)$$
>
> definiert.

> **Herleitung 4.1**
>
> Dieses wird später noch genauer erörtert, wenn die Abscher- und Schubbeanspruchung behandelt wird, bzw. wurde dieses bereits im Buch „Technische Mechanik – Band 1 – Stereostatik" [15], im Kapitel „Schwerpunktlehre" behandelt. Dort war das statische Moment, ohne Integral, das Produkt aus Fläche und Schwerpunktabstand.

4.3 Flächenmomente, 2. Ordnung

> **Definition 4.3**
> Das Flächenträgheitsmoment 2. Ordnung ist durch
>
> $$I_x = \int_1^2 y^2 \, dA \qquad I_y = \int_1^2 z^2 \, dA$$
>
> $$I_z = \int_1^2 y^2 \, dA \qquad (4.3)$$
>
> definiert.

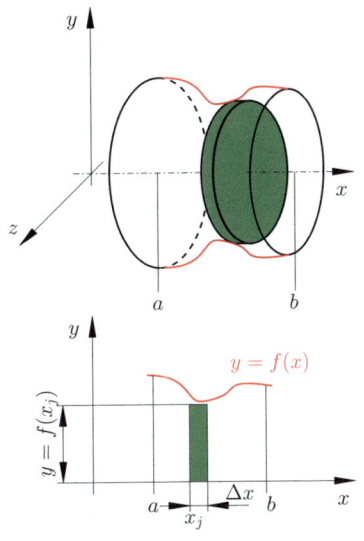

Abb. 4.4 Flächenmoment, mit Integral

> **Bemerkung 4.3**
> Gilt gemäß Definition. Es wird der Term $\int f^2(i) \, dA$ als I (Herleitung Kapitel „Biegespannungsformel – Herleitung".)

4.3.1 Axiales und polares Flächenmoment

In ◘ Abb. 4.4 kann dA durch die Rechteckformel $A = b \cdot h$ bestimmt werden. Anpassen an die Bezeichnungen und Indizes ergibt

$$A = x_j \cdot y = x_j \cdot f(x)$$

$$\implies A = \sum_{j=1}^{n} \Delta x_j \cdot y$$

$$\implies dA = \lim_{n \to \infty} \left(\sum_{j=1}^{n} \Delta x_j \cdot f(x) \right)$$

$$= \int_1^2 x_j \cdot f(x) \, dx_j;$$

oder durch Einsetzen in die Gleichung von $dA = f(x) \cdot dx_j = y \cdot dx$ folgt

$$I_X = \int_a^b x^2 \cdot y \cdot dx. \qquad (4.4)$$

> **Bemerkung 4.4**
> Das axiale Flächenmoment ist immer kleiner als das polare. Der Unterschied besteht darin, dass man beim polaren Moment das Axiale in beiden Koordinatenrichtungen x und y, gemäß: $I_P = I_x + I_y$ beachtet wird.

> **Definition 4.4**
> Das polare Flächenträgheitsmoment ist durch
>
> $$I_P = I_x + I_y. \qquad (4.5)$$
>
> definiert.

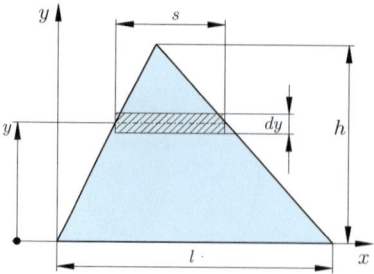

Abb. 4.5 Flächenmoment allgemeines Dreieck

4.3.2 Flächenmoment bekannter Flächen

4.3.2.1 Flächenmoment allgemeines Dreieck

Mit der allgemeinen Definition $I_x = \int_0^h y^2 \cdot x \cdot dy$ (vgl. Abb. 4.5) folgt

$$I_x = \int_0^h y^2 \cdot s \cdot dy$$

mit dem Strahlensatz $\frac{l}{h} = \frac{s}{h-y} \Longrightarrow s = \frac{l \cdot (h-y)}{h}$; wodurch sich durch Einsetzen

$$I_x = \int_0^h y^2 \cdot \frac{l \cdot (h-y)}{h} \cdot dy$$

$$= \frac{l}{h} \int_0^h (h \cdot y^2 - y^3) \cdot dy$$

$$= \frac{l}{h} \left(\frac{h^4}{3} - \frac{h^4}{4} \right) \cdot dy = \frac{h^3 \cdot l}{12} \quad (4.6)$$

ergibt. Zusammenfassend:

$$I_{x,\text{Dreieck}} = \frac{h^3 \cdot l}{12} \quad (4.7)$$

4.3.2.2 Polares Flächenmoment Kreis

■ ■ 1. Möglichkeit

Gemäß Abb. 4.6 gilt: $dA = 2 \cdot r \cdot \pi$ und für die Funktion $f^2(x) = r^2$, in Polarkoordinaten (Dies ist auch der Grund, warum man nur das polare Moment und nicht das axiale erhält). Eingesetzt in die allgemeine Definition

$$I_{P,\text{Kreis}} = \int_0^{\frac{d}{2}} x^2 dA = \int_0^{\frac{d}{2}} r^2 \cdot 2 \cdot r \cdot \pi$$

$$= \left. \frac{2 \cdot r^4}{24} \right|_0^{d/2} = \frac{d^4}{32} \quad (4.8)$$

$$I_{P,\text{Kreis}} = \frac{d^4 \cdot \pi}{32}. \quad (4.9)$$

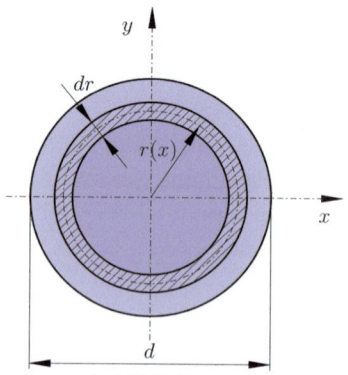

1. Möglichkeit

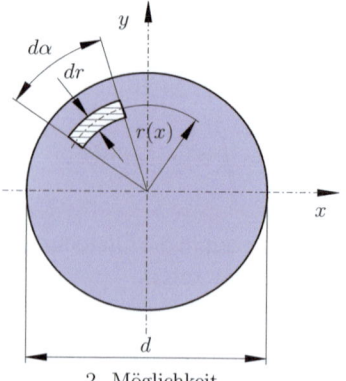

2. Möglichkeit

Abb. 4.6 Flächenmoment Kreis

4.3 · Flächenmomente, 2. Ordnung

▪▪ 2. Möglichkeit

Eine 2. Möglichkeit zur Lösung bzw. Herleitung ist das Ansetzen eines Doppelintegrals.

$$dA = \frac{2 \cdot r \cdot \pi}{360°} d\varphi = \frac{2 \cdot r \cdot \pi}{2 \cdot \pi} d\varphi = r \cdot d\varphi. \quad (4.10)$$

Einsetzen ergibt:

$$I_{P,\text{Kreis}} = \int_0^{\frac{d}{2}} x^2 dA = \int_0^{\frac{d}{2}} \int_0^{2\pi} r^2 \cdot r \cdot d\varphi dr$$

$$= \int_0^{\frac{d}{2}} \int_0^{2\pi} r^3 \cdot d\varphi dr = \frac{d^4 \cdot \pi}{32}. \quad (4.11)$$

▪▪ 3. Möglichkeit

Nun kann man noch eine weitere Möglichkeit zur Herleitung des I_P notieren. Achtung: Diese Möglichkeit, dass das I_P doppelt so groß wie I_a ist, funktioniert nur beim Kreis, da dort überall der Randfaserabstand $r = $ const. ist. Unter anderem ist dies der Grund, dass Torsion nur bei Kreisquerschnitten „einfach" zu berechnen ist, ausführlicher wird dies in dem Kapitel „Torsionsbeanspruchung" behandelt, und in den Büchern für Höhere Mechanik.

Herleitung 4.2

Es gilt: $I = I_x + I_y$, also

$$\underline{\underline{I}} = \frac{d^4 \cdot \pi}{64} + \frac{d^4 \cdot \pi}{64} = 2 \cdot \frac{d^4 \cdot \pi}{64} = \underline{\underline{\frac{d^4 \cdot \pi}{32}}}.$$

(4.12)

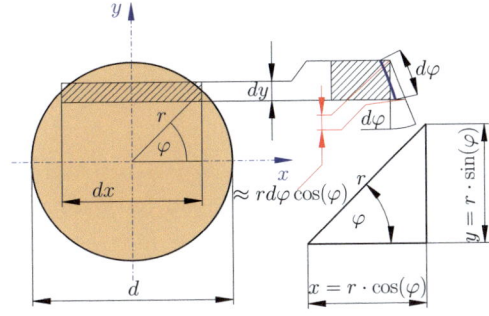

Flächenmoment Kreis, axial   Dreieck, im Detail

■ **Abb. 4.7** Flächenmoment Kreis, axial

4.3.2.3 Herleitung axiales Flächenmoment Kreis

▪▪ 1. Möglichkeit

Durch Betrachtung von ■ Abb. 4.7 kann $dx = 2 \cdot r \cdot \cos(\varphi)$ gefunden werden. Wenn r nicht veränderlich ist (dies ist am Kreis zutreffend) so kann in Polarkoordinaten dy zu $r \cdot d\varphi \cdot \cos(\varphi)$ berechnet werden. Damit folgt $dA = 2 \cdot r^2 \cdot \cos^2(\varphi) \cdot d\varphi$. Einsetzen in die allgemeine Gleichung für Flächenmomente ergibt

$$I_{A,\text{Kreis}} = \int_{-\frac{\pi}{2}}^{\frac{\pi}{2}} y^2 dA$$

$$= 2 \cdot \int_{-\frac{\pi}{2}}^{\frac{\pi}{2}} y^2 \cdot r^2 \cdot \cos^2(\varphi) \cdot d\varphi \quad (4.13)$$

Aus dem Einheitskreis geht die Funktion für den Kreis hervor: $y = r \cdot \sin(\varphi)$. Einsetzen in das Integral ergibt:

$$\underline{\underline{I_{A,\text{Kreis}}}} = 2 \cdot \int_{-\frac{\pi}{2}}^{\frac{\pi}{2}} r^2 \cdot \sin^2(\varphi) \cdot r^2 \cdot \cos^2(\varphi) \cdot d\varphi$$

$$= \underline{\underline{2 \cdot r^4 \int_{-\frac{\pi}{2}}^{\frac{\pi}{2}} \sin^2(\varphi) \cdot \cos^2(\varphi) \cdot d\varphi}}$$

(4.14)

Mit der trigonometrischen Identität $\cos^2(\varphi) = 1 - \sin^2(\varphi)$, eingesetzt wird

$I_{A,\text{Kreis}}$
$$= 2 \cdot r^4 \int_{-\frac{\pi}{2}}^{\frac{\pi}{2}} \sin^2(\varphi) \cdot \left(1 - \sin^2(\varphi)\right) \cdot d\varphi$$

$$= 2 \cdot r^4 \int_{-\frac{\pi}{2}}^{\frac{\pi}{2}} \left(\sin^2(\varphi) - \sin^4(\varphi)\right) \cdot d\varphi$$

$$= 2 \cdot r^4 \left[\int_{-\frac{\pi}{2}}^{\frac{\pi}{2}} \sin^2(\varphi) d\varphi - \int_{-\frac{\pi}{2}}^{\frac{\pi}{2}} \sin^4(\varphi) \cdot d\varphi \right].$$
(4.15)

Lösen des Integrals: $\int_{-\frac{\pi}{2}}^{\frac{d}{2}} \sin^4(\varphi) \cdot d\varphi$ mit der Reduktionsformel:

$$\int \sin^n(x) = \frac{n-1}{n} \int \sin^{n-2}(x) dx - \frac{\cos(x) \cdot \sin^{n-1}(x)}{n}$$

(diese Gleichung wird bei der zweiten Möglichkeit im Anschluss hergeleitet, wenn $\cos^2(t)$ bzw. $\cos^2(t)$ integriert wird) ergibt sich

$$\underline{\underline{\frac{3}{4} \cdot \int \sin^2(\varphi) \cdot d\varphi - \frac{\cos(\varphi) \cdot \sin^3(\varphi)}{4}}};$$
(4.16)

bzw. für das zweite Integral $\int_{-\frac{\pi}{2}}^{\frac{\pi}{2}} \sin^2(\varphi) d\varphi$ folgt

$$\underline{\underline{\frac{1}{2} \cdot \int 1 \cdot d\varphi - \frac{\cos(\varphi) \cdot \sin(\varphi)}{2}}}$$

$$= \frac{1}{2} \cdot \varphi - \frac{\cos(\varphi) \cdot \sin(\varphi)}{4}.$$
(4.17)

Jetzt kann (4.17) und (4.16) in (4.15) eingesetzt werden, zu

$I_{A,\text{Kreis}}$
$$= 2 \cdot r^4 \left[\int_{-\frac{\pi}{2}}^{\frac{\pi}{2}} \sin^2(\varphi) d\varphi - \int_{-\frac{\pi}{2}}^{\frac{\pi}{2}} \sin^4(\varphi) \cdot d\varphi \right]$$

$$= 2 \cdot r^4 - \frac{\sin(4 \cdot \varphi) - 4 \cdot \varphi}{32} \bigg|_{-\frac{\pi}{2}}^{\frac{\pi}{2}}.$$
(4.18)

$$I_{A,\text{Kreis}} = \frac{r^4 \cdot \pi}{4} = \frac{d^4 \cdot \pi}{64}. \qquad (4.19)$$

■ ■ **2. Möglichkeit**

Bis jetzt genügte es immer, die Gleichung $\int y^2 dA$ zu verwenden. Diese konnte entweder direkt verwendet werden, da Polarkoordinaten bei der Herleitung hinzugezogen wurden, oder immer bei der Berechnung des Flächenträgheitsmoments, bezogen auf eine Achse parallele Flächenstreifen zu dieser Achse verwendet wurden. Im folgenden Beispiel trifft dies nicht mehr zu, es muss die Gleichung für das Flächenmoment erweitert werden. In ◘ Abb. 4.8 wird das Flächenmoment eines Rechtecks hergeleitet, zu: $I_x = \frac{h^3 \cdot b}{12}$. Darin fällt auf, dass jener Parameter, der normal auf die Bezugsachse und parallel zum Flächenstreifen steht, potenziert werden muss. Vergleicht man dies mit dem kommenden Beispiel aus ◘ Abb. 4.9 so fällt sofort eine Ähnlichkeit auf, wenn man das Rechteck in unendlich dünne Streifen unterteilt. Man kann die Gleichung für das Rechteck verallgemeinern, zu

$$I_x = \frac{1}{3} \int_a^b y^3 \cdot dx. \qquad (4.20)$$

Diese Gleichung wird auch als Ausgangsgleichung für das kommende Beispiel verwendet. Es

4.3 · Flächenmomente, 2. Ordnung

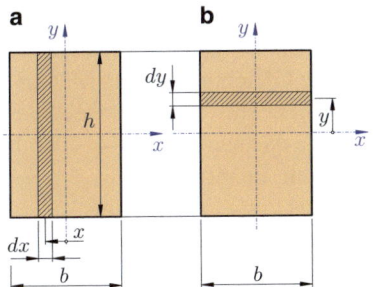

Abb. 4.8 Flächenmoment, Rechteck, axial

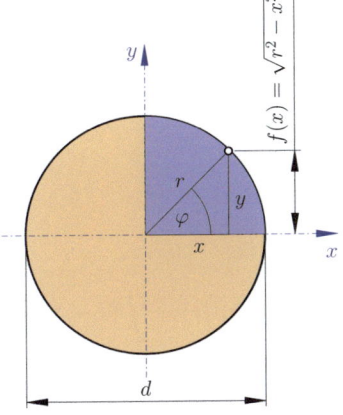

Abb. 4.9 Flächenmoment, Kreis, axial

ergibt sich damit durch Einsetzen der Kreisgleichung in die Gleichung

$$I_X = \frac{1}{3}\int_a^b (\sqrt{r^2 - x^2})^3 \cdot dx = \frac{1}{3}\int_a^b (r^2 - x^2)^{\frac{3}{2}} \cdot dx.$$

Mit dem Einheitskreis kann man $x = r \cdot \sin(t)$ finden, bzw. durch Einsetzen und Vereinfachen folgt

$$I_X = \frac{1}{3}\int_a^b \left(r^2 - r^2 \cdot \sin^2(t)\right)^{\frac{3}{2}} dx. \qquad (4.21)$$

Um mittels dt, aufgrund der Winkelbeziehung, anstatt dx integrieren zu können, wird eine Bedingung benötigt, die die Integrationsvariable enthält. Dies kann durch $\frac{dx}{dt} = \frac{r \cdot \sin(t)}{dt} = r \cdot \cos(t)$ durchgeführt werden. Einsetzen ergibt

$$I_X = \frac{1}{3}\int_a^b \left(r^2(1 - \sin^2(t))\right)^{\frac{3}{2}} \cdot r \cdot \cos(t) dt.$$

Mit $1 - \sin^2(t) = \cos^2(t)$ resultiert

$$I_X = \frac{r^4}{3}\int_a^b \cos^4(t) dt. \qquad (4.22)$$

Es folgt eine fast identische Gleichung zu Möglichkeit 1. Zuvor wurde die Reduktionsformel für die Integration verwendet. Hier sollte man diese jedoch nicht zur Anwendung bringen, da man hier das partielle Integrieren anwenden soll. Um partielle Integration anwenden zu können, müssen zwei Funktionen (f und g) vorhanden sein. Dazu schreibt man die Funktion $\cos^4(t) = \cos^3(t) \cdot \cos(t)$, und damit das Integral, zu $\int_a^b \cos^4(t) dt = \int_a^b (\cos^3(t) \cdot \cos(t)) dt$ worin die partielle Integration zur Anwendung kommen kann. Dabei wird als Funktion $f = \cos^3(t)$ und $g' = \cos(t)$ verwendet. Dies hat den einfachen Grund, da man durch Definition von $g' = \cos(t)$ einfach das Integral bilden kann, hingegen es bei $\cos^3(t)$ nicht einfach so bestimmbar ist. Zusammenfassend kann die entsprechende Stammfunktion bzw. Integralfunktion aufgeschrieben werden, zu (auf Integrationskonstanten wird hier verzichtet, da es sich um eine Nebenrechnung handelt)

- $f' = \dfrac{d\cos^3(t)}{dt} = -3 \cdot \cos^2(t) \cdot \sin(t)$

  bzw. $f = \cos^3(t)$
- $g' = \cos(t)$ bzw. $g = \int \cos(t) dt = \sin(t)$.

Einsetzen dieser Bedingungen ($\int f \cdot g' dt = f \cdot g - \int f' \cdot g dt$) lässt

$$\int_a^b \underbrace{\cos^3(t)}_{=f} \underbrace{\cos(t)}_{=g'} dt$$

$$= \underbrace{\sin(t) \cos^3(t)}_{=f \cdot g} + \int_a^b \underbrace{\sin^2(t) \cdot 3\cos^2(t)}_{f' \cdot g} dt$$

$$(4.23)$$

folgen. Ordnen und einsetzen von $\sin^2(t) = 1 - \cos^2(t)$ lässt auf

$$\underbrace{\int_a^b \cos^4(t)dt}_{A}$$

$$= \sin(t) \cdot \cos^3(t)$$
$$+ 3 \cdot \int_a^b (1 - \cos^2(t)) \cdot \cos^2(t)dt$$
$$= \sin(t) \cdot \cos^3(t)$$
$$+ 3 \cdot \int_a^b (\cos^2(t) - \cos^4(t))dt$$
$$= \sin(t) \cdot \cos^3(t)$$
$$+ 3 \cdot \underbrace{\int_a^b \cos^2(t)dt}_{NR} - 3 \cdot \underbrace{\int_a^b \cos^4(t)dt}_{B}$$

(4.24)

schließen. Zum Erstaunen vieler ist man aber scheinbar immer noch nicht viel näher am Ziel. Es scheint nicht, als ob das Integral schon zur Hälfte gelöst ist. Die gute Nachricht: Doch! Die schlechte Nachricht: Man muss erneut eine partielle Integration durchführen, nämlich für $\cos^2(t)$. Dies sollte aber keine allzu großen Probleme hervorrufen. Zusätzlich kann man die Gleichung vereinfachen, indem man die beiden Seiten der Gleichung A und B vergleicht. Es steht scheinbar das gleiche dar, ausgenommen vom Multiplikator „3". Es kann damit:

$$4 \cdot \int_a^b \cos^4(t)dt = \sin(t) \cdot \cos^3(t)$$

$$+ 3 \cdot \underbrace{\int_a^b \cos^2(t)}_{NR} \quad (4.25)$$

geschrieben werden. Lösen der Nebenrechnung NR durch erneute partielle Integration ergibt nachstehende Gleichung, dieses Mal ist es allerdings nicht mehr entscheidend, welche Funktion f' und g ist, da man $\cos^2(t) = \cos(t) \cdot \cos(t)$ schreiben kann. Es gilt

- $f' = \cos(t) \implies f = -\sin(t)$
- $g' = \sin(t) \impliedby g = \cos(t)$

bzw. durch Einsetzen

$$\int_a^b \cos^2(t)dt = \sin(t) \cdot \cos(t) + \int_a^b \sin^2(t)dt$$

(4.26)

und mit $\sin^2(t) = 1 - \cos^2(t)$ wird

$$\int_a^b \cos^2(t)dt$$

$$= \sin(t) \cdot \cos(t) + \int_a^b (1 - \cos^2(t))dt$$

$$= \sin(t) \cdot \cos(t) + \int_a^b 1\,dt - \int_a^b \sin(t)dt$$

$$= \sin(t) \cdot \cos(t) + t - \int_a^b \sin(t)dt$$

$$2 \cdot \int_a^b \cos^2(t)dt = \sin(t) \cdot \cos(t) + t$$

$$\underline{\underline{\int_a^b \cos^2(t)dt = \frac{\sin(t) \cdot \cos(t) + t}{2}.}}$$

(4.27)

4.3 · Flächenmomente, 2. Ordnung

Dies kann jetzt in Gl. (4.25) eingesetzt werden, zu

$$4 \cdot \int_a^b \cos^4(t)\,dt = \sin(t) \cdot \cos^3(t) + 3 \cdot \frac{\sin(t) \cdot \cos(t) + t}{2}$$

$$\underline{\underline{\int_a^b \cos^4(t)\,dt = \frac{1}{4}\left(\sin(t) \cdot \cos^3(t) + 3 \cdot \frac{\sin(t) \cdot \cos(t) + t}{2}\right)}} \quad (4.28)$$

Gl. (4.28) in (4.22) einsetzen und definieren der Grenzen für den Winkel liefert

$$\underline{\underline{I_X}} = \frac{r^4}{3}\left[\frac{1}{4}\left(\sin(t) \cdot \cos^3(t) + 3 \cdot \frac{\sin(t) \cdot \cos(t) + t}{2}\right)\right]_0^{\pi/2}$$

$$= \frac{r^4}{12}\left(\sin\left(\frac{\pi}{2}\right)\cos^3\left(\frac{\pi}{2}\right) + 3 \cdot \frac{\sin\left(\frac{\pi}{2}\right)\cos\left(\frac{\pi}{2}\right) + \frac{\pi}{2}}{2}\right)$$

$$= \frac{r^4}{12} \cdot \frac{3 \cdot \pi}{4} = \underline{\underline{\frac{r^4 \cdot \pi}{16}}}. \quad (4.29)$$

Diese Gleichung gilt für einen Viertelkreis. Multiplizieren mit vier ergibt für den Vollkreis

$$I_{A,\text{Kreis}} = \frac{r^4 \cdot \pi}{4} = \frac{d^4 \cdot \pi}{64}. \quad (4.30)$$

4.3.2.4 Herleitung axiales Flächenmoment Rechteck

Es folgt gemäß der Gleichung für Flächenträgheitsmoment (vgl. ◘ Abb. 4.8)

$$\underline{I_{A,\text{Rechteck},x}} = \int_{-\frac{b}{2}}^{\frac{b}{2}} y^2\,dA$$

$$= \frac{y^3}{3} \cdot h \Big|_{-\frac{b}{2}}^{\frac{b}{2}}$$

$$= h \cdot \left(\frac{\left(\frac{b}{2}\right)^3}{3} + \frac{\left(\frac{b}{2}\right)^3}{3}\right)$$

$$= h \cdot \left(2 \cdot \frac{\left(\frac{b}{2}\right)^3}{3}\right) = \underline{\underline{\frac{b^3 \cdot h}{12}}} \quad (4.31)$$

Ident dazu, nur durch Vornehmen eines Variablentauschs, passend zu ◘ Abb. 4.8b) kann die Gleichung bezogen auf die y-Achse überlegt werden, wodurch sich die Formeln

$$I_{A,\text{Rechteck},x} = \frac{b^3 \cdot h}{12}$$
$$I_{A,\text{Rechteck},y} = \frac{b \cdot h^3}{12} \quad (4.32)$$

ergeben.

4.3.3 Überblicke und Tabellen für I_A und I_P

Nachstehend sind für einige, technisch wichtige Flächen, die fertigen Formeln für I_A und I_p angeführt.

Fläche	I_x	I_y	I_{xy}	I_p
Rechteck	$\frac{bh^3}{12}$	$\frac{hb^3}{12}$	0	$\frac{hb}{12}(h^2+b^2)$
Quadrat	$\frac{a^4}{12}$	$\frac{a^4}{12}$	0	$\frac{a^4}{6}$
Dreieck	$\frac{bh^3}{36}$	$\frac{bh}{36}(b^2-ba+a^2)$	$\frac{bh^2}{72}(b-2a)$	$\frac{bh}{36}(h^2+b^2-ba+a^2)$
Kreis	$\frac{d^4\pi}{64}$	$\frac{d^4\pi}{64}$	0	$\frac{d^4\pi}{32}$
Halbkreis	$\frac{r^4}{72\pi}(9\pi^2-64)$	$\frac{\pi r^4}{8}$	0	$\frac{r^4}{36\pi}(9\pi^2-32)$
Ellipse	$\frac{\pi}{4}ab^3$	$\frac{\pi}{4}a^3b$	0	$\frac{\pi ab}{4}(a^2+b^2)$

4.4 Bredt'sche Formel

4.4.1 1. Bredt'sche Formel

Der Schubfluss ist definiert durch $\tau \cdot t = \text{const.} = T$, dazu später mehr. T wird darin als Schubfluss, τ als Torsionsspannung und t als Wanddicke bezeichnet. In ■ Abb. 4.10 kann man feststellen, dass sich die mittlere Fläche A_m durch $A_m = \frac{1}{2} \oint r(s) ds$ berechnen lässt. Es können damit folgende Gleichungen festgehalten werden

$$2 \cdot A_m = \oint r(s) ds; \quad (4.33)$$

bzw. durch Hinzuziehen des Schubflusses ergibt sich

$$\tau = \frac{M_T}{2 \cdot t \cdot A_m}. \quad (4.34)$$

Bei der Verwendung der Bredt'schen Formel tritt ein Fehler auf. Dieser Fehler ist proportional zur Wandstärke eines Querschnittes. Je dicker diese wird, desto größer wird der Fehler infolge der Anwendung dieser Gleichung. Sinnvollerweise darf man die Ergebnisse aus der Bredtschen Gleichung nur verwenden, sofern der sich ergebende Fehler etwa maximal 2 % ist.

Um ein Gefühl für den auftretenden Fehler zu bekommen, wird anschließend ein Beispiel für ein Rohr, zum einen, mit der wahren Gleichung des Flächenträgheitsmomentes eines Kreises, mit jenem, das aus der Bredt'schen Formel resultiert, verglichen.

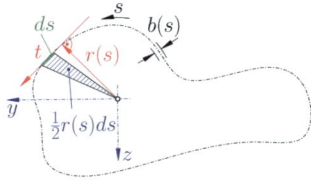

■ Abb. 4.10 Herleitung 1. Bredt'sche Formel

Herleitung 4.3

Es gilt $\frac{M_T}{W_P}$ (Herleitung im Kapitel der Torsionsspannung). Dies kann mit der 1. Bredt'schen Formel gleichgesetzt werden, zu

$$\frac{M_T}{W_P} = \frac{M_T}{2 \cdot t \cdot A_m}. \quad (4.35)$$

Durch Dividieren von M_T und anschließendem Bilden des Kehrwertes folgt die Näherungsformel, zu

$$W_P = 2 \cdot t \cdot A_m \quad (4.36)$$

4.4.2 2. Bredt'sche Formel [53]

Diese Gleichung wird hier nur kurz angerissen, genauer kann man dies im Kapitel „Torsion" nachlesen, oder im Kapitel Kontinuumsmechanik.

$$\frac{d\vartheta}{dx} = \frac{\oint \tau(s) ds}{2 G \cdot A_m} \quad (4.39)$$

wobei ϑ der Verdrehwinkel ist, x die Laufkoordinate entlang der Stabachse, $\tau(s) = \frac{T}{t(s)}$ die Schubspannung und G das Schubmodul.

4.4.3 Anwendung: Torsion [53]

Mit der Bredt'sche Formel lässt sich der Torsionswiderstand (Flächenträgheitsmoment) geschlossener dünnwandiger Profile ermitteln durch Umstellen auf

$$I_T = \frac{M_T \cdot l}{G \cdot \vartheta} = \frac{4 \cdot A_m^2}{\oint \frac{ds}{t(s)}}, \quad (4.40)$$

mit der Länge l des Bauelements berechnen. Oft wird diese Formel als zweite Bredt'sche Formel bezeichnet.

Beispiel 4.1

Gegeben ist ein Rohr mit den Abmessungen: $D \times s = 100 \times 2$. Es ist die Lösung exakt, und mittels der 1. Bredt'schen Formel ermitteln. Es gilt $r_m = \frac{d+t}{2} \implies A_m = r_m^2 \cdot \pi$, beim Kreis. Im Anschluss ist der absolute und relative Fehler zu berechnen.

Lösung

— Zuerst muss man die Gleichung für das Widerstandsmoment an einem Kreisring finden. Dazu wird das Flächenträgheitsmoment, mittels der Differenz aus den beiden Einzelmomenten gebildet (allerdings das Polare!), zu

$$I_p = \frac{R^4 \cdot \pi}{2} = \frac{r^4 \cdot \pi}{2} = \frac{(R^4 - r^4) \cdot \pi}{2}.$$

Durch Dividieren des größten Randfaserabstandes R folgt das Widerstandsmoment gemäß

$$W_p = \frac{(R^4 - r^4) \cdot \pi}{2 \cdot R}.$$

Es folgt

$$\underline{\underline{W_{P,\text{ex.}}}} = \frac{(R^4 - r^4) \cdot \pi}{2 \cdot R} = \underline{\underline{2{,}958 \cdot 10^4 \, \text{mm}^4}}. \tag{4.37}$$

— Mittels der Bredt'schen Formel folgt

$$\underline{\underline{W_{P,\text{Näh.}}}} = 2 \cdot t \cdot A_m = \underline{\underline{3{,}017 \cdot 10^4 \, \text{mm}^4}}. \tag{4.38}$$

— Es ergibt sich damit ein Fehler in Höhe von:
  – absoluter Fehler: 591,12 mm³
  – relativer Fehler: 1,998 %

Beispiel 4.2

Zu untersuchen ist der absolute und relative Fehler in Abhängigkeit der Wandstärke bei einem Rohr, mit den Abmessungen $D = 100$, mit $s = [0{,}1; 10]$ mm, mit Schrittweite 0,2 mm. Stellen Sie die beiden Entwicklungslinien in einem Diagramm dar. Der absolute Fehler ist in ▸ Abb. 4.11 und der relative Fehler in ▸ Abb. 4.12 dargestellt

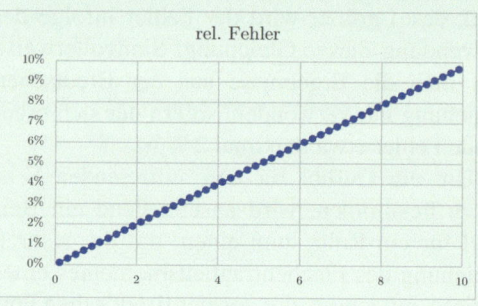

Abb. 4.12 Relativer Fehler

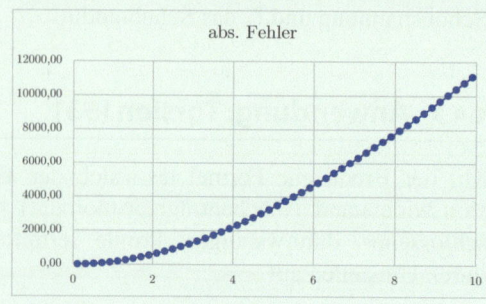

Abb. 4.11 Absoluter Fehler

4.5 Deviationsmoment

Das Deviationsmoment wird auch als biaxiales Flächenmoment oder auch Fliehmoment bezeichnet. Anwendung findet das biaxiale Flächenmoment bei der Berechnung von Unwuchten, da es ein Maß für die Unwucht ist.

Es tritt immer dann auf, wenn ein Körper nicht um eine seiner Hauptträgheitsachsen rotiert. Deviations- und Trägheitsmomente werden zum Trägheitstensor zusammengefasst, die Deviationsmomente sind seine Nebendiagonalen.

> **Bemerkung 4.5**
> Ist ein gleichmäßiger Querschnitt vorhanden, so ist das Deviationsmoment gleich null.

> **Herleitung 4.4**
>
> Aus [59] der Dynamik gilt $F_z = m \cdot \omega^2 \cdot r$. Durch Ersetzen der Masse mittels einem infinitesimal kleinem Masseteilchen folgt eine Differenzialgleichung, die durch Integrieren gelöst werden kann, gemäß $F_z = \omega^2 \int_m r \cdot dm$. Durch Einführung eines x-y-Koordinatensystems ist $r = x$. Besteht nun im System für die Zentrifugalkraft ein Hebelarm y, so wirkt auf das System ein Drehmoment $M = F_z \cdot y$, von dem das Deviationsmoment ein Teil ist
>
> $$M_z = \omega^2 \cdot \int x \cdot y \cdot dm. \qquad (4.41)$$
>
> Durch Hinzuziehen der Definition von J folgt
>
> $$I_{xy} = \int x \cdot y \cdot dA. \qquad (4.42)$$

4.6 Satz von Steiner

Wenn man den Spannungsverlauf von Biegespannungen und Torsionsspannungen begutachtet, wird man feststellen, dass in der Randfaser eine deutlich höhere Spannung vorzufinden ist, als in den Fasern in der Nähe der neutralen Faser. Diese Gesetzmäßigkeit beschreibt der Satz von Steiner. Das Trägheitsmoment ist keine feststehende Eigenschaft eines Körpers, sondern hängt auch von der Drehachse ab. Ist das Trägheitsmoment einer Drehachse durch den Massenmittelpunkt bekannt, so kann mit dem Steiner'schen Satz das Trägheitsmoment für alle Drehachsen, die parallel zu dieser sind, berechnet werden [99].

> **Bemerkung 4.6**
> Die Anwendung bezieht sich auf Flächenmomente, welche die Teilschwerpunktachse nicht ident zur Hauptschwerpunktachse haben.

> **Herleitung 4.5**
>
> Es [99] gilt nach allgemeiner Definition: $I_X = \int y^2 dA$ folgt mit $y = a + y_S$, gemäß Abb. 4.13:
>
> $$\begin{aligned} I_X &= \int y^2 dA = \int (e + y_S)^2 dA \\ &= \int (a^2 + 2 \cdot y_S \cdot a + y_S^2) dA \\ &= \int y_S^2 dA + \int e^2 dA + 2 \cdot a \int y_S dA \\ &\quad + \int a^2 dA \qquad (4.43) \end{aligned}$$

Betrachten der einzelnen Terme:
- Der erste Term ist nichts anderes wie nach der allgemeinen Definition I_{X0} der Fläche.
- Der zweite Term, $2 \cdot a \int y_S dA$, ist leichter zu begreifen, wenn man sich noch einmal vor Augen hält, dass er sich auf die Schwerpunktachse bezieht. Jede beliebige Achse um die Schwerpunktachse beherbergt eine ebenso hohe Masse in positiver Richtung wie in negativer. Hier kommt die Dichte des Objektes ins Spiel: Die Massenpunkte können entlang dieser Achse unterschiedlich gehäuft vorkommen. Sie müssen aber, denn das ist die Definition der Schwerpunktachse, in Summe null ergeben. Es folgt also $2 \cdot e \int y_S dA = 0$.
- Aus dem 3. Integral gelöst ergibt sich: $\int e^2 dA = a^2 \cdot A$.

Durch Einsetzen folgt:

$$I_X = I_{X0} + a^2 \cdot A. \qquad (4.44)$$

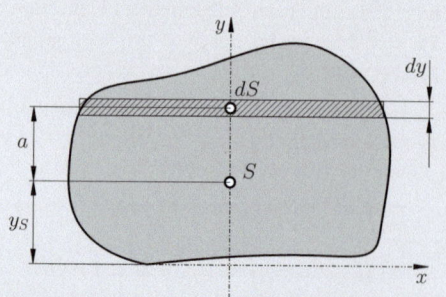

Abb. 4.13 Satz von Steiner

4.7 Zusammengesetzte Flächen

Bei zusammengesetzten Flächen gelten nun die bereits behandelten Regeln der Schwerpunktlehre. Bei fehlenden Flächen rechnet man Minus, die Schwerpunkte immer auf dieselbe Achse beziehen usw. Liegen Flächen vor, bei welchen der Gesamtschwerpunkt nicht auf derselben Schwerachse wie die Teilschwerpunkte liegen, verwendet man den Steinerschen Satz.

Siehe ▶ Bsp. 4.3.

4.8 Flächenmomente bezogen auf eine beliebige Schwerachse

Aus ◘ Abb. 4.14 folgen in Verbindung mit den Winkelfunktionen folgende Beziehungen:
- $\cos(\alpha) = \dfrac{a}{x} \implies a = x \cdot \cos(\alpha)$
- $\sin(\alpha) = \dfrac{b}{y} \implies b = y \cdot \sin(\alpha)$
- $\sin(\alpha) = \dfrac{c}{x} \implies c = x \cdot \sin(\alpha)$
- $\cos(\alpha) = \dfrac{d}{y} \implies d = y \cdot \cos(\alpha)$
- $u = a + b$
- $v = d - c$

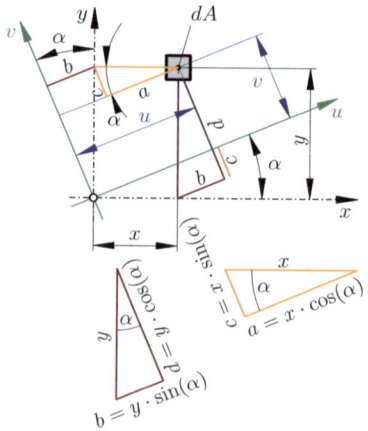

Abb. 4.14 Flächenmomente bezogen auf eine beliebige Schwerachse

Beispiel 4.3

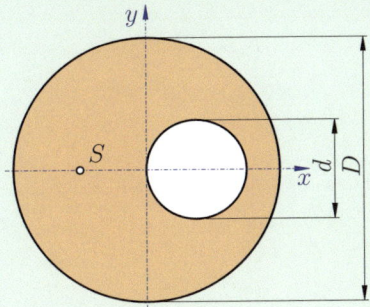

Abb. 4.15 Beispiel für zusammengesetzte Flächen

Zu ermitteln ist I_y von der Figur aus Abb. 4.15. Dazu wird die fehlende Fläche (jene mit dem kleineren Durchmesser) mit Index „2" versehen und die andere mit Index „1". Ist der Schwerpunkt bekannt, so fällt sofort auf, dass die Einzelschwerpunkte nicht ident mit dem Hauptschwerpunkt liegen und darum die Steiner'sche Formel angewendet werden muss. Es sei $D = 1$ m und $d = 0{,}2$ m.

Lösung

Zuerst wird der Schwerpunkt der Figur ermittelt, siehe Abb. 4.16.

Jetzt kann das Flächenmoment berechnet werden. Es gilt (a ist dabei immer der Abstand zwischen Teil- und Gesamtschwerpunkt)

$$I_{X1} = I_{X02} + a_2^2 \cdot A$$
$$= \frac{D^4 \cdot \pi}{64} + (x_S)^2 \cdot \frac{D^2 \cdot \pi}{4} \tag{4.45}$$

$$I_{X2} = I_{X01} + a_1^2 \cdot A$$
$$= \frac{d^4 \cdot \pi}{64} + \left(\frac{d}{2} - x_S\right)^2 \cdot \frac{d^2 \cdot \pi}{4} \tag{4.46}$$

$$I_{ges} = I_{X1} + I_{X2} \tag{4.47}$$

wodurch sich mittels Zahlenwerten die Tabelle aus Abb. 4.17 ergibt. Mit $e = \frac{D}{2}$ folgt das Widerstandsmoment:

$$W_X = \frac{I_X}{e} = \frac{2 \cdot I_X}{D}. \tag{4.48}$$

D= 1 m
d= 0,2 m

Pos.	+/-	Ai	xi	yi	Axi	Aiyi
1	1	0,7854	0	0	0	0
2	-1	-0,031	0,1	0	-0,0031416	0
Summe		0,754			-0,0031416	0

x_S=	-0,0042 m
y_S=	0,0000 m

Abb. 4.16 Schwerpunktermittlung mittels Tabelle

Pos.	+/-	Ix0	x_S	a_0	a	Ix	Iy
1	1	0,0491	-0,0042	0	-0,0042	0,0491	0,0491
2	-1	-8E-05	-0,0042	0,1	-0,1042	-0,0004	-0,0001
Summe		0,049			-0,10833333	0,0487	0,0490

Abb. 4.17 Flächenträgheitsmoment mittels Tabelle

bzw. durch Einsetzen der ersten beiden Bedingungen in die letzten beiden resultiert

$$u = a + b = x \cdot \cos(\alpha) + y \cdot \sin(\alpha); \tag{4.49}$$

$$v = d - c = x \cdot \sin(\alpha) - y \cdot \cos(\alpha). \tag{4.50}$$

Mit der allgemeinen Definition für Flächenträgheitsmomente $I_x = \int y^2 dA$ bzw. bei Beziehen auf die u-Achse resultiert

$$\begin{aligned} I_u &= \int v^2 dA \\ &= \int (x \cdot \sin(\alpha) - y \cdot \cos(\alpha))^2 dA \\ &= \int \bigl(x^2 \sin^2(\alpha) - 2xy \sin(\alpha) \cos(\alpha) \\ &\quad + y^2 \cos^2(\alpha)\bigr) dA \\ &= \int x^2 \cdot \sin^2(\alpha) dA \\ &\quad - 2 \cdot \sin(\alpha) \cdot \cos(\alpha) \cdot \int x \cdot y \cdot dA \\ &\quad + \int y^2 \cdot \cos^2(\alpha) dA. \end{aligned} \tag{4.51}$$

Hinzuziehen der Winkelfunktion für den doppelten Winkel, durch $2 \cdot \sin(\alpha) \cdot \cos(\alpha) = \sin(2 \cdot \alpha)$

$$\begin{aligned} I_u &= \int x^2 \cdot \sin^2(\alpha) dA \\ &\quad - \sin(2 \cdot \alpha) \cdot \int x \cdot y \cdot dA \\ &\quad + \int y^2 \cdot \cos^2(\alpha) dA \\ &= \sin^2(\alpha) \cdot \int x^2 dA \\ &\quad - \sin(2 \cdot \alpha) \cdot \int x \cdot y \cdot dA \\ &\quad + \cos^2(\alpha) \cdot \int y^2 dA \end{aligned} \tag{4.52}$$

Durch Lösen der einzelnen Integrale: $\int x^2 dA = I_y$; $\int x \cdot y \, dA = I_{xy}$ und $\int y^2 dA = I_x$ folgt

$$\begin{aligned} I_u &= I_y \cdot \sin^2(\alpha) - I_{xy} \cdot \sin(2 \cdot \alpha) \\ &\quad + I_x \cdot \cos^2(\alpha). \end{aligned} \tag{4.53}$$

analog dazu ergibt sich I_v. Zusammengefasst damit

$$\begin{aligned} I_u &= I_y \cdot \sin^2(\alpha) - I_{xy} \cdot \sin(2 \cdot \alpha) \\ &\quad + I_x \cdot \cos^2(\alpha); \end{aligned} \tag{4.54}$$

$$\begin{aligned} I_v &= I_x \cdot \sin^2(\alpha) + I_{xy} \cdot \sin(2 \cdot \alpha) \\ &\quad + I_y \cdot \cos^2(\alpha). \end{aligned} \tag{4.55}$$

4.9 Hauptachsen bei Flächenträgheitsmomente

4.9.1 Grundlagen

Definition 4.5 (Hauptträgheitsachsen)

Hauptachsen (Hauptträgheitsachsen) sind zwei aufeinander senkrecht stehende Schwerachsen ξ und η, auf die bezogen die Flächenmomente 2. Grades, die Hauptflächenmomente I_ξ und I_η, ein Maximum bzw. ein Minimum annehmen.

Das biaxiale Flächenmoment bezogen auf die Hauptachsen ist $I_{uv} = 0$.

Corollary 4.1

Eine Hauptachse kann ident zur Symmetrieachse liegen, somit kann eine Hauptachse auch eine Symmetrieachse sein, jedoch ist nicht jede Symmetrieachse eine Hauptachse.

Bemerkung 4.7

Hauptachsen werden meist mit den beiden griechischen Buchstaben ξ (Xi) und ζ (Zeta) bezeichnet, wodurch sich I_ξ, I_η.

4.9 · Hauptachsen bei Flächenträgheitsmomente

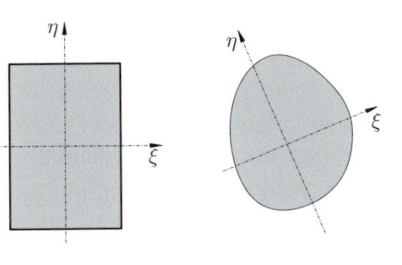

Beschriftung Hauptachsen   Hauptachsen in beliebigem Bauteil

Abb. 4.18 Beschriftung der Hauptachsen

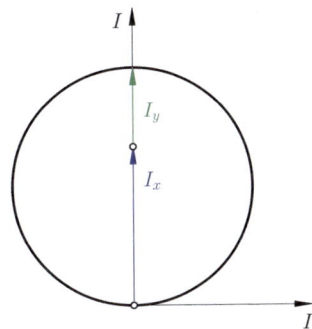

Abb. 4.19 Trägheitskreis nach Mohr, Zeichenschritt 1

Definition 4.6

η ... jene Achse, welche dem größeren Wert entspricht

ξ ... jene Achse, welche dem kleineren Wert entspricht

(siehe Abb. 4.18)

4.9.2 Berechnung der Hauptachsen

Im Zuge dieses Abschnittes werden zwei Methoden zur Bestimmung von Hauptachsen gezeigt. Zum einen zeichnerisch durch den Trägheitskreis nach Mohr, und zum anderen rechnerisch, durch Differenzieren.

4.9.2.1 Trägheitskreis nach Mohr

Der Mohr'sche Kreis oder auch Mohr'sche Trägheitskreis, nicht zu verwechseln mit dem Mohr'schen Spannungskreis, der in einem anderen Kapitel behandelt wird, benannt nach Christian Otto Mohr[1], bietet eine Möglichkeit, die Hauptträgheitsachsen und dabei vorwiegend den Neigungswinkel an einem Punkt zu berechnen und untersuchen.

▪▪ Voraussetzung

Man hat die beiden Flächenträgheitsmomente ermittelt: I_x, I_y und das Deviationsmoment I_{xy}.

▪▪ Vorgehensweise

1. Auf der Ordinate trägt man I_x und anschließend I_y auf und zeichnet den Trägheitskreis mit dem Durchmesser $I_x + I_y$. Zusätzlich wird der Mittelpunkt M entlang der Ordinate, durch Streckenhalbierung, ermittelt (vgl. Abb. 4.19).
2. Am Endpunkt von I_x trägt man normal zur Ordinate I_{xy} auf – und zwar nach rechts, wenn I_{xy} positiv ist, nach links, wenn I_{xy} negativ ist. Der Endpunkt von I_{xy} ist der Trägheitshauptpunkt T. Anschließend muss ein rechtwinkeliges Dreieck, nach dem Thaleskreis folgen, wenn eine Strecke durch den Endpunkt von I_{xy} und M bis zur Durchdringung des Kreises, an beiden Seiten, gezeichnet wird. Durch die Schnittpunkte des Kreises und der Strecke gehen dann die Hauptachsen. Zusätzlich müssen diese durch den Punkt S, der sich am am unterem Tangentenpunkt des Kreises, bei waagrechter Tangente und I_x befindet, gehen (vgl. Abb. 4.20).
3. Jetzt können gemäß Abb. 4.21 die Hauptträgheitsmomente I_η und I_ξ eingetragen werden, und zwar so, dass I_ξ die größere Strecke am Durchmesser durch T ist, demnach I_{max} und I_η die kürzere und damit I_{min}.

Um eine exakte Lösung zu erhalten, kann man den Mohr'schen Trägheitskreis computergestützt ermitteln: **Mohr'scher Trägheitskreis mittels GeoGebra**. In Abb. 4.22 ist dies anhand eines Beispiels dargestellt. Hierbei kann in die obigen Felder das Trägheitsmoment in allen Richtungen eingetragen werden und anschließend wird darunter der Trägheitswinkel ausgegeben und zusätzlich die beiden Trägheitsmomente I_ξ und I_η.

---

[1] Christian Otto Mohr, zitiert meist als Otto Mohr (geboren 8. Oktober 1835 in Wesselburen (Holstein); gestorben 2. Oktober 1918 in Dresden), war ein deutscher Ingenieur und Baustatiker [56].

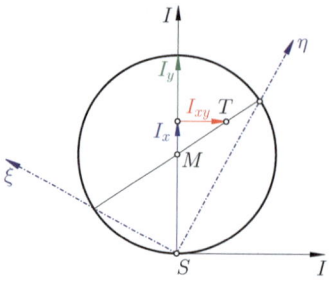

Abb. 4.20 Trägheitskreis nach Mohr, Zeichenschritt 2

4.9.2.2 Rechnerische Ermittlung

Die erste Ableitung einer Funktion beschreibt die Steigung, in einem gewissen Punkt. Es ist damit möglich, den Trägheitswinkel der Hauptachsen, bei Ableitung der geeigneten Funktion zu berechnen. Die geeignete Funktion dafür wurde bereits im Laufe dieses Kapitels hergeleitet, nämlich durch Gl. (4.55).

$$I_u = I_y \cdot \sin^2(\alpha) - I_{xy} \cdot \cos(2 \cdot \alpha) + I_x \cdot \cos^2(\alpha) \tag{4.56}$$

Bilden der 1. Ableitung (Kettenregel beachten!)

$$\begin{aligned}\frac{dI_u}{d\alpha} &= -I_x \cdot 2 \cdot \sin(\alpha) \cdot \cos(\alpha) \\ &\quad - I_{xy} \cdot 2 \cdot \cos(2 \cdot \alpha) \\ &\quad + 2 \cdot I_y \cdot \sin(\alpha) \cdot \cos(\alpha) \\ &= 2 \cdot \sin(\alpha) \cdot \cos(\alpha)(I_y - I_x) \\ &\quad - 2 \cdot I_{xy} \cdot \cos(2 \cdot \alpha) \\ &= \sin(2 \cdot \alpha)(I_y - I_x) - 2 \cdot I_{xy} \cdot \cos(2 \cdot \alpha) \end{aligned} \tag{4.57}$$

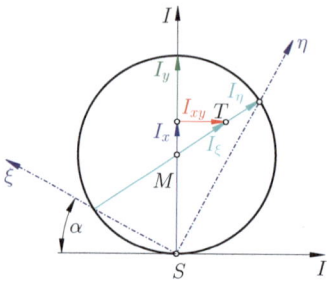

Abb. 4.21 Ermitteln der Flächenmomente

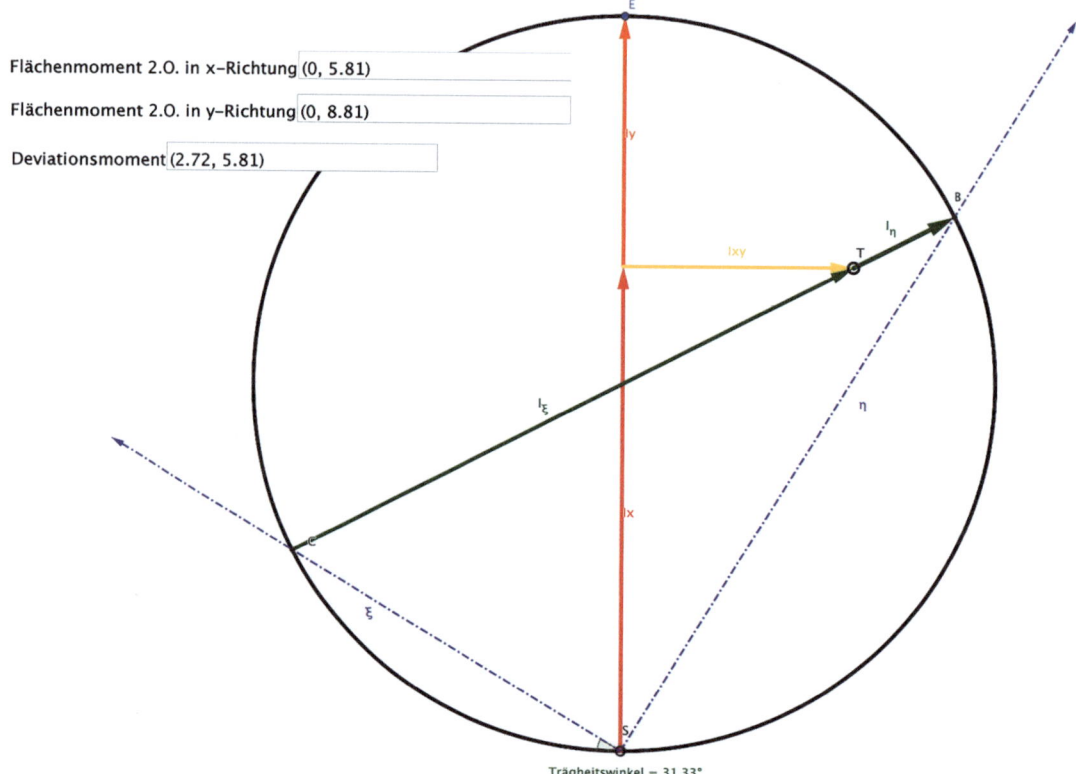

Abb. 4.22 Ermittlung des Hauptachsenwinkels mit GeoGebra

Um den Extremwert bestimmen zu können, muss diese Gleichung Null gesetzt werden (siehe Mathematik, Extremwertaufgaben) zu

$$\frac{dI_u}{d\alpha} = \sin(2\cdot\alpha)(I_y - I_x)$$
$$- 2 \cdot I_{xy} \cdot \cos(2\cdot\alpha)$$
$$= 0$$

$$\sin(2\cdot\alpha)(I_y - I_x) = 2 \cdot I_{xy} \cdot \cos(2\cdot\alpha)$$

$$\frac{\sin(2\cdot\alpha)}{\cos(2\cdot\alpha)} = \frac{2\cdot I_{xy}}{I_y - I_x} = \tan(2\cdot\alpha), \quad (4.58)$$

Umformen ergibt die allgemeine Gleichung:

$$\alpha = \frac{1}{2}\arctan\left(\frac{2\cdot I_{xy}}{I_y - I_x}\right). \quad (4.59)$$

4.9.2.3 Anwendung
Man benötigt diese Gleichungen, um das Trägheitsmoment für Hauptachsen zu ermitteln. Diese Trägheitsmomente benötigt man dann wiederum, um die optimale Achse für die bestmögliche Biegung zu bestimmen oder auch um die Knickachse, bei dem Stabilitätsproblem „Knickung" ermitteln zu können, dies wird zu einem späteren Zeitpunkt dieses Buches behandelt.

4.10 Ermittlung Computerunterstützt

4.10.1 Hauptträgheitsmomente und Trägheitswinkel

4.10.1.1 GeoGebra
Dieses Verfahren wurde bereits im Zuge dieses Kapitels behandelt, als die Hauptträgheitsmomente ermittelt wurden.

4.10.1.2 Matlab
Eine andere, etwas elegantere Methode ist die Ermittlung mittels Matlab. Dazu wurde eine App, mittels „MatlabAppDesinger" programmiert, in welcher einfach die Trägheitsmomente

Methode: Lösung durch Matlab 4.1 (Hauptträgheitsmomente mittels Matlab)

```
% Button pushed function: BerechnenButton
    function BerechnenButtonPushed(app, event)
        I_x = app.I_etaEditField_2.Value;       %Einlesen des Trägheitsmomentes in x - Richtung
        I_y = app.I_etaEditField_3.Value;       %Einlesen des Trägheitsmomentes in y - Richtung
        I_xy = app.I_etaEditField_4.Value;      %Einlesen des Trägheitsmomentes in xy - Richtung

        alpha = 1/2 * atand(2*I_xy / (I_y-I_x));                          %Berechnen des Trägheitswinkels
        I_xi = I_y*sind(alpha)^2 - I_xy * sind(2*alpha) + I_x * cosd(alpha)^2;
        %Berechnen des Trägheitsmomentes       in Hauptachsrichtung (Xi)

        I_eta =I_x*sind(alpha)^2 + I_xy * sind(2*alpha) + I_y * cosd(alpha)^2;
        %Berechnen des Trägheitsmomentes in Hauptachsrichtung (Eta)

        app.I_etaEditField.Value = I_xi;     %Ausgeben des Trägheitsmomentes in Hauptachsrichtung (Eta)
        app.I_xiEditField.Value = I_eta;     %Ausgeben des Trägheitsmomentes in Hauptachsrichtung (Xi)
        app.alphaEditField.Value = alpha;    %Ausgeben des Trägheitsmomentes in Hauptachsrichtung (Eta)
    end
```

Abb. 4.23 Ermittlung des Hauptachsenwinkels mit Matlab

> **Methode: Lösung durch SolidWorks – FEM 4.1 (Trägheitsmomente mittels SolidWorks)**
>
> In SolidWorks kann sofort das Flächenmoment einer Figur abgelesen werden, nachdem dieses modelliert, oder durch eine Oberfläche dargestellt, wurde. Das Flächenmoment kann gemäß folgenden Schritten gefunden werden:
> 1. Skizze zeichnen, Teil modellieren oder durch eine Oberfläche darstellen.
> 2. Jetzt kann sofort das Flächenträgheitsmoment unter „Evaluieren, Querschnitteigenschaften" anschließendem drücken auf den Button und Auswählen der Fläche, von der die Daten ermittelt werden sollen, abgelesen werden.
>
> Unter „Übungen", dieses Kapitels, kann dies anhand eines Beispiels eingesehen werden.

I_x, I_y und I_{xy} eingegeben werden können und die Hauptträgheitsmomente und der Trägheitswinkel ausgegeben wird. Da auch für dieses kurze Programm der Programmcode nicht allzu kurz ist, wird im Anschluss nur das „wesentliche" des Codes angehängt, der gesamte Code kann am Ende des Kapitels eingesehen werden.

4.10.2 Trägheitsmoment mittels SolidWorks

Siehe ▶ Methode: Lösung durch SolidWorks – FEM 4.1.

4.11 Übungen

> **Übungsbeispiel 4.1**
>
> Welche Arten von Flächenmomente gibt es?
>
> **Lösung**
>
> 1. **Flächenmoment 0. Ordnung:** Das Flächenmoment 0. Ordnung einer Figur ist die Fläche.
> 2. **Flächenmoment 1. Ordnung:** Als Flächenmoment 1. Ordnung bezeichnet statische Moment $(S(x))$ $x_S \cdot A = \int_1^2 f(x)dA$ (vgl. Schwerpunktlehre).
> 3. **Flächenmoment 2. Ordnung** der Widerstand gegen Verformung einer geometrischen Figur.

> **Übungsbeispiel 4.2**
>
> Was versteht man unter dem „statischen Moment"?
>
> **Lösung**
>
> **Flächenmoment 1. Ordnung:** Als Flächenmoment 1. Ordnung bezeichnet statische Moment $(S(x))$ $x_S \cdot A = \int_1^2 f(x)dA$ (vgl. Schwerpunktlehre)

> **Übungsbeispiel 4.3**
>
> Wo findet dieses Anwendung (Beanspruchung)?
>
> **Lösung**
>
> Bei der Schubbeanspruchung

> **Übungsbeispiel 4.4**
>
> Was versteht man unter dem „Flächenträgheitsmoment"?
>
> **Lösung**
>
> **Flächenmoment 2. Ordnung** der Widerstand gegen Verformung einer geometrischen Figur.

> **Übungsbeispiel 4.5**
>
> Wo findet dieses Anwendung (Beanspruchung)?
>
> **Lösung**
>
> Bei der Torsions- und Biegebeanspruchung.

Übungsbeispiel 4.6

Welche der folgenden Querschnitte weist den größten Widerstand gegen Biegung auf? (Reihen Sie diese so, dass jenes mit dem größten Widerstand als Erstes kommt.)

1. Quadrat ($a \times a$)
2. Kreis ($d = a$)
3. Rechteck stehend
4. Rechteck liegend
5. Sandwich-Profil mit innen liegender Schaumstofffüllung
6. T-Profil
7. L-Profil

Lösung

1. Sandwich-Profil mit innen liegender Schaumstofffüllung
2. T-Profil
3. L-Profil
4. Quadrat ($a \times a$)
5. Kreis ($d = a$)
6. Rechteck stehend
7. Rechteck liegend

Übungsbeispiel 4.7

Wie ist das Widerstandsmoment definiert

Lösung

Das Widerstandsmoment W, in [mm³], ergibt sich bei Division des Flächenmomentes I, in [mm⁴] durch den größten Randfaserabstand (e).

$$W_P = \frac{I_P}{e} \quad W_A = \frac{I_A}{e}. \qquad (4.60)$$

Index A... axial; Index P... polar.

Übungsbeispiel 4.8

Was versteht man unter dem „Randfaserabstand"?

Lösung

e ist beim Rechteck, je nach Bezugsachse, $\frac{b}{2}$ bzw. $\frac{h}{2}$, beim Kreis: r, $\frac{d}{2}$...

Übungsbeispiel 4.9

Nennen Sie die Gleichungen für das statische Moment.

Lösung

$$S_x = \int_1^2 y\,dA \quad S_y = \int_1^2 x\,dA \quad S_z = \int_1^2 y\,dA$$

$$(4.61)$$

Übungsbeispiel 4.10

Wie lauten die Gleichungen für das Flächenträgheitsmoment?

Lösung

$$I_x = \int_1^2 y^2\,dA \quad I_y = \int_1^2 z^2\,dA \quad I_z = \int_1^2 y^2\,dA$$

$$(4.62)$$

Übungsbeispiel 4.11

Wie ist das Flächenmoment 2. Ordnung in x-Richtung bei einem Rotationskörper, in Abhängigkeit von y definiert?

Lösung

$$I_X = \int_a^b x^2 \cdot y \cdot dx. \qquad (4.63)$$

Übungsbeispiel 4.12

Beschreiben Sie den Unterschied zwischen dem axialen und dem polaren Flächenmoment.

Lösung

Das axiale Flächenmoment ist immer kleiner als das polare. Der Unterschied besteht darin, dass man beim polaren Moment das Axiale in beiden Koordinatenrichtungen x und y, gemäß: $I_P = I_x + I_y$ beachtet wird.

Übungsbeispiel 4.13

Wie wird das polare Flächenmoment bestimmt?

Lösung

$$I_P = I_x + I_y. \qquad (4.64)$$

Übungsbeispiel 4.14

Leiten Sie das Flächenmoment eines Dreieckes her!

Lösung

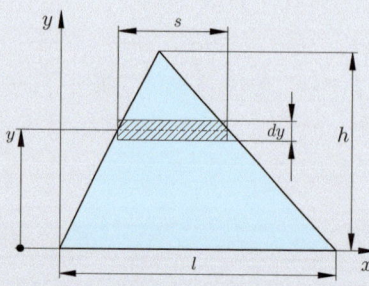

Abb. 4.24 Flächenmoment allgemeines Dreieck

Mit der allgemeinen Definition $I_x = \int_0^h y^2 \cdot x \cdot dy$ folgt $I_x = \int_0^h y^2 \cdot s \cdot dy$ (vgl. Abb. 4.24) mit dem Strahlensatz $\frac{l}{h} = \frac{s}{h-y} \Longrightarrow s = \frac{l \cdot (h-y)}{h}$; wodurch sich durch Einsetzen

$$I_x = \int_0^h y^2 \cdot \frac{l \cdot (h-y)}{h} \cdot dy$$

$$= \frac{l}{h} \int_0^h (h \cdot y^2 - y^3) \cdot dy$$

$$= \frac{l}{h} \left(\frac{h^4}{3} - \frac{h^4}{4} \right) \cdot dy$$

$$= \frac{h^3 \cdot l}{12} \qquad (4.65)$$

ergibt. Zusammenfassend:

$$I_{x,\text{Dreieck}} = \frac{h^3 \cdot l}{12} \qquad (4.66)$$

4.11 · Übungen

Übungsbeispiel 4.15

Leiten Sie auf drei verschiedene Varianten das Flächenmoment eines Kreises (polar) her!

Lösung

Kann oben im Kapitel eingesehen werden.

Übungsbeispiel 4.16

Leiten Sie auf drei verschiedene Varianten das Flächenmoment eines Kreises (axial) her!

Lösung

Kann oben im Kapitel eingesehen werden.

Übungsbeispiel 4.17

Leiten Sie auf drei verschiedene Varianten das Flächenmoment eines Rechtecks (axial) her!

Lösung

Kann oben im Kapitel eingesehen werden.

Übungsbeispiel 4.18

Wie lautet die Erste Bredt'sche Formel?

Lösung

$$\tau = \frac{M_T}{2 \cdot t \cdot A_m}. \tag{4.67}$$

Übungsbeispiel 4.19

Wie lautet die zweite Bredt'sche Formel?

Lösung

$$\frac{d\vartheta}{dx} = \frac{\oint \tau(s)\, ds}{2\, G \cdot A_m} \tag{4.68}$$

Übungsbeispiel 4.20

Wo findet die Bredt'sche Formel Anwendung?

Lösung

Bei der Torsion dünnwandiger Querschnitte auf Torsion belastet (Bei der Bestimmung des Drillmomentes)

Übungsbeispiel 4.21

Wofür ist das Deviationsmoment ein Maß?

Lösung

Das Deviationsmoment wird auch als Biaxiales Flächenmoment oder auch Fliehmoment bezeichnet. Anwendung findet das Biaxiale Flächenmoment bei der Berechnung von Unwuchten, da es ein Maß für die Unwucht ist.

Übungsbeispiel 4.22

Wann ist das Deviationsmoment gleich null?

Lösung

Ist ein gleichmäßiger Querschnitt vorhanden, ist das Deviationsmoment gleich null.

Übungsbeispiel 4.23

Wie ist das Deviationsmoment definiert?

Lösung

$$I_{xy} = \int x \cdot y \cdot dA. \tag{4.69}$$

Übungsbeispiel 4.24

Wann wird der Satz von Steiner verwendet?

Lösung

Die Anwendung bezieht sich auf Flächenmomente, welche die Teilschwerpunktachse nicht ident zur Hauptschwerpunktachse haben.

Übungsbeispiel 4.25

Wie lautet der Satz von Steiner?

Lösung

$$I_X = I_{X0} + a^2 \cdot A. \tag{4.70}$$

Übungsbeispiel 4.26

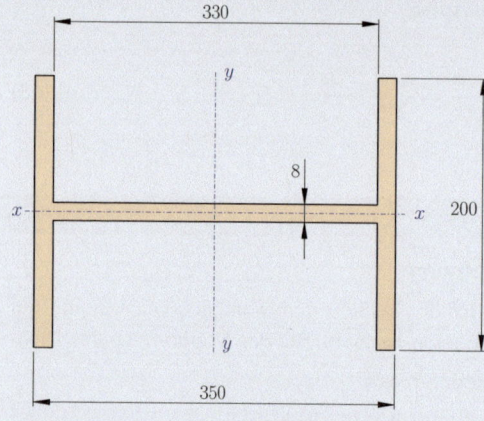

Abb. 4.25 Flächenmoment eines Profils

Zu bestimmen ist das Flächenmoment 2. Ordnung von Abb. 4.25.

Lösung

$$\underline{\underline{I_x}} = 2 \cdot \frac{10 \cdot 200^3}{12} + \frac{330 \cdot 8^3}{12} = 13.347.413 \text{ mm}^4$$
$$= \underline{\underline{1{,}335 \cdot 10^7 \text{ mm}^4}} \tag{4.71}$$

$$\underline{\underline{I_y}} = \frac{200 \cdot 350^3}{12} - \frac{200 \cdot 330^3}{12} + \frac{8 \cdot 330^3}{12}$$
$$= 1{,}39590000 \text{ mm}^4 = \underline{\underline{1{,}396 \cdot 10^8 \text{ mm}^4}} \tag{4.72}$$

$$\underline{\underline{W_x}} = \frac{I_x}{e_x} = \frac{13.347.413}{100} = \underline{\underline{133.474 \text{ mm}^3}} \tag{4.73}$$

$$\underline{\underline{W_y}} = \frac{I_y}{e_y} = \frac{1{,}396 \cdot 10^8}{175} = \underline{\underline{7{,}9771 \cdot 10^5 \text{ mm}^3}}$$
$$\tag{4.74}$$

Oder mit dem Satz von Steiner:

$$\underline{\underline{I_y}} = \frac{8 \cdot 330^3}{12} + 2 \cdot \left(\frac{200 \cdot 10^3}{12} + 170^2 \cdot 200 \cdot 10 \right)$$
$$= \underline{\underline{1{,}3959 \cdot 10^8 \text{ mm}^4}} \tag{4.75}$$

4.11 · Übungen

Übungsbeispiel 4.27

Zu bestimmen ist das Flächenmoment 2. Ordnung von der ◘ Abb. 4.26 und anschließend ist der Mohr'sche Trägheitskreis zu zeichnen und der Trägheitswinkel inkl. der Hauptträgheitsmomente, mittels den zuvor gefundenen Gleichungen.

Lösung

$$\underline{\underline{I_x}} = \left(\frac{50 \cdot 20^3}{12} + 107{,}5^2 \cdot 50 \cdot 20\right)$$
$$+ \left(\frac{10 \cdot 150^3}{12} + 22{,}5^2 \cdot 10 \cdot 150\right)$$
$$+ \left(\frac{70 \cdot 30^3}{12} + 67{,}5^2 \cdot 70 \cdot 30\right)$$
$$= \underline{\underline{24{,}9 \cdot 10^6 \text{ mm}^4}} \quad (4.76)$$

$$\underline{\underline{I_y}} = \left(\frac{20 \cdot 50^3}{12} + 29^2 \cdot 20 \cdot 50\right)$$
$$+ \left(\frac{150 \cdot 10^3}{12} + 9^2 \cdot 150 \cdot 10\right) +$$
$$+ \left(\frac{30 \cdot 70^3}{12} + 21^2 \cdot 30 \cdot 70\right)$$
$$= \underline{\underline{2{,}97 \cdot 10^6 \text{ mm}^4}} \quad (4.77)$$

$$\underline{\underline{I_{xy}}} = [(-29) \cdot 107{,}5 \cdot 50 \cdot 20]$$
$$+ [(-9) \cdot 22{,}5 \cdot 150 \cdot 10]$$
$$+ [21 \cdot (-67{,}5) \cdot 70 \cdot 30]$$
$$= \underline{\underline{-6{,}4 \cdot 10^6 \text{ mm}^4}} \quad (4.78)$$

$$\underline{\underline{\alpha}} = \frac{1}{2} \arctan\left(\frac{2 \cdot I_{xy}}{I_y - I_x}\right) = \underline{\underline{15{,}14°}} \quad (4.79)$$

$$\underline{\underline{I_u}} = I_y \cdot \sin^2(\alpha) - I_{xy} \cdot \sin(2 \cdot \alpha) + I_x \cdot \cos^2(\alpha)$$
$$= \underline{\underline{26{,}63 \cdot 10^6 \text{ mm}^4}} \quad (4.80)$$

$$\underline{\underline{I_v}} = I_x \cdot \sin^2(\alpha) + I_{xy} \cdot \sin(2 \cdot \alpha) + I_y \cdot \cos^2(\alpha)$$
$$= \underline{\underline{1{,}24 \cdot 10^6 \text{ mm}^4}} \quad (4.81)$$

Übungsbeispiel 4.28

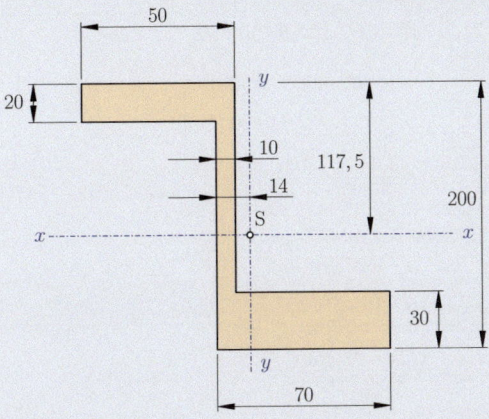

◘ **Abb. 4.26** Mohr'scher Kreis 1, Angabe

Zu bestimmen ist das Flächenmoment 2. Ordnung von der obigen Abbildung und anschließend ist der Mohr'sche Trägheitskreis zu zeichnen und der Trägheitswinkel inkl. der Hauptträgheitsmomente.

Lösung

Flächenmoment 2.O. in x-Richtung (0, 24.9)

Flächenmoment 2.O. in y-Richtung (0, 27.87)

Deviationsmoment (−6.4, 24.9)

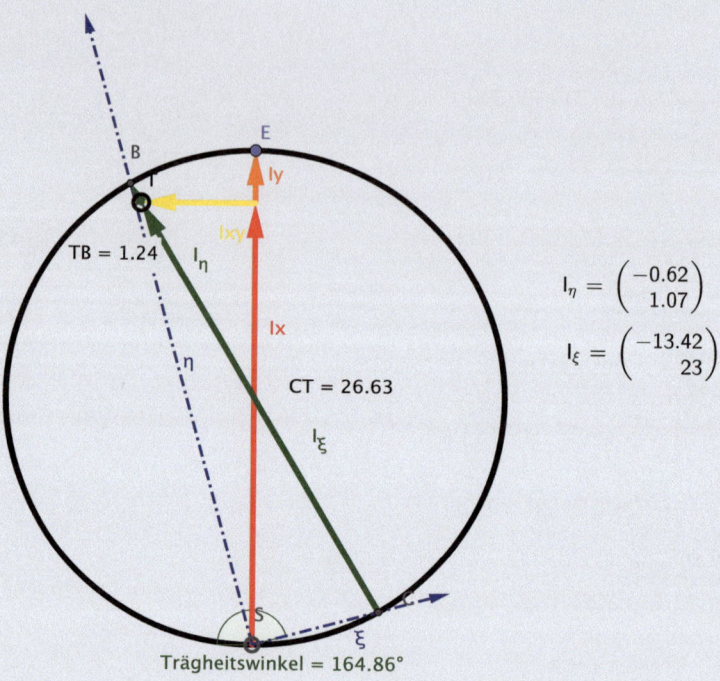

Abb. 4.27 Mohr'scher Kreis 1, Lösung

$$\underline{\underline{I_x}} = \left(\frac{50 \cdot 20^3}{12} + 107{,}5^2 \cdot 50 \cdot 20\right)$$
$$+ \left(\frac{10 \cdot 150^3}{12} + 22{,}5^2 \cdot 10 \cdot 150\right)$$
$$+ \left(\frac{70 \cdot 30^3}{12} + 67{,}5^2 \cdot 70 \cdot 30\right)$$
$$= \underline{\underline{24{,}9 \cdot 10^6 \text{ mm}^4}} \qquad (4.82)$$

$$\underline{\underline{I_y}} = \left(\frac{20 \cdot 50^3}{12} + 29^2 \cdot 20 \cdot 50\right)$$
$$+ \left(\frac{150 \cdot 10^3}{12} + 9^2 \cdot 150 \cdot 10\right) +$$
$$+ \left(\frac{30 \cdot 70^3}{12} + 21^2 \cdot 30 \cdot 70\right)$$
$$= \underline{\underline{2{,}97 \cdot 10^6 \text{ mm}^4}} \qquad (4.83)$$

$$\underline{\underline{I_{xy}}} = [(-29) \cdot 107{,}5 \cdot 50 \cdot 20]$$
$$+ [(-9) \cdot 22{,}5 \cdot 150 \cdot 10]$$
$$+ [21 \cdot (-67{,}5) \cdot 70 \cdot 30]$$
$$= \underline{\underline{-6{,}4 \cdot 10^6 \text{ mm}^4}} \qquad (4.84)$$

Es folgt damit

$$\underline{\underline{I_\xi = 26{,}63 \cdot 10^6 \text{ mm}^4}}$$
$$\underline{\underline{I_\eta = 1{,}24 \cdot 10^6 \text{ mm}^4}}$$
$$\underline{\underline{\alpha = 15°}} \qquad (4.85)$$

Jetzt kann der Mohrsche Kreis gem. ◻ Abb. 4.27 gezeichnet werden

4.11 · Übungen

Übungsbeispiel 4.29

Es ist der Mohr'sche Trägheitskreis zu zeichnen und der Trägheitswinkel inkl. der Hauptträgheitsmomente zu ermitteln, wenn:

- $I_x = 16{,}5 \cdot 10^6 \text{ mm}^4$
- $I_y = 23{,}25 \cdot 10^6 \text{ mm}^4$
- $I_{xy} = 11{,}5 \cdot 10^6 \text{ mm}^4$

ist.

Lösung

Siehe Abb. 4.28

Flächenmoment 2.O. in x-Richtung (0, 16.5)

Flächenmoment 2.O. in y-Richtung (0, 39.75)

Deviationsmoment (11.5, 16.5)

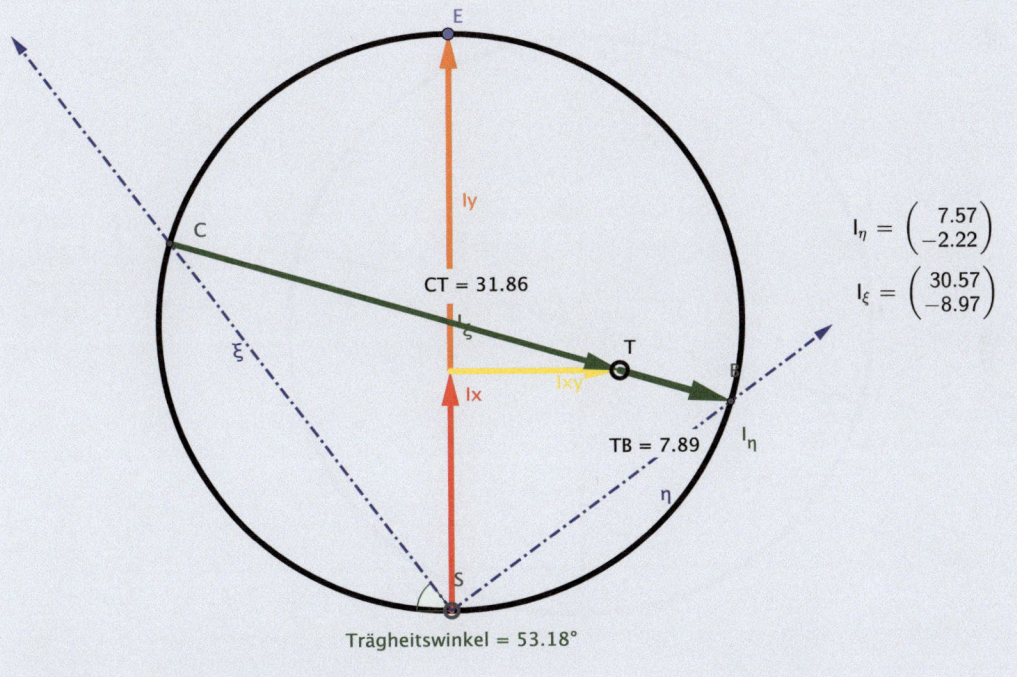

Abb. 4.28 Mohr'scher Kreis 2, Lösung

Übungsbeispiel 4.30

Es ist der Mohr'sche Trägheitskreis zu zeichnen und der Trägheitswinkel inkl. der Hauptträgheitsmomente zu ermitteln, wenn:

- $I_x = -16{,}5 \cdot 10^6 \text{ mm}^4$
- $I_y = 23{,}25 \cdot 10^6 \text{ mm}^4$
- $I_{xy} = 11{,}5 \cdot 10^6 \text{ mm}^4$

ist.

Lösung
Siehe Abb. 4.29

Flächenmoment 2.O. in x-Richtung (0, 16.5)

Flächenmoment 2.O. in y-Richtung (0, 39.75)

Deviationsmoment (−11.5, 16.5)

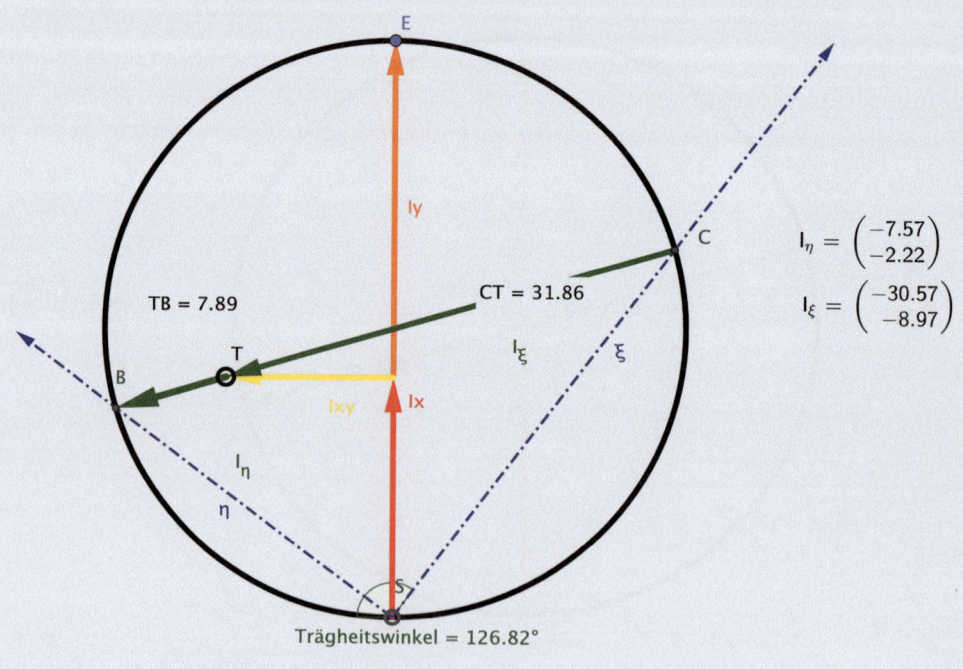

Abb. 4.29 Mohr'scher Kreis 3, Lösung

4.11 · Übungen

Übungsbeispiel 4.31

Zu bestimmen ist das Flächenmoment 2. Ordnung von der ◘ Abb. 4.26 und anschließend ist der Mohr'sche Trägheitskreis zu zeichnen und der Trägheitswinkel inkl. der Hauptträgheitsmomente, mittels der App, die in Matlab (in App Designer) programmiert wurde.

Lösung

$$\underline{\underline{I_x}} = \left(\frac{50 \cdot 20^3}{12} + 107{,}5^2 \cdot 50 \cdot 20\right)$$
$$+ \left(\frac{10 \cdot 150^3}{12} + 22{,}5^2 \cdot 10 \cdot 150\right)$$
$$+ \left(\frac{70 \cdot 30^3}{12} + 67{,}5^2 \cdot 70 \cdot 30\right)$$
$$= \underline{\underline{24{,}9 \cdot 10^6 \text{ mm}^4}} \tag{4.86}$$

$$\underline{\underline{I_y}} = \left(\frac{20 \cdot 50^3}{12} + 29^2 \cdot 20 \cdot 50\right)$$
$$+ \left(\frac{150 \cdot 10^3}{12} + 9^2 \cdot 150 \cdot 10\right) +$$
$$+ \left(\frac{30 \cdot 70^3}{12} + 21^2 \cdot 30 \cdot 70\right)$$
$$= \underline{\underline{2{,}97 \cdot 10^6 \text{ mm}^4}} \tag{4.87}$$

$$\underline{\underline{I_{xy}}} = [(-29) \cdot 107{,}5 \cdot 50 \cdot 20] +$$
$$[(-9) \cdot 22{,}5 \cdot 150 \cdot 10] +$$
$$[21 \cdot (-67{,}5) \cdot 70 \cdot 30]$$
$$= \underline{\underline{-6{,}4 \cdot 10^6 \text{ mm}^4}} \tag{4.88}$$

Mittels Matlab (vgl. ◘ Abb. 4.30) folgt damit

$$\underline{\underline{I_\xi = 26{,}63 \cdot 10^6 \text{ mm}^4}} \quad \underline{\underline{I_\eta = 1{,}24 \cdot 10^6 \text{ mm}^4}}$$
$$\underline{\underline{\alpha = 15°}} \tag{4.89}$$

◘ **Abb. 4.30** Rechnerische Lösung, mittels Matlab

Übungsbeispiel 4.32

Zu bestimmen ist das Flächenmoment 2. Ordnung von der ◘ Abb. 4.26 und der Schwerpunkt mittels SolidWorks.

Lösung

Siehe ◘ Abb. 4.31, 4.32 und 4.33

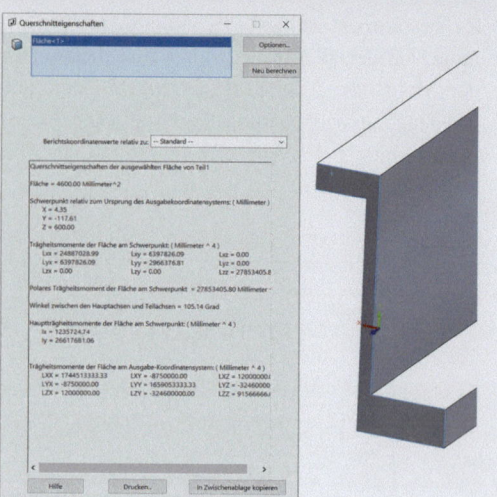

◘ **Abb. 4.32** Querschnitteigenschaften auswählen

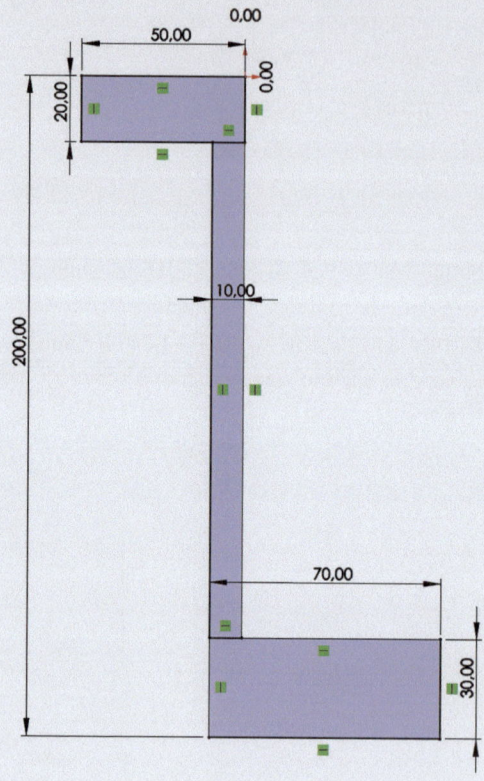

◘ **Abb. 4.31** Skizze zeichnen

4.11 · Übungen

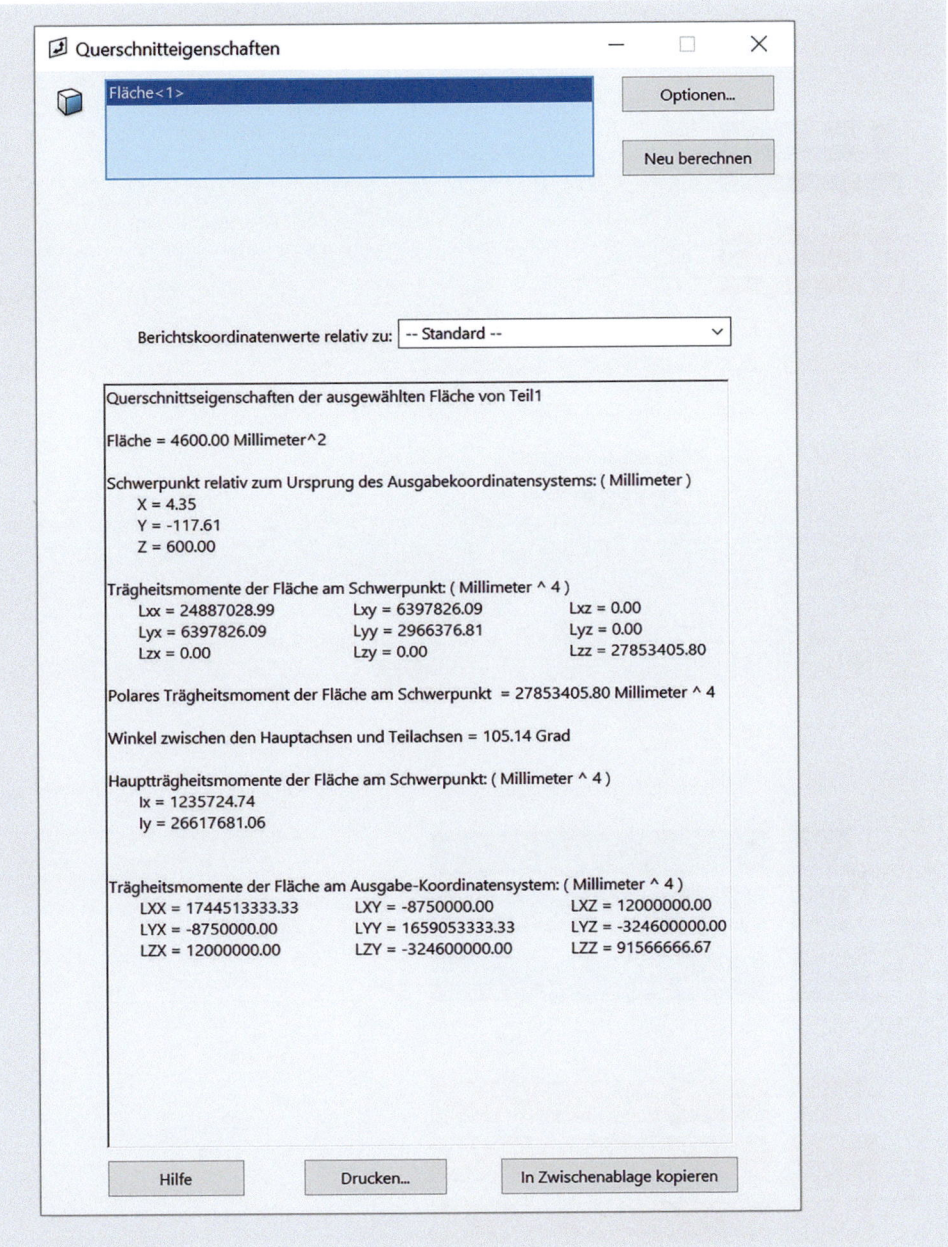

Abb. 4.33 Werte ablesen

142 Kapitel 4 · Flächen- und Widerstandsmomente

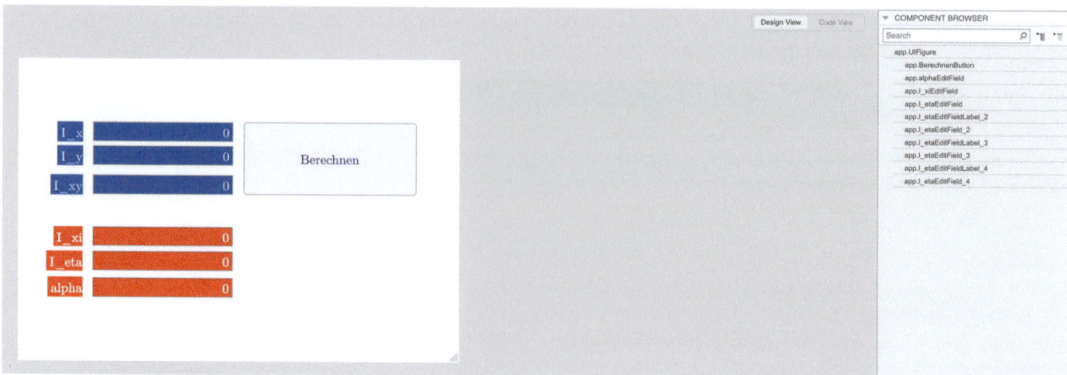

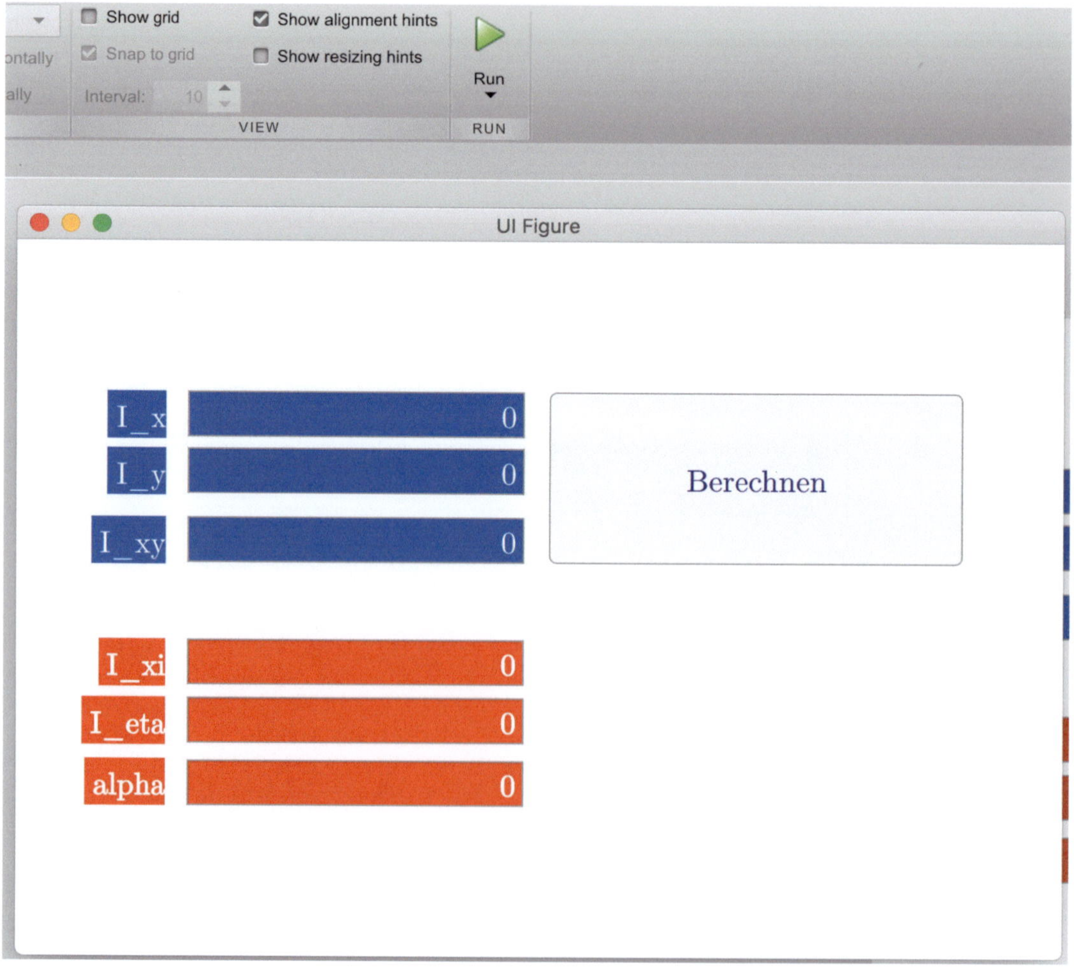

4.11 · Übungen

```
classdef Mohr_TK_App < matlab.apps.AppBase

    % Properties that correspond to app components
    properties (Access = public)
        UIFigure                 matlab.ui.Figure
        BerechnenButton          matlab.ui.control.Button
        alphaEditFieldLabel      matlab.ui.control.Label
        alphaEditField           matlab.ui.control.NumericEditField
        I_xiEditFieldLabel       matlab.ui.control.Label
        I_xiEditField            matlab.ui.control.NumericEditField
        I_etaEditFieldLabel      matlab.ui.control.Label
        I_etaEditField           matlab.ui.control.NumericEditField
        I_etaEditFieldLabel_2    matlab.ui.control.Label
        I_etaEditField_2         matlab.ui.control.NumericEditField
        I_etaEditFieldLabel_3    matlab.ui.control.Label
        I_etaEditField_3         matlab.ui.control.NumericEditField
        I_etaEditFieldLabel_4    matlab.ui.control.Label
        I_etaEditField_4         matlab.ui.control.NumericEditField
    end

    methods (Access = private)

        % Value changed function: I_etaEditField_2
        function I_etaEditField_2ValueChanged(app, event)

        end

        % Value changed function: I_etaEditField_3
        function I_etaEditField_3ValueChanged(app, event)

        end

        % Value changed function: I_etaEditField_4
        function I_etaEditField_4ValueChanged(app, event)

        end

        % Button pushed function: BerechnenButton
        function BerechnenButtonPushed(app, event)
            I_x = app.I_etaEditField_2.Value;
%Einlesen des Trägheitsmomentes in x - Richtung
            I_y = app.I_etaEditField_3.Value;
%Einlesen des Trägheitsmomentes in y - Richtung
            I_xy = app.I_etaEditField_4.Value;
%Einlesen des Trägheitsmomentes in xy - Richtung

            alpha = 1/2 * atand(2*I_xy / (I_y-I_x));
%Berechnen des Trägheitswinkels
            I_xi = I_y*sind(alpha)^2 - I_xy * sind(2*alpha) + I_x * cosd(alpha)^2;
%Berechnen des Trägheitsmomentes in Hauptachsrichtung (Xi)
            I_eta =I_x*sind(alpha)^2 + I_xy * sind(2*alpha) + I_y * cosd(alpha)^2;
%Berechnen des Trägheitsmomentes in Hauptachsrichtung (Eta)

            app.I_etaEditField.Value = I_xi;
%Ausgeben des Trägheitsmomentes in Hauptachsrichtung (Eta)
```

```
                app.I_xiEditField.Value = I_eta;
%Ausgeben des Trägheitsmomentes in Hauptachsrichtung (Xi)
                app.alphaEditField.Value = alpha;
%Ausgeben des Trägheitsmomentes in Hauptachsrichtung (Eta)
            end
        end

        % App initialization and construction
        methods (Access = private)

            % Create UIFigure and components
            function createComponents(app)

                % Create UIFigure
                app.UIFigure = uifigure;
                app.UIFigure.Color = [1 1 1];
                app.UIFigure.Position = [100 100 679 467];
                app.UIFigure.Name = 'UI Figure';

                % Create BerechnenButton
                app.BerechnenButton = uibutton(app.UIFigure, 'push');
                app.BerechnenButton.ButtonPushedFcn = createCallbackFcn(app,
@BerechnenButtonPushed, true);
                app.BerechnenButton.FontName = 'CMU Serif';
                app.BerechnenButton.FontSize = 20;
                app.BerechnenButton.FontColor = [0 0 1];
                app.BerechnenButton.Position = [348 258 267 112];
                app.BerechnenButton.Text = 'Berechnen';

                % Create alphaEditFieldLabel
                app.alphaEditFieldLabel = uilabel(app.UIFigure);
                app.alphaEditFieldLabel.BackgroundColor = [0.851 0.3294 0.102];
                app.alphaEditFieldLabel.HorizontalAlignment = 'right';
                app.alphaEditFieldLabel.FontName = 'CMU Serif';
                app.alphaEditFieldLabel.FontSize = 20;
                app.alphaEditFieldLabel.FontWeight = 'bold';
                app.alphaEditFieldLabel.FontColor = [1 1 1];
                app.alphaEditFieldLabel.Position = [45 99 53 31];
                app.alphaEditFieldLabel.Text = 'alpha';

                % Create alphaEditField
                app.alphaEditField = uieditfield(app.UIFigure, 'numeric');
                app.alphaEditField.FontName = 'CMU Serif';
                app.alphaEditField.FontSize = 20;
                app.alphaEditField.FontWeight = 'bold';
                app.alphaEditField.FontColor = [1 1 1];
                app.alphaEditField.BackgroundColor = [0.851 0.3294 0.102];
                app.alphaEditField.Position = [113 99 219 30];

                % Create I_xiEditFieldLabel
                app.I_xiEditFieldLabel = uilabel(app.UIFigure);
                app.I_xiEditFieldLabel.BackgroundColor = [0.851 0.3294 0.102];
                app.I_xiEditFieldLabel.HorizontalAlignment = 'right';
                app.I_xiEditFieldLabel.FontName = 'CMU Serif';
                app.I_xiEditFieldLabel.FontSize = 20;
                app.I_xiEditFieldLabel.FontWeight = 'bold';
                app.I_xiEditFieldLabel.FontColor = [1 1 1];
                app.I_xiEditFieldLabel.Position = [54 177 44 31];
                app.I_xiEditFieldLabel.Text = 'I_xi';

                % Create I_xiEditField
                app.I_xiEditField = uieditfield(app.UIFigure, 'numeric');
```

4.11 · Übungen

```matlab
            app.I_xiEditField.FontName = 'CMU Serif';
            app.I_xiEditField.FontSize = 20;
            app.I_xiEditField.FontWeight = 'bold';
            app.I_xiEditField.FontColor = [1 1 1];
            app.I_xiEditField.BackgroundColor = [0.851 0.3294 0.102];
            app.I_xiEditField.Position = [113 178 219 30];

            % Create I_etaEditFieldLabel
            app.I_etaEditFieldLabel = uilabel(app.UIFigure);
            app.I_etaEditFieldLabel.BackgroundColor = [0.851 0.3294 0.102];
            app.I_etaEditFieldLabel.HorizontalAlignment = 'right';
            app.I_etaEditFieldLabel.FontName = 'CMU Serif';
            app.I_etaEditFieldLabel.FontSize = 20;
            app.I_etaEditFieldLabel.FontWeight = 'bold';
            app.I_etaEditFieldLabel.FontColor = [1 1 1];
            app.I_etaEditFieldLabel.Position = [43 139 55 31];
            app.I_etaEditFieldLabel.Text = 'I_eta';

            % Create I_etaEditField
            app.I_etaEditField = uieditfield(app.UIFigure, 'numeric');
            app.I_etaEditField.FontName = 'CMU Serif';
            app.I_etaEditField.FontSize = 20;
            app.I_etaEditField.FontWeight = 'bold';
            app.I_etaEditField.FontColor = [1 1 1];
            app.I_etaEditField.BackgroundColor = [0.851 0.3294 0.102];
            app.I_etaEditField.Position = [113 140 219 30];

            % Create I_etaEditFieldLabel_2
            app.I_etaEditFieldLabel_2 = uilabel(app.UIFigure);
            app.I_etaEditFieldLabel_2.BackgroundColor = [0 0.451 0.7412];
            app.I_etaEditFieldLabel_2.HorizontalAlignment = 'right';
            app.I_etaEditFieldLabel_2.FontName = 'CMU Serif';
            app.I_etaEditFieldLabel_2.FontSize = 20;
            app.I_etaEditFieldLabel_2.FontColor = [1 1 1];
            app.I_etaEditFieldLabel_2.Position = [59 339 39 31];
            app.I_etaEditFieldLabel_2.Text = 'I_x';

            % Create I_etaEditField_2
            app.I_etaEditField_2 = uieditfield(app.UIFigure, 'numeric');
            app.I_etaEditField_2.ValueChangedFcn = createCallbackFcn(app, @I_etaEditField_2ValueChanged, true);
            app.I_etaEditField_2.FontName = 'CMU Serif';
            app.I_etaEditField_2.FontSize = 20;
            app.I_etaEditField_2.FontColor = [1 1 1];
            app.I_etaEditField_2.BackgroundColor = [0 0.451 0.7412];
            app.I_etaEditField_2.Position = [113 340 219 30];

            % Create I_etaEditFieldLabel_3
            app.I_etaEditFieldLabel_3 = uilabel(app.UIFigure);
            app.I_etaEditFieldLabel_3.BackgroundColor = [0 0.451 0.7412];
            app.I_etaEditFieldLabel_3.HorizontalAlignment = 'right';
            app.I_etaEditFieldLabel_3.FontName = 'CMU Serif';
            app.I_etaEditFieldLabel_3.FontSize = 20;
            app.I_etaEditFieldLabel_3.FontColor = [1 1 1];
            app.I_etaEditFieldLabel_3.Position = [59 302 39 31];
            app.I_etaEditFieldLabel_3.Text = 'I_y';

            % Create I_etaEditField_3
            app.I_etaEditField_3 = uieditfield(app.UIFigure, 'numeric');
            app.I_etaEditField_3.ValueChangedFcn = createCallbackFcn(app, @I_etaEditField_3ValueChanged, true);
            app.I_etaEditField_3.FontName = 'CMU Serif';
```

```matlab
            app.I_etaEditField_3.FontSize = 20;
            app.I_etaEditField_3.FontColor = [1 1 1];
            app.I_etaEditField_3.BackgroundColor = [0 0.451 0.7412];
            app.I_etaEditField_3.Position = [113 303 219 30];

            % Create I_etaEditFieldLabel_4
            app.I_etaEditFieldLabel_4 = uilabel(app.UIFigure);
            app.I_etaEditFieldLabel_4.BackgroundColor = [0 0.451 0.7412];
            app.I_etaEditFieldLabel_4.HorizontalAlignment = 'right';
            app.I_etaEditFieldLabel_4.FontName = 'CMU Serif';
            app.I_etaEditFieldLabel_4.FontSize = 20;
            app.I_etaEditFieldLabel_4.FontColor = [1 1 1];
            app.I_etaEditFieldLabel_4.Position = [49 257 49 31];
            app.I_etaEditFieldLabel_4.Text = 'I_xy';

            % Create I_etaEditField_4
            app.I_etaEditField_4 = uieditfield(app.UIFigure, 'numeric');
            app.I_etaEditField_4.ValueChangedFcn = createCallbackFcn(app,
@I_etaEditField_4ValueChanged, true);
            app.I_etaEditField_4.FontName = 'CMU Serif';
            app.I_etaEditField_4.FontSize = 20;
            app.I_etaEditField_4.FontColor = [1 1 1];
            app.I_etaEditField_4.BackgroundColor = [0 0.451 0.7412];
            app.I_etaEditField_4.Position = [113 258 219 30];
        end
    end

    methods (Access = public)

        % Construct app
        function app = Mohr_TK_App

            % Create and configure components
            createComponents(app)

            % Register the app with App Designer
            registerApp(app, app.UIFigure)

            if nargout == 0
                clear app
            end
        end

        % Code that executes before app deletion
        function delete(app)

            % Delete UIFigure when app is deleted
            delete(app.UIFigure)
        end
    end
end
```

Abscher- und Schubbeanspruchung

Inhaltsverzeichnis

5.1 Abscherung – 149
5.1.1 Einfache Abscherung – 149
5.1.2 Zulässige Abscherspannung – 149
5.1.3 Formänderung – 149

5.2 Schubspannungen infolge Querkraftbiegung – 150
5.2.1 Satz zugeordneter Schubspannungen – 150
5.2.2 Lage des Schubmittelpunktes – 162
5.2.3 Arten von Belastungen auf Träger, Schub – 163
5.2.4 Geschlitzte, dünnwandige offene Kreisquerschnitte – 164
5.2.5 Bedeutung der Schubspannungen – 166

© Der/die Autor(en), exklusiv lizenziert an Springer-Verlag GmbH, DE, ein Teil von Springer Nature 2023
A. Huber, *Technische Mechanik 2 - Elastostatik*, https://doi.org/10.1007/978-3-662-67759-9_5

5.3	**Verformungen infolge Schubbeanspruchung** – 167
5.3.1	Herleitung – 167
5.3.2	Schubkorrekturfaktor – 169
5.3.3	Beispiel – 169
5.4	**Balkentheorie nach Bernoulli und Timoschenko** – 171
5.4.1	Euler-Bernoulli-Balkentheorie – 171
5.4.2	Timoschenko-Balkentheorie – 172
5.5	**Übungen** – 172

Sie lernen hier...

- die Abscherbeanspruchung berechnen.
- die Schubbeanspruchung berechnen.
- berechnen der Spannungen aufgrund Querkräfte.
- idealisierte Spannungsverläufe kennen.
- wirkliche Spannungsverläufe bei Schub und Abscherung kennen.

> **Zitat**
>
> Der Mensch ist immer noch der beste Computer.
>
> *John F. Kennedy*

Die Abscherung ist eine Beanspruchungsart in der Festigkeitslehre (vgl. Abb. 5.1). Abscherung tritt bei formschlüssigen Verbindungen auf. Darunter fallen etwa Nieten, Bolzen, Passfedern oder Stifte. Hierbei spricht man auch von Abscherspannung, Scherspannung oder Schubspannung. Das Formelzeichen für die Abscherspannung ist τ, mit der Einheit der Spannung: N/mm² [46].

Abscherbeanspruchung tritt bei vielen Bauteilen aus der Realität auf, für einen Großteil dieser genügt es allerdings, den vereinfachten Spannungsverlauf (gleichmäßiger, lineare Spannungsverlauf), anstatt des wahren (parabolischer Verlauf oder sinusförmiger Verlauf) anzunehmen. Im Zuge dieses Kapitels werden auf all diese Verläufe im Detail eingegangen und diverse Anwendungsbeispiele für diese vorgeführt und analysiert.

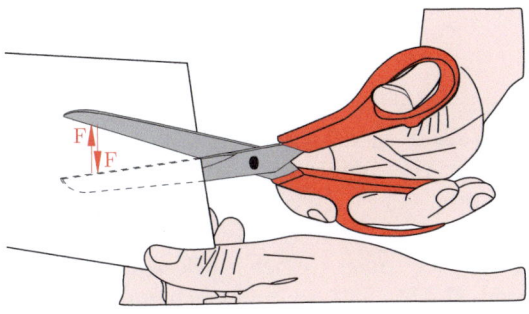

Abb. 5.1 Die Abscherbeanspruchung hat sich schon jeder von uns bereits als Kind zunutze gemacht...

5.1 Abscherung

5.1.1 Einfache Abscherung

Die Herleitung der Formel für die Berechnung der Spannung erfolgt wie bei der Druckspannung, nur in einer anderen Ebene, wodurch sich sofort

$$\tau_a = \frac{F_Q}{A} \leq \tau_{a,\text{zul}} \tag{5.1}$$

festhalten lässt.

> **Bemerkung 5.1 (Ursachen)**
>
> Aufgrund einer Querkraft in einem Bauteil wird eine Abscherspannung hervorgerufen. Diese Abscherspannung hat einen nicht linearen Spannungsverlauf, welcher allerdings unter Annahme als linearer, gleichmäßiger Spannungsverlauf in der Realität den meisten Anwendungen genügt.

5.1.2 Zulässige Abscherspannung

Um einen guten und vor allem akzeptablen Zusammenhang zwischen den wirklichen und den angenommenen Spannungsverlauf herzustellen, wurde ein Scherversuch durchgeführt, mit welchem man die Scherfestigkeit ($\tau_{a,B}$) ermittelt hat. Verbindet man diese mit einer, auf den Anwendungsfall abgestimmten Sicherheit, erhält man die zulässige Abscherspannung. Die bei der Scherspannung zusätzlich auftretende Biegespannung kann meist vernachlässigt werden.

5.1.3 Formänderung

Ist die Verformung infolge Abscherbeanspruchung zu untersuchen, so gilt infolge geringer Verformung $\gamma \ll \implies \tan(\gamma) \approx \gamma$. Es folgt gemäß Abb. 5.2 die Gleichung

$$\gamma = \frac{\Delta l}{l} \quad [\text{rad}]. \tag{5.2}$$

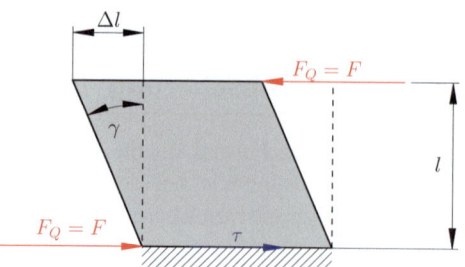

Abb. 5.2 Formänderung infolge von Schub

5.2 Schubspannungen infolge Querkraftbiegung

Bei einem Biegeträger treten bei äußerlicher Belastung, Beanspruchungen auf, die unter anderem infolge der Querkraft auf den gesamten Querschnitt Schubspannungen quer zur Balkenachse verursachen. Dieses Verhalten ist vorwiegend bei dünnwandigen, schlanken Bauteilen zu beachten!

5.2.1 Satz zugeordneter Schubspannungen

> **Theorem 5.1**
>
> Schubspannungen treten in zwei aufeinanderfolgenden, senkrechten Schnittflächen immer paarweise auf. Diese sind gleich groß und treten unter anderem parallel als auch senkrecht auf die Schnittfläche gerichtet auf.

Mit dem Gleichgewicht an einem Massenelement, hier: Würfel aus Abb. 5.3, resultieren drei Gleichungen, aus denen die Bedingungen aus überstehendem Satz folgen.

Beweis Durch[1] Ansetzen der Momentengleichugungen an drei Punkten am Würfel aus Abb. 5.3 folgen die Bedingungen: $\sigma_{12} = \sigma_{21}$; $\sigma_{13} = \sigma_{31}$ bzw. $\sigma_{23} = \sigma_{32}$. Verallgemeinern ergibt $\sigma_{ij} = \sigma_{ji}$ und damit folgt durch Betrachten des

---

[1] Dieser Beweis gehört zur Thematik der Höheren Mechanik, ist hier nur der Vollständigkeit halber angeführt.

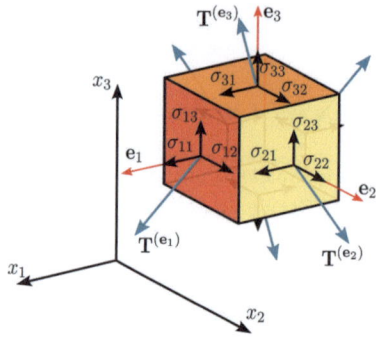

Abb. 5.3 Volumenelement, in Form eines Quaders, belastet [73, 97]

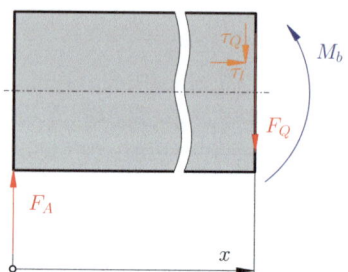

Abb. 5.4 Träger geschnitten

Spannungstensors

$$\begin{pmatrix} \sigma_{11} & \sigma_{12} & \sigma_{13} \\ \sigma_{21} & \sigma_{22} & \sigma_{23} \\ \sigma_{31} & \sigma_{32} & \sigma_{33} \end{pmatrix} \implies \begin{pmatrix} \sigma_{11} & \sigma_{12} & \sigma_{13} \\ \sigma_{12} & \sigma_{22} & \sigma_{23} \\ \sigma_{13} & \sigma_{23} & \sigma_{33} \end{pmatrix} \quad (5.3)$$

wodurch sofort sichtbar ist, dass es sich um eine symmetrische Matrix handelt und damit gilt

$$\underline{\sigma} = \underline{\sigma}^\top; \quad (5.4)$$

und damit ist der **Chauchy'sche Spannungstensor ein symmetrischer Spannungstenor 2. Stufe**. □

Schneidet man einen belasteten Balken (vgl. Abb. 5.4), so ergibt sich zum einen ein Biegemoment M_b (dazu im Kapitel „Biegung" mehr) und eine Querkraft F_Q, welche dann die Schubspannungen verursacht.

5.2 · Schubspannungen infolge Querkraftbiegung

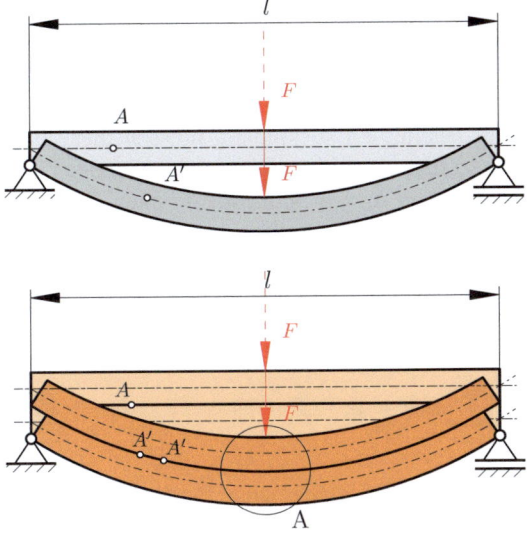

5.2.1.1 Beispiel

Beobachtet werden kann der Querkraftschub anhand eines Holzstapels. Betrachtet man die Verformung von mehreren, geschichteten Brettern, oder Balken, kann bei Belastung festgestellt werden, dass sich die neutrale Faser nicht verschiebt, wenn ein einzelner Balken untersucht wird, hingegen die sich die Berührungsflächen zueinander verschieben, wenn mehrere, geschichtete Balken, vorliegen.

Die relative Verschiebung kann nur durch entgegenwirkende Schubkräfte in Schubrichtung verhindert werden. An der Oberfläche können keine Schubkräfte übertragen werden, dort muss die Schubspannung Null sein. Aus diesem Grund kann auch hier keine gleichmäßige Spannungsverteilung vorliegen. ◻ Abb. 5.5 zeigt die Gegenüberstellung zweier Balken: Zum einen liegt ein einfacher Balken vor, zum

◻ **Abb. 5.5** Massivträger und Bretterstapel gegenübergestellt

Bild	Detail
(zwei nicht verbundene Balken, FX: −189 N, FRes: 189 N)	zwei einzelne, nicht verbunden Balken (in SolidWorks FEM durch „Kontakt" in Interaktionen definieren)
(verformter Balken, Max: 4,12)	
(zwei verbundene Balken, FX: 109 N, FY: -5e+03 N, FZ: 0,000231 N, FRes: 5e+03 N)	zwei einzelne, verbundene Balken (in SolidWorks FEM durch „Verbunden" in Interaktionen definieren)
(verformter Balken, Max: 1,03)	

◻ **Abb. 5.6** Veranschaulichung mittels FEM

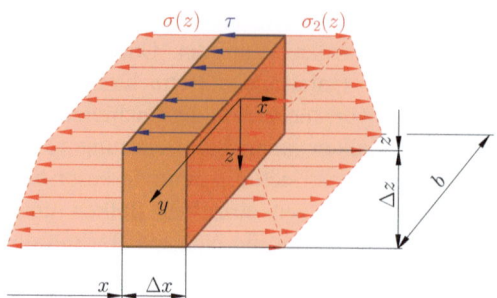

Abb. 5.7 Geschichteter Holzstapel im Detail A (vgl. **Abb. 5.5)**

anderen geschichtete Balken. Punkt A sollte die Verschiebung deutlich machen. Der Holzstapel könnte auch mit einer Blattfeder, wie sie früher zur Dämpfung von Fahrzeugen und Kutschen verwendet wurde, verglichen werden (vgl. **Abb. 5.6**). Wird hier ein infinitesimal kleines Massestück ins Gleichgewicht der Spannungen gesetzt, folgt die Grundlage zur Herleitung der Schubspannungsverteilungsformel. Dieses Massenelement zeigt **Abb. 5.7**.

5.2.1.2 Herleitung

Grundsätzlich[2] gilt die Biegespannungsformel an der Stelle x. Ist das Biegemoment und das Flächenträgheitsmoment von x abhängig, ist die Biegespannung auch von x und z abhängig, demnach gilt

$$\sigma_b(x,z) = \frac{M_b(x)}{I_A(x)} \cdot z. \qquad (5.5)$$

Für viele mag vielleicht die **Abb. 5.7** „falsch" erscheinen, da die Schubspannungen in gleicher Richtung als die Normalspannungen wirken, bis jetzt wurden Schubspannungen immer parallel zur Schnittfläche eingezeichnet. Die Lösung dieses Problems liefert der bereits behandelte „Satz zugeordneter Schubspannungen". Dort wurde festgestellt, dass der Spannungstensor durch eine symmetrische Matrix beschrieben wird, demnach ist σ_{23}, was ja die Schubspannung darstellt, gleich der Spannung σ_{32}. Untersucht man diese Spannungen anhand einer Abbildung (vgl. mit

---

2 In ähnlicher Form ist diese Herleitung in [11, S. 123 ff.], und in [31, S. 121 ff.] zu finden, jedoch bei Weitem nicht so ausführlich. Die Herleitung ist aufgrund deren Komplexität meist nicht prüfungsrelevant, oder nur in Teilen wiederzugeben.

Abb. 6.1) so wird ersichtlich, dass offenbar die Schubspannungen auch in normaler Richtung, mit gleichem Betrag, wirken.

Zurück zur Herleitung. Um die Schubverteilung bestimmen zu können, müssen diese hinzugezogen werden, gemäß nachstehender Gleichung. Von diesen Schubspannungen ($\tau(x, y)$) ist der Verlauf noch unbekannt. Es kann nachstehende Gleichung durch die Gleichgewichtsbedingungen am Massestück gefunden werden, zu

$$\sum_{i=1}^{n} F_{iX} = 0: \quad F - F_2 + F_\tau = 0. \qquad (5.6)$$

Wird hier das Gleichgewicht für die Spannungen mal Fläche angesetzt, durch $\sigma \cdot A = F$ und anschließend für $A = b(x) \cdot d(x,z)$ eingesetzt wird

$$\sum_{i=1}^{n} \sigma_{iX} \cdot A = \sum_{i=1}^{n} F_{iX} = 0:$$
$$\sigma \cdot A_1 - \sigma_2 \cdot A_1 + d\tau \cdot A_2 = 0 \qquad (5.7)$$

Wendet man hier die Regeln der Integral- und Differentialrechnung an, wird

$$\sigma(x + \Delta x, z) \cdot \Delta A_1 - \sigma(x,z) \cdot \Delta A_1$$
$$+ \tau(x,z) \cdot \Delta A_2 = 0$$
$$[\sigma(x + \Delta x, z) - \sigma(x,z)] \cdot b(z) \cdot \Delta z$$
$$= -\tau(x,z) \cdot b(z) \cdot \Delta x; \qquad (5.8)$$

bzw. durch Dividieren mit Δx folgt

$$[\sigma(x + \Delta x, z) - \sigma(x,z)] \cdot b(z) \cdot \frac{\Delta z}{\Delta x}$$
$$= -\tau(x,z) \cdot b(z). \qquad (5.9)$$

Lässt man Δx bzw. Δz unendlich klein werden, wird das „Δ" durch ein „d" ersetzt, mittels der Grenzwertfunktion, zu

$$\lim_{dx \to 0} \left[[\sigma(x + dx, z) - \sigma(x,z)] \cdot b(z) \cdot \frac{\Delta z}{\Delta x} \right.$$
$$\left. - \tau(x,z) \cdot b(z) \right]$$
$$= [\sigma(x + dx, z) - \sigma(x,z)] \cdot b(z) \cdot \frac{\Delta z}{dx}$$
$$- \tau(x,z) \cdot b(z) \qquad (5.10)$$

5.2 · Schubspannungen infolge Querkraftbiegung

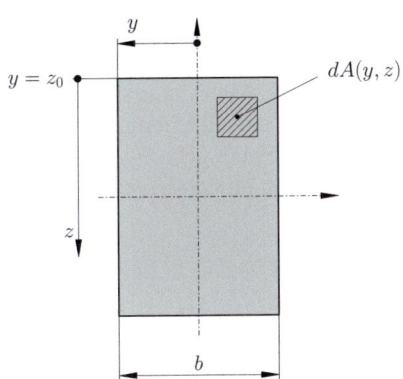

Abb. 5.8 Querschnittstück

$$\lim_{dz \to 0} \Big[[\sigma(x + dx, z) - \sigma(x, z)] \cdot b(z) \cdot \frac{\Delta z}{dx}$$
$$- \tau(x, z) \cdot b(z) \Big]$$
$$= [\sigma(x + dx, z) - \sigma(x, z)] \cdot b(z) \cdot \int_{z_0}^{z} \frac{dz}{dx}$$
$$- \tau(x, z) \cdot b(z). \quad (5.11)$$

Da diese Gleichung mathematisch so eigentlich nicht richtig geschrieben ist, muss ein „∂" verwendet werden, gemäß

$$[\sigma(x + dx, z) - \sigma(x, z)] \cdot b(z) \cdot \int_{z_0}^{z} \frac{\partial}{\partial x} dz$$
$$= -\tau(x, z) \cdot b(z). \quad (5.12)$$

Jetzt gilt es zu beachten, dass das Flächenintegral nicht über den gesamten Balkenquerschnitt gilt, sondern nur an einem infinitesimal kleinen Teil (vgl. Abb. 5.8).

Es gilt aus den Biegedifferentialgleichungen:

$$\frac{d}{dx} M_b(x) = M_b(x)' = F_Q(x). \quad (5.13)$$

Dies kann in (5.5) einsetzt werden, zu

$$\frac{\partial}{\partial x} \sigma_b(x, z) = \frac{M_b'}{I_A(x)} \cdot z = \frac{F_Q(x)}{I_A(x)} \cdot z. \quad (5.14)$$

Wird Gl. (5.14) in (5.12) eingesetzt, erhält man

$$\int_{z_0}^{z} \frac{F_Q(x)}{I_A(x)} \cdot z \cdot b(x) \cdot dz = \int_{x_0}^{x} d\tau(x, z) \cdot b(x)$$

$$\frac{F_Q(x)}{I_A(x)} \cdot \int_{z_0}^{z} z \cdot b(x) \cdot dz = \tau(x, z) \cdot b(x)$$

$$\frac{F_Q(x)}{I_A(x) \cdot b(x)} \cdot \int_{z_0}^{z} dA \cdot dz = \tau(x, z); \quad (5.15)$$

wobei $\int_{z_0}^{z} dA$ nach Definition das statische Moment $S(x)$ ist; und schließlich

$$\tau(x, z) = \frac{F_Q(x)}{I_A(x) \cdot b(x)} \cdot \int_{z_0}^{z} dA \cdot dz$$
$$(5.16)$$
$$\implies \tau(x, z) = \frac{F_Q(x)}{I_A(x) \cdot b(x)} \cdot S(x). \quad (5.17)$$

wobei $S(x)$ das statische Moment ($\int_{z_0}^{z} z \, dA$) und I_x das Flächenmoment 2. Grades ($\int_{z_0}^{z} z^2 \, dA$) bezogen auf die Gesamtquerschnittsfläche ist.

5.2.1.3 Schubspannungsverteilung beim Rechteckquerschnitt

Gemäß Abb. 5.9.[3] Das statische Moment $S(x)$ ergibt sich mit der Integralrechnung und das Flächenträgheitsmoment $I(x)$, in weiterer Folge.

$$S(x) = \int_{z_0}^{z} z \, dA = \int_{z_0}^{z} z \cdot b(x) \cdot dz$$
$$= b(x) \cdot \int_{z}^{\frac{h}{2}} z \, dz = b(x) \cdot \left(\frac{h^2}{8} - \frac{z^2}{2} \right);$$
$$(5.18)$$

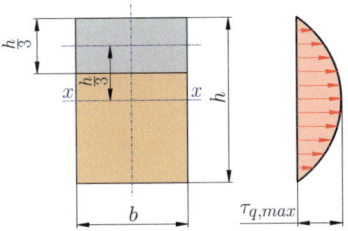

Abb. 5.9 Schubspannungsverteilung Rechteckquerschnitt

---
[3] Ähnlich [11, S. 123 ff.], und in [31, S. 121 ff.] zu finden.

$$I(x) = \int_{z_0}^{z} z^2 dA = \int_{z_0}^{z} z^2 \cdot b(x) \cdot dz$$

$$= b(x) \cdot \int_{\frac{h}{2}}^{\frac{h}{2}} z^2 dz = \underline{\underline{\frac{b(x) \cdot h^3}{12}}}. \quad (5.19)$$

Einsetzen in die Formel für die Schubspannungsverteilung ergibt:

$$\tau(x,z)_{\text{Rechteck}} = \frac{6 \cdot F_Q(x)}{b \cdot h^3} \cdot \left(\frac{h^2}{4} - z^2\right). \quad (5.20)$$

Für z kann man Werte für die Länge einsetzen, an welchen man die Schubspannung, in Abhängigkeit der Position, ermitteln möchte. Einige Beispiele sind nachstehend angeführt.

$$\tau\left(x, z = \frac{2}{3} \cdot h\right)_R = \frac{F_Q(x)}{I_A(x) \cdot b(x)} \cdot \int_z^{\frac{h}{3}} z dA$$

$$= \frac{4 \cdot F_Q(x)}{3 \cdot b(x) \cdot h}$$

$$= \frac{4 \cdot F_Q(x)}{3 \cdot A}$$

$$= \frac{4}{3} \cdot \tau_m; \quad (5.21)$$

$$\tau\left(x, z = \frac{1}{2} \cdot h\right)_R = \frac{F_Q(x)}{I_A(x) \cdot b(x)} \cdot \int_z^{\frac{h}{2}} z dA$$

$$= \frac{3 \cdot F_Q(x)}{2 \cdot b(x) \cdot h}$$

$$= \frac{3 \cdot F_Q(x)}{2 \cdot A}$$

$$= \frac{3}{2} \cdot \tau_m; \quad (5.22)$$

$$\tau(x, z = 0)_{R,\max} = \frac{6 \cdot F_Q(x)}{b \cdot h^3} \cdot \left(\frac{h^2}{4}\right)$$

$$= \frac{3 \cdot F_Q(x)}{2 \cdot b \cdot h}$$

$$= \frac{3 \cdot F_Q(x)}{2 \cdot A}$$

$$= \frac{3}{2} \cdot \tau_m. \quad (5.23)$$

5.2.1.4 Schubspannungsverteilung beim Kreisquerschnitt

Siehe ◘ Abb. 5.12. Man[4] kann zeigen, dass man den Schwerpunkt und Flächeninhalt, der schraffierten Fläche in Abhängigkeit des Winkels, mit folgenden Formeln berechnen kann

$$A = \frac{R^2}{2}(2 \cdot \beta - \sin(2 \cdot \beta)) \quad (5.24)$$

$$y_S = -\frac{4}{3} \cdot r \cdot \frac{\sin^3(\beta)}{2 \cdot \beta - \sin(2 \cdot \beta)}. \quad (5.25)$$

Die Herleitung dieser Gleichung sollte für alle Leser des Buches Technische Mechanik Stereostatik (Band 1) kein Problem sein. Hier sei diese zumal als gegeben hinzunehmen. Damit folgt das statische Moment, zu

$$S(\beta) = A(y) \cdot y_S = \frac{2}{3} \cdot R^3 \sin^3(\beta), \quad (5.26)$$

sodass für das Schubspannungsverhältnis (unter Betrachtung, dass $I_y = \frac{R^4 \cdot \pi}{4}$ und $b = 2 \cdot R \cdot \sin(\beta)$ ist) gemäß

$$\tau(x,z)_{\text{Kreis}} = \frac{4 \cdot F_Q(x)}{3 \cdot \pi \cdot R^2} \cdot \sin^2(\beta) \quad (5.27)$$

bzw. durch Einsetzen von $A = r^2 \cdot \pi$ zu

$$\tau(x,z)_{\text{Kreis}} = \frac{4 \cdot F_Q(x) \cdot \sin^2(\beta)}{3 \cdot A}. \quad (5.28)$$

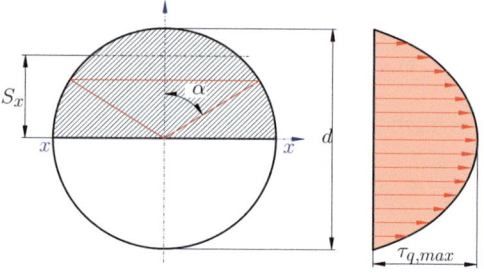

◘ **Abb. 5.12** Schubspannungsverteilung Kreisquerschnitt

---

4 [11, S. 123 ff.], und in [31, S. 121 ff.] zu finden.

5.2 · Schubspannungen infolge Querkraftbiegung

Beispiel 5.1

Zeigen Sie, dass ein Rechteck mit den Querschnittsabmessungen: $b \times h = 5\,\text{mm} \times 20\,\text{mm}$, bei einer Schubbelastung in Höhe von $F_Q = 10\,\text{kN}$ einen parabolischen Schubspannungsverlauf aufweist. Bestimmen Sie zusätzlich den Betrag der maximalen Schubspannung.

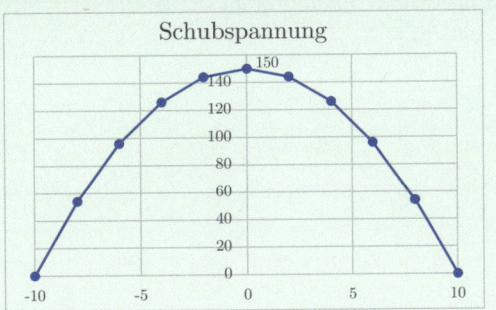

Abb. 5.10 Schubspannungsverteilung Rechteckquerschnitt, mittels Excel

Methode: Lösung durch Matlab 5.1 (Statisches Moment und Flächenträgheitsmoment mit Matlab)

Gesucht ist eine Anweisung, die mithilfe von Matlab in der Commanderzeile das Flächenträgheitsmoment sowie das statische Moment eines Rechtecks berechnet.

```
%================statisches Moment====================
clear all
syms f(z) g(z) z b_x h F_Q    %Variablen definieren
f(z) = b_x*z                  %zu integrierende Funktion

a_1 =  0;                     %untere Grenze
b_1 =  h/2;                   %obere Grenze

S = int(f, a_1, b_1)          %statisches Moment

%================Flächenträgheitsmoment================
g(z) = b_x*z^2                %zu integrierende Funktion

a_2 = -h/2;                   %untere Grenze
b_2 =  h/2;                   %obere Grenze

I = int(g, a_2, b_2)          %Flächenträgheitsmoment
```

```
>> clear all
>> Schub_1_Rechteck

f(z) =

b_x*z


S =

(b_x*h^2)/8


g(z) =

b_x*z^2


I =

(b_x*h^3)/12

fx >>
```

Abb. 5.11 Programmcode: statisches Moment und Flächenträgheitsmoment mit Matlab

berechnet werden kann. Jetzt ist bekannt, dass die maximale Spannung an der Stelle $\alpha = 90°$ ist, also gilt

$$\tau(x,z)_{\text{Kreis,max}} = \frac{4 \cdot F_Q(x)}{3 \cdot A} = \frac{4}{3} \cdot \tau_m. \tag{5.29}$$

5.2.1.5 Max. Schubspannung einiger Querschnitte

— **Rechteck:**

$$\tau(x,z)_{\text{Rechteck,max}} = \frac{3 \cdot F_Q(x)}{2 \cdot A} = \frac{3}{2} \cdot \tau_m. \tag{5.30}$$

— **Kreis:**

$$\tau(x,z)_{\text{Kreis,max}} = \frac{4 \cdot F_Q(x)}{3 \cdot A} = \frac{4}{3} \cdot \tau_m. \tag{5.31}$$

— **Kreisring:**

$$\tau(x,z)_{\text{Kreisring,max}} = \frac{2 \cdot F_Q(x)}{A} = 2 \cdot \tau_m. \tag{5.32}$$

Methode: Lösung durch Matlab 5.2 (Stat. Moment und Flächenmoment mit Matlab, Kreis)

Gesucht ist eine Anweisung, die mithilfe von Matlab in der Commanderzeile das Flächenträgheitsmoment sowie das statische Moment eines Kreises berechnet (vgl. ◘ Abb. 5.13).

```
%================statisches Moment====================

clear all

syms f(z) g(z) z r F_Q beta        %Variablen definieren

    %================1. Möglichkeit====================

    A = r^2/2*(2*beta-sind(2*beta));
    y_S = -4/3*r*sin(beta)^3/(2*beta-sin(2*beta));

    S_1 = A*y_S                    %statisches Moment

    %================2. Möglichkeit====================

    g(z) = z*sqrt(r^2-z^2)         %zu integrierende Funktion

    a_2 = 0                        %untere Grenze
    b_2 = r;                       %obere Grenze

    S_2 = int(g, a_2, b_2)         %statisches Moment


%================Flächenträgheitsmoment================
    g(z) = z*pi*sqrt(r^2-z^2)^2    %zu integrierende Funktion

    a_2 = 0                        %untere Grenze
    b_2 = r;                       %obere Grenze

    I = int(g, a_2, b_2)           %Flächenträgheitsmoment

%================Schubspannungsformel==================
```

5.2 · Schubspannungen infolge Querkraftbiegung

```
>> Schub_2_Kreis

S_1 =

-(2*r^3*sin(beta)^3*(2*beta - sin((pi*beta)/90)))/(3*(2*beta - sin(2*beta)))

g(z) =

z*(r^2 - z^2)^(1/2)

a_2 =

     0

S_2 =

r^3/3

g(z) =

pi*z*(r^2 - z^2)

a_2 =

     0

I =

(pi*r^4)/4

fx >>
```

Abb. 5.13 Programmcode: statisches Moment und Flächenträgheitsmoment, mit Matlab, Lösung

5.2.1.6 Dünnwandige offene Querschnitte und der Schubmittelpunkt

Da $b(x)$ [11] die Dicke in Abhängigkeit der Laufvariable x ist, kann für $b(x)$ bei dünnwandigen Querschnitten t eingesetzt werden.

$$\tau(x,z)_{dP} = \frac{F_Q(x)}{I_A(x) \cdot t(x)} \cdot \int_{z_0}^{z} dA \cdot dz$$

$$\implies \tau(x,z)_{dP} = \frac{F_Q(x)}{I_A(x) \cdot t(x)} \cdot S(x) \quad (5.33)$$

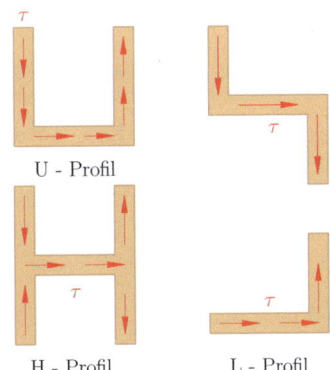

Abb. 5.14 Beispiele offene Querschnitte [11]

Beispiele für offene Querschnitte sind in Abb. 5.14 dargestellt. Dabei ist mit den roten Pfeilen der Schubfluss, in Abhängigkeit des jeweiligen Querschnittes, dargestellt.

Demnach ergeben sich für die Schubspannungen als Beispiel beim I, sowie T-Träger nachfolgende Schubspannungen. Gemäß ◘ Abb. 5.15 gilt für das I-Profil

$$\tau_{q1,\text{IP}} = \frac{F_Q\, b\,(h-t)}{4\, I_A} \tag{5.34}$$

$$\tau_{q2,\text{IP}} = \frac{F_Q\, b\,(h-t)}{2\, I_A} \tag{5.35}$$

$$\tau_{q3,\text{IP}} = \tau_{q,\text{IP.max}}$$
$$= \frac{F_Q}{2\, I_A}\left[b\,(h-t) + \left(\frac{h}{2}-t\right)^2\right] \tag{5.36}$$

und für das U-Profil

$$\tau_{q1,\text{UP}} = \frac{F_Q\, b\,(h-t)}{2\, I_A} \tag{5.37}$$

$$\tau_{q2,\text{UP}} = \frac{F_Q\, b\,(h-t)}{2\, I_A} \tag{5.38}$$

$$\tau_{q3,\text{UP}} = \tau_{q,\text{IP.max}}$$
$$= \frac{F_Q}{2\, I_A}\left[b\,(h-t) + \left(\frac{h}{2}-t\right)^2\right] \tag{5.39}$$

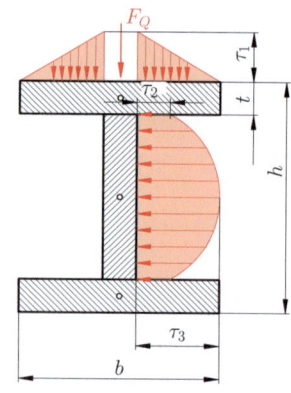

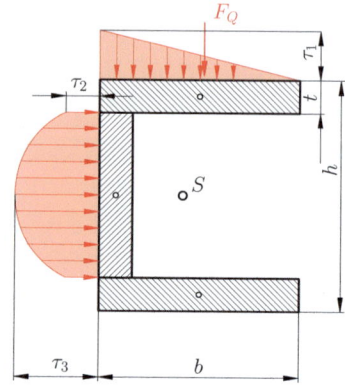

◘ **Abb. 5.15** Normprofile [11]

Die exakte Ermittlung dieser Gleichungen wird am Ende anhand eines Übungsbeispiels gezeigt.

Nachstehend ist eine Tabelle mit unterschiedlichen Schubspannungsverläufen inkl. deren Gleichungen zur Berechnung zu finden.

Methode: Lösung durch SolidWorks – FEM 5.1

Es ist mittels SolidWorks FEM der Schubspannungsverlauf eines I-Trägers zu ermitteln und zu untersuchen, ob die Schubspannungsverläufe aus ◘ Abb. 5.15 zutreffen. Gegeben sei dazu ein I-Profil mit einer Wandstärke t in Höhe von 5 mm sowie einer Höhe $h = 80\,\text{mm}$ und $b = 70\,\text{mm}$. Das Profil wird durch eine Schubbelastung in Höhe von 10 kN belastet und ragt als Kragträger aus einer einbetonierten Wand.

Pos.	Bild	Erklärung
1	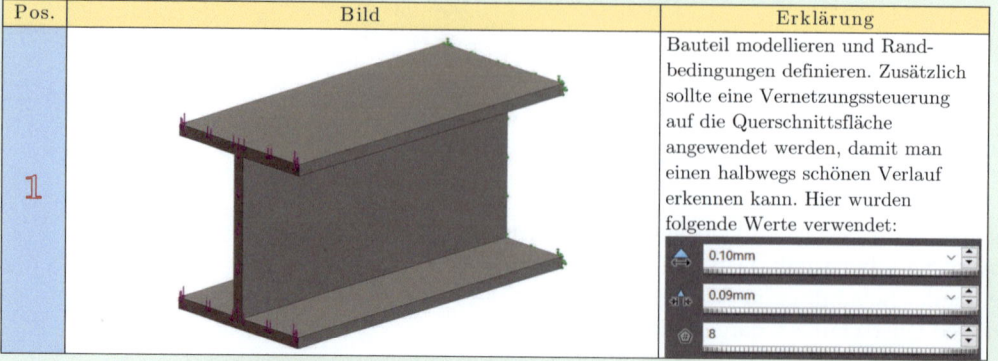	Bauteil modellieren und Randbedingungen definieren. Zusätzlich sollte eine Vernetzungssteuerung auf die Querschnittsfläche angewendet werden, damit man einen halbwegs schönen Verlauf erkennen kann. Hier wurden folgende Werte verwendet: 0.10mm / 0.09mm / 8

5.2 · Schubspannungen infolge Querkraftbiegung

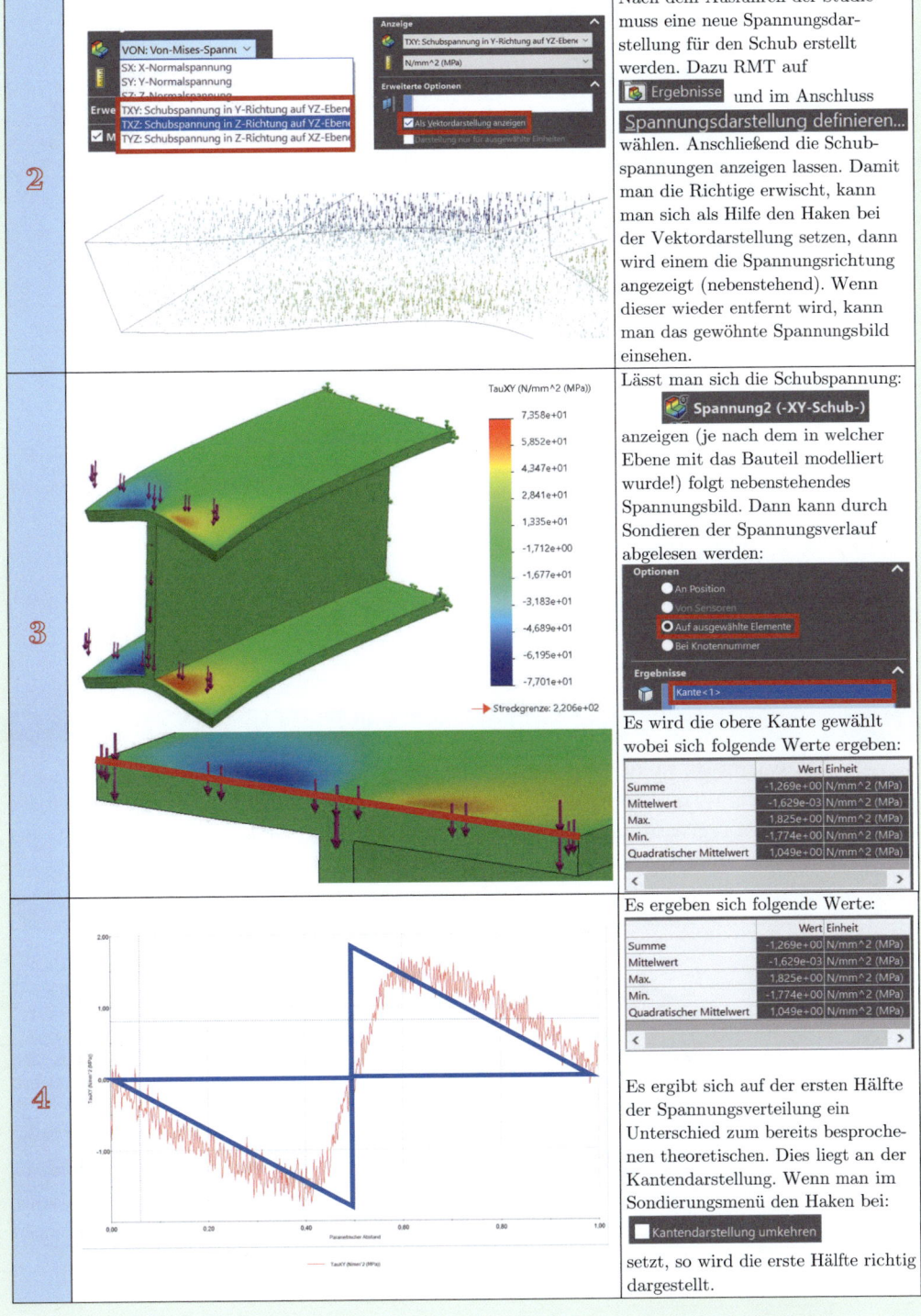

2 Nach dem Ausführen der Studie muss eine neue Spannungsdarstellung für den Schub erstellt werden. Dazu RMT auf `Ergebnisse` und im Anschluss `Spannungsdarstellung definieren...` wählen. Anschließend die Schubspannungen anzeigen lassen. Damit man die Richtige erwischt, kann man sich als Hilfe den Haken bei der Vektordarstellung setzen, dann wird einem die Spannungsrichtung angezeigt (nebenstehend). Wenn dieser wieder entfernt wird, kann man das gewöhnte Spannungsbild einsehen.

3 Lässt man sich die Schubspannung: `Spannung2 (-XY-Schub-)` anzeigen (je nach dem in welcher Ebene mit das Bauteil modelliert wurde!) folgt nebenstehendes Spannungsbild. Dann kann durch Sondieren der Spannungsverlauf abgelesen werden:

Es wird die obere Kante gewählt wobei sich folgende Werte ergeben:

	Wert	Einheit
Summe	-1,269e+00	N/mm^2 (MPa)
Mittelwert	-1,629e-03	N/mm^2 (MPa)
Max.	1,825e+00	N/mm^2 (MPa)
Min.	-1,774e+00	N/mm^2 (MPa)
Quadratischer Mittelwert	1,049e+00	N/mm^2 (MPa)

4 Es ergeben sich folgende Werte:

	Wert	Einheit
Summe	-1,269e+00	N/mm^2 (MPa)
Mittelwert	-1,629e-03	N/mm^2 (MPa)
Max.	1,825e+00	N/mm^2 (MPa)
Min.	-1,774e+00	N/mm^2 (MPa)
Quadratischer Mittelwert	1,049e+00	N/mm^2 (MPa)

Es ergibt sich auf der ersten Hälfte der Spannungsverteilung ein Unterschied zum bereits besprochenen theoretischen. Dies liegt an der Kantendarstellung. Wenn man im Sondierungsmenü den Haken bei: `Kantendarstellung umkehren` setzt, so wird die erste Hälfte richtig dargestellt.

160 Kapitel 5 · Abscher- und Schubbeanspruchung

Pos.	Bild	Erklärung
5	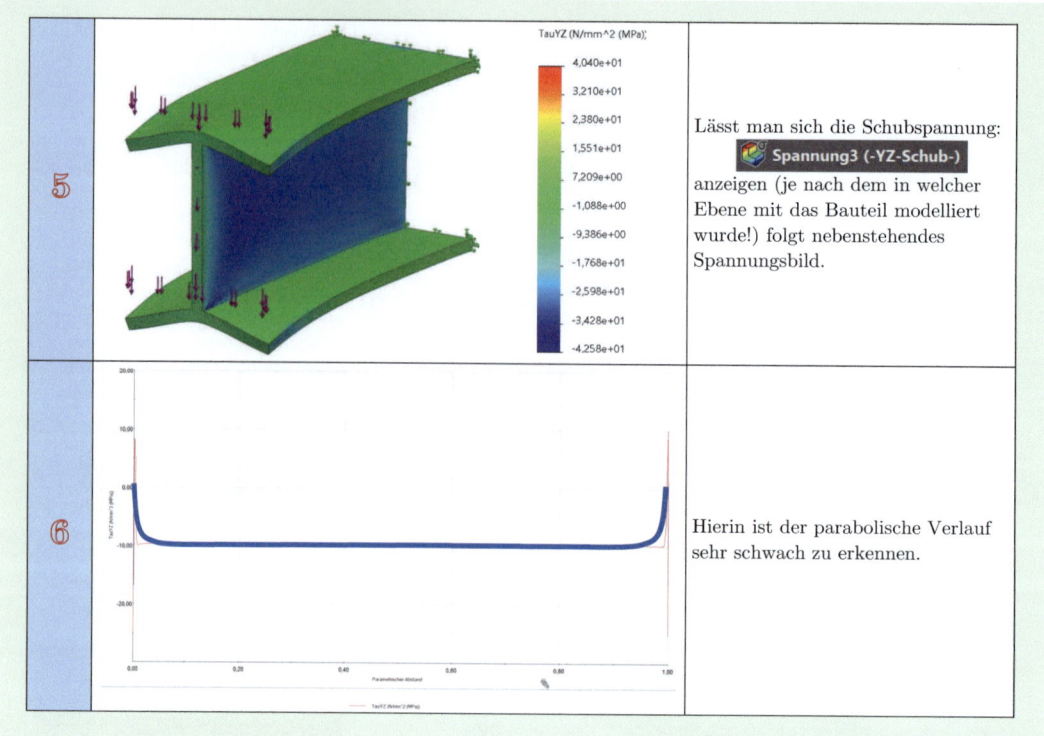	Lässt man sich die Schubspannung: **Spannung3 (-YZ-Schub-)** anzeigen (je nach dem in welcher Ebene mit das Bauteil modelliert wurde!) folgt nebenstehendes Spannungsbild.
6		Hierin ist der parabolische Verlauf sehr schwach zu erkennen.

Methode: Lösung durch SolidWorks – FEM 5.2

Es ist mittels SolidWorks FEM der Schubspannungsverlauf eines T-Trägers zu ermitteln und zu untersuchen. Gegeben sei dazu ein I-Profil mit einer Wandstärke t in Höhe von 5 mm sowie einer Höhe $h = 80$ mm und $b = 70$ mm. Das Profil wird durch eine Schubbelastung in Höhe von 10 kN belastet und ragt als Kragträger aus einer einbetonierten Wand.

Pos.	Bild	Erklärung
1	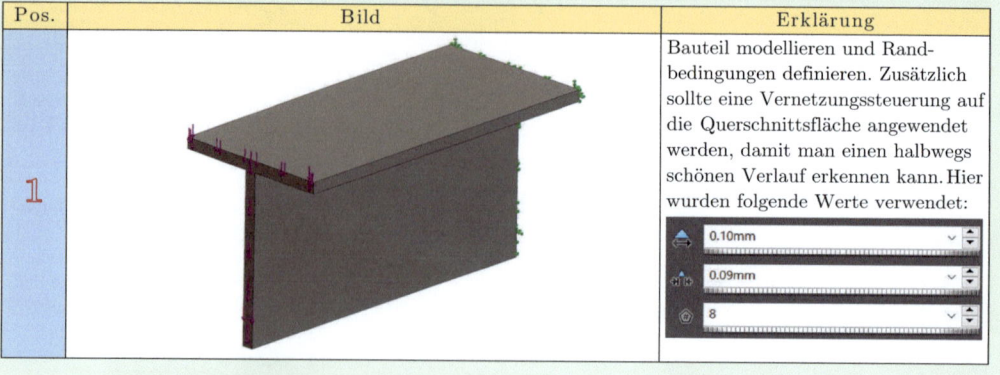	Bauteil modellieren und Randbedingungen definieren. Zusätzlich sollte eine Vernetzungssteuerung auf die Querschnittsfläche angewendet werden, damit man einen halbwegs schönen Verlauf erkennen kann. Hier wurden folgende Werte verwendet: 0.10mm / 0.09mm / 8

5.2 · Schubspannungen infolge Querkraftbiegung

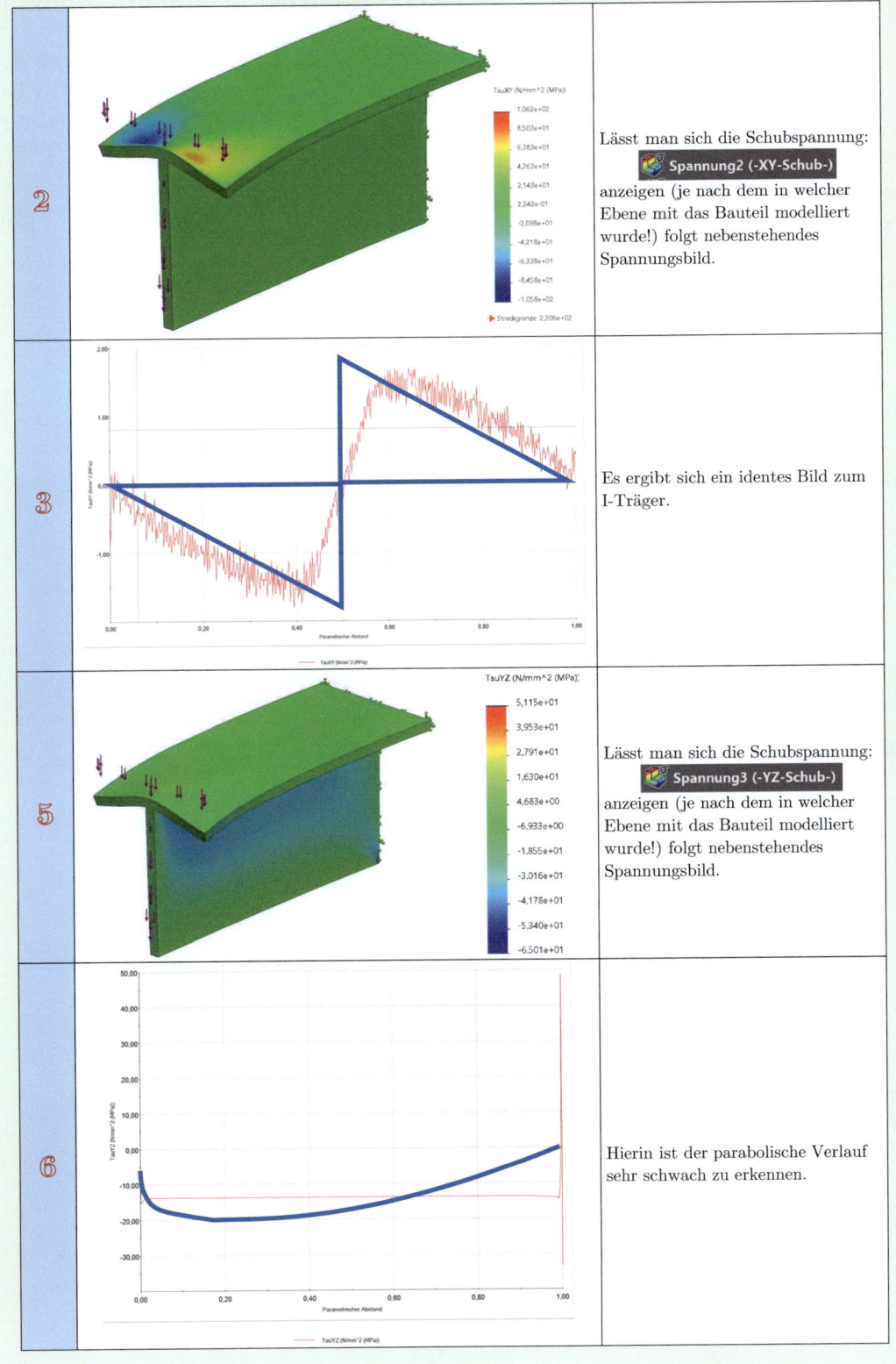

5.2.2 Lage des Schubmittelpunktes

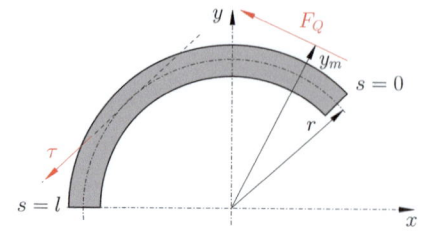

Abb. 5.16 Lage des Schubmittelpunktes

Diese Herleitung ist in ähnlicher Form im Buch [31, S. 122] zu finden. Gemäß ◘ Abb. 5.16 kann das Gleichgewicht für die Schubspannungen angesetzt werden. Es folgt dann die Gleichung

$$F_Q \cdot y_S = \int_0^l t \cdot \tau \cdot r \, ds. \qquad (5.40)$$

Eine Übersicht bietet ◘ Abb. 5.17.

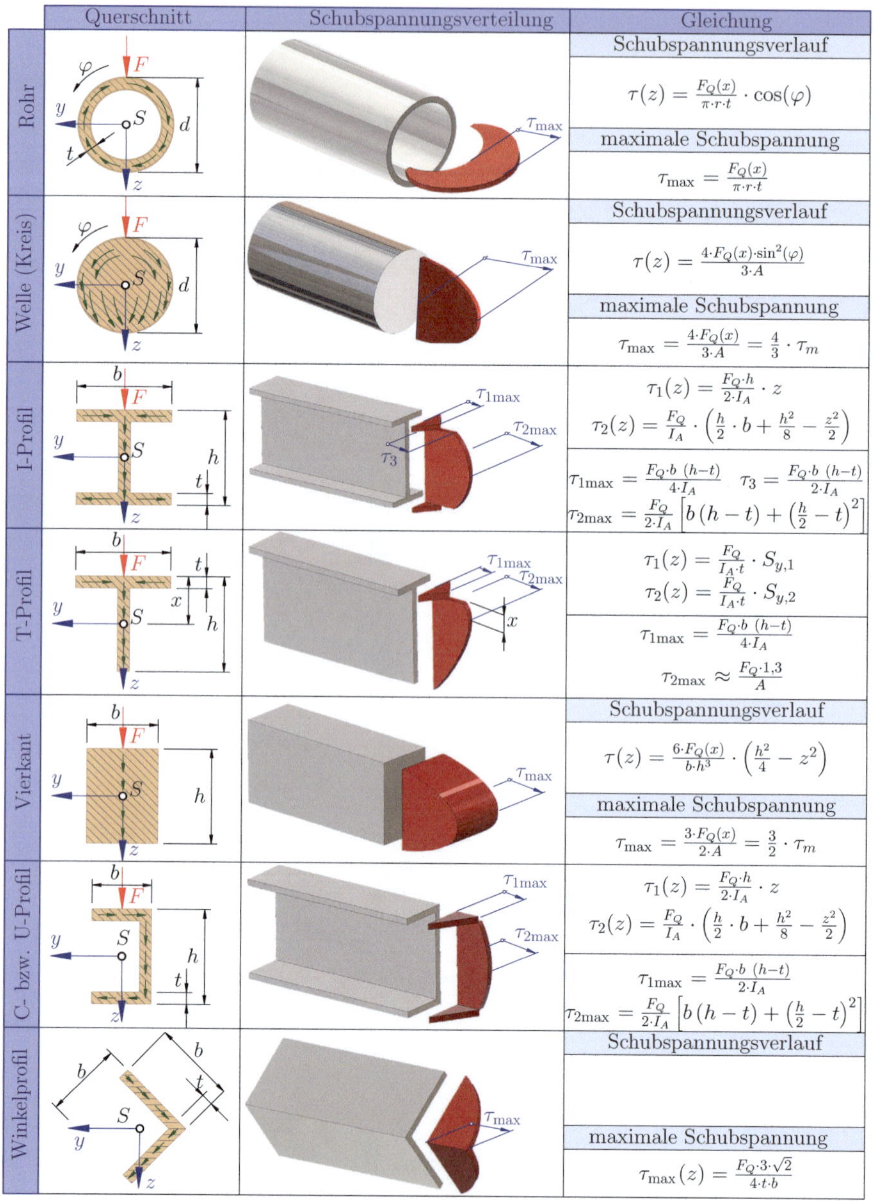

Querschnitt	Schubspannungsverteilung	Gleichung
Rohr		Schubspannungsverlauf
		$\tau(z) = \frac{F_Q(x)}{\pi \cdot r \cdot t} \cdot \cos(\varphi)$
		maximale Schubspannung
		$\tau_{\max} = \frac{F_Q(x)}{\pi \cdot r \cdot t}$
Welle (Kreis)		Schubspannungsverlauf
		$\tau(z) = \frac{4 \cdot F_Q(x) \cdot \sin^2(\varphi)}{3 \cdot A}$
		maximale Schubspannung
		$\tau_{\max} = \frac{4 \cdot F_Q(x)}{3 \cdot A} = \frac{4}{3} \cdot \tau_m$
I-Profil		$\tau_1(z) = \frac{F_Q \cdot h}{2 \cdot I_A} \cdot z$
		$\tau_2(z) = \frac{F_Q}{I_A} \cdot \left(\frac{h}{2} \cdot b + \frac{h^2}{8} - \frac{z^2}{2} \right)$
		$\tau_{1\max} = \frac{F_Q \cdot b \, (h-t)}{4 \cdot I_A} \quad \tau_3 = \frac{F_Q \cdot b \, (h-t)}{2 \cdot I_A}$
		$\tau_{2\max} = \frac{F_Q}{2 \cdot I_A} \left[b(h-t) + \left(\frac{h}{2} - t \right)^2 \right]$
T-Profil		$\tau_1(z) = \frac{F_Q}{I_A \cdot t} \cdot S_{y,1}$
		$\tau_2(z) = \frac{F_Q}{I_A \cdot t} \cdot S_{y,2}$
		$\tau_{1\max} = \frac{F_Q \cdot b \, (h-t)}{4 \cdot I_A}$
		$\tau_{2\max} \approx \frac{F_Q \cdot 1{,}3}{A}$
Vierkant		Schubspannungsverlauf
		$\tau(z) = \frac{6 \cdot F_Q(x)}{b \cdot h^3} \cdot \left(\frac{h^2}{4} - z^2 \right)$
		maximale Schubspannung
		$\tau_{\max} = \frac{3 \cdot F_Q(x)}{2 \cdot A} = \frac{3}{2} \cdot \tau_m$
C- bzw. U-Profil		$\tau_1(z) = \frac{F_Q \cdot h}{2 \cdot I_A} \cdot z$
		$\tau_2(z) = \frac{F_Q}{I_A} \cdot \left(\frac{h}{2} \cdot b + \frac{h^2}{8} - \frac{z^2}{2} \right)$
		$\tau_{1\max} = \frac{F_Q \cdot b \, (h-t)}{2 \cdot I_A}$
		$\tau_{2\max} = \frac{F_Q}{2 \cdot I_A} \left[b(h-t) + \left(\frac{h}{2} - t \right)^2 \right]$
Winkelprofil		Schubspannungsverlauf
		maximale Schubspannung
		$\tau_{\max}(z) = \frac{F_Q \cdot 3 \cdot \sqrt{2}}{4 \cdot t \cdot b}$

Abb. 5.17 Tabelle mit Gleichungen zur Berechnung der Schubspannungen wichtiger Figuren

5.2 · Schubspannungen infolge Querkraftbiegung

Wenn hier $\tau \cdot t$ durch die Formel

$$\tau(x,z) = \frac{F_Q(x)}{I_A(x) \cdot t(x)} \cdot S(x)$$

ersetzt und umgeformt wird, folgt die Formel zur Ermittlung der Lage des Schubmittelpunktes gemäß

$$y_S = \frac{1}{I_y} \int_0^l S_y(s) \cdot r \, ds. \qquad (5.41)$$

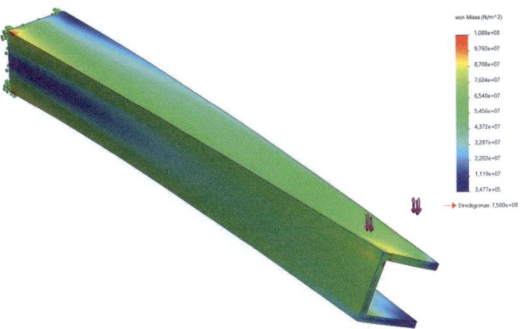

Abb. 5.18 Belastung durch Querkraft ohne Blech-Spannung

Bemerkung 5.2
Diese Formel bezieht sich auf den Schwerpunkt des Trägerquerschnitts desbversetzten Punktes M.

5.2.3 Arten von Belastungen auf Träger, Schub

Wird ein Träger, mit einem, Querschnitt der offen gestaltet ist, belastet, so stellt man fest, dass bei Ausführung als Kragträger keine reine Biegung auftritt. In Abb. 5.18 und 5.19 ist eine FEM-Simulation in SolidWorks erstellt worden, die veranschaulicht, dass der Kraftangriffspunkt offensichtlich abhängig von der Stärke der Verdrillung ist. Anders als man vermuten würde, kann es sein, dass beim Anschweißen eines Bleches und dort angreifender Kraft, die Verdrillung reduziert wird. Es tritt Biegung und Verdrillung auf. Die Verschiebung ist in Abb. 5.20 und 5.21 dargestellt. Im Idealfall würde aber reine Biegung gefordert werden, welche dadurch zustande kommt, dass man die Kraft im Schubmittelpunkt einleitet, also die Wirklinie der Querkraft mit dem Schubmittelpunkt zusammenfällt. Dies wird in Abb. 5.22 gezeigt. Es folgt reine Biegung.

In Abb. 5.22 ist dieses Phänomen zusätzlich zeichnerisch dargestellt[5].

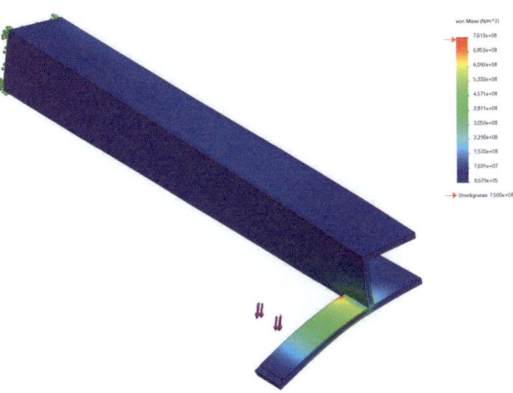

Abb. 5.19 Belastung durch Querkraft mit Blech-Spannung

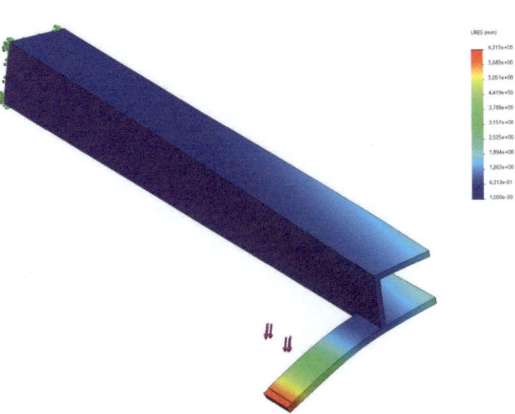

Abb. 5.20 Belastung durch Querkraft ohne Blech-Verschiebung

---
5 [11], ähnlich zu finden in [31].

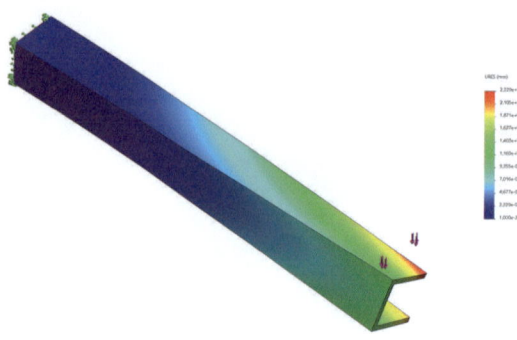

Abb. 5.21 Belastung durch Querkraft mit Blech-Verschiebung

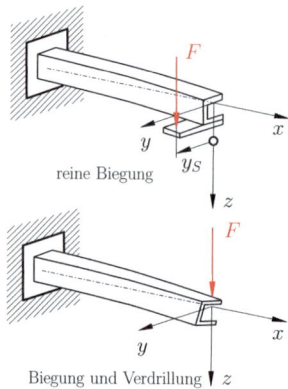

Abb. 5.22 Reine Biegung und Biegung sowie Torsion

Bemerkung 5.3
Um reine Biegung zu erhalten, muss die Kraftangriffswirklinie durch den Schubmittelpunkt gehen.

Corollary 5.1
Gemäß überstehenden Bemerkung folgt, dass bei Vollquerschnitten immer reine Biegung, wenn die Kraft im Schwerpunkt angreift, was meistens der Fall ist, vorliegt, da dort der Schubmittelpunkt mit dem Schwerpunkt zusammenfällt.

5.2.4 Geschlitzte, dünnwandige offene Kreisquerschnitte [11]

Vgl. Abb. 5.23 und 5.24. Mittels der Gleichung

$$I_T = \frac{(2 \cdot A_m)^2}{\oint \frac{ds}{t}}$$

(wird genauer im Kapitel „Torsionsbeanspruchung" behandelt) wird durch Einsetzen für $A_m = r_m^2 \cdot \pi$ und $\oint \frac{ds}{t} = \frac{2 \cdot r_m \cdot \pi}{t}$ die Gleichung

$$I_T = 2 \cdot r_m^3 \cdot \pi \cdot t. \tag{5.42}$$

gefunden. Gemäß den Definitionen für das polare Flächenträgheitsmoment für den Kreis $I_p = I_T = I_x + I_y = 2 \cdot I_x = 2 \cdot I_y \Longrightarrow I_y = \frac{1}{2} \cdot I_y$ also für das Flächenträgheitsmoment in y-Richtung, folgt die Gleichung

$$\underline{\underline{I_y = \frac{I_T}{2} = \pi \cdot r^3 \cdot t}}. \tag{5.43}$$

Für das statische Moment gilt, wenn die Funktion in Polarformdarstellung des Kreises eingesetzt wird: $y = \sin(\varphi)$ und für den Umfang

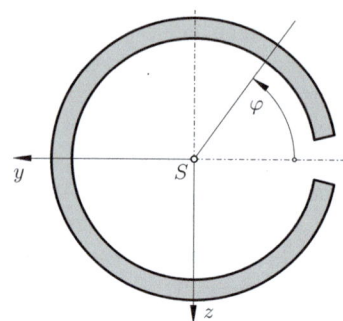

Abb. 5.23 Dünnwandiger geschlitzter Kreisquerschnitt

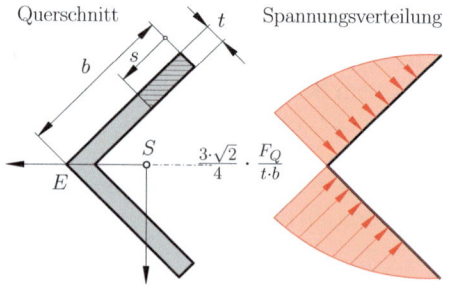

Abb. 5.24 90 Grad Winkel-Profil

5.2 · Schubspannungen infolge Querkraftbiegung

$U = \frac{2 \cdot r \cdot \pi}{2 \cdot \pi} \cdot \varphi = r \cdot \varphi$. Unter Betrachtung, dass es sich um unendlich dünne Stücke handelt, wodurch man auf $dA = r \cdot d\varphi$ schließen kann, folgt für das statische Moment

$$\underline{\underline{S(\varphi)}} = \int_0^{\varphi} r \cdot \sin(\varphi) \cdot t \cdot r \cdot d\varphi$$

$$= r^2 \cdot t \cdot \int_0^{\varphi} \sin(\varphi) d\varphi$$

$$= r^2 \cdot t \cdot [|-\cos(0)| - \cos(\varphi)]$$

$$= \underline{\underline{r^2 \cdot t (1 - \cos(\varphi))}}. \quad (5.44)$$

Durch Einsetzen in die Gleichung für die Schubspannungsverteilung resultiert schließlich

$$\tau(\varphi)_{\text{dgP}} = \frac{F_Q \cdot (1 - \cos(\varphi))}{\pi \cdot r \cdot t}. \quad (5.45)$$

Für ein Winkelprofil gilt für das Maximum [11]

$$\tau(x, z)_{\text{max}} = \frac{F_Q \cdot 3 \cdot \sqrt{2}}{4 \cdot t \cdot b}. \quad (5.46)$$

Methode: Lösung durch Matlab 5.3 (Schubspannungsverlauf in Polarkoordinaten)

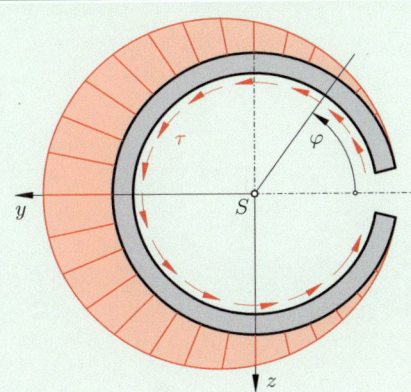

Gesucht ist der Schubspannungsverlauf für den Spannungsverlauf aus ▢ Abb. 5.25 in Polarkoordinaten. Die Ergebnisse sind in den beiden ▢ Abb. 5.26 und 5.27 zu finden

▢ **Abb. 5.25** Die Schubspannungsverteilung

```
clear all

%================================================================
%========================RANDBEDINGUNGEN DEFINIEREN==============
%================================================================

t   = 5;            %mm
F_Q = 2000;         %N
r   = 100;          %mm

%================================================================
%========================DEFINITIONSBEREICHE=====================
%================================================================

phi=linspace(0,2*pi);              %Werte für phi

%================================================================
%========================SCHUBSPANNUNGSVERTEILUNG================
%================================================================

tau = F_Q * (1- cos(phi))/(pi * r * t); %Schubspannungsverteilungsgleichung

polar(phi, tau, 'r')             %Plotten der Funktion in Polarkoordinaten
```

▢ **Abb. 5.26** Schubspannungsverlauf in Polarkoordinaten, Matlab, Programmcode

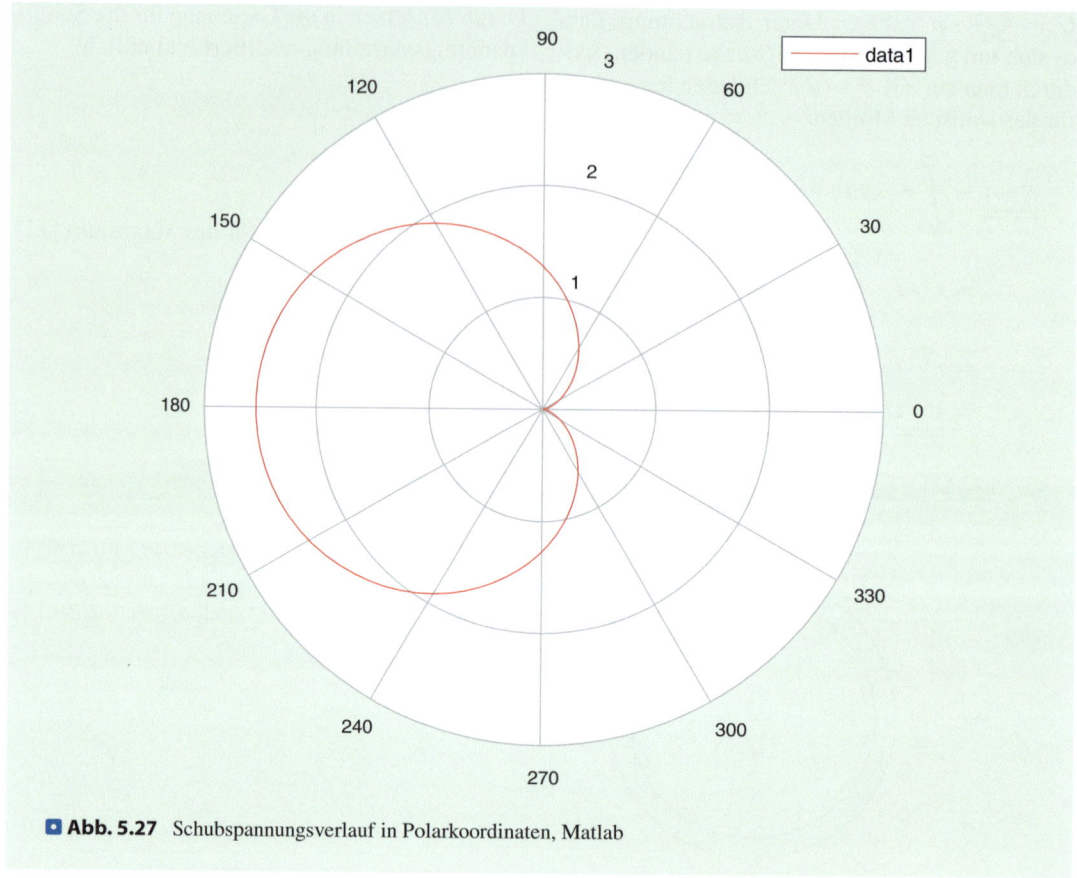

Abb. 5.27 Schubspannungsverlauf in Polarkoordinaten, Matlab

5.2.5 Bedeutung der Schubspannungen

Warum wird die Schubspannung so selten bedacht? Im nächsten Kapitel, der Biegung, wird ersichtlich, dass die Schubspannungen nicht, oder nur selten eine Rolle bei der Dimension spielen. Warum dem so ist, wird im Anschluss kurz erläutert. Dazu wird die Biege- und die Schubspannung ins Verhältnis gesetzt (vgl. [11], in ähnlicher Form).

Für das maximale Biegemoment ergibt sich: $M_{b,\max} = F \cdot l$ und für $F_Q = F_A = F$, wenn von einem Kragträger ausgegangen wird (vgl. ▶ Kap. 7). Eingesetzt in die Gleichung für die Biegebeanspruchung, unter Voraussetzung, dass ein Kreisquerschnitt vorliegt, mit $W_a = \frac{d^3 \cdot \pi}{32}$, wird

$$\sigma_{b,\max} = \frac{M_{b,\max}}{W_a} = \frac{32 \cdot F \cdot l}{d^3 \cdot \pi}. \qquad (5.47)$$

Für die Schubspannung gilt für einen Kreisquerschnitt

$$\tau_{\max} = \frac{4 \cdot F}{3 \cdot A} = \frac{4}{3} \cdot \frac{4 \cdot F}{d^2 \cdot \pi} = \frac{16}{3} \cdot \frac{F}{d^2 \cdot \pi}. \qquad (5.48)$$

Diese beiden Bedingungen ins Verhältnis gesetzt, ergibt

$$\frac{\tau_{\max}}{\sigma_{b,\max}} = \frac{\frac{16}{3} \cdot \frac{F}{d^2 \cdot \pi}}{\frac{32 \cdot F \cdot l}{d^3 \cdot \pi}}$$
$$= \frac{16 \cdot F \cdot d^3 \cdot \pi}{32 \cdot F \cdot l \cdot 3 \cdot d^2 \cdot \pi}$$
$$= \frac{d}{6 \cdot l}. \qquad (5.49)$$

Da der Durchmesser d im Normalfall sehr viel kleiner als die sechsfache Länge ist, also $d \ll 6 \cdot l$ kann die Schubspannung, in Verbindung mit

Biegung, meist vernachlässigt werden. Für einen Rechteck-Querschnitt erhält man Ähnliches:

$$\underline{\underline{\frac{\tau_{\max}}{\sigma_{b,\max}}}} = \underline{\underline{\frac{h}{4 \cdot l}}}$$

und damit $h \ll 4 \cdot l$. Wichtig ist die Schubspannung besonders bei der Berechnung von Klebestellen und Schweißverbindungen und in erster Linie bei schlanken Körpern.

5.3 Verformungen infolge Schubbeanspruchung

5.3.1 Herleitung

In[6] der Biegetheorie (nächstes Kapitel) werden folgende Gleichungen hergeleitet

$$\frac{dF_Q}{dx} = -q \quad \text{und} \quad \frac{dM_b}{dx} = F_Q. \quad (5.50)$$

Dabei beschreiben M_b und F_Q die auf den Querschnitt verteilten Biegemomente-, bzw. Schubspannungen um die Querschnittfläche und in z-Richtung. Bei der Herleitung der Biegehauptgleichung findet man folgende Gleichungen

$$M = \int z \cdot \sigma \cdot dA, \quad F_Q = \int \tau \cdot dA \quad \text{und}$$
$$F_N = \int \sigma \cdot dA, \quad (5.51)$$

dazu später mehr. Nach bereits gezeigten Bedingungen gilt für die Verzerrung (vgl. ▶ Kap. 2)

$$\varepsilon = \frac{l}{l_0} = \frac{u}{x} = \frac{\partial u}{\partial x} \quad \text{und} \quad \gamma = \frac{\partial w}{\partial x} + \frac{\partial u}{\partial z}. \quad (5.52)$$

Diese Gesetze wurden bereits hergeleitet, ausgenommen sind die Terme mit den partiellen Ableitungen. Um diese zeigen und herleiten zu können, bedarf es einiges an Vorbildung in der Spannungstheorie in höherer Form (Höhere Mechanik-Festigkeitslehre, Bücher dazu: [1, 10, 18]), dies wird aber später noch intensiver untersucht. γ ist der Scherwinkel (Satz zugeordneter Schubspannungen ▶ Abschn. 5.2.1, ◻ Abb. 5.2) und bezeichnet den Winkel der Verzerrung jedes infinitesimal kleinen Massenelement unter Schubbelastung. Aus dem eindimensionalen Hooke'schen Gesetz folgt

$$\tau = G \cdot \gamma \quad \text{und} \quad \sigma = E \cdot \varepsilon. \quad (5.53)$$

Es müssen folgende Annahmen getroffen werden, um die Geltung der Gesetze vorauszusetzen
1. Die Verschiebung w ist unabhängig von z: $w(x) = w$. Alle Punkte des Querschnittes erfahren hiernach dieselbe Verschiebung.
2. Die Erhaltung der Ebenheit. Querschnitte bleiben eben, auch wenn diese verformt werden. Ein Querschnitt erfährt neben der Absenkung w eine reine Drehung um den kleinen Drehwinkel $\psi = \psi(x)$. Daher wird für den Punkt P im beliebigen Abstand z von der Balkenachse die Verschiebung u in x-Richtung: $u(x, z) = \psi(x) \cdot z$.

Einsetzen der verschiedenen Gleichungen für die Verschiebung in die Spannungen lassen

$$\tau = G \cdot \left(\frac{\partial w}{\partial x} + \frac{\partial u}{\partial z} \right) \quad (5.54)$$

$$\sigma = E \cdot \frac{\partial u}{\partial x}. \quad (5.55)$$

folgen. Diese Gleichung in $u(x, z) = \psi(x) \cdot z$ eingesetzt ergibt

$$\tau = G \cdot (w' + \psi) \quad (5.56)$$

$$\sigma = E \cdot \psi' \cdot z, \quad (5.57)$$

Hierin wurde Gleichung $\sigma = E \cdot \frac{\partial u}{\partial x} = E \cdot \psi' \cdot z$ verwendet, zusätzlich stellt w' die Neigung der deformierten Balkenachse dar. Sie ist aufgrund $w \ll 1$ gleich dem Neigungswinkel.

---

6 Diese Herleitungen sind in ähnlicher Form in [7] zu finden, auf S. 108 ff.

5.3.1.1 Elastizitätsgesetz für das Biegemoment

$$M = \int z \cdot \sigma \cdot dA = \int z \cdot E \cdot \psi' \cdot z \cdot dA$$
$$= E \cdot \psi' \int z^2 \cdot dA \qquad (5.58)$$

$$F_N = \int \sigma \cdot dA = \int E \cdot \psi' \cdot z \cdot dA$$
$$= E \cdot \psi' \int z \cdot dA. \qquad (5.59)$$

Da[7] bei dieser Herleitung die Normalkraft gleich null ist, gilt $F_N = 0$ wodurch das statische Moment verschwindet. Verallgemeinern der Gleichung für das Biegemoment, durch $\int z^2 \cdot dA = I_y = I$, folgt

$$M = E \cdot \psi' \cdot I. \qquad (5.60)$$

Diese[8] Formel bezeichnet man als Elastizitätsgesetz für das Biegemoment.

5.3.1.2 Elastizitätsgesetz für die Querkraft

$$F_Q = \int \tau \cdot dA = \int G(w' + \psi) dA$$
$$= G \cdot (w' + \psi) \cdot A. \qquad (5.61)$$

Da die Schubspannung ungleichmäßig verteilt ist, muss ein Korrekturfaktor hinzugezogen werden. Es folgt dann eine Gleichung der Gestalt

$$F_Q = \aleph \cdot G \cdot A(w' + \psi). \qquad (5.62)$$

mit:

$w' + \psi$	Schubverzerrung
$\aleph \cdot A \cdot G = G \cdot A_S$	Schubsteifigkeit
$A_S = \aleph \cdot A$	Schubfläche

5.3.1.3 Durchbiegung infolge Schubbeanspruchung

Wird[9] Gl. (5.62) umgeformt, folgt

$$w' + \psi = \frac{F_Q}{G \cdot A_S}. \qquad (5.63)$$

Wird der Balken, was bis jetzt der Fall war, als schubstarr angenommen, so wird der Term $\frac{F_Q}{G \cdot A_S}$ konstant und damit kann dieser zu null gesetzt werden (Bernoulli Balkentheorie). In der Realität ist dies natürlich nicht der Fall, aufgrund im folgendem untersucht wird, inwieweit ein Fehler bei dieser Annahme entsteht. Es wird gemäß der Differentialrechnung der Winkel bzw. die Steigung einer Funktion durch die erste Ableitung der Funktion bestimmt. Demnach wird der Schubwinkel ψ durch die Ableitung der Biegelinie w bestimmt. Die Biegelinie wird ebenfalls im kommenden Kapitel Biegung ausführlich erklärt und hergeleitet. Aufgrund Vorzeichenkonventionen muss es exakt durch Umformen von $\psi = w'_B$

$$w'_B = -\psi \qquad (5.64)$$

heißen. Da die linke Seite von Gl. (5.63) die Summe aus der Durchbiegung infolge Schub w_S und die Durchbiegung infolge des Biegemomentes w_B inform der Neigung durch $w'_S + w'_B = w'_S + \psi$ darstellt, kann die gesamte Neigung durch das Superpositionsprinzip zu $w' = \psi + w'_S$

$$w' = w'_B + w'_S \qquad (5.65)$$

geschrieben werden, oder durch Umformen

$$w' - w'_B = w'_S. \qquad (5.66)$$

Aus Gl. (5.63) folgt

$$w' = \frac{F_Q}{G \cdot A_S} - \psi. \qquad (5.67)$$

Gl. (5.64) und Gl. (5.67) in (5.66) eingesetzt ergibt: $w'_s = \frac{F_Q}{G \cdot A_S} - \psi + \psi$

$$w'_s = \frac{F_Q}{G \cdot A_S}. \qquad (5.68)$$

---

[7] Diese Herleitungen sind in ähnlicher Form in [7] zu finden, auf S. 108 ff.
[8] Diese Herleitungen sind in ähnlicher Form in [7] zu finden, auf S. 108 ff.
[9] Diese Herleitungen sind in ähnlicher Form in [7] zu finden, auf S. 152 ff.

5.3 · Verformungen infolge Schubbeanspruchung

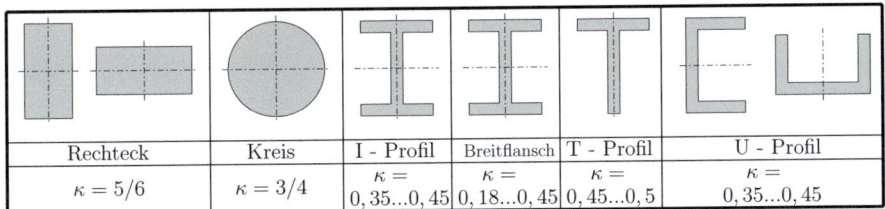

Rechteck	Kreis	I - Profil	Breitflansch	T - Profil	U - Profil
$\kappa = 5/6$	$\kappa = 3/4$	$\kappa = 0{,}35\ldots 0{,}45$	$\kappa = 0{,}18\ldots 0{,}45$	$\kappa = 0{,}45\ldots 0{,}5$	$\kappa = 0{,}35\ldots 0{,}45$

◘ **Abb. 5.28** Schubkorrekturfaktoren (Werte aus [95])

5.3.2 Schubkorrekturfaktor

Um die Verformung der ebenen Querschnittsfläche mit der echten Schubfläche zu berücksichtigen, muss Gl. (5.68) um einen sogenannten Schubfaktor korrigiert werden. Es gilt demnach

$$\aleph = \frac{A_S}{A} \quad \Longrightarrow \quad \aleph \cdot A = A_S \qquad (5.69)$$

wobei A_S die verzerrte Querschnittsfläche infolge Schub ist. Die Schubkorrekturfaktoren können ◘ Abb. 5.28 entnommen werden.

5.3.3 Beispiel

Siehe ▶ Bsp. 5.2 und ▶ Methode: Lösung durch SolidWorks – FEM 5.3.

Beispiel 5.2

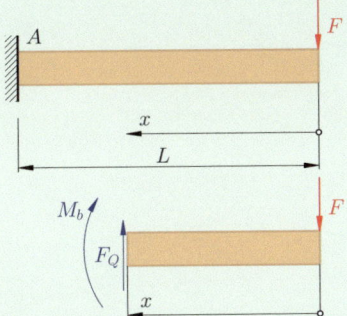

◘ **Abb. 5.29** Beispiel zu Schub, Kragträger

Gegeben sei der Träger aus ◘ Abb. 5.29. Gesucht ist die maximale Durchbiegung infolge von Schub und Biegung. Von diesem kennt man den Betrag der Belastung in Höhe von $F = 10\,\text{kN}$ und der Länge $l = 0{,}5\,\text{m}$. Es handelt sich um ein I-Profil mit $b = h = 70\,\text{mm}$ und $t = 5\,\text{mm}$ (Material: Stahl).

Lösung

Aufstellen der Gleichgewichtsbedingungen:

$$\sum_{i=1}^{n} F_{iy} = 0: \quad F_Q - F = 0 \quad \Longrightarrow \quad \underline{\underline{F_Q = F}} \qquad (5.70)$$

Gemäß Gl. (5.68) gilt

$$w'_S = \frac{F_Q}{G\,A_S} = \frac{F}{G\,A_S}. \qquad (5.71)$$

Lösen der DGL durch Integrieren liefert $w_S = \frac{F}{G\,A_S} x + C_1$, worin man mit den Randbedingungen $x = l \Longrightarrow w_S = 0$ C_1 findet: $0 = \frac{F}{G\,A_S} l + C_1 \Longrightarrow C_1 = -\frac{F}{G\,A_S} l$. Dies eingesetzt ergibt

$$w_S = \frac{F}{G\,A_S} x - \frac{F}{G\,A_S} l \qquad (5.72)$$

Aufgrund $w = w_B + w_S$, wobei w_B die Verformung aufgrund Biegung ist, folgt mit der Biegeliniengleichung für den Kragträger (diese wird im nächsten Kapitel behandelt)

$$w_B = -\frac{F\,l^3}{6\,E\,I}\left(2 - 3\frac{x}{l} + \left(\frac{x}{l}\right)^3\right). \qquad (5.73)$$

Jetzt kann (5.72) und (5.73) in $w = w_B + w_S$ eingesetzt werden, wodurch sich

$$w = -\frac{F\,l^3}{6\,E\,I}\left(2 - 3\frac{x}{l} - \left(\frac{x}{l}\right)^3\right) + \frac{F}{G\,A_S} x - \frac{F}{G\,A_S} l \qquad (5.74)$$

allgemein ergibt, und spezieller an der Stelle $x = 0$ die maximale Verformung zu

$$w_B = \frac{2 F L^3}{6 E I} = \frac{F L^3}{3 E I}. \tag{5.75}$$

und daraus:

$$\begin{aligned} w(l) &= \frac{F L^3}{3 E I} + \frac{F L}{G A_S} \\ &= \frac{F L^3}{3 E I} \left(1 + \frac{3 E I}{L^2 G A_S}\right). \end{aligned} \tag{5.76}$$

Es folgt:

$$\underline{w(l) = \frac{F L^3}{3 E I} \left(1 + \frac{3 E I}{L^2 G A_S}\right)} \tag{5.77}$$

wobei $A_S = \aleph\, A$ ist. Den Schubkorrekturfaktor kann man aus ◻ Abb. 5.28 ablesen. Setzt man in die Gleichung konkrete Werte ein, folgt die Durchbiegung. Da es sich um ein I-Profil handelt, kann die Fläche gemäß

$$\begin{aligned} \underline{\underline{A_I}} &= t \cdot b \cdot 2 + (h - 2 \cdot t) \cdot t \\ &= t \cdot (2 \cdot b + (h - 2 \cdot t)) \\ &= 5 \cdot (2 \cdot 70 + (70 - 2 \cdot 5)) = \underline{1000 \text{ mm}^2} \end{aligned} \tag{5.78}$$

Aus der Tabelle für die Schubkorrekturfaktoren folgt

$$\underline{\underline{A_S}} = A \cdot \aleph = 1000 \cdot 0{,}4 = \underline{400 \text{ mm}^2} \tag{5.79}$$

Für das Flächenträgheitsmoment ergibt sich gemäß nachfolgender Gleichung, wenn der Schwerpunkt die Koordinaten $x_S = 0$ mm und $y_S = 35$ mm hat.

$$\begin{aligned} \underline{\underline{I_1}} &= \frac{b \cdot t^3}{12} + t \cdot b \cdot \left(y_S + \frac{t}{2}\right)^2 \\ &= \underline{370.416{,}7 \text{ mm}^4}; \end{aligned} \tag{5.80}$$

$$\underline{\underline{I_2}} = \frac{b \cdot (h - 2 \cdot t)^3}{12} = \underline{90.000 \text{ mm}^4}; \tag{5.81}$$

$$\underline{\underline{I_{ges}}} = 2 \cdot I_1 + I_2 = \underline{830.833{,}3 \text{ mm}^4}. \tag{5.82}$$

Jetzt kann in die Durchbiegungsgleichung eingesetzt werden, zu

$$\begin{aligned} \underline{w(l)} &= \frac{F L^3}{3 E I} \left(1 + \frac{3 E I}{L^2 G A_S}\right) \\ &= \frac{10.000 \cdot 500^3}{3 \cdot 210.000 \cdot 830.833{,}3} \\ &\quad \cdot \left(1 + \frac{3 \cdot 210.000 \cdot 830.833{,}3}{500^2 \cdot 79.000 \cdot 400}\right) \\ &= \underline{2{,}54 \text{ mm}}. \end{aligned} \tag{5.83}$$

Zusätzlich kann man die Verformungen mittels eines Diagramms mittels Excel darstellen. Dabei ist der Einfluss des Schubes und der Biegung an der Gesamtverformung dargestellt.

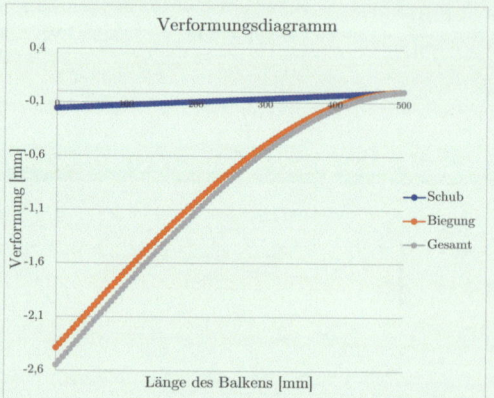

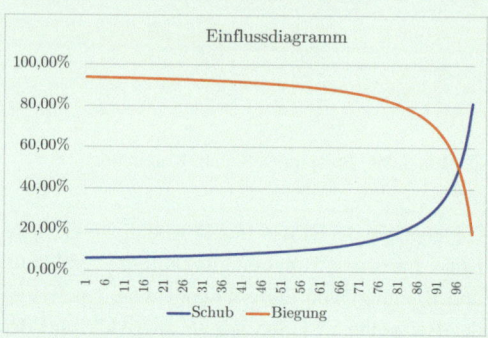

◻ **Abb. 5.30** Einfluss der Schub- und Biegeverformung bei einem Kragträger

5.4 · Balkentheorie nach Bernoulli und Timoschenko

> **Methode: Lösung durch SolidWorks – FEM 5.3**
>
> Gegeben sei der Träger, ident zum vorgehenden Beispiel. Die Lösung ist mittels SolidWorks FEM zu ermitteln.

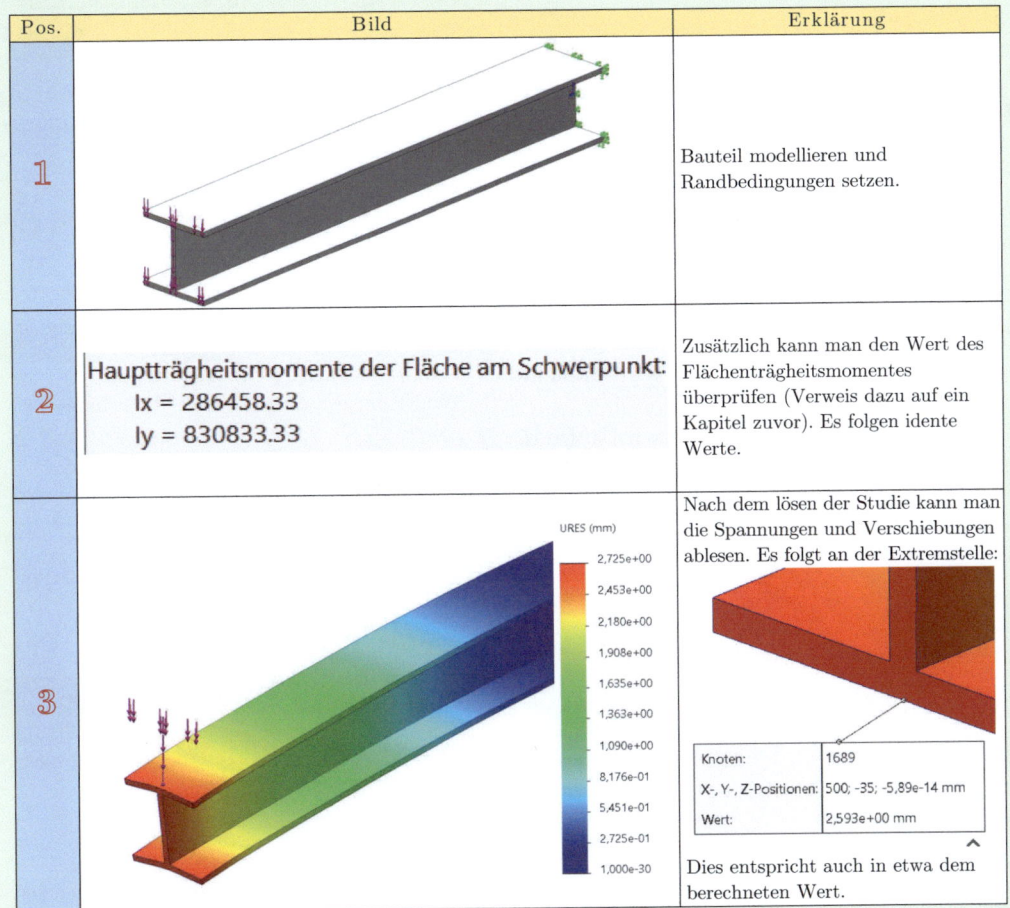

5.4 Balkentheorie nach Bernoulli und Timoschenko

Jeder, der sich vielleicht in der vorgehenden FEM-Analyse über die Abweichungen gewundert hat, bekommt hier eine Erklärung für eine mögliche Ursache. Es entsteht eine wesentliche Ungenauigkeit, wenn man die wahre Schubfläche durch eine ebene ersetzt und mittels der Schubkorrekturfaktoren korrigiert. Dazu muss man sich den Begriff der Balkentheorie nochmals genauer anschauen.

Man unterscheidet in der Mechanik zwei verschiedene Theorien zur Behandlung eines Balkens.

5.4.1 Euler-Bernoulli-Balkentheorie [50]

Die Theorie setzt für einen Balken folgende Eigenschaften voraus und ist nach Leonhard Euler und Jakob I Bernoulli benannt.
- Es liegt ein schlanker Balken vor.
- Die Theorie wird auch als **schubstarre Balkentheorie** bezeichnet, da ausschließlich Biegung auftritt, auf den Schub wird nicht näher eingegangen.
- Die Querschnitte bleiben senkrecht auf die Balkenachse, was nicht der Realität entspricht, wie man im Anschluss noch genauer erkennen wird.

- Die Querschnitte bleiben eben und erfahren keine Verwölbung.

Es gelten die bereits kennengelernten Differentialgleichungen.

5.4.2 Timoschenko-Balkentheorie [101]

Die Theorie ist nach Tymoschenko Stepan benannt und bildet die Ergänzung zur Balkentheorie nach Bernoulli. Es wird dabei die Balkentheorie von Bernoulli um die räumliche Ableitung 2. Grades erweitert, was dies geometrisch für einen Balken bedeutet, wird anhand ◘ Abb. 5.31 gezeigt.

Für genaueres zur Berechnung wird auf das Buch von Christian Spura, Technische Mechanik 2. Elastostatik [32] verwiesen.

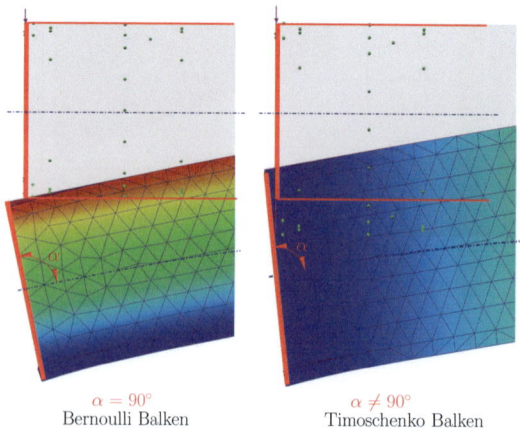

$\alpha = 90°$ Bernoulli Balken $\quad\quad \alpha \neq 90°$ Timoschenko Balken

◘ **Abb. 5.31** Vergleich zwischen Timoschenko- und Bernoulli Balken

5.5 Übungen

Übungsbeispiel 5.1

Wie lautet die allgemeine Definition für die Berechnung der Schubspannung?

Lösung

$$\tau_a = \frac{F_Q}{A} \leq \tau_{a,\text{zul}} \quad\quad (5.84)$$

Übungsbeispiel 5.2

Wie kann der Schwerwinkel berechnet werden?

Lösung

$$\gamma = \frac{\Delta l}{l} \quad [\text{rad}] \quad\quad (5.85)$$

Übungsbeispiel 5.3

Wie lautet der Satz zugeordneter Schubspannungen?

Lösung

Schubspannungen treten in zwei aufeinanderfolgenden, senkrechten Schnittflächen immer paarweise auf. Diese sind gleich groß.

Übungsbeispiel 5.4

Wie lautet die allgemeine Gleichung zur Bestimmung der Schubspannungsverteilung?

Lösung

$$\tau(x,z) = \frac{F_Q(x)}{I_A(x) \cdot b(x)} \cdot \int_{z_0}^{z} dA \cdot dz \implies$$

$$\tau(x,z) = \frac{F_Q(x)}{I_A(x) \cdot b(x)} \cdot S(x). \quad\quad (5.86)$$

5.5 · Übungen

Übungsbeispiel 5.5

Wie kann das statische Moment und das Flächenträgheitsmoment berechnet werden?

Lösung

$S_x = \int_{z_0}^{z} z\, dA$ und $I_x = \int_{z_0}^{z} z^2 dA$; bezogen auf die Gesamtquerschnittsfläche

Übungsbeispiel 5.6

Wie lautet die Schubspannungsverteilungsformel für ein Rechteck? (inkl. Herleitung)

Lösung

Gemäß ◘ Abb. 5.9. Vgl. [11, S. 123 ff.], und in [31, S. 121 ff.] zu finden, jedoch bei Weitem nicht so ausführlich. Für $S(x)$ ergibt sich mit der Integralrechnung das statische Moment und für das Flächenträgheitsmoment $I(x)$, in weiterer Folge

$$\underline{\underline{S(x)}} = \int_{z_0}^{z} z\, dA = \int_{z_0}^{z} z \cdot b(x) \cdot dz$$

$$= b(x) \cdot \int_{z}^{\frac{h}{2}} z\, dz = \underline{\underline{b(x) \cdot \left(\frac{h^2}{8} - \frac{z^2}{2}\right)}}$$

(5.87)

$$\underline{\underline{I(x)}} = \int_{z_0}^{z} z^2 dA = \int_{z_0}^{z} z^2 \cdot b(x) \cdot dz$$

$$= b(x) \cdot \int_{\frac{h}{2}}^{\frac{h}{2}} z^2 dz = \underline{\underline{\frac{b(x) \cdot h^3}{12}}}. \quad (5.88)$$

Einsetzen in die Formel für die Schubspannungsverteilung ergibt:

$$\tau(x,z)_{\text{Rechteck}} = \frac{6 \cdot F_Q(x)}{b \cdot h^3} \cdot \left(\frac{h^2}{4} - z^2\right). \quad (5.89)$$

Für z kann man Werte für die Länge einsetzen, an welchen man die Schubspannung, in Abhängigkeit der Position, ermitteln möchte.

Übungsbeispiel 5.7

Gegeben sei folgender I-Träger, der an den Stellen $b = 5$ mm geschweißt wird. Gesucht ist die darin herrschende Schubspannung, wenn $F = 1500$ N ist [11] (vgl. ◘ Abb. 5.32).

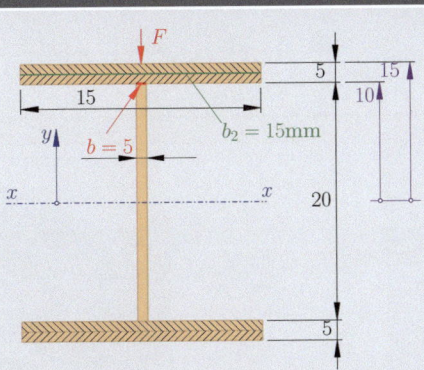

◘ **Abb. 5.32** Die Schubspannungsverteilung eines längs geschweißten I-Trägers

Lösung

Zuerst [11] kann die Breite direkt aus der Abbildung mit $b = 5$ mm abgelesen werden. Als Nächstes wird das statische Moment bestimmt, gemäß

$$\underline{\underline{S_x}} = \int_A y \, dA = b \cdot \int_{10mm}^{15mm} y \, dy = 15 \cdot \int_{10mm}^{15mm} y \, dy$$
$$= \underline{\underline{935{,}5 \, \text{mm}^3}}, \qquad (5.90)$$

und das Flächenträgheitsmoment der Querschnittfläche

$$\underline{\underline{I_x}} = \int_A y^2 \, dA = \frac{bh^3}{12} - \frac{BH^3}{12}$$
$$= \frac{15 \cdot 30^3}{12} - \frac{10 \cdot 20^3}{12} = \underline{\underline{27.083 \, \text{mm}^4}}. \quad (5.91)$$

Einsetzen in die Schubspannungsformel ergibt

$$\underline{\underline{\tau}} = \frac{F_Q \cdot S_x}{b \cdot I_x} = \frac{1500 \, \text{N} \cdot 937{,}5 \, \text{mm}^3}{27.083 \, \text{cm}^4 \cdot 5 \, \text{mm}}$$
$$= \underline{\underline{10{,}38 \, \text{N/mm}^2}}. \qquad (5.92)$$

Übungsbeispiel 5.8

Gegeben sei folgender I-Träger, der an den Stellen $b = 5$ mm geschweißt wird. Gesucht ist die darin herrschende Schubspannung, wenn $F = 1500$ N ist, mittels einer FEM Analyse.

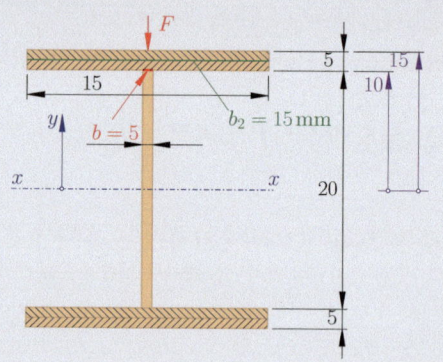

Abb. 5.33 Schubspannungsverteilung eines längs geschweißten I-Trägers

Lösung

Pos.	Bild	Erklärung
1		Bauteil modellieren und Randbedingungen setzen.

5.5 · Übungen

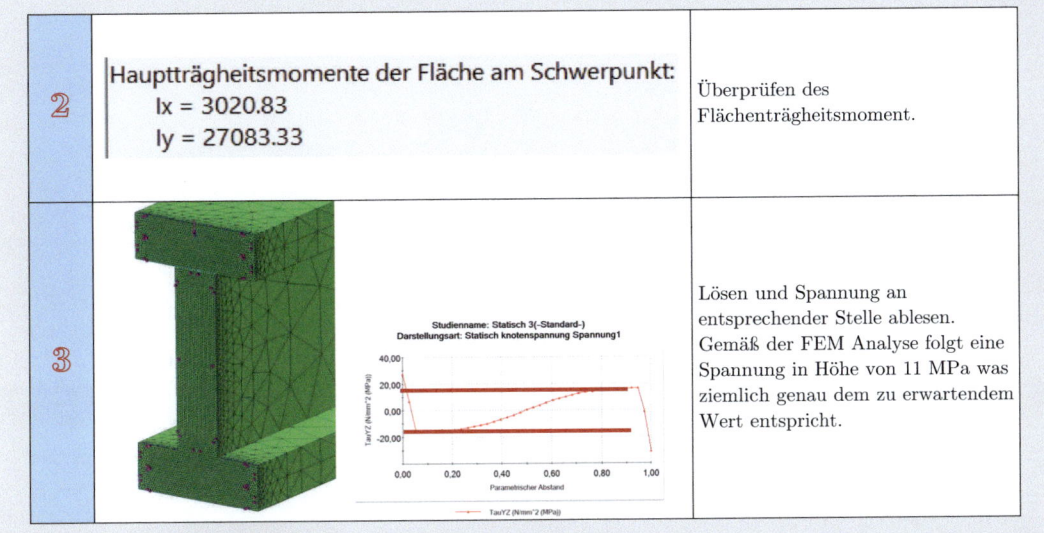

2	Hauptträgheitsmomente der Fläche am Schwerpunkt: Ix = 3020.83 Iy = 27083.33	Überprüfen des Flächenträgheitsmoment.
3		Lösen und Spannung an entsprechender Stelle ablesen. Gemäß der FEM Analyse folgt eine Spannung in Höhe von 11 MPa was ziemlich genau dem zu erwartendem Wert entspricht.

Übungsbeispiel 5.9

Wie sieht der Schubspannungsverlauf vom Träger aus ◘ Abb. 5.33 aus?

Lösung
Siehe ◘ Abb. 5.34

◘ **Abb. 5.34** Schubspannungsverteilung eines längs geschweißten I-Trägers, Schubspannungsverteilung

Übungsbeispiel 5.10

Bei welchem Fall, in der nachstehenden Abbildung, liegt reine Biegung vor?

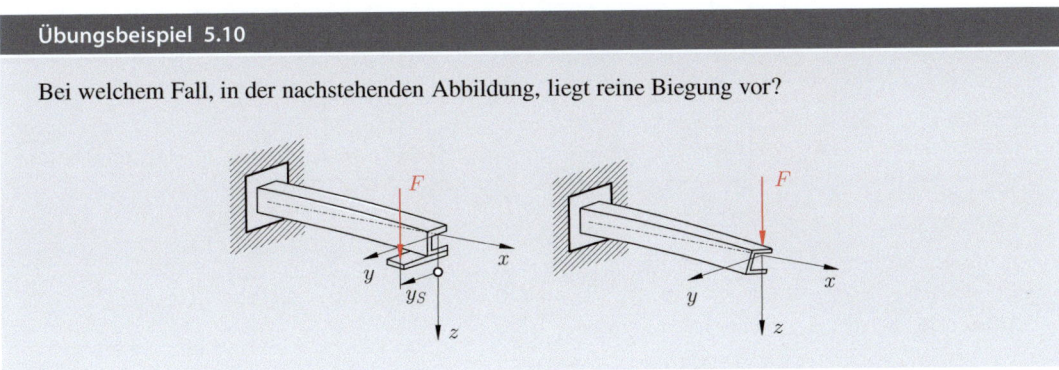

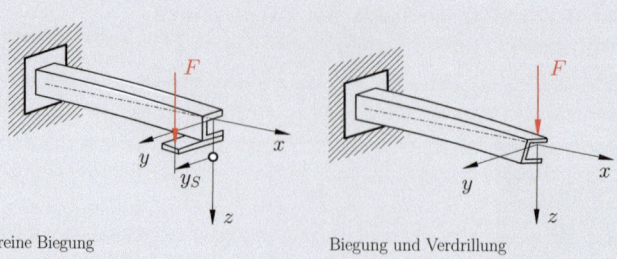

reine Biegung Biegung und Verdrillung

Übungsbeispiel 5.11

Gesucht ist der Schubmittelpunktabstand und die Schubverteilung, damit bei folgendem Balken eine reine Biegung vorliegt. Es gilt $b = 25$ mm und $h = 50$ mm sowie $t = 5$ mm und $F_Q = 1500$ N.

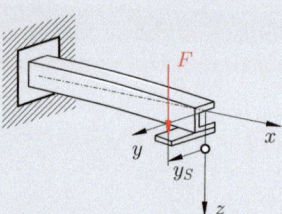

Lösung

1. **Bestimmen des Schwerpunktes:** Dabei wird angenommen, dass $t \ll b$ ist und damit dieses bei der Bestimmung des Schwerpunktes vernachlässigt werden darf. Da $b = \frac{h}{2}$ ist, wird mit dieser Bezeichnung fortgesetzt, um eine Variable zu eliminieren. Es gilt dann für den Schwerpunkt x_S:

$$\underline{\underline{x_S}} = \frac{\sum_{i=1}^{n} A_i x_i}{\sum_{i=1}^{n} A_i} = \frac{2 \cdot b \cdot t \cdot \frac{b}{2} + h \cdot t \cdot b}{2 \cdot b \cdot t + h \cdot t}$$

$$= \frac{3 \cdot h^2 \cdot t}{8 \cdot h \cdot t} = \underline{\underline{\frac{3}{8} \cdot h}}. \qquad (5.93)$$

Setzt man hier die Werte des Profils ein, ergibt sich der Schwerpunkt zu $x_S = 18{,}75$ mm. Würde man den Schwerpunkt mit der exakten Fläche errechnen, ohne der Annahme $t \ll b$ so ergäbe sich der Schwerpunkt zu $x_{S,\text{exakt}} = 18{,}81$ mm, was einen
- absoluten Fehler: 0,06 mm und
- relativen Fehler: 0,32 %

folgen lässt. Die Annahme ist also sehr genau.

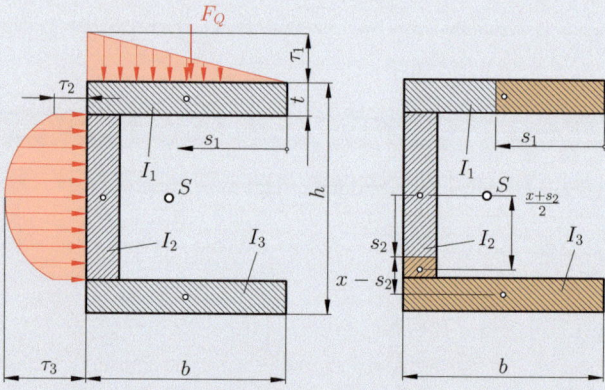

Abb. 5.35 U-Profil, Schubmittelpunktberechnung

5.5 · Übungen

2. **Flächenträgheitsmoment:** Im zweiten Schritt wird das Flächenträgheitsmoment bestimmt, auch hier wird wieder $t \ll b$ angenommen.

$$I_A = I_1 + I_2 + I_3 = I_y. \quad (5.94)$$

Es gilt: $b = h$.

$$\begin{aligned}
I_1 &= \frac{B \cdot H^3}{12} + e^2 \cdot A \\
&= \frac{b \cdot t^3}{12} + \left(\frac{h}{2} - \frac{t}{2}\right)^2 \cdot b \cdot t \\
&= \frac{25 \cdot 5^3}{12} + \left(\frac{50}{2} - \frac{5}{2}\right)^2 \cdot 50 \cdot 5 \\
&= 63.541{,}67\,\text{mm}^4 \quad (5.95)
\end{aligned}$$

$$\begin{aligned}
I_2 &= \frac{B \cdot H^3}{12} = \frac{t \cdot (h - 2 \cdot t)^3}{12} = \frac{5 \cdot 40^3}{12} \\
&= 2666{,}67\,\text{mm}^4 \quad (5.96)
\end{aligned}$$

$$I_3 = I_1 = 63.541{,}67\,\text{mm}^4. \quad (5.97)$$

Damit folgt:

$$\underline{\underline{I_A}} = I_1 + I_2 + I_3 = \underline{\underline{153.750\,\text{mm}^4}} \quad (5.98)$$

Um eine allgemeinere Lösung zu Finden, betrachtet man den Einfluss des Teiles $\frac{B \cdot H^3}{12}$ in I_1 und I_3:

$$\frac{B \cdot H^3}{12} = \frac{b \cdot t^3}{12} = \frac{50 \cdot 5^3}{12} = 620{,}42\,\text{mm}^4 \quad (5.99)$$

im Gegensatz zum Teil $e^2 \cdot A$

$$\begin{aligned}
e^2 \cdot A &= \left(\frac{h}{2} - \frac{t}{2}\right)^2 \cdot b \cdot t \\
&= \left(\frac{50}{2} - \frac{5}{2}\right)^2 \cdot 25 \cdot 5 \\
&= 63.281{,}25\,\text{mm}^4. \quad (5.100)
\end{aligned}$$

Man stellt fest, dass $\frac{B \cdot H^3}{12}$ nur $0{,}41\,\%$ des gesamten Terms ausmacht. Es ist daher genügend, diesen Teil zu vernachlässigen und nur den Steiner'schen Anteil, im Weiteren, zu bedenken. Es wird damit, wenn man Terme, in denen $h - t$ vorkommt, als t setzt, da $t \ll b$ sein muss:

$$I_1 = I_3 = \left(\frac{h}{2} - \frac{t}{2}\right)^2 \cdot b \cdot t = \frac{h^3 \cdot t}{8} \quad \text{bzw.}$$

$$I_2 = \frac{t \cdot (h - t)^3}{12} = \frac{t \cdot h^3}{12} \quad (5.101)$$

Durch Bilden des Gesamtträgheitsmoments ergibt sich durch Addition

$$\underline{\underline{I_A}} = 2 \cdot \frac{h^3 \cdot t}{8} + \frac{t \cdot h^3}{12} = \underline{\underline{\frac{1}{3} \cdot t \cdot h^3}} \quad (5.102)$$

Setzt man hier die Werte des Profils ein, ergibt sich der Schwerpunkt zu $I_y = 208.333{,}33\,\text{mm}^4$. Der exakte Wert war $153.750\,\text{mm}^4$, was einen deutlichen Fehler verzeichnen lässt. Dieser kann korrigiert werden, wenn man h und b der Figur nicht von den Außenseiten misst, sondern von der Mittelachse der Figur. Wenn man dies tut, so ergibt sich ein exaktes Flächenträgheitsmoment in Höhe von $210.416{,}57\,\text{mm}^4$, was ohnehin die bessere Bemaßung wäre, wenn $t \ll b$ gilt. Es ergibt sich dadurch ein Fehler von

- absoluter Fehler: $2083{,}24\,\text{mm}^4$ und
- relativer Fehler: $0{,}99\,\%$

3. **statisches Moment:** Im nächsten Schritt wird das statische Moment bestimmt. Dazu wird auf die Bemaßung, durch die beiden Variablen s_1 und s_2 in ◨ Abb. 5.35 verwiesen. Das statische Moment errechnet sich durch

$$\begin{aligned}
\underline{\underline{S(s_1)}} &= \int_A z \cdot dA = z_1 \cdot A_1 = s_1 \cdot b \cdot t \\
&= \underline{\underline{s_1 \cdot \frac{h}{2} \cdot t.}} \quad (5.103)
\end{aligned}$$

$$\begin{aligned}
\underline{\underline{S(s_2)}} &= \int_A z \cdot dA = z_2 \cdot A_2 \\
&= \frac{h}{2} \cdot t \cdot \frac{h}{2} + \frac{b + s_2}{2} \cdot ((b - s_2) \cdot t) \\
&= \frac{(b + s_2)(b - s_2)}{2} \cdot t + \frac{h^2}{4} \cdot t \\
&= t \cdot \left(\frac{b^2 - s_2^2}{2} + \frac{h^2}{4}\right) \\
&= \frac{t}{2} \cdot \left(\frac{h^2}{4} - s_2^2 + \frac{h^2}{2}\right) \\
&= \underline{\underline{\frac{t}{2}\left(\frac{3}{4}h^2 - s_2^2\right).}} \quad (5.104)
\end{aligned}$$

4. **Schubspannungsverteilung:** Es folgen damit, durch Einsetzen in $\tau = \frac{F_Q \cdot S_x}{I_y \cdot t(x)}$, die Gleichungen für die Schubspannungen, zu

$$\underline{\underline{\tau(s_1)}} = \frac{F_Q \cdot S_x}{I_y \cdot t(x)} = \frac{F_Q \cdot s_1 \cdot \frac{h}{2} \cdot t}{t \cdot h^3 \cdot \frac{1}{3} \cdot t}$$

$$= \underline{\underline{\frac{3 \cdot F_Q \cdot s_1}{2 \cdot t \cdot h^2}}}; \qquad (5.105)$$

$$\underline{\underline{\tau(s_2)}} = \frac{F_Q \cdot S_x}{I_y \cdot t(x)} = \frac{F_Q \cdot \frac{t}{2}\left(\frac{3}{4}h^2 - s_2^2\right)}{t \cdot h^3 \cdot \frac{1}{3} \cdot t}$$

$$= \underline{\underline{\frac{3 \cdot F_Q}{8 \cdot t \cdot h^3}}} \cdot (3h^2 - 4s_2^2). \qquad (5.106)$$

5. **maximale Schubspannungen:** Mit den zuvor ermittelten Gleichungen können jetzt auch die Extremstellen, durch Einsetzen anstatt s_1 und s_1 ermittelt werden.

$$\underline{\underline{\tau_{\max}(s_1 = b)}} = \frac{3 \cdot F_Q \cdot \frac{h}{2}}{2 \cdot t \cdot h^2}$$

$$= \frac{3 \cdot F_Q}{4 \cdot t \cdot h} = \underline{\underline{4{,}5\,\text{MPa}}} \qquad (5.107)$$

$$\underline{\underline{\tau_{\max}(s_2 = 0)}} = \frac{3 \cdot F_Q}{8 \cdot t \cdot h^3} \cdot (3h^2)$$

$$= \frac{9 \cdot F_Q}{8 \cdot t \cdot h} = \underline{\underline{6{,}75\,\text{MPa}}} \qquad (5.108)$$

6. **Schubkräfte in den einzelnen Abschnitten:** Um den Schubmittelpunkt zu berechnen, muss ein Momentengleichgewicht um den Schwerpunkt aller einzelnen Schubkräfte aufgestellt werden. Dazu benötigt man die einzelnen Schubkräfte, infolge maximaler Schubspannung, im jeweiligen Abschnitt. Eine Spannung hat die Einheit $\frac{N}{mm^2} \implies$ um eine Kraft zu ermitteln, muss mit der Fläche multipliziert werden. Ebenfalls muss man sich die Schubspannungsverteilung noch genauer ansehen, da dies beim U-Profil für den oberen (Index 1 in dieser Berechnung) bzw. für den unteren Bereich (Index 3) eine Dreiecksverteilung ist. Es muss die Fläche noch durch zwei dividiert werden. Es folgt also hier eine Schubkraft im oberen und unteren Abschnitt des Profils gemäß

$$\underline{\underline{F_{Q,\max}}} = \frac{1}{2} \cdot \frac{3 \cdot F_Q}{4 \cdot t \cdot h} \cdot h \cdot t = \underline{\underline{\frac{3 \cdot F_Q}{8}}}$$

(5.109)

7. **Momentengleichgewicht um den Schwerpunkt aller Schubkräfte:**
Vgl. ◻ Abb. 5.36. Stellt man das Momentengleichgewicht um den Schwerpunkt auf, folgt

$$F_Q \cdot y_S = F_{Q,\max} \cdot \frac{h}{2} + F_{Q,\max} \cdot \frac{h}{2} + F_Q \cdot \frac{1}{8} \cdot h$$

$$F_Q \cdot y_S = 2 \cdot \frac{3 \cdot F_Q}{8} \cdot \frac{h}{2} + F_Q \cdot \frac{1}{8} \cdot h$$

$$y_S = \frac{3}{8} \cdot h + \frac{1}{8} \cdot h = \frac{4}{8} \cdot h = \frac{1}{2} \cdot h \quad (5.110)$$

$$\underline{\underline{y_S = \frac{1}{2} \cdot h = 25\,\text{mm}.}} \qquad (5.111)$$

Da der Schubmittelpunkt aber immer betragsmäßig ident zum Schwerpunkt, also $\frac{3}{8}h$ sein muss, weicht der hier berechnete Schubmittelpunkt etwas davon ab. Man kann aber festhalten

$$\underline{\underline{y_S = |x_S| \approx \frac{3}{8} \cdot h = 18{,}75\,\text{mm}.}} \qquad (5.112)$$

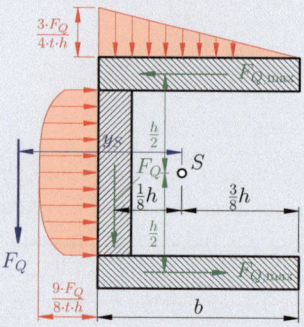

◻ **Abb. 5.36** U-Profil, Schubspannungsverteilung und Schubmoment

5.5 · Übungen

Übungsbeispiel 5.12

Gesucht ist der Beweis, damit bei Biegung an folgendem Beispiel reine Biegung vorliegt. Es gilt $b = 25$ mm, $h = 50$ mm und $t = 5$ mm und $F_Q = 1500$ N. (Mittels SolidWorks)

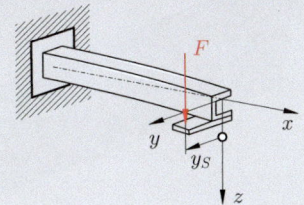

Lösung

Pos.	Bild	Erklärung
1		Bauteil modellieren und Randbedingungen setzen.
2		Da die Lasche keinen Einfluss auf die Simulation nehmen soll, wird diese in der Simulation als starr angenommen. Dies funktioniert, indem man beim entsprechendem Volumenkörper RMT „starr machen" wählt.
3		Jetzt kann die Studie ausgeführt werden. Es folgt nebenstehendes Verschiebungsbild. Es ist gut erkennbar, dass der Balken fast keiner Torsion ausgesetzt ist, das bisschen resultiert aus den zahlreichen Annahmen im Lauf der analytischen Berechnung.

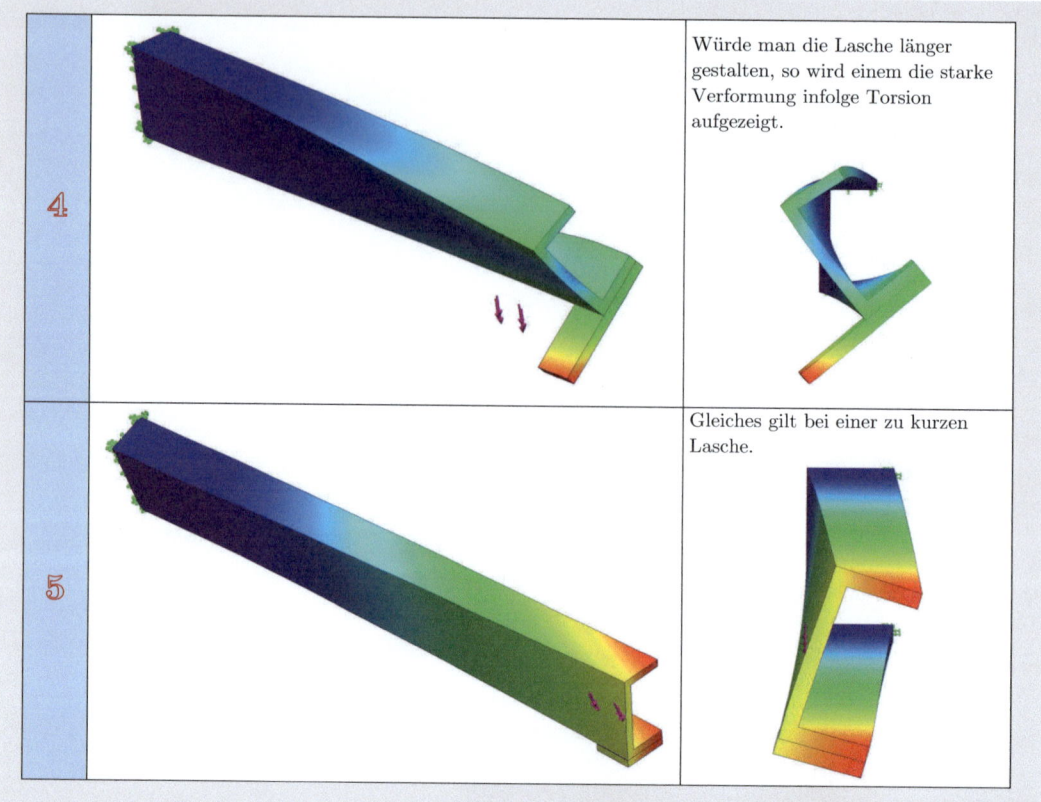

Würde man die Lasche länger gestalten, so wird einem die starke Verformung infolge Torsion aufgezeigt.

Gleiches gilt bei einer zu kurzen Lasche.

Übungsbeispiel 5.13

Ein Konstrukteur verwendet das gleiche Profil, wie in den vergangenen beiden Beispielen. Leider verwechselt er bei der Auslegung den Schwerpunkt und den Schubmittelpunkt, bedeutet, er lässt die Querkraft anstatt des Schubmittelpunktes durch den Schwerpunkt gehen, und geht von einem torsionsfreien Balken aus. Welches Torsionsmoment bleibt bei dieser Annahme ungeachtet?

Lösung

Gemäß der analytischen Berechnung aus dem vorgehenden beiden Übungsbeispielen wurde der Schubmittelpunkt zu

$$y_S = |x_S| \approx \frac{3}{8} \cdot h \tag{5.113}$$

berechnet. Dieser hat sich durch folgendes Momentengleichgewicht ergeben

$$F_Q \cdot y_S = 2 \cdot \frac{3 \cdot F_Q}{8} \cdot \frac{h}{2} + F_Q \cdot \frac{1}{8} \cdot h \tag{5.114}$$

worin der Abstand y_S durch den Abstand zum Angriffspunkt und Schwerpunkt, also 0 mm ersetzt werden muss. Es ergibt sich damit also

$$0 = 2 \cdot \frac{3 \cdot F_Q}{8} \cdot \frac{h}{2} + F_Q \cdot \frac{1}{8} \cdot h$$
$$= \frac{3}{8} \cdot h + \frac{1}{8} \cdot h = \frac{1}{2} \cdot h \tag{5.115}$$

wodurch eindeutig eine falsche Aussage folgt. Es muss das Momentengleichgewicht um das Moment M_T korrigiert werden.

$$\underline{\underline{M_T}} = 2 \cdot \frac{3 \cdot F_Q}{8} \cdot \frac{h}{2} + F_Q \cdot \frac{1}{8} \cdot h$$
$$= F_Q \cdot \left(\frac{3}{8} \cdot h + \frac{1}{8} \cdot h \right) = \underline{\underline{F_Q \cdot \frac{1}{2} \cdot h}} \tag{5.116}$$

bzw. durch Einsetzen von konkreten Zahlenwerten

$$M_T = 1500 \cdot 25 = \underline{\underline{37.500\,\text{Nmm}}}. \quad (5.117)$$

Um bei dieser Falschannahme wieder einen torsionsfreien Balken zu erhalten, müsste man ein Torsionsmoment in Höhe von 37,5 Nm aufbringen.

Übungsbeispiel 5.14

Zeigen Sie, dass im vorgehenden Übungsbeispiel ein torsionsfreies Profil vorliegt, mittels SolidWorks FEM.

Lösung

Pos.	Bild	Erklärung
1		Bauteil modellieren und Randbedingungen setzen.
2		Es kann die Lasche sofort aus der Analyse ausgeschlossen werden. Ebenfalls können Punkte durch den Schwerpunkt erstellt werden, sowie eine Achse durch den Schwerpunkt, in welchen die Belastung angreift und zusätzlich das Drehmoment.
3		Lösen der Studie lässt auf ein Torsionsfreies Profil, bei Betrachtung der Verschiebung, schließen.

Übungsbeispiel 5.15

Zeigen Sie die Veränderung der Verschiebung entlang der Profilachse, wenn ein geschlitztes Rohr mit einer Belastung in Höhe von 1500 N, durch den Schwerpunkt, beansprucht wird. In welcher Entfernung müsste man eine Lasche anbringen, um dieses Profil keiner Torsion mehr auszusetzen? Das Profil besitzt folgende Geometriebedinungen: $d = 50$ mm und $t = 4$ mm.

Lösung

Da in Abb. 5.23 der Anstand des Schubmittelpunktes klar ersichtlich ist, nämlich $y_S = 2 \cdot r = 2 \cdot 25 = 50$ mm erspart man sich hier die genaue Herleitung von diesem. In dieser Entfernung muss die Lasche angebracht werden.

Pos.	Bild	Erklärung
1	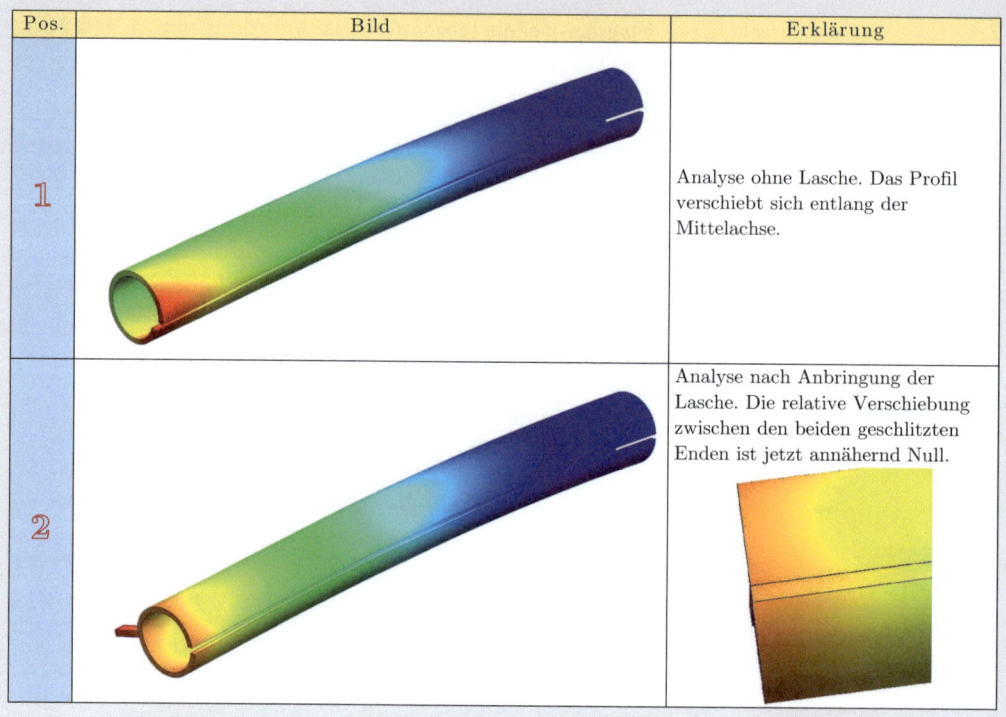	Analyse ohne Lasche. Das Profil verschiebt sich entlang der Mittelachse.
2		Analyse nach Anbringung der Lasche. Die relative Verschiebung zwischen den beiden geschlitzten Enden ist jetzt annähernd Null.

Spannungs- und Verzerrungszustand

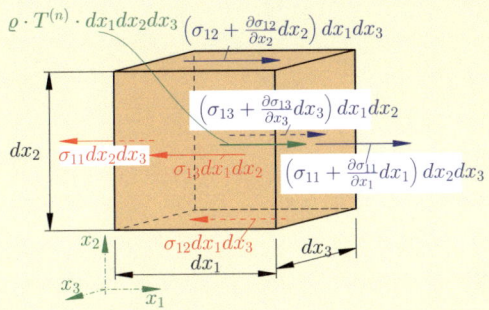

Inhaltsverzeichnis

6.1 Grundlagen – 185
6.1.1 Hydrostatischer Spannungsanteil – 185
6.1.2 Spannungsdeviator – 186

6.2 Grundgleichungen der Elastizitätstheorie – 186
6.2.1 Cauchy'sches Fundamentaltheorem – 186
6.2.2 Lokales Gleichgewicht – 188
6.2.3 Verschiebung – 189
6.2.4 Verzerrungs-Beziehungen – 189

6.3 Koordinatentransformation – 190
6.3.1 Grundlagen – 190
6.3.2 Mohr'scher Spannungskreis – 191

6.4 Dünnwandige Behälter, unter Innendruck – 201
6.4.1 Träger unter Last – 201
6.4.2 Kräfte in Druckbehälter – 202
6.4.3 Zylindrischer Druckbehälter – 203
6.4.4 Kugelförmiger Druckbehälter – 204
6.4.5 Ermittlung durch FEM – 204

© Der/die Autor(en), exklusiv lizenziert an Springer-Verlag GmbH, DE, ein Teil von Springer Nature 2023
A. Huber, *Technische Mechanik 2 - Elastostatik*, https://doi.org/10.1007/978-3-662-67759-9_6

6.5 Verzerrungszustand – 207
6.5.1 Mehrachsiger Verzerrungszustand – 208

6.6 Übungen – 210

Sie lernen hier…

- Grundlagen der Vektoren und Tensoren kennen.
- den ebenen Spannungszustand kennen.
- Hauptspannungen kennen.
- Koordinatentransformationen kennen.
- Kesselgleichungen kennen.

> **Zitat**
>
> Die Gefahr, dass der Computer so wird wie der Mensch, ist nicht so groß wie die Gefahr, dass der Mensch so wird wie der Computer.
> *Konrad Zuse*

6.1 Grundlagen

Dieses Kapitel stellt nur einen groben Überblick bzw. Einblick in die Kontinuumsmechanik dar. Genauer behandelt man dies in gesonderten Büchern. Es wird aus diesem Grund hier nur kurz der Vollständigkeit halber angeführt. Um die hier gezeigten Methoden zu verstehen, bedingt es allerdings Kenntnisse der Höheren Mathematik, speziell in der Algebra und Analysis. Ein kurzer Vorgeschmack wird allerdings in diesem Kapitel gegeben, für Weiterführendes wird auf die Literatur [1, 10, 17, 18] verwiesen. Ebenso wird im letzten Kapitel dieses Buches noch einmal vertieft auf die Kontinuumsmechanik eingegangen.

> **Definition 6.1 (Spannungsvektor)**
>
> $$t = \lim_{\Delta A \to 0} \frac{\Delta F}{\Delta A} = \frac{dF}{dA}, \quad (6.1)$$
>
> wobei t der Spannungsvektor ist.

> **Corollary 6.1**
>
> Man kann t in eine Normal- und eine Tangentialkomponente zerlegen. Die Normalkomponente bezeichnet man mit σ (Normalspannung) und die Tangentialkomponente mit τ (Tangentialspannung).

6.1.1 Hydrostatischer Spannungsanteil [23]

Beim hydrostatischen Spannungszustand herrscht völliges Gleichgewicht der Normalspannung und völliges Entfallen der Schubspannungen, damit sind die Normalspannungen alle gleich groß und die Schubspannungen gleich null. Es folgt damit keine plastische Verformung, sondern nur zu einer elastischen Volumenänderung. Ein hydrostatischer Spannungsanteil wird durch die Gleichung

$$\underline{\underline{\sigma}}^h = \frac{1}{3} \cdot \text{SPUR}(\underline{\underline{\sigma}}) \cdot \begin{pmatrix} 1 & 0 & 0 \\ 0 & 1 & 0 \\ 0 & 0 & 1 \end{pmatrix} \quad (6.2)$$

bestimmt. Hierin wird die Funktion „SPUR" einer Matrix verwendet.

> **Definition 6.2 (SPUR)**
>
> Die Spur einer Matrix beschreibt die Summe der Elemente, entlang der Hauptdiagonale. Mit dem Spannungstensor für $\underline{\underline{\sigma}}$
>
> $$\underline{\underline{\sigma}} = \begin{pmatrix} \boldsymbol{\sigma_{11}} & \sigma_{21} & \sigma_{31} \\ \sigma_{12} & \boldsymbol{\sigma_{22}} & \sigma_{32} \\ \sigma_{13} & \sigma_{23} & \boldsymbol{\sigma_{33}} \end{pmatrix} \quad (6.3)$$
>
> gilt für die Spur (Hauptdiagonalelemente fett)
>
> $$\text{SPUR}(\underline{\underline{\sigma}}) = \sigma_{11} + \sigma_{22} + \sigma_{33}. \quad (6.4)$$

6.1.2 Spannungsdeviator [23]

Der Spannungsdeviator beschreibt den Teil der Schubspannungen und bildet dadurch das Gegenstück zum hydrostatischen Spannungszustand. Da sich ein vollständiger Spannungszustand durch Summation des hydrostatischen Spannungszustands und des Spannungsdeviator ergibt, kann die Gleichung

$$\underline{\underline{\sigma}} = \underline{\underline{\sigma}}^h + \underline{\underline{\sigma}}^{dev}. \tag{6.5}$$

gefunden werden, oder durch Umformen wird für $\underline{\underline{\sigma}}^{dev}$

$$\underline{\underline{\sigma}}^{dev} = \underline{\underline{\sigma}} - \underline{\underline{\sigma}}^h \tag{6.6}$$

gefolgert. Hierin können die Matrizen der jeweiligen Tensoren eingesetzt werden, gemäß [96]

$$\underline{\underline{\sigma}}^{dev} = \begin{bmatrix} \sigma_x & \tau_{xy} & \tau_{xz} \\ \tau_{yx} & \sigma_y & \tau_{yz} \\ \tau_{zx} & \tau_{zy} & \sigma_z \end{bmatrix} - \begin{bmatrix} p & 0 & 0 \\ 0 & p & 0 \\ 0 & 0 & p \end{bmatrix}$$

$$= \begin{bmatrix} \sigma_x - p & \tau_{xy} & \tau_{xz} \\ \tau_{yx} & \sigma_y - p & \tau_{yz} \\ \tau_{zx} & \tau_{zy} & \sigma_z - p \end{bmatrix}; \tag{6.7}$$

wenn

$$\begin{bmatrix} p & 0 & 0 \\ 0 & p & 0 \\ 0 & 0 & p \end{bmatrix}$$

der hydrostatische Spannungsanteil und

$$\begin{bmatrix} \sigma_x & \tau_{xy} & \tau_{xz} \\ \tau_{yx} & \sigma_y & \tau_{yz} \\ \tau_{zx} & \tau_{zy} & \sigma_z \end{bmatrix}$$

der allgemeine Spannungstensor ist. Wird hier die SPUR-Funktion verwendet, folgt

Beispiele können per Hand als auch durch Computerunterstützung gelöst werden. In diesem Buch wird nur die Lösung durch Matlab vorgeführt.

6.2 Grundgleichungen der Elastizitätstheorie

6.2.1 Cauchy'sches Fundamentaltheorem

6.2.1.1 Cauchy'sche Formel

Es ist unbedeutend, ob die nachstehenden Gleichungen anhand eines Quaders, Würfels oder Tetraeders (vgl. ◘ Abb. 6.2) aufgestellt werden. Geläufig sind Würfel und Tetraeder, hier wird mittels des Würfels gearbeitet. Ist von einem Spannungsvektor, Tensor σ_{ij} die Rede, so wird durch den Index i die Normalrichtung zur Schnittfläche ausgedrückt und durch j die Richtung, in Abhängigkeit der Koordinatenrichtung, in der dieser wirkt.

Es treten bei einem infinitesimal kleinem Volumenstück Kräfte in allen Richtungen auf. Diese können flächenweise zu sogenannten volumenförmig – verteilten Kräften – oder auch spezifische Volumenkräfte genannt – aufgeteilt werden. Volumenkräfte sind Kräfte der Gestalt: $T^{(e_i)}$, wobei $\sum_{z=1}^{n} T^{(e_i)}$, mit $n \equiv$ Anzahl der Flächen des Massenelementes, ist. Der Würfel aus ◘ Abb. 6.1 habe die Abmessungen dx_1, dx_2 und dx_3, wodurch sich das Volumen gemäß $dV = dx_1 \cdot dx_2 \cdot dx_3$ ergibt. Mit der Definition für die Kraft resultiert $F = m \cdot a \Longrightarrow T^{(e_1)} = m \cdot g = \varrho \cdot g \cdot dx_1 dx_2 dx_3$. Gemäß dem 3. Newton'schen Axiom (Wechselwirkung) gilt Actio = Reactio (Auch Euler–Cauchy-Spannungsprinzip) und damit durch das Schnittprinzip $\underline{t} = \vec{t} = -\underline{t}' = -\vec{t}'$. Wenn $\vec{t}$ der Spannungsvektor ist, dann wird gemäß der Gleichung $\sigma = \frac{F}{A}$ für

$$\underline{\underline{\sigma}}^{dev} = \underline{\underline{\sigma}} - \underline{\underline{\sigma}}^h = \begin{pmatrix} \sigma_{11} - \frac{1}{3}\text{SPUR}(\underline{\underline{\sigma}}) & \sigma_{12} & \sigma_{13} \\ \sigma_{21} & \sigma_{22} - \frac{1}{3}\text{SPUR}(\underline{\underline{\sigma}}) & \sigma_{23} \\ \sigma_{31} & \sigma_{32} & \sigma_{33} - \frac{1}{3}\text{SPUR}(\underline{\underline{\sigma}}). \end{pmatrix} \tag{6.8}$$

6.2 · Grundgleichungen der Elastizitätstheorie

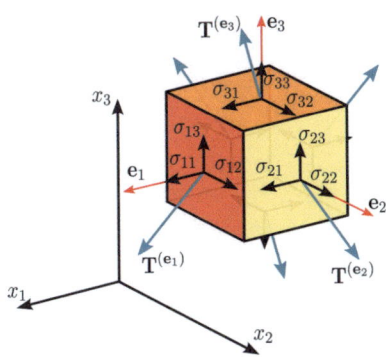

Abb. 6.1 Volumenelement, in Form eines Quaders, belastet [73, 97]

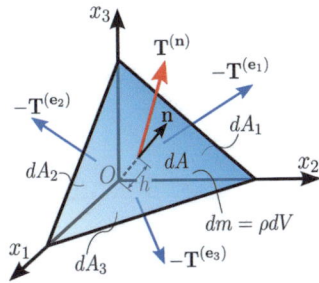

Abb. 6.2 Volumenelement, in Form eines Tetraeders, belastet [44, 55]

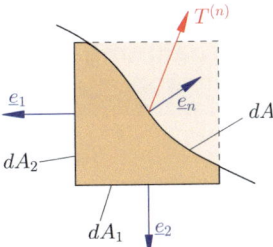

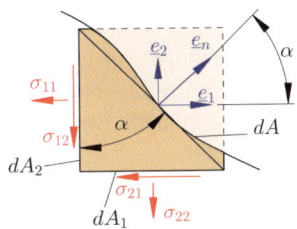

Abb. 6.3 Schnittkräfte eines Würfels

infinitesimal kleine Stücke

$$d\underline{F} = \underline{t} \cdot d\underline{A} \implies \underline{t} = \frac{d\underline{F}}{d\underline{A}}. \quad (6.9)$$

Damit ein Zusammenhang zwischen den inneren Spannungen und dem Spannungsvektor hergestellt werden kann, wird der Würfel aus obiger Abb. auf zwei Dimensionen reduziert. Es folgt ◻ Abb. 6.3.

Mittels ◻ Abb. 6.3 folgt dann

$$\underline{e}_1 = \cos\alpha \cdot \underline{e}_n \quad \text{mit} \quad \underline{e}_n = 1$$
$$\implies \underline{e}_1 = \cos\alpha \quad (6.10)$$

$$\underline{e}_2 = \sin\alpha \cdot \underline{e}_n \quad \text{mit} \quad \underline{e}_n = 1$$
$$\implies \underline{e}_2 = \sin\alpha \quad (6.11)$$

bzw.

$$dA_1 = dA \cdot \cos\alpha = dA\underline{e}_1 \quad (6.12)$$
$$dA_2 = dA \cdot \sin\alpha = dA\underline{e}_2 \quad (6.13)$$

oder für die Raumrichtungen (3-Dimensionen) folgt durch Indexschreibweise

$$dA_i = dA\underline{e}_i \quad (6.14)$$

Ansetzen des Kräftegleichgewichts ergibt

$$\sum_{i=1}^{n} F_{i(-x_1)} = 0:$$
$$-\sigma_{11}dA_1 - \sigma_{12}dA_2 + t_1 dA = 0. \quad (6.15)$$

Verallgemeinert mit Gl. (6.14) folgt

$$-\sigma_{11}dA\underline{e}_1 - \sigma_{12}dA\underline{e}_2 + t_1 dA = 0$$
$$-\sigma_{11} \cdot \underline{e}_1 - \sigma_{12} \cdot \underline{e}_2 + t_1 = 0$$
$$t_1 = \sigma_{11} \cdot \underline{e}_1 + \sigma_{12} \cdot \underline{e}_2. \quad (6.16)$$

Da bei, wie bereits im vorgehenden Kapitel erwähnt, bei gleichen Indizes die Summation ausgelöst wird, folgt durch Erweitern auf die Raumrichtung die Cauchy'sche Formel, gemäß

$$t_i = \sigma_{ij} \cdot n_j. \quad (6.17)$$

6.2.1.2 Satz der zugeordneter Schubspannungen

Theorem 6.1

Schubspannungen treten in zwei aufeinanderfolgenden, senkrechten Schnittflächen immer paarweise auf. Diese sind gleich groß und senkrecht zueinander gerichtet.

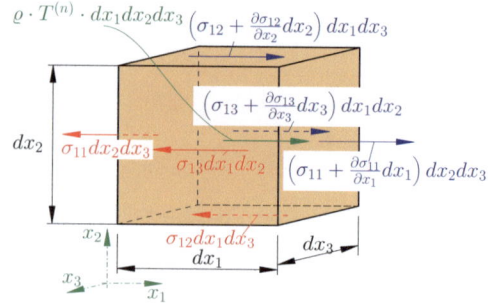

Abb. 6.4 Lokales Gleichgewicht – anhand eines Würfels

Aus dem Gleichgewicht an einem Massenelement, hier: Würfel aus Abb. 6.1, folgen drei Gleichungen, aus denen die Bedingung aus überstehendem Satz folgt.

Beweis Durch Ansetzen der Momentengleichugungen an drei Punkten am Würfel aus Abb. 6.1 folgen die Bedingungen: $\sigma_{12} = \sigma_{21}$; $\sigma_{13} = \sigma_{31}$ bzw. $\sigma_{23} = \sigma_{32}$. Verallgemeinern ergibt $\sigma_{ij} = \sigma_{ji}$ und damit folgt durch Betrachten des Spannungstensors

$$\begin{pmatrix} \sigma_{11} & \sigma_{12} & \sigma_{13} \\ \sigma_{21} & \sigma_{22} & \sigma_{23} \\ \sigma_{31} & \sigma_{32} & \sigma_{33} \end{pmatrix} \implies \begin{pmatrix} \sigma_{11} & \sigma_{12} & \sigma_{13} \\ \sigma_{12} & \sigma_{22} & \sigma_{23} \\ \sigma_{13} & \sigma_{23} & \sigma_{33} \end{pmatrix} \quad (6.18)$$

wodurch sofort sichtbar ist, dass es sich um eine symmetrische Matrix handelt und damit gilt

$$\underline{\underline{\sigma}} = \underline{\underline{\sigma}}^\top; \quad (6.19)$$

und damit ist der **Chauchy'sche Spannungstensor ein symmetrischer Spannungstenor 2. Stufe**. □

6.2.2 Lokales Gleichgewicht

Wie kommt man auf diese Ausdrücke? Auf den Ausdruck $\sigma_{ij} dx_a dx_b$ kommt man nach den bereits zuvor besprochenen Bedingungen (vgl. Abb. 6.4). Der Zuwachs von $\frac{\partial \sigma_{ij}}{\partial x_c} dx_c dx_a dx_b$ resultiert aus dem Kurvenanstieg. Die Kurve hat den Anstieg $\frac{\partial \sigma_{ij}}{\partial x_c}$ auf die Länge dx_c. Der y-Wert in einem Koordinatensystem errechnet sich dann durch $\frac{\partial \sigma_{ij}}{\partial x_c} dx_c$ (vgl. Abb. 6.5).

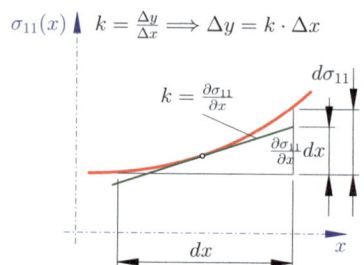

Abb. 6.5 Anstieg einer Kurve, partielle Schreibweise

Es folgt durch Aufstellen der Gleichgewichtsbedingungen

$$\begin{aligned} 0 = & \sigma_{11} dx_2 dx_3 + \sigma_{12} dx_1 dx_3 + \sigma_{13} dx_1 dx_2 \\ & - \left(\sigma_{11} + \frac{\partial \sigma_{11}}{\partial x_1} dx_1 \right) dx_2 dx_3 \\ & + \left(\sigma_{12} + \frac{\partial \sigma_{12}}{\partial x_2} dx_2 \right) dx_1 dx_3 \\ & + \left(\sigma_{13} + \frac{\partial \sigma_{13}}{\partial x_3} dx_3 \right) dx_1 dx_2 \\ & + \varrho T^{(n)} dx_1 dx_2 dx_3. \quad (6.20) \end{aligned}$$

Durch Ausmultiplizieren fallen einige Terme weg, es folgt durch Dividieren von dx_1, dx_2 und dx_3

$$\underbrace{\frac{\partial \sigma_{11}}{\partial x_1} + \frac{\partial \sigma_{12}}{\partial x_2} + \frac{\partial \sigma_{13}}{\partial x_3}}_{\sigma_{ij,j}} + \underbrace{\varrho T^{(n)}}_{\varrho f_i} = 0 \quad (6.21)$$

(durch Summenkonvention und mit $i = 1, 2, 3$) folgt

$$\sigma_{ij,j} + \varrho f_i = 0. \quad (6.22)$$

6.2 · Grundgleichungen der Elastizitätstheorie

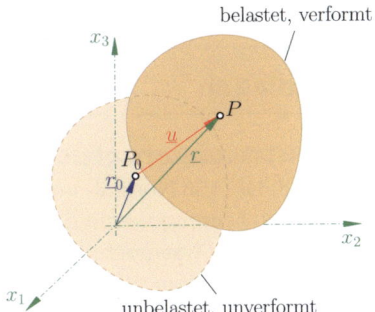

Abb. 6.6 Verformtes – und unverformtes Bauteil

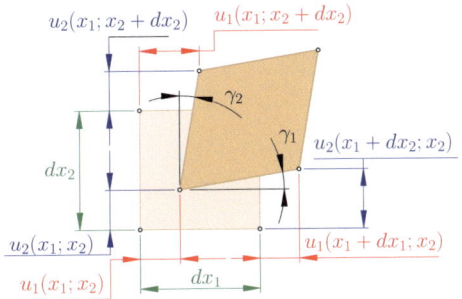

Abb. 6.7 Massenelement mit Verzerrungen

6.2.3 Verschiebung

Vgl. Abb. 6.6.

$$\underline{u} = \underline{r} - \underline{r}_0. \tag{6.23}$$

Um ein lineares Elastizitätsproblem zu erhalten, müssen unverformtes – und verformtes Bauteil unmittelbar nebeneinander liegen. Damit eine Verformung möglich ist, muss eine Zeit vergehen. Es entsteht damit eine zeitlich abhängige Veränderung und damit ein instationäres Vektorfeld.

$$\underline{u} = \underline{u}(\underline{x}, t) \qquad u_i = u_i(x_k, t) \tag{6.24}$$

> **Bemerkung 6.1 (Sonderfall der Starrkörpertranslation)**
> Der Abstand zwischen zwei beliebigen Punkten ist konstant, obwohl eine Verschiebung vorliegt.

6.2.4 Verzerrungs-Beziehungen

Vgl. Abb. 6.7.

> **Definition 6.3**
> Als Verformung eines Körpers bezeichnet man in der Kontinuumsmechanik die Änderung seiner Form infolge der Einwirkung einer äußeren Kraft. Die Deformation kann als Längenänderung (Dehnung) oder als Winkeländerung (Scherung) in Erscheinung treten. Die Verformung wird mithilfe des Verzerrungstensor dargestellt [108].

In Abb. 6.7 werden drei Punkte betrachtet: $P_1 = (x_1, x_2)$, $P_2 = (x_1 + dx_1, x_2)$ und $P_3 = (x_1, x_2 + dx_2)$. Da eine Dehnung durch $\varepsilon = \frac{du}{dx}$ definiert ist (wurde bereits in einem anderen Kapitel hergeleitet), gilt

$$\begin{aligned}\varepsilon_{11} &= \frac{u_1(x_1 + dx_1; x_2) - u_1(x_1; x_2)}{dx_1} \\ &= \frac{\partial u_1}{\partial x_1} = u_{1,1}\end{aligned} \tag{6.25}$$

bzw. für die weiteren Koordinatenrichtungen

$$\varepsilon_{22} = u_{2,2} \tag{6.26}$$

$$\varepsilon_{33} = u_{3,3}. \tag{6.27}$$

Mit dem Tangens gilt: $\tan(\alpha) = \frac{GK}{AK}$, bzw. bei Betrachtung der Punkte P_1 und P_3 und dem eingeschlossenen Winkel γ_2 folgt, unter Betrachtung, dass $\gamma_2 \ll$ ist, mit der Taylorreihenentwicklung

$$\begin{aligned}\tan(\gamma_2) &\approx \gamma_2 \\ &= \frac{u_1(x_1; x_2 + dx_2) - u_1(x_1; x_2)}{dx_2} \\ &= \frac{\partial u_1}{\partial x_2} = u_{1,2}\end{aligned} \tag{6.28}$$

bzw. durch die Punkte (x_1, x_2), $(x_1 + dx_1, x_2)$ und γ_1

$$\begin{aligned}\tan(\gamma_1) &\approx \gamma_1 \\ &= \frac{u_2(x_1 + dx_1; x_2) - u_2(x_1; x_2)}{dx_1} \\ &= \frac{\partial u_2}{\partial x_1} = u_{2,1}.\end{aligned} \tag{6.29}$$

Die gesamte Verzerrung resultiert aus den beiden Schubverzerrungen γ_1 und γ_2 zu γ_{12} durch Addition

$$\gamma_{12} = \gamma_1 + \gamma_2 = u_{1,2} + u_{2,1}. \tag{6.30}$$

Diese Daten können in einem Tensor, den sogenannten Dehnungstensor $\underline{\underline{\varepsilon}}$ zusammengefasst werden. Es gilt $\varepsilon_{ij} + \varepsilon_{ij} = 2 \cdot \varepsilon_{ij} = \frac{1}{2}[\varepsilon_{ij} + \varepsilon_{ij}]$ also

$$\varepsilon_{11} = u_{1,1} = \frac{1}{2}[u_{1,1} + u_{1,1}] \tag{6.31}$$

bzw. durch einsetzen der oben gefundenen Grundgleichungen

$$\varepsilon_{12} = \frac{1}{2} \cdot \gamma_{1,2} = \frac{1}{2}[u_{1,2} + u_{2,1}] \tag{6.32}$$

$$\varepsilon_{23} = \frac{1}{2} \cdot \gamma_{2,3} = \frac{1}{2}[u_{2,3} + u_{3,2}] \tag{6.33}$$

$$\varepsilon_{13} = \frac{1}{2} \cdot \gamma_{1,2} = \frac{1}{2}[u_{1,3} + u_{3,1}] \tag{6.34}$$

oder etwas allgemeiner

$$\varepsilon_{ij} = \frac{1}{2} \cdot \gamma_{i,j} = \frac{1}{2}[u_{i,j} + u_{j,i}]. \tag{6.35}$$

Diese Gleichung beschreibt den linearen Verzerrungstensor.

> **Bemerkung 6.2**
> Da zu Beginn angenommen wurde, dass $\gamma \ll$ ist, gilt Gl. (6.35) nur für kleine Verzerrungen, also bei kleinen Änderungen der Abmessungen vom unbelasteten Ausgangszustand in den belasteten Verzerrungszustand.

Der Verzerrungstensor ist ein symmetrischer Tensor, das $\varepsilon_{ij} = \varepsilon_{ji}$ ist.

6.3 Koordinatentransformation

6.3.1 Grundlagen

6.3.1.1 Transformationsgleichungen

Vgl. ◻ Abb. 6.8. Ist[1] von Normal- und Tangentialspannungen die Rede, so waren diese bis jetzt immer senkrecht oder waagrecht an einem Element angeordnet. Es treten allerdings nicht nur Spannungen in den Hauptrichtungen auf, sondern auch schräg dazu. Um diese bestimmen zu können, werden jetzt, ähnlich wie es bereits bei der Transformation von Koordinaten bei den Flächenträgheitsmomenten getan wurde, Transformationsgleichungen zum Transformieren von Spannungen in Abhängigkeit des Winkels hergeleitet. Bei den Koordinatentransformationen wurden die gedrehten Achsen durch ξ und η bezeichnet, genau so wird dies auch hier durch Indizes für die gedrehten Spannungen, bei Drehung des Koordinatenkreuzes um den Winkel φ, getan. Da die Fläche dA hier als Linie projiziert erscheint, kann diese durch die Beziehung, in Verbindung mit der Achse η und den Normalvektor t (Cauchy Formel ▶ Abschn. 6.2.1.1) gemäß $dA = d\eta \cdot t$ bestimmt werden. Die anderen beiden Schnittflächen, an denen die Normalspannungen σ_x und σ_y wirken können durch das infinitesimal kleine Flächenstück und den Winkel φ zu $dA \cdot \sin(\varphi)$ bzw. $dA \cdot \cos(\varphi)$ bestimmt werden. Das Kräftegleichgewicht in ξ- und in η-Richtung liefert dann

$$\sum_{n=1}^{n} F_{i\xi} = 0:$$

$$\sigma_\xi \cdot dA - (\sigma_x \cdot dA \cdot \cos(\varphi) \cdot \cos(\varphi))$$
$$- (\tau_{xy} \cdot dA \cdot \cos(\varphi) \cdot \sin(\varphi))$$
$$- (\sigma_y \cdot dA \cdot \sin(\varphi) \cdot \sin(\varphi))$$
$$- (\tau_{yx} \cdot dA \cdot \sin(\varphi) \cdot \cos(\varphi)) = 0 \tag{6.36}$$

$$\sum_{n=1}^{n} F_{i\eta} = 0:$$

$$\tau_{\xi\eta} \cdot dA + (\sigma_x \cdot dA \cdot \cos(\varphi) \cdot \sin(\varphi))$$
$$- (\tau_{xy} \cdot dA \cdot \cos(\varphi) \cdot \cos(\varphi))$$
$$- (\sigma_y \cdot dA \cdot \sin(\varphi) \cdot \cos(\varphi))$$
$$- (\tau_{yx} \cdot dA \cdot \sin(\varphi) \cdot \sin(\varphi)) = 0. \tag{6.37}$$

---

1 In ähnlicher Form [8, S. 42] zu finden.

6.3 · Koordinatentransformation

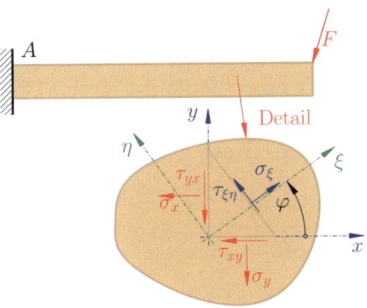

Abb. 6.8 Infinitesimal kleines Balkenstück

Da der Spannungstensor ident zum transponierten Spannungstensor ist, da eine symmetrische Matrix vorliegt, muss $\tau_{yx} = \tau_{xy}$ gelten (dies kann auch aus der Gleichheit der zugeordneten Schubspannungen (Satz zugeordneter Schubspannungen) geschlossen werden), es folgt

$$\sigma_\xi = \sigma_x \cdot \cos^2(\varphi) + \sigma_y \cdot \sin^2(\varphi) \\ + 2 \cdot \tau_{xy} \cdot \sin(\varphi) \cdot \cos(\varphi), \qquad (6.38)$$

$$\tau_{\xi\eta} = -(\sigma_x - \sigma_y) \cdot \sin(\varphi) \cdot \cos(\varphi) \\ + \tau_{xy}(\cos^2(\varphi) - \sin^2(\varphi)). \qquad (6.39)$$

Da die Achse η orthogonal (senkrecht) auf der Achse ξ steht und damit einen Winkel von 90° oder in Radiant $\pi/2$ einschließt, ergibt sich die Drehung der η Achse, in Bezug auf die x Achse zu $\frac{\pi}{2} + \varphi$. Es gilt $\cos(\frac{\pi}{2}) = -\sin(\varphi)$ und $\sin(\frac{\pi}{2}) = \cos(\varphi)$. Es folgt

$$\sigma_\eta = \sigma_x \cdot \sin^2(\varphi) + \sigma_y \cdot \cos^2(\varphi) \\ - 2 \cdot \tau_{xy} \cdot \cos(\varphi) \cdot \sin(\varphi). \qquad (6.40)$$

Gemäß den trigonometrischen Regeln

$$\cos^2(\varphi) = \frac{1}{2}(1 + \cos(2 \cdot \varphi)), \qquad (6.41)$$

$$2 \cdot \sin(\varphi) \cdot \cos(\varphi) = \sin(2 \cdot \varphi), \qquad (6.42)$$

$$\sin^2(\varphi) = \frac{1}{2}(1 - \cos(2\varphi)), \qquad (6.43)$$

$$\cos^2(\varphi) - \sin^2(\varphi) = \cos(2\varphi). \qquad (6.44)$$

folgen durch Einsetzen die **Transformationsgleichungen**

$$\sigma_\xi = \frac{1}{2} \cdot (\sigma_x + \sigma_y) \\ + \frac{1}{2} \cdot (\sigma_x - \sigma_y) \cdot \cos(2\varphi) \\ + \tau_{xy} \cdot \sin(2\varphi), \qquad (6.45)$$

$$\sigma_\eta = \frac{1}{2} \cdot (\sigma_x + \sigma_y) \\ - \frac{1}{2} \cdot (\sigma_x - \sigma_y) \cdot \cos(2\varphi) \\ - \tau_{xy} \cdot \sin(2\varphi), \qquad (6.46)$$

$$\tau_{\xi\eta} = -\frac{1}{2} \cdot (\sigma_x - \sigma_y) \cdot \sin(2\varphi) \\ + \tau_{xy} \cdot \cos(2\varphi). \qquad (6.47)$$

6.3.1.2 Hauptspannungswinkel

Wird von Gleichung σ_ξ oder σ_η der Extremwert, durch Ableitung der Funktion nach dem Winkel und Null gesetzt, gebildet, folgt die Gleichung für den Hauptspannungswinkel, zu

$$\tan(2\varphi) = \frac{2\tau_{xy}}{\sigma_x - \sigma_y}. \qquad (6.48)$$

6.3.2 Mohr'scher Spannungskreis

Der Mohr'sche Spannungskreis ist eine allgemeinere Form des bereits behandelten Mohr'schen Kreises für Trägheitsmomente. Man benötigt diesen, um einen räumlichen, oder auch ebenen Spannungszustand mit den Hauptspannungen (Spannungen, an denen die Schubspannungen in jeder Richtung Null sind) zeichnerisch ermitteln zu können.

6.3.2.1 Ebener Spannungszustand
Für einen ebenen Spannungszustand gilt

$$\sigma = \begin{bmatrix} \sigma_x & \tau_{xy} \\ \tau_{yx} & \sigma_y \end{bmatrix}. \qquad (6.49)$$

Hierbei folgt die Lösung durch den Mohr'schen Spannungskreis in folgenden fünf Schritten
- Achsen σ, τ einzeichnen,
- $P(\sigma_x, \tau_{xy})$ und $P'(\sigma_y, -\tau_{xy})$ einzeichnen,
- Zeichnen des Kreises,
- Hauptspannungen $\sigma_{1,2}$ ablesen.

Theorem 6.2

(Spannungen σ_1 und σ_2 im Mohr'schen Spannungskreis) Im Mohr'schen Spannungskreis gilt

$$\sigma_1 = \frac{\sigma_x + \sigma_y}{2} + \sqrt{\left(\frac{\sigma_x - \sigma_y}{2}\right)^2 + \tau_{xy}^2} \quad (6.50)$$

$$\sigma_2 = \frac{\sigma_x + \sigma_y}{2} - \sqrt{\left(\frac{\sigma_x - \sigma_y}{2}\right)^2 + \tau_{xy}^2} \quad (6.51)$$

Beweis Um diese Gleichung besser zeigen zu können, wird angenommen, dass der Spannungskreis nicht wie in ▸ Abb. 6.9 oben dargestellt (wie dies meistens der Fall ist) aussieht, sondern beide Randspannungen σ_1 und σ_2 positiv sind. Es ergibt sich der Kreis aus ▸ Abb. 6.9 unten. Zu bestimmen sind σ_1 und σ_2. Bewiesen wird dies für σ_i, wobei $i \in 1, 2$ sein kann. Die Spannung ist eine Länge im Kreis. Dazu muss zuerst die Spannung bis zum Mittelpunkt σ_m abgelesen werden. Diese kann durch

$$\sigma_m = \frac{\sigma_x + \sigma_y}{2} \quad (6.52)$$

bestimmt werden. Es verbleibt dann noch der Abstand $\pm x$ (x sei der Radius des Kreises); dieser kann durch den Pythagoras gemäß

$$x = \sqrt{y^2 + \tau_{xy}^2} \quad (6.53)$$

berechnet werden. Gemäß der Skizze berechnet man den Abstand y durch

$$y = \frac{\sigma_x - \sigma_y}{2}. \quad (6.54)$$

Werden diese Bedingungen eingesetzt, folgen zwei Gleichungen

$$\sigma_1 = \frac{\sigma_x + \sigma_y}{2} + \sqrt{\left(\frac{\sigma_x - \sigma_y}{2}\right)^2 + \tau_{xy}^2}; \quad (6.55)$$

$$\sigma_2 = \frac{\sigma_x + \sigma_y}{2} - \sqrt{\left(\frac{\sigma_x - \sigma_y}{2}\right)^2 + \tau_{xy}^2}. \quad (6.56)$$

□

Da es bei der zeichnerischen Ermittlung zu sehr großen Ungenauigkeiten, beim Zeichnen auf einem Blatt Papier, kommen kann, wird eine Methode gezeigt, wie man die Spannungen und den Winkel mittels des Mohr'schen Spannungskreises, durch GeoGebra, ermitteln kann (▸ Abb. 6.10).

Achtung bei der Eingabe der Winkel: Diese müssen in das Feld „2φDrehe($\tau_{xy}. - (\alpha°), M$)", worin α den Winkel 2φ darstellt, eingetragen werden. Angenommen: Gesucht ist eine Drehung von $+22°$, dann muss für α 44° eingegeben werden! Der Winkel β in der GeoGebra Datei stellt den Winkel φ^* aus ▸ Abb. 6.9 dar. Bei τ_{xy} und auch $\tau_{\xi\eta}$ stellt die y- Koordinate den Wert der Schubspannung, des Punktes, dar. Anwendungsbeispiele sind im Bereich „Übungen", dieses Kapitels, gegeben.

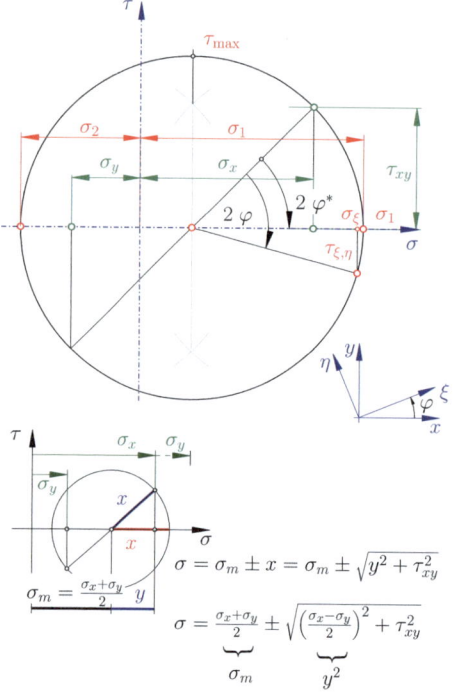

◯ **Abb. 6.9** Mohr'scher Spannungskreis – Beweis der Gleichungen

6.3 · Koordinatentransformation

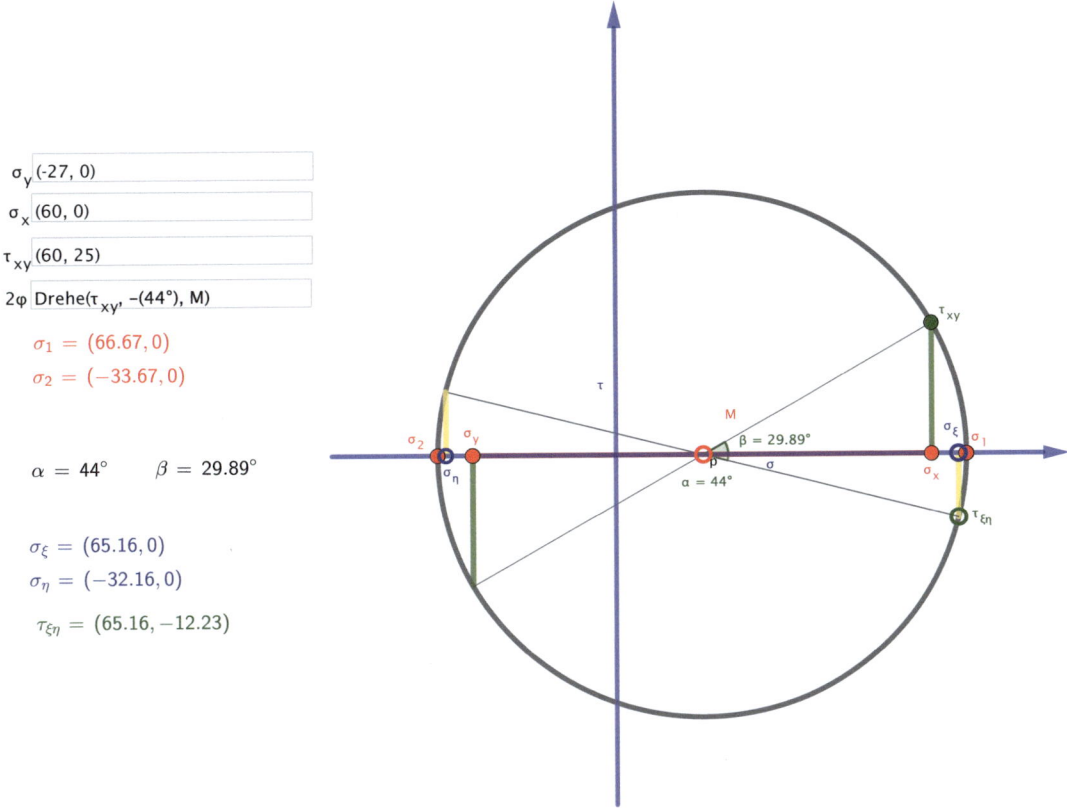

◘ **Abb. 6.10** Mohr'scher Spannungskreis – GeoGebra

6.3.2.2 Anwendung des Mohr'schen Kreises

Oftmals taucht die Frage „Wozu wird der Mohr'sche Kreis verwendet?" auf. Im Buch Technische Mechanik – Band 1 – Stereostatik – wurde bereits im letzten Kapitel die Verwendung von DMS erklärt. DMS dienen zum Messen der Spannung durch die Dehnung. Da DMS allerdings nicht immer in Hauptachsenrichtung des Bauteils angebracht sind (dort bringen diese auch nur in den wenigsten Fällen etwas, da dort die Spannung auch mittels analytischen Berechnungen „einfach" zu finden ist) können die Spannungen durch die, im Mohr'schen Kreis, ermittelten Spannungen, überprüft werden, wenn der Winkel des DMS zu einer Bezugsachse bekannt ist. Eine andere Möglichkeit für eine Anwendung ist die Ermittlung der Spannungen unter einem beliebigen Winkel (φ) in einem Bauteil.

6.3.2.3 Computerunterstützte Lösung (2D)

Um den Mohr'schen Kreis im zweidimensionalen Zustand abzuschließen, wird hier auf eine Lösung des Mohr'schen Kreises, durch Computerunterstützung, durch nachfolgendes Beispiel eingegangen.

Beispiel 6.1

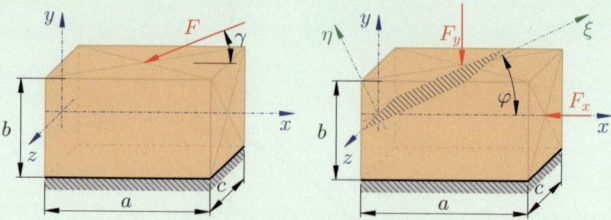

Abb. 6.11 Mohr'scher Spannungskreis 2D-Beispiel Computer-Angabe

Gegeben sei ein Würfel, gemäß Abb. 6.11, der durch die Kraft $F = 2500$ kN, mit $a = 500$ mm, $b = 300$ mm und $c = 100$ mm, unter einem Winkel zur Waagrechten $\gamma = 22°$ belastet wird. (Material: 1.0037 – S235). Gesucht sind die Hauptspannungen und die Spannungen, die bei Drehung des Koordinatensystems xy zu $\xi\eta$, unter dem Winkel $\varphi = 25°$ herrschen.

Lösung

Im ersten Schritt wird der Würfel mittels dem bereits behandelten GeoGebra-Programm untersucht, vgl. Abb. 6.12.

Es folgen die Lösungen:

$$\sigma_1 = 102{,}81 \, \frac{\text{N}}{\text{mm}^2} \qquad \sigma_2 = -6{,}82 \, \frac{\text{N}}{\text{mm}^2}$$

$$\beta = 29° \tag{6.57}$$

$$\sigma_\xi = 102{,}31 \, \frac{\text{N}}{\text{mm}^2} \qquad \sigma_\eta = -6{,}32 \, \frac{\text{N}}{\text{mm}^2}$$

$$\tau_{\xi\eta} = 7{,}37 \, \frac{\text{N}}{\text{mm}^2}. \tag{6.58}$$

Jetzt werden diese Werte mittels eines Matlab-Programms ausgewertet (vgl. Abb. 6.13, 6.14 und 6.15).

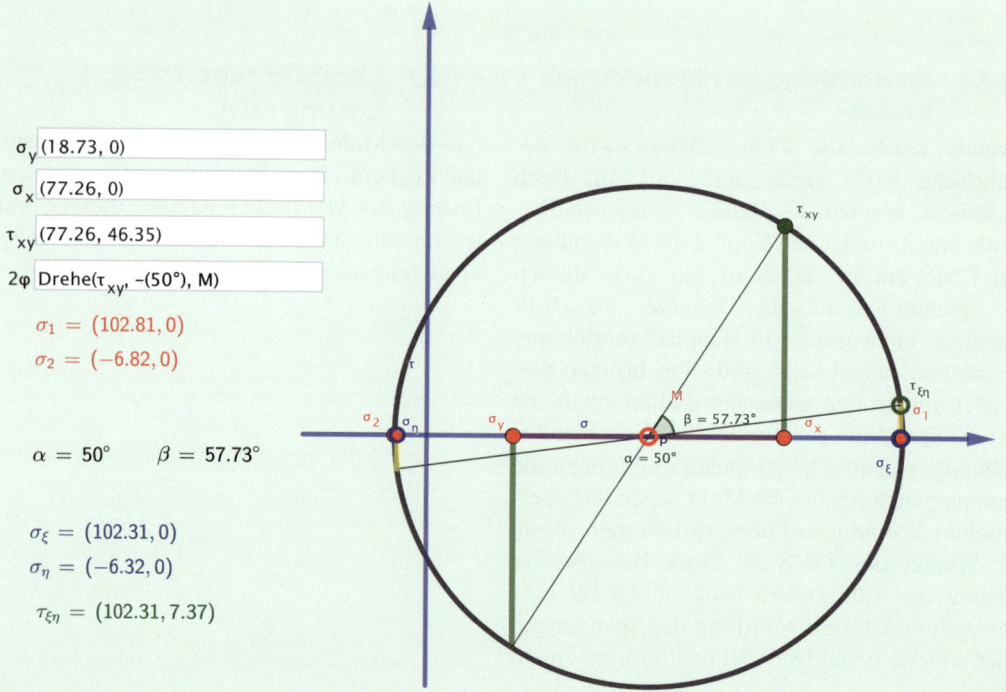

Abb. 6.12 Mohr'scher Spannungskreis 2D-Beispiel Computer-GeoGebra

6.3 · Koordinatentransformation

```matlab
%================================================================
%================================================================
%========================RANDBEDINGUNGEN=========================
%================================================================
%================================================================

%=======================KRAFTEIGENSCHAFTEN=======================

F     = 2500000;  %N       Belastung
gamma = 22;       %°       Winkel zwischen Waagrechten und F

%======================BAUTEILEIGENSCHAFTEN======================

a = 500;  %mm       Abmessung Quader 1
b = 300;  %mm       Abmessung Quader 2
c = 100;  %mm       Abmessung Quader 3

%======================SCHNITTEINGENSCHAFTEN=====================

phi = 25;         %°       Winkel zwischen Waagrechten und Schnittebene

%================================================================
%================================================================
%===========================BERECHNUNG===========================
%================================================================
%================================================================

%=======================KRAFTKOMPONENTEN=========================

F_x = F * cosd(gamma);  %N   Kraft in x - Richtung
F_y = F * sind(gamma);  %N   Kraft in y - Richtung

%=======================FLfCHEN BESTIMMEN========================

A_x = b * c;      %mm^2   Fläche in der F_x wirkt
A_y = a * c;      %mm^2   Fläche in der F_y wirkt
A_z = a * b;      %mm^2   Fläche in der F_Q wirkt

%=======================SCHUBKRAFT BESTIMMEN=====================

F_q = F_x;        %N      (Schubkraft)
A_q = A_y;        %mm^2   (Schubkraft)

%=======================SPANNUNGEN BESTIMMEN=====================

sigma_x = F_x / A_x;       %N/mm^2 Normal - Spannung in x - Richtung
sigma_y = F_y / A_y;       %N/mm^2 Normal - Spannung in y - Richtung
tau_xy  = 3/2 * F_q / A_q; %N/mm^2 Schub  - Spannung in xy - Richtung

%=========================HAUPTSPANNUNGEN========================

sigma_1 = (sigma_x + sigma_y)/2 + sqrt(((sigma_x - sigma_y)/2)^2 + tau_xy^2);
sigma_2 = (sigma_x + sigma_y)/2 - sqrt(((sigma_x - sigma_y)/2)^2 + tau_xy^2);

%========================gedrehte Spannungen=====================

%Normalspannungen
sigma_xi = (sigma_x+sigma_y)/2+(sigma_x-sigma_y)/2*cosd(2*phi)+tau_xy*sind(2*phi);
sigma_eta= (sigma_x+sigma_y)/2-(sigma_x-sigma_y)/2*cosd(2*phi)-tau_xy*sind(2*phi);
```

```
%Schubspannungen
tau_xi_eta=-(sigma_x-sigma_y)/2*sind(2*phi)+tau_xy*cosd(2*phi);


%=========================================================================
%=========================================================================
%========================FUNKTIONEN=======================================
%=========================================================================
%=========================================================================


%======================Funktionen definieren==============================

psi = 0:1:360;                %Winkel in Grad

%Normalspannungen
sigma_xi1 = (sigma_x+sigma_y)/2+(sigma_x-sigma_y)/2*cosd(2*psi)+tau_xy*sind(2*psi);
sigma_eta1= (sigma_x+sigma_y)/2-(sigma_x-sigma_y)/2*cosd(2*psi)-tau_xy*sind(2*psi);

%Schubspannungen
tau_xi_eta1=-(sigma_x-sigma_y)/2*sind(2*psi)+tau_xy*cosd(2*psi);

%======================Funktionen plotten=================================

plot(psi,sigma_xi1);
hold on
plot(psi,sigma_eta1);
hold on
plot(psi,tau_xi_eta1);

%======================Beschriftungen=====================================

title('Spannungsausschläge')
xlabel('Winkel \phi')
ylabel('Spannungen \tau_{\xi\eta}, \sigma_{\xi}, \sigma_{\eta}')
```

Abb. 6.13 Mohr'scher Spannungskreis 2D-Beispiel Computer-Matlab-Programmcode

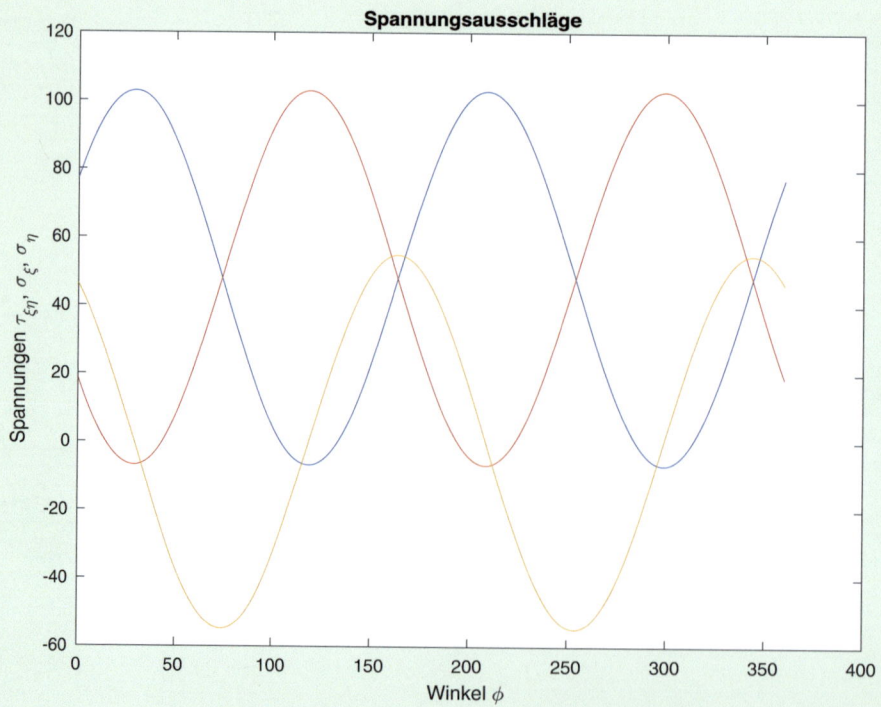

Abb. 6.14 Mohr'scher Spannungskreis 2D-Beispiel Computer-Matlab-Diagramm

6.3 · Koordinatentransformation

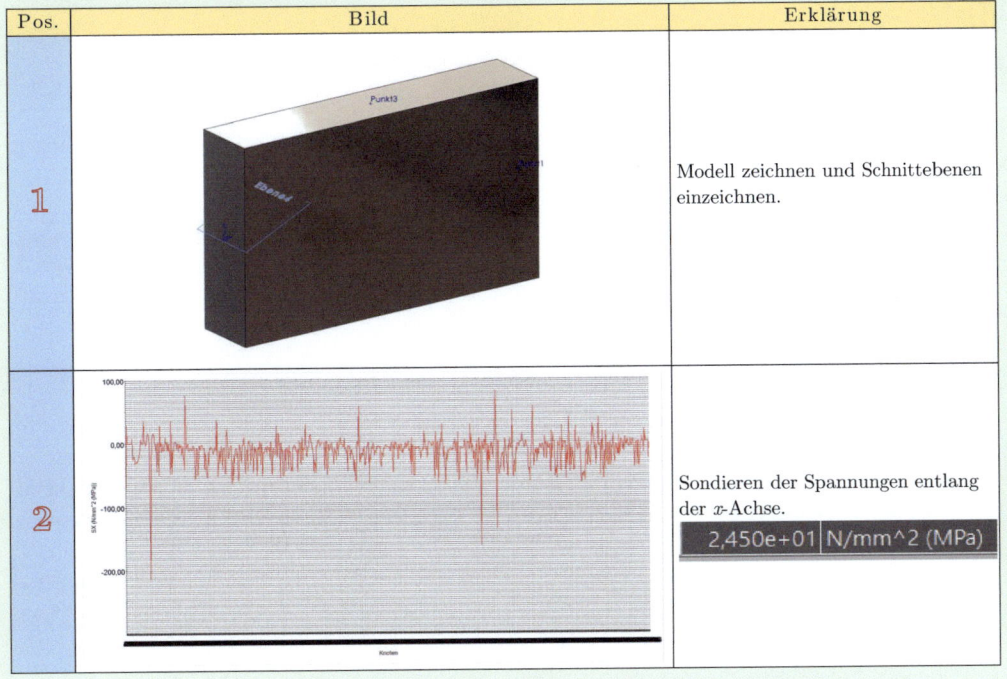

Abb. 6.15 Mohr'scher Spannungskreis 2D-Beispiel Computer-Matlab-Lösung

Pos.	Bild	Erklärung
1		Modell zeichnen und Schnittebenen einzeichnen.
2		Sondieren der Spannungen entlang der x-Achse.

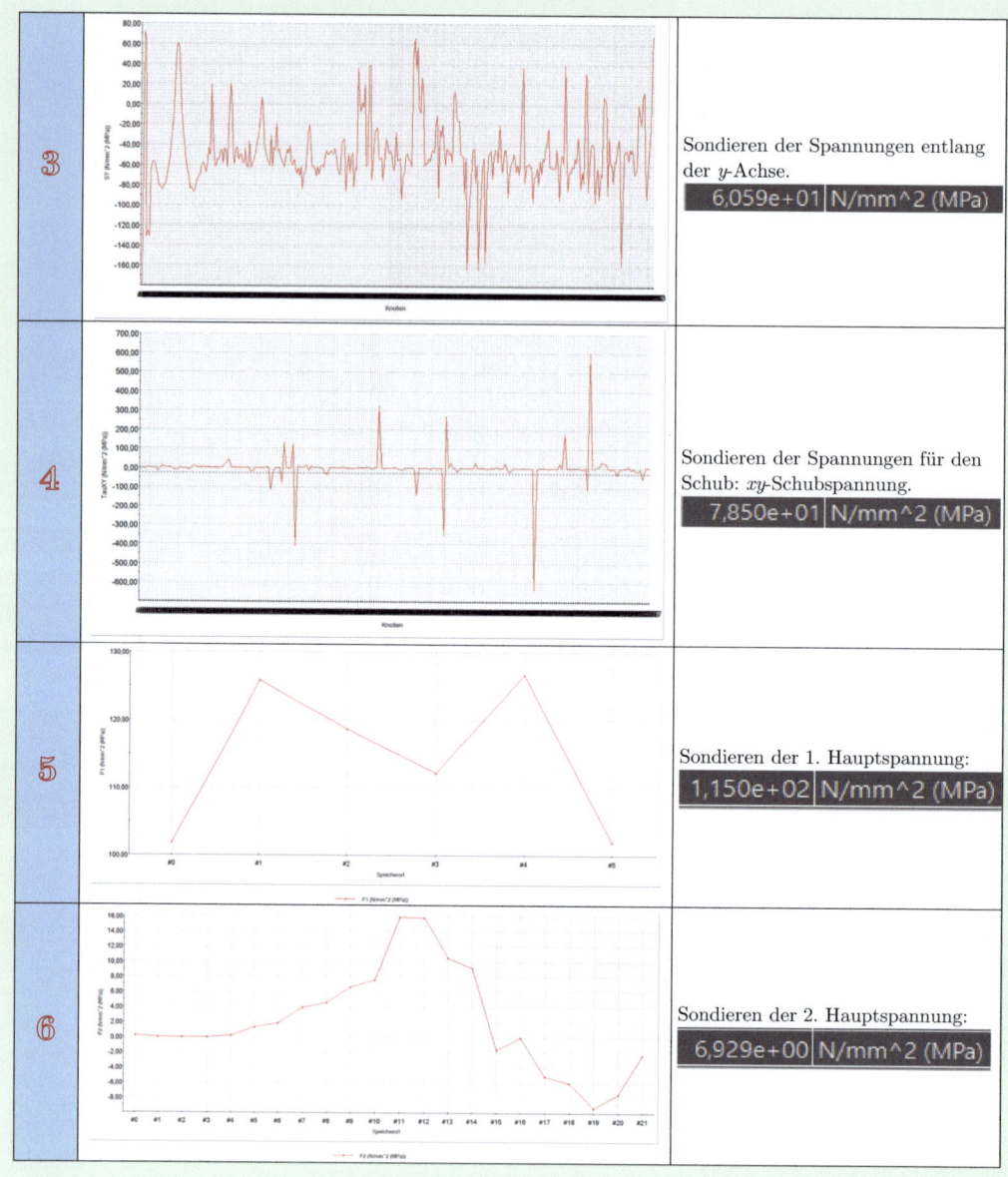

Wie klar ersichtlich ist, unterscheiden sich die von dem FEM-Programm ermittelten Größen klar von den analytisch berechneten. Warum ist dem so? Zum einen wurde bei der Berechnung der Spannung τ_{xy} mittels einer Näherungsformel gerechnet, anstatt der wirklichen, parabolischen Verteilung. Dann wurde bei der Ermittlung dieser Spannung die Kraft im Zentrum als Schubkraft angenommen, nicht wie es sein müsste: Die Kraft am Rand erzeugt die gesamte Schubkraft (▶ Kap. 5). Als Nächstes rechnet ein FEM Programm mit keiner gleichmäßigen Spannungsverteilung. In Wirklichkeit ist eine Druckbeanspruchung nicht gleichmäßig auf die Fläche verteilt, sondern ändert sich in Abhängigkeit der Abmessungen des Bauteils. Dies wird in analytischer Form mittels der Airy'schen Spannungsfunktion bedacht, mithilfe dieser Funktion können einige Spezialfälle analytisch berechnet werden. Bei der Torsionsbeanspruchung würde man anstatt der

6.3 · Koordinatentransformation

Airy'schen Spannungsfunktion die Prandtl'sche Spannungsfunktion verwenden. FEM Programme bedenken all diese Einflussgrößen weit besser, als man dies in analytischer Form hier tun kann. FEM Programme rechnen zusätzlich die Werte an tausenden, hundert-tausenden... Punkten aus, dies ist per Hand einfach nicht realisierbar. Der Sinn in solchen Berechnungen steckt viel mehr darin, den Hintergrund von FEM-Programmen, wie sie in SolidWorks enthalten sind, einigermaßen nachvollziehen zu können und besonders Interessierten die Möglichkeit zu geben, auch kleine, eigene FEM-Programme zu entwerfen.

6.3.2.4 Räumlicher Spannungszustand

Im Raum gibt es für jeden Freiheitsgrad eine Spannung, gemäß ◘ Abb. 6.3. Es wird damit mit den Schubspannungen und den Normalspannungen der Spannungstensor

$$\begin{pmatrix} \sigma_{11} & \tau_{12} & \tau_{13} \\ \tau_{21} & \sigma_{22} & \tau_{23} \\ \tau_{31} & \tau_{32} & \sigma_{33} \end{pmatrix} \quad (6.59)$$

gefunden. Der hydrostatische Spannungstensor wird durch Bilden der SPUR $\sigma_{11} + \sigma_{22} + \sigma_{33} = \sigma_I + \sigma_{II} + \sigma_{III}$ berechnet.

Im Raum bilden diese Spannungsvektoren durch unterschiedliche Anordnung die Ebene, in der sich Mohr'sche Kreise aufspannen lassen. Es gibt damit drei Mohr'sche Kreise. Zumal einen äußeren, der die Ebene von σ_{III} und σ_I aufspannt. Jeder Traktionsvektor muss innerhalb des äußeren Kreises (oder auf dem äußeren Kreis) liegen. Jene Spannungskombinationen aus Normalspannung und Schubspannung, die innerhalb der inneren Kreise liegt, können nicht auftreten, woraus auch folgt, dass es ausschließlich drei Normalspannungen geben kann, bei denen die Schubspannung null ist. Bei einem Spannungszustand, bei dem zwei Hauptspannungen null sind, degeneriert ein Kreis zu einem Punkt und der andere innere Kreis ist identisch mit dem äußeren Kreis. Bei einem hydrostatischen Spannungszustand degenerieren alle drei Kreise zu einem Punkt, da hier keine Schubspannungen vorhanden sind und in jeder Richtung dieselbe Normalspannung vorliegt [79]. Um den Spannungskreis zeichnen zu können, müssen zuerst alle drei Hauptspannungen $\sigma_{I,II,III}$ eingezeich-

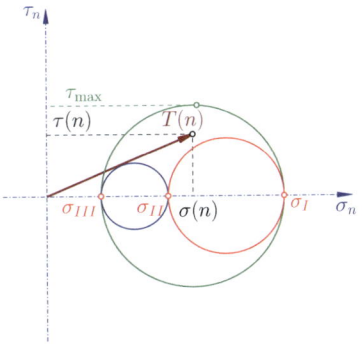

◘ **Abb. 6.16** Mohr'scher Spannungskreis – 3D-1

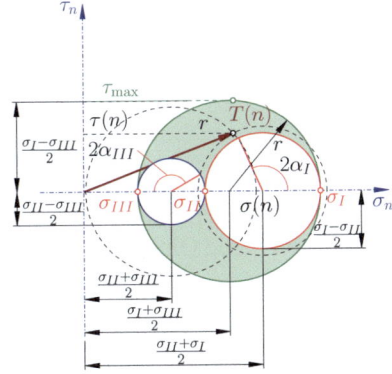

◘ **Abb. 6.17** Mohr'scher Spannungskreis – 3D-2

net werden, und dann durch Kreise verbunden werden. Es folgt ◘ Abb. 6.16. Nach genauer Beobachtung der Durchmesser und der Spannungskreise können die Abstände, gemäß ◘ Abb. 6.17 eingezeichnet werden.

Auch für den räumlichen Zustand wurde eine GeoGebra Datei angefertigt, die den Mohr'schen Spannungskreis im Raum veranschaulicht.

Beispiel 6.2 (Räumlicher Spannungszustand, GeoGebra)

Gesucht ist der Mohr'sche Spannungskreis, wenn ein Spannungstensor der Gestalt

$$\begin{pmatrix} \sigma_{11} & \sigma_{12} & \sigma_{13} \\ \sigma_{21} & \sigma_{22} & \sigma_{23} \\ \sigma_{31} & \sigma_{32} & \sigma_{33} \end{pmatrix} = \begin{pmatrix} 83 & \sigma_{12} & \sigma_{13} \\ \sigma_{21} & 40 & \sigma_{23} \\ \sigma_{31} & \sigma_{32} & 20 \end{pmatrix} \quad (6.60)$$

vorliegt. Gesucht ist der Betrag der maximalen Schubspannung, der Spannungsvektor T, wenn $\sigma_n = 50\,\text{N/mm}^2$ und $\tau_n = 23\,\text{N/mm}^2$ sind und die Winkel, durch die die Schnittebene durch ein Bauteil geneigt werden muss, damit die Spannungen aus Vektor T auftreten.

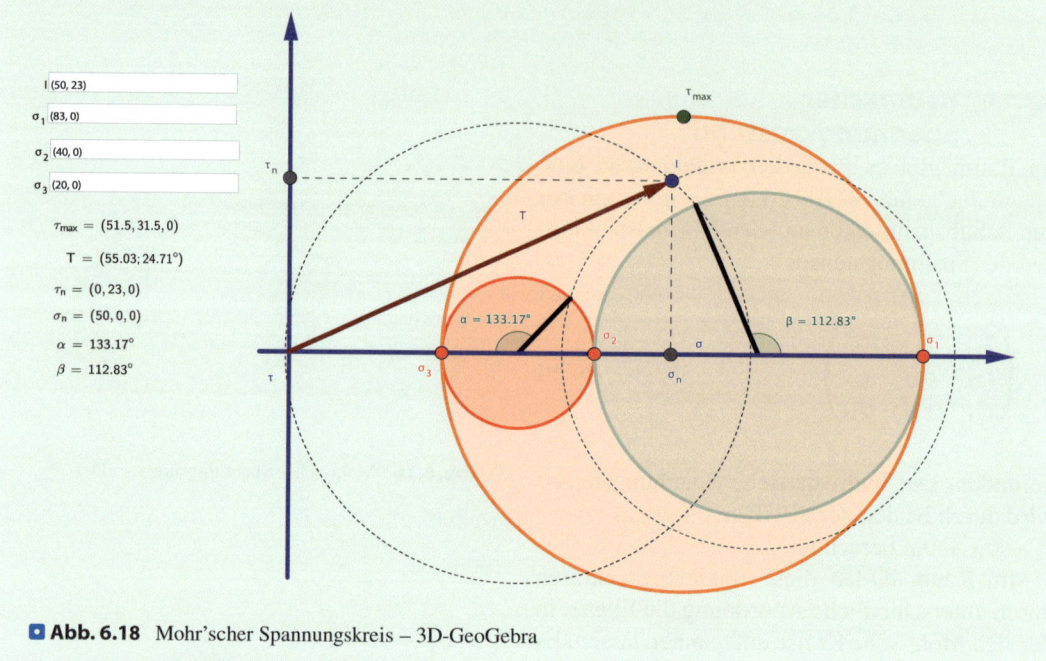

Abb. 6.18 Mohr'scher Spannungskreis – 3D-GeoGebra

Der Traktionsvektor, oder auch Normalvektor $T(n)$ kann durch die Gleichung

$$n = \cos(\alpha_\text{I}) \cdot n_\text{I} + \cos(\alpha_\text{II}) \cdot n_\text{II}$$
$$+ \cos(\alpha_\text{III}) \cdot n_\text{III}$$
$$= \bigl(\cos(\alpha_\text{I}), \cos(\alpha_\text{II}), \cos(\alpha_\text{III})\bigr)^T_{e_\text{I}, e_\text{II}, e_\text{III}} \quad (6.61)$$

bestimmt werden [79].

6.3.2.5 Vergleichsspannung

Definition 6.4 (Vergleichsspannung)

Die Vergleichsspannung bezeichnet eine fiktive einachsige Spannung, die aufgrund eines bestimmten werkstoffmechanischen bzw. mathematischen Kriteriums eine hypothetisch gleichwertige Materialbeanspruchung darstellt wie ein realer, mehrachsiger Spannungszustand [111].

■ Abb. 6.20 zeigt die geometrische Bestimmung der Vergleichsspannung nach MISES und Tresca mittels dem dreidimensionalen Mohr'schen Spannungskreis.

6.4 · Dünnwandige Behälter, unter Innendruck

Beispiel 6.3

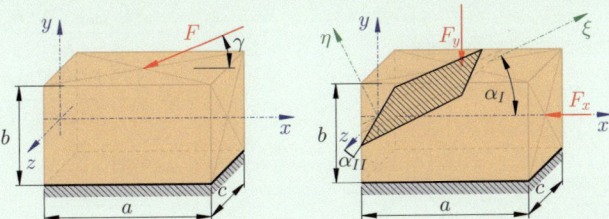

Abb. 6.19 Mohr'scher Spannungskreis 3D-Beispiel Traktionsvektor

Gegeben sei ein Quader (vgl. Abb. 6.19), der durch die Schnittebene $\alpha_\mathrm{I} = 20°$ und $\alpha_\mathrm{II} = 34°$ geneigt ist. Die Spannungsvektoren seien $\sigma_\mathrm{I} = 60 \frac{\mathrm{N}}{\mathrm{mm}^2}$ und $\sigma_\mathrm{II} = 30 \frac{\mathrm{N}}{\mathrm{mm}^2}$. Wie lautet der Traktionsvektor?

Lösung

Zuerst müssen die Vektoren n_I und n_II definiert werden. Es wird

$$\sigma_x = \sigma_\mathrm{I} = \begin{pmatrix} 60 \\ 0 \end{pmatrix} = \vec{n_\mathrm{I}}$$

$$\sigma_y = \sigma_\mathrm{II} = \begin{pmatrix} 0 \\ 30 \end{pmatrix} = \vec{n_\mathrm{II}}. \qquad (6.62)$$

bzw. $|n_\mathrm{I}| = 60$ und $|n_\mathrm{II}| = 30$. Mit

$$\begin{aligned} n &= \cos(\alpha_\mathrm{I}) \cdot n_\mathrm{I} + \cos(\alpha_\mathrm{II}) \cdot n_\mathrm{II} + \cos(\alpha_\mathrm{III}) \cdot n_\mathrm{III} \\ &= \cos(\alpha_\mathrm{I}) \cdot n_\mathrm{I} + \cos(\alpha_\mathrm{II}) \cdot n_\mathrm{II}. \end{aligned} \qquad (6.63)$$

Einsetzen liefert die Lösung.

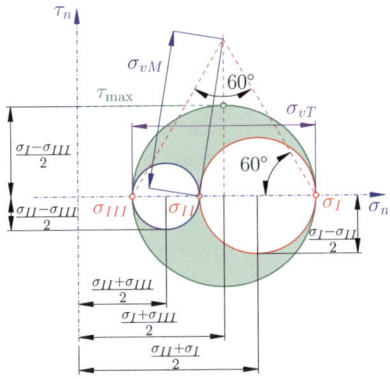

Abb. 6.20 Vergleichsspannung (σ_{vM} = von Mises und σ_{vT} = von Tresca)

6.4 Dünnwandige Behälter, unter Innendruck

Um das Problem der Druckbehälter besser verstehen zu können, wird zuerst ein (dünner Balken), zweifach gestützt, betrachtet. Dieser soll veranschaulichen, wie ein Behälter unter Innendruck reagiert bzgl. Spannung und Verschiebung, da diese meist nur geringe Wandstärken aufweisen.

6.4.1 Träger unter Last

Zu prüfen ist der Einfluss der Biegespannung eines zweifach gelagerten Balkens unter einer Beanspruchung durch eine mittig platzierte Einzellast. Der Träger besitzt in der Höhe eine wesentlich kleinere Abmessung als in der Breite (vgl. Abb. 6.21).

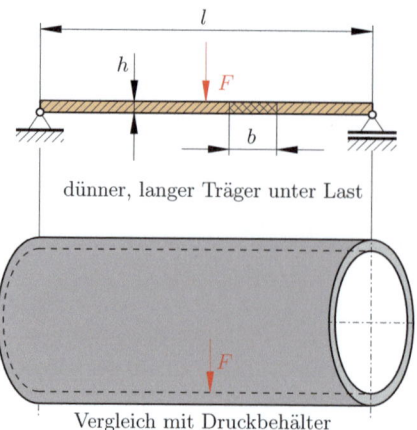

Abb. 6.21 Vergleich mit Druckbehälter

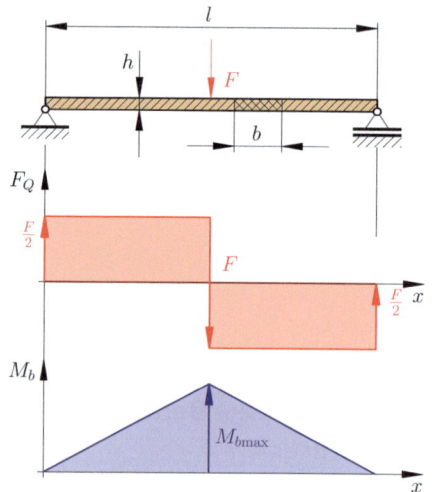

Abb. 6.22 Verläufe

Das Biegemoment und die Druckspannung wird durch Schneiden des Balkens und Zeichnen des Querkraft- und Biegemomentenverlaufes (nächstes Kapitel) gefunden. Es folgen die Verläufe aus ◘ Abb. 6.22.

Mit ◘ Abb. 6.22 kann auf das maximale Biegemoment geschlossen werden, zu

$$\underline{\underline{M_{b,\max}}} = \frac{F \cdot l}{4} = \frac{1000\,\text{N} \cdot 1500\,\text{mm}}{4}$$
$$= \underline{\underline{375\,\text{Nm}}}. \tag{6.64}$$

Damit folgt für die Biegespannung

$$\underline{\underline{\sigma_{b,\max}}} = \frac{M_{b,\max} \cdot 6 \cdot h}{b \cdot h^3}$$
$$= \frac{375.000\,\text{Nmm} \cdot 6 \cdot 10\,\text{mm}}{30\,\text{mm} \cdot (10\,\text{mm})^3}$$
$$= \underline{\underline{750\,\frac{\text{N}}{\text{mm}^2}}}. \tag{6.65}$$

> **Corollary 6.2**
> Bei einer Belastung von ca. 100 kg folgt eine sehr hohe Spannung (in Höhe von 750 N/mm²). Untersucht man einen Behälter auf Druck, so folgt eine weitaus geringere Spannung, da der Behälter aufgrund der Form in sich weitaus besser, in sich, gestützt wird. Zielführend ist damit, bei der Konstruktion von Druckbehältern, den Behälter nicht auf Biegung zu beanspruchen.

Es gibt zwei wichtige, technische, Behälterformen, die diese Anforderungen erfüllen. Der kugelförmige sowie der zylinderförmige Druckbehälter.

6.4.2 Kräfte in Druckbehälter

In der Fluidmechanik, spezieller: Hydromechanik (Technische Mechanik Band 4 – Hydromechanik [16]) wird gezeigt, dass bei Druckkräften nur die projizierte Fläche, beim vorhanden sein von gekrümmten Flächen, für die Spannungen von Bedeutung ist.

$$p_i = \frac{F}{A_{\text{proj}}} \implies F = A_{\text{proj}} \cdot p_i. \tag{6.66}$$

Wird der Druck in bar angegeben, so kann man diesen durch

$$10\,\text{bar} = 1\,\frac{\text{N}}{\text{mm}^2} = 10^5\,\text{Pa} = 1\,\text{MPa}. \tag{6.67}$$

umrechnen.

6.4.3 Zylindrischer Druckbehälter

Bei einem zylindrischen Behälter ist es sinnvoll, wenn man die auftretenden Spannungen in Polarkoordinaten darstellt. Es treten in der Behälterwand drei Arten von Spannungen auf: Radialspannungen (σ_r), Umfangsspannungen (σ_φ) und Längsspannungen (σ_l) (○ Abb. 6.23). Die Umfangsspannung σ_φ, lässt sich aus dem Kräftegleichgewicht eines längs durchgeschnittenen Behälters ermitteln. Die Kraft des Innendrucks kann man gemäß der Druckspannungsformel, zu Kraft mal projizierender Fläche finden. Es folgt damit

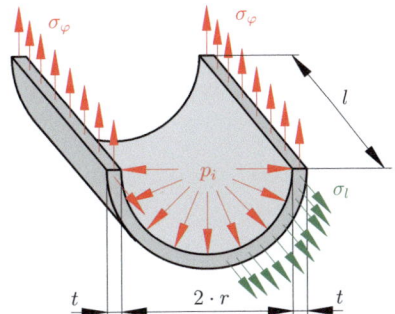

Umfangsspannungen im zylindrischen Druckbehälter

$$\sum_{n=1}^{n} F_{ix} = 0:$$
$$\sigma_l \cdot A_{\text{Proj.}3} - p_i \cdot A_{\text{Proj.}4} = 0 \quad (6.68)$$

$$\sum_{n=1}^{n} F_{iy} = 0:$$
$$\sigma_\varphi \cdot A_{\text{Proj.}1} - p_i \cdot A_{\text{Proj.}2} = 0. \quad (6.69)$$

Aus der Kräftegleichung in y-Richtung folgt:

$$\sigma_\varphi \cdot 2 \cdot t \cdot l - p_i \cdot 2 \cdot r \cdot l = 0 \quad (6.70)$$

$$\sigma_\varphi = \frac{p_i \cdot r}{t}. \quad (6.71)$$

Aus der Kräftegleichung in x-Richtung folgt:

$$\sigma_l \cdot 2 \cdot r \cdot \pi \cdot t - p_i \cdot \pi \cdot r^2 = 0 \quad (6.72)$$

$$\sigma_l = \frac{p_i \cdot r}{2 \cdot t}. \quad (6.73)$$

Längsspannungen im zylindrischen Druckbehälter

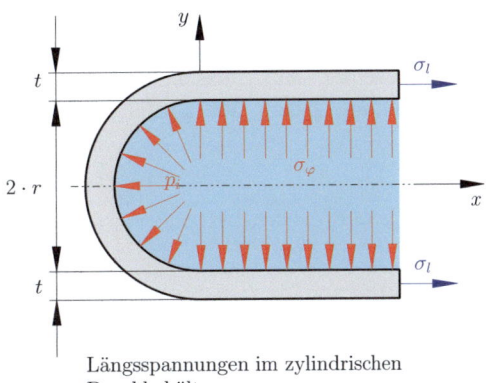

○ **Abb. 6.23** Spannungen im zylindrischen Druckbehälter

Bemerkung 6.3
Die beiden Formeln aus (6.71) und (6.73), für σ_φ und σ_l, werden als **„Kesselgleichungen"** bezeichnet.

Besonders achtzugeben gilt es bei diesen Gleichungen, dass die Bedingung $t \ll$ (geringe Wandstärke) erfüllt wird. Nur dann dürfen diese Gleichungen angewendet werden! Liegt ein dickwandiges Rohr vor, so ist die Gleichung wesentlich komplexer. Mittels dieser Gleichung wird ein Druckbehälter im letzten Kapitel, der Kontinuumsmechanik berechnet.

> **Corollary 6.3**
> Die Umfangsspannung ist doppelt so groß wie die Längsspannung, bei zylindrischen, dünnwandigen Kesseln.[2]

6.4.4 Kugelförmiger Druckbehälter

Bei einer Kugel (vgl. ◘ Abb. 6.24) ist eine Symmetrie bezüglich der Koordinatenrichtungen, wenn der Ursprung des Koordinatenkreuzes im Mittelpunkt der Kugel liegt, vorhanden. Daraus folgt, dass die Spannungen in allen Richtungen dieselben sein müssen. Es ist also die Längsspannung gleich der Umfangsspannung, zu

$$\sum_{n=1}^{n} F_{ix} = 0:$$

$$\sigma_l \cdot A_{\text{Proj.3}} - p_i \cdot A_{\text{Proj.4}} = 0 \qquad (6.74)$$

$$\sum_{n=1}^{n} F_{iy} = 0:$$

$$\sigma_\varphi \cdot A_{\text{Proj.1}} - p_i \cdot A_{\text{Proj.2}} = 0. \qquad (6.75)$$

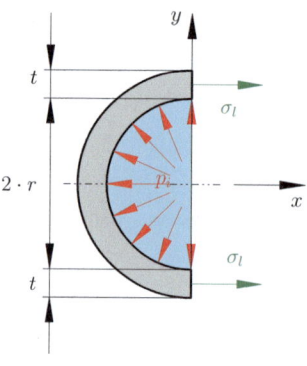

◘ **Abb. 6.24** Spannungen im kugelförmigen Druckbehälter

Aus der Kräftegleichung in y-Richtung folgt

$$\sigma_\varphi \cdot 2 \cdot t \cdot l - p_i \cdot r \cdot l = 0 \qquad (6.76)$$

$$\sigma_\varphi = \frac{p_i \cdot r}{2 \cdot t}. \qquad (6.77)$$

Aus der Kräftegleichung in x-Richtung folgt

$$\sigma_l \cdot 2 \cdot r \cdot \pi \cdot t - p_i \cdot \pi \cdot r^2 = 0. \qquad (6.78)$$

$$\sigma_l = \frac{p_i \cdot r}{2 \cdot t}. \qquad (6.79)$$

Damit gilt bei kugelförmigen Druckbehältern

$$\sigma = \sigma_\varphi = \sigma_l = \frac{p_i \cdot r}{2 \cdot t}. \qquad (6.80)$$

6.4.5 Ermittlung durch FEM

Bei der Ermittlung mittels FEM muss beachtet werden, dass FEM-Programme mittels der allgemeineren Formel rechnen, die für dick- und dünnwandige Druckbehälter gilt. Diese kann, wie bereits erwähnt, im letzten Kapitel eingesehen werden. Liegt ein dickwandiges Bauteil vor, so können die Lösungen schnell von denen, die mittels der zuvor gefundenen Gleichungen folgen, abweichen.

6.4.5.1 Kugelförmiger Druckbehälter
Siehe ◘ Abb. 6.26 und ▶ Methode: Lösung durch SolidWorks – FEM 6.1.

6.4.5.2 Zylinderförmiger Druckbehälter
Siehe ▶ Methode: Lösung durch SolidWorks – FEM 6.2.

---

2 Wer leichte Kocherfahrungen hat, wird sich mit Sicherheit schon einmal Würstel gemacht haben. Dabei kann es vorkommen, dass diese der Länge nach reißen. Da die Umfangsspannungen doppelt so groß, als die Längsspannungen sind, reißt dieses entlang der Länge nicht quer dazu!

6.4 · Dünnwandige Behälter, unter Innendruck

Beispiel 6.4

Die nachstehenden beiden FEM Simulationen untersuchen einen Druckbehälter in Form
- Kugel: $D = 70\,\text{mm}$; $d = 65\,\text{mm}$ und $p_i = 20\,\text{bar}$ bzw.
- Zylinder: $D = 70\,\text{mm}$; $d = 65\,\text{mm}$, $l = 150\,\text{mm}$ und $p_i = 20\,\text{bar}$.

Bestimmen Sie, je Form, die Umgangs- und Längsspannungen mittels Excel (vgl. ◘ Abb. 6.25).

◘ **Abb. 6.25** Analytische Lösung zum Beispiel Druckbehälter, in Form einer Kugel und Zylinder ▶

p=	20 bar
	2 N/mm^2
d=	65 mm
D=	70 mm
r=	32,5 mm
t=	2,5 mm
l=	150 mm

Kugel:
sigma_phi=	13 N/mm^2
sigma_l=	13 N/mm^2

Zylinder:
sigma_phi=	26 N/mm^2
sigma_l=	13 N/mm^2

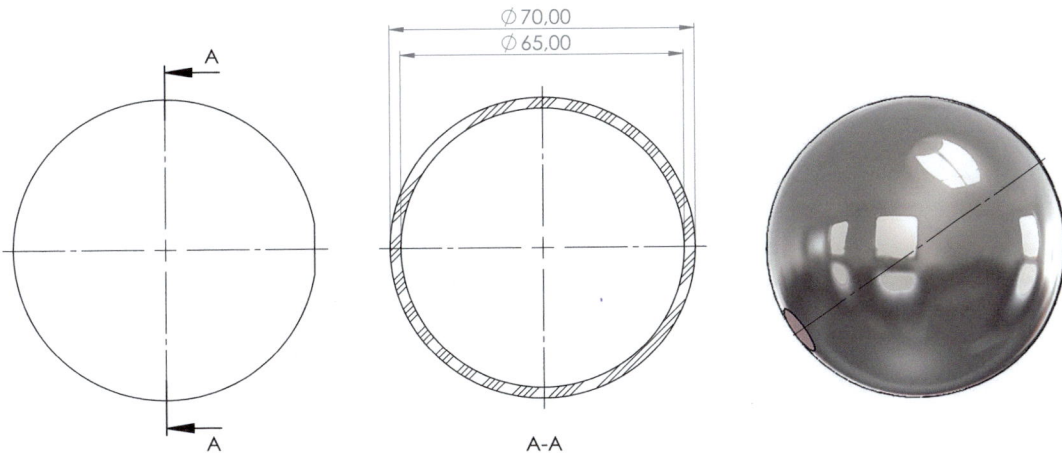

◘ **Abb. 6.26** Spannungen im kugelförmigen Druckbehälter – FEM

Methode: Lösung durch SolidWorks – FEM 6.1

Pos.	Bild	Erklärung
1		Kugel modellieren, um Rechenkapazitäten zu sparen, wird eine Halbkugel berechnet und im Anschluss eine Randbedingung „Symmetrie" gesetzt. Oftmals werden solche Analysen auch durch Schalenmodelle gelöst, da man dann weit aus weniger Vernetzungsprobleme hat. Darauf soll hier aber nicht näher eingegangen werden. Interessierte können im Internet nach „SolidWorks FEM Schalenvernetzung" suchen und das Prozedere nachvollziehen.

Pos.	Bild	Erklärung
2	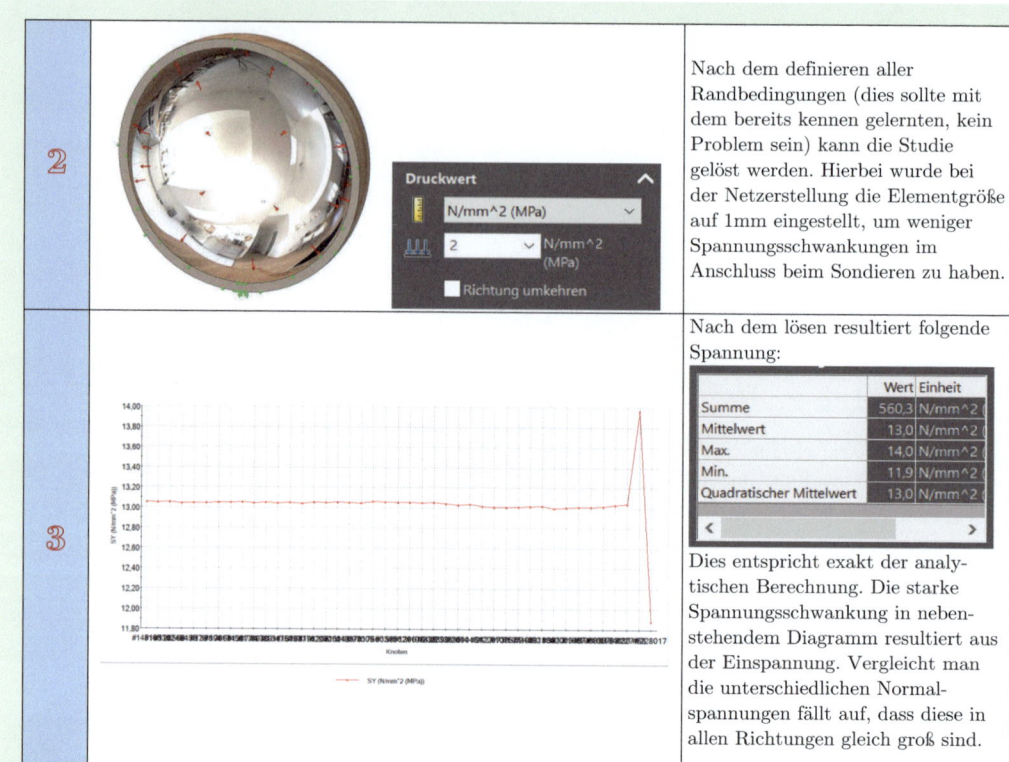	Nach dem definieren aller Randbedingungen (dies sollte mit dem bereits kennen gelernten, kein Problem sein) kann die Studie gelöst werden. Hierbei wurde bei der Netzerstellung die Elementgröße auf 1mm eingestellt, um weniger Spannungsschwankungen im Anschluss beim Sondieren zu haben.
3		Nach dem lösen resultiert folgende Spannung: | | Wert | Einheit | | Summe | 560,3 | N/mm^2 | | Mittelwert | 13,0 | N/mm^2 | | Max. | 14,0 | N/mm^2 | | Min. | 11,9 | N/mm^2 | | Quadratischer Mittelwert | 13,0 | N/mm^2 | Dies entspricht exakt der analytischen Berechnung. Die starke Spannungsschwankung in nebenstehendem Diagramm resultiert aus der Einspannung. Vergleicht man die unterschiedlichen Normalspannungen fällt auf, dass diese in allen Richtungen gleich groß sind.

Methode: Lösung durch SolidWorks – FEM 6.2

Pos.	Bild	Erklärung
1	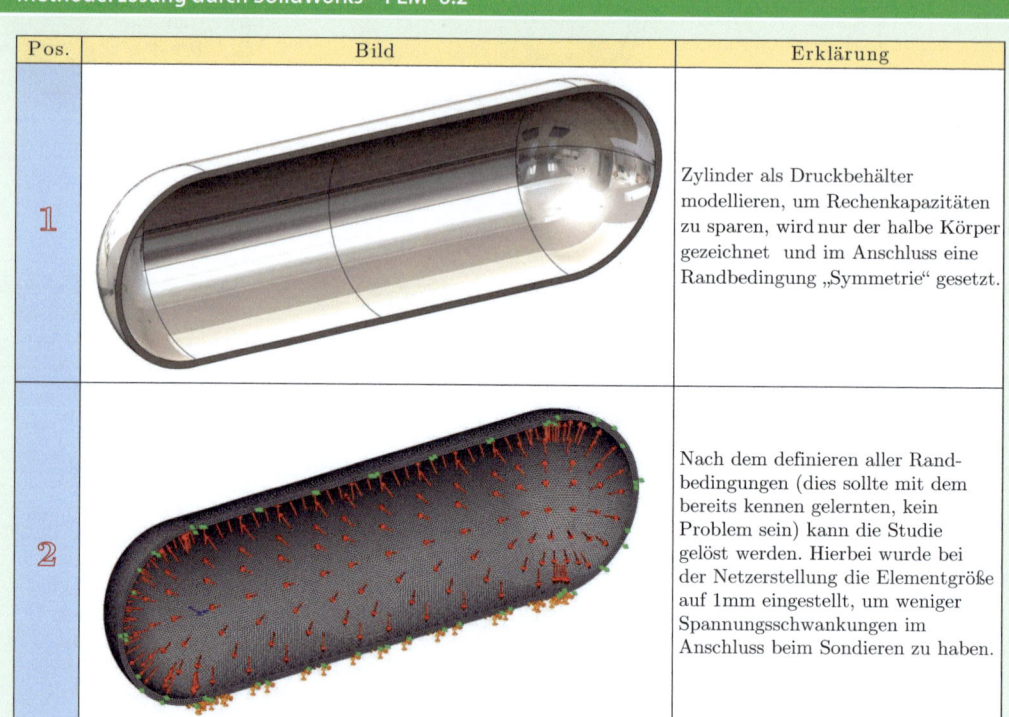	Zylinder als Druckbehälter modellieren, um Rechenkapazitäten zu sparen, wird nur der halbe Körper gezeichnet und im Anschluss eine Randbedingung „Symmetrie" gesetzt.
2		Nach dem definieren aller Randbedingungen (dies sollte mit dem bereits kennen gelernten, kein Problem sein) kann die Studie gelöst werden. Hierbei wurde bei der Netzerstellung die Elementgröße auf 1mm eingestellt, um weniger Spannungsschwankungen im Anschluss beim Sondieren zu haben.

6.5 · Verzerrungszustand

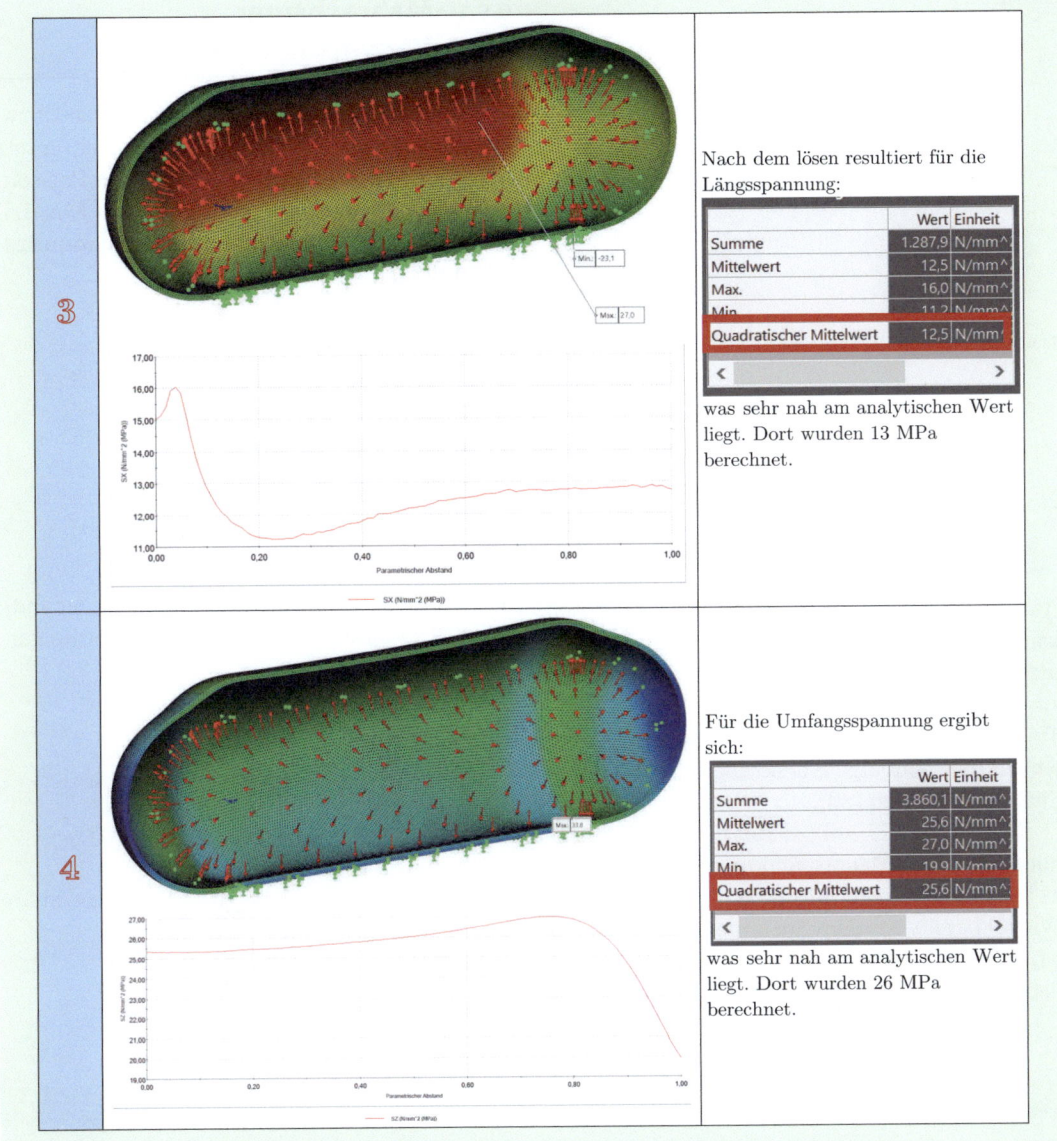

6.5 Verzerrungszustand

Für den ebenen Spannungszustand (Vergleich Mohr'scher Kreis 2D) gilt

$$\sigma = \begin{bmatrix} \sigma_x & \tau_{xy} \\ \tau_{yx} & \sigma_y \end{bmatrix} \quad (6.81)$$

Da eine Äquivalenz (Kontinuumsmechanik) zur Dehnung zwischen dem Spannungs- und Dehnungstensor besteht, kann

$$\sigma = \begin{bmatrix} \sigma_x & \tau_{xy} \\ \tau_{yx} & \sigma_y \end{bmatrix} \equiv \varepsilon = \begin{bmatrix} \varepsilon_x & \frac{\gamma_{max}}{2} \\ \frac{\gamma_{max}}{2} & \varepsilon_y \end{bmatrix} \quad (6.82)$$

gefunden werden. Es folgt damit

$$\varepsilon_\xi = \frac{1}{2}(\varepsilon_x + \varepsilon_y) \cdot \cos(2 \cdot \varphi) + \frac{1}{2} \cdot \gamma_{xy} \cdot \sin(2 \cdot \varphi) \quad (6.83)$$

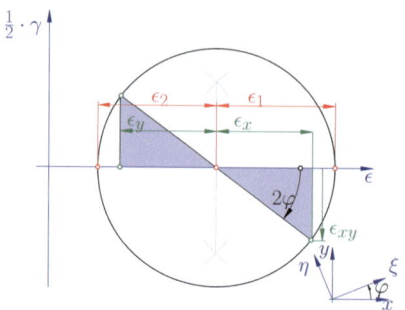

Abb. 6.27 Beispiel zum Mohr'schen Verzerrungskreis

$$\varepsilon_\xi = \frac{1}{2}(\varepsilon_x - \varepsilon_y) \cdot \cos(2 \cdot \varphi)$$
$$- \frac{1}{2} \cdot \gamma_{xy} \cdot \sin(2 \cdot \varphi). \quad (6.84)$$

Analog zu den Mohr'schen Spannungskreisen kann man Mohr'sche Verzerrungskreise zeichnen, die einem aufzeigen, welche Verzerrungszustände auftreten. Jedoch gibt es hier keinen Traktionsvektor, der die Spannungskomponenten auf eine beliebige Fläche angibt, wie bei den Spannungskreisen [80].

In **Abb. 6.27** stellt ε_i mit $i = 1,2$ die Dehnungen an den Hauptspannungen dar, bei $i = x, y$ die Dehnungen infolge σ_x und σ_y. Da der Winkel bereits aus dem Spannungskreis bekannt ist, können die Dehnungen leicht gefunden werden.

6.5.1 Mehrachsiger Verzerrungszustand

Für den mehrachsigen Spannungszustand bzw. Verzerrungszustand gilt das Elastizitätsgesetz $\sigma = E \cdot \varepsilon$ nicht mehr. Man muss die Poisson-Zahl ν hinzuziehen, wodurch sich das **Elastizitätsgesetz für den mehrachsigen Spannungszustand** ergibt[3]

$$\varepsilon_1 = -\frac{\sigma_1}{E} - \frac{\nu \cdot \sigma_2}{E} - \frac{\nu \cdot \sigma_3}{E} \quad (6.85)$$
$$\varepsilon_2 = -\frac{\nu \cdot \sigma_1}{E} - \frac{\sigma_2}{E} - \frac{\nu \cdot \sigma_3}{E} \quad (6.86)$$
$$\varepsilon_3 = -\frac{\nu \cdot \sigma_2}{E} - \frac{\nu \cdot \sigma_2}{E} - \frac{\sigma_3}{E}. \quad (6.87)$$

bzw. durch Vereinfachen und ersetzen der Indizes 1, 2, 3 durch Buchstaben und Koordinatenrichtungen x, y, z folgt

$$\varepsilon_x = \frac{1}{E}\left[\sigma_x - \nu(\sigma_y + \sigma_z)\right] \quad (6.88)$$
$$\varepsilon_y = \frac{1}{E}\left[\sigma_y - \nu(\sigma_x + \sigma_z)\right] \quad (6.89)$$
$$\varepsilon_z = \frac{1}{E}\left[\sigma_z - \nu(\sigma_x + \sigma_y)\right]. \quad (6.90)$$

Methode: Lösung durch Matlab 6.1

Vom Spannungstensor:

$$\sigma = \begin{pmatrix} 100 & 0 & 0 \\ 0 & 0 & 0 \\ 0 & 0 & 0 \end{pmatrix}$$

ist der hydrostatische Spannungsanteil sowie der deviatorische Anteil, bei Drehung um $\varphi = -45°$, mittels Matlab gesucht. Hierbei geht es weniger um die Spannung an sich, sondern um die Übung mittels Matlab solche Beispiele zu lösen.

---

[3] Dieses wird erst im letzten Kapitel hergeleitet.

6.5 · Verzerrungszustand

Matlab: Matrizenrechnung, Beispiel 1:

Programmcode:

```
%Tensor:
sigma = [100, 0, 0 ; 0, 0, 0; 0, 0, 0];
%Drehung um Achse:
phi = -45;

%Rotationsmatrix:
C = [cosd(phi), sind(phi), 0; -sind(phi), cosd(phi), 0; 0, 0, 1];

%Transponierte Matrix
Ct = C';

%Drehung;
sigma_d = C * sigma * Ct;

%Spannungsdeviator und Hydrostatischer Anteil:
    %SPUR:
    Spur = trace(sigma);

    %Gleichung f,r den hydrostatishen Anteil:
    sigma_hydr = Spur/3 * [1, 0, 0; 0, 1, 0; 0, 0, 1];

    %Gleichung f,r den Deviator:
    sigma_dev = sigma - sigma_hydr;

%Anteile f,r den gedrehten Spannungstensor:
    %SPUR:
    Spur_d = trace(sigma_d);

    %Gleichung f,r den hydrostatishen Anteil:
    sigma_hydrd = Spur_d/3 * [1, 0, 0; 0, 1, 0; 0, 0, 1];

    %Gleichung f,r den Deviator:
    sigma_devd = sigma_d - sigma_hydrd;
```

Ergebnisse:

C — 3x3 double

	1	2	3
1	0.7071	-0.7071	0
2	0.7071	0.7071	0
3	0	0	1

Ct — 3x3 double

	1	2	3
1	0.7071	0.7071	0
2	-0.7071	0.7071	0
3	0	0	1

sigma — 3x3 double

	1	2	3
1	100	0	0
2	0	0	0
3	0	0	0

sigma_d — 3x3 double

	1	2	3
1	50.0000	50.0000	0
2	50.0000	50.0000	0
3	0	0	0

sigma_dev — 3x3 double

	1	2	3
1	66.6667	0	0
2	0	-33.3333	0
3	0	0	-33.3333

sigma_devd — 3x3 double

	1	2	3
1	16.6667	50.0000	0
2	50.0000	16.6667	0
3	0	0	-33.3333

sigma_hydr — 3x3 double

	1	2	3
1	33.3333	0	0
2	0	33.3333	0
3	0	0	33.3333

sigma_hydrd — 3x3 double

	1	2	3
1	33.3333	0	0
2	0	33.3333	0
3	0	0	33.3333

Spur — 1x1 double

	1
1	100

Spur_d — 1x1 double

	1
1	100.0000

6.6 Übungen

Übungsbeispiel 6.1

Ein Spannungstensor hat die Gestalt

$$\sigma := \begin{pmatrix} 75 & -43.303 & 0 \\ -43.303 & 25 & 0 \\ 0 & 0 & 0 \end{pmatrix} \quad (6.91)$$

1. Stellen, Sie den gegebenen Spannungstensor in einem um die x_3-Achse um 60° gedrehten kartesischen Koordinatensystem dar!
2. Zerlegen Sie den gegebenen Tensor im Ausgangskoordinatensystem und denjenigen im gedrehten Koordinatensystem in jeweils einen hydrostatischen und einen deviatorischen Spannungsanteil! Diskutieren Sie das Ergebnis!

Lösung

Hierbei wird auf eine Lösung mittels Matlab erbracht.

Matlab: Matrizenrechnung, Beispiel 2:

Programmcode:
```
%Tensor:
sigma = [75, -43.303, 0 ; -43.303, 25, 0; 0, 0, 0];
%Drehung um Achse:
phi = 60;

%Rotationsmatrix:
C = [cosd(phi), sind(phi), 0; -sind(phi), cosd(phi), 0; 0, 0, 1];
```

... von hier an ist der Code zum vorgehenden ident!

Ergebnisse:

C (3x3 double)

	1	2	3
1	0.5000	0.8660	0
2	-0.8660	0.5000	0
3	0	0	1

Ct (3x3 double)

	1	2	3
1	0.5000	-0.8660	0
2	0.8660	0.5000	0
3	0	0	1

phi (1x1 double)

	1	2	3
1	60		
2			
3			

sigma (3x3 double)

	1	2	3
1	75	-43.3030	0
2	-43.3030	25	0
3	0	0	0

sigma_d (3x3 double)

	1	2	3
1	-0.0015	8.6491e-...	0
2	8.6491e-...	100.0015	0
3	0	0	0

sigma_dev (3x3 double)

	1	2	3
1	41.6667	-43.3030	0
2	-43.3030	-8.3333	0
3	0	0	-33.3333

sigma_devd (3x3 double)

	1	2	3
1	-33.3348	8.6491e-...	0
2	8.6491e-...	66.6682	0
3	0	0	-33.3333

sigma_hydr (3x3 double)

	1	2	3
1	33.3333	0	0
2	0	33.3333	0
3	0	0	33.3333

sigma_hydrd (3x3 double)

	1	2	3
1	33.3333	0	0
2	0	33.3333	0
3	0	0	33.3333

6.6 · Übungen

Übungsbeispiel 6.2

Wie lautet die Cauchy'sche Formel?

Lösung

$$t_i = \sigma_{ij} \cdot n_j. \tag{6.92}$$

Übungsbeispiel 6.3

Zeichnen Sie in ein Massenteil alle nötigen Kräfte, Tensoren, Spannungen... ein, damit das lokale Gleichgewicht gefunden werden kann.

Lösung

Siehe ◘ Abb. 6.28.

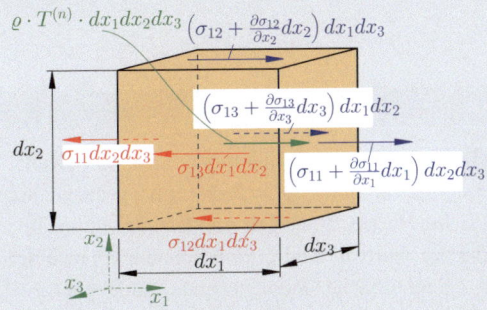

◘ **Abb. 6.28** Lokales Gleichgewicht – anhand eines Würfels

Übungsbeispiel 6.4

Ist der Spannungstensor, $\underline{\underline{\sigma}}$ symmetrisch?

Lösung

Ja, es gilt: $\underline{\underline{\sigma}} = \underline{\underline{\sigma}}^\top$.

Übungsbeispiel 6.5

Wie lautet die Gleichung für das lokale Gleichgewicht?

Lösung

$$\sigma_{ij,j} + \varrho f_i = 0. \tag{6.93}$$

Übungsbeispiel 6.6

Wie kann die Verschiebung eines belasteten Bauteils gefunden werden und was muss dazu gelten?

Lösung (Sonderfall der Starrkörpertranslation)

Der Abstand zwischen zwei beliebigen Punkten ist konstant, obwohl eine Verschiebung vorliegt.

Übungsbeispiel 6.7

Wie lautet der Zusammenhang der Verzerrungsbeziehungen für den Scherwinkel?

Lösung

$$\gamma_{12} = \gamma_1 + \gamma_2 = u_{1,2} + u_{2,1}. \qquad (6.94)$$

Übungsbeispiel 6.8

Wie lautet der Zusammenhang der Verzerrungsbeziehungen für die Dehnung?

Lösung

$$\varepsilon_{ij} = \frac{1}{2} \cdot \gamma_{i,j} = \frac{1}{2}\left[u_{i,j} + u_{j,i}\right]. \qquad (6.95)$$

Übungsbeispiel 6.9

Gegeben seien die Spannungen $\sigma_x = 60\,\mathrm{N/mm^2}$, $\sigma_y = -27\,\mathrm{N/mm^2}$, $\tau_{xy} = 25\,\mathrm{N/mm^2}$; gesucht sind
(a) die Hauptspannungen und Hauptrichtungen,
(b) die Normal- und Schubspannungen in einer Schnittfläche, deren Normale den Winkel $\varphi = 22°$ mit der x-Achse bildet.

Lösung

Siehe ◘ Abb. 6.29.

a) Es können folgende Spannungen abgelesen werden: $\sigma_1 = 66{,}67\,\mathrm{N/mm^2}$, $\sigma_2 = -33{,}67\,\mathrm{N/mm^2}$, $\varphi^* = 29{,}89°$

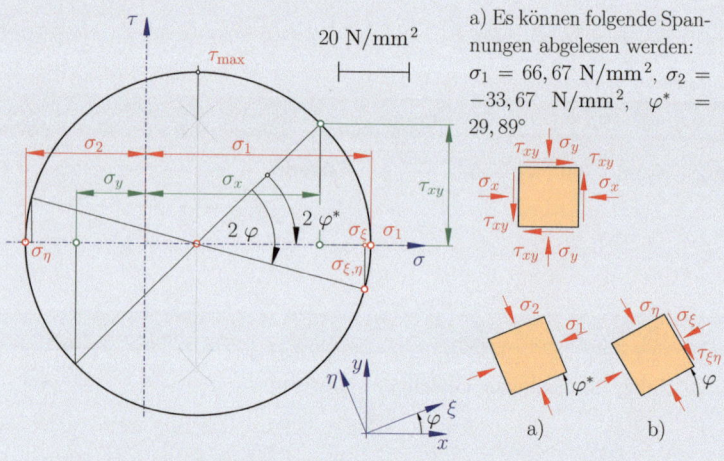

b) $\sigma_\xi = 65{,}16\,\mathrm{N/mm^2}$, $\sigma_\eta = -32{,}16\,\mathrm{N/mm^2}$ $\tau_{\xi,\eta} = -12{,}23\,\mathrm{N/mm^2}$

◘ **Abb. 6.29** Beispiel zum Mohr'schen Spannungskreis

Übungsbeispiel 6.10

Gegeben seien die Spannungen $\sigma_x = 60\,\mathrm{N/mm^2}$, $\sigma_y = -27\,\mathrm{N/mm^2}$, $\tau_{xy} = 25\,\mathrm{N/mm^2}$; gesucht sind
(a) die Hauptspannungen und Hauptrichtungen,
(b) die Normal- und Schubspannungen in einer Schnittfläche, deren Normale den Winkel $\varphi = 22°$ mit der x-Achse bildet.

Lösung

Lösung mittels GeoGebra.

σ_y (-27, 0)
σ_x (60, 0)
τ_{xy} (60, 25)
2φ Drehe (τ_{xy}, -(44°), M)

$\sigma_1 = (66.67, 0)$
$\sigma_2 = (-33.67, 0)$

$\alpha = 44°$ $\beta = 29.89°$

$\sigma_\xi = (65.16, 0)$
$\sigma_\eta = (-32.16, 0)$
$\tau_{\xi\eta} = (65.16, -12.23)$

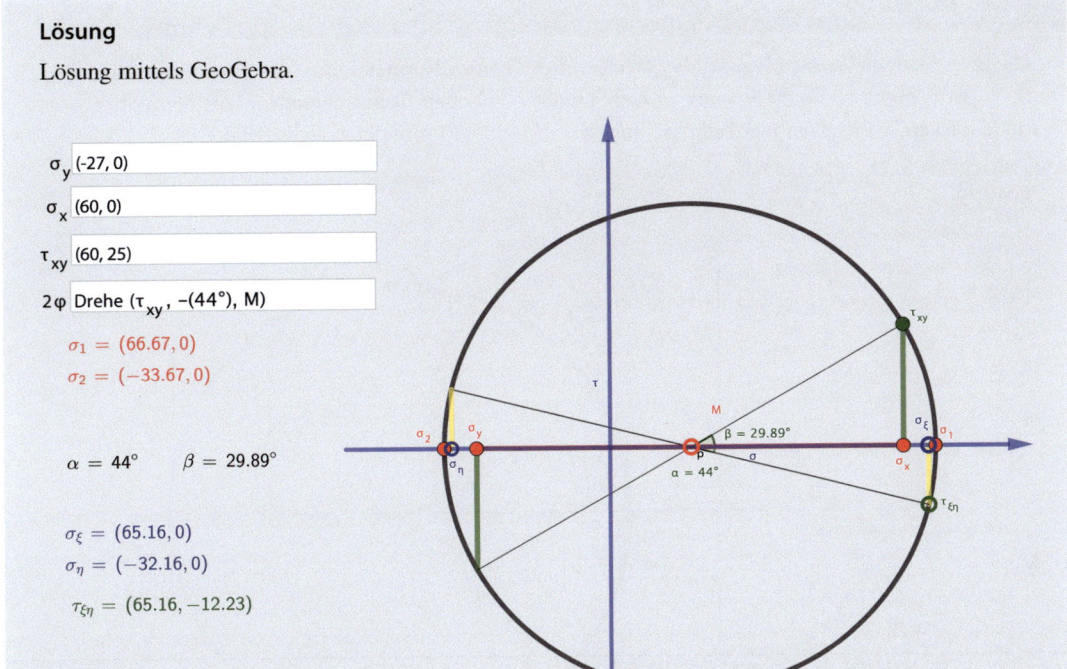

Übungsbeispiel 6.11

Gegeben seien die Spannungen $\sigma_x = 70\,\text{N/mm}^2$, $\sigma_y = 30\,\text{N/mm}^2$, $\tau_{xy} = 30\,\text{N/mm}^2$; gesucht sind
(a) die Hauptspannungen und Hauptrichtungen,
(b) die Normal- und Schubspannungen in einer Schnittfläche, deren Normale den Winkel $\varphi = 22°$ mit der x-Achse bildet.

Lösung

σ_y (30, 0)
σ_x (70, 0)
τ_{xy} (70, 30)
2φ Drehe (τ_{xy}, -(44°), M)

$\sigma_1 = (86.06, 0)$
$\sigma_2 = (13.94, 0)$

$\alpha = 44°$ $\beta = 56.31°$

$\sigma_\xi = (85.23, 0)$
$\sigma_\eta = (14.77, 0)$
$\tau_{\xi\eta} = (85.23, 7.69)$

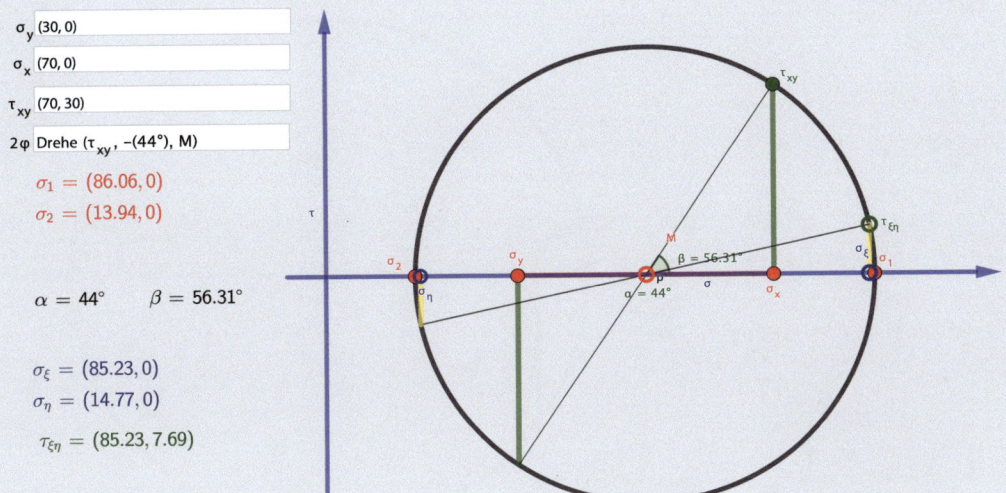

Übungsbeispiel 6.12

Gegeben seien die Spannungen $\sigma_x = 70\,\text{N/mm}^2$, $\sigma_y = 30\,\text{N/mm}^2$, $\tau_{xy} = 30\,\text{N/mm}^2$; gesucht sind (a) die Hauptspannungen und Hauptrichtungen, (b) die Normal- und Schubspannungen in einer Schnittfläche, deren Normale den Winkel $\varphi = -20°$ mit der x-Achse bildet.

Lösung

σ_y (30, 0)

σ_x (70, 0)

τ_{xy} (70, 30)

2φ Drehe (τ_{xy}, $-(-40°)$, M)

$\sigma_1 = (86.06, 0)$
$\sigma_2 = (13.94, 0)$

$\alpha = 320°$ $\beta = 56.31°$

$\sigma_\xi = (46.04, 0)$
$\sigma_\eta = (53.96, 0)$
$\tau_{\xi\eta} = (46.04, 35.84)$

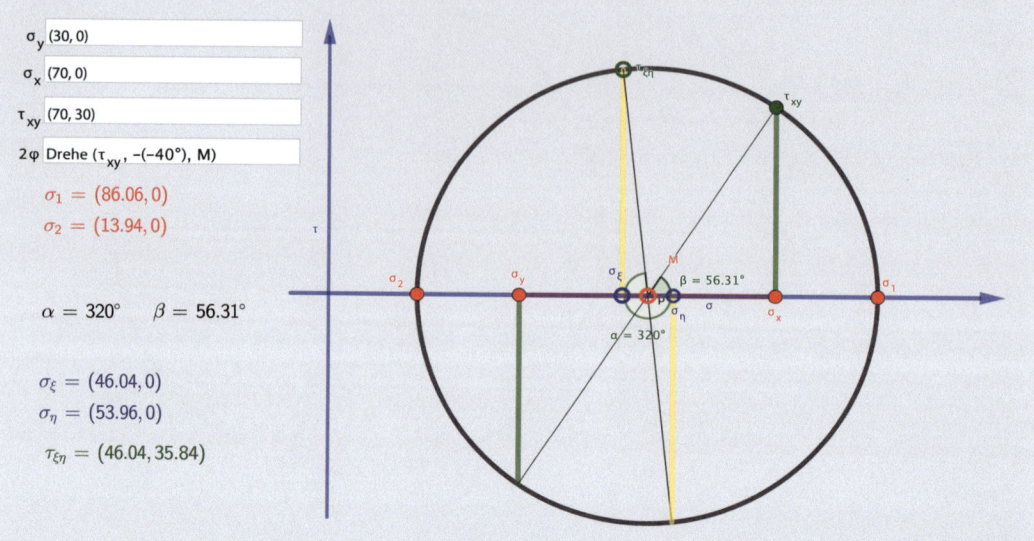

Übungsbeispiel 6.13

Gegeben seien die Spannungen $\sigma_x = 70\,\text{N/mm}^2$, $\sigma_y = -70\,\text{N/mm}^2$, $\tau_{xy} = 50\,\text{N/mm}^2$; gesucht sind (a) die Hauptspannungen und Hauptrichtungen, (b) die Normal- und Schubspannungen in einer Schnittfläche, deren Normale den Winkel $\varphi = 22{,}5°$ mit der x-Achse bildet.

Lösung

σ_y (−70, 0)

σ_x (70, 0)

τ_{xy} (70, 50)

2φ Drehe(τ_{xy}, $-(45°)$, M)

$\sigma_1 = (86.02, 0)$
$\sigma_2 = (-86.02, 0)$

$\alpha = 45°$ $\beta = 35.54°$

$\sigma_\xi = (84.85, 0)$
$\sigma_\eta = (-84.85, 0)$
$\tau_{\xi\eta} = (84.85, -14.14)$

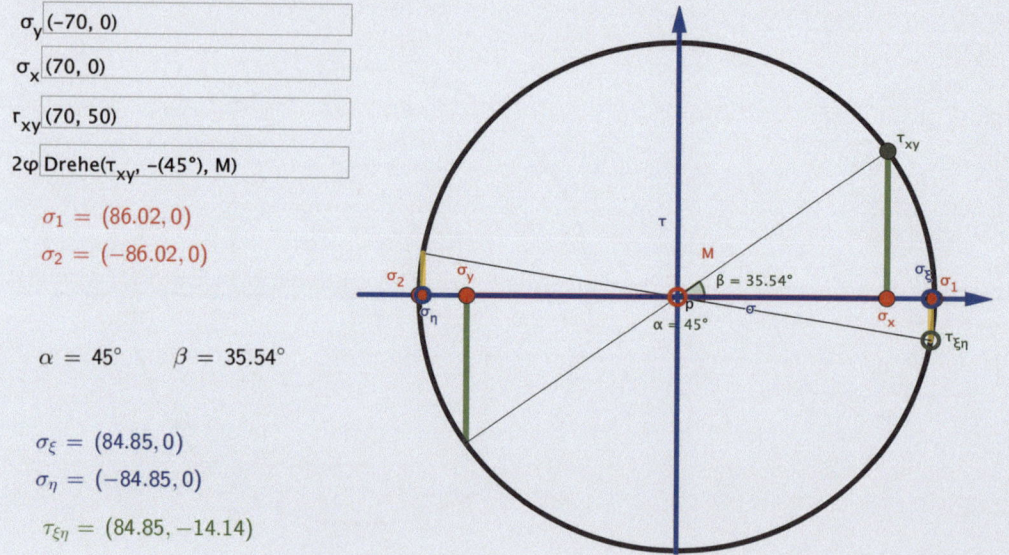

6.6 · Übungen

Übungsbeispiel 6.14

Gesucht ist der Mohr'sche Spannungskreis, wenn ein Spannungstensor der Gestalt

$$\begin{pmatrix} \sigma_{11} & \sigma_{12} & \sigma_{13} \\ \sigma_{21} & \sigma_{22} & \sigma_{23} \\ \sigma_{31} & \sigma_{32} & \sigma_{33} \end{pmatrix} = \begin{pmatrix} 83 & \sigma_{12} & \sigma_{13} \\ \sigma_{21} & 40 & \sigma_{23} \\ \sigma_{31} & \sigma_{32} & 20 \end{pmatrix} \quad (6.96)$$

vorliegt. Gesucht ist der Betrag der maximalen Schubspannung, der Spannungsvektor T, wenn $\sigma_n = 56\,\text{N/mm}^2$ und $\tau_n = 27\,\text{N/mm}^2$ sind und die Winkel, durch die die Schnittebene durch ein Bauteil geneigt werden muss, damit die Spannungen aus Vektor T auftreten.

Lösung

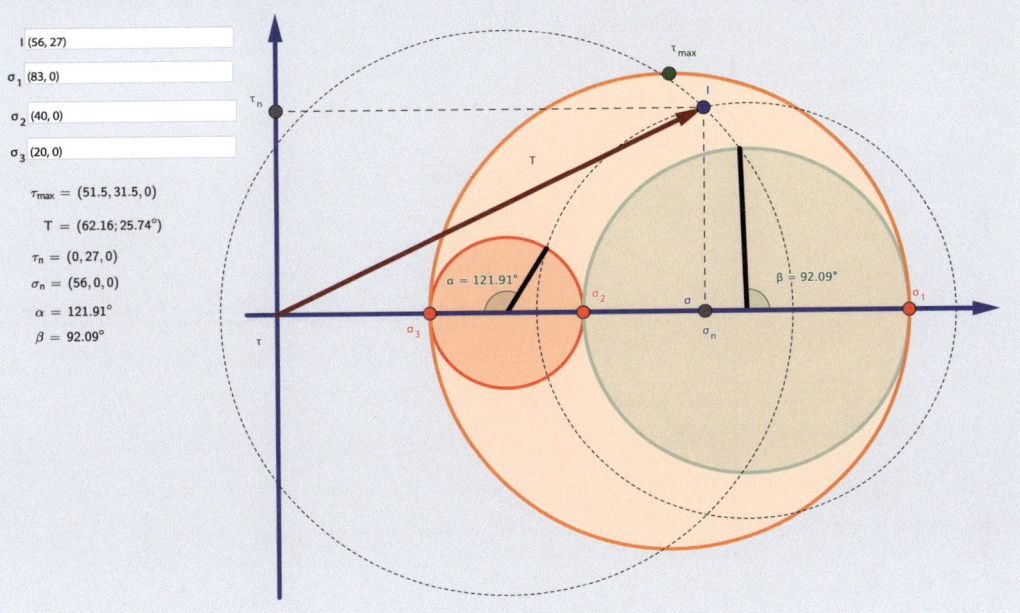

I (56, 27)
σ_1 (83, 0)
σ_2 (40, 0)
σ_3 (20, 0)

$\tau_{max} = (51.5, 31.5, 0)$
$T = (62.16; 25.74°)$
$\tau_n = (0, 27, 0)$
$\sigma_n = (56, 0, 0)$
$\alpha = 121.91°$
$\beta = 92.09°$

Übungsbeispiel 6.15

Gesucht ist der Winkel, indem man einen Spannungsvektor T legen muss, damit man bei gegebenen Hauptspannungen von

$$\begin{pmatrix} \sigma_{11} & \sigma_{12} & \sigma_{13} \\ \sigma_{21} & \sigma_{22} & \sigma_{23} \\ \sigma_{31} & \sigma_{32} & \sigma_{33} \end{pmatrix} = \begin{pmatrix} 83 & \sigma_{12} & \sigma_{13} \\ \sigma_{21} & 40 & \sigma_{23} \\ \sigma_{31} & \sigma_{32} & 20 \end{pmatrix} \quad (6.97)$$

den Schnittebenenwinkel von $\alpha_I = \frac{\alpha}{2} = 58{,}6°$ bzw. $\alpha_{II} = \frac{\beta}{2} = 50°$ erhält. Ist dieser Wert realistisch?

Lösung

Der Winkel beträgt $27{,}14°\,(/2)$ und ist realistisch, da der Wert im Bereich des Spannungskreises (orange) liegt (vgl. ◘ Abb. 6.30).

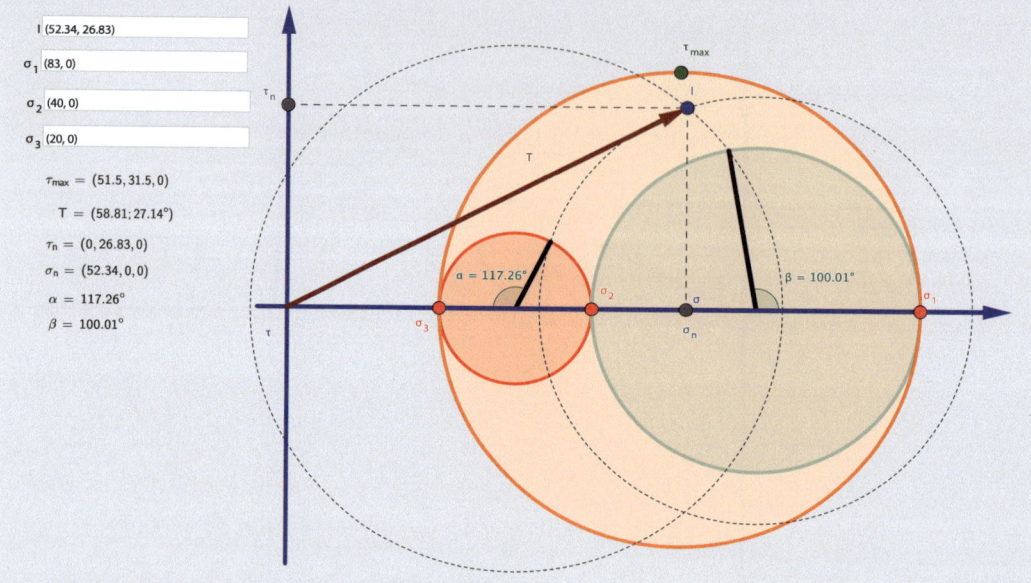

◘ **Abb. 6.30** Mohr'scher Spannungskreis – 3D-GeoGebra-1

Übungsbeispiel 6.16

Gesucht sind die maximalen Schubspannungen, in jeder Richtung im räumlichen Spannungszustand, mittels des Mohr'schen Kreises, wenn der Spannungstensor

$$\begin{pmatrix} \sigma_{11} & \sigma_{12} & \sigma_{13} \\ \sigma_{21} & \sigma_{22} & \sigma_{23} \\ \sigma_{31} & \sigma_{32} & \sigma_{33} \end{pmatrix} = \begin{pmatrix} 86 & \sigma_{12} & \sigma_{13} \\ \sigma_{21} & 44 & \sigma_{23} \\ \sigma_{31} & \sigma_{32} & 15 \end{pmatrix} \quad (6.98)$$

gegeben ist.

Lösung

Es folgt: $\tau_{12,\max} = 14{,}5\,\frac{\text{N}}{\text{mm}^2}$, $\tau_{13,\max} = 35{,}5\,\frac{\text{N}}{\text{mm}^2}$, $\tau_{23,\max} = 21\,\frac{\text{N}}{\text{mm}^2}$ (vgl. Abb. 6.31).

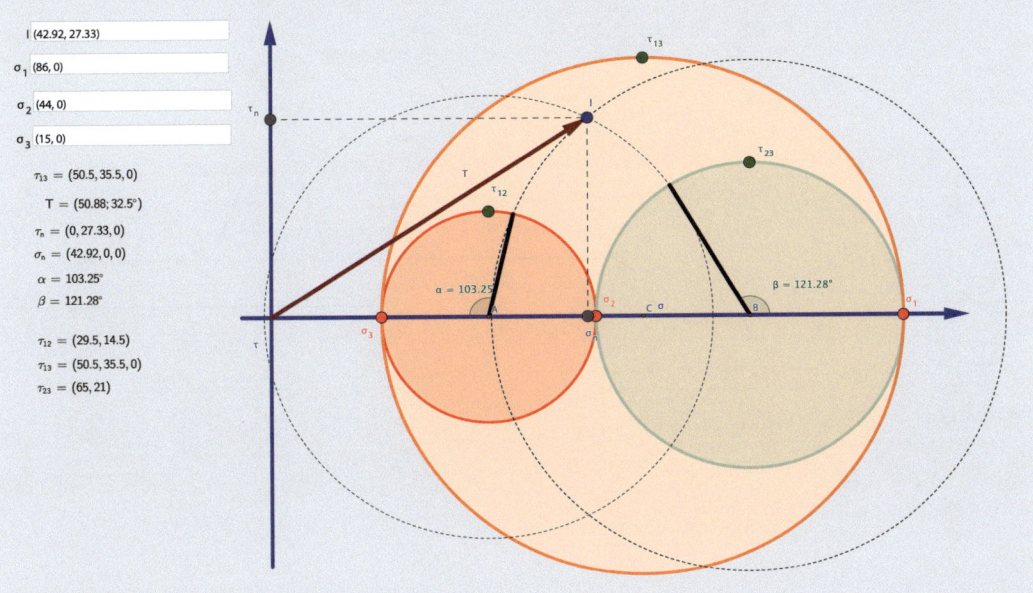

Abb. 6.31 Mohr'scher Spannungskreis – 3D-GeoGebra-2

Übungsbeispiel 6.17

Gesucht sind die maximalen Schubspannungen, die Hauptspannungen $\sigma = \sigma_n$ und $\tau = \tau_n$, der Schnittspannungswinkel α, β, γ, um die die Schnittebene durch die ein Bauteil geneigt werden muss, damit die Hauptspannungen in Hauptachsrichtung vorliegen (ist auch in der doppelten Winkelform ausreichend, also anstatt φ genügt die Angabe von 2φ), wenn der Spannungstensor

$$\begin{pmatrix} \sigma_{11} & \sigma_{12} & \sigma_{13} \\ \sigma_{21} & \sigma_{22} & \sigma_{23} \\ \sigma_{31} & \sigma_{32} & \sigma_{33} \end{pmatrix} = \begin{pmatrix} 86 & 20 & 35 \\ 20 & 54{,}6 & 14{,}4 \\ 35 & 14{,}4 & 11{,}23 \end{pmatrix}$$

gegeben ist.

Lösung

σ_1 (86, 0) τ_{13} (61.74, 35)

σ_2 (54.6, 0) τ_{12} (41.24, 20.02)

σ_3 (11.23, 0) τ_{23} (64.04, 14.4)

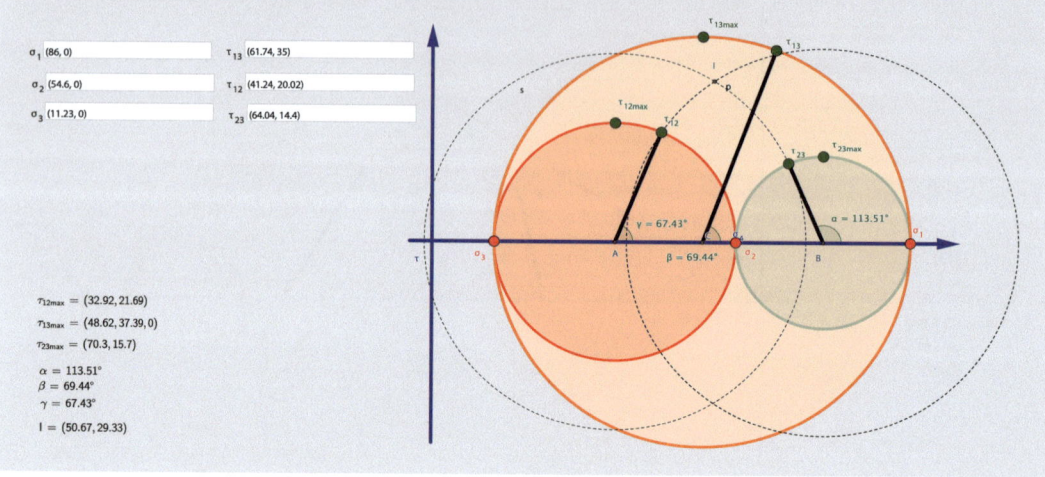

$\tau_{12max} = (32.92, 21.69)$
$\tau_{13max} = (48.62, 37.39, 0)$
$\tau_{23max} = (70.3, 15.7)$
$\alpha = 113.51°$
$\beta = 69.44°$
$\gamma = 67.43°$
$I = (50.67, 29.33)$

6.6 · Übungen

Übungsbeispiel 6.18

Gesucht sind die Vergleichsspannungen nach MISES und nach TRESCA, wenn folgender Spannungstensor gegeben ist:

$$\begin{pmatrix} \sigma_{11} & \sigma_{12} & \sigma_{13} \\ \sigma_{21} & \sigma_{22} & \sigma_{23} \\ \sigma_{31} & \sigma_{32} & \sigma_{33} \end{pmatrix} = \begin{pmatrix} 86 & 20 & 35 \\ 20 & 54{,}6 & 14{,}4 \\ 35 & 14{,}4 & 11{,}23 \end{pmatrix} \quad (6.99)$$

(Ermittlung mittels dem Mohr'schen Spannungskreis für den räumlichen Spannungszustand)

Lösung

Es folgt damit für die Vergleichsspannung nach MISES: $\sigma_v = 65{,}03 \, \frac{\text{N}}{\text{mm}^2}$ und nach TRESCA: $\sigma_v = 74{,}77 \, \frac{\text{N}}{\text{mm}^2}$ (vgl. Abb. 6.32).

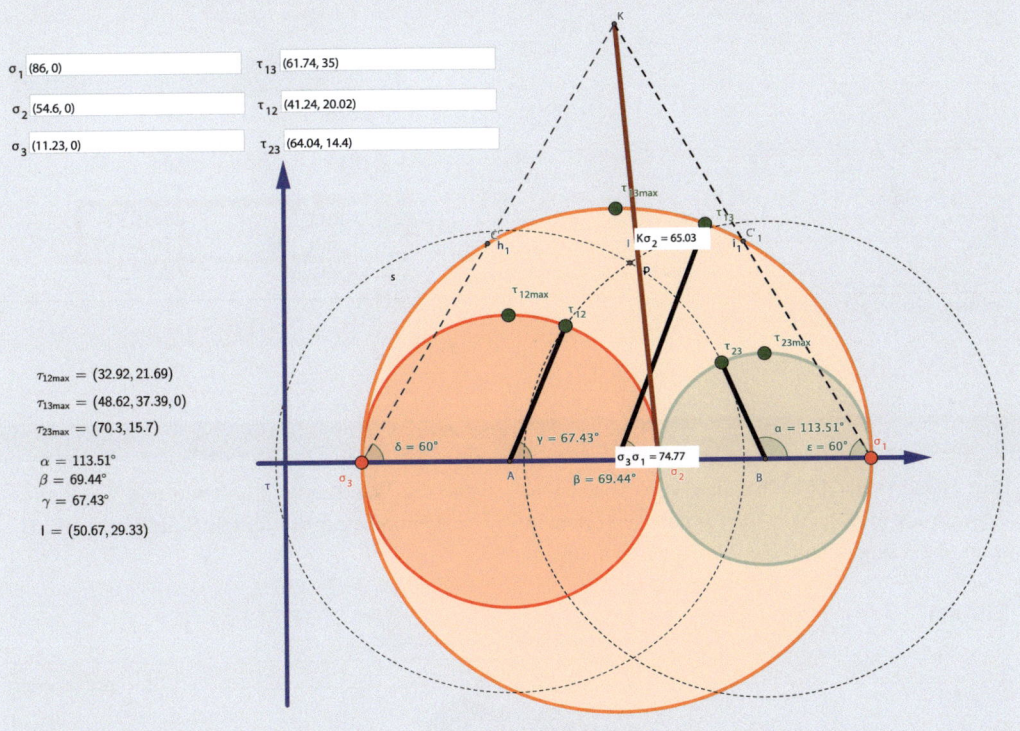

Abb. 6.32 Mohr'scher Spannungskreis – 3D-GeoGebra-Vergleichsspannung

Übungsbeispiel 6.19

Ein zylindrischer Druckbehälter wird von einem Innendruck in Höhe von 100 bar belastet. Gesucht sind die Längs- und die Umfangsspannungen, wenn die Wandstärke $t = 3$ mm und der Radius $r = 35$ mm betragen. (analytisch)

Lösung

```
%================================================================
%====================RANDBEDINGUNGEN=============================
%================================================================

p_i = 100;   %Innendruck in bar
t   = 3;     %Wandstärke in mm
r   = 35;    %Radius in mm

%================================================================
%=========================EINHEITEN==============================
%================================================================

p = p_i/10;  %Innendruck in N/mm^2

%================================================================
%=========================SPANNUNGEN=============================
%================================================================

sigma_l   = p*r/(2*t);
sigma_phi = p*r/ t;
```

Workspace	
Name ▲	Value
p	10
p_i	100
r	35
sigma_l	**58.3333**
sigma_phi	**116.6667**
sigma_V	78.2624
t	3

Übungsbeispiel 6.20

Ein zylindrischer Druckbehälter wird von einem Innendruck in Höhe von 100 bar belastet. Gesucht sind die Längs- und die Umfangsspannungen, wenn die Wandstärke $t = 3$ mm und der Radius $r = 35$ mm betragen. (mittels SolidWorks FEM)

Lösung

Pos.	Bild	Erklärung
1		Zylinder als Druckbehälter modellieren, um Rechenkapazitäten zu sparen, wird nur der halbe Körper gezeichnet und im Anschluss eine Randbedingung „Symmetrie" gesetzt.
2		Nach dem definieren aller Randbedingungen (dies sollte mit dem bereits kennen gelernten, kein Problem sein) kann die Studie gelöst werden. Hierbei wurde bei der Netzerstellung die Elementgröße auf 1mm eingestellt, um weniger Spannungsschwankungen im Anschluss beim Sondieren zu haben.

6.6 · Übungen

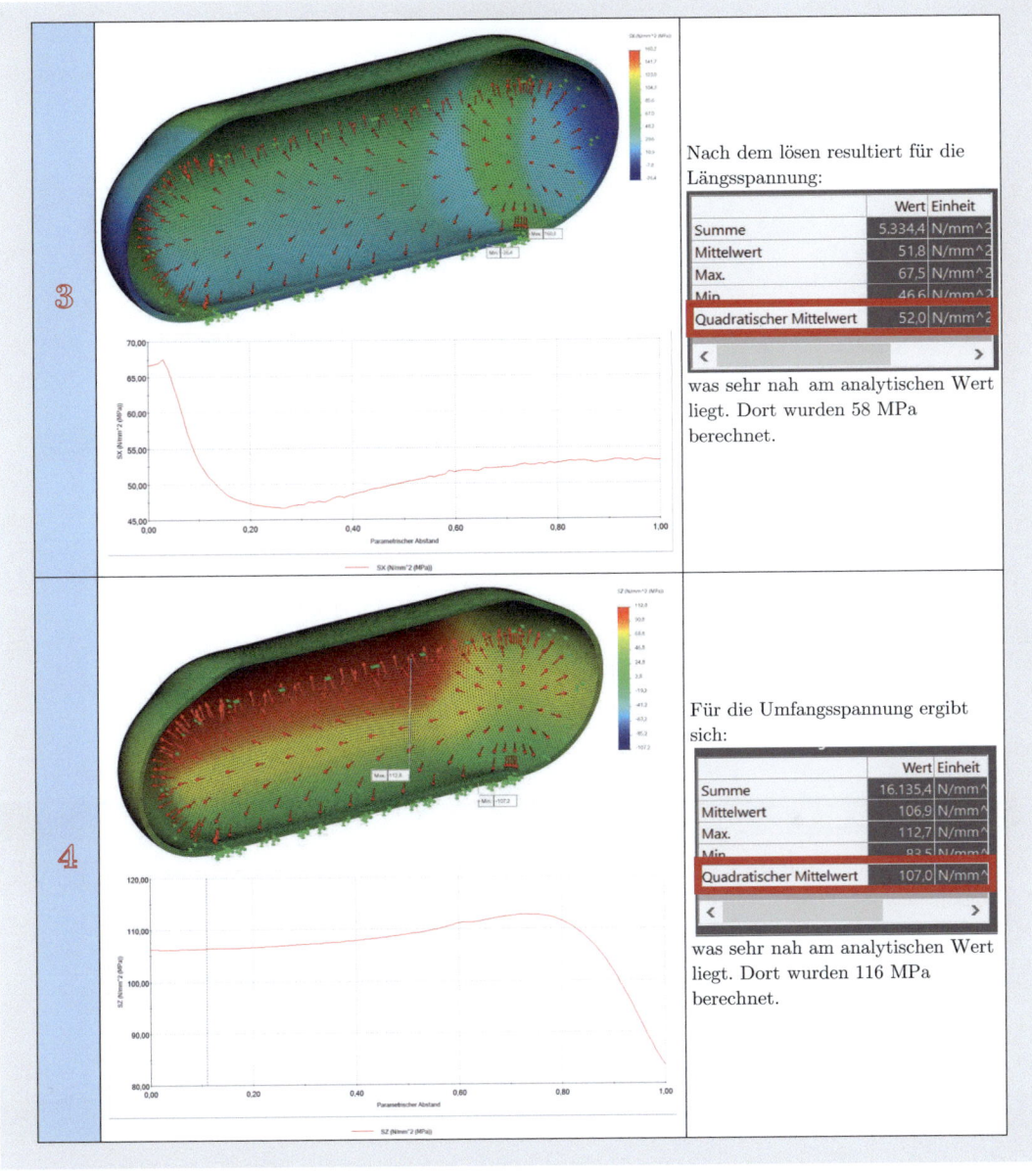

3

Nach dem lösen resultiert für die Längsspannung:

	Wert	Einheit
Summe	5.334,4	N/mm^2
Mittelwert	51,8	N/mm^2
Max.	67,5	N/mm^2
Min.	46,6	N/mm^2
Quadratischer Mittelwert	**52,0**	**N/mm^2**

was sehr nah am analytischen Wert liegt. Dort wurden 58 MPa berechnet.

4

Für die Umfangsspannung ergibt sich:

	Wert	Einheit
Summe	16.135,4	N/mm^
Mittelwert	106,9	N/mm^
Max.	112,7	N/mm^
Min.	83,5	N/mm^
Quadratischer Mittelwert	**107,0**	**N/mm^**

was sehr nah am analytischen Wert liegt. Dort wurden 116 MPa berechnet.

Übungsbeispiel 6.21

Ein zylindrischer Druckbehälter wird durch einen Innendruck von 300 bar belastet. Gesucht sind die Längs- und die Umfangsspannungen, wenn die Wandstärke $t = 6$ mm und der Radius $r = 350$ mm betragen.

Lösung

```
%===================================================
%====================RANDBEDINGUNGEN================
%===================================================

p_i = 300;   %Innendruck in bar
t   = 6;     %Wandstärke in mm
r   = 350;   %Radius in mm

%===================================================
%========================EINHEITEN==================
%===================================================

p = p_i/10;  %Innendruck in N/mm^2

%===================================================
%========================SPANNUNGEN=================
%===================================================

sigma_l   = p*r/(2*t);
sigma_phi = p*r/ t;
```

Workspace	
Name ▲	Value
p	30
p_i	300
r	350
sigma_l	**875**
sigma_phi	**1750**
sigma_V	78.2624
t	6

Übungsbeispiel 6.22

Zu zeigen ist durch FEM-Einsatz, dass die Umfangsspannungen doppelt so groß wie die Längsspannungen, bei einem dünnwandigen, zylindrischen Druckbehälter, sind.

Lösung

Dazu kann man die Werte aus Lösung 6.20 verwenden.

Übungsbeispiel 6.23

Gesucht sind die Dehnungen in Hauptrichtung sowie in x, y-Richtung, wenn sich ein Quader mit den Abmessungen $a \times b \times c$, der unten und links eingespannt ist, so verformt, dass er sich um 3 mm in der Höhe und um 2 mm in der Breite verändert. Gegeben sei zusätzlich der Winkel $\varphi = -20°$, welcher den Winkel der Neigung zwischen Schnittfläche und waagrechten Koordinatenachse darstellt. Es sei $a = 500$ mm, $b = 300$ mm und $c = 100$ mm, und der Winkel φ zur Waagrechten beträgt $\varphi = 25°$.

Lösung

Beim Mohr'schen Verzerrungskreis wird φ direkt von der x-Achse abgetragen. Da die Ordinate den Schwerwinkel abträgt, muss dieser zuerst ermittelt werden. Dieser kann durch die Winkelfunktionen $\gamma = \arctan(\frac{2}{b}) = \arctan(\frac{2}{300}) = \underline{\underline{0{,}4°}}$. Dann müssen die Dehnungen in x- und in y-Richtung ermittelt werden:

$$\varepsilon_x = \frac{500-2}{500} - 1 = 0{,}996 - 1$$
$$\implies \underline{\underline{-0{,}4\,\%}} \qquad (6.100)$$

$$\varepsilon_y = 1 + \frac{300+3}{300} = 1 + 0{,}01$$
$$\implies \underline{\underline{1\,\%}} \qquad (6.101)$$

Damit können bereits alle anderen Dehnungen, mittels des Verzerrungskreises nach Mohr, ermittelt werden (vgl. Abb. 6.33 und 6.34).

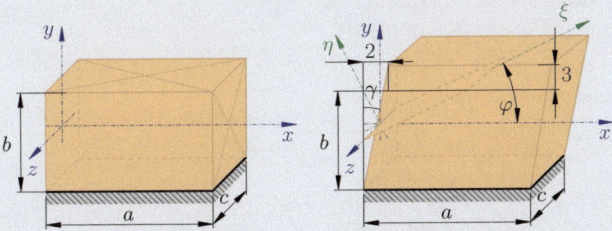

Abb. 6.33 Anwendung des Mohr'schen Verzerrungskreis anhand der Verschiebung eines Quaders

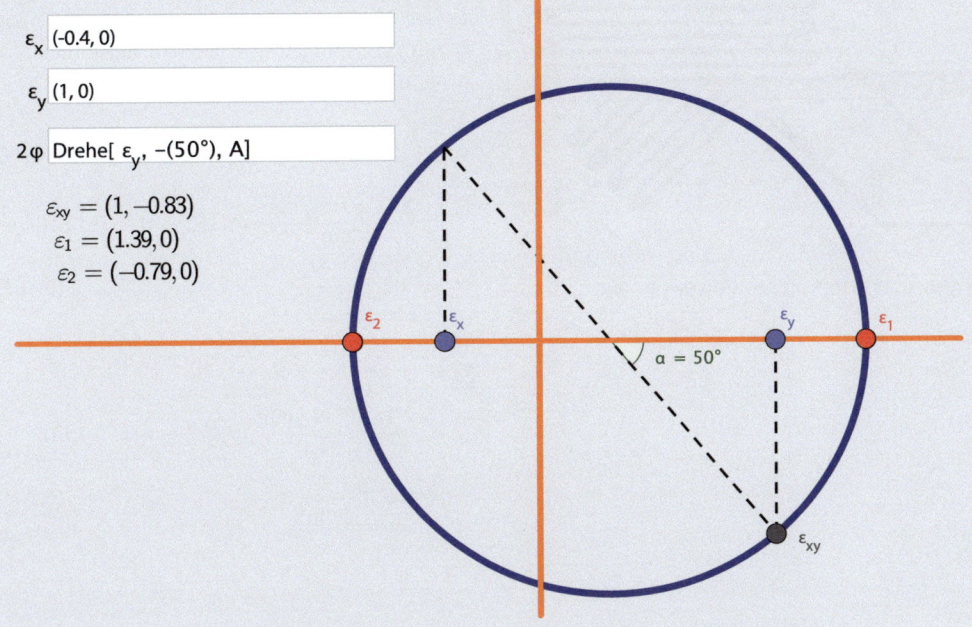

Abb. 6.34 Mohr'scher Verzerrungskreis

Übungsbeispiel 6.24

Anwendung findet der Mohr'sche Verzerrungskreis bei einer DMS-Rosette. Ein Beispiel einer solchen Rosette kann in ■ Abb. 6.35 gesehen werden. Es handelt sich bei dem Bauteil, auf dem die Rosette aufgeklebt ist, um ein Stahl-Bauteil (1.0070 – E360) mit einem E-Modul von $2{,}1 \cdot 10^5\,\text{N/mm}^2$ und einer Querkontraktionszahl von $\nu = 0{,}3$. Wie in dieser Abbildung gesehen werden kann, befinden sich die drei DMS um 45° (gegen den Uhrzeigersinn) gedreht auf der Oberfläche. Es werden hierbei Dehnungen von $\varepsilon_{\text{DMS1}} = 0{,}15\,\%$, $\varepsilon_{\text{DMS2}} = 0{,}37\,\%$ und $\varepsilon_{\text{DMS3}} = 0{,}17\,\%$ gemessen. Gesucht sind die Hauptspannungen.

Lösung

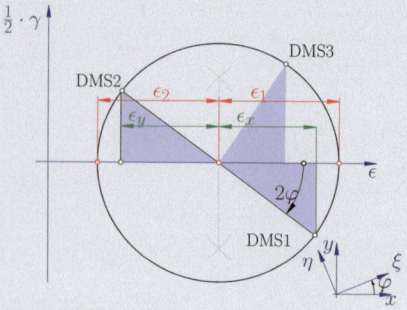

■ **Abb. 6.36** Mohr'scher Verzerrungskreis einer DMS-Rosette

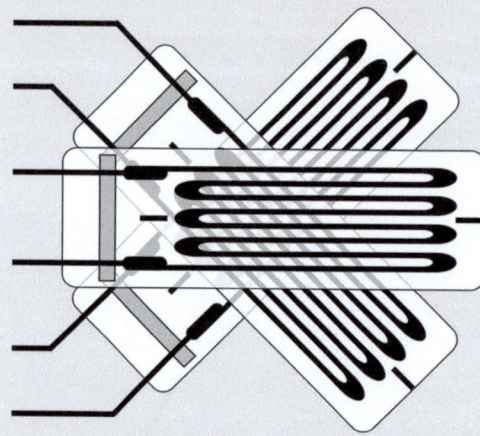

■ **Abb. 6.35** DMS als Messrosette [58, 88]

Da der Winkel, ersichtlich aus der obigen Abbildung $\varphi = 45°$ sein muss, sind die Verzerrungsdreiecke in ■ Abb. 6.36 um $2\varphi = 90°$ versetzt. Mittels Gl. (6.90) folgt, nachdem mittels des Verzerrungskreises für die Hauptdehnungen: $\varepsilon_1 = 0{,}152$ und $\varepsilon_2 = 0{,}172$ (aufgetragen werden muss für $\varepsilon_x = \varepsilon_{\text{DMS1}}$ und $\varepsilon_y = \varepsilon_{\text{DMS3}}$):

$$\underline{\underline{\sigma_1}} = \frac{E}{1-\nu^2}(\varepsilon_1 + \nu \cdot \varepsilon_2)$$
$$= \frac{2{,}1 \cdot 10^5\,\text{N/mm}^2}{1-0{,}3^2}(0{,}152 + 0{,}3 \cdot 0{,}172) \cdot \frac{1}{100}$$
$$= 502{,}15\,\frac{\text{N}}{\text{mm}^2} \qquad (6.102)$$

$$\underline{\underline{\sigma_2}} = \frac{E}{1-\nu^2}(\varepsilon_2 + \nu \cdot \varepsilon_1)$$
$$= \frac{2{,}1 \cdot 10^5\,\text{N/mm}^2}{1-0{,}3^2}(0{,}172 + 0{,}3 \cdot 0{,}152) \cdot \frac{1}{100}$$
$$= 469{,}85\,\frac{\text{N}}{\text{mm}^2} \qquad (6.103)$$

Biegebeanspruchung

Inhaltsverzeichnis

7.1 Grundlagen der Biegung – 230
7.1.1 Reine, gerade und schiefe Biegung – 230
7.1.2 Plastische Stützwirkung – 230
7.1.3 Herleitung der Biegespannungshauptgleichung – 231
7.1.4 Biegespannungsformel – 233
7.1.5 Ermittlung der Parameter in der Biegespannungsformel – 233
7.1.6 Dimensionierung einer Welle – 234

7.2 Schnittgrößen in der Ebene – 234
7.2.1 Definitionen – 234
7.2.2 Balken mit Einzellast (zweimal gelagert) – 235
7.2.3 Diagramme – 237
7.2.4 Maximales Biegemoment – 245
7.2.5 Kragträger – 247

© Der/die Autor(en), exklusiv lizenziert an Springer-Verlag GmbH, DE, ein Teil von Springer Nature 2023
A. Huber, *Technische Mechanik 2 - Elastostatik*, https://doi.org/10.1007/978-3-662-67759-9_7

7.2.6	Balken mit mehreren Kräften	– 247
7.2.7	Balken mit Streckenlasten (Rechtecklasten)	– 249
7.2.8	Eingeleitetes Moment	– 251
7.2.9	Lagerverschiebung	– 252

7.3 Schnittgrößen im Raum – 253

7.3.1	Momente als Momentenvektoren	– 253
7.3.2	Verschiebung	– 253
7.3.3	Kontrolle	– 253
7.3.4	Beispiele	– 253

7.4 Spezielle Tragwerke – 257

7.4.1	Dreieckslast	– 257
7.4.2	Trapezlast	– 258
7.4.3	Parabellast	– 259
7.4.4	Elliptische Last	– 259
7.4.5	Bogen	– 259
7.4.6	Zusammengesetzte Tragwerke	– 260

7.5 Biegung bei veränderlichem Querschnitt – 263

7.6 Träger gleicher Biegespannung – 264

7.6.1	Anformgleichung – 264
7.6.2	Freiträger, Kreisquerschnitt, Einzellast – 265
7.6.3	Freiträger, Rechteckquerschnitt, $b = $ const., Einzellast – 269
7.6.4	Freiträger, Rechteckquerschnitt, konstante Höhe, Einzellast – 269
7.6.5	Freiträger, Rechteckquerschnitt, konstante Höhe, Streckenlast – 270
7.6.6	Freiträger, Rechteckquerschnitt, $d = $ const., Dreieckslast – 271

7.7 Grundlagen Formänderung – 271

7.7.1	Krümmungsradius ρ_x – 271
7.7.2	Krümmung κ – 272
7.7.3	Durchbiegung f und Neigungswinkel der Endtangente α – 272
7.7.4	Weiteres zum Schubmittelpunkt – 273

7.8	**Zweiachsige – oder schiefe Biegung – 273**
7.8.1	Darstellungsbeispiel von schiefer Biegung – 273
7.8.2	Spannungen bei schiefer Biegung – 273
7.8.3	Berechnung der Spannungen bei schiefer Biegung – 274
7.8.4	Bestimmung der Nulllinie – 275
7.8.5	Doppelte Biegung – 276

7.9	**Verläufe eines Gerberträger – 276**

7.10	**Statisch unbestimmte Systeme – 280**
7.10.1	Anwendungsbeispiel: dreifach gelagerter Träger, Biegeträger – 280
7.10.2	Ergänzung – 282

7.11	**Die elastische Linie – 282**
7.11.1	Krümmung – 282
7.11.2	Differentialgleichung der Biegelinie, vereinfacht – 285
7.11.3	Durchbiegungsgleichung statisch bestimmt, am Kragträger – 285
7.11.4	Durchbiegungsgleichungen statisch bestimmt, Stützträger – 291
7.11.5	Durchbiegungsgleichungen zusammengesetzter Systeme – 299
7.11.6	L-Rahmen mit Streckenlast $I \cdot E =$ const. – 302
7.11.7	L-Rahmen mit Streckenlast $I \cdot E \neq$ const. – 302
7.11.8	Interpretation der Durchbiegungsgleichungen – 303
7.11.9	Durchbiegung, wenn $EI \neq$ const. – 303
7.11.10	Durchbiegungsgleichungen (statisch unbestimmt) – 304
7.11.11	Computergestützte Methode – 307
7.11.12	Klammersymbol von Föppl – 310
7.11.13	Verformungen infolge schiefer Biegung – 313
7.11.14	Gleichungen einiger Balken – 315

7.12	**Elastisch gebetteter Träger – 317**
7.12.1	Analytische Lösung – 317
7.12.2	Differenzenverfahren – 326

7.13	**Der gekrümmte Träger – 336**
7.13.1	Schnittgrößen – 336

7.13.2   Spannungen beim gekrümmten Träger – 339
7.13.3   Verschiebungen – 344

7.14   Übungen – 348

Kapitel 7 · Biegebeanspruchung

Sie lernen hier...
- Grundlagen der Biegung kennen.
- Gerade Biegung kennen.
- Schiefe Biegung kennen.
- Verwendung von Flächen- und Widerstandsmomente kennen.
- Anwendung der Hauptachsen kennen.
- Dimensionieren von Balken.
- Berechnen der Durchbiegung.

> **Zitat**
>
> Die Technik, welche weder gut noch böse ist, ist ohne Bezug zur Moral. Die Moral steckt nicht in dem Hammer, sondern in dem Menschen, der ihn führt. Die Technik bedarf einer moralischen Instanz, welche eine Kontrolle über ihre Anwendung zum Nutzen des Menschen ausübt.
>
> *Curt Emerich*

Abb. 7.2 Ermittlung der Biegung anhand eines Versuches, 1897

Biegung – Ein Begriff, der jedem aus dem täglichen Leben gebräuchlich ist. In der Mechanik – oder Physik – versteht man darunter die Geometrieveränderung von schlanken – vorzugsweise Balken – oder Platten, infolge einer Beanspruchung. Der einfachste Biegebalken ist in ◘ Abb. 7.1 dargestellt. Dieser ist beidseitig gelagert und wird in der Mitte durch die Kraft F belastet. Bereits im Jahre 1897 wurde dieser mittels Versuchen (Beispiel ◘ Abb. 7.2) untersucht. Dabei wurde der Balken beidseitig durch eine Auflage gestützt und in der Mitte, dort, wo die größte Durchbiegung erwartet wird, die Durchhängung des Balkens, durch einen zuvor platzierten Maßstab gemessen.

Probleme bzw. Schwierigkeiten, bei der Berechnung, treten dann auf, wenn die Biegetheorie verallgemeinert wird. In den Beispielen aus den beiden ◘ Abb. 7.1 und 7.2 wird davon ausgegangen, dass der Balken eine Linie, also ein zweidimensionales Problem sei. Diese Annahme genügt für die meisten technischen Untersuchungen, wenn gewisse Randbedingungen, die den nachfolgenden Definitionen entsprechen, eingehalten werden.

> **Definition 7.1 (Balken)**
>
> Ein Balken ist ein Bauteil, das in der Mechanik zur Verbindung von Abstützungen und Lagern verwendet wird, damit die Kräfte, die auf dem Balken wirken, in die Lager übertragen werden können. Damit ein Bauteil als Balken bezeichnet werden darf, müssen die Querschnitteigenschaften, bezeichnet durch $b \times h$, wesentlich kleiner als die Länge sein, wenn b die Breite und h die Höhe ist.

Ist die Definition von einem Balken nicht erfüllt, so darf die zweidimensionale Biegetheorie nicht verwendet werden, es liegt keine Balkenbiegung vor. Liegt ein dreidimensionales Problem vor, so muss die Platten-, Schalen-, oder Scheibentheorie angewendet werden. Diese Theorien sind Teil der Thematik „Kontinuumsmechanik", welche im letzten Kapitel kurz gezeigt wird. Weitere Bücher zu diesen Theorien stellen: Einführung in die Höhere Festigkeitslehre [18], Technische

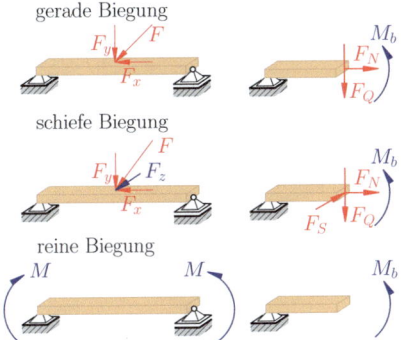

Abb. 7.1 Biegung auf Balken

Mechanik: Band 4: Hydromechanik, Elemente der höheren Mechanik Numerische Methoden [10] und Mechanik elastischer Körper und Strukturen [2] dar.

7.1 Grundlagen der Biegung

Biegung ist eine zusammengesetzte Beanspruchung aus Zug und Druck (vgl. ◘ Abb. 7.3). Man notiert dazu drei Hauptfasern, Druck und Zugfaser, je nach Belastung und eine neutrale Faser, in welcher die Spannungen Null sind.

7.1.1 Reine, gerade und schiefe Biegung

Man unterscheidet bei Biegung zwischen:
1. reine Biegung,
2. gerade Biegung,
3. schiefe Biegung.

Bei der Biegespannung liegt ein linearer Spannungsverlauf vor. Das heißt, die neutrale Faser ist nicht belastest, die Randfaser jedoch stark. Dies ist der Grund dafür, dass Bauteile die stärksten Belastungen am Rand des Querschnittes erfahren. Betrachtet man ein Rohr, so kann dieses, auf Biegung, nahezu dieselben Belastungen übertragen als eine Welle (mit Vollquerschnitt), da das Material in der Mitte, dort wo das Rohr die Bohrung besitzt, nur sehr gering an der Kraftübertragung beteiligt ist.

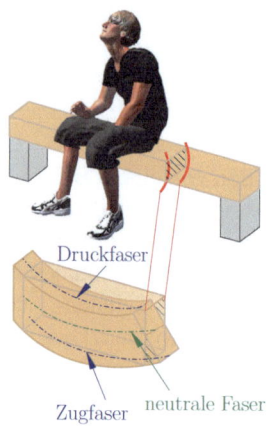

◘ **Abb. 7.3** Hauptfasern bei der Biegung

7.1.2 Plastische Stützwirkung

Im Nachfolgenden ein kurzer Einschub, da es genau genommen bei einer Biegebeanspruchung zu einer sogenannten Stützwirkung kommen kann. Diese kann in gesonderten Büchern, insbesondere bei der FKM-Richtlinie genauer nachgelesen werden.

Ein Bauteil versagt nicht abrupt, es gibt eine plastische Stützwirkung (vgl. ◘ Abb. 7.4).

Das Material, das beim Versagen helfen kann, muss ins Verhältnis, je nach Randfaserabstand, zu dem das Hilfe benötigt, gesetzt werden. Dadurch ergeben sich die Werte aus ◘ Abb. 7.5.

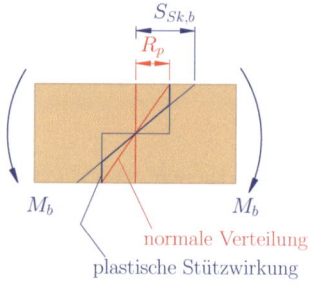

◘ **Abb. 7.4** Plastische Stützwirkung

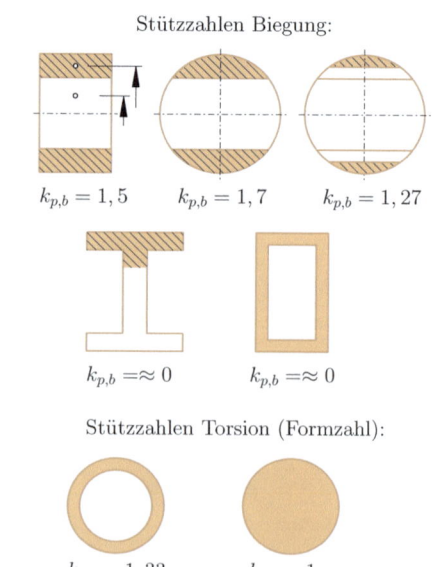

◘ **Abb. 7.5** Stützzahlen einiger Figuren

7.1 · Grundlagen der Biegung

Beispiel 7.1

Von einer Welle berechnet man infolge Biegebeanspruchung eine Spannung in Höhe von 75 MPa. Wie groß wird dann die maximale Spannung, infolge Stützwirkung?

Lösung

Es folgt mittels der Stützzahl für eine Welle: 1,7 (aus ◘ Abb. 7.5) ein maximaler Spannungswert

$$\underline{\sigma_{max} = \sigma_b \cdot k_b = 75 \cdot 1{,}7 = \underline{127{,}5\,\text{MPa}}.}$$
(7.3)

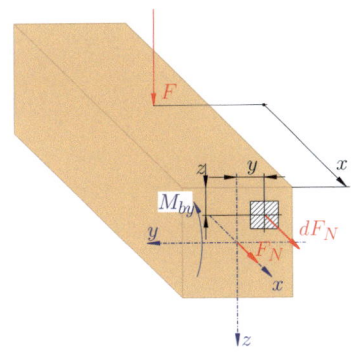

◘ **Abb. 7.6** Balken, geschnitten auf Biegung

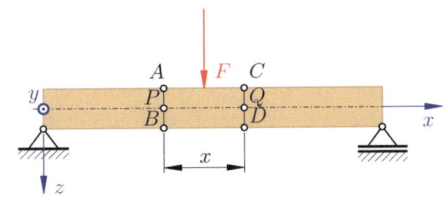

◘ **Abb. 7.7** Seitenansicht geschnittener Balken

Die Neuber-Regel ist dadurch definiert, dass das Produkt aus Spannung und Dehnung immer konstant ist:

$$\sigma \cdot \varepsilon = \text{const.} \qquad (7.1)$$

Alle Punkte, die dieser Funktion genügen, liegen auf einer Hyperbel, wie die Umformung obiger Gleichung nach der Spannung zeigt:

$$\sigma = \text{const.}/\varepsilon \qquad (7.2)$$

Deshalb wird diese Funktion auch als Neuber-Hyperbel bezeichnet. Grafisch bedeutet die Neuber-Regel, dass die Fläche unterhalb der Hyperbel für jeden Punkt gleich ist.

7.1.3 Herleitung der Biegespannungshauptgleichung

Zunächst[1] wird in Verbindung mit ◘ Abb. 7.6 das Moment berechnet. Da keine eindimensionale Biegung vorliegt, kann ein Biegemoment um zwei Achsen: y und z berechnet werden. Es folgt

$$M_y = \int_A dF_N \cdot z = \int_A \sigma_x \cdot z \cdot dA; \qquad (7.4)$$

$$M_z = \int_A dF_N \cdot y = \int_A \sigma_x \cdot y \cdot dA. \qquad (7.5)$$

Zu bestimmen ist das infinitesimal kleine Balkenstück dx, aus ◘ Abb. 7.7. Mit den Winkelfunktionen folgt mit ◘ Abb. 7.8

$$\sin\left(\frac{d\varphi}{2}\right) = \frac{\frac{dx}{2}}{\rho} = \frac{dx}{2 \cdot \rho}.$$

Der Sinus von kleinen Winkeln kann durch die Taylorreihenentwicklung zu $\varphi \approx \sin(\varphi)$, wenn $\varphi \ll$: $\frac{d\varphi}{2} = \frac{dx}{2 \cdot \rho}$ geschrieben werden, bzw. durch Umformen

$$\rho = \frac{d\varphi}{dx}. \qquad (7.6)$$

Nach Definition der Krümmung durch $\kappa = \frac{1}{\rho}$ (vgl. ▶ Abschn. 7.11), dort wird diese Bedingung hergeleitet) folgt mit Gl. (7.6): $\kappa = \frac{d\varphi}{dx}$. Jetzt kann die Länge der Faser zwischen P' und

---

1 Diese Herleitung ist in ähnlicher Form in allen gängigen Büchern zur Technischen Mechanik in ähnlicher Form zu finden, darunter [4, 8, 26], hier wurde speziell: [26, S. 68 ff.], verwendet.

Abb. 7.8 Balken, geschnitten auf Biegung, verformt

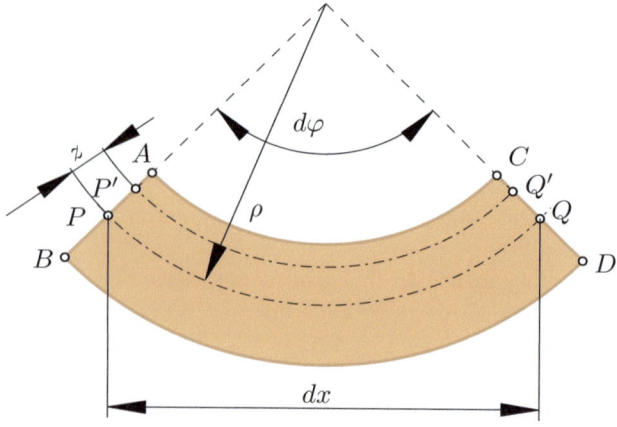

Q' berechnet werden. Es wird dazu die Gleichung zur Berechnung der Bogenlänge: $\overline{P'Q'} = d\varphi \cdot (\rho - z)$ hinzugezogen. Es folgt durch Einsetzen von $d\varphi = \frac{dx}{\rho}$:

$$\overline{P'Q'} = \frac{x}{\rho} \cdot (\rho - z) = dx \cdot \left(1 + \frac{z}{\rho}\right). \tag{7.7}$$

Für Verformungen im Stab gilt (▶ Kap. 2) $\frac{l-l_0}{l_0} = \epsilon$ und somit für die Biegebeanspruchung

$$\epsilon = \frac{P'Q' - \overline{P'Q'}}{\overline{P'Q'}} = \frac{dx \cdot \left(1 + \frac{z}{\rho}\right) - dx}{dx}$$
$$= -\frac{z}{\rho}. \tag{7.8}$$

Da in der betrachteten Faser $P'Q'$ Druck herrscht, muss ein Minus in der obigen Gleichung vorhanden sein. Um den allgemeineren Fall für jede Faser zu erhalten, muss der Betrag, zu $\frac{z}{\rho}$ folgen. Mit dem Hooke'schen Gesetz gilt $\sigma_x = E \cdot \epsilon$ worin für ϵ Gl. (7.6) eingesetzt werden kann, es folgt

$$\sigma_x = E \cdot \frac{z}{\rho} \implies E = \frac{\rho \cdot \sigma_x}{z}. \tag{7.9}$$

Wendet man das Navier'sche Grundliniengesetz, dieses sagt aus, dass bei der reinen Biegung der Krümmungsradius konstant ist, und eine lineare Spannungsverteilung auf den gesamten Querschnitt vorliegt, an, folgen die folgenden Überlegungen. Zu Beginn dieser Herleitung wurde

$M_Y = \int_A \sigma_x \cdot z \cdot dA$ bestimmt. Hier kann für σ_x Gl. (7.9) eingesetzt werden, zu

$$M_Y = \int_A E \cdot \frac{z}{\rho} \cdot z \cdot dA = \frac{E}{\rho} \cdot \int_A z^2 \cdot dA. \tag{7.10}$$

Aus dieser Gleichung folgt auch die Definition für die Flächenträgheitsmomente, da dieses mittels dieser Gleichung definiert wurde: $I_Y = \int_A z^2 \cdot dA$. Einsetzen dieser Definition ergibt

$$M_Y = \frac{E}{\rho} \cdot I_Y \implies \frac{M_Y}{I_Y} = \frac{E}{\rho}. \tag{7.11}$$

Wird in Gl. (7.11) Gl. (7.9) eingesetzt, folgt

$$\frac{M_Y}{I_Y} = \frac{\rho \cdot \sigma_x}{z \cdot \rho} = \frac{\sigma_x}{z} \implies \sigma_x = \frac{z \cdot M_Y}{I_Y}, \tag{7.12}$$

wobei es sich hierin um Biegespannungs- und Momentenvektoren aufgrund Biegung; und bei z um den maximalen Randfaserabstand handelt, (siehe ◻ Abb. 7.6) wodurch die Biegespannungsgrundgleichung durch

$$\sigma_b = \frac{z \cdot M_b}{I_Y} \tag{7.13}$$

folgt. Zusammengefasst gilt also:

$$\sigma_b = \frac{e \cdot M_{b,\max}}{I_a} = \frac{M_{b,\max}}{W_a}. \tag{7.14}$$

7.1 · Grundlagen der Biegung

Bemerkung 7.1
Man kann durch weiteres Einsetzen in die obigen Gleichungen auch noch die Definition des statischen Momentes bzw. des Flächenmomentes 1. Ordnung herleiten.

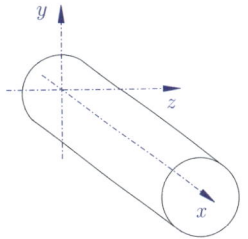

Abb. 7.9 Achsbeschriftung

Es gilt allgemein durch Hinzuziehen von ◘ Abb. 7.6, für die Normalkraft

$$F_N = \int_A \sigma_x \cdot dA, \tag{7.15}$$

und mit $E = \frac{\rho \cdot \sigma_x}{E}$ (Gl. (7.9)) folgt

$$\int_A \sigma_x \cdot dA = \frac{E}{\rho} \cdot \int_A z \cdot dA; \tag{7.16}$$

wodurch man hier den Term $\int_A z \cdot dA$ als statisches Moment $S(x)$ definiert. Es ergibt sich

$$\int_A \sigma_x \cdot dA = \frac{E}{\rho} \cdot \int_A z \cdot dA = \frac{E}{\rho} \cdot S(x). \tag{7.17}$$

Corollary 7.1
Ist $S(x) = 0$ so lässt sich mithilfe von Gl. (7.17) herauslesen, dass dann die neutrale Faser immer durch die Schwerachse gehen muss.

7.1.4 Biegespannungsformel

Allgemein gilt die Biegespannungshauptgleichung:

$$\sigma_b = \frac{e \cdot M_{b,\max}}{I_a} = \frac{M_{b,\max}}{W_a}.$$

Je nach Richtung der Biegung kann diese durch Indizes auf verschiedene Achsen bezogen werden (vgl. ◘ Abb. 7.9). e ist dabei der maximale Randfaserabstand und I_a das axiale Flächenmoment 2. Ordnung.

$$\sigma_{bx} = \frac{e \cdot M_{b,\max}(y)}{I_{ay}} = \frac{M_{b,\max}(y)}{W_{ay}} \tag{7.18}$$

$$\sigma_{by} = \frac{e \cdot M_{b,\max}(x)}{I_{ax}} = \frac{M_{b,\max}(x)}{W_{ax}} \tag{7.19}$$

$$\sigma_{bz} = \frac{e \cdot M_{b,\max}(y)}{I_{ay}} = \frac{M_{b,\max}(y)}{W_{ay}} \tag{7.20}$$

Dabei stellt der Index beim Biegemoment die Achse dar, um das das Moment dreht bzw. in welcher der Momentenvektor wirkt und der Index bei der Spannung die Richtung in der die Spannungsvektoren wirken. Der Index beim Widerstandsmoment muss immer der gleiche als jener der Achse, um das das Moment dreht, sein.

7.1.5 Ermittlung der Parameter in der Biegespannungsformel

Biegespannung σ_b
Die Spannung wird meist berechnet oder mithilfe der Sicherheit und der zulässigen Spannung bestimmt.

Widerstands- und Flächenmoment W_a, I_a
I_a und W_a kann durch die Querschnittform berechnet werden.

Biegemoment $M_{b,\max}$
Dieses kann mittels der Schnittgrößen und Verläufe ermittelt werden. Dies wird im Anschluss gezeigt.

Beispiel 7.2

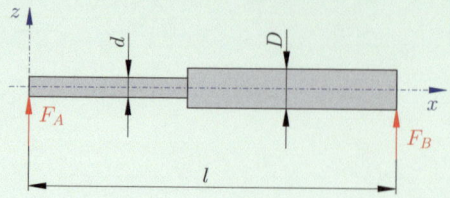

Abb. 7.10 Wellenbeispiel

Zu dimensionieren ist eine Welle (vgl. Abb. 7.10) mit Absatz. Das maximale Biegemoment beträgt 20 Nm. Die beiden Durchmesser sind gesucht, wenn das Durchmesserverhältnis 1/1,5 zum größeren ist. Die zulässige Biegespannung ist mit $\sigma_b = 70\,\text{N/mm}^2$ gegeben, die Welle sollte mit einer 3-fachen Sicherheit berechnet werden. Der größere Durchmesser muss aufgrund eines Lagersitzes so gestaltet werden.

Lösung

$$\sigma_{zul} = \frac{\sigma_b}{\nu} = 23{,}33\,\frac{\text{N}}{\text{mm}^2} \tag{7.21}$$

$$\underline{\underline{W_{ay}}} = \frac{M_{b,\max}(y)}{\sigma_{bx}} = \frac{20.000\,\text{N mm}}{23{,}33\,\text{N/mm}^2}$$
$$= \underline{858\,\text{mm}^3}. \tag{7.22}$$

$$\underline{\underline{d_1}} = \sqrt[3]{\frac{32 \cdot W_a}{\pi}} = \sqrt[3]{\frac{32 \cdot 858}{\pi}}$$
$$= \underline{20{,}6\,\text{mm}} \tag{7.23}$$

$$\underline{\underline{d_2}} = 1{,}5 \cdot 21{,}6 = \underline{31\,\text{mm}} \tag{7.24}$$

Die Wahl fällt damit auf $d = 21\,\text{mm}$ und auf $D = 32\,\text{mm}$, damit ein Lagersitz ermöglicht werden kann.

7.1.6 Dimensionierung einer Welle

Hat man das Biegemoment und die zulässige Spannung gegeben, so kann durch Umformen der allgemeinen Biegespannungsformel der Durchmesser gemäß

$$\sigma_b = \frac{e \cdot M_{b,\max}}{I_a} = \frac{M_{b,\max}}{W_a}$$
$$= \frac{32 \cdot M_{b,\max}}{d_0^3 \cdot \pi} \tag{7.25}$$

berechnet werden.

$$d_0 = \sqrt[3]{\frac{32 \cdot W_a}{\pi}} \quad \text{mit} \quad d_0 = \frac{d}{\nu}. \tag{7.26}$$

7.2 Schnittgrößen in der Ebene

Schnittgrößen haben deren Namen aufgrund der Ermittlung, bei welchem man den Balken virtuell in Felder teilt bzw. schneidet. Man ermittelt dann in jedem zuvor definierten Feld die maximalen Werte bzgl. des Biegemomentes, um dann in weiterer Folge die Biegespannungen berechnen zu können. Werden Schnittgrößen in der Ebene ermittelt, so tritt Biegung in einer Ebene auf und damit handelt es sich um gerade Biegung.

7.2.1 Definitionen

Nach Gesetzen der Statik muss immer Gleichgewicht in einem System herrschen. Dieses muss auch gegeben sein, wenn ein Träger virtuell geschnitten wird. Spricht man von Schnittgrößen in der Elastostatik, so wird der Träger an einer bestimmten Stelle x gedanklich geschnitten, um dort die herrschenden Schnittkräfte F_Q, F_N – und Momente M_b eingetragen und in weiterer Folge zu berechnen. In jenem Feld mit dem maximalen Werten für das Biegemoment herrscht dann die größte Biegespannung im Balken.

> **Definition 7.2**
>
> Nach Definition gilt die Vorzeichenkonvention aus Abb. 7.11. Gemäß der Momentendarstellung in dieser Abbildung ist der positive Drehsinn definiert.[2]

---

[2] Auch wenn sofort die falsche Annahme von Kräften und Momenten erkennbar ist, werden diese trotzdem gemäß

7.2 · Schnittgrößen in der Ebene

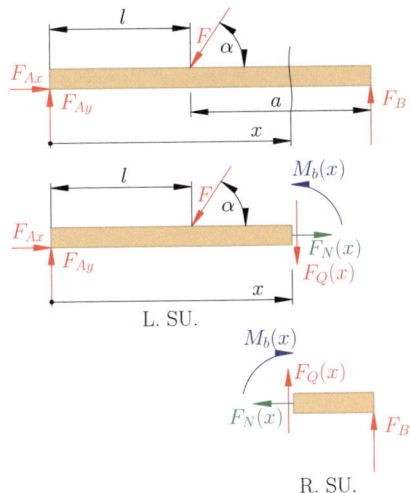

• **Abb. 7.11** Träger geschnitten (L.SU = Linkes- und R.SU = Rechtes Schnittufer)

Definition 7.3

F_N ist die Normalkraft, F_Q die Querkraft und M_b das Biegemoment in Abhängigkeit der Schnittlänge x. x kann dabei jeden Wert im Bereich $0 \leq x \leq l$ annehmen.

7.2.2 Balken mit Einzellast (zweimal gelagert)

7.2.2.1 Gleichgewicht

Werden die Gleichgewichtsbedingungen (für • Abb. 7.11/linkes Schnittufer) aufgestellt, folgt

Bemerkung 7.2

Der Drehpunkt der Momentengleichung bezieht sich immer auf den Schwerpunkt der Querschnittfläche des Ufers. Legt man ihn woanders hin, so ist es nicht falsch, aber es ist nicht zielführend, da sich dann die Querkraft nicht aufhebt.

den Richtungen aus • Abb. 7.11 eingezeichnet. Daraus resultieren zwei Vorteile, zum einen behält man bei komplexen Bauteilen den Überblick beim Zeichnen des Biegemomenten- und Querkraftverlaufes und zum anderen ist dies die sich ergebende positive Richtung, die das Biegemoment infolge Integration der Querkraft bzw. Differentiation des Momentes hat (dazu später mehr.)

$$\sum_{i=1}^{n} F_{ix} = 0:$$

$$F_{Ax} - F_x + F_N(x) = 0 \qquad (7.27)$$

$$\sum_{i=1}^{n} F_{iy} = 0:$$

$$F_{Ay} - F_y - F_Q(x) = 0 \qquad (7.28)$$

$$\sum_{i=1}^{n} M_{i(S,U)} = 0:$$

$$M_B(x) - F_{Ay} \cdot x + F_y \cdot (x - l) = 0. \qquad (7.29)$$

Corollary 7.2

Aus den eben aufgestellten Gleichgewichtsbedingungen können drei Beanspruchungen abgelesen werden. Aus Gleichung $F_{ix} \Longrightarrow F_N$ (Druck/Zug), aus $F_{iy} \Longrightarrow F_Q$ (Schub) und aus $M_i \Longrightarrow M_b$ (Biegung).

Es folgt durch Umformen

$$F_N(x) = F_{Ax} - F_x$$
$$\Longrightarrow \quad \text{Zug- und Druck,} \qquad (7.30)$$

$$F_Q(x) = F_{Ay} - F_y$$
$$\Longrightarrow \quad \text{Schub,} \qquad (7.31)$$

$$M_b(x) = F_{Ay} \cdot x - F_y \cdot (x - l)$$
$$\Longrightarrow \quad \text{Biegung;} \qquad (7.32)$$

wobei x Größen von $l \leq x \leq l + a$ annehmen kann. Um den Bruch eines Bauteils zu vermeiden, muss man das schwächste Glied finden. Das schwächste Glied wäre in diesem Fall dort, wo die Belastung am größten ist, das Biegemoment erreicht ein Maximum. Um dieses Moment zu finden, schneidet man den Träger an verschiedenen Stellen und berechnet das jeweilige Biegemoment, das Größte ist dann jenes Moment, dass für die weitere Berechnung der Spannungen benötigt wird (vgl. • Abb. 7.12).

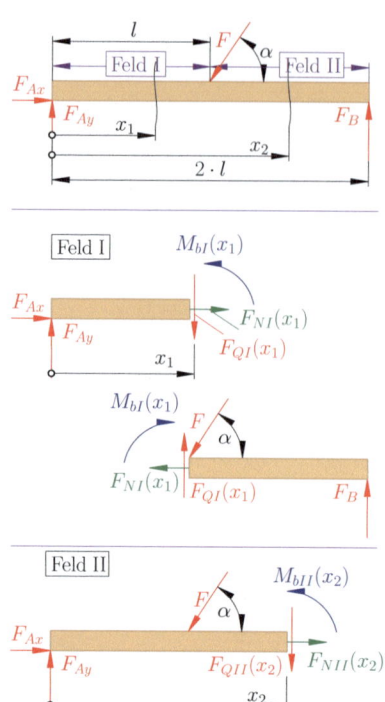

Abb. 7.12 Träger zweimal geschnitten

Jetzt stellt sich die Frage, wo sollte ein Träger am günstigsten geschnitten werden. Dies geschieht in einzelnen Schritten, die von dem Abstand der nächst eingeleiteten Belastung abhängen. (In Abb. 7.12 bei l und bei $2l$) Um im Bereich des Schnittes das größte Moment zu finden, beispielsweise im Bereich $0 \leq x_1 \leq l$ wird x_1 mit den Werten $x_{1a} = 0$ und $x_{1b} = l$ (rechte- und linke Grenze) belegt.

— **Festlegen der Grenzen:** Für x_i müssen die Trägergrenzen für die Schnitte eingesetzt werden.

$$x_{1a} \leq x_1 \leq x_{1b} \implies 0 \leq x_1 \leq l \quad (7.33)$$
$$x_{2a} \leq x_2 \leq x_{2b} \implies l \leq x_2 \leq 2 \cdot l \quad (7.34)$$

— **Aufstellen der Gleichgewichtsbedingungen für die erste Grenze:**

$$\sum_{i=1}^{n} F_{ix} = 0:$$
$$F_{Ax} + F_{N,I}(x_1) = 0 \quad (7.35)$$

$$\sum_{i=1}^{n} F_{iy} = 0:$$
$$F_{Ay} + F_{Q,I}(x_1) = 0 \quad (7.36)$$

$$\sum_{i=1}^{n} M_{i(S,U)} = 0:$$
$$M_{B,I}(x_1) - F_{AY} \cdot x_1 = 0. \quad (7.37)$$

Daraus folgt:

$$F_{N,I}(x_1) = -F_{Ax} \quad (7.38)$$
$$F_{Q,I}(x_1) = F_{Ay} \quad (7.39)$$
$$M_{b,I}(x_1) = F_{Ay} \cdot x_1. \quad (7.40)$$

Durch Einsetzen von x_{1a}, x_{1b} folgen die Querkräfte und Biegemomente an den Grenzpunkten:

$$F_{N,I}(0) = -F_{Ax} \quad \text{und} \quad F_{N,I}(l) = -F_{Ax}$$
$$F_{Q,I}(0) = F_{Ay} \quad \text{und} \quad F_{Q,I}(l) = F_{Ay}$$
$$M_{b,I}(0) = F_{Ay} \cdot 0 \quad \text{und} \quad M_{b,I}(l) = F_{Ay} \cdot l.$$
$$(7.41)$$

— **Aufstellen der Gleichgewichtsbedingungen für das zweite Feld:**

$$\sum_{i=1}^{n} F_{ix} = 0:$$
$$F_{Ax} + F_{N,II}(x_2) - F_x = 0 \quad (7.42)$$

7.2 · Schnittgrößen in der Ebene

$$\sum_{i=1}^{n} F_{iy} = 0:$$
$$F_{Ay} - F_y + F_{Q,\text{II}}(x_2) = 0 \quad (7.43)$$

$$\sum_{i=1}^{n} M_{i(S,U)} = 0:$$
$$M_{B,\text{II}}(x_2) - F_{Ay} \cdot x_2 + F_y \cdot (x_2 - l) = 0. \quad (7.44)$$

Daraus folgt

$$F_{N,\text{II}}(x_2) = F_x - F_{Ax} \quad (7.45)$$
$$F_{Q,\text{II}}(x_2) = F_{Ay} - F_y \quad (7.46)$$
$$M_{b,\text{II}}(x_2) = F_{Ay} \cdot x_2 - F_y \cdot (x_2 - l). \quad (7.47)$$

Durch Einsetzen erhält man die Querkräfte und Biegemomente an den Grenzpunkten

$$F_{Q,\text{II}}(l) = F_{Ay} - F_y \quad \text{und}$$
$$F_{Q,\text{I}}(2 \cdot l) = F_{Ay} - F_y$$

$$M_{b,\text{II}}(l) = F_{Ay} - F_y \cdot (l - l) = F_{Ay} \cdot l \quad \text{und}$$
$$M_{b,\text{II}}(2 \cdot l) = l \cdot (2 \cdot F_{Ay} - F_y). \quad (7.48)$$

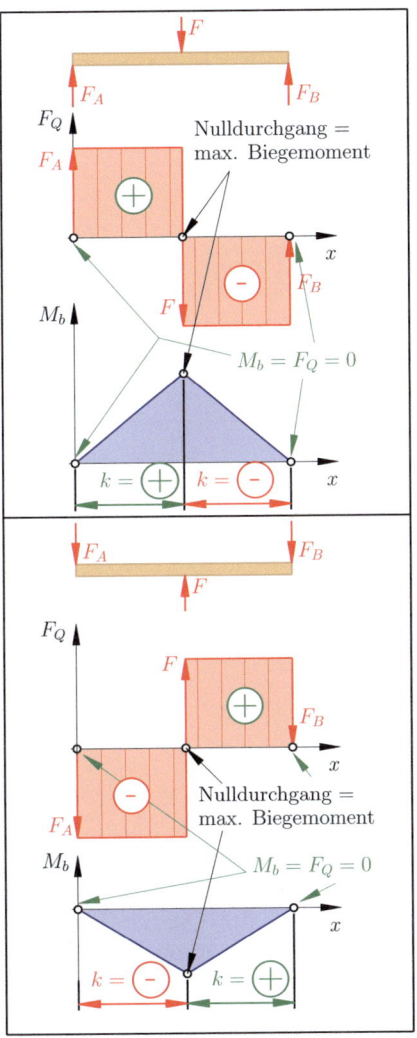

Abb. 7.13 Vergleich: Biegemomenten- und Querkraftverlauf

7.2.3 Diagramme

Vgl. **Abb. 7.13**. Werden die oben gefundenen Gleichungen in einem Diagramm dargestellt, so folgt für jede Gleichung ein Diagramm. Für die Normalkraftgleichung der Normalkraftverlauf, für die Querkraftgleichung der Querkraftverlauf und für die Biegemomentengleichung der Biegemomentenverlauf. Die Abszisse stellt den Abstand der Laufvariable x dar. Es werden dort die Grenzen aufgetragen, damit ist es möglich die Kräfte und Momente in Abhängigkeit der Schnitte herauszulesen. Für die weiteren Erklärungen wird der Träger aus **Abb. 7.12** betrachtet.

7.2.3.1 Normalkraftverlauf
Zu beachten ist beim Normalkraftverlauf, dass dieser um 90° gedreht gezeichnet wird. Die Kräfte in Abszissenrichtung zeigen damit senkrecht! Vgl. **Abb. 7.14** Normalkraftverlauf.

7.2.3.2 Querkraftverlauf
An jenen, Punkten, an denen die Kräfte die Abszisse schneiden, liegt ein Nulldurchgang vor. Vgl. **Abb. 7.14** Querkraftverlauf.

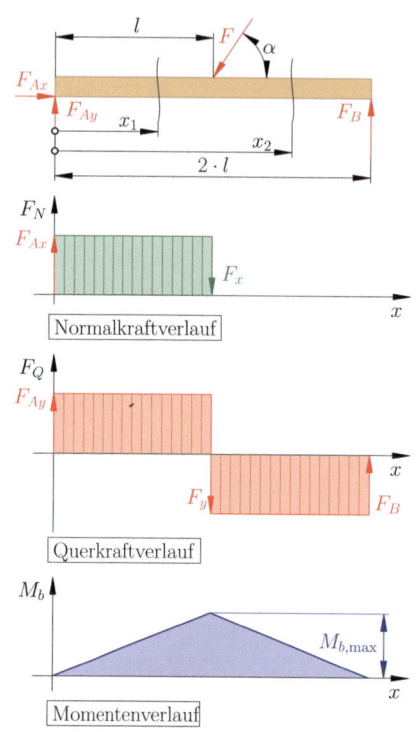

Abb. 7.14 Verläufe

7.2.3.3 Momentenverlauf

Vgl. ◘ Abb. 7.14 Momentenverlauf. An den Punkten, an dem der Querkraftverlauf einen Nulldurchgang besitzt, muss das Biegemoment eine Extremstelle haben. Diese Bedingung folgt aus der Differential- und Integralbeziehung zwischen den beiden Verläufen, dies wird aber noch im Anschluss gezeigt. Besitzt die **Fläche** im Querkraftverlauf ein positives Vorzeichen (über der Abszisse) liegt im Biegemomentenverlauf eine positive Steigung vor, bzw. bei einem negativen Vorzeichen eine negative Steigung (◘ Abb. 7.13).

> **Bemerkung 7.3**
> Der Biegemomentenverlauf wird oft um die Abszisse gespiegelt gezeichnet, da er dort annähernd die Biegelinie zeigt. Zeichnet man ihn jedoch nach oben, so erhält man das Ergebnis, welches durch die Integration des Querkraftverlaufes folgt, was bei einer möglichen Fehlersuche von Vorteil sein kann.

7.2.3.4 Zusammenhänge

Vgl. ◘ Abb. 7.15.

> **Proposition 7.1**
> Der Biegemomentenverlauf differenziert ergibt den Querkraftverlauf und der Querkraftverlauf integriert lässt den Biegemomentenverlauf folgen.

Beweis

$$\sum_{i=1}^{n} F_{ix} = 0:$$
$$-F_N(x) + F_N(x + \Delta x) = 0$$
$$\sum_{i=1}^{n} F_{iy} = 0:$$
$$F_Q(x) - F_Q(x + \Delta x) - dq \cdot \Delta x = 0$$
$$\sum_{i=1}^{n} M_{i,L,SU} = 0:$$
$$-F_Q(x + \Delta x) \cdot \Delta x + M_b(x + \Delta x)$$
$$- M_b(x) = 0.$$

(7.49)

mit $\lim_{\Delta x \to 0} (x + \Delta x) = x + dx$ wird

$$\sum_{i=1}^{n} F_{ix} = 0:$$
$$-dF_N(x) + dF_N(x + dx) = 0$$
$$\sum_{i=1}^{n} F_{iy} = 0:$$
$$dF_Q(x) - dF_Q(x + dx) - dq \cdot dx = 0$$
$$\sum_{i=1}^{n} M_{i,L,SU} = 0:$$
$$-dF_Q(x + dx) \cdot dx + dM_b(x + dx)$$
$$- dM_b(x) = 0.$$

(7.50)

7.2 · Schnittgrößen in der Ebene

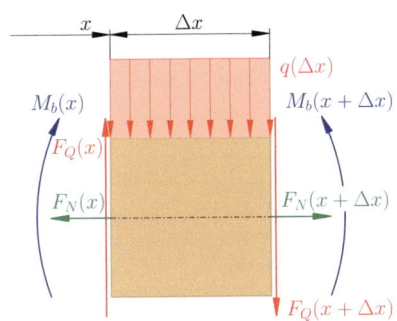

Abb. 7.15 Infinitesimal kleines Trägerstück

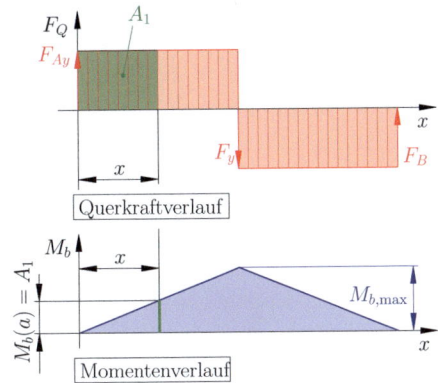

Abb. 7.16 Zusammenhang Querkraftverlauf-Biegemomentenverlauf

Aus $F_{iy} = 0$ wird

$$dF_Q(x) = dF_Q(x + dx) + dq \cdot dx$$
$$= dF_Q(x) + dF_Q(dx) + dq \cdot dx$$
$$\implies dF_Q(dx) = -dq \cdot dx. \quad (7.51)$$

Wird die Streckenlast integriert, folgt der Querkraftverlauf.

$$F_Q = -\int q \cdot dx. \quad (7.52)$$

Aus Gleichung $M_i = 0$:

$$-dF_Q(x + dx) \cdot dx$$
$$+ dM_b(x + dx) - dM_b(x) = 0$$

$$-dF_Q(x + dx) \cdot dx$$
$$+ dM_b(x) + dM_b(dx) - dM_b(x) = 0$$

$$dM_b(x) = dF_Q(x + dx) \cdot dx. \quad (7.53)$$

Wird der Querkraftverlauf integriert, folgt der Biegemomentenverlauf

$$M_b(x) = \int F_Q(x) \cdot dx, \quad (7.54)$$

oder umgekehrt

$$F_Q(x) = \frac{dM_b(x)}{dx}. \quad (7.55)$$

□

Corollary 7.3
Da man beim Integrieren die Fläche unter einer Kurve erhält, bzw. beim Differenzieren die Steigung einer Kurve, folgt: Der Querkraftverlauf integriert, an der Stelle x, stellt den Betrag des Biegemomentes an dieser Stelle dar (die Fläche unter dem Querkraftverlauf bis zur Stelle x). Siehe Abb. 7.16.

Ist das Biegemoment an der Stelle a zu berechnen, so muss nur die Fläche des Querkraftverlaufes gebildet werden, also $M_b(a) = F_{Ax} \cdot a$.

7.2.3.5 Computergestützte Ermittlung
Siehe ▶ Methode: Lösung durch SolidWorks – FEM 7.1 und ▶ Methode: Lösung durch Matlab 7.1.

Methode: Lösung durch SolidWorks – FEM 7.1 (Biegemomente-, Querkraft-, und Normalkraftverlauf)

Gesucht ist vom Träger aus ◨ Abb. 7.14 der Biegemomenten-, Querkraft-, und Normalkraftverlauf, wenn $F = 3000\,\text{N}$, unter einem Winkel von $\alpha = 60°$ wirkt. Die Länge sei $2 \cdot l = 1000\,\text{mm}$.

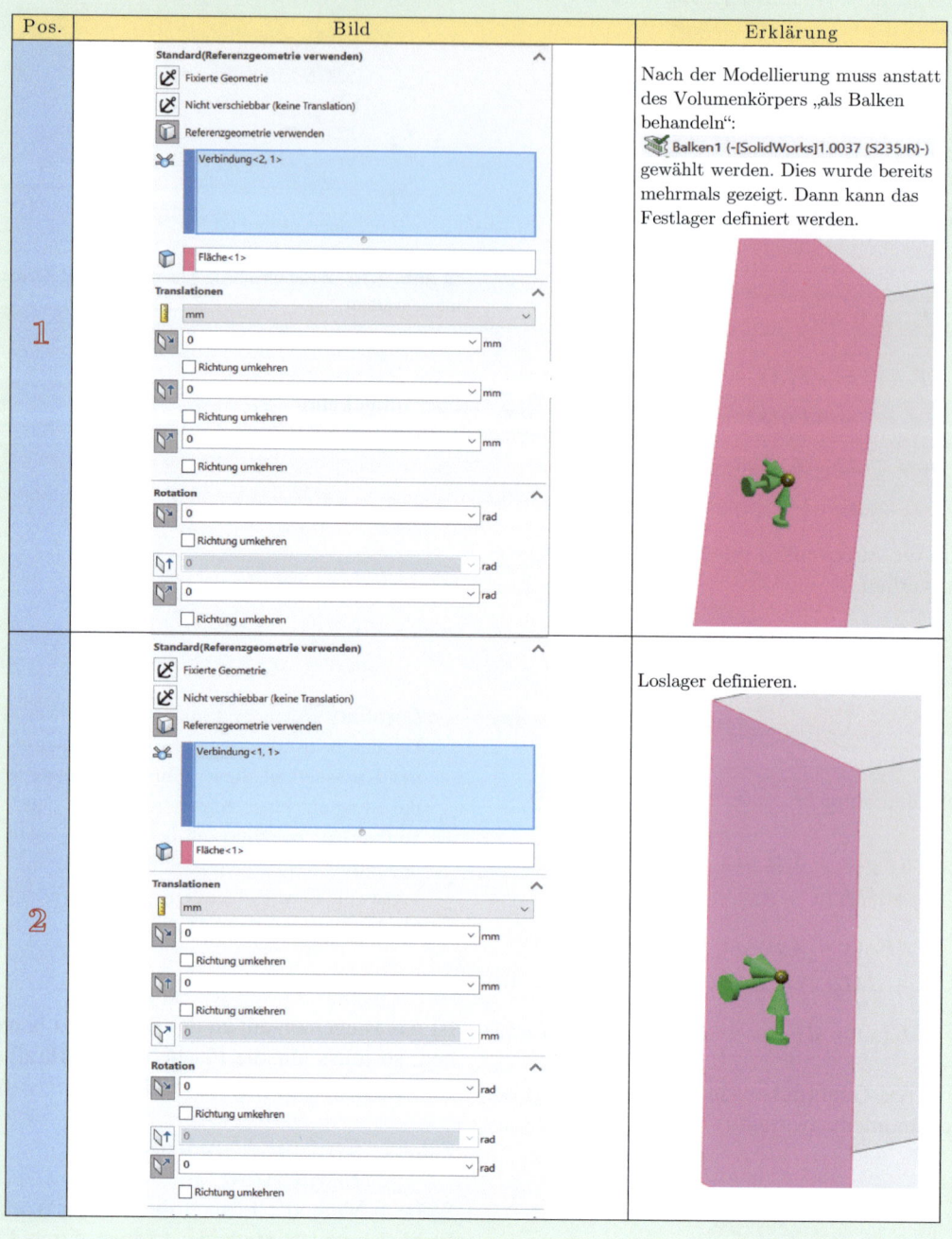

Pos.	Bild	Erklärung
1		Nach der Modellierung muss anstatt des Volumenkörpers „als Balken behandeln": Balken1 (-[SolidWorks]1.0037 (S235JR)-) gewählt werden. Dies wurde bereits mehrmals gezeigt. Dann kann das Festlager definiert werden.
2		Loslager definieren.

7.2 · Schnittgrößen in der Ebene

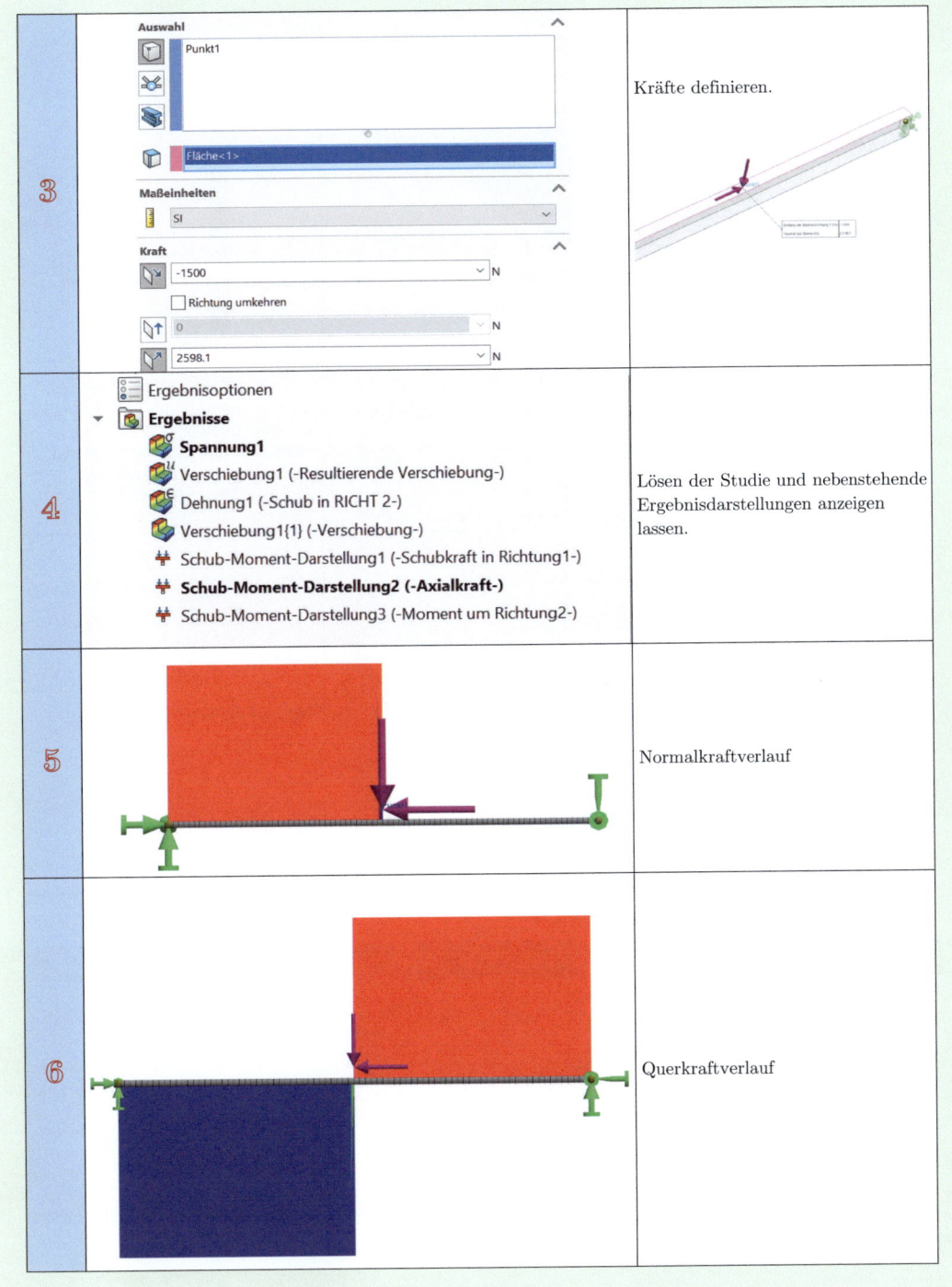

③	Auswahl: Punkt1, Fläche<1>; Maßeinheiten: SI; Kraft: −1500 N, 0 N, 2598.1 N	Kräfte definieren.
④	Ergebnisoptionen / Ergebnisse: Spannung1, Verschiebung1 (-Resultierende Verschiebung-), Dehnung1 (-Schub in RICHT 2-), Verschiebung1{1} (-Verschiebung-), Schub-Moment-Darstellung1 (-Schubkraft in Richtung1-), **Schub-Moment-Darstellung2 (-Axialkraft-)**, Schub-Moment-Darstellung3 (-Moment um Richtung2-)	Lösen der Studie und nebenstehende Ergebnisdarstellungen anzeigen lassen.
⑤		Normalkraftverlauf
⑥		Querkraftverlauf

Kapitel 7 · Biegebeanspruchung

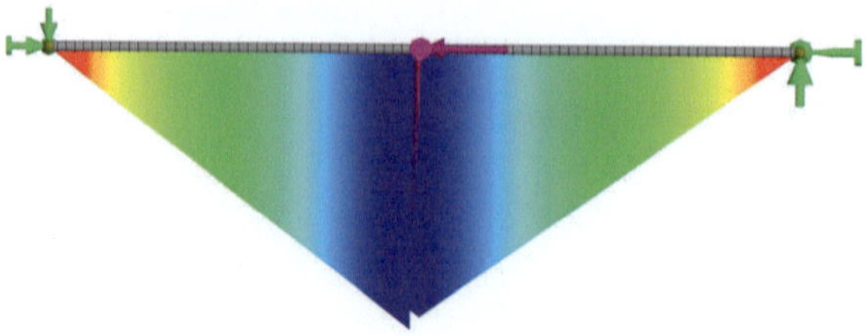

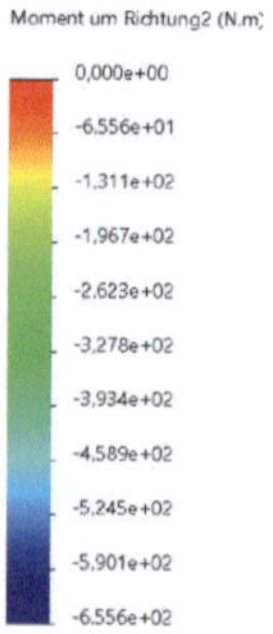

7	[Biegemomentenverlauf simulation image]	
8	Schub1 (N): −1.344,1 ; Schub2 (N): 8,4468e-15 ; Moment 1 (N.m): 2,8235e-15 ; Moment 2 (N.m): 655,63	Es folgt aus dem Biegemomentenverlaufsdiagramm und der Legende ein Wert in Höhe von 660 Nm, wenn man dies genauer ermitteln möchte kann man dies durch „Balkenkräfte auflisten" tun.
9	☑ Nur Grenzwerte anzeigen ☐ Nur Balkenendpunkte anzeigen Axial (N): 1.500 ; Schub1 (N): −1.344,1 ; Schub2 (N): 8,4468e-15 ; Moment 1 (N.m): 2,8235e-15	Bzw. für die Querkraft

Methode: Lösung durch Matlab 7.1 (Bigemomenten-, Querkraft-, und Normalkraftverlauf)

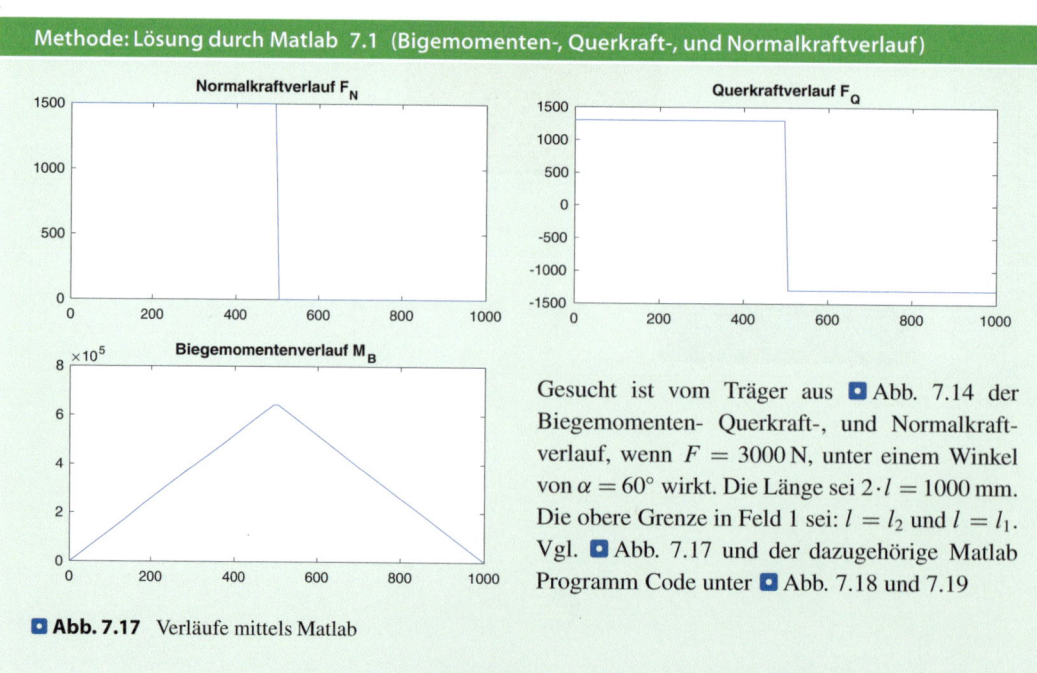

Gesucht ist vom Träger aus ◘ Abb. 7.14 der Biegemomenten- Querkraft-, und Normalkraftverlauf, wenn $F = 3000$ N, unter einem Winkel von $\alpha = 60°$ wirkt. Die Länge sei $2 \cdot l = 1000$ mm. Die obere Grenze in Feld 1 sei: $l = l_2$ und $l = l_1$. Vgl. ◘ Abb. 7.17 und der dazugehörige Matlab Programm Code unter ◘ Abb. 7.18 und 7.19

◘ **Abb. 7.17** Verläufe mittels Matlab

7.2 · Schnittgrößen in der Ebene

```
clear all

%==================================================================
%========================RANDBEDINGUNGEN===========================
%==================================================================

alpha = 60;      %[∞]         Winkel in Grad
F = 3000;        %[N]         Kraft (Belastung)

l_1 = 1000;      %[m]         Länge 1 (Gesamtklänge des Balkens)
l_2 = l_1 / 2;   %[m]         Länge 2 (Länge bis zum Krafteintritt)

%==================================================================
%============================LAGERKRfFTE===========================
%==================================================================

    %Kraftkomponenten (sinnvoll damit im Anschluss das Ergebnis leichter
    %geprüft werden kann)

    F_x = F*cosd(alpha);           %[N]    Kraft x - Komponete
    F_y = F*sind(alpha);           %[N]    Kraft y - Komponete

%Möglichkeit 1, dabei werden die umgeformten Gleichungen eingegeben

    F_Ax = F_x;                    %[N]    Lagerkraft Festlager x
    F_Ay = F_y * l_2 / (2*l_2);    %[N]    Lagerkraft Festlager y
    F_B  = F_Ay;                   %[N]    Lagerkraft Loslager (y)

%Möglichkeit 2, Matrix (diese Methode kann im Teil "Technische Mechanik
%Band 1 - Stereostatik (Kapitel Kraftsysteme) eingesehen werden

    %Matrizen definieren

    A = [1,0,0; 0,1,1; 0,0,l_1];
    b = [F * cosd(alpha); F * sind(alpha); F*sind(alpha)*l_2];

    %Lösung der Lagerkräfte

    L = A \ b;

    %Lösungen für die Lagerrkäfte aus der Matrix heraus holen:

    F_Ax2 = L(1,1);    %[N]    Kraft FL x (L(1, 1) bezieht Wert aus Matrix
    F_Ay2 = L(2,1);    %[N]    Kraft FL y (L(2, 1) bezieht Wert aus Matrix
    F_B2  = L(3,1);    %[N]    Kraft LL   (L(3, 1) bezieht Wert aus Matrix

%==================================================================
%=========================VERLÄUFE BEZIEHUNGEN=====================
%==================================================================

    %=================Definitionsbereiche und Grenzen=================

    x = linspace(0,l_1);     %Definitionsbereich für die Länge x

    G1 = x>=0 &x<=l_2;       %Grenze für Feld I
    G2 = x>l_2&x<=l_1;       %Grenze für Feld II

        %=========================BIEGEMOMENT=========================

        %Die Biegemomentgleichungen für FELD I und II lauten:

        %M_B1 = F_Ay*x;
        %M_B2 = F_Ay*x - F_y * (x-l_2) bzw. mit Grenzen:
```

Abb. 7.18 Matlab-Programmcode – Biegemomenten-, Querkraft-, Normalkraftverlauf, 1. Beispiel (a)

```
                    M_B      = F_Ay * x;
                    M_B (G2) = F_Ay * x(G2) - F_y * (x(G2)-l_2);

%=======================QUERKRAFT=============================

    %Die Querkraftgleichungen für FELD I und II lauten:

    %F_Q1 = F_Ay;
    %F_Q2 = F_Ay - F_y bzw. mit Grenzen:

    F_Q (G1) = F_Ay;
    F_Q (G2) = - F_y + F_Ay;

%=======================NORMALKRAFT===========================

    %Die Normalkraftgleichungen für FELD I und II lauten:

    %F_N1 = - F_Ax;
    %F_N2 = - F_Ax + F_y bzw. mit Grenzen:

    F_N (G1) = F_Ax;
    F_N (G2) = 0;

%=======================PLOTTEN===============================

    subplot(3,1,1);    %Bedingung, dass Diagramm untereinander sind
    plot(x,F_N)        %Normalkraftverlauf
    title('Normalkraftverlauf F_N') %Beschriftung

    subplot(3,1,2);    %Bedingung, dass Diagramm untereinander sind
    plot(x,F_Q)        %Querkraftverlauf
    title('Querkraftverlauf F_Q') %Beschriftung

    subplot(3,1,3);    %Bedingung, dass Diagramm untereinander sind
    plot(x,M_B)        %Biegemomentenverlauf
    title('Biegemomentenverlauf M_B') %Beschriftung
```

Lösungen aus dem Command – Window:

Name	Value
A	[1 0 0;0 1 1;0 0 1000]
alpha	60
b	[1.5000e+03;2.5981e+03;1.2990e+06]
F	3000
F_Ax	1.5000e+03
F_Ax2	1.5000e+03
F_Ay	1.2990e+03
F_Ay2	1.2990e+03
F_B	1.2990e+03
F_B2	1.2990e+03
F_N	1x100 double
F_Q	1x100 double
F_x	1.5000e+03
F_y	2.5981e+03
G1	1x100 logical
G2	1x100 logical
L	[1.5000e+03;1.2990e+03;1.2990e+03]
l_1	1000
l_2	500
M_B	1x100 double
x	1x100 double

Abb. 7.19 Matlab-Programmcode – Biegemomenten-, Querkraft-, Normalkraftverlauf, 1. Beispiel (b)

7.2.4 Maximales Biegemoment

Unter der Kenntnis, dass sich durch Ableiten des Biegemomentenverlaufes die Querkraft ergibt, lässt sofort darauf schließen, dass man durch Ableiten und Null setzen die Extremstellen der Momentenlinie bestimmen kann[3]. Es gilt also

$$x_{\max} = \frac{dM_b(x)}{dx}. \qquad (7.56)$$

Diese Bedingung kann in die Biegemomentengleichung eingesetzt werden, wodurch das maximale Biegemoment folgt

$$M_b(x_{\max}) = M_{b,\max}. \qquad (7.57)$$

Bemerkung 7.4
Solange kein Moment eingeleitet wird (wird später noch untersucht) ist die Fläche übergleich zu der Fläche unter der Abszisse, im Querkraftverlauf.

Methode: Lösung durch Matlab 7.2 (Maximales Biegemoment mittels Matlab)

Gesucht sei vom Träger aus ■ Abb. 7.14 der Biegemomenten-, Querkraft-, und Normalkraftverlauf, wenn $F = 3000\,\text{N}$, unter einem Winkel von $\alpha = 60°$ wirkt. Die Länge sei $2 \cdot l = 1000\,\text{mm}$. Die Ermittlung des Querkraftverlaufes ist durch Ableiten des Biegemomentenverlaufes zu erbringen. (Der Code ist in ■ Abb. 7.22 und das Diagramm in ■ Abb. 7.21 bzw. 7.20 zu finden.)

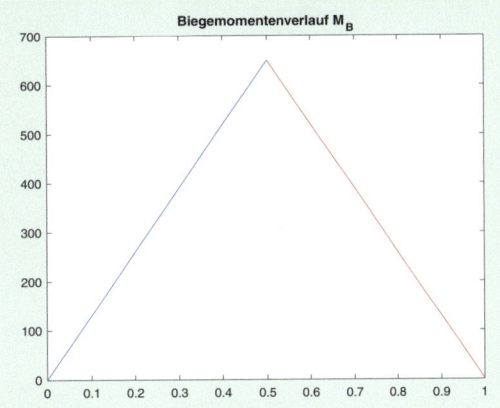

■ **Abb. 7.21** Lösung durch Matlab (maximales Biegemoment)

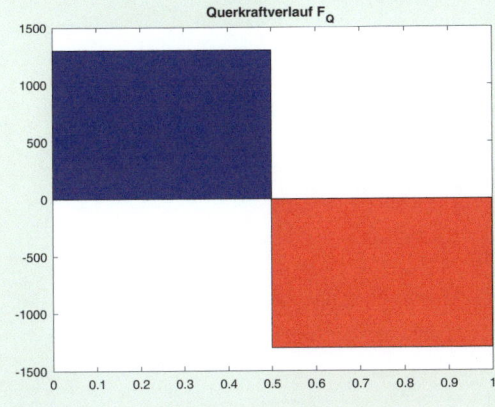

■ **Abb. 7.20** Lösung durch Matlab (Querkraft)

---

3 Verweis auf Kurvendiskussion, Mathematik.

```matlab
%===========================================================================
%========================RANDBEDINGUNGEN===================================
%===========================================================================
alpha = 60;       %[∞]        Winkel in Grad
F = 3000;         %[N]        Kraft (Belastung)
l_1 = 1;          %[m]        Länge 1 (Gesamtklänge des Balkens)
l_2 = l_1 / 2;    %[m]        Länge 2 (Länge bis zum Krafteintritt)
%===========================================================================
%===============================LAGERKRƒFTE=================================
%===========================================================================
         A = [1,0,0; 0,1,1; 0,0,l_1];
         b = [F * cosd(alpha); F * sind(alpha); F*sind(alpha)*l_2];
         L = A \ b;

         F_Ax = L(1,1);    %[N]    Kraft FL x (L(1, 1) bezieht Wert aus Matrix
         F_Ay = L(2,1);    %[N]    Kraft FL y (L(2, 1) bezieht Wert aus Matrix
         F_B  = L(3,1);    %[N]    Kraft LL   (L(3, 1) bezieht Wert aus Matrix
%===========================================================================
%========================VERLÄUFE BEZIEHUNGEN===============================
%===========================================================================
         x_1 = linspace(0,l_2);          %Feld 2
         x_2 = linspace(l_2,l_1);        %Feld 1
%===========================BIEGEMOMENT=====================================
         M_Ba = F_Ay * x_1;                                    %Feld 1
         M_Bb = F_Ay * x_2 - F*sind(alpha) * (x_2-l_2);        %Feld 2
%===========================QUERKRAFT=======================================
         F_Qa = gradient(M_Ba, x_1);     %Ableitung des M_B (Feld 1)
         F_Qb = gradient(M_Bb, x_2);     %Ableitung des M_B (Feld 2)
%===========================max. Moment=====================================
         x_max = l_2;               %Abstand
         M_Bmax = F_Ay * x_max - F*sind(alpha) * (x_max-l_2); %Moment
%===========================PLOTTEN=========================================
         subplot(2,1,1);    %Bedingung, dass Diagramm untereinander sind
         plot(x_1,F_Qa, x_2, F_Qb)          %Querkraftverlauf
         title('Querkraftverlauf F_Q') %Beschriftung

         x2 = [0 ; 0     ; l_2;  l_2; 0 ]; %Schraffiert die Fläche
         y2 = [0 ; F_Ay  ; F_Ay;  0; 0 ];
         patch(x2,y2,'blue')

         x2 = [l_2    ; l_2    ; l_1;  l_1]; %Schraffiert die Fläche
         y2 = [0      ; -F_Ay  ; -F_Ay;  0 ];
         patch(x2,y2,'red')

         subplot(2,1,2);    %Bedingung, dass Diagramm untereinander sind
         plot(x_1,M_Ba, x_2, M_Bb)          %Biegemomentenverlauf
         title('Biegemomentenverlauf M_B') %Beschriftung
```

Workspace	
Name ▲	Value
A	[1 0 0;0 1 1;0 0 1]
alpha	60
b	[1.5000e+03;2.5981e+03;1.2990e+03]
F	3000
F_Ax	1.5000e+03
F_Ay	1.2990e+03
F_B	1.2990e+03
F_Qa	1x100 double
F_Qb	1x100 double
L	[1.5000e+03;1.2990e+03;1.2990e+03]
l_1	1
l_2	0.5000
M_Ba	1x100 double
M_Bb	1x100 double
M_Bmax	649.5191
x2	[0.5000;0.5000;1;1]
x_1	1x100 double
x_2	1x100 double
x_max	0.5000
y2	[0;-1.2990e+03;-1.2990e+03;0]

Abb. 7.22 Lösung durch Matlab (maximales Biegemoment)

7.2 · Schnittgrößen in der Ebene

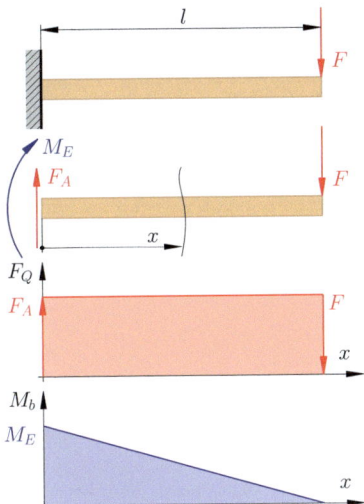

Abb. 7.23 Verläufe beim Kragträger

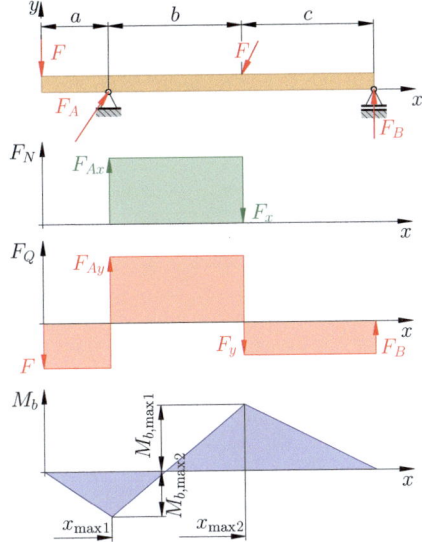

Abb. 7.24 Träger mit mehreren Kräften

7.2.5 Kragträger

Beim Kragträger wird durch das entstehende Moment aus dem Produkt $F \cdot l$ ein Moment eingeleitet, aufgrund Bemerkung 7.4 hier nicht mehr gilt und das Biegemoment zum Anfang nicht bei null beginnt.

Es ergibt sich für das maximale Biegemoment (siehe Abb. 7.23).

$$M_{b,\max} = F \cdot l. \qquad (7.58)$$

7.2.6 Balken mit mehreren Kräften

Bemerkung 7.5
Liegen, wie in diesem Fall, zwei Nulldurchgänge und damit zwei Extremstellen des Biegemomentes vor, so müssen beide Stellen gemäß den nachstehenden Gleichungen, auf deren Maximum, überprüft werden. Meist ist das größere das Ausschlaggebende für die weiteren Berechnungen.

Siehe Abb. 7.24.

1. **Stelle:**

$$\sum_{i=1}^{n} M_{i,SU} = 0:$$
$$M_{b,1}(x_{\max,1}) + F \cdot x_{\max,1} = 0 \qquad (7.59)$$

$$M_{b,1}(x_{\max,1=a}) = -F \cdot x_{\max,1} = -F \cdot a. \qquad (7.60)$$

2. **Stelle:**

$$\sum_{i=1}^{n} M_{i,SU} = 0:$$
$$M_{b,2}(x_{\max,2}) - F_{AY} \cdot (x_{\max,2} - a) + F \cdot x_{\max,2} = 0 \qquad (7.61)$$

$$\begin{aligned} M_{b,2}(x_{\max,2=(a+b)}) &= F_{AY} \cdot (x_{\max,2} - a) - F \cdot x_{\max,2} \\ &= F_{AY} \cdot b - F \cdot (a+b). \end{aligned} \qquad (7.62)$$

3. Das größere Moment ist dann ausschlaggebend. Wenn man Zahlen einsetzt, ergibt sich für das Biegemoment an der Stelle 2 das Maximum.

Methode: Lösung durch SolidWorks – FEM 7.2

Folgender Träger ist auf dessen Extremstellen zu untersuchen. Hier wird nur die Lösung mittels SolidWorks präsentiert, zusätzlich sollte aber jeder Leser/jede Leserin dieses Beispiel zunächst analytisch lösen. Ebenfalls wird hier nicht Schritt für Schritt auf die Eingabe in SolidWorks FEM eingegangen, da dies nach allem bereits gezeigten Beispielen machbar sein sollte. Gegeben seien folgende Werte: $\alpha = 70°$, $a = 0{,}2\,\mathrm{m}$, $b = 0{,}6\,\mathrm{m}$ und $c = 0{,}4\,\mathrm{m}$ sowie $F_1 = 4000\,\mathrm{N}$ und $F_2 = 6500\,\mathrm{N}$.

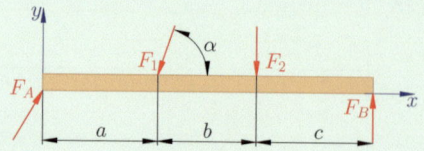

Abb. 7.25 Beispiel Träger mit mehreren Maxima

Pos.	Bild	Erklärung
1	FX: 1,37e+03 N FY: -4,08e-13 N FZ: -5,3e+03 N FRes: 5,47e+03 N *Festlager* FY: -1,56e-13 N FZ: -4,96e+03 N FRes: 4,96e+03 N *Loslager*	Es ergeben sich die nebenstehenden Lagerkräfte. Es folgen die selben Werte als bei der analytischen Berechnung.
2	(Querkraftverlauf)	Der Querkraftverlauf sieht gemäß nebenstehender Abbildung aus.
3	(Biegemomentenverlauf)	Biegemomentenverlauf
4	Schub1 (N): -1 540,2 Schub2 (N): -4,0774e-13 Moment 1 (N.m): 1,7146e-13 Moment 2 (N.m): -1 983,9	Extremstellen: Gemäß der Legende kann man sofort 1984 Nm ablesen, bzw. mit den Balkenkräften (nebenstehend) folgt das gleiche Ergebnis.

Für die analytische Lösung ergeben sich mit folgenden Gleichungen die Lagerkräfte zu:

$$F_{AX} - F_1 \cdot \cos(\alpha) = 0 \tag{7.63}$$

$$F_{AY} - F_1 \cdot \sin(\alpha) - F_2 + F_B = 0 \tag{7.64}$$

$$-F_1 \cdot \sin(\alpha) \cdot a - F_2 \cdot (a+b) + F_B \cdot (a+b+c) = 0 \tag{7.65}$$

$$\underline{F_{Ax} = 1368\,\mathrm{N}} \quad \underline{F_{Ay} = 5300\,\mathrm{N}}$$
$$\underline{F_B = 4960\,\mathrm{N}}. \tag{7.66}$$

7.2 · Schnittgrößen in der Ebene

Im nächsten Schritt können die Gleichungen in Abhängigkeit der Felder, für den Querkraftverlauf, aufgestellt werden, zu (die Felder wurden dabei so eingeteilt: $0 \leq x_1 \leq a, a \leq x_2 \leq (a+b)$ und $(a+b) \leq x_2 \leq (a+b+c)$)

$$F_{Q1}(x) = F_{AY} \quad (7.67)$$
$$F_{Q2}(x) = F_{AY} - F_1 \cdot \sin(\alpha) \quad (7.68)$$
$$F_{Q3}(x) = F_{AY} - F_1 \cdot \sin(\alpha) - F_2 \quad (7.69)$$

und jene für den Biegemomentenverlauf gemäß

$$M_{B1}(x) = F_{AY} \cdot x \quad (7.70)$$
$$M_{B2}(x) = F_{AY} \cdot x - F_1 \cdot \sin(\alpha) \cdot (x-a) \quad (7.71)$$
$$M_{B3}(x) = F_{AY} \cdot x - F_1 \cdot \sin(\alpha) \cdot (x-a)$$
$$\quad - F_2 \cdot [x - (a+b)]. \quad (7.72)$$

Setzt man für $x_{\max} = a + b$ ein, folgt das maximale Biegemoment in Höhe von 1984 Nm.

7.2.7 Balken mit Streckenlasten (Rechtecklasten)

Strecken- oder Flächenlasten wurden bereits im ersten Teil dieser Buchreihe ausführlich behandelt. Hier zur Erinnerung, gilt für eine Rechtecklast: $F_{eq} = q \cdot l$, wobei q die Last je m und l die Wirklänge ist. Wird der Träger an der Stelle x geschnitten und liegt eine durchgehende Streckenlast vor, so wirkt jetzt die Last nur mehr auf der Länge x mit dem Wirkabstand $x/2$ (vgl. Abb. 7.26).

7.2.7.1 Träger mit durchgehender Streckenlast

$$\sum_{i=1}^{n} M_{i(S,U)} = 0:$$
$$M_b - F_A \cdot x_1 + q \cdot x_1 \cdot \frac{x_1}{2} = 0$$
$$M_b = F_A \cdot x_1 - q \cdot \frac{x_1^2}{2}. \quad (7.73)$$

Ist das maximale Biegemoment gesucht, so kann es sein, dass der Abstand durch die Steigung des Querkraftverlaufes nicht so einfach wie beim zuvor untersuchtem Beispiel zu finden ist. Dann muss der Querkraftverlauf =0 gesetzt und auf $x_{\max}$ umgeformt werden.

7.2.7.2 Träger mit abgesetzter Streckenlast

Vgl. Abb. 7.27.

$$\sum_{i=1}^{n} F_{iY} = 0:$$
$$F_A - q \cdot x_1 - F_Q(x_1) = 0 \quad (7.74)$$

$$\sum_{i=1}^{n} M_{i(S,U)} = 0:$$
$$M_b(x_1) - F_{AY} \cdot x_1 + q \cdot \frac{x_1^2}{2} = 0. \quad (7.75)$$

Für das maximale Moment gilt

$$F_A - q \cdot x_{\max} - F_Q(x_{\max}) = 0 \quad (7.76)$$
$$M_b(x_{\max}) - F_{AY} \cdot x_{\max} + q \cdot \frac{x_{\max}^2}{2} = 0, \quad (7.77)$$

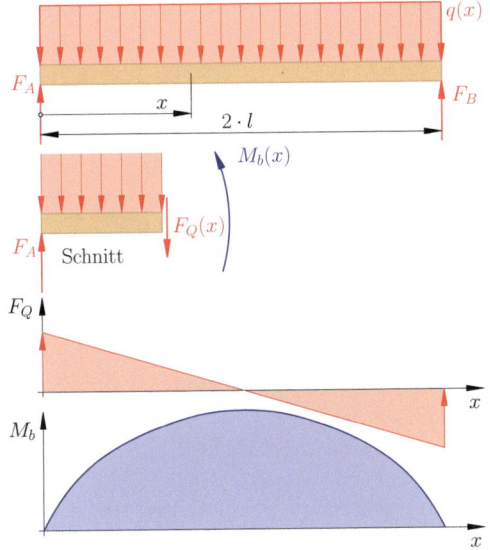

Abb. 7.26 Träger mit durchgehender Streckenlast

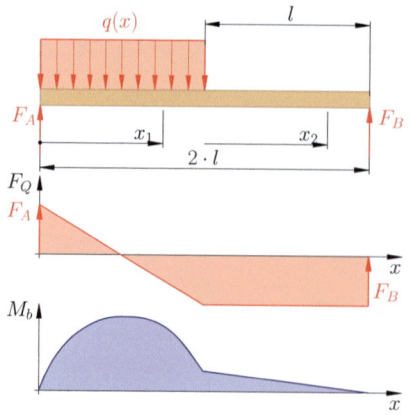

Abb. 7.27 Träger mit nicht durchgehender Streckenlast

bzw. durch Finden der Extremstellen durch null Setzen der ersten Ableitung des Biegemomentenverlaufes, also der Querkraftgleichung folgt

$$F_Q(x_{\max}) = q \cdot x_{\max} - F_A = 0$$
$$\implies x_{\max} = \frac{F_A}{q}. \quad (7.78)$$

Schließlich folgt das maximale Biegemoment, durch Einsetzen von $\frac{F_A}{q}$, für $x_{\max}$

$$M_b(x_{\max}) = F_{AY} \cdot x_{\max} - q \cdot \frac{x_{\max}^2}{2}. \quad (7.79)$$

7.2.7.3 Träger mit Einzel- und Streckenlast

Siehe ▶ Beispiel 7.3.

Beispiel 7.3

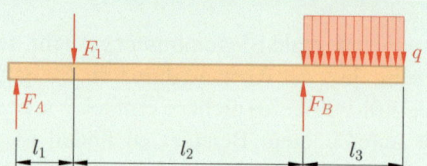

Abb. 7.28 Träger mit Streckenlast und Einzellast

Vom Träger in ◘ Abb. 7.28 sind die Schnittreaktionen zu bestimmen. Gegeben sind die Randbedingungen, gemäß: $F_1 = 2000\,\text{N}$; $q = 3000\,\text{N/m}$, $l_1 = l_2 = 500\,\text{mm}$ und $l_3 = 600\,\text{mm}$.

Lösung

Mittels den Gleichgewichtsbedingungen

$$F_A + F_B - F_1 - F_q = 0 \quad (7.80)$$
$$-F_1 \cdot l_1 + F_B \cdot (l_1 + l_2)$$
$$-F_q \cdot \left(l_1 + l_2 + \frac{l_3}{2}\right) = 0 \quad (7.81)$$

folgen die Lagerkräfte zu

$$\underline{F_A = 460\,\text{N}} \qquad \underline{F_B = 3340\,\text{N}}. \quad (7.82)$$

Jetzt können die Querkraftgleichungen, in Abhängigkeit des zu untersuchenden Feldes, aufgestellt werden, zu

$$F_{Q1}(x) = F_A \quad (7.83)$$
$$F_{Q2}(x) = F_A - F_1 \quad (7.84)$$
$$F_{Q3}(x) = F_A - F_1 + F_B - q \cdot [x - (l_1 + l_2)] \quad (7.85)$$

und die Momentengleichgewichte gemäß

$$M_{b1}(x) = F_A \cdot x \quad (7.86)$$
$$M_{b2}(x) = F_A \cdot x - F_1 \cdot (x - l_1). \quad (7.87)$$

Setzt man in das zweite Feld den maximalen Abstand ein, dieser kann gemäß zuvor ermittelter Gleichung bestimmt werden, folgt: $\underline{M_{b,\max} = -540\,\text{Nm}}$.

7.2 · Schnittgrößen in der Ebene

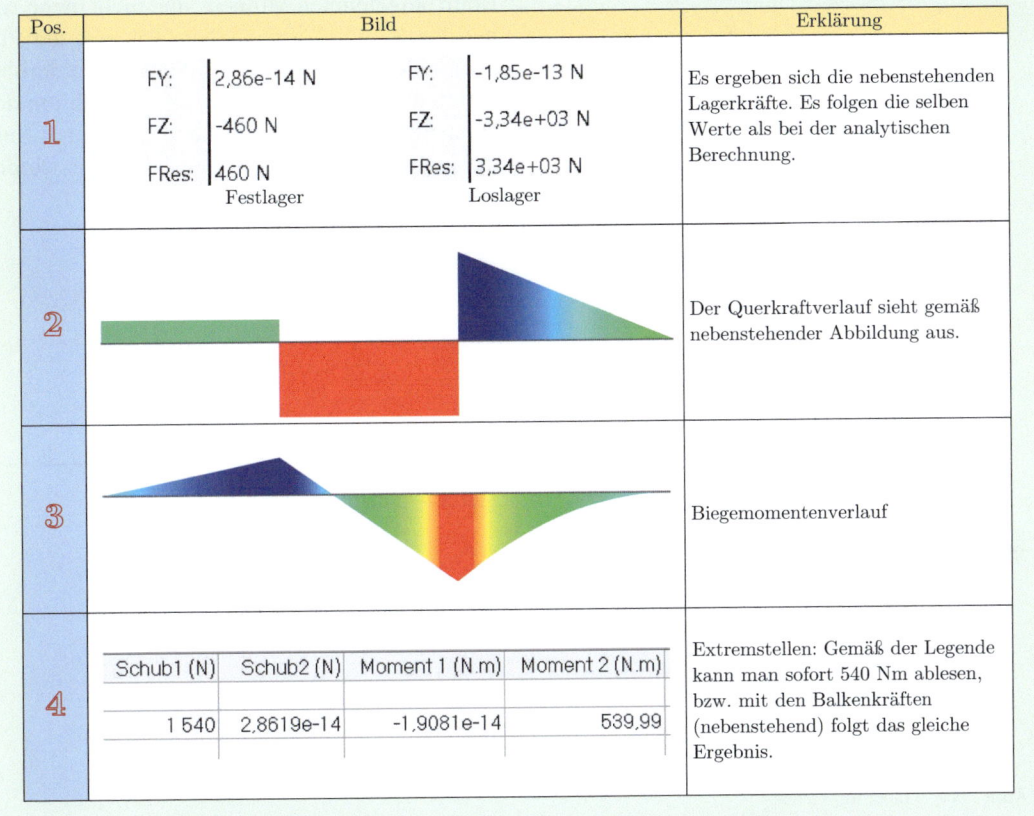

7.2.8 Eingeleitetes Moment

Wird ein Moment eingeleitet, so gibt es im Biegemomentenverlauf einen Momentensprung und im Querkraftverlauf unterschiedliche Flächen (Betrag) oberhalb und unterhalb der Abszisse. **Wie kann ein eingeleitetes Moment entstehen?** Ein eingeleitetes Moment kann durch einen Hebel, ein Zahnrad, eine Kurbel ... entstehen. Die Gleichungen für die Schnittreaktionen können gemäß den gleichen Regeln, als bei den Beispielen zuvor, angesetzt werden. Dabei errechnet sich der Betrag des Momentensprungs durch $M_{SG} = M_{B,\text{max}} - M_{B1} = F_A \cdot (b + c - a)$. Um die Größe des Momentensprungs zu berechnen, muss die Fläche des Querkraftverlaufes von beiden Seiten berechnet werden. Es folgt dann eine unterschiedliche Größe des Momentes und damit die Höhe des Momentensprungs (vgl. ◘ Abb. 7.29).

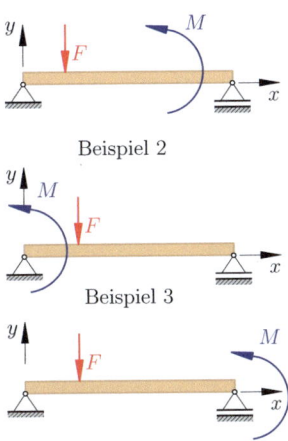

◘ **Abb. 7.29** Beispiele für eingeleitete Momente

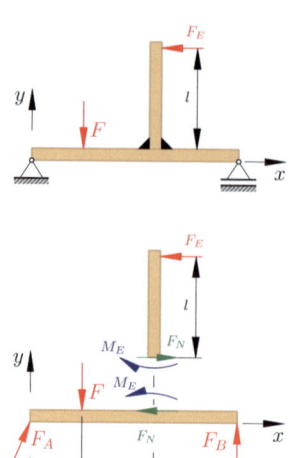

Beim eingeleiteten Moment sind nicht mehr, wie bei den bis jetzt behandelten Trägern, die Flächen unter der Abszisse (x-Achse) und darüber gleich groß, sondern unterscheiden sich um den Momentensprung. Dieser kann also durch Subtrahieren der beiden Flächen bestimmt werden (vgl. Abb. 7.30).

$$A_1 \neq A_2 \implies M_S = A_2 - A_1 \qquad (7.88)$$

7.2.9 Lagerverschiebung

Siehe ▶ Beispiel 7.4.

□ **Abb. 7.30** Träger mit Hebel

Beispiel 7.4 (Beispiel Lagerverschiebung)

Ist in ähnlicher Form in [3] zu finden.
Um die optimalen Auflager Punkte eines Trägers zu finden, damit überall das gleiche Biegemoment vorliegt, muss man ein Lager variabel gestalten. Gegeben ist q und a, gesucht ist der Abstand b.
Bedingung; Die beiden orangen Dreiecke müssen dieselbe Fläche haben, damit das Biegemoment gleich groß ist.

Lösung

Mit dem Momentengleichgewicht (vgl. Abb. 7.31)

$$\sum_{i=1}^{n} M_{i(B)} = 0:$$

$$-F_A \cdot b + q \cdot a \cdot \left(b - \frac{a}{2}\right) = 0. \qquad (7.89)$$

folgt durch Umformen

$$F_A = \frac{q \cdot a \cdot \left(b - \frac{a}{2}\right)}{b}. \qquad (7.90)$$

Aus dem Querkraftverlauf folgt für F_A die Gleichung $F_A = q \cdot x$. Gleichsetzen dieser Gleichung und Gl. (7.90) liefert

$$x = \frac{q \cdot a \cdot \left(b - \frac{a}{2}\right)}{b \cdot q}. \qquad (7.91)$$

Ebenso gilt nach Abbildung $x = b - a$:

$$b - a = \frac{q \cdot a \cdot \left(b - \frac{a}{2}\right)}{b \cdot q} \qquad (7.92)$$

wodurch sich durch Umformen die Bedingung für b ergibt, zu

$$\underline{\underline{b = \frac{a}{\sqrt{2}}}}. \qquad (7.93)$$

7.3 · Schnittgrößen im Raum

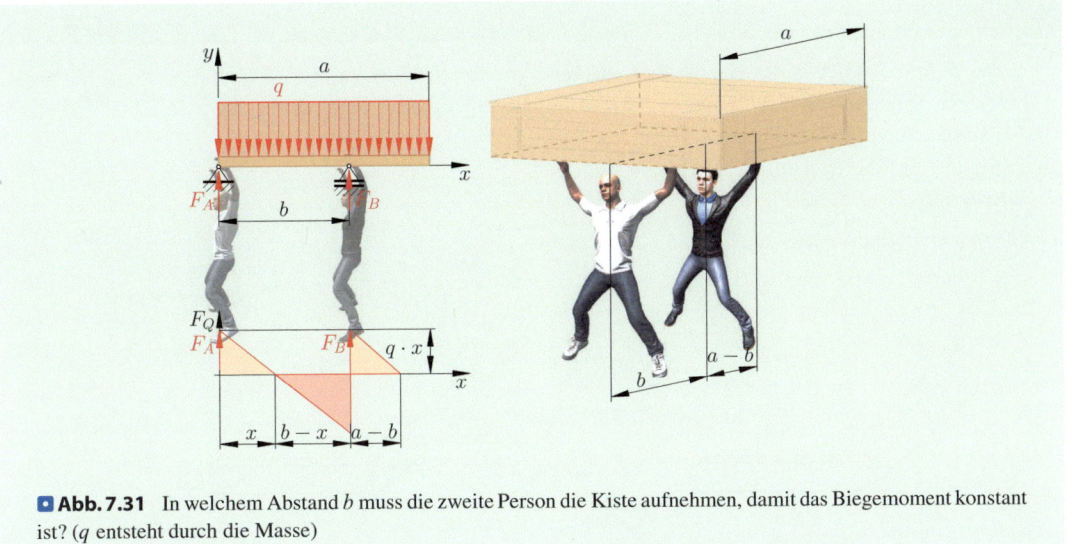

Abb. 7.31 In welchem Abstand b muss die zweite Person die Kiste aufnehmen, damit das Biegemoment konstant ist? (q entsteht durch die Masse)

7.3 Schnittgrößen im Raum

Werden die Schnittgrößen, anstatt der Ebene, auf den Raum erweitert, so können die Verläufe (Biegemoment, Querkraft und Normalkraft) in jeder Ebene aufgestellt werden. Um diese Verläufe für jede Ebene zeichnen zu können, ist es notwendig Kräfte und Momente von Punkt – zu Punkt zu transformieren. Dies geschieht durch die nachstehenden Regeln.

7.3.1 Momente als Momentenvektoren

Momente können durch Momentenvektoren ersetzt werden. Diese Thematik wurde bereits im ersten Band (Stereostatik) dieser Buchreihe behandelt. Kurz zur Wiederholung: Die rechte Handregel dient zum Finden des Momentenvektors infolge des gegebenen Momentes, dabei zeigen die vier Finger die Drehrichtung des Drehmomentes an und der Daumen zeigt die Richtung des Momentenvektors (gekennzeichnet durch zwei Pfeile) an (vgl. Abb. 7.32).

> **Definition 7.4**
> Man schreibt M für Moment, als Indizes die Achse in welcher der Vektor liegt $(x/y/z)$ und in Klammer aufgrund welcher Beanspruchung dieser entsteht: Biegung, Torsion etc…

7.3.2 Verschiebung

Verschiebt man eine Kraft entlang der Wirklinie, muss man nichts ersetzen. Verschiebt man sie jedoch parallel, muss man diese mittels eines Kräftepaars ersetzen (siehe auch Statik), welches man anschließend als Moment bzw. als Momentenvektor ersetzen muss.

7.3.3 Kontrolle

Am Ende müssen alle äußeren Kräfte in dieselbe Richtung zeigen, wie vor dem Beginn der Transformation. Ist dies nicht der Fall, hat man einen Fehler gemacht.

7.3.4 Beispiele

Siehe ▶ Beispiele 7.5 und 7.6.

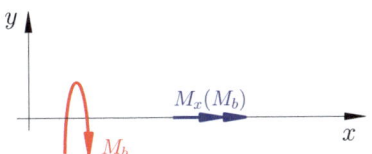

Abb. 7.32 Momentenvektor

Beispiel 7.5 (Handkurbel)

Siehe Abb. 7.33. Von der Handkurbel aus verwiesener Abbildung sind die Lagerreaktionen im Koordinatenursprung gesucht. Gegeben sind alle Abstände und die Richtungen sowie die Beträge aller Kräfte F_x, F_y und F_z.

Lösung

Siehe Abb. 7.33 und 7.34.

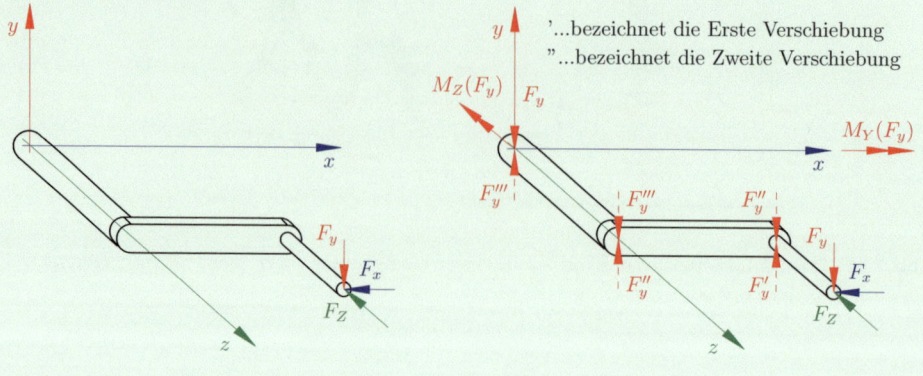

Abb. 7.33 Beispiel Handkurbel (1)

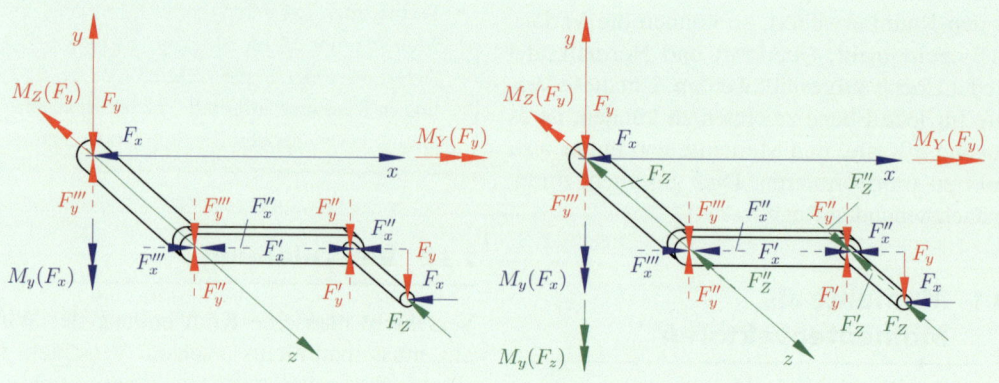

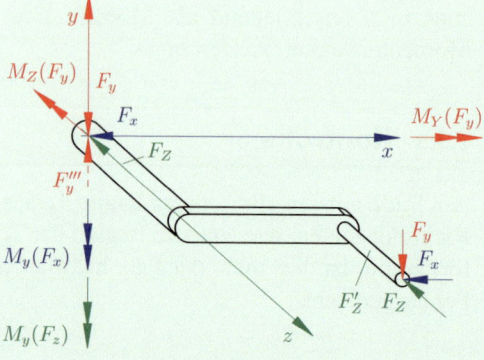

Abb. 7.34 Beispiel Handkurbel (2)

7.3 · Schnittgrößen im Raum

Beispiel 7.6

Von dem Tragwerk aus ◘ Abb. 7.35 kennt man die Länge l und die Kräfte F_x, F_y und F_z. Gesucht sind die Biegemomentenverläufe und Torsionsmomentenverläufe in allen Richtungen sowie die Querkraftverläufe. Ebenso sind die Gleichungen für die Schnittreaktionen anzugeben.

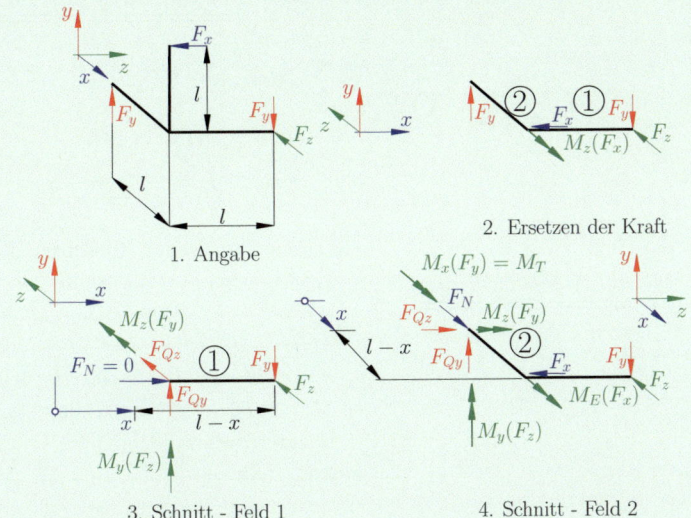

◘ **Abb. 7.35** Beispiel Tragwerk im Raum

Lösung

Für Feld 1 ergibt sich

$$\sum_{i=1}^{n} F_{ix} = 0:$$

$$F_N = 0 \implies \underline{\underline{F_N = 0}} \qquad (7.94)$$

$$\sum_{i=1}^{n} F_{iy} = 0:$$

$$F_{Qy} - F_y = 0 \implies \underline{\underline{F_{Qy} = F_y}} \qquad (7.95)$$

$$\sum_{i=1}^{n} F_{iz} = 0:$$

$$F_{Qz} + F_z = 0 \implies \underline{\underline{F_{Qz} = -F_z}}; \qquad (7.96)$$

$$\sum_{i=1}^{n} M_{i(S,Ux)} = 0:$$

$$M_x = 0 \implies \underline{\underline{M_x = 0}} \qquad (7.97)$$

$$\sum_{i=1}^{n} M_{i(S,Uy)} = 0:$$

$$M_y + F_z \cdot (l - x) = 0$$
$$\implies \underline{\underline{M_y = -F_z \cdot (l - x)}} \qquad (7.98)$$

$$\sum_{i=1}^{n} M_{i(S,Uz)} = 0:$$

$$M_z - F_y \cdot (l - x) = 0$$
$$\implies \underline{\underline{M_z = F_y \cdot (l - x)}}. \qquad (7.99)$$

Daraus folgt durch Einsetzen der Grenzen für die Momente: Anstelle von $x = 0$: $M_y = -F_z \cdot (l - x) = -F_z \cdot l$ bzw. $M_z = F_y \cdot (l - x) = F_y \cdot l$ und anstelle von $x = l$: $M_y = -F_z \cdot (l - x) = 0$ bzw. $M_z = F_y \cdot (l - x) = 0$. Für Feld 2 folgt

$$\sum_{i=1}^{n} F_{ix} = 0:$$

$$F_N - F_z = 0 \implies \underline{\underline{F_N = F_z}} \qquad (7.100)$$

$$\sum_{i=1}^{n} F_{iy} = 0:$$

$$F_{Qy} - F_y = 0 \implies \underline{\underline{F_{Qy} = F_y}} \quad (7.101)$$

$$\sum_{i=1}^{n} F_{iz} = 0:$$

$$F_{Qz} - F_x = 0 \implies \underline{\underline{F_{Qz} = F_x}} \quad (7.102)$$

$$\sum_{i=1}^{n} M_{i(S,Ux)} = 0:$$

$$M_x + M_E - F_y \cdot l = 0$$
$$\implies \underline{\underline{M_x = M_T = -M_E + F_y \cdot l = 0}} \quad (7.103)$$

$$\sum_{i=1}^{n} M_{i(S,Uy)} = 0:$$

$$M_y + F_z \cdot l + F_x \cdot (l - x) = 0$$
$$\implies \underline{\underline{M_y = -F_z \cdot l - F_x \cdot (l - x)}} \quad (7.104)$$

$$\sum_{i=1}^{n} M_{i(S,Uz)} = 0:$$

$$M_z + F_y \cdot (l - x) = 0$$
$$\implies \underline{\underline{M_z = -F_z \cdot (l - x)}}. \quad (7.105)$$

Daraus folgt durch Einsetzen der Grenzen für die Momente: an der Stelle von $x = 0$: $M_y = -F_z \cdot l - F_x \cdot (l - x) = -(F_z + F_x) \cdot l$ bzw. $M_z = -F_z \cdot (l - x) = -F_z \cdot l$ und anstelle von $x = l$: $M_y = -F_z \cdot l - F_x \cdot (l - x) = -F_z \cdot l$ bzw. $M_z = -F_z \cdot (l - x) = 0$. Damit können die Verläufe gezeichnet werden. Diese sind in ◘ Abb. 7.36 dargestellt.

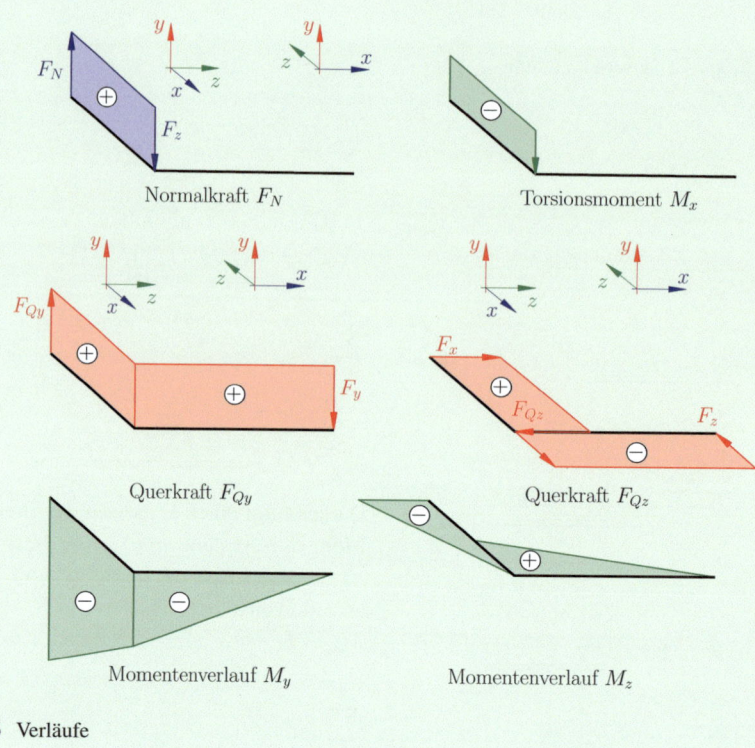

◘ **Abb. 7.36** Verläufe

In ◘ Abb. 7.37 sind einige Belastungsmöglichkeiten und deren Aussehen im Fall des Querkraft- und Biegemomentenverlaufes aufgezeigt.

7.4 · Spezielle Tragwerke

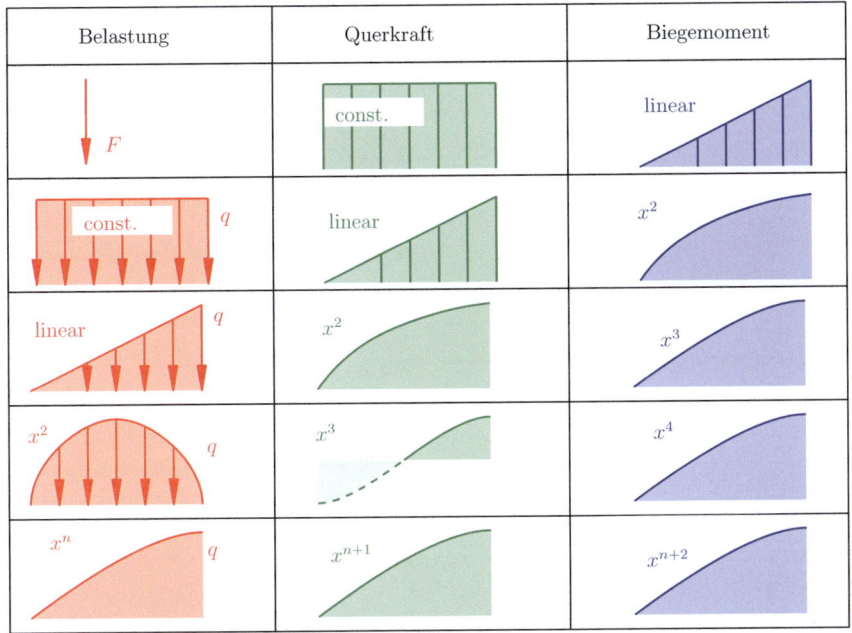

Abb. 7.37 Übersicht: Verhalten Biegemomenten-, Querkraft-, und Belastungsverlauf

7.4 Spezielle Tragwerke

7.4.1 Dreieckslast

Vgl. **Abb. 7.38**. Nach Ermittlung der Größe der Dreieckslast (siehe Statik), sowie Lagerkräfte folgt:

$$F_{eq} = \frac{l_2 \cdot q_{max}}{2} = \int_{l_1}^{l_1+l_2} \frac{q_{max}}{l_2} \cdot x. \quad (7.106)$$

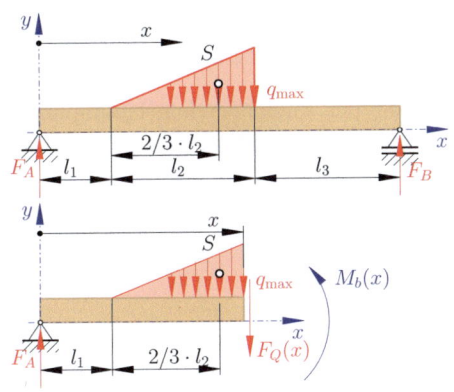

Abb. 7.38 Dreieckslast

Jetzt kann der Träger geschnitten werden, zu

$$\sum_{n=1}^{n} F_{iY} = 0:$$
$$F_A - F_Q - F_{eq} = 0 \quad (7.107)$$

$$\sum_{n=1}^{n} M_{i,S,U} = 0:$$
$$M_b(x) - F_A \cdot (x + l_1) + F_{eq} \cdot \frac{x}{3} = 0. \quad (7.108)$$

$$F_{eq}(x) = \int_{l_1}^{x+l_1} \frac{q_{max}}{l_2} \cdot x. \quad (7.109)$$

Einsetzen der Flächenkraft in Abhängigkeit von x:

$$\sum_{n=1}^{n} F_{iY} = 0:$$
$$F_A - F_Q - \int_{l_1}^{l_1+l_2} \frac{q_{max}}{l_2} \cdot x = 0 \quad (7.110)$$

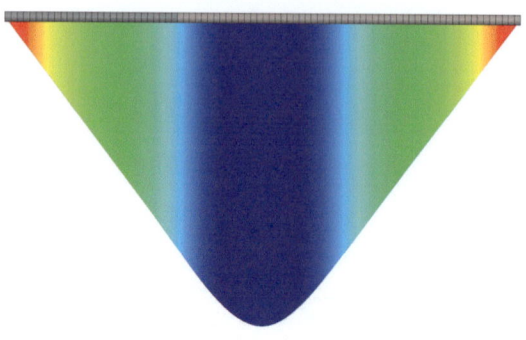

Abb. 7.39 Dreieckslast mit SolidWorks (Biegemomentenverlauf)

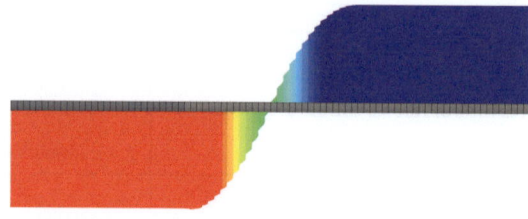

Abb. 7.40 Dreieckslast mit SolidWorks (Querkraftverlauf)

$$\sum_{n=1}^{n} M_{i,S,U} = 0:$$

$$M_b(x) - F_A \cdot (x + l_1)$$
$$+ \int_{l_1}^{l_1+l_2} \frac{q_{\max}}{l_2} \cdot x \cdot \frac{x}{3} = 0 \quad (7.111)$$

Aus $M_{i(S,U)} = 0$:

$$M_b(x) - F_A \cdot (x + l_1)$$
$$+ \int_{l_1}^{l_1+x} \frac{q_{\max}}{l_2} \cdot \frac{x^2}{3} = 0$$

$$M_b(x) - F_A \cdot (x + l_1)$$
$$+ \frac{q_{\max}}{l_2} \cdot \frac{l_1^3 - (l_1+x)^3}{9} = 0 \quad (7.112)$$

und schließlich folgt

$$M_b(x) = F_A \cdot (x + l_1)$$
$$- \frac{q_{\max}}{l_2} \cdot \frac{l_1^3 - (l_1+x)^3}{9}. \quad (7.113)$$

Die Verläufe wurden in den ◘ Abb. 7.39 und 7.40 gezeichnet.

7.4.2 Trapezlast

Vgl. ◘ Abb. 7.41. Nach Ermittlung der Größe der Rechtecklast und Dreieckslast (eine Trapezlast setzt sich aus diesen beiden zusammen) (siehe Statik), sowie der Ermittlung der Lagerkräfte folgt:

$$F_{eq,T} = F_{eq,R} + F_{eq,D}$$
$$= l_2 \cdot q_{\max,2} + \frac{q_{\max,1} \cdot l_2}{2}$$
$$= \int_{l_1}^{l_1+l_2} \frac{q_{\max}}{l_2} \cdot x + q_{\max,2}. \quad (7.114)$$

Jetzt kann der Träger an der Stelle der Trapezlast geschnitten werden, sodass die Wirklänge mittels des Schwerpunktabstandes e (von Lager A nach B gemessen) berechnet werden kann.

$$e = \frac{h}{3} \cdot \frac{a + 2 \cdot b}{a + b}$$
$$= \frac{l_2}{3} \cdot \frac{q_{\max,2} + q_{\max,1} + 2 \cdot q_{\max,2}}{q_{\max,2} + q_{\max,1} + q_{\max,2}}$$
$$= \frac{l_2 \cdot q_{\max,2} + q_{\max,1}}{3 \cdot q_{\max,2} + q_{\max,1}} \quad (7.115)$$

Aufstellen der Gleichgewichtsbedingungen an der Schnittstelle liefert die Gleichungen für die Verläufe.

7.4 · Spezielle Tragwerke

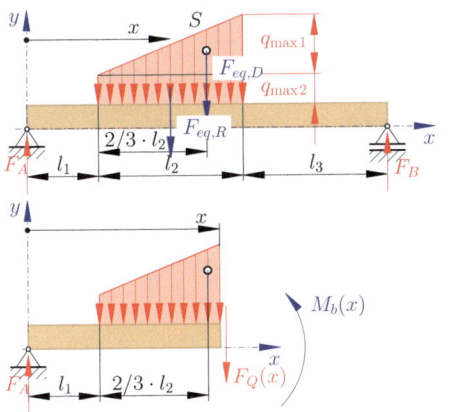

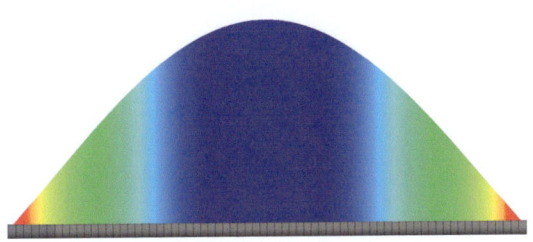

Abb. 7.41 Trapezlast

7.4.3 Parabellast

Die Gleichungen zur Bestimmung der resultierenden Kraft infolge einer Parabelverteilung wurden bereits im ersten Teil dieser Buchreihe hergeleitet (Kapitel: Totalresultierende). Hier dient dieser Abschnitt nur als Ergänzung des Biegemomentenverlaufes (vgl. Abb. 7.42) sowie Querkraftverlauf (vgl. Abb. 7.43).

Abb. 7.42 Parabellast Biegemomentenverlauf

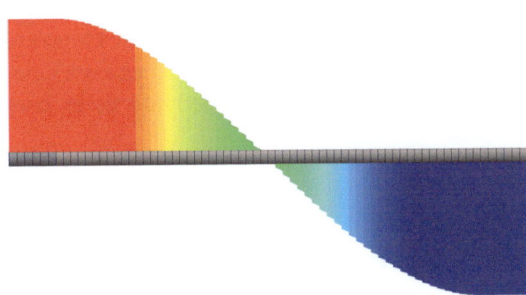

Abb. 7.43 Parabellast Querkraftverlauf

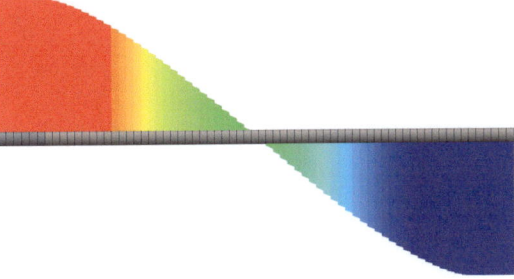

Abb. 7.44 Elliptische Last Querkraftverlauf

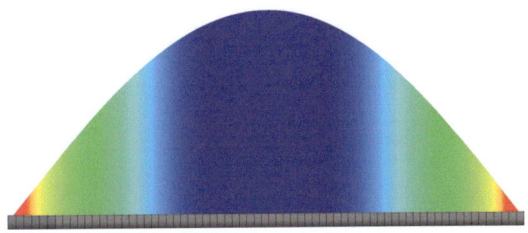

Abb. 7.45 Elliptische Last Biegemomentenverlauf

7.4.4 Elliptische Last

Siehe Abb. 7.44 und 7.45.

7.4.5 Bogen

Vgl. Abb. 7.46. Diese Verläufe mittels SolidWorks sehen etwas komisch aus (vgl. Abb. 7.47 und 7.48). Dies liegt aber daran, dass SolidWorks den Biegemomentenverlauf immer auf jener Ebene, die um 90 Grad gedreht, zur eigentlichen Verlaufsebene anzeigt. Dies hat beim Bogen aber zu Folge, dass der Bogen als Linie, nicht mehr als Bogen erscheint.

Durch Aufstellen der Gleichgewichtsbedingungen werden die Lagerkräfte durch $F_A = F_B = F/2$ gefunden. Jetzt können sogleich die Schnittparameter ermittelt werden.

$$\sum_{i=1}^{n} F_{iN} = 0:$$
$$F_N + F_A \cdot \cos(\varphi) = 0$$
$$\implies \underline{\underline{F_N = -F_A \cdot \cos(\varphi)}} \qquad (7.116)$$

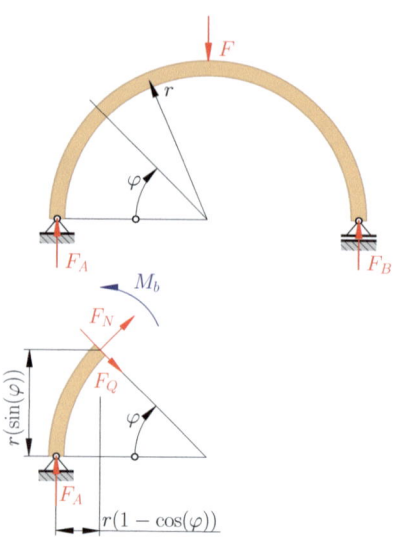

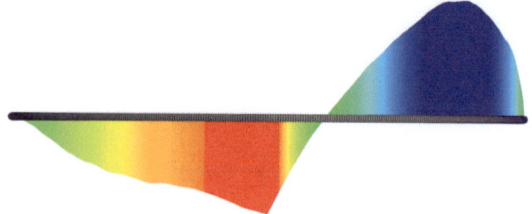

Abb. 7.48 Biegemomentenverlauf des Bogens mittels SolidWorks

Abb. 7.46 Schnittgrößen am Bogen

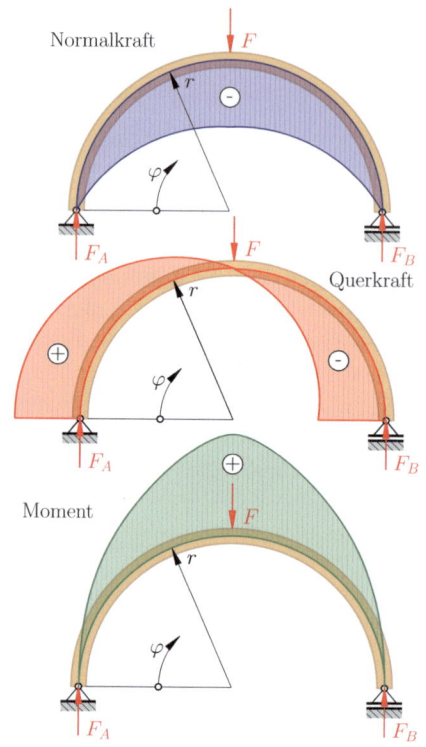

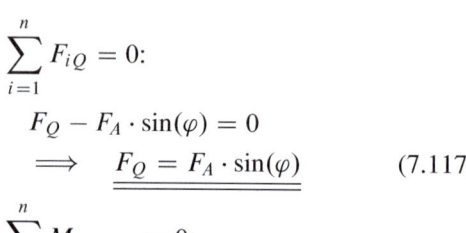

Abb. 7.47 Querkraftverlauf des Bogens mittels SolidWorks

Abb. 7.49 Verläufe, Bogen mit Einzellast

$$\sum_{i=1}^{n} F_{iQ} = 0:$$

$$F_Q - F_A \cdot \sin(\varphi) = 0$$
$$\implies \underline{\underline{F_Q = F_A \cdot \sin(\varphi)}} \qquad (7.117)$$

$$\sum_{i=1}^{n} M_{ib(S,U)} = 0:$$

$$M_b - F_A \cdot r \cdot (1 - \cos(\varphi)) = 0$$
$$\implies \underline{\underline{M_b = F_A \cdot r \cdot (1 - \cos(\varphi))}}$$
$$(7.118)$$

Da der Bogen symmetrisch ist, sind die Gleichungen für beide Felder, die durch die Grenzen: $0 \leq \varphi \leq \pi/2$ und $\pi/2 \leq \varphi \leq \pi$ begrenzt sind, ident. Es können sofort die Verläufe gezeichnet werden (vgl. Abb. 7.49).

7.4.6 Zusammengesetzte Tragwerke

Vom Tragwerk aus Abb. 7.50 ist der Radius r, $q = \frac{4F}{3r}$ und die Kraft F bekannt. Zu ermitteln sind die Schnittgrößen, samt Verläufen. Die Fel-

7.4 · Spezielle Tragwerke

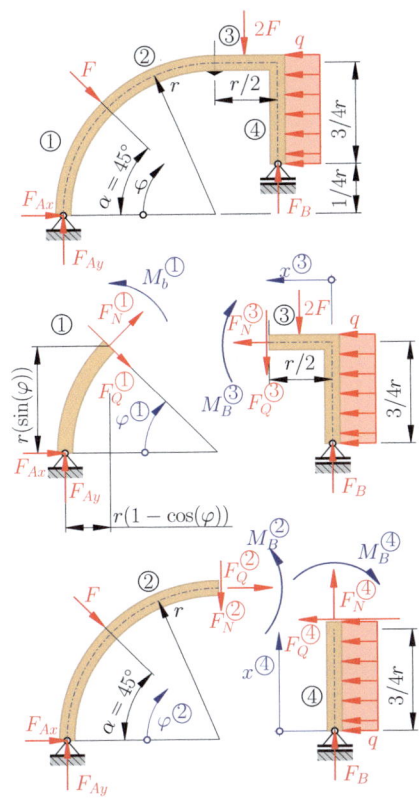

Abb. 7.50 Zusammengesetztes Tragwerk

der werden gemäß ① $0 \leq \varphi \leq \pi/4$, ② $\pi/4 \leq \varphi \leq \pi/2$, ④ $0 \leq x \leq 3/4\,r$ und ③ $3/4\,r \leq x \leq 5/4\,r$ unterteilt. Die Lagerkräfte können durch

$$\sum_{i=1}^{n} F_{ix} = 0:$$

$$F_{Ax} - q \cdot \frac{3}{4}r + F \cdot \sin(45°)$$

$$F_{Ax} = F \cdot \left(1 - \frac{\sqrt{2}}{2}\right) = 0{,}2929\,F$$

(7.119)

$$\sum_{i=1}^{n} F_{ix} = 0:$$

$$F_{Ay} + F_B - F \cdot \cos(\varphi) - 2F$$

$$F_{Ay} = \frac{3}{4} \cdot F \qquad (7.120)$$

$$\sum_{i=1}^{n} M_{i(A)} = 0:$$

$$F \cdot \cos(45°) \cdot r \sin(45°)$$
$$+ F \cdot \sin(45°)(r \cdot (1 - \cos(45°)))$$
$$+ 2F\left(r + \frac{r}{2} \cdot \frac{1}{2}\right) - F_B$$
$$\left(\frac{r}{2} + r\right) - q \cdot \frac{3}{4}r\left(\frac{3}{4}r \cdot \frac{1}{2} + \frac{1}{4}r\right) = 0$$

$$F_B = F \cdot \left(\frac{\sqrt{2}}{2} + \frac{5}{4}\right) = 1{,}957 \cdot F$$

(7.121)

berechnet werden. Nachdem die Lagerkräfte berechnet wurden, können die Schnittgrößen der einzelnen Felder bestimmt werden. Für Feld ① gilt:

$$\sum_{i=1}^{n} F_{iN}^{①} = 0:$$

$$F_N^{①} + F_{Ay} \cdot \cos(\varphi) - F_{Ax} \cdot \sin(\varphi) = 0$$

$$F_N^{①} = F \cdot \left(0{,}29 \sin(\varphi) - \frac{3}{4}\cos(\varphi)\right)$$

(7.122)

$$\sum_{i=1}^{n} F_{iQ}^{①} = 0:$$

$$F_Q^{①} - F_{Ax} \cdot \sin(\varphi) + F_{Ay} \cdot \cos(\varphi) = 0$$

$$F_Q^{①} = F \cdot \left(0{,}29 \cos(\varphi) + \frac{3}{4}\sin(\varphi)\right)$$

(7.123)

$$\sum_{i=1}^{n} M_{iB}^{①} = 0:$$

$$M_B^{①} + r \cdot \sin(\varphi) \cdot F_{Ax}$$
$$- r \cdot (1 - \cos(\varphi)) \cdot F_{Ay} = 0$$

$$M_B^{①} = F \cdot r\left(-0{,}3 \sin(\varphi) - \frac{3}{4} + \frac{3}{4}\cos(\varphi)\right)$$

(7.124)

262 Kapitel 7 · Biegebeanspruchung

Normalkraftverlauf

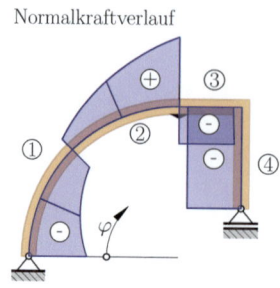

Querkraftverlauf

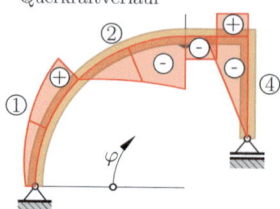

Momentenverlauf

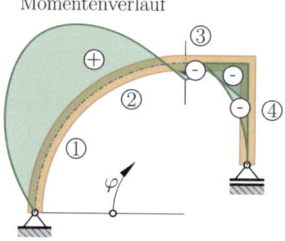

Abb. 7.53 Zusammengesetztes Tragwerk – Verläufe

Für Feld ① (vgl. Abb. 7.53) können die Verläufe gezeichnet werden.

$$\sum_{i=1}^{n} F_{iN}^{②} = 0:$$

$$F_N^{②} + F_{Ay} \cdot \cos(\varphi) - F_{Ax} \cdot \sin(\varphi)$$
$$- F \cdot (\cos(45°)\cos(\varphi) - \sin(45°)\sin(\varphi))$$
$$= 0$$

$$\underline{\underline{F_N^{②} = F \cdot \left(0{,}3\sin(\varphi) - \frac{3}{4}\cos(\varphi)\right.}}$$
$$\underline{\underline{\left. + \frac{\sqrt{2}}{2}(\cos(\varphi) - \sin(\varphi))\right)}}$$
(7.125)

$$\sum_{i=1}^{n} F_{iQ}^{②} = 0:$$

$$F_Q^{②} - F_{Ax} \cdot \sin(\varphi) + F_{Ay} \cdot \cos(\varphi) = 0$$

$$\underline{\underline{F_Q^{①} = F \cdot \left(0{,}3\cos(\varphi) + \frac{3}{4}\sin(\varphi)\right.}}$$
$$\underline{\underline{\left. + \frac{\sqrt{2}}{2}(\cos(\varphi) - \sin(\varphi))\right)}}$$
(7.126)

$$\sum_{i=1}^{n} M_{iB}^{②} = 0:$$

$$M_B^{②} + r \cdot \sin(\varphi) \cdot F_{Ax}$$
$$- r \cdot (1 - \cos(\varphi)) \cdot F_{Ay} + F \cdot \cos(45)$$
$$(r((1 - \cos(45)) - (1 - \cos(\varphi)))))$$
$$+ F \cdot \sin(45)$$
$$r \cdot (\sin(45) - \sin(\varphi)) = 0$$

$$\underline{\underline{M_B^{②} = F \cdot r \left(-0{,}3\sin(\varphi) - \frac{3}{4} + \frac{3}{4}\cos(\varphi)\right)}}$$

$$\underline{\underline{= F \cdot r \frac{\sqrt{2}}{2}\left(\sqrt{2} + \cos(\varphi) - \sin(\varphi)\right)}}$$
(7.127)

$$\sum_{i=1}^{n} F_{iN}^{④} = 0:$$

$$F_N^{④} + F_B = 0$$
$$\underline{\underline{F_N^{④} = -F_B = -1{,}957 \cdot F}}$$
(7.128)

$$\sum_{i=1}^{n} F_{iQ}^{④} = 0:$$

$$F_Q^{④} + q \cdot x = 0$$
$$\underline{\underline{F_Q^{④} = -q \cdot x = -\frac{4}{3r} F \cdot x}}$$
(7.129)

$$\sum_{i=1}^{n} M_{iB}^{④} = 0:$$

$$-M_B^{④} - q \cdot \frac{x^2}{2}$$
$$\underline{\underline{M_B^{④} = -\frac{4}{3r} \cdot F \cdot \frac{x^2}{2}.}}$$
(7.130)

7.5 · Biegung bei veränderlichem Querschnitt

$$\sum_{i=1}^{n} F_{iN}^{\text{③}} = 0:$$

$$F_N^{\text{③}} + q \cdot \frac{3}{4}r = 0$$

$$F_N^{\text{③}} = -q \cdot \frac{3}{4}r = -F \qquad (7.131)$$

$$\sum_{i=1}^{n} F_{iQ}^{\text{③}} = 0:$$

$$F_Q^{\text{③}} + 2F - F_B = 0$$

$$F_Q^{\text{③}} = -2 \cdot F + 1{,}957 F \qquad (7.132)$$

$$\sum_{i=1}^{n} M_{iB}^{\text{③}} = 0: \quad -M_B^{\text{③}} - 2F\frac{x}{2} - q \cdot \frac{3}{4}r \cdot \frac{3}{8}r$$

$$M_B^{\text{③}} = -F \cdot \left(x + \frac{3}{8}r\right) \qquad (7.134)$$

Jetzt können die Verläufe gezeichnet werden. Vgl. ◘ Abb. 7.53.

7.5 Biegung bei veränderlichem Querschnitt

Siehe ▶ Bsp. 7.7 und ▶ Methode: Lösung durch SolidWorks – FEM 7.3.

Beispiel 7.7

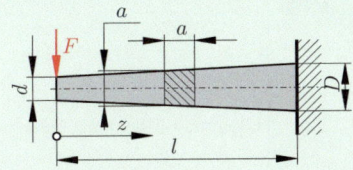

◘ **Abb. 7.51** Träger mit veränderlichem Querschnitt

Der Träger aus ◘ Abb. 7.51 wird durch die Kraft F belastet. Zu dimensionieren ist ein Träger auf Biegung. Das maximale Biegemoment folgt zu: $M_{b,\max} = -F \cdot l$ bzw. in Abhängigkeit von z: $M_{b,\max} = -F \cdot z$; und dem Widerstandsmoment er-

gibt sich $W(z) = \frac{a^3(z)}{6}$ bzw. $a(z) = 2 \cdot k \cdot z + d = \frac{D-d}{l} \cdot z + d$. Eingesetzt in die Biegespannungshauptgleichung folgt

$$\sigma(z) = \frac{6 \cdot F \cdot z}{\left(\frac{D-d}{l} \cdot z + d\right)^3}. \qquad (7.133)$$

Mit konkreten Werten: $F = 1000\,\text{N}$, $D = 40\,\text{mm}$, $d = 20\,\text{mm}$ und $l = 600\,\text{mm}$ folgt damit der Spannungsverlauf gemäß ◘ Abb. 7.52.

D=	40 mm
d=	20 mm
l=	600 mm
F=	1000 N

z	Spannung
0	0,0
10	7,1
20	13,6
30	19,4
40	24,7
50	29,5
60	33,8
70	37,7
80	41,2
90	44,4
100	47,2
110	49,8
120	52,1

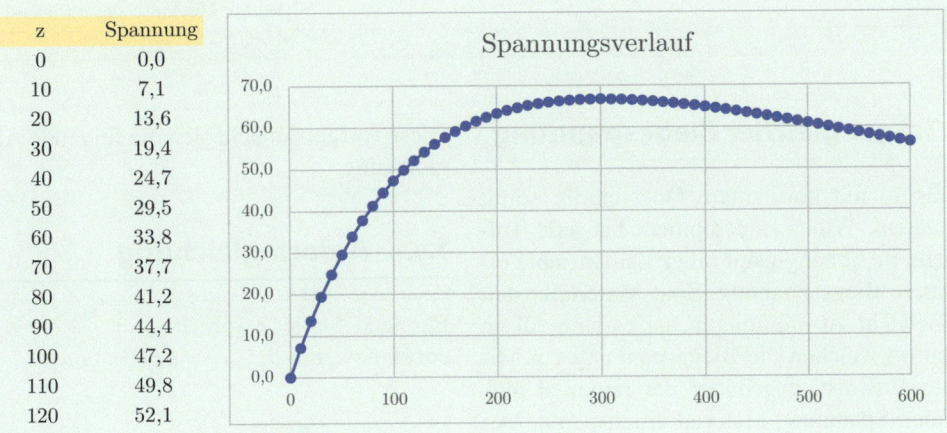

◘ **Abb. 7.52** Träger mit veränderlichem Querschnitt – Lösung mittels Excel

Methode: Lösung durch SolidWorks – FEM 7.3

Der Träger aus ◘ Abb. 7.51 wird durch die Kraft F belastet. Gegeben sind die Werte: $F = 1000\,\text{N}$, $D = 40\,\text{mm}$, $d = 20\,\text{mm}$ und $l = 600\,\text{mm}$.

Die vorgehende analytische Lösung ist mittels der SolidWorks-FEM Lösung zu vergleichen und zu interpretieren.

Pos.	Bild	Erklärung
1		Modell zeichnen und zur Besseren Auswahl für die Sondierungs ergebnisse mit entsprechenden Trennlinien versehen. Im Anschluss Randbedingungen setzen.
2		Lösen und Ergebnisse untersuchen.
3		Verlaufsdiagramm (Balken oben). Dabei folgen leicht erhöhte Ergebnisse im Vergleich zur analytischen Berechnung. Dies liegt an den Berechnungsalgorithmen der FEM und an den Einspannungsspannungen, die in der analytischen Berechnung außer Acht gelassen werden. Vergleich auch mit: Airy'sche Spannungsfunktion (letzter Abschnitt dieses Buches)

7.6 Träger gleicher Biegespannung

In Trägern mit konstantem Querschnitt, somit konstantem, Widerstandsmoment hat jede Trägerstelle in Abhängigkeit einer Laufvariable eine andere Biegespannung. Sind Materialkosten und Gewicht zu minimieren, ist es sinnvoll an Stellen, in welchen die Biegespannung ein Minimum aufweist, gegenüber der maximal auftretenden Spannung, Material einzusparen. Der Querschnitt ist so anzupassen, sodass die Spannung über die gesamte Trägerlänge konstant ist.

Diese Aufgabe macht sich die folgende Anformgleichung.

7.6.1 Anformgleichung

Für jede Stelle x gilt: $\sigma_{b,x} = \dfrac{M_{b,x}}{W_X} = \sigma_{b,\text{zul}} = $ const. bzw. mit $\sigma_{b,\text{max}} = \sigma_{b,x} = $ const.

$$\sigma_{b,\text{max}} = \frac{M_{b,\text{max}}}{W_{\text{max}}} = \frac{M_{bx}}{W_X} = \text{const.} \quad (7.135)$$

7.6.2 Freiträger, Kreisquerschnitt, Einzellast

Betrachtet man einen konkreten Träger, so kann in die eben hergeleitete Gleichung eingesetzt werden. Es folgt für einen Träger gemäß ◘ Abb. 7.54

$$\frac{M_{b,\max}}{W_{\max}} = \frac{M_{bx}}{W_X} \implies \frac{M_{b,\max}}{M_{b,x}} = \frac{W_{\max}}{W_x}. \tag{7.136}$$

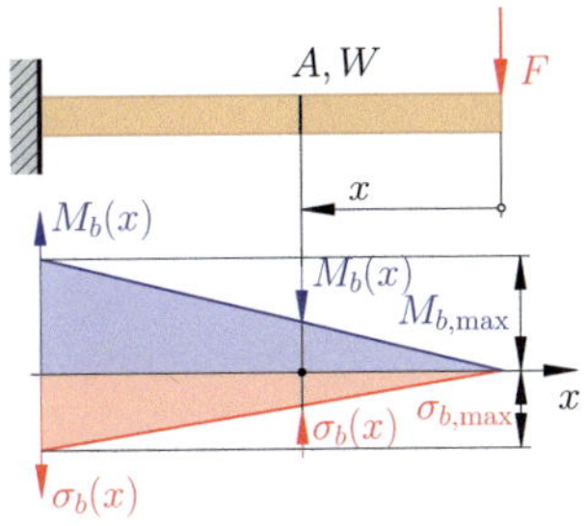

◘ **Abb. 7.54** Anformgleichung

Mit $M_{b,\max} = F \cdot l$ und $M_{b,x} = F \cdot x$ folgt

$$\frac{F \cdot l}{F \cdot x} = \frac{\frac{\pi \cdot d_{\max}^3}{32}}{\frac{\pi \cdot d_x^3}{32}} \implies \frac{l}{x} = \frac{d_{\max}^3}{d_x^3} \tag{7.137}$$

$$d_x = d_{\max} \sqrt[3]{\frac{x}{l}} \tag{7.138}$$

(Parabel 3. Ordnung).

Beispiel 7.8 (Anwendungsbeispiel „Achsschenkelbolzen")

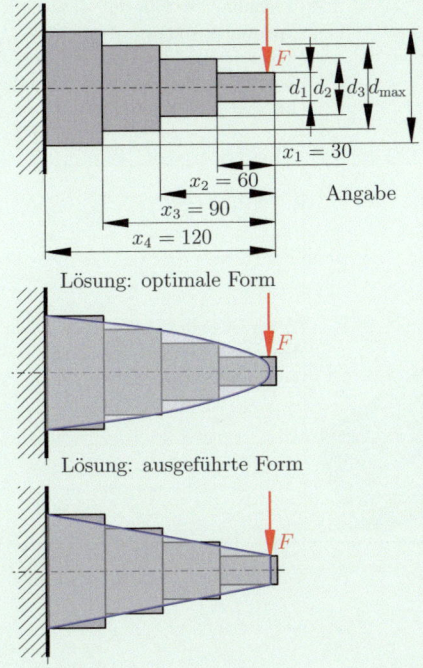

◘ **Abb. 7.55** Achsschenkelbolzen

Aus der Biegehauptgleichung $d_{\max} = 40\,\text{mm};\ l = 120\,\text{mm}$ folgt:

$$\underline{\underline{d_{x1}}} = d_{\max} \sqrt[3]{\frac{x_1}{l}} = 40\,\text{mm} \cdot \sqrt[3]{\frac{30\,\text{mm}}{120\,\text{mm}}}$$
$$= \underline{\underline{25{,}2\,\text{mm}}} \tag{7.139}$$

$$\underline{\underline{d_{x2}}} = d_{\max} \sqrt[3]{\frac{x_2}{l}} = 40\,\text{mm} \cdot \sqrt[3]{\frac{60\,\text{mm}}{120\,\text{mm}}}$$
$$= \underline{\underline{31{,}7\,\text{mm}}} \tag{7.140}$$

$$\underline{\underline{d_{x3}}} = d_{\max} \sqrt[3]{\frac{x_3}{l}} = 40\,\text{mm} \cdot \sqrt[3]{\frac{90\,\text{mm}}{120\,\text{mm}}}$$
$$= \underline{\underline{36{,}3\,\text{mm}}}. \tag{7.141}$$

Da oftmals eine solche Parabelform nur durch CNC-Technik herstellbar war, wurden früher diese Form vereinfacht, indem man sie durch eine lineare Gerade angenähert hat. Heute ist dies durch die modernen Fertigungsmethoden kein Problem mehr, es kann eine Parabelform hergestellt werden. Trotzdem bleibt das Problem, dass man einen Absatz, zur Kraftangriffsstelle berücksichtigen muss (vgl. ◘ Abb. 7.55).

Anschließend wird dieses Beispiel noch mittels SolidWorks FEM untersucht.

Methode: Lösung durch SolidWorks – FEM 7.4

Pos.	Bild	Erklärung
1		Modell zeichnen und zur Besseren Auswahl für die Sondierungsergebnisse mit entsprechenden Trennlinien versehen. Im Anschluss Randbedingungen setzen.
2		Es folgen nebenstehende Spannungen.
3		Misst man die Spannungsergebnisse anhand einer zuvor eingezeichneten Trennlinie, so fällt auf, dass die Spannung, wie erwartet, nicht konstant ist. (der hintere Spannungsausschlag entsteht durch die Einspannungsspannung!)
4		Zeichnet man die Welle wie zuvor berechnet, so folgt das nebenstehende Spannungsbild.

7.6 · Träger gleicher Biegespannung

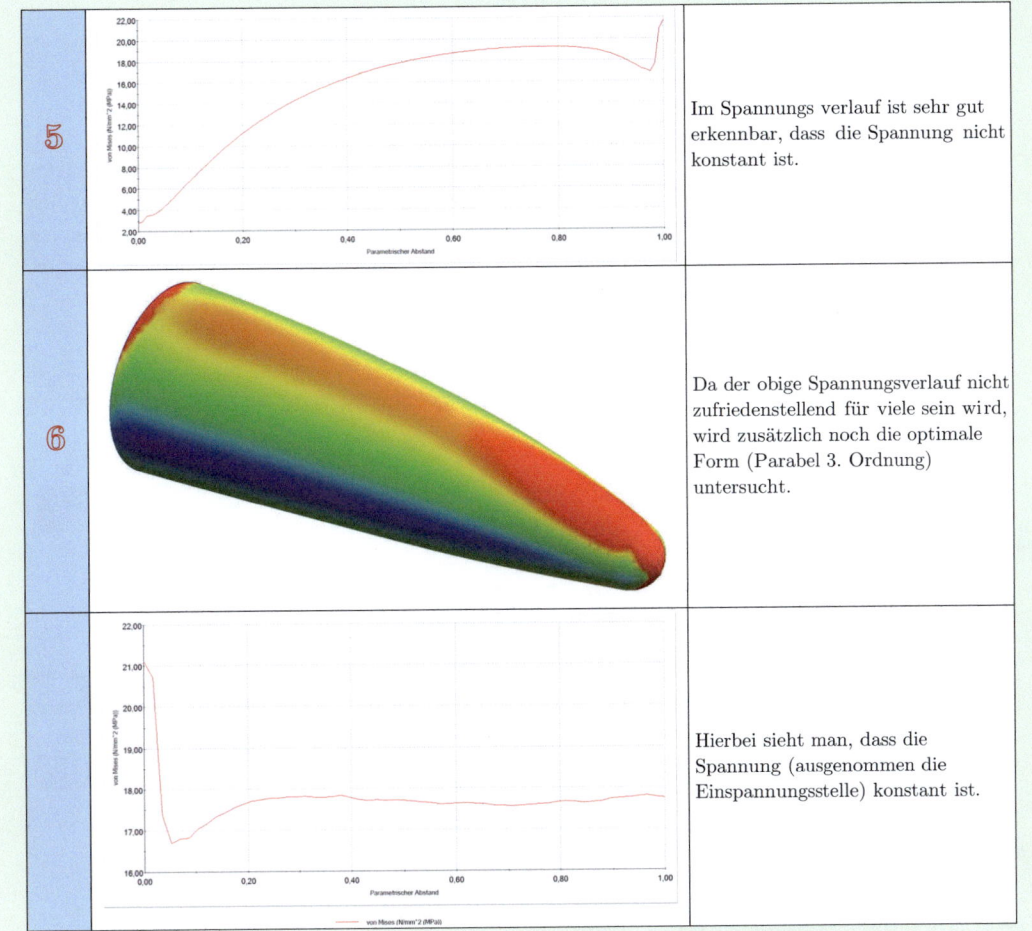

⑤	Im Spannungs verlauf ist sehr gut erkennbar, dass die Spannung nicht konstant ist.
⑥	Da der obige Spannungsverlauf nicht zufriedenstellend für viele sein wird, wird zusätzlich noch die optimale Form (Parabel 3. Ordnung) untersucht.
⑦	Hierbei sieht man, dass die Spannung (ausgenommen die Einspannungsstelle) konstant ist.

Methode: Lösung durch SolidWorks – FEM 7.5

Mittels modernen FEM-Programmen gibt es die Möglichkeit, eine Topologieoptimierung vorzunehmen. Dabei zeichnet man ein Bauteil, hier als Beispiel eine zylindrische Welle und definiert die Randbedingungen wie Einspannungen und Lasten. Nach dem Zeichnen kann man die Ziele auswählen. Hier will man als Beispiel eine Biegespannung von beispielsweise 10 MPa erreichen. Zusätzlich muss man Grundbedingungen eingeben, hier wurde bei der Analyse eine minimale Massenreduktion in Höhe von 80 % eingegeben. Nach der Netzerstellung kann man die Flächen eingeben, die notwendig für eine Konstruktion sind, als Beispiel die Lagerflächen für ein Lager, Angriffsflächen für Kräfte etc. Löst man die Studie, so berechnet SolidWorks FEM die optimale Form, die die zuvor definierten Randbedingungen einhält. Dies kann durchaus einmal 20 Stunden rechnen, dies hängt davon ab, wie groß das zu analysierende Modell ist, wie viele Bedingungen erfüllt werden müssen und vor allem wie fein das Netz ist. Je feiner das Netz ist, desto länger dauert die Berechnung, das Programm überprüft durch Erstellung eines dreidimensionalen Netzes, in SolidWorks Tetraeder, ob ein Element entfernt werden darf, um die Bedingungen zu erfüllen. Dies macht das Programm mit jedem Tetraeder, wodurch am Ende eine optimale Form, zusammengebaut aus Tetraeder Elementen entsteht. Im Anschluss muss man sich Gedanken darüber machen, wie das Bauteil hergestellt werden soll.

Hier bietet sich oftmals eine Herstellung durch 3D-Druck an, da dadurch fast jede Form herstellbar wird. Man kann das berechnete Modell, bestehend aus Tetraeder Elementen dann so nachzeichnen, sodass ein Körper entsteht, der der herstellbaren Möglichkeiten entspricht.

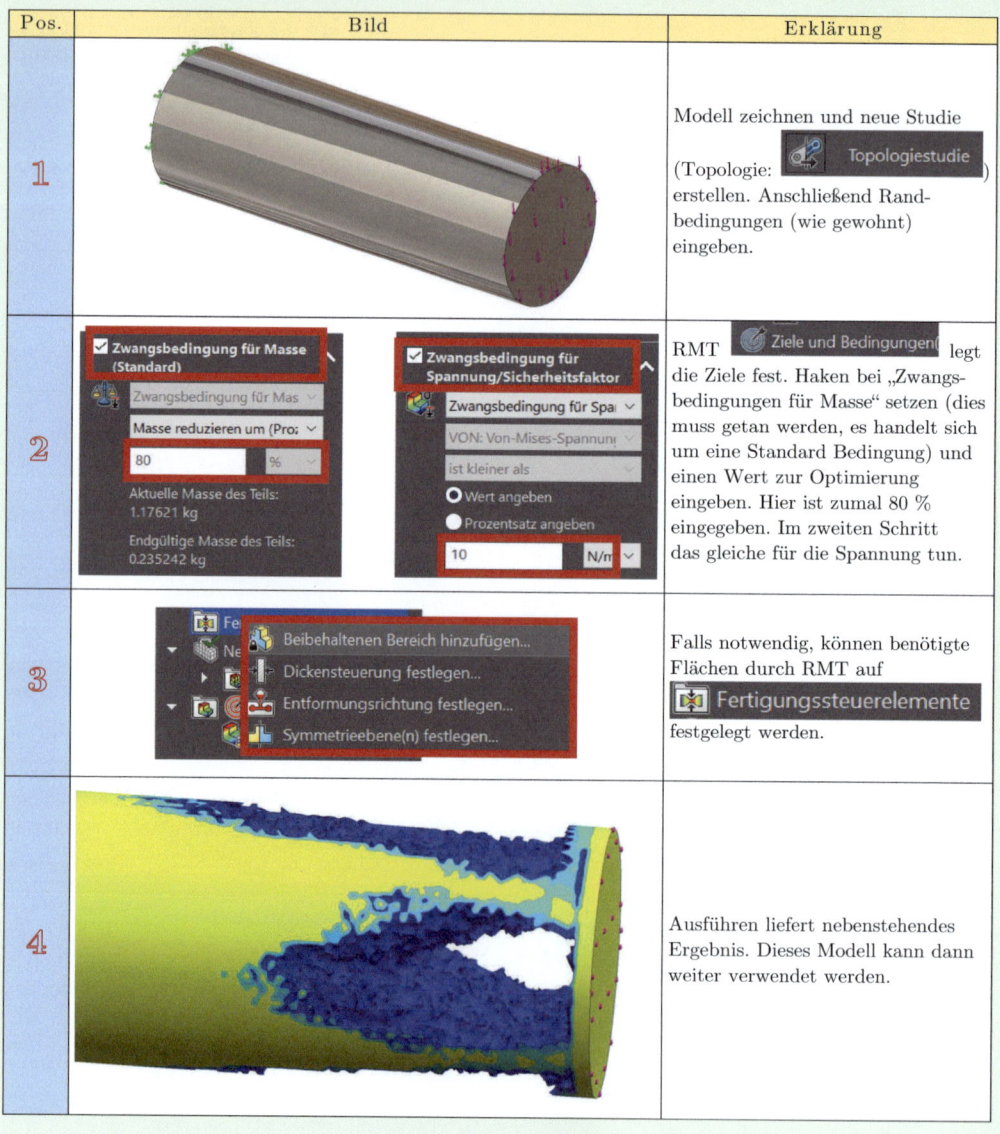

Pos.	Bild	Erklärung
1		Modell zeichnen und neue Studie (Topologie:) erstellen. Anschließend Randbedingungen (wie gewohnt) eingeben.
2		RMT legt die Ziele fest. Haken bei „Zwangsbedingungen für Masse" setzen (dies muss getan werden, es handelt sich um eine Standard Bedingung) und einen Wert zur Optimierung eingeben. Hier ist zumal 80 % eingegeben. Im zweiten Schritt das gleiche für die Spannung tun.
3		Falls notwendig, können benötigte Flächen durch RMT auf Fertigungssteuerelemente festgelegt werden.
4		Ausführen liefert nebenstehendes Ergebnis. Dieses Modell kann dann weiter verwendet werden.

7.6 · Träger gleicher Biegespannung

Beispiel 7.9 (Anwendungsbeispiel „Konsolenträger")

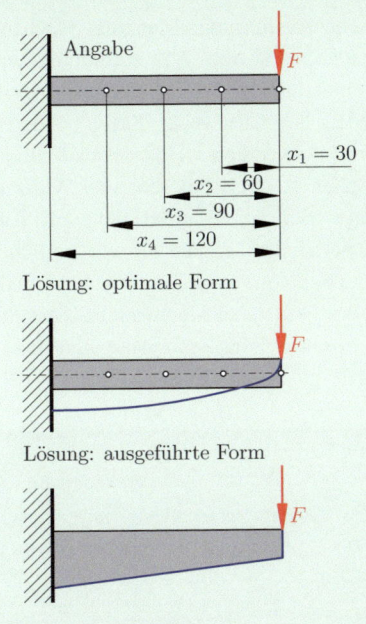

Abb. 7.56 Konsolenträger

Aus der Biegehauptgleichung $d_{max} = 40\,\text{mm}$; $l = 120\,\text{mm}$ folgt:

$$\underline{\underline{h_{x1}}} = h_{max}\sqrt{\frac{x_1}{l}} = 40\,\text{mm} \cdot \sqrt{\frac{30\,\text{mm}}{120\,\text{mm}}}$$
$$= \underline{20\,\text{mm}} \qquad (7.142)$$

$$\underline{\underline{h_{x2}}} = h_{max}\sqrt{\frac{x_2}{l}} = 40\,\text{mm} \cdot \sqrt{\frac{60\,\text{mm}}{120\,\text{mm}}}$$
$$= \underline{28{,}3\,\text{mm}} \qquad (7.143)$$

$$\underline{\underline{h_{x3}}} = h_{max}\sqrt{\frac{x_3}{l}} = 40\,\text{mm} \cdot \sqrt{\frac{90\,\text{mm}}{120\,\text{mm}}}$$
$$= \underline{34{,}6\,\text{mm}} \qquad (7.144)$$

Da oftmals eine solche Parabelform nur durch CNC-Technik herstellbar war, wurden früher diese Form vereinfacht, indem man sie durch eine lineare Gerade angenähert hat. Heute ist dies durch die modernen Fertigungsmethoden kein Problem mehr, es kann eine Parabelform hergestellt werden. Trotzdem bleibt das Problem, dass man einen Absatz, zur Kraftangriffsstelle berücksichtigen muss (vgl. Abb. 7.56).

7.6.3 Freiträger, Rechteckquerschnitt, $b = \text{const.}$, Einzellast

$$\frac{M_{b,max}}{W_{max}} = \frac{M_{bx}}{W_X} \implies \frac{M_{b,max}}{M_{b,x}} = \frac{W_{max}}{W_x} \qquad (7.145)$$

Mit $M_{b,max} = F \cdot l$ und $M_{b,x} = F \cdot x$

$$\frac{F \cdot l}{F \cdot x} = \frac{\frac{b \cdot h_{max}^2}{6}}{\frac{b \cdot h_x^2}{6}} \implies \frac{l}{x} = \frac{h_{max}^2}{h_x^2} \qquad (7.146)$$

$$h_x = h_{max}\sqrt{\frac{x}{l}} \qquad (7.147)$$

(Parabel 2. Ordnung)

7.6.4 Freiträger, Rechteckquerschnitt, konstante Höhe, Einzellast

$$\frac{M_{b,max}}{W_{max}} = \frac{M_{bx}}{W_X} \implies \frac{M_{b,max}}{M_{b,x}} = \frac{W_{max}}{W_x} \qquad (7.148)$$

Mit $M_{b,max} = F \cdot l$ und $M_{b,x} = F \cdot x$

$$\frac{F \cdot l}{F \cdot x} = \frac{\frac{h^2 \cdot b_{max}}{6}}{\frac{h^2 \cdot b_x}{6}} \implies \frac{l}{x} = \frac{b_{max}}{b_x} \qquad (7.149)$$

$$b_x = b_{max}\sqrt{\frac{x}{l}} \qquad (7.150)$$

(lineare Funktion).

Beispiel 7.10 (Anwendungsbeispiel „Blattfeder")

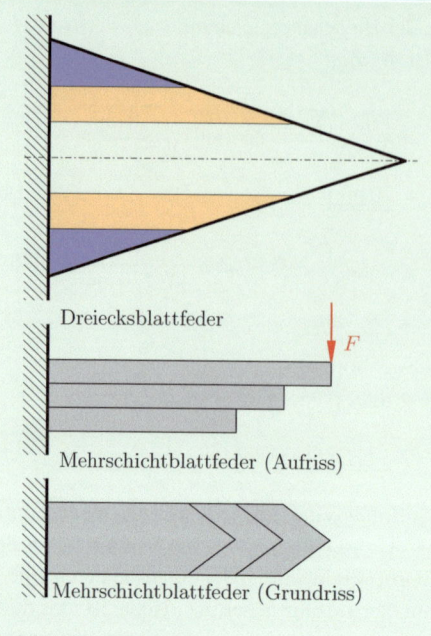

Abb. 7.57 Blattfeder

Praktische Ausführung: Man fügt Flächen gleicher Farbe aus ◘ Abb. 7.57 zusammen, und legt diese untereinander, es entsteht die sogenannte Blattfeder. Normalerweise dürfen Widerstandsmomente nicht addiert werden; gemäß den bereits behandelten Kapitel: Flächen- und Widerstandsmomente. Bei der Blattfeder ist ein Ausnahmefall vorhanden, da die einzelnen Blätter der Feder nicht fix miteinander verbunden sind, aufgrund das Widerstandsmoment aus der Summe aller Einzelwiderstandsmomente berechnet werden darf (vgl. ◘ Abb. 7.58).

Abb. 7.58 Federung durch eine Blattfeder, an einer Eisenbahn

7.6.5 Freiträger, Rechteckquerschnitt, konstante Höhe, Streckenlast

Vgl. ◘ Abb. 7.59. Mit $M_{b,\max} = q \cdot \frac{l^2}{2}$ und $M_{b,x} = q \cdot \frac{x^2}{2}$

$$\frac{q \cdot \frac{l^2}{2}}{q \cdot \frac{x^2}{2}} = \frac{\frac{b \cdot h_{\max}^2}{6}}{\frac{b \cdot h_x^2}{6}} \implies \frac{l}{x} = \frac{b_{\max}}{b_x}$$

(7.151)

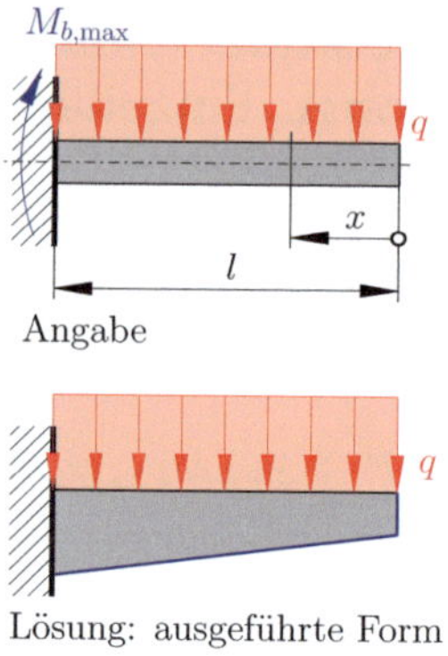

Abb. 7.59 Konsolenträger mit Streckenlast

$$h_x = h_{\max} \sqrt{\frac{x}{l}}$$

(7.152)

Es zeigt sich also, dass der Querschnitt abnimmt, je kleiner der Abstand x wird.

7.6.6 Freiträger, Rechteckquerschnitt, $d = $ const., Dreieckslast

Vgl. ◘ Abb. 7.60. Mit dem maximalen Biegemoment

$$M_{b,\max} = F_{\text{Res}} \cdot \frac{2}{3} \cdot l = \frac{q_{\max} \cdot l}{2} \cdot \frac{2}{3} \cdot l$$
$$= \frac{q_{\max} \cdot l^2}{3}$$

und mit $W_{a,\max} = \frac{d^3 \cdot \pi}{32}$ wird:

$$M_b(x) = F_{\text{Res}}(x) \cdot \frac{2}{3} \cdot x = \frac{q(x) \cdot x}{2} \cdot \frac{2}{3} \cdot x$$
$$= \frac{q(x) \cdot l^2}{3}.$$

Für $q(x)$ gilt der y-Wert der Funktion:

$$y = k \cdot x + d \quad \Longrightarrow \quad q(x) = \frac{q_{\max}}{l} \cdot x$$

bzw. durch Einsetzen:

$$M_b(x) = \frac{q_{\max} \cdot x \cdot l^2}{3 \cdot l}. \tag{7.153}$$

Das Widerstandsmoment an der Stelle x kann durch $W(x) = \frac{I_{a,\max}}{e(x)} = \frac{d(x)^3 \cdot \pi}{32}$ berechnet werden, zu

$$\sigma_{b,\max} = \sigma_b(x)$$
$$\frac{M_{b,\max}}{W_{a,\max}} = \frac{M_b(x)}{W_a(x)}$$
$$\frac{l^2}{d^3} = \frac{x \cdot l}{d^3(x)}; \tag{7.154}$$

und daraus folgt:

$$d(x) = d_{\max} \sqrt[3]{\frac{x}{l}} \tag{7.155}$$

7.7 Grundlagen Formänderung

7.7.1 Krümmungsradius ρ_x

Aus dem Strahlensatz in Verbindung mit ◘ Abb. 7.61 folgt

$$\frac{\Delta s + s}{s} = \frac{\rho_x + e}{\rho_x}$$
$$\Longrightarrow \quad \frac{\Delta s}{s} + \frac{s}{s} = \frac{\rho_x}{\rho_x} + \frac{e}{\rho_x}$$
$$\Longrightarrow \quad \frac{\Delta s}{s} + 1 = 1 + \frac{e}{\rho_x}$$
$$\Longrightarrow \quad \frac{\Delta s}{s} = \frac{e}{\rho_x}; \tag{7.156}$$

aus der allgemeinen Definition für die Dehnung resultiert $\frac{\Delta s}{s} = \epsilon$; bzw. durch Gleichsetzen mit dem Hooke'schen Gesetz

$$\frac{\Delta s}{s} = \frac{e}{\rho_x} = \varepsilon = \frac{\sigma_x}{E} \quad \Longrightarrow \quad \frac{e}{\rho_x} = \frac{\sigma_x}{E}. \tag{7.157}$$

Umformen ergibt: $\frac{e \cdot E}{\sigma_x} = \rho_x$. Mit der Grundformel für die Biegespannung: $\sigma_x = \frac{M_{bx}}{W_x} = \frac{M_{bx} \cdot e}{I_x}$

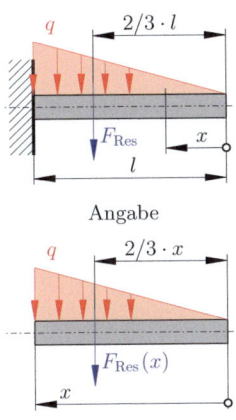

◘ **Abb. 7.60** Träger mit konstanter Biegesteifigkeit, mit Dreieckslast

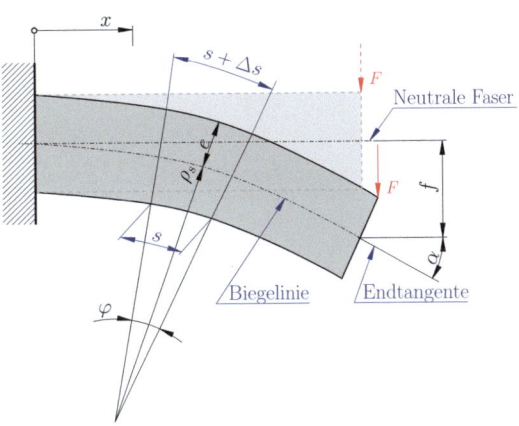

◘ **Abb. 7.61** Konsolenträger verformt, und unverformt

folgt durch Einsetzen in die umgeformte Gleichung der Krümmungsradius zu

$$\rho_x = \frac{I_x \cdot E}{M_{bx}}; \qquad (7.158)$$

wobei ρ_x der Krümmungsradius und $I_x \cdot E$ die Biegesteifigkeit ist.

7.7.2 Krümmung κ

Siehe ◻ Abb. 7.6, 7.7 und 7.8. Zunächst wird dx durch Winkelfunktionen berechnet:

$$\sin\left(\frac{d\varphi}{2}\right) = \frac{\frac{dx}{2}}{\rho} = \frac{dx}{2 \cdot \rho}.$$

Für kleine Winkeländerungen gilt, gemäß der Taylorreihenentwicklung $\frac{d\varphi}{2} = \frac{dx}{2\cdot\rho}$, zu

$$\rho = \frac{d\varphi}{dx}. \qquad (7.159)$$

Die Krümmung ist die Ableitung von dx nach $d\varphi$ aufgrund

$$\kappa = \frac{dx}{d\varphi} \implies \frac{1}{\kappa} = \frac{d\varphi}{dx} \qquad (7.160)$$

gilt. Diese Bedingung in Verbindung mit dem Krümmungsradius ergibt

$$\kappa = \frac{1}{\rho}; \qquad (7.161)$$

oder durch Einsetzen von Formel (7.158) folgt

$$\kappa = \frac{M_b}{E \cdot I_x} \left[\frac{1}{\text{mm}}\right]. \qquad (7.162)$$

7.7.3 Durchbiegung f und Neigungswinkel der Endtangente α

Die Gleichungen für die Biegelinie ermöglichen es, die Durchbiegungen und Neigungswinkel zu berechnen. Diese haben nur Gültigkeit, wenn der Trägerquerschnitt konstant ist $I_x = $ const.

7.7.3.1 Gleichungen für die Biegelinie, wenn $I = $ const.

Mit $\rho_x = \frac{I_x \cdot E}{M_{bx}}$, oder anders geschrieben: $\frac{1}{\rho_x} = \frac{M_{bx}}{I_x \cdot E}$ folgt mit der aus der Mathematik bekannten Gleichung für die Krümmung

$$\kappa = -\frac{1}{\rho} = \frac{\frac{d^2(\omega)}{dx^2}}{\left[1+\left(\frac{d\omega}{dx}\right)^2\right]^{\frac{3}{2}}}. \qquad (7.163)$$

Da nach Beobachtungen, bei linearem Werkstoffverhalten, der Term $\frac{d\omega}{dx}$ in der Mechanik sehr klein wird, kann dieser durch

$$\lim_{\frac{d\omega}{dx}\to 0}\left(\left[1+\left(\frac{d\omega}{dx}\right)^2\right]^{\frac{3}{2}}\right) = (1+0)^{\frac{3}{2}} = 1^{\frac{3}{2}} = 1$$

(Steigung) geschrieben und damit vernachlässigt werden. Es folgt $\frac{1}{\rho} = -\frac{d^2(\omega)}{dx^2}$. Setzt man hier die Formel (7.158) ein, so ergibt sich

$$\frac{M_b}{I_y \cdot E} = -\frac{d^2\omega}{dx^2} = -\omega''. \qquad (7.164)$$

7.7.3.2 Gleichungen für die Biegelinie, wenn $I = $ variabel

Liegt ein Balken mit unterschiedlichen Biegesteifigkeiten vor, so muss ein Ersatzträger gebildet werden. Dies kann man mittels des Mohr'schen Verfahrens tun, oder durch Bilden von mehreren Einzelsystemen.

7.7.3.3 Folgen von zu großer Durchbiegung

Ist die Durchbiegung und damit die Formänderungsarbeit zu groß, kann es zu Schwingungen im Bauteil kommen, welche das Bauteil zum Bruch führen, obwohl vielleicht die Spannungen richtig dimensioniert waren (vgl. Kapitel Dynamik und Maschinendynamik in Band 3 dieser Buchreihe). Die zulässige Durchbiegung ist im Maschinenbau je nach Anwendung

$$f_{zul} = \frac{l}{1000} \ldots \frac{l}{800} \ldots \frac{l}{500}. \quad (7.165)$$

7.7.4 Weiteres zum Schubmittelpunkt

Vgl. ◘ Abb. 7.62. Wie bereits im Kapitel „Schub" erwähnt, ist es bei der reinen Biegung notwendig, die Kraftangriffslinie durch den Schubmittelpunkt gehen zu lassen. Ist dies nicht der Fall, so entsteht zusätzlich Verwölbung. Dabei stellt sich die Frage: **Wie findet man den Schubmittelpunkt?**

1. Hat ein Querschnitt eine Symmetrielinie, so liegt auf dieser der Schubmittelpunkt.
2. Bei zwei Symmetrieachsen fällt der Schubmittelpunkt mit dem Schwerpunkt zusammen.
3. Ist ein Querschnitt aus zwei Rechtecken zusammengesetzt, so liegt der Schubmittelpunkt im Schnittpunkt der längeren Rechteckmittellinie.
4. Der Schubmittelpunkt weiterer Flächen kann aus Tabellen entnommen werden.

7.8 Zweiachsige – oder schiefe Biegung

Bis jetzt wurde ein Balken immer so belastet, dass nur in einer Richtung eine Biegebeanspruchung vorliegt (in einer Ebene entlang einer Koordinatenrichtung). Wird ein Balken jedoch von einer schiefen Kraft oder gar mehreren Kräften belastet, so liegt eine mehrachsige Biegung vor.

Eine schiefe Biegung liegt vor, wenn die Lastebene nicht durch eine der beiden Hauptachsen des Trägerquerschnitts geht. Das heißt, der Biegemomentenvektor fällt nicht mit einer der beiden Hauptachsen zusammen. Die Grundformel für die Biegespannung gilt nur, wenn das Biegemoment in Richtung der Hauptachsen geht, um das System trotzdem lösen zu können, muss man die Last bzw. das Biegemoment so in Komponenten zerlegen, sodass diese in Hauptrichtung zeigen. Für diese Teilsysteme darf die Biegehauptgleichung verwendet werden.

7.8.1 Darstellungsbeispiel von schiefer Biegung

In dem Beispiel aus ◘ Abb. 7.63 muss die Biegung durch das Biegemoment in zwei Ebenen aufgeteilt werden. Zum einen in das Moment um die x-Achse und zum anderen in das Moment um die y-Achse.

7.8.2 Spannungen bei schiefer Biegung

Aus den vorhergehenden Abbildungen ist erkennbar, wo die Faser gestaucht bzw. gezogen wird. Durch Verbinden der Spannungspfeile gelangt man zu ◘ Abb. 7.64.

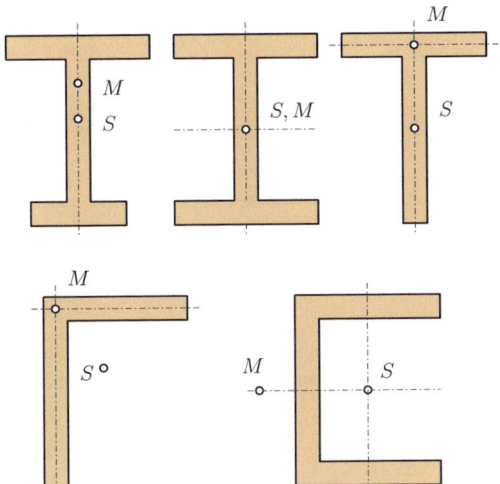

◘ **Abb. 7.62** Schubmittelpunkte einiger Flächen

Definition 7.5 (Nulllinie)

Die Nulllinie ist jene Linie, an jener alle Spannungen gleich null sind (Neutrale Faser). Die größten Spannungen sind in jenen Punkten zu erwarten, die am weitesten von der Nulllinie entfernt sind.

7.8.3 Berechnung der Spannungen bei schiefer Biegung

$$\sigma_{b,x} = \pm \frac{|M_{bx}|}{I_x} \cdot |e_x| \quad \text{und} \tag{7.166}$$

$$\sigma_{b,y} = \pm \frac{|M_{by}|}{I_y} \cdot |e_y|. \tag{7.167}$$

$$\sigma_{b,\text{Res}} = \sigma_{b,x} + \sigma_{b,y}$$

$$\sigma_{b,\text{Res}} = \pm \frac{|M_{bx}|}{I_x} \cdot |e_x| \pm \frac{|M_{by}|}{I_y} \cdot |e_y| \tag{7.168}$$

Vgl. ◘ Abb. 7.65.

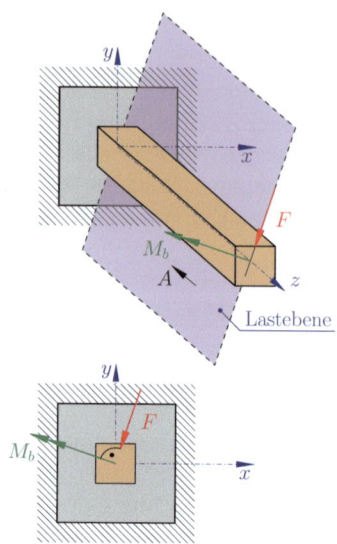

◘ **Abb. 7.63** Kragträger, schief belastet

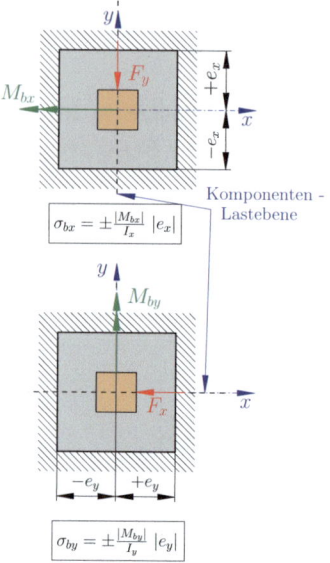

◘ **Abb. 7.64** Kragträger, schief belastet, Vorderansicht

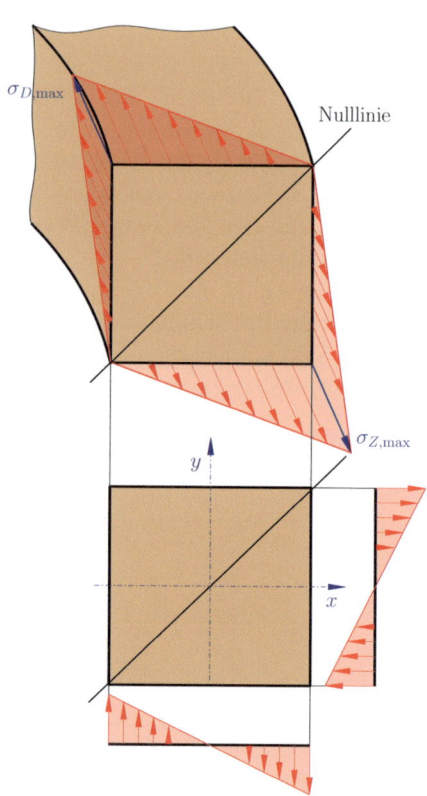

◘ **Abb. 7.65** Kragträger, schief belastet Spannungsvektoren (Belastung wurde gegenüber 7.66 der Übersichtlichkeit halber geändert!)

7.8 · Zweiachsige – oder schiefe Biegung

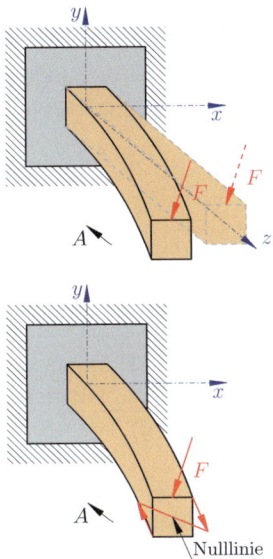

Abb. 7.66 Kragträger, schief belastet 3D

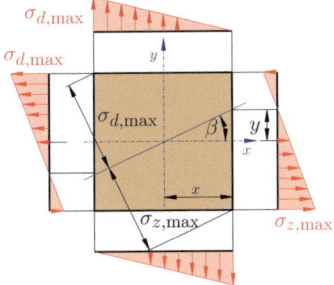

Abb. 7.67 Kragträger schief belastet, Steigungswinkel

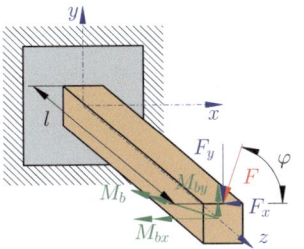

a) Kragträger

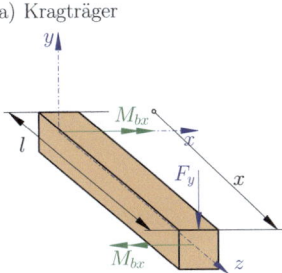

b) Kräfte in y - Richtung

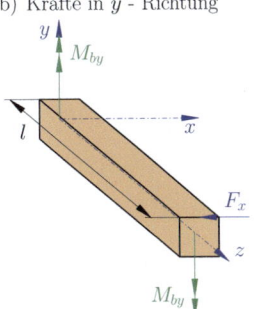

c) Kräfte in x - Richtung

Abb. 7.68 Kragträger schiefe Biegung

7.8.4 Bestimmung der Nulllinie

Vgl. ◘ Abb. 7.67. Der Winkel der Nulllinie β kann durch null Setzen der resultierenden Spannung berechnet werden[4].

Nachdem die resultierende Spannung zu null gesetzt wird, muss das Vorzeichen der Biegespannungsvektoren beachtet werden. Dieses hängt vom Biegemoment ab. Folgt durch Schneiden des Trägers (vgl. Schnittgrößen) $-F \cdot l$ so ist das Spannungsvorzeichen $\ominus$, anders ist es $\oplus$. Allgemein gilt:

$$\sigma_{b,\text{Res}} = \sigma_{b,x} + \sigma_{b,y} = 0. \quad (7.169)$$

Ermitteln der Momente durch Schneiden des Trägers (◘ Abb. 7.68) lässt folgende Gleichungen folgen:

Für das Moment in x-Richtung: $M_{bx} = -F_y \cdot x = F \cdot \cos(\varphi) \cdot x$ und damit für das maximale Biegemoment in x-Richtung:

$$M_{bx,\text{max}} = -F_y \cdot l = -F \cdot \cos(\varphi) \cdot l. \quad (7.170)$$

Bzw. für Moment in y-Richtung: $M_{by} = F_x \cdot x = F \cdot \sin(\varphi) \cdot x$ und für das maximale Moment in y-Richtung:

$$M_{by,\text{max}} = -F_x \cdot l = -F \cdot \sin(\varphi) \cdot l. \quad (7.171)$$

---

4 Gemäß Kurvendiskussion Mathematik.

Daraus folgen die beiden Biegespannungen, zu

$$\sigma_{b,z} = \frac{M_{bx,\max}}{I_x} \cdot y = \frac{-F \cdot \sin(\varphi) \cdot l}{I_x} \cdot y \tag{7.172}$$

$$\sigma_{b,x} = \frac{M_{by,\max}}{I_x} \cdot x = \frac{F \cdot \cos(\varphi) \cdot l}{I_y} \cdot x. \tag{7.173}$$

Diese Bedingungen einsetzen

$$\sigma_{b,\text{Res}} = \sigma_{b,x} + \sigma_{b,y} = 0$$
$$= \frac{F \cdot \cos(\varphi) \cdot l}{I_y} \cdot x - \frac{F \cdot \sin(\varphi) \cdot l}{I_x} \cdot y$$
$$= 0; \tag{7.174}$$

umformen, zu

$$\frac{F \cdot \cos(\varphi) \cdot l}{I_y} \cdot x - \frac{F \cdot \sin(\varphi) \cdot l}{I_x} \cdot y = 0$$
$$\frac{y}{x} = \frac{F \cdot \cos(\varphi) \cdot l \cdot I_x}{F \cdot \sin(\varphi) \cdot l \cdot I_y}. \tag{7.175}$$

Es handelt sich hierbei um die Winkelfunktion „Tangens":

$$\tan(\beta) = \frac{y}{x} = \frac{\cos(\varphi) \cdot I_x}{\sin(\varphi) \cdot I_y}; \tag{7.176}$$

oder allgemeiner

$$\tan(\beta) = \frac{y}{x} = \frac{M_{by,\max} \cdot I_x}{M_{bx,\max} \cdot I_y}. \tag{7.177}$$

Für die Gleichung der Nulllinie wird damit

$$y = \frac{M_{by,\max} \cdot I_x}{M_{bx,\max} \cdot I_y} \cdot x. \tag{7.178}$$

$$\beta = \arctan\left(\frac{M_{by,\max} \cdot I_x}{M_{bx,\max} \cdot I_y}\right). \tag{7.179}$$

7.8.5 Doppelte Biegung

Für den Fall, dass $I_x = I_y$ ist (Kreis) fällt die Nulllinie mit dem Momentenvektor zusammen, wodurch

$$\beta = \arctan\left(\frac{M_{by,\max}}{M_{bx,\max}}\right). \tag{7.180}$$

folgt. Beim Kreis ist jede Hauptachse ident, da eine Symmetrie vorliegt. Hierbei spricht man von „doppelter Biegung".

7.9 Verläufe eines Gerberträger

Für die rechnerische Ermittlung der Auflagerkräfte und der Gelenkkraft setzt man die Gleichgewichtsbedingungen für jedes Teilsystem an, da gilt: „Ist das gesamte System im Gleichgewicht, so sind auch die Einzelsysteme im Gleichgewicht". Der Biegemomenten-, Querkraft- und Normalkraftverlauf wird ebenfalls für jedes Teilsystem ermittelt.

Vom Träger aus ◘ Abb. 7.69 sind bei folgendem gegebenen Daten $q = 1{,}2 \frac{\text{kN}}{\text{mm}}$; $F = 8\,\text{kN}$, $a = 100\,\text{mm}$, $b = 20\,\text{mm}$, $c = 50\,\text{mm}$, $d = 25\,\text{mm}$, die Auflagerkräfte und die Gelenkkräfte sowie der Biegemomenten- und Querkraftverlauf gesucht.

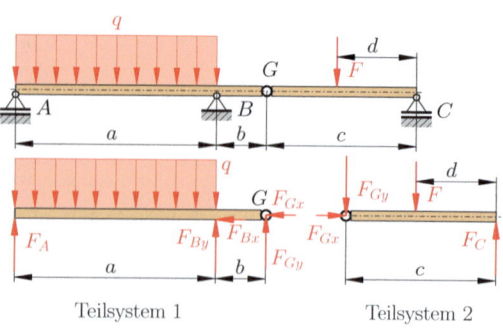

◘ **Abb. 7.69** Gerberträger Beispiel 1

7.9 · Verläufe eines Gerberträger

■■ Lösung:

Vgl. ◘ Abb. 7.70.

1. **Auflagerkraft und Gelenkkraft**
   — **Gleichgewicht am Teilsystem 1:**

$$\sum_{i=1}^{n} F_{ix} = 0:$$
$$-F_{BX} - F_{GX} = 0 \qquad (7.181)$$

$$\sum_{i=1}^{n} F_{iy} = 0:$$
$$F_A - q \cdot a + F_{BY} - F_{GY} = 0 \quad (7.182)$$

$$\sum_{i=1}^{n} M_{i(B)} = 0:$$
$$-F_A \cdot a + q \cdot \frac{a^2}{2} - F_{GY} \cdot b = 0$$
$$\qquad (7.183)$$

— **Gleichgewicht am Teilsystem 2:**

$$\sum_{i=1}^{n} F_{iX} = 0:$$
$$F_{GX} = 0 \qquad (7.184)$$

$$\sum_{i=1}^{n} F_{iY} = 0:$$
$$F_{GY} + F_C - F = 0 \qquad (7.185)$$

$$\sum_{i=1}^{n} M_{i(B)} = 0:$$
$$-F_{GY} \cdot c + F \cdot d = 0 \qquad (7.186)$$

Umformen von $M_{i(B)}$ (Gl. (7.186)):

$$\underline{\underline{F_{GY}}} = \frac{F \cdot d}{c} = F_G = 8\,\text{kN} \cdot \frac{25\,\text{mm}}{50\,\text{mm}}$$
$$= \underline{\underline{4\,\text{kN}}}. \qquad (7.187)$$

und aus F_{iy} folgt:

$$\underline{\underline{F_C}} = F_{GY} = 8\,\text{kN} - 4\,\text{kN} = \underline{\underline{4\,\text{kN}}}.$$
$$\qquad (7.188)$$

aus F_{Ix} folgt:

$$\underline{\underline{F_{BX}}} = 0. \qquad (7.189)$$

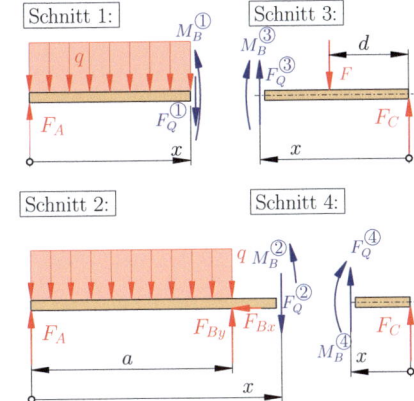

◘ **Abb. 7.70** Gerberträger rechnerische Bestimmung Schnittgrößen

— Setzt man Gl. (7.183) (F_{ix}) in Gl. (7.189) ein, folgt:

$$F_A = \frac{q \cdot \dfrac{a^2}{2} - F_{GY} \cdot b}{a}$$

$$= \frac{1{,}2\,\dfrac{\text{kN}}{\text{mm}} \cdot \dfrac{(100\,\text{mm})^2}{2}}{100\,\text{mm}}$$
$$- \frac{4\,\text{kN} \cdot 20\,\text{mm}}{100\,\text{mm}}$$

$$\underline{\underline{F_A}} = \underline{\underline{59{,}2\,\text{kN}}}. \qquad (7.190)$$

Aus F_{iy} folgt

$$F_{BY} = F_B = F_{GY} + q \cdot a - F_A$$
$$= 4\,\text{kN} + 1{,}2\,\frac{\text{kN}}{\text{mm}} \cdot 100\,\text{mm}$$
$$- 59{,}2\,\text{kN}$$

$$\underline{\underline{F_{BY}}} = F_B = \underline{\underline{64{,}8\,\text{kN}}}. \qquad (7.191)$$

2. **Schnittgrößen:**
   — **Feld ①:** $0 \leq x \leq a$:

$$\sum_{i=1}^{n} F_{iy} = 0:$$
$$F_{Q,\text{I}} + q \cdot x - F_A = 0 \qquad (7.192)$$

$$F_{Q,\text{I}} = F_A - q \cdot x. \qquad (7.193)$$

$$\sum_{i=1}^{n} M_{i(S,U)} = 0:$$

$$M_{b,\mathrm{I}} + q \cdot \frac{x^2}{2} - F_A \cdot x = 0. \quad (7.194)$$

$$M_{b,\mathrm{I}} = F_A \cdot x - q \cdot \frac{x^2}{2}. \quad (7.195)$$

- **Feld ②:** $a \leq x \leq (a+b)$:

$$\sum_{i=1}^{n} F_{iy} = 0:$$

$$F_{Q,\mathrm{II}} + q \cdot a - F_A - F_B = 0 \quad (7.196)$$

$$F_{Q,\mathrm{II}} = F_A - q \cdot a + F_B. \quad (7.197)$$

$$\sum_{i=1}^{n} M_{i(S,U)} = 0:$$

$$M_{b,\mathrm{II}} + q \cdot a \cdot \left(x - \frac{a}{2}\right) - F_A \cdot x - F_B \cdot (x - a) = 0. \quad (7.198)$$

$$M_{b,\mathrm{II}} = F_A \cdot x - q \cdot a \cdot \left(\frac{a}{2}\right) + F_B \cdot (x - a). \quad (7.199)$$

- **Feld ③:** $(a+b) \leq x \leq (c-d)$:

$$\sum_{i=1}^{n} F_{iy} = 0:$$

$$F_{Q,\mathrm{III}} + F_C - F = 0 \quad (7.200)$$

$$F_{Q,\mathrm{III}} = F - F_C. \quad (7.201)$$

$$\sum_{i=1}^{n} M_{i(S)} = 0:$$

$$M_{b,\mathrm{III}} - F_C \cdot x_1 - F(x_1 - d) = 0. \quad (7.202)$$

$$M_{b,\mathrm{III}} = F_C \cdot x_1 - F \cdot (x_1 - d). \quad (7.203)$$

- **Feld ④:** $(c-d) \leq x \leq d$:

$$\sum_{i=1}^{n} F_{iy} = 0:$$

$$F_{Q,\mathrm{IV}} + F_C = 0 \quad (7.204)$$

$$F_{Q,\mathrm{IV}} = -F_C. \quad (7.205)$$

$$\sum_{i=1}^{n} M_{i(S,U)} = 0:$$

$$M_{b,\mathrm{IV}} = F_C \cdot x_1 = 0. \quad (7.206)$$

$$M_{b,\mathrm{IV}} = F_C \cdot x_1. \quad (7.207)$$

3. **Maximales Biegemoment an den verschiedenen Feldern**:
   - **Feld ①:**

$$F_{Q,\mathrm{I}} = F_A - q \cdot x_{\max,\mathrm{I}} = 0 \quad (7.208)$$

$$x_{\max,\mathrm{I}} = \frac{F_A}{q} = \frac{59{,}2\,\mathrm{kN}}{1{,}2\,\frac{\mathrm{kN}}{\mathrm{mm}}}$$

$$= 49{,}33\,\mathrm{mm}. \quad (7.209)$$

$$M_{b,\max} = F_A \cdot x_{\max,\mathrm{I}} - q \cdot \frac{x_{\max,\mathrm{I}}^2}{2}$$

$$= 1460{,}27\,\mathrm{Nm}. \quad (7.210)$$

- **Stelle** $x = a$:

$$M_{b(x=a)} = F_A - q \cdot x^2 = -60{,}8\,\mathrm{Nm}. \quad (7.211)$$

- **Stelle** $x = d$:

$$M_{b(x=d)} = F_C \cdot x = 100\,\mathrm{Nm}. \quad (7.212)$$

7.9 · Verläufe eines Gerberträger

4. **Überprüfen der Biegemomentgleichung durch Integrieren der Querkraftgleichung:**
   - Feld ①: Ergebnisse von vorhin:

$$F_{Q,I} = F_A - q \cdot x$$
$$M_{B,I} = F_A \cdot x - q \cdot \frac{x^2}{2}. \qquad (7.213)$$

Bekannt ist, dass die Integration der Querkraftgleichung die Biegemomentengleichung ergibt:

$$M_{b,I} = \int F_{Q,I} = \int (F_A - q \cdot x) dx$$
$$= F_A \cdot x - q \cdot \frac{x^2}{2} + C \qquad (7.214)$$

Mit der Randbedingung, wenn $x = 0$ dann ist auch $M_{b,II} = 0$

$$M_{b,I} = F_A \cdot x - q \cdot \frac{x^2}{2} \qquad (7.215)$$

- Feld ②: Ergebnisse von vorhin:

$$F_{Q,II} = F_A - q \cdot a + F_B$$
$$M_{B,I} = F_A \cdot x - q \cdot a \cdot \left(x - \frac{a}{2}\right)$$
$$+ F_B \cdot (x - a). \qquad (7.216)$$

Erneut gilt:

$$M_{b,II} = \int F_{Q,II}$$
$$= \int (F_A - q \cdot x + F_B) dx$$
$$= F_A \cdot x - q \cdot \frac{x^2}{2} + F_B \cdot x + C \qquad (7.217)$$

Bestimmen von C mittels Rand- und Übergangsbedingungen:
Im Feld II gilt: Wenn $x = a$ dann ist auch $M_{B,II} = F_A \cdot a - q \frac{a^2}{2}$ (aus Feld I). Diese Bedingung eingesetzt liefert

$$M_{b,II}(x = a) = F_A \cdot x - q \cdot a \cdot x$$
$$+ F_B \cdot x + C$$
$$= F_A \cdot a - q \cdot \frac{a^2}{2}$$
$$\Longrightarrow \quad C = q \cdot a^2 - q \cdot q \cdot \frac{a^2}{2} - F_B \cdot a; \qquad (7.218)$$

$$M_{b,II} = F_A \cdot x - q \cdot a \cdot \left(\frac{a}{2}\right)$$
$$+ F_B \cdot (x - a). \qquad (7.219)$$

- Es folgt eine wahre Aussage.
5. **Verläufe:** Siehe ◘ Abb. 7.71.
6. **Maximales Biegemoment:** Das maximale Biegemoment liegt im Feld I:

$$F_{Q,I} = F_A - q \cdot x_{\max} = 0$$
$$\Longrightarrow \quad x_{\max} = \frac{F_A}{q} = 49{,}33 \text{ mm} \qquad (7.220)$$

$$M_{b,\max} = F_A \cdot x_{\max} - q \cdot \frac{x_{\max}^2}{2}$$
$$= 1460{,}27 \text{ Nm}. \qquad (7.221)$$

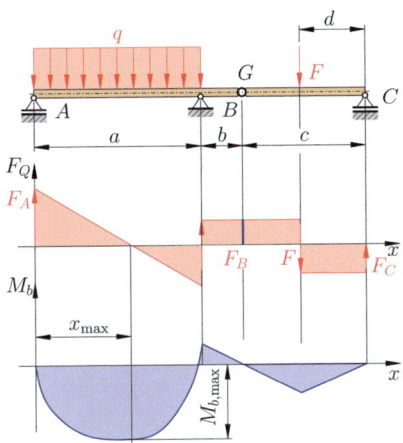

◘ **Abb. 7.71** Gerberträger rechnerische Bestimmung Verläufe

7.10 Statisch unbestimmte Systeme

Ein System ist dann statisch unbestimmt, wenn mehr Auflagerreaktionen als Gleichgewichtsbedingungen vorhanden sind. Für die Ermittlung der Auflagerreaktionen muss eine weitere Gleichung herangezogen werden, welche man aus der elastischen Formänderung erhält.

7.10.1 Anwendungsbeispiel: dreifach gelagerter Träger, Biegeträger

Vgl. ◘ Abb. 7.72.
1. **Entfernung von Lager C:**
Siehe ◘ Abb. 7.73.

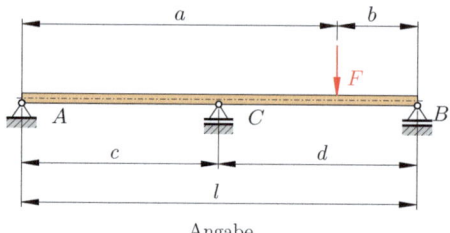

Angabe

$F = 5000$ N, $l = 120$ mm
$a = 90$ mm, $b = 30$ mm
$c = 50$ mm, $d = 70$ mm
$E = 2{,}1 \cdot 10^5 \ \frac{\text{N}}{\text{mm}^2}$
$I_x = 7855$ mm^4

◘ **Abb. 7.72** Dreifach gelagerter Träger

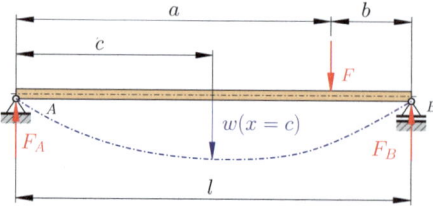

Durchbiegung infolge F anstelle C

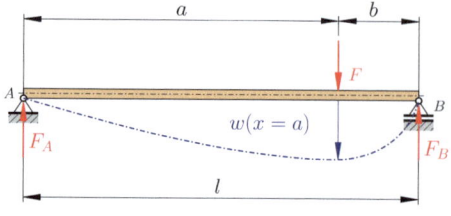

Durchbiegung infolge F anstelle F

◘ **Abb. 7.73** Dreifach gelagerter Träger, Durchbiegung

Aufstellen der Gleichgewichtsbedingungen und $F_{A,I}$ bzw. $F_{B,I}$ nach dem Superpositionsprinzip (siehe auch Statik)

$$\sum_{i=1}^{n} F_{iy} = 0:$$

$$F_{A,I} + F_{B,I} - F = 0 \qquad (7.222)$$

$$\sum_{i=1}^{n} M_{i(B)} = 0:$$

$$F \cdot b - F_{A,I} \cdot (a+b) = 0 \qquad (7.223)$$

Aus $M_{i(B)}$ folgt:

$$\underline{\underline{F_{A,I}}} = \frac{F \cdot b}{a+b} = \frac{F \cdot b}{l} = \underline{\underline{1250 \text{ N}}}. \qquad (7.224)$$

Aus F_{iy} folgt:

$$\underline{\underline{F_{B,I}}} = F - F_{A,I} = \underline{\underline{3750 \text{ N}}}. \qquad (7.225)$$

2. **Ermittlung der Durchbiegung infolge F anstelle von Lager C:** Siehe ◘ Abb. 7.73. Aus Tabellen, bzw. durch den nächsten Abschnitt folgt die Gleichung

$$w(x = c) = f_{c1}$$

$$= \frac{F \cdot a \cdot b^2}{6 \cdot E \cdot I_x}$$

$$\left[\left(1 + \frac{l}{b}\right) \cdot \frac{c}{l} - \frac{c^3}{a \cdot b \cdot l}\right]$$

$$= \underline{\underline{0{,}069 \text{ mm}}}. \qquad (7.226)$$

3. **Ermittlung der Durchbiegung infolge F anstelle von F:**
Vgl. ◘ Abb. 7.73. Aus Tabellen, bzw. mittels der im nächsten Abschnitt hergeleiteten

7.10 · Statisch unbestimmte Systeme

Gleichungen folgt die Gleichung

$$w(x=a) = f_{f1} = \frac{F \cdot a^2 \cdot b^2}{3 \cdot E \cdot I_x \cdot L}$$
$$= \underline{\underline{0{,}0614\,\text{mm}}}. \qquad (7.227)$$

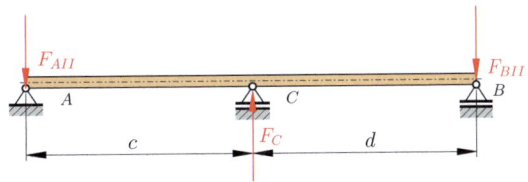

Abb. 7.74 Dreifach gelagerter Träger, mit allen Auflagerreaktionen

4. **Zeichnen der Biegelinie 1:** Dafür an einzelnen Stellen die Durchbiegung ermitteln, ebenfalls mit Formeln aus Tabellen, oder durch Herleiten, wie es im nächsten Abschnitt behandelt wird.
An der Stelle $x_{\text{max},1} = 67{,}082$ mm ist $f_{\text{max}_1} = 0{,}076$ mm, an der Stelle $x_{\text{max},2} = 25$ mm ist $f_{\text{max}_1} = 0{,}0406$ mm.

5. **Ermittlung der Lagerkraft F_C:** Die Lagerkraft F_C ruft eine gleich große, aber entgegengesetzte Durchbiegung an der Stelle C wie die Kraft F hervor, welche vorhin berechnet wurde. Es gilt: $|f_{c2}| = |f_{c1}|$ und für die Formel für die Durchbiegung: $f = \frac{F \cdot a^2 \cdot b^2}{3 \cdot E \cdot I_x \cdot l}$, bzw. transformiert anstelle von C folgt

$$f_{c1} = \frac{F_{c1} \cdot a^2 \cdot b^2}{3 \cdot E \cdot I_x \cdot l} \qquad (7.228)$$

und durch Umformen

$$F_C = F_{C1} = F_{C2} = \frac{3 \cdot E \cdot I_x \cdot l \cdot f_{c1}}{c^2 \cdot d^2}$$
$$= \underline{\underline{3346\,\text{N}}}. \qquad (7.229)$$

6. **Ermittlung der Auflagerkräfte infolge F_C:** Siehe Abb. 7.74.
Aufstellen der Gleichgewichtsbedingungen und $F_{A,\text{II}}$ bzw. $F_{B,\text{II}}$ nach dem Superpositionsprinzip (siehe auch Statik) bestimmen:

$$\sum_{i=1}^{n} F_{iY} = 0:$$
$$-F_{A,\text{II}} + F_{B,\text{II}} - F_C = 0 \qquad (7.230)$$

$$\sum_{i=1}^{n} M_{i(A)} = 0:$$
$$F_C \cdot c - F_{B,\text{II}} \cdot (c+d) = 0 \qquad (7.231)$$

Aus $M_{i(A)}$ folgt:

$$F_{B,\text{II}} = \frac{F_C \cdot c}{c+d} = \frac{F_C \cdot c}{l} = \underline{\underline{1394\,\text{N}}}. \qquad (7.232)$$

Aus F_{iy} folgt

$$F_{A,\text{II}} = F_C - F_{B,\text{II}} = \underline{\underline{1952\,\text{N}}}. \qquad (7.233)$$

7. **Ermittlung der Durchbiegung infolge F_C anstelle von F:**
Aus Tabellen, bzw. mittels des nächsten Kapitels folgt die Formel

$$w(x=a) = f_{F2}$$
$$= \frac{F_C \cdot c^2 \cdot d}{6 \cdot E \cdot I_x}$$
$$\cdot \left[\left(1 + \frac{l}{c}\right) \cdot \frac{l-a}{l} - \frac{(l-a)^3}{c \cdot d \cdot l} \right]$$
$$= \underline{\underline{0{,}046\,\text{mm}}}. \qquad (7.234)$$

8. **Zeichnen der Biegelinie 2:** Dafür an einzelnen Stellen die Durchbiegung ermitteln, ebenfalls mit Formeln aus Tabellen, oder durch Herleiten. Es folgt an der Stelle $x_{\text{max},2} = 57{,}02$ mm ist $f_{\text{max}_1} = 0{,}0704$ mm.

9. **Ermittlung der resultierenden Lagerkräfte:**

$$F_A = F_{A,\mathrm{I}} - F_{A,\mathrm{II}}$$
$$= 1250\,\mathrm{N} - 1952\,\mathrm{N} = -702\,\mathrm{N} \quad (7.235)$$

$$F_B = F_{B,\mathrm{I}} - F_{B,\mathrm{II}}$$
$$= 3750\,\mathrm{N} - 1394\,\mathrm{N} = 2356\,\mathrm{N} \quad (7.236)$$

10. **Zeichnen der Biegelinie nach dem Superpositionsprinzip:** Man muss hierfür nur die zwei Einzelbiegelinien grafisch addieren und erhält die gesamte Durchbiegung. Siehe nachstehende Abbildungen.
11. **Biegemomentenverlauf: Feld I:** $0 \leq x \leq c$:

$$\sum_{i=1}^{n} M_{i,S,U} = 0:$$
$$M_{b,\mathrm{I}} + F_A \cdot c = 0 \quad (7.237)$$

$$M_{b,\mathrm{I}} = -F_A \cdot c = -702\,\mathrm{N} \cdot 50\,\mathrm{mm}$$
$$= -35{,}1\,\mathrm{Nm}. \quad (7.238)$$

Feld III: $c \leq x \leq b$:

$$\sum_{i=1}^{n} M_{i,S,U} = 0:$$
$$M_{b,\mathrm{III}} - F_B \cdot b = 0 \quad (7.239)$$

$$M_{b,\mathrm{III}} = F_B \cdot b = 2356\,\mathrm{N} \cdot 30\,\mathrm{mm}$$
$$= 70{,}68\,\mathrm{Nm}. \quad (7.240)$$

12. **Biegelinie:**
Siehe ◘ Abb. 7.75.
13. **Biegemomentenverlauf:**
Siehe ◘ Abb. 7.76.

7.10.2 Ergänzung

Eine weitere Möglichkeit, einen statisch unbestimmten Träger zu berechnen, stellt die Möglichkeit mittels der virtuellen Arbeit dar. Verweis dazu auf den ersten Band dieser Buchreihe: Technische Mechanik – Stereostatik.

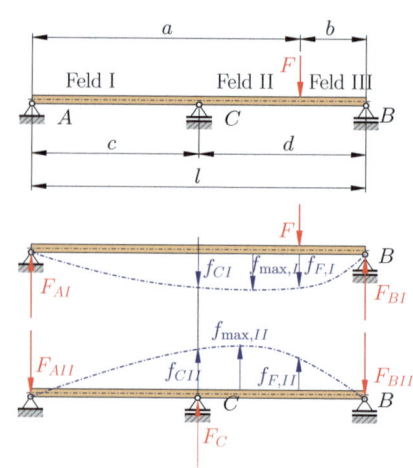

◘ **Abb. 7.75** Dreifach gelagerter Träger, Biegelinie

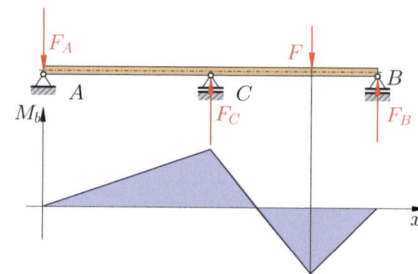

◘ **Abb. 7.76** Dreifach gelagerter Träger, Biegemomentenverlauf

7.11 Die elastische Linie

7.11.1 Krümmung

In ▶ Abschn. 7.7.1 wurde bereits die Formel

$$\frac{1}{\rho} = \frac{M_b}{I_a \cdot E} \quad (7.241)$$

gefunden und daraus die Gleichung der Biegelinie hergeleitet, zu

$$\frac{M_b}{I_y \cdot E} = -\frac{d^2\omega}{dx^2} = -\omega''. \quad (7.242)$$

7.11 · Die elastische Linie

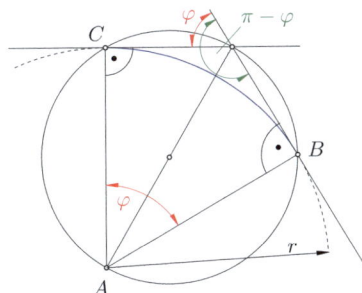

Abb. 7.77 Krümmungsformel Herleitung

Diese resultierte aus der Kenntnis, dass die Krümmung durch die Krümmungsformel (Mathematik) definiert ist. Zunächst macht sich der folgende Absatz die Aufgabe, diese Krümmungsformel herzuleiten.

Die Krümmung[5] gibt die Geometrie sowie Richtung einer Kurve an. Dabei ist diese bei einem Kreis überall gleich groß. Es wurde bereits die Gleichung $\kappa = \frac{1}{\rho} = \frac{1}{r}$ gezeigt, welche zum weiteren Agieren bei der Herleitung dienen sollte. Betrachtet man eine allgemeine Kurve mit dem Winkel φ und setzt anstatt r die Laufvariable x ein, so folgt: $\kappa = \frac{\varphi}{x} = \frac{\Delta \varphi}{\Delta x}$. Mit dem Grenzwert ergibt sich

$$\kappa = \lim_{\Delta s \to 0} \left(\frac{\Delta \varphi}{\Delta s} \right) = \frac{d\varphi}{ds}. \qquad (7.243)$$

Vgl. Abb. 7.77. Ist die Kurve als Graph gegeben, gilt: $f : \mathbb{R} \to \mathbb{R}, y = f(x)$. Da bekannt ist, dass die 1. Ableitung die Steigung darstellt, wodurch in Verbindung mittels des Einheitskreises $k = y' = \frac{y}{x} = \tan(\varphi)$ geschrieben werden kann bzw. durch Umformen $\varphi = \arctan(\frac{y}{x})$, oder differenziert und als Funktion geschrieben, folgt $f(x) = \arctan(\frac{dy}{dx}) = \arctan(y')$. Diese Bedingung in κ eingesetzt ergibt

$$\kappa = \frac{d\varphi}{dx} = \frac{\arctan(y')}{dx} = f'(y'). \qquad (7.244)$$

Jetzt bildet man die Ableitung dieser Funktion $f'(y') = [\arctan(y')]'$. Einschub: Die Umkehrfunktion der Tangens-Funktion ist die Arcus-Tangens-Funktion, beispielsweise folgt

aus $f(y') = \arctan(y') \Longrightarrow y' = \tan(f(y'))$ bzw. in diesem Anwendungsfall $y' = [\arctan(f(y'))]'$. Mit

$$\begin{aligned}\tan(y') &= \frac{\sin(y')}{\cos(y')} \\ &= \frac{\cos(y') \cdot \cos(y') + \sin(y') \cdot (-\sin(y'))}{\cos^2(y')} \\ &= \frac{1}{\cos^2(y')} = \sec^2(y'). \qquad (7.245)\end{aligned}$$

folgt durch Einsetzen und Anwenden der Kettenregel: $1 = \sec^2(f(y')) \cdot f'(y')$. Für $f(y) = \arctan(y)$ einsetzen:

$$f'(y') = \frac{1}{\sec^2(\arctan(y'))}.$$

Aus der oben gebildeten Ableitung des Tangens kann man folgern

$$\begin{aligned}\sec^2(y') &= \frac{\cos^2(y') + \sin^2(y')}{\cos^2(y')} \\ &= \frac{\cos^2(y')}{\cos^2(y')} + \frac{\sin^2(y')}{\cos^2(y')} \\ &= 1 + \tan^2(y'). \qquad (7.246)\end{aligned}$$

Jetzt kann in

$$f'(y') = \frac{1}{\sec^2(\arctan(y'))}$$

anstatt „$\sec^2(\arctan(y'))$" „$1 + \tan^2(y')$" geschrieben werden, zu

$$f'(y') = \frac{1}{\tan^2(\arctan(y')) + 1}. \qquad (7.247)$$

Ist $\tan(\arctan(y')) = y'$, dann ist $\tan^2(\arctan(y')) = y'^2$:

$$f'(y') = [\arctan(y')]' = \frac{1}{y'^2 + 1}.$$

Zusammenfassend gilt:

$$[\arctan(y')] = \frac{1}{y'^2 + 1}. \qquad (7.248)$$

---

[5] Diese Herleitung ist in ähnlicher Form in [75] zu finden.

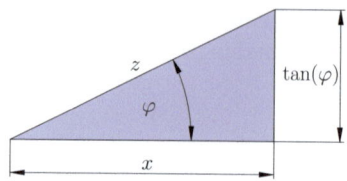

Abb. 7.78 Dreieck 1

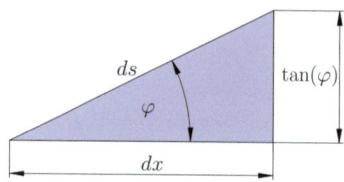

Abb. 7.79 Dreieck 2

Betrachtet man die Ausgangsgleichung, welche abgeleitet werden sollte $d\varphi = [\arctan(y')]'$. Nach x abgeleitet (bei $\arctan[y']'$ (Kettenregel) wird

$$\frac{d\varphi}{dx} = \frac{1}{y'^2 + 1}[y']' = \frac{y''}{y'^2 + 1}. \quad (7.249)$$

Es folgt das Zwischenergebnis

$$\frac{d\varphi}{dx} = \frac{y''}{y'^2 + 1}. \quad (7.250)$$

Durch kongruente Dreiecke (Abb. 7.78 und 7.79) und der Bedingung $\tan(\varphi) = k = y'$ mit $x = 1$ und dem Pythagoras folgt die Seite z, zu

$$z = \sqrt{x^2 + \tan^2(\varphi)} = \sqrt{1 + y'^2}. \quad (7.251)$$

Betrachtet man das 2. Dreieck, welches ja kongruent sein muss, wenn der Winkel φ sowie ein rechter Winkel vorhanden ist und leitet dies nach dx ab: $\frac{ds}{dx}$ und macht dasselbe für Dreieck 1 wird

$$\frac{dz}{dx} = \frac{\sqrt{1 + y'^2}}{dx} = \frac{\sqrt{1 + y'^2}}{1} = \sqrt{1 + y'^2}. \quad (7.252)$$

Mit $dz \sim ds$ ergibt sich

$$\frac{ds}{dx} = \sqrt{1 + y'^2}. \quad (7.253)$$

Durch Ableiten der am Anfang gefundenen Formel folgt

$$\kappa = \frac{d\varphi}{ds} = \frac{\frac{d\varphi}{dx}}{\frac{ds}{dx}}, \quad (7.254)$$

mit $\frac{ds}{dx} = \sqrt{1 + y'^2}$ und $\frac{d\varphi}{dx} = \frac{y''}{y'^2+1}$ ergibt sich durch Einsetzen

$$\kappa = \frac{\frac{d\varphi}{dx}}{\frac{ds}{dx}} = \frac{\frac{y''}{y'^2 + 1}}{(1 + y'^2)^{\frac{1}{2}}}$$

$$= \frac{y''}{(1 + y'^2)^{\frac{1}{2}} \cdot (y'^2 + 1)}. \quad (7.255)$$

Es folgt die allgemeine Krümmungsformel

$$\kappa = \frac{y''}{(1 + y'^2)^{\frac{3}{2}}}, \quad (7.256)$$

transformiert auf die Mechanik, worin anstatt der Funktion y die Biegelinie w geschrieben wird, resultiert

$$\kappa = \frac{w''}{(1 + w'^2)^{\frac{3}{2}}}. \quad (7.257)$$

Differentialgleichung der Biegelinie (= Balkenachse) für gerade Träger nach Euler: Es wird anstatt der Krümmung κ die gefundene Formel eingesetzt

$$-\frac{M_b}{I_A \cdot E} = \frac{w''}{(1 + w'^2)^{\frac{3}{2}}}. \quad (7.258)$$

Das Minuszeichen in dieser Gleichung ergibt sich nicht aus einer mathematischen Herleitung, sondern nach einer Konvention. (Erklärung nachstehend)

7.11 · Die elastische Linie

w' ... 1. Abl. der Biegelinie $w' = \tan(\varphi)$
Maß für die Steigung der Biegelinie

w'' ... 2. Ableitung der Biegelinie
Maß für die Krümmung der Biegelinie und für das Biegemoment

w''' ... 3. Ableitung der Biegelinie
Maß für die Querkraft

7.11.2 Differentialgleichung der Biegelinie, vereinfacht

In der Mechanik vereinfacht sich die Formel $-\frac{M_b}{I_A \cdot E} = \frac{w''}{(1+w'^2)^{\frac{3}{2}}}$ zu

$$\frac{M_b}{I_A \cdot E} = -\frac{d^2 w}{dx^2} = -w''. \qquad (7.259)$$

Umformen zum Biegemoment ergibt

$$-M_b = w'' \cdot E \cdot I_A. \qquad (7.260)$$

7.11.3 Durchbiegungsgleichung statisch bestimmt, am Kragträger

7.11.3.1 Kragträger mit Einzellast
Vgl. ◘ Abb. 7.80.

$$\sum_{i=1}^{n} M_b = 0: \quad -M_B - F \cdot x = 0. \qquad (7.261)$$

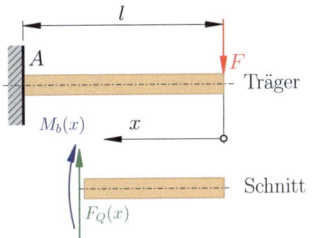

◘ **Abb. 7.80** Kragträger mit Einzellast

Es folgt

$$-M_b = w'' \cdot E \cdot I_A$$
$$F \cdot x = w'' \cdot E \cdot I_A \qquad (7.262)$$

Zweimal integrieren ergibt

$$\int w'' \cdot E \cdot I_A \, dw = \int F \cdot x \, dx \qquad (7.263)$$

$$w' \cdot E \cdot I_A = F \cdot \frac{x^2}{2} + C_1 \qquad (7.264)$$

$$\int w' \cdot E \cdot I_A \, dw = \int \left(F \cdot \frac{x^2}{2} + C_1 \right) dx \qquad (7.265)$$

$$w \cdot E \cdot I_A = F \cdot \frac{x^3}{6} + C_1 \cdot x + C_2. \qquad (7.266)$$

Durch Rand- und Übergangsbedingungen die Konstanten bestimmen, zu
1. Für $x = l$ folgt $w = 0$
2. Für $x = l$ folgt $w' = 0$ (denn die Steigung der Tangente = 0)

Einsetzen von Bedingung 1:

$$w \cdot E \cdot I_A = F \cdot \frac{x^3}{6} + C_1 \cdot x + C_2$$
$$0 = F \cdot \frac{l^3}{6} + C_1 \cdot l + C_2; \qquad (7.267)$$

Einsetzen von Bedingung 2:

$$w' \cdot E \cdot I_A = F \cdot \frac{x^2}{2} + C_1$$
$$0 = F \cdot \frac{l^2}{2} + C_1$$
$$C_1 = -F \cdot \frac{l^2}{2}. \qquad (7.268)$$

Einsetzen in (7.267):

$$0 = F \cdot \frac{l^3}{6} - F \cdot \frac{l^2}{2} \cdot l + C_2$$
$$0 = F \cdot \frac{-l^3}{3} + C_2 \quad \Longrightarrow \quad \frac{F \cdot l^3}{3} = C_2 \qquad (7.269)$$

Einsetzen von (7.268) und (7.269) in (7.266) ergibt

$$w \cdot E \cdot I_A = F \cdot \frac{x^3}{6} - F \cdot \frac{l^2}{2} \cdot x + \frac{F \cdot l^3}{3}$$
$$= \frac{F}{6} \cdot \left(x^3 - 3 \cdot l^2 \cdot x + 2 \cdot l^3\right) \tag{7.270}$$

umformen ergibt die

Biegelinie

$$w = \frac{F}{6 \cdot E \cdot I_A} \cdot \left(x^3 - 3 \cdot l^2 \cdot x + 2 \cdot l^3\right)$$
bzw.
$$w = \frac{F \cdot l^3}{6 \cdot E \cdot I_A} \cdot \left(2 - 3 \cdot \frac{x}{l} + \left(\frac{x}{3}\right)^3\right). \tag{7.271}$$

Neigungswinkel der Endtangente
Die Steigung ist definiert durch: $\tan(\alpha) = w'(x=0)$ diese Bedingung in (7.268) eingesetzt und gleichzeitig für C_1 eingesetzt

$$w' \cdot E \cdot I_A = F \cdot \frac{x^2}{2} - F \cdot \frac{l^2}{2}$$
$$\tan(\alpha) \cdot E \cdot I_A = F \cdot \frac{0^2}{2} - F \cdot \frac{l^2}{2} \tag{7.272}$$

$$\tan(\alpha) = \frac{F \cdot l^2}{2 \cdot E \cdot I}. \tag{7.273}$$

Maximale Durchbiegung
Abstand: Der Abstand ist sofort aus der Skizze mit $x_{max} = 0$ ersichtlich. Dies in die Biegelinengleichung eingesetzt ergibt

$$w_{max} = \frac{F \cdot l^3}{3 \cdot E \cdot I} \tag{7.274}$$

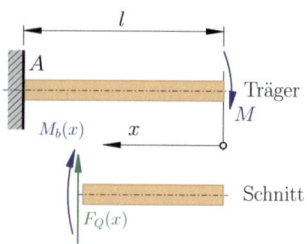

Abb. 7.81 Kragträger mit eingeleitetem Moment

7.11.3.2 Kragträger mit eingeleitetem Moment
Vgl. Abb. 7.81.

$$\sum_{i=1}^{n} M_b = 0: -M_B - M = 0. \tag{7.275}$$

Es folgt mit Gleichung $-M_b = w'' \cdot E \cdot I_A \Longrightarrow -M = w'' \cdot E \cdot I_A$. Durch zweifaches Integrieren

$$w' \cdot E \cdot I_A = M \cdot x + C_1 \tag{7.276}$$

$$w \cdot E \cdot I_A = M \cdot \frac{x^2}{2} + C_1 \cdot x + C_2. \tag{7.277}$$

Hierin die Rand- und Übergangsbedingungen
1. Für $x = l$ folgt $w = 0$
2. Für $x = l$ folgt $w' = 0$ (denn die Steigung der Tangente =0)

eingesetzt lässt die Konstanten durch $C_1 = -M \cdot l$ und $C_2 = M \cdot l^2 - M \cdot \frac{l^2}{2}$ folgen. Einsetzen der beiden Konstanten in die allg. Gleichung der Biegelinie ergibt

$$w \cdot E \cdot I_A = M \cdot \frac{x^2}{2} + M \cdot x$$
$$+ M \cdot l^2 - M \cdot \frac{l^2}{2} \tag{7.278}$$

Biegelinie

$$w = \frac{M \cdot l^2}{2 \cdot E \cdot I_A} \cdot \left(1 - 2 \cdot \frac{x}{l} + \left(\frac{x}{l}\right)^2\right). \tag{7.279}$$

7.11 · Die elastische Linie

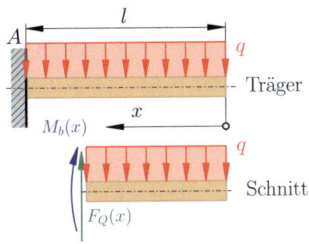

Abb. 7.82 Kragträger mit Rechtecklast

Neigungswinkel der Endtangente
Die Steigung errechnet sich durch $\tan(\alpha) = w'(x = 0)$, umformen und einsetzen ergibt

$$\tan(\alpha) = \frac{M \cdot l}{2 \cdot E \cdot I}. \quad (7.280)$$

Maximale Durchbiegung
Abstand: Mit $0 = x_{\max}$ folgt durch Einsetzen in die Biegelinie:

$$w_{\max} = \frac{M \cdot l^2}{2 \cdot E \cdot I} \quad (7.281)$$

7.11.3.3 Kragträger mit Rechtecklast
Vgl. Abb. 7.82.

$$\sum_{i=1}^{n} M_b = 0: \quad -M_B - q \cdot x = 0$$

$$\implies M_b = -q \cdot \frac{x^2}{2}. \quad (7.282)$$

Es folgt $-q \cdot \frac{x^2}{2} = w'' \cdot E \cdot I_A$ bzw. durch Zweifaches integrieren:

$$\int w'' \cdot E \cdot I_A \, dw = \int q \cdot \frac{x^2}{2} dx$$

$$w' \cdot E \cdot I_A = q \cdot \frac{x^3}{6} + C_1 \quad (7.283)$$

und ein weiteres Mal:

$$\int w' \cdot E \cdot I_A \, dw = \int \left(q \cdot \frac{x^3}{6} + C_1 \right) dx$$

$$w \cdot E \cdot I_A = q \cdot \frac{x^4}{24} + C_1 \cdot x + C_2. \quad (7.284)$$

1. Für $x = l$ folgt $w = 0$
2. Für $x = l$ folgt $w' = 0$ (denn die Steigung der Tangente =0); einsetzen:

$$C_1 = -q \cdot \frac{l^3}{6} \quad \text{und} \quad C_2 = q \cdot \frac{l^4}{8}. \quad (7.285)$$

Einsetzen der beiden Randbedingungen in die allg. Gleichung der Biegelinie ergibt:

$$w \cdot E \cdot I_A = q \cdot \frac{x^4}{24} + C_1 \cdot x + C_2$$

$$= \frac{q}{24} \cdot \left(\frac{x^4}{24} - \frac{l^3}{6} \cdot x + \frac{l^4}{8} \right).$$

Biegelinie

$$w = \frac{q}{24 \cdot E \cdot I_A} \cdot (x^4 - 4 \cdot l \cdot x + 3 \cdot l^4). \quad (7.286)$$

Neigungswinkel der Endtangente
Mit $\tan(\alpha) = w'(x = 0)$ und $x = 0$ folgt

$$w' \cdot E \cdot I_A = -q \cdot \frac{l^3}{6} = \left| -q \cdot \frac{l^3}{6} \right| = q \cdot \frac{l^3}{6};$$

umformen und einsetzen ergibt:

$$\tan(\alpha) = \frac{q \cdot l^3}{6 \cdot E \cdot I}. \quad (7.287)$$

Maximale Durchbiegung
Abstand: Mit $0 = x_{\max}$ folgt die **Maximale Durchbiegung** zu

$$w_{\max} = \frac{q \cdot l^4}{8 \cdot E \cdot I}. \quad (7.288)$$

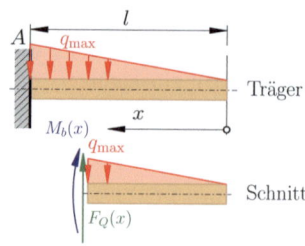

Abb. 7.83 Kragträger mit Dreieckslast, q_{max} an der Einspannungsstelle

7.11.3.4 Kragträger mit Dreieckslast, q_{max} in Einspannung

Vgl. Abb. 7.83. Für die resultierende Kraft (gemäß Kapitel „Totalresultierende", aus Band 1) gilt $F_{Res} = \frac{q_{max} \cdot l}{2}$. Damit folgt für das maximale Biegemoment

$$\sum_{i=1}^{n} M_b = 0:$$

$$-M_B - \frac{q(x) \cdot x}{2} \cdot \frac{x}{3} = 0.$$

$$\Rightarrow M_b = \frac{q(x) \cdot x^2}{6}.$$

$$-M_b = w'' \cdot E \cdot I_A$$
$$\frac{q(x) \cdot x^2}{6} = w'' \cdot E \cdot I_A$$
$$\frac{\frac{q_{max}}{l} \cdot x \cdot x^2}{6} = \frac{q_{max} \cdot x^3}{6 \cdot l} = w'' \cdot E \cdot I_A$$
(7.289)

Zweimal integrieren ergibt

$$\int w'' \cdot E \cdot I_A \, dw = \int \frac{q_{max} \cdot x^3}{6 \cdot l} \, dx$$

$$w' \cdot E \cdot I_A = \frac{q_{max} \cdot x^4}{24 \cdot l} + C_1 \quad (7.290)$$

$$\int w' \cdot E \cdot I_A \, dw = \int \left(\frac{q_{max} \cdot x^4}{24 \cdot l} + C_1 \right) dx$$

$$w \cdot E \cdot I_A = \frac{q_{max} \cdot x^5}{120 \cdot l} + C_1 \cdot x + C_2$$
(7.291)

1. Für $x = l$ folgt $w = 0$
2. Für $x = l$ folgt $w' = 0$ (denn die Steigung der Tangente =0)

$$C_1 = \frac{q_{max} \cdot l^3}{24} \quad \text{und} \quad C_2 = \frac{q_{max} \cdot l^4}{30}$$
(7.292)

diese in die Differentialgleichungen einsetzen, ergibt:

$$w' \cdot E \cdot I_A = \frac{q_{max} \cdot x^4}{24 \cdot l} + \frac{q_{max} \cdot l^3}{24}$$

$$w \cdot E \cdot I_A = \frac{q_{max} \cdot x^5}{120 \cdot l} + \frac{q_{max} \cdot l^3}{24} \cdot x + \frac{q_{max} \cdot l^4}{30}$$
(7.293)

Biegelinie

$$w = \frac{q_{max} \cdot l^4}{120 \cdot E \cdot I} \left(4 - \frac{5 \cdot x}{l} + \left(\frac{x}{l} \right)^5 \right).$$
(7.294)

Neigungswinkel der Endtangente

Die Steigung errechnet sich durch $\tan(\alpha) = w'(x=0)$. Diese Bedingung mit $x = 0$ einsetzen ergibt $w' \cdot E \cdot I_A = \frac{q_{max} \cdot l^3}{24}$ und daraus folgt

$$\tan(\alpha) = \frac{q_{max} \cdot l^3}{24 \cdot E \cdot I}.$$
(7.295)

Maximale Durchbiegung

Abstand: $0 = x_{max}$. liefert die **maximale Durchbiegung**, zu

$$w_{max} = \frac{q_{max} \cdot l^4}{30 \cdot E \cdot I}$$
(7.296)

7.11.3.5 Kragträger mit Dreieckslast q_{max} beim freien Ende

Vgl. Abb. 7.84. Mit $F_{Res} = \frac{q_{max} \cdot l}{2}$ folgt für das Moment

$$\sum_{i=1}^{n} M_b = 0:$$

$$M_E - M_B - F_A \cdot x + \frac{q(x) \cdot x}{2} \cdot \frac{x}{3} = 0$$

$$\implies M_b = \frac{q_{max}(x) \cdot l}{2} \cdot (l - x) + \frac{q(x) \cdot x^2}{6}$$

und damit, durch Einsetzen in $-M_b = w'' \cdot E \cdot I_A$ für die Differentialgleichung

$$-\left(\frac{q_{max}(x) \cdot l}{2} \cdot (l - x) + \frac{q(x) \cdot x^2}{6}\right)$$
$$= w'' \cdot E \cdot I_A$$
$$-\left(\frac{q_{max}(x) \cdot l^2}{2} - \frac{q_{max} \cdot x}{2} + \frac{q(x) \cdot x^2}{6}\right)$$
$$= w'' \cdot E \cdot I_A$$
$$\frac{q_{max} \cdot x}{2} - \frac{q_{max} \cdot l^2}{2} - \frac{q_{max} \cdot x^3}{6 \cdot l}$$
$$= w'' \cdot E \cdot I_A \quad (7.297)$$

$$w' \cdot E \cdot I_A = \frac{q_{max} \cdot x^2}{4} - \frac{q_{max} \cdot l^2 \cdot x}{2}$$
$$- \frac{q_{max} \cdot x^4}{24 \cdot l} + C_1 \quad (7.298)$$

$$w \cdot E \cdot I_A = \frac{q_{max} \cdot x^3}{12} - \frac{q_{max} \cdot l^2 \cdot x^2}{4}$$
$$- \frac{q_{max} \cdot x^5}{120 \cdot l} + C_1 \cdot x + C_2 \quad (7.299)$$

1. Für $x = l$ folgt $w = 0$
2. Für $x = l$ folgt $w' = 0$ folgt

Es folgen die beiden Konstanten:

$$C_1 = -q_{max} \cdot l^2 \left(\frac{1}{4} - \frac{l}{2} - \frac{l}{24}\right) \quad (7.300)$$

$$C_2 = \frac{q_{max} \cdot l^4}{4} - \frac{q_{max} \cdot l^3}{12} + \frac{q_{max} \cdot l^5}{120}$$
$$+ q_{max} \cdot l^2 \left(\frac{1}{4} - \frac{l}{2} - \frac{l}{24}\right). \quad (7.301)$$

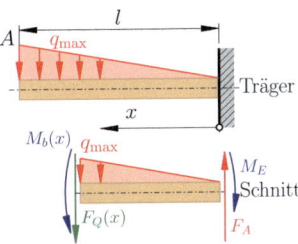

Abb. 7.84 Kragträger mit Dreieckslast, q_{max} beim freien Ende

diese in die Differentialgleichung einsetzen, ergibt:

$$w' \cdot E \cdot I_A = \frac{q_{max} \cdot x^2}{4} - \frac{q_{max} \cdot l^2 \cdot x}{2}$$
$$- \frac{q_{max} \cdot x^4}{24 \cdot l}$$
$$- q_{max} \cdot l^2 \left(\frac{1}{4} - \frac{l}{2} - \frac{l}{24}\right) \quad (7.302)$$

$$w \cdot E \cdot I_A = \frac{q_{max} \cdot x^3}{12} - \frac{q_{max} \cdot l^2 \cdot x^2}{4}$$
$$- \frac{q_{max} \cdot x^5}{120 \cdot l}$$
$$\left(-q_{max} \cdot l^2 \left(\frac{1}{4} - \frac{l}{2} - \frac{l}{24}\right)\right) \cdot x \quad (7.303)$$

durch Umformen und Vereinfachen ergibt sich die

Biegelinie

$$w = \frac{q_{max} \cdot l^4}{120 \cdot E \cdot I}$$
$$\cdot \left(11 - 15\frac{x}{l} + 5 \cdot \left(\frac{x}{l}\right)^4 \left(\frac{x}{l}\right)^5\right). \quad (7.304)$$

Neigungswinkel der Endtangente

Die Steigung errechnet sich durch: $\tan(\alpha) = w'(x = 0)$. Diese Bedingung in die oben entstandene einsetzen und für $x = 0$ einsetzen: $w' \cdot E \cdot I_A = \frac{q_{max} \cdot l^3}{8}$ umformen und einsetzen ergibt:

$$\tan(\alpha) = \frac{q_{max} \cdot l^3}{24 \cdot E \cdot I}. \quad (7.305)$$

Maximale Durchbiegung

Abstand: Mit $0 = x_{max}$ folgt die **maximale Durchbiegung** zu

$$w_{max} = \frac{11 \cdot q_{max} \cdot l^4}{120 \cdot E \cdot I}. \qquad (7.306)$$

7.11.3.6 Anwendungsbeispiel, Drehmomentenschlüssel

Siehe ▶ Beispiel 7.11.

Beispiel 7.11

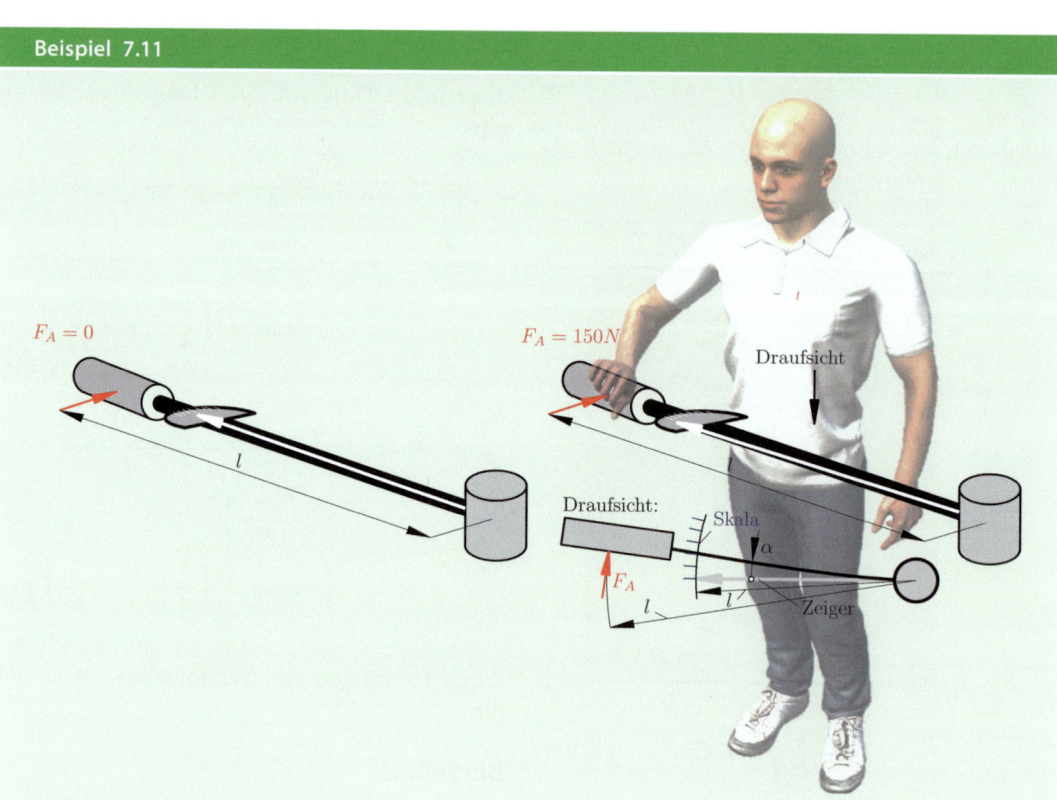

□ **Abb. 7.85** Drehmomentenschlüssel

Um von Schrauben, bei kritischen Bauteilen, die optimale zulässige Anzugskraft zu erreichen, als Beispiel bei einem Zylinderkopf, verwendet man bei Zylinderkopfschrauben einen Drehmomentenschlüssel. Dieser besteht aus einer Stange und einem Rohr ($d = 25\,mm \times 5\,mm$) sowie einer Skala. Die Stange ist fixiert, das Rohr samt Skala kann sich bewegen, bzw. lässt sich biegen. Aufgrund der fixierten Stange bewegt sich die Skala, je nach Stärke der Durchbiegung des Rohres und zeigt so das Drehmoment an (vgl. □ Abb. 7.85).

Zu bestimmen ist die Durchbiegung, wenn das maximale Anziehmoment $M_A = 740\,Nm$ für eine M20-Schraube beträgt. Es wird eine M12 Schraube mit einer Kraft von $F_A = 150\,N$ angezogen, die Hebellänge beträgt $l = 1\,m$. Zu berechnen ist der Winkel, in welchen man die Skala positionieren muss. Der Radius der Makierungsscheibe beträgt 40 mm. Die Zeiger- bzw. Stangenlänge entspricht der Einfachheit halber der Rohrlänge. (Material: Stahl).

Lösung

1. **Anziehmoment berechnen:** $M_{A(M12)} = F_A \cdot l = 150\,\text{N} \cdot 1\,\text{m} = 150\,\text{Nm}$, $M_{A(M20)} = 740\,\text{Nm}$.
2. **Finden der passenden Biegegleichung:** Siehe dazu Gl. (7.281), welche hier noch einmal aufgeschrieben ist:

$$w_{max} = \frac{M \cdot l^2}{2 \cdot E \cdot I}. \quad (7.307)$$

Mit

$$I = \frac{D^4 \cdot \pi}{64} - \frac{d^4 \cdot \pi}{64} = \frac{(D^4 - d^4) \cdot \pi}{64}$$
$$= 16.689\,\text{mm}^4$$

folgt durch Einsetzen in w_{max}:

$$w_{max(M12)} = \frac{M \cdot l^2}{2 \cdot E \cdot I} = 21{,}4\,\text{mm}, \quad (7.308)$$

$$w_{max(M12)} = \frac{M \cdot l^2}{2 \cdot E \cdot I} = 105{,}6\,\text{mm}. \quad (7.309)$$

Die erhaltenen Werte stellen aber die Bogenlänge dar. durch Zurückrechnen ergibt sich mit $b = \frac{r \cdot \pi}{180°} \cdot \alpha$, $\alpha(M20) = 151{,}26°$ und $\alpha(M12) = 30{,}65°$.

7.11.4 Durchbiegungsgleichungen statisch bestimmt, Stützträger

7.11.4.1 Stützträger, Einzellast, außermittig

Vgl. ■ Abb. 7.86. Lagerkräfte:

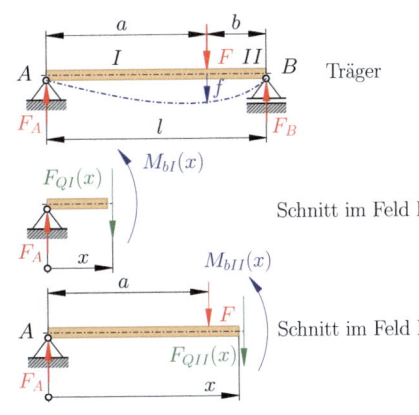

■ **Abb. 7.86** Stützträger mit Einzellast, außermittig

$$\sum_{i=1}^{n} M_A = 0:$$

$$F \cdot b - F_A \cdot l = 0 \quad \Longrightarrow \quad F_A = \frac{F \cdot b}{l} \quad (7.310)$$

$$\sum_{i=1}^{n} F_{iy} = 0:$$

$$F_A + F_B - F = 0 \quad \Longrightarrow \quad F_B = \frac{F \cdot a}{l} \quad (7.311)$$

Feld I: $0 \leq x \leq a$

$$\sum_{i=1}^{n} M_B = 0:$$

$$M_{b,\text{I}} - F_A \cdot x = 0 \quad (7.312)$$

$$\Longrightarrow \quad F_A \cdot x = \frac{F \cdot b}{L} \cdot x. \quad (7.313)$$

$$-M_b = w'' \cdot E \cdot I_A$$
$$-\frac{F \cdot b}{L} \cdot x = w'' \cdot E \cdot I_A \quad (7.314)$$

Zweifach integrieren:

$$\int \frac{F \cdot b}{L} \cdot x\, dx = \int w'' \cdot E \cdot I_A\, dw$$

$$-\frac{F \cdot b}{L} \cdot \frac{x^2}{2} = w' \cdot E \cdot I_A + C_1$$

$$\int w' \cdot E \cdot I_A\, dw = \int \left(F_A \cdot \frac{x^2}{2} + C_1 \right) dx$$

$$w \cdot E \cdot I_A = -\frac{F \cdot b}{L} \cdot \frac{x^3}{6} + C_1 \cdot x + C_2 \quad (7.315)$$

Durch die erste Randbedingung: $x = 0$ folgt $w_{\text{I}} = 0$; einsetzen ergibt: $\underline{\underline{C_2 = 0}}$. Damit folgt

$$w_I'' \cdot E \cdot I_A = -\frac{F \cdot b}{L} \cdot x \quad (7.316)$$

$$w_I' \cdot E \cdot I_A = -\frac{F \cdot b}{L} \cdot \frac{x^2}{2} + C_1 \quad (7.317)$$

$$w_I \cdot E \cdot I_A = -\frac{F \cdot b}{L} \cdot \frac{x^3}{6} + C_1 \cdot x \quad (7.318)$$

Feld II: $a \leq x \leq l$

$$\sum_{i=1}^{n} M_A = 0:$$

$$M_{b,II} - F_A \cdot x + F \cdot (x-a) = 0$$
$$\implies M_{B,II} = F_A \cdot x - F \cdot (x-a)$$
$$= \frac{F \cdot b}{l} \cdot x - F \cdot (x-a). \quad (7.319)$$

$$-M_b = w'' \cdot E \cdot I_A$$
$$-\left(\frac{F \cdot b}{l} \cdot x - F \cdot (x-a)\right) = w'' \cdot E \cdot I_A \quad (7.320)$$

Zweifach integrieren

$$-\int \left(\frac{F \cdot b}{l} \cdot x - F \cdot (x-a)\right) dx$$
$$= \int w_{II}'' \cdot E \cdot I_A \, dw \quad (7.321)$$

$$-\frac{F \cdot b}{l} \cdot \frac{x^2}{2} + \frac{F \cdot (x-a)^2}{2} + C_3$$
$$= w_{II}' \cdot E \cdot I_A \quad (7.322)$$

$$\int \left(-\frac{F \cdot b}{l} \cdot \frac{x^2}{2} + \frac{F \cdot (x-a)^2}{2} + C_3\right) dx$$
$$= \int w_{II}' \cdot E \cdot I_A \, dw \quad (7.323)$$

$$-\frac{F \cdot b}{l} \cdot \frac{x^3}{6} + \frac{F \cdot (x-a)^3}{6} + C_3 \cdot x + C_4$$
$$= w_{II} \cdot E \cdot I_A \quad (7.324)$$

Es lauten damit vorerst die Differentialgleichungen:

$$w_I'' \cdot E \cdot I_A = -\frac{F \cdot b}{L} \cdot x \quad (7.325)$$

$$w_I' \cdot E \cdot I_A = -\frac{F \cdot b}{L} \cdot \frac{x^2}{2} + C_1 \quad (7.326)$$

$$w_I \cdot E \cdot I_A = -\frac{F \cdot b}{L} \cdot \frac{x^3}{6} + C_1 \cdot x \quad (7.327)$$

$$w_{II}'' \cdot E \cdot I_A = -\left(\frac{F \cdot b}{l} \cdot x - F \cdot (x-a)\right) \quad (7.328)$$

$$w_{II}' \cdot E \cdot I_A = -\frac{F \cdot b}{l} \cdot \frac{x^2}{2} + \frac{F \cdot (x-a)^2}{2} + C_3 \quad (7.329)$$

$$w_{II} \cdot E \cdot I_A = -\frac{F \cdot b}{l} \cdot \frac{x^3}{6} + \frac{F \cdot (x-a)^3}{6} + C_3 \cdot x + C_4 \quad (7.330)$$

Mit der 2. Rand- und Übergangsbedingungen: $x = a$ folgt $w_I' = w_{II}'$ und durch Gleichsetzen der beiden Steigungen im Abstand a. $w_{II(x=a)}' \cdot E \cdot I_A = w_{I(x=a)}' \cdot E \cdot I_A$. Werden hier die beiden Differentialgleichungen, für die Steigung, an der Stelle $x = a$ eingesetzt, folgt

$$w_I' \cdot E \cdot I_A = -\frac{F \cdot b}{L} \cdot \frac{x^2}{2} + C_1$$
$$= -\frac{F \cdot b}{L} \cdot \frac{a^2}{2} + C_1 \quad (7.331)$$

$$w_{II}' \cdot E \cdot I_A = -\frac{F \cdot b}{l} \cdot \frac{a^2}{2} + C_3 \quad (7.332)$$

und durch gleichsetzen folgt:

$$-\frac{F \cdot b}{L} \cdot \frac{a^2}{2} + C_1 = -\frac{F \cdot b}{l} \cdot \frac{a^2}{2} + C_3$$
$$\underline{\underline{C_1 = C_3}} \quad (7.333)$$

Als Übergangsbedingung wird die Durchbiegung an der Stelle $x = a$ durch $w_I = w_{II}$ hinzugezogen.

$$-\frac{F \cdot b}{L} \cdot \frac{a^3}{6} + C_1 \cdot a$$
$$= -\frac{F \cdot b}{l} \cdot \frac{a^3}{6} + C_1 \cdot a + C_4$$
$$\implies \underline{\underline{C_4 = 0}} \quad (7.334)$$

7.11 · Die elastische Linie

Diese Bedingungen eingesetzt in die Gleichung der Biegelinie für das 2. Feld

$$w_{II} \cdot E \cdot I_A = -\frac{F \cdot b}{l} \cdot \frac{x^3}{6} + \frac{F \cdot (x-a)^3}{6} + C_3 \cdot x; \quad (7.335)$$

mit der Randbedingung $x = l$ folgt $w_{II} = 0$; eingesetzt in (7.335) folgt

$$w_{II} \cdot E \cdot I_A = -\frac{F \cdot b}{l} \cdot \frac{x^3}{6} + \frac{F \cdot (x-a)^3}{6} + C_3 \cdot x$$

$$0 = -\frac{F \cdot b}{l} \cdot \frac{l^3}{6} + \frac{F \cdot (l-a)^3}{6} + C_3 \cdot l$$

$$C_3 \cdot l = \frac{F \cdot b}{l} \cdot \frac{l^3}{6} - \frac{F \cdot (l-a)^3}{6} \quad (7.336)$$

Mit $L - a = b$ folgt:

$$C_3 \cdot l = \frac{F \cdot b}{l} \cdot \frac{l^3}{6} - \frac{F \cdot (l-a)^3}{6}$$

$$\underline{\underline{C_3 = C_1 = \frac{F \cdot b}{6 \cdot l} \cdot (l^2 - b^2)}} \quad (7.337)$$

Diese Bedingung in die Gleichung der Biegelinie für das 1. Feld eingesetzt:

$$w_I \cdot E \cdot I_A = -\frac{F \cdot b}{L} \cdot \frac{x^3}{6} + C_1 \cdot x$$

$$= -\frac{F \cdot b}{l} \cdot \frac{x^3}{6} + \frac{F \cdot b}{6 \cdot l} \cdot (l^2 - b^2) \cdot x$$

$$= \frac{F \cdot b}{6 \cdot l} \cdot (x \cdot (l^2 - b^2) - x^3). \quad (7.338)$$

Gl. (7.337) und (7.338) in die Gl. der Biegelinie, für das 2. Feld eingesetzt und vereinfachen ergibt

Biegelinie

Feld I: $(0 \leq x \leq a)$

$$w_I = \frac{F \cdot b}{6 \cdot E \cdot I_A \cdot l} [x(L^2 - b^2) - x^3] \quad (7.339)$$

Feld II: $(a \leq x \leq l)$

$$w_{II} = \frac{F \cdot b}{6 \cdot E \cdot I_A \cdot l} \cdot \left[\frac{l}{b}(x-a)^3 + x \cdot (l^2 - b^2) - x^3\right] \quad (7.340)$$

Neigungswinkel der Endtangente

Die Steigung errechnet sich durch $\tan(\alpha) = w'(x = 0)$. Durch Ableiten der Biegelinie ergibt sich:

$$\frac{dw_I}{dw} = \frac{F \cdot b}{6 \cdot E \cdot I_A \cdot l} \left[(L^2 - b^2) - 3 \cdot x^2\right] \quad (7.341)$$

$$\frac{dw_{II}}{dw} = \frac{F \cdot b}{6 \cdot E \cdot I_A \cdot l} \cdot \left[\frac{l}{b} \cdot 3 \cdot (x-a)^2 + (l^2 - b^2) - 3 \cdot x^2\right] \quad (7.342)$$

Bzw. an der Stelle $x = 0$:

$$\frac{dw_I}{dw} = \frac{F \cdot b}{6 \cdot E \cdot I_A \cdot l} [(L^2 - b^2)]$$

und nach Definition der Steigung:

$$\tan(\alpha) = w'(x = 0)$$
$$= \frac{F \cdot b}{6 \cdot E \cdot I_A \cdot l} [(L^2 - b^2)] \quad (7.343)$$

$$\tan(\beta) = w'(x = l)$$
$$= \frac{F \cdot b}{6 \cdot E \cdot I_A \cdot l} \cdot \left[\frac{3 \cdot a^2 \cdot l}{b} + (L^2 - b^2)\right] \quad (7.344)$$

Durchbiegung im Kraftangriffspunkt

Es gilt: $w_{I(x=a)} = f$; mit $(l^2 - b^2) = (l-b)(l+b)$ und $(l-b) = a$ folgt durch Verwenden von

Gleichung der Biegelinie anstelle $x = a$:

$$w_{I(x=a)} = f = \frac{F \cdot b}{6 \cdot E \cdot I_A \cdot l}[a \cdot (L^2 - b^2) - a^3],$$

zu

$$f = \frac{F \cdot b}{6 \cdot E \cdot I \cdot l}[a^2(l+b) - a^3]$$

$$= \frac{F \cdot b \cdot a^2}{6 \cdot E \cdot I \cdot l}[l + b - a]. \qquad (7.345)$$

$$f = \frac{F \cdot b^2 \cdot a^2}{3 \cdot E \cdot I \cdot l}. \qquad (7.346)$$

Maximale Durchbiegung

Abstand, wenn $a > b$: Diese tritt an jener Stelle auf, wo $w'_I = 0$ ist, gemäß Gleichung

$$\frac{dw_I}{dw} = \frac{F \cdot b}{6 \cdot E \cdot I_A \cdot l}[(L^2 - b^2) - 3 \cdot x^2]$$

ergibt sich

$$x_{\max} = \sqrt{\frac{l^2 - b^2}{3}}. \qquad (7.347)$$

und damit für die maximale Durchbiegung:

$$w_{\max} = f_m$$
$$= \frac{F \cdot b}{6 \cdot E \cdot I_A \cdot l}\left[x_{\max}(L^2 - b^2) - x_{\max}^3\right]$$
$$= \frac{F \cdot b}{6 \cdot E \cdot I_A \cdot l}\left[\sqrt{\frac{l^2-b^2}{3}}(L^2-b^2) - \sqrt{\frac{l^2-b^2}{3}}^3\right]$$
$$= \frac{F \cdot b}{6 \cdot E \cdot I_A \cdot l}\left[\left(\frac{l^2-b^2}{3}\right)^{\frac{1}{2}}(L^2-b^2) - \left(\frac{l^2-b^2}{3}\right)^{\frac{3}{2}}\right]$$
$$= \frac{F \cdot b}{6 \cdot E \cdot I_A \cdot l}\left[\left(\frac{(l^2-b^2)^3}{3}\right)^{\frac{1}{2}} - \left(\frac{(l^2-b^2)^3}{27}\right)^{\frac{1}{2}}\right]$$
$$\qquad (7.348)$$

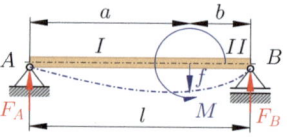

Abb. 7.87 Stützenträger mit eingeleitetem Moment, außermittig

Es folgt also:

$$f_m = \frac{F \cdot b\sqrt{(l^2 - b^2)^3}}{9 \cdot \sqrt{3} \cdot E \cdot I \cdot l}. \qquad (7.349)$$

7.11.4.2 Stützträger, eingeleitetes Moment, außermittig

Vgl. Abb. 7.87. Für diese Art von Träger wird die Herleitung nicht explizit gemacht. Diese erfolgt nahezu ident zu jener vorher, allerdings rechnet man anstatt der Kraft F, mit dem Moment M. Es ändert sich also nur die Anfangsbedingung, was sich dann durch die ganze Rechnung hindurch zieht.

7.11.4.3 Stützträger, eingeleitetes Moment, außen

Vgl. Abb. 7.88. Lagerkräfte:

$$\sum_{i=1}^{n} M_A = 0: \quad M - F_A \cdot l = 0$$

$$\implies F_A = \frac{M}{l} \qquad (7.350)$$

$$\sum_{i=1}^{n} F_{iY} = 0: \quad F_A + F_B = 0$$

$$\implies F_B = \frac{M}{l} \qquad (7.351)$$

Durch die Schnittgrößen folgt für das maximale Moment: $M_{b,I} = F_A \cdot x = \frac{M}{L} \cdot x$ und damit durch Einsetzen in $-M_b = w'' \cdot E \cdot I_A$ wird

$$-\frac{M}{L} \cdot x = w'' \cdot E \cdot I_A \qquad (7.352)$$

7.11 · Die elastische Linie

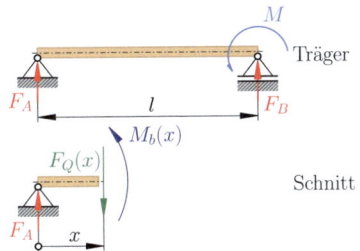

Abb. 7.88 Stützenträger mit eingeleitetem Moment, am Außenrand

Zweifach integrieren ergibt

$$-\frac{M}{L} \cdot \frac{x^2}{2} + C_1 = w' \cdot E \cdot I_A \tag{7.353}$$

$$-\frac{M}{L} \cdot \frac{x^3}{6} + C_1 \cdot x + C_2 = w \cdot E \cdot I_A. \tag{7.354}$$

1. Für $x = 0$ folgt $w = 0$
2. Für $x = l$ folgt $w = 0$

einsetzen der 1. und 2. Randbedingung in die Biegelinie ergibt die Konstanten $C_1 = \frac{M \cdot l}{6}$ und $C_2 = 0$ und damit

$$w'' \cdot E \cdot I_A = -\frac{M}{L} \cdot x \tag{7.355}$$

$$w' \cdot E \cdot I_A = -\frac{M}{L} \cdot \frac{x^2}{2} + \frac{M \cdot l}{6} \tag{7.356}$$

$$w \cdot E \cdot I_A = -\frac{M}{L} \cdot \frac{x^3}{6} + \frac{M \cdot l}{6} \cdot x. \tag{7.357}$$

Durch Umformen der Biegelinie folgt

$$\begin{aligned} w\, E\, I_A &= -\frac{M}{L}\frac{x^3}{6} + \frac{M\, L^2}{6} x \\ &= \frac{M\, l^2}{6}\left(-\frac{x^3}{L^3} + \frac{x}{L}\right) \\ &= \frac{M\, l^2}{6}\left[\frac{x}{L} - \left(\frac{x}{L}\right)^3\right]. \end{aligned} \tag{7.358}$$

Biegelinie

$$w = \frac{M \cdot l^2}{6 \cdot E \cdot I_A}\left[\frac{x}{l} - \left(\frac{x}{l}\right)^3\right] \tag{7.359}$$

Neigungswinkel der Endtangente

Die Steigung errechnet sich durch: $\tan(\alpha) = w'(x = 0)$. Ableiten der Biegelinie ergibt $w' = \frac{M\, l^2}{6\, E\, I}\left[1 - \frac{3x^2}{L^2}\right]$ und mit $x = 0$ folgt

$$\tan(\alpha) = \frac{M \cdot l}{6 \cdot E \cdot I_A}. \tag{7.360}$$

Für den Lagerpunkt B ergibt sich, durch identes Vorgehen zu A:

$$\tan(\beta) = \frac{M \cdot l}{3 \cdot E \cdot I_A}. \tag{7.361}$$

Maximale Durchbiegung
Abstand:

$$w' = 0 = \frac{M\, l^2}{6\, E\, I}\left[1 - \frac{3\, x^2}{L^2}\right] = \frac{L^2 - 3\, x^2}{L^2} \tag{7.362}$$

$$x_{\max} = \sqrt{\frac{L^2}{3}} = \frac{L}{\sqrt{3}} \tag{7.363}$$

und damit folgt durch Einsetzen in die Biegelinie:

$$\begin{aligned} w &= \frac{M\, l^2}{6\, E\, I}\left[\frac{\frac{L}{\sqrt{3}}}{L} - \left(\frac{\frac{L}{\sqrt{3}}}{L}\right)^3\right] \\ &= \frac{M\, l^2}{6\, E\, I}\left[\frac{1}{\sqrt{3}} - \frac{1}{\sqrt{3}^3}\right] \\ &= \frac{M\, l^2}{6\, E\, I}\left[\frac{1}{\sqrt{3}} - \frac{1}{\sqrt{3}\,\sqrt{3}\,\sqrt{3}}\right] \\ &= \frac{M\, l^2}{6\, E\, I}\left[\frac{1}{\sqrt{3}} - \frac{1}{3\sqrt{3}}\right] \\ &= \frac{M\, l^2}{6\, E\, I}\left[\frac{3 - 1}{3\sqrt{3}}\right] = \frac{M\, l^2}{6\, E\, I}\frac{2}{3\sqrt{3}} \\ &= \frac{M\, l^2}{6\, E\, I}\frac{2\sqrt{3}}{3 \cdot 3} = \frac{M\, l^2}{3\, E\, I}\frac{\sqrt{3}}{9} \end{aligned} \tag{7.364}$$

woraus sich die Gleichung ergibt:

$$w_{max} = \frac{M\, l^2\, \sqrt{3}}{27\, E\, I}. \qquad (7.365)$$

7.11.4.4 Stützträger mit Gleichlast, durchgehend

Vgl. Abb. 7.89. Lagerkräfte:

$$F_B = \frac{q \cdot l}{2} \quad \text{und} \quad F_A = q \cdot l - \frac{q \cdot l}{2}. \qquad (7.366)$$

$$\sum_{i=1}^{n} M_{S,U} = 0:$$

$$M_b - F_A \cdot x - q \cdot q \cdot \frac{x^2}{2} = 0 \qquad (7.367)$$

$$\implies M_b = F_A \cdot x - q \cdot \frac{x^2}{2}. \qquad (7.368)$$

Es folgt: $M_b = q \cdot \frac{l}{2} \cdot x - q \cdot \frac{x^2}{2}$ und durch Einsetzen in $-M_b = w'' \cdot E \cdot I_A$ wird

$$-\left(q \cdot \frac{l}{2} \cdot x - q \cdot \frac{x^2}{2}\right) = w'' \cdot E \cdot I_A \qquad (7.369)$$

Zweifach integrieren

$$-\left(q \cdot \frac{l}{2} \cdot \frac{x^2}{2} - q \cdot \frac{x^3}{6}\right) + C_1 = w' \cdot E \cdot I_A \qquad (7.370)$$

$$-q \cdot \frac{l}{2} \cdot \frac{x^3}{6} + q \cdot \frac{x^4}{24} + C_1 \cdot x + C_2 = w \cdot E \cdot I_A \qquad (7.371)$$

1. Für $x = 0$ folgt $w = 0$
2. Für $x = l$ folgt $w = 0$

1. Randbedingung in w lässt $C_2 = 0$ und 2. Randbedingung in w

$$0 = \frac{q\,L^4}{24} - \frac{q\,L^4}{12} + C_1\,L$$

$$C_1 = \frac{q\,L^3}{12} - \frac{q\,L^3}{24} = \frac{2q\,L^3 - q\,L^3}{24} = \frac{q\,L^3}{24} \qquad (7.372)$$

folgen. Diese Bedingungen in die DGL einsetzen, ergibt:

$$w'' \cdot E \cdot I_A = q \cdot \frac{x^2}{2} - q \cdot \frac{l}{2} \cdot x \qquad (7.373)$$

$$w' \cdot E \cdot I_A = q \cdot \frac{x^3}{6} - q \cdot \frac{l}{2} \cdot \frac{x^2}{2} + \frac{q\,L^3}{24} \qquad (7.374)$$

$$w \cdot E \cdot I_A = q \cdot \frac{x^4}{24} - q \cdot \frac{l}{2} \cdot \frac{x^3}{6} + \frac{q\,L^3}{24} \cdot x \qquad (7.375)$$

Biegelinie

$$w = \frac{q}{24 \cdot E \cdot I_A}\left(x^4 - 2 \cdot l \cdot x^3 + l^3 \cdot x\right) \qquad (7.376)$$

Neigungswinkel der Endtangente

Die Steigung errechnet sich durch $\tan(\alpha) = w'(x = 0)$. Ableitung der Biegelinie lässt die Bedingung folgen:

$$w' = \frac{q}{24\,E\,I}\left(3\cdot 0^2 - 6\,L\,0^2 + L^3\right) \qquad (7.377)$$

$$\tan(\alpha) = \tan(\beta) = \frac{q \cdot l^3}{24 \cdot E \cdot I_A}. \qquad (7.378)$$

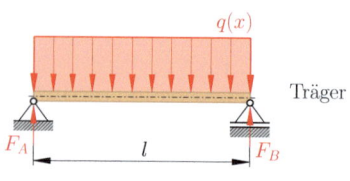
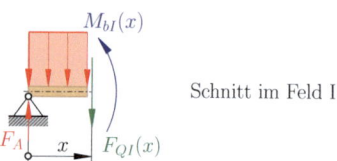

Abb. 7.89 Stützenträger mit durchgehender Gleichlast

7.11 · Die elastische Linie

Maximale Durchbiegung
Abstand: Mit $x_{max} = \frac{l}{2}$ folgt

$$w = \frac{q}{24\,E\,I}\left(\frac{L^4}{16} - \frac{L^4}{4} + \frac{L^4}{2}\right)$$
$$= \frac{q}{24\,E\,I}\left(\frac{L^4 - 4L^4 + 8L^4}{16}\right)$$
$$= \frac{q}{24\,E\,I}\left(\frac{5L^4}{16}\right) \quad (7.379)$$

$$w = \frac{5}{384} \cdot \frac{q \cdot l^4}{E \cdot I_A}. \quad (7.380)$$

7.11.4.5 Stützträger mit Dreieckslast

Vgl. ◘ Abb. 7.90. Lagerkräfte:

$$\sum_{i=1}^{n} M_{iA} = 0: \quad F_A \cdot l - q \cdot \frac{l}{2} \cdot \frac{l}{3} = 0$$
$$\implies F_A = \frac{q \cdot l}{6} \quad (7.381)$$

$$\sum_{i=1}^{n} F_{iY} = 0: \quad F_A + F_B - q \cdot l = 0$$
$$\implies F_B = \frac{q \cdot l}{3}. \quad (7.382)$$

Feld I: $0 \leq x \leq a$

$$\sum_{i=1}^{n} M_{S,U} = 0:$$
$$M_b - F_A \cdot x + \frac{q(x) \cdot x}{2} \cdot \frac{x}{3} = 0$$
$$\implies M_b = q_{max} \cdot \frac{l}{6} \cdot x - \frac{q_{max} \cdot x^3}{6 \cdot l} \quad (7.383)$$

$$-M_b = w'' \cdot E \cdot I_A$$
$$-\left(q_{max} \cdot \frac{l}{6} \cdot x - \frac{q_{max} \cdot x^3}{6 \cdot l}\right) = w'' \cdot E \cdot I_A \quad (7.384)$$

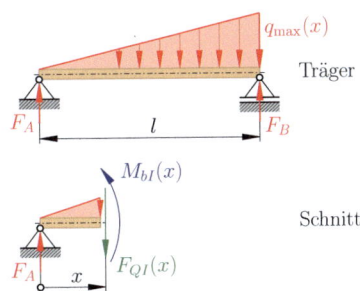

◘ **Abb. 7.90** Stützenträger mit Dreieckslast

Zweifach integrieren:

$$-\left(q_{max} \cdot \frac{l}{6} \cdot \frac{x^2}{2} - \frac{q_{max} \cdot x^4}{24 \cdot l}\right) + C_1$$
$$= w' \cdot E \cdot I_A \quad (7.385)$$

$$-\left(q_{max} \cdot \frac{l}{6} \cdot \frac{x^3}{6} - \frac{q_{max} \cdot x^5}{120 \cdot l} + C_1 \cdot x\right) + C_2$$
$$= w \cdot E \cdot I_A \quad (7.386)$$

1. Für $x = 0$ folgt $w = 0$
2. Für $x = l$ folgt $w = 0$

Durch Einsetzen von Randbedingung 1 in $w(x)$ folgt $\underline{\underline{C_2 = 0}}$ und durch Einsetzen der 2. Randbedingung in $w(x)$:

$$0 = \frac{q_{max} L^5}{120\,L} - \frac{q_{max} L L^3}{36} + C_1 L + C_2$$

$$C_1 L = \frac{q_{max} L^4}{36} - \frac{q_{max} L^4}{120}$$
$$= \frac{10\,q_{max} L^4 - 3\,q_{max} L^4}{360}$$

$$C_1 = \frac{7\,q_{max} L^3}{360} \quad (7.387)$$

$$w'' \cdot E \cdot I_A = \frac{q_{max} \cdot x^3}{6 \cdot l} - q_{max} \cdot \frac{l}{6} \cdot x \quad (7.388)$$

$$w' \cdot E \cdot I_A = \frac{q_{max} \cdot x^4}{24 \cdot l} - q_{max} \cdot \frac{l}{6} \cdot \frac{x^2}{2}$$
$$+ \frac{7\,q_{max} L^3}{360} \quad (7.389)$$

$$w \cdot E \cdot I_A = \frac{q_{max} \cdot x^5}{120 \cdot l} - q_{max} \cdot \frac{l}{6} \cdot \frac{x^3}{6}$$
$$+ \frac{7 \cdot q_{max} \cdot L^3}{360} \cdot x \quad (7.390)$$

$$w\,E\,I_A = \frac{q_{max}\,x^5}{120\,L} - \frac{q_{max}\,L\,x^3}{36} + \frac{7\,q_{max}\,L^3}{360}x$$
$$= \frac{q_{max}\,L^4}{360}\left(3\left(\frac{x}{L}\right)^5 - 10\left(\frac{x}{L}\right)^3 + \frac{7x}{L}\right) \quad (7.391)$$

Biegelinie

$$w = \frac{q_{max}}{360 \cdot E \cdot I_A} \cdot \left(3 \cdot \left(\frac{x}{l}\right)^5 - 10 \cdot \left(\frac{x}{l}\right)^3 + \frac{7 \cdot x}{l}\right). \quad (7.392)$$

Neigungswinkel der Endtangente

Die Steigung errechnet sich durch:

Am Lagerpunkt A: Mit:
$\tan(\alpha) = w'(x = 0)$. Ableiten der Biegelinie:

$$w(x) = \frac{q_{max}\,L^4}{360 \cdot E \cdot I_A}$$
$$\cdot \left(15\left(\frac{x}{L}\right)^4 \frac{L}{L^2} - 30\left(\frac{x}{L}\right)^2 \frac{L}{L^2} + \frac{7}{L}\right)$$
$$= \frac{q_{max}\,L^4}{360 \cdot E \cdot I_A}$$
$$\cdot \left(\frac{15}{L}\left(\frac{x}{L}\right)^4 - \frac{30}{L}\left(\frac{x}{L}\right)^2 + \frac{7}{L}\right) \quad (7.393)$$

Für $x = 0$:

$$w'(x = 0) = \frac{q_{max}\,L^4}{360 \cdot E \cdot I_A}$$
$$\left(\frac{15}{L}\left(\frac{0}{L}\right)^4 - \frac{30}{L}\left(\frac{0}{L}\right)^2 + \frac{7}{L}\right)$$
$$= \frac{7\,q_{max}\,L^3}{360 \cdot E \cdot I_A} \quad (7.394)$$

$$\tan(\alpha) = \frac{7 \cdot q_{max} \cdot l^3}{360 \cdot E \cdot I_A}. \quad (7.395)$$

Am Lagerpunkt B: Mit $\tan(\beta) = w'(x = l)$. Ableiten der Biegelinie ergibt $w'(x = L) = \frac{1}{45} q_{max}\,L^3$; für $x = 0$

$$w'(x = 0) = \frac{7\,q_{max}\,L^3}{360 \cdot E \cdot I_A}. \quad (7.396)$$

$$\tan(\beta) = \frac{q_{max} \cdot l^3}{45 \cdot E \cdot I_A}. \quad (7.397)$$

Maximale Durchbiegung
Abstand:

$$w' = 0 = \frac{q_{max}\,L^4}{360}\left(\frac{15}{L}\left(\frac{x}{L}\right)^4 - \frac{30}{L}\left(\frac{x}{L}\right)^2 + \frac{7}{L}\right)$$
$$= \frac{15}{L}\left(\frac{x}{L}\right)^4 - \frac{30}{L}\left(\frac{x}{L}\right)^2 + \frac{7}{L}$$

$$\frac{30}{L}\left(\frac{x}{L}\right)^2 - \frac{15}{L}\left(\frac{x}{L}\right)^4 = \frac{7}{L}$$

$$\frac{30\,x^2}{L^2} - \frac{15\,x^4}{L^4} = \frac{L^2\,30\,x^2 - 15\,x^4}{L^4} = 7$$

$$0 = 15\,x^4 - 30\,L^2\,x^2 + 7\,L^4 \quad (7.398)$$

Mit der Substitution $x^2 = u$ folgt: $0 = 15\,u^2 - 30\,L^2\,u + 7\,L^4$, durch Einsetzen in die abc-Formel[6]:

$$u_{1,2} = \frac{-b \pm \sqrt{b^2 - 4\,a\,c}}{2\,a}$$
$$= \frac{30\,L^2 \pm \sqrt{(30\,L^2)^2 - 4 \cdot 15 \cdot 7\,L^4}}{2 \cdot 15}$$
$$= \frac{30\,L^2 \pm \sqrt{900\,L^4 - 420\,L^4}}{30}$$
$$= \frac{30\,L^2 \pm \sqrt{480\,L^4}}{30}$$
$$= \frac{30\,L^2 \pm 21{,}91\,L^2}{30} \implies$$
$$u_1 = 1{,}73\,L^2 \qquad u_2 = 0{,}269\,L^2$$
$$(7.399)$$

u_1 scheidet aus, da sich die maximale Durchbiegung nicht außerhalb des Trägers befinden kann.

---

[6] Siehe auch Mathematik: Lösen von quadratischen Gleichungen.

Durch Rücksubstituieren: $x^2 = u \Rightarrow x = \sqrt{u} = \sqrt{0{,}269\,L^2} = 0{,}52\,L$

$$x_{\max} = 0{,}52 \cdot l. \qquad (7.400)$$

Rückeinsetzen in die Biegelinie:

$$w = \frac{q_{\max} L^4}{360 \cdot E \cdot I_A} \cdot \left(3\left(\frac{x_{\max}}{L}\right)^5 - 10\left(\frac{x_{\max}}{L}\right)^3 + \frac{7\,x_{\max}}{L}\right)$$

$$= \frac{q_{\max} L^4}{360 \cdot E \cdot I_A} \cdot \left(3 \cdot 0{,}52^5 - 10 \cdot 0{,}52^3 + 7 \cdot 0{,}52\right)$$

$$= \frac{2{,}347 \cdot q_{\max} L^4}{360 \cdot E \cdot I_A} \qquad (7.401)$$

$$w_{\max} = \frac{q_{\max} \cdot l^4}{153{,}3 \cdot E \cdot I_A}. \qquad (7.402)$$

7.11.5 Durchbiegungsgleichungen zusammengesetzter Systeme

7.11.5.1 Kragträger mit Trapezlast

Vgl. ◘ Abb. 7.91. Man kann erkennen, dass sich eine Trapezlast mittels Superposition, aus einer Rechtecklast und einer Dreieckslast bestimmen lässt.

Durchbiegung für Trapezlast
Rechtecklast:

$$w_R = \frac{q}{24 \cdot E \cdot I_A} \cdot \left(x^4 - 4 \cdot l \cdot x + 3 \cdot l^4\right). \qquad (7.403)$$

Dreieckslast:

$$w_D = \frac{q_{\max} \cdot l^4}{120 \cdot E \cdot l}\left(4 - \frac{5 \cdot x}{l} + \left(\frac{x}{l}\right)^5\right) \qquad (7.404)$$

◘ **Abb. 7.91** Kragträger mit Trapezlast

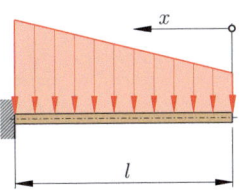
Träger mit Trapezlast

=

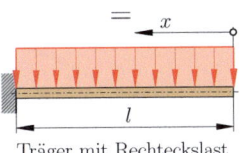
Träger mit Rechteckslast

+

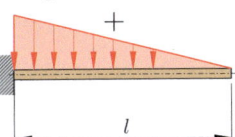
Träger mit Dreieckslast

Trapezlast:

$$\begin{aligned}w_T &= w_R + w_D \\ &= \frac{q}{24 \cdot E \cdot I_A} \cdot \left(x^4 - 4 \cdot l \cdot x + 3 \cdot l^4\right) \\ &\quad + \frac{q_{\max} \cdot l^4}{120 \cdot E \cdot l}\left(4 - \frac{5 \cdot x}{l} + \left(\frac{x}{l}\right)^5\right)\end{aligned}$$
$$(7.405)$$

$$w_T = \frac{q}{24\,E\,I}\left[x^4 - 4\,L^3 x + 3\,L^4 + \frac{1}{5}\left(4 - \frac{5x}{l} + \left(\frac{x}{l}\right)^5\right)\right] \qquad (7.406)$$

Siehe auch das Durchbiegungsdiagramm ◘ Abb. 7.92.

Neigung der Endtangente für Kragträger mit Trapezlast

Ableiten der Biegelinie ergibt

$$w' = \frac{q}{24\,E\,I}\left[4x^3 - 4L^3 + \frac{1}{5}\left(-\frac{5}{L} + 5\left(\frac{x}{L}\right)^4 \frac{L}{L^2}\right)\right]. \qquad (7.407)$$

q_maxR=   0,05 N/mm
q_maxD=   0,1 N/mm
l=   1000 m
E=   210000 N/mm^2
I=   7885 mm^4

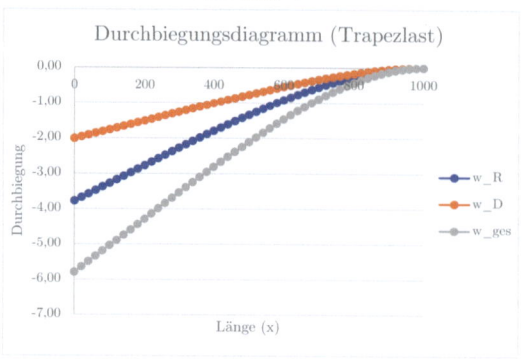

Abb. 7.92 Durchbiegungsdiagramm einer Trapezlast

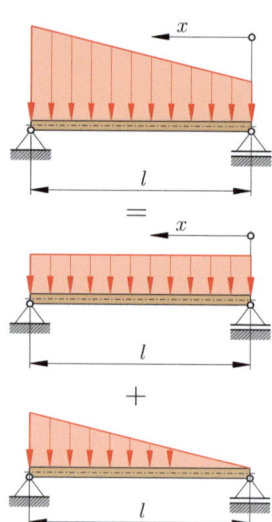

Abb. 7.93 Stützträger mit Dreieckslast

Dies nach Definition der Steigung Null gesetzt:

$$w'(x=L) = \frac{5\,q}{24\,L\,E\,I}\left[\frac{1}{5}\left(\frac{L}{L}+1\right)\right]$$
$$= \frac{q}{12\,L\,E\,I} \quad (7.408)$$

Es folgt:

$$\tan(\alpha) = -\frac{q}{12\cdot l\cdot E\cdot I} \quad (7.409)$$

7.11.5.2 Stützträger mit Trapezlast
Vgl. Abb. 7.93.

Durchbiegung für Trapezlast

$$w_T = w_R + w_D$$
$$= \frac{q}{24\cdot E\cdot I_A}\left(x^4 - 2\cdot l\cdot x^3 + l^3\cdot x\right)$$
$$+ \frac{q_{\max}}{360\cdot E\cdot I_A}$$
$$\cdot\left(3\cdot\left(\frac{x}{l}\right)^5 - 10\cdot\left(\frac{x}{l}\right)^3 + \frac{7\cdot x}{l}\right) \quad (7.410)$$

$$w = \frac{15\,q_{\max}}{360\,E\,I}\left((x^4 - 2\,L\,x^3 + L^3\,x)\right.$$
$$\left. + L^4\left(3\left(\frac{x}{L}\right)^5 - 10\left(\frac{x}{L}\right)^3 + \frac{7\,x}{L}\right)\right) \quad (7.411)$$

Neigung der Endtangente für Stützträger mit Trapezlast
Ableiten der Biegelinie

$$w' = \frac{15\,q_{\max}}{360\,E\,I}\left((4x^3 - 6\,L\,x^2 + L^3)\right.$$
$$\left. + L^4\left(15\left(\frac{x}{L}\right)^4\frac{L}{L^2} - 30\left(\frac{x}{L}\right)^2\frac{L}{L^2} + \frac{7}{L}\right)\right)$$
$$w'(x=0) = \frac{15\,q_{\max}\,8\,L^3}{360\,E\,I} \quad (7.412)$$

$$\tan(\alpha) = \frac{q_{\max}\cdot l^3}{E\cdot I_A} \quad (7.413)$$

und mit $w(x=l)$ ergibt sich:

$$\tan(\beta) = \frac{105\cdot q_{\max}\cdot l^3}{360\cdot E\cdot I_A}. \quad (7.414)$$

7.11 · Die elastische Linie

Maximale Durchbiegung beim Stützträger mit Trapezlast

Abstand: Erste Ableitung gleich null setzen:

$$w' = \frac{15\, q_{max}}{360\, E\, I}\left((4x^3 - 6Lx^2 + L^3)\right.$$
$$\left. + L^4\left(\frac{15}{L}\left(\frac{x}{L}\right)^4 - \frac{30}{L}\left(\frac{x}{L}\right)^2 + \frac{7}{L}\right)\right)$$
$$= 4x^3 - 6Lx^2 + L^3 + \frac{15}{L}x^4$$
$$- 30Lx^2 + 7L^3$$
$$= 15x^4 + 4Lx^3 - 24L^2x^2 + 8L^4$$
$$= f(x) = 15x^4 + 4Lx^3$$
$$- 24L^2x^2 + 8L^4 \quad (7.415)$$

Die Lösung dieser Gleichung erfolgt mittels der **Iterationsformel nach Newton**

$$x_{n+1} = x_n - \frac{f(x_n)}{f'(x_n)} \quad (7.416)$$

bilden der ersten Ableitung:

$$f'(x) = 60x^3 + 12Lx^2 - 48L^2x \quad (7.417)$$

einsetzen:

$$x_{n+1} = x_n - \frac{15x_n^4 + 4Lx_n^3 - 24L^2x_n^2 + 8L^4}{60x_n^3 + 12Lx_n^2 - 48L^2x_n} \quad (7.418)$$

Für $l = 1$ m Balken folgt
1. $x_n = 1: \Longrightarrow x_{n+1} = 0{,}875$
2. $x_n = 0{,}875: \Longrightarrow x_{n+1} = 0{,}726$
3. $x_n = 0{,}726: \Longrightarrow x_{n+1} = 0{,}914$

Die Lösung folgt auf diesen Weg nicht so schnell. Es wird schätzungsweise einmal $x_n = 0{,}55$ gesetzt. Um die Arbeit zu erleichtern, wird ein Programm verwendet:

```
f(x) = log(x*x) - x*x + 4*x - 1
x_0 = 1         Startwert
Δ = 1e-8        zur Näherung von f'(x) ≈ (f(x+Δ)-f(x-Δ))/(2·Δ)
N = 15          max. Anzahl Iterationen

[Newton-Iteration]
```

Eigenes JavaScript: [Löschen] [Neue Funktion]

```
function foo (x) {
  var y = 0;
  for (var i=0; i < 3; i++) {
    var n = 2*i+1;
    y += sin(n*x) / n;
  }
  return y;
}
```

```
x_0 = 1
x_1 = 0.5000000025123796
x_2 = 0.5908991945656286
x_3 = 0.5969906884448012
x_4 = 0.5970138610632237
x_5 = 0.5970138613952849
x_6 = 0.5970138613952849
x_7 = 0.5970138613952849
x_8 = 0.5970138613952849
x_9 = 0.5970138613952849
x_10 = 0.5970138613952849
x_11 = 0.5970138613952849
x_12 = 0.5970138613952849
x_13 = 0.5970138613952849
x_14 = 0.5970138613952849
x_15 = 0.5970138613952849
```

```
f(x_0) = 2
f(x_1) = -0.6362943435332331
f(x_2) = -0.03778476726617397
f(x_3) = -0.000142654222717864
f(x_4) = -2.044161506731257e-9
f(x_5) = 0
f(x_6) = 0
f(x_7) = 0
f(x_8) = 0
f(x_9) = 0
f(x_10) = 0
f(x_11) = 0
f(x_12) = 0
f(x_13) = 0
f(x_14) = 0
f(x_15) = 0
```

Man sieht es ändert sich der Wert, bezogen auf die Dezimalstellen, nicht mehr, deshalb kann für die maximale Durchbiegung bei einem **1 Meter langem Balken** der maximale Abstand der Durchbiegung **zu** 0,59 m festgehalten werden. Allgemeiner gilt

$$x_{\max} = 0{,}59 \cdot l \qquad (7.419)$$

7.11.6 L-Rahmen mit Streckenlast $I \cdot E =$ const.

Von einem Trittbrett[7] (gemäß ■ Abb. 7.94) kennt man die geometrischen Bedingungen (Abmessungen) und die Flächenlast q. Gesucht sei die Absenkung des Punktes C infolge Biegung. Für die inneren Kräfte und Momente folgt: $F_Q = -q \cdot b$ bzw. $M_b = q \cdot b^2$.

System 1: Es kann der Rahmen für dieses System als Kragträger mittels eingeleitetem Moment dargestellt werden. Für diesen wurde bereits, einige Abschnitte zuvor, die Durchbiegungsgleichung für die max. Durchbiegung $w_1 = \frac{M \cdot a^2}{2EI}$ gefunden. Hier ist allerdings zu beachten, dass sich dies gemäß den Winkelfunktionen um $w_3 = b \cdot \sin(\varphi)$ verschiebt. Ist $\varphi \ll \Longrightarrow \varphi \approx \sin(\varphi)$ und mit der Bedingung $w_1' = \varphi$ wird $w_1 = w_1' \cdot b$. Es muss die erste Ableitung gebildet werden, zu:

$$w_{1,\max}' = \frac{d}{da}\left[\frac{M \cdot a^2}{2EI}\right] = \frac{q \cdot b^2 \cdot a}{EI}.$$

Es folgt damit

$$w_{3,\max} = w_3 = \frac{q \cdot b^3 \cdot a}{EI}.$$

System 2: Hierbei handelt es sich um einen Kragträger mit Flächenlast. Es wurde für diesen, einige Abschnitte zuvor, die Gleichung für die maximale Durchbiegung zu:

$$w_{2,\max} = \frac{q \cdot b^4}{8EI}$$

gefunden. Zusammensetzen der beiden Gleichungen ergibt die maximale Absenkung des Punktes C, zu:

$$\underline{\underline{w_{\max}}} = w_{\max,3} + w_{\max,2} = \frac{q \cdot b^3 \cdot a}{EI} + \frac{q \cdot b^4}{8EI}$$
$$= \underline{\underline{\frac{q \cdot b^3}{EI} \cdot \left(a + \frac{b}{8}\right)}}$$

$$(7.420)$$

7.11.7 L-Rahmen mit Streckenlast $I \cdot E \neq$ const.

Von einem Trittbrett[8] (gemäß ■ Abb. 7.94) kennt man die geometrischen Bedingungen (Abmessungen) und die Flächenlast q. Gesucht sei die Absenkung des Punktes C infolge Biegung, wenn $I_1 \neq I_2$ ist, oder $E_1 \neq E_2$. Für die inneren Kräfte und Momente folgt: $F_Q = -q \cdot b$ bzw.

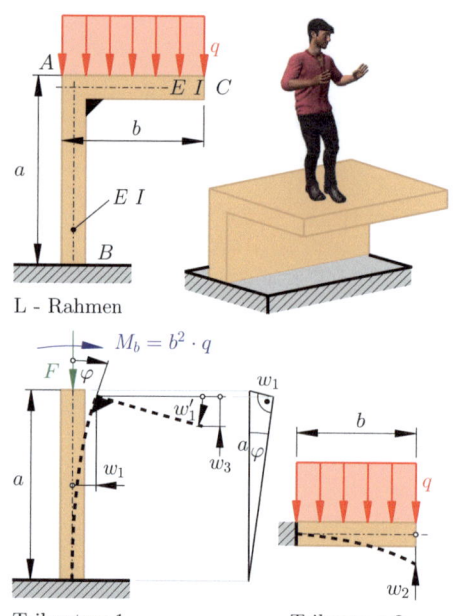

■ **Abb. 7.94** L-Rahmen, $E \cdot I =$ const.

---

[7] Beispiel ist in ähnlicher Form in den Büchern [8, S. 131] bzw. [26, S. 108], zu finden.

[8] Beispiel ist in ähnlicher Form in Buch [8, S. 131] zu finden.

7.11 · Die elastische Linie

$M_b = q \cdot b^2$. Die Biegesteifigkeit beschreibt das Produkt $E \cdot I$. Es gibt zwei Möglichkeiten, dass dies nicht konstant ist. Entweder die beiden Träger des Rahmens haben unterschiedliche Querschnitteigenschaften oder besitzen unterschiedliche Materialien. Vorgegangen kann ident, zum Beispiel des L-Rahmens werden, wenn $I \cdot E = $ const. ist, allerdings muss $E_1 \neq E_2$ bzw. $I_2 \neq I_1$ beachtet werden.

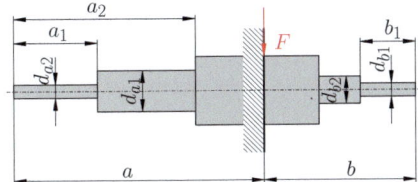

Abb. 7.95 Abgestufte Stützzelle mit Einzellast

7.11.8 Interpretation der Durchbiegungsgleichungen

Mit der Kenntnis, dass die Biegelinie abgeleitet das Biegemoment, das Biegemoment abgeleitet die Querkraft und die Querkraft abgeleitet die Streckenlast (oder umgekehrt durch Integration) bildet, können die Differentialgleichungen eines Trägers mit Streckenlast wie folgt formuliert werden:

$$w^{IV} \cdot E \cdot I_A = q \quad (7.421)$$

$$w^{III} \cdot E \cdot I_A = -F_Q = q \cdot x + C_1 \quad (7.422)$$

$$w^{II} \cdot E \cdot I_A = -M_b = -q \cdot \frac{x^2}{2} + C_1 \cdot x + C_2 \quad (7.423)$$

$$w^{I} \cdot E \cdot I_A = -q \cdot \frac{x^3}{6} + C_1 \cdot \frac{x^2}{2} + C_2 \cdot x + C_3 \quad (7.424)$$

$$w \cdot E \cdot I_A = -q \cdot \frac{x^4}{24} + C_1 \cdot \frac{x^3}{6} + C_2 \cdot \frac{x^2}{1} + C_3 \cdot x + C_4. \quad (7.425)$$

Diese werden in späteren Beispielen noch hilfreich sein.

7.11.9 Durchbiegung, wenn $EI \neq$ const.

7.11.9.1 Abgestufte Welle

Hierbei kann dieselbe Vorgehensweise wie beim L-Rahmen, gemäß dem Beispiel zuvor, verwendet werden. Eine ausführliche Lösung ist in [26] zu finden.

7.11.9.2 Mehrfach abgestufte Welle

Vgl. Abb. 7.95. Wird die Welle in der Kraftangriffsstelle als eingespannt betrachtet, so können die Gleichungen für den Kragträger verwendet werden.

$$w_{max} = \frac{F \cdot l^3}{3 \cdot E \cdot I} \quad (7.426)$$

bzw. für mehrere Stufen

$$w_{max} = \frac{F_A}{3 \cdot E \cdot \sum_{i=1}^{n} I_n} \cdot (a_1^3 + (a_2^3 - a_1^3) + (a_3^3 - a_2^3) + \ldots) \quad (7.427)$$

mit $I = \frac{d^4 \cdot \pi}{64}$

$$w_{max} = \frac{F_A}{3 \cdot E \cdot \frac{d^4 \cdot \pi}{64}} \cdot (a_1^3 + (a_2^3 - a_1^3) + (a_3^3 - a_2^3) + \ldots)$$

$$= \frac{F_A}{3 \cdot E} \left(\frac{a_1^3}{\frac{d_1^4 \cdot \pi}{64}} + \frac{a_2^3 - a_1^3}{\frac{d_2^4 \cdot \pi}{64}} + \frac{a_3^3 - a_2^3}{\frac{d_3^4 \cdot \pi}{64}} + \ldots \right)$$

$$= \frac{64 \cdot F_A}{3 \cdot E} \left(\frac{a_1^3}{d_{a1}^4} + \frac{a_2^3 - a_1^3}{d_{a2}^4} + \frac{a_3^3 - a_2^3}{d_{a3}^4} + \ldots \right) \quad (7.428)$$

$$w_{max,A} = \frac{6{,}79 \cdot F_A}{E} \cdot \left(\frac{a_1^3}{d_{a1}^4} + \frac{a_2^3 - a_1^3}{d_{a2}^4} + \frac{a_3^3 - a_2^3}{d_{a3}^4} + \ldots \right) \quad (7.429)$$

Die gesamte Durchbiegung errechnet sich durch:

$$w = f_A + \frac{a}{l} \cdot (f_B - f_A). \quad (7.430)$$

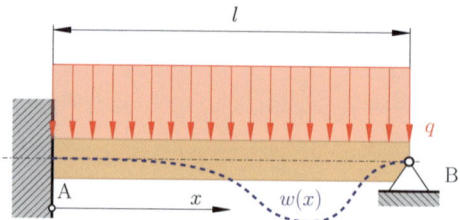

Randbedingungen:
1. Für $x = 0$ folgt $w = 0$
2. Für $x = l$ folgt $w = 0$
3. Für $x = l$ folgt $M = 0$
4. Für $x = 0$ folgt $w' = 0$

Abb. 7.96 Kragträger mit Gleichlast, abgestützt

7.11.10 Durchbiegungsgleichungen (statisch unbestimmt)

7.11.10.1 Kragträger mit Gleichlast und Abstützung

Vgl. Abb. 7.96.

$$w^{IV} \cdot E \cdot I_A = q = q_0 \qquad (7.431)$$

$$w^{III} \cdot E \cdot I_A = -F_Q = q \cdot x + C_1 \qquad (7.432)$$

$$w^{II} \cdot E \cdot I_A = -M_b = -q \cdot \frac{x^2}{2} + C_1 \cdot x + C_2 \qquad (7.433)$$

$$w^{I} \cdot E \cdot I_A = -q \cdot \frac{x^3}{6} + C_1 \cdot \frac{x^2}{2} + C_2 \cdot x + C_3 \qquad (7.434)$$

$$w \cdot E \cdot I_A = -q \cdot \frac{x^4}{24} + C_1 \cdot \frac{x^3}{6} + C_2 \cdot \frac{x^2}{2} + C_3 \cdot x + C_4. \qquad (7.435)$$

Randbedingung 4 in w' lässt sofort $C_3 = 0$ folgen. Jetzt kann $C_3 = 0$ und Randbedingung 1 in w eingesetzt werden zu $C_4 = 0$. Randbedingung 3 in w'' eingesetzt ergibt

$$0 = -M_b = -q \cdot \frac{l^2}{2} + C_1 \cdot l + C_2$$

$$C_1 = \frac{q}{l} \cdot \frac{l^2}{2 \cdot l} - \frac{C_2}{l} \qquad (7.436)$$

Randbedingung 2 in w:

$$0 = -q \cdot \frac{l^4}{24} + C_1 \cdot \frac{l^3}{6} + C_2 \cdot \frac{l^2}{2}$$

$$C_1 = -q \cdot \frac{l}{4} - C_2 \cdot \frac{3}{l}. \qquad (7.437)$$

Durch Gleichsetzen von (7.437) und (7.436) folgt

$$C_2 = \frac{l^2 \cdot q}{8};$$

woraus sofort C_1 folgt:

$$C_1 = -\frac{5 \cdot q \cdot l}{8}.$$

Es folgt durch Einsetzen der Randbedingungen in w:

$$w \cdot E \cdot I_A = -q \cdot \frac{x^4}{24} - \frac{5 \cdot q \cdot l}{8} \cdot \frac{x^3}{6} + \frac{l^2 \cdot q}{8} \cdot \frac{x^2}{2} \qquad (7.438)$$

Biegelinie

$$w = \frac{q \cdot l^4}{24 \cdot E \cdot I_A} \left[\left(\frac{x}{l}\right)^4 - \frac{5}{2} \cdot \left(\frac{x}{l}\right)^3 + \frac{3}{2} \cdot \left(\frac{x}{l}\right)^2 \right] \qquad (7.439)$$

Maximale Durchbiegung
Abstand: Erste Ableitung von w bilden und Null setzen lässt auf die Gleichung $8x^2 - 15 \cdot l \cdot x + 6 \cdot l^2$ schließen. Hierbei kann x mit der abc-Formel berechnet werden, es folgen die beiden Lösungen: $x_1 = 1{,}296l$ und $x_2 = 0{,}589l$. Da die maximale Durchbiegung nicht außerhalb des Balkens liegen kann, fällt die Lösung x_1 weg, und damit folgt für die maximale Länge

$$x_{max} = 0{,}589 \cdot l \qquad (7.440)$$

einsetzen in die Biegelinie ergibt die maximale Durchbiegung.

Biegemoment und Querkraft

Aus den beiden Gleichungen: $w^{III} \cdot E \cdot I_A$ und $w^{II} \cdot E \cdot I_A$ folgt durch Einsetzen der beiden zuvor berechneten Randbedingungen die beiden Gleichungen:

$$-F_Q = q \cdot \left(x - \frac{5 \cdot l}{8}\right) \quad (7.441)$$

$$-M_b = \frac{q}{2}\left(x^2 - \frac{5 \cdot l \cdot x}{4} + \frac{l^2}{4}\right). \quad (7.442)$$

7.11.10.2 Kragträger mit Einzellast und Parallelführung

Vgl. ◘ Abb. 7.97.

$$w^{IV} \cdot E \cdot I_A = q = q_0 \quad (7.443)$$

$$w^{III} \cdot E \cdot I_A = -F_Q = q \cdot x + C_1 \quad (7.444)$$

$$w^{II} \cdot E \cdot I_A = -M_b = -q \cdot \frac{x^2}{2} + C_1 \cdot x + C_2 \quad (7.445)$$

$$w^{I} \cdot E \cdot I_A = -q \cdot \frac{x^3}{6} + C_1 \cdot \frac{x^2}{2} + C_2 \cdot x + C_3 \quad (7.446)$$

$$w \cdot E \cdot I_A = -q \cdot \frac{x^4}{24} + C_1 \cdot \frac{x^3}{6} + C_2 \cdot \frac{x^2}{2} + C_3 \cdot x + C_4. \quad (7.447)$$

Da keine Streckenlast bei diesem System vorliegt, folgt mit $q = 0$ für die Gleichungen

$$w^{IV} \cdot E \cdot I_A = q = q_0 = 0 \quad (7.448)$$

$$w^{III} \cdot E \cdot I_A = -F_Q = 0 \cdot x + C_1$$
$$\implies -F_Q = C_1 \quad (7.449)$$

$$w^{II} \cdot E \cdot I_A = -M_b = -q \cdot \frac{x^2}{2} - F_Q \cdot x + C_2 \quad (7.450)$$

$$w^{I} \cdot E \cdot I_A = -q \cdot \frac{x^3}{6} - F_Q \cdot \frac{x^2}{2} + C_2 \cdot x + C_3 \quad (7.451)$$

$$w \cdot E \cdot I_A = -q \cdot \frac{x^4}{24} - F_Q \cdot \frac{x^3}{6} + C_2 \cdot \frac{x^2}{2} + C_3 \cdot x + C_4. \quad (7.452)$$

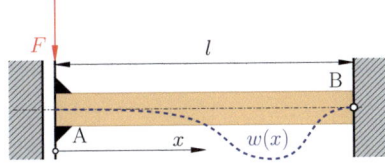

◘ **Abb. 7.97** Kragträger mit Gleichlast und Parallelführung

1. Für $x = 0$ folgt $w' = 0$
2. Für $x = l$ folgt $w' = 0$
3. Für $x = l$ folgt $w = 0$

1. Randbedingung in w' ergibt

$$\underline{\underline{C_3 = 0.}}$$

1. Randbedingung in w' ($C_3 = 0$; $q = 0$) lässt auf

$$0 = -0 \cdot \frac{l^3}{6} - F_Q \cdot \frac{l^2}{2} + C_2 \cdot l + 0$$

$$0 = -F_Q \cdot \frac{l}{2} + C_2 \implies C_2 = F_Q \cdot \frac{l}{2}. \quad (7.453)$$

schließen und die 3. Randbedingung in w lässt

$$\underline{\underline{C_4 = -F_Q \cdot \frac{l^3}{12}}}$$

folgen. Es folgt damit für die Biegelinie:

Biegelinie

$$w = -\frac{F_Q \cdot l^3}{12 \cdot E \cdot I_A}\left[2 \cdot \left(\frac{x}{l}\right)^3 + 3 \cdot \left(\frac{x}{l}\right)^2 + 1\right] \quad (7.454)$$

Biegemoment

$$M_b = F_Q \cdot \left(x - \frac{l}{2}\right) = -\frac{F \cdot l}{2}\left(2 \cdot \frac{x}{l} - 1\right) \quad (7.455)$$

Absenkung und Biegemoment im Lagerpunkt B

$$M_b = M(l) = -\frac{F \cdot l}{2}. \tag{7.456}$$

$$w_A = w(0) = -\frac{F_Q \cdot l^3}{12 \cdot E \cdot I_A} \tag{7.457}$$

Maximale Durchbiegung

Abstand: Erste Ableitung von w gleich null Setzen ergibt $0 = \frac{x^2}{l^2} + \frac{x}{l} = x^2 + l \cdot x$. Einsetzen in die abc-Formel wird zu

$$x_{\max 1,2} = \frac{-L \pm \sqrt{L^2 - 4L}}{2} \tag{7.458}$$

Dies einsetzen in die Biegemomentengleichung ergibt

$$w = -\frac{F_Q L^3}{12 E I}\left(2\left(\frac{x_{\max}}{L}\right)^3 + 3\left(\frac{x_{\max}}{L}\right)^2 + 1\right) \tag{7.459}$$

7.11.10.3 Beidseitig eingespannter Balken, Dreieckslast

Vgl. ◻ Abb. 7.98.

Biegelinie

Vgl. ◻ Abb. 7.102.
1. Für $x = 0$ folgt $w' = 0$
2. Für $x = 0$ folgt $x = 0$
3. Für $x = l$ folgt $w' = 0$
4. Für $x = l$ folgt $w = 0$

1. und 3. Randbedingung in w':

$$C_3 = 0 \quad \text{und} \quad C_2 = -q \cdot \frac{l^2}{24} - C_1 \cdot \frac{l}{2} \tag{7.460}$$

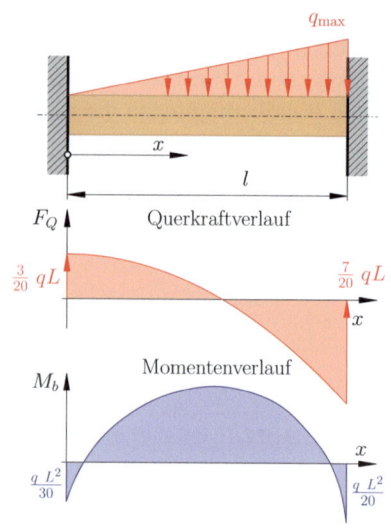

◻ **Abb. 7.98** Beidseitig eingespannter Balken mit Dreieckslast

2. und 4. Randbedingung in w:

$$C_4 = 0 \quad \text{und} \quad C_2 = -q \cdot \frac{l^2}{60} - C_1 \cdot \frac{l}{3} \tag{7.461}$$

Durch Gleichsetzen:

$$-q \cdot \frac{l^2}{60} - C_1 \cdot \frac{l}{3} = -q \cdot \frac{l^2}{24} - C_1 \cdot \frac{l}{2} \tag{7.462}$$

folgt C_1:

$$C_1 = -q \cdot \frac{3 \cdot l}{20} \quad \text{bzw.} \quad C_2 = q \cdot \frac{l^2}{30}. \tag{7.463}$$

Alle Bedingungen in die Biegelinie eingesetzt und umgeformt ergibt

$$w = -\frac{q}{120 \cdot E \cdot I_A}\left[\frac{x^5}{l^2} - 3 \cdot x^3 + 2 \cdot l \cdot x^2\right] \tag{7.464}$$

7.11 · Die elastische Linie

Abb. 7.99 Querkraft

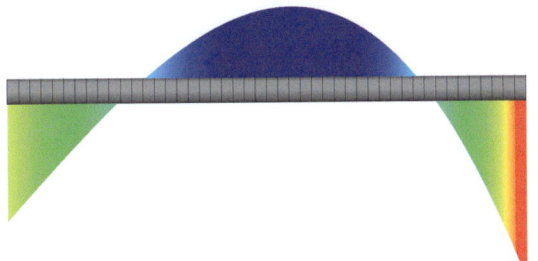

Abb. 7.100 Biegemoment

Abb. 7.101 Streckenlast

Abb. 7.102 Durchbiegung

Querkraftgleichung
Für die Querkraftgleichung ergibt sich (vgl. Abb. 7.99):

$$F_Q = \frac{q \cdot l}{20}\left[3 - 10 \cdot \left(\frac{x}{l}\right)^2\right] \qquad (7.465)$$

Biegemomentengleichung
Für die Biegemomentengleichung ergibt sich (vgl. Abb. 7.100):

$$M_b = \frac{q \cdot l^2}{60}\left[9 \cdot \frac{x}{l} - 2 - \left(\frac{x}{l}\right)^3\right] \qquad (7.466)$$

Maximales Biegemoment
Mit

$$F_Q = 0 = \frac{qL}{20}\left(3 - 10\left(\frac{x}{L}\right)^2\right)$$

folgt

$$x_{\max} = l \cdot \sqrt{\frac{3}{10}}. \qquad (7.467)$$

einsetzen in $w(x)$ ergibt

$$M_b = \frac{qL^2}{60}\left(9\sqrt{\frac{3}{10}} - 2 - \left(\sqrt{\frac{3}{10}}\right)^3\right)$$

bzw.

$$M_{b\max} = \frac{qL^2}{60}\left(9\sqrt{\frac{3}{10}} - 2 - \left(\sqrt{\frac{3}{10}}\right)^3\right) \qquad (7.468)$$

Die Dreieckslast kann in Abb. 7.101 eingesehen werden. Die Durchbiegung ist durch Abb. 7.102 dargestellt.

7.11.11 Computergestützte Methode

Siehe ▶ Methode: Lösung durch Matlab 7.3 und ▶ Methode: Lösung durch SolidWorks – FEM 7.6 und 7.7

Methode: Lösung durch Matlab 7.3

Gesucht ist die Durchbiegung mittels Matlab eines Balkens, gemäß ◘ Abb. 7.96, wenn $q = 5\,\text{N/mm}$; $l = 1\,\text{m}$ und eine kreiszylindrische Welle mit $d = 30\,\text{mm}$ vorliegt. (Stahl)

```
d = 30;             %[mm]     Durchmesser Welle
l = 1000;           %[mm]     Länge Welle
q = 5;              %[N/mm]   Flächenlast
E = 2.1*10^5;       %[N/mm^2] E - Modul Stahl

I=d^4*pi/64;        %Flächemtägheitsmoment Welle

%================================================================
%===========================BIEGUNG==============================
%================================================================

%===========================Biegelinie===========================

x = 0:1:l;

w = -q*l.^4./(24*E*I)*((x./l).^4 - 5./2*(x./l).^3 + 3./2*(x./l).^2);


plot(x,w)      %Plot

%==========================max. Biegung==========================

x_max = 0.589*l;

w_max = -q*l.^4./(24*E*I)*((x_max./l).^4 - 5./2*(x_max./l).^3 + 3./2*(x_max./l).^2);
```

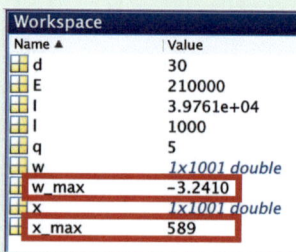
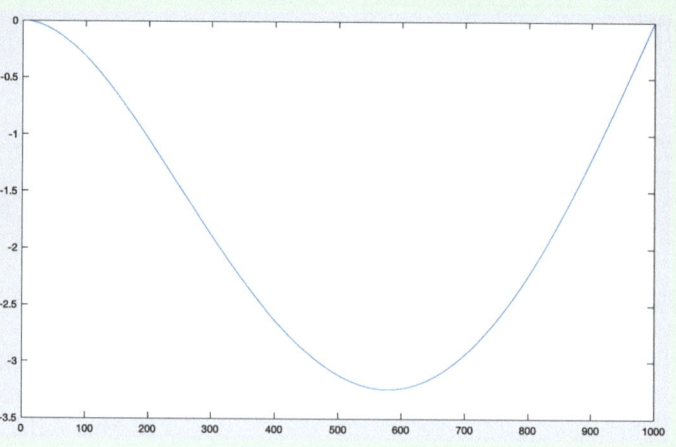

7.11 · Die elastische Linie

Methode: Lösung durch SolidWorks – FEM 7.6

Gesucht ist die Durchbiegung mittels SolidWorks eines Balkens, gemäß ◘ Abb. 7.96, wenn $q = 5\,\text{N/mm}$; $l = 1\,\text{m}$ und eine kreiszylindrische Welle mit $d = 30\,\text{mm}$ vorliegt. (Stahl)

Pos.	Bild	Erklärung
1		Modell zeichnen und neue Studie erstellen sowie Randbedingungen definieren.
2		Verschiebung ablesen. Maximum: Max.: 3,258e+00
3		Biegemomentenverlauf
4		Querkraftverlauf

Methode: Lösung durch SolidWorks – FEM 7.7

Gesucht ist die Durchbiegung mittels SolidWorks eines Balkens, gemäß ◘ Abb. 7.98, wenn $q_{max} = 5\,\text{N/mm}$; $l = 1\,\text{m}$ und eine kreiszylindrische Welle mit $d = 30\,\text{mm}$ vorliegt. (Stahl)

Pos.	Bild	Erklärung
1	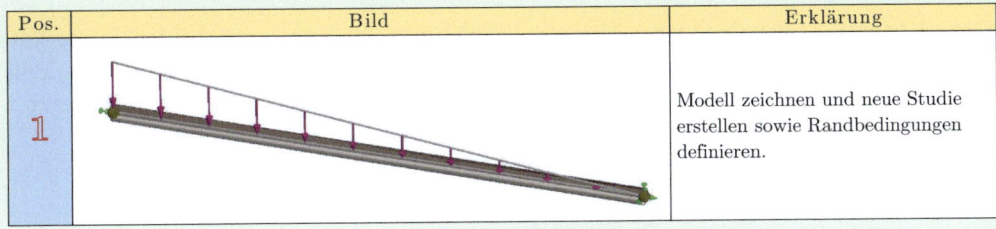	Modell zeichnen und neue Studie erstellen sowie Randbedingungen definieren.

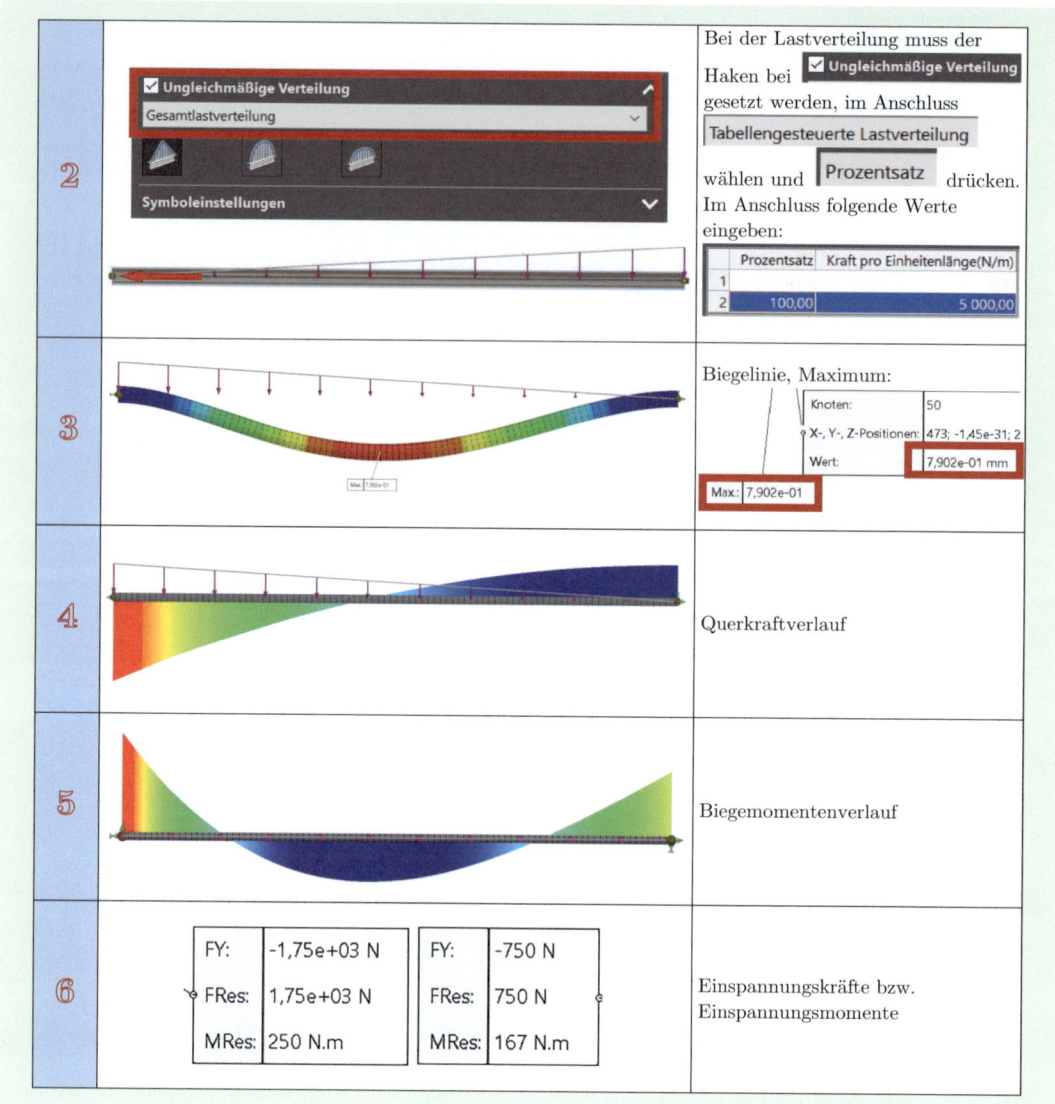

7.11.12 Klammersymbol von Föppl

Da oftmals sehr komplizierte Differentialgleichungen und lange Rechenwege, bei der Herleitung der Biegelinie auftreten können, ist es möglich mittels des Föppl-Symbols die Unterteilung der Felder eines Balkens zu umgehen. Allgemein gilt für das Föppl-Symbol nach Definition

$$\langle x-a \rangle^n = \begin{cases} 0 & \text{für: } x < a \\ (x-a)^n & \text{für: } x > a \end{cases} \quad (7.469)$$

Wie die nachstehenden beiden Bemerkungen zeigen, gelten auch hier die gewöhnten Potenzregeln beim Integrieren und Differenzieren.

Bemerkung 7.6 (Differentiation des Föppl-Symbols)

$$\frac{d}{dx}\langle x-a \rangle^n = n \cdot \langle x-a \rangle^{n-1}. \quad (7.470)$$

7.11 · Die elastische Linie

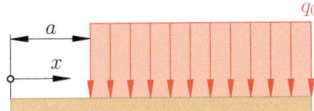

Abb. 7.103 Bei konstanter Streckenlast, bei $x = a$

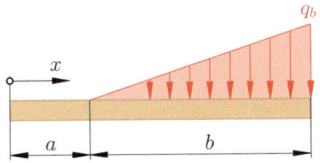

Abb. 7.104 Bei Dreieckslast

Abb. 7.105 Föppl-Symbol bei nicht durchgehender Gleichlast

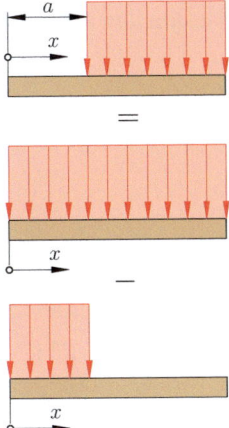

Bemerkung 7.7 (Integration des Föppl-Symbols)

$$\int \langle x - a \rangle^n = \frac{\langle x - a \rangle^{n+1}}{n + 1} + C. \qquad (7.471)$$

7.11.12.1 Föppl-Symbol bei Lastverteilungen

Um einen Balken auf deren Einflussgrößen zu untersuchen, ist es notwendig, die Lasten mittels des Föppl-Symbols zu beschreiben.

Die Streckenlast aus ◘ Abb. 7.103 kann durch die Gleichung $q(x) = q_0 \cdot \langle x - a \rangle^0 = q_0$ bzw. jene aus ◘ Abb. 7.104 durch $q(x) = k \cdot \langle x - a \rangle \rangle^n = \frac{q_b}{b} \langle x - a \rangle^1$ beschrieben werden.

7.11.12.2 Konstante Streckenlast, nicht durchgehend, beginnend bei $x = 0$

Vgl. ◘ Abb. 7.105. Auch hier gilt das Superpositionsprinzip. Es folgt damit für eine konstante Streckenlast, die nicht durchgängig ist, jedoch bei $x = 0$ beginnt

$$q(x) = q_0 - q_0 \cdot \langle x - a \rangle^0. \qquad (7.472)$$

7.11.12.3 Querkräfte und Momente

F_Q stellt eine Kraft dar, es muss daher durch Hinzufügen der Laufvariable x gelten: $F_Q = F \cdot x^0$, oder bei nicht durch gängige Streckenlast $(x - a)^0$. Selbiges Vorgehen gilt auch für das Moment.

$$F_Q(x) = -F \langle x - a \rangle^0. \qquad (7.473)$$

$$M(x) = -M_0 \langle x - a \rangle^0. \qquad (7.474)$$

7.11.12.4 Gelenk, Parallelführung

Für ein Gelenk oder eine Parallelführung (vgl. ◘ Abb. 7.106) kann die Verschiebung bzw. Neigung zur Beschreibung genutzt werden. Es gilt $w'(x) = \Delta\alpha$ bzw. durch Hinzufügen des Ausdrucks $(x - a)^0 = 1$ wird $w'(x) = \Delta\alpha(x - a)^0$.

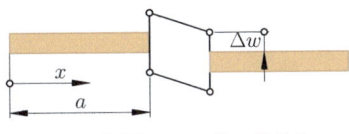

Föppl Symbol bei einer Parallelführung

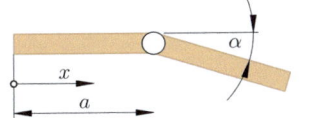

Föppl Symbol bei einem Gelenk

Abb. 7.106 Föppl-Symbol bei einem Gelenk und Parallelführung

Um das Föppl-Symbol anzudeuten, wird der Ausdruck in eckigen Klammern geschrieben.

$$w'(x) = \Delta\alpha \langle x - a \rangle^0$$
$$w(x) = \Delta w \langle x - a \rangle^0 \qquad (7.475)$$

7.11.12.5 Beispiel
Siehe ▶ Beispiel 7.12.

Beispiel 7.12

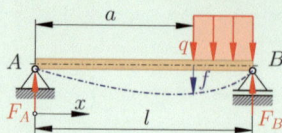

Abb. 7.107 Stützträger mit Einzellast, außermittig

Gesucht ist die Biegelinie mithilfe des Föppl-Symbols vom Balken aus ◘ Abb. 7.107.

Lösung

Mittels des Föppl-Symbols kann für die Streckenlast $q(x) = q_0 \langle x - 2a \rangle^0$ geschrieben werden. Aufstellen der DGL und Randbedingungen:

1. $x = 0 \implies w = 0$
2. $x = l \implies w = 0$
3. $x = 0 \implies w'' = 0$
4. $x = l \implies w'' = 0$

$$w^{IV} E I = q = q \langle x - a \rangle^0$$
$$w''' E I = -F_Q = q_0 \langle x - a \rangle^1 + C_1$$
$$w'' E I = -M_b = \frac{q_0}{2} \langle x - a \rangle^2 + C_1 x + C_2$$
$$w' E I = \frac{q_0}{6} \langle x - a \rangle^3 + C_1 \frac{x^2}{2} + C_2 x + C_3$$
$$w E I = \frac{q_0}{24} \langle x - a \rangle^4 + C_1 \frac{x^3}{6} + \frac{C_2 x^2}{2}$$
$$+ C_3 x + C_4. \qquad (7.476)$$

Werden die Randbedingungen eingesetzt, so ist zu beachten, dass $\langle x - a \rangle^n$ mit $n \in \mathbb{N}$ für $x < a \implies \langle x - a \rangle^n = 0$ bzw. für $x > a \implies \langle x - a \rangle^n = (x - a)^n$ gilt. Es folgt dann durch Einsetzen der 1. Randbedingung in $w E I$: $\underline{C_4 = 0}$, 3. Randbedingung in $w'' E I$: $\underline{C_2 = 0}$, Randbedingung 4 in w'' ($l - a = b$)

$$0 = \frac{q_0}{2} \langle l - a \rangle^2 + C_1 l \implies \underline{\underline{C_1 = -\frac{q_0 \cdot b^2}{2l}}} \qquad (7.477)$$

und 2. Randbedingung in $w E I$

$$0 = \frac{q_0}{24} \underbrace{(l-a)^4}_{=b^4} + C_1 \frac{l^3}{6} + C_3 l$$

$$\underline{\underline{C_3 = \frac{q_0 \cdot b^2}{12}\left(1 - \frac{b^2}{2l}\right)}}. \qquad (7.478)$$

Einsetzen der Randbedingungen in die Biegelinie ergibt

$$w = \frac{q_0}{12 E I}$$
$$\cdot \left(\frac{\langle x - a \rangle^4}{2} + \frac{x^3 \cdot b^2}{l} + \frac{b^2}{2}\left(1 - \frac{b^2}{2l}\right) x \right) \qquad (7.479)$$

Mit der zuvor festgestellten Randbedingung: $\langle x - a \rangle^4 = 0$ bzw. für $x > a \implies \langle x - a \rangle^n = (x - a)^4 = b^4$ folgt die Biegelinie in Abhängigkeit der Felder, zu

Feld 1: ($0 < x < a$)

$$\underline{\underline{w = \frac{q_0 \cdot b^2}{12 E I}\left(\frac{x^3}{l} + \left(1 - \frac{b^2}{2l}\right)x\right)}} \qquad (7.480)$$

Feld 2: ($a < x < l$)

$$\underline{\underline{w_2 = \frac{q_0 \cdot b^2}{12 E I}\left(\frac{b^2}{2} + \frac{x^3}{l} + \left(1 - \frac{b^2}{2l}\right)x\right)}} \qquad (7.481)$$

7.11 · Die elastische Linie

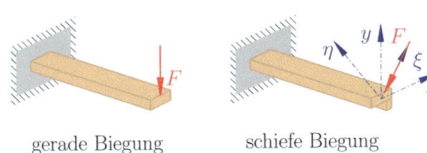

gerade Biegung
Biegung in Hauptachsenrichtung

schiefe Biegung

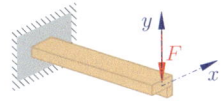

schiefe Biegung
Biegung in beliebiger Richtung

Abb. 7.108 Arten von schiefer Biegung

$$w'' = -\frac{M_{by}}{E \cdot I_y}. \qquad (7.482)$$

z-Richtung: Mit $\sigma = \frac{M_{bz}}{W_{Az}} = \frac{M_{bz}}{I_{Az}} \cdot y$ und $v'' \cdot E \cdot I_A = -M_b$ wird

$$v'' = -\frac{M_{bz}}{E \cdot I_z}. \qquad (7.483)$$

Die Durchbiegungen w'' und v'' sind unabhängig voneinander, können damit auch getrennt berechnet und anschließend zu einer resultierenden Verformung zusammengefasst werden. (Der Vorgang der Bestimmung der Durchbiegung ist ident aufzufassen, wie bei den bereits behandelten Beispielen, allerdings in zwei Ebenen, wodurch dann die beiden Einzeldurchbindungen zusammengefasst werden können.) Die konkrete Durchbiegung lässt sich gemäß diesen Gleichungen durch zweimaliges Integrieren, beider getrennt, bestimmen.

7.11.13 Verformungen infolge schiefer Biegung

Vgl. **Abb. 7.108**. Die schiefe Biegung wurde bereits in Form der Momenten- und Spannungsermittlung behandelt. Ist allerdings die Durchbiegung eines Balkens infolge schiefer Biegung zu bestimmen, so werden zwei Fälle unterschieden. Zum einen, wenn die beiden Achsen, um welche das Bauteil verformt wird, Hauptachsen sind und zum anderen, wenn dies nicht der Fall ist.[9] Nachstehend soll kurz auf die Unterschiede dieser beiden Theorien eingegangen werden. In einem früheren Kapitel dieses Buches wurden bereits ausführlich die Hauptachsen, und deren Position ermittelt. Hauptachsen sind Symmetrieachsen und umgekehrt, wenn ein symmetrischer Querschnitt vorliegt, war dort eine Regel. Ist die Durchbiegung eines Winkelprofils zu bestimmen, so ist dieses offenbar nicht symmetrisch. Zur besseren Veranschaulichung ist oben eine Skizze dargestellt.

7.11.13.1 y, z sind Hauptachsen

y-Richtung: Mittels der Biegehauptgleichung kann in y Richtung die Spannung durch $\sigma = \frac{M_{by}}{W_{Ay}} = \frac{M_{by}}{I_{Ay}} \cdot z$ berechnet werden. Zieht man die Grundgleichung für die Durchbiegung hinzu: $w'' \cdot E \cdot I_A = -M_b$, folgt sofort

7.11.13.2 y, z sind keine Hauptachsen

Da es bei einer Biegebeanspruchung, die nicht um eine Hauptachse geht, zu einer zusätzlichen Verdrehung kommt, müssen diese beiden Drehungen beachtet werden und macht die bekannten Gleichungen für die Durchbiegung nicht mehr geltend. Es muss erst eine Gleichung hergeleitet werden, die die Bestimmung der Verdrillung ermöglicht. Es werden dadurch zwei Winkel, die die zuvor erwähnte Verdrehung beschreiben, definiert: ψ_y und ψ_z. Vorausgesetzt wird allerdings erneut, dass die Bernoulli'sche Balkentheorie Gültigkeit erfährt, als auch die beiden Durchbiegungen keine Abhängigkeit voneinander haben. Betrachtet wird zunächst die Verschiebung des beliebigen Punktes P. Die Verschiebung, die in den beiden Achsrichtungen ausgetragen wird, sei v und w bzw. zusammengefasst ergibt sich die gesamte Verschiebung durch u. Werden sehr kleine Verdrehungswinkel vorausgesetzt, gilt gemäß der Taylorreihenentwicklung für die Winkelfunktionen: $\sin(\psi_i) \approx \psi_i$. Dies lässt auf die Verschiebungen $z \cdot \psi_y$ bzw. $-y \cdot \psi_z$ schließen, oder durch Zusammenfassen:

---

[9] Dieser Abschnitt ist in ähnlicher Form in [8, S. 147 f.] zu finden.

$u = z \cdot \psi_y - y \cdot \psi_z$. Für die Neigung gilt gemäß der Infinitesimalrechnung $\psi_y = -w'$; $\psi_z = v'$. Einsetzen ergibt

$$u = -z \cdot w' - y \cdot v'$$
$$= -(z \cdot w' + y \cdot v'). \qquad (7.484)$$

Die Dehnung ist gemäß der höheren Mechanik (vgl. Teil II Kontinuumsmechanik durch: $\varepsilon = \frac{\partial u}{\partial x}$ definiert. Diese Bedingung in (7.482) einsetzen ergibt

$$\varepsilon = \frac{-\partial(z \cdot w' + y \cdot v')}{\partial x}. \qquad (7.485)$$

Lösen des partiellen Differenzials:

$$\varepsilon_1 = \frac{-\partial(z \cdot w' + (y \cdot v')^0)}{\partial x}$$
$$= z \cdot w'' \qquad (7.486)$$
$$\varepsilon_2 = \frac{-\partial((z \cdot w')^0 + y \cdot v')}{\partial x}$$
$$= y \cdot v'' \qquad (7.487)$$

Rückeinsetzen: $\varepsilon = z \cdot w'' + y \cdot v''$; mittels des Hooke'schen Gesetzes wird

$$\sigma = E \cdot (z \cdot w'' + y \cdot v'') \qquad (7.488)$$

bzw.

$$\sigma = \frac{M_{by}}{W_{ay}} = \frac{M_{by}}{I_{ay}} \cdot z$$

$$M_{by} = \sigma \cdot \frac{I_{ay}}{z} = \sigma \cdot W_{ay}$$
$$= \int z \cdot \sigma \cdot dA$$

$$M_{bz} = -\sigma \cdot \frac{I_{az}}{y} = \sigma \cdot W_{az}$$
$$= -\int y \cdot \sigma \cdot dA \qquad (7.489)$$

Gl. (7.488) in (7.489)

$$M_{by} = \int z \cdot E \cdot (z \cdot w'' + y \cdot v'') \cdot dA$$
$$= E \cdot \int (z^2 \cdot w'' + y \cdot z \cdot v'') dA$$
$$-M_{bz} = \int y \cdot E \cdot (z \cdot w'' + y \cdot v'') \cdot dA$$
$$= E \cdot \int (y \cdot z \cdot w'' + y^2 \cdot v'') dA$$
$$M_{by} = E\left[\int z^2 \cdot w'' \cdot dA + \int y \cdot z \cdot v'' \cdot dA\right]$$
$$-M_{bz} = E\left[w'' \cdot \int y \cdot z \cdot dA + v'' \int y^2 dA\right]. \qquad (7.490)$$

Mit $I_y = \int z^2 \cdot dA$, $I_z = \int y^2 \cdot dA$ und $I_{yz} = -\int y \cdot z \cdot dA$ folgt

$$-M_{by} = E[w'' \cdot I_y + v'' \cdot I_{yz}] \qquad (7.491)$$
$$M_{bz} = E[w'' \cdot I_{yz} + v'' \cdot I_z]. \qquad (7.492)$$

Umformen der beiden Gleichungen ergibt

$$E \cdot w'' = -\frac{M_{by}}{I_y} - E \cdot \frac{v'' \cdot I_{yz}}{I_y} \qquad (7.493)$$
$$E \cdot v'' = \frac{M_{bz}}{I_z} - E \cdot \frac{w'' \cdot I_{yz}}{I_z} \qquad (7.494)$$

mit Definition

$$\Delta = I_y \cdot I_z - I_{yz}^2 \qquad (7.495)$$

folgt:

$$E \cdot w'' = \frac{1}{\Delta}(-M_y \cdot I_{yz}) \qquad (7.496)$$
$$E \cdot v'' = \frac{1}{\Delta}(M_z \cdot I_{yz}) \qquad (7.497)$$

7.11.13.3 Resultierende Durchbiegung

Die gesamte Durchbiegung errechnet sich mit:

$$f = \sqrt{w^2 + v^2}. \qquad (7.498)$$

7.11.13.4 Beispiel

Ein Beispiel kann in Buch [8], auf S. 153 ff. eingesehen werden.

7.11.14 Gleichungen einiger Balken

Siehe Abb. 7.109, 7.110 und 7.111.

Nr.	Träger	Gleichungen		
1	Balken auf zwei Stützen mit Einzellast F im Abstand a von A, b von B, Länge l	Biegelinie: $0 \leq x \leq a$ $\quad w_I = \frac{F \cdot b}{6 \cdot E \cdot I_A \cdot l}\left[x\left(L^2 - b^2\right) - x^3\right]$ $a \leq x \leq l$ $\quad w_{II} = \frac{F \cdot b}{6 \cdot E \cdot I_A \cdot l}\left[\frac{l}{b}(x-a)^3 + x \cdot (l^2 - b^2) - x^3\right]$		
		Stelle der max. Durchbiegung	max. Durchbiegung	Neigung der Endtangente
		$x_{\max} = \sqrt{\frac{l^2 - b^2}{3}}$	$f_m = \frac{F \cdot b \sqrt{(l^2 - b^2)^3}}{9 \cdot \sqrt{3} \cdot E \cdot I \cdot l}$	$\tan(\alpha) = \frac{F \cdot b}{6 \cdot E \cdot I_A \cdot l}\left[L^2 - b^2\right]$
2	Balken auf zwei Stützen mit Momenten M an beiden Enden	Biegelinie: $w = \frac{M \cdot l^2}{6 \cdot E \cdot I_A}\left[\frac{x}{l} - \left(\frac{x}{l}\right)^3\right]$		
		Stelle der max. Durchbiegung	max. Durchbiegung	Neigung der Endtangente
		$x_{\max} = 0$	$w_{\max} = \frac{F \cdot l^3}{3 \cdot E \cdot I}$	$\tan(\alpha) = \frac{F \cdot l^2}{2 \cdot E \cdot I}$
3	Balken auf zwei Stützen mit Moment M	Biegelinie: $w = \frac{F \cdot l^3}{6 \cdot E \cdot I_A} \cdot \left(2 - 3 \cdot \frac{x}{l} + \left(\frac{x}{3}\right)^3\right)$		
		Stelle der max. Durchbiegung	max. Durchbiegung	$\tan(\alpha) = \frac{M \cdot l}{6 \cdot E \cdot I_A}$
		$x_{\max} = \frac{L}{\sqrt{3}}$	$w_{\max} = \frac{M}{27}\frac{l^2}{E}\frac{\sqrt{3}}{I}$	$\tan(\beta) = \frac{M \cdot l}{3 \cdot E \cdot I_A}$
4	Balken auf zwei Stützen mit Streckenlast $q(x)$	Biegelinie: $w = \frac{q}{24 \cdot E \cdot I_A}\left(x^4 - 2 \cdot l \cdot x^3 + l^3 \cdot x\right)$		
		Stelle der max. Durchbiegung	max. Durchbiegung	Neigung der Endtangente
		$x_{\max} = \frac{l}{2}$	$w = \frac{5}{384} \cdot \frac{q \cdot l^4}{E \cdot I_A}$	$\tan(\alpha) = \frac{q \cdot l^3}{24 \cdot E \cdot I_A}$
5	Balken auf zwei Stützen mit Dreieckslast $q_{\max}$	Biegelinie: $w = \frac{q_{\max}}{360 \cdot E \cdot I_A}\left(3 \cdot \left(\frac{x}{l}\right)^5 - 10 \cdot \left(\frac{x}{l}\right)^3 + \frac{7 \cdot x}{l}\right)$		
		Stelle der max. Durchbiegung	max. Durchbiegung	$\tan(\alpha) = \frac{7 \cdot q_{\max} \cdot l^3}{360 \cdot E \cdot I_A}$
		$x_{\max} = 0{,}52 \cdot l$	$w_{\max} = \frac{q_{\max} \cdot l^4}{153{,}3 \cdot E \cdot I_A}$	$\tan(\beta) = \frac{q_{\max} \cdot l^3}{45 \cdot E \cdot I_A}$
6	Kragbalken mit Einzellast F am freien Ende	Biegelinie: $w = \frac{F \cdot l^3}{6 \cdot E \cdot I_A} \cdot \left(2 - 3 \cdot \frac{x}{l} + \left(\frac{x}{3}\right)^3\right)$		
		Stelle der max. Durchbiegung	max. Durchbiegung	Neigung der Endtangente
		$x_{\max} = 0$	$w_{\max} = \frac{F \cdot l^3}{3 \cdot E \cdot I}$	$\tan(\alpha) = \frac{F \cdot l^2}{2 \cdot E \cdot I}$
	Tabelle Durchbiegungsgleichungen (statisch bestimmt) 1			

Abb. 7.109 Biegelinien, statisch bestimmte Systeme 1

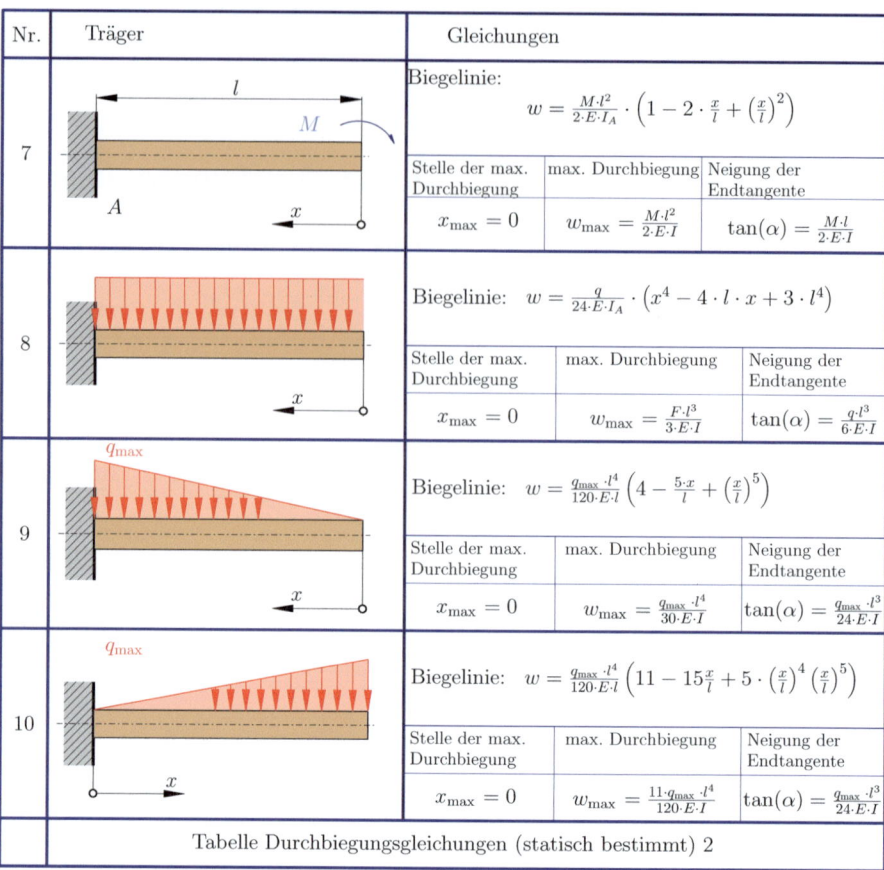

◼ **Abb. 7.110** Biegelinien, statisch bestimmte Systeme 2

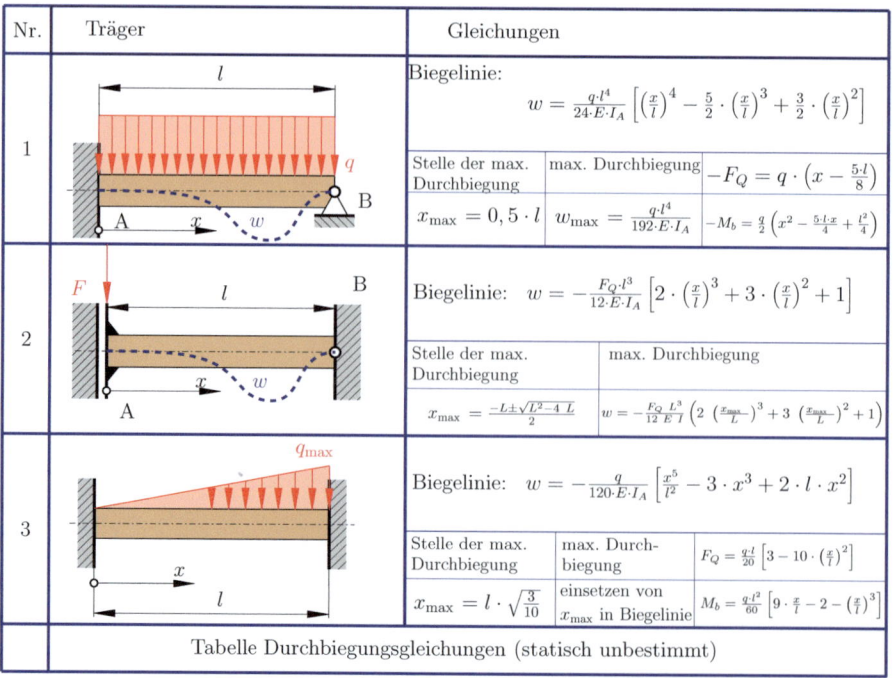

◼ **Abb. 7.111** Biegelinien, statisch unbestimmte Systeme

7.12 Elastisch gebetteter Träger

Dieses Kapitel wird in den meisten Mechanik-Büchern des Maschinenbaus nicht behandelt, dies hat zwei Gründe. Zum einen gibt es zahlreiche computergestützte Lösungen, die die Probleme der elastischen Bettung binnen kürzester Zeit in den Griff bekommen und damit die Lösung der schwierigen Differentialgleichungen, bis zu 6. Grades und Gleichungssysteme mit bis zu mehreren Tausend Gleichungen und Unbekannten nicht mehr vonnöten werden lassen. Ein weiterer Grund liegt in der begrenzten Anwendung im Maschinenbau, vielmehr wird die elastische Bettung in der Baustatik benötigt, wenn der Untergrund, auf dem ein Haus, Gebäude errichtet werden soll, berechnet wird (vgl. Abb. 7.112). Das Erdreich ist als elastisch anzusehen, wie schnell beim schiefen Turm von Pisa zu erkennen ist, der Untergrund gibt nach. Im Maschinenbau findet das Thema bei der Unterlage, Lagerung … von Kunststoffbauteilen und Gummi-Bauteilen Anwendung.

Der folgende Abschnitt wurde an den Inhalt des Buches Technische Mechanik (Dankert/Dankert) angelehnt [4].

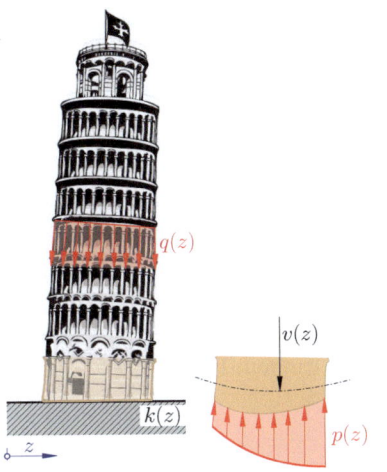

Abb. 7.112 Grundidee: elastisch gebetteter Träger

7.12.1 Analytische Lösung

7.12.1.1 Hypothese von Winkler und Zimmermann

> **Proposition 7.2**
>
> Jeder Körper wirkt auf deren Unterlage einen elastischen Druck aus.

Beweis Dies kann direkt aus dem Wechselwirkungsgesetz nach Newton (Actio = Reactio) in Verbindung mit der Flächenpressung gefolgert werden. □

> **Beobachtung 7.1**
>
> Da jede Unterlage ein Entgegenwirken zur Belastung darstellt, handelt es sich, gemäß vorstehender Definition, bei der elastischen Bettung, um einen Gegendruck, der proportional zur Durchbiegung ist. Da die Unterlage hier nicht starr ist, muss, um die gesamte Linienlast zu erhalten, der Gegendruck von der Belastung abgezogen werden. Da die Steifigkeit bzw. Nachgiebigkeit der Unterlage unterschiedlich sein kann, muss ein sogenannter Bettungsfaktor bzw. eine Bettungszahl k berücksichtigt werden.

p Druck

v Durchbiegung

k Bettungszahl

Der Proportionalitätsfaktor oder Bettungszahl besitzt die Einheit $\frac{\text{N}}{\text{mm}^2}$ und wird experimentell bestimmt. Die resultierende Streckenlast ergibt sich aus der Differenz des Gegendruckes und der lokalen Streckenlast, wie bereits erwähnt, zu

$$q_{\text{Res}} = q(z) - p(z). \qquad (7.499)$$

Aufgrund der Definition für den Gegendruck: $p(z) = k(z) \cdot v(z)$ folgt durch Einsetzen: $q_{\text{Res}} = k(z) \cdot v(z) - p(z)$. Mit der Grundgleichung für die Verformungsänderung infolge Biegebeanspruchung $-M_b = w'' \cdot E \cdot I$ folgt die Streckenlast durch zweifaches Ableiten des Biegemomentes und damit der eben notierten Gleichung, zu

$$q_{\text{Res}} = \frac{d^2}{dz^2}\left[E \cdot I(z) \cdot \frac{d^2 v(z)}{dz^2}\right]. \quad (7.500)$$

Setzt man die beiden gefundenen Gleichung gleich, folgt durch Umformen sofort die Biegelinie für den elastisch gebetteten Träger, zu

$$p(z) = \frac{d^2}{dz^2}\left[E \cdot I(z) \cdot \frac{d^2 v(z)}{d^2 z}\right] + k(z) \cdot v(z). \quad (7.501)$$

Gemäß den bereits gezeigten Bedingungen gilt für die Querkraft und das Biegemoment die Gleichung

$$M_b(z) = -E \cdot I(z) \cdot v''(z) \quad (7.502)$$
$$F_Q(z) = -[E \cdot I(z) \cdot v''(z)]'. \quad (7.503)$$

7.12.1.2 Lösen der Differentialgleichung [4]

Liegt ein Bauteil mit konstanten Querschnittabmessungen und einheitlichem Material vor, folgernd ist die Biegesteifigkeit konstant und die Unterlage ist überall mit der gleichen Nachgiebigkeit dimensioniert, so kann durch die Biegesteifigkeit dividiert werden. Es handelt sich um einen Sonderfall der elastischen Bettung.

$$\frac{q(z)}{E \cdot I} = \frac{d^2}{dz^2}\left[\frac{E \cdot I \cdot \frac{d^2 v(z)}{d^2 z}}{E \cdot I}\right] + \frac{k(z) \cdot v(z)}{E \cdot I}$$
$$= \frac{d^2}{dz^2}\left[\frac{d^2 v(z)}{d^2 z}\right] + \frac{k(z)}{E \cdot I} \cdot v(z)$$
$$= \frac{k(z)}{E \cdot I} \cdot v(z) + v''''(z)$$
$$q^*(z) = k^*(z) \cdot v(z) + v''''(z). \quad (7.504)$$

Hierin ist $k^* = \frac{k(z)}{E \cdot I}$ und $q^* = \frac{q(z)}{E \cdot I}$. Festgehalten wird damit die Gleichung

$$q^* = k^* \cdot v(z) + v''''(z). \quad (7.505)$$

Gemäß den Regeln zur Lösung von DGL muss diese in einen partikulären und homogenen Teil unterteilt werden. Für den ersten Lösungsschritt muss der homogene Teil (DGL ohne Störglied) gleich Null gesetzt werden.

$$q^* = k^* \cdot v(z) + v''''(z) = 0 \quad (7.506)$$

Es muss ein passender Lösungsansatz gefunden werden, es bietet sich jener mit einem enthaltenen Teil der e-Funktion an, da sich bei dieser die Ableitung nicht ändert, wodurch es zu einer enormen Rechenerleichterung bei vier Ableitungen kommen kann. Es wird der Ansatz $v = e^{\lambda \cdot z}$ gewählt, zu

$$e^{\lambda \cdot z} \cdot k^* + \lambda^4 \cdot e^{\lambda \cdot z} = 0$$
$$\underline{\underline{k^* + \lambda^4 = 0}} \quad (7.507)$$

Die Gleichung kann durch Umformen zu $\lambda_{1,2,3,4} = \sqrt[4]{-k^*} = \sqrt[4]{k^* i}$ durch Wurzelziehen gelöst werden. Achtung beim Wurzelziehen von komplexen Zahlen! Es folgen die vier Lösungen

$$\lambda_{1,2,3,4} = \sqrt[4]{k^*} \cdot \frac{\sqrt{2}}{2} \cdot (\pm 1 \pm i). \quad (7.508)$$

Da k die Einheit N/mm², E ebenso N/mm² und I mm⁴ trägt und die Gleichung $k^* = k/EI$ auch für die Einheiten gilt, folgt die Einheit von k^* durch $\frac{N}{mm^2} \cdot \frac{mm^2}{N} \cdot \frac{1}{mm^4} = \frac{1}{mm^4}$. Zieht man die 4. Wurzel folgt 1/mm und damit für den Term $\sqrt[4]{k^*}$ diese Einheit. Es kann als Abkürzung also $\frac{1}{l} = \sqrt[4]{k^*}$, zu

$$\frac{1}{l} = \sqrt[4]{k^*} \cdot \frac{\sqrt{2}}{2} \quad (7.509)$$

geschrieben werden. Es folgt die Lösung für die homogene DGL durch Einsetzen zu

$$v_{\text{hom}} = \overline{C_1} \cdot e^{(1+i) \cdot \frac{z}{l}} + \overline{C_2} \cdot e^{(-1+i) \cdot \frac{z}{l}}$$
$$+ \overline{C_3} \cdot e^{(-1-i) \cdot \frac{z}{l}} + \overline{C_4} \cdot e^{(1-i) \cdot \frac{z}{l}}. \quad (7.510)$$

7.12 · Elastisch gebetteter Träger

Die Euler-Identität lautet $e^{i\varphi} = 1$ und damit kann der Zusammenhang zur Euler-Darstellung bei komplexen Zahlen (da $i \cdot \sin(\varphi) + \cos(\varphi) = 1$ ist) durch $e^{i\varphi} = i \cdot \sin(\varphi) + \cos(\varphi)$ hergestellt werden. Zuvor wurde bei der Lösung der DGL, beim 4. Wurzel ziehen klar, dass es sich bei dem Term z/L durch den Polarwinkel handeln muss. Damit wird der Zusammenhang gemäß den Potenzregeln, zu nachstehender Gleichung sofort klar.[10]

$$e^{(1 \pm i) \cdot \frac{z}{l}} = e^{\pm \frac{z}{l}} \cdot e^{\pm i \cdot \frac{z}{l}}$$

$$= e^{\pm \frac{z}{l}} \cdot \left(\cos\left(\frac{z}{l}\right) + i \cdot \sin\left(\frac{z}{l}\right) \right) \quad (7.511)$$

$$e^{(-1 \pm i) \cdot \frac{z}{l}} = e^{\pm \frac{z}{l}} \cdot e^{-i \cdot \frac{z}{l}}$$

$$= e^{\pm \frac{z}{l}} \cdot \left(\cos\left(\frac{z}{l}\right) - i \cdot \sin\left(\frac{z}{l}\right) \right) \quad (7.512)$$

Diese beiden Bedingungen eingesetzt in (7.510) ergibt

$$v_{\text{hom}} = e^{\pm \frac{z}{l}} \cdot \left(\cos\left(\frac{z}{l}\right) \cdot \overline{C_1} + i \cdot \sin\left(\frac{z}{l}\right) \cdot \overline{C_2} \right)$$

$$= e^{\pm \frac{z}{l}} \cdot \left(\cos\left(\frac{z}{l}\right) \cdot \overline{C_3} + i \cdot \sin\left(\frac{z}{l}\right) \cdot \overline{C_4} \right) \quad (7.513)$$

Beim partikulären Teil muss der Störterm bedacht werden. Dieser lautet q^*. Es muss jetzt die Variation der Konstanten durchgeführt werden, indem man den Teil der Lösung der homogenen DGL aus Gl. (7.513) variiert, also C_n in Abhängigkeit der Variable z bringt. Diese Bedingung muss dann viermal abgeleitet und in (7.505) eingesetzt werden. Lösen nach den Konstanten und Rückeinsetzen in Gl. (7.513), in variierter Form, liefert die Lösung für den partikulären Teil zu

$$\underline{\underline{v_{\text{part}} = \frac{q^*(z)}{k^*}}}.$$

Durch Zusammensetzen der beiden Lösungsanteile folgt **die Lösung der Differentialgleichung des elastisch gebetteten Trägers, bei konstanter Linienlast und konstanter Bettungszahl**:

$$v(z) = \frac{q^*(z)}{k^*} + e^{\pm \frac{z}{l}} \cdot \left(\cos\left(\frac{z}{l}\right) \cdot \overline{C_3} + i \cdot \sin\left(\frac{z}{l}\right) \cdot \overline{C_4} \right) \quad (7.514)$$

mit (7.509)

$$l = \sqrt[4]{\frac{4 \cdot E \cdot I}{k}}. \quad (7.515)$$

7.12.1.3 Einführungsbeispiel

Betrachtet man das folgende „einfache" Beispiel (vgl. ◘ Abb. 7.113), wird man feststellen, dass dies auch schon sehr komplex ist, sowie viele mathematische Kenntnisse voraussetzt.[11] Werden die Beispiele komplexer so wird eine Computergestützte Lösung unumgänglich, da es neben der Lösung der Differentialgleichungen 4. Ordnung auch noch zu anderen Hürden kommt. Speziell: die Lösung von Gleichungssystemen. Für die Lösung dieser müssen schnell einmal mehrere Tausend Unbekannte bestimmt werden, was per Hand nahezu unmöglich ist.

◘ **Abb. 7.113** Beispiel

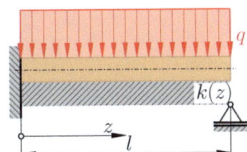

---

10 Idee aus Dankert und Dankert, Technische Mechanik, [4, S. 314 ff].

11 Idee aus Dankert und Dankert, Technische Mechanik, [4, S. 315 ff].

Beispiel 7.13

Gegeben: $q = 230\,\text{N/mm}$, $E = 2{,}1 \cdot 10^5\,\text{N/mm}^2$, $l = 1000\,\text{mm}$, $b = 20\,\text{mm}$, $h = 40\,\text{mm}$, (Rechteckquerschnitt), $k = 50\,\text{N/mm}^2$;

Gesucht: Biegelinie, Biegemomentenverlauf sowie der Programmcode zur Ermittlung dieser Mithilfe von Matlab

Lösung:

Randbedingungen:

$$M_b(z = l) = 0 \quad v(z = 0) = 0$$
$$v(z = l) = 0 \quad v'(z = 0) = 0 \tag{7.516}$$

Die Biegelinie lautet

$$v(z) = \frac{q^*(z)}{k^*} + e^{\pm \frac{z}{l}} \cdot \left(\cos\left(\frac{z}{l}\right) \cdot \overline{C_3} + i \cdot \sin\left(\frac{z}{l}\right) \cdot \overline{C_4} \right). \tag{7.517}$$

Um die Randbedingungen sinnvoll verwerten zu können, müssen die Ableitungen dieser Gleichung gebildet werden. Matlab liefert dazu folgende Ergebnisse

$$v(z) = \frac{q_0}{k} + e^{\frac{z}{L}}\left(C_1 \cos\frac{z}{L} + C_2 \sin\frac{z}{L}\right)$$
$$+ e^{-\frac{z}{L}}\left(C_3 \cos\frac{z}{L} + C_4 \sin\frac{z}{L}\right) \tag{7.518}$$

$$v'(z) = \frac{e^{\frac{z}{L}}}{L}\left[(C_1 + C_2) \cos\frac{z}{L} + (C_2 - C_1) \sin\frac{z}{L}\right]$$
$$+ \frac{e^{-\frac{z}{L}}}{L}\left[(C_4 - C_3) \cos\frac{z}{L} - (C_3 + C_4) \sin\frac{z}{L}\right], \tag{7.519}$$

$$v''(z) = \frac{2}{L^2} e^{\frac{z}{L}} \left(-C_1 \sin\frac{z}{L} + C_2 \cos\frac{z}{L}\right)$$
$$+ \frac{2}{L^2} e^{-\frac{z}{L}} \left(C_3 \sin\frac{z}{L} - C_4 \cos\frac{z}{L}\right) \tag{7.520}$$

Werden die Randbedingungen eingesetzt, folgt beispielsweise durch Einsetzen der 1. RB in die Biegelinie:

$$v(z = 0) = \frac{q_0}{k} + \underbrace{e^{\frac{0}{L}}}_{=1}\left(C_1 \underbrace{\cos\frac{0}{L}}_{=1} + C_2 \underbrace{\sin\frac{0}{L}}_{=0}\right)$$
$$+ \underbrace{e^{-\frac{0}{L}}}_{=1}\left(C_3 \underbrace{\cos\frac{0}{L}}_{=1} + C_4 \underbrace{\sin\frac{0}{L}}_{=0}\right)$$
$$= \frac{q_0}{k} + C_1 + C_3$$

$$\Longrightarrow \quad \underline{\underline{-\frac{q_0}{k} = C_1 + C_3}} \tag{7.521}$$

Dies kann mit allen Randbedingungen gemacht werden. Es wird ein Gleichungssystem zur Lösung in Matrizenform aufgestellt. Dieses lautet

$$\begin{bmatrix} 1 & 0 & 1 & 0 \\ 1 & 1 & -1 & 1 \\ e^{\frac{l}{L}}\cos\frac{l}{L} & e^{\frac{l}{L}}\sin\frac{l}{L} & e^{-\frac{l}{L}}\cos\frac{l}{L} & e^{-\frac{l}{L}}\sin\frac{l}{L} \\ -e^{\frac{l}{L}}\sin\frac{l}{L} & e^{\frac{l}{L}}\cos\frac{l}{L} & e^{-\frac{l}{L}}\sin\frac{l}{L} & -e^{-\frac{l}{L}}\cos\frac{l}{L} \end{bmatrix} \begin{bmatrix} C_1 \\ C_2 \\ C_3 \\ C_4 \end{bmatrix}$$
$$= \begin{bmatrix} -1 \\ 0 \\ -1 \\ 0 \end{bmatrix} \frac{q_0}{k} \tag{7.522}$$

Lösen mittels Matlab ergibt die Konstanten. Diese können rückgesetzt in die Biegelinie werden, wodurch die Gleichung folgt. Der Code zur Lösung ist nachstehend angehängt, vgl. ◘ Abb. 7.116 sowie die Lösung und Darstellung des Biegemomentes in ◘ Abb. 7.115 und die Biegelinie ◘ Abb. 7.114.

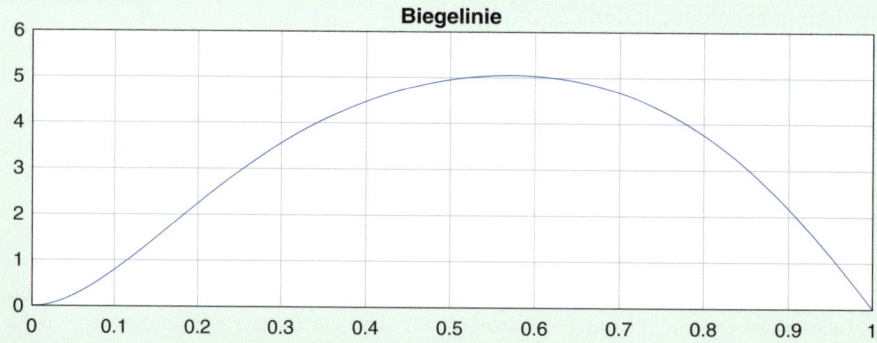

◘ **Abb. 7.114** Biegelinie, Beispiel elastisch gebetteter Träger

7.12 · Elastisch gebetteter Träger

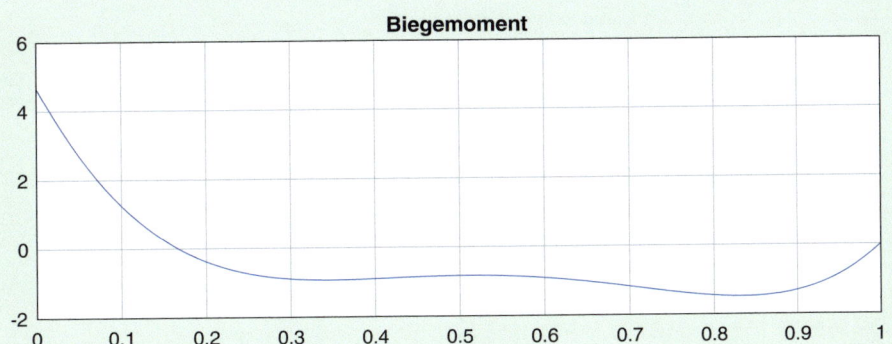

Abb. 7.115 Biegemoment, Beispiel elastisch gebetteter Träger

```
clear all

%==============================================================================
%==============================================================================
%===============================RANDBEDINGUNGEN================================
%==============================================================================
%==============================================================================

l     = 1000;              %mm
q_max = 230;               %N/mm
E     = 2.1*10^5;          %N/mm^2
b     = 20;                %mm
h     = 40;                %mm
k     = 50;                %N/mm^2

I = (b*h^3)/12;            %Flächenträgheitmoment
L = (4*E*I/k)^(1./4);      %Länge "L"

%===================================Rechteck===================================
q = q_max;
%==============================================================================
%==============================================================================
%=================================KONSTANTEN===================================
%==============================================================================
%==============================================================================

A = [         1                   0                   1                   0          ;
              1                   1                  -1                   1          ;
      exp(l/L)*cos(l/L)   exp(l/L)*sin(l/L)   exp(-l/L)*cos(l/L)   exp(-l/L)*sin(l/L) ;
     -exp(l/L)*sin(l/L)   exp(l/L)*cos(l/L)   exp(-l/L)*sin(l/L)  -exp(-l/L)*cos(l/L) ] ;

b = [-1 ; 0 ; -1 ; 0 ] ;

x = A \ b

a = l/L;                   %Verhältniszahl

C1 = x(1)*q/k ;            %Konstante
C2 = x(2)*q/k;             %Konstante
C3 = x(3)*q/k ;            %Konstante
C4 = x(4)*q/k;             %Konstante

%==============================================================================
%==============================================================================
%==================================DIAGRAMME===================================
%==============================================================================
%==============================================================================
```

322 Kapitel 7 · Biegebeanspruchung

```matlab
for i=1:101                        %SCHAFFT DIMENSIONSLOSE LÄNGEN
  zdL(i) = 0.01 * (i-1) ;
  arg    = a*zdL(i);               %VEREINFACHT DAS ARGUMENT (z/L)
  v(i)   = q/k+(exp(arg) * ( C1*cos(arg)+C2*sin(arg)) + exp(-arg) * (C3*cos(arg)+C4*sin(arg)));
  Mb(i)  =      (exp(arg) * (-C1*sin(arg)+C2*cos(arg)) + exp(-arg) * (C3*sin(arg)-C4*cos(arg)));
end

%=====================================PLOT=====================================

subplot (2,1,1) ; plot (zdL , v)  , grid on , title ('Biegelinie')
subplot (2,1,2) ; plot (zdL , Mb) , grid on , title ('Biegemoment')
```

Lösungen:

```
x =

   -0.0012
    0.0077
   -0.9988
   -1.0053
```

Workspace	
Name ▲	Value
a	4.8603
A	4x4 double
arg	4.8603
b	[-1;0;-1;0]
C1	-0.0056
C2	0.0354
C3	-4.5944
C4	-4.6242
E	210000
h	40
i	101
I	1.0667e+05
k	50
l	1000
L	205.7475
Mb	1x101 double
q	230
q_max	230
v	1x101 double
x	[-0.0012;0.0077;-0.9988;-1.0053]
zdL	1x101 double

Abb. 7.116 Matlab-Code

Beispiel 7.14

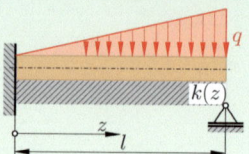

Abb. 7.117 Beispiel, Dreieckslast

Gegeben: $q_{max} = 23.000\,\text{N/mm}$ (Dreieckslast), $E = 2{,}1 \cdot 10^5\,\text{N/mm}^2$, $l = 1000\,\text{mm}$, $b = 20\,\text{mm}$, $h = 40\,\text{mm}$, (Rechteckquerschnitt), $k = 50\,\text{N/mm}^2$, vgl. mit Abb. 7.117.

Gesucht: Biegelinie, Biegemomentenverlauf

Lösung:

Die Lösung wurde mittels Matlab durchgeführt, die Diagramme sind in Abb. 7.118 dargestellt

```matlab
clear all

%=================================================================
%=================================================================
%==========================RANDBEDINGUNGEN========================
%=================================================================
%=================================================================

l     = 1000;             %mm
q_max = 23000;            %N/mm^2
E     = 2.1*10^5;         %N/mm^2
b     = 20;               %mm
h     = 40;               %mm
k     = 50;               %N/mm^2
```

7.12 · Elastisch gebetteter Träger

```
I = (b*h^3)/12;              %Flächenträgheitmoment
L = (4*E*I/k)^(1./4);        %Länge "L"


%==============================================================================
%==============================================================================
%================================KONSTANTEN====================================
%==============================================================================
%==============================================================================


A = [          1                 0                 1                 0           ;
               1                 1                -1                 1           ;
       exp(l/L)*cos(l/L)  exp(l/L)*sin(l/L)  exp(-l/L)*cos(l/L)   exp(-l/L)*sin(l/L) ;
      -exp(l/L)*sin(l/L)  exp(l/L)*cos(l/L)  exp(-l/L)*sin(l/L)  -exp(-l/L)*cos(l/L) ] ;

b = [-1 ; 0 ; -1 ; 0 ] ;

x = A \ b

a = l/L;           %Verhältniszahl


%==============================================================================
%==============================================================================
%================================DIAGRAMME=====================================
%==============================================================================
%==============================================================================
for i=1:101                %SCHAFFT DIMENSIONSLOSE LÄNGEN
  zdL(i) = 0.01 * (i-1) ;
  arg    = a*zdL(i);       %VEREINFACHT DAS ARGUMENT (z/L)
  q(i)   = q_max./l*i;
     C1 = x(1)*q(i)/k ;    %Konstante
     C2 = x(2)*q(i)/k;     %Konstante
     C3 = x(3)*q(i)/k ;    %Konstante
     C4 = x(4)*q(i)/k;     %Konstante
  v(i)  = (q_max./l*i)/k+(exp(arg) * ( C1*cos(arg)+C2*sin(arg)) + exp(-arg) * (C3*cos(arg)+C4*sin(arg)));
  Mb(i) = (exp(arg) * (-C1*sin(arg)+C2*cos(arg)) + exp(-arg) * (C3*sin(arg)-C4*cos(arg)));
end

%===============================PLOT===========================================

subplot (2,1,1) ; plot (zdL , v) , grid on , title ('Biegelinie')
subplot (2,1,2) ; plot (zdL , Mb) , grid on , title ('Biegemoment')


x =
 -0.0012
  0.0077
 -0.9988
 -1.0053
```

Workspace	
Name ▲	Value
a	4.8603
A	4x4 double
arg	4.8603
b	[-1;0;-1;0]
C1	-0.0565
C2	0.3579
C3	-46.4035
C4	-46.7048
E	210000
h	40
i	101
I	1.0667e+05
k	50
l	1000
L	205.7475
Mb	1x101 double
q	1x101 double
q_max	23000
v	1x101 double
x	[-0.0012;0.0077;-0.9988;-1.0053]
zdL	1x101 double

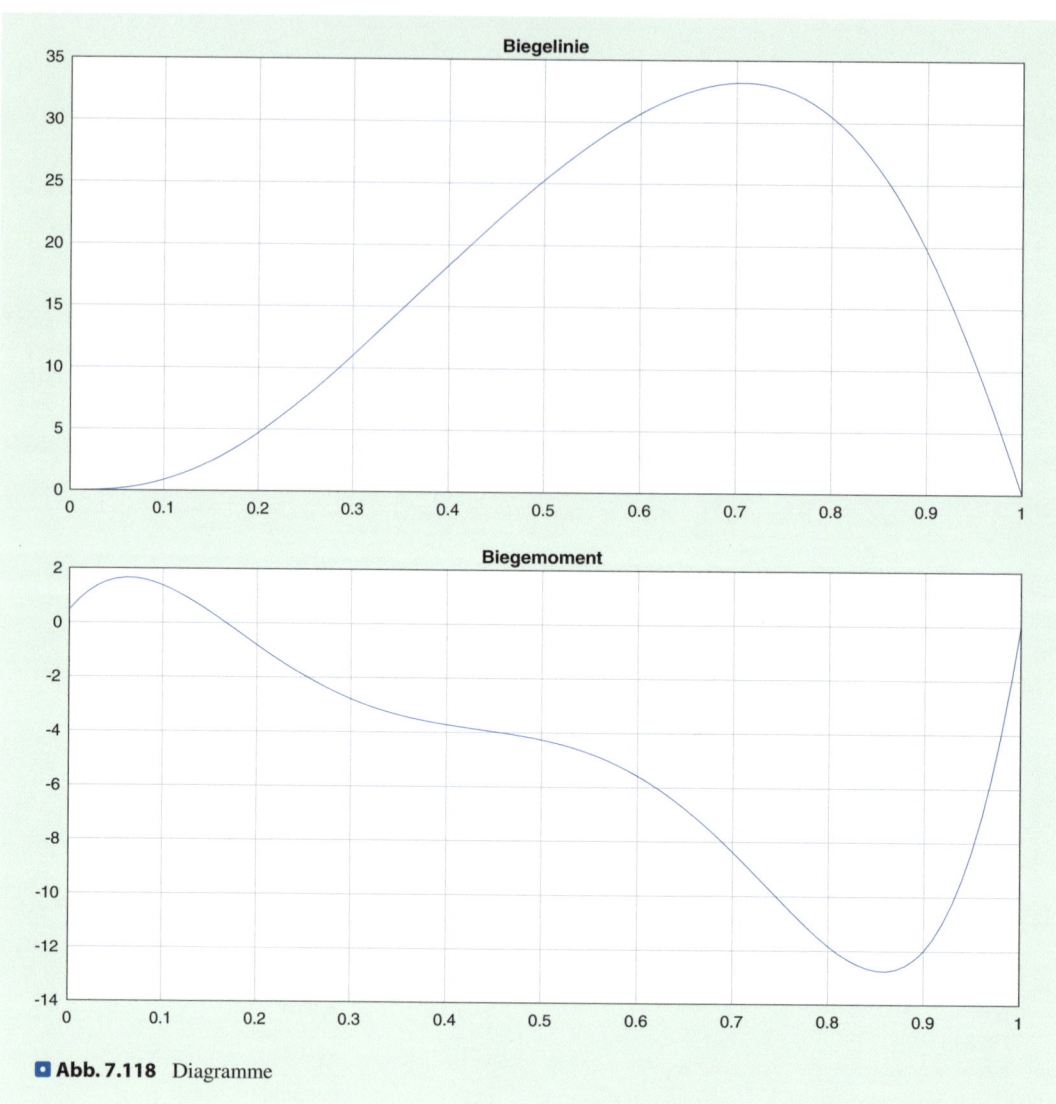

Abb. 7.118 Diagramme

Bemerkung 7.8
Um den Balken mit einer Streckenlast n-ter Ordnung zu untersuchen, muss nur die Gleichung in Matlab für $q(i)$ entsprechend umformuliert werden. Im Fall einer Dreieckslast (siehe oben) steht dort $q(i) = qmax./l*i$; es kann entsprechend die Funktion eingesetzt werden.

Wie man bei diesen Beispielen gesehen hat, ist es mit Zuhilfenahme von Matlab möglich, die Beispiele zu lösen. Komplizierter wird es, wenn das Bettungsmodul nicht gegeben ist und es ermittelt werden soll. Dies kann im Buch Dankert und Dankert [4] nachgelesen werden. Ein weiteres Buch für diese Thematik bietet das Buch „Verformungen und statisch unbestimmte Systeme" [70, S. 95 ff.] Anwendung findet die elastische Bettung vorwiegend in der Baustatik bei der Berechnung von Bodenplatten an Gebäuden.

7.12.1.4 Analyse einer Bodenplatte

Nachstehend wurde eine Bodenplatte eines Hauses mit einem Grundriss von 20×15 Meter berechnet. Es wird dabei zwischen einer Boden-

7.12 · Elastisch gebetteter Träger

Methode: Lösung durch SolidWorks – FEM 7.8

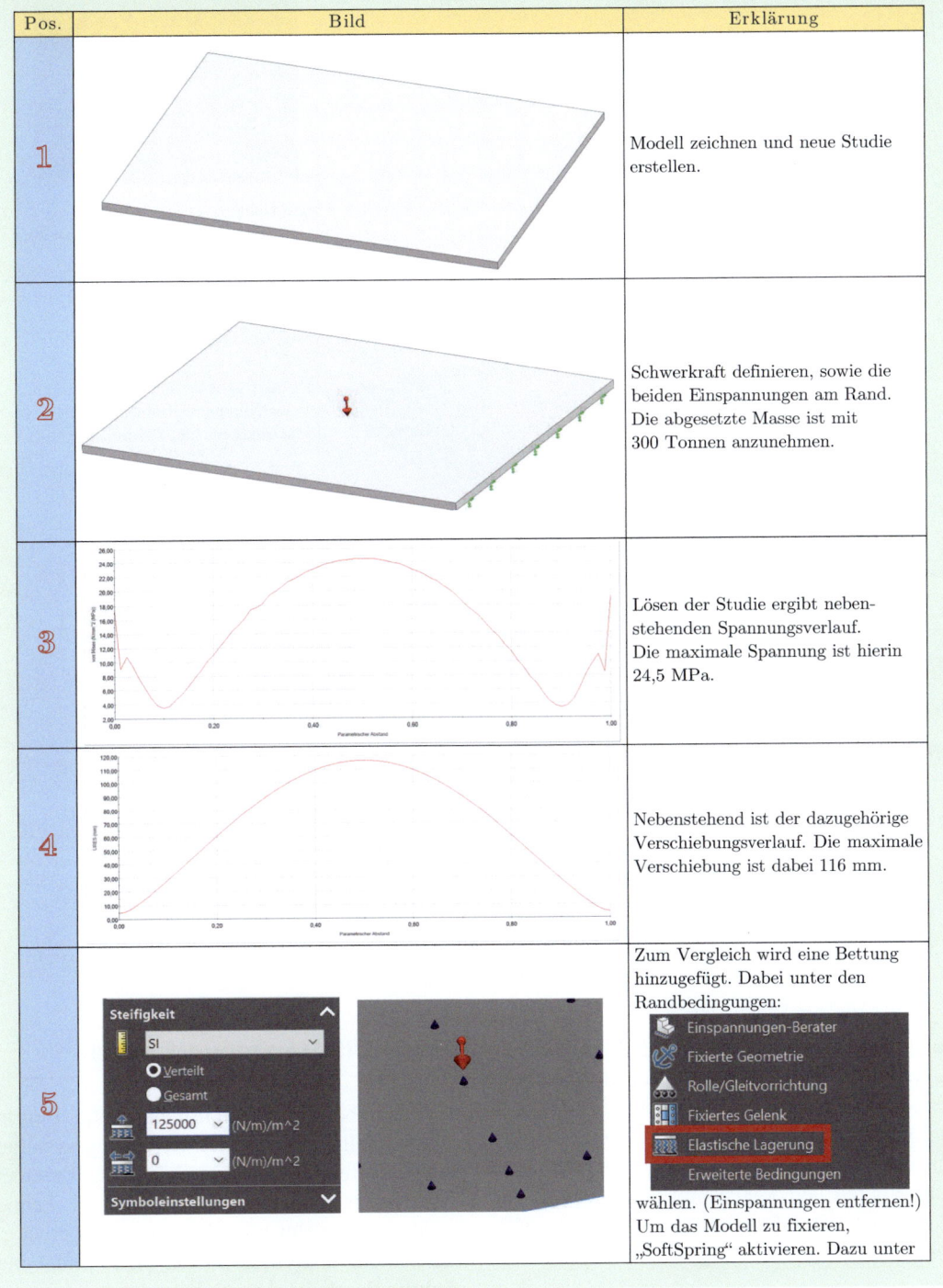

Pos.	Bild	Erklärung
1		Modell zeichnen und neue Studie erstellen.
2		Schwerkraft definieren, sowie die beiden Einspannungen am Rand. Die abgesetzte Masse ist mit 300 Tonnen anzunehmen.
3		Lösen der Studie ergibt nebenstehenden Spannungsverlauf. Die maximale Spannung ist hierin 24,5 MPa.
4		Nebenstehend ist der dazugehörige Verschiebungsverlauf. Die maximale Verschiebung ist dabei 116 mm.
5		Zum Vergleich wird eine Bettung hinzugefügt. Dabei unter den Randbedingungen: Elastische Lagerung wählen. (Einspannungen entfernen!) Um das Modell zu fixieren, „SoftSpring" aktivieren. Dazu unter

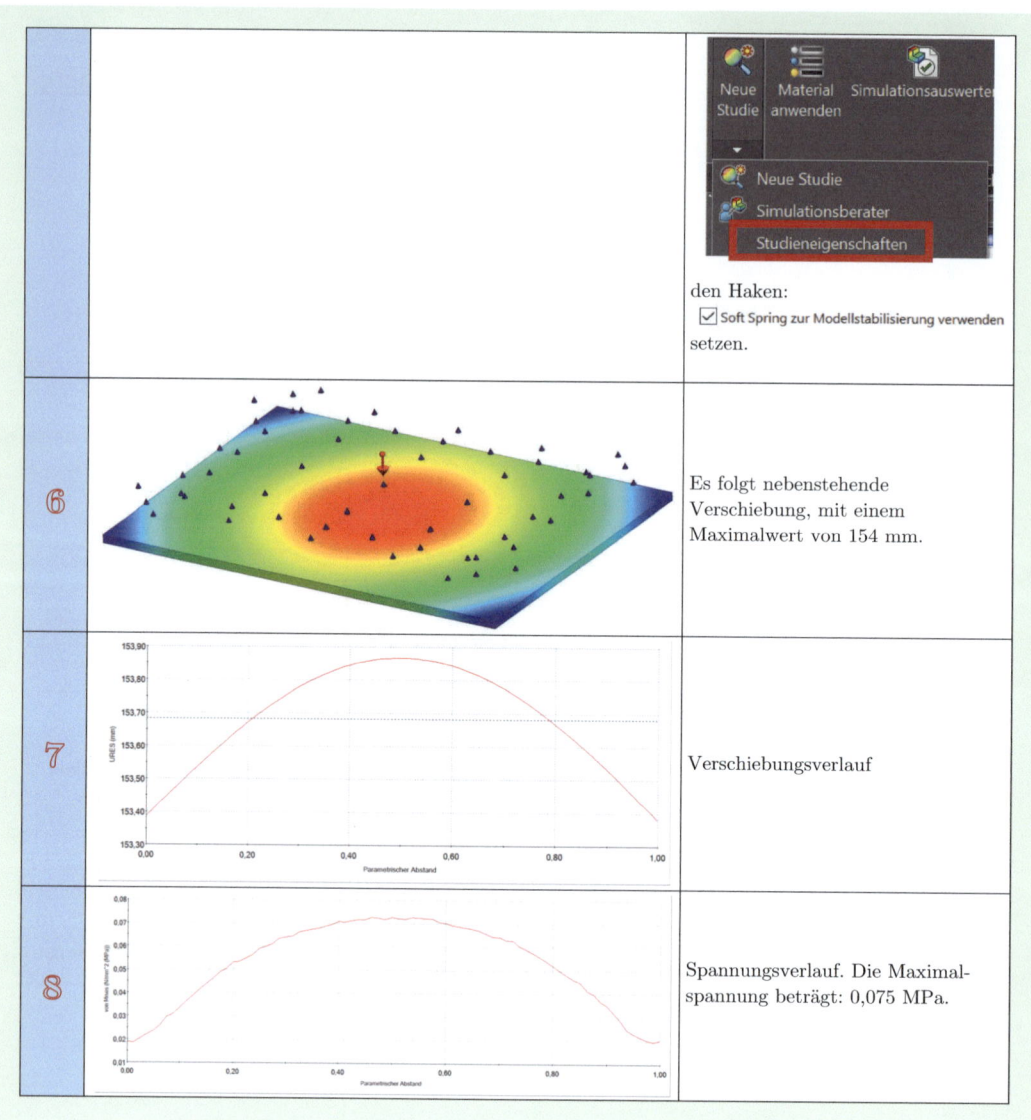

platte die an zwei Seiten aufliegt, ohne Bettung und einer mit Bettung durch das Erdreich unterschieden. Die Dicke der Bodenplatte ist 400 mm (Beton). Das Haus wiegt 300 Tonnen. Der Beton hat eine Druckfestigkeit von 60 MPa, eine Zugfestigkeit von 5 MPa und ein E-Modul von 27.000 MPa. Das Schubmodul sei 10.000 MPa sowie die Poissonzahl 0,3.

7.12.2 Differenzenverfahren

Es[12] kann bei Beispielen mit elastischer Bettung sehr schnell zu komplexen Gleichungssystemen sowie Differentialgleichungssysteme kommen. Wie bereits viele aus der Mathematik kennen werden, wenn Beispiele komplex oder etwa gar nicht mehr analytisch lösbar sind, findet man Abhilfe durch die Anwendung von numerischen Berechnungen. Numerische Methoden sind es auch, die die FEM ermöglichen. Wie die FEM im Detail funktioniert, wird im letzten Abschnitt

---

12 Idee aus Dankert und Dankert [4] entnommen.

7.12 · Elastisch gebetteter Träger

dieses Buches noch genauer behandelt. Eine sehr ähnliche Methode zur FEM bietet die FDM. (Finite-Differenzen-Verfahren).

Die Grundidee besteht dabei darin, dass unendlich viele Federn am Balken angesetzt und berechnet werden. Diese beschreiben die elastische Unterlage. Ist die Rede von unendlich vielen Federn, leuchtet einem ein, dass dies nicht möglich ist. Es muss programmtechnisch bewerkstelligbar sein, sodass nur endlich viele vorliegen dürfen. Dies kann mithilfe einer Schleife getan werden, die als Zählvariable i verwendet und durch Randbedingungen eingegrenzt bzw. eingeschränkt wird.

7.12.2.1 Ausflug in die Mathematik [64]

In der Mathematik wird vielleicht der ein – oder andere, bei dem Beweis oder Herleitung der Produktregel für Ableitungen die h-Methode kennengelernt haben. Diese beruht auf der Anwendung der Differenzenmethode. Das Differenzen-Verfahren kann zur Lösung von (gewöhnlichen) Differentialgleichungen verwendet werden.

7.12.2.2 Herleitung

Der Differentialquotient für die Funktion $y(x)$ lautet: $y'(x) = \frac{dy}{dx}$. Zieht man die Sekante an einem Punkt hinzu, so wird die Steigung dieser Sekante durch eine Gerade im jeweiligen Punkt beschrieben, zu $k = \frac{dy}{dx} = \lim_{h \to 0}(\frac{\Delta y}{\Delta x})$; also durch Bilden der Differenzen in ■ Abb. 7.119. Dies kann an unendlich vielen Punkten i mit $i \in \mathbb{N}$ getan werden. Sei P_i der Mittelpunkt der Sekante mit den beiden Punkten P_{i-1} und P_{i+1}, die durch den Abszissenabstand $i \pm 1$ von i verschoben sind, so folgt für diese Differenzen in den Differenzenquotienten nachfolgende Gleichung bzw. durch Betrachten unendlich vieler Punkte für den Differenzialquotienten, unter Betrachtung, dass dann $h \to 0$ sein muss, und damit es gleichgültig ist, ob die Sekante von $i-1$ bis $i+1$ mit Mittelpunkt i läuft, oder von $i-1$ bis i und i bis $i+1$ zwei Sekanten laufen. Es folgt bei Legen jeder Sekante von einem zum nächsten Punkt für die Steigung

$$y(x) = \lim \lim_{h \to 0}\left(\frac{y(x+h) - y(x)}{h}\right); \quad (7.523)$$

oder durch Punkte ausgedrückt

$$y'_i(x) = \frac{y_{i+1} - y_i}{h} \quad \text{und} \quad y'_i(x) = \frac{y_i - y_{i-1}}{h} \quad (7.524)$$

$$\begin{aligned}y'_i(x) &= \frac{1}{2}\left(\frac{y_{i+1} - y_i}{h} + \frac{y_{i-1} - y_i}{h}\right) \\ &= \frac{y_{i+1} - y_{i-1}}{2 \cdot h}.\end{aligned} \quad (7.525)$$

Da, wie bei der exakten Lösung der Differentialgleichung beim elastisch gebetteten Träger Differentialgleichungen vierter Ordnung auftreten können, wird diese Gleichung dreimal (bis 4. Ordnung) abgeleitet; es gilt beispielsweise für

$$y'' = \frac{dy}{dx}(y') = \frac{dy}{dx}\left(\frac{\Delta x}{\Delta y}\right) = \frac{\Delta^2 y}{\Delta x^2} = \frac{\Delta}{\Delta x}\frac{\Delta y}{\Delta x},$$

also durch Einsetzen hierin von

$$\frac{\Delta y}{\Delta x} = \left(\frac{y_{i+1} - y_i}{h} - \frac{y_{i-1} - y_i}{h}\right)$$

folgt

$$\begin{aligned}y'' &= \frac{\Delta}{\Delta x}\frac{\Delta y}{\Delta x} = \frac{1}{h}(y_{i+1} - y_i - y_{i-1} - y_i) \\ &= \frac{1}{h}(y_{i+1} - 2y_i + y_{i-1})\end{aligned} \quad (7.526)$$

Durch identes Vorgehenden folgt für die übrigen Gleichungen

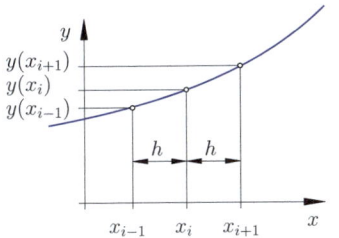

■ **Abb. 7.119** Grundskizze zum Differenzenverfahren

$$y_i'(x) = \frac{y_{i+1} - y_{i-1}}{2 \cdot h} \quad (7.527)$$

$$y_i''(x) = \frac{1}{h^2} \cdot (y_{i+1} - 2 \cdot y_i + y_{i-1}) \quad (7.528)$$

$$y_i'''(x) = \frac{1}{2 \cdot h^3} \cdot (-y_{i-2} + 2 \cdot y_{i-1} - 2 \cdot y_{i+1} + y_{i+2}) \quad (7.529)$$

$$y_i''''(x) = \frac{1}{h^4} \cdot (y_{i-2} - 4 \cdot y_{i-1} + 6 \cdot y_i - 4 \cdot y_{i+1} + y_{i+2}). \quad (7.530)$$

Corollary 7.4
Daraus können auch die Gleichungen für partielle Ableitungen formuliert werden, da für diese, bei zwei Veränderlichen x, y gilt, als Beispiel bei 2. Ordnung:

$$\frac{\partial f_i^2(x_i)}{\partial x_i^2} = \frac{\partial f^2}{\partial x_j \partial x_i} = \frac{\partial}{\partial x}\left(\frac{\partial y}{\partial x}\right) = \frac{\partial}{\partial x}\left(\frac{dy}{dx}\right).$$

Diese Bezeichnung löst oft bei Studierenden Kopfzerbrechen aus, da diese auf den ersten Blick die Entstehung der Gleichung nicht nachvollziehen können. Diese Bedingung werden im Laufe dieser Buchreihe (vorwiegend der Strömungsmechanik und Thermodynamik) noch oft auftreten, aber auch im letzten Abschnitt, der Kontinuumsmechanik vertieft eingesetzt werden.

Ein riesengroßer Vorteil des Differenzenverfahrens besteht darin, dass Ableitungen ohne jeglicher Kenntnis einer Differentiationsregel gebildet werden können.

7.12.2.3 Biegelinie bei konstanter Biegesteifigkeit

Da die vierte Ableitung der Biegelinie die Streckenlast ergibt, kann diese durch $E \cdot I \cdot v'''' = q$ und einsetzen von

$$y_i''''(x) = \frac{1}{h^4} \cdot (y_{i-2} - 4 \cdot y_{i-1} + 6 \cdot y_i - 4 \cdot y_{i+1} + y_{i+2})$$

zu nachfolgender Gleichung bestimmt werden. Ebenso kann das Biegemoment und die Querkraftgleichung formuliert werden.

$$\frac{q \cdot h^4}{E \cdot I} = v_{i-2} - 4 \cdot v_{i-1} + 6 \cdot v_i - 4 \cdot v_{i+1} + v_{i+2} \quad (7.531)$$

$$M_{bi} = -\frac{E \cdot I}{h^2} = v_{i-1} - 2 \cdot v_i + v_{i+1} \quad (7.532)$$

$$F_{Qi} = -\frac{E \cdot I}{2 \cdot h^3} = -v_{i-2} - 2 \cdot v_{i-1} - 2 \cdot v_{i+1} + v_{i+2}. \quad (7.533)$$

In dieser Gleichung kann abgelesen werden, dass immer mindestens $i - 2$ und $i + 2$ Punkte bei der Einteilung in einem Bauteil vorgesehen sein müssen. Dies lässt folgern, dass bei Beginn des Balkens mit dem 3. Punkt begonnen werden muss, gemäß ◘ Abb. 7.120. Bevor dieses Verfahren anhand eines Beispiels angewendet wird, werden noch einige Vorbereitungen getroffen.

Gemäß Definition werden die Bedingungen der Durchbiegung in erste Zeile, die Bedingungen für das Moment in die zweite Zeile geschrieben. Für den rechten und den linken Rand des Balkens, die Bedingungen für die Durchbiegung, bei z Unterteilungen des Balkens, (Gemäß ◘ Abb. 7.120 wäre dies $z = 8 - 3 = 5$), in die Zeile $z + 1$ und für das Moment in die Zeile $z + 2$ geschrieben. Es folgt dann für die Randbedingungsmatrix bei einem beispielsweise Fest- oder Loslager: ◘ Abb. 7.121. Es können mittels der in der vorgehenden verwiesenen Abbildung alle Randbedingungen und Matrizen für Träger- und Balkenenden gefunden werden. Eine Übersicht kann aus ◘ Abb. 7.122 entnommen werden [4].

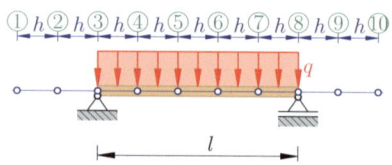

◘ **Abb. 7.120** Beispiel Differenzenverfahren

7.12 · Elastisch gebetteter Träger

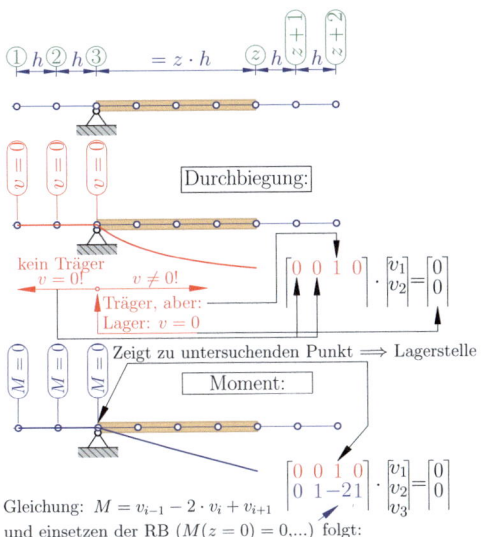

Abb. 7.121 Finden der Randbedingungen und der Matrizen (Lager)

Die dort gefundenen Matrizen können dann direkt in die Lösungsmatrix eingesetzt werden (Vergleich: nachfolgendes Beispiel, Gl. (7.539), die ersten und letzten beiden Zeilen.) Hilfreich kann dies auch bei der Lösung mittels Matlab sein, wie ebenfalls im nachfolgenden Beispiel erörtert wird.

Vgl. Abb. 7.121. Ist die Randbedingung in Matrizenform eines Lagers gesucht, so ist zunächst die Stelle, an der diese gilt, zu notieren. Hier ist dies der Punkt „3", mit der Verschiebung v_3, die hier gemäß Randbedingung Null sein muss. In der aufzustellenden Matrix gilt, durch Einsetzen des entsprechenden Lagerpunktes

$$\begin{bmatrix} 0 & 0 & 1 & 0 & 0 & \text{(Lagerpunkt)} \\ x & x & x & x & x & \text{(RB)} \end{bmatrix} \cdot \begin{bmatrix} v_1 \\ v_2 \\ v_3 \\ v_4 \\ v_5 \end{bmatrix} = \begin{bmatrix} 0 \\ y \\ y \\ y \\ y \end{bmatrix}$$
(7.534)

(Hinweis zu einer Matrix: Stellt man eine Gleichung aus dieser auf, so würde diese für die erste Zeile lauten: $v_1 \cdot 0 + v_2 \cdot 0 + v_3 \cdot 1 + \ldots$) im nächsten Schritt untersucht man die weiteren Randbedingungen, hier gilt: Das Biegemoment an der Lagerstelle ist Null, also damit die Gleichung $M_{bi}(i=3) = 0 = v_{i-1} - 2 \cdot v_i + v_{i+1} = v_2 - 2 \cdot v_3 + v_4$, bzw. durch Einsetzen in die Matrix

$$\begin{bmatrix} 0 & 0 & 1 & 0 & 0 \\ 0 & 1 & -2 & 0 & 0 \end{bmatrix} \cdot \begin{bmatrix} v_1 \\ v_2 \\ v_3 \\ v_4 \\ v_5 \end{bmatrix} = \begin{bmatrix} 0 \\ 0 \\ y \\ y \\ y \end{bmatrix}$$
(7.535)

Damit hat man also die Randbedingung für das entsprechende Lager gefunden.

Beispiel 7.15

(Wie würde die Matrix für eine Einspannung aussehen?) Bei einer Einspannung gilt: $v_3 = 0$ und $v'_3 = 0$. Die erste Zeile der Matrix ändert sich also nicht im Gegensatz zum Lager, für die zweite muss die Ableitungsfunktion hinzugezogen werden. Es gilt $v'_i(i=3) = 0 = \frac{v_4 - v_2}{2 \cdot h} \implies 0 = v_4 - v_2$, also lautet die Matrix

$$\begin{bmatrix} 0 & 0 & 1 & 0 & 0 \\ 0 & -1 & 0 & 1 & 0 \end{bmatrix} = 0.$$

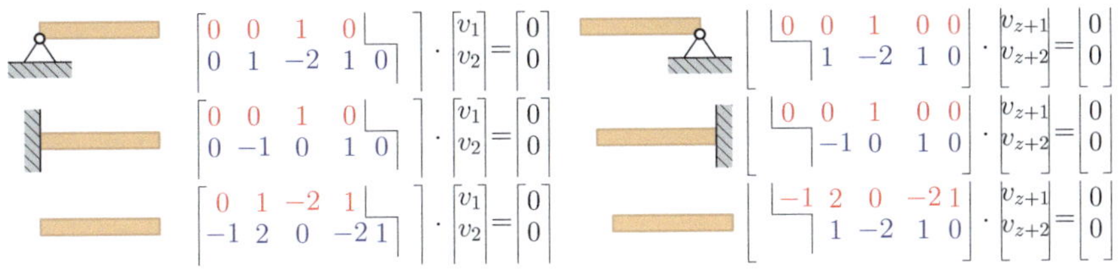

Abb. 7.122 Randbedingungen von Balkenenden

Beispiel 7.16

Gesucht ist die Biegelinie des Trägers aus Abb. 7.120 durch das Differenzenverfahren und durch die exakte Lösung mittels der Gleichung für die Biegelinie, mit anschließender Fehlerrechnung, bei gegebenen $l = 1\,\text{m}$; $E = 2{,}1 \cdot 10^5\,\text{N/mm}^2$ und $q = 5\,\text{N/mm}$. Der Querschnitt sei aus einem Rechteck mit $b \times h = 30\,\text{mm} \times 60\,\text{mm}$ (stehend eingebaut).

$i = 3:\quad \dfrac{q \cdot h^4}{E \cdot I} = v_1 - 4 \cdot v_2 + 6 \cdot v_3 - 4 \cdot v_4 + v_5$

$i = 4:\quad \dfrac{q \cdot h^4}{E \cdot I} = v_2 - 4 \cdot v_3 + 6 \cdot v_4 - 4 \cdot v_5 + v_6$

$i = 5:\quad \dfrac{q \cdot h^4}{E \cdot I} = v_3 - 4 \cdot v_4 + 6 \cdot v_5 - 4 \cdot v_6 + v_7$

$i = 6:\quad \dfrac{q \cdot h^4}{E \cdot I} = v_4 - 4 \cdot v_4 + 6 \cdot v_6 - 4 \cdot v_7 + v_8$

$i = 7:\quad \dfrac{q \cdot h^4}{E \cdot I} = v_5 - 4 \cdot v_6 + 6 \cdot v_7 - 4 \cdot v_8 + v_9$

$i = 8:\quad \dfrac{q \cdot h^4}{E \cdot I} = v_6 - 4 \cdot v_7 + 6 \cdot v_8 - 4 \cdot v_9 + v_{10}$

(7.536)

Die Randbedingungen:

$v(z = 0) = 0 \implies v_3 = 0,$

$v(z = l) = 0 \implies v_8 = 0,$

$M_b(z = 0) = 0,\quad M_b(z = l) = 0$

liefern die Bedingungen für die fehlenden Gleichungen.

$i = 3:\quad M_{b3} = 0 = -\dfrac{E \cdot I}{h^2} = v_2 - 2 \cdot v_3 + v_4$

$\implies v_2 + v_4 = 0 \quad (7.537)$

$i = 8:\quad M_{b8} = 0 = -\dfrac{E \cdot I}{h^2} = v_7 - 2 \cdot v_3 + v_9$

$\implies v_7 + v_9 = 0 \quad (7.538)$

$$\begin{bmatrix} 0 & 0 & 1 & 0 & 0 & 0 & 0 & 0 & 0 & 0 \\ 0 & 1 & -2 & 1 & 0 & 0 & 0 & 0 & 0 & 0 \\ 1 & -4 & 6 & -4 & 1 & 0 & 0 & 0 & 0 & 0 \\ 0 & 1 & -4 & 6 & -4 & 1 & 0 & 0 & 0 & 0 \\ 0 & 0 & 1 & -4 & 6 & -4 & 1 & 0 & 0 & 0 \\ 0 & 0 & 0 & 1 & -4 & 6 & -4 & 1 & 0 & 0 \\ 0 & 0 & 0 & 0 & 1 & -4 & 6 & -4 & 1 & 0 \\ 0 & 0 & 0 & 0 & 0 & 1 & -4 & 6 & -4 & 1 \\ 0 & 0 & 0 & 0 & 0 & 0 & 1 & 0 & 0 & 0 \\ 0 & 0 & 0 & 0 & 1 & -1 & 1 & -2 & 1 & 0 \end{bmatrix} \begin{bmatrix} v_1 \\ v_2 \\ v_3 \\ v_4 \\ v_5 \\ v_6 \\ v_7 \\ v_8 \\ v_9 \\ v_{10} \end{bmatrix} = \begin{bmatrix} 0 \\ 0 \\ \frac{1}{625} \\ \frac{1}{625} \\ \frac{1}{625} \\ \frac{1}{625} \\ \frac{1}{625} \\ \frac{1}{625} \\ 0 \\ 0 \end{bmatrix} \cdot \dfrac{q \cdot l^4}{E I}$$

(7.539)

Die computergestützte Lösung mittels Matlab ist in Abb. 7.123 zu finden. Etwas allgemeiner kann dies auch mithilfe von Matlab gelöst werden, indem man die Randbedingungen für den aktuellen Fall als Matrix (vgl. Abb. 7.122), für Lasten, Geometrie eingibt und dann den Biegemomentenverlauf und die Biegelinie zeichnen lässt.

Dieses Programm ist in Abb. 7.123 einzusehen. Mittels „tic & toc" wird in Matlab die Ausführungszeit des aktuellen Programms gemessen. Es ist ersichtlich, dass bei bereits geringer Anzahl an Punkten zur Bestimmung (in diesem Fall gemäß Abb. 7.120 13 Punkte und damit 13 Gleichungen) eine hohe Rechenzeit von ca. 0,2 Sekunden benötigt wird. Erhöht man die Punkteinteilung auf 10.000 wird die Rechenzeit immer höher – dies ist bei FEM-Programmen ein großes Problem, aufgrund solch einfache Programme, wie sie hier dargestellt sind, nicht sinnvoll in der Industrie eingesetzt werden können, wenn komplexe Bauteile vorliegen. Es müssen weit aus mehr Algorithmen hinterlegt werden, um Probleme der FEM, die schnell einmal eine Million Gleichungen und Punkte beinhalten können, gelöst zu bekommen. Für 10.000 Punkte wird bereits eine Rechenzeit von 5 bis 7 Sekunden benötigt. In Abb. 7.124 ist der Programmcode für Matlab für das Beispiel zu sehen, in Abb. 7.125 ist die Fehleranalyse des Trägers dargestellt.

7.12 · Elastisch gebetteter Träger

```
%================================================================
%============================RANDBEDINGUNGEN====================
%================================================================
q = 5;              %N/mm
l = 1000;           %mm
E = 2.1*10^5;       %N/mm^2
B = 20;             %mm
H = 30;             %mm
I = B*H^3/12;       %Flaechentraegeheitsmoment
%================================================================
%============================LOESUNGSMATRIX=====================
%================================================================
A = [
0  0   1   0   0   0   0   0   0   0 ;
0  1  -2   1   0   0   0   0   0   0 ;
1 -4   6  -4   1   0   0   0   0   0 ;
0  1  -4   6  -4   1   0   0   0   0 ;
0  0   1  -4   6  -4   1   0   0   0 ;
0  0   0   1  -4   6  -4   1   0   0 ;
0  0   0   0   1  -4   6  -4   1   0 ;
0  0   0   0   0   1  -4   6  -4   1 ;
0  0   0   0   0   0   0   1   0   0 ;
0  0   0   0   1  -1   1  -2   1   0 ];

b_1 = [  0    ;
         0    ;
         1/625 ;
         1/625 ;
         1/625 ;
         1/625 ;
         1/625 ;
         1/625 ;
         0    ;
         0    ];
b_2 = b_1 *q*l^4/(E*I);              %OHNE q*l^4/(E*I)
v_x = A\b_1                          %MIT  q*l^4/(E*I)
v_y = A\b_2                          %OHNE q*l^4/(E*I)
                                     %MIT  q*l^4/(E*I)
```

v_x =	v_y =
-0.011200000000000	-5.925925925925934
-0.008000000000000	-4.232804232804238
0.000000000000000	0.000000000000000
0.008000000000000	4.232804232804239
0.012800000000000	6.772486772486782
0.012800000000000	6.772486772486782
0.008000000000000	4.232804232804239
0.000000000000000	0.000000000000000
-0.008000000000000	-4.232804232804239
-0.011200000000000	-5.925925925925936

Abb. 7.123 Koeffizienten mittels Matlab

```
%===============================================================
%==========================RANDBEDINGUNGEN======================
%===============================================================
tic                 %BEGINNT DIE ZEIT ZU ZÄHLEN
q = 5;              %N/mm
l = 1000;           %mm
E = 2.1*10^5;       %N/mm^2
B = 30;             %mm
H = 60;             %mm

I = B*H^3/12;       %Flaechentraegheitsmoment (Rechteck)
%===============================================================
%======================DIFFERENZENVERFAHREN=====================
%===============================================================

z = 10      ;   % Abschnitte entlang des Traegers, Anzahl der Punkte und Glg.
n   = z + 5 ;   % Anzahl der Gleichungen
h   = l / z ;   % Laenge eines Abschnittes

A   = zeros (n,n) ; % Nullmatrix
b   = zeros (n,1) ; % Nullvektor

A(1:2,1:5)     = [ 0  0  1  0  0 ; ...
                   0  1 -2  1  0] ;       % links: Festlager (RB)
A(n-1:n,n-4:n) = [ 0  0  1  0  0 ; ...
                   0  1 -2  1  0] ;       % rechts: Festlager (RB)

for i = 3:n-2
    A(i,i-2:i+2)= [1 -4 6 -4 1] ;          % Standardgleichungen
    b(i)        = q*h^4/(E*I)    ;
end
                                % Lösen des Gleichungssystems
v = A \ b ;                     % Berechnung der Durchbiegung und Parameter
v_E     = v(n-2)                %Durchbiegung am Ende
phi_E   = (-v(z+2) + v(z+4)) / (2*h)   %Neigung
MblinksE= -E*I/h^2 * (v(2) - 2*v(3) + v(4))  %Fuer Einspannungen

for i = 3:n-2
    Mb(i) = - E*I/h^2 * (v(i-1) - 2*v(i) + v(i+1)) ;
End

z = 0 : h : l ;                       %Einteilung der Abszissenwerte
subplot (2 , 1 , 1) ; plot (z , v (3:n-2) , axis ij , title ('Verschiebung')
subplot (2 , 1 , 2) ; plot (z , Mb(3:n-2) , title ('Biegemoment')

toc     %STOPPT DIE ZEIT ZU ZÄHLEN

v_E =

   -1.364473547057247e-17


phi_E =

  -0.001818783068783


MblinksE =

       0

Elapsed time is 0.203859 seconds.
```

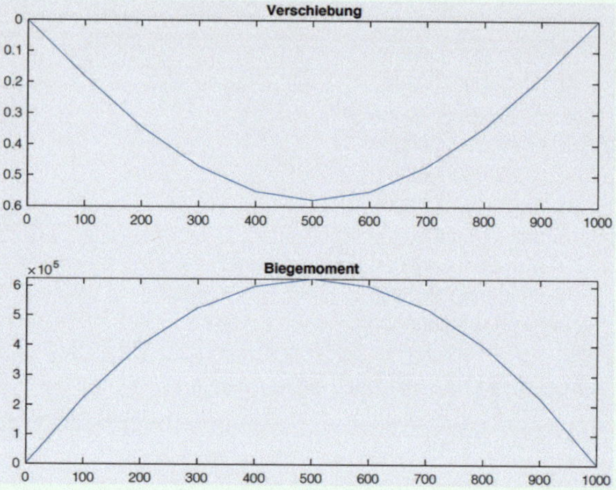

Diese Werte müssen je nach Beispiel angepasst werden

Abb. 7.124 Lösung mittels Matlab

7.12 · Elastisch gebetteter Träger

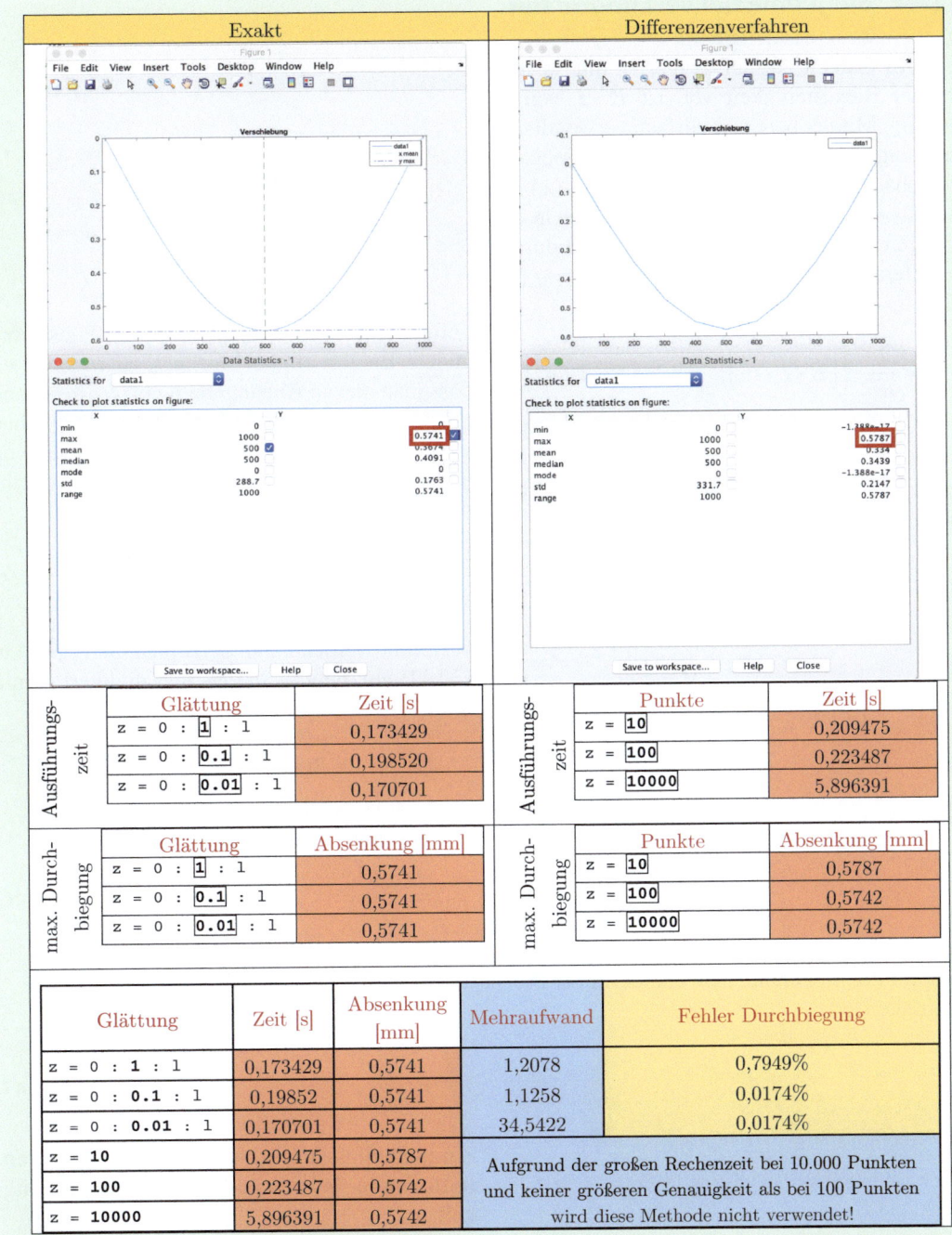

Abb. 7.125 Fehleranalyse

7.12.2.4 Biegelinie bei veränderlicher Biegesteifigkeit

Liegt ein Balken, Welle, Träger... mit veränderlicher Biegesteifigkeit vor, ist $E \cdot I$ von z abhängig. Mit der bereits mehrfach verwendeten Gleichung „$E \cdot I \cdot v'''' = q$" folgt durch Einsetzen in die bereits hergeleitete Gleichung $y_i''(x) = \frac{1}{h^2} \cdot (y_{i+1} - 2 \cdot y_i + y_{i-1})$, durch Überführen in eine Differentialgleichung 2. Ordnung und durch die Differentiationsregeln zu $[E \cdot I \cdot v'']'' = q$ [4, S. 279 ff.] bzw. durch Einsetzen

$$q = \frac{1}{h^2} \cdot \left\{ [E \cdot I \cdot v'']_{i-1} - 2 \cdot [E \cdot I \cdot v'']_i + [E \cdot I \cdot v'']_{i+1} \right\}. \quad (7.540)$$

Jetzt werden die Punkte ersetzt durch Approximationen, zu

$$[E \cdot I \cdot v'']_{i-1} = E \cdot I_{i-1} \frac{1}{h^2}$$
$$\cdot \{v_{i-1} - 2 \cdot v_{i-1} + v_i\}$$
$$[E \cdot I \cdot v'']_i = E \cdot I_i \frac{1}{h^2}$$
$$\cdot \{v_{i-1} - 2 \cdot_i + v_{i+1}\}$$
$$[E \cdot I \cdot v'']_{i+1} = E \cdot I_{i+1} \frac{1}{h^2}$$
$$\cdot \{v_i - 2 \cdot_{i+1} + v_{i+2}\} \quad (7.541)$$

Diese Bedingungen eingesetzt ergibt die Gleichung für die Biegelinie, bei veränderlicher Biegesteifigkeit

$$I_{i-1} v_{i-2} - 2(I_{i-1} + I_i) v_{i-1}$$
$$+ (I_{i-1} + 4 \cdot I_i + I_{i+1}) v_{i-1}$$
$$- 2(I_{i+1} + I_i) v_{i+1} + I_{i+1} + v_{i+2}$$
$$= \frac{q_i h^4}{E}. \quad (7.542)$$

Durch idente Vorgehensweise können mittels den beiden Gleichungen $M_{bi}(z) = -E \cdot I(z) \cdot v''(z)$ und $F_{Qi}(z) = M_b'(z) = -[E \cdot I(z) \cdot v''(z)]'$ die Gleichungen für das Biegemoment und die Querkraft bei veränderlicher Biegesteifigkeit zu

$$M_{bi}(z) = \frac{-E \cdot I_i}{h^2} \cdot \{v_{i-2} - 2 \cdot v_{i-1} + v_i\} \quad (7.543)$$

$$F_Q(z) = \frac{-E \cdot I_i}{2h^3}(-I_{i-1} v_{i-2} + 2 I_{i-1} v_{i-1}$$
$$- (I_{i-1} - I_{i-1}) v_i - 2 \cdot I_{i+1} v_{i+1}$$
$$+ I_{i+1} v_{i+2}). \quad (7.544)$$

gefunden werden. Da jetzt an jedem Punkt eine andere Biegesteifigkeit vorliegt, ist es sinnvoll, dass man dies in Abhängigkeit von I_0 (dies kann mit einer Streckenlast in Dreieckform verglichen werden, dort wird die Last in Abhängigkeit von q_0 bestimmt) tätigt. Es wird dazu eine Verhältniszahl μ_i angesetzt, die durch

$$\mu_i = \frac{I_i}{I_0} \quad (7.545)$$

bestimmt werden kann. Setzt man Gl. (7.545) in (7.542) ein, hebt I_0 heraus und dividiert damit, folgt

$$I_{i-1} v_{i-2} - 2(I_{i-1} + I_i) v_{i-1}$$
$$+ (I_{i-1} + 4 \cdot I_i + I_{i+1}) v_{i-1}$$
$$- 2(I_{i+1} + I_i) v_{i+1} + I_{i+1} + v_{i+2}$$
$$= \frac{q_i h^4}{E} \quad (7.546)$$

$$\mu_{i-1} v_{i-2} - 2(\mu_{i-1} + \mu_i) v_{i-1}$$
$$+ (\mu_{i-1} + 4\mu_i + \mu_{i+1}) v_{i-1}$$
$$- 2(\mu_{i+1} + \mu_i) v_{i+1} + \mu_{i+1} + \mu_{i+2}$$
$$= \frac{q_i h^4}{E I_0} \quad (7.547)$$

Zusammenfassend ergeben sich die **Differenzenformeln bei veränderlicher Biegesteifigkeit** zu

$$\frac{q_i h^4}{E I_0} = \mu_{i-1} v_{i-2} - 2(\mu_{i-1} + \mu_i) v_{i-1}$$
$$+ (\mu_{i-1} + 4\mu_i + \mu_{i+1}) v_i$$
$$- 2(\mu_i + \mu_{i+1}) v_{i+1} + \mu_{i+1} v_{i+2} \quad (7.548)$$

7.12 · Elastisch gebetteter Träger

$$M_{bi} = -\frac{EI_0}{h^2}(\mu_i v_{i-1} - 2\mu_i v_i + \mu_i v_{i+1}) \tag{7.549}$$

$$F_{Qi} = -\frac{EI_0}{2h^3}[-\mu_{i-1}v_{i-2} + 2\mu_{i-1}v_{i-1}$$
$$- (\mu_{i-1} - \mu_{i+1})v_i - 2\mu_{i+1}v_{i+1}$$
$$+ \mu_{i+1}v_{i+2}]. \tag{7.550}$$

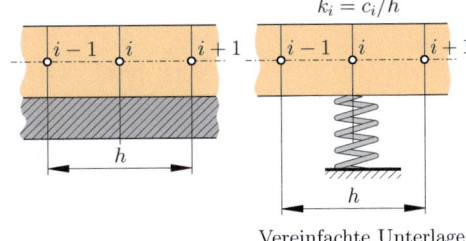

Abb. 7.126 Feder

bzw. für einen elastisch gebetteten Träger muss der Bettungsanteil $k(z) \cdot v(z)$ noch hinzugefügt werden

$$I_{i-1}v_{i-2} - 2(I_{i-1} + I_i)v_{i-1}$$
$$+ (I_{i-1} + 4 \cdot I_i + I_{i+1} + k(z)v(z))v_{i-1}$$
$$- 2(I_{i+1} + I_i)v_{i+1} + I_{i+1} + v_{i+2}$$
$$= \frac{q_i \cdot h^4}{E} \tag{7.551}$$

Gleichung $v''(z) = \frac{q(z)}{E \cdot I(z)} = \frac{h^4}{E}$ lässt die **Differenzengleichung für die Biegelinie bei veränderlicher Biegesteifigkeit beim elastisch gebetteten Träger**

$$\frac{q_i \cdot h^4}{E} = I_{i-1}v_{i-2} - 2(I_{i-1} + I_i)v_{i-1}$$
$$+ \left(I_{i-1} + 4 \cdot I_i + I_{i+1} + k_i \frac{h^4}{E}\right)v_i$$
$$- 2(I_{i+1} + I_i)v_{i+1} + I_{i+1} + v_{i+2} \tag{7.552}$$

bzw. **Differenzengleichung bei konstanter Biegesteifigkeit, elastisch gebetteter Träger**

$$\frac{q \cdot h^4}{E \cdot I} = v_{i-2} - 4 \cdot v_{i-1} + \left(6 \cdot k_i \frac{h^4}{E \cdot I}\right)v_i$$
$$- 4 \cdot v_{i+1} + v_{i+2} \tag{7.553}$$

$$M_{bi}(z) = \frac{-E \cdot I_0}{h^2}$$
$$\cdot \{\mu_i \cdot v_{i-2} - 2 \cdot \mu_i \cdot v_{i-1} + \mu_i \cdot v_i\} \tag{7.554}$$

$$F_Q(z) = \frac{-E \cdot I_0}{h^3}(-\mu_{i-1}v_{i-2} + 2 \cdot \mu_{i-1}v_{i-1}$$
$$- (\mu_{i-1} - \mu_{i-1})v_i)$$
$$- 2 \cdot \mu_{i+1}v_{i+1} + \mu_{i+1}v_{i+2} \tag{7.555}$$

folgen.

7.12.2.5 Rand- und Übergangsbedingungen

Diese werden nur kurz angesprochen, genauer können diese in [4, S. 318 ff.] nachgelesen werden.

Vgl. **Abb. 7.126**. Für den Punkt i gilt mittels des Federgesetzes: $k_i = \frac{c_i}{h}$, bzw. durch Erweitern mit h^3/E folgt $\frac{h^4}{E} \cdot k_i = \frac{h^3}{E} \cdot c_i$. Eine Stütze ist eine Feder mit unendlich großer Steifigkeit, numerisch genügt dies, wenn man extrem große Werte wie 10^n mit $n > 20$ einsetzt.

7.12.2.6 Beispiel

Im Buch Dankert und Dankert [4, S. 320 ff.] ist das Beispiel aus **Abb. 7.127** gelöst. Der Matlab Code kann auf der Website von Dankert

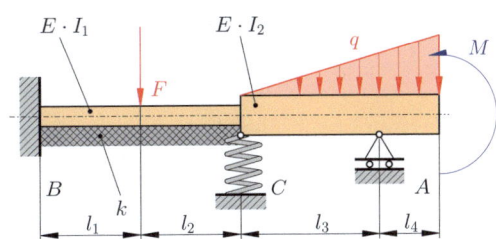

Abb. 7.127 Beispiel elastisch gebetteter Träger bei veränderlicher Biegesteifigkeit, aus [4]

und Dankert unter ▶ http://www.juergendankert.de/TM2/Aufgabe_19-10/Aufg__19-10__Diff_-Verf_/aufg__19-10__diff_-verf_.html erreicht werden.

7.13 Der gekrümmte Träger

> **Definition 7.6**
> Ist ein Träger bereits im unbelasteten Zustand nicht gerade, so bezeichnet man diesen als gekrümmt oder Parabelträger.

1. Der Biegeradius, welcher meist mit ρ bezeichnet wird, darf dabei veränderlich sein;
2. der Träger darf nur in der Krümmungsebene belastet werden;
3. eine der beiden Hauptzentralachsen muss in Richtung des Krümmungsradius liegen.

7.13.1 Schnittgrößen

Vgl. ◨ Abb. 7.128.

7.13.1.1 Differentialgleichung am gekrümmten Träger

Vgl. ◨ Abb. 7.129. Durch das Eigengewicht entsteht eine Linienlast q. Mittels den Bedingungen (siehe (7.57)), folgt durch Aufstellen der Gleichgewichtsbedingungen:

$$\sum_{i=1}^{n} F_{ix} = 0:$$

$$F_Q(s+\Delta s) \cdot \sin\left(\frac{\varphi}{2}\right) - F_Q(s) \cdot \sin\left(\frac{\varphi}{2}\right)$$
$$+ q_t(\Delta s) \cdot \Delta s + F_N(s+\Delta s) \cdot \cos\left(\frac{\varphi}{2}\right)$$
$$- F_N(s) \cdot \cos\left(\frac{\varphi}{2}\right) = 0 \qquad (7.556)$$

$$\sum_{i=1}^{n} F_{iy} = 0:$$

$$F_Q(s+\Delta s) \cdot \cos\left(\frac{\varphi}{2}\right) - F_Q(s) \cdot \cos\left(\frac{\varphi}{2}\right)$$
$$+ q_r(\Delta s) \cdot \Delta s - F_N(s+\Delta s) \cdot \sin\left(\frac{\varphi}{2}\right)$$
$$- F_N(s) \cdot \sin\left(\frac{\varphi}{2}\right) = 0 \qquad (7.557)$$

$$\sum_{i=1}^{n} M_{i(S,U)} = 0:$$

$$M_b(s+\Delta s) - M_b(s) - F_Q(s) \cdot \Delta s \cdot \cos\left(\frac{\varphi}{2}\right)$$
$$+ F_Q(s+\Delta s) \cdot (s+\Delta s) \cdot \cos\left(\frac{\varphi}{2}\right)$$
$$+ q_r(s+\Delta s) \cdot \Delta s \cdot \Delta s = 0. \qquad (7.558)$$

gemäß den Approximationen der Winkelfunktionen bei kleinen Winkeln gilt (Beweis: Tay-

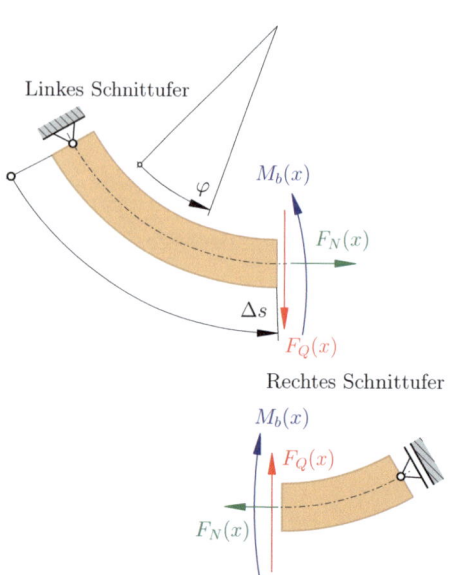

◨ **Abb. 7.128** Schnittufer des gekrümmten Trägers

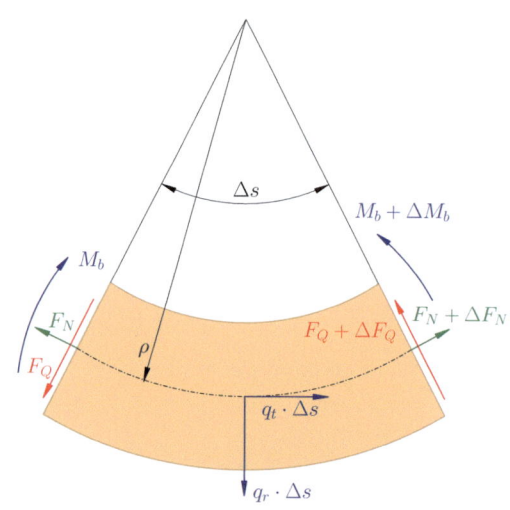

◨ **Abb. 7.129** Beidseitig geschnittener Träger

7.13 · Der gekrümmte Träger

lor-Reihen-Entwicklung) folgt $\cos(\frac{\varphi}{2}) \approx 1$ und $\sin(\frac{\varphi}{2}) \approx \varphi$. Diese Bedingungen in die Gleichgewichtsbedingungen eingesetzt, lässt

$$F_Q(s+\Delta s) \cdot \varphi - F_Q(s) \cdot \varphi + q_t(\Delta s) \cdot \Delta s + F_N(s+\Delta s) - F_N(s) = 0 \quad (7.559)$$

$$F_Q(s+\Delta s) - F_Q(s) + q_r(\Delta s) \cdot \Delta s - F_N(s+\Delta s) \cdot \varphi - F_N(s) \cdot \varphi = 0 \quad (7.560)$$

$$M_b(s+\Delta s) - M_b(s) - F_Q(s) \cdot \Delta s + F_Q(s+\Delta s) \cdot (s+\Delta s) + q_r(s+\Delta s) \cdot \Delta s^2 = 0. \quad (7.561)$$

folgen. Weiter vereinfachen der drei Gleichungen ergibt

$$F_N(\Delta s) + q_t(\Delta s) \cdot \Delta s + F_Q(\Delta s) \cdot \varphi = 0 \quad (7.562a)$$

$$F_Q(\Delta s) + q_r(\Delta s) \cdot \Delta s - F_N(\Delta s) \cdot \varphi = 0 \quad (7.562b)$$

$$M_b(\Delta s) + F_Q(\Delta s) \cdot \Delta s + q_r(s+\Delta s) \cdot \Delta s^2 = 0. \quad (7.562c)$$

Formt man nun Gl. (7.562c) um, ergibt sich:

$$F_Q(\Delta s) = \frac{-M_b(\Delta s) - q_r(s+\Delta s) \cdot \Delta s^2}{\Delta s} \quad (7.563)$$

Zu beachten ist, dass bei kleinen Werten $\Delta s \ll \implies \Delta s^2 \approx 0$ wird, gemäß

$$F_Q(\Delta s) = \frac{-M_b(\Delta s)}{\Delta s}, \quad (7.564)$$

bzw. aus: (7.562b) folgt

$$F_Q(\Delta s) = \frac{F_N(\Delta s) \cdot \varphi}{\Delta s} - q_r(\Delta s). \quad (7.565)$$

Aus der obigen Abbildung folgt: $\sin(\frac{\varphi}{2}) = \frac{\Delta s}{2 \cdot \rho}$ bzw. durch Berücksichtigung, dass es sich um kleine Winkel handelt: $\Delta s = \frac{\varphi \cdot 2 \cdot \rho}{2} = \varphi \cdot \rho$. Diese Bedingung eingesetzt in (7.565):

$$F_Q(\Delta s) = \frac{F_N(\Delta s)}{\rho(\Delta s)} - q_r(\Delta s). \quad (7.566)$$

und analog dazu ergibt sich mit (7.562a):

$$F_N(\Delta s) = -\frac{F_Q(\Delta s)}{\rho(\Delta s)} - q_t(\Delta s). \quad (7.567)$$

bzw. durch die Grenzwertrechnung $\lim_{\Delta s \to 0} = ds$ folgen die **Differentialgleichungen des gekrümmten Trägers** zu

$$\frac{dF_N(s)}{ds} = -\frac{F_Q(s)}{\rho(s)} - q_t(s), \quad (7.568)$$

$$\frac{dF_Q(s)}{ds} = \frac{F_N(s)}{\rho(s)} - q_r(s), \quad (7.569)$$

$$\frac{dM_b(s)}{ds} = F_Q(s). \quad (7.570)$$

7.13.1.2 Gekrümmter Träger mit konstanter Linienlast

Gegeben[13] ist eine Brücke wie in ■ Abb. 7.130 gezeigt. Diese wird annähernd durch das Eigengewicht und die Vorspannung zwischen den Lagern durch eine konstante Linienlast gemäß ■ Abb. 7.131 angenägert. Gegeben sei $r = 2{,}3$ m und $q = 400$ N/m. Gesucht ist die Gleichung für die Querkraft, für das Biegemoment und die Normalkraft.

Lösung
Lagerkräfte:

$$F_A = F_B = \frac{F_R}{2} \quad \text{mit} \quad F_R = q \cdot l_{\text{Bogen}}. \quad (7.571)$$

■ **Abb. 7.130** Anwendung in der Realität wäre eine Brücke

---

13 Ist in ähnlicher Form in Dankert und Dankert S. 324 zu finden [4].

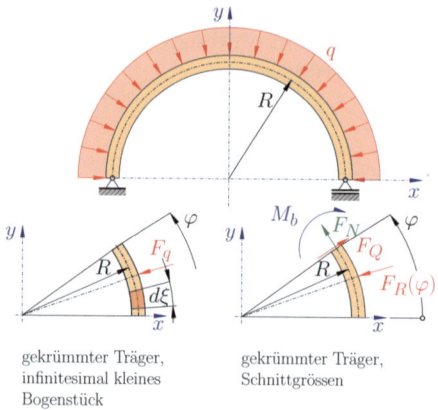

Abb. 7.131 Gekrümmter Träger mit konstanter Linienlast

Mit

$$F_R = q \cdot l_{\text{Bogen}} = F_q = q \cdot 2 \cdot R \cdot \frac{\pi}{360°} \cdot \varphi$$
$$= q \cdot R \cdot \frac{\pi}{180°} \cdot \varphi = q \cdot R \cdot \frac{\pi \cdot \varphi}{\pi}$$

folgt

$$F_R = F_q = q \cdot R \cdot \varphi. \qquad (7.572)$$

Da die Linienlast nicht nur in einer Koordinatenrichtung wirkt, muss diese in x und y Komponentenweise berechnet werden. Dazu betrachtet man ein infinitesimal kleines Bogenstück, an dessen Mitte die Resultierende aus der Linienlast, F_q angreift. Dort greift dann $F_{qx} = F_q \cdot \cos(d\xi)$ bzw. $F_{qy} = F_q \cdot \sin(d\xi)$ an. Wird für F_q eingesetzt, so ist dies $q \cdot R \cdot d\xi$ und es folgen für beide Koordinatenrichtungen Differentialgleichungen. Durch Lösen folgt die Komponente jeder Kraft in Abhängigkeit des Winkels.

$$F_{R,x} = -\int_0^\varphi q \cdot R \cdot \cos(\xi) \cdot d\xi$$
$$= -q \cdot R \cdot \sin(\varphi) \qquad (7.573)$$

$$F_{R,y} = -\int_0^\varphi q \cdot R \cdot \cos(\xi) \cdot d\xi$$
$$= -q \cdot R \cdot (\cos(\varphi) - 1) \qquad (7.574)$$

Es folgt mittels des Satzes von Pythagoras die resultierende Kraft. Eingesetzt ergibt sich

$$F_R(\varphi) = q \cdot R \cdot \sqrt{\sin^2(\varphi) + (\cos(\varphi) - 1)^2}$$
$$= q \cdot R \cdot \sqrt{\sin^2(180) + (\cos(180) - 1)^2}$$
$$= q \cdot R \cdot \sqrt{0 + (-2)^2}$$
$$= 2 \cdot q \cdot R \qquad (7.575)$$

Einsetzen der Bedingungen für die Lagerkräfte ergibt

$$F_A = F_{By} = q \cdot R = 920\,\text{N}. \qquad (7.576)$$

Unter Gl. (7.118) wurden bereits die Gleichungen für die Schnittgrößen bei einem gekrümmten Träger mittels einer Einzellast gefunden, damit für das Biegemoment

$$\sum_{i=1}^n M_{ib(S,U)} = 0:$$
$$M_b - F_A \cdot r \cdot (1 - \cos(\varphi)) = 0$$
$$\implies M_b = F_A \cdot r \cdot (1 - \cos(\varphi)) \qquad (7.577)$$

Vergleicht man die beiden Träger, so fällt auf, dass die Biegemomentengleichung nur durch die Kraft $F_R = 2 \cdot q \cdot R \cdot \sin(\frac{\varphi}{2})$ und den Wirkabstand erweitert werden muss, zu

$$M_b = -F_A \cdot r \cdot (1 - \cos(\varphi))$$
$$+ 2 \cdot q \cdot R \cdot \sin\left(\frac{\varphi}{2}\right) \cdot R \cdot \sin\left(\frac{\varphi}{2}\right) \qquad (7.578)$$

Diese Gleichung umformen und einsetzen für F_A ergibt

$$M_b = -q \cdot r^2 \left(\cos(\varphi) + 2 \cdot \sin^2\left(\frac{\varphi}{2}\right)\right) \qquad (7.579)$$

Bzw. mit dem Additionstheorem für halbe Winkel: $\sin(\frac{\varphi}{2}) = \sqrt{\frac{1-\cos(\varphi)}{2}}$ folgt

$$M_b = -q \cdot r^2 (\cos(\varphi) + +1 - \cos(\varphi) - 1)$$
$$= q \cdot r^2 \cdot 0 \qquad (7.580)$$

7.13 · Der gekrümmte Träger

Also das Ergebnis:

$$M_b = 0. \tag{7.581}$$

Da die Ableitung des Biegemomentes die Querkraft ist, muss auch diese Null sein:

$$F_Q = \frac{dM_b}{d\varphi} = 0. \tag{7.582}$$

Die Normalkraft muss das Gleichgewicht zu den Auflagerreaktionen halten und lautet daher

$$\underline{\underline{F_N = -q \cdot r = -920\,\text{N}.}} \tag{7.583}$$

Zur Verwunderung von vielen ist sowohl die Querkraft als auch das Biegemoment gleich Null.

7.13.2 Spannungen beim gekrümmten Träger

Mit den Grundgleichungen für die Spannungen

$$\sigma = \frac{F_N}{A} \qquad \tau = \frac{F_Q}{A_{\text{proj}}}$$

$$\sigma_b = \frac{M_{b,\max}}{W_{\text{Axial}}} = \frac{e \cdot M_{b,\max}}{I_{\text{Axial}}} \tag{7.584}$$

7.13.2.1 Spannungsverteilung, Verformung

Die Versorgungsbeziehungen können am gebogenen Balken ident zum geraden aufgestellt werden. Bei Verformung vergrößert sich der Krümmungsradius (ρ) um ein Stück (y) im Vergleich zum unverformten Balkenstück. Es ergibt sich somit folgende Überlegung

$$v = d\psi \cdot y \qquad du = du_0 + v$$
$$\Longrightarrow \quad du = du_0 + d\psi \cdot y. \tag{7.585}$$

Mit dem Hooke'schen Gesetz: $du_0 = ds_0 \cdot \varepsilon$ folgt: $du = ds_0 \cdot \varepsilon + d\psi \cdot y$. Ebenso gilt: $ds_0 = d\varphi \cdot \rho$, einsetzen: $du = d\varphi \cdot \rho \cdot \varepsilon + d\psi \cdot y$. Weiter gilt: $\varepsilon(y) = \frac{du_0}{ds_0} = \frac{du}{ds}$, bzw. erneut eingesetzt

$$\varepsilon(y) = \frac{d\varphi \cdot \rho \cdot \varepsilon + d\psi \cdot y}{ds}. \tag{7.586}$$

Mit: $ds = d\varphi \cdot (\rho + y)$ folgt (vgl. mit ◘ Abb. 7.132)

$$\varepsilon(y) = \frac{d\varphi \cdot \rho \cdot \varepsilon + d\psi \cdot y}{d\varphi \cdot (\rho + y)}$$
$$= \frac{d\varphi \varepsilon \rho \cdot \varepsilon}{d\varphi \cdot (\rho + y)} + \frac{d\psi \cdot y}{d\varphi \cdot (\rho + y)}$$
$$= \frac{\rho \cdot \varepsilon}{\rho + y} + \frac{d\psi}{d\varphi} \cdot \frac{y}{\rho + y}$$
$$= \frac{\rho \cdot \varepsilon}{\rho + y} \cdot \frac{\rho + y}{y} + \frac{d\psi}{d\varphi} \cdot \frac{y}{\rho + y}$$
$$= \left(\frac{\rho \cdot \varepsilon}{\rho + y} \cdot \frac{\rho + y}{y} + \frac{d\psi}{d\varphi}\right) \cdot \frac{y}{\rho + y}$$
$$= \frac{\rho \cdot \varepsilon}{\rho + y} + \frac{d\psi}{d\varphi} \cdot \frac{y}{\rho + y}$$
$$= \frac{\rho}{\rho + y} \cdot \varepsilon + \frac{d\psi}{d\varphi} \cdot \frac{y}{\rho + y}$$
$$= \varepsilon + \left(\frac{d\psi}{d\varphi} - \varepsilon_0\right) \frac{y}{\rho + y}. \tag{7.587}$$

Nun kann das Hooke'sche Gesetz zu

$$\sigma(y) = E \cdot \varepsilon(y)$$
$$= E\left[\varepsilon_0 + \left(\frac{d\psi}{d\varphi} - \varepsilon_0\right) \frac{y}{\rho + y}\right] \tag{7.588}$$

aufgeschrieben werden. Setzt man diese Spannungsgleichung in die allgemeine Definition für die Normalkraft bzw. das Biegemoment ein, welche durch folgende Gleichungen gegeben sind

$$F_N = \sigma \cdot A = \int_A \sigma(y) \cdot dA, \tag{7.589}$$

$$M_{b,\max} = y \cdot \sigma \cdot A = \int_A y \cdot \sigma(y) \cdot dA, \tag{7.590}$$

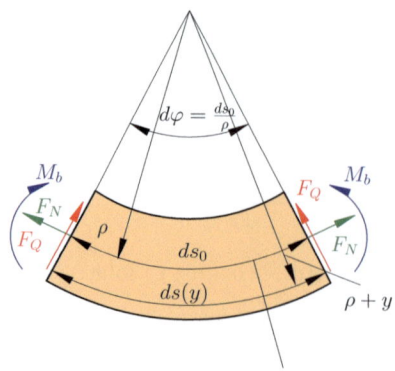

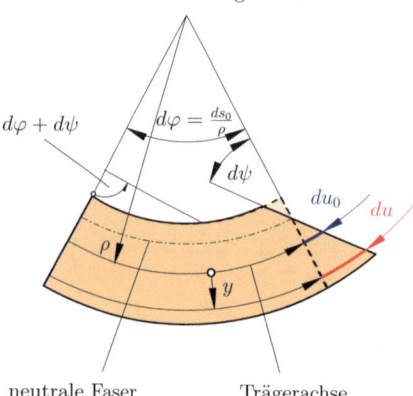

Abb. 7.132 Trägerstück

folgen

$$F_N = E \cdot \int_A \left[\varepsilon_0 + \left(\frac{d\psi}{d\varphi} - \varepsilon_0 \right) \frac{y}{\rho + y} \right] \cdot dA,$$

$$= E \cdot \left[\varepsilon_0 \cdot A + \left(\frac{d\psi}{d\varphi} - \varepsilon_0 \right) \int_A \frac{y}{\rho + y} dA \right]; \tag{7.591}$$

$$M_{b,\max} = E \cdot y \cdot \int_A \left[\varepsilon_0 + \left(\frac{d\psi}{d\varphi} - \varepsilon_0 \right) \frac{y}{\rho + y} \right] \cdot dA$$

$$= E \cdot \left[\varepsilon_0 \int_A y\, dA + \left(\frac{d\psi}{d\varphi} - \varepsilon_0 \right) \int_A \frac{y^2}{\rho + y} dA \right] \tag{7.592}$$

Anwenden der Integrationsregeln, lässt zum einen auf den Term $\int \frac{y}{\rho + y} dA$ schließen, welches bei gekrümmten Trägern, nach Definition, das statische Moment ist.

Bemerkung 7.9
1. Bei geraden Balken ist das statische Moment durch $\int_A y \cdot dA$ definiert.
2. Bei gekrümmten Balken werden diese Flächenkennwerte durch die beiden Gleichungen $\int_A \frac{y}{\rho+y} \cdot dA$ und $\int_A \frac{y^2}{\rho+y} \cdot dA$ definiert. Diese sind von der Form der Fläche und dem Krümmungsradius ρ des Trägers abhängig. In der Regel ergibt das erste Integral einen negativen Wert, man setzt daher

$$\int_A \frac{y}{\rho + y} dA = -\kappa \cdot A, \tag{7.593}$$

wobei κ eine positiver, dimensionsloser Parameter ist, mit welchen man das 2. Integral formulieren kann

$$\int_A \frac{y^2}{\rho + y} dA = \int_A \frac{\rho \cdot y - \rho \cdot y + y^2}{\rho + y} dA$$

$$= \int_A \frac{y(\rho + y) - \rho \cdot y}{\rho + y} dA$$

$$= \int_A \left(y - \frac{\rho \cdot y}{\rho + y} \right) dA$$

$$= \int_A y\, dA - \rho \int_A \frac{y}{\rho + y} dA$$

$$= \kappa \cdot \rho \cdot A. \tag{7.594}$$

Diese Bedingungen in (A.187) eingesetzt, wobei das statische Moment verschwindet, da es auf den Schwerpunkt bezogen ist.

$$F_N = E \cdot \left[\varepsilon_0 \cdot A + \left(\frac{d\psi}{d\varphi} - \varepsilon_0 \right)(-\kappa \cdot A) \right]; \tag{7.595}$$

7.13 · Der gekrümmte Träger

$$M_{b,\max} = E \cdot \left[\varepsilon_0 \underbrace{\underbrace{\int_A y \, dA}_{=0}}_{=0} + \left(\frac{d\psi}{d\varphi} - \varepsilon_0\right) \kappa \cdot \rho \cdot A \right]$$

$$= E \cdot \left(\frac{d\psi}{d\varphi} - \varepsilon_0\right) \kappa \cdot \rho \cdot A \quad (7.596)$$

oder durch Umformen:

$$\varepsilon_0 = \frac{F_N}{E \cdot A} - \left(\frac{d\psi}{d\varphi} - \varepsilon_0\right)\left(-\frac{\kappa \cdot A}{A}\right)$$

$$= \frac{F_N}{E \cdot A} - \left(\frac{d\psi}{d\varphi} - \varepsilon_0\right)(-\kappa) \quad (7.597)$$

$$\frac{d\psi}{d\varphi} - \varepsilon_0 = \frac{M_{b,\max}}{\kappa \cdot \rho \cdot E \cdot A}. \quad (7.598)$$

Die zweite Bedingung, erneut in die erste eingesetzt, ergibt die Gleichung für ε_0 zu

$$\varepsilon_0 = \frac{F_N}{E \cdot A} + \frac{M_{b,\max} \cdot \kappa}{\kappa \cdot \rho \cdot E \cdot A}$$

$$= \frac{F_N}{E \cdot A} + \frac{M_{b,\max}}{\rho \cdot E \cdot A} \quad (7.599)$$

Setzt man Gl. (7.598) und (7.599) in Gl. (7.588) ein, folgt

$$\sigma(y) = E \left[\frac{F_N}{E \cdot A} + \frac{M_{b,\max}}{\rho \cdot E \cdot A} + \frac{M_{b,\max}}{\kappa \cdot \rho \cdot E \cdot A} \frac{y}{\rho + y}\right]$$

$$= \frac{F_N}{A} + \frac{M_{b,\max}}{\rho \cdot A} + \frac{M_{b,\max}}{\kappa \cdot \rho \cdot A} \frac{y}{\rho + y} \quad (7.600)$$

bzw. durch Herausheben folgt **die Spannungsverteilung im Querschnitt des gekrümmten Trägers**

$$\sigma(y) = \frac{F_N}{A} + \frac{M_b}{\rho \cdot A}\left(1 + \frac{1}{\kappa} \cdot \frac{y}{\rho + y}\right) \quad (7.601)$$

mit

$$\kappa = -\frac{1}{A} \int_A \frac{y}{\rho + y} \, dA. \quad (7.602)$$

Bemerkung 7.10
Es handelt sich dabei um eine nicht lineare Spannungsverteilung, hervorgerufen durch das Biegemoment. Es resultiert, dass die neutrale Faser nicht durch den Schwerpunkt geht! Die Normalkraft hingegen verhält sich ident zum geraden Träger, worin ein konstanter Spannungsverlauf hervorgerufen wird.

7.13.2.2 Berechnung von κ
Siehe ▶ Beispiel 7.17.

7.13.2.3 Kranhaken
Siehe ▶ Beispiel 7.18.

Beispiel 7.17

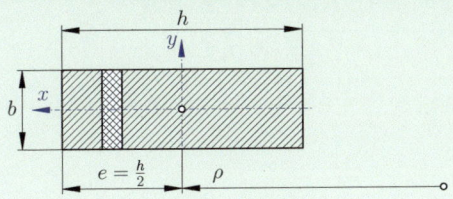

◘ Abb. 7.133 κ-Wert eines Rechtecks

Zu berechnen ist κ eines Rechtecks. Siehe dazu ◘ Abb. 7.133, worin $dA = dy \cdot b$ ist. Dazu ist die zuvor hergeleitete Gleichung zu verwenden.

$$
\begin{aligned}
\kappa &= -\frac{1}{A}\int\limits_A \frac{y}{\rho + y} dA \\
&= -\frac{b}{A}\int\limits_{-\frac{h}{2}}^{\frac{h}{2}} \left(\frac{y+\rho-\rho}{\rho+y}\right)\cdot dy \\
&= -\frac{b}{A}\int\limits_{-\frac{h}{2}}^{\frac{h}{2}} \left(\frac{\rho+y}{\rho+y} - \frac{\rho}{\rho+y}\right)\cdot dy \\
&= -\frac{b}{A}\int\limits_{-\frac{h}{2}}^{\frac{h}{2}} \left(1 - \frac{\rho}{\rho+y}\right)\cdot dy \\
&= -\frac{b}{A}\left(\int\limits_{-\frac{h}{2}}^{\frac{h}{2}} \frac{\rho}{\rho+y}\cdot dy - \int\limits_{-\frac{h}{2}}^{\frac{h}{2}} dy\right)
\end{aligned} \tag{7.603}
$$

Durch Lösen des ersten Integrals (Substitution) folgt:

$$
\int\limits_{-\frac{h}{2}}^{\frac{h}{2}} \frac{\rho}{\rho+y} \quad \text{mit} \quad \rho + y = u \implies dx = \frac{du}{u}
$$

folgt: $\ln(u) = \ln(\rho + y)$ und durch Einsetzen der Grenzen:

$$
\rho\left(\ln\left(\rho + \frac{h}{2}\right) - \ln\left(\rho - \frac{h}{2}\right)\right) = \rho \ln\left(\frac{\rho + \frac{h}{2}}{\rho - \frac{h}{2}}\right).
$$

Das zweite Integral ergibt y und durch Einsetzen der Grenzen folgt: h. Um weiter vereinfachen zu können, wird zumal angenommen, dass

$$
\frac{1 + \frac{h}{2\rho}}{1 - \frac{h}{2\rho}} = \frac{\rho + \frac{h}{2}}{\rho - \frac{h}{2}}
$$

gilt.

Beweis

$$
\frac{1 + \frac{h}{2\rho}}{1 - \frac{h}{2\rho}} = \frac{\frac{2\rho + h}{2\rho}}{\frac{2\rho - h}{2\rho}} = \frac{4\rho\cdot\left(\rho + \frac{h}{2}\right)}{\rho\cdot\left(2\rho - \frac{h}{2}\right)} = \frac{\rho + \frac{h}{2}}{\rho - \frac{h}{2}}. \tag{7.604}
$$

Die Annahme darf also verwendet werden. □

Zusammensetzen dieser Integrale ergibt

$$
\begin{aligned}
\kappa &= \frac{\rho}{h}\ln\left(\frac{1 + \frac{h}{2\cdot\rho}}{1 - \frac{h}{2\cdot\rho}}\right) - 1 \\
&= \frac{\rho}{2\cdot e}\ln\left(\frac{1 + \frac{e}{\rho}}{1 - \frac{e}{\rho}}\right) - 1.
\end{aligned} \tag{7.605}
$$

Man kann mittels dieser Gleichung Zahlenwerte ermitteln, abhängig vom Verhältnis zwischen e und ρ. Dies kann man mit verschiedenen Werten bzw. Verhältnissen machen. In Abb. 7.134 sind einige dieser Werte in einer Tabelle zusammengefasst (aus [4] entnommen).

Rechteck						
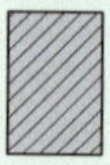	e/ρ	0,75	0,5	0,25	0,125	0,1
	κ	0,297273	0,098612	0,021651	0,0052577	0,0033535
Trapez						
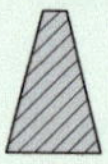	e/ρ	0,75	0,5	0,25	0,125	0,1
	$a/b = 0$	0,38527	0,13119	0,030118	0,0075546	0,0048553
	$a/b = 0,5$	0,34272	0,11476	0,025643	0,0063056	0,040335
	$a/b = 2$	0,24076	0,079710	0,017280	0,0041544	0,0026436
Kreis						
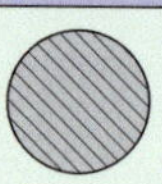	$e/\rho = r/\rho$	0,75	0,5	0,25	0,125	0,1
	κ	0,20378	0,071797	0,016133	0,0039371	0,0025126

Abb. 7.134 Tabelle für κ

7.13 · Der gekrümmte Träger

Beispiel 7.18

Abb. 7.135 Kranhaken, Realität

Von einem Kranhaken kennt man das Verhältnis $\frac{e}{R} = 0{,}5$. Der Kranhaken wird zum einen als Rechteckquerschnitt und zum anderen als Kreisquerschnitt ausgeführt. Zu untersuchen ist, welcher dieser beiden Geometrieformen die bessere bezüglich Spannungen ist [4].

Der Krümmungsradius R beträgt 50 mm, und $F = 13$ kN.

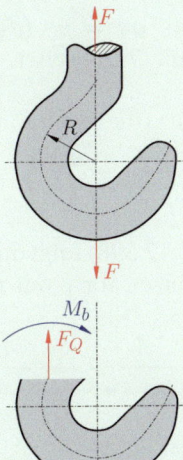

Abb. 7.136 Kranhaken

mit: $A_{\text{Kreis}} = r^2 \cdot \pi$. Der κ-Wert kann aus der Abb. 7.134 entnommen werden, oder hergeleitet werden. Es folgt 0,077197. Für den Rechteckquerschnitt gilt: $A_{\text{Rechteck}} = b \cdot h$. Bei einem Vergleich müssen die beiden Flächen gleich groß sein: $A_{\text{Kreis}} = A_{\text{Rechteck}} = b \cdot h = r^2 \cdot \pi$. Es folgt:

$$b = \frac{r^2 \cdot \pi}{h} = 78{,}54 \text{ mm}. \tag{7.606}$$

Den κ-Wert für das Rechteck kann aus Abb. 7.134 mit 0,098612 entnomen werden. Durch die Schnittgrößenermittlung folgt:

$$F_N = F \quad \text{und} \quad M_{b,\max} = -F \cdot R. \tag{7.607}$$

Und aus der allgemeinen Spannungsgleichung

$$\sigma(y) = \frac{F_N}{A} + \frac{M_b}{\rho \cdot A}\left(1 + \frac{1}{\kappa} \cdot \frac{y}{\rho + y}\right) \tag{7.608}$$

Einsetzen der beiden Schnittgrößen:

$$\begin{aligned}\sigma(y) &= \frac{F}{A} - \frac{F \cdot R}{R \cdot A}\left(1 + \frac{y}{R\kappa + y\kappa}\right) \\ &= \frac{F}{A} - \frac{F}{A}\left(1 + \frac{y}{\kappa(R+y)}\right) \\ &= \frac{F}{A}\left(1 - 1 - \frac{y}{\kappa(R+y)}\right) \\ &= \frac{F}{A}\left(-\frac{1}{\kappa}\frac{y}{R+y}\right)\end{aligned} \tag{7.609}$$

$$\sigma(y) = \frac{F}{A} \cdot \left(-\frac{1}{\kappa} \cdot \frac{y}{R+y}\right). \tag{7.610}$$

Die Spannungen werden in Matlab berechnet. Dies ist nachstehend dargestellt.

Methode: Lösung durch Matlab 7.4

```
F = 13000;        %N
R = 50;           %mm

%r/rho = r/R = 0,5 => r = 0,5*50 (Bestimmung von "r")

r = 0.5*50;       %Radius "r"

A_K = r^2*pi;     %Querschnitt Kreis
A_R = A_K;        %Querschnitt Rechteck

kappa_K = 0.071797; %Kappa Kreis
kappa_R = 0.098612; %Kappa Rechteck

sigma_Ko = F/A_K*(1/kappa_K*(-R/2)/(R+(-R/2))); %Spannung Kreis oben
sigma_Ku = F/A_K*(1/kappa_K*( R/2)/(R+( R/2))); %Spannung Kreis unten
sigma_Ro = F/A_R*(1/kappa_R*(-R/2)/(R+(-R/2))); %Spannung Rechteck oben
sigma_Ru = F/A_R*(1/kappa_R*( R/2)/(R+( R/2))); %Spannung Rechteck unten
```

Workspace:
Name	Value
A_K	1.9635e+03
A_R	1.9635e+03
F	13000
kappa_K	0.0718
kappa_R	0.0986
r	25
R	50
sigma_Ko	-92.2162
sigma_Ku	30.7387
sigma_Ro	-67.1404
sigma_Ru	22.3801

Abb. 7.137 Spannungen des Kranhakens mittels Matlab

7.13.3 Verschiebungen

7.13.3.1 Herleitung der DGL

Vgl. **Abb. 7.138**. ds_0 bezeichnet das unverformte, ds das verformte Trägerstück. Es gilt

$$ds_0 = d\varphi \cdot R \qquad (7.611)$$

und die allgemeine Dehnungsformel

$$\varepsilon_0 = \frac{ds - ds_0}{ds_0} \implies$$
$$ds = ds_0 + \varepsilon_0 \cdot ds_0. \qquad (7.612)$$

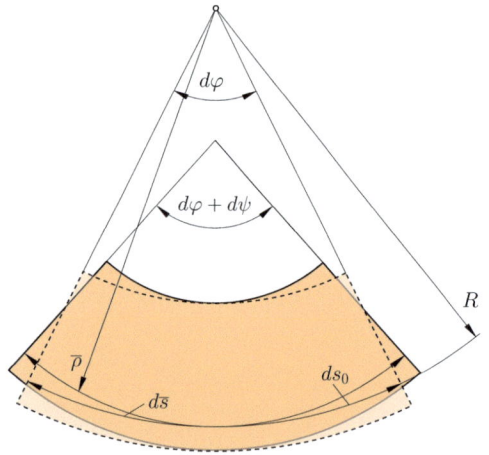

Abb. 7.138 Verformtes Balkenstück

Setzt man Gl. (7.611) in (7.612) folgt

$$ds = d\varphi \cdot R + \varepsilon_0 \cdot d\varphi \cdot R$$
$$= d\varphi \cdot R \cdot (1 + \varepsilon_0). \qquad (7.613)$$

Ebenfalls muss $ds = \rho \cdot (d\varphi + d\psi)$ gelten, gleichsetzen mit (7.611) lässt

$$d\varphi \cdot R = \rho \cdot (d\varphi + d\psi) \implies$$
$$R = \rho \cdot \left(1 + \frac{d\psi}{d\varphi}\right). \qquad (7.614)$$

folgen. Mit Gl. (7.598) folgt durch Einsetzen für $\frac{d\varphi}{d\psi}$; durch Ersetzen von ρ mit R und Umformen

$$\frac{1}{\overline{\rho}} - \frac{1}{R} = \frac{1}{1+\varepsilon_0} \cdot \frac{M_b}{\kappa \cdot R^2 \cdot E \cdot A}; \qquad (7.615)$$

mit $\varepsilon \ll$ folgt $\varepsilon_0 \approx 0 \implies \frac{1}{1+\varepsilon_0} = 1$

$$\frac{1}{\overline{\rho}} - \frac{1}{R} = \frac{M_b}{\kappa \cdot R^2 \cdot E \cdot A}. \qquad (7.616)$$

Jetzt kann man noch die Punkte für die Verschiebung einsetzen, wobei v die Radialverschiebung, u und Tangentialverschiebung ist. Im Gegensatz zum geraden Träger macht sich hier deutlich, dass sich der Punkt A radial sowie auch tangential verschiebt.

7.13 · Der gekrümmte Träger

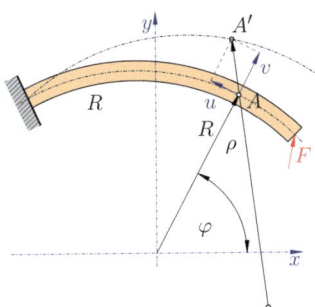

Abb. 7.139 Verschiebung einen Punktes

Definition 7.7

u, v und φ sind immer gleich gerichtet (gleiche Richtung). Ersetzen des Krümmungsradius, in Gl. (7.616), durch die Komponenten v und u ergibt nach Umformen

$$\frac{1}{\rho} - \frac{1}{R} = \frac{M_b}{\kappa \cdot R^2 \cdot E \cdot A}. \tag{7.617}$$

Man kann folgende Bedingungen ablesen (vgl. mit Abb. 7.139):

$$x = (R + v) \cdot \cos(\varphi) - u \cdot \sin(\varphi) \tag{7.618}$$
$$y = (R + v) \cdot \sin(\varphi) + u \cdot \cos(\varphi) \tag{7.619}$$

oder durch Parameterdarstellung:

$$r(\varphi) = \begin{pmatrix} x(\varphi) \\ y(\varphi) \end{pmatrix}$$
$$= \begin{pmatrix} (R + v) \cdot \cos(\varphi) - u \cdot \sin(\varphi) \\ (R + v) \cdot \sin(\varphi) - u \cdot \cos(\varphi) \end{pmatrix}. \tag{7.620}$$

Es gilt für den Krümmungsradius (Herleitung siehe Abschnitt Biegelinie, Beginn):

$$\frac{1}{\rho} = \kappa = \frac{y''}{\sqrt{1 + y'^2}^3}.$$

Betrachtet man das Integral

$$\int \sqrt{1 + y'}\, dt = \sqrt{1 + \left(\frac{dy}{dx}\right)^2} \left(\frac{dx}{dx}\right) \cdot dt \tag{7.621}$$

so fällt auf, dass dieses nur die Steigung einer Richtung (y) beinhaltet. Erweitert man dieses für mehrere Richtungen, muss der Term zu

$$\int \sqrt{\left(\frac{dx}{dx}\right)^2 + \left(\frac{dy}{dx}\right)^2}\, dt$$
$$= \int \sqrt{x'^2 + y'^2}\, dt. \tag{7.622}$$

umgeschrieben werden. Es folgt

$$\frac{1}{\rho} = \kappa = \frac{y''}{\sqrt{x'^2 + y'^2}^3} \tag{7.623}$$

formuliert werden, wobei die Ableitungen bei y'' in jede Richtung gebildet werden müssen, wodurch

$$x' \cdot y'' - x'' \cdot y' \quad \text{mit} \quad x' = \frac{dx}{d\varphi}, y' = \frac{dy}{d\varphi} \tag{7.624}$$

folgt. Einsetzen ergibt

$$\frac{1}{\rho} = \kappa = \frac{x' \cdot y'' - x'' \cdot y'}{\sqrt{x'^2 + y'^2}^3}. \tag{7.625}$$

Die Verschiebungen u, v müssen klein gegenüber dem Radius R sein, da sonst keine Terme vernachlässigt werden können, aufgrund eine sehr lange Gleichung folgt. Werden die Ableitungen gebildet

$$\frac{dx}{d\varphi} = \frac{d}{d\varphi} \cdot ((R + v) \cdot \cos(\varphi) - u \cdot \sin(\varphi))$$
$$= -R \cdot \cos(\varphi) - v' \cdot \sin(\varphi) - u' \cdot \cos(\varphi); \tag{7.626}$$

$$\frac{dy}{d\varphi} = \frac{d}{d\varphi} \cdot (R + v) \cdot \sin(\varphi) + u \cdot \cos(\varphi)$$
$$= R \cdot \sin(\varphi) - v' \cdot \cos(\varphi) + u' \cdot \sin(\varphi); \tag{7.627}$$

sowie daraus die 2. Ableitungen wird

$$\frac{dx^2}{d^2\varphi} = \frac{d}{d\varphi} \cdot (-R \cdot \sin(\varphi) - v \cdot \sin(\varphi) - u' \cdot \cos(\varphi))$$
$$= R \cdot \sin(\varphi) - v'' \cdot \cos(\varphi) + u'' \cdot \sin(\varphi); \tag{7.628}$$

$$\frac{dy^2}{d^2\varphi} = \frac{d}{d\varphi}(-R \cdot \cos(\varphi) - v' \cdot \cos(\varphi) + u' \cdot \sin(\varphi))$$
$$= R \cdot \cos(\varphi) + v'' \cdot \sin(\varphi) + u'' \cdot \cos(\varphi). \tag{7.629}$$

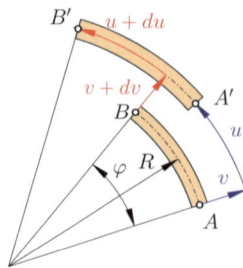

Abb. 7.140 Verschiebung des Trägers

Diese Ableitungen in Gl. (7.625) eingesetzt und unter Betrachtung kleiner Verschiebungen entfallen die Winkelfunktionen. Es folgt nach einigem Umformungsaufwand die Gleichung

$$\frac{1}{\rho} = \frac{1}{R} \frac{1 + \frac{1}{R}(2 \cdot v + 3 \cdot u' - v'')}{\left[1 + \frac{2}{R} \cdot (v + u')\right]^{\frac{3}{2}}}. \quad (7.630)$$

Die Verschiebungen sind $\ll 1$ (vgl. mit Abb. 7.140), wodurch man den Nenner wie folgt vereinfachen kann: Da gilt $\delta = \frac{2}{R} \cdot (v + u') \ll 1$, kann man mittels einer Potenzreihenentwicklung (für die unendliche Reihe: $P(x) = \sum_{n=0}^{\infty} a_n \cdot (x - x_0)^n$) darstellen:

$$(1 + \delta)^{-\frac{3}{2}} = 1 - \frac{3}{2}\delta + \frac{3 \cdot 5}{2 \cdot 4}\delta^2 \mp \cdots$$

bzw. nach dem linearen Glied abgebrochen:

$$\frac{1}{\rho} = \frac{1}{R} \cdot \left[1 + \frac{1}{R} \cdot (2 \cdot v + 3 \cdot u' - v'')\right] \cdot \left[1 - \frac{3}{R}(v + u'')\right].$$

durch Ausmultiplizieren und Vernachlässigung der Verschiebungsprodukte

$$\frac{1}{\rho} \approx \frac{1}{R} - \frac{1}{R^2}(v - v''). \quad (7.631)$$

Wird Gl. (7.631) in (7.616) eingesetzt resultiert

$$\frac{1}{R} - \frac{1}{R^2}(v + v'') - \frac{1}{R} = \frac{M_b}{\kappa \cdot R^2 \cdot E \cdot A}$$

$$v + v'' = \frac{M_b}{\kappa \cdot E \cdot A}. \quad (7.632)$$

Erkennbar ist

$$\varepsilon_0 = \frac{du - du_0}{du_0}$$

$$= \frac{(R + v) \cdot d\varphi - R \cdot d\varphi + du}{R \cdot d\varphi}$$

$$\frac{R\, d\varphi + v\, d\varphi - R\, d\varphi + du}{R\, d\varphi}$$

$$= \frac{d\varphi \left(R + v - R + \dfrac{du}{d\varphi}\right)}{R\, d\varphi}$$

$$= \frac{v + \dfrac{du}{d\varphi}}{R} = \frac{v + u'}{R} = \frac{1}{R} \cdot (v + u'); \quad (7.633)$$

bzw. durch Einsetzen in Gl. (7.598) und Umformen folgt die DGL des gekrümmten Trägers durch:

$$M_{b,\max} = \frac{E}{R} \cdot (v + v') + E \cdot \left(\frac{d\psi}{d\varphi} - \varepsilon\right) \cdot \rho \cdot \kappa \cdot A.$$

Die DGL der Verformung des gekrümmten Trägers wird zu

$$v'' + v = -\frac{M_b}{\kappa \cdot E \cdot A} \quad (7.634)$$

$$u' + v = \frac{F_N \cdot R + M_b}{E \cdot A}. \quad (7.635)$$

7.13.3.2 Lösen der Differentialgleichung

Es handelt sich hierbei um eine inhomogene DGL: $v = v_{\text{hom}} + v_{\text{part}}$. Der homogene Teil wird durch Null setzen berechnet: $v_{\text{hom}} = C_1 \cdot \cos(\varphi) + C_2 \cdot \sin(\varphi)$. Die Partikulärlösung kann man nur lösen, wenn man auch die Funktion zum entsprechenden Problem kennt. Dies lässt sich so verwirklichen, dass man die Funktion bei konstanten Querschnitten ausschließlich von $M_b(x)$ abhängig betrachtet. Neben diesen konstanten Funktionen treten meist auch cos- und sin-Funktionen auf: $f(\varphi) = a + b \cdot \sin(\varphi) + c \cdot \cos(\varphi)$. Man muss nun den Partikuläransatz erweitern (aufgrund von der Trigonometrischen Form) und erhält somit: $v_{\text{part}} = a - \frac{b}{2} \cdot \varphi \cdot \cos(\varphi) +$

$c \cdot \cos(\varphi)$. Zusammenführen ergibt

$$v + v'' = -\frac{R \cdot b}{E \cdot I}. \quad (7.636)$$

Beispiel: Bogen

Vgl. Abb. 7.141. Durch Aufstellen der Gleichgewichtsbedingungen werden die Lagerkräfte durch $F_A = F_B = F/2$ gefunden. Jetzt können sogleich die Schnittparameter ermittelt werden. In Gl. (7.118) wurde

$$M_b = F_A \cdot r \cdot (1 - \cos(\varphi))$$

für das Schnittmoment gefunden. Jetzt kann dies in die DGL für den gekrümmten Träger

$$v + v'' = \frac{M_{b,\max}}{\kappa \cdot E \cdot A} \quad (7.637)$$

eingesetzt werden, zu

$$v + v'' = \frac{F_A \cdot r \cdot (1 - \cos(\varphi))}{\kappa \cdot E \cdot A} \quad (7.638)$$

Ebenfalls wurde bei der Schnittgrößenermittlung bereits die Gleichung $F_N = -F_A \cdot \cos(\varphi)$

$$\frac{F_N \cdot R + M_{b,\max}}{E \cdot A} = v + u' \quad (7.639)$$

einsetzen lässt

$$\frac{-F_A \cdot \cos(\varphi) \cdot R + F_A \cdot r \cdot (1 - \cos(\varphi))}{E \cdot A}$$
$$= v + u' \quad (7.640)$$

folgen. Es kann mit

$$v + v'' = v''_{\text{part}} = \frac{F_A \cdot r \cdot (1 - \cos(\varphi))}{\kappa \cdot E \cdot A}$$

die partikuläre Lösung durch zweimaliges Integrieren zu

$$v_{\text{part}} = \frac{F_A \cdot r}{\kappa \cdot E \cdot A} \cdot \left(\cos(\varphi) + \frac{\varphi^2}{2}\right) \quad (7.641)$$

und durch Hinzufügen der homogenen Lösung:

$$v_{\text{hom}} = C_1 \cdot \cos(\varphi) + C_2 \cdot \sin(\varphi) \quad (7.642)$$

gefunden werden. Es folgt die allgemeine Lösung

$$v = C_1 \cdot \cos(\varphi) + C_2 \cdot \sin(\varphi)$$
$$\frac{F_A \cdot r}{\kappa \cdot E \cdot A} \cdot \left(\cos(\varphi) + \frac{\varphi^2}{2}\right). \quad (7.643)$$

Diese Gleichung kann in die zuvor gefundene Gl. (7.640) eingesetzt werden, und es können durch einmaliges Integrieren die Konstanten gefunden werden. Ein durchgerechnetes Beispiel ist in Dankert und Dankert [4] in ähnlicher Form zu finden. In der Realität kann man aber nur selten solche Anwendungen finden, da dies alles computergestützt ermittelt wird und vor allem im Maschinenbau durch FE-Methoden. Eine weitere Möglichkeit zur Lösung bietet das finite-Differenzen-Verfahren, welches bereits beim elastisch gebetteten Balken angewendet wurde und für gekrümmte Träger ebenfalls in Dankert und Dankert [4] zu untersucht wird.

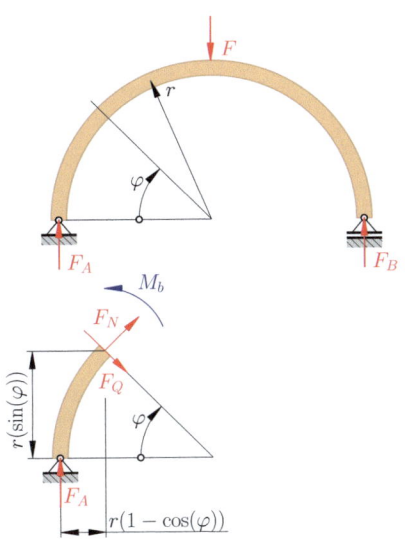

Abb. 7.141 Schnittgrößen am Bogen

7.14 Übungen

Die nachfolgenden Übungen sind nur als kleiner Auszug von nahezu unendlich vielen möglichen Übungsbeispielen bei Biegebeanspruchung zu sehen. Es gibt dafür zahlreiche Lehrbücher, die sich gesondert mit solchen Beispielen beschäftigen, darunter:

- Technische Mechanik. Statik: Mit Praxisbeispielen, Klausuraufgaben und Lösungen [27]
- Technische Mechanik. Festigkeitslehre: Lehrbuch mit Praxisbeispielen, Klausuraufgaben und Lösungen [26]
- Lehrbuch der Technischen Mechanik – Band 2: Elastostatik: Mit einer Einführung in Hybridstrukturen [25]
- Aufgaben zu Technische Mechanik 1–3: Statik, Elastostatik, Kinetik [12]
- Aufgabensammlung Technische Mechanik [3]

Zusätzlich sollten alle im Laufe des Kapitels behandelten Beispiele nochmals wiederholt und geübt werden.

Übungsbeispiel 7.1

Welche Arten von Biegung unterscheidet man?

Lösung

1. reine Biegung
2. gerade Biegung
3. schiefe Biegung

Übungsbeispiel 7.2

Beschreiben Sie die plastische Stützwirkung.

Lösung

Ein Bauteil versagt nicht abrupt, es gibt eine plastische Stützwirkung. Das Material, das beim Versagen helfen kann, muss ins Verhältnis, je nach Randfaserabstand, zu dem das Hilfe benötigt, gesetzt werden.

Übungsbeispiel 7.3

Wie lautet die Biegespannungshauptgleichung? (Hinweis: bei vielen Prüfungen ist auch die Herleitung von Entscheidung!)

Lösung

$$\sigma_{bx} = \frac{e \cdot M_{b,\max}(y)}{I_{ay}} = \frac{M_{b,\max}(y)}{W_{ay}} \quad (7.644)$$

$$\sigma_{by} = \frac{e \cdot M_{b,\max}(x)}{I_{ax}} = \frac{M_{b,\max}(x)}{W_{ax}} \quad (7.645)$$

$$\sigma_{bz} = \frac{e \cdot M_{b,\max}(y)}{I_{ay}} = \frac{M_{b,\max}(y)}{W_{ay}} \quad (7.646)$$

Übungsbeispiel 7.4

Wie lautet die Gleichung zur Dimensionierung eines Wellendurchmessers, bei Beanspruchung auf Biegung, wenn die Spannung gegeben ist?

Lösung

$$W_a = \frac{M_{b,\max}(y)}{\sigma_{bx}} \qquad d = \sqrt[3]{\frac{32 \cdot W_a}{\pi}} \quad (7.647)$$

7.14 · Übungen

Übungsbeispiel 7.5

Bei einem Träger wird die Momentengleichung, Normalkraftgleichung und Querkraftgleichung aufgestellt, alle ungleich Null. Welche Beanspruchungen treten dann bei welchen Gleichungen auf?

Lösung

$$F_N(x) \implies \text{Zug- und Druck,} \tag{7.648}$$
$$F_Q(x) \implies \text{Schub,} \tag{7.649}$$
$$M_b(x) \implies \text{Biegung.} \tag{7.650}$$

Übungsbeispiel 7.6

Was ergibt sich, wenn die Streckenlast integriert wird?

Lösung

Die Querkraftgleichung (nach einsetzen von Rand- und Übergangsbedingungen)

Übungsbeispiel 7.7

Was ergibt sich, wenn die Querkraftgleichung integriert wird?

Lösung

Die Biegemomentengleichung (nach einsetzen von Rand- und Übergangsbedingungen)

Übungsbeispiel 7.8

Was ergibt sich, wenn die Querkraftgleichung abgeleitet wird?

Lösung

Streckenlast.

Übungsbeispiel 7.9

Was ergibt sich, wenn die Biegemomentengleichung abgeleitet wird?

Lösung

Die Querkraftgleichung.

Übungsbeispiel 7.10

Vom Kragträger in Abb. 7.142 kennt man die Belastung $F = 1000\,\text{N}$, $q = 4\,\text{kN/m}$ und die Länge $l = 500\,\text{mm}$. Bestimmen Sie die Lagerkräfte (– und Momente) sowie den Querkraftverlauf und Biegemomentenverlauf.

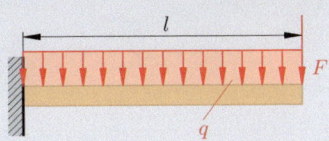

Abb. 7.142 Beispiel Kragträger (2)

Lösung

Pos.	Bild	Erklärung
1	FY: 3e+03 N / FRes: 3e+03 N / MRes: 1e+03 N.m	Es ergeben sich die nebenstehenden Lagerkräfte.
2		Der Querkraftverlauf sieht gemäß nebenstehender Abbildung aus.
3		Biegemomentenverlauf

Übungsbeispiel 7.11

Vom Kragträger in Abb. 7.143 kennt man die Belastung $F = 3500$ N, $q = 8$ kN/m und die Länge $l = 500$ mm sowie $a = 100$ mm. Bestimmen Sie die Lagerkräfte (– und Momente) sowie den Querkraftverlauf und Biegemomentenverlauf.

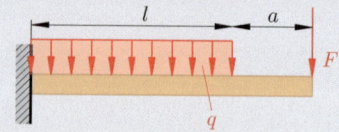

Abb. 7.143 Beispiel Kragträger (3)

Lösung

Pos.	Bild	Erklärung
1	FY: 7,5e+03 N / FRes: 7,5e+03 N / MRes: 3,8e+03 N.m	Es ergeben sich die nebenstehenden Lagerkräfte.
2		Der Querkraftverlauf sieht gemäß nebenstehender Abbildung aus.
3		Biegemomentenverlauf

Schub2 (N)	Moment 1 (N.m)
−7 500	−3 800
3 500	−1 050

7.14 · Übungen

Übungsbeispiel 7.12

Vom Träger in Abb. 7.144 kennt man die Belastung $F = 2300$ N, $q = 3$ kN/m und die Länge $l = 500$ mm sowie $a = 200$ mm. Bestimmen Sie die Lagerkräfte (– und Momente) sowie den Querkraftverlauf und Biegemomentenverlauf.

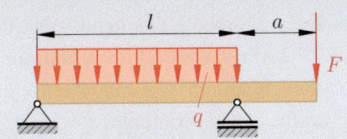

Abb. 7.144 Beispiel Durchlaufträger (1)

Lösung

Pos.	Bild	Erklärung
1	Festlager: FY: −170 N, FRes: 170 N · Loslager: FY: 3,97e+03 N, FRes: 3,97e+03 N	Es ergeben sich die nebenstehenden Lagerkräfte.
2	Querkraftverlauf, Max.: 1.670,00	Der Querkraftverlauf sieht gemäß nebenstehender Abbildung aus. (beim zweiten Balkenabschnitt würde man den Querkraftverlauf eigentlich nach unten zeichnen. Diesen also spiegeln)
3	Biegemomentenverlauf, Max. 460,00	Biegemomentenverlauf (beim zweiten Balkenabschnitt würde man den Biegemomentenverlauf eigentlich nach oben zeichnen. Diesen also spiegeln)

Schub2 (N)	Moment 1 (N.m)
1.670	−460
−2.300	460

Übungsbeispiel 7.13

Vom Träger in Abb. 7.145 kennt man die Belastung $F = 2300\,\text{N}$, $q = 5\,\text{kN/m}$ und die Länge $l = 500\,\text{mm}$ sowie $a = 200\,\text{mm}$. Bestimmen Sie die Lagerkräfte (– und Momente) sowie den Querkraftverlauf und Biegemomentenverlauf.

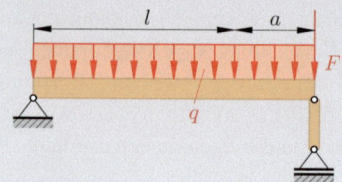

Abb. 7.145 Beispiel Durchlaufträger (2)

Lösung

Pos.	Bild	Erklärung
1	Festlager: FY: 2,75e+03 N; FRes: 2,75e+03 N. Loslager: FY: 6,55e+03 N; FRes: 6,55e+03 N	Es ergeben sich die nebenstehenden Lagerkräfte.
2	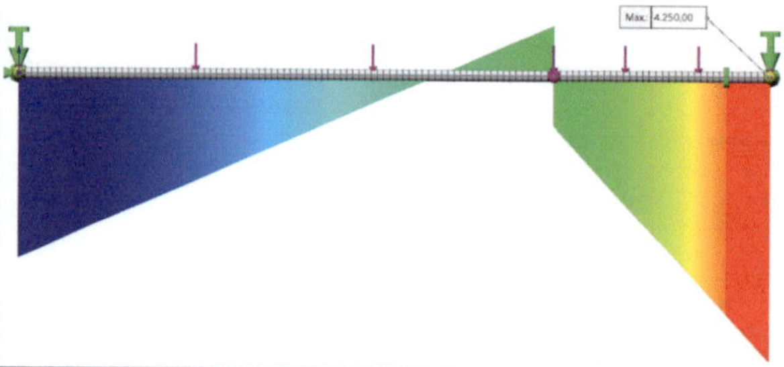 Querkraftverlauf, Max. 4.250,00	Der Querkraftverlauf sieht gemäß nebenstehender Abbildung aus. (beim zweiten Balkenabschnitt würde man den Querkraftverlauf eigentlich nach oben zeichnen. Diesen also spiegeln)
3	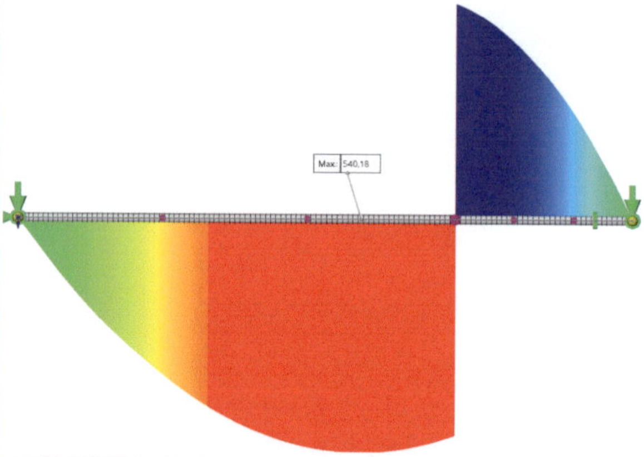 Biegemomentenverlauf, Max. 540,18	Biegemomentenverlauf (beim zweiten Balkenabschnitt würde man den Biegemomentenverlauf eigentlich nach unten zeichnen. Diesen also spiegeln)

Schub2 (N)	Moment 1 (N.m)
2.750	-540,16
-4.250	-500

Abstand max. Biegemoment, gemessen vom Festlager: 393 mm

7.14 · Übungen

Übungsbeispiel 7.14

Vom Träger in Abb. 7.146 kennt man die Belastung $F = 2300$ N, $q = 5$ kN/m und die Länge $l = 500$ mm sowie $a = 200$ mm, $b = 100$ mm. Bestimmen Sie die Lagerkräfte (– und Momente) sowie den Querkraftverlauf, Normalkraftverlauf und Biegemomentenverlauf.

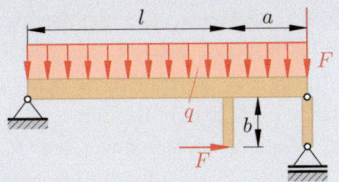

Abb. 7.146 Beispiel eingeleitetes Moment (1)

Lösung

Pos.	Bild	Erklärung
1	FY: -3,08e+03 N, FZ: 2,3e+03 N, FRes: 3,84e+03 N (Festlager) — FY: -6,22e+03 N, FRes: 6,22e+03 N (Loslager)	Es ergeben sich die nebenstehenden Lagerkräfte.
2	(Querkraftverlauf)	Der Querkraftverlauf sieht gemäß nebenstehender Abbildung aus. (beim zweiten Balkenabschnitt würde man den Querkraftverlauf eigentlich nach oben zeichnen. Diesen also spiegeln)
3	(Biegemomentenverlauf, Max: 434,29)	Biegemomentenverlauf (beim zweiten Balkenabschnitt würde man den Biegemomentenverlauf eigentlich nach unten zeichnen. Diesen also spiegeln) Abstand max. Biegemoment, gemessen vom Festlager: 438 mm, max. Moment = -676,97 Nm
4	(Normalkraftverlauf, Min: -2.300)	Normalkraftverlauf

Axial (N)	Schub1 (N)	Schub2 (N)	Moment 1 (N.m)
-2.300	3,7019e-14	-3.078,6	676,96
1,3667e-09	-3,7019e-14	3.921,4	434,29
3,6477e-08	2.300	-3,6286e-19	9,0715e-21

Übungsbeispiel 7.15

Vom Träger in Abb. 7.147 kennt man die Belastung $F = 2300\,\text{N}$, $q_1 = 5\,\text{kN/m}$, $q_2 = 8\,\text{N/mm}$ und die Länge $l = 500\,\text{mm}$ sowie $a = 200\,\text{mm}$, $b = 100\,\text{mm}$, $c = 120\,\text{mm}$. Bestimmen Sie die Lagerkräfte (– und Momente) sowie den Querkraftverlauf, Normalkraftverlauf und Biegemomentenverlauf.

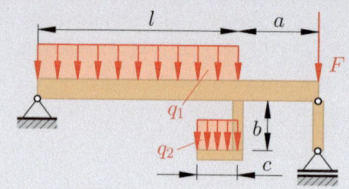

Abb. 7.147 Beispiel eingeleitetes Moment (2)

Lösung

Pos.	Bild	Erklärung
1	Festlager: FY: -1,96e+03 N; FZ: 2,12e-05 N; FRes: 1,96e+03 N. Loslager: FY: -3,8e+03 N; FRes: 3,8e+03 N	Es ergeben sich die nebenstehenden Lagerkräfte.
2	Max: 1.962,82	Der Querkraftverlauf sieht gemäß nebenstehender Abbildung aus. (beim zweiten Balkenabschnitt würde man den Querkraftverlauf eigentlich nach oben zeichnen. Diesen also spiegeln)
3	Max: 299,44	Biegemomentenverlauf (beim zweiten Balkenabschnitt würde man den Biegemomentenverlauf eigentlich nach unten zeichnen. Diesen also spiegeln) Abstand max. Biegemoment, gemessen vom Festlager: 393 mm, max. Moment = -385,27 Nm
4		Normalkraftverlauf

7.14 · Übungen

	Axial (N)	Schub1 (N)	Schub2 (N)	Moment 1 (N.m)	Moment 2 (N.m)	
5	-2,1192e-05	4,0446e-22	-1.962,8	385,24	1,2578e-22	Kräfte und Momente
	2,29e-11	-7,66e-23	-1.497,2	299,44	-6,9315e-23	
	-960	0,0086043	-8,8845e-14	8,8844e-15	56,973	
	-0,0007665	-960	9,412e-26	-5,2011e-26	58,227	

Übungsbeispiel 7.16

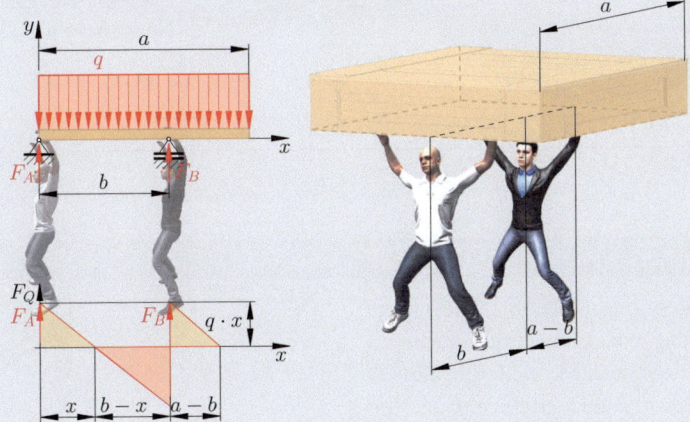

Abb. 7.148 In welchem Abstand b muss die zweite Person die Kiste aufnehmen, damit das Biegemoment konstant ist? (q entsteht durch die Masse)

Lösung

Um die optimalen Auflagerpunkte eines Trägers zu finden (vgl. mit Abb. 7.148), damit überall das gleiche Biegemoment vorliegt, muss man ein Lager variabel gestalten. Gegeben ist $q = 5\,\text{kN/m}$ und $a = 1\,\text{m}$, gesucht ist der Abstand b.

Mit der folgenden Gleichung, aus ▶ Beispiel 7.4, folgt durch Einsetzen der gegebenen Bedingungen

$$b = \frac{a}{\sqrt{2}} = \frac{1}{\sqrt{2}} = 0{,}707\,\text{m}. \tag{7.651}$$

der entsprechende Abstand. Zeichnen des Trägers in SolidWorks und überprüfen des Biegemomentenverlaufes, siehe Abb. 7.149.

SolidWorks liefert exakt die erwartete Lösung.

Kapitel 7 · Biegebeanspruchung

Pos.	Bild	Erklärung
1	FY: 1,46e+03 N / FRes: 1,46e+03 N (Festlager) — FY: 3,54e+03 N / FRes: 3,54e+03 N (Loslager)	Es ergeben sich die nebenstehenden Lagerkräfte.
2	(Querkraftverlauf)	Der Querkraftverlauf sieht exakt wie erwartet aus.
3	(Biegemomentenverlauf)	Biegemomentenverlauf, dabei ist klar erkennbar, dass die beiden Momentenspitzen gleich groß sind.

Abb. 7.149 Lagerverschiebung – Lösung

Übungsbeispiel 7.17

Vom räumlichen System in Abb. 7.150 kennt man die Belastung und Geometriebedingungen gemäß Skizze. Bestimmen Sie die Lagerkräfte (– und Momente) sowie den Querkraftverlauf, Normalkraftverlauf und Biegemomentenverlauf.

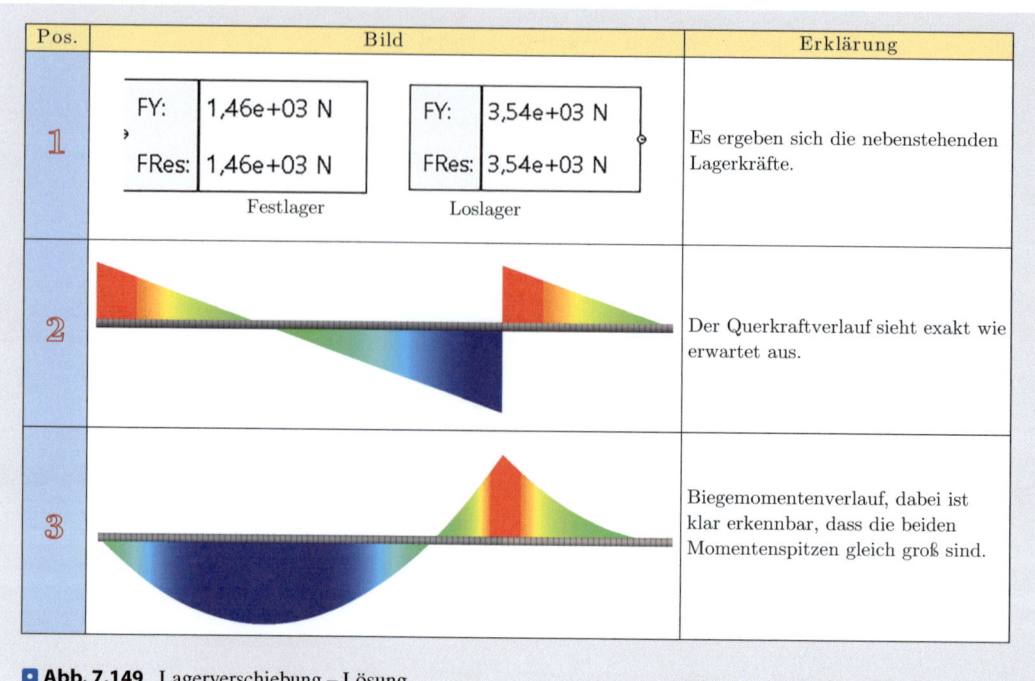

Abb. 7.150 Räumliches System 1

Lösung

Pos.	Bild	Erklärung
1	Festlager: FY: 90,7 N; FZ: 6,79e-07 N; FRes: 90,7 N; MY: -1,13e-07 N.m; MRes: 1,14e-07 N.m — Loslager: FX: -150 N; FY: 259 N; FZ: 400 N; FRes: 500 N; MX: 20 N.m; MY: 60,5 N.m; MRes: 63,7 N.m	Es ergeben sich die nebenstehenden Lagerkräfte.

7.14 · Übungen

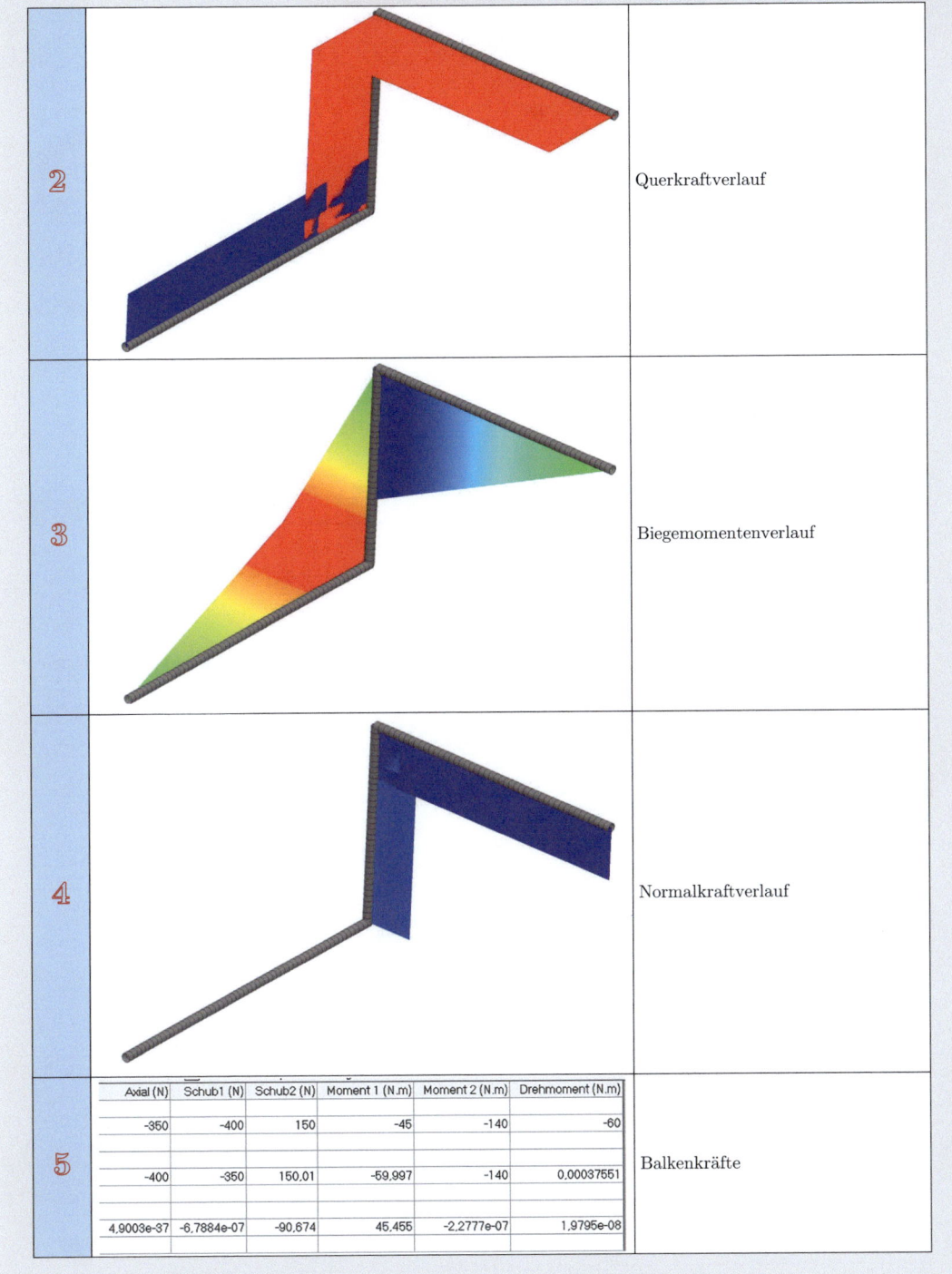

Übungsbeispiel 7.18

Vom räumlichen System in ◘ Abb. 7.151 kennt man die Belastung und Geometriebedingungen gemäß Skizze. Bestimmen Sie die Lagerkräfte (– und Momente) sowie den Querkraftverlauf, Normalkraftverlauf und Biegemomentenverlauf.

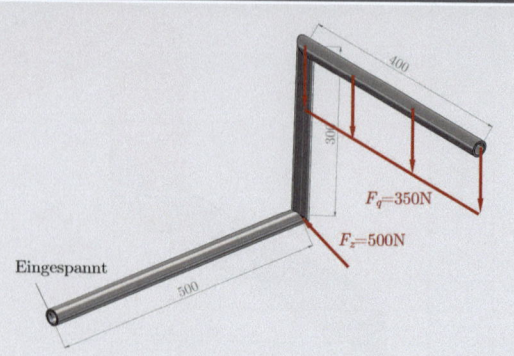

◘ **Abb. 7.151** Räumliches System 2

Lösung

Pos.	Bild	Erklärung
1	FX: -7,94e-06 N FY: -350 N FZ: -500 N FRes: 610 N MX: -70 N.m MY: 251 N.m MZ: -175 N.m MRes: 314 N.m Einspannungsstelle	Es ergeben sich die nebenstehenden Lagerkräfte.
2		Querkraftverlauf

7.14 · Übungen

③		Biegemomentenverlauf
④		Normalkraftverlauf
⑤	Axial (N) / Schub1 (N) / Schub2 (N) / Moment 1 (N.m) / Moment 2 (N.m) / Drehmoment (N.m) 350 / 3,4246e-06 / 7,9432e-06 / -5,0063e-06 / 69,999 / 2,5113e-08 -0,0012256 / 350 / 0,0077513 / -0,0015503 / 70,001 / 0,00024012 -7,9414e-06 / 500 / 350 / -175 / 250,65 / -69,999	Balkenkräfte

Übungsbeispiel 7.19

Wie lautet die Bedingung, um eine Anformgleichung eines Trägers herleiten zu können?

Lösung

$$\sigma_{b,\max} = \frac{M_{b,\max}}{W_{\max}} = \frac{M_{bx}}{W_X} = \text{const.} \quad (7.652)$$

Übungsbeispiel 7.20

Warum darf man Widerstandsmomente bei einer Blattfeder einfach addieren?

Lösung

Da die einzelnen Federelemente nicht fix miteinander verbunden sind.

Übungsbeispiel 7.21

Wie entsteht die Form einer Blattfeder?

Lösung

Um in einem Freiträger mit Rechteckquerschnitt und konstanter Höhe, durch eine Einzellast belastet, die Form, unter der er konstante Biegespannung entlang des Trägers besitzt, zu finden, ergibt sich eine Blattfeder.

Übungsbeispiel 7.22

Wie lautet die Gleichung für den Krümmungsradius?

Lösung

$$\rho_x = \frac{I_x \cdot E}{M_{bx}}; \qquad (7.653)$$

Übungsbeispiel 7.23

Welcher Zusammenhang besteht zwischen der Krümmung und dem Krümmungsradius?

Lösung

Der Kehrwert des Krümmungsradius ist die Krümmung.

Übungsbeispiel 7.24

Wie lautet die Differentialgleichung der Biegelinie?

Lösung

$$\frac{M_b}{I_y \cdot E} = -\frac{d^2\omega}{dx^2} = -\omega''. \qquad (7.654)$$

Übungsbeispiel 7.25

Was ist schiefe Biegung?

Lösung

Eine schiefe Biegung liegt vor, wenn die Lastebene nicht durch eine der beiden Hauptachsen des Trägerquerschnitts geht.

7.14 · Übungen

Übungsbeispiel 7.26

Was ist die Nulllinie?

Lösung

Die Nulllinie ist jene Linie, an jener alle Spannungen gleich Null sind (Neutrale Faser). Die größten Spannungen sind in jenen Punkten zu erwarten, die am weitesten von der Nulllinie entfernt sind.

Übungsbeispiel 7.27

Wie lauten die Gleichungen für die Spannungsberechnung bei schiefer Biegung, wenn ein Bauteil entlang der beiden Achsen x und y belastet wird?

Lösung

$$\sigma_{b,x} = \pm \frac{|M_{bx}|}{I_x} \cdot |e_x| \quad \text{und}$$

$$\sigma_{b,y} = \pm \frac{|M_{by}|}{I_y} \cdot |e_y|. \tag{7.655}$$

$$\sigma_{b,\text{Res}} = \sigma_{b,x} + \sigma_{b,y}$$

$$\sigma_{b,\text{Res}} = \pm \frac{|M_{bx}|}{I_x} \cdot |e_x| \pm \frac{|M_{by}|}{I_y} \cdot |e_y| \tag{7.656}$$

Übungsbeispiel 7.28

Wie lautet die Gleichung zur Berechnung des Winkels der Nulllinie, bei schiefer Biegung?

Lösung

$$\beta = \arctan\left(\frac{M_{by,\max} \cdot I_x}{M_{bx,\max} \cdot I_y}\right). \tag{7.657}$$

Übungsbeispiel 7.29

Was ist doppelte Biegung und wie wird die Neigung der Nulllinie bei doppelter Biegung berechnet?

Lösung

Für den Fall, dass $I_x = I_y$ ist (Kreis) fällt die Nulllinie mit dem Momentenvektor zusammen, wodurch

$$\beta = \arctan\left(\frac{M_{by,\max}}{M_{bx,\max}}\right). \tag{7.658}$$

folgt. Beim Kreis ist jede Hauptachse ident, da man eine Symmetrie vorliegt. Hierbei spricht man von „doppelter Biegung".

Übungen zur elastischen Linie: Aufgrund der zahlreichen Herleitungen, der Biegelinie, in den vorgehenden Abschnitten werden im Übungsteil nicht nochmals gesonderte Beispiele betrachtet. Für Prüfungen ist es jedoch sehr wichtig, die Herleitungen im Detail zu untersuchen und alle Herleitungen zu beherrschen, da diese auch die Prüfungsbeispiele sein werden. Das heißt konkret, dass der gesamte Abschnitt „elastische Linie", ausgenommen der Herleitung der Krümmungsformel, inklusiv allen Herleitungen prüfungsrelevant ist. Besonders Acht muss man beim Finden der Randbedingungen geben, da diese oftmals der Grund für das Scheitern eines Beispiels dieser Art sind. Alle, die diesen Abschnitt selbstständig und ohne Probleme herleiten und wiedergeben können (ohne auswendig zu lernen!) sollten in der Lage sein, Beispiele dieser Art bei der Prüfung zu meistern.

Übungen zur elastisch gebetteter Träger: Auch zu diesem Abschnitt gibt es keine Übungen. Diese würden sehr schnell, außerordentlich in die Tiefe gehen. Hier ist es vor allem um das Ziel gegangen, die Theorie und die Gleichungen von solchen Trägern vorzustellen. Genaueres kann in entsprechenden Büchern wie [4] oder [41] entnommen werden. Ebenso haben Beispiele aus diesem Abschnitt in den wenigsten maschinenbaulichen Bereichen Anwendung, zumal diese auch selten im Studium vorkommen werden. Die Theorie sollte durch das gezeigte mehr als ausreichend sein, Beispiele dazu sollten durch weitere Bücher untermauert werden.

Torsionsbeanspruchung

Inhaltsverzeichnis

8.1 Grundlagen – 365
8.1.1 Herleitung der Grundformel – 366
8.1.2 Formänderung infolge Torsionsbeanspruchung – 367
8.1.3 Zulässige Verdrehwinkel – 367
8.1.4 Formänderungsarbeit bei Torsion – 368
8.1.5 Festigkeitsnachweis bei Torsion – 368
8.1.6 Verlauf bei Torsionsbeanspruchung – 369
8.1.7 Torsionsfederkonstanten – 369
8.1.8 Beispiel einer Getriebewelle – 369

8.2 Torsion nach St. Venant – 375
8.2.1 St.-Venant'sche Torsionstheorie – 376
8.2.2 Dünne, geschlossene Querschnitte – 378
8.2.3 Dünne, offene Querschnitte – 380

© Der/die Autor(en), exklusiv lizenziert an Springer-Verlag GmbH, DE, ein Teil von Springer Nature 2023
A. Huber, *Technische Mechanik 2 – Elastostatik*, https://doi.org/10.1007/978-3-662-67759-9_8

8.3   Wölbkrafttorsion – 385
8.3.1   St. Venant'sche Torsion-Grundgleichungen
        und Erweiterungen – 387
8.3.2   Querkraftschub – 387
8.3.3   Potentialgleichung und deren Lösung – 388
8.3.4   Potentialgleichung und deren Lösung – 389
8.3.5   Lösungsansatz und Gleichung des tordierten
        Stabes – 390
8.3.6   Bestimmung der sekundären Schubspannungen – 391

8.4   Übungen – 393

8.1 · Grundlagen

Sie lernen hier…
- Grundlagen der Torsion kennen.
- Torsionsspannungen bei Kreisquerschnitten berechnen.
- Torsionsspannungen bei beliebigen Querschnitten zu bestimmen.
- St. Venant'sche Torsionsbeanspruchung kennen.
- Wölbkrafttorsion berechnen.
- Verformungen infolge Torsion bestimmen.

Zitat

Der Computer ist die logische Weiterentwicklung des Menschen: Intelligenz ohne Moral.
John James Osborne

Bei der Torsion handelt es sich um die letzte fehlende Beanspruchungsart. Das vorgehende Kapitel „Biegung" hat bereits gezeigt, dass manche Beanspruchungsarten einige Kenntnisse der Mechanik und Mathematik fordern. So auch die Torsion. Diese ist bei Kreisquerschnitten sehr einfach zu berechnen, betrachtet man jedoch andere Querschnitte, so stellt dies sehr hohe Herausforderungen an die Mechanik und vor allem die Mathematik. Durch Vereinfachungen und Annahmen wird vieles, auf einfachere Weise berechenbar, ohne diese benötigt man jedoch auch Elemente der höheren Mechanik bzw. der Kontinuumsmechanik, wie sie im letzten Teil dieses Buches behandelt wird (vgl. Abb. 8.1).

8.1 Grundlagen

Definition 8.1 (Verdrehung)

Die Torsion beschreibt die Verdrehung eines Körpers, die durch die Wirkung eines Torsionsmoments entsteht. Versucht man einen Stab mit einem Hebel senkrecht zur Längsachse zu verdrehen, so wirkt auf diesen (neben einer etwaigen Querkraft) ein Torsionsmoment [102] (vgl. Abb. 8.2).

Abb. 8.1 Versuchsaufbau zur Bestimmung der Torsionsgesetze (Holzstich 1897) [102]

Abb. 8.2 Torsion eines Winkeleisens (L-Profil) [102, 104]

8.1.1 Herleitung der Grundformel

Vgl. mit ◘ Abb. 8.3. Stellt man das Momentengleichgewicht um die Rotationsachse auf, erhält man

$$\sum_{i=1}^{n} M_{i(A)} = 0: \quad M_T - M_x = 0$$

$$\implies M_x = \int_A \tau \cdot r \cdot dA. \quad (8.1)$$

Da es sich hier um ein statisch unbestimmtes System handelt und die Gleichgewichtsbedingungen der Statik erschöpft sind, werden die Gleichungen der Verformungsgeometrie aufgestellt. Aus dem Hooke'schen Gesetz folgt so dann: $\sigma = E \cdot \varepsilon$; bzw. bei Schubbeanspruchungen (wie Torsion):

$$\tau = E \cdot \gamma. \quad (8.2)$$

Für den Weg der Verschiebung von K nach K' kann man folgende Überlegung vornehmen: $\sin(\varphi) = \frac{H}{R} = \frac{\overline{DD'}}{r}$. Unter Betrachtung von sehr kleinen Winkeln gilt: $\varphi \ll \implies \sin(\varphi) \approx \varphi$ wodurch $\varphi = \frac{\overline{DD'}}{r} \implies \varphi \cdot r = \overline{DD'}$ folgt und schließlich ergibt sich mit der Formel für die Schubverformung: $\tan(\gamma) = \frac{\Delta l}{l} = \frac{GK}{AK} = \frac{\overline{DD'}}{\overline{CD}}$ und

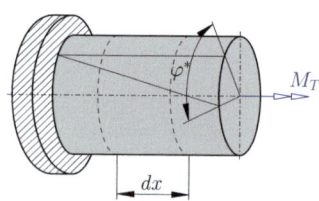

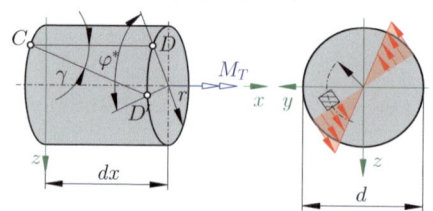

Bei sehr kleinen Längen (dx) ist $\varphi^* \approx \varphi$.

Infinitesimal kleines Stück

◘ **Abb. 8.3** Verformte Welle aufgrund Torsion

mittels der Abschätzung des Tangens für kleine Winkel: $\tan(\gamma) \approx \gamma$ wenn $\gamma \ll$ die Gleichung (mit der Bedingung aus ◘ Abb. 8.3: $dx = \overline{CD}$):

$$\gamma = \frac{\overline{DD'}}{\overline{CD}} = \frac{\varphi \cdot r}{dx} \implies \frac{\gamma}{r} = \frac{\varphi}{dx}. \quad (8.3)$$

Wobei man hier $\frac{\gamma}{r}$ als θ definiert, um den Verschiebungswinkel pro Längeneinheit darzustellen. Umgeformt folgt $\gamma = \theta \cdot r$ oder in das Hooke'sches Gesetz für die Drehbewegung eingesetzt

$$\tau = G \cdot \gamma = G \cdot \theta \cdot r. \quad (8.4)$$

Es kann ein linearer Zusammenhang zwischen r und der Schubspannung hergestellt werden. Im Schwerpunkt gilt: $\tau = G \cdot \theta \cdot 0 = 0$, in der Randfaser $r = \frac{d}{2}$

$$\tau_{\max} = G \cdot \theta \cdot r. \quad (8.5)$$

Mit der Anfangs besprochenen Formel resultiert

$$M_x = \int_A \tau \cdot r \cdot dA = \int_A G \cdot \theta \cdot r \cdot r \cdot dA$$

$$= G \cdot \theta \cdot \int_A r^2 \cdot dA. \quad (8.6)$$

Mit der allgemeinen Definition für I_P (siehe auch Flächenträgheitsmomente) folgt für den **Kreisquerschnitt**

$$I_P = I_X + I_Y = \int_A x^2 dA + \int_A y^2 dA$$

$$= \int_A r^2 dA \quad (8.7)$$

Einsetzen von (8.7) in (8.8) ergibt:

$$M_x = G \cdot \theta \cdot I_P \implies \frac{M_T}{I_P} = G \cdot \theta. \quad (8.8)$$

Hier Gl. (8.4) eingesetzt ergibt die Allgemeine **Torsionsspannungsgleichung für Kreisquerschnitte:**

$$\tau = \frac{M_T}{I_P} \cdot r = \frac{M_T}{W_P}, \quad (8.9)$$

8.1 · Grundlagen

Da aber wie bereits besprochen I_P wie in Gl. (8.7) angenommen nur bei symmetrischen Querschnitten so gilt, muss allgemeiner formuliert werden

$$\tau = \frac{M_T}{I_T} \cdot r = \frac{M_T}{W_T}. \tag{8.10}$$

Bemerkung 8.1
Für Kreisquerschnitte gilt Gl. (8.9) und für alle anderen Querschnitte spricht man anstelle des polaren Widerstandsmoments von W_T: Widerstandsmoment für Torsionsbeanspruchte Querschnitte, oder auch vom Drillmoment.

8.1.2 Formänderung infolge Torsionsbeanspruchung

Es gilt erneut bei kleinen Winkeln $\gamma \ll \implies \tan(\gamma) \approx \gamma$ woraus sich $\gamma = \frac{\overline{DD'}}{\overline{CD}}$ ergibt, eingesetzt in das Hooke'sche Gesetz

$$\tau = G \cdot \frac{\overline{DD'}}{\overline{CD}} \implies \overline{DD'} = \frac{\tau \cdot \overline{CD}}{G}.$$

Betrachtet man erneut ◘ Abb. 8.3; erhält man $\sin(\varphi) = \frac{H}{r} = \frac{\overline{DD'}}{r}$ und daraus für kleine Winkel: $\varphi = \frac{\overline{DD'}}{r} \implies \varphi \cdot r = \overline{DD'}$. Diese Bedingung in Gl. (8.8) eingesetzt ergibt

$$\varphi \cdot r = \frac{\tau \cdot \overline{CD}}{G}. \tag{8.11}$$

Wird anstatt der Spannung $\tau = \frac{M_T}{W_P}$

$$\varphi \cdot r = \frac{M_T \cdot \overline{CD}}{W_P \cdot G} \tag{8.12}$$

eingesetzt, folgt aus der allgemeinen Definition für Flächenträgheitsmomente und Widerstandsmomente $W_P = \frac{I_P}{r}$ zu

$$\varphi \cdot r = \frac{r \cdot M_T \cdot \overline{CD}}{I_P \cdot G} \implies$$

$$\varphi = \frac{M_T \cdot \overline{CD}}{I_P \cdot G}. \tag{8.13}$$

Man kann unter Betrachtung von ◘ Abb. 8.3 für $\overline{CD} = dx$ setzen

$$\varphi = \frac{M_T \cdot dx}{I_P \cdot G}. \tag{8.14}$$

Es wurde in ◘ Abb. 8.3 ein differentiell kleines Wellenstück genommen, aufgrund anstatt dx bei einer längeren Welle, Achse, einfach die Länge des Bauteils eingesetzt werden darf. Ebenso wird man feststellen, dass der Winkel in Radiant folgt

$$\varphi_{\text{rad}} = \frac{M_T \cdot l}{I_P \cdot G}. \tag{8.15}$$

Der Winkel in Grad resultiert mittels der oben genannten Gleichung, indem man den Umrechnungsfaktor zwischen Radiant und Grad einsetzt

$$\varphi_{\text{Grad}} = \frac{180°}{\pi} \frac{M_T \cdot l}{I_P \cdot G}. \tag{8.16}$$

Definition 8.2
Hierin stellt $I_P \cdot G$ bzw. $I_T \cdot G$ die Verdrehsteifigkeit dar.

8.1.3 Zulässige Verdrehwinkel

Obwohl die Spannungen in einem zulässigen Bereich liegen, ist es möglich, dass ein Bauteil zu Bruch geht. Dies kann durch das Aufbauen von Schwingungen im Inneren der Bauteilgeometrie geschehen.

Die zulässigen Verdrehwinkel in Konstruktionen können annähernd durch

$$\varphi_{\text{zul}} = 0{,}25° \frac{1}{m} \dots 0{,}5° \frac{1}{m} \tag{8.17}$$

angenommen werden.

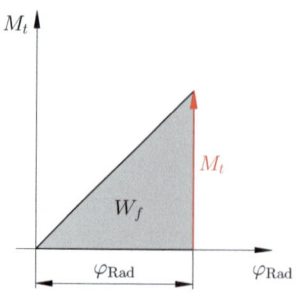

Abb. 8.4 Formänderungsarbeit bei Torsion

8.1.4 Formänderungsarbeit bei Torsion

Die Arbeit (vgl. Abb. 8.4) ist die Fläche unter der Kurve in einem Momenten-Drehwinkel-Diagramm. Diese kann durch Integration oder Flächenberechnung eines Dreiecks berechnet werden. Bestimmung der Funktion: $y(x) = k \cdot x + d = \frac{\Delta y}{\Delta x} \cdot x + d = \frac{M_t}{\varphi_{rad}} \cdot x$. Und durch Integrieren folgt die Arbeit zu

$$W_f = \int_0^{\varphi_{rad}} \left[\frac{M_t}{\varphi_{rad}} \cdot x\right] \cdot dx = \frac{M_t \cdot \varphi_{rad}^2}{2 \cdot \varphi_{rad}}$$
$$= \frac{M_t \cdot \varphi_{rad}}{2}. \tag{8.18}$$

mit: $\varphi_{rad} = \frac{M_T \cdot l}{I_P \cdot G}$ folgt

$$W_f = \frac{M_t \cdot l}{2 \cdot I_P \cdot G}. \tag{8.19}$$

8.1.5 Festigkeitsnachweis bei Torsion

Man unterscheidet zwischen:
1. **Sicherheit gegen Fließen** (meist verwendet)
2. **Sicherheit gegen Bruch** (z. B.: bei Bolzen verwendet, wenn dieser bei einer Überlastung zu Bruch gehen soll, bevor andere Bauteile in Mitleidenschaft gezogen werden.

Grundsätzlich gilt, wie bei jedem Festigkeitsnachweis:

$$\tau_{zul} \geq \tau_{max}. \tag{8.20}$$

τ_{max}... Ergibt sich aus verschiedenen Tabellen, je nach Querschnitt; bei Kreisquerschnitten immer: $\tau_{max} = \frac{M_T}{W_P}$, bei beliebigen Querschnitten: $\tau_{max} = \frac{M_T}{W_T}$

8.1.5.1 Plastische Sicherheit

$$\tau_{zul} = \frac{0{,}58 \cdot R_{P0,2}}{v_F} = \frac{0{,}58 \cdot R_e}{v_F} \tag{8.21}$$

v_F Sicherheit gegen Fließen
$R_{P0,2}$ Dehngrenze
R_e Streckgrenze

8.1.5.2 Sicherheit gegen Bruch

$$\tau_{zul} = \frac{R_m}{v_B} \tag{8.22}$$

v_B Sicherheit gegen Bruch
R_m Streckgrenze

8.1.5.3 Werte der Sicherheiten beim Festigkeitsnachweis bei Torsion:

Siehe Abb. 8.5.

Sicherheit	Art des Bruches =Sicherheit gegen...	Stähle	duktile Eisenguss Werkstoffe	duktile Aluminiumknet-Legierungen
v_F	plast. Verformung	1,5	2,1	1,5
v_B	Gewaltbruch	2,0	2,0	2,0
v_D	Dauerbruch	1,5	1,5	1,5

Hierbei handelt es sich um Richtwerte!

Abb. 8.5 Tabelle für Sicherheiten bei Torsion; v_D Sicherheit gegen Dauerbruch

8.1 · Grundlagen

> **Methode: Lösung durch SolidWorks – FEM 8.1**
>
> Es liegt eine Welle gemäß ▪ Abb. 8.3 vor. Bekannt ist das eingeleitete Drehmoment M_T. Gesucht ist der Torsionsmomentenverlauf.
>
> Nach dem Setzen der Randbedingungen kann die Studie gelöst und der Torsionsmoment durch Einblenden des „Drehmomentes" angezeigt werden (vgl. ▪ Abb. 8.6).
>
>
>
> ▪ **Abb. 8.6** Torsionsmomentenverlauf

8.1.6 Verlauf bei Torsionsbeanspruchung

Wie auch bei der Biegebeanspruchung, gibt es bei der Torsion einen Momentenverlauf. Im Grunde lässt sich dieser ident zum Biegemomentenverlauf zeichnen, einziger Unterschied: Man bewegt sich in einer anderen Lastebene.

8.1.7 Torsionsfederkonstanten

Die Federrate, oder Federkonstante ist die Steigung der Gerade, wenn man Kraft und Verlängerung gemeinsam in einem Diagramm aufträgt. Bei Torsionsbeanspruchung handelt es sich um das Moment und den Verdrehwinkel.

Die Federkonstante ist durch: $c_T = \frac{M_T}{\varphi_{\text{rad}}}$ definiert und umgeformt: $\varphi_{\text{rad}} = \frac{M_T}{c_T}$, mit: $\varphi_{\text{rad}} = \frac{M_T \cdot l}{I_P \cdot G}$ folgt

$$\varphi_{\text{rad}} = \frac{M_T \cdot l}{I_P \cdot G} = \frac{M_T}{c_T} \qquad (8.23)$$

$$c_T = \frac{l}{I_P \cdot G}. \qquad (8.24)$$

Wellen mit Absatz bzw. unterschiedlicher Verdrehsteifigkeit können als parallel geschaltete Federn betrachtet werden:

$$\frac{1}{c_T} = \frac{1}{c_{T1}} + \frac{1}{c_{T2}} + \ldots + \frac{1}{c_{Tn}} \qquad (8.25)$$

setzt man die oben hergeleitete Formel ein, resultiert

$$\frac{1}{c_T} = \frac{1}{\frac{l_1}{I_{P1} \cdot G}} + \frac{1}{\frac{l_2}{I_{P2} \cdot G}} + \ldots + \frac{1}{\frac{l_n}{I_{Pn} \cdot G}}; \qquad (8.26)$$

$$\frac{1}{c_T} = \frac{I_{P1} \cdot G}{l_1} + \frac{I_{P2} \cdot G}{l_2} + \ldots + \frac{I_{Pn} \cdot G}{l_n}. \qquad (8.27)$$

wodurch man mit $\varphi_{\text{rad}} = \frac{M_T}{c_T}$ den Verdrehwinkel von Wellen mit Absatz berechnen kann.

8.1.8 Beispiel einer Getriebewelle

Die nachstehende Getriebewelle ist analytisch, mittels FEM (Betrachtung als Volumenmodell), FEM (Betrachtung als Balkenelement) sowie mittels Matlab zu lösen.

> **Beispiel 8.1**
>
> In ähnlicher Form in [26, S. 128] zu finden. Eine Getriebewelle gemäß ▪ Abb. 8.7 wird durch ein eingeleitetes Drehmoment M_E angetrieben. Folgende Daten sind bekannt: $M_E = 330\,\text{Nm}$; $M_{T1} = 220\,\text{Nm}$, $M_{T2} = 110\,\text{Nm}$, $a = 25\,\text{mm}$, $b = 33\,\text{mm}$, $c = 7\,\text{mm}$, $d = 40\,\text{mm}$; $e = 7\,\text{mm}$, $f = 70\,\text{mm}$, $g = 30\,\text{mm}$, $d_1 = 24\,\text{mm}$, $d_2 = 35\,\text{mm}$, $d_3 = 50\,\text{mm}$, $G = 80.000\,\frac{\text{N}}{\text{mm}^2}$.
>
> Gesucht sind
> (a) der Torsionsmomentenverlauf
> (b) die Torsionsspannungen in jedem Absatz
> (c) der Verdrehwinkel zwischen den beiden Zahnrädern

370 Kapitel 8 · Torsionsbeanspruchung

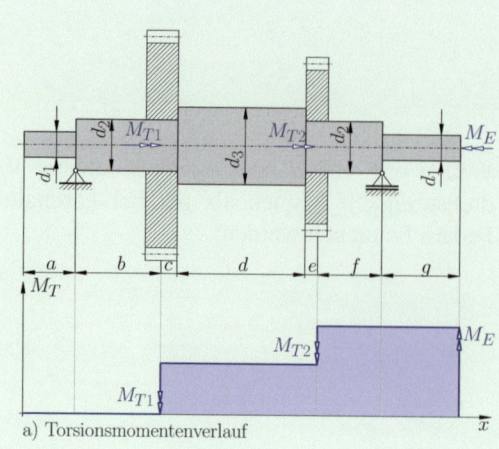

Abb. 8.7 Getriebewelle

$$\tau_1 = \frac{16 M_{T0}}{d_1{}^3 \pi} = \frac{16 \cdot 0}{0{,}024^3 \pi} = \underline{\underline{0\,\text{MPa}}}; \quad (8.29)$$

$$\tau_2 = \frac{16 M_{T1}}{d_2{}^3 \pi} = \frac{16 \cdot 220}{0{,}035^3 \pi} = \underline{\underline{26\,\text{MPa}}}; \quad (8.30)$$

$$\tau_3 = \frac{16 M_{T1}}{d_3{}^3 \pi} = \frac{16 \cdot 220}{0{,}05^3 \pi} = \underline{\underline{9\,\text{MPa}}}; \quad (8.31)$$

$$\tau_4 = \frac{16 M_{T2}}{d_3{}^3 \pi} = \frac{16 \cdot 220}{0{,}035^3 \pi} = \underline{\underline{26\,\text{MPa}}}; \quad (8.32)$$

$$\tau_5 = \frac{16 \cdot (M_{T1} + M_{T2})}{d_2{}^3 \pi} = \frac{16 \cdot (220 + 110)}{0{,}035^3 \pi}$$
$$= \underline{\underline{3\,\text{MPa}}}; \quad (8.33)$$

$$\tau_6 = \frac{16 M_E}{d_1{}^3 \pi} = \frac{16 \cdot 330}{0{,}024^3 \pi} = \underline{\underline{122\,\text{MPa}}}. \quad (8.34)$$

Lösungen:

Allgemeine Erläuterung:

(a) kann direkt nach den bereits kennengelernten Regeln zum Zeichnen des Momentenverlauf (Kapitel Biegebeanspruchung) bestimmt und gezeichnet werden (Abb. 8.7, *unten*).

(b) Die Spannungen können durch die Gleichung

$$\tau(x) = \frac{M_{Ti}}{W_{Pi}} = \frac{16 M_{Ti}}{d_i{}^3 \pi} \quad (8.28)$$

in Abhängigkeit jedes Absatzes bestimmt werden.

Anschließend kann das Maximum berechnet werden und damit die größte Belastung der Welle. Dieses liegt unter $\tau_6 = \tau_{max}$ vor.

(c) Der Verdrehwinkel zwischen den beiden Zahnrädern kann mittels der Formel $\varphi_{\text{rad}} = \frac{M_{ti}}{c_T}$ = bestimmt werden. Dabei wird auf die Lösung mittels Matlab verwiesen.

Die Lösung erfolgt zum einen mittels Matlab und wird anschließend mittels SolidWorks FEM überprüft. Siehe ▶ Methode: Lösung durch SolidWorks – FEM 8.2, 8.3 und ▶ Methode: Lösung durch Matlab 8.1.

Methode: Lösung durch SolidWorks – FEM 8.2

Zum Analysieren wird die zuvor untersuchte Getriebewelle mit den Abmessungen aus Abb. 8.8 verwendet.

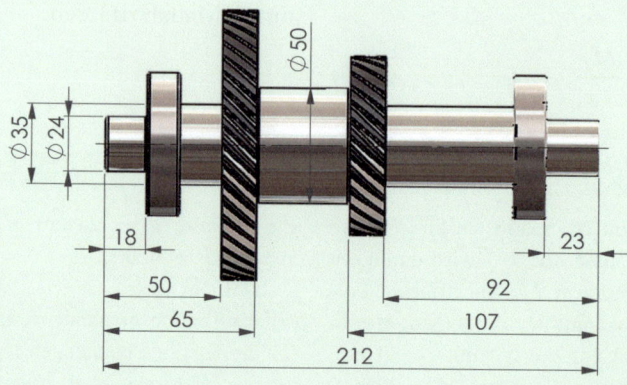

Abb. 8.8 Getriebewelle – SolidWorks (Getriebewellensimulation als Volumenmodell)

8.1 · Grundlagen

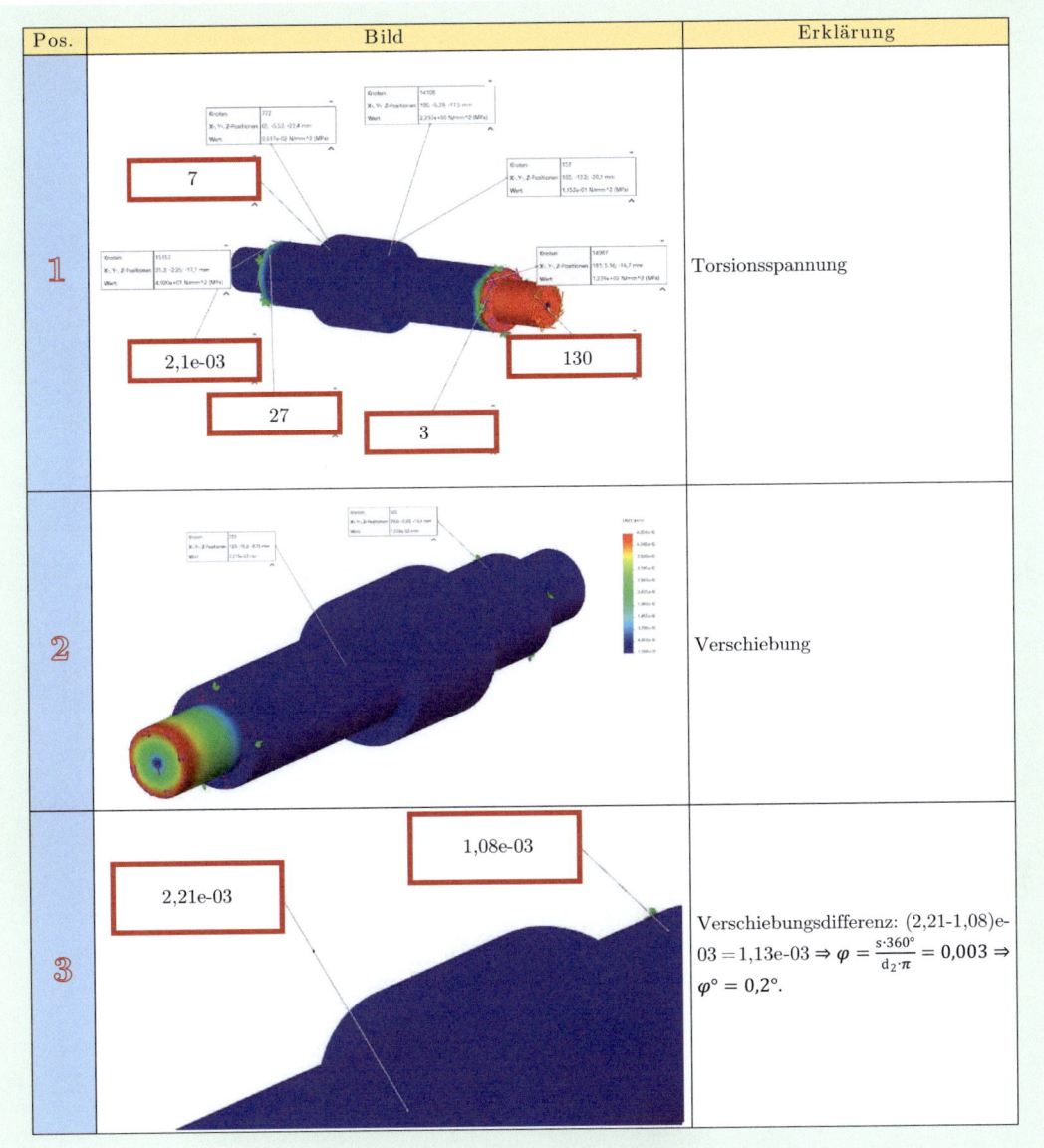

Pos.	Bild	Erklärung
1	(7; 2,1e-03; 27; 3; 130)	Torsionsspannung
2		Verschiebung
3	(2,21e-03; 1,08e-03)	Verschiebungsdifferenz: $(2{,}21-1{,}08)\text{e-}03 = 1{,}13\text{e-}03 \Rightarrow \varphi = \dfrac{s \cdot 360°}{d_2 \cdot \pi} = 0{,}003 \Rightarrow \varphi° = 0{,}2°$.

Methode: Lösung durch SolidWorks – FEM 8.3

Pos.	Bild	Erklärung
1		Welle skizzieren und modellieren.

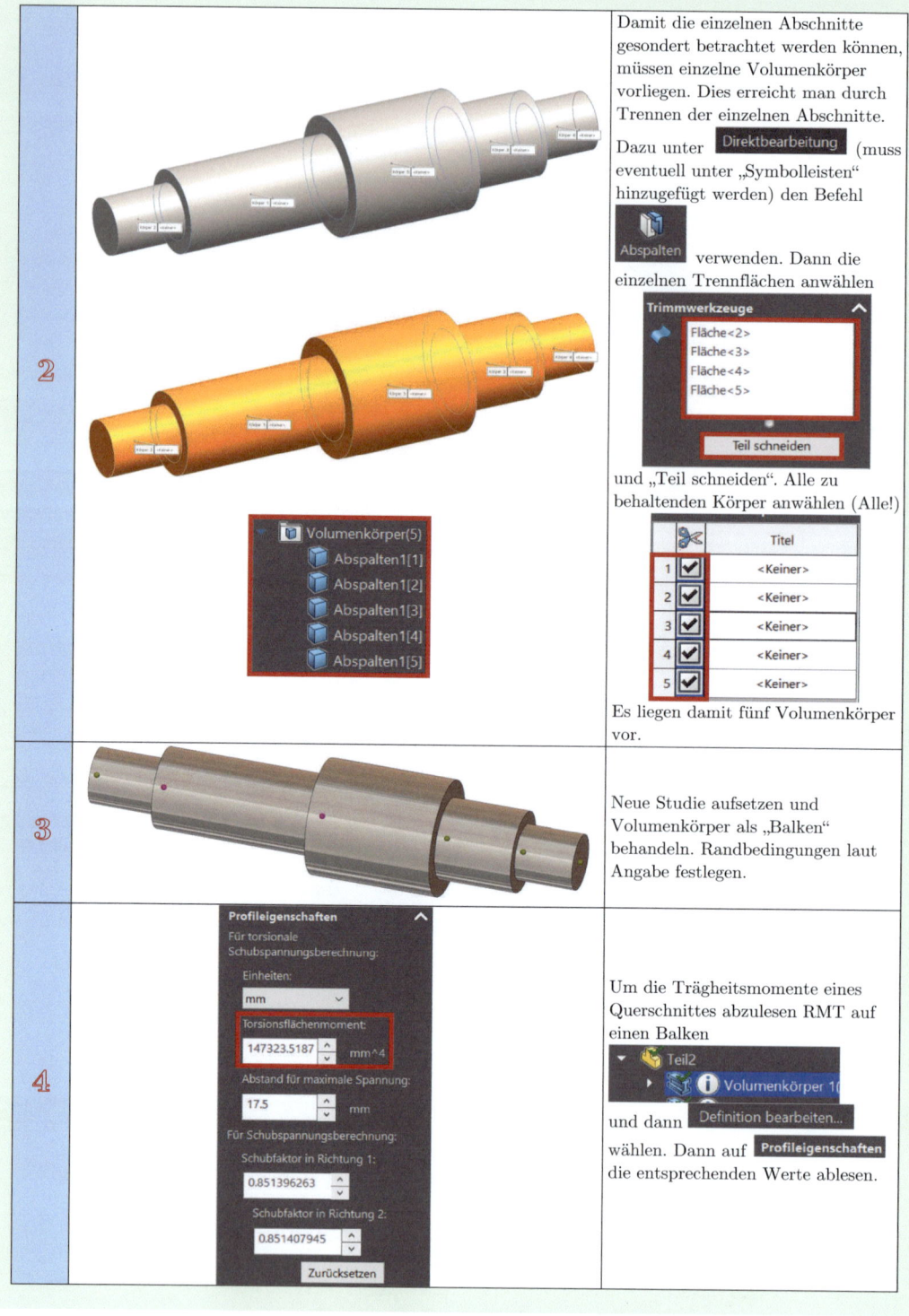

8.1 · Grundlagen

5		Jetzt wird man feststellen, dass ein Vernetzungsfehler erscheint. Man kann dieses Bauteil nicht als Balken simulieren, da das Schlankheitsverhältnis – Längenverhältnis nicht erfüllt ist!
6		Um trotzdem die Analyse vorzuführen, werden die Längen modifiziert, indem man diese alle mal Zwei rechnet. Jetzt ist auch eine Vernetzung möglich.
7		Lösen und Spannungen ablesen.
8		Es folgen die gleichen Werte als zuvor berechnet.
9		Torsionsmomentenverlauf

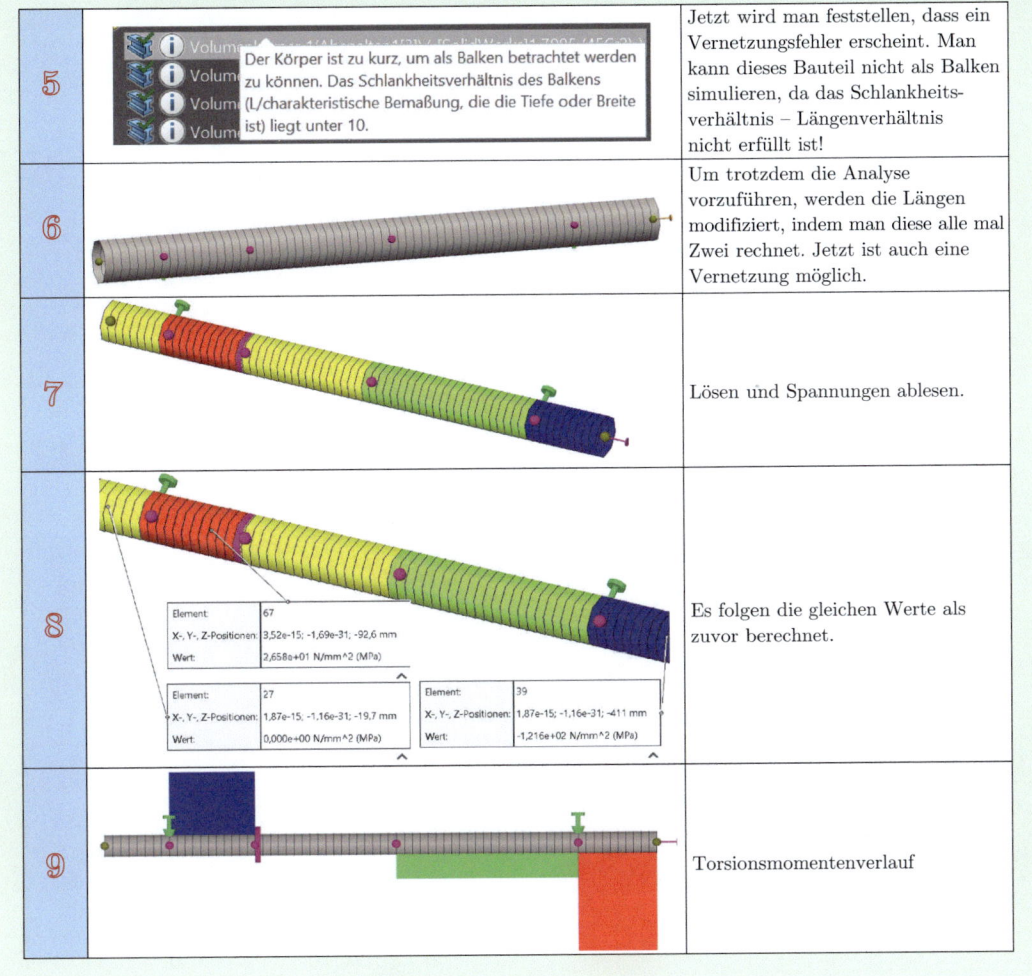

Methode: Lösung durch Matlab 8.1

```
%=================================================
%========================MOMENT====================
%=================================================
M_E  = 330*10^3;        %Nmm
M_T0 = 0  *10^3;        %Nmm
M_T1 = 220*10^3;        %Nmm
M_T2 = 110*10^3;        %Nmm
%=================================================
%========================LAENGEN===================
%=================================================
a = 25;         %mm
b = 33;         %mm
c = 7 ;         %mm
d = 40;         %mm

e = 7 ;         %mm
f = 70;         %mm
f = 30;         %mm
%=================================================
%========================DURCHMESSER===============
%=================================================
d_1 = 24;       %mm
d_2 = 35;       %mm
d_3 = 50;       %mm
%=================================================
%========================MATERIALKENNDATEN=========
%=================================================
G = 80000;      %N/mm^2
%=================================================
%========================SCHUBSPANNUNGEN===========
%=================================================
tau_max1 = 16*M_T0/(d_1^3*pi);
tau_max2 = 16*M_T1/(d_2^3*pi);
tau_max3 = 16*M_T1/(d_3^3*pi);
tau_max4 = tau_max2;
tau_max5 = (M_T1+M_T2)/(d_2^3*pi);
tau_max6 = 16*M_E/(d_1^3*pi);
%=================================================
%========================POLARES MOMENT============
%=================================================
I_P1 = d_1^4*pi/64;
I_P2 = d_2^4*pi/64;
I_P3 = d_3^4*pi/64;
%=================================================
%========================FEDERSTEIFIGKEITEN========
%=================================================
c_T1 = G*I_P1/c;
c_T2 = G*I_P2/b;
c_T3 = G*I_P3/e;
%=================================================
%========================VERDREHWINKEL=============
%=================================================
phi   = M_T1*(c_T1^(-1) + c_T2^(-1) + c_T3^(-1));   %Radiant
phi_G = 180/pi*phi;                                 %Grad
```

Lösung:

Workspace	
Name ▲	Value
a	25
b	33
c	7
c_T1	1.8613e+08
c_T2	1.7857e+08
c_T3	3.5062e+09
d	40
d_1	24
d_2	35
d_3	50
e	7
f	30
G	80000
I_P1	1.6286e+04
I_P2	7.3662e+04
I_P3	3.0680e+05
M_E	330000
M_T0	0
M_T1	220000
M_T2	110000
phi	0.0025
phi_G	0.1419
tau_max1	0
tau_max2	26.1330
tau_max3	8.9636
tau_max4	26.1330
tau_max5	2.4500
tau_max6	121.5767

Abb. 8.9 Matlab-Code

8.2 Torsion nach St. Venant

Bis jetzt wurde Torsion nur bei Kreisquerschnitten behandelt, da dort das polare Widerstandsmoment genügt, um das Drillmoment zu beschreiben. Das polare Widerstandsmoment kann durch $I_P = I_x + I_y$ gebildet werden, oder aufgrund der Symmetrie: $I_{P,K} = 2 \cdot I_x = 2 \cdot I_y = \frac{I_A}{2}$. Damit wäre ein Kreisquerschnitt offenbar einfach zu beschreiben. Ein weiterer Vorteil ist, dass sich bei symmetrischen Querschnitten, im Idealfall, keine Normalspannungen, also Spannungen entlang der Drehachse ausbilden. Abb. 8.10 zeigt in allen Fällen, dass keine Normalverschiebung stattfindet. Dies ist eine Voraussetzung für die Anwendung der St.-Venant-Torsion-Spannung. Die roten Linien sind alle parallel nach der Verformung, wie anhand des Netzes der FEA, ersichtlich ist.[1]

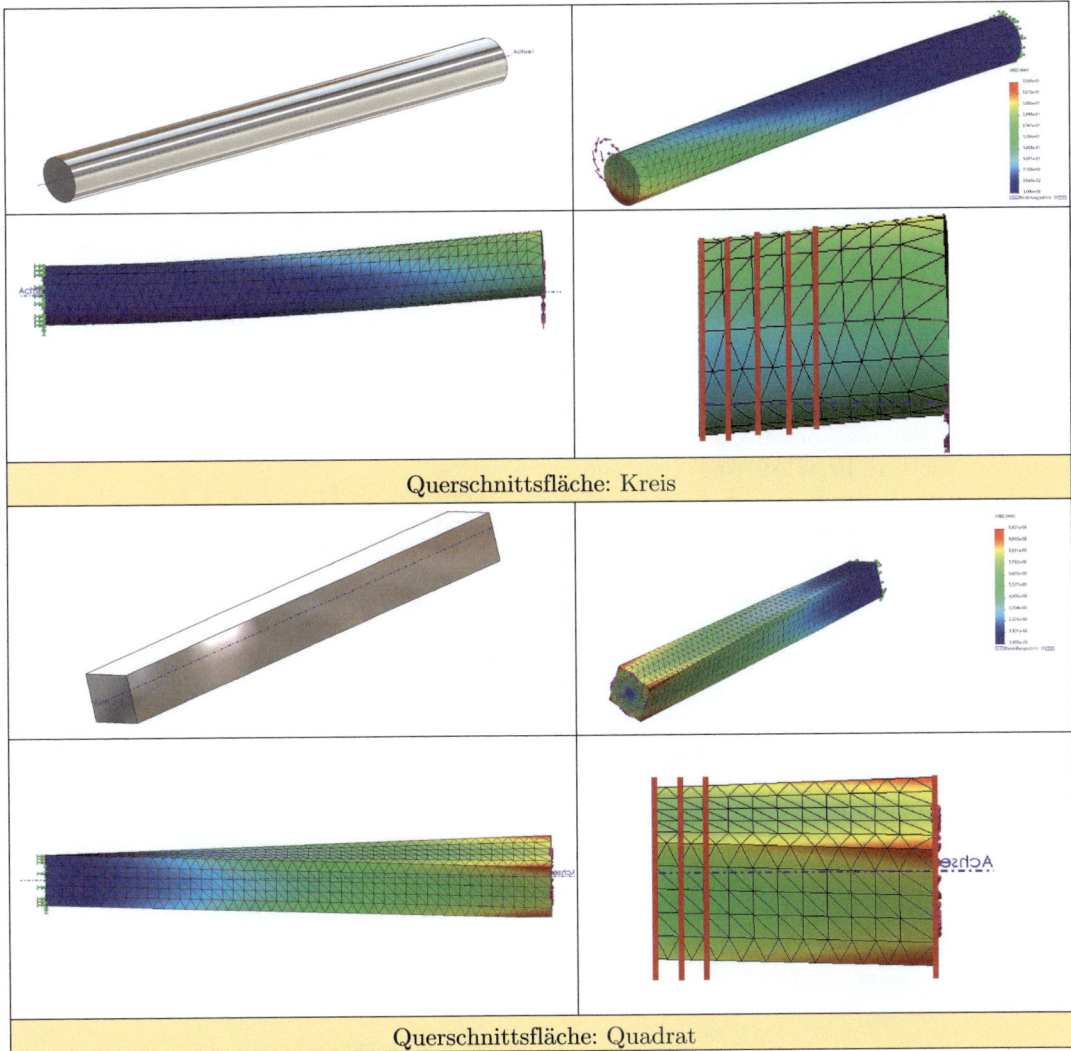

Abb. 8.10 Torsion bei Querschnitten 1

---

1 Die winzigen Verschiebungen entlang der Längsachse in Abb. 8.10 resultieren aus der einseitigen Einspannung. Diese wurde der Übersichtlichkeit halber hinzugefügt, jedoch werden auch an Seiten dieser die Normalspannungen behindert, wodurch keine exakte wölbfreie Torsion entsteht. Die Abweichung ist allerdings gering.

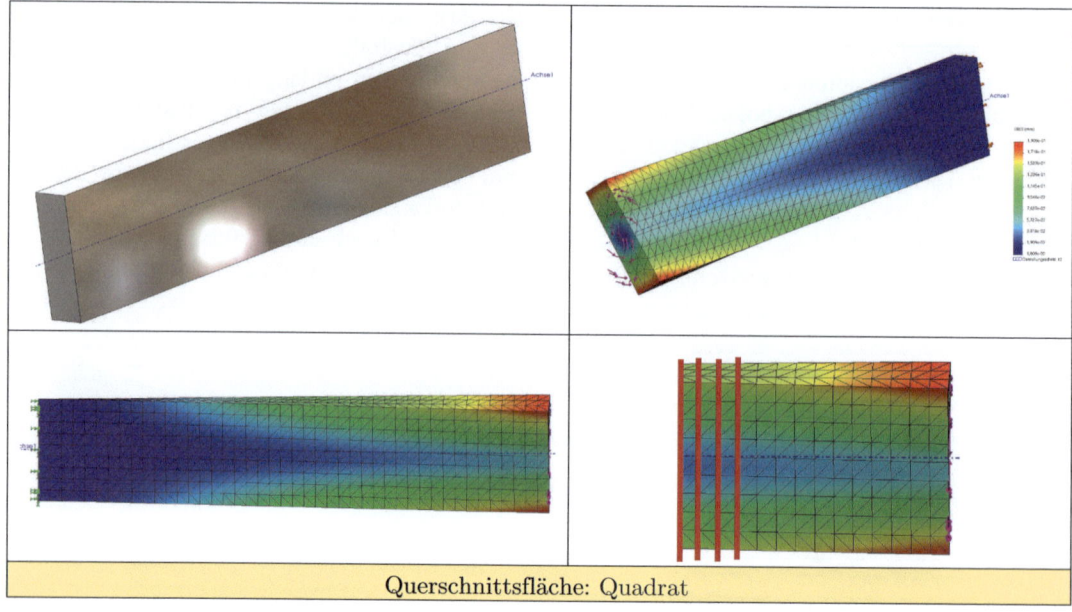

Abb. 8.11 Torsion bei Querschnitten 2

Vgl. Abb. 8.11. Bei der St.-Venant-Torsionsspannung darf die Normalverschiebung nicht behindert werden! Es muss eine ungehinderte Ausbildung dieser Verschiebungen möglich sein, die Relativverschiebung darf nicht blockiert werden. Dies ist bei einem einseitig eingespannten Träger der Fall. Wären zwei Festlager vorhanden, so könnten sich die Relativverschiebungen nicht ausbilden, sie werden daher blockiert und rufen erneute Spannungen im Inneren hervor, die zu einer sogenannten Verwölbung führen und dann nur durch die Wölbkrafttorsion berechnet werden können. Dies ist die komplizierteste Form der Torsion, diese wird nach der St.-Venant-Torsion behandelt.

8.2.1 St.-Venant'sche Torsionstheorie

> **Bemerkung 8.2**
> Voraussetzung: Die Querschnittvorwölbungen müssen sich ungehindert ausbilden können.

■■ Differentialgleichung für den Verdrehwinkel

$$G \cdot I_t \cdot \varphi' = M_t, \qquad (8.35)$$

■■ Maximale Torsionsspannung

$$\tau_t = \frac{M_t}{W_t}, \qquad (8.36)$$

■■ Relativer Verdrehwinkel

$$\Delta\varphi = \frac{l \cdot M_t}{G \cdot I_t}. \qquad (8.37)$$

Die Berechnung der Verwölbungstorsion nach St. Venant basiert auf der Lösung der partiellen Differentialgleichung (die sogenannte Poisson'sche Differentialgleichung):

$$\frac{\partial^2 \Phi}{\partial x^2} + \frac{\partial^2 \Phi}{\partial y^2} = 1 \qquad (8.38)$$

mit den Randbedingungen $\varphi_{\text{Rand}} =$ const. Besitzt man nun Querschnitte mit Unterbrechungen, zum Beispiel durch Bohrungen... darf Φ_{Rad} immer einen anderen Wert annehmen. Hat man nun eine Funktion für den Querschnitt gefunden, mit welcher man ausreichend Randbedingungen ermitteln kann, um die Gleichung zu lösen, hat man das Schwierigste geschafft.

8.2 · Torsion nach St. Venant

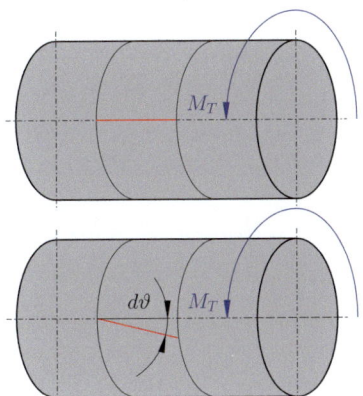

Abb. 8.12 Unverformte und verformte Scheibe

8.2.1.1 Drillmoment

Bei der Berechnung des Drillmomentes wird zuerst eine zylindrische Welle betrachtet, von welcher drei gleich große Scheiben heraus geschnitten werden. Wird die Erste durch das Torsionsmoment verdreht, so wird sich die zweite verdrillen. Man bezeichnet die Verdrillung mittels $d\vartheta$ (vgl. Abb. 8.12).

> **Definition 8.3 (Drillmoment)**
>
> Die Definition des Drillmomentes geht auf die 1. Bredt'sche Formel ($\tau = \frac{M_T}{2 \cdot t \cdot A_m}$), gleichgesetzt mit der Grundgleichung für Torsionsbeanspruchung, zurück, zu $\frac{M_T}{W_T} = \frac{M_T}{2 \cdot t \cdot A_m} = \tau$; wodurch sich ergibt
>
> $$W_T = 2 \cdot t \cdot A_m. \qquad (8.39)$$

Vgl. auch mit Abb. 8.13, in welcher die Torsion anhand einer FEM Simulation gezeigt ist.

> **Beispiel 8.2**
>
> **(Drillmoment beim Rechteckquerschnitt)** Es gilt nach Definition des polaren Flächenträgheitsmomentes: $I_T = I_{Tx} + I_{Ty}$ angewendet:
>
> $$I_T = 2 \cdot \int_A \left(\frac{\partial \varphi}{\partial x} \cdot x + \frac{\partial \varphi}{\partial y} \cdot y \right) \cdot dA. \qquad (8.40)$$

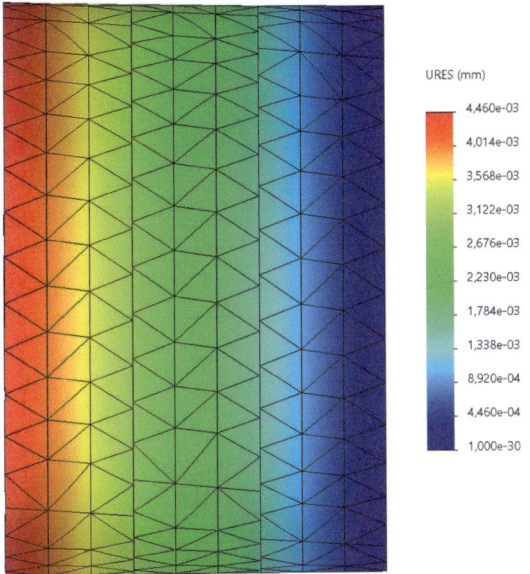

Abb. 8.13 Veranschaulichung mittels FEM

8.2.1.2 Spannungen bei Rechteckquerschnitt

Es folgt aus der allgemeinen Torsionsgrundgleichung

$$\frac{M_T}{W_T} = e \cdot \frac{M_T}{I_T} = \tau \qquad (8.41)$$

Es gilt nach Gl. (8.40) wodurch sich ergibt[2]

$$\tau = e \cdot \frac{M_T}{2 \cdot \int_A \left(\frac{\partial \varphi}{\partial x} \cdot x + \frac{\partial \varphi}{\partial y} \cdot y \right) \cdot dA} \qquad (8.42)$$

8.2.1.3 Lösung der Poisson DGL

> **Proposition 8.1**
>
> Zu lösen ist die Poisson-Gleichung für einen Kreisquerschnitt.

Beweis Mit der Funktion $\varphi(x, y) = \frac{x^2 + y^2}{4}$ und mit der Poisson-DGL (Herleitung siehe Ab-

---
[2] Diese Gleichung kann nach den Regeln der partiellen Differentialgleichungen gelöst werden, siehe Mathematik oder nachstehendes Beispiel.

schnitt vorher) $\frac{\partial^2 \varphi}{\partial x^2} + \frac{\partial^2 \varphi}{\partial y^2} = 1$ folgt durch Bilden der 1. Ableitung (da eine Partielle DGL vorliegt, wird zuerst y als konstant angenommen), zu

$$\varphi' = \frac{d\varphi}{dx} = \frac{d}{dx}\frac{x^2 + y^2}{4} = \frac{d}{dx}\frac{2 \cdot x}{4} = \frac{x}{2} \tag{8.43}$$

(und mit der 2. Ableitung: $\varphi'' = \frac{d\varphi'}{dx} = \frac{1}{2}$. Im 2. Schritt wird x als konstant angenommen, zu

$$\varphi' = \frac{d\varphi}{dy} = \frac{d}{dy}\frac{x^2 + y^2}{4} = \frac{d}{dx}\frac{2 \cdot y}{4} = \frac{y}{2} \tag{8.44}$$

(und mit der 2. Ableitung: $\varphi'' = \frac{d\varphi'}{dy} = \frac{1}{2}$. Rückeinsetzen:

$$\begin{aligned} I_T &= 2 \cdot \int_A \left(\frac{\partial \varphi}{\partial x} \cdot x + \frac{\partial \varphi}{\partial y} \cdot y \right) \cdot dA \\ &= \int_A (x^2 + y^2) \cdot dA \\ &= \int_A x^2 dA + \int_A y^2 dA \\ &= I_T = I_P = I_x + I_y. \end{aligned} \tag{8.45}$$

□

8.2.2 Dünne, geschlossene Querschnitte

8.2.2.1 Grundlagen

Definition 8.4

Dünne Querschnitte sind Querschnitte, die in der Ebene der Querschnittfläche nicht „voll" sind, also Querschnitte die durch eine Bohrung und Wandstärke gekennzeichnet sind.

Beispiel 8.3

Beispiele hierfür sind: Rundrohre, Formrohre, div. Profile.

Bemerkung 8.3

Mittels des Schubflusses T eines Rohres mit der Wandstärke t folgt $\tau \cdot t = T$. Mit der 1. Bredt'schen Formel ergibt sich

$$M_T = 2 \cdot \tau \cdot t \oint \cdot d \cdot A_m = 2 \cdot T \cdot A_m. \tag{8.46}$$

8.2.2.2 Verformungen

Werden die Verformungsbeziehungen betrachtet, so muss zunächst zwischen Rohren mit konstanter und variabler Dicke unterschieden werden. Diese beiden Fälle werden in den nachstehenden Abbildungen gezeigt und die Verformungen FE unterstützt angezeigt.

● Abb. 8.14 zeigt eine FEM Simulation zweier Rohre. Es ist zu beobachten, dass bei dem Rohr, bei welchem der Querschnitt konstant ist, auch eine konstante Verzerrung zeigt (Linie) und bei dem Rohr mit variabler Dicke auch die Verzerrung variabel ist (veranschaulicht durch eine Spline).

Durch das Superpositionsprinzip erscheint einleuchtend (vgl. auch mit Dankert und Dankert [4]), dass ein rundum verzerrtes Viereck durch zwei Parallelogramme beschrieben werden kann und dadurch die Möglichkeit der Beschreibung der Verwölbung gegeben ist. Dieses Vorgehen veranschaulicht ● Abb. 8.15.

Es gilt nach genauerer Betrachtung und unter der Annahme, dass differentiell kleine Winkel vorliegen $\tan(\varphi) \approx \varphi \Longrightarrow \tan(\gamma_\varphi) \approx \gamma_\varphi = \frac{dv}{dz}$. Ebenso gilt nach ● Abb. 8.15: $\gamma = \gamma_\varphi + \gamma_w$.

Aus den Winkelfunktionen folgt sofort $dv = r \cdot d\varphi \cdot \cos(\alpha)$ und $r^* = r \cdot \cos(\alpha)$ und durch Einsetzen ineinander: $dv = r^* \cdot d\varphi$. Ebenso kann aus ● Abb. 8.16 Gleichung $\gamma_\varphi = r \cdot \frac{dv}{dz} = r^* \cdot \varphi'$ abgelesen werden. Mit ● Abb. 8.15 (rechts) kann man $\gamma_w = \frac{dw}{ds}$ finden und mit dem Hooke'schen Gesetz resultiert

$$\gamma = \frac{\tau}{G} = \frac{T}{G \cdot t} = \frac{M_T}{2 \cdot A_m \cdot G \cdot t} = \gamma_\varphi + \gamma_w. \tag{8.47}$$

Jetzt können beide Seiten mit ds multipliziert und die DGL durch ein Konturintegral gelöst

8.2 · Torsion nach St. Venant

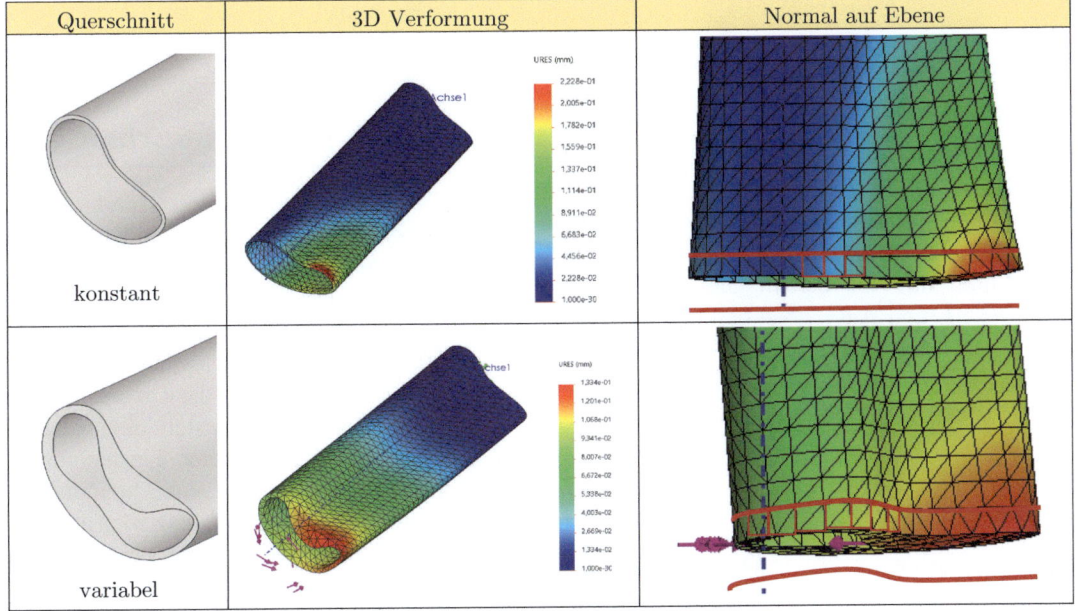

Abb. 8.14 Verzerrung an einem Rohr mit konstantem und variablem Querschnitt

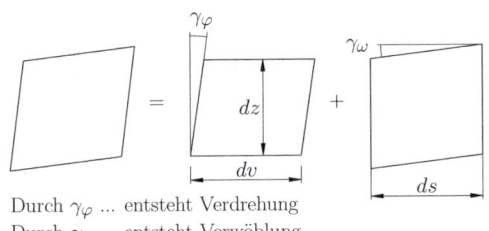

Durch γ_φ ... entsteht Verdrehung
Durch γ_w ... entsteht Verwölbung

Abb. 8.15 Gleitungsanteile der Verdrehung und Verwölbung

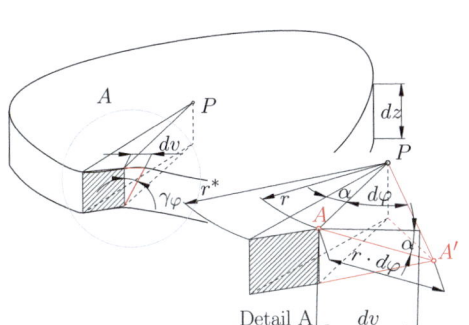

Abb. 8.16 Winkel bei der Verformung infolge Torsion

werden (siehe auch Herleitung Bredt'sche Formel)

$$\oint \frac{M_T}{2 \cdot A_m \cdot G \cdot t} \cdot ds = \oint (\gamma_\varphi + \gamma_w) \cdot ds$$
$$= \oint \gamma_\varphi ds + \oint \gamma_w \cdot ds. \quad (8.48)$$

Wird für das Integral $\oint \gamma_\varphi ds$ eingesetzt und aufgelöst folgt

$$\oint \gamma_\varphi ds = \oint \frac{dw}{ds} ds = \oint dw$$
$$= w_{\text{end}} - w_{\text{anf}} = 0. \quad (8.49)$$

Wird t als Variable eingesetzt, wodurch eine Abhängigkeit von s entsteht, und mit $\gamma_\varphi = r^* \cdot \varphi'$ folgt

$$w(s) = \frac{M_T}{2 \cdot A_m \cdot G} \cdot \oint \frac{ds}{t(s)}$$
$$= \oint \gamma_\varphi ds = \varphi' \oint r^* \cdot ds = 2 A_m \varphi'.$$

(8.50)

$$I_t = \frac{4 \cdot A_m^2}{\oint \frac{ds}{t(s)}} \qquad (8.51)$$

wobei man den Verdrehwinkel bei einem Torsionsstab mit dünnwandigem geschlossenen Querschnitt mit den beiden Gleichungen $G \cdot I_t \cdot \varphi' = M_t$ und $\Delta\varphi = \frac{M_t \cdot l}{G \cdot I_t}$ beschreiben kann. Haben die Querschnitte stückweise konstante Dicken (t_1, t_2), auf Abschnitten mit den Längen (s_1, s_2) ergibt sich

$$\oint \frac{ds}{t(s)} = \frac{s_1}{t_1} + \frac{s_2}{t_2} + \ldots + \frac{s_n}{t_n}. \qquad (8.52)$$

Berechnet man $G \cdot I_t \cdot \varphi' = M_t$, kann man auch die Verwölbung des Querschnitts bestimmen; oder umgeformt:

$$\frac{M_t}{2 \cdot A_m \cdot G \cdot t} - r^* \cdot \varphi' = \frac{dw}{ds}. \qquad (8.53)$$

Multipliziert man diese Gleichung mit ds und löst die DGL durch Integrieren, ergibt sich

$$\int \frac{M_t}{2 \cdot A_m \cdot G \cdot t} ds - \int r^* \cdot \varphi' ds = \int dw$$
$$\frac{M_t}{2 \cdot A_m \cdot G} \int \frac{ds}{t(s)} - \varphi' \int r^* \cdot ds + C = w(s).$$
$$(8.54)$$

um die Integrationskonstante bestimmen zu können, setzt man $w(s=0) = 0$.

Nachstehend befindet sich ein Beispiel, in welchem die St. Venant'sche Theorie angewendet wird. Anzumerken ist allerdings, dass auch bei diesem Beispiel nur eine sehr vereinfachte, praxisnahe Anwendung gezeigt wird. Es gibt weitaus komplexere Methoden, solche Beispiele zu lösen. Dies wird im letzten Abschnitt (Kontinuumsmechanik) anhand der Torsion einer Ellipse gezeigt.

8.2.2.3 Beispiel
Siehe ▶ Beispiel 8.4.

8.2.3 Dünne, offene Querschnitte

Ein großes Anwendungsgebiet erfährt die St. Venant'sche Torsionstheorie in der Theorie der Torsion offener, dünnwandiger Querschnitte. Dünnwandige Querschnitte wurden bereits erläutert, „offen" ist ein Querschnitt dann, wenn dieser insbesondere eine durchgehende Öffnung, durch einen Schlitz, entlang der Drehachse aufweist. Ist dies der Fall, so entsteht eine Relativ-Verschiebung, wodurch in der Einspannungsstelle oder Lagerstelle sehr große Spannungen in Achsrichtung hervorgerufen werden können (Verwölbung). Dies widerspricht sich jetzt eindeutig zu den Voraussetzungen, die zu Beginn dieses Abschnittes, um die St. Venant'sche Torsionstheorie anwenden zu dürfen, erörtert wurden. Die Realität zeigt jedoch, dass dies unter Voraussetzungen in vielen Fällen dem realen Verhalten genügt. Es ist es notwendig, einige Definitionen und Konventionen zu treffen. Die relative Verschiebung wurde bereits beim ▶ Kap. 5, siehe Satz zugeordneter Schubspannungen in ▶ Abschn. 5.2.1, behandelt. Zur besseren Illustration sind nachstehend einige Querschnitte durch eine FEM-Berechnung gezeigt, worin die Verschiebung klar zu sehen ist, bei diesen darf die St. Venant'sche Torsionstheorie nicht verwendet werden, da bei diesen die Normalspannungen, aufgrund der Einspannungen, nicht Null sein können und es zu einer Verwölbung kommt. Bei diesen Modellen ist die Wölbkrafttorsion zu verwenden. Wenn der Schubfluss jedoch parallel zu den langen Außenrändern des Profils verläuft, sowie nur auf schmalen Stellen (Ecken) umgelenkt wird, so darf man die St. Venant'sche Torsionstheorie verwenden (vgl. ◘ Abb. 8.19).

Zunächst besteht die Aufgabe darin, das Drillmoment in Abhängigkeit der Wandstärke zu bestimmen. Dazu muss man einige Näherungen und Annahmen treffen. Diese sind nachstehend angezeigt. Die mittlere Fläche errechnet sich damit zu: $A_m = 2 \cdot y \cdot b$. Der Schubfluss kann durch $T = \tau_{max} \cdot y$ bzw. $dT = \tau(x) \cdot dy$ berechnet werden. Einsetzen dieser Bedingungen in die

8.2 · Torsion nach St. Venant

Beispiel 8.4

Gegeben sei der Querschnitt aus Abb. 8.14 (oben), zu bestimmen sind die Verschiebungen, Spannungen und das Drillmoment durch die St. Venant'sche Torsionstheorie, durch Matlab. Das Ergebnis ist durch eine FE-Methode zu überprüfen.

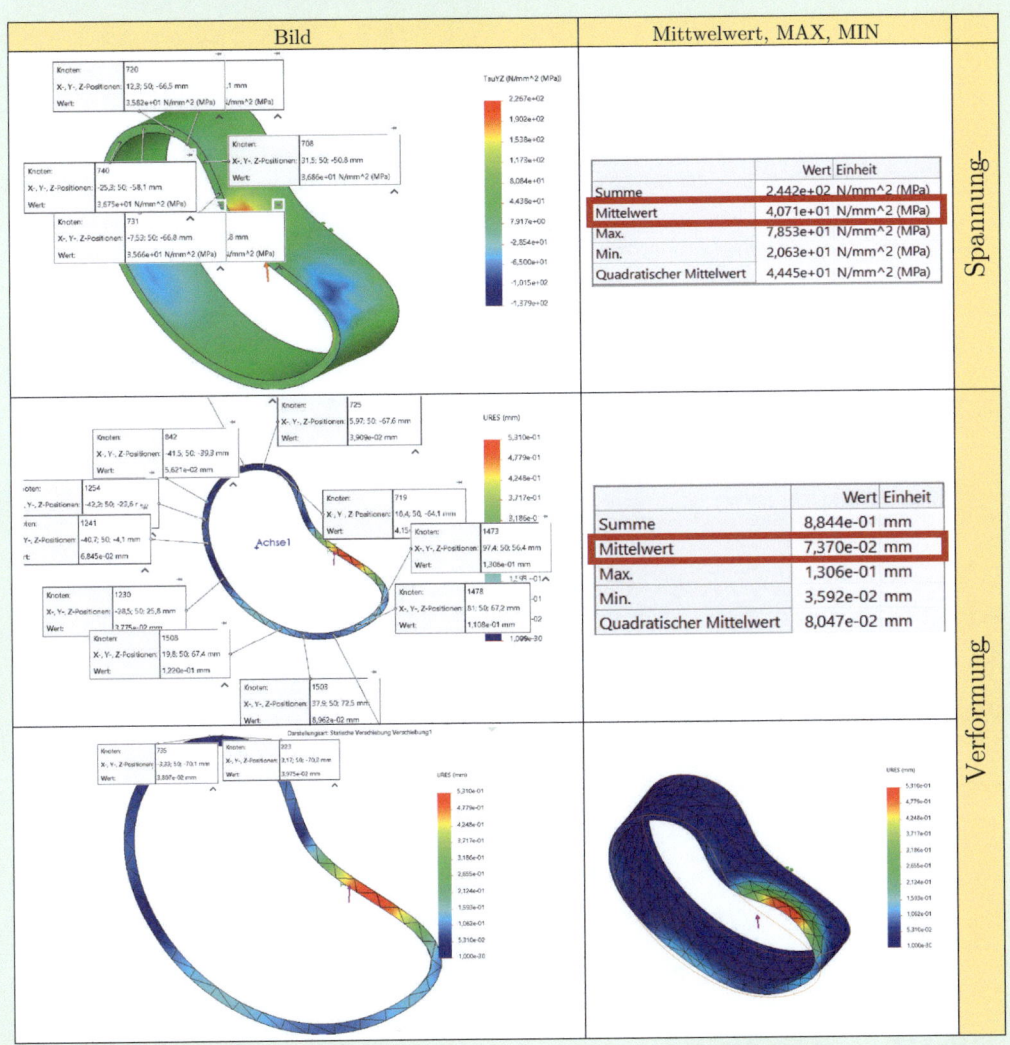

Abb. 8.17 Lösung durch SolidWorks

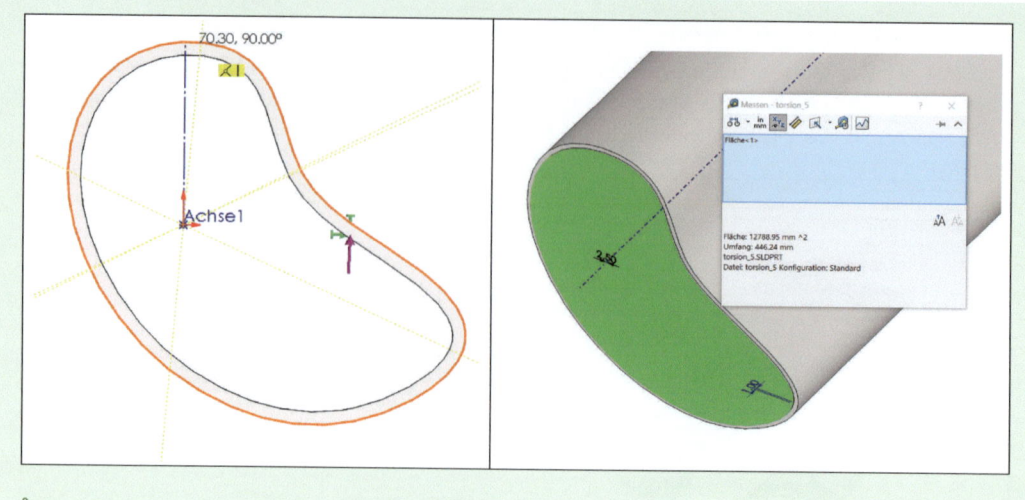

```
%=================================================
%===============Randbedingungen===================
%=================================================

A_m = 12788.95;     %mm^2      mittlere Flaeche
U   = 446.24;       %mm        Spurlange von A_m
t   = 5;            %mm        Wanddicke
M_T = 5000*10^3;    %Nmm       Torsionsmoment
G   = 79000;        %N/mm^2    Schubmodul
y_1 = 70.3;         %mm        Abstand 1
y_2 = 25.45;        %mm        Abstand 2

I_T = 4*A_m^2*t/U;  %mm^4      Torsionsmoment

W_T = 2*A_m*t;      %mm^3      Widerstandsmoment


%=================================================
%====================Spannung=====================
%=================================================

tau_t1 = M_T/W_T;   %N/mm^2    Spannung


%=================================================
%===================Verformung====================
%=================================================

phi = M_T/(G*I_T);  %rad       Winkel

w_1 = M_T/(2*A_m*G) * U/t - phi * y_1 * U;
w_2 = M_T/(2*A_m*G) * U/t - phi * y_2 * U;
```

Lösung:

Name	Value
A_m	1.2789e+04
G	79000
I_T	7.3305e+06
M_T	5000000
phi	8.6340e-06
t	5
tau_t1	39.0963
U	446.2400
w	-0.0500
w_1	-0.0500
w_2	0.1228
W_T	1.2789e+05
y	70.3000
y_1	70.3000
y_2	25.4500

Abb. 8.18 Lösung durch Matlab

8.2 · Torsion nach St. Venant

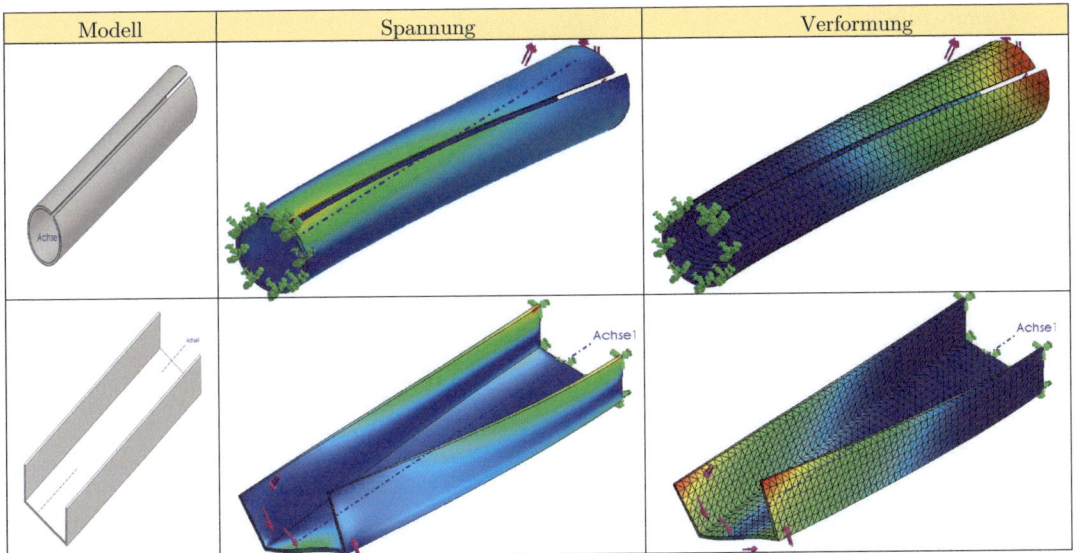

◻ **Abb. 8.19** Dünnwandige, offene Profile (eingespannt!)

Bredt'sche Formel ergibt

$$dM_T = 2 \cdot A_m \cdot dT = 2 \cdot 2 \cdot y \cdot b \cdot \tau(x) \cdot dy$$
$$= 4 \cdot y \cdot b \cdot \tau_{max} \cdot \frac{y}{a/2} \cdot dy$$
$$= 8 \cdot \int_{y=0}^{a/2} y^2 \cdot b \cdot \frac{\tau_{max}}{a} \cdot dy$$
$$= 8 \cdot \int_{y=0}^{a/2} y^3 \cdot b \cdot \frac{\tau_{max}}{3a} \cdot dy$$
$$= \frac{1}{3} \cdot \tau_{max} \cdot b \cdot a^2. \qquad (8.55)$$

Hierin kann durch $M_T = \frac{1}{3} \cdot \tau_{max} \cdot b \cdot a^2$ und $\tau_{max} = \frac{M_T}{W_T}$ auf die beiden Gleichungen

$$\tau = \frac{M_T}{W_T} \qquad W_T = \frac{1}{3} \cdot b \cdot a^2. \qquad (8.56)$$

Mittels der ebenfalls bereits behandelten Gl. (8.51):

$$I_t = \frac{4 \cdot A_m^2}{\oint \frac{ds}{t(s)}}$$

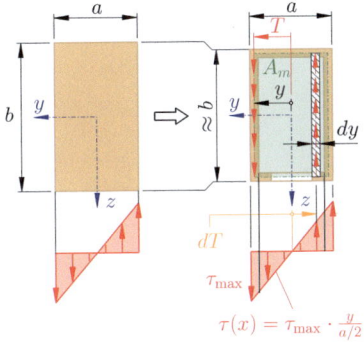

◻ **Abb. 8.20** Drillmoment offener Profile

kann durch Anwenden auf ◻ Abb. 8.20

$$I_t = \frac{4 \cdot (2 \cdot y \cdot b)^2}{\oint_0^{a/2} \frac{2 \cdot b}{dy}} = \frac{16 \cdot y^2 \cdot b^2}{2 \cdot b \cdot \oint_0^{a/2} \frac{1}{dy}}$$
$$= \frac{16 \cdot a^3 \cdot b^2}{48 \cdot b} \qquad (8.57)$$

$$I_t = \frac{1}{3} \cdot a^3 \cdot b \qquad (8.58)$$

berechnet werden. Da bei Torsion hauptsächlich die äußeren Fasern von Entscheidung bei der Spannungsaufnahme sind (vgl. Abb. 8.20, Spannungsverlauf) wird anstatt der Abmessung a die Schalendicke oder Wandstärke t eingesetzt, so wird erreicht, dass das „tragende Material" berücksichtigt wird. Liegen mehrere Flächen vor, so gilt

$$I_t = \frac{1}{3} \cdot \sum_{i=1}^{n} a_i^3 \cdot t_i \qquad (8.59)$$

bzw. ohne genauer in die Herleitung einzugehen, kann das Torsions-Widerstandsmoment gemäß

$$W_t = \frac{1}{3 \cdot t_{max}} \cdot \sum_{i=1}^{n} a_i^3 \cdot t_i \qquad (8.60)$$

bestimmt werden. Bei nicht konstanter Bauteildicke kann folgende Gleichung verwendet werden (aus Dankert- und Dankert [4])

$$I_{T,i} = \frac{1}{3} \int_{s_i} t_i^3 \cdot ds. \qquad (8.61)$$

Beispiel 8.5

Gegeben sind die beiden Bauteile (beide aus Baustahl, $G = 790.000$ N/mm^2), aus Abb. 8.21, mit den Abmessungen $a = 60$ mm und $b = 90$ mm, $l = 500$ mm (Länge) sowie $t = 3$ mm (Wandstärke). Zum einen liegt ein geschlitztes Formrohr vor, zum anderen ein geschlossenes. Bei einer Belastung von $M_T = 230$ Nm sind folgende Daten, beider Querschnitte, zu bestimmen: I_T, τ_{max}, φ. Danach sollen die beiden Querschnitten mit den Daten: I_T, τ_{max}, φ ins Verhältnis gesetzt und interpretiert werden. Gefordert wird eine Lösung durch Matlab. In ähnlicher Form in nahezu jedem Standardwerk der Mechanik wie: Dankert [4], Hauger, Gross [8]… zu finden.

Lösung:

— Das Torsionsflächenträgheitsmoment kann durch

$$I_t = \frac{4 A_m^2}{\oint \frac{ds}{t(s)}}$$

für geschlossene und durch $I_t = \frac{1}{3} \cdot \sum_{i=1}^{n} a_i^3 \cdot t_i$ für offene Profile bestimmt werden. Daraus ergeben sich durch Dividieren von t die Widerstandsmomente (in beiden Fällen)

— Bei gegebenem Torsionsmoment und berechneten Widerstandsmoment kann jetzt die maximale Spannung in beiden Fällen durch $\tau = \frac{M_T}{W_t}$ bestimmt werden.

— Im nächsten Schritt kann durch die Gleichung $\varphi = \frac{M_T \cdot l}{G \cdot I_t}$ der Verdrehwinkel für beide Fälle bestimmt werden.

— Jetzt können mit den ermittelten Werten alle Verhältniszahlen bestimmt werden.

— Die Lösung mittels Zahlenwerten ist in der Matlab-Datei (siehe Abb. 8.22) angezeigt.

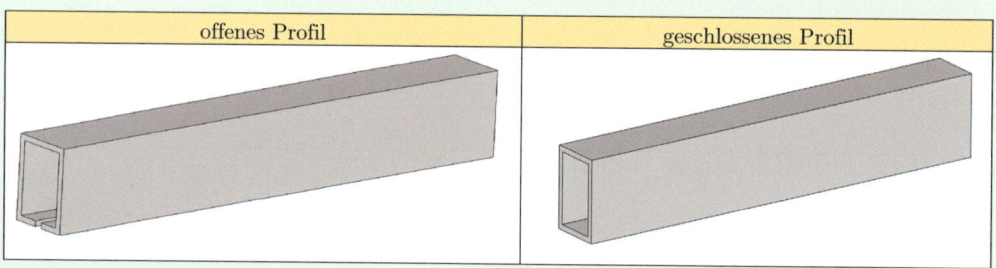

☐ **Abb. 8.21** Balkenformen

8.3 · Wölbkrafttorsion

Quellcode	Ergebnis
| ```matlab
%==========================================
%================Randbedingungen===========
%==========================================

G   = 79000;      %N/mm^2        Schubmodul
M_T = 250*10^3;   %Nmm           Torsionsmoment
a   = 60;         %mm            Abmessung Hoehe
b   = 90;         %mm            Abmessung Breite
l   = 500;        %mm            Laenge
t   = 6;          %mm            Wandstaerke

%==========================================
%=============1. Torsionstraegheitsmoment==
%==========================================

    %a) geschlossenes Profil "Index 1"
    %b) offenes        Profil "Index 2"

    U   = 2*(a+b);         %mm      Umfang
    A_m = (a - t)*(b - t); %mm^2    Mittlere Flaeche

    I_t1= 4 * A_m^2*t/U;   %mm^4    Flachntraegheitsm.
    I_t2= 2/3*t^3*(a+b);   %mm^4    Flachntraegheitsm.

%==========================================
%=================2. Widerstandsmoment=====
%==========================================

    W_t1= I_t1/t;          %mm^3    Widerstandsmoment
    W_t2= I_t2/t;          %mm^3    Widerstandsmoment

%==========================================
%=====================Spannungen===========
%==========================================

    tau_t1 = M_T/W_t1;     %N/mm^2  Spannung
    tau_t2 = M_T/W_t2;     %N/mm^2  Spannung

%==========================================
%====================Verdrehwinkel=========
%==========================================

    phi_t1 = M_T*l/(I_t1*G);  %rad  Verdrehwinkel
    phi_t2 = M_T*l/(I_t2*G);  %rad  Verdrehwinkel

%==========================================
%=====================Verhaeltnis==========
%==========================================

    v_Spannung = tau_t2/tau_t1;  %Spannungsverhaeltnis
    v_Winkel   = phi_t2/phi_t1;  %Verdrehverhaeltnis
``` | **Workspace**<br><br>Name / Value<br>a         60<br>A_m       4536<br>b         90<br>G         79000<br>I_t1      1.6460e+06<br>I_t2      21600<br>l         500<br>M_T       250000<br>phi_t1    9.6127e-04<br>phi_t2    0.0733<br>t         6<br>tau_t1    0.9113<br>tau_t2    69.4444<br>U         300<br>v_Spannung 76.2048<br>v_Winkel  76.2048<br>W_t1      2.7434e+05<br>W_t2      3600<br><br>Es ist ersichtlich, dass die Spannungen im offenen Querschnitt ca. 76 mal so hoch wie jene im geschlossenen sind! |

◾ **Abb. 8.22** Matlab Code

8.3 Wölbkrafttorsion [21]

Bis jetzt wurde immer eine verwölbungsfreie Torsion angenommen. Dies ist praktisch allerdings selten der Fall. Die Wölbkrafttorsionstheorie ist mathematisch komplex und wird hier nur bedingt behandelt. Wie bereits mehrmals erwähnt, wenn Bauteile eingespannt werden (zu Kragträgern) so ist keine ungehinderte Ausbreitung der Verwölbung gegeben, sodass es zu Normalspannungen kommt.

> **Definition 8.5 (Verwölbung)**
>
> Verwölbung ist die Verformung, die in einem torodierendem Querschnitt infolge der Spannungen, entlang der Stabachse, hervorgerufen wird.
```

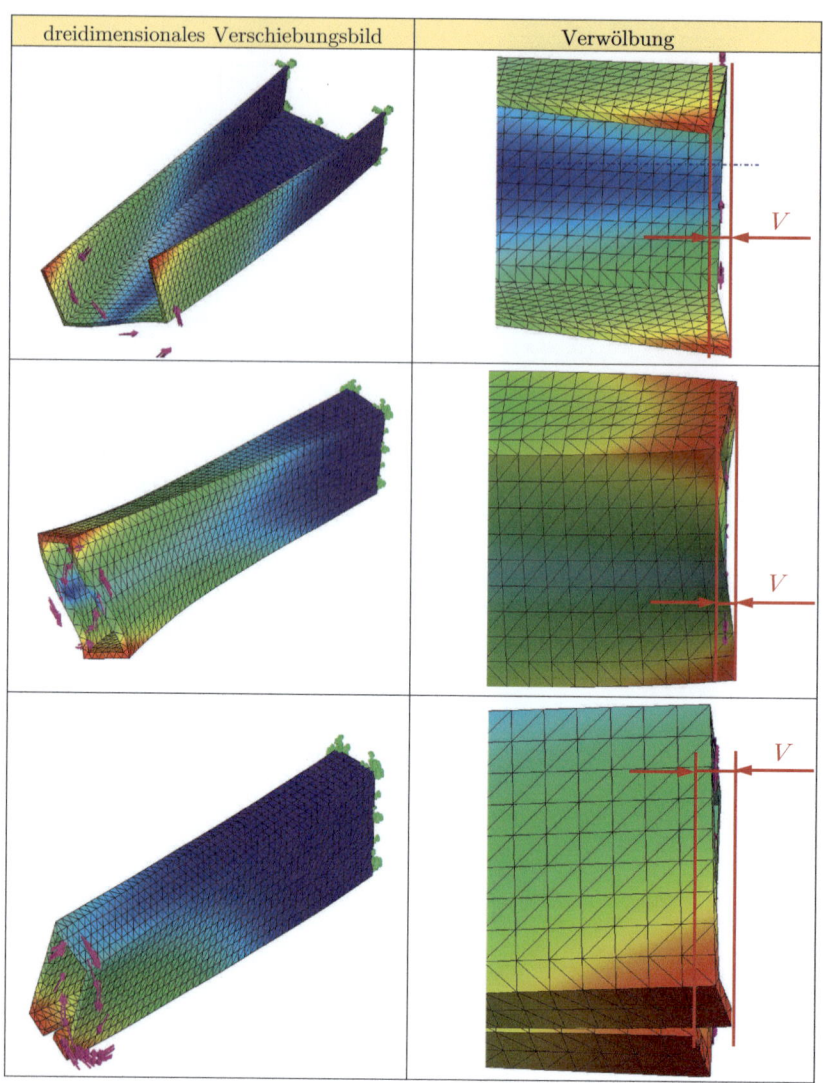

Abb. 8.23 Verwölbung an Profilen – FEM-Verschiebungsdarstellung, Verwölbung durch V gekennzeichnet

Stellt man sich eine Welle vor, die axial nicht behindert wird, welche beispielsweise durch zwei Loslager gelagert wäre (natürlich würde diese bei axialer Belastung wegfliegen, in dem Gedankenexperiment ist dies aber momentan nicht von Entscheidung), so lässt sich schnell feststellen, dass die Querschnittflächen nahezu eben bleiben. Wird die Welle allerdings an einer Seite eingespannt, so entstehen jetzt Spannungen entlang der Stabachse, da die Verwölbung an einer Seite durch die Einspannung blockiert wird. Zum besseren Verständnis ist dieses Phänomen nachstehend durch einige FEM-Berechnungen (Verformungsdarstellung) gezeigt (Abb. 8.23).

Die Schubspannungen wurden bereits einige Kapitel zuvor behandelt. Dort wurde die Gleichung

$$\tau_m(F_{qy}) = \frac{F_{qy} \cdot S_x}{I_{xx} \cdot b}. \tag{8.62}$$

hergeleitet, welche auch zur Beschreibung der Verwölbung bei der Wölbkrafttorsion eine Rolle spielen wird.

8.3.1 St. Venant'sche Torsion-Grundgleichungen und Erweiterungen

Wird ein Stab torodiert, so erfährt dieser eine Querschnittveränderung und einen Verdrehwinkel φ. Dabei verdrehen sich die vordere und die hintere Querschnittfläche gegengleich. Für die Beschreibung nutzt man die Verwölbungsfunktion ω. Wird ein Punkt auf einem Stab betrachtet, so können durch Voraussetzungen kleiner Verdrehungen die Winkelfunktionen durch die Taylor-Reihenentwicklung zu

$$u_x = -\frac{\varphi}{l} \cdot z \cdot y, \quad u_y = -\frac{\varphi}{l} \cdot z \cdot x, \quad u_z = \frac{\varphi}{l} \cdot \omega(x, y) \tag{8.63}$$

notiert werden (vgl. Abb. 8.24).

Führt man dabei die Bedingungen für das Gleitmodul G und dem Torsionsmoment M_t ein, folgt das elastische Potenzial zu

$$\Pi = \frac{1}{2} \frac{\varphi^2}{l} \cdot \int_{(A)} G \cdot \left[\left(\frac{\partial \omega}{\partial x} - y \right)^2 + \left(\frac{\partial \omega}{\partial y} \right)^2 \right] \cdot dA - M_t \cdot \varphi. \tag{8.64}$$

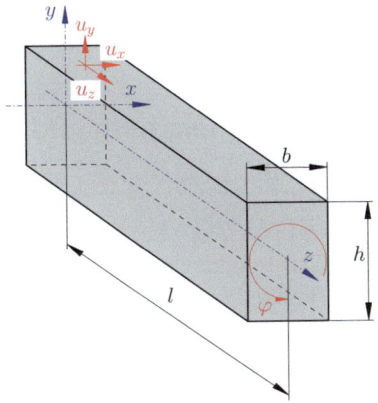

Abb. 8.24 Koordinaten und Verschiebungen

Bemerkung 8.4
Ersetzt man das Drillmoment I_t durch die allgemeine Definition

$$I_t = \int_{(A)} \left[\left(\frac{\partial \omega}{\partial x} - y \right)^2 + \left(\frac{\partial \omega}{\partial y} + x \right)^2 \right] dA \tag{8.65}$$

wird aus oben stehender Gleichung

$$\Pi = \frac{1}{2} \frac{\varphi^2}{l} \cdot I_t - M_t \cdot \varphi. \tag{8.66}$$

Im nächsten Schritt kann man die Variation des elastsichen Potentials bezüglich φ bilden, was bei konstantem Gleitmodul zu

$$\varphi = \frac{M_t \cdot l}{G \cdot I_t}; \tag{8.67}$$

führt.

8.3.2 Querkraftschub

Die Balkentheorie basiert auf der Bernoullische Hypothese vom Ebenbleiben der Querschnitte. Dadurch kann diese Berechnung nie richtig sein, da es in der Realität kein Ebenbleiben bei Torsion gibt. Die dadurch vorherrschenden Querkraftschubspannungen rufen Verschiebungen und Neigungen im Balken hervor. Diese seien durch γ_{0x} und γ_{0y} definiert. Um die Annahme der unverformten Querschnittkontur aufrechtzuerhalten, müssen diese beiden Neigungen als konstant angesehen werden. Bezeichnet man die Verwölbung des Querschnittes infolge einer Querkraftbeanspruchung mit u_z, so gilt für die Verzerrungen

$$\gamma_{zx} = \frac{\partial u_z}{\partial x} + \gamma_{0x} \quad \text{und} \quad \gamma_{zy} = \frac{\partial u_z}{\partial y} + \gamma_{0y} \tag{8.68}$$

Die Verwölbung u_z muss den Gleichungen

$$\int_{(A)} u_z(x, y) dA = 0, \tag{8.69}$$

$$\int\limits_{(A)} u_z(x,y) \cdot x \cdot dA = 0, \quad (8.70)$$

$$\int\limits_{(A)} u_z(x,y) \cdot y \cdot dA = 0 \quad (8.71)$$

genügen, die die Gleichungen zur Bestimmung von $\gamma_{0,x}$ und γ_{0y} liefern. Bei der Torsion eines Stabelementes wird Energie durch die Verzerrung, genauer Schubverzerrung, frei. Diese sei W_i genannt und allgemein durch den Satz von Castigliano und Menabrea zu erklären, diese beiden Sätze werden in einem gesondertem Kapitel dieses Bandes behandelt.

$$W_i = \frac{1}{2} \int\limits_{(A)} \left[\left(\frac{\partial \omega}{\partial x} + \gamma_{0x}\right)^2 + \left(\frac{\partial \omega}{\partial y} + \gamma_{0y}\right)^2 \right] dA \quad (8.72)$$

Durch die Biegegleichung $\sigma(z) = \frac{M_t(z)}{W_t} \equiv F_Q \equiv M_T$ kann eine Spannungsdifferenz an den beiden Balkenseiten durch $d\sigma_z$ notiert werden, die bei einer Verwölbung auf den Ausdruck

$$W_a = \int\limits_{(A)} u_z \frac{\partial \sigma_z}{\partial z} dA \quad (8.73)$$

schließen lässt. Beim Kapitel „Biegebeanspruchung", Abschnitt "Verformungen infolge schiefer Biegung" wurden die Gleichungen $\Delta = I_y \cdot I_z - I_{yz}^2$ und

$$E \cdot w'' = -M_y \cdot I_{yz} \cdot \frac{1}{\Delta}$$
$$E \cdot v'' = M_z \cdot I_{yz} \cdot \frac{1}{\Delta} \quad (8.74)$$

$$\sigma = E \cdot (z \cdot w'' + y \cdot v'') \quad (8.75)$$

hergeleitet. Gl. (8.74), in (8.75) eingesetzt, lässt

$$\sigma = \frac{1}{\Delta}\left[M_z \cdot I_{yz} \cdot \frac{1}{\Delta} \cdot z - M_y \cdot I_{yz} \cdot \frac{1}{\Delta} \cdot y \right] \quad (8.76)$$

folgen. Hierin $\Delta = I_y \cdot I_z - I_{yz}^2$ ergibt durch Umformen

$$\frac{z}{y} = \frac{M_z \cdot I_{yz} - M_y \cdot I_{yz}}{M_y \cdot I_z - M_z \cdot I_{yz}}. \quad (8.77)$$

Diese Gleichungen für alle Raumrichtungen zu einer Spannungsgleichung zusammengefasst ergibt

$$\sigma_z = \frac{F_L}{A} + \frac{M_x \cdot I_{yy} + M_y \cdot I_{xy}}{I_{xx} \cdot I_{yy} - I_{xy}^2} \cdot y$$
$$+ \frac{M_x \cdot I_{xy} + M_y \cdot I_{xx}}{I_{xx} \cdot I_{yy} - I_{xy}^2} \cdot x, \quad (8.78)$$

bzw. durch Berücksichtigung der Beziehung der Differentiation des Querkraftverlaufes, in beiden Koordinatenrichtungen: $F_{qx} = \frac{dM_y}{dz}$ und $F_{qy} = \frac{dM_x}{dz}$ folgt

$$W_a = \frac{F_{qx} \cdot I_{xx} + F_{qy} \cdot I_{xy}}{I_{xx} \cdot I_{yy} - I_{xy}^2} \int\limits_{(A)} u_z \cdot x \cdot dA$$
$$+ \frac{F_{qx} \cdot I_{xy} + F_{qy} \cdot I_{yy}}{I_{xx} \cdot I_{yy} - I_{xy}^2} \int\limits_{(A)} u_z \cdot y \cdot dA \quad (8.79)$$

Dadurch kann das elastische Potential, durch die Gleichungen (8.72) und (8.79), berechnet werden, wobei durch bilden der Differenz der inneren und äußeren Arbeit, verrichtete Arbeit gemäß

$$\Pi = W_i - W_a. \quad (8.80)$$

folgt. Wird der Biegespannungsverlauf σ_z als bekannt vorausgesetzt, so kann die Verwölbung und damit die Querkraftschubspannungen als sekundäre Größe aufgefasst werden. Aufgrund dieser Vereinfachung können Querschnittvorwölbungen und Querkraftschubspannungen nur näherungsweise angegeben werden.

8.3.3 Potentialgleichung und deren Lösung

8.3.3.1 Laplace Gleichung

Siehe [76]. Das mathematische Problem besteht darin, eine skalare, zweifach stetig differenzierbare Funktion Φ zu finden, welche die Gleichung

$$\Delta \Phi = 0 \quad (8.81)$$

erfüllt. Die Lösungen dieser Differentialgleichung Φ werden als harmonische Funktionen

8.3 · Wölbkrafttorsion

bezeichnet. Der Laplace-Operator Δ ist für eine skalare Funktion allgemein definiert als:

$$\Delta \Phi = \mathrm{div}(\mathrm{grad}\, \Phi) = \nabla^2 \Phi = \nabla \cdot \nabla \Phi. \tag{8.82}$$

Beispiele dazu sind im letzten Abschnitt (Kontinuumsmechanik) bei der Airy'schen- und Prandtl'schen Spannungsfunktion zu finden.

8.3.3.2 Satz von Green [92]

Der Satz von Green gelegentlich auch Satz von Gauß–Green) ermöglicht es, das Integral über eine ebene Fläche durch ein Kurvenintegral auszudrücken. Es handelt sich dabei um einen Spezialfall des Satzes von Stokes. Er ist benannt nach George Green.

Theorem 8.1

Sei D ein Kompaktum in der xy-Ebene mit abschnittsweise glattem Rand $\partial D = C$. Weiter seien $f, g: D \to \mathbb{R}$ stetige Funktionen mit den ebenfalls auf D stetigen partiellen Ableitungen $\frac{\partial f}{\partial y}(x, y)$ und $\frac{\partial g}{\partial x}(x, y)$. Dann gilt

$$\iint_D \left(\frac{\partial g}{\partial x}(x, y) - \frac{\partial f}{\partial y}(x, y) \right) \mathrm{d}x\, \mathrm{d}y$$

$$= \oint_C (f(x, y)\, \mathrm{d}x + g(x, y)\, \mathrm{d}y) \tag{8.83}$$

Dabei bedeutet $\oint_C f(x, y)\, \mathrm{d}x$ das Kurvenintegral entlang C von $f(x, y) \cdot e_x$, also $\oint_C f(x, y), \mathrm{d}x = \int_a^b f(\gamma_x(t), \gamma_y(t)) \cdot \dot{\gamma}_x(t) \mathrm{d}t$, falls C durch eine stückweise stetig differenzierbare Kurve $\gamma = (\gamma_x, \gamma_y): [a, b] \to C$ beschrieben wird. Analog wird $\oint_C g(x, y)\, \mathrm{d}y$ definiert.

Beweis Wird hier nicht geführt, Verweis auf Mathematik. □

8.3.4 Potentialgleichung und deren Lösung

Die Laplace-Gleichung liefert die Bedingung $\Delta \omega = 0$. Mittels Gl. (8.80) führt durch Einsetzen der beiden Gleichungen (8.72) und (8.79) auf

$$\Pi = \frac{1}{2} \int\limits_{(A)} \left[\left(\frac{\partial \omega}{\partial x} + \gamma_{0x} \right)^2 + \left(\frac{\partial \omega}{\partial y} + \gamma_{0y} \right)^2 \right] dA$$

$$\left(\frac{F_{qx} \cdot I_{xx} + F_{qy} \cdot I_{xy}}{I_{xx} \cdot I_{yy} - I_{xy}^2} \int\limits_{(A)} u_z \cdot x \cdot dA \right.$$

$$\left. + \frac{F_{qx} \cdot I_{xy} + F_{qy} \cdot I_{yy}}{I_{xx} \cdot I_{yy} - I_{xy}^2} \int\limits_{(A)} u_z \cdot y \cdot dA \right) \tag{8.84}$$

bzw. durch Vereinfachen und Anwenden des Gauß–Green'schen Integralsatzes wird daraus eine inhomogene Potentialgleichung der Gestalt

$$\Delta u_z = -\frac{F_{qx} \cdot I_{xx} + F_{qy} \cdot I_{xy}}{G \cdot (I_{xx} \cdot I_{yy} - I_{xy}^2)} \cdot x$$

$$- \frac{F_{qx} \cdot I_{xy} + F_{qy} \cdot I_{yy}}{G \cdot (I_{xx} \cdot I_{yy} - I_{xy}^2)} \cdot y. \tag{8.85}$$

Zuvor wurde bereits das Gleitmodul G als konstant vorausgesetzt. Die entsprechenden Randbedingungen lauten

$$G \cdot \left[\left(\frac{\partial u_z}{\partial x} + \gamma_{0x} \right) \cdot dx - \left(\frac{\partial u_z}{\partial y} + \gamma_{0y} \right) \cdot dy \right] = 0, \tag{8.86}$$

wodurch die Bedingung $\tau_n = 0$, verschwindet, also die Schubspannung normal zum Rand entfällt.

Beispiel 8.6 (Rechteckquerschnitt)

Gegeben sei ein Rechteckquerschnitt eine tordierenden Stabes, der die Querschnittabmessungen $h \times b$ besitzt. Es wird damit aus Gl. (8.85) folgt

$$\Delta u_z = -\frac{F_{qx} \cdot I_{xx} + F_{qy} \cdot I_{xy}}{G \cdot \left(I_{xx} \cdot I_{yy} - I_{xy}^2\right)} \cdot x$$

$$- \frac{F_{qx} \cdot I_{xy} + F_{qy} \cdot I_{yy}}{G \cdot \left(I_{xx} \cdot I_{yy} - I_{xy}^2\right)} \cdot y$$

$$= -\frac{F_{qx} \cdot I_{xy} + F_{qy} \cdot I_{yy}}{G \cdot \left(I_{xx} \cdot I_{yy} - I_{xy}^2\right)} \cdot y \quad (8.87)$$

bzw. mit $I_{xy} = 0$

$$\Delta u_z = -\frac{F_{qy} \cdot I_{yy}}{G \cdot (I_{xx} \cdot I_{yy})} \cdot y = -\frac{F_{qy}}{G \cdot I_{xx}} \cdot y. \quad (8.88)$$

Auflösen des Laplace Operators Δ ergibt

$$\frac{d^2 u_z}{dy^2} = -\frac{F_{qy}}{G \cdot I_{xx}} \cdot y. \quad (8.89)$$

wodurch auch das ∂ entfällt, da nur noch nach einer Variable abzuleiten ist. Integriert man diese Gleichung einmal und setzt für $I_{xx} = \frac{bh^3}{12}$ ein,

$$\int \frac{d^2 u_z}{dy^2} dy = -\frac{6}{5} \cdot \frac{F_{qy}}{G \cdot b \cdot h} = \frac{du_z}{dy} = \frac{\partial u_z}{\partial y}. \quad (8.90)$$

Diese Bedingung in die Gleichung $\gamma_{zy} = \frac{\partial u_z}{\partial y} + \gamma_{0y}$ eingesetzt, lässt

$$\gamma_{0y} = \frac{6}{5} \cdot \frac{F_{qy}}{G \cdot b \cdot h} \quad (8.91)$$

folgen. Durch ein weiteres Mal Integrieren der Verschiebungsdifferentialgleichung $\frac{du_z}{dy}$ resultiert die Verschiebung, zu

$$u_z = \int \frac{du_z}{dy} dy = \frac{F_{qy}}{G \cdot b} \cdot \left(\frac{3}{10}\frac{y}{h} - 2 \cdot \left(\frac{y}{h}\right)\right). \quad (8.92)$$

Einsetzen in die Schubspannungsformel liefert die Gleichung für die Spannung gemäß

$$\tau_{zy} = \frac{3 \cdot F_{qy}}{2 \cdot h \cdot b} \cdot \left(1 - \left(\frac{2 \cdot y}{h}\right)^2\right). \quad (8.93)$$

8.3.5 Lösungsansatz und Gleichung des tordierten Stabes

Um die Verwölbung beschreiben zu können, müssen Vereinfachungen getroffen werden. Es muss die Wölbbehinderung in der querschnittsspezifischen Wölbfunktion ω uneingeschränkt ausgebildet werden können. Ebenfalls muss aber der Verdrehwinkel φ eine Funktion von z sein. Es folgt damit der Ansatz zu

$$u_z = \frac{d\varphi}{dz} \cdot \omega(x, y). \quad (8.94)$$

In dieser Gleichung ist ω als bekannt vorauszusetzen. Mittels des elastischen Potentials des verdrehten Stabes ist es möglich, die Normalspannungen durch die Verwölbung zu berechnen.

$$\Pi = \frac{E \cdot I_\omega}{2} \cdot \int_{(1)} \left(\frac{d^2\varphi}{dz^2}\right) \cdot dz$$

$$+ \frac{G \cdot I_t}{2} \int \left(\frac{d\varphi}{dz}\right)^2 \cdot dz - \sum_i M_i \cdot \varphi_i. \quad (8.95)$$

Hierbei kann I_ω als Sektorträgheitsmoment definiert werden:

$$I_\omega = \omega^2(x, y) \cdot dA. \quad (8.96)$$

8.3 · Wölbkrafttorsion

Bei bereits bekannter Wölbfunktion kann die DGL durch Variation mit Gl. (8.95) durch Integral zu

$$E \cdot I_\omega \frac{d^4\varphi}{dz^4} - G \cdot I_t \frac{d^2\varphi}{dz^2} = 0 \qquad (8.97)$$

ausgewertet werden. Mittels Gl. (8.94) kann man jetzt die Normalspannungen, zu

$$\sigma_z = E \cdot \frac{d^2\varphi}{dz^2} \cdot \omega(x,y). \qquad (8.98)$$

berechnen.

8.3.6 Bestimmung der sekundären Schubspannungen

Da bei der St. Venant'schen Torsionstheorie die Normalspannungen zu Null sein müssen, müssen sich die Schubspannungen zwischen der St. Venant'schen Torsionstheorie und jenen der Wölbkrafttorsion unterscheiden. Die Schubspannungen bei der Wölbkrafttorsion werden als sekundäre Schubspannungen kompensiert, welche durch Gleichgewichtsberechnung bestimmt werden können. Die Herangehensweise ist ident zu jener aus ▶ Abschn. 8.3.2, es ist in Gl. (8.73) nur σ_z durch den Ausdruck (8.73) zu ersetzen. Vorausgesetzt sei, dass $\varphi = \varphi(z)$ ist, und dass dies bekannt ist.

$$\Pi = \frac{1}{2} \cdot G \cdot \int\limits_{(A)} \left[\left(\frac{\partial \overline{u}_z}{\partial x}\right)^2 + \left(\frac{\partial \overline{u}_z}{\partial y}\right)^2\right] dA$$
$$- E \cdot \frac{d^3\varphi}{dz^3} \int\limits_{(A)} \overline{u}_z \cdot \omega(x,y) dA. \qquad (8.99)$$

Die Bestimmung der Verschiebungskomponente $\overline{u}_z$ kann durch Aufstellen einer Steifigkeitsmatrix berechnet werden (vgl. dazu Anwendung der FEM bei einem Stabelement im Kapitel Zug-Druckbeanspruchung dieses Buches). Der dafür nötige Lastvektor ist dann durch die Gleichung

$$F_i = \int\limits_{(A_i)} N_i \cdot \omega dA_e. \qquad (8.100)$$

aufzustellen, wodurch eine Bestimmung der Spannungen mittels

$$\overline{\tau}_{zx} = G \cdot \frac{\partial \overline{u}_z}{\partial x} \quad \text{und} \quad \overline{\tau}_{zy} = G \cdot \frac{\partial \overline{u}_z}{\partial y}. \qquad (8.101)$$

ermöglicht wird.

Methode: Lösung durch SolidWorks – FEM 8.4

Betrachtet man ein U-Profil mit einer Lasche als Verstärkung, das auf Torsion belastet wird, kann man die Normalspannungen aufgrund der Verwölbung, anhand einer FEM-Analyse klar erkennen. Das unten stehende Modell wird mit einem Drehmoment in Höhe von 50 Nm belastet und ist am hinteren Ende (an zwei Punkten, um möglichst geringen Einfluss der Einspannungsnormalspannungen zu gewährleisten) eingespannt.

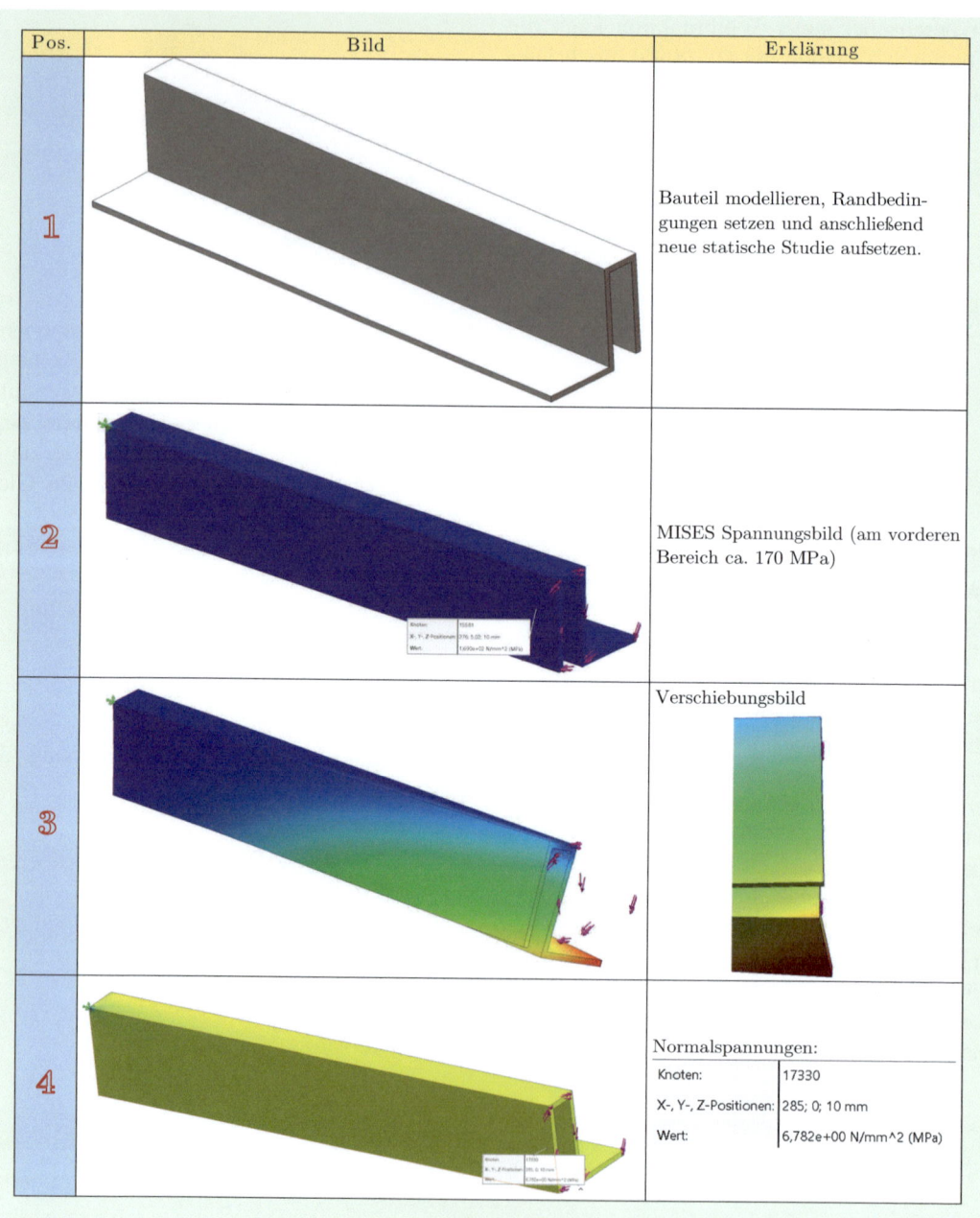

8.4 Übungen

Übungsbeispiel 8.1

Wie lautet die Gleichung für die Torsionsspannung in Verbindung mit dem E-Modul?

Lösung

$\tau = E \cdot \gamma$.

Übungsbeispiel 8.2

Wie lautet die Torsionshauptspannungsgleichung in allgemeiner Form?

Lösung

$$\tau = \frac{M_T}{I_P} \cdot r = \frac{M_T}{W_P}, \qquad (8.102)$$

Übungsbeispiel 8.3

Wie lautet die Torsionshauptspannungsgleichung für einen Kreisquerschnitt?

Lösung

$$\tau = \frac{M_T}{I_T} \cdot r = \frac{M_T}{W_P}. \qquad (8.103)$$

Übungsbeispiel 8.4

Warum kann man nur bei einem Kreisquerschnitt die Torsionsspannung relativ leicht berechnen?

Lösung

Da beim Kreis ein gleicher Querschnitt vorliegt und dadurch der maximale Randfaserabstand in allen Richtung gleich groß ist. Das Drillmoment kann dadurch durch das polare Trägheitsmoment ersetzt werden. Zusätzlich findet keine, stark ausgebildete Verwölbung des Querschnittes statt.

Übungsbeispiel 8.5

Wie berechnet man den Verdrehwinkel bei einer Torsionsbeanspruchung?

Lösung

$$\varphi_{\text{rad}} = \frac{M_T \cdot l}{I_P \cdot G}. \qquad (8.104)$$

Übungsbeispiel 8.6

Wie kann es sein, dass die Spannungen in einem zulässigen Bereich liegen, das Bauteil jedoch trotzdem zu Bruch kommt?

Lösung

Obwohl die Spannungen in einem zulässigen Bereich liegen, ist es möglich, dass ein Bauteil zu Bruch geht. Dies kann durch das Aufbauen von Schwingungen im Inneren der Bauteilgeometrie geschehen.

Übungsbeispiel 8.7

Wie lautet die Gleichung für die Verdrehsteifigkeit?

Lösung

$I_P \cdot G$ bzw. $I_T \cdot G$

Übungsbeispiel 8.8

Wie lautet die Gleichung für die Formänderungsarbeit bei Torsionsbeanspruchung?

Lösung

$$W_f = \frac{M_t \cdot l}{2 \cdot I_P \cdot G}. \tag{8.105}$$

Übungsbeispiel 8.9

Wann müssen Torsionsfederkonstanten verwendet werden?

Lösung

Wenn entlang eines Bauteils unterschiedliche Verdrehsteifigkeiten bzw. Querschnitteigenschaften vorliegen.

Übungsbeispiel 8.10

Lösen Sie das Beispiel aus vorgehender Aufgabe mittels SolidWorks-FEM und überprüfen Sie die Ergebnisse.

Lösung

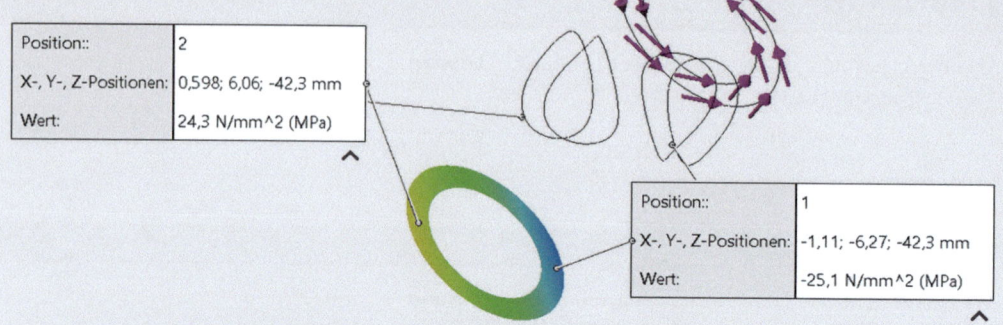

Es folgen nahezu die gleichen Ergebnisse.

8.4 · Übungen

Übungsbeispiel 8.11

Eine Mutter einer M8-Schraube wird mit einem Schraubenschlüssel (vgl. Abb. 8.25) durch eine Kraft in Höhe von 200 N angezogen. Die Hebellänge (gesamt) beträgt von diesem 150 mm. Der Schlüssel ist aus 1.7321 (20MoCr4) gefertigt, die Zugfestigkeit befindet sich dabei bei 900 MPa. Der Schlüssel ist gegen plastische Verformung zu untersuchen ($v = 1{,}5$). Kann mittels des Schlüssels das zulässige Anziehmoment einer M8-Schraube (lt. Tabellenbuch: 15 Nm bei einer 8.8 Schraube) überschritten werden? Was ist das maximale Anzugsmoment bei gegeben Randbedingungen? Welche Torsionsspannung stellt sich im Schlüssel ein, wenn ein Rohr mit einem Innendurchmesser von 10 mm und ein Außendurchmesser von 14 mm, an der schwächsten Stelle, vorliegt?

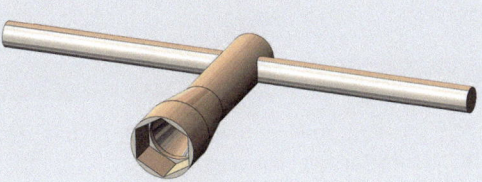

Abb. 8.25 Mutternschlüssel

Lösung

$F\_H=$	150 N
$l\_H=$	150 mm
$nu=$	1,5
$Rm=$	900 MPa
$M\_Azul=$	15 Nm
$d\_i=$	10 mm
$d\_a=$	14 mm
$M\_Tmax=$	11,25 Nm => $M\_Tmax < M\_Azul$
$tau\_zul=$	600 MPa
$W\_P=$	398,53 mm^3
$tau\_vorh=$	28,228 MPa

Übungsbeispiel 8.12

Eine Distanzwelle wird mit einem Eingangsdrehmoment in Höhe von 100 Nm belastet. Auf der Ausgangsseite befindet sich ein Zahnrad mit einem Durchmesser in Höhe von 200 mm Teilkreis. Bestimmen Sie die Torsionsspannungen im Inneren der Welle, wenn diese einen Kreisquerschnitt aufweist, der einen Durchmesser in Höhe von 30 mm hat. Wie groß ist die zu übertragende Umfangskraft am Zahnrad?

Lösung

$M\_T=$	100 Nm
$d\_T=$	200 mm
$d\_W=$	30 mm
$F\_U=$	1000 N
$W\_P=$	5301,4376 mm^3
$tau\_T=$	18,8628081 N/mm^2

Übungsbeispiel 8.13

Welche Spannungen müssen bei der St. Venant Torsion Null sein?

Lösung

Die Normalspannungen.

Übungsbeispiel 8.14

Was ist der Vorteil der St. Venant Torsion?

Lösung

Mittels der St. Venant Torsionstheorie wird es möglich, die Torsionsspannungen von allen Querschnittformen zu bestimmen, nicht nur von Kreisen.

Übungsbeispiel 8.15

Was passiert, wenn ein Kragträger mittels der St. Venant Torsion berechnet wird?

Lösung

Es kann zu Fehlern bei der Berechnung kommen, da dieser eingespannt ist und dadurch Normalspannungen hervorruft.

Übungsbeispiel 8.16

Was muss ich bei der St. Venant Torsion ungehindert ausbreiten können?

Lösung

Querschnittverwölbungen.

Übungsbeispiel 8.17

Wie lautet die Poisson'sche Differentialgleichung?

Lösung

$$\frac{\partial^2 \Phi}{\partial x^2} + \frac{\partial^2 \Phi}{\partial y^2} = 1 \tag{8.106}$$

Übungsbeispiel 8.18

Wie lautet die Gleichung zur Berechnung des Drillmomentes?

Lösung

$$W_T = 2 \cdot t \cdot A_m. \tag{8.107}$$

Übungsbeispiel 8.19

Wie verhält sich die Verzerrung zwischen Rohren mit konstanter und mit variabler Wandstärke?

Lösung

Bei konstanter Wandstärke liegt eine konstante Verzerrung und bei variabler Wandstärke auf eine variable Verzerrung vor.

Übungsbeispiel 8.20

Welche Torsionstheorie kann bei dünnen, offenen Querschnitten verwendet werden?

Lösung

Die St. Venant'sche Torsionstheorie.

Zusammengesetzte Beanspruchungen

Inhaltsverzeichnis

9.1 Gleichartige Beanspruchung – 399
9.1.1 Allgemeines – 399
9.1.2 Normalspannungen (1, 2, 3) – 399
9.1.3 Schubspannungen (4, 5, 6) – 402

9.2 Ungleichartige Beanspruchung – 404
9.2.1 Hypothese der größten Gestaltänderungsarbeit – 404
9.2.2 Hypothese der größten Normalspannung (Rankine) – 405
9.2.3 Hypothese der größten Schubspannung – 406
9.2.4 Zusammenfassung – 406
9.2.5 MISES Vergleichsspannung – 406
9.2.6 TRESCA Vergleichsspannung – 406
9.2.7 Beispiel – 406

© Der/die Autor(en), exklusiv lizenziert an Springer-Verlag GmbH, DE, ein Teil von Springer Nature 2023
A. Huber, *Technische Mechanik 2 - Elastostatik*, https://doi.org/10.1007/978-3-662-67759-9_9

9.3 Spannungsraum und Fließbedingungen – 410
9.3.1 Fließbedingungen – 410
9.3.2 Fließbedingung nach von Mises
(Gestaltänderungsenergiehypothese) – 410
9.3.3 Fließbedingung nach Tresca
(Schubspannungshypothese) – 411
9.3.4 Fließbedingung nach Burzyński-Yagn – 411
9.3.5 Fließbedingung nach Huber – 412
9.3.6 Fließbedingung nach Mao-Hong Yu – 412

9.4 Übungen – 413

9.1 · Gleichartige Beanspruchung

Sie lernen hier…
- Berechnung und Dimensionierung von Teilen, wenn Belastungen in mehreren Ebenen wirken.
- Berechnung und Dimensionierung von Teilen, bei gleichartiger Spannungszuständen.
- Berechnung und Dimensionierung von Teilen, bei ungleichartiger Spannungszustände.

> **Zitat**
>
> Die Macht der Technologie kann jede Hürde überwinden, wenn sie im Dienste der Menschen und nicht des Profits steht.
> *Muhammad Yunus*

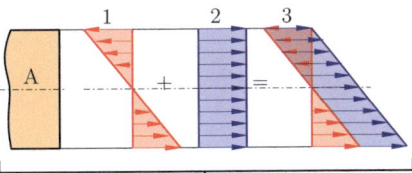

Normalbeanspruchungen
1…Biegung, 2… Zug/Druck, 3.. res. Normalspannung

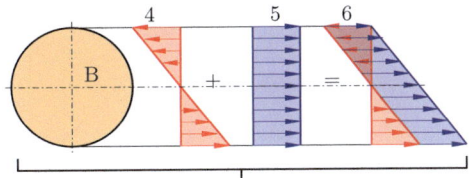

Tangentialbeanspruchungen
4…Torsion, 2… Schub, 3.. res. Tangentialspannung

Abb. 9.1 Beanspruchungsarten

9.1 Gleichartige Beanspruchung

9.1.1 Allgemeines

> **Definition 9.1**
>
> Von einer gleichartigen Beanspruchung spricht man, wenn die Spannungsvektoren in einer Ebene liegen.

> **Corollary 9.1**
>
> Liegen nur Spannungen aus ▶ Beispiel 9.1 vor, so zeigen alle Spannungsvektoren in die gleiche Richtung, und man kann diese einfach vektoriell addieren.

Bei dieser Art der Beanspruchung verschieben sich die Spannungsvektoren bei übereinander Liegen der beiden einzelnen Beanspruchungen (vgl. ◘ Abb. 9.1).

> **Beispiel 9.1**
>
> - Zug, Druck
> - Biegung
> - eventuell Flächenpressung

In ◘ Abb. 9.1 kann man beobachten, dass man bei gleichartigen Spannungen (◘ Abb. 9.1 1,2 und 3 sind Normalspannungen und 4, 5 und 6 sind Tangentialbeanspruchungen) einfach vektoriell addieren kann, demnach gilt bei Normalspannungen

$$\sigma_{\text{Res}} = \sigma_b + \sigma_{Z,D}; \tag{9.1}$$

und bei Tangentialbeanspruchungen

$$\tau_{\text{Res}} = \tau_T + \tau_A. \tag{9.2}$$

9.1.2 Normalspannungen (1, 2, 3)

Man spricht von einer Normalspannung, wenn die Spannungsvektoren normal zur beanspruchten Querschnittsfläche stehen. Dies tritt bei Biegung, Zug und Druck auf. Normalspannungen können in einem kartesischen Koordinatensystem in den Richtungen x, y und z auftreten und werden als σ_x, σ_y und σ_z bezeichnet. Anders ausgedrückt kann man diese Spannungen auch als Hauptspannungen definieren. Dies ist in der

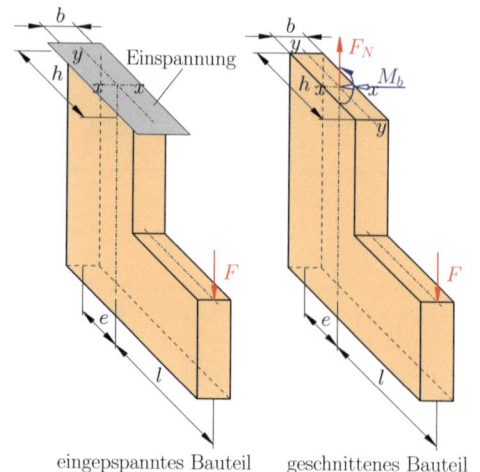

Abb. 9.2 Eingespanntes Bauteil

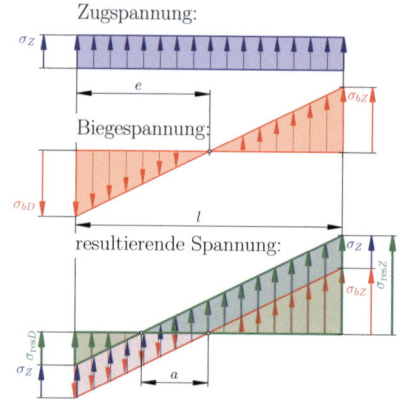

Abb. 9.3 Normalspannungsüberlagerung

Kontinuumsmechanik genauer beschrieben, diese wird im letzten Kapitel genauer behandelt. Man kann diese im Spannungstensor auf der Hauptdiagonale einschreiben, im dreidimensionalen Fall, es folgt

$$\sigma_N = \begin{bmatrix} \sigma_x & 0 & 0 \\ 0 & \sigma_y & 0 \\ 0 & 0 & \sigma_z \end{bmatrix}. \quad (9.3)$$

Vgl. mit ◘ Abb. 9.2. Überlagerung von Zug- und Biegespannung: Für die oberste Skizze in ◘ Abb. 9.3 gilt: $\sigma_Z = \frac{F_N}{A}$, für die mittlere Skizze in ◘ Abb. 9.3 gilt: $\sigma_b = \sigma_{b,z} = \sigma_{b,d} = \frac{M_b}{W_A} = \frac{M_b}{I_A} \cdot e$, und zusammengefasst dieser beiden Gleichungen ergibt sich die unterste Skizze aus ◘ Abb. 9.3.

$$\sigma_{\text{Res},Z} = \sigma_{b,z} + \sigma_Z \geq \sigma_{z,\text{zul}}$$
$$\sigma_{\text{Res},D} = \sigma_{b,d} - \sigma_Z \geq \sigma_{d,\text{zul}}. \quad (9.4)$$

Aus der untersten Skizze in ◘ Abb. 9.3 ist erkennbar, dass bei Spannungsüberlagerung die Nulllinie bzw. eine neutrale Faser um a verschoben wird. Dieser Betrag kann durch den Strahlensatz, gemäß

$$\frac{a}{\sigma_z} = \frac{e}{\sigma_{b,z}} \implies a = \frac{e \cdot \sigma_z}{\sigma_{b,z}} = \frac{F_N \cdot I_A}{A \cdot M_b} \quad (9.5)$$

bzw. mit $M_b = F_N \cdot l$ zu

$$a = \frac{I_A}{A \cdot l} \quad (9.6)$$

berechnet werden.

Beispiel 9.2

Zu untersuchen ist der Winkel aus ◘ Abb. 9.2. Gegeben seien die Belastung und die Geometrieabmessungen. Der Winkel ist auf Biegung und Zug zu untersuchen, mithilfe von Matlab und SolidWorks.

9.1 · Gleichartige Beanspruchung

Methode: Lösung durch SolidWorks – FEM 9.1

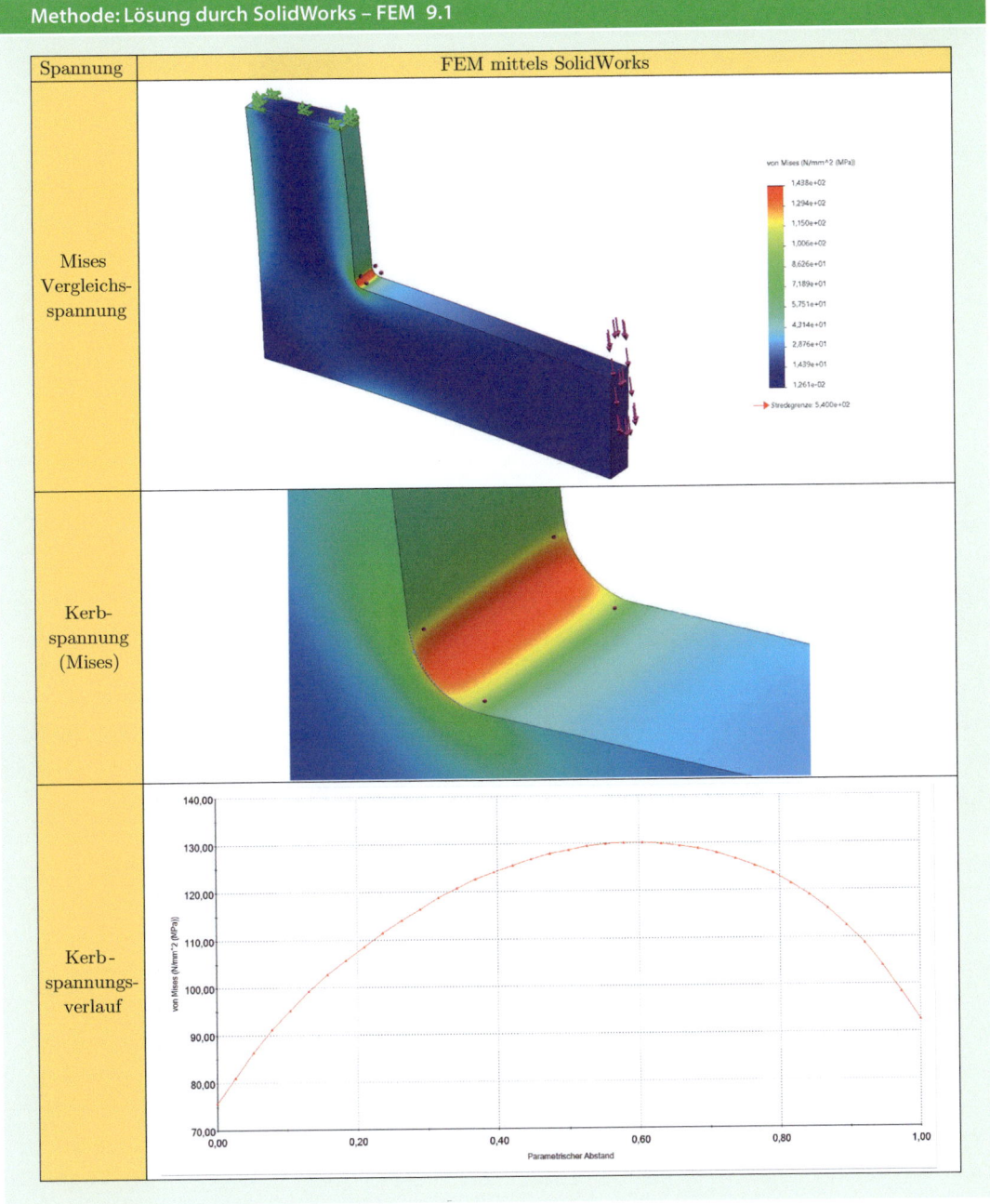

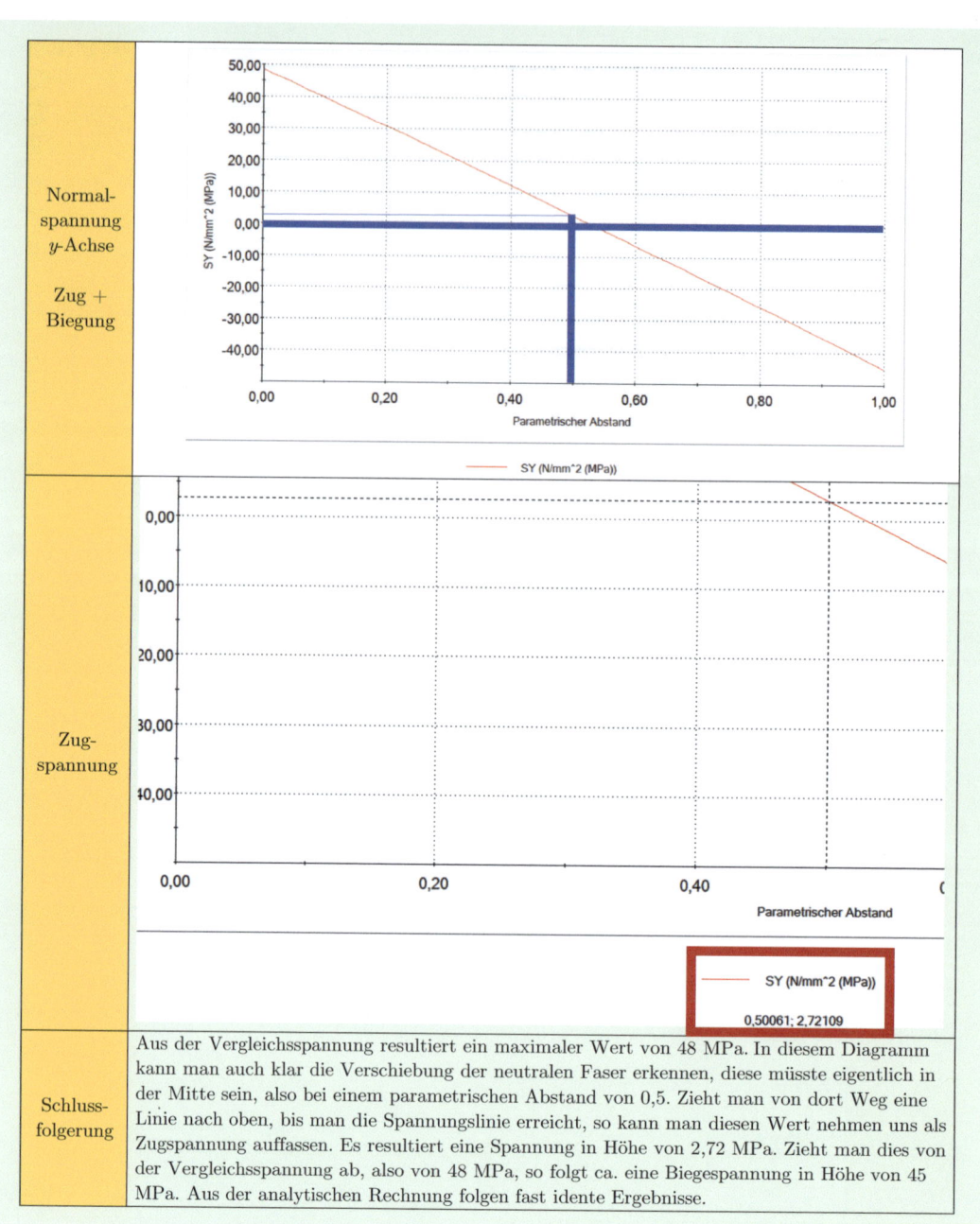

Normalspannung y-Achse Zug + Biegung	(Diagramm)
Zugspannung	(Diagramm)
Schlussfolgerung	Aus der Vergleichsspannung resultiert ein maximaler Wert von 48 MPa. In diesem Diagramm kann man auch klar die Verschiebung der neutralen Faser erkennen, diese müsste eigentlich in der Mitte sein, also bei einem parametrischen Abstand von 0,5. Zieht man von dort Weg eine Linie nach oben, bis man die Spannungslinie erreicht, so kann man diesen Wert nehmen uns als Zugspannung auffassen. Es resultiert eine Spannung in Höhe von 2,72 MPa. Zieht man dies von der Vergleichsspannung ab, also von 48 MPa, so folgt ca. eine Biegespannung in Höhe von 45 MPa. Aus der analytischen Rechnung folgen fast idente Ergebnisse.

9.1.3 Schubspannungen (4, 5, 6)

Schubspannungen treten dann auf, wenn die Belastung parallel zu den Spannungsvektoren stehen. Damit wirken die Spannungsvektoren in der Querschnittebene, welche parallel zur Belastung liegt. Beispiele für Schubspannungen sind: Torsion, Schub, Abscherung… Um die Schubspannungen von den Normalspannungen unterscheiden zu können, werden Schubspannungen meist durch τ anstatt σ bezeichnet. (In der Kontinuumsmechanik wird auch $\sigma_{xy}, \sigma_{xz}, \ldots$ geschrieben; hier sollte allerdings die Notation τ_{ij} verwendet werden.) Der Spannungstensor kann damit um die Normalspannungen erweitert werden zu:

9.1 · Gleichartige Beanspruchung

> **Methode: Lösung durch Matlab 9.1**
>
> ```
> %==========================================
> %===========Randbedingungen================
> %==========================================
>
> F = 1000;     %N          Kraft (Belastung)
> l = 115;      %mm         Hebelarm
>
>
> %==========================================
> %==========Lasten und Momente==============
> %==========================================
>
> F_N = F;      %N          Normalkraft
> M_B = F*l;    %Nmm        Biegemoment
>
>
> %==========================================
> %=========Geometrieabmessungen=============
> %==========================================
>
> B = 10;       %mm         Breite
> H = 40;       %mm         Hoehe
>
> e = H/2;      %mm         Randfaserabstand
>
> x = 30;       %mm         Abstand
>
>
> %==========================================
> %=========Geometrieabmessungen=============
> %==========================================
>
> A = B*x;      %mm^2       Querschnitt
>
> I = B*H^3/12; %mm^4       Flaechenmoment 2.0
> W = I/e;      %mm^3       Widerstandsmoment
>
>
> %==========================================
> %================Spannungen================
> %==========================================
>
> sigma_ZD = F_N / A;  %N/mm^2 (Zugspannung)
> sigma_B  = M_B / W;  %N/mm^2 (Biegespannung)
>
> sigma_V = sigma_ZD + sigma_B;
>        %N/mm^2 (Vergleichsspannung (Mises))
> ```
>
> **Lösung**
>
> | Workspace | |
> |---|---|
> | Name ▲ | Value |
> | A | 300 |
> | B | 10 |
> | e | 20 |
> | F | 1000 |
> | F_N | 1000 |
> | H | 40 |
> | I | 5.3333e+04 |
> | l | 115 |
> | M_B | 115000 |
> | **sigma_B** | **43.1250** |
> | **sigma_V** | **46.4583** |
> | **sigma_ZD** | **3.3333** |
> | W | 2.6667e+03 |
> | x | 30 |

$$\underline{\underline{\sigma}} = \begin{bmatrix} \sigma_x & \tau_{xy} & \tau_{xz} \\ \tau_{yx} & \sigma_y & \tau_{yz} \\ \tau_{zx} & \tau_{zy} & \sigma_z \end{bmatrix}. \tag{9.7}$$

Durch den bereits kennengelernten Satz für zugeordnete Schubspannungen folgt die Tatsache, dass die Matrix symmetrisch sein muss und damit $\tau_{xy} = \tau_{yx} \Longrightarrow \tau_{ij} = \tau_{ji}$ gilt. Weiteres wird in weiter führender Literatur behandelt.

Aus ◘ Abb. 9.4 folgt die maximale Schubspannung durch Überlagerung der beiden Spannungen von Torsion und Schub. Allgemein gilt: $\tau_{Res} = \tau_t + \tau_a$. Im Kapitel „Schubspannungen" wurde die Formel $\tau_A = \frac{4}{3} \cdot \frac{F_Q}{A}$ gefunden. Für die Torsionsspannungen bei Kreisquerschnitten gilt: $\tau_t = \frac{M_t}{W_P}$; bzw. durch Einsetzen

$$\tau_{Res} = \frac{M_t}{W_P} + \frac{4}{3} \cdot \frac{F_Q}{A}. \tag{9.8}$$

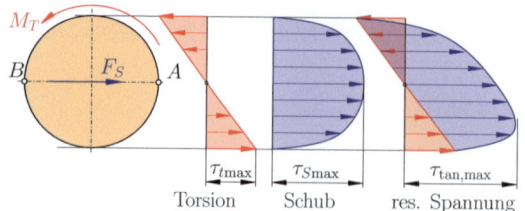

◘ **Abb. 9.4** Tangentialspannungsüberlagerung

Bemerkung 9.1
Ist der Abstand von Lastangriffspunkt zur betrachteten Schnittstelle klein, kann die Näherungsformel

$$\tau_{Res} = \frac{M_t}{W_P} + \frac{F_Q}{A}. \tag{9.9}$$

verwendet werden.

9.2 Ungleichartige Beanspruchung

Um diese Art der Spannung handelt es sich dann, wenn die Fälle A oder B aus ◘ Abb. 9.3 nicht mehr getrennt, sondern vermischt auftreten, also Normal- und Schubbeanspruchungen. Wirkt eine Schub- und eine Normalspannung auf ein Bauteil, darf man diese nicht einfach, wie bisher, addieren, sondern muss die Vektoraddition (Betrachtung der Richtung und Ebene) beachten. Schub- und Normalspannungen sind bei einer Belastung auf einem Bauteil unterschiedlich schlecht für ein Bauteil, aufgrund diese unterschiedlich gewichtet werden müssen. Um dieses Verhalten zu berücksichtigen, hat man schon zu Zeiten von Galilei Bruch-Hypothesen erstellt, bei welchen Faktoren ermittelt wurden, welche dann in der Additionsformel mittels dem Anstrengungsverhältnis berücksichtigt werden. Man unterscheidet zwischen:
1. Hypothese der größten Gestaltänderungsarbeit (GE-Hypothese),
2. Hypothese der größten Normalspannung (N-Hypothese),
3. Hypothese der größten Schubspannung (S-Hypothese).

Im Maschinenbau wird meist Hypothese 1 verwendet, da diese die beste Näherung liefert. Hypothese 2 findet Anwendung bei der Berechnung von Schweißnähten, und bei sehr spröden Werkstoffen, Hypothese 3 findet Anwendung in der Berechnung duktiler Werkstoffe (duktil = verformungsfähig).

9.2.1 Hypothese der größten Gestaltänderungsarbeit

9.2.1.1 Herleitung
Vgl. ◘ Abb. 9.5. Wirken die Spannungen in zwei unterschiedlichen Ebenen, so können diese vektoriell durch den Satz des Pythagoras zu

$$\sigma_V = \sqrt{\sigma_{Res}^2 + \tau_{Res}^2} \tag{9.10}$$

einer resultierenden Spannung zusammengefasst werden.

σ_V Vergleichsspannung
σ_{Res} resultierende Normalspannung
τ_{Res} resultierende Schubspannung

Wie bereits erwähnt, sind Schubspannungen deutlich schlechter als Normalspannungen bei Belastung auf ein Bauteil. Es müssen Korrekturfaktoren eingeführt werden, diese sind durch (α_0 und ·3) gegeben. α_0 stellt das Anstrengungsverhältnis dar, dieses soll den Spannungszustand zwischen isotrop und anisotrop an das wirkliche Materialverhalten annähern. Die „3" folgt aus der Summe aller Schubspannungen. Diese beiden Werte sollen jetzt einfach einmal so hingenommen werden, es handelt sich dabei um praktisch ermittelte Werte aus den Versuchen des Materialverhaltens. Es folgt damit die

◘ **Abb. 9.5** Herleitung der GE-Hypothese

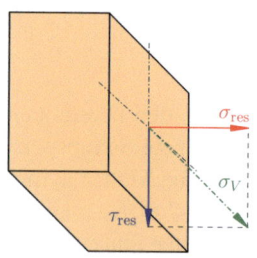

9.2 · Ungleichartige Beanspruchung

Anstregungs-verhältnis	Biegung	Torsion	Belastungsfall Biegung/Torsion
$\alpha_A = 0{,}7$	wechselnd	stat./schw.	III / I, II
$\alpha_A = 1$	gleicher Belastungsfall		I/I, II/II, III/III
$\alpha_A = 1{,}5$	stat./schw.	wechselnd	I, II / III

Abb. 9.6 Näherungsfaktoren für α_0 (Stahl)

9.2.1.2 Formel für Vergleichsspannung

$$\sigma_V = \sqrt{\sigma_{\text{Res}}^2 + 3 \cdot (\alpha_0 \cdot \tau_{\text{Resy}})^2} \quad (9.11)$$

Durch Verhältnisbildung von Schub- zu Normalspannungen kann folgende Gleichung gefunden werden:

$$\alpha_0 = \frac{\sigma_{\text{zul}}}{1{,}73 \cdot \tau_{\text{zul}}}. \quad (9.12)$$

Meist genügen folgende Näherungen, aus **Abb. 9.6**.

Diese Werte gelten nur für Werkstücke aus Stahl! Treten mehrere Spannungen auf wie: Biegespannung, Zugspannung… (mehrere Normalspannungen) sowie mehrere Schubspannungen bildet man zuerst eine resultierende Spannung der gleichartigen Spannungsvektoren und anschließend mit der Formel für die Vergleichsspannung die resultierende Spannung.

9.2.1.3 Formel für Vergleichsmoment

Oftmals erleichtert es bei der Dimensionierung von Bauteilen die Arbeit, wenn man anstelle der Vergleichsspannung ein Vergleichsmoment bildet, wobei man anstatt den Spannungen das wirkende Moment auf das Bauteil einsetzt. In

$$\sigma_V = \sqrt{\sigma_{\text{Res}}^2 + 3 \cdot (\alpha_0 \cdot \tau_{\text{Res}})^2}$$

wird für die beiden Normalspannungen das Moment mit den Geometrieeigenschaften eingesetzt. Es werden nur die beiden Spannungen Biegung und Torsion hinzugezogen. Ebenfalls ist zu beachten, dass diese Gleichung nur für Kreisquerschnitte gilt, es kann $\sigma_b = \frac{M_t}{W_A}$ und $\tau_t = \frac{M_t}{W_P}$ ersetzt werden zu

$$\sigma_V = \sqrt{\sigma_{\text{Res}}^2 + 3 \cdot (\alpha_0 \cdot \tau_{\text{Res}})^2}$$

$$= \sqrt{\left(\frac{M_b}{W_A}\right)^2 + 3 \cdot \left(\alpha_0 \cdot \frac{M_t}{W_P}\right)^2} \quad (9.13)$$

wobei beim Kreisquerschnitt das axiale Widerstandsmoment das doppelte des Polaren ist:

$$\sigma_V = \sqrt{\left(\frac{M_b}{W_A}\right)^2 + 3 \cdot \alpha_0^2 \cdot \left(\frac{M_t}{2 \cdot W_A}\right)^2}$$

$$\sigma_V \cdot W_A = \sqrt{M_b^2 + \frac{3}{4} \cdot \alpha_0^2 \cdot M_t^2} \quad (9.14)$$

$$M_V = \frac{1}{W_A} \cdot \sqrt{M_b^2 + 0{,}75 \cdot (\alpha_0 \cdot M_t)^2}. \quad (9.15)$$

Umgeformt ergibt sich die Gleichung

$$d_{\text{erf}} = 3\sqrt{\frac{32 \cdot M_V}{\pi \cdot \sigma_{b,\text{zul}}}} \quad (9.16)$$

mit welcher die Dimensionierung des erforderlichen Durchmessers aufgrund einer Beanspruchung ermöglicht wird.

9.2.2 Hypothese der größten Normalspannung (Rankine)

Eine andere Form der Dimensionierung stellt die Normalspannungshypothese dar. Dabei wird infolge der größten Normalspannungen dimensioniert, das Bauteil wird auf Versagen durch die größten Normalspannungen untersucht.

$$\sigma_V = \frac{\sigma}{2} \cdot \sqrt{\left(\frac{\sigma}{2}\right)^2 + (\alpha_0 \cdot \tau)^2}$$

mit: $\alpha_0 = \frac{\sigma_{\text{zul}}}{\tau_{\text{zul}}}. \quad (9.17)$

9.2.3 Hypothese der größten Schubspannung

Folgend dimensioniert man aufgrund der größten auftretenden Schubspannungen. Das bedeutet, man legt das Bauteil auf Versagen infolge der größten Schubspannung aus. Diese Hypothese wird für duktile Werkstoffe verwendet. Duktil sollte aus der Werkstoffkunde bekannt sein, dies bedeutet „Verformungsfähig". Die Grundidee zur Herleitung ist dieselbe wie bei der GE-Hypothese. Einziger Unterschied: die Korrekturfaktoren sind anders.

$$\sigma_V = \sqrt{\sigma_b^2 + 4 \cdot (\alpha_0 \cdot \tau)^2}$$
$$\text{mit:} \quad \alpha_0 = \frac{\sigma_{zul}}{2 \cdot \tau_{zul}}. \tag{9.18}$$

9.2.4 Zusammenfassung

Siehe ◘ Abb. 9.7.

9.2.5 MISES Vergleichsspannung

Nach der Gestaltänderungshypothese, (kurz: GEH) oder Mises-Vergleichsspannung nach Richard von Mises benannt, tritt Versagen des Bauteils dann auf, wenn die Gestaltänderungsenergie einen Grenzwert überschreitet (s. auch Verzerrungen bzw. Deformation). Verwendet wird diese Hypothese für zähe Werkstoffe (z. B. Stahl) unter ruhender und wechselnder Beanspruchung. Die Mises-Vergleichsspannung wird im Maschinenbau und im Bauwesen am häufigsten eingesetzt – für die meisten gängigen Materialien (nicht allzu spröde) unter normaler Belastung (wechselnd, nicht stoßartig) ist die GEH einsetzbar [110].

9.2.6 TRESCA Vergleichsspannung

Es wird davon ausgegangen, dass für das Versagen des Werkstoffes die größte Hauptspannungsdifferenz verantwortlich ist (Bezeichnung in einigen FE-Programmen: σ_{int} Intensität). Diese Hauptspannungsdifferenz entspricht dem doppelten Wert der maximalen Schubspannung τ_{max} – dadurch wird sie bei zähem Material unter statischer Belastung, welches durch Fließen (Gleitbruch) versagt, angewandt. Im 3D-Mohr'schen Spannungskreis ist die kritische Größe der Durchmesser des größten Kreises. Die Schubspannungshypothese findet aber auch im Maschinenbau ganz allgemein Anwendung, da der Formelapparat im Vergleich zur GEH einfacher zu handhaben ist und man mit ihr im Vergleich zu von Mises (GEH) auf der sicheren Seite liegt [110].

9.2.7 Beispiel

Nachfolgend ist bei gegebenen Spannungen ein Vergleich der unterschiedlichen Vergleichsspannungshypothesen und eine Fehlerabweichungsanalyse zu erstellen. Als Referenzwert soll die Vergleichsspannung nach MISES verwendet werden.

> **Beispiel 9.3**
>
> Gegeben sei: $M_T = 20\,\text{Nm}$; $M_b = 23\,\text{Nm}$, $F_Z = 10\,\text{kN}$, $F_D = 5\,\text{kN}$, $F_S = 2\,\text{kN}$. (F_S = Schubkraft) Der Wellendurchmesser beträgt 14 mm, wie groß ist die Vergleichsspannung? (S235; $\tau_{zul} = 50\,\text{N/mm}^2$; $\sigma_{zul} = 200\,\text{N/mm}^2$)

GE-Hypothese	N-Hypothese
(meist verwendet)	(für Schweissnahtberechnungen und spröde Werkstoffe)
$\sigma_V = \sqrt{\sigma_{Res}^2 + 3\,(\alpha_0\,\tau_{Res})^2}$ $\alpha_0 = \frac{\sigma_{zul}}{1{,}73\,\tau_{zul}}$	$\sigma_V = \frac{\sigma}{2}\sqrt{\left(\frac{\sigma}{2}\right)^2 + 3\,(\alpha_0\,\tau)^2}$ $\alpha_0 = \frac{\sigma_{zul}}{\tau_{zul}}$
S-Hypothese	Bemerkung: Bei unterschiedlich artigen Spannungen (Torsion und Biegung) wird der schlechtere Fall beider Dimensionierung verwendet, also hierin: Torsion. Dies wird in die Formel d_{erf} eingesetzt.
(für duktile Werkstoffe)	
$\sigma_V = \sqrt{\sigma^2 + 4\,(\alpha_0\,\tau)^2}$ $\alpha_0 = \frac{\sigma_{zul}}{2\,\tau_{zul}}$	$d_{erf} = \sqrt[3]{\frac{32\,M_V}{\pi\,\sigma_{b,zul}}}$

◘ **Abb. 9.7** Vergleichsspannungen im Überblick

9.2 · Ungleichartige Beanspruchung

Methode: Lösung durch Matlab 9.2

```
%=================================================
%=====================RANDBEDINGUNGEN=============
%=================================================
tau_zul=80;       %MPa    zulaessige Schubspannung
sigma_zul=200;    %MPa    zulaessige Normalspannung

d   = 14;         %mm     Durchmesser
M_T = 20*10^3;    %Nmm    Torsionsmoment
M_b = 23*10^3;    %Nmm    Biegemoment
F_Z = 10*10^3;    %N      Zugkraft
F_D = 5*10^3 ;    %N      Druckkraft
F_S = 2*10^3 ;    %N      Schubkraft


%=================================================
%========================GEOMETRIE================
%=================================================

W_P = d^3*pi/16;  %mm^3   Widerstandsmoment polar
W_A = d^3*pi/32;  %mm^3   Widerstandsmoment axial

A   = d^2*pi/4;   %mm^2   Querschnittsflaeche


%=================================================
%========================SPANNUNGEN===============
%=================================================

tau_t   = M_T/W_P;       %N/mm^2 Torsionspannung
tau_S   = 4/3*F_S/A;     %N/mm^2 Schubspannung
tau     = tau_t+tau_S;   %N/mm^2 res. Schubspannung

sigma_Z = F_Z/A   ;             %N/mm^2 Zugspannung
sigma_D = F_D/A   ;             %N/mm^2 Druckspannung
sigma_b = M_b/W_A ;             %N/mm^2 Druckspannung
sigma_N = sigma_Z+sigma_D+sigma_b ; %N/mm^2 Normalspannung


%===================================================
%=================VERGLEICHSSPANNUNGEN=============
%===================================================

%Hypothese "Gestaltaenderungsarbeit":
alpha_0GEH = sigma_zul/(1.73*tau_zul);
sigma_VGEH = sqrt(sigma_N^2+3*(alpha_0GEH*tau)^2);

%Hypothese "Normalspannung":
alpha_0NSH = sigma_zul/tau_zul;
sigma_VNSH = sigma_N/2 + sqrt((sigma_N/2)^2+(alpha_0NSH*tau)^2);

%Hypothese "Schubspannung":
alpha_0SSH = sigma_zul/(2*tau_zul);
sigma_VSSH = sqrt(sigma_N^2+4*(alpha_0SSH*tau)^2);!
```

Lösung

Workspace	
Name ▲	Value
A	153.9380
alpha_0GEH	1.4451
alpha_0NSH	2.5000
alpha_0SSH	1.2500
d	14
F_D	5000
F_S	2000
F_Z	10000
M_b	23000
M_T	20000
sigma_b	85.3776
sigma_D	32.4806
sigma_N	182.8194
sigma_VGEH	228.0188
sigma_VNSH	255.3653
sigma_VSSH	227.9224
sigma_Z	64.9612
sigma_zul	200
tau	54.4437
tau_S	17.3230
tau_t	37.1207
tau_zul	80
W_A	269.3916
W_P	538.7831

Methode: Lösung durch SolidWorks – FEM 9.2

Nachstehend ist nur beispielsweise die Ausgabe einer FEM Berechnung, je nach Spannungsart dargestellt. Man kann in jedem FEM Programm diese Einstellungen anpassen und jede Spannung, je nach Richtung (x, y, z) und Art (Normal- oder Schubspannung) bzw. Vergleichsspannung ausgeben lassen (vgl. Abb. 9.8 und 9.9).

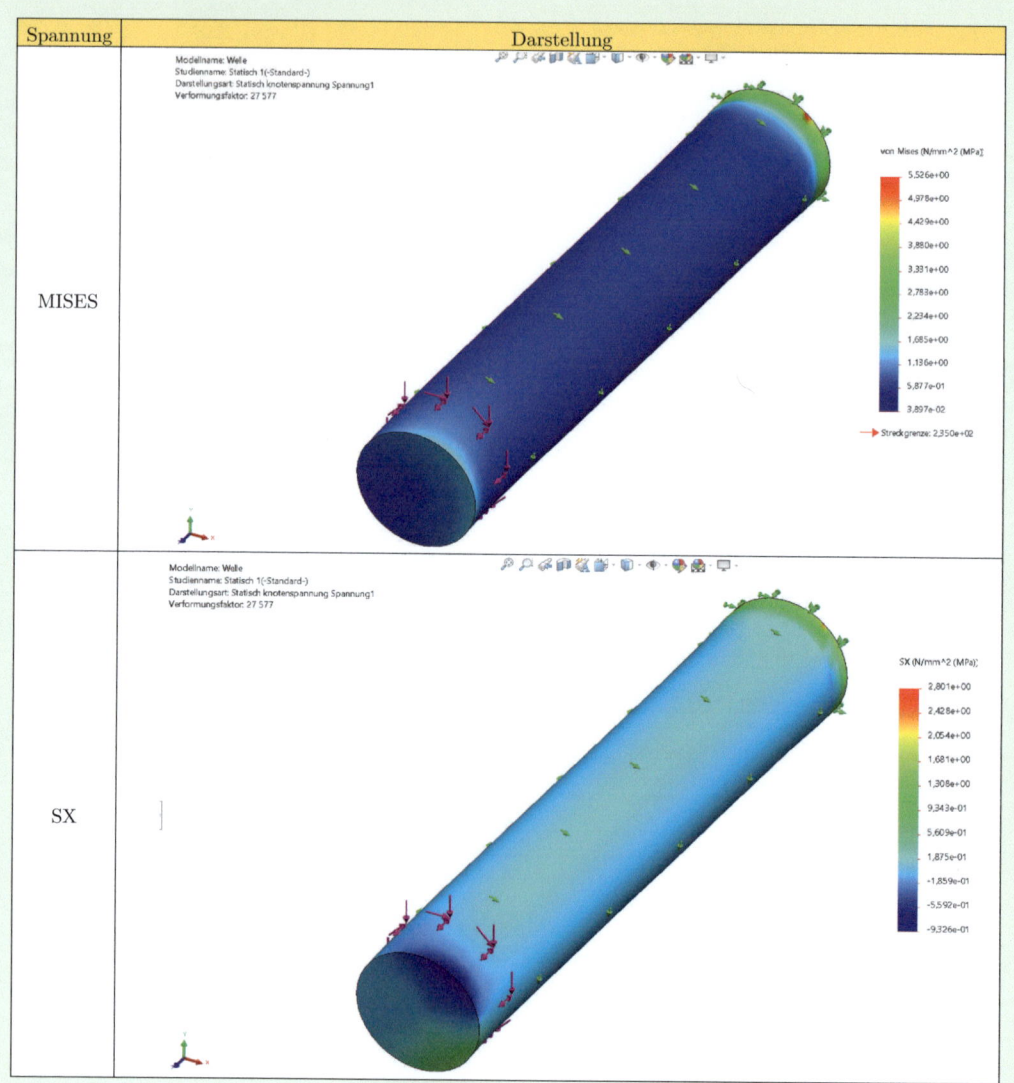

Abb. 9.8 Vergleichsspannungen FEM (1)

9.2 · Ungleichartige Beanspruchung

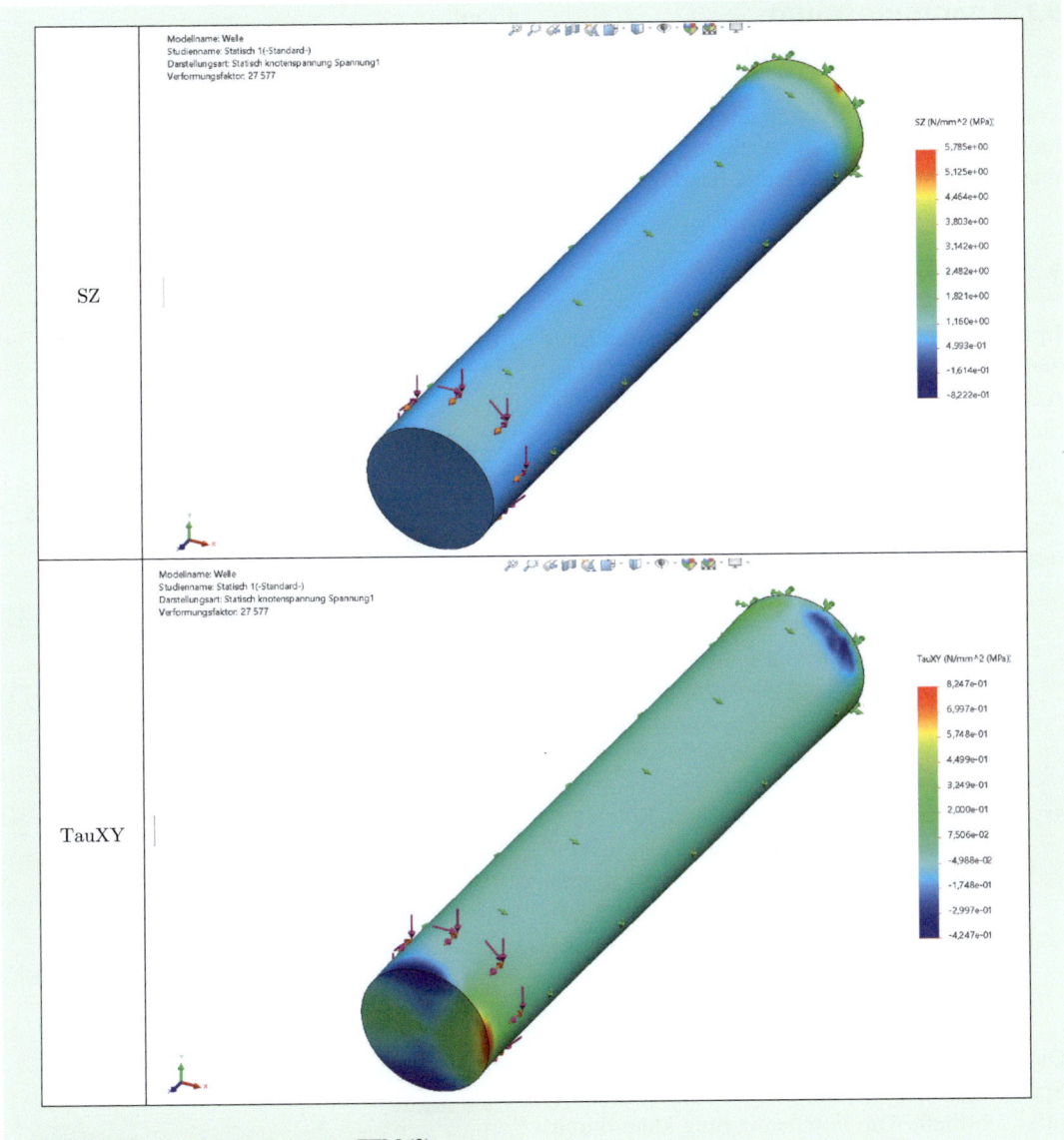

Abb. 9.9 Vergleichsspannungen FEM (2)

9.3 Spannungsraum und Fließbedingungen

Dieser Abschnitt wird nur der Vollständigkeit halber erklärt, da es sich bei diesen um ein Kapitel der Kontinuumsmechanik handelt.

9.3.1 Fließbedingungen [84]

In der Kontinuumsmechanik unterscheidet man zwischen der Plastizitätstheorie und der Elastizitätstheorie. Die Elastizitätstheorie behandelt die Verformungen eines Materials nur reversibel, hingegen die Plastizitätstheorie die Verformungen irreversible betrachtet. Reversibel bedeutet, dass ein Prozess umkehrbar ist, irreversibel, dass das nicht der Fall ist.

- Im Spannungs-Dehnungs-Diagramm wurde hingewiesen, dass nur im linearen Bereich dimensioniert werden darf, da ansonsten eine bleibende (plastische) Verformung auftritt, die nicht mehr vollständig abklingt. Deshalb ist nach der Elastizitätstheorie ein reversibler Prozess vorhanden.
- Da bei Erlangen des plastischen Bereiches ein Bauteil nicht mehr vollständig in dessen Ausgangssituation zurückgeht, wenn dieses erst einmal verformt ist, auch wenn die Kraft entfernt wird, tut dieses es nicht, handelt es sich bei der Plastizitätstheorie um einen irreversiblen Prozess.

Die Fließbedingung legt alle mehrachsigen Spannungszustände fest, an denen das Material plastisch fließt. Die Fließbedingung kann durch eine konvex gekrümmte Fläche im Spannungsraum dargestellt werden, die sogenannte Fließfläche. Bedingungen für die Fließbedingungen können aus diversen Vergleichsspannungsformeln entnommen werden (MISES; TRESCA; HUBER;...) Diese werden noch der Reihe nach untersucht.

- Befindet sich ein Spannungszustand innerhalb der Fließortfläche, so ist eine rein elastische Verformung vorhanden [84].
- Liegt der Spannungszustand auf der Fließortfläche, so liegt ein Grenzfall vor, plastisches Fließen kann eintreten [84].
- Spannungszustände außerhalb des umschlossenen Raums sind bei elasto-plastischen Materialverhalten unmöglich [84].

Es gilt

$$F(\underline{\sigma}, \sigma_F) \leq 0. \qquad (9.19)$$

Hierin ist
- $F(\underline{\sigma}) < 0$ elastische Verformungen,
- $F(\underline{\sigma}) = 0$ plastische Verformungen,
- $F(\underline{\sigma}) > 0$ ist nicht zulässig.

9.3.2 Fließbedingung nach von Mises (Gestaltänderungsenergiehypothese)

Theorem 9.1

Fließen tritt bei mehrdimensionaler Beanspruchung ein, wenn die Gestaltänderungsarbeit gleich derjenigen bei Eintritt des Fließens unter einachsiger Beanspruchung ist. Die **Gestaltänderungsarbeit** lässt sich am besten unter Nutzung der 2. Invariante des Spannungstensors berechnen. (Invarianten werden im letzten Teil des Buches behandelt, Kontinuumsmechanik)

Beweis *Wird hier nicht geführt.* □

$$F(\underline{\sigma}, \sigma_F) = \sqrt{3I_2} - \sigma_F \leq 0 \qquad (9.20)$$

Mit der Bildungsvorschrift der 2. Invariante des Spannungstensors kann

$$\frac{1}{2}\left[(\sigma_{11} - \sigma_{22})^2 + (\sigma_{22} - \sigma_{33})^2 + (\sigma_{33} - \sigma_{11})^2\right]$$
$$+ 2(\sigma_{12}^2 + \sigma_{23}^2 + \sigma_{31}^2) - \frac{2}{3}\sigma_F^2 \leq 0 \qquad (9.21)$$

geschrieben werden. Vergleicht man in SolidWorks die Invarianten mit den Vergleichsspannungen, so fällt auch die Analogie auf.

9.3 · Spannungsraum und Fließbedingungen

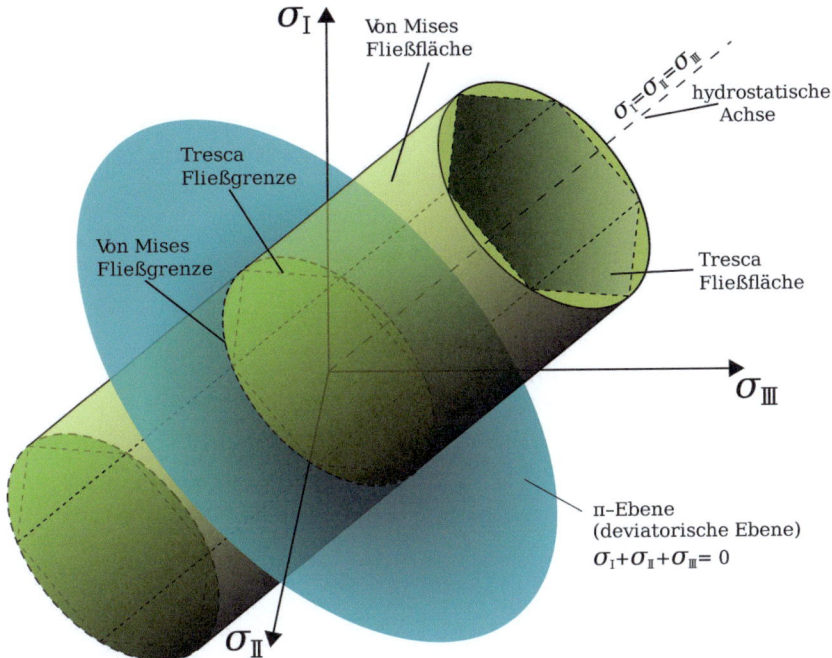

Abb. 9.10 Tresca- und Mises-Festigkeitskriterium im Spannungsraum [106, 109]

9.3.3 Fließbedingung nach Tresca (Schubspannungshypothese)

Theorem 9.2

Diese Fließbedingung besagt, dass Fließen dann eintritt, wenn die maximale Schubspannung den Wert τ_F erreicht.

Beweis *Wird hier nicht geführt.* □

Die Schubspannung ist dann am größten, wenn die Differenz zweier Hauptspannungen ein Maximum erreichen:

$$(\underline{\sigma}, \sigma_F) \\ = \max(|\sigma_I - \sigma_{II}|; |\sigma_I - \sigma_{III}|; |\sigma_{II} - \sigma_{III}|) \\ - \sigma_F \leq 0 \quad (9.22)$$

Wie in der Veranschaulichung ■ Abb. 9.10 zu erkennen ist, unterscheidet weder die Fließbedingung von Tresca noch die von Mises zwischen Zug- und Druckbeanspruchungen. Da dies aber für manche Bauteile sehr wichtig ist (Faserverstärkte Kunststoffbauteile als Beispiel), müssen weitere Fließregeln erschaffen werden.

— Mohr–Coulomb-Hypothese (Diese findet Anwendung in der Bodenmechanik, granulare Materialien). Dabei ist die Fließfläche als Pyramide mit der Spitze im Zugbereich aufzufassen.
— Drucker-Prager: Fließfläche ist ein Kegel mit der Spitze im Zugbereich (ist für numerische Berechnung günstiger, da außer an der Spitze die Fläche stetig differenzierbar ist).

9.3.4 Fließbedingung nach Burzyński-Yagn [109]

Diese Fließbedingung wird auch als rotationssymmetrisches Kriterium bezeichnet. Es gilt dabei die Gleichung

$$3I_2' = \frac{\sigma_{eq} - \gamma_1 I_1}{1-\gamma_1} \frac{\sigma_{eq} - \gamma_2 I_1}{1-\gamma_2}. \quad (9.23)$$

Es wird dabei auf die Erste als auch die Zweite Invariante zurückgegriffen. Es können dabei folgende Kriterien abgeleitet werden: Kriterium nach Drucker-Prager (Mirolyubov), Paraboloid von Balandin (Burzyński-Torre), Ellipsoid von Beltrami, Ellipsoid von Schleicher, Hyperboloid von Burzyński-Yagn ohne weiter auf diese Kriterien einzugehen.

9.3.4.1 Kriterium nach Drucker und Prager
Für den Konus von Drucker und Prager gilt $\gamma_1 = \gamma_2 \in \,]0;1[$.

9.3.4.2 Kriterium nach Balandin
Für den Paraboloid von Balandin gilt $\gamma_1 \in \,]0;1[, \gamma_2 = 0$.

9.3.4.3 Kriterium nach Beltrami
Für den Ellipsoid von Beltrami gilt $\gamma_1 - \gamma_2 \in \,]0;1[$.

9.3.4.4 Kriterium nach Schleicher
Für den Ellipsoid von Schleicher gilt $\gamma_1 \in \,]0;1[$, $\gamma_2 < 0$.

9.3.4.5 Kriterium nach Burzyński-Yagn
Für den Hyperboloid von Burzyński-Yagn gilt $\gamma_1 \in \,]0;1[, \gamma_2 \in \,]0;\gamma_1[$.

9.3.4.6 Kriterium nach Burzyński-Yagn
Für den Hyperboloid von Burzyński-Yagn gilt $\gamma_1 \in \,]0;1[, \gamma_2 < 0$.

9.3.5 Fließbedingung nach Huber [109]

Diese Fließbedingung wird auch als kombiniertes rotationssymmetrisches Kriterium bezeichnet. Dabei nimmt man die Gleichung des Ellipsoid von Beltrami

$$3I_2' = \frac{\sigma_{eq} - \gamma_1 I_1}{1-\gamma_1} \frac{\sigma_{eq} - \gamma_1 I_1}{1-\gamma_1}. \quad (9.24)$$

für $I_1 > 0$ und koppelt diesen mit einem zweiten Zylinder, der einen Schnitt mit $I_1 = 0$ besitzt, gemäß (durch Setzen von $I_1 = 0$)

$$3I_2' = \frac{\sigma_{eq}}{1-\gamma_1} \frac{\sigma_{eq}}{1-\gamma_1}. \quad (9.25)$$

9.3.6 Fließbedingung nach Mao-Hong Yu [109]

Dabei bestehen die Fließbedingungen aus zwei sechseckigen Pyramiden. Es wird nicht näher darauf eingegangen.

9.4 Übungen

Übungsbeispiel 9.1

Wodurch unterscheiden sich gleichartige und ungleichartige Spannungsvektoren bei der Summierung?

Lösung

Alle beiden müssen vektoriell addiert werden, wenn entweder Normal- oder Schubspannungen (getrennt) vorliegen können diese einfach addiert (vektoriell) werden. Liegen gemischte Formen vor, so muss eine Vergleichsspannungsformel verwendet werden.

Übungsbeispiel 9.2

Wie lautet die Vergleichsspannungsformel (GEH)?

Lösung

$$\sigma_V = \sqrt{\sigma_{\text{Res}}^2 + 3 \cdot \left(\alpha_0 \cdot \tau_{\text{Res},y}\right)^2} \qquad (9.26)$$

Übungsbeispiel 9.3

Wie kann das Anstrengungsverhältnis bei der Vergleichsspannung berechnet werden?

Lösung

$$\alpha_0 = \frac{\sigma_{\text{zul}}}{1{,}73 \cdot \tau_{\text{zul}}}. \qquad (9.27)$$

Übungsbeispiel 9.4

Wie lautet die Gleichung für das Vergleichsmoment und wann darf diese verwendet werden?

Diese Gleichung darf nur bei Kreisquerschnitten verwendet werden und wenn Torsion bzw. Biegung vorliegt.

Lösung

$$M_V = \frac{1}{W_A} \cdot \sqrt{M_b^2 + 0{,}75 \cdot (\alpha_0 \cdot M_t)^2}. \qquad (9.28)$$

Übungsbeispiel 9.5

Wann findet die Hypothese größer Normalspannung Anwendung (N-Hypothese)?

Lösung

Bei der Berechnung von Schweißnähten.

Übungsbeispiel 9.6

Wann findet die Hypothese größer Schubspannung Anwendung (S-Hypothese)?

Lösung

Bei der Berechnung von duktilen Werkstoffen.

Stabilitätsprobleme

Inhaltsverzeichnis

10.1 Biegeknickung – 419
10.1.1 Ursachen von Knickung – 419
10.1.2 Euler'sche Knickfälle – 419
10.1.3 Dimensionierung bei Knickung – 423
10.1.4 Grenzschlankheitsgrad λ_0 – 423
10.1.5 Eulerbedingung – 423
10.1.6 Elastische Biegeknickung – 424
10.1.7 Überprüfung von Knickung – 425
10.1.8 Anwendungsbeispiel zu Knickung – 426
10.1.9 Knickung mittels FEM – 426

10.2 Zweiachsige Biegeknickung – 435

10.3 Biegedrillknicken (Kippen) – 435
10.3.1 Auftreten von Kippen – 435
10.3.2 Herleitung der Kippformel – 435

© Der/die Autor(en), exklusiv lizenziert an Springer-Verlag GmbH, DE, ein Teil von Springer Nature 2023
A. Huber, *Technische Mechanik 2 - Elastostatik*, https://doi.org/10.1007/978-3-662-67759-9_10

10.3.3	Herleitung der Kippformel	– 437
10.3.4	Übersicht Kippen	– 438
10.3.5	Kippen mittels FEM	– 440

10.4 Beulen – 442
10.4.1	Grundlagen	– 442
10.4.2	Schalenbeulen	– 443
10.4.3	Beulgleichung	– 443
10.4.4	Lösung der Beulgleichung	– 444
10.4.5	Beulen mittels FEM	– 446

10.5 Übungen – 452

Kapitel 10 · Stabilitätsprobleme

Sie lernen hier…

— Unterschied zwischen Festigkeits- und Stabilitätsproblemen kennen.
— Biegeknickung kennen.
— DGL der Knickung kennen.
— Drillknicken kennen.
— Biegedrillknicken kennen.
— Beulgleichungen zu lösen.

> **Zitat**
>
> Ich finde, die Technik darf die menschliche Fähigkeiten nicht ersetzen.
> *Mario Andretti*

Jeder wird schon einmal ein Salzstangerl (od. auch „Soletti") gegen den Tisch, auf dessen Belastbarkeit geprüft haben (vgl. Abb. 10.1). Plötzlich bricht dieses in der Mitte ab. Warum bricht dieses? Die meisten werden jetzt sagen: „Klar! Wegen der Druckbeanspruchung!?". Kann das sein? Betrachtet man einmal ein solches Stangerl, dass in etwa einen Durchmesser von 5 mm hat. Da die Druckspannung eines solchen Stangerls nur schwer herauszufinden ist, wird zunächst eine Druckkraft von 20 N an. Berechnet man die Spannung, so folgt ein Wert in Höhe von $\sigma_D = 1\,\text{N/mm}^2$. Gegenversuch: Wenn man betragsmäßig die gleiche Kraft, anstatt auf Zug, auf Druckbeanspruchung aufbringt, müsste dieses erneut zu Bruch gehen, richtig? Testet man dies, stellt man aber fest, dass dies nicht der Fall ist. Die zulässige Zugspannung ist nicht gleich der Druckspannung. Erinnert man sich an den ersten Teil dieser Buchreihe (Stereostatik) so wurde solch ein Verhalten auch bei Seilen festgestellt. Warum ist das so? Das Verhalten bei Druckbeanspruchung von Seilen wurde als „instabil" bezeichnet. In diesem Begriff steckt bereits der Name der Erklärung: Die Stabilität. Es kann sein, dass ein Bauteil sehr wohl aufgrund des Festigkeitsnachweises (Spannungen) hält und ausreichend dimensioniert ist, allerdings die Stabilität nicht gewährleistet ist und es trotzdem zum Bruch kommt. Dies kann man sich auch einfach vorstellen. Man denke an einen Sessel. Dieser hat eine Sesselfußlänge von $h = 500\,\text{mm}$ (vgl. Abb. 10.2). Die Sesselfußquerschnittfläche ist kreisförmig anzunehmen, und habe einen Durchmesser von 40 mm. Setzt sich eine Person mit einer Gewichtskraft in Höhe von 800 N auf den Sessel, so würde eine Spannung in Höhe von

$$\sigma_D = \frac{F}{A} = \frac{800}{1256{,}63 \cdot 4} = 0{,}16\,\text{MPa} \quad (10.1)$$

entstehen. Es resultiert eine sehr kleine Spannung. Würde man den Sesselfuß $h = 2000\,\text{mm}$ machen (Gedankenexperiment, sehr unwahrscheinlich!) so vermutet man, dass das Ganze vielleicht zusammenbrechen würde, oder instabil wäre. Betrachtet man die zuvor berechnete Spannung, so ist der Sessel allerdings gleich „stabil", da keine Abhängigkeit der Höhe

Abb. 10.1 Versuch 1

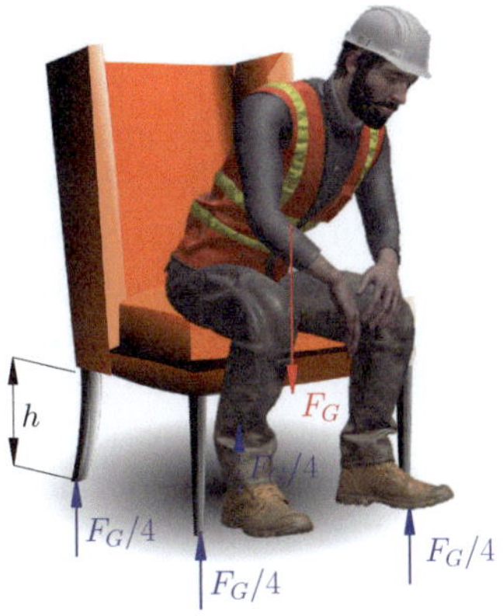

Abb. 10.2 Versuch 2

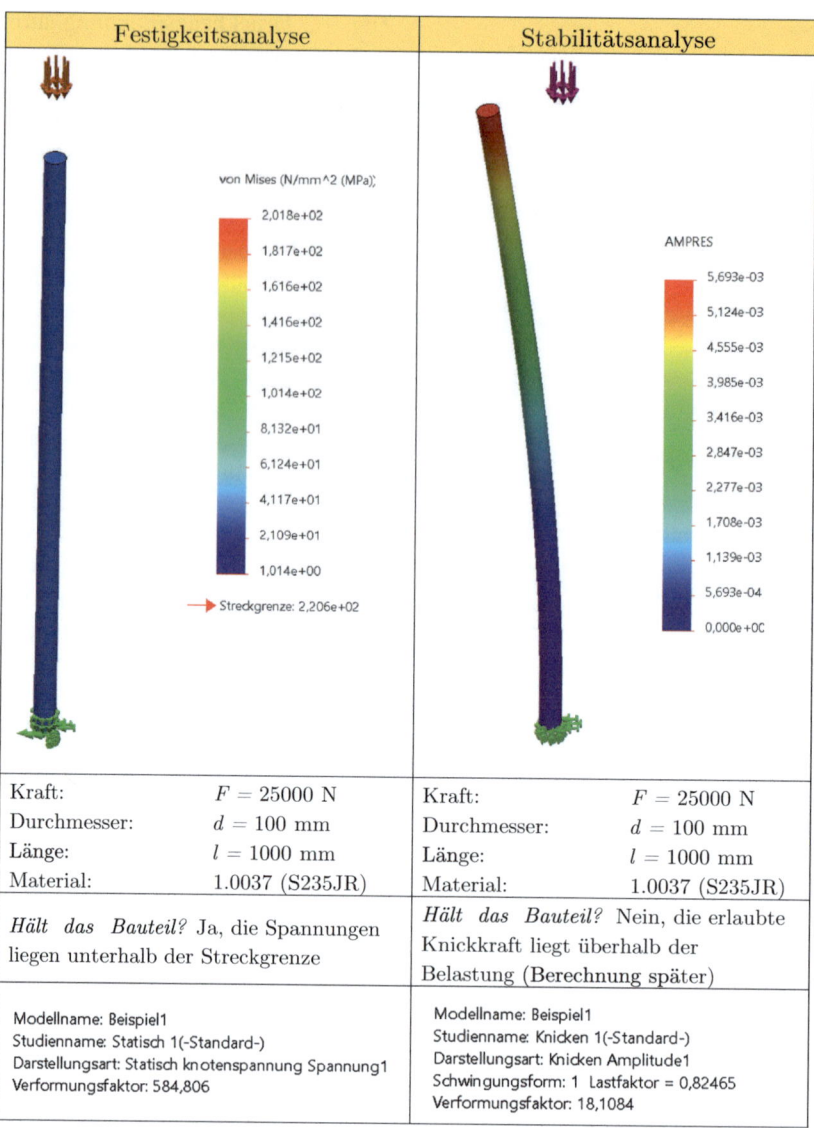

Abb. 10.3 Druckspannung vs. Knickung

herrscht. „stabil" ist deshalb unter Anführungszeichen geschrieben, weil dieses Wort hier nicht verwendet werden darf. Der Sessel ist nämlich nicht gleich stabil, nur festigkeitstechnisch darf er gleich belastet werden. Die Stabilität hingegen sinkt! Man muss ab jetzt unbedingt zwischen den Stabilitätsproblemen und den Festigkeitsproblemen der Mechanik unterscheiden können. Im folgenden Kapitel wird eine Gleichung für die Stabilität, in Abhängigkeit der Länge, hergeleitet.

Um von Salzstangerl und Sesselfüße wieder zurück in die Mechanik zu finden, ist in ◘ Abb. 10.3 eine FEM Analyse eines Stabes dargestellt. Dabei ist zu sehen, dass die Stabilität nicht gegeben ist, obwohl die Festigkeit ausreichend dimensioniert wurde.

In der technischen Mechanik muss nicht nur die Festigkeit auf deren Einhalten der zulässigen Werte untersucht werden, sondern auch die Stabilität. Daraus werden die Stabilitätsprobleme gefolgert, die wiederum in drei Kategorien:

- Biegeknicken (seitliches Ausweichen der Stabachse),
- Drillknicken (Verdrehen des Stabquerschnitts) und
- Biegedrillknicken (Verdrehen eines Stabquerschnitts bei gleichzeitigem seitlichen Ausweichen) [71]

unterteilt werden.

10.1 Biegeknickung

10.1.1 Ursachen von Knickung

- Das Stabilitätsversagen aufgrund von Druckbelastung wird meist als Knickung bezeichnet, richtig wäre aber: Biegeknickung,
- Die Berechnung erfolgt mittels der Untersuchungen von Euler,
- Es wird zwischen mehreren Fällen unterschieden.

10.1.2 Euler'sche Knickfälle

Als erster hat Leonhard Euler das Knicken schlanker Stäbe untersucht und unterteilte diese Untersuchungen in vier Fälle ein, wenn ein elastischer Stab mit mittig angreifender Kraft vorliegt. Diese vier Eulerfälle stellen aber bei Weitem nicht alle möglichen Knickfälle dar, es fehlen beispielsweise die Fälle, wenn der Stab oben vertikal geführt ist, aber seitlich ausweichen kann. Der zusätzlich unten eingespannte Stab ist ein sinnvolles Modell für Säulen in Skelettbauweise und entspricht numerisch dem Eulerfall (2). Weiter fehlen elastisch gebettete Stäbe (z. B. Pfähle) als auch Drehfedermodelle, die in der Realität immer vorherrschen, da man in der Regel weder als ideale Einspannungen noch ideale Gelenke herstellen kann.

Euler untersuchte das Gleichgewicht der Spannungen an bereits verformten Stäben, dieser Lösungsansatz war für seine Zeit neu und führte zu umfangreichen Erkenntnissen innerhalb der Stabilitätstheorie [71].

10.1.2.1 Annahmen [49]
Es gelten die bernoullischen Annahmen in der Stabtheorie II.Ordnung. Die bernoullischen Annahmen wurden bereits im Kapitel „Biegung", dieses Buches, angewendet. Diese Annahmen führen zu Vereinfachungen in der Berechnung der Festigkeitsproblemen, und folgend zu einfacheren Berechnungen. Bernoulli geht von einem schubstarren Balken aus, damit wird $G \cdot A = \infty$ (die Schubverformung hat keinen Einfluss.) Bernoulli hat folgende Differentialgleichungen für die Theorie 1. Ordnung gefunden:

$$\frac{dF(x)}{dx} = -q(x) \tag{10.2}$$

$$\frac{dM(x)}{dx} = F(x) + m(x) \tag{10.3}$$

$$\frac{d\varphi(x)}{dx} = -\left[\frac{M(x)}{E \cdot I(x)} + \kappa^e(x)\right] \tag{10.4}$$

$$\frac{dw(x)}{dx} = \varphi(x) \tag{10.5}$$

darin ist $F(x)$ die Querkraft, $q(x)$ die Streckenlast, $M(x)$ das Biegemoment, $m(x)$ das Streckenmoment (Biegebelastung pro Längeneinheit) $\varphi(x)$ die Verdrehung, κ^e die eingeprägte Krümmung und $w(x)$ die Durchbiegung. Diese Gleichungen wurden bereits an anderen Stellen des Buches hergeleitet und gezeigt.

10.1.2.2 DGL der Knickung
Vgl. ◘ Abb. 10.4. Betrachtet man die obere Verformung des Stabes, so findet man, mittels der Gleichgewichtsbedingungen, folgende Gleichung

$$\sum_{i=1}^{n} M_{i(S,U)} = 0:$$

$$M_Y(x) + F(w_0 - w(x)) = 0$$

$$M_Y(x) = F(w_0 - w(x)). \tag{10.6}$$

Aus der Gleichung für die Durchbiegung (siehe Kapitel Biegung, Biegelinie) erhält man durch Umformen

$$w'' = \frac{d^2(w)}{dx^2} = \frac{M_Y(x)}{E \cdot I_Y}$$

$$-\frac{d^2(w) \cdot E \cdot I_Y}{dx^2} = M_Y(x), \tag{10.7}$$

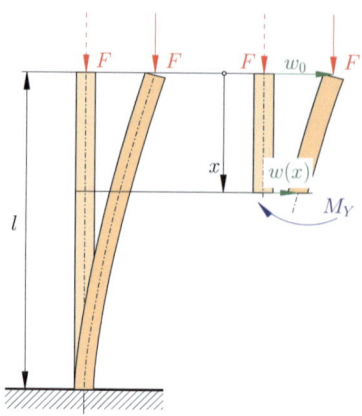

Abb. 10.4 Knickfall 1

einsetzt liefert

$$M_Y(x) = F(w_0 - w(x))$$
$$-\frac{d^2(w) \cdot E \cdot I_Y}{dx^2} = F(w_0 - w(x))$$
$$\frac{d^2(w) \cdot E \cdot I_Y}{dx^2} + F(w_0 - w(x)) = 0$$
$$w'' \cdot E \cdot I_Y + F(w_0 - w(x)) = 0 \quad (10.8)$$

dividieren mittels $E \cdot I_Y$

$$w'' + \frac{F(w_0 - w(x))}{E \cdot I_Y} = 0; \quad (10.9)$$

durch Substituieren von $\frac{F}{E \cdot I_Y}$ mit k^2 folgt durch Einsetzen in die obige Gleichung

$$w'' + k^2(w_0 - w(x)) = 0. \quad (10.10)$$

Es liegt eine homogene Differentialgleichung 2. Ordnung vor, welche man wie folgt lösen kann:

$$w_h'' + k^2 w_h(x) = 0. \quad (10.11)$$

Allgemein gilt: $\lambda^2 + k^2 = 0$. Durch Auflösen erhält man: $\lambda = \pm k$, und durch den Lösungsansatz: $y_h = a \cdot \sin(\beta \cdot x) + b \cdot \cos(\beta \cdot x) \implies \beta = \pm k$. Einsetzen:

$$w = a \cdot \sin(k) \cdot x + b \cdot \cos(k) \cdot x \quad (10.12)$$

Fall	Gleichung	Fall	Gleichung
I	$k = \frac{\pi}{2l}$	III	$k = \frac{4{,}493}{l}$
II	$k = \frac{\pi}{l}$	VI	$k = \frac{2\pi}{l}$

Abb. 10.5 Gleichungen für k für die unterschiedlichen Euler Fälle

bzw. durch nochmaliges Einsetzen der Randbedingungen $w(s=0) = w_0$ und $w(x=L) = 0$ ergibt sich $b = 0$ und $w = a \cdot \sin(k) \cdot L$. Gleichung $w = a \cdot \sin(k) \cdot L$ ist erfüllt, wenn $0 = \sin(k) \cdot L$ gilt. für $k \cdot l = n \cdot \pi$ ergibt sich $k = \frac{n \cdot \pi}{l}$ mit $n = 1, 2, 3, \ldots$ als Eigenwerten des Problems (Vergleich: Kontonussmechanik, oder Mathematik: Eigenvektoren einer Gleichung). Da der niedrigste Eigenwert jener bei der geringsten Knickkraft ist, ist nur $n = 1$ für die Berechnung interessant (vgl. Eigenfrequenzermittlung aus der Physik eines Bauteils, oder Technische Mechanik Band 3 – Dynamik – Schwingungen – Eigenfrequenzen ermitteln). Die Knicklänge ist hier allgemein dargestellt. Man kann diese Gleichung noch in Abhängigkeit von unterschiedlichen Randbedingungen, also unterschiedlichen Lagerungen zur Tabelle in ◘ Abb. 10.5 zusammenfassend formulieren.

Setzt man dies in $\frac{F}{E \cdot I_Y} = k^2$ ein, erhält man:

$$\frac{\pi^2}{l^2} = k^2 = \frac{F}{E \cdot I_Y}. \quad (10.13)$$

Durch Umformen liefert die Knickgleichung für Fall 1:

$$F_K = \frac{\pi^2}{l^2} \cdot E \cdot I_Y. \quad (10.14)$$

10.1.2.3 Begriffe der Knickung

Definition 10.1 (Knickkraft (F_K))
Knickkraft wird als jene Kraft definiert, bei welcher ein Stab, ein schlankes Bauteil, gerade auszuknicken beginnt.

10.1 · Biegeknickung

Definition 10.2 (Knickspannung (σ_K))

Die Knickkraft, dividiert durch den Stabquerschnitt, wird als Knickspannung bezeichnet.

$$\sigma_K = \frac{F_K}{A} \qquad (10.15)$$

Definition 10.3 (Knicksicherheit (ν_K))

Um ein Ausknicken zu verhindern, muss die Knickkraft deutlich kleiner als die Druckkraft sein. Dieses Verhältnis bezeichnet man als Knicksicherheit.

$$\nu_K = \frac{F_K}{F_d} = \frac{\sigma_K}{\sigma_d} \qquad (10.16)$$

Diese beträgt im Maschinenbau meist 3 bis 10, in Sonderfällen wie zum Beispiel bei Pleuelstangen allerdings nur 1,5.

Definition 10.4 (Freie Knicklänge (s))

Diese ist abhängig von den verschiedenen Euler-Fällen, diese können ◘ Abb. 10.7 entnommen werden.

Definition 10.5 (Schlankheitsgrad (λ))

Der Schlankheitsgrad ist die freie Knicklänge bezogen auf den Trägheitsradius i der Querschnittsfläche:

$$\lambda = \frac{s}{i} \text{ mit:}$$

$$I = A \cdot i^2 \implies i = \sqrt{\frac{I}{A}} \qquad (10.17)$$

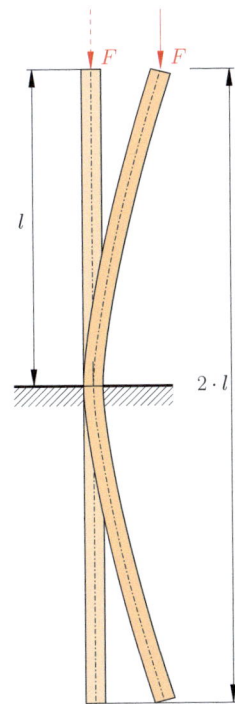

◘ **Abb. 10.6** Knickfall Freie Knicklänge

10.1.2.4 Freie Knicklänge s

Diese ist abhängig von der Stablänge und dem Eulerfall. Die freie Knicklänge ist definiert als

$$s = \beta \cdot L; \qquad (10.18)$$

wobei man β, je nach Eulerfall, mit folgenden Werten belegt:
1. Euler-Fall: 2
2. Euler-Fall: 1
3. Euler-Fall: 0,699
4. Euler-Fall: 0,5

freie Knicklänge, Fall 1: Man kann die Verformung einer Sinuskurve annähern, woraus sich bis zum Ausgangspunkt eine Länge von $2 \cdot l$ ergibt. Bei allen anderen Fällen bietet sich dieselbe Vorgangsweise an. Verwendet man hier die Formel: $F_K = \frac{\pi^2}{L^2} \cdot E \cdot I_Y$ und setzt den entsprechenden Euler Fall für ◘ Abb. 10.6 für die Länge $L = s = 2 \cdot l$ ein, folgt die Gleichung für

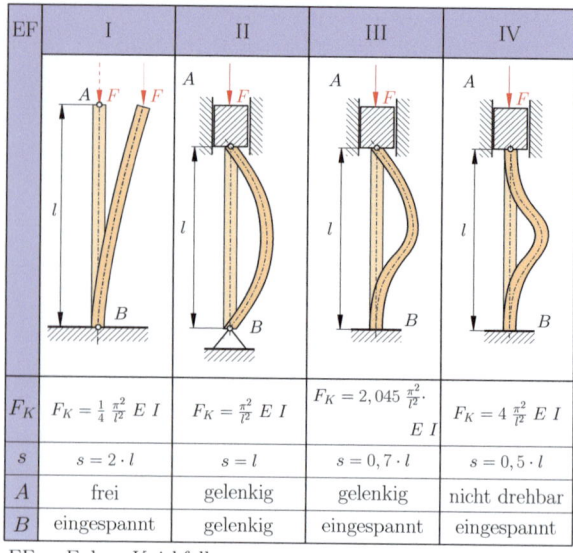

Abb. 10.7 Überblick der Euler Fälle

die Knickkraft, für den 1. Euler-Fall, zu

$$F_K = \frac{\pi^2}{l^2} \cdot E \cdot I_Y = \frac{\pi^2}{4 \cdot l^2} \cdot E \cdot I_Y$$
$$= \frac{1}{4} \cdot \frac{\pi^2}{l^2} \cdot E \cdot I_Y. \qquad (10.19)$$

10.1.2.5 Überblick der Freien Knicklänge

Siehe ◘ Abb. 10.7.

10.1.2.6 Wie entstehen die Werte für s?

Die Werte $s = 2 \cdot l \ldots$, je nach Euler-Fall, sind doch etwas seltsam, wenn man diese das erste Mal sieht. Wie entstehen diese Werte? Da Stabilitätsprobleme eine instationäre Analyse darstellen, also zeitabhängig sind, wie bereits im Buch „Technische Mechanik – Band 1 – Stereostatik", im Kapitel: Standsicherheit und Gleichgewichtslagen geklärt wurde, handelt es sich um kein reines, statisches System mehr. Ein statisches System liegt nur in dem einem kurzen Augenblick t vor, allerdings ändert sich die Gleichgewichtslage beim Zeitpunkt $t + \Delta t$ gegenüber t. Dies muss berücksichtigt werden, indem ein nicht-lineares Problem daraus gemacht wird (wie es in der FEM und höheren Mechanik bezeichnet wird). Es gilt damit, die Eigenfrequenzen eines Bauteils zu ermitteln, die in unterschiedliche Moden unterteilt werden können. Wird für die Höchstanzahl zu berechnender Moden = 1 eingesetzt, so wird nur die erste Eigenfrequenz berechnet. Dies sollte zunächst für die weiteren Überlegungen genügen. Da Schwingungen den Winkelfunktionen $\sin(x)$ bzw. $\cos(x)$ folgen, können diese durch Hinzuziehen des Sinus genauer betrachtet werden, dies kann bereits bei der Herleitung der Knickdifferentialgleichung beobachtet werden, wenn bei der Lösung der DGL der Ansatz: $w = a \cdot \sin(k) \cdot x + b \cdot \cos(k) \cdot x$ verwendet wird. Legt man eine Sinus-Schwingung entlang des Stabes, so kann beobachtet werden, dass sich diese Schwingung erst bei der doppelten Länge wieder mit der unverformten Mittellinie trifft. Dies kann außerdem mit allen Euler-Fällen durchgeführt werden, es folgen die „komischen Zahlen" für die Knicklänge. Veranschaulichungen hierfür können: ▶ https://de.wikipedia.org/wiki/Knicken (Tabelle für alle idealen Basis-Einzelstabbiegeknickfälle in 2D [49]) entnommen werden.

10.1.3 Dimensionierung bei Knickung

Meist wird anstatt der Knickkraft das erforderliche Flächenträgheitsmoment für die Dimensionierung benötigt, da die Druck- oder Knickkraft gegeben ist; dies kann durch die Formel

$$F_K = \frac{\pi^2}{l^2} \cdot E \cdot I_{\min} \implies$$

$$I_{\min} = \frac{F_K \cdot l^2}{\pi^2 \cdot E} \tag{10.20}$$

bzw. durch Hinzuziehen der Sicherheit

$$F_K = F_D \cdot \nu, \tag{10.21}$$

und durch Einsetzen zu

$$I_{\min} = \frac{F_D \cdot \nu \cdot s^2}{\pi^2 \cdot E}. \tag{10.22}$$

berechnet werden. Dies garantiert aber noch nicht, dass die Knickung im gültigen Bereich (elastischer Bereich) liegt. Um dies zu garantieren, muss man die Knickspannung gemäß

$$\sigma_K = \frac{F_K}{A} = \frac{\pi^2 \cdot E \cdot I_{\min}}{s^2 \cdot A} \tag{10.23}$$

betrachten, mit dem Trägheitsradius: $I_{\min} = i^2 \cdot A$ und dem Schlankheitsgrad: $\lambda = \frac{s}{i}$ folgt durch Umformen: $\frac{i}{s} = \frac{1}{\lambda} \implies \frac{i^2}{s^2} = \frac{1}{\lambda^2}$ und einsetzen in σ_K ergibt:

$$\sigma_K = \frac{\pi^2 \cdot E \cdot I_{\min}}{s^2 \cdot A} = \frac{\pi^2 \cdot E \cdot \frac{s^2}{\lambda^2} \cdot A}{s^2 \cdot A}$$
$$= \frac{\pi^2 \cdot E \cdot s^2 \cdot A}{s^2 \cdot A \cdot \lambda^2} = \frac{\pi^2 \cdot E}{\lambda^2} \tag{10.24}$$

und schließlich

$$\sigma_K = \frac{\pi^2 \cdot E}{\lambda^2} \leq \sigma_{d,P}. \tag{10.25}$$

Hierin ist $\sigma_{d,P}$ die Proportionalitätsgrenze bei Druck. Daraus ergibt sich, dass die Darstellung, der Kurve, des Schlankheitsgrades gegenüber der Spannung, die sogenannte Eulerkurve eine Hyperbel sein muss, da die gesuchte Variable in der obigen Gleichung im Nenner steht. Der Gültigkeitsbereich wird von der Proportionalitätsgrenze begrenzt. Der dazugehörige Schlankheitsgrad ist der Grenzschlankheitsgrad.

10.1.4 Grenzschlankheitsgrad λ_0

Wie erwähnt gilt der Grenzschlankheitsgrad bei der Proportionalitätsgrenze. Durch Einsetzen in die obige Formel erhält man

$$\sigma_{d,P} = \frac{\pi^2 \cdot E}{\lambda_0^2}. \tag{10.26}$$

Es resultiert

$$\lambda_0 = \pi \cdot \sqrt{\frac{E}{\sigma_{d,P}}}. \tag{10.27}$$

10.1.5 Eulerbedingung

Bemerkung 10.1

$$\lambda_{\text{vorh}} > \lambda_0. \tag{10.28}$$

Diese Bedingung muss immer überprüft werden!

Wird die Euler-Bedingung nicht erfüllt, so liegt der nach der Euler Gleichung ermittelte Querschnitt für den Knickstab nicht im Gültigkeitsbereich von Euler und es muss nach anderen Gesetzen die Knickung ermittelt werden. **Es gibt zwei verschiedene Arten der Ermittlung: die Euler-Knickung und die Tetmajer-Knickung.**

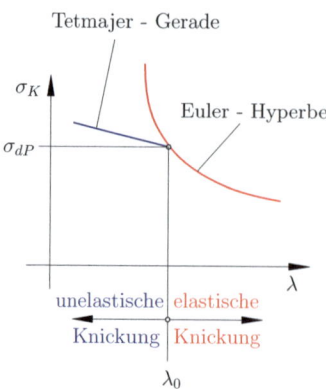

• **Abb. 10.8** Vergleich Euler- und Tetmajer-Knickung

Werksoff	a	b	c
Gusseisen (GG)	29,3	-0,194	0
Baustahl (S235)	776	-12	0,053
Baustahl (S355)	335	-0,62	0

• **Abb. 10.9** Werte für Koeffizienten a, b und c

10.1.6 Elastische Biegeknickung

Liegt die Knickspannung über der Proportinalitätsgrenze (also im unelastischen Bereich) so muss mittels den Gleichungen von Tetmajer gerechnet werden.

10.1.6.1 Formulierung der Tetmajer-Gleichungen

Die Tetmajer-Gleichungen können durch lineare Funktionen dargestellt werden. Die Herleitung der Gleichungen geht auf die grafische Darstellung zurück, sie können durch Bestimmung der Funktionsgleichung ermittelt werden. Die Funktionsgleichung wird als Tetmajer-Gerade definiert (siehe • Abb. 10.8).

> **Bemerkung 10.2**
> Die Tetmajer-Gleichungen sind vom Werkstoff und vom Schlankheitsgrad abhängig.

$$\sigma_K = a - b \cdot \lambda. \qquad (10.29)$$

Bei Bauteilen aus dem Material Grauguss (GG) erhält man anstatt einer Gerade eine Parabel, somit lautet die Tetmajer-Gleichung für Grauguss:

$$\sigma_K = a - b \cdot \lambda - c \cdot \lambda^2. \qquad (10.30)$$

• Abb. 10.9 liefert die Werte für die Koeffizienten a, b und c. Die Berechnung hat Gültigkeit und ist beendet, wenn die geforderte Knicksicherheit gegeben ist:

$$\nu_K = \frac{\sigma_K}{\sigma_{d,\text{vorh}}} > 3 \dots 10. \qquad (10.31)$$

Nach Tetmajer ist es nicht möglich, die Querschnittsabmessungen direkt zu bestimmen. Deswegen berechnet man zuerst die Knickung mittels Euler und überprüft anschließend nur mit Tetmajer.

10.1.6.2 Omega Verfahren

Dieses Verfahren ist eine Vereinfachung der normalen Knickberechnung. In Deutschland ist dieses Verfahren nach DIN 4114 für Kran-, Brücken- und Stahlbau vorgeschrieben und in Österreich nach ÖNORM B4600, Teil 4 (Stahlbau: „Stabilitätsnachweis") für Stahlbau festgelegt.

Nach DIN 4114 wird die ω-Spannung (= Druckspannung aus der ω-fachen Belastung) errechnet, und mit der zulässigen Druckspannung verglichen:

$$\sigma_\omega = \frac{F \cdot \omega}{A} \leq \sigma_{d,\text{zul}}. \qquad (10.32)$$

Mit ω ... Knickzahl. Dieses Verfahren wird verwendet bei Stäben mit einem Schlankheitsgrad von

10.1 · Biegeknickung

$20 \leq \lambda \leq 250\ldots$ im Stahlbau

$20 \leq \lambda \leq 150\ldots$ im Brückenbau

$20 \leq \lambda \leq 50\ldots$ Einzelstäbe mit zusammengesetzten Knickstäben

◻ Abb. 10.10 zeigt Werte, die für ω bei der ω-Knickung eingesetzt werden können.

10.1.7 Überprüfung von Knickung

Für Stäbe λ größer 20 ist kein Knicknachweis erforderlich. Diese werden nur auf Druck berechnet.

λ	0	1	2	3	4	5	6	7	8	9	Knickzahlen ω
20	1,04	1,04	1,04	1,05	1,05	1,06	1,06	1,07	1,07	1,08	
30	1,08	1,09	1,09	1,10	1,10	1,11	1,11	1,12	1,13	1,13	
40	1,14	1,14	1,15	1,16	1,16	1,17	1,18	1,19	1,19	1,20	
50	1,21	1,22	1,23	1,23	1,24	1,25	1,26	1,27	1,28	1,29	
60	1,30	1,31	1,32	1,33	1,34	1,35	1,36	1,37	1,39	1,40	St 360
70	1,41	1,42	1,44	1,45	1,46	1,48	1,49	1,50	1,52	1,53	
80	1,55	1,56	1,58	1,59	1,61	1,62	1,64	1,66	1,68	1,69	
90	1,71	1,73	1,74	1,76	1,78	1,80	1,82	1,84	1,86	1,88	
100	1,90	1,92	1,94	1,96	1,98	2,00	2,02	2,05	2,07	2,09	
110	2,11	2,14	2,16	2,18	2,21	2,23	2,27	2,31	2,35	2,39	
120	2,43	2,47	2,51	2,55	2,60	2,64	2,68	2,72	2,77	2,81	
130	2,85	2,90	2,94	2,99	3,03	3,08	3,12	3,17	3,22	3,26	$\sigma_{d,zul} = 138\,\text{N/mm}^2$
140	3,31	3,36	3,41	3,45	3,50	3,55	3,60	3,65	3,70	3,75	
150	3,80	3,85	3,90	3,95	4,00	4,06	4,11	4,16	4,22	4,27	
160	4,32	4,38	4,43	4,49	4,54	4,60	4,65	4,71	4,77	4,82	
170	4,88	4,94	5,00	5,05	5,11	5,17	5,23	5,29	5,35	5,41	
180	5,47	5,53	5,59	5,66	5,72	5,78	5,84	5,91	5,97	6,03	
190	6,10	6,16	6,23	6,29	6,36	6,42	6,49	6,55	6,62	6,69	
200	6,75	6,82	6,89	6,96	7,03	7,10	7,17	7,24	7,31	7,38	
210	7,45	7,52	7,95	7,66	7,73	7,81	7,88	7,95	8,03	8,10	
220	8,17	8,25	8,32	8,40	8,47	8,55	8,63	8,70	8,78	8,86	
230	8,93	9,01	9,09	9,17	9,25	9,33	9,41	9,49	9,57	9,65	
λ	0	1	2	3	4	5	6	7	8	9	Knickzahlen ω
20	1,06	1,06	1,07	1,07	1,08	1,08	1,09	1,09	1,10	1,11	
30	1,11	1,12	1,12	1,13	1,14	1,15	1,15	1,16	1,17	1,18	
40	1,19	1,19	1,20	1,21	1,22	1,23	1,24	1,25	1,26	1,27	
50	1,28	1,30	1,31	1,32	1,33	1,35	1,36	1,37	1,39	1,40	
60	1,41	1,43	1,44	1,46	1,48	1,49	1,51	1,53	1,54	1,56	St 510
70	1,58	1,60	1,62	1,64	1,66	1,68	1,70	1,72	1,74	1,77	
80	1,79	1,81	1,83	1,86	1,88	1,91	1,93	1,95	1,98	2,01	
90	2,05	2,10	2,14	2,19	2,24	2,29	2,33	2,38	2,43	2,48	
100	2,53	2,58	2,64	2,69	2,74	2,79	2,85	2,90	2,95	3,01	
110	3,06	3,12	3,18	3,23	3,29	3,35	3,41	3,47	3,53	3,59	
120	3,65	3,71	3,77	3,83	3,89	3,96	4,02	4,09	4,15	4,22	
130	4,28	4,35	4,41	4,48	4,55	4,62	4,69	4,75	4,82	4,89	$\sigma_{d,zul} = 210\,\text{N/mm}^2$
140	4,96	5,04	5,11	5,18	5,25	5,33	5,40	5,47	5,55	5,62	
150	5,70	5,78	5,85	5,93	6,01	6,09	6,11	6,24	6,32	6,40	
160	6,58	6,57	6,65	6,73	6,81	6,90	6,98	7,06	7,15	7,23	
170	7,32	7,41	7,49	7,58	7,67	7,76	7,85	7,94	8,03	8,12	
180	8,21	8,30	8,39	8,48	8,58	8,67	8,76	8,86	8,95	9,05	
190	9,14	9,24	9,34	9,44	9,53	9,63	9,73	9,83	9,93	10,03	
200	10,13	10,23	10,34	10,44	10,54	10,65	10,75	10,85	10,96	11,06	
210	11,17	11,28	11,38	11,49	11,60	11,71	11,82	11,93	12,04	12,15	
220	12,26	12,37	12,48	12,60	12,71	12,82	12,94	13,05	13,17	13,28	
230	13,40	13,52	13,63	13,75	13,87	13,99	14,11	14,23	14,35	14,47	

◻ **Abb. 10.10** Werte für ω

> **Beispiel 10.1**
>
>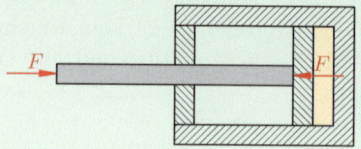
>
> **Abb. 10.11** Kolbenstange eines Zylinders
>
> Zu dimensionieren ist eine Kolbenstange eines Hydraulikzylinders, welche den Druckkräften (σ_D) standhält (vgl. mit Abb. 10.11). Gesucht ist das minimale Flächenträgheitsmoment, Knickspannung und Schlankheitsgrad, um ein Ausknicken, bei maximal ausgefahrener Kolbenstange, zu verhindern. $F = 150.000\,\text{N}$; $\nu = 5$; $l = 1000\,\text{mm}$
>
> **Euler Fall: 1**
>
> $$\underline{\underline{I_{\min}}} = \frac{F_D\,\nu\,s^2}{\pi^2\,E} = \frac{150.000\,\text{N} \cdot 5 \cdot (2 \cdot 1000\,\text{mm})^2}{\pi^2 \cdot 210.000\,\frac{\text{N}}{\text{mm}^2}}$$
> $$= \underline{\underline{1{,}42 \cdot 10^7\,\text{mm}^4}}$$
> (10.33)
>
> Ermittlung der Knickspannung:
>
> $$\nu_K = \frac{F_K}{F_d} = \frac{\sigma_K}{\sigma_d} \implies \nu_K\,\sigma_d = \sigma_K$$
>
> $$\underline{\underline{\sigma_K}} = 5 \cdot 235\,\frac{\text{N}}{\text{mm}^2} = \underline{\underline{1750\,\frac{\text{N}}{\text{mm}^2}}}.$$
> (10.34)
>
> Ermittlung des Schlankheitsgrades mit $\sigma_K = \frac{\pi^2 E}{\lambda^2}$
>
> $$\underline{\underline{\lambda}} = \sqrt{\frac{\pi^2\,E}{\sigma_K}} = \sqrt{\frac{\pi^2 \cdot 210.000\,\frac{\text{N}}{\text{mm}^2}}{1750\,\frac{\text{N}}{\text{mm}^2}}} = \underline{\underline{34{,}4}}.$$
> (10.35)
>
> Bestimmen der Proportinalitätsgrenze:
>
> $$\underline{\underline{\lambda_0}} = \pi\,\sqrt{\frac{E}{\sigma_{dP}}} = \pi\,\sqrt{\frac{210.000\,\frac{\text{N}}{\text{mm}^2}}{510\,\frac{\text{N}}{\text{mm}^2}}} = \underline{\underline{20{,}29}}$$
> (10.36)
>
> Überprüfen der Gültigkeit: $\lambda_{\text{vorh}} > \lambda_0 \implies 34{,}4 > 20{,}29$. Die Berechnung ist gültig, und es ist keine Knickgefahr, wenn man den berechneten Querschnitt ausführt.

10.1.8 Anwendungsbeispiel zu Knickung

Siehe ▶ Bsp. 10.1.

10.1.9 Knickung mittels FEM

Wie so oft wird in der Realität nur noch selten mittels den theoretischen Gleichungen für die Knickung gerechnet, da bei komplexen Bauteilen oftmals ein FEM Programm verwendet wird. Hierbei können mehrere Analysen unterschieden werden: Zum einen kann eine Knick- oder Beulanalyse auf Basis linearer FEM – als auch auf Basis nicht-linearer FEM, je nachdem wie genau und realitätsnah die Berechnung durchzuführen ist. In diesem Abschnitt werden zwei Methoden vorgestellt, zum einen die lineare und die nicht lineare Analyse, zum einen mittels dem FEM Programm: SolidWorks-Simulation, als auch mit dem High-End finite Elemente Programm: ANSYS. ANSYS kann lineare und nicht lineare Berechnungen bereits bei der Studentenversion, die gratis heruntergeladen werden kann, auswerten (bei der Studentenversion muss nur auf die Anzahl der Knoten und Freiheitsgrade achtgegeben werden, diese sind bei nicht kommerziellen Versionen beschränkt), SolidWorks Simulation erfordert mindestens die Lizenz: SolidWorks Simulation Professional für lineare Knickanalysen und für nicht lineare Berechnungen ist sogar die „oberste" Lizenz: SolidWorks Simulation Premium erforderlich. Begonnen wird mit der Ermittlung im Programm SolidWorks und danach wird die Berechnung in ANSYS ausgeführt. Gegeben sei folgendes Lastverhalten aus dem unten stehenden Beispiel. Nachstehend ist eine Veranschaulichung sogenannter „Moden" zu sehen (vgl. Abb. 10.13).
Ergänzungen zu den Knickfällen und der freien Knicklänge s: Bei der Berechnung der

10.1 · Biegeknickung

Methode: Lösung durch SolidWorks – FEM 10.1 (SolidWorks)

Gegeben sei ein Druckstab, der mit einer Last von $F = 25.000$ N auf Druck beansprucht wird. Dieser ist einseitig eingespannt und besitzt eine Länge von $l = 1000$ mm und einen Durchmesser von $d = 30$ mm. Der Stab ist aus Baustahl: 1.0037 (S235JR) gefertigt. Zu untersuchen sind die Druckspannungen und die maximal zulässigen Knickkräfte.

Für die Durchführung einer Knickanalyse muss in SolidWorks nahezu ident zu einer statischen Analyse vorgegangen werden. Es muss die Simulationsstudie „Knicken" anstatt „statisch" verwendet werden. Zuerst werden die Randbedingungen: Lager definiert, in diesem Fall die Einspannung; danach die Belastungen, hier die Druckkraft. Anschließend kann die Studie ausgeführt werden nachdem die Netzparameter eingestellt wurden. Nach dem Ausführen der Studie (SolidWorks berechnet standardmäßig den 1. Modi für Knickanalysen (dies reicht, anders als oftmals bei Schwingungsanalysen, aus). SolidWorks liefert eine Lösung namens „AMPRES", diese zeigt die Verschiebung in Form der maximalen Amplitude (AMPRES = AMPlitude RESultierend) der Sinusschwingung an. Der Lastfaktor v, wie die Knicksicherheit in SolidWorks genannt wird, wird ebenfalls ausgegeben, mittels diesem und in Verbindung mit Gleichung $F_K = F \cdot v = F_{D,zul}$ kann die Knickkraft, bzw. die zulässige Druckkraft bestimmt werden, damit kein Ausknicken vorherrscht, muss diese Kraft größer als die Belastungskraft F bzw. der Druckkraft $F_D = F_{D,vorh.}$ sein. In ◘ Abb. 10.12 ist das obige Beispiel durch eine lineare Knickanalyse in SolidWorks gelöst.

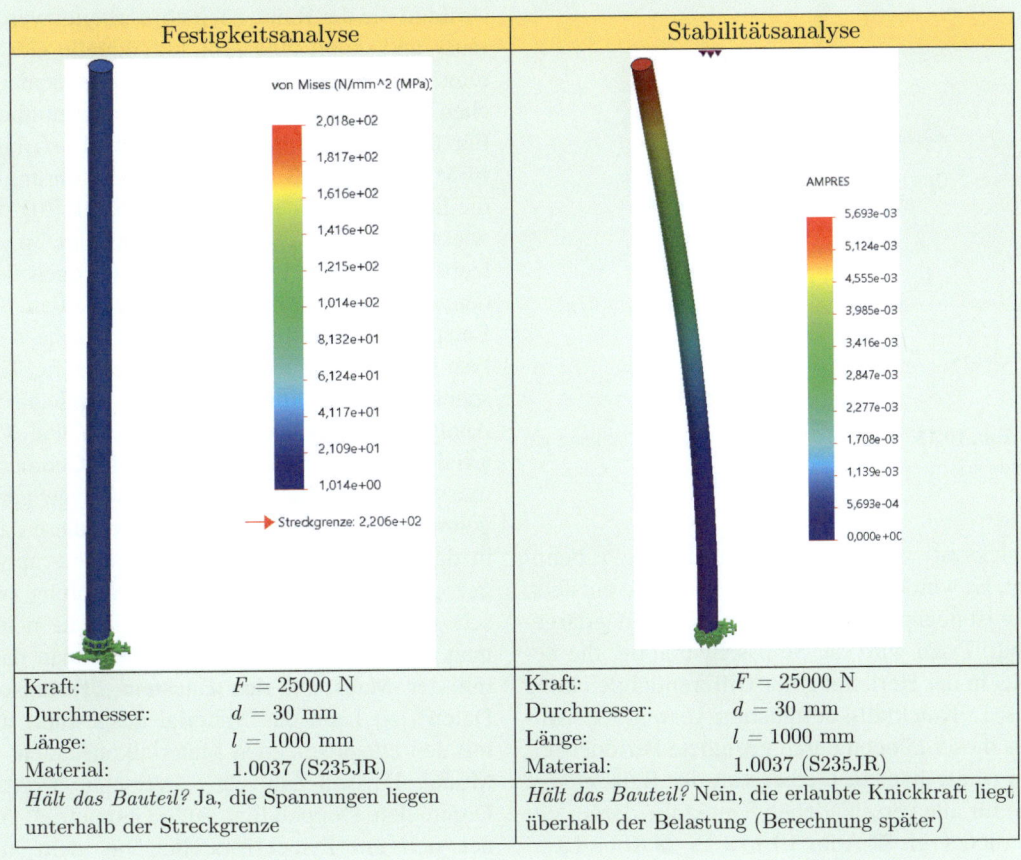

Festigkeitsanalyse	Stabilitätsanalyse
Kraft: $F = 25000$ N	Kraft: $F = 25000$ N
Durchmesser: $d = 30$ mm	Durchmesser: $d = 30$ mm
Länge: $l = 1000$ mm	Länge: $l = 1000$ mm
Material: 1.0037 (S235JR)	Material: 1.0037 (S235JR)
Hält das Bauteil? Ja, die Spannungen liegen unterhalb der Streckgrenze	*Hält das Bauteil?* Nein, die erlaubte Knickkraft liegt überhalb der Belastung (Berechnung später)

Modellname: Beispiel1 Studienname: Statisch 1(-Standard-) Darstellungsart: Statisch knotenspannung Spannung1 Verformungsfaktor: 584,806	Modellname: Beispiel1 Studienname: Knicken 1(-Standard-) Darstellungsart: Knicken Amplitude1 Schwingungsform: 1 Lastfaktor = 0,82465 Verformungsfaktor: 18,1084
Auswertung: Wenn die vorhandenen Spannungen kleiner den zulässigen sind hält das Bauteil. *Hierbei:* 36 MPa < 235 MPa (Bauteil hält).	*Auswertung:* Wenn die Druckkraft F kleiner der Knickkraft, die dem Produkt von F und dem Lastfaktor entspricht ist, hält das Bauteil. *Hierbei:* 25000*0,824 = 206616 < 25000 N (Bauteil hält nicht!)

Abb. 10.12 Lineare Knickanalyse mittels SolidWorks FEM

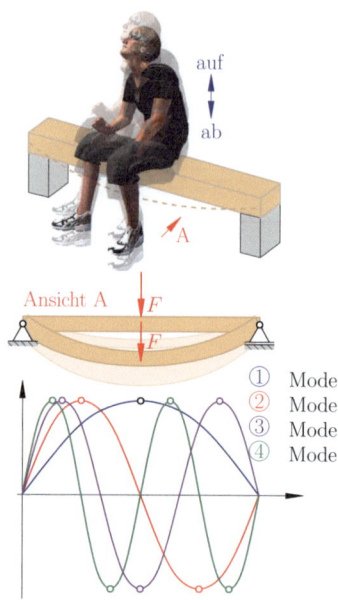

Abb. 10.13 Mode einer Schwingung, für Knickung gilt Mode = 1

Knickkraft wird die freie Knicklänge s benötigt. Es wurde bereits gezeigt, wie diese entsteht, hier ist nochmals eine bildhafte Erklärung dargestellt. Dazu wird die Sinusschwingung, die bereits in der Herleitung der Differentialgleichung des 1. Knickfalls auftauchte, verwendet. Mittels dieser können durch geeignete Periodenzeiten (diese hängen hierbei von der Balkenlänge ab) für alle verschiedenen Knickfälle dargestellt werden (vgl. Abb. 10.14). In Abb. 10.15 sind die Trägerverformungen dargestellt, um 90 Grad gedreht. Wenn man die Ordinate auf die Trägerlänge einschränkt, vgl. dazu Abb. 10.16

können auch klar die Verformungen abgelesen werden.

Um eine Analyse mittels dem FE-Programm ANSYS durchführen zu können, muss man sich zuerst an die Software gewöhnen, ANSYS arbeitet anders als SolidWorks durch eine Baumstruktur, die der Reihe nach abgearbeitet werden muss und damit eine sehr individuelle Gestaltung und leichte Änderung der unterschiedlichen Analysearten und Geometrien, ermöglicht. Für Genaueres wird auf das Buch: Praxisbuch FEM mit ANSYS Workbench (Einführung in die lineare und nicht lineare Mechanik [6]) verwiesen. In ANSYS müssen Bausteine in die leere Vorlage per Drag-and-drop gezogen werden, die für die Analyse benötigt werden. Als Beispiel hier: eine statische mechanische Analyse für die Randbedingungen wie Kräfte, Einspannungen, ... Für eine statisch mechanische Analyse werden auch Eigenschaften wie Material und Geometrie benötigt. Die Geometrie muss auch als Baustein in die Vorlage gezogen werden, per Drag-and-drop kann diese dann in den Baustein statisch mechanische Analyse gezogen werden, sodass eine Verknüpfung zwischen den beiden entsteht. Das Gleiche macht man den Technischen Daten. Klickt man dann mit der Maus auf den Baustein „Technische Daten", so kann das Material ausgewählt und mit den entsprechenden Materialkonstanten: E-Modul, Poisson-Zahl etc... versehen werden. Durch den Doppelklick auf „Geometrie" öffnet sich ein Direct Modeller, bei dem man das Bauteil modellieren kann, oder per Import aus einem anderen CAD Programm das Modell laden kann. Zusätzlich zu einer statischen

10.1 · Biegeknickung

Methode: Lösung durch SolidWorks – FEM 10.2

Gesucht sind die zu setzenden Randbedingungen, in einer FEM Analyse, mittels SolidWorks, zwischen den vier Euler Fällen. Dabei ist ein Stab, auf Druck belastet, gemäß den nachstehenden Randbedingungen, zu untersuchen.

Randbedingung Druckkraft: $F = 10$ kN, $l = 460$ mm, $d = 15$ mm, Material: S235

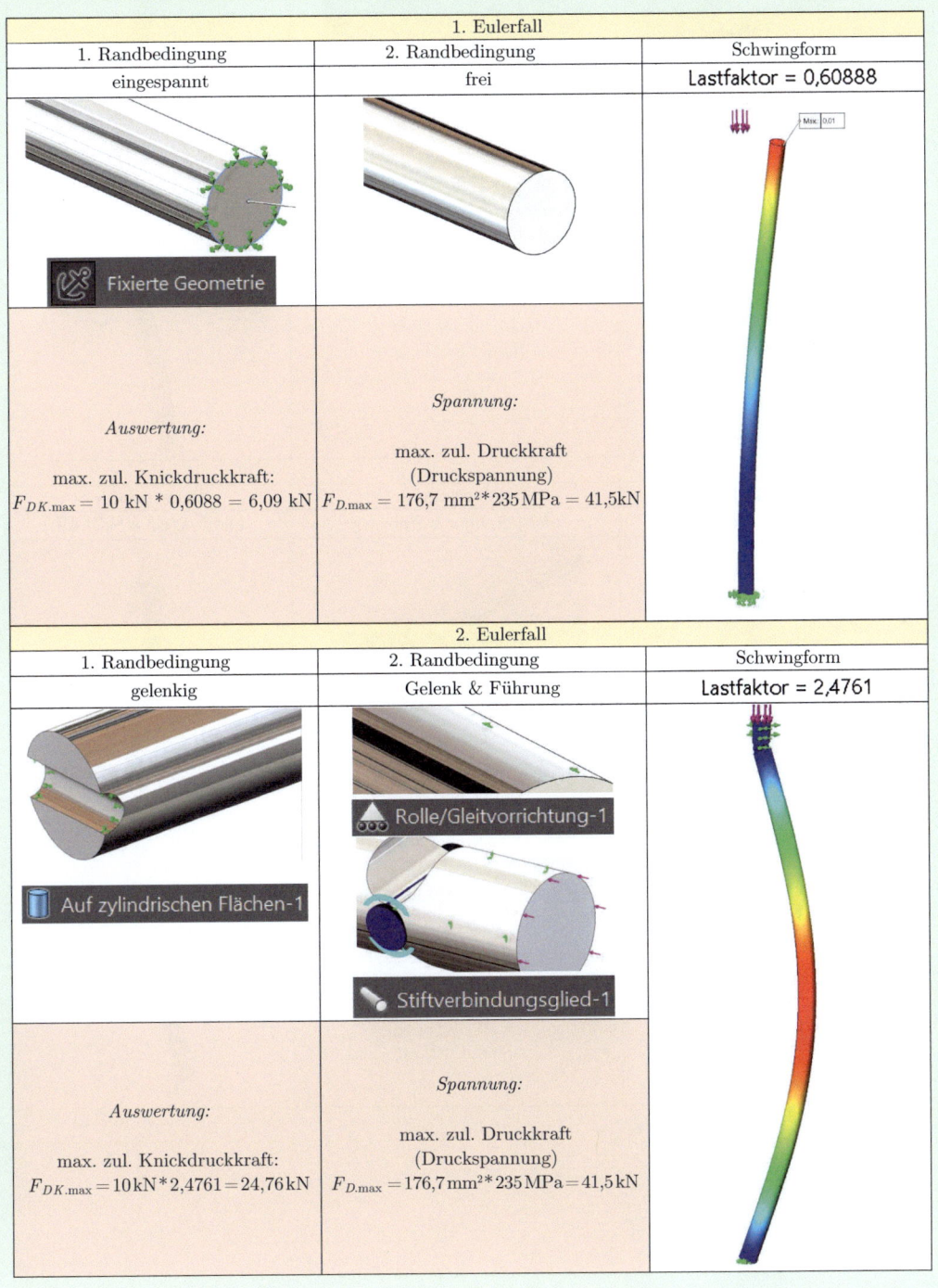

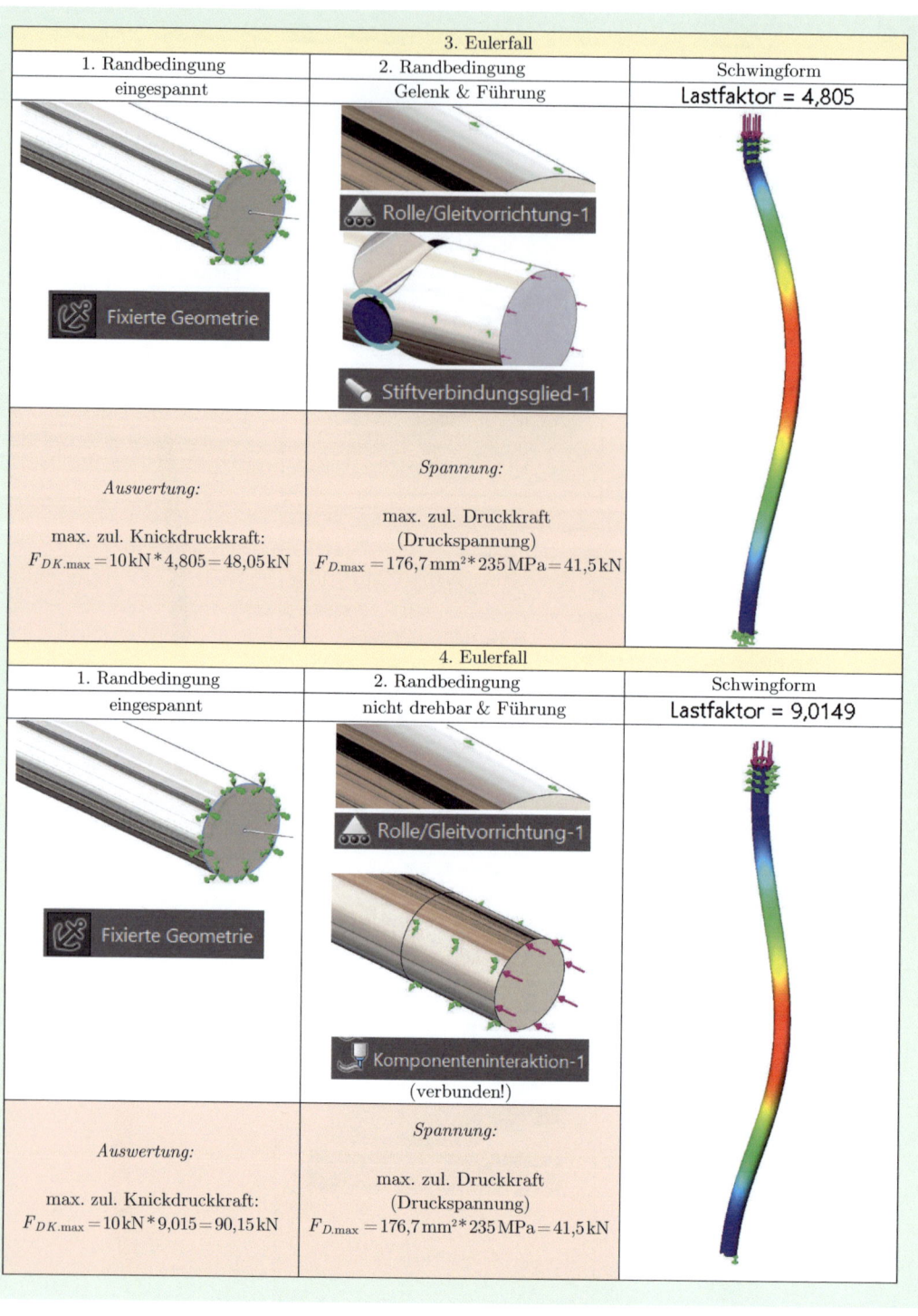

10.1 · Biegeknickung

4. Eulerfall				
F=	10000	N		
E=	210000	MPa		
I=	2485,05	mm^4		
l=	460	mm		

Eulerfall	freie Knicklänge [mm]	Knickkraft (analytisch) [kN]	Knickkraft (SolidWorks) [kN]
EF 1	920	6085,25	6090
EF 2	460	24340,99	24760
EF 3	322	49777,33	48050
EF 4	230	97363,98	90150

Eulerfall	freie Knicklänge [mm]	Knickkraft (analytisch) [kN]	Knickkraft (SolidWorks) [kN]
EF 1	920	6085,25	6090
EF 2	460	24340,99	24760
EF 3	321,99954	49777,33	48050
EF 4	230	97363,98	90150

Periodenzeit EF1	0,000543478	=1 /	(2s bei EF1)
Periodenzeit EF2	0,001086957	=1 /	(2s bei EF2)
Periodenzeit EF3	0,001552797	=1 /	(2s bei EF3)
Periodenzeit EF4	0,002173913	=1 /	(2s bei EF4)

Länge	Funktion EF 1	Funktion EF 2	Funktion EF 3	Funktion EF 4
-460	1	-1,22515E-16	1,222514683	0
-455	0,982926956	-0,03414111	1,269790665	0,002331231
-450	0,96585889	-0,068242413	1,316424742	0,009314054
-445	0,948800776	-0,102264149	1,36230596	0,020915912
-440	0,931757587	-0,136166649	1,407325156	0,037082713
-435	0,914734291	-0,169910385	1,451375217	0,057739078
-430	0,897735851	-0,203456013	1,494351336	0,082788698
-425	0,880767222	-0,23676442	1,536151261	0,112114782
-420	0,863833351	-0,269796771	1,57667554	0,145580595
-415	0,846939174	-0,302514551	1,615827753	0,183030107
-410	0,830089615	-0,334879612	1,653514748	0,224288709

Abb. 10.14 Sinusschwingungswerte und Randbedingungen

Analyse wird eine Eigenwert-Beulanalyse benötigt, mittels der man die Eigenwerte eines Bauteils (der Erste beschreibt die Knickung) berechnen kann. Diese wird auch mit der statisch mechanischen Analyse verbunden. Klickt man auf die mechanisch statische Analyse, so kann man auch zusätzlich die Beulanalyse sehen. Löst man nach dem Definieren aller Randbedingungen die Studie, so werden beide gelöst. Man kann dann die Werte für die Knickanalyse ablesen.

ANSYS liefert den Knicksicherheitswert von 0,784 (vgl. Abb. 10.17 und 10.18). Die Werte sollen nun mittels den Gleichungen für Knickung nach Euler analytisch berechnet und anschließend mittels den Werten aus SolidWorks Simulation und ANSYS verglichen werden. Nachstehend ist ein Programmcode dargestellt, der mittels Matlab einen Vergleich zwischen der analytischen Lösung und der Lösung mittels FEM (sowohl SolidWorks als auch ANSYS) zeigt (vgl. Abb. 10.19).

432 Kapitel 10 · Stabilitätsprobleme

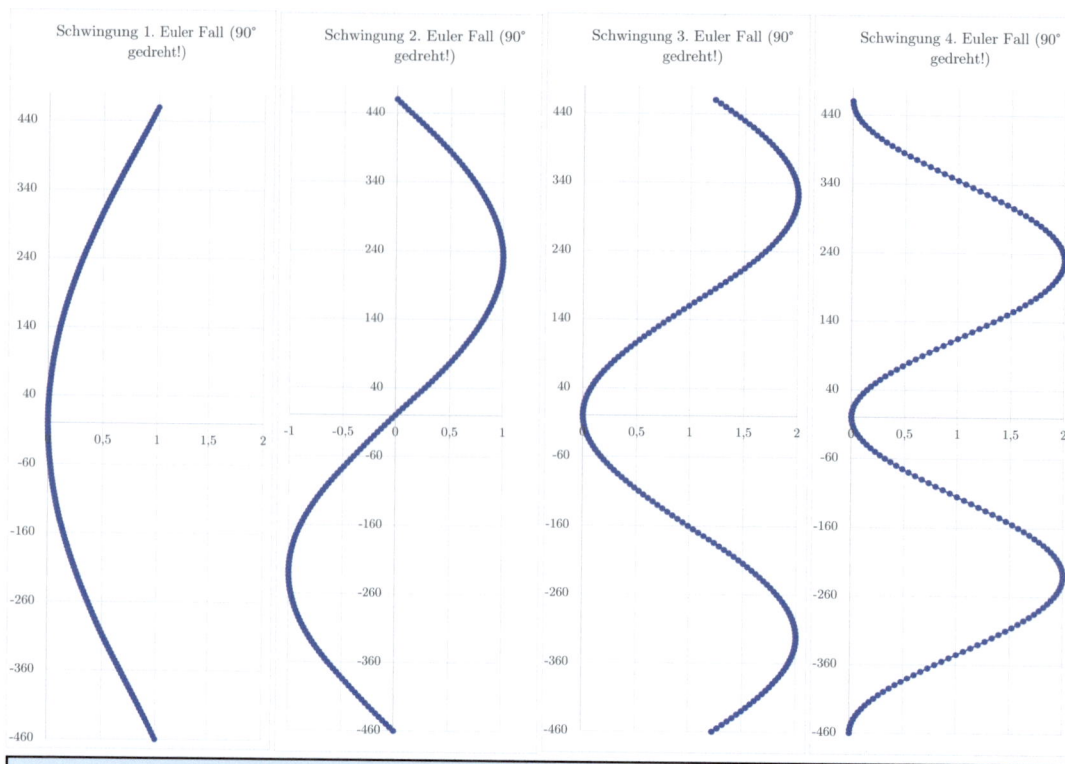

Durch die Eigenwerte der Funktion (Siehe Herleitung der Differentialgleichung 1. Eulerfall) verschiebt sich die Sinusfunktion immer. Es können nicht alle Funktionen mittels der gleichen Legende gezeichnet werden!

Abb. 10.15 Funktionenplots

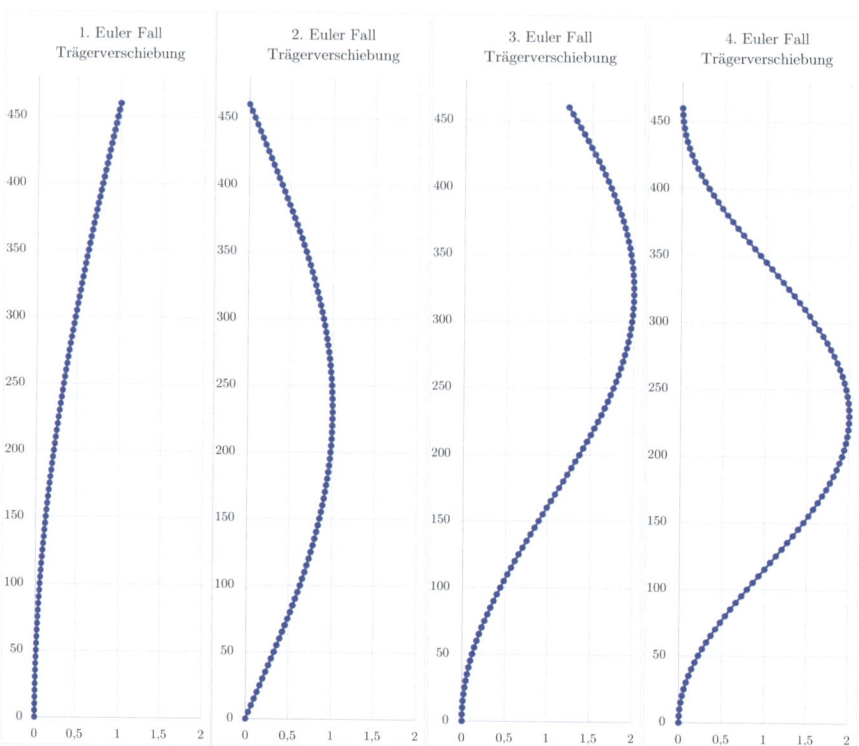

Abb. 10.16 Verformungen des Balkens

10.1 · Biegeknickung

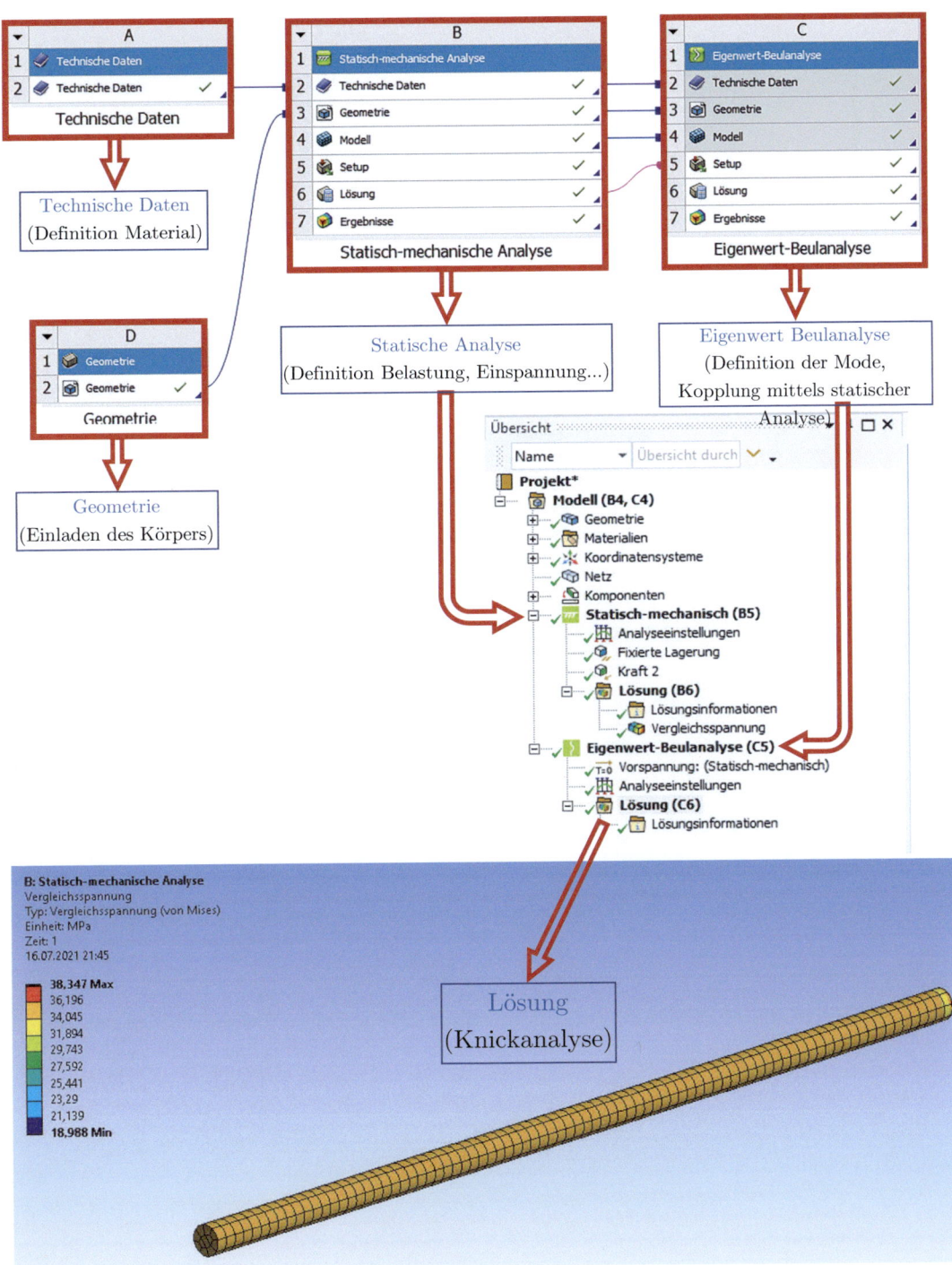

Abb. 10.17 Lineare Knickanalyse mittels ANSYS FEM (1)

Tabellarische Daten

	Auswahlmodus	Lastmultiplikator
1	1.	0,78442
2	2.	0,78473

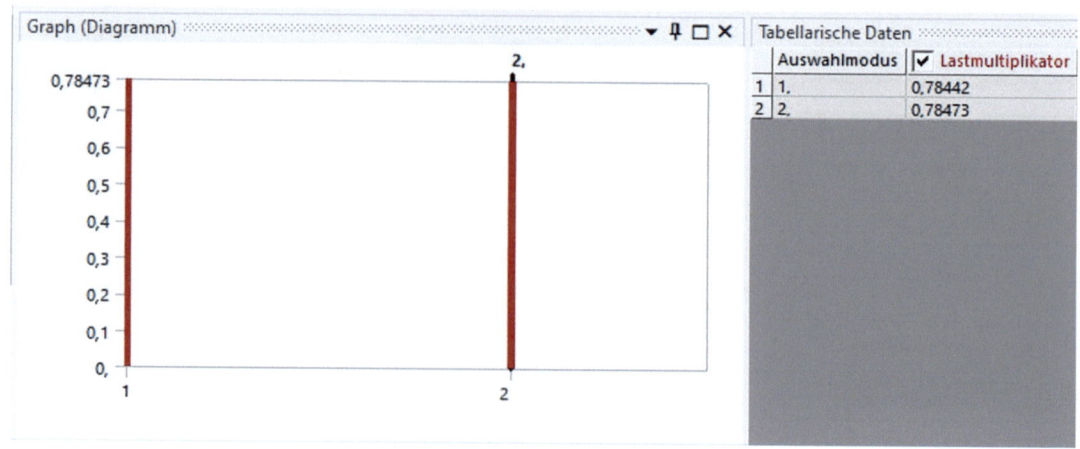

Abb. 10.18 Lineare Knickanalyse mittels ANSYS FEM (2)

10

Methode: Lösung durch Matlab 10.1

```
%===========================================================
%====================RANDBEDINGUNGEN========================
%===========================================================
F     = 25000   ;     %N      Druckkraft
d     = 30      ;     %mm     Durchmesser Stab
l     = 1000    ;     %mm     Laenge Stab
sigma = 235     ;     %MPa    Streckgrenze
E     = 2.1*10^5;     %MPa    E - Modul
%===========================================================
%=====================DRUCKSPANNUNG=========================
%===========================================================

A       =   d^2*pi/4;        %mm^2   Querschnittsflaeche
sigma_D =   F/A;             %MPa    Druckspannung
nu      =   sigma/sigma_D;   %       Sicherheit gegen Bruch

%===========================================================
%=========================KNICKUNG==========================
%===========================================================

%====================analytisch (Formel)====================

I         = d^4*pi/64;         %mm^4 Flaechenmoment 2.O, Kreis
s         = 2 * l;             %mm   freie Knicklaenge
F_K       = 1/4*pi^2/l^2*E*I;  %N    Knickkraft
nu_D      = F_K/F;             %     Knicksicherheit (analytisch)
sigma_KE  = F_K / A;           %MPa  Knickspannung nach Euler
i         = sqrt(I/A);         %mm   Traegheitsradius
lambda    = s/i;               %     Schlankheitsgrad

%===============numerisch (FEM (SolidWorks))===================

nu_FES    = 0.82465;           %      Knicksicherheit aus FEM
F_KFSW    = nu_FES*F;          %MPa   Knickkraft nach FEM (SW)

%===================numerisch (FEM (ANSYS))====================

nu_FEA    = 0.784;             %      Knicksicherheit aus FEM
F_KFANS   = nu_FEA*F;          %MPa   Knickkraft nach FEM (ANSYS)
```

Lösung

Workspace

Name ▲	Value
A	706.8583
d	30
E	210000
F	25000
F_K	2.0602e+04
F_KFANS	19600
F_KFSW	2.0616e+04
i	7.5000
I	3.9761e+04
l	1000
lambda	266.6667
nu	6.6445
nu_D	0.8241
nu_FEA	0.7840
nu_FES	0.8247
s	2000
sigma	235
sigma_D	35.3678
sigma_KE	29.1462

Abb. 10.19 Matlab Berechnung einer Knickanalyse

10.2 Zweiachsige Biegeknickung

Ist der Querschnitt des beanspruchten Stabes nicht kreisförmig, so spricht man von zweiachsiger Biegeknickung. Dabei muss die Lage der Flächenmomente mittels Gleichungen beachtet werden, die bereits in einem anderen Kapitel hergeleitet wurden. Bei einem verdrehten Koordinatensystem kann das Flächenmoment, bezogen auf eine beliebige Achse, Aufschluss über jene Achse geben, um welche die Knickung bei einem nicht symmetrischen Querschnitt eintritt. Ebenso ist der Trägheitswinkel von Bedeutung. Die Knickung erfolgt um jene Achse, die den geringeren Randfaserabstand aufweist. Ein Beispiel dazu ist im Anschluss zu sehen.

$$I_u = I_y \cdot \sin^2(\alpha) - I_{xy} \cdot \sin(2 \cdot \alpha)$$
$$+ I_x \cdot \cos^2(\alpha) \quad (10.37)$$

$$I_v = I_x \cdot \sin^2(\alpha) + I_{xy} \cdot \sin(2 \cdot \alpha)$$
$$+ I_y \cdot \cos^2(\alpha) \quad (10.38)$$

$$\alpha = \frac{1}{2} \cdot \arctan\left(\frac{2 \cdot I_{xy}}{I_y - I_x}\right). \quad (10.39)$$

10.3 Biegedrillknicken (Kippen)

10.3.1 Auftreten von Kippen

Besser bekannt ist das Biegedrillknicken als „Kippen". Kippen tritt bei sehr hohen und schmalen Biegeträgern auf. Betrachtet man den Träger in ◘ Abb. 10.20 kann man feststellen, dass wenn man die Einzelkraft F steigert, der Träger sich zum Durchbiegen beginnt. Steigert man die Kraft weiter und weiter beginnt sich der Träger irgendwann zum Auslenken. Lenkt dieser aus, krümmt sich die Biegelinie räumlich. Somit tritt eine zusätzliche seitliche Verschiebung (v) auf, sowie eine zusätzliche Trägerdrehung (φ).

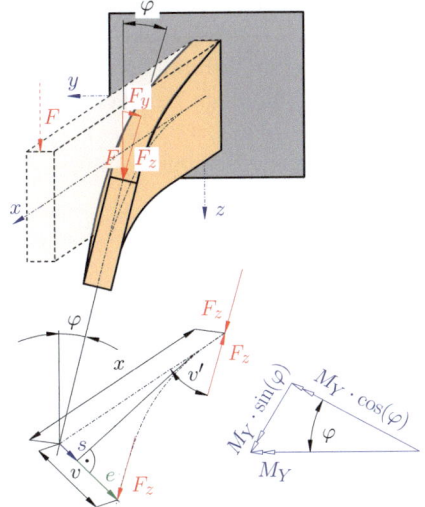

◘ **Abb. 10.20** Kippen eines Biegeträgers (ähnlich [19])

10.3.2 Herleitung der Kippformel

Zunächst bewirkt die Kraft F_Y ein Moment, welches die seitliche Auslenkung folgen lässt. Dieses errechnet sich in Verbindung des Momentenecks aus ◘ Abb. 10.20 zu

$$M_{BS} = M_Y \cdot \sin(\varphi); \quad (10.40)$$

ist der Winkel φ sehr klein gilt $\sin(\varphi) \approx \varphi$ und es folgt

$$M_{BS} = M_Y \cdot \varphi. \quad (10.41)$$

Mittels der Hauptgleichung für die Formänderung bei Biegebeanspruchung folgt

$$\frac{M_{by}}{I_y \cdot E} = -\frac{d^2\omega}{dx^2} = -\omega'' \implies$$
$$M_{by} = -\omega'' \cdot I_y \cdot E.$$

An das Beispiel angepasst

$$M_Y = -c'' \cdot I_z \cdot E. \quad (10.42)$$

Setzt man Gl. (10.42) in Gl. (10.41) ein, folgt $M_{BS} = -v'' \cdot I_Z \cdot E$. Die Kraftkomponente F_Z bewirkt ein Torsionsmoment M_T, sowie eine Verdrehung φ, dafür gilt $M_T = F_Z \cdot e$. Für den

Abstand e gilt $e = v - s$, und für s wenn v' sehr klein ist: $\sin(v') = \frac{GK}{H} = \frac{s}{x} \implies \sin(v') \cdot x = s$. Diese Bedingung in Verbindung der Bedingung für die Winkelfunktionen bei kleinen Winkeln $v' \cdot x = s$. Dies wird in $e = v - s = v - v' \cdot x$ eingesetzt und die letzte Bedingung in $M_T = F_Z \cdot e$, zu

$$M_T = F_Z \cdot (v - v' \cdot x)$$
$$= F_Z \cdot v - F_Z \cdot v' \cdot x. \qquad (10.43)$$

Mit der Gleichung für die Verdrehung folgt

$$\varphi = \frac{M_T \cdot l}{I_T \cdot G} = \frac{F_Z \cdot v \cdot x}{I_T \cdot G} \implies$$
$$\varphi \cdot I_T \cdot G = F_Z \cdot x \cdot v \qquad (10.44)$$

bzw. durch Differenzieren dieser Gleichung

$$\varphi' \cdot I_T \cdot G = F_Z \cdot x \cdot v'. \qquad (10.45)$$

Mit Gl. (10.42) folgt durch Einsetzen

$$F_Z \cdot v = v'' \cdot I_z \cdot E \qquad (10.46)$$

Mit $v' = \varphi \implies v'' = \varphi'''$ folgt, durch Einsetzen in Gl. (10.46)

$$F_Z \cdot v = \varphi''' \cdot I_z \cdot E \qquad (10.47)$$

Setzt man Gl. (10.45) und Gl. (10.47) in Gl. (10.43) ein, folgt

$$F_Z \cdot v - F_Z \cdot v' \cdot x$$
$$= \varphi''' \cdot I_z \cdot E - \varphi' \cdot I_T \cdot G. \qquad (10.48)$$

Nochmaliges Differenzieren von Gl. (10.48) ergibt

$$F_Z \cdot v' - F_Z \cdot v'' \cdot x$$
$$= \varphi'''' \cdot I_z \cdot E - \varphi'' \cdot I_T \cdot G. \qquad (10.49)$$

Liegen kleine Formänderungen vor, wie es meist in der Realität der Fall ist, kann der Term $F_Z \cdot v'$ vernachlässigt werden. Es folgt damit

$$0 = \varphi'''' \cdot I_z \cdot E - \varphi'' \cdot I_T \cdot G + M_Y \cdot v''. \qquad (10.50)$$

Etwas anders angeschrieben wird daraus

$$M_Y \cdot v'' + E \cdot I_z \cdot \varphi'''' - G \cdot I_T \cdot \varphi'' = 0. \qquad (10.51)$$

Meist kann das Wölbkraftproblem vernachlässigt werden, wodurch sich Gl. (10.51) weiter vereinfacht. Darin ist der Term $E \cdot I_z \cdot \varphi'''' \approx 0$, es folgt also

$$v'' = \frac{G \cdot I_T \cdot \varphi''}{M_Y}. \qquad (10.52)$$

Eingesetzt in $M_T = F_Z \cdot e$ folgt

$$M_{BS} = -v'' \cdot I_Z \cdot E$$
$$0 = -\frac{G \cdot I_T \cdot \varphi''}{M_Y} \cdot I_Z \cdot E - M_{BS}. \qquad (10.53)$$

Hier Gl. (10.41) eingesetzt lässt

$$0 = -\frac{G \cdot I_T \cdot \varphi'' \cdot I_Z \cdot E}{M_Y} - M_Y \cdot \varphi \qquad (10.54)$$

folgen und umdrehen der Vorzeichen und Vereinfachen liefert die allgemeine Formel

$$0 = \frac{G \cdot I_T \cdot \varphi'' \cdot I_Z \cdot E}{M_Y} + M_Y \cdot \varphi; \qquad (10.55)$$

oder

$$0 = \varphi'' + \frac{M_Y^2}{G \cdot I_T \cdot I_Z \cdot E} \cdot \varphi. \qquad (10.56)$$

Man unterscheidet fünf Fälle (zu vergleichen mit jenen bei der Biegeknickung gemäß Euler). Um die Formeln für diese Fälle untersuchen zu können, muss man Gl. (10.56) mittels Randbedingungen auswerten.

10.3 · Biegedrillknicken (Kippen)

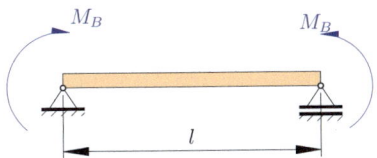

Abb. 10.21 Kippen eines Biegeträgers mit eingeleitetem Moment

10.3.3 Herleitung der Kippformel

Vgl. Abb. 10.21. Das maximale Moment ist $M_Y = M_B$. Einsetzen in die allgemeine Formel liefert

$$0 = \varphi'' + \frac{M_B^2}{G \cdot I_T \cdot I_Z \cdot E} \cdot \varphi. \quad (10.57)$$

Lösen der Differentialgleichung indem man $\varphi^n = \lambda^n$ substituiert und zunächst

$$a = \frac{M_B^2}{G \cdot I_T \cdot I_Z \cdot E} \quad (10.58)$$

abkürzt

$$0 = \lambda^2 + a \implies$$
$$\underline{\underline{\lambda_{12}}} = \pm\sqrt{-a} = \pm\sqrt{a} \cdot i. \quad (10.59)$$

Es folgt eine komplexe Lösung. Dabei muss folgender Ansatz verwendet werden (vgl. Mathematik: Lösung von Differentialgleichungen 2. Ordnung)

$$\varphi(x) = e^{\beta \cdot x}(C_1 \cdot \sin(\alpha \cdot x) + C_2 \cdot \cos(\alpha \cdot x)) \quad (10.60)$$

Wobei die Konstanten a und b Lösungsanteile der Lösung der DGL sind, beispielsweise der Lösung $\beta + i \cdot \alpha$. Hierbei ist $\beta = 0$ und $\alpha = \sqrt{a} = b$. Setzt man dies in den Einsatz ein, folgt

$$\underline{\underline{\varphi(x)}} = e^{0 \cdot x}(C_1 \cdot \sin(b \cdot x) + C_2 \cdot \cos(b \cdot x))$$
$$= \underline{\underline{C_1 \cdot \sin(b \cdot x) + C_2 \cdot \cos(b \cdot x)}} \quad (10.61)$$

Leitet man diese Gleichung zweimal nach x ab, wobei zu beachten ist, dass auch C_1 und C_2 von x abhängen können (Variation der Konstante) (Verwendung der Kettenregel und Produktregel), folgt

$$\varphi'(x) = C_1'(x) \cdot \sin(b \cdot x) - C_1 \cdot \sin(bx) \cdot b$$
$$+ C_2'(x) \cdot \cos(b \cdot x) + C_2 \cdot \cos(bx) \cdot b. \quad (10.62)$$

Mit dem Ansatz $C_1'(x) \cdot \sin(b \cdot x) + C_2'(x) \cdot \cos(b \cdot x) = 0$ folgt daraus

$$\underline{\underline{\varphi'(x) = C_2 \cdot \cos(bx) \cdot b - C_1 \cdot \sin(bx) \cdot b.}} \quad (10.63)$$

Bilden der zweiten Ableitung, durch identes Vorgehen, ergibt sich

$$\varphi''(x) = C_2'(x) \cdot \cos(bx) \cdot b - b^2 C_2 \cdot \sin(bx)$$
$$- C_1'(x) \cdot \sin(bx) \cdot b - b^2 C_1 \cdot \cos(bx) \quad (10.64)$$

Setzt man diese beiden Bedingungen in die Ausgangsgleichung ein, folgt

$$\left(b \cdot (C_1'(x) \cdot \cos(b \cdot x) - C_2'(x) \cdot \sin(b \cdot x))\right.$$
$$\left. - b^2 \cdot \underbrace{(C_1 \cdot \sin(b \cdot x) - C_2 \cdot \cos(b \cdot x))}_{=\varphi(x)}\right)$$
$$+ a \cdot \varphi(x) = 0$$
$$b \cdot (C_1'(x) \cdot \cos(b \cdot x) - C_2'(x) \cdot \sin(b \cdot x))$$
$$- b^2 \varphi(x) + a \cdot \varphi(x) = 0 \quad (10.65)$$

Mit den Randbedingungen

$$\varphi(x=0) = 0 \qquad \varphi(x=l) = 0 \quad (10.66)$$

$$\varphi(x=0) = 0 = C_1 \cdot \sin(0) + C_2 \cdot \cos(0)$$
$$\implies 0 = C_2 \quad (10.67)$$

$$\varphi(x=l) = 0 = C_1 \cdot \sin(b \cdot l) + C_2 \cdot \cos(b \cdot l)$$
$$\implies 0 = C_1 \cdot \sin(b \cdot l) \quad (10.68)$$

Wenn $C_1 \neq 0$ muss die Sinusfunktion zu null werden, um eine nicht triviale Lösung zu erhalten. Es gilt

$$\sin(b \cdot l) = 0 \implies b = \arcsin(0) \cdot \frac{1}{l}$$
$$\implies b \cdot l = n \cdot \pi \quad (10.69)$$

Mit $n = 1, 2, 3, \ldots, n-1, n$. Für die niedrigste Lösung ($k = 1$) folgt die kritische Kraft, also

$$b \cdot l = \pi \implies b = \frac{\pi}{l} \qquad (10.70)$$

Setzt man hier für

$$b = \sqrt{a} = \sqrt{\frac{M_B}{E \cdot I_t \cdot I_z \cdot G}}$$
$$= \frac{M_B}{\sqrt{E \cdot I_t \cdot I_z \cdot G}} \qquad (10.71)$$

ein, folgt durch Gleichsetzen der beiden Bedingen

$$\frac{\pi}{l} = \frac{M_B}{4 \cdot \sqrt{E \cdot I_t \cdot I_z \cdot G}} \qquad (10.72)$$

Umformen dieser Bedingung ergibt das kritische Moment

$$M_{\text{krit}} = \frac{\pi}{l} \cdot \sqrt{G \cdot I_T \cdot I_Z \cdot E}. \qquad (10.73)$$

Dieses sehr einfache Beispiel erfordert doch schon etwas Rechenpräzision, wobei es zu bemerken gilt, dass das der wohl einfachste Fall bei der Herleitung der Kippformeln ist. Betrachtet man als Beispiel einen Träger mit einer Einzelkraft, die im Zentrum angreift, so wird die Herleitung wesentlich komplexer. Solche Beispiele sind als Beispiel in [29, S. 56] zu finden. Dabei geht man folgendermaßen vor:

— Man verwendet Gl. (10.52), welche lautet

$$v'' = \frac{G \cdot I_T \cdot \varphi''}{M_Y} \qquad (10.74)$$

und formt diese auf φ'' um.
— Es ist dann v'' unbekannt. Dabei verwendet man den Ansatz

$$v = v_0 \cdot \sin\left(\frac{\pi \cdot x}{l}\right), \qquad (10.75)$$

welcher durch zweimal Ableiten für v'' eingesetzt werden kann.

— Integriert man die Gleichung, die man nach Umformen von Gl. (10.52) auf φ'' erhält, zweimal, so folgt eine Gleichung für φ. Setzt man dann die Randbedingungen, je nach Beispiel, ein, können die beiden Konstanten C_1 und C_2 ermittelt werden.
— Es kann dann die Gleichung meist wesentlich vereinfacht werden (durch Weglassen kleiner Verschiebungen, die durch Terme berechnet werden), wodurch auch die weiter zu verwendenden Gleichungen übersichtlicher werden.
— Jetzt setzt man dann die Gleichung für φ in Gl. (10.40) ein, welche lautet

$$M_{BS} = M_Y \cdot \sin(\varphi) \approx M_Y \cdot \varphi \qquad (10.76)$$

— Durch Betrachtung der virtuellen Arbeit kann diese Gleichung in das Integral (hier für einen zweifach gelagerten Balken mit Einzellast)

$$v_0 \cdot F_H = \int_v = 2 \cdot \int_0^{l/2} M_{P_m = F_H} \cdot M_z \frac{dx}{E \cdot I_z}. \qquad (10.77)$$

Hierin ist F_H eine virtuelle Horizontalkraft, die zur Formulierung der Gleichung für die virtuelle Arbeit verwendet wird und $M_{P_m = F_H}$ stellt das Drehmoment infolge dieser Horizontalkraft dar.
— Löst man dann nach einsetzen von M_z in die Gleichung der virtuellen Arbeit das Integral (numerisch, als Beispiel durch die Trapezformel oder der Formel nach Simpson) auf, folgt die Gleichung für den Kippfall.

10.3.4 Übersicht Kippen

Siehe ◘ Abb. 10.22 und ▶ Methode: Lösung durch Matlab 10.2.

10.3 · Biegedrillknicken (Kippen)

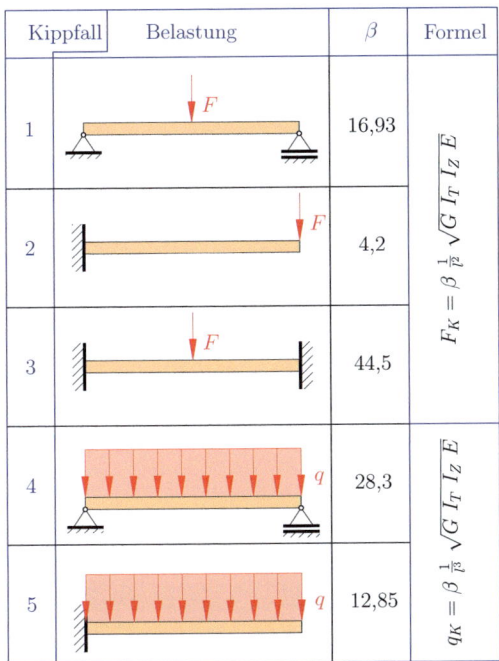

Abb. 10.22 Kippfälle im Überblick

> **Methode: Lösung durch Matlab 10.2**
>
> Gegeben sei ein Träger mit der Länge $l = 1000$ mm, dieser besitzt ein Rechteckquerschnitt mit den Abmessungen: $a \times b = 3 \times 50$ mm (der Höhe nach eingebaut) und wird mit der Kraft $F = 1000$ N belastet. Es seien folgende Fälle zu untersuchen:
> 1. der Träger ist beidseitig abgestützt, die Last greift als Punktlast in der Mitte an;
> 2. der Träger ist einseitig eingespannt, die Last greift am anderen Ende als Punktlast an:
> 3. der Träger ist beidseitig abgestützt, es befindet sich eine durchgehende Gleichlast am Träger;
> 4. der Träger ist einseitig eingespannt, es befindet sich eine durchgehende Gleichlast am Träger.
>
> Die Lösung erfolgt durch Matlab, der Quellcode und die Lösung sind nachstehend dargestellt.
>
> ```
> %===================================================================
> %============================RANDBEDINGUNGEN========================
> %===================================================================
> %GEOMETRIE==========================================================
> l = 1000;          %mm        Laenge
> a = 3;             %mm        Querschnittsbreite
> b = 50;            %mm        Querschnittshoehe
> %FESTIGKEIT=========================================================
> F = 1000;          %N         Belastungskraft
> E = 2.1*10^5;      %MPa       E - Modul (Stahl)
> G = 79000;         %MPa       Schubmodul (Stahl)
> ```

```
%===============================================================
%============================FLAECHENMOMENT=====================
%===============================================================

I_T = b*a^3/3;    %mm^4      Torsionsflaechenmoment
I_A = b*a^3/12;   %mm^4      Flaechenmoment 2. O.


%===============================================================
%============================KIPPFALL===========================
%===============================================================

beta_1 = 16.93;   %Traeger, zwei Auflager, Einzellast    (Fall 1)
beta_2 = 4.2  ;   %Traeger, eingespannt  , Einzellast    (Fall 2)
beta_3 = 28.3 ;   %Traeger, zwei Auflager, Flaechenlast  (Fall 3)
beta_4 = 12.85;   %Traeger, eingespannt  , Flaechenlast  (Fall 4)


%===============================================================
%============================KIPPKRAEFTE========================
%===============================================================
F_K1 = beta_1*1/(l^2)*sqrt(G*I_T*I_A*E);   %N    Kippkraft   (Fall 1)
F_K2 = beta_2*1/(l^2)*sqrt(G*I_T*I_A*E);   %N    Kippkraft   (Fall 2)
F_K3 = beta_3*1/(l^2)*sqrt(G*I_T*I_A*E);   %N    Kippkraft   (Fall 3)
F_K4 = beta_4*1/(l^2)*sqrt(G*I_T*I_A*E);   %N    Kippkraft   (Fall 4)

q_K3 = beta_3*1/l^3*sqrt(G*I_T*I_A*E);     %N    KL (Fall 3)
q_K4 = beta_4*1/l^3*sqrt(G*I_T*I_A*E);     %N    KL (Fall 4)

%===============================================================
%============================KIPPSICHERHEIT=====================
%===============================================================

nu_1 = F_K1/F;
nu_2 = F_K2/F;
nu_3 = F_K3/F;
nu_4 = F_K4/F;
```

Lösung
Workspace

Name ▲	Value
a	3
b	50
beta_1	16.9300
beta_2	4.2000
beta_3	28.3000
beta_4	12.8500
E	210000
F	1000
F_K1	490.6397
F_K2	121.7181
F_K3	820.1478
F_K4	372.3993
G	79000
I_A	112.5000
I_T	450
l	1000
nu_1	0.4906
nu_2	0.1217
nu_3	0.8201
nu_4	0.3724
q_K3	0.8201
q_K4	0.3724

10.3.5 Kippen mittels FEM

Obwohl in SolidWorks Simulation nur „Knickung" als Simulationsstudie möglich ist, kann diese Art der Studie trotzdem Kippberechnungen durchführen. In ANSYS kann die Kippberechnung ebenfalls direkt mittels der Beul- und Eigenfrequenz Studie analysiert werden. Zur Demonstration wurde nachstehend das obige Beispiel (Kippfall 1) mittels SolidWorks berechnet.

10.3 · Biegedrillknicken (Kippen)

Methode: Lösung durch SolidWorks – FEM 10.3

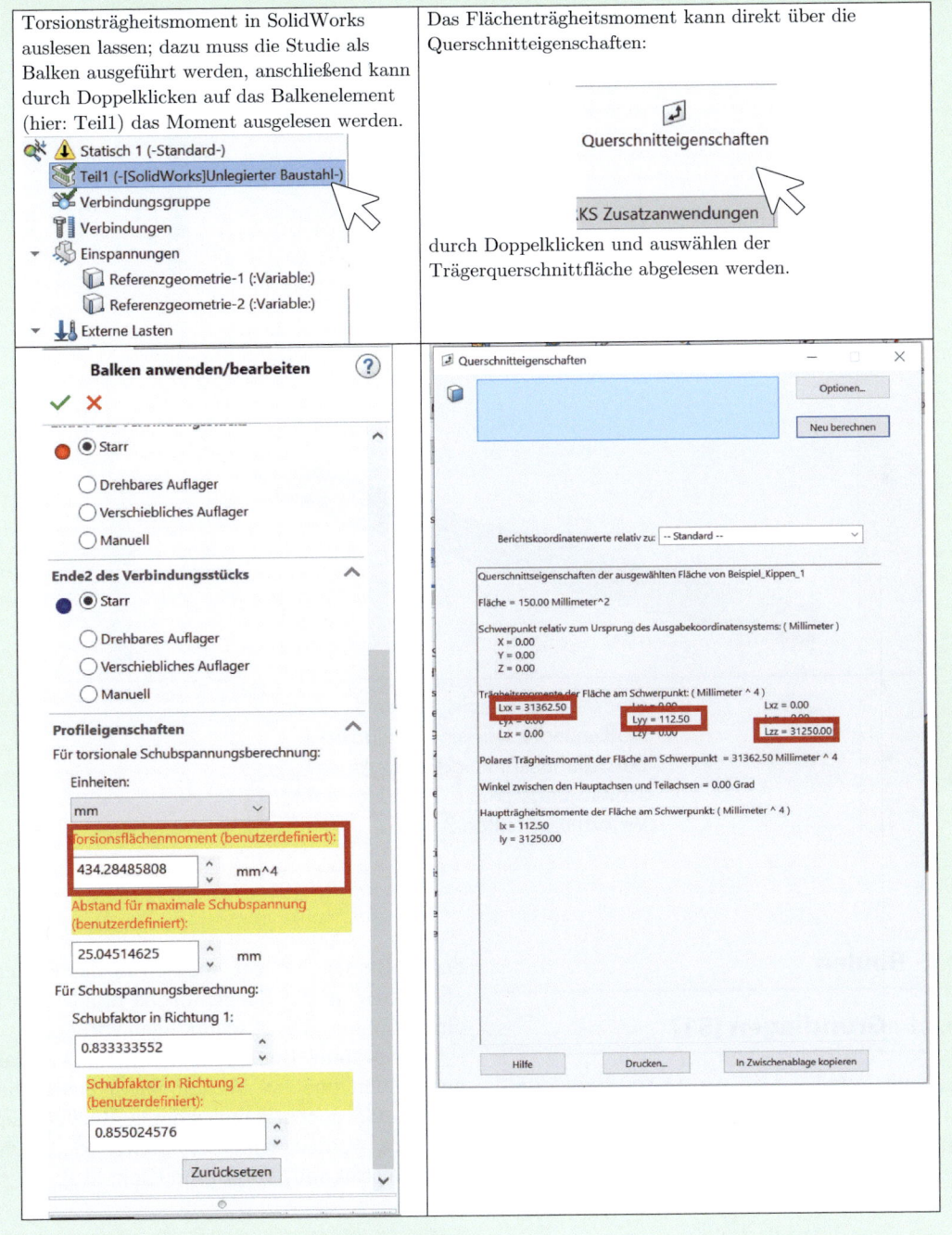

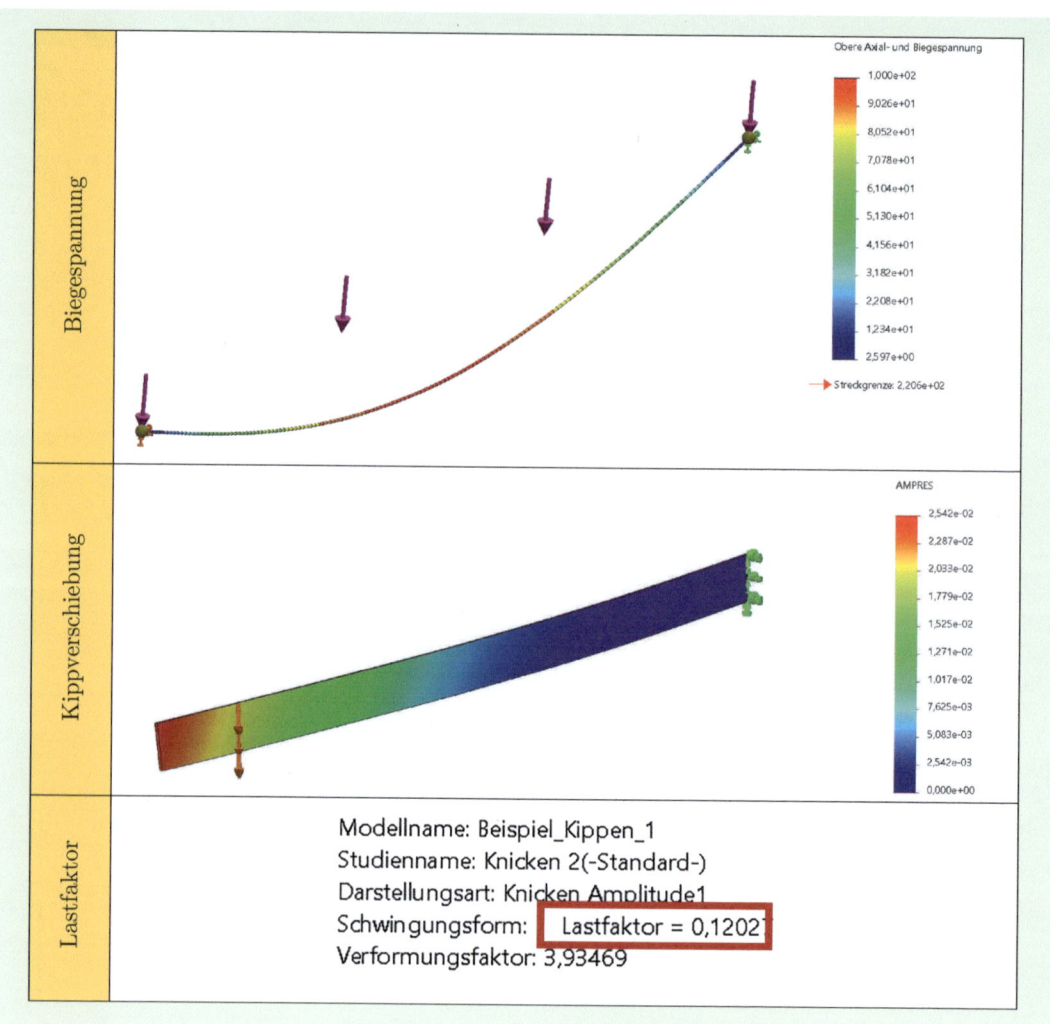

10.4 Beulen

10.4.1 Grundlagen [51]

Ein weiterer Fall infolge von Instabilität ist Beulen. Dabei versteht man vorwiegend im technischen Sinne
- das Ausweichen von Platten, wobei die Belastung einen Scheibenspannungszustand aus ihrer Ebene darstellt
- das Ausweichen von Schalen, wobei die Belastung einen Membranspannungszustand aus ihrer Ebene darstellt
- das Ausweichen von Rohren in Richtung der Flächennormalen unter äußerem Überdruck.

Damit Beulen vorliegt, müssen in der Plattenebene bzw. in der Schalenfläche mindestens in einer Richtung Druckspannungen vorliegen.

Das Kapitel Beulen wird hier nur kurz angeschnitten und bei Weitem nicht ausführlich erklärt. Genaueres kann anderen Büchern entnommen werden, wie beispielsweise: „Leichtbau Konstruktion" von Bernd Klein [19]

> **Beispiel 10.2**
>
> Beispiele von Plattenbeulen sind Formänderungen von mechanischen Bauteilen, die ähnlich einer „Welle" gleichen, bzw. wellig werden.

10.4 · Beulen

Abb. 10.23 Schalenbeulen, hier als Beispiel bei einer zusammengedrückten Getränkedose

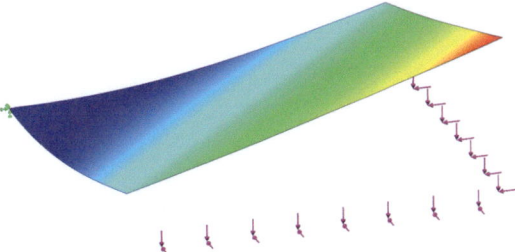

Abb. 10.24 Schalenbeulen, bei einer Rechteckscheibe, belastet durch einen gleichmäßigen Druck in allen Richtungen

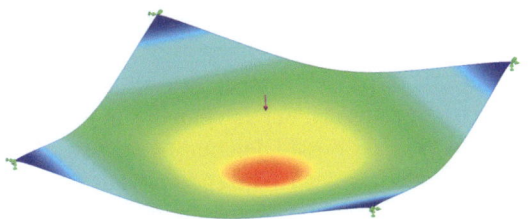

Abb. 10.25 Schalenbeulen, bei einer Rechteckscheibe, belastet durch eine im Zentrum angreifende Druckkraft

10.4.2 Schalenbeulen

Jeder kennt Beulen auch vom täglichen Leben, dabei ist aber vor allem das sogenannte Schalenbeulen vorhanden. Als Beispiel bei dünnwandigen Bauteilen wie: Getränkedosen kommt es zum Schalenbeulen, wenn diese zusammengedrückt werden (vgl. Abb. 10.23).

10.4.3 Beulgleichung

Die Grundlage für das Beulen bietet ein anisotropes Materialverhalten. Zu untersuchen ist der Fall der Plattenbiegung, der dann auf die DGL (partiell, vierte Ordnung) führt. Um das Ganze besser zu verstehen, wird eine FEM Analyse einer Rechteckscheibe betrachtet.

Wie in den beiden Abb. 10.24 und 10.25 eindeutig zu erkennen ist, beginnt die Rechteckscheibe infolge des Beulens sich zu wölben und verformen. Mathematisch kann man ein infinitesimal kleines Flächenstück herausschneiden und dort folgende Parameter messen (Idee aus [19, S. 232, Kapitel 19]), siehe Abb. 10.26:

$$(E \cdot I)_x \frac{\partial^4 w}{\partial x^4} + 2 \cdot (E \cdot I)_{xy} \frac{\partial^4 w}{\partial x^2 \partial y^2} + (E \cdot I)_y \frac{\partial^4 w}{\partial y^4} = p(x,y). \quad (10.78)$$

Hierin stellt $(E \cdot I)_{ij}$ die Biegesteifigkeit dar. Diese kann durch $(E \cdot I)_{ij} = \frac{E \cdot t^3}{12(1-\nu^2)}$ berechnet werden. Anschließend kann in dieser Gleichung der Spannungstensor berücksichtigt werden, wodurch die Gleichung

$$\frac{\partial^4 w}{\partial x^4} + 2\frac{\partial^4 w}{\partial x^2 \partial y^2} + \frac{\partial^4 w}{\partial y^4}$$
$$= -\frac{t}{E \cdot I}\left(\sigma_x \frac{\partial^2 w}{\partial x^2} + 2\tau_{xy}\frac{\partial^2 w}{\partial x \partial y} + \sigma_y \frac{\partial^2 w}{\partial y^2}\right) \quad (10.79)$$

nach größerem Umformungsaufwand folgt. Hierin kann der Laplace Operator noch hinzugefügt werden, der die partiellen Ableitungen zweiter Ordnung durch $\Delta\Delta$ ersetzen soll. Es folgt dann die Differentialgleichung

$$\Delta\Delta w = -\frac{t}{E \cdot I} \cdot \left(\sigma_x \frac{\partial^2 w}{\partial x^2} + 2\tau_{xy}\frac{\partial^2 w}{\partial x \partial y} + \sigma_y \frac{\partial^2 w}{\partial y^2}\right) \quad (10.80)$$

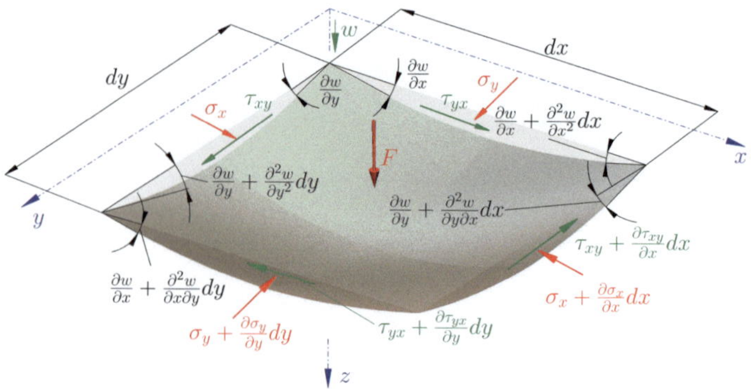

Abb. 10.26 Schalenbeulen, bei einer Rechteckscheibe, infinitesimal kleines Flächenstück

10.4.4 Lösung der Beulgleichung

Die DGL aus (10.80) stellt den allgemeinsten Fall des Beulens dar. Für verschiedenen Fälle der Mechanik muss diese Gleichung gelöst werden, dazu werden je nach Anwendungsfall die entsprechenden Randbedingungen eingesetzt. Es folgen damit die Beulgleichungen, ähnlich wie die Biegeliniengleichungen, Knickgleichungen usw. für jeden einzelnen Anwendungsfall. Dies bedingt einiger Übung und wird hier nicht mehr vertieft behandelt, allerdings wird im letzten Teil dieses Buches (Kontinuumsmechanik) bei der Lösung der Airy'schen Spannungsfunktion genauer auf die Lösung von Gleichungen, die eine ähnliche Gestalt besitzen, aber keinesfalls das gleiche Aussagen, eingegangen. Zu beachten gilt es bei solchen Gleichungen, dass das Δ nicht für eine Differenz etc. steht, sondern für den Laplace-Operator, welcher auf die zweite Ableitung einer Funktion hinweist. Ebenfalls kann man unter der Literatur [19] die Lösung nachlesen.

10.4.4.1 Überführung der Beuldifferentialgleichung in die Beulgleichung

Um die allgemeine Beulgleichung zu erhalten, muss zunächst die zuvor erhaltene Differentialgleichung (10.80) gelöst werden. Oftmals wird die Abkürzung $E \cdot I = B$ verwendet, so auch im folgendem. Vgl. mit [19]. Die Beuldifferentialgleichung lautet

$$\Delta \Delta w = -\frac{\sigma_x \cdot t}{B}\left(\frac{\partial^2 w}{\partial x^2} + \kappa \cdot \frac{\partial^2 w}{\partial y^2}\right). \tag{10.81}$$

Darin weist der Laplace Operator Δ auf die 2. Ableitung der Funktion w hin. Der Laplace Operator bildet die zweite partielle Ableitung der Funktion w nach jeder abhängigen Variable, in zwei Dimensionen, wie hier, nach x und y. Es gilt daher

$$\Delta = \frac{\partial^2 f(x,y)}{\partial x^2} + \frac{\partial^2 f(x,y)}{\partial y^2} \tag{10.82}$$

$$\Delta\Delta = \Delta^2 = \frac{\partial^4 f(x,y)}{\partial x^4}$$
$$+ 2 \cdot \underbrace{\frac{\partial^2 f(x,y)}{\partial x^2} \cdot \frac{\partial^2 f(x,y)}{\partial y^2}}_{\frac{\partial^4 f(x,y)}{\partial x^2 \cdot y^2}}$$
$$+ \frac{\partial^4 f(x,y)}{\partial y^4} \tag{10.83}$$

Setzt man hier für $f(x,y) = w$ ein, folgt die Beuldifferentialgleichung in ausgeschriebener Form (und ohnehin die Gleichung, die bereits bei der Herleitung resultierte)

$$\frac{\partial^4 w}{\partial x^4} + 2 \cdot \frac{\partial^4 w}{\partial x^2 \cdot y^2} + \frac{\partial^4 w}{\partial y^4}$$
$$= -\frac{\sigma_x \cdot t}{B}\left(\frac{\partial^2 w}{\partial x^2} + \kappa \cdot \frac{\partial^2 w}{\partial y^2}\right). \tag{10.84}$$

Um diese Differentialgleichung zu lösen, greift man auf einen Lösungsansatz zurück, ähnlich wie bei der Lösung aller bisherigen Differenti-

10.4 · Beulen

algleichungen. Dieser Ansatz lautet

$$w(x,y) = C_{lk} \cdot \sin\left(\frac{\pi \cdot x \cdot l}{a}\right) \cdot \sin\left(\frac{\pi \cdot y \cdot k}{b}\right). \quad (10.85)$$

Wie kommt man auf diesen Ansatz? Ganz einfach, durch Intuition. Dies ist aber auch nicht ganz richtig, es steckt schon ein Gedanke dahinter, warum ausgerechnet eine Sinusfunktion. Betrachtet man alle Überlegungen bei den bisherigen Herleitungen, sei es bei den Knickgleichungen als auch bei den Kippfällen, tauchte der Sinus immer wieder auf. Dies liegt einfach an der Ähnlichkeit zwischen den dynamischen Schwingungsanalysen, wobei die Berechnung durch mehrere Modi erfolgt und den Stabilitätsproblemen wie Knicken, Kippen, ... wo nur der erste Modi ausschlaggebend ist. Bereits bei den Knickstäben wurde eine Verformungsgeometrie festgestellt, die einer Sinusfunktion folgt. So auch hier bei der Beulgleichung. Betrachtet man die Rechteckscheibe, aus der eingehenden Abbildung zu Beginn dieses Abschnittes, kann man an den Außenrändern auch eine Verwölbung bzw. eine bogenförmige Verschiebung erkennen. Diese folgt auch einer Sinusfunktion, so die Annahme, deshalb auch die Gleichung für den Lösungsansatz. Um den Lösungsansatz in die Beuldifferentialgleichung einsetzen zu können, muss diese viermal abgeleitet werden, gemäß folgenden Gleichungen.

$$\frac{\partial w(x,y)}{\partial x} = C_{lk} \cdot \frac{\pi \cdot l}{a} \cdot \cos\left(\frac{\pi \cdot x \cdot l}{a}\right) \cdot \underbrace{\sin\left(\frac{\pi \cdot y \cdot k}{b}\right)}_{=\text{const.}}$$

$$\frac{\partial w^2(x,y)}{\partial x^2} = -C_{lk} \cdot \left(\frac{\pi \cdot l}{a}\right)^2 \cdot \sin\left(\frac{\pi \cdot x \cdot l}{a}\right) \cdot \underbrace{\sin\left(\frac{\pi \cdot y \cdot k}{b}\right)}_{=\text{const.}} \quad (10.86)$$

$$\frac{\partial w^3(x,y)}{\partial x^3} = -C_{lk} \cdot \left(\frac{\pi \cdot l}{a}\right)^3 \cdot \cos\left(\frac{\pi \cdot x \cdot l}{a}\right) \cdot \underbrace{\sin\left(\frac{\pi \cdot y \cdot k}{b}\right)}_{=\text{const.}}$$

$$\frac{\partial w^4(x,y)}{\partial x^4} = C_{lk} \cdot \left(\frac{\pi \cdot l}{a}\right)^4 \cdot \sin\left(\frac{\pi \cdot x \cdot l}{a}\right) \cdot \underbrace{\sin\left(\frac{\pi \cdot y \cdot k}{b}\right)}_{=\text{const.}} \quad (10.87)$$

$$\frac{\partial w(x,y)}{\partial y} = C_{lk} \cdot \frac{\pi \cdot k}{b} \cdot \underbrace{\sin\left(\frac{\pi \cdot x \cdot l}{a}\right)}_{=\text{const.}} \cdot \cos\left(\frac{\pi \cdot y \cdot k}{b}\right)$$

$$\frac{\partial w^2(x,y)}{\partial y^2} = -C_{lk} \cdot \left(\frac{\pi \cdot k}{b}\right)^2 \cdot \underbrace{\sin\left(\frac{\pi \cdot x \cdot l}{a}\right)}_{=\text{const.}} \cdot \sin\left(\frac{\pi \cdot y \cdot k}{b}\right) \quad (10.88)$$

$$\frac{\partial w^3(x,y)}{\partial y^3} = -C_{lk} \cdot \left(\frac{\pi \cdot k}{b}\right)^3 \cdot \underbrace{\sin\left(\frac{\pi \cdot x \cdot l}{a}\right)}_{=\text{const.}} \cdot \cos\left(\frac{\pi \cdot y \cdot k}{b}\right)$$

$$\frac{\partial w^4(x,y)}{\partial y^4} = C_{lk} \cdot \left(\frac{\pi \cdot k}{b}\right)^4 \cdot \underbrace{\sin\left(\frac{\pi \cdot x \cdot l}{a}\right)}_{=\text{const.}} \cdot \sin\left(\frac{\pi \cdot y \cdot k}{b}\right) \quad (10.89)$$

Nach dem Satz von Schwarz gilt für die gemischte Ableitung

$$\frac{\partial w^4(x,y)}{\partial x^2 \cdot \partial y^2} = C_{lk} \cdot \left(\frac{\pi \cdot l}{a}\right)^2 \cdot \left(\frac{\pi \cdot k}{b}\right)^2 \cdot \sin\left(\frac{\pi \cdot x \cdot l}{a}\right) \cdot \sin\left(\frac{\pi \cdot y \cdot k}{b}\right) \quad (10.90)$$

Für die Indizes gilt $l, k \in \mathbb{N}$. Setzt die gefundenen Ableitungen in die Ausgangsdifferentialgleichung ein, folgt

$$\frac{\partial^4 w}{\partial x^4} + 2 \cdot \frac{\partial^4 w}{\partial x^2 \cdot y^2} + \frac{\partial^4 w}{\partial y^4}$$
$$= -\frac{\sigma_x \cdot t}{B} \left(\frac{\partial^2 w}{\partial x^2} + \kappa \cdot \frac{\partial^2 w}{\partial y^2} \right) \quad (10.91)$$

$$C_{lk} \cdot \left(\frac{\pi \cdot l}{a}\right)^4 \cdot \sin\left(\frac{\pi \cdot x \cdot l}{a}\right) \cdot \sin\left(\frac{\pi \cdot y \cdot k}{b}\right)$$
$$+ 2 \cdot \left[C_{lk} \cdot \left(\frac{\pi \cdot l}{a}\right)^2 \cdot \left(\frac{\pi \cdot k}{b}\right)^2 \right.$$
$$\left. \cdot \sin\left(\frac{\pi \cdot x \cdot l}{a}\right) \cdot \sin\left(\frac{\pi \cdot y \cdot k}{b}\right) \right]$$
$$+ C_{lk} \cdot \left(\frac{\pi \cdot k}{b}\right)^4 \cdot \sin\left(\frac{\pi \cdot x \cdot l}{a}\right) \cdot \sin\left(\frac{\pi \cdot y \cdot k}{b}\right)$$
$$= \frac{\sigma_x \cdot t}{B} \left(C_{lk} \cdot \left(\frac{\pi \cdot l}{a}\right)^2 \cdot \sin\left(\frac{\pi \cdot x \cdot l}{a}\right) \right.$$
$$\cdot \sin\left(\frac{\pi \cdot y \cdot k}{b}\right)$$
$$+ \kappa \cdot C_{lk} \cdot \left(\frac{\pi \cdot k}{b}\right)^2 \cdot \sin\left(\frac{\pi \cdot x \cdot l}{a}\right)$$
$$\left. \cdot \sin\left(\frac{\pi \cdot y \cdot k}{b}\right) \right) \quad (10.92)$$

Hierin kann durch C_{lk} und $\sin(\frac{\pi \cdot x \cdot l}{a}) \cdot \sin(\frac{\pi \cdot y \cdot k}{b})$ dividiert werden, da diese Ausdrücke in jedem Term vorkommen. Es folgt daraus

$$\left(\frac{\pi \cdot l}{a}\right)^4 + 2 \cdot \left(\frac{\pi \cdot l}{a}\right)^2 \cdot \left(\frac{\pi \cdot k}{b}\right)^2 + \left(\frac{\pi \cdot k}{b}\right)^4$$
$$= \frac{\sigma_x \cdot t}{B} \left(\left(\frac{\pi \cdot l}{a}\right)^2 + \kappa \cdot \left(\frac{\pi \cdot k}{b}\right)^2 \right) \quad (10.93)$$

$$\pi^4 \cdot \left(\frac{l}{a}\right)^4 + 2 \cdot \pi^2 \cdot \left(\frac{l}{a}\right)^2 \cdot \pi^2 \cdot \left(\frac{k}{b}\right)^2 + \pi^4 \cdot \left(\frac{k}{b}\right)^4$$
$$= \frac{\sigma_x \cdot t}{B} \pi^2 \cdot \left(\left(\frac{l}{a}\right)^2 + \kappa \cdot \left(\frac{k}{b}\right)^2 \right) \quad (10.94)$$

$$\pi^2 \cdot \left(\frac{l}{a}\right)^4 + 2 \cdot \left(\frac{l}{a}\right)^2 \cdot \left(\frac{k}{b}\right)^2 + \pi^2 \cdot \left(\frac{k}{b}\right)^4$$
$$= \frac{\sigma_x \cdot t}{B} \cdot \left(\left(\frac{l}{a}\right)^2 + \kappa \cdot \left(\frac{k}{b}\right)^2 \right) \quad (10.95)$$

$$\frac{B \cdot \pi^2}{t} \cdot \left[\left(\frac{l}{a}\right)^2 + \left(\frac{k}{b}\right)^2 \right]^2$$
$$= \sigma_x \cdot \left[\left(\frac{l}{a}\right)^2 + \kappa \cdot \left(\frac{k}{b}\right)^2 \right] \quad (10.96)$$

bzw. durch Umformen, folgt die kritische Beulspannung zu

$$\sigma_{B,\text{krit}} = \frac{\frac{B \cdot \pi^2}{t} \cdot \left[\left(\frac{l}{a}\right)^2 + \left(\frac{k}{b}\right)^2 \right]^2}{\left(\frac{l}{a}\right)^2 + \kappa \cdot \left(\frac{k}{b}\right)^2} \quad (10.97)$$

Diese Gleichung kann jetzt für verschiedenen Anwendungsbeispiele verwendet werden.

10.4.4.2 Einfaches Anwendungsbeispiel der Beulgleichung

Siehe ▶ Bsp. 10.3.

10.4.5 Beulen mittels FEM

Die einfachste und auch meistens sinnvollste Lösung bietet die Untersuchung mittels FEM. Dabei muss allerdings meist auf High-End Programme zurückgegriffen werden, wie ANSYS oder ABAQUS, da es zu sehr großen Verschiebungen kommt, und eine nicht lineare Studie verwendet werden muss. Dies zieht mit sich, dass in SolidWorks keine Knickstudie mehr angewendet werden kann, so wie es beim Knicken und beim Kippen der Fall war. Im Folgenden geht es mehr um eine grobe Demonstration eines Körpers, an dem Schalenbeulen vorliegt.

10.4 · Beulen

Beispiel 10.3

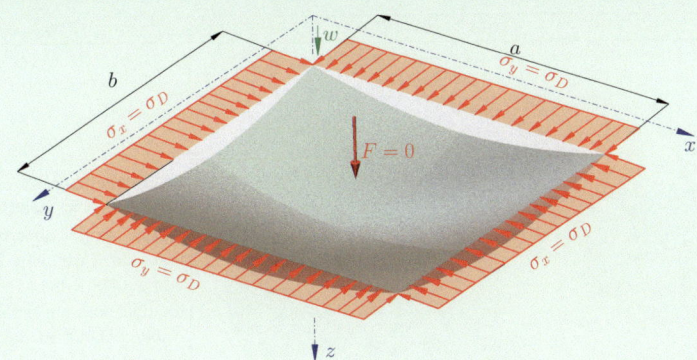

Abb. 10.27 Rechteckscheibe, Beispiel

Zu untersuchen ist die kritische Beulspannung bei einer Rechteckscheibe (vgl. Abb. 10.27), die rundum mit einer gleichmäßigen Druckspannung von $\sigma_D = 200$ MPa belastet wird. Die Scheibe hat die Abmessungen $a \times b \times t = 200 \times 100 \times 1$ mm. Gefertigt ist diese aus dem Material 1.0037 S235JR [19].

Lösung

Es gilt bei $\sigma_x = \sigma_y$ und der Beziehung für κ

$$\sigma_x = \sigma_y \cdot \kappa \implies \underline{\underline{\kappa = \frac{\sigma_x}{\sigma_y} = 1}}. \quad (10.98)$$

Ähnlich der Knickung, wo der geringste Modi der Ausschlaggebende ist, gilt auch beim Beulen für die minimale Beulspannung $l = k = 1$. Es wird damit aus der Gleichung für die kritische Spannung

$$\sigma_{B,\text{krit}} = \frac{\frac{B \cdot \pi^2}{t} \cdot \left[\left(\frac{1}{a}\right)^2 + \left(\frac{1}{b}\right)^2\right]^2}{\left(\frac{1}{a}\right)^2 + \left(\frac{1}{b}\right)^2} \quad (10.99)$$

Mit $B = E \cdot I_z$ wird klar, dass das Flächenträgheitsmoment bekannt sein muss. Es gilt

$$I_1 = \frac{a \cdot t^3}{12} = \frac{200 \cdot 1^3}{12} = 16{,}66 \, \text{mm}^4 \quad (10.100)$$

$$I_2 = \frac{b \cdot t^3}{12} = \frac{100 \cdot 1^3}{12} = 8{,}33 \, \text{mm}^4 \quad (10.101)$$

Das niedrigste ist ausschlaggebend für die kritische Spannung, sodass

$$\underline{\underline{I_z = I_2 = 8{,}33 \, \text{mm}^4}} \quad (10.102)$$

gilt. Es wird damit B zu

$$\underline{\underline{B}} = E \cdot I_z = 210.000 \cdot 8{,}33$$
$$= \underline{\underline{1.749.300 \, \text{N}\,\text{mm}^2}}. \quad (10.103)$$

Mit $\frac{1}{a} = 0{,}02$ und $\frac{1}{b} = 0{,}01$ und $B \cdot \pi^2 = 1.749.300 \cdot \pi^2 = 1.726.388{,}06$ folgt

$$\sigma_{B,\text{krit}} = \frac{1.726.388{,}06 \cdot (0{,}02^2 + 0{,}01^2)^2}{0{,}02^2 + 0{,}01^2}$$
$$= \underline{\underline{863{,}19 \, \text{MPa}}} \quad (10.104)$$

Sinnvoll sind solche Analysen meist nur mit ANSYS oder ABAQUS. Der Grund liegt darin, dass in SolidWorks einfach die Kontaktlöseal-gorithmen, vorwiegend bei Berührung infolge großer Verschiebungen, nur sehr bedingt mit jenen aus ABAQUS oder ANSYS mithalten können. Man schafft sich im Nachgang, bei der FEM Analyse, Abhilfe durch eine nicht lineare dynamische Analyse und betrachtet primär den ersten Modi, der ausschlaggebend ist. Zudem rechnen solche Analysen eine halbe Ewigkeit mittels SolidWorks. Wenn es zu komplexeren Strukturen kommt, kommt man mittels SolidWorks meist nicht weiter.

448 Kapitel 10 · Stabilitätsprobleme

Methode: Lösung durch SolidWorks – FEM 10.4

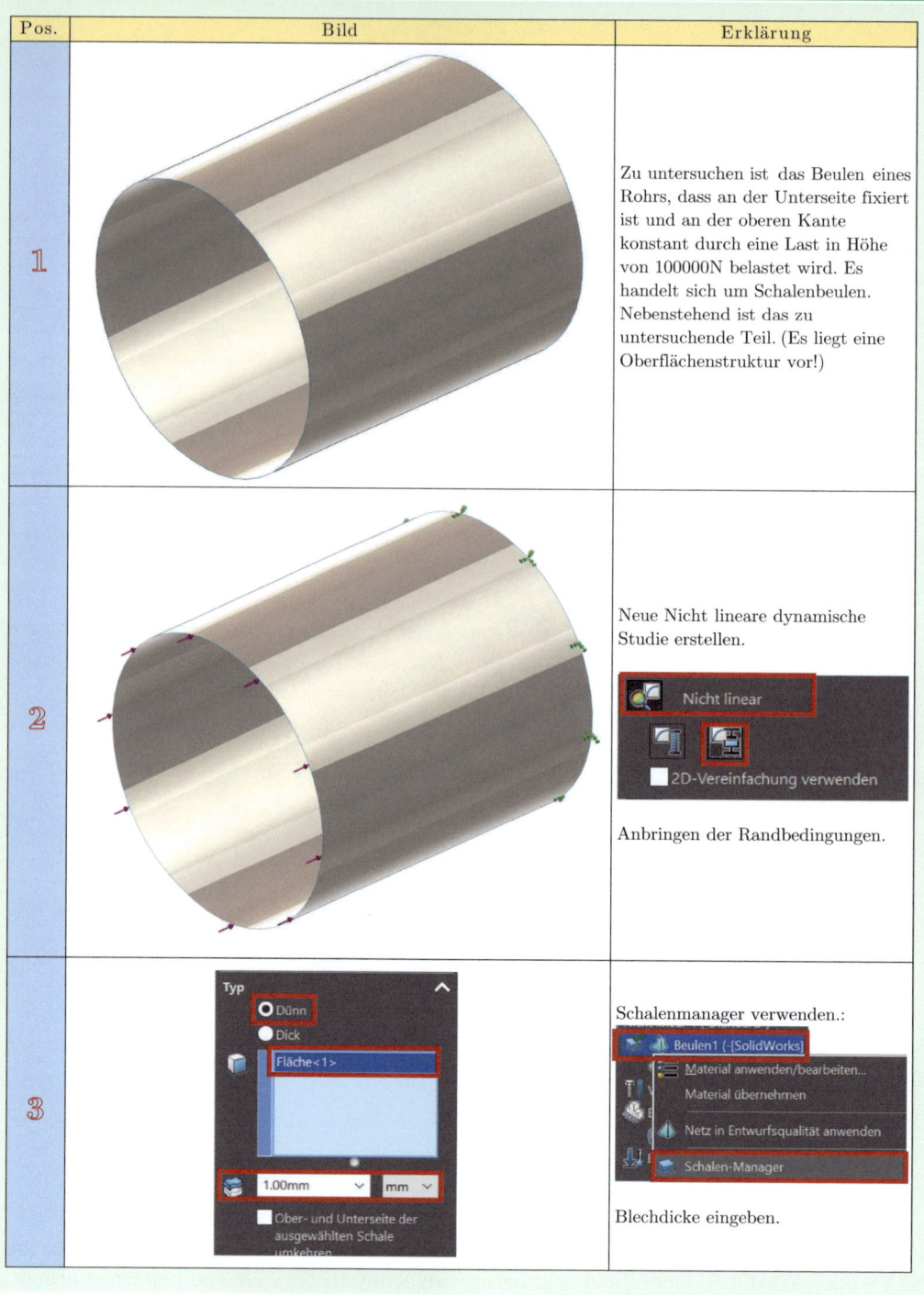

Pos.	Bild	Erklärung
1		Zu untersuchen ist das Beulen eines Rohrs, dass an der Unterseite fixiert ist und an der oberen Kante konstant durch eine Last in Höhe von 100000N belastet wird. Es handelt sich um Schalenbeulen. Nebenstehend ist das zu untersuchende Teil. (Es liegt eine Oberflächenstruktur vor!)
2		Neue Nicht lineare dynamische Studie erstellen. Anbringen der Randbedingungen.
3		Schalenmanager verwenden.: Blechdicke eingeben.

10.4 · Beulen

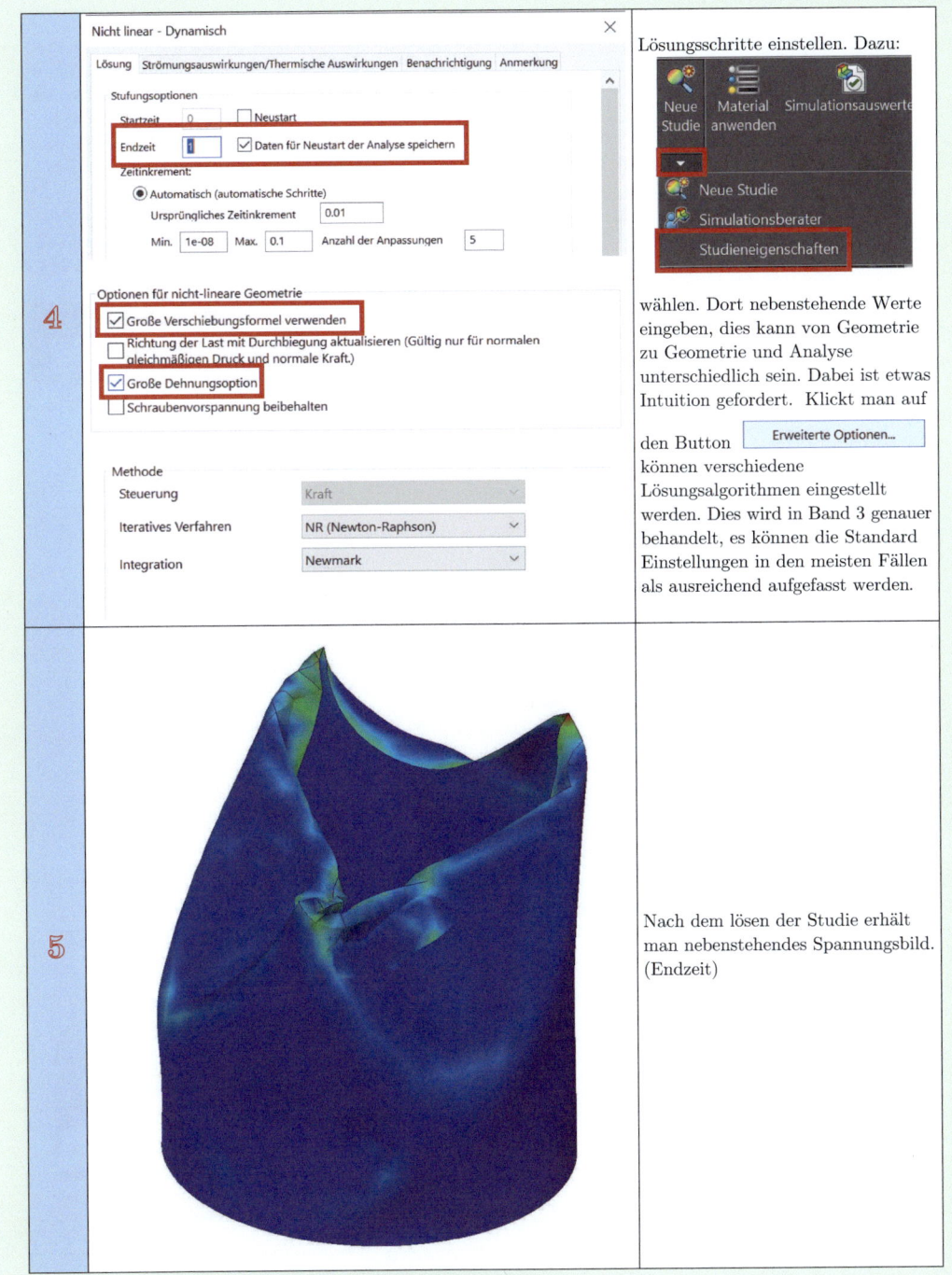

4		Lösungsschritte einstellen. Dazu: nebenstehende Werte eingeben, dies kann von Geometrie zu Geometrie und Analyse unterschiedlich sein. Dabei ist etwas Intuition gefordert. Klickt man auf den Button **Erweiterte Optionen…** können verschiedene Lösungsalgorithmen eingestellt werden. Dies wird in Band 3 genauer behandelt, es können die Standard Einstellungen in den meisten Fällen als ausreichend aufgefasst werden.
5		Nach dem lösen der Studie erhält man nebenstehendes Spannungsbild. (Endzeit)

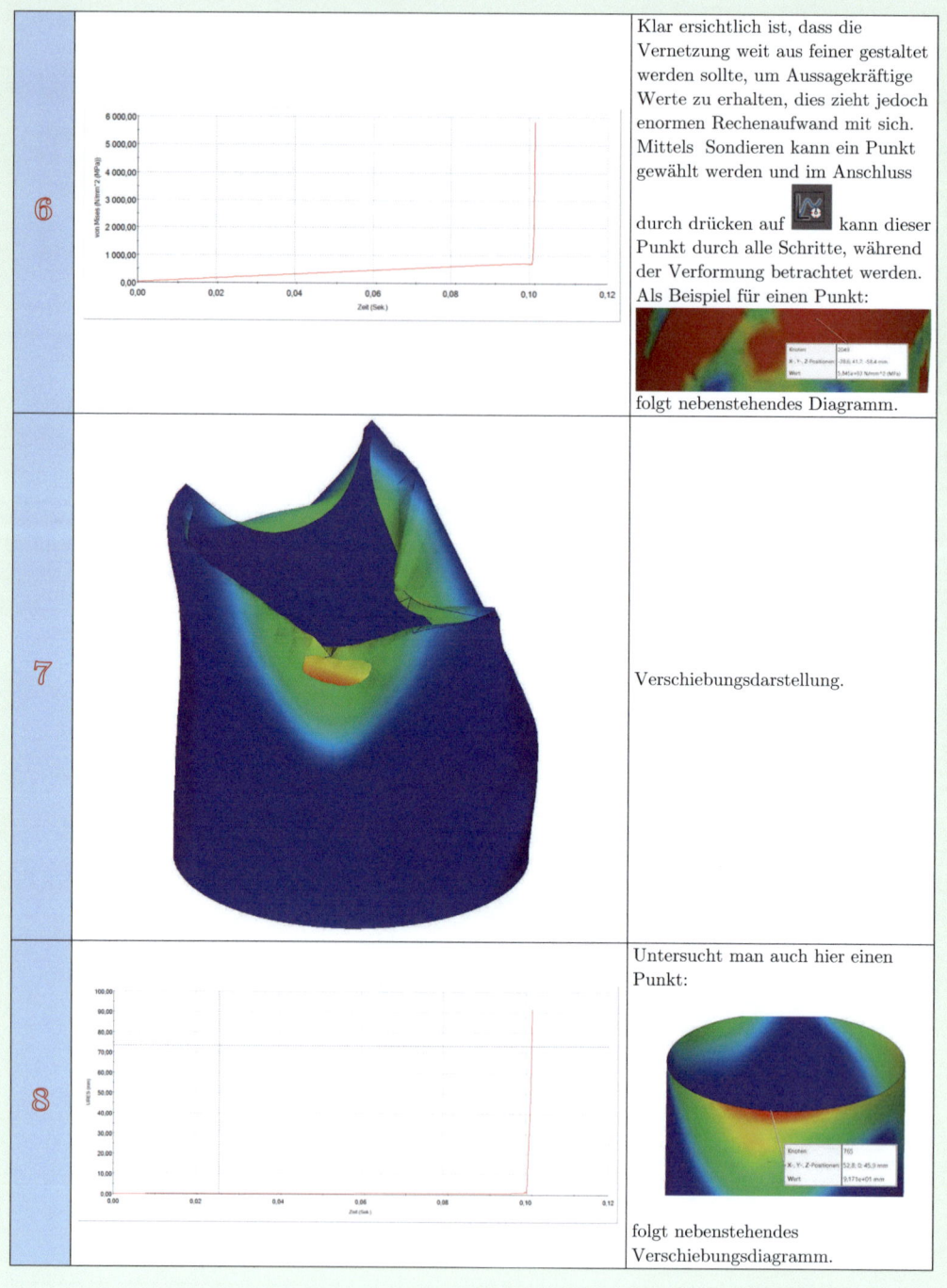

⑥ Klar ersichtlich ist, dass die Vernetzung weit aus feiner gestaltet werden sollte, um Aussagekräftige Werte zu erhalten, dies zieht jedoch enormen Rechenaufwand mit sich. Mittels Sondieren kann ein Punkt gewählt werden und im Anschluss durch drücken auf [Symbol] kann dieser Punkt durch alle Schritte, während der Verformung betrachtet werden. Als Beispiel für einen Punkt: folgt nebenstehendes Diagramm.

⑦ Verschiebungsdarstellung.

⑧ Untersucht man auch hier einen Punkt: folgt nebenstehendes Verschiebungsdiagramm.

10.4 · Beulen

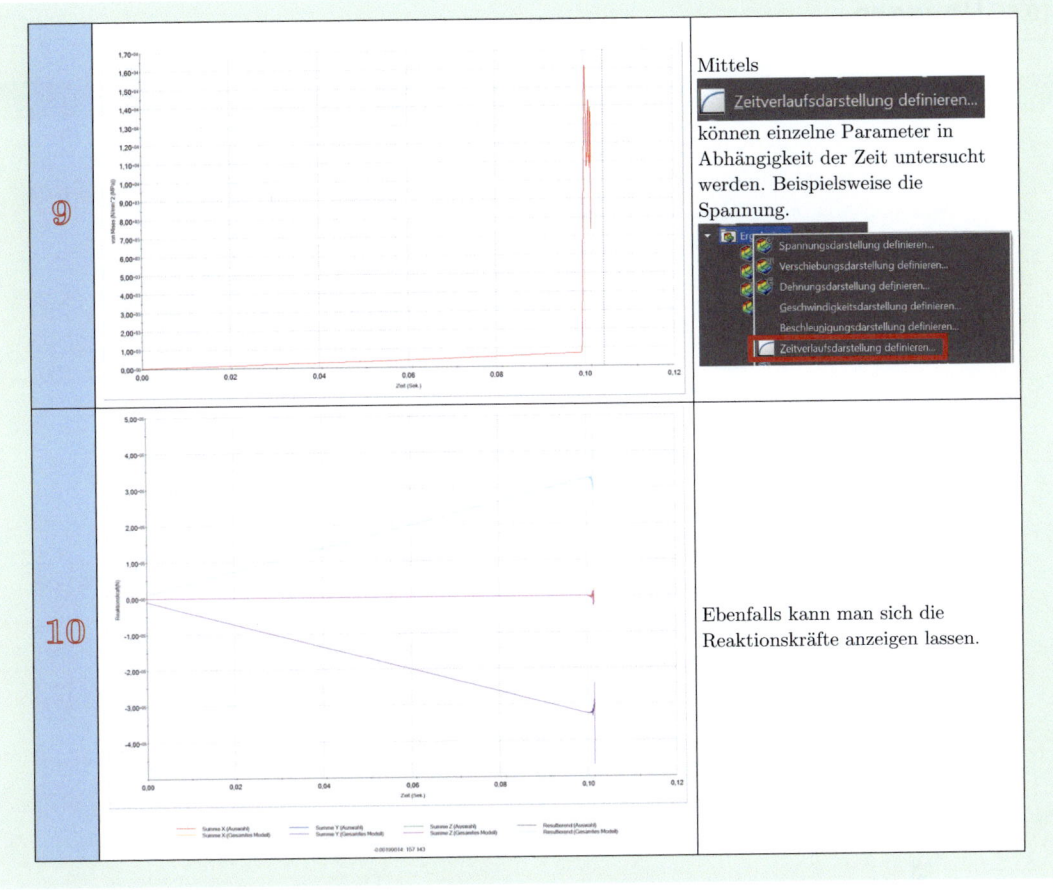

⑨ Mittels **Zeitverlaufsdarstellung definieren...** können einzelne Parameter in Abhängigkeit der Zeit untersucht werden. Beispielsweise die Spannung.

⑩ Ebenfalls kann man sich die Reaktionskräfte anzeigen lassen.

10.5 Übungen

Übungsbeispiel 10.1

Ein Druckstab aus St 360 mit einer Länge von $L = s = 300\,\text{mm}$ und Kreisquerschnitt soll bei einer Belastung von $F = 10\,\text{kN}$ mit 10-facher Knicksicherheit ausgelegt werden. Bestimme den erforderlichen Durchmesser.

Lösung

Euler:

$$I_\text{erf} = \frac{v \cdot F \cdot s^2}{E \cdot \pi^2} = \frac{10 \cdot 10 \cdot 10^3 \cdot 300^2}{2{,}1 \cdot 10^5 \cdot \pi^2}$$
$$= \underline{\underline{4342{,}34\,\text{mm}^4}} \quad (10.105)$$

$$I = \frac{\pi \cdot d^4}{64} \implies$$

$$d_\text{erf} = \sqrt[4]{\frac{64 \cdot I_\text{erf}}{\pi}} = \underline{\underline{17{,}25\,\text{mm}}} \quad (10.106)$$

gewählt $d = 18\,\text{mm}$. Euler-Kontrolle: $\lambda = \frac{s}{i}$ mit $i = \frac{d}{4}$ $\lambda = \frac{4 \cdot s}{d} = \frac{4 \cdot 300}{18} = 66{,}67 < 105$. Euler hat keine Gültigkeit, weiter mit Tetmajer: Neuwahl: $d = 20\,\text{mm}$, $\lambda_\text{vorh} = \frac{4 \cdot s}{d} = \frac{4 \cdot 300}{20} = 60 < \lambda_0$

$$\sigma_K = 310 - 1{,}14 \cdot \lambda_\text{vorh} = 310 - 1{,}14 \cdot 60$$
$$= 241{,}6\,\text{N/mm}^2 \quad (10.107)$$

$$\sigma_d = \frac{F}{A} = \frac{4 \cdot F}{d^2 \cdot \pi} = \frac{4 \cdot 10 \cdot 10^3}{20^2 \cdot \pi}$$
$$= 31{,}8\,\text{N/mm}^2 \quad (10.108)$$

$$v = \frac{\sigma_K}{\sigma_d} = \frac{241{,}6}{31{,}8} = \mathbf{7{,}6} < v_\text{erf} = 10 \quad (10.109)$$

Neuwahl: $d = 25\,\text{mm}$, $\lambda_\text{vorh} = \frac{4 \cdot s}{d} = \frac{4 \cdot 300}{25} = 48 < \lambda_0$

$$\sigma_K = 310 - 1{,}14 \cdot \lambda_\text{vorh} = 310 - 1{,}14 \cdot 48$$
$$= 225{,}3\,\text{N/mm}^2 \quad (10.110)$$

$$\sigma_d = \frac{F}{A} = \frac{4 \cdot F}{d^2 \cdot \pi} = \frac{4 \cdot 10 \cdot 10^3}{25^2 \cdot \pi}$$
$$= 20{,}4\,\text{N/mm}^2 \quad (10.111)$$

$$v = \frac{\sigma_K}{\sigma_d} = \frac{225{,}3}{20{,}4} = 12{,}53 > v_\text{erf} = 10 \quad (10.112)$$

Ergebnis: $d = \mathbf{25\,\text{mm}}$.

Übungsbeispiel 10.2

Eine Stahlbau-Stütze aus St 360 soll eine Last von $F = 260\,\text{kN}$ aufnehmen. Welches IPE-Profil ist dafür erforderlich, wenn die Stütze eine Länge von $L = 1{,}75\,\text{m}$ ($s = L$) haben soll?

Lösung

Wahl: IPE 200, $i_\text{min} = 2{,}24\,\text{cm}$, $A = 28{,}5\,\text{cm}^2$

$$\lambda = \frac{s}{i} = \frac{1750}{22{,}4} = 78{,}125 \implies \omega = 1{,}52$$

$$\sigma_\omega = \frac{F \cdot \omega}{A} = \frac{260 \cdot 10^3 \cdot 1{,}52}{2850}$$
$$= 138{,}7\,\text{N/mm}^2 > \sigma_{d,\text{zul}} \quad (= 138\,\text{N/mm}^2) \quad (10.113)$$

Neuwahl: IPE 220, $i_\text{min} = 2{,}48\,\text{cm}$, $A = 33{,}4\,\text{cm}^2$

$$\lambda = \frac{s}{i} = \frac{1750}{24{,}8} = 70{,}56 \implies \omega = 1{,}42$$

$$\sigma_\omega = \frac{F \cdot \omega}{A} = \frac{260 \cdot 10^3 \cdot 1{,}42}{3340}$$
$$= 110{,}5\,\text{N/mm}^2 < \sigma_{d,\text{zul}} \quad (= 138\,\text{N/mm}^2) \quad (10.114)$$

Ausführung: IPE 220.

10.5 · Übungen

Übungsbeispiel 10.3

Von einem Stab mit der Länge $l = 1000\,\text{mm}$ kennt man die Abmessungen, es handelt sich um ein T-Profil aus Baustahl, S235JR, welche 75 mm in der Breite und 66 mm in der Höhe, bei einer Wandstärke von 1 mm, betragen. Die Belastung sei 10 kN und der Stab ist einseitig eingespannt. Zu ermitteln ist die max. Knickkraft bzw. die Knicksicherheit. Die Berechnung kann analytisch, als auch FEM unterstützt geschehen.

Lösung

Lösung durch FEM in SolidWorks (vgl. Abb. 10.28).

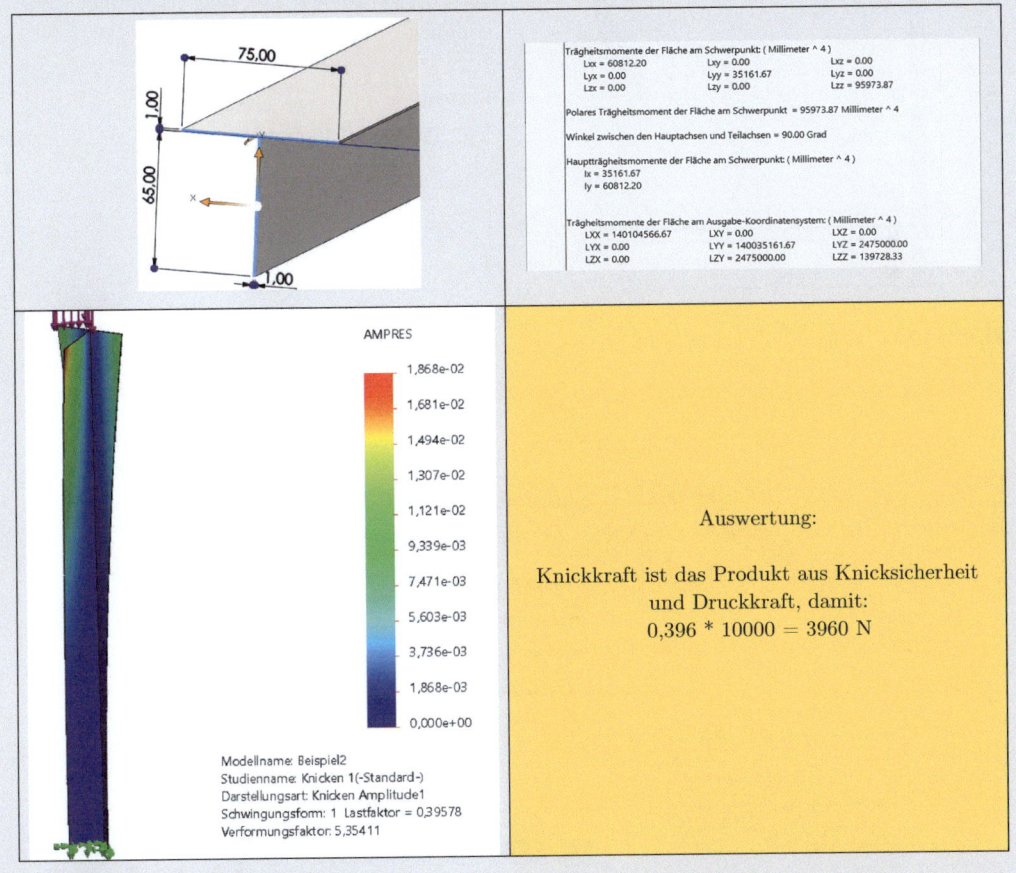

Abb. 10.28 Knicken eines T-Profils

Übungsbeispiel 10.4

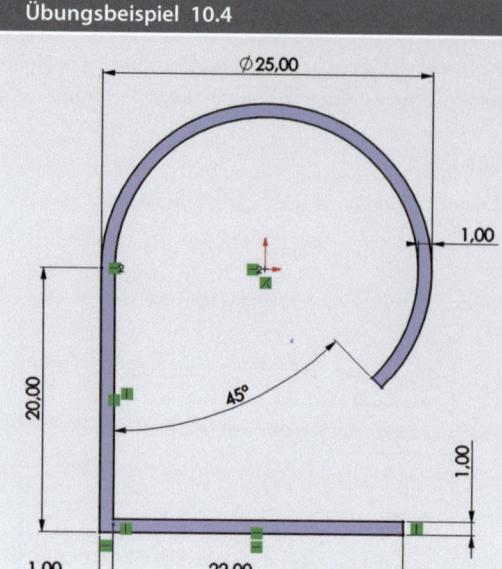

Vom Querschnitt aus ◨ Abb. 10.29 kennt man die Abmessungen und die Länge des daraus entstehenden Stabes von 1000 mm. Der Stab ist einseitig eingespannt und wird mit einer Kraft von 10.000 N belastet. Die Knickung, die Flächenträgheitsmomente in Hauptachsrichtung, der Winkel der Hauptachsen und die Ausknickrichtung sind nach der elastischen Knickung nach Euler zu bestimmen.

Lösung

Vgl. ◨ Abb. 10.30 und 10.31.

◨ **Abb. 10.29** Knicken – Zweiachsige Biegeknickung

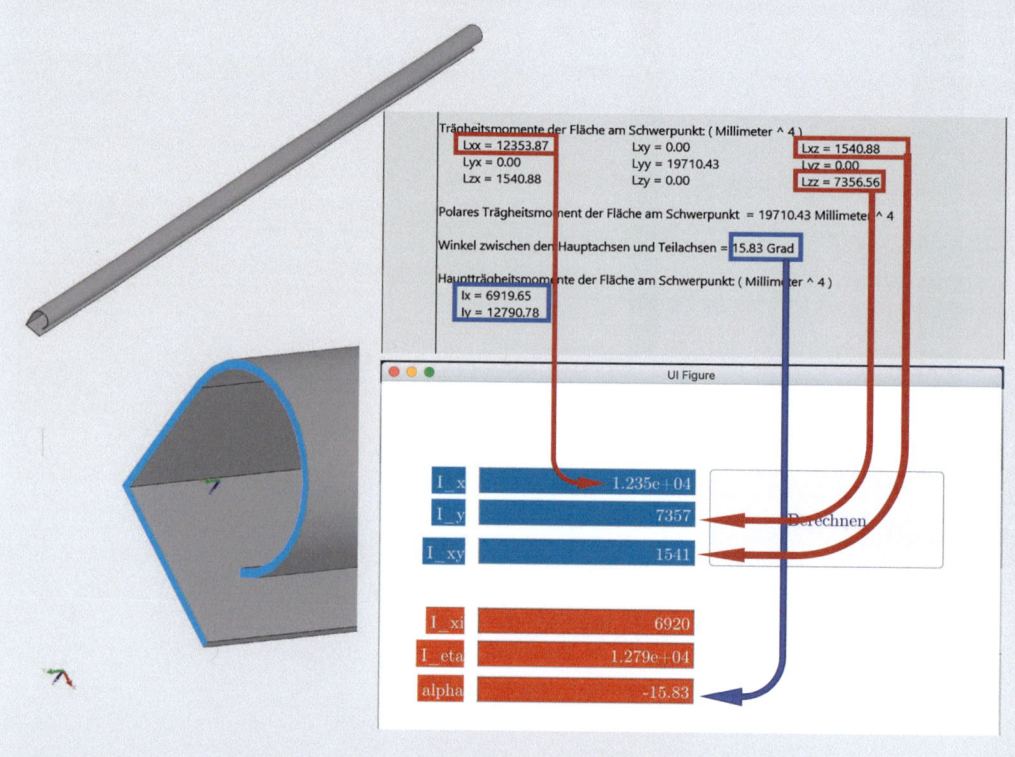

◨ **Abb. 10.30** Knickung FEM bei einer nicht symmetrischen Querschnitt (1)

10.5 · Übungen

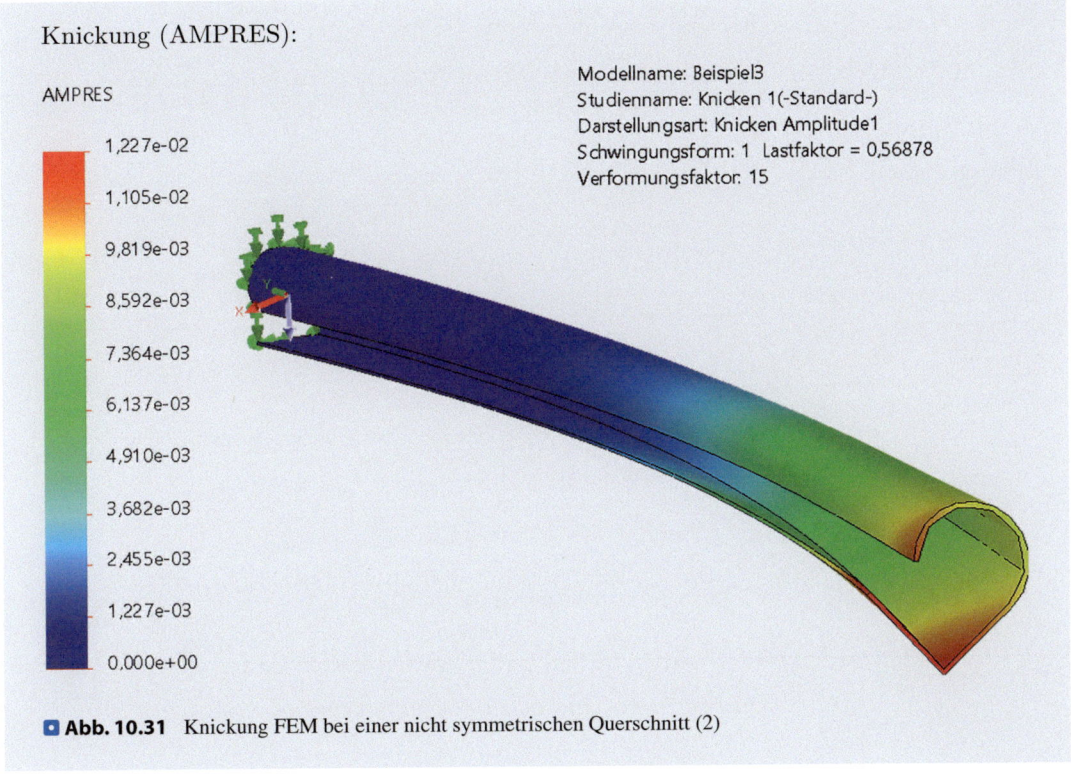

Abb. 10.31 Knickung FEM bei einer nicht symmetrischen Querschnitt (2)

Arbeitsbegriff in der Elastostatik

Inhaltsverzeichnis

11.1 Differentielle Arbeit – 458
11.1.1 Arbeitssatz der Statik – 458
11.1.2 Formänderungsarbeit – 459

11.2 Sätze von Castigliano und Menabrea – 459
11.2.1 Satz von Castigliano – 459
11.2.2 Satz von Menabrea – 461
11.2.3 Anwendung – 461

11.3 Sätze von Betti und Maxwell – 462
11.3.1 Voraussetzungen und Anwendung – 462
11.3.2 Satz von Betti – 463
11.3.3 Satz von Maxwell – 463
11.3.4 Anwendung – 463

11.4 Übungen – 465

© Der/die Autor(en), exklusiv lizenziert an Springer-Verlag GmbH, DE, ein Teil von Springer Nature 2023
A. Huber, *Technische Mechanik 2 - Elastostatik*, https://doi.org/10.1007/978-3-662-67759-9_11

Sie lernen hier…
- den Arbeitsbegriff und deren Bedeutung in der Festigkeitslehre kennen.
- die Biegelinie berechnen auf Basis von arbeitstechnischen Ansätzen.
- Die Sätze von Castigliano und Menabrea kennen.

> **Zitat**
>
> Das Telefon ist eine Erfindung des Teufels, die die erfreuliche Möglichkeit, sich einen lästigen Menschen vom Leibe halten zu können, teilweise wieder zunichte macht.
> *Ambrose Bierce*

11.1 Differentielle Arbeit

In der Elastostatik kann man auch die Gesetze, der bereits behandelten „virtuellen Arbeit", aus Band 1, verwenden. Dort wurden folgende Gleichungen gefunden, für die

■■ **Differentielle Arbeit eines Momentes**

$$dW = M \cdot d\varphi. \tag{11.1}$$

Kräfte, deren Arbeiten wegunabhängig sind, werden konservative Kräfte genannt. Eine ebenfalls gebräuchliche Bezeichnung ist „Potentialkräfte".

■■ **Das Potential Π einer konservativen Kraft beträgt**

$$\Pi = -W. \tag{11.2}$$

11.1.1 Arbeitssatz der Statik

Ebenfalls gilt gemäß dem Kapitel „virtuelle Arbeit", aus Band 1

$$\delta W = 0. \tag{11.3}$$

Vorstellbar ist die Energie in der Elastostatik beispielsweise beim Crash zweier Autos (vgl. ◘ Abb. 11.1). Dabei würden viele denken, dies sei Thema des Kapitels „Dynamik", wobei man auch richtig liegt, jedoch gilt es trotzdem zu beachten, dass sich bei einem solchen Crash unterschiedliche Abschnitte einstellen. Die Behandlung und Untersuchung der Bewegung und die beim Aufprall frei werdende Energie gehört zum Kapitel Dynamik, die Folgen sind aber jedem klar: Verformungen am Fahrzeug. Verformungen entstehen, wie in diesem Buch bereits ausführlich behandelt wurde, durch Belastungen wie Kräfte, Momente…, wobei schnell klar wird, dass man sich hier wieder in der Elastostatik befindet. Nachgehend werden die Grundlagen behandelt. Dieses Kapitel zeigt die grundlegende Idee der FEM und der damit in Verbindung stehenden Potentialfunktion. Die Potentialfunktion fasst die Summe der zweiten partiellen Ableitung eines Skalarproduktes zusammen, welche auf zwei verschiedene Varianten gedeutet werden kann: zum einen als Lösung der Poisson'schen Differentialgleichung und zum anderen als Lösung der Laplace-Differentialgleichung. Dies legt den Grundstein bei finiten- und infiniten (und schließlich: FEM) Betrachtungen. *Vgl. dazu den letzten Teil dieses Buches: Kontinuumsmechanik.*

◘ **Abb. 11.1** Formänderung bei einem Zusammenprall zweier Fahrzeuge. Dies hat elastostatische Ursachen

11.1.2 Formänderungsarbeit

Die Formänderungsarbeit äußerer Kräfte berechnet sich aus der Kraft und der Verschiebung ihres Angriffspunktes. Verformt man einen Stab um die Länge Δl, so wird eine gewisse Arbeit verrichtet. Diese wird als „Formänderungsarbeit" bezeichnet.

In ◘ Abb. 11.2 stellt c die Federrate bzw. Federsteifigkeit dar. Die Einheit ist: [N/mm]. Die Arbeit ist die Fläche unter dem Graphen in der Abbildung. Es ergibt sich sofort: $W_f = \frac{F \cdot \Delta l}{2}$ durch Betrachten der Fläche des Dreiecks, oder durch Herleiten mittels Integration mit der Steigung des Funktionsgrafen und der Gleichung einer linearen Funktion: $y(x) = \frac{\Delta F}{\Delta l} \cdot x$ folgt mittels Integration

$$W_f = \int_0^{\Delta l} y(x) \cdot dx = \int_0^{\Delta l} \left[\frac{\Delta F}{\Delta l} \cdot x\right] \cdot dx$$
$$= \frac{\Delta F \cdot \Delta l^2}{2 \cdot \Delta l} \tag{11.4}$$

und schließlich

$$W_f = \frac{\Delta F \cdot \Delta l}{2}. \tag{11.5}$$

In Verbindung mit dem Hooke'schen Gesetz: $\sigma = E \cdot \epsilon = E \cdot \frac{\Delta l}{l_0}$ folgt $\frac{\sigma \cdot l_0}{E} = \Delta l$ sowie mit $\sigma = \frac{\Delta F}{A}$ folgt $\Delta F = \sigma \cdot A$. Diese beiden Bedingungen in (11.5) eingesetzt und mittels $A \cdot l_0 = V$ wird

$$W_f = \frac{\Delta F \cdot \Delta l}{2} = \frac{\sigma^2 \cdot V}{2 \cdot E}. \tag{11.6}$$

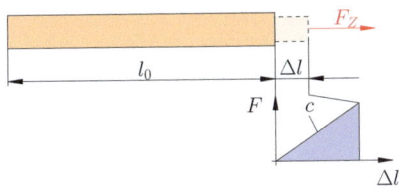

◘ **Abb. 11.2** Formänderungsarbeit (Spannungs-Dehnungs-Diagramm)

11.2 Sätze von Castigliano und Menabrea

Betrachtet man statisch bestimmte Systeme, so verwendet man den Satz von Castigliano hingegen man bei statisch unbestimmte Systeme auf den Satz von Menabrea zurückgreift.

11.2.1 Satz von Castigliano

Mittels des Satzes von Castigliano (nach Carlo Alberto Castigliano, vgl. ◘ Abb. 11.3) können ausgewählten Größen berechnet werden. Der Satz beruht auf dem Energieerhaltungssatz, der in Band 3 dieser Buchreihe behandelt wird [91].

Im Kapitel „Torsionsbeanspruchung", Abschnitt: „Verformungen" wurden grundlegende Gleichungen für die Verformungen hergeleitet. Darunter auch für den Verdrehwinkel: $\vartheta = \frac{M_T \cdot l}{G \cdot I_T}$. Für die Zug-, Druck- und Biegebeanspruchungen lassen sich ähnliche Gleichungen finden, nämlich

$$\Delta l = \frac{Fl}{EA} \quad \text{Zug, Druck,} \tag{11.7}$$

$$w_{\max} = \frac{Fl^3}{3EI_y} \quad \text{Biegung} \tag{11.8}$$

$$\vartheta = \frac{M_T l}{GI_T} \quad \text{Torsion.} \tag{11.9}$$

Aus der allgemeinen Definition für die Arbeit: $W = F \cdot s \Longrightarrow dW = dF \cdot s$ wird durch bilden

◘ **Abb. 11.3** Carlo Alberto Castigliano [54]

partieller Ableitungen und Umstellen:

$$\frac{\partial W}{\partial F} = \frac{Fl}{EA} = \Delta l \quad \text{Zug, Druck,}$$
(11.10)

$$\frac{\partial W}{\partial F} = \frac{Fl^3}{3EI_y} = w_{\max} \quad \text{Biegung} \quad (11.11)$$

$$\frac{\partial W}{\partial M_T} = \frac{M_T l}{GI_T} = \vartheta \quad \text{Torsion} \quad (11.12)$$

gefunden. Es kann aus den obigen Gleichungen die Verformung für den Kraftangriffs- bzw. Momentenangriffspunkt abgelesen werden. Es folgt damit der Satz von Castigliano zu:

$$u_i = \frac{\partial W}{\partial F_i} \quad \text{bzw.} \quad \varphi_i = \frac{\partial W}{\partial M_i}. \quad (11.13)$$

Um alle Lastfälle zu berücksichtigen, müssen die Terme aus Gl. (11.12) addiert und anschließend durch ein Integral-Zeichen versehen werden. Dieses berücksichtigt das infinitesimal kleine Wegstück. Anstatt der "normalen Differentiation" handelt es sich hierbei um eine partielle, da die Ableitungen von mehreren unbekannten Variablen (je nach Wegrichtung) abhängen. Es folgt damit der Satz von Castigliano zu

Theorem 11.1 (Satz von Castigliano)

$$u_i = \frac{\partial W_i}{\partial F_i}$$
$$= \int_{x=0}^{l} \left(\frac{F_N}{EA} \frac{\partial F_N}{\partial F_i} + \frac{M}{EI_y} \frac{\partial M}{\partial F_i} \right.$$
$$\left. + \frac{M_T}{GI_T} \frac{\partial M_T}{\partial F_i} \right) dx \quad \text{bzw.}$$
(11.14)

$$\varphi_i = \frac{\partial W_i}{\partial M_i}$$
$$= \int_{x=0}^{l} \left(\frac{F_N}{EA} \frac{\partial F_N}{\partial M_i} + \frac{M}{EI_y} \frac{\partial M}{\partial M_i} \right.$$
$$\left. + \frac{M_T}{GI_T} \frac{\partial M_T}{\partial M_i} \right) dx.$$
(11.15)

Beweis Wird hier nicht geführt. □

Man kann diesen Satz jedoch noch weitaus komplizierter und exakter formulieren. Dazu wird zusätzlich die Querkraft und die Schubkraft hinzugefügt und die weiteren, bereits vorhandenen Terme um die Wegrichtungen, um mehrere Dimensionen berechnen zu können, erweitert [91].

$$\frac{\partial U}{\partial F_k} = v_k$$
$$= \sum_{i=1}^{n} \int_{l_i} \left[\frac{M_{bxi}}{(EI_{xx})_i} \frac{\partial M_{bxi}}{\partial F_k} + \frac{M_{byi}}{(EI_{yy})_i} \frac{\partial M_{byi}}{\partial F_k} \right.$$
$$+ \frac{M_{ti}}{(GI_t)_i} \frac{\partial M_{ti}}{\partial F_k} + \frac{F_{Li}}{(EA)_i} \frac{\partial F_{Li}}{\partial F_k}$$
$$\left. + \frac{F_{Qxi}}{(GA\kappa_x)_i} \frac{\partial F_{Qxi}}{\partial F_k} + \frac{F_{Qyi}}{(GA\kappa_y)_i} \frac{\partial F_{Qyi}}{\partial F_k} \right] ds_i$$
(11.16)

$$\frac{\partial U}{\partial M_k} = \varphi_k$$
$$= \sum_{i=1}^{n} \int_{l_i} \left[\frac{M_{bxi}}{(EI_{xx})_i} \frac{\partial M_{bxi}}{\partial M_k} + \frac{M_{byi}}{(EI_{yy})_i} \frac{\partial M_{byi}}{\partial M_k} \right.$$
$$+ \frac{M_{ti}}{(GI_t)_i} \frac{\partial M_{ti}}{\partial M_k} + \frac{F_{Li}}{(EA)_i} \frac{\partial F_{Li}}{\partial M_k}$$
$$\left. + \frac{F_{Qxi}}{(GA\kappa_x)_i} \frac{\partial F_{Qxi}}{\partial M_k} + \frac{F_{Qyi}}{(GA\kappa_y)_i} \frac{\partial F_{Qyi}}{\partial M_k} \right] ds_i$$
(11.17)

$U = U(q_1, \ldots, q_n)$ entspricht der Verzerrungsenergie (Formänderungsenergie). In den obigen Gleichungen stellen folgende Variablen: $n \ldots$

11.2 · Sätze von Castigliano und Menabrea

Anzahl der Bereiche; $i\ldots$ Index des jeweiligen Bereiches; $l_i\ldots$ Längen der Bereiche; $F_k\ldots$ verallgemeinerte Kraft; $M_k\ldots$ verallgemeinertes Moment $M_{bxi}, M_{byi}\ldots$ Biegemomente; $M_{ti}\ldots$ Torsionsmoment; $F_{Li}\ldots$ Längskraft; $F_{Qxi}, F_{Qyi}\ldots$ Querkräfte; $\kappa_x, \kappa_y\ldots$ Schubkorrekturfaktor des jeweiligen Querschnitts $q_i\ldots$ verallgemeinerte Arbeitswege; $s_i\ldots$ lokale Koordinaten mit $0 \leq s_i \leq l_i$ dar.

11.2.2 Satz von Menabrea

Der Satz von Castigliano kann auch zur Berechnung statisch unbestimmter Größen verwendet werden. Ist dies der Fall, wird er als Satz von Menabrea bezeichnet. Der Satz von Menabrea besagt Folgendes [91]:

> **Theorem 11.2**
>
> Alle partiellen Ableitungen der Formänderungsenergie nach einer statisch unbestimmten Lagerreaktion sind gleich Null.

Beweis Wird hier nicht geführt. □

$$\frac{\partial U^*}{\partial X_i} = 0 \text{ mit: } i = 1,\ldots,n. \tag{11.18}$$

$X_i\ldots$ statisch unbestimmte Größen (deren Arbeitsweg jeweils Null sein muss); $U^* = U^*(X_1,\ldots,X_n)\ldots$ innere Ergänzungsenergie.

11.2.3 Anwendung

Siehe ▶ Bsp. 11.1.

Beispiel 11.1

Zu ermitteln sind die Lagerreaktionen des Balkens in ◘ Abb. 11.4, mittels den Sätzen von Castigliano und Menabrea.[1]

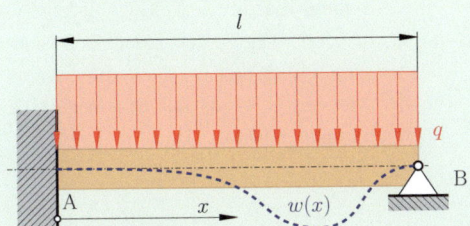

Randbedingungen:
1. Für $x = 0$ folgt $w = 0$
2. Für $x = l$ folgt $w = 0$
3. Für $x = l$ folgt $M = 0$
4. Für $x = 0$ folgt $w' = 0$

◘ **Abb. 11.4** Kragträger mit Gleichlast, abgestützt

Mittels dem Satz von Castigliano

$$u_i = \frac{\partial W_i}{\partial F_i}$$

$$= \int_{x=0}^{l} \left(\frac{F_N}{EA} \frac{\partial F_N}{\partial F_i} + \frac{M}{EI_y} \frac{\partial M}{\partial F_i} \right.$$

$$\left. + \frac{M_T}{GI_T} \frac{\partial M_T}{\partial F_i} \right) dx \tag{11.19}$$

folgt durch vereinfachen, da keine Torsion des Balkens und keine Normalbeanspruchung vorliegt

$$u_i = \frac{\partial W_i}{\partial F_i} = \int_{x=0}^{l} \left(\frac{M}{EI_y} \frac{\partial M}{\partial F_i} \right) dx. \tag{11.20}$$

---

[1] In Ähnlicher Form im Buch: Maschinenbau – Werner Skolaut [31] zu finden.

Die zu Ermittelnde Kraft ist F_B, wodurch F_i dadurch ersetzt werden kann

$$u_i = \frac{\partial W_i}{\partial F_B} = \int_{x=0}^{l} \left(\frac{M}{EI_y}\frac{\partial M}{\partial F_B}\right)dx. \quad (11.21)$$

Hierin kann M durch den Biegemomentenverlauf: $M_B = F_B \cdot (l-x) - \frac{1}{2} \cdot q \cdot (l-x)^2$ ersetzt werden und davon die Erste Ableitung: $\frac{\partial M}{\partial F_B} = \frac{\partial M}{\partial F_B}(F_B \cdot (l-x) - \frac{1}{2} \cdot q \cdot (l-x)^2) = l - x$ ergibt durch einsetzen

$$u_i = \frac{\partial W_i}{\partial F_B}$$

$$= \frac{1}{EI_y}\int_{x=0}^{l}\left(F_B \cdot (l-x) - \frac{1}{2} \cdot q \cdot (l-x)^2\right)\cdot(l-x)dx$$

$$= \frac{1}{EI_y}\left[-\frac{1}{3}F_B(l-x)^3 + \frac{1}{8}q(l-x)^4\right]_0^l$$

$$= \frac{1}{EI_y}\left(\frac{1}{3}F_B l^3 - \frac{1}{8}ql^4\right) = 0 \quad (11.22)$$

$$\Longrightarrow \frac{1}{3}F_B l^3 - \frac{1}{8}ql^4 = 0$$

$$\Longrightarrow \underline{\underline{F_B = \frac{3}{8}q \cdot l.}} \quad (11.23)$$

Mittels den Gleichegwichtsbedingungen der Statik

$$\sum_{i=1}^{n} F_{iy} = 0:$$

$$F_B - q \cdot l + F_A = 0 \quad (11.24)$$

$$\sum_{i=1}^{n} M_{IA} = 0:$$

$$M_E + q \cdot \frac{l^2}{2} - F_B \cdot l \quad (11.25)$$

folgen durch umformen und einsetzen die weiteren Auflagerreaktionen, zu:

$$\underline{\underline{M_E = \frac{1}{8} \cdot q \cdot l^2}} \quad \text{und}$$

$$\underline{\underline{F_A = \frac{5}{8} \cdot q \cdot l.}}$$

11.3 Sätze von Betti und Maxwell

Mittels dieser beiden Sätze ist es möglich, die Biegeliniengleichungen auf Basis der Energiemethoden zu berechnen.

11.3.1 Voraussetzungen und Anwendung

Die Arbeiten des einen Kräftesystems, an den von einem anderen Kräftesystem hervorgerufenen Verschiebungen, werden reziproke Arbeiten genannt. Der Satz gilt auch für Drehmomente, die Arbeiten an Verdrehungen leisten, ebenso wie für mechanische Spannungen, die Arbeiten an Dehnungen verrichten, worüber auch der Beweis geführt wird. Anstatt zwei gleiche Systeme gleichzeitig zu belasten, kann auch ein System nacheinander mit zwei Kräftesystemen beaufschlagt werden [90].

Theorem 11.3 (Satz von Betti und Maxwell)

Die Arbeiten, die die Kräfte des ersten Systems auf den Wegen des zweiten Systems leisten, sind gleich den Arbeiten, die die Kräfte des zweiten Systems auf den Wegen des ersten Systems leisten.

Vorteil dieses Verfahren ist, dass es gleichgültig ist, ob ein statisch bestimmtes – oder unbestimmtes System vorliegt. Die Voraussetzungen zur Anwendung sind:
- Es muss eine statische Kraft vorliegen, also eine zeitunabhängige (stationäre) Kraft
- Der Zusammenhang zwischen Verschiebung und Kraft muss linear sein
- Es wird die Gültigkeit der Theorie 1. Ordnung (Die Gleichgewichtsbedingungen dürfen am unverformten Körper angesetzt werden) vorausgesetzt; dies hat einen begrenzten Definitionsbereich der Verformungen zur Folge.

11.3 · Sätze von Betti und Maxwell

Abb. 11.5 Enrico Betti [62, 63]

11.3.2 Satz von Betti

Nicht mathematisch formuliert bedeutet der Satz von Betti (vgl. Abb. 11.5), dass bei einem Balken mit zwei Kräften die verrichtete Arbeit der Verformung dieselbe ist, egal ob F_1 bei nachfolgender Kraft F_2, oder Kraft F_2 bei nachfolgender Kraft F_1 wirkt. Es gilt also $W_{F_1 F_2} = W_{F_2 F_1}$ (in der Mathematik würde man sagen: Es herrscht Kommutativität.) Mechanisch und mathematisch exakt hat Betti den Satz wie folgt formuliert.

> **Theorem 11.4 (Satz von Betti)**
>
> Bei linear elastischen Bauteilen ist die Formarbeit, die eine Belastung (Kraft) durch F_1 bei nachfolgender Belastung (Kraft) F_2 herrscht dieselbe, als wenn die Fremdarbeit durch die Kraft F_2 bei nachfolgender Kraft F_1 vorliegt.
> Es gilt demnach:
>
> $$W_{12} = W_{21} \qquad (11.26)$$

Beweis Ein Beweis und eine etwas komplexere, mathematische Schreibweise, kann ▶ https://de.wikipedia.org/wiki/Satz_von_Betti entnommen werden. □

Abb. 11.6 James Clerk Maxwell [69]

11.3.3 Satz von Maxwell

Vgl. mit Abb. 11.6.

> **Theorem 11.5 (Satz von Maxwell)**
>
> Bei linear elastischen Bauteilen ist die Verschiebung an dem Ort 1 infolge der Kraft $F_2 = 1$ dieselbe als die Verschiebung an dem Ort 2 infolge der Kraft $F_1 = 1$.
> Es gilt demnach:
>
> $$\delta_{12} = \delta_{21} \qquad (11.27)$$

Beweis Ein Beweis und eine etwas komplexere, mathematische Schreibweise, kann ▶ https://de.wikipedia.org/wiki/Satz_von_Betti entnommen werden. □

11.3.4 Anwendung

Speziell bei den Anwendungsbeispielen gibt es keine Einschränkung an Möglichkeiten. Viele gelöste Beispiel findet man daher in den nachfolgenden Literaturempfehlungen, hier wird nicht weiter auf Anwendungsbeispielen, aufgrund der Vielzahl an Büchern, die bereits solche Beispiele enthalten, eingegangen. Folgende Bücher sind dabei zu empfehlen:
- Energiemethoden der Technischen Mechanik, Christian Spura, Springer Vieweg Verlag [34]
- Einführung in die Technische Mechanik: Nach Vorlesungen, István Szabó, Springer Verlag [36]

Beispiel 11.2

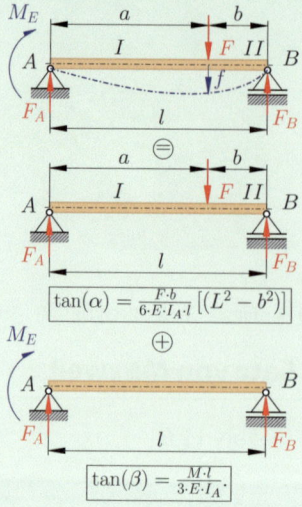

◘ **Abb. 11.7** Stützträger mit Einzellast und Moment

Im Kapitel „Biegung", „Stützträger" wurden die beiden Gleichungen für die Tangentensteigung für den Träger aus ◘ Abb. 11.7 gefunden. Gesucht ist die Gleichung der Biegelinie mithilfe des Satzes von Maxwell und Betti. Gegeben sei F, M_E, l, a, b und $E \cdot I$.

Lösung

Es wird nur von kleinen Verdrehungen ausgegangen, wodurch die beiden Verdrehwinkelgleichungen zu

$$\alpha = \frac{F \cdot b}{6 \cdot E \cdot I_A \cdot l}\left[(L^2 - b^2)\right] \quad (11.28)$$

$$\beta = \frac{M \cdot l}{3 \cdot E \cdot I_A}. \quad (11.29)$$

geschrieben werden können. Durch Superpostion findet man $\varphi = \alpha + \beta$ (die gesamte Neigung) der Tangente. Es folgt die Gleichung

$$\varphi = \frac{F}{6 \cdot l \cdot E \cdot I_A} \cdot a \cdot b \cdot (l + b). \quad (11.30)$$

Aus eingehender Definition gilt für die Verdreharbeit: $M \cdot \varphi = W$ also

$$W_1 = \frac{F}{6 \cdot l \cdot E \cdot I_A} \cdot a \cdot b \cdot (l + b) \cdot M_E. \quad (11.31)$$

Für Arbeiten gilt die Definition: $W = F \cdot s$ und bei Betrachtung der Verformung: $W = F \cdot w$. Es kann damit W_2 formuliert werden zu

$$W_2 = F \cdot w. \quad (11.32)$$

Nach dem Satz von Betti gilt $W_1 = W_2$ und damit folgt

$$F \cdot w = \frac{F}{6 \cdot l \cdot E \cdot I_A} \cdot a \cdot b \cdot (l + b) \cdot M_E$$

$$\implies w = M_E \cdot \frac{a \cdot b \cdot (l + b)}{6 \cdot l \cdot E \cdot I_A}. \quad (11.33)$$

Bei variablem Kraftangriffspunkt kann $a = x$ und $b = l - x$ gesetzt werden, wodurch durch Einsetzen die Biegegleichung:

$$w(x) = M_E \cdot \frac{x \cdot (l - x) \cdot (l + (l - x))}{6 \cdot l \cdot E \cdot I_A}$$

$$= \frac{M_E \cdot l^2}{6 \cdot E \cdot I_A}\left[2 \cdot \left(\frac{x}{l}\right) - 3 \cdot \left(\frac{x}{l}\right)^2 - \left(\frac{x}{l}\right)^3\right]. \quad (11.34)$$

folgt.

- Höhere Technische Mechanik: Nach Vorlesungen, István Szabó, Springer Verlag [37]
- Technische Mechanik 2. Elastostatik: Nach fest kommt ab, Christian Spura, Springer Vieweg Verlag [33]
- Mechanik elastischer Körper und Strukturen, Wilfried Becker % Dietmar Gross, Springer Verlag [101]
- Technische Mechanik: Statik, Festigkeitslehre, Kinematik/Kinetik, Juergen Dankert & Helga Dankert Springer Vieweg Verlag [101]
- Maschinenbau: Ein Lehrbuch für das ganze Bachelor-Studium, Werner Skolaut, Springer Vieweg Verlag [31]
- Maschinendynamik, Hans Dresig, Franz Holzweißig (auth.), Springer Verlag [5]

11.4 Übungen

Übungsbeispiel 11.1

Was macht sich der Arbeitssatz der Elastostatik zu Gute?

Lösung

Die Arbeit, die bei Formänderung frei- bzw. im Inneren gespeichert wird.

Übungsbeispiel 11.2

Worauf beruht der Satz von Castigliano?

Lösung

Auf dem Energieerhaltungssatz.

Übungsbeispiel 11.3

Bei welchen Systemen wird der Satz von Castigliano verwendet?

Lösung

Bei statisch bestimmten Systemen.

Übungsbeispiel 11.4

Bei welchen Systemen wird der Satz von Menabrea verwendet?

Lösung

Bei statisch unbestimmten Systemen.

Übungsbeispiel 11.5

Wozu wird der Satz von Betti und Maxwell verwendet?

Lösung

Zur Berechnung der Biegelinie mittels der Energiemethoden.

Übungsbeispiel 11.6

Was sagt der Satz von Betti aus?

Lösung

$$W_{12} = W_{21} \tag{11.35}$$

Übungsbeispiel 11.7

Was sagt der Satz von Maxwell aus?

Lösung

$$\delta_{12} = \delta_{21} \tag{11.36}$$

Teil II. Grundlagen der Höheren Mechanik: Kontinuumsmechanik in der Elastostatik

Inhaltsverzeichnis

Kapitel 12   Tensoren und Grundlagen der Tensorrechnung – 469

Kapitel 13   Grundgleichungen der linearen Elastizitätstheorie – 493

Kapitel 14   Spezielle Randwertprobleme – 513

Kapitel 15   FEM zur Lösung des Feldproblems – 543

Tensoren und Grundlagen der Tensorrechnung

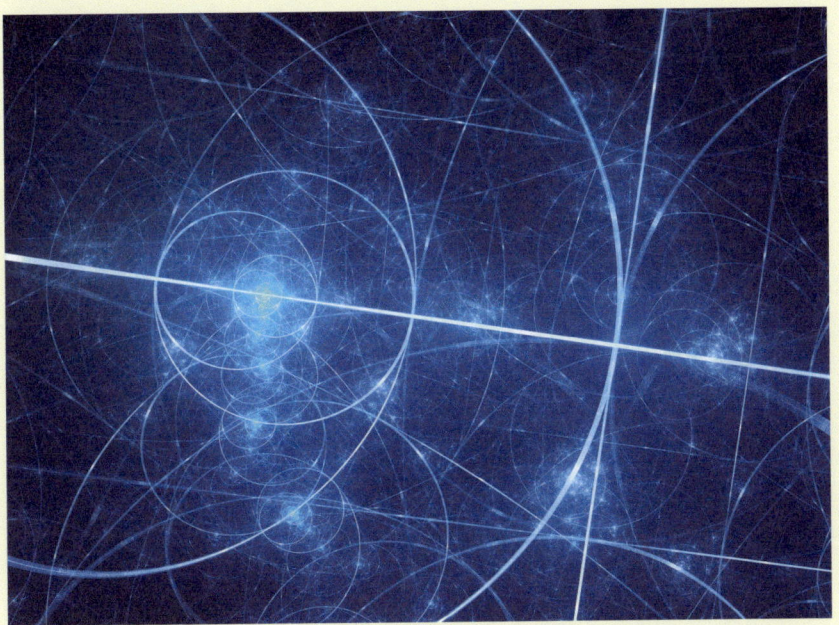

Inhaltsverzeichnis

12.1 Tensorbegriff – 471
12.1.1 Levi-Civita-Symbol – 471
12.1.2 Symbolische Darstellung – 471
12.1.3 Orthonormierte Basisvektoren als Tensorbasis – 471

12.2 Tensoralgebra – 472
12.2.1 Tensoraddition – 472
12.2.2 Tensormultiplikation – 472
12.2.3 Einfaches Skalarprodukt (inneres Produkt) – 472
12.2.4 Doppeltes Skalarprodukt – 473

© Der/die Autor(en), exklusiv lizenziert an Springer-Verlag GmbH, DE, ein Teil von Springer Nature 2023
A. Huber, *Technische Mechanik 2 - Elastostatik*, https://doi.org/10.1007/978-3-662-67759-9_12

12.3 Tensorkoordinatentransformation – 473
12.3.1　Drehtransformation eines Punktes – 473
12.3.2　Drehtransformation eines Tensors – 475
12.3.3　Transformation Tensoren zweiter Stufe – 476

12.4 Hauptspannungen und Hauptachsensystem – 477
12.4.1　Hauptspannungstransformation von Hauptspannungen – 479
12.4.2　Invarianten – 479
12.4.3　Maximale Schnittspannungen – 480
12.4.4　Maximale Schubspannungen – 480
12.4.5　Zusammenfassung – 481
12.4.6　Anwendung in SolidWorks – 481

12.5 Tensorfelder und Differenzialoperatoren – 482
12.5.1　Nabla-Operator ∇ – 482
12.5.2　Gauß'scher Integralsatz – 483

12.6 Übungen – 484

12.1 · Tensorbegriff

Sie lernen hier...
- doppelte Skalarprodukte kennen.
- die Tensoralgebra kennen.
- das Kronecker-Symbol kennen.

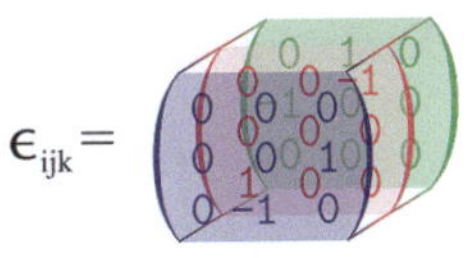

Abb. 12.1 Spannungstensor durch das Levi-Civita-Symbol illustriert [57]

Zitat

Die Gefahr, dass der Computer so wird wie der Mensch, ist nicht so groß wie die Gefahr, dass der Mensch so wird wie der Computer.
Konrad Zuse

Vorneweg sei gesagt, dass die Inspiration für die folgenden Kapitel auf zwei Unterlagen beruht. Zum einen wurde das Vorlesungsskript der Hochschule Mittweida, im Fach Höhere Mechanik, von Prof. Uwe Mahn [23] verwendet als auch das Buch von Kreißig und Benedix (Höhere Technische Mechanik) [22].

12.1 Tensorbegriff

Definition 12.1 (Tensor)
Ein Tensor ist eine multilineare Abbildung, die eine bestimmte Anzahl von Vektoren auf einen Vektor abbildet und eine universelle Eigenschaft erfüllt [100].

Definition 12.2 (Stufe)
Als Stufe n, eines Tensors, werden die charakteristischen Richtungen bezeichnet.

12.1.1 Levi-Civita-Symbol [23]

Die n Indizes i_1 bis i_n haben Werte von 1 bis n. Haben zwei oder mehr Indizes denselben Wert, so ist $\varepsilon_{i_1...i_n} = 0$. Sind die Werte der Indizes verschieden, so gibt das Symbol an, ob eine gerade ($\varepsilon_{i_1...i_n} = +1$) oder eine ungerade ($\varepsilon_{i_1...i_n} = -1$) Anzahl von Vertauschungen der Indizes nötig ist, um die Werte aufsteigend anzuordnen. Zum Beispiel ist $\varepsilon_{132} = -1$, da eine einzige Vertauschung nötig ist, um 132 in die Reihenfolge 123 zu bringen [77] (vgl. Abb. 12.1).

12.1.2 Symbolische Darstellung [23]

Symbol	Bedeutung	Beispiel
A, a	Tensor 0. Stufe	Temp., ϱ
$\underline{A}, \underline{a}$	Tensor 1. Stufe	Versch., v, F, M
$\underline{\underline{A}}, \underline{\underline{a}}$	Tensor 2. Stufe	Spannung, Verzerrung
$\underline{A}_{(n)}, \underline{a}_{(n)}$	Tensor n-ter Stufe	

12.1.3 Orthonormierte Basisvektoren als Tensorbasis [23]

Im dreidimensionalen Raum (euklidischer Raum) werden sogenannte Basisvektoren verwendet. Es wird dabei eine orthonomierte (normal aufeinander stehend) kartesische Basis verwendet. Diese Basisvektoren sind Einheitsvektoren und haben daher die Länge 1. Man kann dadurch folgende Ausdrücke finden:

$$|\underline{e}_1| = |e_2| = |e_3| = 1 \quad \text{und} \quad (12.1)$$
$$\underline{e}_1 \perp \underline{e}_2; \quad \underline{e}_2 \perp \underline{e}_3; \quad \underline{e}_1 \perp e_3 \quad (12.2)$$

Wird hier das Skalarprodukt gebildet

$$\underline{e}_i \cdot \underline{e}_j = |e_i||e_j|\cos\left(\underline{e}_i \cdot \underline{e}_j\right) = \delta_{ij} \quad (12.3)$$

so folgt das Kronecker-Delta bzw. Kronecker-Symbol, zu

$$\delta_{ij} = \begin{pmatrix} 1 & 0 & 0 \\ 0 & 1 & 0 \\ 0 & 0 & 1 \end{pmatrix} \quad (12.4)$$

Die Komponenten eines Vektors können durch

$$\underline{A} = a_1 \cdot \underline{e}_1 + a_2 \cdot \underline{e}_2 + a_3 \cdot \underline{e}_3 \qquad (12.5)$$

geschrieben werden, bzw. verkürzt mittels der **Einstein'schen Summationskonvention**:

$$\underline{a} = \sum_{i=1}^{n} a_i \cdot \underline{e}_i \equiv a_i \cdot \underline{e}_i \qquad (12.6)$$

12.2 Tensoralgebra

12.2.1 Tensoraddition [23]

Die Tensoraddition ist nur bei Tensoren gleicher Stufe möglich und entspricht einer Matrizenaddition:

— Symbolische Schreibweise:

$$\underline{\underline{a}} + \underline{\underline{b}} = \underline{\underline{c}} \qquad (12.7)$$

— Komponentenschreibweise:

$$A_{ij}\underline{e}_i \otimes \underline{e}_j + B_{ij}\underline{e}_i \otimes \underline{e}_j = C_{ij}\underline{e}_i \otimes \underline{e}_j \qquad (12.8)$$

— Koordinatenschreibweise:

$$a_{ij} + b_{ij} = c_{ij} \qquad (12.9)$$

12.2.2 Tensormultiplikation [23]

Werden zwei Tensoren, n-ter, bzw. m-ter Stufe multipliziert, so entsteht gemäß den Potenzregeln ein Tensor $m+n$-ter Stufe. Dieser besitzt die Koordinaten 3^{m+n}; dies entspricht den Stellen in der Matrixschreibweise.

— Symbolische Schreibweise:

$$\underline{a} \otimes \underline{\underline{b}} = \underline{\underline{\underline{c}}} \qquad (12.10)$$

— Komponentenschreibweise:

$$a_i \underline{e}_i \otimes b_{jk} \underline{e}_j \otimes \underline{e}_k = A_i b_{jk} \underline{e}_i \otimes \underline{e}_j \otimes \underline{e}_k$$
$$= c_{ijk} \underline{e}_i \otimes \underline{e}_j \otimes \underline{e}_k \qquad (12.11)$$

— Koordinatenschreibweise:

$$a_i b_{jk} = c_{ijk} \qquad (12.12)$$

12.2.3 Einfaches Skalarprodukt (inneres Produkt) [23]

Hierbei wird das Skalarprodukt innerer, benachbarter, Basisvektoren betrachtet.

— Symbolische Schreibweise:

$$A_{ij}\underline{e}_i \otimes \underline{e}_j \cdot B_{kl}\underline{e}_k \otimes \underline{e}_l$$
$$= A_{ij} B_{kl} \underline{e}_i \otimes \underbrace{\underline{e}_j \cdot \underline{e}_k}_{\delta_{jk}} \otimes \underline{e}_l$$
$$= A_{ij} B_{kl} \delta_{jk} \underline{e}_i \otimes \underline{e}_l$$
$$= \underbrace{A_{ij} B_{jl}}_{\text{Summation}} \underline{e}_i \otimes \underline{e}_l$$
$$= C_{il} \underline{e}_i \otimes \underline{e}_l \qquad (12.13)$$

— Komponentenschreibweise:

$$\underline{\underline{A}} \cdot \underline{\underline{B}} = \underline{\underline{C}} \qquad (12.14)$$

— Koordinatenschreibweise:

$$\underbrace{A_{ij} B_{jl}}_{\text{Summation}} = C_{il} \qquad (12.15)$$

12.3 · Tensorkoordinatentransformation

Bemerkung 12.1 (Kronecker-Delta)
Das Kronecker-Delta wird als Substitutionssymbol verwendet. (Bei den Indizes gilt: $j = k \implies \delta = 1$; $j \neq k \implies \delta = 0$; damit entfallen oftmals Terme, da sie durch das Kronecker-Delta gleich Null, oder gleich Eins werden.)

Bemerkung 12.2 (Einfache Überschiebung)
Durch das Hinzufügen des Skalarproduktes bewirkt das Gleichsetzen der beiden inneren Indizes in einem Momnom, wodurch eine Summation ausgelöst wird.

Bemerkung 12.3 (Kommutativgesetz)
Genau wie bei der Matrizenrechnung gilt auch für die Tensorrechnung: Es gibt **kein Kommutativgesetz**. Es gilt: $x \cdot y \neq y \cdot x$.

Proposition 12.1
(Rechenregeln zum Kronecker-Delta [38])
1. Indizes dürfen vertauscht werden: $\delta_{ij} = \delta_{ji}$.
2. Indizes können bei Summenindizes zusammengefasst werden: $\delta_{ij} \cdot \delta_{jk} = \delta_{ik}$.
3. Kommt das Produkt aus einem Vektor und einem Kronecker-Delta mit teils gleichen Index vor, so gilt $a_j \cdot \delta_{jk} = a_k$.

Weitere Regeln können der Website: ▶ https://de.universaldenker.org/lektionen/202 entnommen werden [38].

Beweis Alle Beweise sind Thematik des Gegenstandes Mathematik. Diese genießen hier relativ wenig Bedeutung, für Interessierte können sie aber der Website ▶ https://de.universaldenker.org/lektionen/202 entnommen werden [38]. □

12.3 Tensorkoordinatentransformation

Aufgabe dabei ist es, einen gegebenen Tensor, in Koordinatensystem 1 (Ursprungskoordinatensystem) um einen vorgegebenen Winkel, um dem das 2. Koordinatensystem gedreht ist, zu drehen und zu berechnen. Dazu wird die sogenannte Rotations- oder Drehmatrix bzw. Drehtransformation verwendet. Zunächst wird für die Herleitung die Rotation anhand eines Punktes betrachtet.

12.3.1 Drehtransformation eines Punktes [23]

Für den Drehwinkel gilt die Rechte-Hand-Regel.
Die Matrix ist eine 3×3 Rotationsmatrix. Hier die Elementarrotationsmatrix um die z-Achse. Oftmals wird kürzer $\sin(\gamma) = S\gamma$ bzw.

12.2.4 Doppeltes Skalarprodukt [23]

Hierbei wird das Skalarprodukt innerer Paare von Basisvektoren multipliziert. Dabei ist für die beiden Indizes i und j zu summieren. Es folgt damit, gemäß der Vektorrechnung, ein Skalar. Damit wird das Ergebnis um eine Stufe minimiert.

Bemerkung 12.4 (Doppelte Überschiebung)
Wird ein doppeltes Skalarprodukt eingeführt, spricht man von doppelter Überschiebung.

$$\underline{\underline{A}} = \underline{\underline{B}} = A_{ij}\underline{e}_i \otimes \underline{e}_j \cdot \cdot B_{kl}\underline{e}_k \otimes \underline{e}_l$$
$$= A_{ij} B_{kl} \underbrace{\underline{e}_j \cdot \underline{e}_k}_{\delta_{jk}} \underbrace{\underline{e}_i \cdot \underline{e}_l}_{\delta_{il}}$$
$$= A_{ij} B_{kl} \delta_{jk} \delta_{il} = \underline{\underline{A_{ij} B_{ji}}} \qquad (12.16)$$

Herleitung 12.1

Vgl. Abb. 12.2. Drehung um die z-Achse um den Winkel γ:

$$\vec{p} = \begin{bmatrix} p_x \\ p_y \\ p_z \end{bmatrix}, \quad \vec{p}' = \begin{bmatrix} p'_x \\ p'_y \\ p'_z \end{bmatrix}.$$

Damit folgt

$$p_x = p'_x \cdot \cos(\gamma) - p'_y \cdot \sin(\gamma), \tag{12.17}$$
$$p_y = p'_x \cdot \sin(\gamma) - p'_y \cdot \cos(\gamma). \tag{12.18}$$
$$p_z = p'_z. \tag{12.19}$$

Schreibt man dies in Form einer Matrix, wird

$$\begin{bmatrix} p_x \\ p_y \\ p_z \end{bmatrix} = \begin{bmatrix} \cos(\gamma) & -\sin(\gamma) & 0 \\ \sin(\gamma) & \cos(\gamma) & 0 \\ 0 & 0 & 1 \end{bmatrix} \cdot \begin{bmatrix} p'_x \\ p'_y \\ p'_z \end{bmatrix}. \tag{12.20}$$

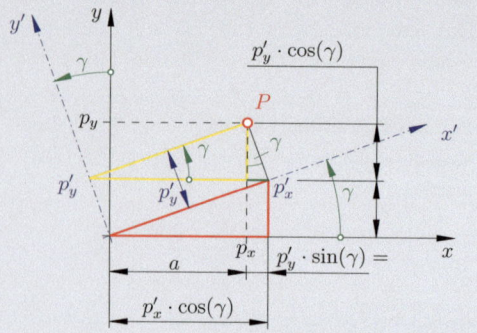

Abb. 12.2 Herleitung der Rotationsmatrix

$\cos(\gamma) = C\gamma$ geschrieben. Es folgt

$$\underline{R}_z(\gamma) = \begin{bmatrix} C\gamma & -S\gamma & 0 \\ S\gamma & C\gamma & 0 \\ 0 & 0 & 1 \end{bmatrix} \tag{12.21}$$

$$\vec{p} = \underline{R}_z(\gamma) \cdot \vec{p}'. \tag{12.22}$$

Interpretation der Gleichung: Der zuvor gegebene Vektor bzw. Punkt $\vec{p}'$ wird um die z-Achse gedreht. Es entsteht damit ein gedrehter Punkt, der bezogen auf ein neues Koordinatensystem die Koordinaten $\vec{p}$ besitzt. Da solch eine Drehung nicht zwingend um eine bestimmte Achse durchgeführt werden muss, sondern beliebig um jede Achse bestimmt werden kann, gibt es auch für die Drehungen um die x- und y-Achse Elementarrotationsmatrizen. Diese lauten

$$\underline{R}_x(\alpha) = \begin{bmatrix} 1 & 0 & 0 \\ 0 & C\alpha & -S\alpha \\ 0 & S\alpha & C\alpha \end{bmatrix}, \tag{12.23}$$

$$\underline{R}_y(\beta) = \begin{bmatrix} C\beta & 0 & S\beta \\ 0 & 1 & 0 \\ -S\beta & 0 & C\beta \end{bmatrix}. \tag{12.24}$$

Allgemein gilt

$$\underline{R} = \begin{bmatrix} r_{11} & r_{12} & r_{13} \\ r_{21} & r_{22} & r_{23} \\ r_{31} & r_{32} & r_{33} \end{bmatrix}. \tag{12.25}$$

Statt des Punktes $\vec{p}$ können auch die Basisvektoren gedreht, also mit $\underline{R}$ multipliziert, werden.

$$\underline{R} \cdot \vec{i} = \begin{bmatrix} r_{11} & r_{12} & r_{13} \\ r_{21} & r_{22} & r_{23} \\ r_{31} & r_{32} & r_{33} \end{bmatrix} \cdot \begin{bmatrix} 1 \\ 0 \\ 0 \end{bmatrix} = \begin{bmatrix} r_{12} \\ r_{21} \\ r_{31} \end{bmatrix}; \tag{12.26}$$

$$\underline{R} \cdot \vec{j} = \begin{bmatrix} r_{11} & r_{12} & r_{13} \\ r_{21} & r_{22} & r_{23} \\ r_{31} & r_{32} & r_{33} \end{bmatrix} \cdot \begin{bmatrix} 0 \\ 1 \\ 0 \end{bmatrix} = \begin{bmatrix} r_{12} \\ r_{22} \\ r_{32} \end{bmatrix}; \tag{12.27}$$

$$\underline{R} \cdot \vec{k} = \begin{bmatrix} r_{11} & r_{12} & r_{13} \\ r_{21} & r_{22} & r_{23} \\ r_{31} & r_{32} & r_{33} \end{bmatrix} \cdot \begin{bmatrix} 0 \\ 0 \\ 1 \end{bmatrix} = \begin{bmatrix} r_{13} \\ r_{23} \\ r_{33} \end{bmatrix}. \tag{12.28}$$

12.3 · Tensorkoordinatentransformation

Es ergibt sich eine allgemeine Form der Rotationsmatrix, zu

$$\underline{R} = \begin{bmatrix} r_{11} & r_{12} & r_{13} \\ r_{21} & r_{22} & r_{23} \\ r_{31} & r_{32} & r_{33} \end{bmatrix} = \begin{bmatrix} x_x & y_x & z_x \\ x_y & y_y & z_y \\ x_z & y_z & z_z \end{bmatrix}. \quad (12.29)$$

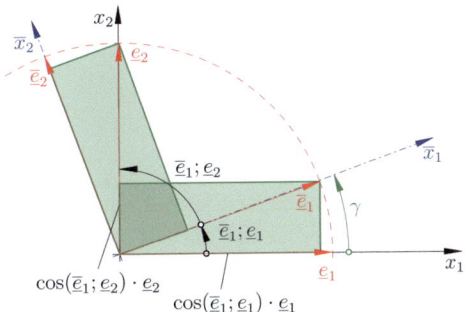

Abb. 12.3 Herleitung der Rotationsmatrix eines Tensors

Darin sind die Spaltenvektoren $\vec{x}$, $\vec{y}$ und $\vec{z}$ Richtungsvektoren der Koordinatenachsen des gedrehten Koordinatensystems in Bezug auf das Ursprungskoordinatensystem.

$$|\vec{x}| = |\vec{y}| = |\vec{z}| = 1,$$
$$\vec{x} \perp \vec{y}, \quad \vec{y} \perp \vec{z}, \quad \vec{z} \perp \vec{x},$$
$$\vec{x} \times \vec{y} = \vec{z}, \quad \vec{y} \times \vec{z} = \vec{x}, \quad \vec{z} \times \vec{x} = \vec{y}.$$

> **Gesetz 12.1**
> Aufgrund der Matrizenrechnung gilt: Werden mehrere Rotationen hintereinander durchgeführt, dann sind die Rotationsmatrizen von rechts nach links zu multiplizieren.

Bemerkung 12.5
Achtung: Die Multiplikation von Matrizen ist nicht kommutativ.

Für die Rotation von Koordinatensystemen gilt
- Bei Drehungen bezogen auf das ursprüngliche Koordinatensystem, so ist vorzumultiplizieren: $\underline{R} = \underline{R}_3 \underline{R}_2 \underline{R}_1$
- Hingegen bei Drehungen, bezogen auf das neue Koordinatensystem, nachzumultiplizieren ist: $\underline{R} = \underline{R}_1 \underline{R}_2 \underline{R}_3$

12.3.2 Drehtransformation eines Tensors [23]

Da es bei Spannungen nicht genügt mittels Punkten zu arbeiten, müssen die zuvor hergeleiteten Matrizen anstatt der Drehung eines Punktes auf die Drehung eines Tensors adaptiert werden. In der Mechanik wird häufig, anders als in der Mathematik, $\bar{x}$ anstatt x' geschrieben. Ebenso wird bei der Tensortransformation x_1, x_2 anstatt x, y verwendet. Mittels dieser Kenntnisse kann Abb. 12.3 gezeichnet werden.

Es entstehen gemäß Abb. 12.3 folgende Zusammenhänge

$$\bar{e}_1 = \cos(\underline{e}_1; \underline{e}_1)\underline{e}_1 + \cos(\underline{e}_1; \underline{e}_2)\underline{e}_2 \quad (12.30)$$
$$\bar{e}_2 = \cos(\underline{e}_2; \underline{e}_1)\underline{e}_1 + \cos(\bar{e}_2; \underline{e}_2)\underline{e}_2 \quad (12.31)$$

Hierin sind die Indizes i als alte und j als neue Basis zu betrachten, dies kann für den zweidimensionalen Fall durch

$$\underline{e}_i = \underbrace{\cos(\underline{e}_i; \underline{e}_j)}_{c_{ij}} \underline{e}_j \quad (12.32)$$

geschrieben werden. Die Rücktransformation erfolgt dann durch

$$\underline{e}_i = \cos(\underline{e}_i; \quad \bar{e}_j)\bar{e}_j. \quad (12.33)$$

Da i und j jeweils die Werte 1 bis 3 annehmen können (Koordinatenrichtungen), existieren bei der Hintransformation maximal neun Ausdrücke (Freiheitsgrade) für $\cos(\underline{e}_i; \underline{e}_j)$ die als Transformationskoeffizienten angesehen werden können, zu

$$c_{ij} = \cos(\underline{e}_i; \underline{e}_j) = \cos(\underline{e}_j; \underline{e}_i) \quad (12.34)$$
$$c_{ji} = \cos(\bar{e}_j; \underline{e}_i) = \cos(\underline{e}_i; \bar{e}_j). \quad (12.35)$$

Damit kann für Gl. (12.35), durch Hinzuziehen von Gl. (12.33), auch

$$\bar{e}_i = c_{ij}\underline{e}_j \quad \text{und} \quad (12.36)$$
$$\underline{e}_i = c_{ij}\underline{e}_j \quad (12.37)$$

geschrieben werden.

> **Bemerkung 12.6**
> Der Index i löst darin eine Summation aus.

Gemäß dem Kronecker-Symbol kann gefolgert werden, dass das Skalarprodukt zweier Basisvektoren als solches geschrieben werden kann. Eingesetzt der obigen Bedingungen liefert

$$\bar{e}_i \cdot \bar{e}_j = \delta_{ij} = c_{ik}\underline{e}_k \cdot c_{jl}e_l \tag{12.38}$$
$$= c_{ik} c_{jl} \delta_{kl} \tag{12.39}$$
$$= c_{ik} c_{jk} \tag{12.40}$$

Der Transformationskoeffizient c_{ij} kann dabei die Werte, als Beispiel, 1, 2 zu c_{12} annehmen und ist dabei gleich dem Kosinus des Winkels zwischen den beiden Achsen x_1 (gedrehtes Koordinatensystem) sowie der Achse x_2 (Ausgangskoordinatensystem). Die Drehtransformationsmatrix kann dabei durch die Matrix

$$c_{ij} = \begin{pmatrix} c_{11} & c_{12} & c_{13} \\ c_{21} & c_{22} & c_{23} \\ c_{31} & c_{32} & c_{33} \end{pmatrix} \tag{12.41}$$

beschrieben werden.

12.3.3 Transformation Tensoren zweiter Stufe [23]

Zu transformieren ist $\bar{n}_{kl}$ von $\underline{e}_i \otimes \underline{e}_j$ auf n_{ij} $\bar{\underline{e}}_k \otimes \bar{\underline{e}}_l$.

$$\bar{n}_{kl} \bar{\underline{e}}_k \otimes \bar{\underline{e}}_l = n_{ij} \underline{e}_i \otimes \underline{e}_j$$
$$= n_{ij} c_{ki} c_{ki} \bar{\underline{e}}_k \otimes c_{lj} \bar{\underline{e}}_l$$
$$= c_{ki} c_{lj} n_{ij} \bar{\underline{e}}_k \otimes \bar{\underline{e}}_l \tag{12.42}$$

> **Beispiel 12.1**
> Mittels dieser Bedingungen kann man eine Rotation der x_1-x_2-Achse um die x_3-Achse wie folgt beschreiben (vgl. mit Abb. 12.4)
>
> $$c_{11} = \bar{\underline{e}}_1 \cdot \underline{e}_1 = \cos(\bar{\underline{e}}_1, \underline{e}_1) = \cos\varphi \tag{12.43}$$
> $$c_{12} = \bar{\underline{e}}_1 \cdot \underline{e}_2 = \cos(\bar{\underline{e}}_1, \underline{e}_2) = \cos\left(\frac{\pi}{2} - \varphi\right)$$
> $$= \sin\varphi \tag{12.44}$$
> $$c_{21} = \bar{\underline{e}}_2 \cdot \underline{e}_1 = \cos(\bar{\underline{e}}_2, \underline{e}_1) = \cos\left(\frac{\pi}{2} + \varphi\right)$$
> $$= -\sin\varphi \tag{12.45}$$
> $$c_{22} = \bar{\underline{e}}_2 \cdot \underline{e}_2 = \cos(\bar{\underline{e}}_2, \underline{e}_2) = \cos\varphi \tag{12.46}$$
> $$c_{13} = c_{23} = c_{31} = c_{32} = \cos\left(\frac{\pi}{2}\right) = 0 \tag{12.47}$$
> $$c_{33} = \cos(0) = 1 \tag{12.48}$$
>
> Für diesen Fall besitzt c_{ij} folgende Form:
>
> $$c_{ij} = \begin{pmatrix} \cos\varphi & \sin\varphi & 0 \\ -\sin\varphi & \cos\varphi & 0 \\ 0 & 0 & 1 \end{pmatrix} \tag{12.49}$$

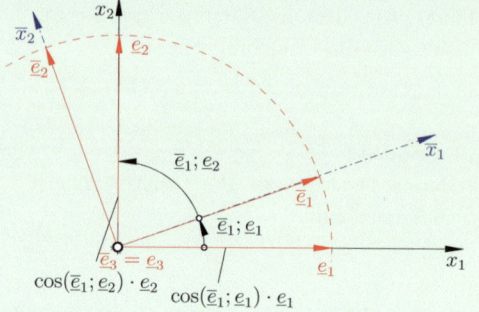

Abb. 12.4 Drehtransformationsmatrix-Beispiel

Interpretation der obigen Gleichungen (12.48): Bsp.: $c_{12} = \underline{e}_1 \cdot \underline{e}_2 = \cos(\bar{\underline{e}}_1)$ hierin wird die $\bar{\underline{e}}_1$-Achse in Bezug auf die $\underline{e}_2$-Achse betrachtet.

12.4 Hauptspannungen und Hauptachsensystem

Diese Bedingung kann auch in Koordinatenschreibweise durch

$$\overline{n}_{kl} = c_{ki} c_{lj} n_{ij} = c_{ki} n_{ij} c_{lj} \quad (12.50)$$

geschrieben werden, oder in symbolischer Schreibweise zu

$$\underline{\underline{\overline{n}}} = \underline{\underline{C}} \cdot \underline{\underline{A}} \cdot \underline{\underline{C}}^\top, \quad (12.51)$$

wobei das hochgestellte ⊤ die transponierte Matrix von C bildet.

Definition 12.3 (Hauptspannungen)

Hauptspannungen sind Spannungen, an dessen Spannungstensor die Schubspannungen verschwinden und nur mehr Normalspannungen vorliegen.

Es gibt drei Hauptspannungen, eine Hauptspannung je Koordinatenrichtung. Dieses Koordinatensystem muss zuerst durch Transformation, die bereits im Abschnitt zuvor behandelt wurde, herausgefunden werden. Die Summe der drei Hauptspannungen ist daher gleich der SPUR des Spannungstensors. Geschrieben werden diese Spannungen der Größe nach absteigend, es gilt daher $\sigma_1 > \sigma_2 > \sigma_3$.

Methode: Lösung durch SolidWorks – FEM 12.1

Gemäß der zuvor aufgestellten Behauptung soll mittels SolidWorks der Beweis erbracht werden. Dazu wird ein Würfel einseitig durch eine Kraft belastet.

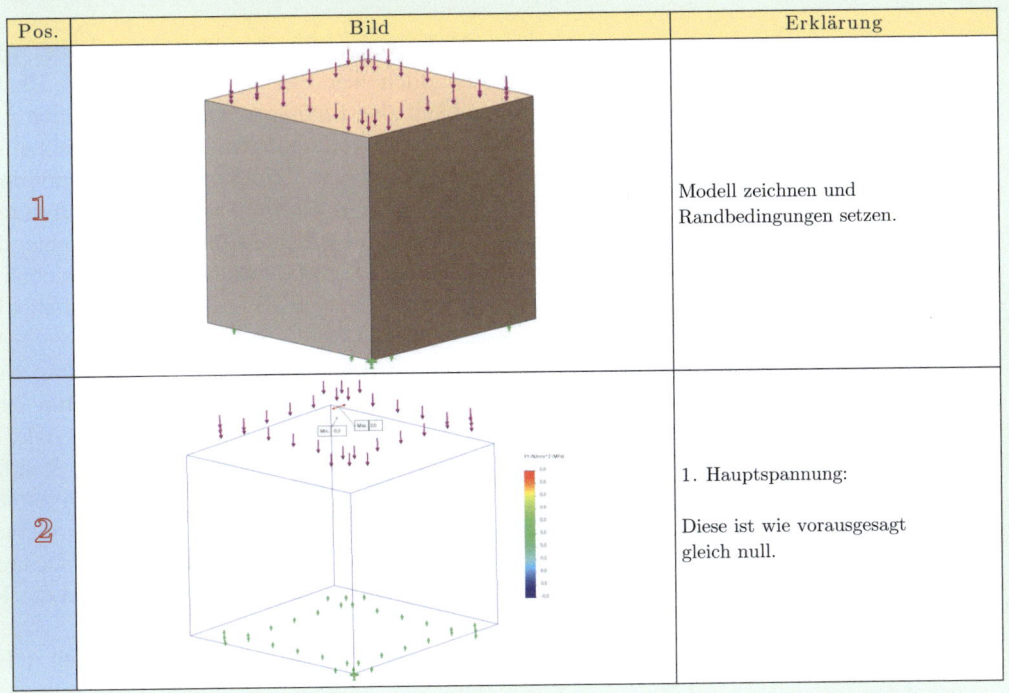

Pos.	Bild	Erklärung
1		Modell zeichnen und Randbedingungen setzen.
2		1. Hauptspannung: Diese ist wie vorausgesagt gleich null.

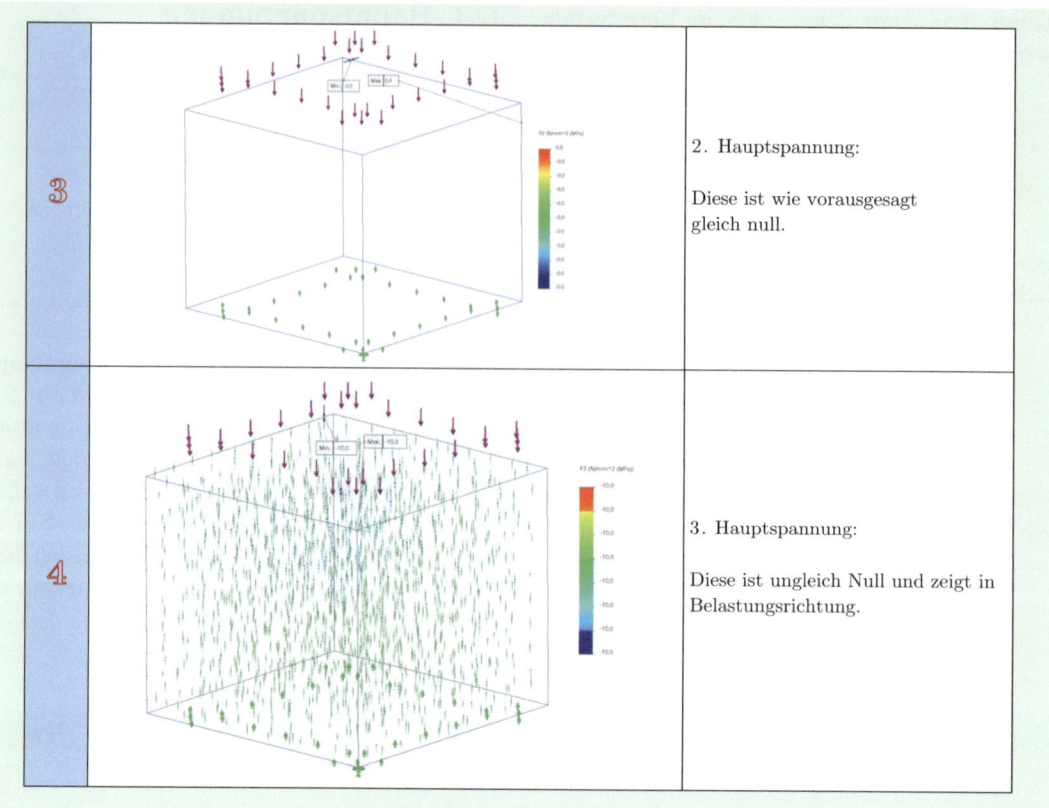

Corollary 12.1
Wenn in eine Richtung keine Normalkraft wirkt, so muss auch die jeweilige Normalspannungskomponente Null sein.

Lemma 12.1
In einem belasteten Würfel, der im Zentrum einer Oberfläche durch eine Druckkraft belastet wird, kann maximal eine Hauptspannung ungleich Null sein. Diese Spannung zeigt in Richtung der Belastung.

Verwendung findet die Hauptspannung vorwiegend bei der FEM Simulation, wenn der Einfluss des Diskretisierungsfehlers untersucht wird. Dabei muss die Bedeutung „finite" genauer untersucht werden. Dies bedeutet, dass endlich viele Elemente zur Berechnung, vorliegen. Dies steht im Gegensatz zu „infinite" Elemente, worin unendlich viele Elemente vorliegen. Die Unendlichkeit der Elemente wird auch bei den analytischen Berechnungen, beispielsweise bei der Integration bzw. Differentiation angenommen. Es muss daher ein Fehler zwischen den finiten und infiniten Elementen entstehen. Je kleiner dieser Fehler ist, desto genauer ist die Berechnung. Dieser Fehler wird als Diskretisierungsfehler bezeichnet [42, 43].

Die Elementgröße bei der Vernetzung eines Bauteils (erstellen der finiten Elemente eines zu berechnenden Modells = meshen) wird in Abhängigkeit des Bauteils, Materials, Randbedingungen und Geometrie gesteuert. In je mehr Elemente man das Bauteil unterteilt = kleinere Elementgröße, desto kleiner wird der Diskretisierungsfehler jedoch erhöht sich dabei die Rechenzeit drastisch.

Ebenso können die Hauptspannungen zu Bildung der Vergleichsspannung verwendet werden.

12.4.1 Hauptspannungstransformation von Hauptspannungen [23]

Hauptspannungen befinden sich auf der Hauptachse der Spannungsmatrix. Es wird daher die Spannung σ_{jj} und σ_{ii} untersucht, die gleich sein muss, wenn $i = j$ zu $\overline{\sigma}_{(ii)} = \overline{\sigma}_{(jj)}$ wobei auf der Hauptachse $i = j$ sein muss und mit dem Kronecker-Delta dafür $\delta = 1$, wenn $j = k$ folgt. In weiterer Folge muss, wenn $i \neq j \implies \delta = 0$ gelten, wodurch alle anderen Spannungen verschwinden, wie es die Definition der Hauptspannungen voraussetzt. Zusammenfassend gilt also für eine Hauptspannungsmatrix

$$\overline{\sigma}_{ij} = \begin{pmatrix} \overline{\sigma}_{11} & 0 & 0 \\ 0 & \overline{\sigma}_{22} & 0 \\ 0 & 0 & \overline{\sigma}_{33} \end{pmatrix}. \quad (12.52)$$

Wie bereits behandelt, wird bei gleichen Indizes eine Summation ausgelöst; um dies zu vermeiden, werden diese in Klammer gesetzt. In Verbindung mit ▫ Abb. 12.3 ist ersichtlich, dass durch die beiden Vektoren $\overline{e}_i$ bzw. $\overline{e}_j$ die Ebene der Drehmatrix aufgespannt wird. Es gilt mittels dieser $\overline{n}_{ij} = c_{ik}c_{kl}n_{klj} = \overline{\sigma}_{ij} = c_{ik}c_{kl}\sigma_{klj}$. Führt man den Transformationskoeffizienten ein, so folgt durch Erweitern mit diesem

$$c_{im}\overline{\sigma}_{ij} = c_{im}c_{ik}c_{kl}\sigma_{klj} \quad (12.53)$$

und gemäß dem Kronecker-Symbol und den dazugehörigen Rechenregeln: $c_{im}c_{ik} = \delta_{km}$. Wird das Kronecker-Symbol als Substitutionssymbol verwendet, so lässt dieses

$$c_{im}\overline{\sigma}_{ij} = \delta_{km}c_{kl}\sigma_{klj}$$
$$c_{im}\overline{\sigma}_{ij} = c_{jl}\sigma_{ml} \quad (12.54)$$

folgen. Gemäß eingehender Definition dieses Abschnittes muss $i = j$ sein und damit folgt

$$c_{im}\overline{\sigma}_{(ii)} = c_{jl}\sigma_{ml}. \quad (12.55)$$

Hierin kann mittels des Kronecker-Symbols ein Index-Tausch erreicht werden. Damit wird

$$c_{il}(\sigma_{ml} - \overline{\sigma}_{(ii)}\delta_{ml}) = 0. \quad (12.56)$$

Wird diese Gleichung anhand eines Gleichungssystem in Matrix-Schreibweise notiert, ergibt sich

$$\begin{pmatrix} \sigma_{11} - \overline{\sigma}_{(ii)} & \sigma_{12} & \sigma_{13} \\ \sigma_{21} & \sigma_{22} - \overline{\sigma}_{(ii)} & \sigma_{23} \\ \sigma_{31} & \sigma_{32} & \sigma_{33} - \overline{\sigma}_{(ii)} \end{pmatrix} \begin{pmatrix} c_{i1} \\ c_{i2} \\ c_{i3} \end{pmatrix}$$
$$= \begin{pmatrix} 0 \\ 0 \\ 0 \end{pmatrix}. \quad (12.57)$$

Die Anzahl der Hauptachsenelemente ist 3 Stück. Es liegen damit auch drei lineare, homogene Gleichungen vor. Eine nicht triviale (eine Lösung außer Null) Lösung dieser Gleichungen lässt die Bedingung

$$\det(\sigma_{ml} - \overline{\sigma}_{(ii)}\delta_{ml}) = 0 \quad (12.58)$$

folgen. Eine Lösung kann durch die Regel von Sarrus erbracht werden. Zur Erläuterung dieses Verfahrens dient nachstehende Bemerkung.

> **Bemerkung 12.7 (Regel von Sarrus [87])**
> Gegeben ist eine 3×3-Matrix
>
> $$A = \begin{pmatrix} a_{11} & a_{12} & a_{13} \\ a_{21} & a_{22} & a_{23} \\ a_{31} & a_{32} & a_{33} \end{pmatrix}. \quad (12.59)$$
>
> Eine Lösung wird dann durch Addieren und Subtrahieren der richtigen Matrix-Elemente, gemäß
>
> $$\det(A) = a_{11}a_{22}a_{33} + a_{12}a_{23}a_{31} + a_{13}a_{21}a_{32}$$
> $$- a_{13}a_{22}a_{31} - a_{11}a_{23}a_{32} - a_{12}a_{21}a_{33} \quad (12.60)$$
>
> gefunden.[1]

12.4.2 Invarianten [23, 68]

Ein bewegter Beobachter nimmt das gleiche Materialverhalten wahr als ein ruhender. Es gibt

---

[1] Genaueres: Verweis auf Lehrgebiet Mathematik.

scheinbar kein Bezugssystem. Man bezeichnet dies als materielle Objektivität. Der Vektor wechselt die Vektorraumbasis. Dies nutzen als Beispiel die Materialmodelle des Hooke'schen Gesetz, die Hyperelastizität und Plastizitätstheorie. Letzte beiden werden später behandelt.

Werden in Gl. (12.58) die Invarianten durch folgende Bedingungen eingeführt

$$I_1 = \sigma_{ii} = \sigma_{11} + \sigma_{22} + \sigma_{33} \tag{12.61}$$

$$I_2 = \frac{1}{2}(\sigma_{ii}\sigma_{jj} - \sigma_{ij}\sigma_{ij})$$
$$= \sigma_{11}\sigma_{22} + \sigma_{22}\sigma_{33} + \sigma_{33}\sigma_{11}$$
$$- \sigma_{12}^2 - \sigma_{23}^2 - \sigma_{13}^2 \tag{12.62}$$

$$I_3 = \det(\sigma_{ij}), \tag{12.63}$$

so kann die Lösung von Gl. (12.58) mit

$$-\overline{\sigma}_{(ii)}^3 + I_1 \overline{\sigma}_{(ii)}^2 - I_2 \overline{\sigma}_{(ii)} + I_3 = 0 \tag{12.64}$$

bestimmt werden.

12.4.3 Maximale Schnittspannungen

Gemäß Gl. (12.58) kann die Abhängigkeit von σ zu [97]

$$-\overline{\sigma}_{(ii)}^3 + I_1(\sigma)\overline{\sigma}_{(ii)}^2$$
$$- I_2(\sigma)\overline{\sigma}_{(ii)} + I_3(\sigma) = 0 \tag{12.65}$$

festgestellt werden. Schreibt man für die Invarianten anstatt arabischen Ziffern mittels den Koordinatenrichtungen x, y, z an, so folgt für diese [97]

$$I_1(\sigma) = \text{SPUR}(\sigma) = \sigma_{xx} + \sigma_{yy} + \sigma_{zz} \tag{12.66}$$

$$I_2(\sigma) = \frac{1}{2}[I_1(\sigma)^2 - I_1(\sigma^2)]$$
$$= \sigma_{xx}\sigma_{yy} + \sigma_{xx}\sigma_{zz} + \sigma_{yy}\sigma_{zz}$$
$$- \sigma_{xy}^2 - \sigma_{xz}^2 - \sigma_{yz}^2 \tag{12.67}$$

$$I_3(\sigma) = \det(\sigma) = \sigma_{xx}\sigma_{yy}\sigma_{zz} + 2\sigma_{xy}\sigma_{yz}\sigma_{xz}$$
$$- \sigma_{xx}\sigma_{yz}^2 - \sigma_{xy}^2\sigma_{zz} - \sigma_{xz}^2\sigma_{yy} \tag{12.68}$$

da die Hauptspannungsrichtungen senkrecht zueinander stehen, da sie eine Orthonormalbasis bilden. In diesem Basissystem besitzt der Spannungstensor die Gestalt [97]

$$\sigma = \sum_{i=1}^{3} \sigma_i \hat{v}_i \otimes \hat{v}_i = \begin{pmatrix} \sigma_1 & 0 & 0 \\ 0 & \sigma_{II} & 0 \\ 0 & 0 & \sigma_{III} \end{pmatrix}_{\hat{v}_i \otimes \hat{v}_j} ; \tag{12.69}$$

bzw. die Beträge der Schnittspannungsvektoren [97]

$$|\vec{T}^{(\hat{n})}| = \sqrt{(\sigma^\top \cdot \hat{n}) \cdot (\sigma^\top \cdot \hat{n})}$$
$$= \sqrt{\hat{n} \cdot \sigma \cdot \sigma^\top \cdot \hat{n}} \tag{12.70}$$

Der Beweis für diese Bedingung ist sehr komplex. Er kann [97] ▶ https://de.wikipedia.org/wiki/Spannungstensor entnommen werden.

12.4.4 Maximale Schubspannungen [14, 97]

Die maximalen Schubspannungen treten in einer Ebene e auf, die senkrecht zu einer Hauptspannungsrichtung ist. Der Mohrscher Spannungskreis zeigt, dass die maximale Schubspannung im 45°-Winkel zu den Hauptspannungsrichtungen, in der Ebene e vorkommt und betraglich gleich der halben Differenz der entsprechenden Hauptspannungen ist. Damit resultiert für die maximale Schubspannung [97]:

$$\sigma_{I} \geq \sigma_{II} \geq \sigma_{III} \implies \tau_{\max} = \frac{\sigma_{I} - \sigma_{III}}{2}. \tag{12.71}$$

Falls $\sigma_{I} = \sigma_{III}$ ist, befindet sich der materielle Punkt unter hydrostatischem Zug/Druck und in keiner Ebene finden sich Schubspannungen. Ist die 1-3-Ebene die xy-Ebene und in ihr ein ebener Spannungszustand $\sigma_x, \sigma_y, \tau_{xy}$ gegeben, dann lautet die maximale Schubspannung [97]

$$\tau_{\max} = \sqrt{\left(\frac{\sigma_x - \sigma_y}{2}\right)^2 + \tau_{xy}^2}. \tag{12.72}$$

12.4 · Hauptspannungen und Hauptachsensystem

Der Beweis für diese Bedingung ist sehr komplex. Er kann [97] ▶ https://de.wikipedia.org/wiki/Spannungstensor entnommen werden.

12.4.5 Zusammenfassung

Vorgehensweise:
- Zum Berechnen der drei Invarianten des gegebenen Tensors I_1, I_2 und I_3
- Zur Bestimmung der reellen Hauptwerte $\overline{\sigma}_{ii}$ des Tensors,
- Zum Ermitteln der Transformationskoeffizienten c_{il} durch Lösen des homogenen Gleichungssystems.

12.4.6 Anwendung in SolidWorks

Wie in SolidWorks die Hauptspannungen ermittelt werden, wurde bereits gezeigt. In weiterer Folge finden aber auch die Spannungsinvarianten Anwendung in SolidWorks. Gegeben sei erneut ein Würfel, der von einer schiefen Kraft belastet wird.

In SolidWorks können die Hauptspannungen ($P1$, $P2$ und $P3$) zur Darstellung von folgenden Spannungsdarstellungen verwendet werden:

- **INT = Spannungsintensität:** Die Spannungsintensität berechnet sich durch die Absolutwerte der Differenz zwischen 1. Hauptspannung und 2. Hauptspannung, also

$$\text{INT} = P1 - P2 = \sigma_\text{I} - \sigma_\text{II} \qquad (12.73)$$

Diese Differenz entspricht der Vergleichsspannung nach TRESCA, die bereits mehrmals im Laufe des Buches behandelt wurde. Es handelt sich dabei um den doppelten Wert der maximalen Schubspannung.

- **TRI = triaxiale Spannung:** Die triaxiale Spannung ist gleich der SPUR des Spannungstensors und damit auch gleich der ersten Invariante der Spannung, da diese aufgrund der konstanten Summe der Hauptspannungen immer die gleiche ist, egal wo im Bauteil man diese Summe misst.

$$\begin{aligned}\text{TRI} &= P1 + P2 + P3 = \sigma_\text{I} + \sigma_\text{II} + \sigma_\text{III} \\ &= \text{SPUR}(\sigma).\end{aligned} \qquad (12.74)$$

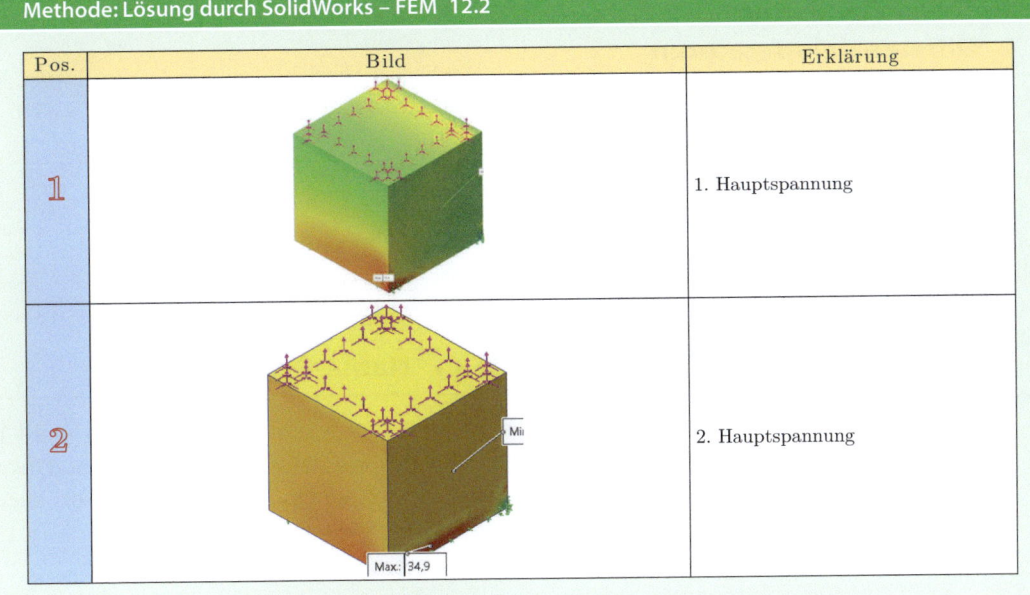

Methode: Lösung durch SolidWorks – FEM 12.2

Pos.	Bild	Erklärung
1		1. Hauptspannung
2		2. Hauptspannung

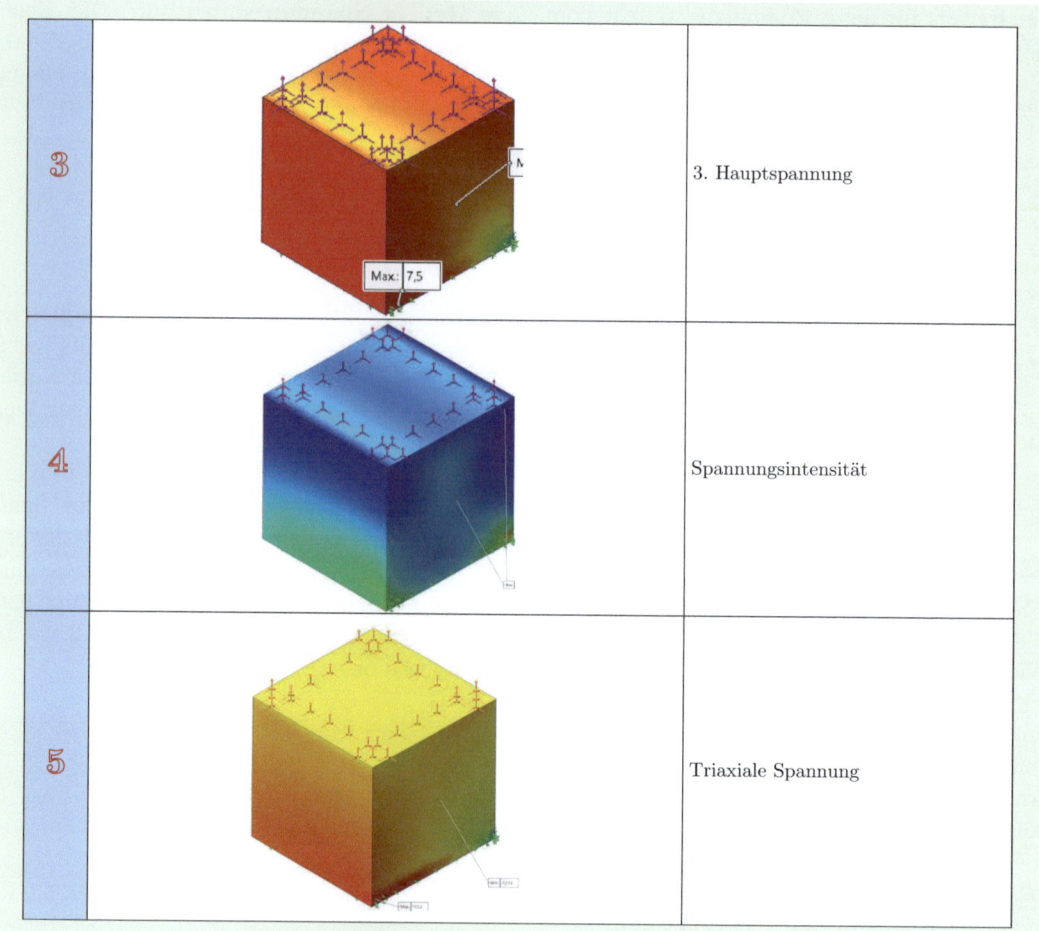

12.5 Tensorfelder und Differenzialoperatoren

In der Mechanik werden unterschiedliche Arten von Tensor-Feldern unterschieden. Hier, in der höheren Festigkeitslehre, ist das Verschiebefeld, Verzerrungsfeld und das Spannungsfeld von Entscheidung. Weitere Felder wären: Geschwindigkeitsfeld, Temperaturfeld etc. Grundlegend wird zwischen stationäre- und instationäre Tensorfelder unterschieden. Ein stationäres Feld ist zeitunabhängig, ein instationäres ist zeitabhängig.

Definition 12.4

Sei $\underline{\underline{F}}$ ein Tensorfeld, das nach den Ortskoordinaten abgeleitet wird. Es entsteht dann, wegen der Ortsabhängigkeit eine partielle Ableitung, gemäß

$$\frac{\partial \underline{\underline{F}}}{\partial x_k} = \frac{\partial F_{ij}}{\partial x_k} \cdot \underline{e}_i \otimes \underline{e}_j \otimes \underline{e}_k. \qquad (12.75)$$

12.5.1 Nabla-Operator ∇ [81]

Der Nabla-Operator kann verwendet werden, um die Differenzialoperatoren: Gradient, Divergenz oder Rotation einfacher und vor allem kürzer darzustellen.

12.5 · Tensorfelder und Differenzialoperatoren

Definition 12.5 (Nabla-Operator)

Sei Nabla ein Vektor, dessen Komponenten partielle Ableitungen der Form $\frac{\partial}{\partial x_i}$ mit $i \in \mathbb{N}$ sind, dann gilt

$$\vec{\nabla} = \sum_{i=1}^{n}\left(\frac{\partial}{\partial x_i}\right) = \left(\frac{\partial}{\partial x_1}, \ldots, \frac{\partial}{\partial x_n}\right). \tag{12.76}$$

Tritt der Nabla-Operator als Divergenz (div) auf, so kann für einen dreidimensionalen Raum

$$\vec{\nabla} = \left(\frac{\partial}{\partial x}, \frac{\partial}{\partial y}, \frac{\partial}{\partial z}\right) \tag{12.77}$$

geschrieben werden, oder durch die Einheitsvektoren

$$\vec{\nabla} = \vec{e}_x \cdot \frac{\partial}{\partial x} + \vec{e}_y \cdot \frac{\partial}{\partial y} + \vec{e}_z \cdot \frac{\partial}{\partial z}. \tag{12.78}$$

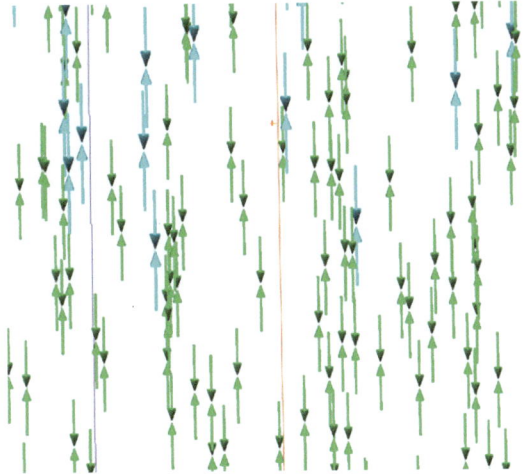

Abb. 12.5 Beispiel für ein Verschiebungsfeld in einer FEM Analyse

Erweitert man den dreidimensionalen Raum um $n-3$ Dimensionen zu n-Dimensionen, und sei ein differenzierbares Vektorfeld vorausgesetzt, so folgt die Gleichung

$$\vec{\nabla} f = \operatorname{grad} f = \left(\frac{\partial f}{\partial x_1}, \frac{\partial f}{\partial x_2}, \ldots, \frac{\partial f}{\partial x_n}\right)^{\top}. \tag{12.79}$$

Mit dem Vektorfeld $\vec{V}$ wird damit durch das dyadische Produkt „$\otimes$" die Divergenz dieses Feldes. Dies kann durch die Jacobi-Matrix, die bereits kurz im ersten Teil dieser Buchreihe (letztes Kapitel) vorgestellt wurde, folgt

$$(\vec{\nabla} \otimes \vec{V})^{\top} = \operatorname{grad} \vec{V} = J_{\vec{V}}$$

$$= \begin{pmatrix} \frac{\partial V_1}{\partial x_1} & \cdots & \frac{\partial V_1}{\partial x_n} \\ \vdots & \ddots & \vdots \\ \frac{\partial V_n}{\partial x_1} & \cdots & \frac{\partial V_n}{\partial x_n} \end{pmatrix} \tag{12.80}$$

Das Skalarprodukt des Vektorfeldes ergibt sich durch

$$\vec{\nabla} \cdot \vec{V} = \operatorname{div} \vec{V} = \sum_{i=1}^{n} \frac{\partial V_i}{\partial x_i}, \tag{12.81}$$

was auch die Spur des Gradienten darstellt (vgl. Abb. 12.5).

12.5.2 Gauß'scher Integralsatz [67]

Der Gauß'sche Integralsatz beschreibt den Zusammenhang zwischen der Divergenz eines Vektorfeldes und dem vorgegebenen Fluss durch eine Oberfläche. (Einfacher gesagt, nicht ganz korrekt, allerdings genügend für eine Vorstellung: Der Satz stellt den Zusammenhang zwischen den Volumen- und Oberflächenintegralen im dreidimensionalen Raum her).

$$\oint_A \vec{v} \cdot d\vec{A} = \int_V \operatorname{div} \vec{v} \, dV. \tag{12.82}$$

Für die nachfolgende Gleichung sei eine differenzierbare, stetige Oberfläche vorausgesetzt. Es gilt dann, wenn $\vec{F}$ stetig differenzierbar, auf einer offenen Menge

$$\int_V \operatorname{div} \vec{F} \cdot d^{(n)}V = \oint_A \vec{F} \cdot \vec{n} \, d^{(n-1)}A; \tag{12.83}$$

ist, wobei die Bedingungen für den Differenzialoperator d mit n bzw. $n-1$ nicht zwingend geschrieben werden muss

$$\int_V \operatorname{div} \vec{F} \cdot dV = \oint_A \vec{F} \cdot \vec{n} \cdot dA. \qquad (12.84)$$

$\underbrace{\phantom{\int_V \operatorname{div} \vec{F} \cdot dV}}_{A} \quad \underbrace{\phantom{\oint_A \vec{F} \cdot \vec{n} \cdot dA}}_{B}$

Den Gaußschen Integralsatz kann man sich in der Strömungsmechanik einigermaßen gut vorstellen. Sei ein durchströmter Körper mit dem Volumen V, an der Stelle von F und der Fläche A gegeben, so beschreibt Teil B den Fluss an der Stelle F, also das Flüssigkeitsvolumen, das anstelle von F Ein- bzw. Austritt. Teil A beschreibt hingegen die Existenz von Quellen- oder Senken. Ist das Integral im Teil B positiv, so liegen mehr Quellen, als Senken vor, wodurch mehr Flüssigkeit ein- als austritt [81].

12.6 Übungen

Übungsbeispiel 12.1

Welche Stufe besitzt der Tensor $\underline{v}, \underline{\underline{\sigma}}, \overline{\epsilon}$?

Lösung

$\underline{v}$ = Tensor 1. Stufe, $\underline{\underline{\sigma}}$ = Tensor 2. Stufe; $\overline{\epsilon}$ = Tensor 0. Stufe

Übungsbeispiel 12.2

Berechnen Sie folgende Ausdrücke! δij, $\delta ij \delta ij$.

Lösung

$\delta ij = \delta ij = 0$ wenn $j \neq j$; $= 1$ wenn $i = j$;
$\delta ij \delta ij = 0$ wenn $i \neq j$; $= 1$ wenn $i = j$.

Übungsbeispiel 12.3

Der Punkt $\vec{p} = \begin{bmatrix} 4 & 2 & 0 \end{bmatrix}^T$ soll 90° um die x-Achse gedreht werden. Es entsteht der Punkt $\vec{p'}$. Wie lauten dessen Koordinaten?

Lösung

Dazu muss nur in die zuvor gefundene Gleichung eingesetzt werden:

$$\underline{R}_x(\alpha) = \begin{bmatrix} 1 & 0 & 0 \\ 0 & C\alpha & -S\alpha \\ 0 & S\alpha & C\alpha \end{bmatrix},$$

$$\underline{R}_y(\beta) = \begin{bmatrix} C\beta & 0 & S\beta \\ 0 & 1 & 0 \\ -S\beta & 0 & C\beta \end{bmatrix}$$

und anschließend werden die Winkelfunktionen für einen Winkel von 90° ausgewertet. Es folgt:

$$\vec{p'} = \underline{R}\vec{p} = \begin{bmatrix} 1 & 0 & 0 \\ 0 & 0 & -1 \\ 0 & 1 & 0 \end{bmatrix} \begin{bmatrix} 4 \\ 2 \\ 0 \end{bmatrix} = \begin{bmatrix} 4 \\ 0 \\ 2 \end{bmatrix} = \underline{R}_1 \vec{p}$$
(12.85)

Für die Umkehroperation wird die inverse bzw. transponierte Rotationsmatrix benutzt: $\underline{R}^{-1} = \underline{R}^T$

$$\vec{p} = \underline{R}^T \vec{p'} = \begin{bmatrix} 1 & 0 & 0 \\ 0 & 0 & 1 \\ 0 & -1 & 0 \end{bmatrix} \begin{bmatrix} 4 \\ 0 \\ 2 \end{bmatrix} = \begin{bmatrix} 4 \\ 2 \\ 0 \end{bmatrix}.$$
(12.86)

12.6 · Übungen

Übungsbeispiel 12.4

Eine weitere Rotation um die y-Achse um $90°$, es entsteht $\vec{p'}$.

Lösung

$$\vec{p''} = \underline{R_2}\vec{p'} = \begin{bmatrix} 0 & 0 & 1 \\ 0 & 1 & 0 \\ -1 & 0 & 0 \end{bmatrix} \begin{bmatrix} 4 \\ 0 \\ 2 \end{bmatrix} = \begin{bmatrix} 2 \\ 0 \\ -4 \end{bmatrix} \tag{12.87}$$

$$\vec{p'} = R_2 R_1 \vec{p} = \underline{R}\vec{p}, \quad \underline{R} = \underline{R_2} \underline{R_1} \tag{12.88}$$

$$\underline{R} = \begin{bmatrix} 0 & 0 & 1 \\ 0 & 1 & 0 \\ -1 & 0 & 0 \end{bmatrix} \begin{bmatrix} 1 & 0 & 0 \\ 0 & 0 & -1 \\ 0 & 1 & 0 \end{bmatrix}$$

$$= \begin{bmatrix} 0 & 1 & 0 \\ 0 & 0 & -1 \\ -1 & 0 & 0 \end{bmatrix} \tag{12.89}$$

$$\vec{p''} = \begin{bmatrix} 0 & 1 & 0 \\ 0 & 0 & -1 \\ -1 & 0 & 0 \end{bmatrix} \begin{bmatrix} 4 \\ 2 \\ 0 \end{bmatrix} = \begin{bmatrix} 2 \\ 0 \\ -4 \end{bmatrix}. \tag{12.90}$$

Übungsbeispiel 12.5

Ein Spannungstensor hat die Gestalt

$$\sigma := \begin{pmatrix} 100 & 0 & 0 \\ 0 & 0 & 0 \\ 0 & 0 & 0 \end{pmatrix}. \tag{12.91}$$

1. Stellen, Sie den gegebenen Spannungstensor in einem um die x_3-Achse um $-45°$ gedrehten kartesischen Koordinatensystem dar!
2. Zerlegen Sie den gegebenen Tensor im Ausgangskoordinatensystem und denjenigen im gedrehten Koordinatensystem in jeweils einen hydrostatischen und einen deviatorischen Spannungsanteil! Diskutieren Sie das Ergebnis!

Lösung

1. **Drehtransformation:** Mit der Rotationsmatrix:

$$C := \begin{bmatrix} \cos(\varphi) & \sin(\varphi) & 0 \\ -\sin(\varphi) & \cos(\varphi) & 0 \\ 0 & 0 & 1 \end{bmatrix}$$

$$C = \begin{bmatrix} 0.707 & -0.707 & 0 \\ 0.707 & 0.707 & 0 \\ 0 & 0 & 1 \end{bmatrix} \tag{12.92}$$

Drehtransformation durch zweifache Matrizenmultiplikation. $\sigma_{\text{gedreht}} := C \cdot \sigma \cdot C^\top$ lässt

$$\underline{\underline{\sigma_{\text{gedreht}}}} = \begin{bmatrix} 50 & 50 & 0 \\ 50 & 50 & 0 \\ 0 & 0 & 0 \end{bmatrix} \tag{12.93}$$

folgen.

2. **Zerlegung in Spannungsdeviator und hydrostatischen Spannungsanteil**

Mit der Gleichung

$$\sigma_{\text{hydr}} = \frac{\text{SPUR}(\sigma = 100)}{3} \cdot \begin{bmatrix} 1 & 0 & 0 \\ 0 & 1 & 0 \\ 0 & 0 & 1 \end{bmatrix} \tag{12.94}$$

$$\underline{\underline{\sigma_{\text{hydr}}}} = \begin{bmatrix} 33{,}33 & 0 & 0 \\ 0 & 33{,}33 & 0 \\ 0 & 0 & 33{,}33 \end{bmatrix}. \tag{12.95}$$

Der Spannungsdeviator folgt durch $\sigma_{\text{dev}} = \sigma - \sigma_{\text{hydr}}$

$$\underline{\underline{\sigma_{\text{dev}}}} = \begin{bmatrix} 66{,}66 & 0 & 0 \\ 0 & -33{,}33 & 0 \\ 0 & 0 & -33{,}33 \end{bmatrix} \tag{12.96}$$

Vom gedrehten folgen die gleichen Ergebnisse, da die Spur des Tensors der Spannung ident ist. Damit folgt derselbe Spannungsanteil in allen Drehrichtungen.

Bemerkung 12.8

Da dies sehr einfach mittels eines Computerprogramms wie Matlab oder MathCAD zu lösen ist, allerdings vielen nicht klar ist, wie man Matrizen „per Hand multipliziert" wird anschließend, an dieses Kapitel eine Erklärung angehängt, die dies verdeutlichen sollte.

Methode: Lösung durch Matlab 12.1

```
%Tensor:
sigma = [100, 0, 0 ; 0, 0, 0; 0, 0, 0];
%Drehung um Achse:
phi = -45;

%Rotationsmatrix:
C = [cosd(phi), sind(phi), 0; -sind(phi), cosd(phi), 0; 0, 0, 1];

%Transponierte Matrix
Ct = C';

%Drehung;
sigma_d = C * sigma * Ct;

%Spannungsdeviator und Hydrostatischer Anteil:
    %SPUR:
    Spur = trace(sigma);

    %Gleichung f,r den hydrostatishen Anteil:
    sigma_hydr = Spur/3 * [1, 0, 0; 0, 1, 0; 0, 0, 1];

    %Gleichung f,r den Deviator:
    sigma_dev = sigma - sigma_hydr;

%Anteile f,r den gedrehten Spannungstensor:
    %SPUR:
    Spur_d = trace(sigma_d);

%Gleichung f,r den hydrostatishen Anteil:
sigma_hydrd = Spur_d/3 * [1, 0, 0; 0, 1, 0; 0, 0, 1];

%Gleichung f,r den Deviator:
sigma_devd = sigma_d - sigma_hydrd;
```

12.6 · Übungen

Ergebnisse:

C (3x3 double):
	1	2	3
1	0.7071	-0.7071	0
2	0.7071	0.7071	0
3	0	0	1

Ct (3x3 double):
	1	2	3
1	0.7071	0.7071	0
2	-0.7071	0.7071	0
3	0	0	1

sigma (3x3 double):
	1	2	3
1	100	0	0
2	0	0	0
3	0	0	0

sigma_ (3x3 double):
	1	2	3
1	50.0000	50.0000	0
2	50.0000	50.0000	0
3	0	0	0

sigma_dev (3x3 double):
	1	2	3
1	66.6667	0	0
2	0	-33.3333	0
3	0	0	-33.3333

sigma_devd (3x3 double):
	1	2	3
1	16.6667	50.0000	0
2	50.0000	16.6667	0
3	0	0	-33.3333

sigma_hydr (3x3 double):
	1	2	3
1	33.3333	0	0
2	0	33.3333	0
3	0	0	33.3333

sigma_hydrd (3x3 double):
	1	2	3
1	33.3333	0	0
2	0	33.3333	0
3	0	0	33.3333

Spur (1x1 double): 100

Spur_d (1x1 double): 100.0000

Übungsbeispiel 12.6

Ein Spannungstensor hat die Gestalt

$$\sigma := \begin{pmatrix} 75 & -43.303 & 0 \\ -43.303 & 25 & 0 \\ 0 & 0 & 0 \end{pmatrix} \qquad (12.97)$$

1. Stellen, die den gegebenen Spannungstensor in einem um die x_3-Achse um 60° gedrehten kartesischen Koordinatensystem dar!

2. Zerlegen Sie den gegebenen Tensor im Ausgangskoordinatensystem und denjenigen im gedrehten Koordinatensystem in jeweils einen hydrostatischen und einen deviatorischen Spannungsanteil! Diskutieren Sie das Ergebnis!

Lösung

```
%Tensor:
sigma = [75, -43.303, 0 ; -43.303, 25, 0; 0, 0, 0];
%Drehung um Achse:
phi = 60;

%Rotationsmatrix:
C = [cosd(phi), sind(phi), 0; -sind(phi), cosd(phi), 0; 0, 0, 1];
```

... von hier an ist der Code zum vorgehenden ident!

Ergebnisse:

C — 3x3 double

	1	2	3
1	0.5000	0.8660	0
2	-0.8660	0.5000	0
3	0	0	1

Ct — 3x3 double

	1	2	3
1	0.5000	-0.8660	0
2	0.8660	0.5000	0
3	0	0	1

phi — 1x1 double

	1	2	3
1	60		
2			
3			

sigma — 3x3 double

	1	2	3
1	75	-43.3030	0
2	-43.3030	25	0
3	0	0	0

sigma_d — 3x3 double

	1	2	3
1	-0.0015	8.6491e-...	0
2	8.6491e-...	100.0015	0
3	0	0	0

sigma_dev — 3x3 double

	1	2	3
1	41.6667	-43.3030	0
2	-43.3030	-8.3333	0
3	0	0	-33.3333

sigma_devd — 3x3 double

	1	2	3
1	-33.3348	8.6491e-...	0
2	8.6491e-...	66.6682	0
3	0	0	-33.3333

sigma_hydr — 3x3 double

	1	2	3
1	33.3333	0	0
2	0	33.3333	0
3	0	0	33.3333

sigma_hydrd — 3x3 double

	1	2	3
1	33.3333	0	0
2	0	33.3333	0
3	0	0	33.3333

Übungsbeispiel 12.7

Ein Spannungstensor hat die Gestalt

$$\sigma := \begin{pmatrix} 100 & -50 & 0 \\ -50 & 100 & 0 \\ 0 & 0 & 0 \end{pmatrix}.$$

Gesucht ist die Hauptspannungstransformation zur Bestimmung der drei Hauptspannungen sowie der Richtungsvektoren der Hauptspannung.

1. Berechnen Sie die Invarianten des Spannungstensors!
2. Geben Sie die charakteristische Gleichung an, berechnen Sie die Hauptwerte und geben Sie die Koordinaten des Tensors σ' im Hauptachsensystem an!
3. Zerlegen Sie den gegebenen Tensor σ' und denjenigen im Hauptachsensystem σ' jeweils in einen hydrostatischen und einen deviatorischen Spannungsanteil!

Lösung

1. **Invarianten:**

$$I_1 := \mathrm{tr}(\sigma)$$

$$I_2 := \sigma_{1,1} \cdot \sigma_{2,2} + \sigma_{2,2} \cdot \sigma_{3,3} + \sigma_{1,1} \cdot \sigma_{3,3} - (\sigma_{1,2})^2 - (\sigma_{2,3})^2 - (\sigma_{1,3})^2$$

$$I_3 := \det(\sigma)$$

$$\underline{\underline{I_1 = 200}}$$

$$\underline{\underline{I_2 = 7.5 \cdot 10^3}}$$

$$\underline{\underline{I_3 = 0}} \tag{12.98}$$

2. **Eigenvektoren:**

Diese können durch Subtrahieren von z. B. λ von jedem Element entlang der Hauptachse gefunden werden. Es wird dann die Determinante gebildet und nach λ aufgelöst, bei einer 3×3 Matrix folgen drei Werte als Lösungen von λ. Diese Werte werden in die Matrix für λ eingesetzt, es folgt eine neue Matrix, diese wird mit einem Vektor (Spaltenvektor) multipliziert, der Gestalt: $[x_1; x_2; x_3]$ (Matlab Schreibweise) und nach diesen Vektoren aufgelöst. Die Lösung sind die Eigenvektoren.

12.6 · Übungen

Übungsbeispiel 12.8

Ein Spannungstensor hat die Gestalt

$$\sigma := \begin{pmatrix} 100 & -50 & 0 \\ -50 & 100 & 0 \\ 0 & 0 & 0 \end{pmatrix}.$$

Gesucht ist die Hauptspannungstransformation zur Bestimmung der drei Hauptspannungen sowie der Richtungsvektoren der Hauptspannung.

1. Berechnen Sie die Invarianten des Spannungstensors!
2. Geben Sie die charakteristische Gleichung an, berechnen Sie die Hauptwerte und geben Sie die Koordinaten des Tensors σ' im Hauptachsensystem an!
3. Zerlegen Sie den gegebenen Tensor σ' und denjenigen im Hauptachsensystem σ' jeweils in einen hydrostatischen und einen deviatorischen Spannungsanteil!

Lösung

Lösung durch Matlab.

```
%Tensor:
sigma = [100, -50, 0 ; -50, 100, 0; 0, 0, 0];

%a) Invarianten
        %trace = SPUR
        %sigma(1,1)=sigma_xx aus Matrix (für x=1; y=2; z=3, damit:    sigma_xz=sigma(1,3)
        %det = Determinante:
    I_1 = trace(sigma);
    I_2 = sigma(1,1)*sigma(2,2)+sigma(3,3)+sigma(1,1)*sigma(3,3)-sigma(1,2).^2-
        sigma(2,3).^2 - sigma(1,3).^2;
    I_3 = det(sigma);

%b) Charakteristisches Polynom:
    %0 = -sigma_H^3 + I_1*sigma_H^2 - I_2*sigma_H + I_3; Die Koeffizienten des Polynoms
    %werden zunächst in den Koeffizientenvektor V_K ,bertragen. Da p(sigma_H = 0) ist,
    %werden die Nullstellen dieses Polynoms numerisch bestimmt. Diese Nullstellen sind
    %die Hauptwerte des gegebenen Tensors. p(sigma_h) = -sigma_H^3 + I_1*sigma_H^2 -
    %I_2*sigma_H + I_3 =>

    %symbolische variable definieren

    %Gleichung die zu Lösen ist: 0 = -sigma_H^3 + I_1*sigma_H^2 - I_2*sigma_H + I_3;
    %kann im Matlab direkt durch die Koeffizienten eingegeben werden (Glg. 3. Grades):
    p = [- 1    I_1     -I_2    I_3];

    %Polyroots ermitteln:
    sigma_H = roots(p);

%c) Bestimmen der Eigenvektoren

    %Definition des Kronecker - Symbols in Matrix - Form:
    delta_ml = [1, 0, 0 ; 0, 1, 0; 0, 0, 1];

    %Lösen durch Eigenvektoren:
    [C, D] = eig(sigma);

    %Aufspalten der Eigenmatrize in Spaltenvektoren:
    c_1 = [C(1,3); C(2,3); C(3,3)];
    c_2 = [C(1,2); C(2,2); C(3,2)];
    c_3 = [C(1,1); C(2,1); C(3,1)];

    %Abschließend kann nun die Matrix ? mit der Transformationsmatrix in das
    %Hauptachsensystem transformiert werden:
```

Kapitel 12 · Tensoren und Grundlagen der Tensorrechnung

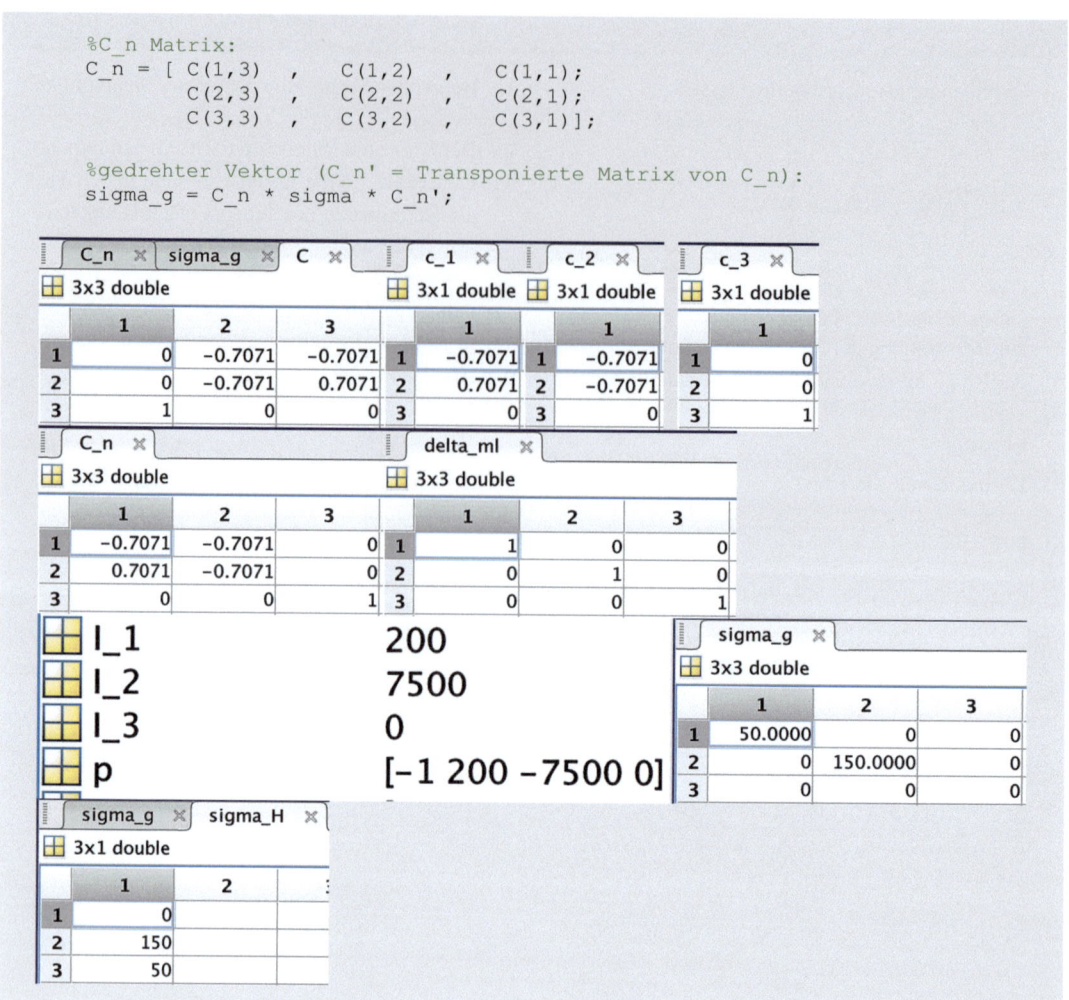

ERGÄNZUNG: Multiplikation von zwei Matrizen:

$$A_1 = \begin{pmatrix} C1 & -S1 & 0 & l_1 C1 \\ S1 & C1 & 0 & l_1 S1 \\ 0 & 0 & 1 & 0 \\ 0 & 0 & 0 & 1 \end{pmatrix} \qquad A_2 = \begin{pmatrix} C2 & -S2 & 0 & l_2 C2 \\ S2 & C2 & 0 & l_2 S2 \\ 0 & 0 & 1 & 0 \\ 0 & 0 & 0 & 1 \end{pmatrix}$$

$$T = A_1 \cdot A_2 = \begin{pmatrix} C1 & -S1 & 0 & l_1 C1 \\ S1 & C1 & 0 & l_1 S1 \\ 0 & 0 & 1 & 0 \\ 0 & 0 & 0 & 1 \end{pmatrix} \cdot \begin{pmatrix} C2 & -S2 & 0 & l_2 C2 \\ S2 & C2 & 0 & l_2 S2 \\ 0 & 0 & 1 & 0 \\ 0 & 0 & 0 & 1 \end{pmatrix}$$

- Multiplikation 1. Zeile mit
  ⇒ <u>1. Spalte:</u>
  $(C1 \quad -S1 \quad 0 \quad l_1 C1) \cdot (C2 \quad S2 \quad 0 \quad 0) = C1\,C2 + (-S1 S2) + 0 + 0 = $ **C1 C2 − S1S2**

12.6 · Übungen

$$\begin{pmatrix} C1\,C2 - S1\,S2 & & & \\ & & & \\ & & & \\ & & & \end{pmatrix}$$

⇒ *2. Spalte:*

$(C1 \quad -S1 \quad 0 \quad l_1 C1) \cdot (-S2 \quad C2 \quad 0 \quad 0) = -C1\,S2 + (-S1\,C2) + 0 + 0 = -C1\,S2 - S1\,C2$

$$\begin{pmatrix} C1\,C2 - S1\,S2 & -C1\,S2 - S1\,C2 & & \\ & & & \\ & & & \\ & & & \end{pmatrix}$$

⇒ *3. Spalte:*

$(C1 \quad -S1 \quad 0 \quad l_1 C1) \cdot (0 \quad 0 \quad 1 \quad 0) = 0$

$$\begin{pmatrix} C1\,C2 - S1\,S2 & -C1\,S2 - S1\,C2 & 0 & \\ & & & \\ & & & \\ & & & \end{pmatrix}$$

⇒ *4. Spalte:*

$(C1 \quad -S1 \quad 0 \quad l_1 C1) \cdot (l_2 C2 \quad l_2 S2 \quad 0 \quad 1) = -C1\,C2\,l_2 - S1\,S2\,l_2 + C1\,l_1$

$$\begin{pmatrix} C1\,C2 - S1\,S2 & -C1\,S2 - S1\,C2 & 0 & -C1\,C2\,l_2 - S1\,S2\,l_2 + C1\,l_1 \\ & & & \\ & & & \\ & & & \end{pmatrix}$$

- Multiplikation 2. Zeile mit
  ⇒ *1. Spalte:*

  $(S1 \quad C1 \quad 0 \quad l_1 S1) \cdot (C2 \quad S2 \quad 0 \quad 0) = S1\,C2 + C1\,S2$

  $$\begin{pmatrix} C1\,C2 - S1\,S2 & -C1\,S2 - S1\,C2 & 0 & -C1\,C2\,l_2 - S1\,S2\,l_2 + C1\,l_1 \\ S1\,C2 + C1\,S2 & & & \\ & & & \\ & & & \end{pmatrix}$$

  ⇒ *2. Spalte:*

  $(S1 \quad C1 \quad 0 \quad l_1 S1) \cdot (-S2 \quad C2 \quad 0 \quad 0) = -S1\,S2 + C1\,C2$

  $$\begin{pmatrix} C1\,C2 - S1\,S2 & -C1\,S2 - S1\,C2 & 0 & -C1\,C2\,l_2 - S1\,S2\,l_2 + C1\,l_1 \\ S1\,C2 + C1\,S2 & -S1\,S2 + C1\,C2 & & \\ & & & \\ & & & \end{pmatrix}$$

  ⇒ *3. Spalte:*

  $(S1 \quad C1 \quad 0 \quad l_1 S1) \cdot (0 \quad 0 \quad 1 \quad 0) = 0$

  $$\begin{pmatrix} C1\,C2 - S1\,S2 & -C1\,S2 - S1\,C2 & 0 & -C1\,C2\,l_2 - S1\,S2\,l_2 + C1\,l_1 \\ S1\,C2 + C1\,S2 & -S1\,S2 + C1\,C2 & 0 & \\ & & & \\ & & & \end{pmatrix}$$

  ⇒ *4. Spalte:*

  $(S1 \quad C1 \quad 0 \quad l_1 S1) \cdot (l_2 C2 \quad l_2 S2 \quad 0 \quad 1) = S1\,C2\,l_2 + C1\,S2\,l_2 + C1\,l_1$

  $$\begin{pmatrix} C1\,C2 - S1\,S2 & -C1\,S2 - S1\,C2 & 0 & -C1\,C2\,l_2 - S1\,S2\,l_2 + C1\,l_1 \\ S1\,C2 + C1\,S2 & -S1\,S2 + C1\,C2 & 0 & S1\,C2\,l_2 + C1\,S2\,l_2 + C1\,l_1 \\ & & & \\ & & & \end{pmatrix}$$

- Durch identes vorgehen folgt das Ergebnis der Multiplikation:

- $T = \begin{pmatrix} C1\,C2 - S1\,S2 & -C1\,S2 - S1\,C2 & 0 & -C1\,C2\,l_2 - S1\,S2\,l_2 + C1\,l_1 \\ S1\,C2 + C1\,S2 & -S1\,S2 + C1\,C2 & 0 & S1\,C2\,l_2 + C1\,S2\,l_2 + C1\,l_1 \\ 0 & 0 & 1 & 0 \\ 0 & 0 & 0 & 1 \end{pmatrix}$

- Bemerkung:
Die Multiplikation von Matrizen ist nicht kommutativ, d.h. $a \cdot b \neq b \cdot a$ wenn: $a, b \in \mathcal{M}$ ($\mathcal{M}$... Matrix).

Beweis: Dies wird Zur Vereinfachung mit Matlab durchgeführt, mit den beiden Beispiel – Matrizen:

$$A = \begin{pmatrix} 1 & 5 & 1 & 9 \\ 2 & 6 & 0 & 2 \\ 3 & 7 & 1 & 0 \\ 4 & 8 & 0 & 1 \end{pmatrix}; B = \begin{pmatrix} 1 & 5 & 2 & 9 \\ 2 & 6 & 3 & 2 \\ 3 & 7 & 4 & 0 \\ 4 & 8 & 4 & 1 \end{pmatrix}$$

$$T1 = A \cdot B = \begin{pmatrix} 1 & 5 & 1 & 9 \\ 2 & 6 & 0 & 2 \\ 3 & 7 & 1 & 0 \\ 4 & 8 & 0 & 1 \end{pmatrix} \cdot \begin{pmatrix} 1 & 5 & 2 & 9 \\ 2 & 6 & 3 & 2 \\ 3 & 7 & 4 & 0 \\ 4 & 8 & 4 & 1 \end{pmatrix}$$

$$T2 = B \cdot A = \begin{pmatrix} 1 & 5 & 2 & 9 \\ 2 & 6 & 3 & 2 \\ 3 & 7 & 4 & 0 \\ 4 & 8 & 4 & 1 \end{pmatrix} \cdot \begin{pmatrix} 1 & 5 & 1 & 9 \\ 2 & 6 & 0 & 2 \\ 3 & 7 & 1 & 0 \\ 4 & 8 & 0 & 1 \end{pmatrix}$$

Lösungen:

```
>> A = [1,5,1,9; 2,6,0,2; 3,7,1,0; 4,8,0,1]

A =

     1     5     1     9
     2     6     0     2
     3     7     1     0
     4     8     0     1

>> B = [1,5,2,9; 2,6,3,2; 3,7,4,0; 4,8,4,1]

B =

     1     5     2     9
     2     6     3     2
     3     7     4     0
     4     8     4     1

>> T1=A*B

T1 =

    50   114    57    28
    22    62    30    32
    20    64    31    41
    24    76    36    53

>> T2=B*A

T2 =

    53   121     3    28
    31    83     5    32
    29    85     7    41
    36   104     8    53
```

$$\boxed{A \cdot B \neq B \cdot A \ (!)}$$

Grundgleichungen der linearen Elastizitätstheorie

Inhaltsverzeichnis

13.1 Stoffunabhängige Gleichungen – 495
13.1.1 Wiederholung: Cauchy'sches Fundamentaltheorem, lokales Gleichgewicht und Verschiebung – 495
13.1.2 St.-Venant'sche Kompatibilitätsbedingungen – 496

13.2 Stoffabhängige Gleichungen – 498
13.2.1 Elastizität im technischen Sinne – 498
13.2.2 Lineare Elastizität – 498
13.2.3 Interpretation der Elastizitätskonstanten – 500
13.2.4 Spezielle Elastizitätsgesetze – 501

13.3 Thermoelastizität – 504

© Der/die Autor(en), exklusiv lizenziert an Springer-Verlag GmbH, DE, ein Teil von Springer Nature 2023
A. Huber, *Technische Mechanik 2 – Elastostatik*, https://doi.org/10.1007/978-3-662-67759-9_13

13.4 Verallgemeinertes Hooke'sches Gesetz mit Thermoelastizität bei Isotropie – 508

13.5 Übungen – 508

Sie lernen hier...
- Grundlagen der Elastizitätstheorie kennen.
- Die Elastizitätstheorie für den mehrdimensionalen Zustand kennen.
- Gleichgewichtsbedingungen kennen.
- Verzerrungszustände berechnen.

> **Zitat**
>
> Es fällt uns erst auf, wie wir von der Technik abhängig sind, wenn sie mal ausfällt.
> *Kühn-Görg, Monika*

In der Mechanik (speziell: FEM) unterscheidet man zwischen linearen und nicht linearen Analysen. Dies wurde bereits mehrmals ausführlich erklärt. In weiterer Folge wird auch hier die lineare Mechanik untersucht. Allgemeiner bezeichnet man diese Theorie in der Mechanik als lineare Elastizitätstheorie, in welcher auch alle bisher behandelten Gleichungen gelten. Dies bedeutet, es liegen keine großen Verschiebungen vor, keine nicht linearen Kontaktbeziehungen und kein nicht lineares Materialverhalten (siehe Spannungs-Dehnungs-Diagramm).

Wie entsteht Elastizität? Elastizität entsteht aufgrund unterschiedlichen Ursachen, je nach Material und Beschaffenheit des Körpers. Als Beispiel bei elastischen Materialien wie: Kunststoffe, Gummi werden die Molekülketten gedehnt oder gestaucht, bei Fluiden (siehe Strömungsmechanik = Überbegriff für Flüssigkeiten und Gase) verändert sich der mittlere Atomabstand und bei festem Körpern (Metalle) wird das Atomgitter verzerrt.

13.1 Stoffunabhängige Gleichungen

13.1.1 Wiederholung: Cauchy'sches Fundamentaltheorem, lokales Gleichgewicht und Verschiebung

Die Cauchy'sche Formel wird hier nochmals zur Wiederholung niedergeschrieben, hergeleitet wurde diese bereits in einem anderen Kapitel im Laufe des Buches.

$$t_i = \sigma_{ij} \cdot n_j. \tag{13.1}$$

Ebenso wichtig ist hier der Satz zugeordneter Schubspannungen, welcher aber auch schon ausführlich behandelt wurde. Es gilt nach dem Satz die Symmetrie des Spannungstensors

$$\begin{pmatrix} \sigma_{11} & \sigma_{12} & \sigma_{13} \\ \sigma_{21} & \sigma_{22} & \sigma_{23} \\ \sigma_{31} & \sigma_{32} & \sigma_{33} \end{pmatrix} \implies \begin{pmatrix} \sigma_{11} & \sigma_{12} & \sigma_{13} \\ \sigma_{12} & \sigma_{22} & \sigma_{23} \\ \sigma_{13} & \sigma_{23} & \sigma_{33} \end{pmatrix} \tag{13.2}$$

bzw. folgert man daraus

$$\underline{\underline{\sigma}} = \underline{\underline{\sigma}}^\top. \tag{13.3}$$

Mit dem lokalen Gleichgewicht findet man die Gleichung

$$\sigma_{ij,j} + \varrho f_i = 0. \tag{13.4}$$

Aus den Verschiebungsgleichungen werden die Bedingungen

$$\underline{u} = \underline{u}(\underline{x}, t) \qquad u_i = u_i(x_k, t) \tag{13.5}$$

hergeleitet, bzw. mit den Verzerrungsbeziehungen

$$\varepsilon_{12} = \frac{1}{2} \cdot \gamma_{1,2} = \frac{1}{2}[u_{1,2} + u_{2,1}] \tag{13.6}$$

$$\varepsilon_{23} = \frac{1}{2} \cdot \gamma_{2,3} = \frac{1}{2}[u_{2,3} + u_{3,2}] \tag{13.7}$$

$$\varepsilon_{13} = \frac{1}{2} \cdot \gamma_{1,2} = \frac{1}{2}[u_{1,3} + u_{3,1}] \tag{13.8}$$

folgt durch allgemeine Schreibweise

$$\varepsilon_{ij} = \frac{1}{2} \cdot \gamma_{i,j} = \frac{1}{2}[u_{i,j} + u_{j,i}]. \tag{13.9}$$

Diese Gleichung beschreibt den linearen Verzerrungstensor. Der Verzerrungstensor ist ein symmetrischer Tensor, das $\varepsilon_{ij} = \varepsilon_{ji}$ ist.

Zusammenfassend: Der Unterschied zwischen Verschiebungen und Verzerrungen ist vielen Studenten nicht gleich einleuchtend. Dieser ist jedoch nicht besonders schwierig zu verstehen. Als Beispiel bei der Verformung eines Balkens, der in seiner x-Achse auf Zug belastet wird und in seiner z-Achse auf Druck. Es entstehen durch die Belastungen Verschiebungen in x- und z-Richtung. Verzerrungen entstehen allerdings mehrere, da auch in der Ebene des Querschnitts Veränderungen auftreten, nämlich durch die Querkontraktion. Es haben damit zwei Verschiebungen mehrere Verzerrungen zur Folge. Dies wird anhand der nachstehenden SolidWorks FEM Simulation gezeigt (▶ Methode: Lösung durch SolidWorks – FEM 2.2).

13.1.2 St.-Venant'sche Kompatibilitätsbedingungen

Untersucht man den zuvor besagten Balken, indem durch zwei Kräfte zwei Verschiebungen hervorgerufen werden, so fällt auf, dass sich aber drei Verzerrungs- bzw. Dehnungsfelder ergeben. Der Zusammenhang zwischen Verschiebung und Verzerrung wird mittels der Kompatibilitätsbedingungen beschrieben.

Da sich in einem Körper benachbarte Moleküle weder ändern noch durchdringen können, muss es sich um ein stetig differenzierbares Feld handeln. Unter dieser Kenntnis kann man mittels Gleichung (13.9) sechs eindeutige, differenzierbare, Verzerrungen ableiten.

Ein Gradientenfeld ist ein Vektorfeld, das abgeleitet wurde (Skalarprodukt), weshalb eine Ortsunabhängigkeit vorliegt. Dies zieht mit sich, dass man aber aus dem Gradientenfeld nicht wieder auf das Vektorfeld schließen kann. Dies kann man sich ähnlich einem Eimer voll gefüllt mit Farbe vorstellen. Mischt man als Beispiel die beiden Farben Rot und Grün zusammen, ergibt sich braun. Dies ist keine allzu große Schwierigkeit, hingegen das nachträgliche Trennen der braunen Farbe in die Ursprungskomponenten rot und grün unmöglich ist. Es herrschen Integrabilitätsbedingungen. Dies bedeutet konkret für die Kontinuumsmechanik, dass zwischen Verzerrungstensor und Verschiebungen keine umkehrbare Äquivalenz entsteht.

> **Lemma 13.1**
>
> Es können aus dem Verzerrungstensor die Ausgangsbedingungen, also die Verschiebungen, nicht bestimmt werden. (Integrabilitätsbedingungen)

Um dies beweisen zu können, muss man sich zunächst die zyklische Permutation (Gruppentheorie, Kombinatorik, siehe Mathematik) ins Gedächtnis rufen.

Beweis Mittels Gl. (13.9) können durch eine zyklische Permutation, der Indizes i, j, k, l, nach den verbleibenden Indizes differenziert werden, zu

$$\varepsilon_{ij,kl} = \frac{1}{2}\left[u_{i,jkl} + u_{j,ikl}\right] \quad (13.10)$$

$$\varepsilon_{kl,ij} = \frac{1}{2}\left[u_{k,lij} + u_{l,kij}\right] \quad (13.11)$$

$$\varepsilon_{il,jk} = \frac{1}{2}\left[u_{i,ljk} + u_{l,ijk}\right] \quad (13.12)$$

$$\varepsilon_{jk,il} = \frac{1}{2}\left[u_{j,kil} + u_{k,jil}\right]. \quad (13.13)$$

Der französische Mathematiker Adhémar Jean Claude Barré de Saint-Venant war der Erste, der diesen Vorgang durchführte. Er ging so vor, dass man die ersten beiden Gleichung addiert und davon die letzten beiden abzieht. Es gilt demnach

$$\varepsilon_{ij,kl} + \varepsilon_{kl,ij} - \varepsilon_{il,jk} - \varepsilon_{jk,il} = 0. \quad (13.14)$$

Es folgen damit Tensorgleichungen, da es bei einer räumlichen Betrachtung drei Dimensionen gibt, folgen gemäß den überstehenden Gleichungen auch drei Lösungen je Gleichung. Bei vier Gleichungen resultieren daraus $3^4 = 81$ Lösungen, die aber nicht alle verschieden sind. Gemäß der Symmetrie der Verzerrungsmatrix gilt $\varepsilon_{1234} = \varepsilon_{4321} = \varepsilon_{2134} = \ldots$. Es folgen unter Anwendung dieser Bedingungen dann sechs verschiedene Lösungen, die nachstehend angeführt

13.1 · Stoffunabhängige Gleichungen

Methode: Lösung durch SolidWorks – FEM 13.1

Pos.	Bild	Erklärung
1		MISES Spannung
2		Verschiebungen (in zwei Richtungen) haben drei Verzerrungen zur Folge (nachstehend)
3		Dehnung x
4		Dehnung y
5		Dehnung z

sind.

$i = j = 1, k = l = 2$:
$$\varepsilon_{11,22} + \varepsilon_{22,11} - 2\varepsilon_{12,12} = 0 \qquad (13.15)$$

$i = j = 2, k = l = 3$:
$$\varepsilon_{22,33} + \varepsilon_{33,22} - 2\varepsilon_{23,23} = 0 \qquad (13.16)$$

$i = j = 3, k = l = 1$:
$$\varepsilon_{33,11} + \varepsilon_{11,33} - 2\varepsilon_{13,13} = 0 \qquad (13.17)$$

$i = j = 1, k = 2, l = 3$:
$$\varepsilon_{11,23} + \varepsilon_{23,11} - \varepsilon_{13,12} - \varepsilon_{12,13} = 0 \qquad (13.18)$$

$i = j = 2, k = 3, l = 1$:
$$\varepsilon_{22,13} + \varepsilon_{13,22} - \varepsilon_{12,23} - \varepsilon_{23,23} = 0 \qquad (13.19)$$

$i = j = 3, k = 2, l = 1$:
$$\varepsilon_{33,12} + \varepsilon_{12,33} - \varepsilon_{13,23} - \varepsilon_{23,13} = 0 \qquad (13.20)$$

Es folgt ein stetig differenzierbares Vektorfeld, gemäß Forderung. Da nach eingehender Erklärung von einer Verschiebung mehrere Verzerrungen hervorgerufen werden, gehen umgekehrt von mehreren Verzerrungen eine Verschiebung hervor. Damit kann die eingehende Annahme nicht als richtig erfasst werden und damit folgt ein Widerspruch, wodurch das obige Lemma bewiesen ist. (Kompatibilitätsbedingungen) Es wird damit mit Gl. (13.9) kein neuer Sachverhalt beschreiben. □

13.2 Stoffabhängige Gleichungen

13.2.1 Elastizität im technischen Sinne

Der große Vorteil der Kontinuumsmechanik ist auch, dass keine Unterscheidung zwischen den Beanspruchungsarten vorgenommen wird. Es haben nur Anfangs- und Endzustand Bedeutung und es ist eine Unabhängigkeit des Belastungspfads zu beachten. Bei jeder Belastung wird Formenergie gespeichert und bei Entlastung wieder freigesetzt. Dies macht sich auch die FEM zunutze, wie bereits in entsprechenden Kapiteln gezeigt wurde. Bei linearer Elastizität wird die Formänderungsenergie wieder vollständig freigesetzt, da keine bleibende Verformung vorliegt.

13.2.2 Lineare Elastizität

13.2.2.1 Randbedingungen

Bis jetzt wurde der Zusammenhang zwischen Spannung und Dehnung immer mit dem Hooke'schen Gesetz hergestellt. Hier wurde oftmals unpräzise gearbeitet, da man eigentlich einen Zusammenhang zum ebenen Hooke'schen Gesetz hergestellt hat. Das ebene Hooke'sche Gesetz lautet mittels der Indexnotation $\sigma_{11} = E \cdot \varepsilon_{11}$. Diese Notation legt nahe, dass man das Hooke'sche Gesetz auch für mehrere Dimensionen aufstellen kann, indem man für ε den Dehnungstensor und für σ den Spannungstensor sowie für E das E-Modul, den E-Modul Tensor einsetzt. Mit der üblichen Indexschreibweise mittels j und i folgt daraus die Gleichung

$$\sigma_{ij} = E_{ijkl} \cdot \varepsilon_{kl} \qquad (13.21)$$

In symbolischer Schreibweise gilt

$$\underline{\underline{\sigma}} = \underline{\underline{\underline{E}}} \cdot \underline{\underline{\varepsilon}}. \qquad (13.22)$$

Der Term E_{ijkl} ist der Elastizitätstensor. Dieser kann durch den Spannungs- und Verzerrungstensor beschrieben werden.

$$\sigma_{ijk} = \begin{bmatrix} \sigma_{11} & \tau_{12} & \tau_{13} \\ \tau_{21} & \sigma_{22} & \tau_{23} \\ \tau_{31} & \tau_{32} & \sigma_{33} \end{bmatrix} \qquad (13.23)$$

$$\varepsilon_{ijk} = \begin{bmatrix} \varepsilon_{11} & \varepsilon_{12} & \varepsilon_{13} \\ \varepsilon_{21} & \varepsilon_{22} & \varepsilon_{23} \\ \varepsilon_{31} & \varepsilon_{32} & \varepsilon_{33} \end{bmatrix} \qquad (13.24)$$

Sei σ_{ijk} der Dividend und ε_{ijk} der Divisor folgt gemäß dem dreidimensionalen Hooke'schen Gesetz

$$E_{ijk} = C_{ijk} = \frac{\sigma_{ijk}}{\varepsilon_{ijk}} \implies$$

$$\sigma_{ijk} = C_{ijk} \cdot \varepsilon_{ijk} \qquad (13.25)$$

13.2 · Stoffabhängige Gleichungen

oder durch Einsetzen der Matrizen

$$\sigma_{ijk} = C_{ijk} \begin{bmatrix} \varepsilon_{11} & \varepsilon_{12} & \varepsilon_{13} \\ \varepsilon_{21} & \varepsilon_{22} & \varepsilon_{23} \\ \varepsilon_{31} & \varepsilon_{32} & \varepsilon_{33} \end{bmatrix} \begin{bmatrix} \sigma_{11} & \tau_{12} & \tau_{13} \\ \tau_{21} & \sigma_{22} & \tau_{23} \\ \tau_{31} & \tau_{32} & \sigma_{33} \end{bmatrix}, \quad (13.26)$$

so ergibt sich eine $3 \times 3 \times 3 \times 3 = 81$ Komponenten-Matrix. Ferner kann diese Gleichung durch Summen-Zeichen als

$$\sigma_{jk} = \sum_{k=1}^{3} \sum_{l=1}^{3} C_{ijkl} \cdot \varepsilon_{kl} \quad (13.27)$$

geschrieben werden, bzw. mit der Einstein'schen Summenkonvention [61] folgt

$$\sigma_{jk} = C_{ijkl} \cdot \varepsilon_{kl}. \quad (13.28)$$

Der Elastizitätstensor ist ein Tensor 4. Stufe der aus 81 Koordinaten, den sogenannten Elastizitätskonstanten besteht. Ist der Elastizitätstensor ortsabhängig $E_{ijk}(\underline{x})$ dann liegt ein inhomogenes Material vor, andernfalls ein homogenes. Dieser Unterschied wurde bereits im Laufe des Buches mehrfach erklärt. Für die Spannung σ_{11} gilt

$$\begin{aligned}\sigma_{11} = & E_{1111}\varepsilon_{11} + E_{1112}\varepsilon_{12} + E_{1113}\varepsilon_{13} \\ & + E_{1121}\varepsilon_{21} + E_{1122}\varepsilon_{22} + E_{1123}\varepsilon_{23} \\ & + E_{1131}\varepsilon_{31} + E_{1132}\varepsilon_{32} + E_{1133}\varepsilon_{33}.\end{aligned} \quad (13.29)$$

Es ist ersichtlich, dass es sich in Gl. (13.21) um neun gewöhnliche Gleichungen (keine Differentialgleichungen) handelt. Es folgt $\varepsilon_{kl} = \varepsilon_{lk}$ bzw. $\sigma_{ij} = \sigma_{ji}$. Folgend gilt

$$E_{ijkl} = E_{jikl} \quad \text{und} \quad E_{ijkl} = E_{ijlk}. \quad (13.30)$$

Es verbleiben also nur noch 36 unabhängige Elastizitätskonstanten. Weiterhin lässt sich aus der Formänderungsarbeit

$$W = \int_{\varepsilon_{ij}=0}^{\varepsilon_{ij}^{E}} \sigma_{ij} d\varepsilon_{ij} \quad (13.31)$$

herleiten, indem $E_{ijkl} = E_{klij}$ ist und schränkt damit den Tensor 3. Stufe auf 21 Konstanten ein. Bei Anisotropie sind diese voneinander unabhängig.

13.2.2.2 Hooke'sches Gesetz in Matrixform

Es lässt sich mit den obigen Bedingungen das Hooke'sche Gesetz für den mehrdimensionalen Spannungszustand in Matrixform gemäß

$$\begin{pmatrix} \sigma_{11} \\ \sigma_{22} \\ \sigma_{33} \\ \sigma_{12} \\ \sigma_{23} \\ \sigma_{13} \end{pmatrix} = \begin{pmatrix} E_{1111} & E_{1122} & E_{1133} & E_{1112} & E_{1123} & E_{1113} \\ E_{1122} & E_{2222} & E_{2233} & E_{2212} & E_{2223} & E_{2213} \\ E_{1133} & E_{2233} & E_{3333} & E_{3312} & E_{3323} & E_{3313} \\ E_{1112} & E_{2212} & E_{3312} & E_{1212} & E_{1223} & E_{1213} \\ E_{1123} & E_{2223} & E_{3323} & E_{1223} & E_{2323} & E_{2313} \\ E_{1113} & E_{2213} & E_{3313} & E_{1213} & E_{2313} & E_{1313} \end{pmatrix} \cdot \begin{pmatrix} \varepsilon_{11} \\ \varepsilon_{22} \\ \varepsilon_{33} \\ 2\varepsilon_{12} \\ 2\varepsilon_{23} \\ 2\varepsilon_{13} \end{pmatrix}$$

(13.32)

finden. Es ist zu erkennen, dass es sich bei der obigen Matrix um eine symmetrische Matrix handelt.

Viele werden sich auch an dieser Stelle wieder nach der technischen Anwendung fragen. Das dreidimensionale Hooke'sche Gesetz wird vor allem in der FEM-Berechnung benötigt, die über die Grundlagenrechnung hinaus geht. Bei vielen, im Maschinenbau verwendeten Materialien handelt es sich um isotrope Materialien, als Beispiel Stahl. Dies bedeutet, es liegt in allen Richtungen annähernd das gleiche E-Modul vor, bzw. ist die Abweichung so gering, dass eine isotrope Annahme genügt. Anders ist dies als Beispiel bei Holz. Dieses hat in Faserrichtung eine wesentlich höhere Belastbarkeit als quer zu Faserrichtung. Ist diese Tatsache in der FEM-Berechnung zu beachten, so muss ein mehrdimensionales Material hinterlegt werden. Dazu muss man oftmals in FEM Programmen, so auch in SolidWorks FEM den Modelltyp in der Materialbibliothek umstellen, dies ist im nachfolgenden Bild gezeigt. Stellt man anstatt „linear, elastisch isotrop" auf „linear, elastisch orthotrop" um, auch dies wurde bereits einmal im Laufe des Buches ausführlicher gezeigt, so hat man die Möglichkeit E-Module in mehreren Dimensionen einzugeben. Welches Materialmodell für welche Anwendung steht, wird im nächsten Kapitel noch genauer untersucht. In High-End-FEM-Programmen, wie ANSYS, wird diese Eingabe noch wichtiger und damit das mehrdimensionale Hooke'sche Gesetz unumgänglich bei einer exakten FEM Berechnung.

◨ Abb. 13.1 zeigt die Möglichkeit der Einga-

13.2.3 Interpretation der Elastizitätskonstanten

In Gl. (13.21) können folgende Kopplungen zwischen Spannung – und Dehnung gefunden werden:

13.2.3.1 Normalspannungs-Dehnungs-Kopplungen in der gleichen Richtung

Wie bereits im Abschnitt zuvor beschrieben wurde, herrscht eine Verbindung zwischen Dehnung- und Spannung durch das Hooke'sche Gesetz. Für Normalspannungen ergibt sich also eine Längung, bei Belastung entlang der Längsachse (vgl. ▶ Kap. 2). Die entsprechende Gleichung wurde dabei durch das ebene Hooke'sche Gesetz hergeleitet bzw. durch Adaption mittels Indexschreibweise ergibt sich daraus

$$\sigma_{11} = E_{1111} \cdot \varepsilon_{11}. \quad (13.33)$$

13.2.3.2 Normalspannungs-Querdehnungs-Kopplungen

Vgl. ◻ Abb. 13.3. Eine Verschiebung nicht nur eine Verzerrung hervorruft und auch bei der Zug- bzw. Druckbeanspruchung die Geometrieänderung quer zur Belastung nicht ident zu jener der Länge ist, gibt es eine Koppelung zwischen der Normalspannung und der Querdehnung. Diese wurde im Laufe des Buches durch die Querdehnungszahl bzw. Querdehnungskontraktionszahl hergestellt.

Es folgt dadurch für die Spannung σ_{11}

$$\sigma_{11} = E_{1111} \cdot \varepsilon_{11} = E_{1122} \cdot \varepsilon_{22}. \quad (13.34)$$

◻ **Abb. 13.1** Einschränkungen bei der Eingabe des E-Moduls in einer FEM Studie (SolidWorks)

◻ **Abb. 13.2** E-Modul Eingabe in einem High-End Simulation Programm wie ANSYS

be für das E-Modul in drei Richtungen, hier eines linear elastischen orthotropen Modelltyps (wird im Anschluss noch genauer untersucht). In ◻ Abb. 13.2 ist die Eingabe des E-Moduls, für ein Anisotropes Material, in ANSYS zu sehen. Es können direkt die Matrixkomponenten eingegeben werden.

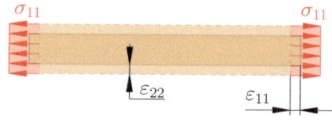

◻ **Abb. 13.3** Normalspannungs-Querdehnungs-Kopplungen

13.2 · Stoffabhängige Gleichungen

Der Zusammenhang zwischen den beiden Dehnungen ε_{22} und ε_{11} stellt die bereits kennengelernte Querkontraktionszahl ν_{12} dar.

$$\nu_{12} = -\frac{\varepsilon_{22}}{\varepsilon_{22}}. \tag{13.35}$$

Es folgt damit für die Elastizitätskonstante E_{1122}

$$E_{1122} = -\frac{E_{1111}}{\nu_{21}}. \tag{13.36}$$

13.2.3.3 Dehnungs-Schiebungs-Kopplung

Die Dehnung eines Materials bewirkt auch eine Schiebung (vgl. ◘ Abb. 13.4). Dies tritt vorwiegend bei anisotropen Werkstoffen auf, nicht jedoch bei orthotropen. Umgangssprachlich bezeichnet man dies auch als Verzug. Im Folgenden ist eine dünne Platte gezeigt, wo dieser Effekt klar ersichtlich ist. In SolidWorks muss dabei unbedingt der Modelltyp umgestellt werden, damit isotropes Material vorliegt (vgl. ◘ Abb. 13.5 und 13.6).

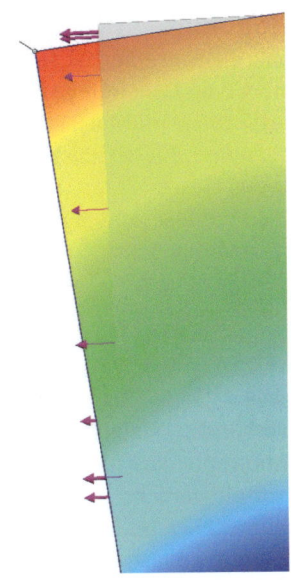

◘ **Abb. 13.6** Dehnungs-Schiebungs-Kopplung in einer FEM Simulation

◘ **Abb. 13.7** Schiebungs-Schiebungs-Kopplung in einer FEM Simulation

13.2.3.4 Schiebung-Schiebungs-Kopplung

Die Schiebung in einer Ebene bewirkt auch eine Schiebung aus dieser Ebene heraus (vgl. ◘ Abb. 13.7).

13.2.4 Spezielle Elastizitätsgesetze

13.2.4.1 Trikline Anisotropie [60]

Die trikline Anisotropie ist die allgemeinste Form eines Elastizitätsgesetzes.
- keine Symmetrieebenen im Material
- 21 unabhängige Elastizitätskonstanten beschreiben das Gesetz
- Elastizitätsmodul ist richtungsabhängig
- alle Kopplungen sind vorhanden
- Steifigkeitsmatrix ist voll besetzt

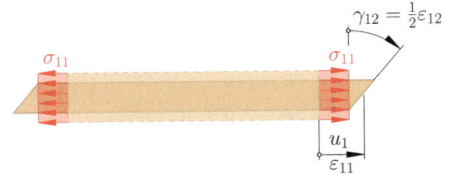

◘ **Abb. 13.4** Dehnungs-Schiebungs-Kopplung

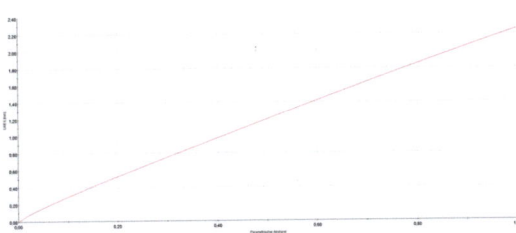

◘ **Abb. 13.5** Entlang der Kante liegt eine ungleiche Verschiebung vor

13.2.4.2 Monokline Anisotropie [60]
Die monokline Anisotropie hat für Konstruktionswerkstoffe wenig Bedeutung.
- 1 Symmetrieebene im Material
- 13 unabhängige Elastizitätskonstanten beschreiben das Gesetz
- Elastizitätsmodul ist richtungsabhängig
- Kopplungen vorhanden

13.2.4.3 Orthotropie [60]
Viele Konstruktionswerkstoffe sind orthotrop, z. B. technisches Holz, Gewebe, viele Faser-Kunststoff-Verbunde, Walzbleche mit Textur usw. Die Orthotropie darf nicht mit der Anisotropie verwechselt werden.
- 3 Symmetrieebenen im Material
- 9 unabhängige Elastizitätskonstanten beschreiben das Gesetz
- Elastizitätsmodul ist richtungsabhängig
- keine Dehnungs-Schiebungs-Kopplung vorhanden

Es gilt für das Materialgesetz

$$C^{-1} = \begin{bmatrix} \frac{1}{E_1} & -\frac{\nu_{21}}{E_2} & -\frac{\nu_{31}}{E_3} & 0 & 0 & 0 \\ -\frac{\nu_{12}}{E_1} & \frac{1}{E_2} & -\frac{\nu_{32}}{E_3} & 0 & 0 & 0 \\ -\frac{\nu_{13}}{E_1} & -\frac{\nu_{23}}{E_2} & \frac{1}{E_3} & 0 & 0 & 0 \\ 0 & 0 & 0 & \frac{1}{G_{23}} & 0 & 0 \\ 0 & 0 & 0 & 0 & \frac{1}{G_{31}} & 0 \\ 0 & 0 & 0 & 0 & 0 & \frac{1}{G_{12}} \end{bmatrix}. \quad (13.37)$$

Da die Materialmatrix symmetrisch ist, muss für ν_{ij}

$$\nu_{12} = \frac{E_1}{E_2}\nu_{21} \quad \nu_{13} = \frac{E_1}{E_3}\nu_{31} \quad \nu_{23} = \frac{E_2}{E_3}\nu_{32} \quad (13.38)$$

gelten (vgl. ◘ Abb. 13.8).

13.2.4.4 Transversale Isotropie [60]
Bei der transversalen Isotropie handelt es sich um einen Sonderfall der Orthotropie. Es liegen senkrecht zu einer isotropen Symmetrieebene unendlich viele Symmetrieebenen vor, einige Elastizitätsgrößen sind dadurch identisch. Üblich sind folgende Bezeichnungen [23]

$$E_1 = E_\parallel \quad E_2 = E_3 = E_\perp \quad (13.39)$$
$$\nu_{21} = \nu_{31} = \nu_{\parallel\perp} \quad \nu_{12} = \nu_{13} = \nu_{\perp\parallel} \quad (13.40)$$
$$G_{12} = G_{13} = G_{\perp\parallel} \quad \text{und} \quad G_{23} = G_{\perp\perp} \quad (13.41)$$

Damit beschreiben nur noch 6 Elastizitätskonstanten das elastische Verhalten des Materials. Transversale Isotropie ist typisch für unidirektionale Faserverbundwerkstoffe (siehe ◘ Abb. 13.9) [60].

Es folgt damit die Matrix für die transversale Isotropie

$$\begin{bmatrix} \varepsilon_{11} \\ \varepsilon_{22} \\ \varepsilon_{33} \\ 2\varepsilon_{12} \\ 2\varepsilon_{23} \\ 2\varepsilon_{13} \end{bmatrix} = \begin{bmatrix} \frac{1}{E_\parallel} & -\frac{\nu_{\parallel\perp}}{E_\perp} & -\frac{\nu_{\parallel\perp}}{E_\perp} & 0 & 0 & 0 \\ -\frac{\nu_{\perp\parallel}}{E_\parallel} & \frac{1}{E_\perp} & -\frac{\nu_{\perp\perp}}{E_\perp} & 0 & 0 & 0 \\ -\frac{\nu_{\perp\parallel}}{E_\parallel} & -\frac{\nu_{\perp\perp}}{E_\perp} & \frac{1}{E_\perp} & 0 & 0 & 0 \\ 0 & 0 & 0 & \frac{1}{G_{\perp\parallel}} & 0 & 0 \\ 0 & 0 & 0 & 0 & \frac{1}{G_{\perp\parallel}} & 0 \\ 0 & 0 & 0 & 0 & 0 & \frac{1}{G_{\perp\perp}} \end{bmatrix} \cdot \begin{bmatrix} \sigma_{11} \\ \sigma_{22} \\ \sigma_{33} \\ \sigma_{12} \\ \sigma_{23} \\ \sigma_{13} \end{bmatrix}. \quad (13.42)$$

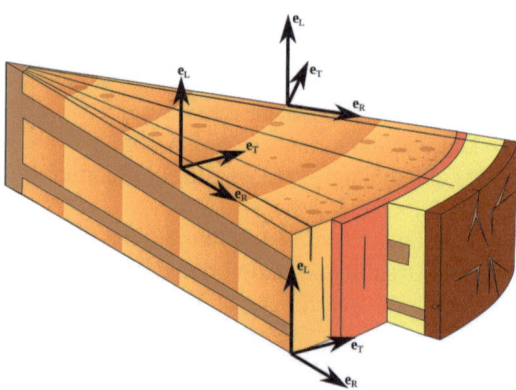

◘ **Abb. 13.8** Das Koordinatensystem mit den drei Orthotropieachsen Radial, Transversal, Longitudinal [35, 83]

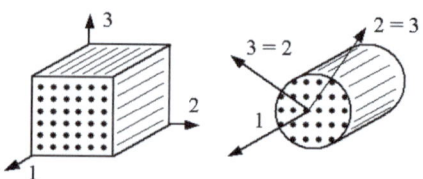

◘ **Abb. 13.9** Bildhafte Erklärung der transversalen Isotropie. Der Werkstoff ist rotationssymmetrisch bezüglich der 1-Achse, die senkrecht auf der isotropen 2-3-Ebene steht. Ein so orientierter Rundstab aus diesem Material kann um seine Längsachse gedreht werden, ohne dass sich seine Eigenschaften ändern [52, 105]

13.2 · Stoffabhängige Gleichungen

Auch hier muss wegen der Symmetrie der Materialmatrix gelten:

$$-\frac{\nu_{\perp\parallel}}{E_{\parallel}} = -\frac{\nu_{\parallel\perp}}{E_{\perp}}. \qquad (13.43)$$

$E_{\parallel}$ ... Elastizitätsmodul in Vorzugsrichtung

$E_{\perp}$ ... Elastizitätsmodul senkrecht zur Vorzugsrichtung

ν ... Querkontraktionszahl bei Zug in Vorzugsrichtung

$G_{\parallel}$ ... Schubmodul in Ebenen parallel zur Vorzugsrichtung

$G_{\perp}$ ... Schubmodul in der isotropen Ebene

Anwendung in der FE-Analyse: Wie bereits erwähnt, wird die transversale Isotropie für die Berechnung von Faserverbundwerkstoffe verwendet. Dabei bietet es sich an, die Berechnung von Faserverbundwerkstoffen anhand SolidWorks FEM kurz zu erklären. Dieses Modul benötigt mindestens das Lizenzpaket Simulation Premium.

13.2.4.5 Isotropie

- Es gibt unendlich viele Symmetrieebenen im Material.
- Es besteht keinerlei Richtungsabhängigkeit der Konstanten.
- Es existieren keine Schiebungskopplungen.
- Zwei unabhängige Elastizitätskonstanten (ν, E) beschreiben das elastische Materialgesetz: $G = \frac{E}{2(1+\nu)}$

$$\begin{bmatrix} \varepsilon_{11} \\ \varepsilon_{22} \\ \varepsilon_{33} \\ 2\varepsilon_{12} \\ 2\varepsilon_{23} \\ 2\varepsilon_{13} \end{bmatrix} = \begin{bmatrix} \frac{1}{E} & -\frac{\nu}{E} & -\frac{\nu}{E} & 0 & 0 & 0 \\ -\frac{\nu}{E} & \frac{1}{E} & -\frac{\nu}{E} & 0 & 0 & 0 \\ -\frac{\nu}{E} & -\frac{\nu}{E} & \frac{1}{E} & 0 & 0 & 0 \\ 0 & 0 & 0 & \frac{2(1+\nu)}{E} & 0 & 0 \\ 0 & 0 & 0 & 0 & \frac{2(1+\nu)}{E} & 0 \\ 0 & 0 & 0 & 0 & 0 & \frac{2(1+\nu)}{E} \end{bmatrix} \cdot \begin{bmatrix} \sigma_{11} \\ \sigma_{22} \\ \sigma_{33} \\ \sigma_{12} \\ \sigma_{23} \\ \sigma_{13} \end{bmatrix}$$
$$(13.44)$$

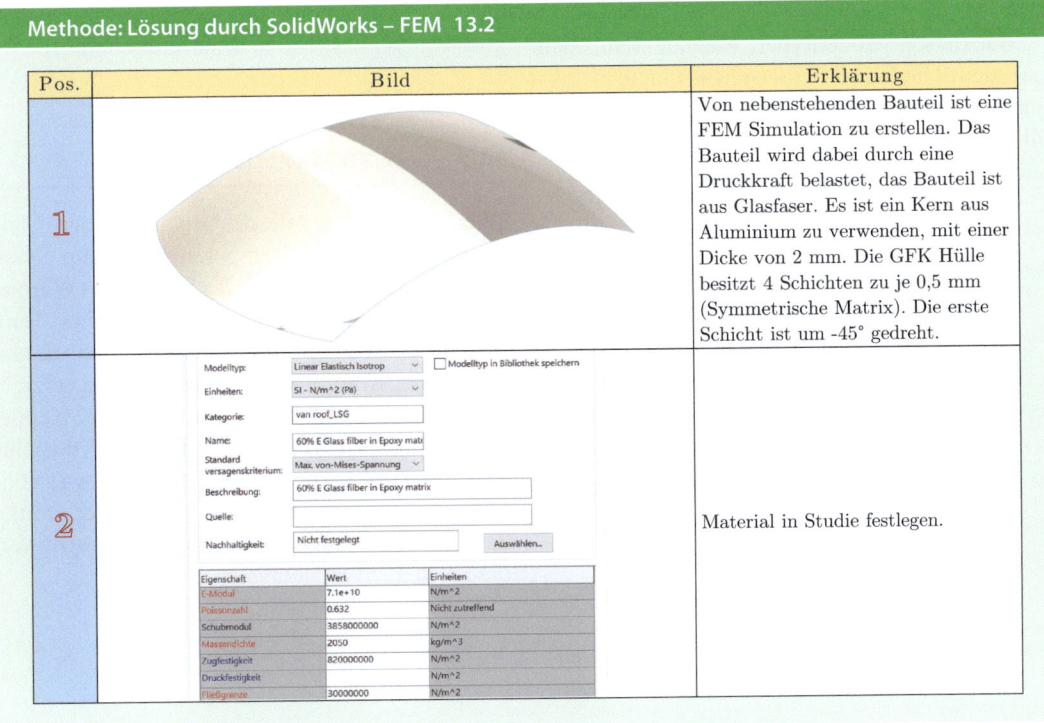

Methode: Lösung durch SolidWorks – FEM 13.2

Pos.	Bild	Erklärung
1		Von nebenstehenden Bauteil ist eine FEM Simulation zu erstellen. Das Bauteil wird dabei durch eine Druckkraft belastet, das Bauteil ist aus Glasfaser. Es ist ein Kern aus Aluminium zu verwenden, mit einer Dicke von 2 mm. Die GFK Hülle besitzt 4 Schichten zu je 0,5 mm (Symmetrische Matrix). Die erste Schicht ist um -45° gedreht.
2		Material in Studie festlegen.

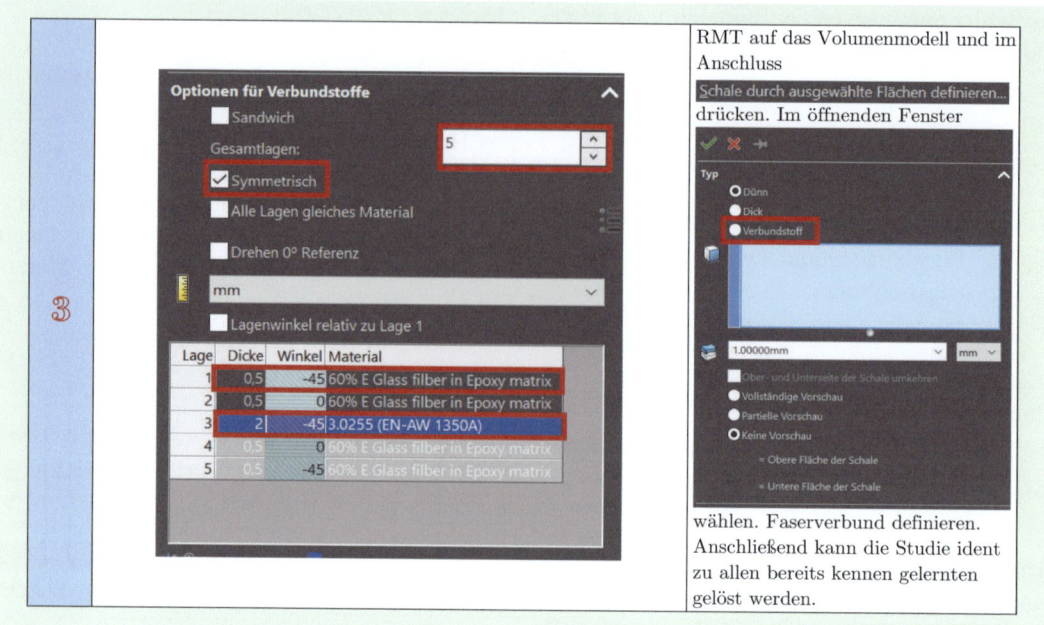

13.2.4.6 Materialmodelle in FEM-Programmen

Zuvor wurden einige, wichtige Materialmodelle untersucht. Dies sind bei Weitem nicht alle. Es gibt zahlreiche für etwa Kunststoffe, Faserverbundwerkstoffe als auch für elastische Materialien.

Bei diesen Modelltypen erkennt man auch klar den Unterschied zwischen einem High-End-Simulation-Programm wie (ABAQUS SIMULIA; ANSYS) und SolidWorks Simulation. SolidWorks hat nur die Auswahl zwischen folgenden Typen (SolidWorks Simulation Premium, nicht lineare Studie): vgl. mit ◘ Abb. 13.10, hingegen als Beispiel ANSYS folgende Auswahlmöglichkeiten bietet: vgl. mit ◘ Abb. 13.11, 13.12 und 13.13. (Dabei sind auch die ein oder anderen sonstigen Eigenschaften zur Definition eines Materials zu finden, großteils sind es jedoch Materialmodelle.)

13.3 Thermoelastizität

Wie bereits im Laufe des Buches einige Male erwähnt, treten bei Temperaturänderung Spannungen im Inneren des Bauteils auf (Wärmespannungen). Bis jetzt wurde für eine Temperaturdifferenz immer Δ geschrieben, darauf wird in der Kontinuumsmechanik gerne verzichtet, so auch hier, da dies im nächsten Kapitel den Laplace Operator darstellen wird, der eine Ableitungsfunktion beschreibt, also etwas vollkommen anderes. Es wird darum hier immer $T - T_0$ geschrieben. Die Wärmespannungen verursachen auch Dehnungen, die gemäß

$$\varepsilon_{ij}^{th} = \alpha_{ij}(T - T_0) = \alpha_{ij}\vartheta \qquad (13.45)$$

◘ **Abb. 13.10** Materialmodelle in SolidWorks Simulation

13.3 · Thermoelastizität

Name	
Isotropic Secant Coefficient of Thermal Expansion	Chaboche Versuchsdaten
Orthotropic Secant Coefficient of Thermal Expansion	Uniaxial Plastic Strain Test Data
Isotropic Instantaneous Coefficient of Thermal Expansion	Plastizität
Orthotropic Instantaneous Coefficient of Thermal Expansion	Bilinear Isotropic Hardening
Melting Temperature	Multilinear Isotropic Hardening
Material Dependent Damping	Nonlinear Isotropic Hardening Power Law
Damping Factor (α)	Nonlinear Isotropic Hardening Voce Law
Damping Factor (β)	Bilinear Kinematic Hardening
Speed of Sound	Multilinear Kinematic Hardening
Bulk Viscosity	Chaboche Kinematic Hardening (ANSYS)
	Chaboche Kinematic Hardening w/ Static Recovery (ANSYS)
Linear-elastisch	Anand Viscoplasticity
Isotropic Elasticity	Exponential Visco-Hardening (EVH)
Orthotropic Elasticity	Viscoplasticity
	Perzyna Viscoplasticity
Anisotropic Elasticity	Peirce Viscoplasticity
Viscoelastic	
Anisotropic Temperature Dependent Elasticity (Samcef)	Gurson Model
Anisotropic Temperature Dependent Elasticity (ABAQUS)	Hill Yield Criterion
Hyperelastische Versuchsdaten	Johnson Cook Strength
Uniaxial Test Data	Cowper Symonds Strength
Biaxial Test Data	Steinberg Guinan Strength
Shear Test Data	Zerilli Armstrong Strength
Volumetric Test Data	Formulation
Simple Shear Test Data	Cowper Symonds Power Law Hardening
Uniaxial Tension Test Data	Rate Sensitive Power Law Hardening
Uniaxial Compression Test Data	Cowper Symonds Piecewize Linear Hardening
	Modified Cowper Symonds Piecewize Linear Hardening
Hyperelastisch	Kriechen
Neo-Hookean	Strain Hardening
Arruda-Boyce	Time Hardening
Gent	Generalized Exponential
Blatz-Ko	Generalized Graham
Mooney-Rivlin 2 Parameter	Generalized Blackburn
Mooney-Rivlin 3 Parameter	Modified Time Hardening
Mooney-Rivlin 5 Parameter	Modified Strain Hardening
Mooney-Rivlin 9 Parameter	Generalized Garofalo
Polynomial 1st Order	Exponential Form
Polynomial 2nd Order	Norton
Polynomial 3rd Order	Combined Time Hardening
Yeoh 1st Order	Rational Polynomial
Yeoh 2nd Order	Generalized Time Hardening
Yeoh 3rd Order	Lebensdauer
Ogden 1st Order	Strain-Life Parameters
Ogden 2nd Order	S-N Curve
Ogden 3rd Order	Linear S-N Curve
Response Function	Bilinear S-N Curve
Ogden Foam 1st Order	Festigkeit
Ogden Foam 2nd Order	Tensile Yield Strength
Ogden Foam 3rd Order	Compressive Yield Strength
Extended Tube	Tensile Ultimate Strength
Mullins Effect	

Abb. 13.11 Materialmodelle in ANSYS (1)

◻ **Abb. 13.12** Material-modelle in ANSYS (2)

Compressive Ultimate Strength
Orthotropic Stress Limits
Orthotropic Strain Limits

Tsai-Wu Constants
Puck Constants
LaRc03/04 Constants
Additional Puck Constants
Isotropic Strain Limits
Woven Specification for Puck
Laminate Composite Fabric Constants

Dichtung

Gasket Model

Viskoelastische Versuchsdaten

Shear Data - Viscoelastic
Bulk Data - Viscoelastic

Viskoelastisch

Prony Shear Relaxation
Prony Volumetric Relaxation
William-Landel-Ferry Shift Function
Tool-Narayanaswamy Shift Function
Tool-Narayanaswamy w/ Fictive
Temperature Shift Function
Formgedächtnislegierung
Superelasticity
Shape Memory Effect

Geomechanisch

Cam-Clay
Drucker-Prager
Jointed Rock
Mohr-Coulomb
Porous Elasticity
Menetrey-Willam
Schädigung
Damage Initiation Criteria
Damage Evolution Law
Kohäsivzone
Exponential for Interface Delamination
Bilinear for Interface Delamination
Separation-Distance based Debonding
Fracture-Energies based Debonding
Bruchkriterien
Linear Fracture Criterion
Bilinear Fracture Criterion
B-K Fracture Criterion
Modified B-K Fracture Criterion
Power Law Fracture Criterion
Risswachstumsgesetze
Paris' Law
Three Network Model
Three Network Model

Thermisch

Isotropic Thermal Conductivity

Orthotropic Thermal Conductivity

Specific Heat Constant Pressure, C_ϱ
Enthalpy
Specific Heat Constant Volume, C_v
Thermoleistung
Isotropic Seebeck Coefficient
Orthotropic Seebeck Coefficient

Elektrisch

Orthotropic Relative Permittivity
Anisotropic Relative Permittivity
Isotropic Electric Loss Tangent
Anisotropic Electric Loss Tangent
Isotropic Resistivity
Orthotropic Resistivity

Piezoelektrisch

Piezoelectric Matrix
Anisotropic Elastic Loss Tangent
Anisotropic Viscosity

Linear weichmagnetisches Material

Isotropic Relative Permeability
Orthotropic Relative Permeability

Linear hartmagnetisches Material

Coercive Force & Residual Induction

Nichtlinear weichmagnetisches Material

B-H Curve
Orthotropic Relative Permeability

Nichtlinear hartmagnetisches Material

Demagnetization B-H Curve

Spröde/granular

Drucker-Prager Strength Linear
Drucker-Prager Strength Stassi
Drucker-Prager Strength Piecewise
Johnson-Holmquist Strength Continuous
Johnson-Holmquist Strength Segmented
RHT Concrete Strength
MO Granular

Zustandsgleichungen

Ideal Gas EOS
Bulk Modulus
Shear Modulus
Polynomial EOS
Shock EOS Linear
Shock EOS Bilinear
Explosive JWL
Explosive JWL Miller
Porosität
Crushable Foam

13.3 · Thermoelastizität

Compaction EOS Linear	*MAT_PIECEWISE_LINEAR_PLASTICITY
Compaction EOS Non-Linear	*MAT_CRUSHABLE_FOAM
P-alpha EOS	*MAT_SIMPLIFIED_JOHNSON_COOK
Versagen	*MAT_MODIFIED_PIECEWISE_LINEAR_PLASTICITY
Plastic Strain Failure	*MAT_SIMPLIFIED_RUBBER/FOAM
Principal Stress Failure	*MAT_BILKHU/DUBOIS_FOAM
Principal Strain Failure	*MAT_FABRIC
Stochastic Failure	LSDYNA Externes Modell - EOS
Tensile Pressure Failure	*EOS_LINEAR_POLYNOMIAL
Crack Softening Failure	*EOS_JWL
Johnson Cook Failure	*EOS_GRUNEISEN
Grady Spall Failure	*EOS_TABULATED
Plastic Strain Failure Temperature Dependent (Samcef)	*EOS_IDEAL_GAS

Nichtlinear

Chaboche Kinematic Hardening (Samcef)

Nonlinear Elastic Model with Damage

Elastoplastisches Verhalten

Plakin Special Hardening Law
Perforierte Medien
Johnson-Champoux-Allard

Delany-Bazley

Miki
Complex Impedance and Propagating-Constant
Complex Density and Velocity

Verbundwerkstoff

Ply Type

Fabric Fiber Angle
Verformungsplastizität
Bilinear Transversely Anisotropic Hardening
Multilinear Transversely Anisotropic Hardening
Bilinear FLD Transversely Anisotropic
Multilinear FLD Transversely Anisotropic
Bilinear 3 Parameter Barlat Hardening
Exponential 3 Parameter Barlat Hardening
Exponential Barlat Anisotropic Hardening
Schäume
Rate Independent Low Density Foam
Euler
Vacuum
LSDYNA Externes Modell - MAT
*MAT_ELASTIC
*MAT_ORTHOTROPIC_ELASTIC
*MAT_ANISOTROPIC_ELASTIC
*MAT_PLASTIC_KINEMATIC
*MAT_BLATZ-KO_RUBBER
*MAT_HIGH_EXPLOSIVE_BURN
*MAT_NULL
*MAT_JOHNSON_COOK
*MAT_POWER_LAW_PLASTICITY

Abb. 13.13 Materialmodelle in ANSYS (3)

berechnet werden können. Bei linearer Spannung (vorausgesetzt) kann die Gesamtdehnung durch Addition der thermischen und der mechanischen Dehnung bestimmt werden. Es folgt

$$\varepsilon_{ij} = \varepsilon_{ij}^{\sigma} + \varepsilon_{ij}^{th}. \tag{13.46}$$

Setzt man Gl. (13.45) in (13.46) ein folgt

$$\varepsilon_{ij} = E_{ijkl}^{-1}\sigma_{kl} + \alpha_{ij}\vartheta; \tag{13.47}$$

und umgestellt nach den Spannungen mit anschließendem Indextausch lässt

$$\sigma_{ij} = E_{ijkl}\varepsilon_{kl} - \underbrace{E_{ijkl}\alpha_{kl}}_{\beta_{ij}}\vartheta \tag{13.48}$$

resultieren, mit $\beta_{ij} = E_{ijkl}\alpha_{kl}$, aus Gl. (13.45) folgt wegen der Symmetrie von ε_{ij}

$$\alpha_{ij} = \alpha_{ji}. \tag{13.49}$$

13.4 Verallgemeinertes Hooke'sches Gesetz mit Thermoelastizität bei Isotropie [23]

Wird ein isotropisches Werkstoffmodell vorausgesetzt, so folgt die Gleichung in Verbindung mit der Thermoelastizität

$$\varepsilon_{ij} = \frac{1}{E}\big[(1+\nu)\sigma_{ij} - (\nu\sigma_{kk} - E\alpha\vartheta)\delta_{ij}\big]; \tag{13.50}$$

umgeformt zur Berechnung der Spannungen ergibt sich

$$\sigma_{ij} = \frac{E}{1+\nu}\bigg[\varepsilon_{ij} + \frac{\nu}{1-2\nu}\varepsilon_{kk}\delta_{ij}\bigg] - \frac{E\alpha}{1-2\nu}\delta_{ij}\vartheta. \tag{13.51}$$

In der linearen Elastizitätstheorie beschreiben 15 Zustandsvariablen, sogenannte konstitutive Variablen, den Zustand einer Struktur.

13.5 Übungen

Übungsbeispiel 13.1

Wie lautet die Gleichung für das lokale Gleichgewicht?

Lösung

$$\sigma_{ij,j} + \varrho f_i = 0. \tag{13.52}$$

Übungsbeispiel 13.2

Wie kann die Verschiebung eines belasteten Bauteils gefunden werden und was muss dazu gelten?

Lösung (Sonderfall der Starrkörpertranslation)

Der Abstand zwischen zwei beliebigen Punkten ist, konstant, obwohl eine Verschiebung vorliegt.

Übungsbeispiel 13.3

Wie lautet der Zusammenhang der Verzerrungsbeziehungen für den Scherwinkel?

Lösung

$$\gamma_{12} = \gamma_1 + \gamma_2 = u_{1,2} + u_{2,1}. \tag{13.53}$$

Übungsbeispiel 13.4

Wie lautet der Zusammenhang der Verzerrungsbeziehungen für die Dehnung?

Lösung

$$\varepsilon_{ij} = \frac{1}{2}\cdot\gamma_{i,j} = \frac{1}{2}\big[u_{i,j} + u_{j,i}\big]. \tag{13.54}$$

Übungsbeispiel 13.5

Wie lautet die St.-Venant'sche Kompatibilitätsbedingung, Lemma?

Lösung

Da es sich um keine umkehrbare Äquivalenz handelt, können aus dem Verzerrungstensor die Ausgangsbedingungen, also die Verschiebungen nicht bestimmt werden. (Integrabilitätsbedingungen)

Übungsbeispiel 13.6

Wie lautet ein möglicher Beweis für das Lemma aus obiger Übungsaufgabe?

Lösung

Beweis Aus Gl. (13.9) können durch eine zyklische Permutation, der Indizes i, j, k, l, nach den verbleibenden Indizes differenziert werden, zu

$$\varepsilon_{ij,kl} = \frac{1}{2}\left[u_{i,jkl} + u_{j,ikl}\right] \quad (13.55)$$

$$\varepsilon_{kl,ij} = \frac{1}{2}\left[u_{k,lij} + u_{l,kij}\right] \quad (13.56)$$

$$\varepsilon_{il,jk} = \frac{1}{2}\left[u_{i,ljk} + u_{l,ijk}\right] \quad (13.57)$$

$$\varepsilon_{jk,il} = \frac{1}{2}\left[u_{j,kil} + u_{k,jil}\right]. \quad (13.58)$$

Der französische Mathematiker Adhémar Jean Claude Barré de Saint-Venant war der Erste, der diesen Vorgang durchführte. Er ging so vor, dass man die ersten beiden Gleichung addiert und davon die letzten beiden abzieht. Es gilt demnach

$$\varepsilon_{ij,kl} + \varepsilon_{kl,ij} - \varepsilon_{il,jk} - \varepsilon_{jk,il} = 0. \quad (13.59)$$

Diese Gleichungen sind Tensorgleichungen. Es gibt im Raum drei Dimensionen, demnach auch drei Lösungen je Gleichung. Bei vier Gleichungen werden $3^4 = 81$ Lösungen gefunden. Betrachtet man diese genauer, so fällt auf, dass nur 6 davon eine unterschiedliche Lösung haben, der Rest liefert aufgrund der Symmetrie und den Regeln $\varepsilon_{1234} = \varepsilon_{4321} = \varepsilon_{2134} = \ldots$ idente Gleichungen mit vertauschten Indizes. Man kann diese 6 Gleichungen durch

$i = j = 1, k = l = 2$:
$$\varepsilon_{11,22} + \varepsilon_{22,11} - 2\varepsilon_{12,12} = 0 \quad (13.60)$$

$i = j = 2, k = l = 3$:
$$\varepsilon_{22,33} + \varepsilon_{33,22} - 2\varepsilon_{23,23} = 0 \quad (13.61)$$

$i = j = 3, k = l = 1$:
$$\varepsilon_{33,11} + \varepsilon_{11,33} - 2\varepsilon_{13,13} = 0 \quad (13.62)$$

$i = j = 1, k = 2, l = 3$:
$$\varepsilon_{11,23} + \varepsilon_{23,11} - \varepsilon_{13,12} - \varepsilon_{12,13} = 0 \quad (13.63)$$

$i = j = 2, k = 3, l = 1$:
$$\varepsilon_{22,13} + \varepsilon_{13,22} - \varepsilon_{12,23} - \varepsilon_{23,23} = 0 \quad (13.64)$$

$i = j = 3, k = 2, l = 1$:
$$\varepsilon_{33,12} + \varepsilon_{12,33} - \varepsilon_{13,23} - \varepsilon_{23,13} = 0 \quad (13.65)$$

festhalten. Es folgt ein stetig differenzierbares Vektorfeld, gemäß Forderung. Da in der Mechanik jedoch aus Verschiebungen auftreten, die keine Verzerrung hervorrufen, kann die eingehende Annahme nicht als richtig erfasst werden und damit folgt ein Widerspruch, wodurch das obige Lemma bewiesen ist. (Kompatibilitätsbedingungen) Es wird damit mit Gl. (13.9) kein neuer Sachverhalt beschreiben. □

Übungsbeispiel 13.7

Wie lauten Bedingungen für die Elastizität im technischen Sinne?

Lösung

- Es besteht keine Abhängigkeit vom Belastungspfad (z. B. erst Biegung, anschließend Torsion oder umgekehrt). Nur Anfangs- und Endzustand haben eine physikalische Bedeutung.
- Die bei der Belastung verrichtete Arbeit wird als Formänderungsenergie gespeichert und bei Entlastung vollständig wieder freigesetzt.

Übungsbeispiel 13.8

Wie lautet das Hooke'sche Gesetz für den σ_{ij} Tensor?

Lösung

$$\sigma_{ij} = E_{ijkl} \cdot \varepsilon_{kl} \tag{13.66}$$

Übungsbeispiel 13.9

Wie lautet die Bedingung für die doppelte Verschiebung (σ_{ij} Tensor in symbolischer Schreibweise)?

Lösung

$$\underline{\underline{\sigma}} = \underline{\underline{\underline{E}}} \cdot \cdot \underline{\underline{\varepsilon}} \tag{13.67}$$

Übungsbeispiel 13.10

Wie lautet das Hooke'sche Gesetz, für den mehrdimensionalen Fall in Matrixform?

Lösung

$$\begin{pmatrix} \sigma_{11} \\ \sigma_{22} \\ \sigma_{33} \\ \sigma_{12} \\ \sigma_{23} \\ \sigma_{13} \end{pmatrix} = \begin{pmatrix} E_{1111} & E_{1122} & E_{1133} & E_{1112} & E_{1123} & E_{1113} \\ E_{1122} & E_{2222} & E_{2233} & E_{2212} & E_{2223} & E_{2213} \\ E_{1133} & E_{2233} & E_{3333} & E_{3312} & E_{3323} & E_{3313} \\ E_{1112} & E_{2212} & E_{3312} & E_{1212} & E_{1223} & E_{1213} \\ E_{1123} & E_{2223} & E_{3323} & E_{1223} & E_{2323} & E_{2313} \\ E_{1113} & E_{2213} & E_{3313} & E_{1213} & E_{2313} & E_{1313} \end{pmatrix} \cdot \begin{pmatrix} \varepsilon_{11} \\ \varepsilon_{22} \\ \varepsilon_{33} \\ 2\varepsilon_{12} \\ 2\varepsilon_{23} \\ 2\varepsilon_{13} \end{pmatrix} \tag{13.68}$$

Übungsbeispiel 13.11

Was ist Isotropie?

Lösung

- Es gibt unendlich viele Symmetrieebenen im Material.
- Es besteht keinerlei Richtungsabhängigkeit der Konstanten.
- Es existieren keine Schiebungskopplungen.
- Zwei unabhängige Elastizitätskonstanten (ν, E) beschreiben das elastische Materialgesetz: $G = \frac{E}{2(1+\nu)}$

13.5 · Übungen

Übungsbeispiel 13.12

Welche Kopplungsmöglichkeiten gibt es für die Interpretation der Elastizitätskonstanten und wie lauten diese Zusammenhänge?

Lösung

In Gl. (13.21) können folgende Kopplungen zwischen Spannung – und Dehnung gefunden werden:

- Normalspannungs-Dehnungs-Kopplungen in der gleichen Richtung

$$\sigma_{11} = E_{1111} \cdot \varepsilon_{11}. \qquad (13.69)$$

- Normalspannungs-Querdehnungs-Kopplungen für die Spannung σ_{11} gilt

$$\sigma_{11} = E_{1111} \cdot \varepsilon_{11} = E_{1122} \cdot \varepsilon_{22}. \qquad (13.70)$$

Der Zusammenhang zwischen den beiden Dehnungen ε_{22} und ε_{11} stellt die bereits kennengelernte Querkontraktionszahl ν_{12} dar.

$$\nu_{12} = -\frac{\varepsilon_{22}}{\varepsilon_{22}}. \qquad (13.71)$$

Es folgt damit für die Elastizitätskonstante E_{1122}

$$E_{1122} = -\frac{E_{1111}}{\nu_{21}}. \qquad (13.72)$$

- Dehnungs-Schiebungs-Kopplungen: Die Dehnung eines Materials bewirkt auch eine Schiebung.
- Schiebung-Schiebungs-Kopplungen: Die Schiebung in einer Ebene bewirkt auch eine Schiebung aus dieser Ebene heraus.

Übungsbeispiel 13.13

Wie lauten die Möglichkeiten für die speziellen Elastizitätsgesetze?

Lösung

- Trikline Anisotropie [60] Die trikline Anisotropie ist die allgemeinste Form eines Elastizitätsgesetzes.
    - keine Symmetrieebenen im Material
    - 21 unabhängige Elastizitätskonstanten beschreiben das Gesetz
    - Elastizitätsmodul ist richtungsabhängig
    - alle Kopplungen sind vorhanden
    - Steifigkeitsmatrix ist voll besetzt
- Monokline Anisotropie [60]
  Die monokline Anisotropie hat für Konstruktionswerkstoffe wenig Bedeutung.
    - 1 Symmetrieebene im Material
    - 13 unabhängige Elastizitätskonstanten beschreiben das Gesetz
    - Elastizitätsmodul ist richtungsabhängig
    - Kopplungen vorhanden
- Orthotropie [60] Viele Konstruktionswerkstoffe sind orthotrop, z. B. technisches Holz, Gewebe, viele Faser-Kunststoff-Verbunde, Walzbleche mit Textur usw. Die Orthotropie darf nicht mit der Anisotropie verwechselt werden.
    - 3 Symmetrieebenen im Material
    - 9 unabhängige Elastizitätskonstanten beschreiben das Gesetz
    - Elastizitätsmodul ist richtungsabhängig
    - keine Dehnungs-Schiebungs-Kopplung vorhanden
- transversale Isotropie [60]

Übungsbeispiel 13.14

Wie lautet das Gesetz der Thermoelastizität?

Lösung

$$\sigma_{ij} = E_{ijkl}\varepsilon_{kl} - \underbrace{E_{ijkl}\alpha_{kl}}_{\beta_{ij}}\vartheta \qquad (13.73)$$

mit $\beta_{ij} = \acute{E}_{ijkl}\alpha_{kl}$.

Spezielle Randwertprobleme

Inhaltsverzeichnis

14.1 2D-Vereinfachung mittels FEM – 515
14.1.1 2D Vereinfachung: ebener Spannungszustand – 515
14.1.2 2D Vereinfachung: ebener Verzerrungszustand – 517
14.1.3 2D Vereinfachung: Axialsymmetrie – 517
14.1.4 Hinterlegte Gleichungen bei der FEM Analyse – 519

14.2 Ebener Spannungszustand – 520
14.2.1 Voraussetzungen – 520
14.2.2 Definitionen – 520
14.2.3 Wann darf der ebene Spannungszustand verwendet werden? – 521
14.2.4 Abschluss und Folgerungen – 526

© Der/die Autor(en), exklusiv lizenziert an Springer-Verlag GmbH, DE, ein Teil von Springer Nature 2023
A. Huber, *Technische Mechanik 2 - Elastostatik*, https://doi.org/10.1007/978-3-662-67759-9_14

14.3 Ebener Verzerrungszustand – 526
14.3.1 Definitionen – 526
14.3.2 Hooke'sches Gesetz – 526
14.3.3 Kompatibilitätsbedingungen – 527
14.3.4 Abschluss und Folgerungen – 527

14.4 Lineare Elastizitätstheorie in Polarkoordinaten – 527
14.4.1 Koordinatentransformation – 528
14.4.2 Axialsymmetrisches Problem – 528
14.4.3 Ebener Spannungszustand bei Axialsymmetrie – 529
14.4.4 Ebener Verzerrungszustand bei Rotationssymmetrie – 530

14.5 St. Venant'sche Torsion – 532
14.5.1 Spannungs-Dehnungs-Beziehungen – 533
14.5.2 Prandtl'sche Spannungsfunktion – 533
14.5.3 Gleichgewichtsbedingung für das Torsionsmoment – 533

14.6 Prinzip von St. Venant – 534

14.7 Übungen – 534

14.1 2D-Vereinfachung mittels FEM

Sie lernen hier...
- spezielle Randwertprobleme kennen.
- Anwendung dieser Randwerte in der Realität.
- bestimmen von Randwerten.
- die Spannungsfunktion kennen.

> **Zitat**
>
> Der Computer arbeitet deshalb so schnell, weil er nicht denkt.
> *Gabriel Laub*

Dieser Abschnitt beschäftigt sich in erster Linie mit dem Überführen eines räumlichen in einen ebenen Spannungszustand. (Anstatt eines räumlichen Systems analysiert man ein ebenes). Dies ist bei vielen FEM-Berechnungen unumgänglich, da Unmengen (an teilweise sinnlos verschwendeten Rechenressourcen) eingespart werden können. In SolidWorks FEM kann dies bei einigen ausgewählten FEM Studien, beim neuen Aufsetzen der Studie getan werden. Dazu bedingt es allerdings einigen Regeln, sodass sinnvolle und ausreichend genaue Ergebnisse bei der Vereinfachung entstehen. Nachstehend sind die 2D-Vereinfachungen mittels eines Bauteils zwischen der dreidimensionalen sowie der Vereinfachung, je nach Anwendungsfall durch den ebenen Spannungs- bzw. ebenen Verwesungszustand dargestellt. Die analytische Berechnung wird im Anschluss genauer untersucht.

14.1 2D-Vereinfachung mittels FEM

In SolidWorks hat man die Möglichkeit, zwischen folgenden Vereinfachungsmethoden, bei einer statischen Studie, zu unterscheiden:
- Ebener Spannungszustand,
- Ebener Verzerrungszustand,
- Axialsymmetrischer Zustand.

Diese einzelnen Vereinfachungsmöglichkeiten werden im Anschluss kurz erörtert, die dahinter stehenden analytischen Gleichungen werden im Anschluss gezeigt.

14.1.1 2D Vereinfachung: ebener Spannungszustand

Siehe ▶ Methode: Lösung durch SolidWorks – FEM 14.1.

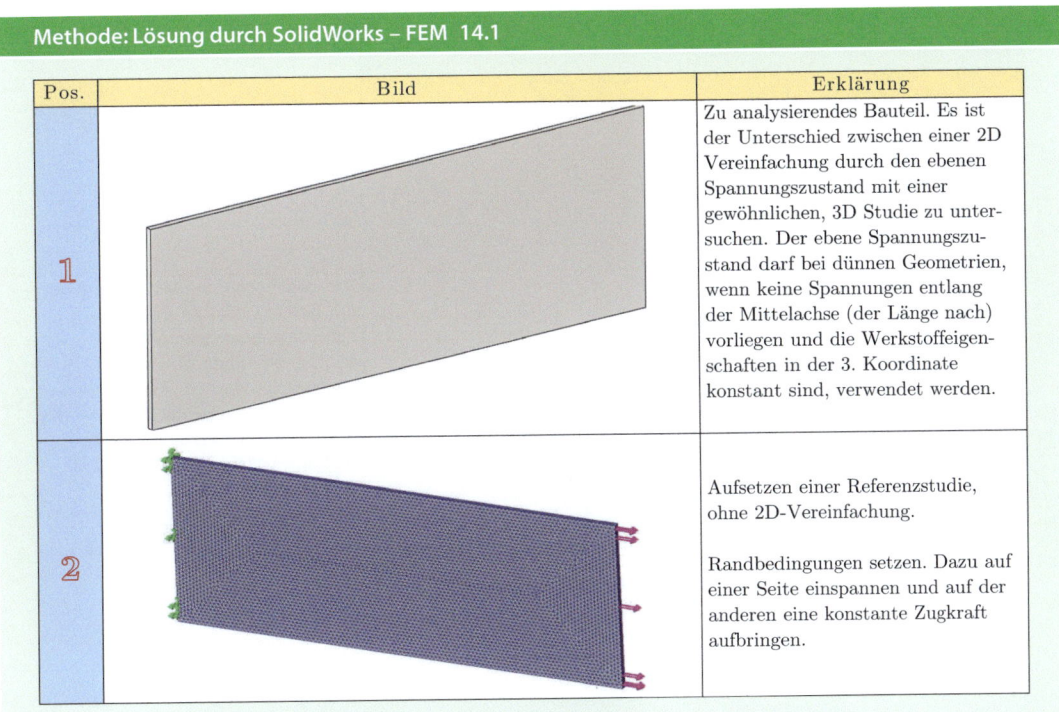

Methode: Lösung durch SolidWorks – FEM 14.1

Pos.	Bild	Erklärung
1		Zu analysierendes Bauteil. Es ist der Unterschied zwischen einer 2D Vereinfachung durch den ebenen Spannungszustand mit einer gewöhnlichen, 3D Studie zu untersuchen. Der ebene Spannungszustand darf bei dünnen Geometrien, wenn keine Spannungen entlang der Mittelachse (der Länge nach) vorliegen und die Werkstoffeigenschaften in der 3. Koordinate konstant sind, verwendet werden.
2		Aufsetzen einer Referenzstudie, ohne 2D-Vereinfachung. Randbedingungen setzen. Dazu auf einer Seite einspannen und auf der anderen eine konstante Zugkraft aufbringen.

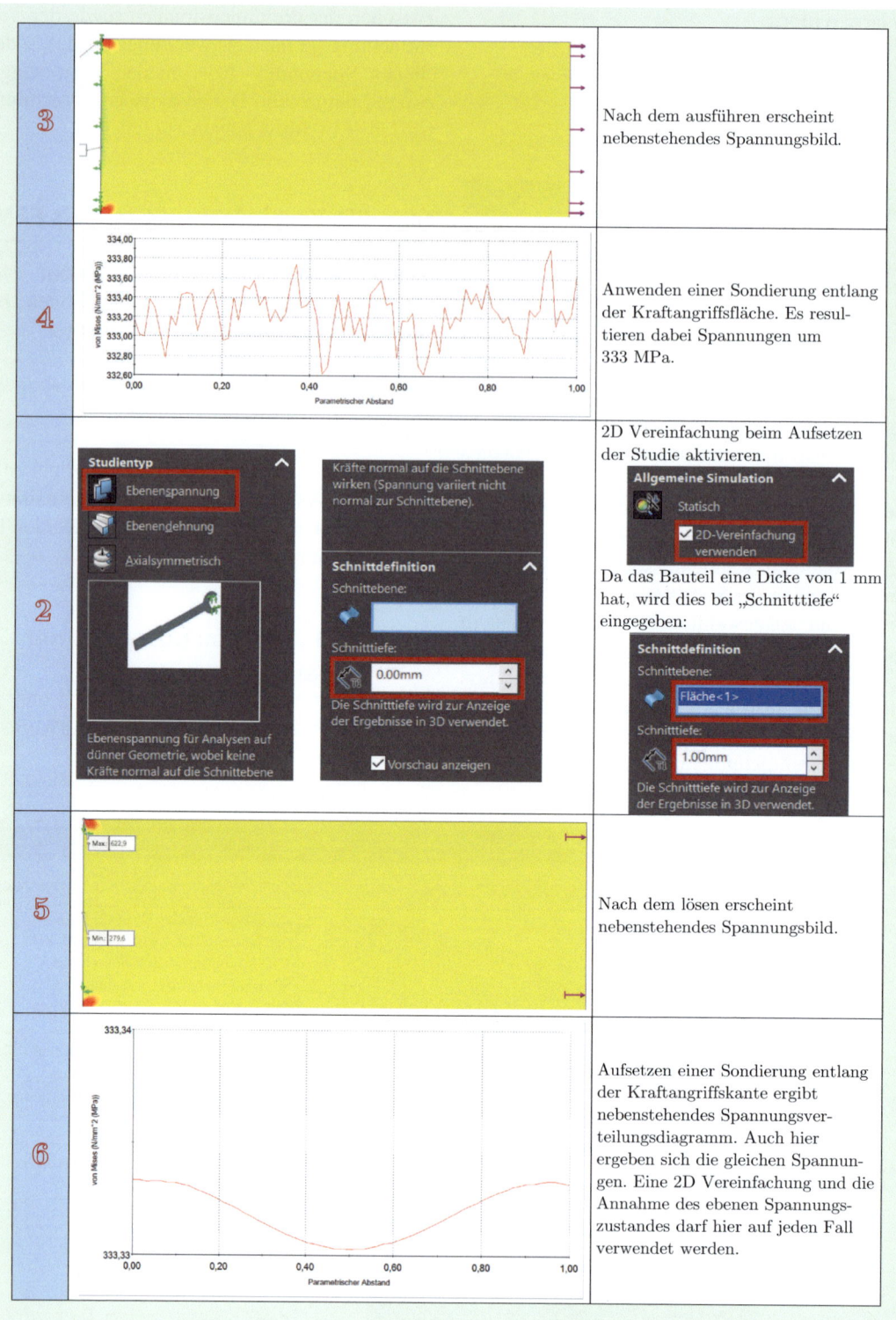

14.1 · 2D-Vereinfachung mittels FEM

| 7 | 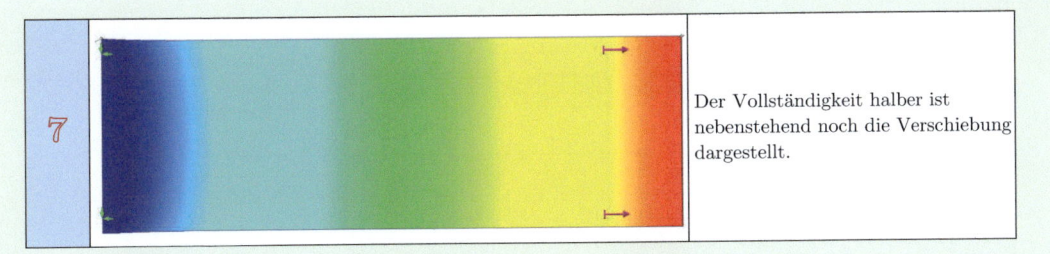 | Der Vollständigkeit halber ist nebenstehend noch die Verschiebung dargestellt. |

14.1.2 2D Vereinfachung: ebener Verzerrungszustand

Siehe ▶ Methode: Lösung durch SolidWorks – FEM 14.2.

14.1.3 2D Vereinfachung: Axialsymmetrie

Siehe ▶ Methode: Lösung durch SolidWorks – FEM 14.3.

Methode: Lösung durch SolidWorks – FEM 14.2

Pos.	Bild	Erklärung
1		Zu analysierendes Bauteil. Es ist der Unterschied zwischen einer 2D Vereinfachung durch den ebenen Verzerrungszustand mit einer gewöhnlichen, 3D Studie zu untersuchen. Der ebene Verzerrungszustand darf bei Bauteilen mit konstantem Querschnitt entlang der Mittelachse (der Länge nach) und bei Belastung parallel zur Querschnittebene, verwendet werden.
2		Aufsetzen einer Referenzstudie, ohne 2D-Vereinfachung. Randbedingungen setzen. Dazu auf beiden Seiten einspannen und eine konstante Zugkraft, parallel zur Querschnittebene, aufbringen.

3	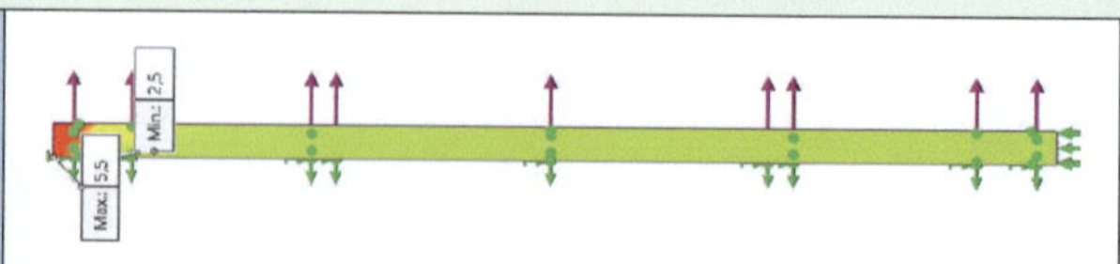	Nach dem ausführen erscheint nebenstehendes Spannungsbild. (um 90° gedreht gezeichnet!)
4	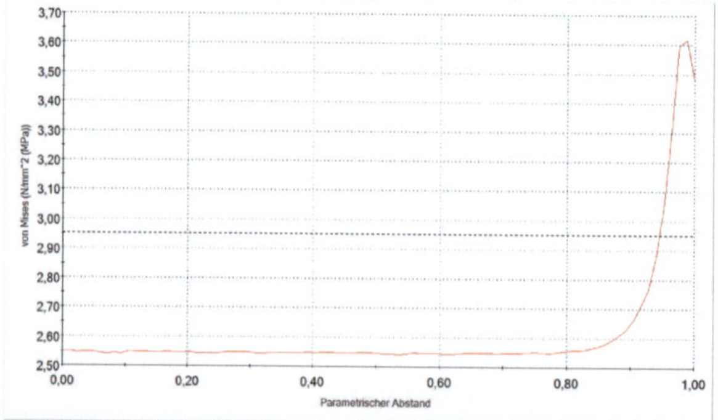	Anwenden einer Sondierung entlang der Kraftangriffsfläche. Es resultieren dabei Spannungen um 2,55 MPa.
2	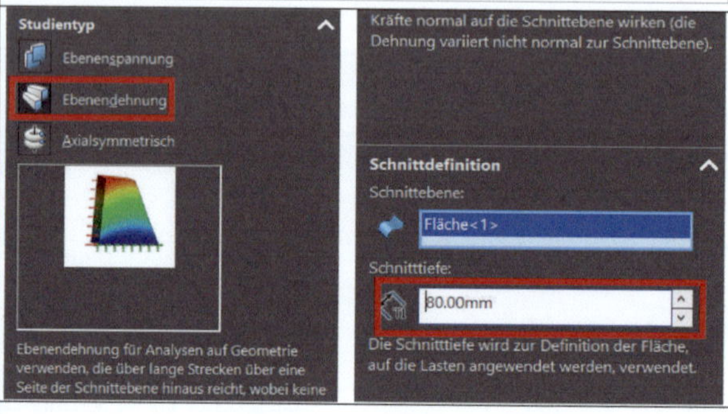	2D Vereinfachung beim Aufsetzen der Studie aktivieren. Da das Bauteil eine Länge von 80 mm hat, wird dies bei „Schnitttiefe" eingegeben.
5		Nach dem lösen erscheint nebenstehendes Spannungsbild. (um 90° gedreht gezeichnet)
6	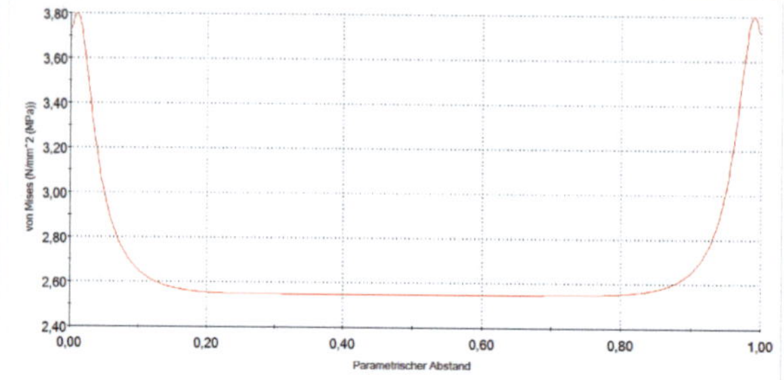	Aufsetzen einer Sondierung entlang der Kraftangriffskante ergibt nebenstehendes Spannungsverteilungsdiagramm. Auch hier ergeben sich die gleichen Spannungen. Eine 2D Vereinfachung und die Annahme des ebenen Verzerrungszustandes darf hier auf jeden Fall verwendet werden.

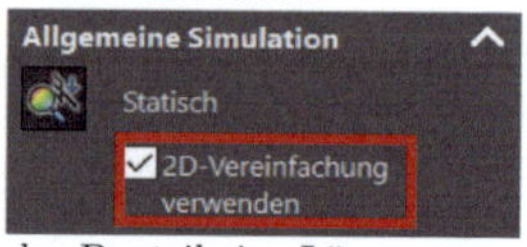

14.1 · 2D-Vereinfachung mittels FEM

Methode: Lösung durch SolidWorks – FEM 14.3

Pos.	Bild	Erklärung
1	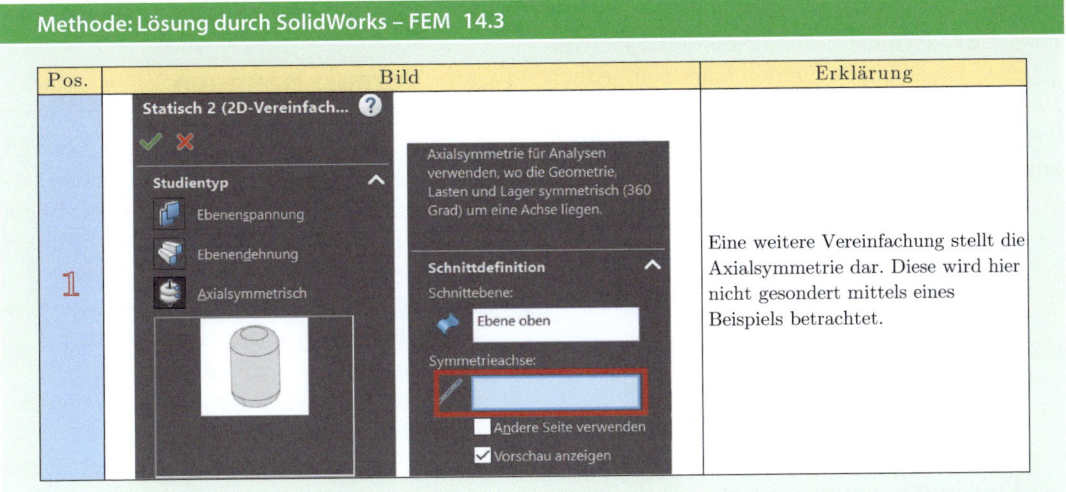	Eine weitere Vereinfachung stellt die Axialsymmetrie dar. Diese wird hier nicht gesondert mittels eines Beispiels betrachtet.

14.1.4 Hinterlegte Gleichungen bei der FEM Analyse

Wirft man einen Blick in das theoretische Handbuch der Simulation, dass bei der Installation von SolidWorks und der Lizenz Simulation über das Programm aufgerufen werden kann, so findet man dort die verwendeten Gleichungen, die hinter einer FEM Simulation liegen. Dazu einfach oben rechts auf das Fragezeichen, SOLIDWORKS Simulation, Validierung, theoretisches Handbuch (pdf) drücken. Es öffnet sich eine .pdf Datei (vgl. ◘ Abb. 14.1).

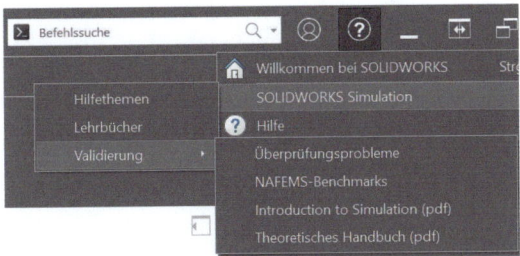

◘ **Abb. 14.1** Abrufen des theoretischen Handbuches von SolidWorks

14.1.4.1 Plain Stress

Nach dem Öffnen kann man den Begriff „plain stress" = ebener Spannungszustand suchen und man findet folgende Gleichung für die Spannungskomponenten

$$\begin{Bmatrix} \sigma_{xx} \\ \sigma_{yy} \\ \sigma_{zz} \end{Bmatrix} = \begin{bmatrix} \frac{E}{1-v^2} & \frac{vE}{1-v^2} & 0 \\ & \frac{E}{1-v^2} & 0 \\ \text{sym} & & \frac{E}{2(1+v)} \end{bmatrix} \begin{Bmatrix} \varepsilon_{xx} \\ \varepsilon_{yy} \\ \varepsilon_{zz} \end{Bmatrix} - \begin{Bmatrix} 1 \\ 1 \\ 0 \end{Bmatrix} \frac{E\alpha \Delta T}{1+v}$$

Wie im Anschluss gezeigt wird, handelt es sich dabei um die gleichen Gleichungen, wie sie analytisch hergeleitet werden.

14.1.4.2 Plain Strain

Sucht man im theoretischen Handbuch den Begriff „plain stain" = ebener Verzerrungszustand findet folgende Gleichung für die Spannungskomponenten

$$\begin{Bmatrix} \sigma_{xx} \\ \sigma_{yy} \\ \sigma_{zz} \end{Bmatrix} = \begin{bmatrix} \frac{E_{xx}}{1-v_{xy}^2 \frac{E_{xx}}{E_{yy}}} & \frac{v_{xy} E_{xx}}{1-v_{xy}^2 \frac{E_{xx}}{E_{yy}}} & 0 \\ & & 0 \\ \text{sym} & & G_{xy} \end{bmatrix}$$

$$\cdot \begin{Bmatrix} \varepsilon_{xx} - \alpha_{xx} \Delta T \\ \varepsilon_{yy} - \alpha_{yy} \Delta T \\ \varepsilon_{xy} \end{Bmatrix} \quad \text{(Eq. 1-62)}$$

Auch hier handelt es sich um identische Gleichungen zu den im Anschluss analytisch hergeleiteten.

14.1.4.3 Axialsymmetric

Für den axialsymmetrischen Fall folgen auch die gleichen Gleichungen, hierbei kann man jedoch zwischen mehreren Fällen unterscheiden, diese werden auch im Anschluss der Reihe nach abgearbeitet.

$$\varepsilon_{\varphi\varphi} = \frac{u_r}{r} \quad \text{(Eq. 1-67 c)}$$

$$\varepsilon_{rz} = \frac{\partial u_r}{\partial z} + \frac{\partial u_z}{\partial r} \quad \text{(Eq. 1-67 d)}$$

oder die invertierte Form

$$\begin{Bmatrix} \sigma_{ss} \\ \sigma_{nn} \\ \sigma_{\varphi\varphi} \\ \sigma_{sn} \end{Bmatrix} = \begin{bmatrix} C_{11} & C_{12} & C_{13} & 0 \\ & C_{22} & C_{23} & 0 \\ & & C_{33} & 0 \\ & & & G_{sn} \end{bmatrix}$$

$$\cdot \left(\begin{Bmatrix} \varepsilon_{ss} \\ \varepsilon_{nn} \\ \varepsilon_{\varphi\varphi} \\ \varepsilon_{sn} \end{Bmatrix} - \begin{Bmatrix} \alpha_{ss} \\ \alpha_{nn} \\ \alpha_{\varphi\varphi} \\ 0 \end{Bmatrix} \Delta T \right)$$

(Eq. 1-69)

mit

$$C_{11} = \left(1 - v_{n\varphi}^2 \frac{E_{nn}}{E_{\varphi\varphi}}\right) S_{ss} \quad \text{(Eq. 1-70 a)}$$

$$C_{12} = \left(v_{ns} + v_{s\varphi} v_{n\varphi} \frac{E_{nn}}{E_{\varphi\varphi}}\right) S_{ss} \quad \text{(Eq. 1-70 b)}$$

$$C_{13} = \left(v_{s\varphi} + v_{sn} v_{n\varphi} \frac{E_{nn}}{E_{\varphi\varphi}}\right) S_{ss} \quad \text{(Eq. 1-70 c)}$$

$$C_{22} = \left(1 - v_{s\varphi}^2 \frac{E_{ss}}{E_{\varphi\varphi}}\right) S_{nn} \quad \text{(Eq. 1-70 d)}$$

$$C_{23} = \left(v_{n\varphi} + v_{sn} v_{s\varphi} \frac{E_{ss}}{E_{\varphi\varphi}}\right) S_{nn} \quad \text{(Eq. 1-70 e)}$$

Für ein isotropes Material gilt die Spannungs-Dehnungs-Beziehung gemäß

$$\begin{Bmatrix} \sigma_{rr} \\ \sigma_{zz} \\ \sigma_{\varphi\varphi} \\ \sigma_{rz} \end{Bmatrix} = \begin{bmatrix} \frac{(1-v)E}{(1+v)(1-2v)} & \frac{vE}{(1+v)(1-2v)} & \frac{vE}{(1+v)(1-2v)} & 0 \\ & \frac{(1-v)E}{(1+v)(1-2v)} & \frac{vE}{(1+v)(1-2v)} & 0 \\ & & \frac{(1-v)E}{(1+v)(1-2v)} & 0 \\ & & & \frac{E}{2(1+v)} \end{bmatrix} \begin{Bmatrix} \varepsilon_{rr} \\ \varepsilon_{zz} \\ \varepsilon_{\varphi\varphi} \\ \varepsilon_{rz} \end{Bmatrix} - \begin{Bmatrix} 1 \\ 1 \\ 1 \\ 0 \end{Bmatrix} \frac{E\alpha\Delta T}{1-2v}$$

(Eq. 1-75)

14.2 Ebener Spannungszustand

14.2.1 Voraussetzungen

Damit ein ebener Spannungszustand vorliegt, müssen folgende Gesetzmäßigkeiten gelten
- Es dürfen nur Spannungen in der Ebene vorliegen (Raumunabhängig) dies, bedeutet, dass die x_3-Koordinate unabhängig ist.
- Entlang der x_3 Koordinate muss eine konstante Figur vorhanden sein, dies ist bei einem Rohr oder einer Platte der Fall.
- Die Werkstoffeigenschaften sind in der dritten Achse konstant.
- Die Belastung erfolgt innerhalb einer Ebene.

14.2.2 Definitionen

> **Definition 14.1**
>
> Ebene Spannungszustände kommen bei biaxialem Zug oder an unbelasteten Teilen der Oberfläche von Körpern vor. Genauso kann auch in dünnen Schalen, Flugmembranen oder Flächentragwerken fernab von Krafteinleitungsstellen oder anderen Störstellen von einem ebenen Spannungszustand ausgegangen werden. Er kann anschaulich durch den Mohr'schen Spannungskreis dargestellt werden [98].

14.2 · Ebener Spannungszustand

Ein ebener Spannungszustand kommt näherungsweise in Scheiben vor [23].

14.2.2.1 Scheibe

Definition 14.2 (Scheibe)
Eine Scheibe ist in der Technischen Mechanik das Modell eines Flächentragwerks, das im Referenzzustand eben ist und durch Kräfte in ihrer Ebene belastet wird. Biegemomente, deren Achse in der Scheibenebene liegen, sowie Kräfte, die senkrecht zur Scheibe wirken, bleiben unberücksichtigt [94].

Dies bedeutet, eine Scheibe ist ein Bauteil, dass einen ebenen Spannungszustand zugrunde liegt und eine konstante Dicke besitzt. Die Dicke muss wesentlich kleiner als der Durchmesser sein.

14.2.2.2 Platte

Definition 14.3 (Platte)
Eine Platte gilt in der Technischen Mechanik ebenfalls als ein ebenes Bauteil, wird jedoch mit gerade denjenigen Kräften und Momenten belastet, die bei der Betrachtung des Bauteils als Scheibe vernachlässigt werden [94].

14.2.2.3 Schale

Definition 14.4 (Schale)
Eine Schale ist in der Technischen Mechanik ein Flächentragwerk, das gekrümmt ist und Belastungen sowohl senkrecht (wie eine Platte) als auch in seiner Ebene (wie eine Scheibe) aufnehmen kann [93].

14.2.3 Wann darf der ebene Spannungszustand verwendet werden?

Gemäß der Definition des ebenen Spannungszustandes und weitergehend aufgrund der Definition der Scheibe muss für den Spannungstensor gelten: $\sigma_{33} = \sigma_{23} = \sigma_{13} = 0$, wenn die x_3 Achse gemäß dem Koordinatensystem aus ◘ Abb. 14.2

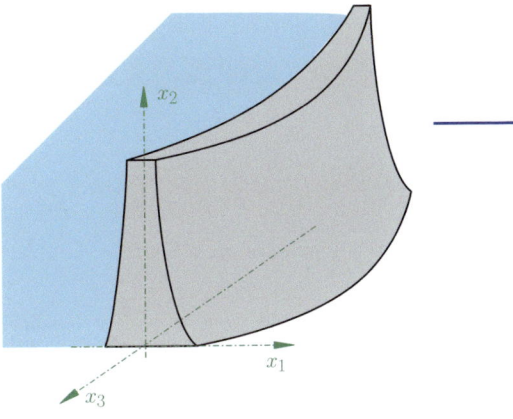

kein ebenes System, da die x_3 Kooridnate veränderlich ist. Es muss, um einen linearen Spannungszustand zu erhalten eine Vereinfachung vorgenommen werden.

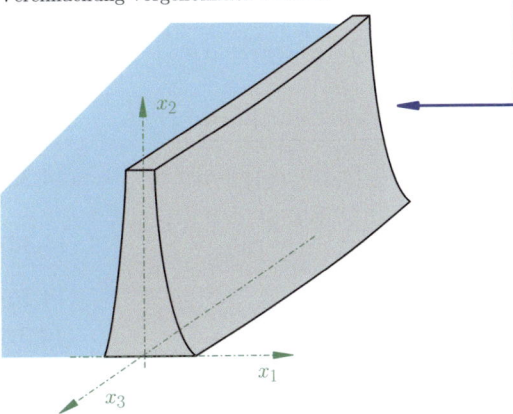

Hierbei ist x_3 konstant, es liegt ein ebenes System vor

◘ **Abb. 14.2** Überführung eines räumlichen Systems in ein ebenes System, damit ein ebener Spannungszustand vorliegt anhand einer Staumauer

liegt. Damit vereinfacht sich die Gleichung für das lokale Gleichgewicht $\sigma_{ij,j} + \varrho f_i = 0$ zu

$$\sigma_{11,1} + \sigma_{12,2} + \varrho f_1 = 0 \quad (14.1)$$
$$\sigma_{21,1} + \sigma_{22,2} + \varrho f_2 = 0 \quad (14.2)$$

Acht zu geben heißt es, bei der Annahme, dass wenn keine Belastung in der x_3-Richtung vorliegt, es können trotzdem Verzerrungen in dieser Ebene auftreten (man denke an die Querdehnung anhand einer Welle auf Druckbeanspruchung, entlang der Symmetrieachse, ◘ Abb. 14.3)!

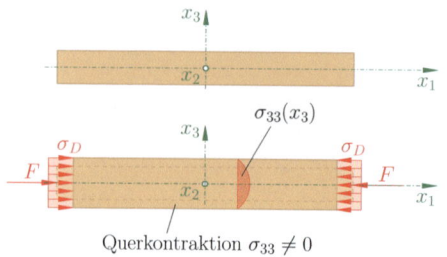

Abb. 14.3 Wenn keine Belastungen in einer Koordinatenrichtung auftreten, können trotzdem Verzerrungen auftreten

Aus dem verallgemeinerten Hooke'schen Gesetz für Isotropie folgt

$$\varepsilon_{11} = \frac{1}{E}[\sigma_{11} - \nu\sigma_{22}] + \alpha\vartheta \quad (14.3a)$$

$$\varepsilon_{22} = \frac{1}{E}[\sigma_{22} - \nu\sigma_{11}] + \alpha\vartheta \quad (14.3b)$$

$$\varepsilon_{33} = -\frac{\nu}{E}[\sigma_{11} + \sigma_{22}] + \alpha\vartheta \quad (14.3c)$$

$$\varepsilon_{12} = \frac{\sigma_{12}}{2G} = \frac{1+\nu}{E}\sigma_{12} \quad (14.3d)$$

$$\varepsilon_{23} = \varepsilon_{13} = 0 \quad (14.3e)$$

$$\varepsilon_{23} = \varepsilon_{13} = 0 \quad (14.3f)$$

14.2.3.1 Kompatibilitätsbedingungen

Es folgt damit für die Kompatibilitätsbedingungen [72], welche lauten

$$2\varepsilon_{12,12} - \varepsilon_{22,11} - \varepsilon_{11,22} = 0 \quad (14.4)$$

$$2\varepsilon_{13,13} - \varepsilon_{33,11} - \varepsilon_{11,33} = 0 \quad (14.5)$$

$$2\varepsilon_{23,23} - \varepsilon_{33,22} - \varepsilon_{22,33} = 0 \quad (14.6)$$

$$\varepsilon_{11,23} + \varepsilon_{23,11} - \varepsilon_{12,13} - \varepsilon_{13,12} = 0 \quad (14.7)$$

$$\varepsilon_{22,13} + \varepsilon_{13,22} - \varepsilon_{12,23} - \varepsilon_{23,12} = 0 \quad (14.8)$$

$$\varepsilon_{12,33} + \varepsilon_{33,12} - \varepsilon_{13,23} - \varepsilon_{23,13} = 0 \quad (14.9)$$

$$\varepsilon_{11,22} + \varepsilon_{22,11} - 2\varepsilon_{12,12} = 0 \quad (14.10)$$

$$\varepsilon_{33,22} = 0 \quad (14.11)$$

$$\varepsilon_{33,11} = 0 \quad (14.12)$$

$$\varepsilon_{33,12} = 0 \quad (14.13)$$

14.2.3.2 Airy'sche Spannungsfunktion

Vgl. ◘ Abb. 14.4. Vergleicht man ein Bauteil zwischen der analytischen Berechnung, als Beispiel bei Zug- bzw. Druckbelastung, so wurde bis jetzt immer die Gleichung $\sigma = \frac{F}{A}$ verwendet. Dabei ist es aber egal, ob man die Spannung in der Mitte oder am Rand der zu untersuchenden Querschnittfläche bestimmt. Dies ist aber in der Realität nicht der Fall, wenn man dies als Beispiel mit dem Ergebnis einer FEM Simulation vergleicht. Speziell fällt der Unterschied als Beispiel bei "hohen" Balken auf. Überstehend ist dazu ein Beispiel mittels einer FEM Analyse untersucht. Dabei ist erkennbar, dass nicht überall die gleiche Spannung vorliegt, damit ist auch eine Druckbeanspruchung, genau genommen, keine gleichmäßige Verteilung, wie sie zu Beginn dieses Buches angenommen wurde. Diese Gesetzmäßigkeit beschreibt die Airy'sche Spannungsfunktion.

Um eine allgemeine Darstellung aller vorbenannten, Beziehungen zu erhalten, zieht man die **Airy'sche Spannungsfunktion** F hinzu, benannt nach George Biddell Airy

> **Definition 14.5**
> (Airy'sche Spannungsfunktion)
>
> $$\sigma_{11} = F_{,22} \quad (14.14)$$
>
> $$\sigma_{22} = F_{,11} \quad (14.15)$$
>
> $$\sigma_{12} = -F_{,12} - \varrho f_1 x_2 - \rho f_2 x_1 \quad (14.16)$$

In Gl. (14.3a) wird Gl. (14.13) mit Gl. (14.16) eingesetzt, zu

$$\left[\frac{1}{E}(F_{,22} - \nu F_{,11})\right]_{,22} + (\alpha\vartheta)_{,22}$$
$$+ \left[\frac{1}{E}(F_{,11} - \nu F_{,22})\right]_{,11} + (\alpha\vartheta)_{,11}$$
$$+ 2\left[\frac{1+\nu}{E}(F_{,12} + \varrho f_1 x_2 + \varrho f_2 x_1)\right]_{,12}$$
$$= 0 \quad (14.17)$$

Da die Reihenfolge der Differentiation unerheblich ist, entfallen einige Terme. So entfallen die Terme für die volumenförmig verteilten Kräfte

14.2 · Ebener Spannungszustand

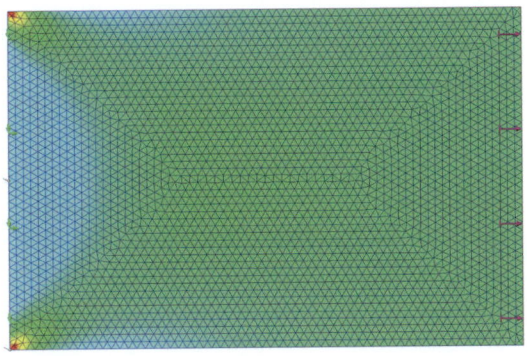

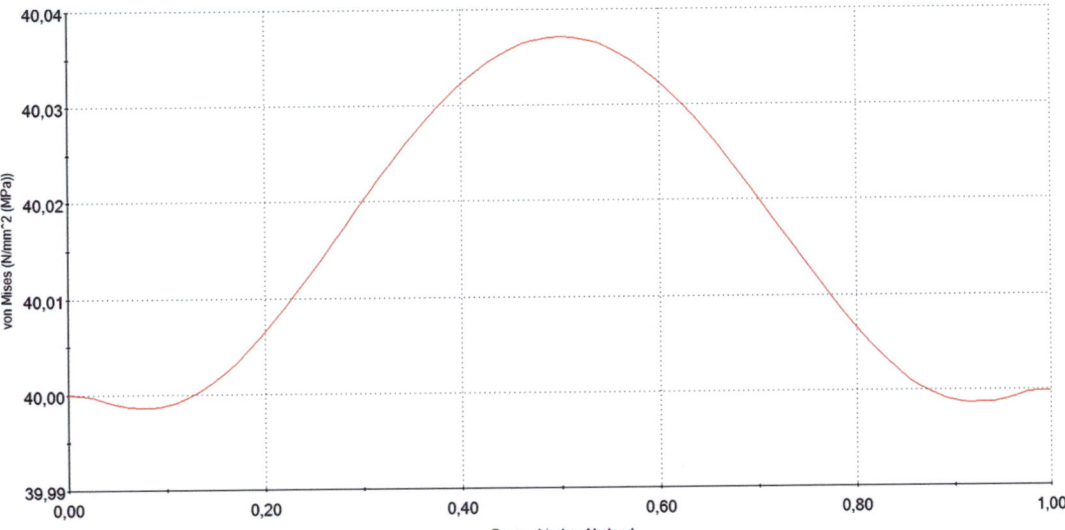

Abb. 14.4 Spannungsverlauf eines auf Zug belasteten Bauteils

$\varrho f_1 x_2$ und $\varrho f_2 x_1$ beim Ableiten. Abschließend multipliziert man alles mit E und erhält

$$F_{,1111} + 2F_{,1122} + F_{,2222} \\ + \alpha E(\vartheta_{,11} + \vartheta_{,22}) = 0. \quad (14.18)$$

14.2.3.3 Laplace-Operator
Einfacher kann dies durch den **Laplace-Operator** geschrieben werden.

Definition 14.6 (Laplace-Operator)
Der Laplace Operator wird mit Δ abgekürzt. Er beschreibt: $\Delta(\ldots) = (\ldots)_{,11} + (\ldots)_{,22} = (\ldots)_{,kk}$.

Angewendet auf Gl. (14.18) bedeutet dies [23]

$$\Delta F = F_{,11} + F_{,22} \\ \Delta \Delta F = F_{,1111} + F_{,1122} + F_{,2211} + F_{,2222} \\ = F_{,1111} + 2 \cdot F_{,1122} + F_{,2222}. \quad (14.19)$$

Damit folgt für Gl. (14.18)

$$\Delta \Delta F = -\alpha \cdot E \Delta \vartheta. \quad (14.20)$$

Gl. (14.20) beschreibt hier die Bipotentialgleichung bzw. Scheibengleichung. Jede Lösung, die diese Gleichung erfüllt, heißt biharmonisch.

Beispiele dazu kann man viele formulieren, da diese in manchen Fällen sehr in die Tiefe gehen, werden diese in diesem Buch eher hinten

Beispiel 14.1

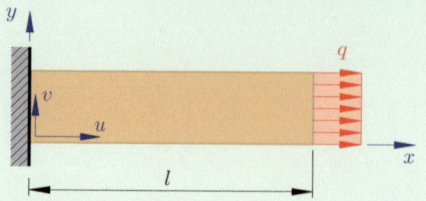

Abb. 14.5 Airy'sche Spannungsfunktion anhand eines eingespannten Balkens

Ein eingespannter Stab wird durch eine gleichmäßig verteilte Flächenlast q belastet (vgl. **Abb. 14.5**). Von diesem kennt man die Länge $l = 250$ mm, die Belastung $q = 1$ N/mm^2, die Höhe des Balkens $h = 40$ mm sowie die Breite $b = 8$ mm. Aufgrund des hohen Balkens, im Vergleich zur Länge, darf die Bernoulli'sche Balkentheorie nicht mehr angewendet werden. Es muss zur Ermittlung der Spannungen die Airy'sche Spannungsfunktion verwendet werden [47].

Lösung

1. **Randbedingungen:** Mittels der Abbildung findet man folgende Randbedingungen (dabei beschreibt $n = \ldots$ die Stelle der Bedingung und f die entsprechende Variable, von der die Bedingung abhängt).
   - $\sigma_{xx}(x = l, y) = q$ (Spannung entlang dieser Achse muss Belastung entsprechen)
   - $\sigma_{yy}(x, y = 0) = 0$ (Außerhalb, am Ende und kurz zu Beginn des Bauteils kann keine Spannung vorliegen)
   - $\tau_{xy} = 0$ (Es liegt keine Schubbelastung vor)
   - $u(x = 0, y) = 0$
   - $v(x, y = 0) = 0$

2. **Spannungsfunktion:** Aus der Airy'schen Spannungsfunktion folgt die Bedingung für die Schubspannung zu

$$\tau_{xy} = -\frac{d^2 F}{dx\, dy} = 0 \tag{14.21}$$

und durch Hinzuziehen der Randbedingung, mit

$$F_N = C_1(x) + C_2(y). \tag{14.22}$$

3. **Normalspannung 1:** Die Normalspannung σ_{yy} errechnet sich gemäß der Airy'schen Spannungsfunktion durch die zweite Ableitung der Kraftfunktion F_N nach x. Es folgt damit

$$\sigma_{yy} = \frac{d^2 F_N}{dx^2} = \frac{d^2(C_1(x) + C_2(y))}{dx^2}$$
$$= C_1''(x). \tag{14.23}$$

Gemäß der zuvor definierten Randbedingung $\sigma_{yy}(x, y = 0)$ muss sich demnach

$$\underline{\sigma_{yy} = C_1''(x) = \underline{0}} \tag{14.24}$$

ergeben. Durch zweimaliges Integrieren folgt

$$\underline{C_1(x)} = \iint C_1''(x)\, dx\, dx$$
$$= \int (C_1' + C_3)\, dx$$
$$= C_1 + C_3 \cdot x + C_4 = \underline{C_3 \cdot x + C_0}. \tag{14.25}$$

4. **Normalspannung 2:** Die Normalspannung σ_{yy} errechnet sich gemäß der Airy'schen Spannungsfunktion durch die zweite Ableitung der Kraftfunktion F_N nach y. Es folgt damit

$$\sigma_{xx} = \frac{d^2 F_N}{dy^2} = \frac{d^2(C_1(x) + C_2(y))}{dx^2}$$
$$= C_2''(x). \tag{14.26}$$

Gemäß der zuvor definierten Randbedingung $\sigma_{xx}(x = l, y) = q$ muss sich demnach

$$\underline{\sigma_{xx} = C_2''(x) = \underline{q}} \tag{14.27}$$

ergeben. Durch zweimaliges Integrieren folgt

$$\underline{C_2(x)} = \iint q\, dy\, dy = \int (q \cdot y + C_5)$$
$$= \underline{q \cdot \frac{y^2}{2} + C_5 \cdot y + C_6}. \tag{14.28}$$

14.2 · Ebener Spannungszustand

5. **Einsetzen in die Spannungsfunktion:**

$$\underline{\underline{F_N}} = C_1(x) + C_2(x)$$

$$= C_3 \cdot x + C_0 + q \cdot \frac{y^2}{2} + C_5 \cdot y + C_6$$

$$= \underline{\underline{C_3 \cdot x + q \cdot \frac{y^2}{2} + C_5 \cdot y + C.}}$$
(14.29)

6. **Ableitungen der Spannungsfunktion:**

$$\underline{\underline{\Delta F_N}} = \frac{\partial^2 f}{\partial x^2} + \frac{\partial^2 f}{\partial y^2}$$

$$= \frac{\partial}{\partial x}(C_3 + q \cdot y + C_5)$$

$$+ \frac{\partial}{\partial y}(C_3 + q \cdot y + C_5) = \underline{\underline{q}}$$
(14.30)

$$\underline{\underline{\Delta \Delta F_N}} = \frac{\partial^2 f}{\partial x^2} + \frac{\partial^2 f}{\partial y^2}$$

$$= \frac{\partial^2 q}{\partial x^2} + \frac{\partial q^2}{\partial y^2} = \underline{\underline{0}}.$$
(14.31)

7. **Dehnungen:** Mit dem Hooke'schen Gesetz $\sigma = E \cdot \varepsilon \Longrightarrow \varepsilon = \frac{\sigma}{E}$ folgt die Dehnung. Da eine allgemeine Formulierung notwendig ist, also auch für die Querdehnungen, werden die Konstanten zunächst durch allgemeine Konstanten $D_1, D_2 \ldots$ ersetzt. Es kann damit die Dehnung zu

$$\varepsilon_{xx} = D_1 \sigma = \frac{du}{dx}$$

$$\Longrightarrow \int du = \int D_1 \sigma \, dx$$

$$\Longrightarrow \underline{\underline{u = D_1 \cdot \sigma \cdot x + u_0(y)}}$$
(14.32)

$$\varepsilon_{yy} = -D_2 \sigma = \frac{dv}{dy}$$

$$\Longrightarrow \int dv = -\int D_2 \sigma \, dy$$

$$\Longrightarrow \underline{\underline{v = -D_2 \cdot \sigma \cdot y + v_0(x)}}$$
(14.33)

$$2\varepsilon_{xy} = 0 = \frac{du}{dy} + dvdx = u_0'(y) + v_0'(x)$$

$$\Longrightarrow \int u_0'(y) dy = \int dy$$

$$\Longrightarrow u_0(y) = E_1 \cdot y + E_2$$

$$\Longrightarrow \underline{\underline{u_0 = E_1 y + E_2}}$$
(14.34)

$$\Longrightarrow \int v_0'(x) dx = \int dx$$

$$\Longrightarrow v_0(x) = -E_1 \cdot y + E_3$$

$$\Longrightarrow \underline{\underline{v_0 = -E_1 x + E_3}}$$
(14.35)

formuliert werden. Bestimmen der Konstanten durch Randbedingungen:

- $u(x = 0, y) = 0$
- $v(x, y = 0) = 0$

und einsetzen ergibt (damit die erste Gleichung zu Null wird, müssen beide Konstanten zu Null werden, wenn $y \neq 0$)

$$u_0(x = 0, y) = E_1 y + E_2 = 0$$

$$\Longrightarrow \underline{\underline{E_1 = E_2 = 0}}$$
(14.36)

$$v_0(x, y = 0) = -E_1 x + E_3 = 0$$

$$= 0 \cdot x + E_3 = 0$$

$$\Longrightarrow \underline{\underline{E_3 = 0}}$$
(14.37)

damit müssen auch $u_0(y) = 0$, $v_0(x) = 0$ und $\varepsilon_{xy} = 0$ werden, wodurch für die Dehnungen

$$\underline{\underline{\varepsilon_{xx} = D_1 \cdot \sigma}}$$
(14.38)

$$\underline{\underline{\varepsilon_{yy} = -D_2 \cdot \sigma}}$$
(14.39)

$$\underline{\underline{\varepsilon_{xy} = 0}}$$
(14.40)

folgt.

8. **Verschiebungen:** Gemäß der zuvor definierten Beziehungen folgen die Verschiebungen zu

$$\underline{\underline{u(x, y) = \sigma \cdot D_1 \cdot \sigma \cdot x;}}$$
(14.41)

$$\underline{\underline{v(x, y) = -\sigma \cdot D_2 \cdot \sigma \cdot y.}}$$
(14.42)

9. **übrige Konstanten und Querkontraktionszahl:** Es verbleiben die unbekannten Konstanten D_1, D_2 zur vollständigen Bestimmung. Diese können in Verbindung mit der Querkontraktionszahl ermittelt werden, zu

$$-\frac{\varepsilon_{yy}}{\varepsilon_{xx}} = \frac{D_1 \cdot \sigma}{D_2 \cdot \sigma} = \frac{D_1}{D_2},$$
(14.43)

wobei dies für den ebenen Spannungszustand ν ist, also $\frac{D_1}{D_2} = \nu$. Für den ebenen Verzerrungszustand (nachfolgend) gilt $\frac{D_1}{D_2} = \frac{\nu}{1-\nu}$.

angestellt. Diese können in zahlreichen Büchern der Kontinuumsmechanik entnommen werden. Ein einfaches, dieses ist aber sehr schnell auch im Web zu finden, ist im Anschluss dargestellt, dieses soll mehr als „Demonstration" der Lösung eines Beispiels mittels der Airy'schen Spannungsfunktion gelten, weniger zum Üben, da in Prüfungen wesentlich komplexere Beispiele auftreten werden.

14.2.3.4 Ausflug in die Bruchmechanik: Griffith-Riss

Erweitert man die Airy'sche Spannungsfunktion, sodass eine komplexwertige Funktion folgt, können Spannungsspitzen rund um einen Riss (Bruchmechanik) analysiert und berechnet werden. Die genaue Analyse und Berechnung würde hier jedoch zu weit führen, verwiesen wird auf entsprechende Bücher, beispielsweise Bruchmechanik [9].

14.2.4 Abschluss und Folgerungen

> **Corollary 14.1**
> – Die Grundgleichungen von ebenem Spannungszustand und ebenem Verzerrungszustand unterscheiden sich nur durch die modifizierten Materialkonstanten $\bar{\nu}$, $\bar{\alpha}$ und $\bar{E}$.
> – Der ebene Spannungszustand ist eine Näherung, die allerdings vielen technischen Anwendungen ausreichend genau genügt.

14.3 Ebener Verzerrungszustand

Wenn von einem Quader, mit der Querschnittsfläche $a \times b$ und Länge c, c wesentlich größer als die übrigen beiden Abmessungen a und b sind, so liegt ein ebener Verzerrungszustand vor, wenn sich die Querschnitteigenschaften entlang der x_3-Achse nicht ändern. Dabei zeigt a entlang der x_1-Achse, b entlang von x_2 sowie c entlang der x_3-Achse.

14.3.1 Definitionen

Legt man entlang der x_3 Achse Ebenen, die parallel zur Ebene $x_1 x_2$ liegen, so ist die Verzerrung entlang dieser Ebenen als auch senkrecht darauf konstant. Es gilt dadurch $\varepsilon_{33} = \varepsilon_{13} = \varepsilon_{23} = 0$. Es muss damit eine Lagerung vorhanden sein, die diese Dehnung verhindert. Dies hat zur Folge, dass dann allerdings eine Spannung entlang der x_3 Achse auftritt, die durch die verhinderte Dehnung entsteht. Es wird damit $\sigma_{33} \neq 0$. Verzerrungs- und Spannungstensor haben somit folgende Struktur

$$\underline{\varepsilon} = \begin{pmatrix} \varepsilon_{11} & \varepsilon_{12} & 0 \\ \varepsilon_{12} & \varepsilon_{32} & 0 \\ 0 & 0 & 0 \end{pmatrix}, \tag{14.44}$$

$$\underline{\sigma} = \begin{pmatrix} \sigma_{11} & \sigma_{12} & 0 \\ \sigma_{12} & \sigma_{22} & 0 \\ 0 & 0 & \sigma_{33} \end{pmatrix}. \tag{14.45}$$

14.3.2 Hooke'sches Gesetz [23]

Aus Gl. (13.51) folgt für $\varepsilon_{33} = 0$:

$$0 = \frac{1}{E}[(1+\nu)\sigma_{33} - \nu(\sigma_{11} + \sigma_{22} + \sigma_{33})] - \alpha \vartheta \tag{14.46}$$

$$\sigma_{33} = \nu[\sigma_{11} - \sigma_{22}] - E\alpha\vartheta \tag{14.47}$$

Werden in Gl. (13.51) die Spannungskomponente σ_{33} durch σ_{11} in σ_{22} mithilfe von Gl. (14.45) ersetzt, folgt

$$\varepsilon_{11} = \frac{1}{\bar{E}}[\sigma_{11} - \bar{\nu}\sigma_{22}] + \bar{\alpha}\vartheta \tag{14.48}$$

$$\varepsilon_{22} = \frac{1}{\bar{E}}[\sigma_{22} - \bar{\nu}\sigma_{11}] + \bar{\alpha}\vartheta \tag{14.49}$$

$$\varepsilon_{12} = \frac{1-\bar{\nu}}{\bar{E}}\sigma_{12} \tag{14.50}$$

Dabei wurden bereits die Materialkonstanten in nachfolgender Weise ersetzt, um eine gleicharti-

14.4 · Lineare Elastizitätstheorie in Polarkoordinaten

ge Darstellung zu erhalten:

$$\bar{E} = \frac{E}{1-v^2} \qquad (14.51)$$

$$\bar{v} = \frac{v}{1-v} \qquad (14.52)$$

$$\bar{\alpha} = (1+v)\alpha \qquad (14.53)$$

Zusätzlich kommt noch die Gleichung für σ_{33} hinzu

$$\sigma_{33,3} = 0. \qquad (14.54)$$

Damit ist ersichtlich, dass σ_{33} konstant sein muss.

14.3.3 Kompatibilitätsbedingungen

Es wird damit in Gl. (14.13), ausgenommen der Ersten, wegen $\varepsilon_{33} = 0$, zu Null. Es folgt damit für die Bipotentialgleichung (Airy'sche Spannungsfunktion)

$$\Delta\Delta F = -\bar{E} \cdot \bar{\alpha} \cdot \Delta\vartheta. \qquad (14.55)$$

14.3.4 Abschluss und Folgerungen

Corollary 14.2
- Die Grundgleichungen von ebenem Spannungszustand und ebenem Verzerrungszustand unterscheiden sich nur durch die modifizierten Materialkonstanten $\bar{v}$, $\bar{\alpha}$ und $\bar{E}$.
- Im Gegensatz zum ebenen Spannungszustand ist der ebene Verzerrungszustand eine exakte Lösung im Sinne der Elastizitätstheorie.

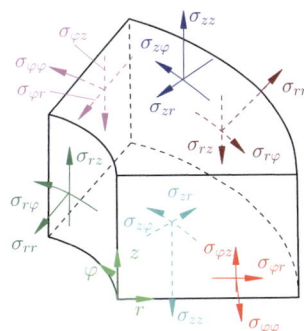

Abb. 14.6 Lineare Elastizitätstheorie in Polarkoordinaten

14.4 Lineare Elastizitätstheorie in Polarkoordinaten [23]

Liegt ein rotationssymmetrisches Bauteil vor, so kann dieses aufgrund des zyklischen Musters vereinfacht werden. Beispielsweise ein runder Zylinderdeckel mit zwölf Schraubenbohrungen ist auf Halten im Bereich rund, um das Schraubenloch zu überprüfen. Dazu genügt es, ein Zwölftel der Kraft auf einer Schraube anzubringen und nur ein Zwölftel von diesem Deckel zu analysieren. Dies wäre also ein „Kuchenstück", mit einem Winkel von 360°/12 = 30°. Auch diese Vereinfachung ermöglicht eine schnellere Berechnung in einer FE-Analyse. Es steht darum auch bei der 2D-Vereinfachung zur Auswahl (vgl. mit Abb. 14.6).

Bei der analytischen Berechnung verwendet man aus diesem Grund anstatt kartesischen Koordinaten Zylinderkoordinaten. Ähnlich wie im bereits behandelten Abschnitt „Druckbehälter" gibt es auch hier eine radiale, axiale Verschiebung sowie eine Verschiebung infolge der Umfangsspannungen. Ebenso gibt es Umfangsspannungen, Radialspannungen und Axialspannungen mit den dazugehörigen Kräften und Randspannungen. Es ist möglich folgende Größen

- Verschiebungsvektor: u_r; u_φ; u_z
- Vektor der Randspannungen: t_r; t_φ; t_z
- Vektor der Volumenkräfte: f_r; f_φ; f_z
- Spannungstensor: σ_{rr}; $\sigma_{\varphi\varphi}$; σ_{zz}
- Verzerrungstensor: ε_{rr}; $\varepsilon_{\varphi\varphi}$; ε_{zz}; $\varepsilon_{r\varphi}$; ε_{rz}; $\varepsilon_{\varphi z}$

zu formulieren.

14.4.1 Koordinatentransformation

14.4.1.1 Vorwärtstransformation
Transformation von kartesischen Koordinaten in Polarkoordinaten:

$$x_1 = r \cos \varphi \tag{14.56}$$
$$x_2 = r \sin \varphi \tag{14.57}$$
$$x_3 = z \tag{14.58}$$

14.4.1.2 Rückwärtstransformation
Rücktransformation von Polarkoordinaten in kartesischen Koordinaten

$$r = \sqrt{x_1^2 + x_2^2} \tag{14.59}$$
$$\varphi = \arctan\left(\frac{x_2}{x_1}\right) \tag{14.60}$$
$$z = x_3 \tag{14.61}$$

14.4.2 Axialsymmetrisches Problem

Definition 14.7
(Axialsymmetrisches Problem [23]) Das Bauteil ist ein Rotationskörper, dessen Rotationsachse mit der z-Achse sowohl im unbelasteten als auch im belasteten Zustand zusammenfällt. Die Belastung erfolgt ebenfalls rotationssymmetrisch (vgl. ◘ Abb. 14.7).

Beispiel 14.2 (Axialsymmetrisches Problem)

Ein Beispiel für ein axialsymmetrisches Problem wäre ein Rohr.

Corollary 14.3
- Verschiebungsvektor: $u_\varphi = 0$
- Vektor der Randspannungen: $t_\varphi = 0$, $t_r = t_r(r;z)$ und $t_z = t_z(r;z)$ (t_r und t_z hängen nicht von φ ab)
- Vektor der Volumenkräfte: $f_r = f_r(r;z)$ und $f_z = f_z(r;z)$
- Verzerrungstensor: $\varepsilon_{rr}, \varepsilon_{\varphi\varphi}, \varepsilon_{r\varphi} = 0$, $\varepsilon_{rz}, \varepsilon_{\varphi z} = 0$.

Der Verzerrungs- und der Spannungstensor haben somit folgende Struktur:

$$\underline{\underline{\varepsilon}} = \begin{pmatrix} \varepsilon_{rr} & 0 & \varepsilon_{rz} \\ 0 & \varepsilon_{\varphi\varphi} & 0 \\ \varepsilon_{rz} & 0 & \varepsilon_{zz} \end{pmatrix} \tag{14.62}$$

$$\underline{\underline{\sigma}} = \begin{pmatrix} \sigma_{rr} & 0 & \sigma_{rz} \\ 0 & \sigma_{\varphi\varphi} & 0 \\ \sigma_{rz} & 0 & \sigma_{zz} \end{pmatrix} \tag{14.63}$$

14.4.2.1 Kinematik in einem Radialschnitt
Man untersucht ein infinitesimal kleines Massenstück, mit den Abmessungen $dr, d\varphi$, um die Verschiebungsgleichungen sowie die Verzerrungen herleiten zu können (vgl. ◘ Abb. 14.8).

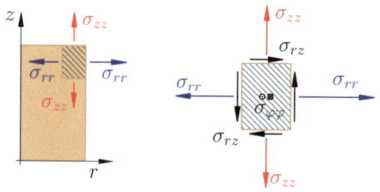

◘ Abb. 14.7 Axialsymmetrisches Problem

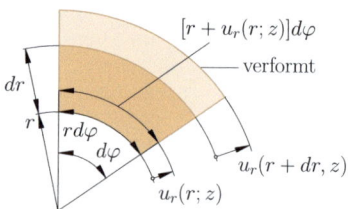

◘ Abb. 14.8 Kinematik in einem Radialschnitt

14.4 · Lineare Elastizitätstheorie in Polarkoordinaten

Die Verschiebung am Außenrand soll zunächst aus der Verschiebung am Innenrand und der Änderung der des Verschiebungsverlaufes $u_r(r;z)$ ausgedrückt werden (1. Glied einer Taylor'schen Reihenentwicklung):

$$u_r(r+dr,z) = u_r(r,z) + \frac{\partial u_r(r,z)}{\partial r} \quad (14.64)$$

Damit kann die Dehnung in der Radialrichtung ausgedrückt werden, die sich stark vereinfachen lässt, zu

$$\varepsilon_{rr}(r,z) = \frac{u_r(r+dr,z) - u_r(r;z)}{dr}$$
$$= \frac{\partial u_r(r,z)}{\partial r} = u_{r,r}. \quad (14.65)$$

Die Dehnung in der Umfangsrichtung ist durch die Axialsymmetrie direkt abhängig von der Radialverschiebung und lässt und sich wie folgt angeben

$$\varepsilon_{\varphi\varphi}(r,z) = \frac{u_r(r,z)}{r}. \quad (14.66)$$

14.4.2.2 Zusammenfassung

$$\varepsilon_{rr} = u_{r,r} \quad (14.67)$$
$$\varepsilon_{\varphi\varphi} = \frac{u_r}{r} \quad (14.68)$$
$$\varepsilon_{zz} = u_{z,z} \quad (14.69)$$

Ferner gilt für die verbleibende Schubverzerrung ε_{rz} ($\varepsilon_{r\varphi} = 0$ und $\varepsilon_{\varphi z} = 0$):

$$\varepsilon_{rz} = \frac{1}{2}[u_{r,z} + u_{z,r}]. \quad (14.70)$$

14.4.2.3 Gleichgewichtsbedingungen

Für kartesische Koordinaten wurden die Gleichgewichtsbeziehungen bereits hergeleitet, zu $\sigma_{ij,j} + \rho f_i = 0$. Hierin müssen die Indizes der kartesischen Koordinaten in Zylinderkoordinaten überführt werden. Zusätzlich ist bei der Ableitung von σ_{ij} nach j die Kettenregel anzuwenden. Es folgt

$$\sigma_{rr,r} + \sigma_{rz,z} + \frac{1}{r}(\sigma_{rr} - \sigma_{\varphi\varphi}) + \rho f_r = 0; \quad (14.71)$$

$$\sigma_{rz,r} + \sigma_{zz,z} + \frac{1}{r}\sigma_{rz} + \rho f_z = 0. \quad (14.72)$$

14.4.2.4 Verwendung der Gleichungen in SolidWorks FEM

Auch SolidWorks verwendet zur Berechnung der Axialsymmetrie die gezeigten Gleichungen. Sucht man im theoretischen Handbuch [13] nach „axisymmetric" folgen sofort Suchergebnisse, mittels denen man schnell die folgenden Gleichungen findet.

Zusätzlich verwendet SolidWorks aber auch noch die Gleichungen, die die Axialsymmetrie mit dem ebenen Spannungszustand bzw. dem Verzerrungszustand vereinfachen. Diese Gleichungen werden im folgenden noch analytisch hergeleitet.

14.4.3 Ebener Spannungszustand bei Axialsymmetrie

Wird zusätzlich zur Axialsymmetrie ein ebener Spannungszustand vorausgesetzt, ergeben sich die bereits hergeleiteten Gleichungen zu folgenden Vereinfachungen:
- keine Belastung in z-Richtung $\Longrightarrow f_z = 0$, $\Longrightarrow \sigma_{zz} = 0$

Beispiel 14.3

(Ebener Spannungszustand bei Axialsymmetrie) Beispiele für einen ebenen Spannungszustand bei Axialsymmetrie sind dünne, rotierende Kreis- oder Kreisringscheiben im Turbinenbau

- keine Abhängigkeit der Spannungskomponenten von der z-Richtung
- Keine Abhängigkeit der Radialverschiebung von der z-Richtung $\implies u_r = u_r(r)$

Die Gleichungen aus (14.69) gelten für die Kinematik, wobei u_r nur noch von r abhängig ist. In die Schubverzerrung ε_{zr} ergibt sich dazu nur noch in Verbindung mit der Schubverzerrung in Abhängigkeit von r zu

$$\varepsilon_{rr} = u_{r,r} \quad (14.73)$$

$$\varepsilon_{\varphi\varphi} = \frac{u_r}{r} \quad (14.74)$$

$$\varepsilon_{zz} = u_{z,z} \quad (14.75)$$

$$\varepsilon_{zr} = \frac{1}{2} u_{z,r} \quad (14.76)$$

$$\varepsilon_{r\varphi} = \varepsilon_{\varphi,z} = 0. \quad (14.77)$$

14.4.3.1 Gleichgewichtsbedingungen

Die Gleichungen aus (14.72) vereinfachen sich zu

$$\sigma_{rr,r} + \frac{1}{r}(\sigma_{rr} - \sigma_{\varphi\varphi}) + \varrho f_r = 0 \quad (14.78)$$

14.4.3.2 Spannungs-Dehnungs-Beziehungen

$$\sigma_{rr} = \frac{E}{1-v^2}[\varepsilon_{rr} + v\varepsilon_{\varphi\varphi}] - \frac{E\alpha}{1-v}\vartheta \quad (14.79)$$

$$\sigma_{\varphi\varphi} = \frac{E}{1-v^2}[\varepsilon_{\varphi\varphi} + v\varepsilon_{rr}] - \frac{E\alpha}{1-v}\vartheta \quad (14.80)$$

$$\varepsilon_{zz} = -\frac{v}{E}[\sigma_{rr} + v\sigma_{\varphi\varphi}] + \alpha\vartheta \quad (14.81)$$

Setzt man die eben hergeleiteten Gleichungen für die kinematischen Kopplungen aus (14.77) für σ_{rr} bzw. $\sigma_{\varphi\varphi}$ (14.81) ein, wird

$$\sigma_{rr} = \frac{E}{1-v^2}\left[u_{r,r} + v\frac{u_r}{r}\right] - \frac{E\alpha}{1-v}\vartheta \quad (14.82)$$

$$\sigma_{\varphi\varphi} = \frac{E}{1-v^2}\left[\frac{u_r}{r} + vu_{r,r}\right] - \frac{E\alpha}{1-v}\vartheta \quad (14.83)$$

Diese beiden Beziehungen eingesetzt in die Gleichgewichtsbedingung (14.78) ergibt eine gewöhnliche Differenzialgleichung für $u_r(r)$:

$$u_{r,rr} + \frac{1}{r}u_{r,r} - \frac{1}{r^2}u_r$$
$$- (1+v)\alpha\vartheta_{,r} + \frac{1-v^2}{E}\varrho f_r = 0. \quad (14.84)$$

Diese gewöhnliche Differentialgleichung in eine Form umwandeln, die sich in vielen Fällen, durch eine einfache Integration lösen lässt

$$\left[\frac{1}{r}(ru_r)_{,r}\right]_{,r} = (1+v)\alpha\vartheta_{,r} - \frac{1-v^2}{E}\varrho f_r. \quad (14.85)$$

14.4.4 Ebener Verzerrungszustand bei Rotationssymmetrie

Liegt bei einer Axialsymmetrie ebenfalls ein ebener Verzerrungszustand vor, so vereinfachen sich die Gleichungen der Rotationssymmetrie durch

$$f_z = 0 \quad u_z = 0. \quad (14.86)$$

Da keine Abhängigkeit von der z-Richtung besteht, entsteht eine gewöhnliche Differentialgleichung für $u_r = u_r(r)$.

14.4.4.1 Kinematik

$$\varepsilon_{rr} = u_{r,r} \quad (14.87)$$

$$\varepsilon_{\varphi\varphi} = \frac{u_r}{r} \quad (14.88)$$

$$\varepsilon_{zz} = \varepsilon_{r\varphi} = \varepsilon_{\varphi z} = \varepsilon_{rz} = 0 \quad (14.89)$$

> **Beispiel 14.4**
>
> Beispiele für eine Rotationssymmetrie bei ebenem Verzerrungszustand sind
> - lange (dickwandige) Rohre,
> - Walzen,
> - Pressverbindung (zumeist Zustand zwischen ebenen Verzerrungs- und Spannungszustand).

14.4.4.2 Spannungs-Dehnungs-Beziehungen

Mittels des verallgemeinerten Hooke'schen Gesetzes folgen die Verzerrungen zu

$$\varepsilon_{rr} = \frac{1}{E}\left[\sigma_{rr} - \nu(\sigma_{\varphi\varphi} - \sigma_{zz})\right] + \alpha\vartheta \quad (14.90)$$

$$\varepsilon_{\varphi\varphi} = \frac{1}{E}\left[\sigma_{\varphi\varphi} - \nu(\sigma_{rr} - \sigma_{zz})\right] + \alpha\vartheta. \quad (14.91)$$

Da beim ebenen Verzerrungszustand die Dehnungskomponente $\varepsilon_{zz} = 0$ ist, kann man dadurch die Gleichungen für die Spannungen vereinfachen. Dies ist sinnvoll, wenn diese in der Gleichung für σ_{zz} enthalten sind. Es folgt damit die Gleichung

$$\varepsilon_{zz} = 0 = \frac{1}{E}\left[\sigma_{zz} - \nu\sigma_{rr} - \nu\sigma_{\varphi\varphi}\right] + \alpha\vartheta \quad (14.92)$$

$$\sigma_{zz} = \nu\left[\sigma_{rr} + \sigma_{\varphi\varphi}\right] - E\alpha\vartheta. \quad (14.93)$$

Um die radialen Spannungen berechnen zu können, wird die Materialmatrix invertiert. Es entstehen damit die folgenden Spannungsbeziehungen, die anders als beim ebenen Spannungszustand aussehen.

$$\sigma_{rr} = \frac{E}{1+\nu}\left[\varepsilon_{rr} + \nu\frac{1}{1-2\nu}(\varepsilon_{rr} + \varepsilon_{\varphi\varphi})\right] - \frac{E\alpha}{1-2\nu}\vartheta \quad (14.94)$$

$$\sigma_{\varphi\varphi} = \frac{E}{1+\nu}\left[\varepsilon_{\varphi\varphi} + \nu\frac{1}{1-2\nu}(\varepsilon_{\varphi\varphi} + \varepsilon_{rr})\right] - \frac{E\alpha}{1-2\nu}\vartheta \quad (14.95)$$

Setzt man die modifizierten Materialkonstanten (siehe kartesische Formulierung) welche

$$\bar{E} = \frac{E}{1-\nu^2} \quad \bar{\nu} = \frac{\nu}{1-\nu} \quad (14.96)$$

$$\bar{\alpha} = (1+\nu)\alpha. \quad (14.97)$$

lauten in Gl. (14.95) ein, resultiert aus den obigen Gleichungen

$$\sigma_{rr} = \frac{\bar{E}}{1-\bar{\nu}^2}\left[\varepsilon_{rr} + \bar{\nu}\varepsilon_{\varphi\varphi}\right] - \frac{\bar{E}\bar{\alpha}}{1-\bar{\nu}}\bar{\vartheta} \quad (14.98)$$

$$\sigma_{\varphi\varphi} = \frac{\bar{E}}{1-\bar{\nu}^2}\left[\varepsilon_{\varphi\varphi} + \bar{\nu}\varepsilon_{rr}\right] - \frac{\bar{E}\bar{\alpha}}{1-\bar{\nu}}\bar{\vartheta} \quad (14.99)$$

$$\varepsilon_{zz} = -\frac{\bar{\nu}}{\bar{E}}\left[\sigma_{rr} + \bar{\nu}\sigma_{\varphi\varphi}\right] + \bar{\alpha}\bar{\vartheta}. \quad (14.100)$$

14.4.4.3 Gleichgewichtsbedingungen

Mit der nun bekannten Beziehung zur Berechnung von σ_{zz} und σ_{rr} aus $\sigma_{\varphi\varphi}$ (14.78) können die Gleichgewichtsbeziehungen aufgestellt werden, zu

$$\sigma_{rr,r} + \frac{1}{r}(\sigma_{rr} + \sigma_{\varphi\varphi}) + \varrho f_r = 0 \quad (14.101)$$

$$\sigma_{zz,z} = 0. \quad (14.102)$$

Wie auch schon beim ebenen Spannungszustand festgestellt wurde, können aus der Gl. (14.100), unter Berücksichtigung der Kinematik durch Gl. (14.91), die Spannungskomponenten berechnet werden. Es folgt

$$u_{r,rr} + \frac{u_{r,r}}{r} - \frac{u_r}{r^2} - (1+\bar{\nu})\bar{\alpha}\vartheta_{,r} + \frac{1-\bar{\nu}^2}{\bar{E}}\varrho f_r = 0 \quad (14.103)$$

Auch bei dieser Gleichung kann man die Form ident zum ebenen Spannungszustand anpassen und im Anschluss können die modifizierten Materialkonstanten eingesetzt werden. Es folgt

$$\left[\frac{1}{r}(ru_r)_{,r}\right]_{,r} = (1+\bar{\nu})\bar{\alpha}\vartheta_{,r} - \frac{1-\bar{\nu}^2}{\bar{E}}\varrho f_r. \quad (14.104)$$

14.5 St. Venant'sche Torsion

Vgl. ◻ Abb. 14.9. Die St. Venant'sche Torsion wurde bereits in ihren Grundlagen im Kapitel „Torsion" beschrieben. Bei dieser Torsionstheorie handelt es sich um die reine Torsion, wobei die ungehinderte Ausbildung der Verschiebung der Querschnittpunkte in Längsrichtung ermöglicht wird. Die bei der Torsion auftretende Verwölbung kann sich ungehindert ausbreiten. Die Theorie darf nur für kleine Verformungen angewendet werden, da sich bei größeren Verformungen, die die Querschnittsform senkrecht zur Längsachse ändert. Die Profile dürfen nicht als Neuber'sche Schale betrachtet werden und müssen frei im Raum stehen. Es muss gewährleistet werden, dass keine Normalspannungen, Spannungen in Längsrichtung vorliegen [103].

Es sind folgende Voraussetzungen notwendig:
- Die Querschnitte seien Vollquerschnitte und über der Stablänge konstant,
- Das Torsionsmoment ist ebenfalls über der Stablänge konstant,
- Der Torsionswinkel ϑ_1 nimmt kontinuierlich über der Stablänge l zu:

$$\vartheta_1 = \frac{x_1}{l} \cdot \vartheta. \tag{14.105}$$

Die Verschiebungskomponenten u_2 und u_3 im Querschnitt an einem beliebigen Ort β können nun aus dem Torsionswinkel ϑ_1 wie folgt errechnet werden

$$x_2 + u_2 = r \cdot \cos(\vartheta_1 + \beta); \tag{14.106}$$
$$x_3 + u_3 = r \cdot \sin(\vartheta_1 + \beta). \tag{14.107}$$

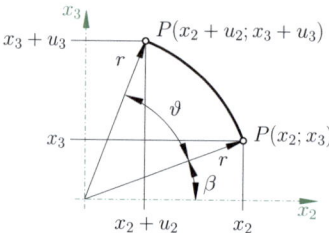

◻ **Abb. 14.9** Zusammenhang zwischen dem Deformationswinkel ϑ und den beiden Verschiebungskomponenten u_2 und u_3

umformen ergibt

$$u_2 = r \cdot \cos(\vartheta_1 + \beta) - x_2; \tag{14.108}$$
$$u_3 = r \cdot \sin(\vartheta_1 + \beta) - x_3; \tag{14.109}$$

bzw. mit den Winkelfunktionen für den doppelten Winkel ($\sin(\alpha + \beta) = \sin(\alpha)\cos(\beta) + \cos(\alpha)\sin(\beta)$; $\cos(\alpha + \beta) = \cos(\alpha)\cos(\beta) - \sin(\alpha)\sin(\beta)$) folgt daraus

$$u_2 = r \cdot (\cos(\vartheta_1)\cos(\beta) - \sin(\vartheta_1)\sin(\beta))$$
$$- x_2; \tag{14.110}$$
$$u_3 = r \cdot (\sin(\vartheta_1)\cos(\beta) + \cos(\vartheta_1)\sin(\beta))$$
$$- x_3; \tag{14.111}$$

für kleine Winkel gilt $\sin(\vartheta_1) \approx \vartheta_1$ bzw. $\cos(\vartheta_1) \approx 1$

$$u_2 = r \cdot (\cos(\beta) - \vartheta_1 \sin(\beta)) - x_2; \tag{14.112}$$
$$u_3 = r \cdot (\vartheta_1 \cos(\beta) + \sin(\beta)) - x_3. \tag{14.113}$$

Hierin den Winkel β durch x_2 und x_3 ausdrücken, lässt

$$u_2 = -\frac{x_1 \cdot x_3}{l} \cdot \vartheta_1 \quad u_3 = -\frac{x_1 \cdot x_2}{l} \cdot \vartheta_1. \tag{14.114}$$

folgen. Jetzt werden zu den Verschiebungsgleichungen noch die Verzerrungen hinzugefügt, wobei folgende Annahmen getroffen werden:
- Alle Querschnitte verwölben sich in gleicher Weise (keine Abhängigkeit von ϑ_1-Richtung),
- Die Querschnittverwölbung wird nicht durch Lagerungen behindert.

$$u_1 = u_1(x_2, x_3) = \frac{\vartheta}{l} w \cdot (x_2 - x_3) \tag{14.115}$$

Durch die Annahme, der fehlenden Normalspannungen (Einleitung) gilt

$$\sigma_{12,2} + \sigma_{13,3} = 0 \tag{14.116}$$
$$\sigma_{12,1} + \sigma_{23,3} = 0 \tag{14.117}$$
$$\sigma_{13,1} + \sigma_{23,2} = 0. \tag{14.118}$$

14.5.1 Spannungs-Dehnungs-Beziehungen

Aus dem Hooke'schen Gesetz für Isotropie und der eingesetzten Schubdehnungen, die aus (14.115) und (14.114) durch Ableitung nach den entsprechenden Koordinaten entstehen, folgt

$$\sigma_{12} = G\left[\underbrace{u_{1,2}}_{\frac{\vartheta}{l}w_{,2}} + \underbrace{u_{2,1}}_{-\frac{\vartheta}{l}x_3}\right] = G\frac{\vartheta}{l}[w_{,2} - x_3] \quad (14.119)$$

$$\sigma_{13} = G\left[\underbrace{u_{1,3}}_{\frac{\vartheta}{l}w_{,3}} + \underbrace{u_{3,1}}_{\frac{\vartheta}{l}x_2}\right] = G\frac{\vartheta}{l}[w_{,3} + x_2] \quad (14.120)$$

$$\sigma_{23} = G\left[\underbrace{u_{2,3}}_{-\frac{\vartheta}{l}x_1} + \underbrace{u_{3,2}}_{\frac{\vartheta}{l}x_1}\right] = 0 \quad (14.121)$$

Gl. (14.121) in die Gl. (14.118) einsetzen, ergibt

$$G \cdot \frac{\vartheta}{l} \cdot w_{2,2} + G \cdot \frac{\vartheta}{l} \cdot w_{3,3} \quad (14.122)$$

$$\sigma_{12,1} = 0 \quad (14.123)$$

$$\sigma_{13,1} = 0. \quad (14.124)$$

Die Schubspannungen sind somit über der Stablänge konstant (Gleichungen 2 und 3). Aus der ersten Gleichung folgt

$$w_{,22} + w_{,33} = \Delta w = 0. \quad (14.125)$$

Die Schubspannungen am lastfreien Außenrand müssen im Gleichgewicht sein. Es folgt

$$\sigma_{12} dx_2 - \sigma_{12} dx_3 = 0. \quad (14.126)$$

Unter Berücksichtigung von (14.121) ergibt sich in Verbindung mit Gl. (14.125)

$$(w_{,3} + x_2)dx_2 - (w_{,2} - x_3)dx_3 = 0. \quad (14.127)$$

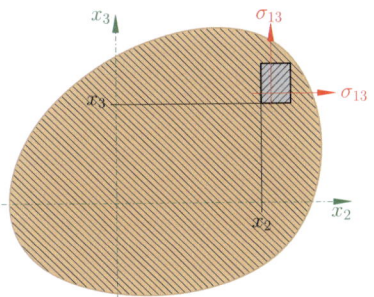

Abb. 14.10 Torsion, Prandtl'sche Spannungsfunktion

14.5.2 Prandtl'sche Spannungsfunktion

Für die Torsionsbeanspruchung kann auch eine Spannungsfunktion, ähnlich der Airy'schen Spannungsfunktion aufgestellt werden. Bei der Torsion wird die Prandtl'sche Spannungsfunktion Φ verwendet (vgl. Abb. 14.10).

> **Definition 14.8**
> **(Prandtl'sche Spannungsfunktion)**
> Gemäß Definition gilt
>
> $$\sigma_{12} = -2\frac{\vartheta}{l}\Phi_{,3} \quad \text{und} \quad (14.128)$$
>
> $$\sigma_{13} = 2\frac{\vartheta}{l}\Phi_{,2}. \quad (14.129)$$

Setzt man die Spannungskomponenten in diese Funktion ein und leitet diese anschließend nach x_3 bzw. x_2 ab und subtrahiert anschließend die zweite Gleichung von der ersten, so erhält man die Poisson'sche Differentialgleichung zu

$$\Phi_{,22} + \Phi_{,33} = \Delta\Phi = 1. \quad (14.130)$$

$$\Delta\Phi(x_2, x_3) = -2 \cdot G \cdot \vartheta. \quad (14.131)$$

14.5.3 Gleichgewichtsbedingung für das Torsionsmoment

$$M_t = \int_A (\sigma_{13} dx_2 - \sigma_{12} dx_3) dA \quad (14.132)$$

In Analogie zur klassischen Navier'schen Torsion kann auch wieder ein Torsions-Trägheitsmoment definiert werden:

$$\frac{\vartheta}{l} = \frac{M_t}{GI_t} \quad \text{mit} \tag{14.133}$$

$$I_t = -4 \int_A \Phi dA \tag{14.134}$$

14.6 Prinzip von St. Venant [86]

Lemma 14.1 (Prinzip von St. Venant [86])

Wenn die auf einen kleinen Teil der Oberfläche eines elastischen Körpers wirkende Kraft durch ein äquivalentes Kräftesystem ersetzt wird, ruft diese Belastungsumverteilung wesentliche Änderungen nur bei den örtlichen Spannungen hervor: nicht aber in Bereichen, die groß sind im Vergleich zur belasteten Oberfläche.

Je weiter man sich vom Zentrum einer Querschnittsfläche bei einer beispielsweise Zugbeanspruchung entfernt, desto weniger liegt ein konstanter Spannungsverlauf vor (vgl. ◘ Abb. 14.11).

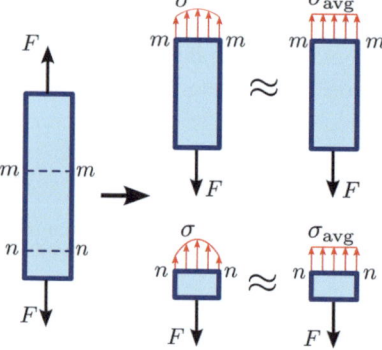

◘ **Abb. 14.11** Das Prinzip von St. Venant, anhand eines Zugstabes [82, 86]

14.7 Übungen

Übungsbeispiel 14.1

Wann kann ein ebener Spannungszustand vorausgesetzt werden?

Lösung

Ebene Spannungszustände kommen bei biaxialem Zug oder an unbelasteten Teilen der Oberfläche von Körpern vor. Genauso kann auch in dünnen Schalen, Flugmembranen oder Flächentragwerken fernab von Krafteinleitungsstellen oder anderen Störstellen von einem ebenen Spannungszustand ausgegangen werden. Er kann anschaulich durch den Mohr'schen Spannungskreis dargestellt werden [98]. Ein ebener Spannungszustand kommt näherungsweise in Scheiben vor [23].

Übungsbeispiel 14.2

Was ist eine Scheibe?

Lösung

Eine Scheibe ist in der Technischen Mechanik das Modell eines Flächentragwerks, das im Referenzzustand eben ist und durch Kräfte in ihrer Ebene belastet wird. Biegemomente, deren Achse in der Scheibenebene liegen, sowie Kräfte, die senkrecht zur Scheibe wirken, bleiben unberücksichtigt [94].

Übungsbeispiel 14.3

Was ist eine Platte?

Lösung

Eine Platte gilt in der Technischen Mechanik ebenfalls als ein ebenes Bauteil, wird jedoch mit gerade denjenigen Kräften und Momenten belastet, die bei der Betrachtung des Bauteils als Scheibe vernachlässigt werden [94].

14.7 · Übungen

Übungsbeispiel 14.4

Was ist eine Schale?

Lösung

Eine Schale ist in der Technischen Mechanik ein Flächentragwerk, das gekrümmt ist und Belastungen sowohl senkrecht (wie eine Platte) als auch in seiner Ebene (wie eine Scheibe) aufnehmen kann [93].

Übungsbeispiel 14.5

Wie lautet die Definition der Airy'schen Spannungsfunktion?

Lösung

$$\sigma_{11} = F_{,22} \tag{14.135}$$
$$\sigma_{22} = F_{,11} \tag{14.136}$$
$$\sigma_{12} = -F_{,12} - \varrho f_1 x_2 - \rho f_2 x_1 \tag{14.137}$$

Übungsbeispiel 14.6

Wie lauten die Kompatibilitätsbedingungen für den ebenen Zustand?

Lösung

$$\varepsilon_{11,22} + \varepsilon_{22,11} - 2\varepsilon_{12,12} = 0 \tag{14.138}$$
$$\varepsilon_{33,22} = 0 \tag{14.139}$$
$$\varepsilon_{33,11} = 0 \tag{14.140}$$
$$\varepsilon_{33,12} = 0 \tag{14.141}$$

Übungsbeispiel 14.7

Wie lautet die Definition für den Laplace-Operator?

Lösung

Der Laplace Operator wird mit Δ abgekürzt. Er beschreibt: $\Delta(\ldots) = (\ldots)_{,11} + (\ldots)_{,22} = (\ldots)_{,kk}$.

Übungsbeispiel 14.8

Wie lautet die Spannungsfunktion für den ebenen Spannungszustand ohne Laplace-Operator?

Lösung

$$F_{,1111} + 2F_{,1122} + F_{,2222} + \alpha E(\vartheta_{,11} + \vartheta_{,22}) = 0 \tag{14.142}$$

Übungsbeispiel 14.9

Wie lautet die Spannungsfunktion für den ebenen Spannungszustand mit Laplace-Operator?

Lösung

$$\Delta \Delta F = -\alpha \cdot E \Delta \vartheta. \tag{14.143}$$

Übungsbeispiel 14.10

Wie lauten der Verzerrungs- und der Spannungstensor für den ebenen Verzerrungszustand?

Lösung

$$\underline{\varepsilon} = \begin{pmatrix} \varepsilon_{11} & \varepsilon_{12} & 0 \\ \varepsilon_{12} & \varepsilon_{32} & 0 \\ 0 & 0 & 0 \end{pmatrix} \tag{14.144}$$

$$\underline{\sigma} = \begin{pmatrix} \sigma_{11} & \sigma_{12} & 0 \\ \sigma_{12} & \sigma_{22} & 0 \\ 0 & 0 & \sigma_{33} \end{pmatrix} \tag{14.145}$$

Übungsbeispiel 14.11

Wie lautet die Gleichung für den ebenen Verzerrungszustand mit Laplace-Operator?

Lösung

$$\Delta\Delta F = -\overline{E} \cdot \overline{\alpha} \cdot \Delta\vartheta. \tag{14.146}$$

Übungsbeispiel 14.12

Wie kann die Vorwärtstransformation bei Polarkoordinaten durchgeführt werden? (Gleichungen)

Lösung

$$x_1 = r\cos\varphi \tag{14.147}$$
$$x_2 = r\sin\varphi \tag{14.148}$$
$$x_3 = z \tag{14.149}$$

Übungsbeispiel 14.13

Wie kann die Rückwärtstransformation bei Polarkoordinaten durchgeführt werden? (Gleichungen)

Lösung

$$r = \sqrt{x_1^2 + x_2^2} \tag{14.150}$$
$$\varphi = \arctan\left(\frac{x_2}{x_1}\right) \tag{14.151}$$
$$z = x_3 \tag{14.152}$$

Übungsbeispiel 14.14

Beschreiben Sie das Axialsymmetrische Problem.

Lösung

Das Bauteil ist ein Rotationskörper, dessen Rotationsachse mit der z-Achse sowohl im unbelasteten als auch im belasteten Zustand zusammenfällt. Die Belastung erfolgt ebenfalls rotationssymmetrisch.

14.7 · Übungen

Übungsbeispiel 14.15

Nennen Sie Anwendungsbeispiele für das Axialsymmetrische Problem.

Lösung

Ein Beispiel für ein axialsymmetrisches Problem wäre ein Rohr.

Übungsbeispiel 14.16

Wie lauten die Verzerrungs- und Spannungstensoren für das Axialsymmetrische Problem.

Lösung

$$\underline{\underline{\varepsilon}} = \begin{pmatrix} \varepsilon_{rr} & 0 & \varepsilon_{rz} \\ 0 & \varepsilon_{\varphi\varphi} & 0 \\ \varepsilon_{rz} & 0 & \varepsilon_{zz} \end{pmatrix} \tag{14.153}$$

$$\underline{\underline{\sigma}} = \begin{pmatrix} \sigma_{rr} & 0 & \sigma_{rz} \\ 0 & \sigma_{\varphi\varphi} & 0 \\ \sigma_{rz} & 0 & \sigma_{zz} \end{pmatrix} \tag{14.154}$$

Übungsbeispiel 14.17

Geben Sie einen Überblick zu den geltenden Gleichungen beim Axialsymmetrischen Problem.

Lösung

$$\varepsilon_{rr} = u_{r,r} \tag{14.155}$$

$$\varepsilon_{\varphi\varphi} = \frac{u_r}{r} \tag{14.156}$$

$$\varepsilon_{zz} = u_{z,z} \tag{14.157}$$

Ferner gilt für die verbleibende Schubverzerrung ε_{rz} ($\varepsilon_{r\varphi} = 0$ und $\varepsilon_{\varphi z} = 0$):

$$\varepsilon_{rz} = \frac{1}{2}[u_{r,z} + u_{z,r}]. \tag{14.158}$$

Übungsbeispiel 14.18

Wo tritt der ebene Spannungszustand beim Axialsymmetrischen Problem auf?

Lösung

dünne, rotierende Kreis- oder Kreisringscheiben im Turbinenbau Kinematik

Übungsbeispiel 14.19

Welche Vereinfachungen gelten für den ebenen Spannungszustand beim axialsymmetrischen Problem?

Lösung

- keine Belastung in z-Richtung $\implies f_z = 0$, $\implies \sigma_{zz} = 0$
- keine Abhängigkeit der Spannungskomponenten von der z-Richtung
- Keine Abhängigkeit der Radialverschiebung von der z-Richtung $\implies u_r = u_r(r)$

Übungsbeispiel 14.20

Wie lauten die Bedingungen für die De St. Venant'sche Torsionstheorie?

Lösung

$$\sigma_{12} = G\left[\underbrace{u_{1,2}}_{\frac{\vartheta}{l}w_{,2}} + \underbrace{u_{2,1}}_{-\frac{\vartheta}{l}x_3}\right] = G\frac{\vartheta}{l}[w_{,2} - x_3] \quad (14.159)$$

$$\sigma_{13} = G\left[\underbrace{u_{1,3}}_{\frac{\vartheta}{l}w_{,3}} + \underbrace{u_{3,1}}_{\frac{\vartheta}{l}x_2}\right] = G\frac{\vartheta}{l}[w_{,3} + x_2] \quad (14.160)$$

$$\sigma_{23} = G\left[\underbrace{u_{2,3}}_{-\frac{\vartheta}{l}x_1} + \underbrace{u_{3,2}}_{\frac{\vartheta}{l}x_1}\right] = 0 \quad (14.161)$$

Übungsbeispiel 14.21

Beschreiben Sie die St. Venant'sche Torsion.

Lösung

Die reine Torsion, auch St. Venant'sche Torsion genannt, erlaubt eine unbehinderte Verschiebung von Querschnittpunkten in Längsrichtung (z-Richtung) des Profils. Man spricht auch von einer unbehinderten Verwölbung des Querschnitts. Die Querschnittsform senkrecht zur z-Richtung bleibt dabei erhalten (kleine Verformungen). Es wird angenommen, dass die Querschnittsverwölbung unabhängig von der Lage des Querschnitts ist und sich frei einstellen kann. Man bedient sich quasi eines Tricks, um Profile tordieren zu lassen, die keinen kreisförmigen Querschnitt haben. Diese können nicht als Neuber'sche Schale aufgefasst werden. Allerdings darf ein solches Profil nicht fest eingespannt werden, es muss frei im Raum stehen, und das Moment wird auf beiden Seiten aufgebracht. So ist gewährleistet, dass keine Normalspannungen längs des Profils auftreten, obwohl sich einzelne Punkte am Profil in Längsrichtung verschieben dürfen [103].

Übungsbeispiel 14.22

Welche Voraussetzung müssen für eine St. Venant'sche Torsion gegeben sein?

Lösung

- Die Querschnitte seien Vollquerschnitte und über der Stablänge konstant.
- Das Torsionsmoment ist ebenfalls über der Stablänge konstant.
- Der Torsionswinkel ϑ_1 nimmt kontinuierlich über der Stablänge l zu:

$$\vartheta_1 = \frac{x_1}{l} \cdot \vartheta. \quad (14.162)$$

Übungsbeispiel 14.23

Ein Stab mit elliptischem Querschnitt wird mit reiner Torsion belastet. Mithilfe der Prandtl'schen Spannungsfunktion $\Phi(x_2, x_3)$ bzw. mit der SAINT VENANT'schen Torsion soll das Torsionsträgheitsmoment I_t sowie die Verläufe aller vorhandener Spannungskomponenten und der Verlauf der Verwölbung dargestellt werden.

(a) Bestimmen Sie die Konstante C

(b) Bestimmen Sie das Torsionsträgheitsmoment I_t

(c) Bestimmen Sie die Verläufe aller vorhandener Spannungskomponenten und stellen Sie diese in geeigneter Weise dar!

(d) Berechnen Sie den Verlauf der Verwölbung! Vergleichen Sie die ermittelte Verwölbung mit der eines Kreisquerschnittes!

14.7 · Übungen

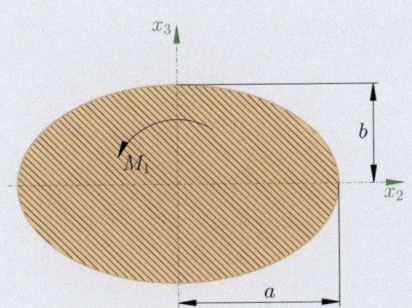

Abb. 14.12 Torsion bei einem Ellipsen-Querschnitt

Gegeben: die Ellipse aus **Abb. 14.12** mit folgenden Randbedingungen

- Abmessungen:
  - $a = 20$ mm
  - $b = 10$ mm
  - $l = 1000$ mm
- Werkstoffkennwerte:
  - $E = 210.000$ MPa
  - $\nu = 0{,}3$
  - $G = \dfrac{E}{2(1-\nu)}$
- Torsionsmoment: $M_1 = 1.000.000$ Nmm
- Ansatz:

$$\Phi(x_2, x_3) = C\left(\frac{x_2^2}{a^2} + \frac{x_3^2}{b^2} - 1\right) \quad (14.163)$$

Lösung

(a) Bestimmen Sie die Konstante C: Da die Ellipsengleichung $\left(\frac{x_2^2}{a^2} + \frac{x_3^2}{b^2} - 1\right)$ lautet, sind die Randbedingungen erfüllt. Die Poisson-Gleichung lautet $\Delta \Phi(x_2, x_3) = -2 \cdot G \cdot \vartheta$. Hierin können die partiellen Ableitungen, gemäß

$$\frac{\partial \Phi}{\partial x_2} = C \cdot \frac{-2x_2}{a^2} \implies \frac{\partial^2 \Phi}{\partial x_2^2} = C \cdot \frac{-2}{a^2} \quad (14.164)$$

$$\frac{\partial \Phi}{\partial x_3} = C \cdot \frac{-2x_3}{b^2} \implies \frac{\partial^2 \Phi}{\partial x_3^2} = C \cdot \frac{-2}{b^2} \quad (14.165)$$

gebildet werden. Einsetzen in die Poisson'sche Gleichung ergibt

$$\Delta \Phi = \frac{\partial \Phi}{\partial x_2^2} + \frac{\partial \Phi}{\partial x_3^2} = -2C\frac{a^2+b^2}{a^2 b^2} = -2G\vartheta$$

$$\implies \underline{\underline{C = \frac{a^2 b^2}{a^2 + b^2} G\vartheta}}. \quad (14.166)$$

(b) Bestimmen Sie das Torsionsträgheitsmoment I_t: Für das Torsionsmoment gilt

$$M_t = 2\int_{(A)} \Phi \, dA$$

$$= 2\int_{(A)} C\left(1 - \frac{x_2^2}{a^2} - \frac{x_3^2}{b^2}\right) dA. \quad (14.167)$$

Dieses Integral wird durch eine Transformation gelöst.

$$\frac{x_2}{a} = \lambda \cos(\varphi); \quad \frac{x_3}{b} = \lambda \sin(\varphi)$$

$$\implies \Phi = C\left(1 - \lambda^2 \cos^2(\varphi) - \lambda^2 \sin^2(\varphi)\right)$$

$$= C(1 - \lambda^2) \quad (14.168)$$

Dies kann in eine Jacobi-Matrix überführt werden, gemäß

$$\frac{\partial(x_2, x_3)}{\partial(\lambda, \varphi)} = \begin{bmatrix} \dfrac{\partial x_2}{\partial \lambda} & \dfrac{\partial x_2}{\partial \varphi} \\ \dfrac{\partial x_3}{\partial \lambda} & \dfrac{\partial x_3}{\partial \varphi} \end{bmatrix}$$

$$= \begin{vmatrix} a\cos\varphi & -a\lambda\sin\varphi \\ b\sin\varphi & b\lambda\cos\varphi \end{vmatrix}$$

$$= ab\lambda \cos^2\varphi + ab\lambda \sin^2\varphi$$

$$= ab\lambda. \quad (14.169)$$

Jetzt kann das Integral berechnet werden:

$$M_t = 2\int_{(A)} U \, dA$$

$$= 2\int_{\varphi=0}^{2\pi} \int_{\lambda=0}^{1} C(1-\lambda^2) ab\lambda \, d\lambda \, d\varphi$$

$$= 2abC 2\pi \left[\frac{\lambda^2}{2} - \frac{\lambda^4}{4}\right]_0^1$$

$$= ab\pi C$$

$$\underline{\underline{M_c = \pi\left(\frac{a^3 b^3}{a^2 + b^2}\right) G\vartheta}}. \quad (14.170)$$

Hierin kann das Torsionsträgheitsmoment abgelesen werden, zu

$$\underline{\underline{I_t = \pi\left(\frac{a^3 b^3}{a^2 + b^2}\right)}} \quad (14.171)$$

(c) Bestimmen Sie die Verläufe aller vorhandener Spannungskomponenten und stellen Sie diese in geeigneter Weise dar! Der Spannungszustand:

$$\tau_{x_2 x_3} = \frac{\partial \Phi}{\partial x_3} = -\frac{2C}{b^2} x_3$$
$$= -\left(\frac{2a^2}{a^2 + b^2} G\vartheta\right) x_3 \qquad (14.172)$$

$$\tau_{x_3 x_1} = -\frac{\partial \Phi}{\partial x_2} = \frac{2C}{a^2} x_2$$
$$= \left(\frac{2b^2}{a^2 + b^2} G\vartheta\right) x_2 \qquad (14.173)$$

... dieser Spannungszustand ist linear. Es gibt keine Normalspannung. Der kritische Punkt ergibt sich aus dem maximalen Wert der Schubspannung:

$$|\vec{\tau}_{x_1}|^2 = \tau_{x_2 x_1}^2 + \tau_{x_2 x_1}^2$$
$$= \left(\frac{2G\vartheta}{a^2 + b^2}\right)^2 \left(b^4 x_2^2 + a^4 x_3^2\right)$$
$$\qquad (14.174)$$

Dieser Ausdruck hat Extremwerte in den Punkten $x_2 = 0$, $x_3 = b$, beziehungsweise $x_2 = a$, $x_3 = 0$ (In diesen Punkten verschwinden die ersten partiellen Ableitungen der Schubspannungsbeträge).
Im Punkt A: $\tau_{x_3 x_1} = 0$;

$$\tau_{x_3 x_1} = -\frac{\partial \Phi}{\partial x_2} = \frac{2C}{a^2} x_2$$
$$= \left(\frac{2b^2}{a^2 + b^2} G\vartheta\right) x_2$$
$$= b \frac{2abG\vartheta}{a^2 + b^2} \qquad (14.175)$$

Im Punkt B: $\tau_{x_3 x_1} = 0$;

$$\tau_{x_2 x_1} = \frac{\partial \Phi}{\partial x_3} = -\frac{2C}{b^2} x_3$$
$$= -\left(\frac{2a^2}{a^2 + b^2} G\vartheta\right) x_3$$
$$= -a \frac{2abG\vartheta}{a^2 + b^2}. \qquad (14.176)$$

Da $a > b$, ist die Schubspannung im Punkt B größer als im Punkt A. Der kritische Querschnittpunkt: Punkt B. Die Richtungstangente der Schubspannung:

$$\frac{\tau_{x_3 x_1}}{\tau_{x_2 x_3}} = -\frac{b^2 x_2}{a^2 x_3}. \qquad (14.177)$$

Die Richtungstangente der Konturkurve:

$$\frac{dx_3}{dx_2} = \frac{d\sqrt{b^2 - \frac{b^2}{a^2} x_2^2}}{dx_2} = \frac{1}{2} \frac{-\frac{b^2}{a^2} \cdot 2x_2}{\sqrt{b^2 - \frac{b^2}{a^2} x_2^2}}$$
$$= -\frac{b^2 x_2}{a^2 x_3} \qquad (14.178)$$

Die Schubspannung zeigt in Richtung der Tangente an die Konturkurve des Querschnittes: Der Spannungstensor:

$$[F] = \begin{bmatrix} 0 & 0 & \tau_{x_2 x_1} \\ 0 & 0 & \tau_{x_3 x_1} \\ \tau_{x_1 x_2} & \tau_{x_1 x_3} & 0 \end{bmatrix}$$
$$= \frac{2G\vartheta}{a^2 + b^2} \begin{bmatrix} 0 & 0 & -a^2 x_3 \\ 0 & 0 & b^2 x_2 \\ -a^2 y_3 & b^2 x_2 & 0 \end{bmatrix}$$
$$\qquad (14.179)$$

14.7 · Übungen

(d) Berechnen Sie den Verlauf der Verwölbung! Vergleichen Sie die ermittelte Verwölbung mit der eines Kreisquerschnittes! Der Verzerrungszustand: Den Verzerrungstensor erhält man mithilfe des Hooke'schen-Gesetzes:

$$[\varepsilon] = \frac{\vartheta}{a^2 + b^2} \begin{bmatrix} 0 & 0 & -a^2 x_2 \\ 0 & 0 & b^2 x_2 \\ -a^2 x_3 & b^2 x_2 & 0 \end{bmatrix}$$
(14.180)

Der Verschiebungszustand: Die Verschiebungsfelder kann man aus den Verzerrungskenngrößen bestimmen. In der Hauptdiagonalen stehen Null-Werte

$$\frac{\partial u}{\partial x_2} = 0 \implies u = u(x_3, x_1), \quad (14.181)$$

$$\frac{\partial v}{\partial x_3} = 0 \implies v = v(x_2, x_1), \quad (14.182)$$

$$\frac{\partial w}{\partial x_1} = 0 \implies w = w(x_2, x_3) \quad (14.183)$$

Das Verschiebungsfeld bei reiner Torsion:

$$\vec{u}(x_2, x_3, x_1)$$
$$= \vartheta_{x_1} \vec{e}_{x_1} \times \vec{R} + w(x_2, x_3) \vec{e}_{x_1},$$
wobei $\vec{R} = x \vec{e}_{x_2} + x_3 \vec{e}_{x_3}$
$$= \underbrace{-\vartheta_{x_1} x_3 x_3 \vec{e}_{x_2} + \vartheta_{x_3} x_2 \vec{e}_{x_3}}_{u} + w(x_2, x_3) \vec{e}_{x_1}$$
(14.184)

Die kinematischen Gleichungen:

$$\gamma_{x_2 x_1} = \frac{\partial u}{\partial x_1} + \frac{\partial w}{\partial x_2} = \frac{-2a^2 \vartheta x_3}{a^2 + b^2}, \quad (14.185)$$

$$\gamma_{x_3 x_1} = \frac{\partial v}{\partial x_1} + \frac{\partial w}{\partial x_2} = \frac{2b^2 \vartheta x_2}{a^2 + b^2} \quad (14.186)$$

Da $\frac{\partial u}{\partial x_1} = -\vartheta x_3$ und $\frac{\partial v}{\partial x_1} = \vartheta x_2$ sind, gilt

$$-\vartheta x_3 + \frac{\partial w}{\partial x_2} = -\frac{2a^2 \vartheta x_3}{a^2 + b^2} \implies$$

$$w = \vartheta x_3 x_2 \left(1 - \frac{2a^2}{a^2 + b^2}\right) + K(x_3)$$

$$= \vartheta x_3 x_2 \frac{b^2 - a^2}{a^2 + b^2} + K(x_3) \quad (14.187)$$

wobei $K(x_3)$ eine beliebige Funktion der Veränderlichen x_3 ist. Mit einem ähnlichen Gedankengang:

$$\vartheta x_2 + \frac{\partial w}{\partial x_3} = \frac{2b^2 \vartheta x_2}{a^2 + b^2} \implies$$

$$w = -\vartheta x_3 x_2 \left(1 - \frac{2b^2}{a^2 + b^2}\right) + L(x_2)$$

$$= \vartheta x_3 x_2 \frac{b^2 - a^2}{a^2 + b^2} + L(x_2) \quad (14.188)$$

wobei ist $L(x_2)$ eine beliebige Funktion der Veränderlichen x_2 ist. Aus dem Vergleich der Ergebnisse: $L(x_2) = K(x_3) =$ konstant. Dieser konstante Wert entspricht einer parallelen Verrückung der Querschnittpunkte. Das Verschiebungsfeld ist also:

$$\vec{u}(x_2, x_3, x_1) = \underbrace{-\vartheta x_1 x_2 \vec{e}_{x_3}}_{u} + \underbrace{\vartheta x_1 x_2 \vec{e}_{x_3}}_{v}$$
$$+ \underbrace{\vartheta x_3 x_2 \frac{b^2 - a^2}{a^2 + b^2} \vec{e}_{x_1}}_{w}.$$
(14.189)

FEM zur Lösung des Feldproblems

Inhaltsverzeichnis

15.1	**Prinzip der virtuellen Verschiebungen**	**– 545**
15.1.1	Arbeitssatz der Elastizitätstheorie	– 545
15.1.2	Virtuelle Verrückung	– 546
15.1.3	Verzerrung	– 547
15.1.4	Matrizenschreibweise	– 547
15.1.5	Rayleigh–Ritz-Verfahren	– 547
15.2	**Methode der finiten Elemente (FEM)**	**– 550**
15.2.1	Die „finiten Elemente"	– 550
15.2.2	Anwendung des Ritz'schen Verfahrens auf ein Element	– 551
15.2.3	2D-Scheibenelement	– 552
15.2.4	Zusammenbau der Elemente	– 552

© Der/die Autor(en), exklusiv lizenziert an Springer-Verlag GmbH, DE, ein Teil von Springer Nature 2023
A. Huber, *Technische Mechanik 2 - Elastostatik*, https://doi.org/10.1007/978-3-662-67759-9_15

15.2.5 Auswertung der anderen Feldgrößen
auf Elementebene – 553
15.2.6 The Principle of Minimum Potential Energy – 553

Sie lernen hier…
- Grundlagen der FE-Methode kennen.
- virtuelle Verschiebungen kennen.
- das Ritz'sche Verfahren kennen.

> **Zitat**
>
> Wer sein eigenes Leben und das seiner Mitmenschen als sinnlos empfindet, der ist nicht nur unglücklich, sondern kaum lebensfähig.
> *Albert Einstein*

15.1 Prinzip der virtuellen Verschiebungen

15.1.1 Arbeitssatz der Elastizitätstheorie [23]

Wie bereits mehrmals im Laufe des Buches erwähnt und gezeigt wurde, ist eine analytische Lösung von Problemen der linearen Elastizitätstheorie nicht immer möglich und zudem nicht immer hinreichend sinnvoll zielführend. Es kann schnell zu enormen Rechenaufwand kommen, wodurch man häufig auf Numerische Lösungsmethoden zurückgreift. Im Laufe des Buches wurden bereits einige dieser Methoden anhand von Beispielen angewendet. Als Beispiel

- **FEM:** Finite Elemente Methode eines Stabes bei Druck/Zugbeanspruchung (siehe entsprechendes Kapitel, dabei wurde per Hand ein Problem mittels der FEM gelöst)
- **FDM:** Finite Differenzen Methode der elastisch gebetteten Trägergleichung (siehe Biegebeanspruchung, dort wurden die Differentialgleichungen mittels des FD Verfahrens gelöst)
- **Iterationsverfahren und Newton Näherungsverfahren** Dieses wurde als Beispiel bei der Ermittlung der maximalen Durchbiegung eines Trägers mit Dreieckslast verwendet (Biegebeanspruchung)

Hier soll vermehrt auf die FEM eingegangen werden, da es jetzt nicht mehr wie im bereits behandelten Kapitel Druck/Zug um das „Wie?" bei der Lösung eines Beispiels mittels FEM geht, sondern viel mehr um die Lösung wie sie ein FEM Programm macht. Dieses verwendet den Arbeitssatz für virtuelle Verrückungen. Dieser wird zunächst hergeleitet. Es wird das lokale Gleichgewicht $\sigma_{ij,j} + \varrho f_i = 0$ mit einer Verrückung, hier u_i, multipliziert. Integriert man diese Gleichung folgt

$$\int_V \sigma_{ij,j} u_i \, dV + \int_V \varrho f_i u_i \, dV = 0. \quad (15.1)$$

Der Ausdruck $\sigma_{ij,j} u_i$ kann mittels der Kettenregel $((uv)' = u'v + uv')$ zu $[\sigma_{ij} u_i]_{,j}$ umgeschrieben werden, bzw. schlussendlich zu $\sigma_{ij} u_{i,j}$. Es resultiert

$$\int_V \sigma_{ij} u_{i,j} \, dV + \int_V \varrho f_i u_i \, dV = 0. \quad (15.2)$$

Die Umschreibung mittels der Kettenregel ermöglicht ein Anwenden des Nabla Operators, denn mittels dem gilt $[\sigma_{ij} u_i]_{,j} = \nabla \sigma_{ij} u_i$, also

$$\int_V \nabla \sigma_{ij} u_i \, dV + \int_V \varrho f_i u_i \, dV = 0. \quad (15.3)$$

Geschulte Augen werden sofort sehen, dass hier der Gauß'sche Integralsatz angewendet werden kann, wodurch der erste Integralterm in ein Oberflächenintegral überführt werden kann. Ebenso kann man den Vektor, normal zu dieser Oberfläche durch n_j notieren, es folgt

$$\int_A \sigma_{ij} u_i n_j \, dA - \int_V \sigma_{ij} u_{i,j} \, dV$$
$$+ \int_V \rho f_i u_i \, dV = 0. \quad (15.4)$$

Rückblickend auf die Cauchy'sche Spannungsformel, worin $\sigma_{ij} n_j = t_i$ festgehalten wurde, kann die obige Gleichung auch als

$$\int_A t_i u_i \, dA - \int_V \sigma_{ij} u_{i,j} \, dV$$
$$+ \int_V \rho f_i u_i \, dV = 0 \quad (15.5)$$

geschrieben werden. Ebenfalls gilt $\sigma_{ij} \varepsilon_{ij}$. Es folgt der **allgemeine Arbeitssatz der linearen Elastizitätstheorie**

> **Theorem 15.1**
>
> $$\underbrace{\int_V \sigma_{ij}\varepsilon_{ij}\,dV}_{\text{Arbeit der inneren Kräfte}} = \underbrace{\int_V \rho f_i u_i\,dV}_{\text{Arbeit der Volumenkräfte}}$$
> $$+ \underbrace{\int_A t_i u_i\,dA}_{\text{Arbeit der Oberflächenlasten}} \quad (15.6)$$

Beweis Auf einen Beweis wird hier verzichtet. □

15.1.2 Virtuelle Verrückung [112]

Im Band 1 wurde bereits die virtuelle Verrückung δx_i ausführlich erklärt. Es handelt sich dabei um eine Verschiebung eines Teilchens, wobei dieses unabhängig von der Zeit betrachtet wird, wodurch die verrichtete Arbeite (virtuelle Arbeit) zu Null gesetzt werden kann. Anders als im Band 1, bemüht man sich hier einer allgemeinen Schreibweise, mittels des totalen Differentials.

Es kann damit das totale Differential der Funktion $g(q_1,\ldots,q_n,t)$ zu

$$dg = \sum_{i=1}^{n} \frac{\partial g}{\partial q_i}\,dq_i + \frac{\partial g}{\partial t}\,dt \quad (15.7)$$

aufgestellt werden. Daraus ergibt sich die virtuelle Verrückung zu

$$\delta g = \sum_{i=1}^{n} \frac{\partial g}{\partial q_i}\,\delta q_i. \quad (15.8)$$

Durch Einführung einer generalisierten Koordinate q_k folgt

$$\delta x_i = \sum_{k=1}^{n} \frac{\partial x_i}{\partial q_k}\,\delta q_k. \quad (15.9)$$

15.1.2.1 Zwangsbeziehungen

Die generalisierte Koordinate erfüllt dabei die holonomen Zwangsbedingungen. Holonome Zwangsbedingungen s können als Gleichungen zwischen den Koordinaten x_i und dem System formuliert werden. Es gilt $f_l(x_1,\ldots,x_N,t) = 0\ldots$, $l = 1,\ldots,s$. Durch Verwendung von $n = 3N - s$ ist die generalisierte Koordinate q_k erfüllt.

Zur Erfüllung auch der anholonomen Zwangsbedingungen unterliegen die δq_k weiteren Bedingungen, z. B. r differentiellen nicht integrablen Gleichungen. Es handelt sich um Ungleichungen.

$$\sum_k a_k^{(l)}\delta q_k = 0, \quad l = 1,\ldots,r. \quad (15.10)$$

Es gilt demnach [23]

$$\delta u = u_i - u_i^k. \quad (15.11)$$

Dabei handelt es sich bei den beiden Termen u_i und u_i^k um unmittelbar benachbarte Verschiebungsfelder.

15.1.2.2 Holonom, skleronom und anholonom

> **Definition 15.1 (Skleronom)**
> Hängt eine Zwangsbedingung nicht explizit von der Zeit ab, so bezeichnet man diese als skleronome Zwangsbedingung.

> **Definition 15.2 (Holonom)**
> Zwangsbedingungen, die zwischen dem System und Koordinaten als Gleichungen formuliert werden können, heißen holonome Zwangsbedingungen. Es handelt sich um Gleichungen.

> **Definition 15.3 (Anholonom)**
> Zwangsbedingungen, die nicht zwischen dem System und Koordinaten als Gleichungen formuliert werden können, heißen anholonome Zwangsbedingungen. Es handelt sich um Ungleichungen.

15.1 · Prinzip der virtuellen Verschiebungen

> **Beispiel 15.1 (Skleronom, anholonom)**
>
> Beispiel ist ein Luftteilchen in einem kugelförmigen Druckbehälter mit dem Radius r. Dieses Teilchen kann nie weiter als dem Radius r vom Mittelpunkt entfernt sein. In kartesischen Koordinaten bedeutet dies, dass der Abstand des Teilchens a folgender Gleichung genügen muss
>
> $$a = \sqrt{x^2 + y^2 + z^2} < r$$
> $$\iff \quad r^2 < x^2 + y^2 + z^2. \tag{15.12}$$
>
> Da diese Gleichung nicht von der Zeit t abhängt, ist sie auch skleronom.

> **Beispiel 15.2 (Skleronom, holonom)**
>
> Eine Kugel auf einer Kreisbahn, mit dem Radius r, kann durch die Gleichung $x = r \cdot \sin(\varphi)$ und $y = r \cdot \cos(\varphi)$ beschrieben werden. Der Abstand der Kugel vom Mittelpunkt kann dann mittels $x^2 + y^2 = r^2 \Longrightarrow x^2 + y^2 - r^2 = 0$ beschrieben werden. Setzt man hierin die beiden Bedingungen ein, folgt
>
> $$(r \cdot \sin(\varphi))^2 + (r \cdot \cos(\varphi))^2 - r^2 = 0$$
> $$r^2 \cdot (\sin^2(\varphi) + \cos^2(\varphi)) - r^2 = 0$$
> $$r^2 \cdot 1 - r^2 = 0$$
> $$0 = 0. \tag{15.13}$$
>
> Da auch diese Gleichung explizit zeitunabhängig ist, handelt es sich um eine skleronome Zwangsbeziehung, die auch holonom ist.

15.1.3 Verzerrung

Ident zur analytischen Berechnung gilt für die Verzerrung

$$\delta \varepsilon_{ij} = \frac{1}{2}\left[\delta u_{i,j} + \delta u_{j,i}\right]. \tag{15.14}$$

Diese Bedingung in den Arbeitssatz der linearen Elastizitätstheorie eingesetzt ergibt

$$\underbrace{\int_V \sigma_{ij} \delta \varepsilon_{ij}\, dV}_{\delta W_i} = \underbrace{\int_V \varrho f_i \delta u_i\, dV + \int_A t_i \delta u_i\, dA}_{\delta W_a} \tag{15.15}$$

worin δW_i die Arbeit der inneren Kräfte und δW_a jene Arbeit der äußeren Kräfte ist.

15.1.4 Matrizenschreibweise

Es gilt dann für folgende Zustände (hierbei handelt es sich um **keine Tensoren** mehr, sodass **fett gedruckte** Buchstaben verwendet werden)

$$\boldsymbol{\sigma} = \begin{bmatrix} \sigma_{11} \\ \sigma_{22} \\ \sigma_{33} \\ \sigma_{12} \\ \sigma_{23} \\ \sigma_{13} \end{bmatrix} \quad \boldsymbol{\varepsilon} = \begin{bmatrix} \varepsilon_{11} \\ \varepsilon_{22} \\ \varepsilon_{33} \\ \varepsilon_{12} \\ \varepsilon_{23} \\ \varepsilon_{13} \end{bmatrix} \tag{15.16}$$

$$\delta \boldsymbol{u} = \begin{bmatrix} \delta u_1 \\ \delta u_2 \\ \delta u_3 \end{bmatrix} \quad \boldsymbol{f} = \begin{bmatrix} f_1 \\ f_2 \\ f_3 \end{bmatrix} \quad \boldsymbol{t} = \begin{bmatrix} t_1 \\ t_2 \\ t_3 \end{bmatrix} \tag{15.17}$$

Mit $\sigma_{23} = \sigma_{13}$. Das Prinzip der virtuellen Verschiebung gestaltet sich somit in Matrizenschreibweise wie folgt

$$\int_V \boldsymbol{\sigma}^\mathrm{T} \delta \boldsymbol{\varepsilon}\, dV = \int_V \rho \boldsymbol{f}^\mathrm{T} \delta \boldsymbol{u}\, dV + \int_A \boldsymbol{t}^\mathrm{T} \delta \boldsymbol{u}\, dA \tag{15.18}$$

15.1.5 Rayleigh–Ritz-Verfahren

Wie bereits zu Beginn dieses Kapitels erörtert wurde, bemüht man bei der Lösung meist numerische Lösungsansätze. Ein oftmals verwendetes ist das Ritz'sche Verfahren. Beim Ritz'schen Verfahren werden M Ansatzfunktionen für das

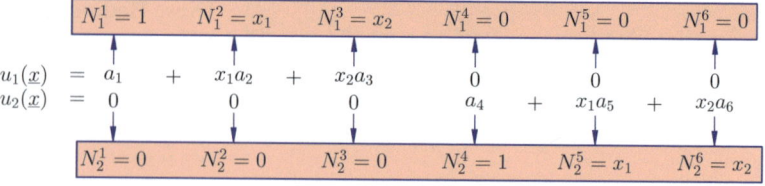

Abb. 15.1 Philosophie des Rayleigh–Ritz-Verfahrens (bilinearer Ansatz) Idee: [23]

Verschiebungsfeld gebildet, die dann durch Näherungsmethoden $N_i^{M(x)}$ gelöst werden. Um die Randbedingungen zu berücksichtigen, wird zusätzlich der Ansatzfreiwert a_M hinzugefügt. Es gilt also

$$u_i(\underline{x}) = \sum_M N_i^M(\underline{x}) a_M = N_i^M(\underline{x}) a_M \quad (15.19)$$

Siehe ● Abb. 15.1 (bilinearer Ansatz). Drückt man die Ansatzfunktionen durch virtuelle Verschiebungen aus und variiert die Ansatzfreiwerte, resultiert

$$\delta u_i = N_i^M(\underline{x}) \delta a_M. \quad (15.20)$$

Setzt man hier die Gleichung der virtuellen Verzerrungen ein, resultiert

$$\varepsilon_{ij} = \frac{1}{2}[u_{i,j} + u_{j,i}] = \frac{1}{2}[N_{i,j}^M + N_{j,i}^M] a_M$$
$$= B_{ij}^M a_M. \quad (15.21)$$

Die virtuellen Verzerrungen berechnen sich darin gemäß

$$\delta \varepsilon_{ij} = B_{ij}^M \delta a_M. \quad (15.22)$$

Um Gl. (15.22) anwenden zu können, müssen noch die Spannungen σ_{ij}, hinzugezogen werden. Dazu wird das Hooke'sche Gesetz verwendet

$$\sigma_{ij} = E_{ijkl} B_{ij}^M a_M + \beta_{ij} \vartheta. \quad (15.23)$$

Mit den Gleichungen (15.20), (15.23) und (15.22) ist es jetzt möglich, alle Variablen aus Gl. (15.19) durch die Ansatzfreiwerte δa_M und die Ansatzfunktionen in Form der Ableitungen B_{ij}^M zu berechnen. Ausgedrückt mit allen Materialkonstanten ergibt sich aus (15.19)

$$\int_V \left(E_{ijkl} B_{ij}^M a_M + \beta_{ij} \vartheta \right) B_{ij}^O \delta a_O dV$$
$$= \int_V \rho f_i N_i^O \delta a_O dV + \int_A p_i N_i^O \delta a_O dA. \quad (15.24)$$

Da es sich bei a_M und deren Variation δa_O um ortsunabhängige Koordinaten handelt, dürfen diese vor das Integral gezogen werden, zu

$$\delta a_O \Bigg[\int_V \left(E_{ijkl} B_{ij}^M B_{kl}^O \right) dV a_M$$
$$+ \int_V (\beta_{ij} \vartheta B_{kl}^O - \rho f_i N_i^O) dV$$
$$+ \int_A p_i N_i^O dA \Bigg] = 0. \quad (15.25)$$

Nach nochmaliger Umformung erhält man dann die endgültige Form für die Grundgleichung des Ritz'schen Verfahrens, gemäß

$$\underbrace{\left[\int_V E_{ijkl} B_{ij}^M B_{kl}^O dV \right]}_{K^{OM}} \underbrace{a_M}_{a_M}$$
$$= \underbrace{\int_V (\rho f_i N_i^O - \beta_{ij} \vartheta B_{kl}^O) dV + \int_A p_i N_i^O dA}_{f^O}. \quad (15.26)$$

Hierin sind K^{OM} die Steifigkeitsmatrix, a_M die Ansatzfreimatrix und f^O die bekannten

15.1 · Prinzip der virtuellen Verschiebungen

Größen der Belastung und Ansatzfunktionen. Die Grundgleichung des Ritz'schen Verfahrens ist somit ein lineares Gleichungssystem, mit dem Vektor der Ansatzfreiwerte als unbekannte Größe.

$$K^{OM} a_M = f^O \qquad (15.27)$$

Die im Laufe der Kontinuumsmechanik behandelten 15 linearen Gleichungen werden mittels des Ritz'schen Verfahrens also auf ein lineares Gleichungssystem zusammengefasst. Das ganze gestaltet sich jedoch am Ende doch etwas schwieriger, als es hier zumal vielleicht dargestellt ist. Das Problem entsteht bei der Wahl der geeigneten Anfangsfunktion, dabei wird Intuition gefordert, um das Verschiebungsfeld abzubilden.

> **Bemerkung 15.1 (Vorgehensweise des Ritz'schen Verfahrens)**
> — Wahl einer geeigneten Ansatzfunktion (Intuition erforderlich!)
> — Ableitung der Ansatzfunktionen nach den Ortskoordinaten
> — Auswerten der Integrale
> — Lösen des linearen Gleichungssystems
> — Berechnen der Feldgrößen $u_i(\underline{x})$, ε_{ij} und σ_{ij}.

Beispiel 15.3

Bestimmen Sie die Biegelinie vom Träger aus folgender Abbildung mithilfe des Ritz'schen Verfahrens (vgl. Abb. 15.2).

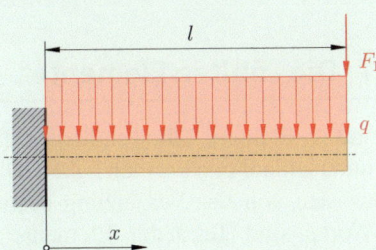

Abb. 15.2 Bestimmen eines Trägers durch das Ritz'sche Verfahren

Lösung

— Dafür wird eine Ansatzfunktion für die Biegelinie gewählt, in diesem Fall: $w(x) = a + bx + cx^2$.
— Im nächsten Schritt können die Randbedingungen aus der Abbildung abgelesen werden. Einsetzen in die Ansatzfunktion von $w'(x = 0) = 0$ und $w(x = 0) = 0$ ergibt $a = 0$ und $b = 0$. Damit wird $\underline{\underline{w(x) = cx^2}}$.

— Mit den allg. Gleichungen

$$W_{\text{ges}} = \frac{1}{2}\int_l EA u'(x)^2 dx$$
$$+ \frac{1}{2}\int_l EI_a w''(x)^2 dx$$
$$+ \frac{1}{2}\int_l GI_p \vartheta''(x) dx \qquad (15.28)$$

bzw. U_{ges} errechnet sich durch die Summe der folgenden Terme ($i = 1$ wegen der Bezeichnung der Kraft)

$$= \underbrace{-\int_l n(x) u(x) dx}_{\text{Zug- Druck}} = -F_i \cdot u(l_i)$$

$$\underbrace{-\int_l q(x) w(x) dx}_{\text{Biegung}} = -M_i \cdot \varphi_i - F_i w(l_i)$$

$$\underbrace{-\int_l m_T(x) \vartheta(x) dx}_{\text{Torsion}} = -M_{Ti} \cdot \vartheta(l_i)$$

$$(15.29)$$

folgt durch Setzen der Potentialgleichung $\Pi_{\text{ges}} = W_{\text{ges}} + U_{\text{ges}}$, wenn beachtet wird, dass hier nur Biegung vorliegt, wodurch sich die Terme für Torsion und Zug/Druck wegstreichen,

$$\frac{1}{2}\int_0^u EI_y w''(x)^2 dx - \int_0^c (x)w(x)dx$$
$$- F_1 \cdot w(l) = \Pi_{\text{ges}} \quad (15.30)$$

bzw. durch Einsetzen

$$\frac{1}{2}\int_0^l EI_y(2c)^2 dx - \int_0^c q_0 c x^2 dx$$
$$- F_1 \cdot cl^2 = \Pi_{\text{ges}}. \quad (15.31)$$

Integrieren der Gleichungen

$$2 \cdot EI_y \cdot l \cdot c^2 - q_0 \frac{l^3}{3} \cdot c + F_1 l^2 \cdot c = \Pi_{\text{ges}}$$
$$(15.32)$$

— Bilden der partiellen Ableitungen von $\Pi(x)$ nach ∂c und $\Pi_{\text{ges}} = 0$ setzen

$$0 = \frac{\partial \Pi_{\text{ges}}}{\partial c} \delta c$$
$$= 4EI_y \cdot l \cdot c - q_0 \frac{l^3}{3} - F_1 l^2 = 0 \quad (15.33)$$

Jetzt kann nach c aufgelöst werden

$$c = \frac{\frac{q_0 l^3}{3} + F_1 l^2}{4EI_y l} \quad (15.34)$$

— Nun kann die Biegelinie formuliert werden, zu

$$w(x) = \frac{q_0 \cdot \frac{l^2}{3} + F_1 \cdot l}{4EI_y} \cdot x^2, \quad (15.35)$$

wenn man für die Gleichung $w(x) = cx^2$ die Lösung von c einsetzt.

15.2 Methode der finiten Elemente (FEM)

Da das Finden einer Ansatzfunktion für das gesamte Volumen in aller Regel schwierig bis unmöglich ist, folgt als nächster logischer Schritt, die Ansatzfunktion für kleinere Teilgebiete, den sog. Finiten Elementen zu definieren. Damit folgt die Grundidee der FEM direkt aus den Ritz'schen Verfahren [23]:
— Zerlegung des zu untersuchenden Gebietes V in finite Elemente
— Näherungsansätze für diese finiten Elemente aufstellen, dabei gilt
  - gleiche, standardisierte Ansatzfunktionen für einen bestimmten Elementtyp
  - keine Intuition mehr notwendig
  - Anzahl der Elemente steuert die Abbildungsgenauigkeit des Verschiebungsfeldes

15.2.1 Die „finiten Elemente"

Ein finites Element (dt.: endliches Element) kann unterschiedliche Formen haben. Diese Formen werden von der Vernetzung bestimmt. In SolidWorks sind Tetraeder Elemente typisch. In High-End-Programmen wie ANSYS können zahlreiche Typen verwendet werden, dies ist jedoch für die weiteren Untersuchungen nicht entscheidend. Als Beispiel ist nachstehend ein Balken dargestellt, der einen Einblick in solche Netzelemente gibt. Von diesen Körpern, mit endlicher Anzahl (finite) haben die finiten Elemente auch den Namen (vgl. ◘ Abb. 15.3 und 15.4).

Im theoretischen Handbuch von SolidWorks ist auf Seite 6 [13] folgender Eintrag zu finden:

> „... Zuerst wird eine Erklärung zum finiten Differenzenverfahren gegeben (diese ist aber hier nicht von Bedeutung). Folgend ist zu finden: Ein alternatives Verfahren zum Differenzenverfahren ist die Lösung mittels des

15.2 · Methode der finiten Elemente (FEM)

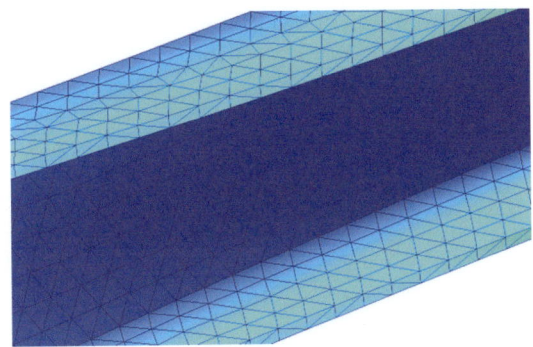

Abb. 15.3 Vernetzter Balkenausschnitte

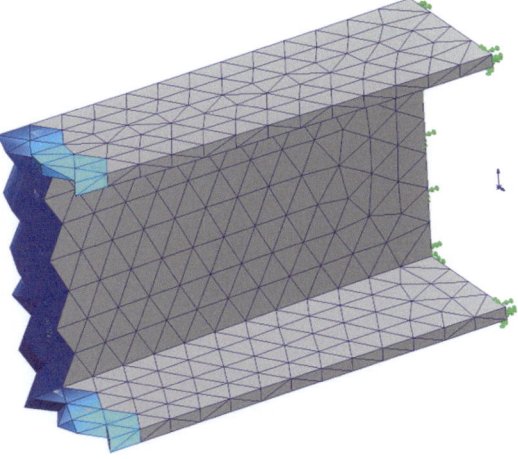

Abb. 15.4 Dargestellte Randnetzelemente anhand eines Balkens

Rayleigh–Ritz-Verfahren. Dieses wurde in etwa in der gleichen Zeit als das FD Verfahren entwickelt. Es wird dabei ein Differenzialgleichungssystem, mit linearen, bekannten Funktionen, gelöst. Die Ermittlung, der Koeffizienten, die mit diesen Funktionen multipliziert werden, basieren ebenfalls auf linearen Gleichungssystemen. Dieses Verfahren stellt jedoch eine enorme Komplexität beim Finden der Ansatzfunktion, wenn schwierige Flächen vorliegen, dar. Die komplizierten Pfeil- und Deltaflügelstrukturen von Hochgeschwindigkeitsflugzeugen waren der Anstoß für die Entwicklung der Finite-Elemente-Methode. Bei komplizierten Strukturen ist es üblich, diese in einzelne Elemente zu unterteilen und dort einzelne Belastungs- und Verformungszustände anzusetzen. Die Elemente werden dann abhängig von Gleichgewichts- oder Kompatibilitätsbedingungen als gemeinsames durch entsprechende Rand- und Übergangsbedingungen wieder zusammengebaut. Ein Beispiel dafür ist das Drehwinkelverfahren in einer statisch unbestimmten Starrkörperanalyse. Versuche einer rationalen Analyse von Flügelstrukturen führten zunächst in die gleiche Richtung, ein physikalisch motivierter Weg war jedoch, mit den Verbesserungen von Matrixformulierungen und der Anwendung von elektronischen Digitalrechnern zu arbeiten. Methoden, die auf den Sätzen von Castigliano basieren, wurden für Berechnung weiter entwickelt, um die Bestimmung von Kräften aus den Verschiebungen zu ermöglichen.

In den 1960er-Jahren ereignete sich eine Explosion in der Entwicklung der Finite-Elemente-Methoden, als die Anwendbarkeit der Rayleigh–Ritz-Methode erkannt wurde. R. Courant schlug dabei vor, zweidimensionale Berechnungen in Dreieckelemente zu unterteilen und dort die Funktionen aufzustellen, die stückweise näherungsweise untersucht werden..."

SolidWorks arbeitet also genau mit dem Methoden, die zuvor besprochen wurden.

15.2.2 Anwendung des Ritz'schen Verfahrens auf ein Element

Der Verschiebungsansatz wird jetzt für jedes Element definiert (neuer Index e), gemäß

$$\underbrace{e_{u_i}(\underline{x})}_{e_{u_i}(\underline{x})} = \sum_{M=1}^{p} \underbrace{{}^e N_i^M(\underline{x})}_{{}^e N_i^M(\underline{x})} \underbrace{a_M}_{a_M} = {}^e N_i^M(\underline{x}) a_M.$$

(15.36)

$e_{u_i}(\underline{x})$ ... Spaltenmatrix der Elementverschiebungen (3×1); ${}^e N_i^M(\underline{x})$ ... Matrix der Ansatzfreiwerte $(3 \times p)$; a_M ... Matrix der Ansatzfreiwerte $(p \times 1)$

Im Folgenden können die Ansatzfreiwerte a_M durch die ebenfalls unbekannten Knotenverschiebungen ersetzt werden

$$
\begin{aligned}
{}^e u_i({}^1\underline{x}) &= {}^e N_i^M({}^1\underline{x})a_M = {}^1 u_i \\
{}^e u_i({}^2\underline{x}) &= {}^e N_i^M({}^2\underline{x})a_M = {}^2 u_i \\
&\vdots \\
\underbrace{{}^e u_i({}^{n_e}\underline{x})}_{3 \times n_e \text{ Gleichungen}} &= {}^e N_i^M({}^{n_e}\underline{x})a_M = {}^{n_e} u_i.
\end{aligned}
$$
(15.37)

Das folgende Gleichungssystem dient zur Bestimmung der Ansatzfreiwerte a_M aus den unbekannten Knotenverschiebungen ${}^{ek}u_i$. Wenn die Anzahl der Gleichungen der Knotenverschiebungen gleich der Ansatzfreiwerte ist, ist eine Lösung gewährleistet.

15.2.3 2D-Scheibenelement

Mit den bereits berechneten Ansatzdreiwerten kann Gl. (15.36) umgewandelt werden, sodass die Verschiebungssätze nur mehr von den Knotenkoordinaten abhängig sind. Es verschwinden die Ansatzfreiwerte

$$
\begin{aligned}
{}^e u_i(\underline{x}) &= {}^e N_i^M(\underline{x})a_M \\
&= \underbrace{{}^e N_i^M(\underline{x})\left[{}^e N_i^M(\underline{x})\right]^{-1}}_{{}^e G_i^M(\underline{x})} {}^{ek}u_i.
\end{aligned}
$$
(15.38)

Dabei ist ${}^e G_i^M(\underline{x})$ eine Matrix mit modifizierten Ansatzfunktionen. Diese wird auch als Formfunktionsmatrix bezeichnet und enthält linear unabhängige Polynome, die auch Lagrange'sche Interpolationspolynome heißen.

$$
{}^e u_i(\underline{x}) = {}^e G_i^M(\underline{x}){}^{ek}u_i
$$
(15.39)

Nach diesen behandelten Punkten kann Gl. (15.26) modifiziert, angewendet auf ein Element werden, sodass

$$
\underbrace{\left[\int_V {}^e E_{ijkl} {}^e B_{ij}^{Mee} B_{kl}^O dV\right]}_{{}^e K^{OM}} {}^e u_M
$$

$$
= \int_V \left({}^e \hat{e} f_i \hat{e} G_i^O - {}^e \beta_{ij} {}^e \vartheta {}^e B_{kl}^O\right)
$$

$$
+ \underbrace{\int_{A^\sigma} {}^e t_i {}^e G_i^O dA}_{{}^e f_{(B)}^O} + \underbrace{\int_{A^e} {}^{es} t_i {}^e G_i^O dA}_{{}^e f_S^O}.
$$
(15.40)

folgt. Hierin stellt ${}^e K^{OM}$ die Elementarsteifigkeitsmatrix, ${}^e f_{(B)}^O$ der Elementbelastungsvektor und ${}^e f_{(S)}^O$ der Schnittkraftvektor dar.

In der Kurzschreibweise folgt daraus die Grundgleichung der FEM für ein Element:

$$
{}^e K^{OM} {}^e u_M = {}^e f_{(B)}^O + {}^e f_{(S)}^O.
$$
(15.41)

15.2.4 Zusammenbau der Elemente

Jetzt wurden die Elementsteififkeitsmatrizen verwendet, um die Systemsteifikeitsmatrizen zu ermitteln. Dabei muss die Verschiebungskom-

---

Beispiel 15.4 (2D-Scheibenelement mit linearem Ansatz (3 Knoten Dreieckselement))

Ansatz für die Knotenverschiebungen

$$u_1 = a_1 + x_1 a_2 + x_2 a_3 \quad (15.42)$$

$$u_2 = a_4 + x_1 a_5 + x_2 a_6. \quad (15.43)$$

Die Ansatzfunktionen ${}^e N_i^M$ lauten damit analog wie beim Ritz'schen Verfahren

$$N_1^1 = 1 \quad N_1^2 = x_1 \quad N_1^3 = x_2$$
$$N_1^4 = 0 \quad N_1^5 = 0 \quad N_1^6 = 0$$

bzw.

$N_2^1 = 0 \quad N_2^2 = 0 \quad N_2^3 = 0$
$N_2^4 = 1 \quad N_2^5 = x_1 \quad N_2^6 = x_2.$

Nun kommt das Gleichungssystem zur Bestimmung der Ansatzfreiwerte zum Einsatz

$$u_1(^1x_1,^1x_2) = a_1 + {}^1x_1 a_2 + {}^1x_2 a_3 = {}^1u_1$$
$$u_2(^1x_1,^1x_2) = a_4 + {}^1x_1 a_5 + {}^1x_2 a_6 = {}^1u_2$$
$$u_1(^2x_1,^2x_2) = a_1 + {}^2x_1 a_2 + {}^2x_2 a_3 = {}^2u_1$$
$$u_2(^2x_1,^2x_2) = a_4 + {}^2x_1 a_5 + {}^2x_2 a_6 = {}^2u_2$$
$$u_1(^3x_1,^3x_2) = a_1 + {}^3x_1 a_2 + {}^3x_2 a_3 = {}^3u_1$$
$$u_2(^3x_1,^3x_2) = a_4 + {}^3x_1 a_5 + {}^3x_2 a_6 = {}^3u_2.$$
(15.44)

Viel besser lässt sich dieses Gleichungssystem als Matrix darstellen, zu

$$\begin{bmatrix} 1 & {}^1x_1 & {}^1x_2 & 0 & 0 & 0 \\ 0 & 0 & 0 & 1 & {}^1x_1 & {}^1x_2 \\ 1 & {}^2x_1 & {}^2x_2 & 0 & 0 & 0 \\ 0 & 0 & 0 & 1 & {}^2x_1 & {}^2x_2 \\ 1 & {}^3x_1 & {}^3x_2 & 0 & 0 & 0 \\ 0 & 0 & 0 & 1 & {}^3x_1 & {}^3x_2 \end{bmatrix} \begin{bmatrix} a_1 \\ a_2 \\ a_3 \\ a_4 \\ a_5 \\ a_6 \end{bmatrix} = \begin{bmatrix} {}^1u_1 \\ {}^1u_2 \\ {}^2u_1 \\ {}^2u_2 \\ {}^3u_1 \\ {}^3u_2 \end{bmatrix}.$$
(15.45)

Es ist sofort zu erkennen, dass dieses Gleichungssystem durch Invertieren der Matrix gelöst werden kann.

patibilität berücksichtigt werden, d. h. die Verschiebungen eines Knotens, der an zwei Elementen angrenzt, besitzt selbstverständlich in beiden Elementen die gleiche Verschiebung. Baut man die einzelnen Elemente zusammen, so entfallen durch das Wechselwirkungsgesetz die Schnittkräfte. Es gilt

$$\bigcup_{ne} ({}^e K^{OMe} u_M) = \bigcup_{ne} {}^e f_{(B)}^O. \quad (15.46)$$

Nach dieser Vereinigung erhält man die Grundgleichung der FEM in ihrer eigentlichen Form

$$K^{OM} u_M = f_{(B)}^O. \quad (15.47)$$

Dieses Gleichungssystem enthält im allgemeinen dreidimensionalen Fall $3n$ Gleichungen und $3n$ Unbekannte. Die Steifigkeitsmatrix K^{OM} enthält grundsätzlich $3n \times 3n$ Elemente, wobei jedoch viele Elemente zu Null werden.

Dabei darf in jeder Zeile entweder die Verschiebung u_M oder die Knotenkraftkomponente $f_{(B)}^O$ stehen.

Falls die Elastizitätsmatrix ${}^e E_{ijkl}$ symmetrisch ist, so sind auch die Elementssteifigkeitsmatrix ${}^e K^{OM}$ und damit die Gesamtsteifigkeitsmatrix K^{OM} symmetrisch.

15.2.5 Auswertung der anderen Feldgrößen auf Elementebene

Durch das Lösen des Gleichgewichtssystems (15.47) folgen zunächst die Knotenverschiebungskoponenten. Die Feldgrößen der Verschiebung ${}^e u_i(\underline{x})$, Verzerrung ${}^e \varepsilon_{ij}(\underline{x})$ und die Spannungen können wie folgt berechnet werden:

$${}^e u_i(\underline{x}) = {}^e G_i^M(\underline{x}) {}^e u_M \quad (15.48)$$
$${}^e \varepsilon_{ij}(\underline{x}) = {}^e B_{ij}^{Me} u_M \quad (15.49)$$
$${}^e \sigma_{ij}(\underline{x}) = {}^e E_{ijkl} {}^e B_{ij}^{Me} u_M + {}^e \alpha_{ij} {}^e \vartheta \quad (15.50)$$

Die Berechnung dieser Feldgrößen auf Elementbasis, die üblicherweise Ausgangspunkt von farbigen Konturplots ist, wird Rückrechnung genannt und findet erst nach dem eigentlichen Lösen statt.

15.2.6 The Principle of Minimum Potential Energy

Im theoretischen Handbuch zu SolidWorks Simulation findet man ab Seite 39 [13] findet man Hinweise zur Lösung der FEM. Die Methode verwendet dazu das Minimum der potentiellen Energie.

Mathematisch findet man dabei die zuvor hergeleitete Gleichung

$$\iiint_V \sigma^T \delta\varepsilon \, dV = \iint_S t_n^T \delta u \, dA + \iiint_V f^T \delta u \, dV$$

Equation 2-1

wieder. Dort werden Integrale über das Volumen und der Oberfläche angesetzt. Die linke Seite der Gleichung steht darin für die virtuelle Arbeit der inneren Kräfte und die rechte Seite für die virtuelle Arbeit über die Oberfläche der Körperkräfte. σ stellt die Spannungsmatrix dar, t_n den Spannungsvektor und f ist der Körperkraftvektor.

$$f = \begin{Bmatrix} f_x \\ f_y \\ f_z \end{Bmatrix}$$

Equation 2-2

δu ist dabei eine infinitesimal kleine Änderung des Vektors u

$$\delta\varepsilon = \begin{Bmatrix} \delta\varepsilon_{xx} \\ \delta\varepsilon_{yy} \\ \delta\varepsilon_{zz} \\ \delta\varepsilon_{xy} \\ \delta\varepsilon_{yz} \\ \delta\varepsilon_{zx} \end{Bmatrix} = \begin{Bmatrix} \dfrac{\partial \delta u_x}{\partial_x} \\ \dfrac{\partial \delta u_y}{\partial_y} \\ \dfrac{\partial \delta u_z}{\partial_z} \\ \dfrac{\partial \delta u_x}{\partial_y} + \dfrac{\partial \delta u_y}{\partial_x} \\ \dfrac{\partial \delta u_y}{\partial_z} + \dfrac{\partial \delta u_y}{\partial_x} \\ \dfrac{\partial \delta u_z}{\partial_x} + \dfrac{\partial \delta u_z}{\partial_y} \end{Bmatrix}$$

Equation 2-3

Falls die Oberfläche in einzelne Abschnitte geteilt wird, so beschreibt S_u die Verschiebung und S_σ die Spannung des jeweiligen Spannungsvektors.

Für eine ausgewählte Matrix mit der Verschiebung u kann, um den Verschiebungsrandbedingungen zu genügen, das Prinzip der virtuellen Arbeit umgeschrieben werden, für a linear elastische Körper, die das Prinzip der minimalem potentiellen Energie mittels dem Hooke'schen Gesetz erfüllen, zu

$$\delta\Pi = 0$$

Equation 2-4

$$\Pi = \iiint_V \varepsilon^T C \frac{1}{2}\varepsilon - \overline{A}\Delta T - u^T f \, dV - \iint_{S_\sigma} u^T t \, dS$$

Equation 2-5

Die Funktion Π benennt dabei die potentielle Energie des verformten Körpers. Das Integral

$$U = \frac{1}{2} \iiint_V \varepsilon^T C\varepsilon \, dV$$

Equation 2-6

benennt dabei die momentane Energie im Körper.

Serviceteil

Formelsammlung Elastostatik – 556

Literatur – 598

Personenverzeichnis – 603

Stichwortverzeichnis – 605

© Der/die Autor(en), exklusiv lizenziert an Springer-Verlag GmbH, DE, ein Teil von Springer Nature 2023
A. Huber, *Technische Mechanik 2 - Elastostatik*,
https://doi.org/10.1007/978-3-662-67759-9

Formelsammlung Elastostatik

Sie lernen hier…
- die wichtigsten Formeln und Bezeichnungen dieses Buches kennen.

> **Zitat**
>
> Eine Idee muss Wirklichkeit werden können, oder sie ist nur eine eitle Seifenblase.
> *Berthold Auerbach*

A.1 Grundlagen der Spannungen

Zulässige Spannungen

Siehe ◘ Abb. A.1.

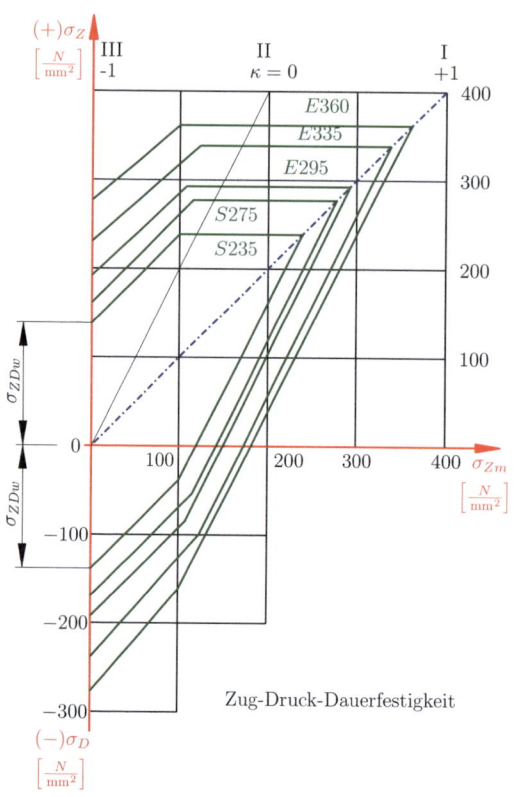

◘ **Abb. A.1** Beispiel für ein Smith-Diagramm, aus [114, S. 870]

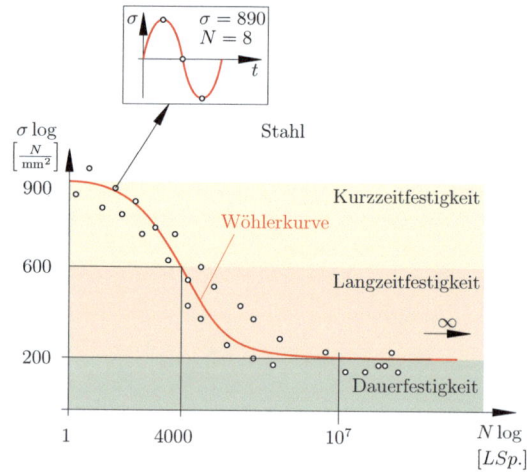

◘ **Abb. A.2** Wöhlerkurve von Stahl

Wöhlerversuch

Siehe ◘ Abb. A.2.

Smith-Diagramm (Dauerfestigkeitsschaubild)

Siehe ◘ Abb. A.3.

Zeitliche Änderung der Spannungen

Siehe ◘ Abb. A.4.
- **Belastungsfall I:** Ruhende bzw. statische Belastung – steigt nur bis zu einem bestimmten Punkt und bleibt ab dort konstant. (Beispiel: Last hängt am Seil.)
- **Belastungsfall II:** Schwellende Belastung – Die Kraft schwankt (ist jedoch stets ungleich 0). Die Unterspannung ist immer gleich null, weil sich das Werkstück immer in die Ausgangslage zurückbewegt.
- **Belastungsfall III:** Schwingende bzw. wechselnde Belastung – Die Kraft schwankt zwischen positiver und negativer Belastung. (Beispiel: Pleuel).

A.1 · Grundlagen der Spannungen

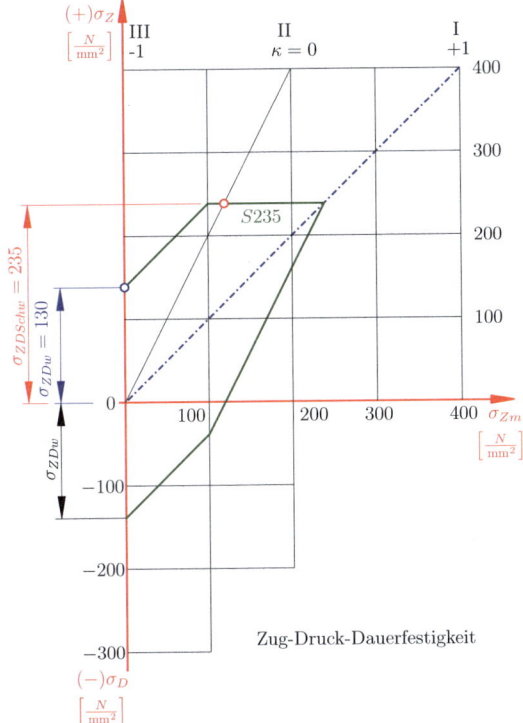

Abb. A.3 Beispiel zum Ablesen der zulässigen Werte im Smith-Diagramm

Vgl. Abb. A.5 und A.6.

P	Proportionalitätsbereich
E	Elastizitätsbereich
R_m	Zugfestigkeit $\left[\frac{N}{mm^2}\right]$
R_e	Streckgrenze $\left[\frac{N}{mm^2}\right]$
R_{eH}	(High) obere Streckgrenze $\left[\frac{N}{mm^2}\right]$
R_{eL}	(Low) untere Streckgrenze $\left[\frac{N}{mm^2}\right]$
σ_E	Elastizitätsspannung $\left[\frac{N}{mm^2}\right]$
σ_P	$\left[\frac{N}{mm^2}\right]$
GD	[ ]
A	Bruchdehnung [ ]
GmD	Gleichmaßdehnung [ ]
Ein	Einschnürde [ ]

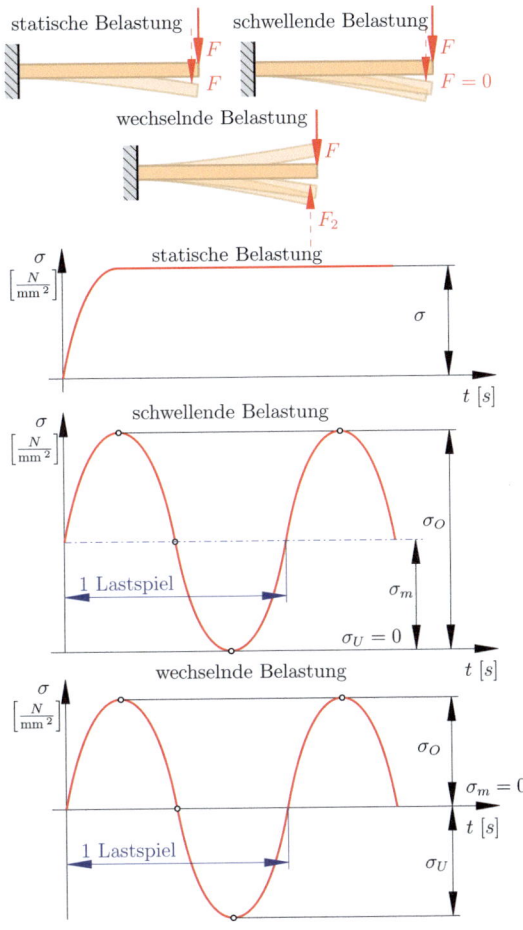

Abb. A.4 Zeitliche Änderung der Spannung in Abhängigkeit der Zeit – dargestellt in einem Diagramm

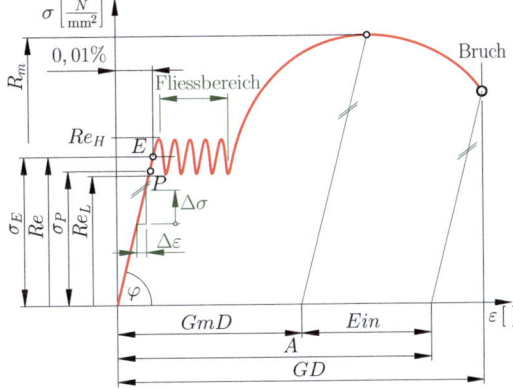

Abb. A.5 Spannungs-Dehnungs-Diagramm

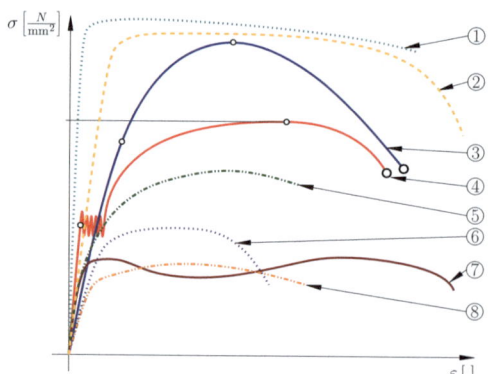

	Material	E-Modul [MPa]
①	.... HSS-Stahl	$2{,}24 \cdot 10^5$
②	- - - - Titanlegierung	$1{,}2 \cdot 10^5$
③	—— hochfeste Stähle	$2{,}1 \cdot 10^5$
④	—— weiche Stähle	$2{,}1 \cdot 10^5$
⑤	-·-·- Gusseisen	$1{,}0 \cdot 10^5$
⑥	.... Aluminium	$0{,}7 \cdot 10^5$
⑦	—— Kupfer	$1{,}1 \cdot 10^5$
⑧	-··-··- Magnesium	$0{,}45 \cdot 10^5$

◻ **Abb. A.6** Spannungs-Dehnungs-Diagramm, unterschiedliche Materialien

Hooke'sches Gesetz

> **Gesetz A.1**
> Es gilt der Differentialquotient für den linearen Bereich, woraus sich für diesen das Hooke'sche Gesetz folgern lässt, zu: $k = \frac{dy}{dx} = \frac{d\sigma}{d\varepsilon} = \tan(\varphi) = E$ (vgl. ◻ Abb. A.7).

$$\sigma = E \cdot \varepsilon \quad \text{mit} \quad E = \tan(\varphi) \qquad (A.1)$$

Die 2. Bedingung gilt nach Definition.

E E-Modul, Elastizitätsmodul
ε Dehnung
σ Spannung

◻ **Abb. A.7** Spannungs-Dehnungs-Diagramm, Proportionalitätsbereich

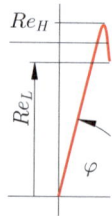

Vorhandene Spannungen und Festigkeitsnachweis

$$B < W. \qquad (A.2)$$

B Beanspruchung
W Widerstandsfähigkeit

Spannungsarten

Siehe ◻ Abb. A.8 und A.9.

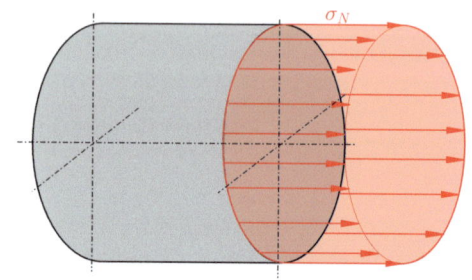

◻ **Abb. A.8** Normalbeanspruchung

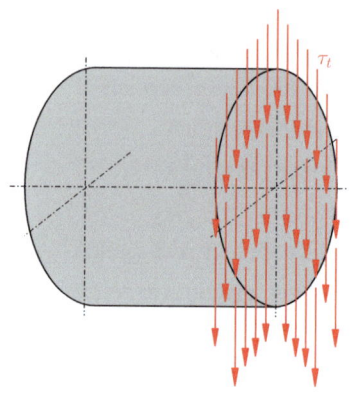

◻ **Abb. A.9** Tangentialbeanspruchung

A.2 · Druck- und Zugspannung

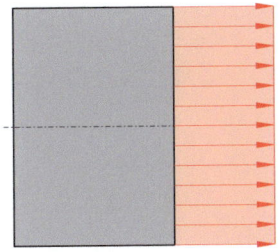

Abb. A.10 Gleichmäßige Spannungsverteilung

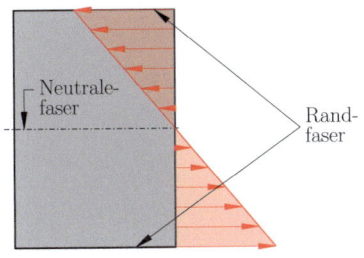

Abb. A.11 Lineare Spannungsverteilung

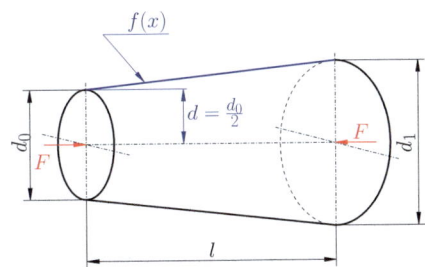

Abb. A.12 Beispiel konischer Stab

Bei variablem Querschnitt

Vgl. Abb. A.12.

$$\sigma(x) = \frac{F}{A(x)} = \frac{F}{\left[\dfrac{d_1 - d_0}{l} \cdot x + d_0\right]^2 \cdot \dfrac{\pi}{4}}. \quad (A.7)$$

Stab optimaler Druckspannung

$$r^2(x) = r_i^2 + \frac{F_{G0}}{\pi \cdot \sigma_0} \cdot e^{\frac{\varrho \cdot g \cdot x}{\sigma_0}}$$

$$\implies r(x) = \sqrt{r_i^2 + \frac{F_{G0}}{\pi \cdot \sigma_0} \cdot e^{\frac{\varrho \cdot g \cdot x}{\sigma_0}}}. \quad (A.8)$$

Formänderung infolge Druck- und Zugbeanspruchung

Einzelstab, $A = $ const.

$$\sigma_{Z,D} = \pm E \cdot \varepsilon. \quad (A.9)$$

$$\varepsilon = \pm \frac{\sigma_{Z,D}}{E} \qquad l = l_0 + \Delta l \quad (A.10)$$

$$\varepsilon = \frac{dz}{dx} \quad (A.11)$$

Poissonzahl

$$\nu_{xy} = -\frac{\varepsilon_{xx}}{\varepsilon_{zz}} \quad (A.12)$$

Vgl. Tab. A.1. Bei konstanter Spannungseinwirkung über den Querschnitt, dies ist bei einem

Spannungsverteilung

Gleichmäßige Spannungsverteilung
Siehe Abb. A.10.

Lineare Spannungsverteilung
Siehe Abb. A.11.

A.2 Druck- und Zugspannung

Bei konstantem Querschnitt

$$F_N = \int_A \sigma_N \cdot dA \implies \sigma_N = \frac{F_N}{A}. \quad (A.3)$$

$$-F_N = \sigma \cdot A = F_x \quad (A.4)$$
$$-F_Q = \tau \cdot A = F_y \quad (A.5)$$

Grundformel für die Zug- bzw. Druckbeanspruchung, bei Schnitt nicht normal zur Normalkraft

$$\sigma = \frac{\sigma_0}{2}(1 + \cos(2\varphi)), \quad \tau = \frac{\sigma_0}{2} \sin(2\varphi). \quad (A.6)$$

Tab. A.1 Poisson-Zahlen

Material	Querdehnzahl ν
Kork	0,00 (etwa)
Beryllium	0,032
Bor	0,21
Schaumstoff	0,10 ... 0,40
Siliciumcarbid	0,17
Beton	0,20
Sand	0,20 ... 0,45
Eisen	0,21 ... 0,259
Glas	0,18 ... 0,3
Si_3N_4	0,25
Stahl	0,27 ... 0,30
Lehm	0,30 ... 0,45
Kupfer	0,35
Aluminium	0,35
Titan	0,33
Magnesium	0,35
Nickel	0,31
Messing	0,37
PMMA (Plexiglas)	0,40 ... 0,43
Blei	0,44
Gummi	0,50

Tab. A.2 Wärmeausdehnungskoeffizienten

Material	$\alpha_0 \cdot 10^{-6} \frac{1}{K}$
Aluminium, Al	23,8
Beton	12
Blei, Pb	29
Bronze	17,5
Diamant	1,3
Eisen, Fe	12,2
Glas (Quarzglas)	0,5
Gold, Au	14,2
Gusseisen	10
Hartmetall	60
Kupfer, Cu	16,5
Mangan, Mn	23
Messing	18,4
Nickel, Ni	13,0
Platin, Pt	9
Polyamid (PA)	110
Polystyrol	75
Polyvinylchlorid (PVC)	80
Porzellan	3 ... 4
Silber, Ag	19,5
Stahl	11,7
Stahl, hochlegiert, hier V2A	16
Wolfram, W	4,5
Zink, Zn	29
Zinn, Sn	26,7

homogenen Körper der Fall, folgt

$$\nu = -\frac{\Delta d/d}{\Delta l/l}. \quad (A.13)$$

$$\varepsilon_q = \varepsilon \cdot \nu \quad \Delta d = \varepsilon \cdot d_0 \quad d = d_0 + \Delta d. \quad (A.14)$$

Kompressionsmodul

$$K = -V \cdot \underbrace{\frac{dp}{dV}}_{<0} = -\frac{dp}{dV/V} > 0 \quad (A.15)$$

Wärmeausdehnung

$$\Delta l = \alpha \cdot l_0 \cdot \Delta \vartheta. \quad (A.16)$$

$$\Delta A = 2 \cdot \alpha \cdot A_0 \cdot \Delta \vartheta$$
$$\Delta V = 3 \cdot \alpha \cdot V_0 \cdot \Delta \vartheta \quad (A.17)$$

$$\sigma_\vartheta = E \cdot \alpha \cdot \Delta \vartheta. \quad (A.18)$$

Für α kann man folgende Werte einsetzen (vgl. Tab. A.2).

A.3 · Kontaktmechanik

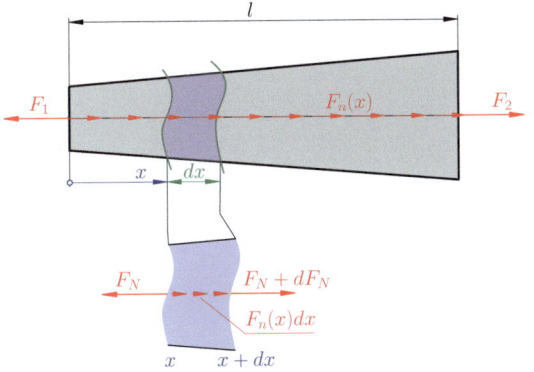

Abb. A.13 Einzelstab mit Variabler A

Einzelstab, etwas allgemeiner

Vgl. Abb. A.13.

$$\frac{dF_N}{dx} + F_n = 0. \tag{A.19}$$

$$\frac{du}{dx} = \frac{F_N}{E \cdot A} + \alpha \cdot \Delta\vartheta. \tag{A.20}$$

Definition A.1 (Dehnsteifigkeit)

Das Produkt $E \cdot A$ wird als Dehnsteifigkeit bezeichnet.

Formänderung im Stab

$$\Delta l = \int_0^l \left(\frac{F_N}{E \cdot A} + \alpha \cdot \Delta\vartheta \right) dx. \tag{A.21}$$

Stab mit konstantem Querschnitt:

$$\Delta l = \frac{F_N \cdot l}{E \cdot A}. \tag{A.22}$$

Gleichung für die Verschiebung

$$-F_n = E \cdot A \cdot u'' \tag{A.23}$$

Grundgleichungen für den Druck

$$E \cdot A \cdot u'' = -n. \tag{A.24}$$

Speziell für den hängenden Stab:

$$E \cdot A \cdot u'' = -\frac{F_G}{l} \tag{A.25}$$

$$E \cdot A \cdot u' = -\frac{F_G}{l} \cdot x + C_1 \tag{A.26}$$

$$E \cdot A \cdot u = -\frac{F_G}{2 \cdot l} \cdot \frac{x^2}{2} + C_1 \cdot x + C_2. \tag{A.27}$$

Finite Elemente Methode

Allgemeiner Arbeitssatz der linearen Elastizitätstheorie

$$\underbrace{\int_V \sigma_{ij} \varepsilon_{ij} \, dV}_{\text{Arbeit der inneren Kräfte}} = \underbrace{\int_V \rho f_i u_i \, dV}_{\text{Arbeit der Volumenkräfte}}$$

$$+ \underbrace{\int_A t_i u_i \, dA}_{\text{Arbeit der Oberflächenlasten}} \tag{A.28}$$

A.3 Kontaktmechanik

Flächenpressung auf ebenen Flächen

$$p = \frac{F_N}{A} \tag{A.29}$$

Flächenpressung bei gleichsinnig gekrümmten Flächen:

Flächenpressung bei Wellenzapfen (Lagerzapfen)

$$p = \frac{F}{A_{\text{proj}}} = \frac{F}{d \cdot L} \tag{A.30}$$

Flächenpressung/Lochleibungsdruck bei Nieten und Bolzen:

$$\sigma_L = \frac{F}{n \cdot A_{\text{proj}}} = \frac{F}{n \cdot d \cdot s}. \quad (A.31)$$

mit:

- d Schaftdurchmesser [mm]
- s kleinste Blechdicke, Richtung F [mm]
- n Anzahl der Verbindungselemente [ ]

Flächenpressung bei Gewindeflanken

- d_2 Flankendurchmesser [mm]
- p Steigung [mm]
- H_1 Tragtiefe [mm]
- m Mutterhöhe [mm]
- F_S Schraubenkraft [N]

$$i = \frac{m}{p} \qquad p_{\text{zul}} = \frac{F_S \cdot p_{\text{vorh}}}{d_2 \cdot \pi \cdot H_1 \cdot m} \quad (A.32)$$

Flächenpressung an gegenseitig gekrümmten Flächen – Hertz'sche Flächenpressung

Vgl. Abb. A.14.

$$r = \frac{1}{\frac{1}{r_1} + \frac{1}{r_2}} \quad (A.33)$$

Ersatz E-Modul:

$$E = \frac{2 \cdot E_1 \cdot E_2}{E_1 + E_2} \quad (A.34)$$

Gesamtabplattung

$$\delta = \frac{a^2}{r} \quad (A.35)$$

Fall: Kugel–Kugel; Kugel–Ebene

$$a = 1{,}11 \sqrt[3]{\frac{F \cdot r}{E}} \qquad p_{\max} = \frac{1{,}5 \cdot F}{\pi \cdot a^2} \leq p_{\text{zul}} \quad (A.36)$$

Fall: Zylinder–Zylinder; Zylinder–Ebene

$$a = 1{,}52 \sqrt[3]{\frac{F \cdot r}{E \cdot L}} \qquad p_{\max} = \frac{2 \cdot F}{\pi \cdot a \cdot L} \leq p_{\text{zul}} \quad (A.37)$$

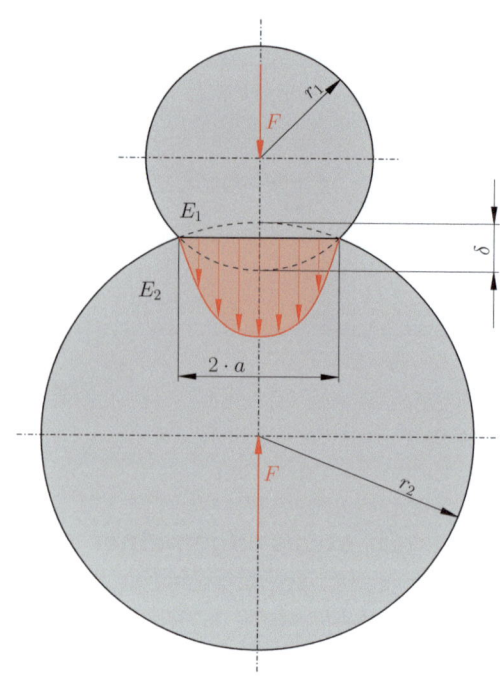

Abb. A.14 Flächenpressung Hertz'sche Pressung

A.4 Flächen- und Widerstandsmomente

1. **Flächenmoment 0. Ordnung:** Das Flächenmoment 0. Ordnung einer Figur ist die Fläche.
2. **Flächenmoment 1. Ordnung:** Als Flächenmoment 1. Ordnung bezeichnet statische Moment $(S(x))$ $x_S \cdot A = \int_1^2 f(x)\,dA$ (vgl. Schwerpunktlehre)
3. **Flächenmoment 2. Ordnung** der Widerstand gegen Verformung einer geometrischen Figur.

A.4.1 Widerstandsmoment

$$W_P = \frac{I_P}{e} \qquad W_A = \frac{I_A}{e}. \quad (A.38)$$

A.4.2 Flächenmomente

Flächenmomente, 1. Ordnung

$$S_x = \int_1^2 y\,dA \qquad S_y = \int_1^2 x\,dA$$

$$S_z = \int_1^2 y\,dA \qquad (A.39)$$

Flächenmomente, 2. Ordnung

$$I_x = \int_1^2 y^2\,dA \quad I_y = \int_1^2 z^2\,dA \quad I_z = \int_1^2 y^2\,dA$$
(A.40)

$$I_X = \int_a^b x^2 \cdot y \cdot dx \qquad I_P = I_x + I_y.$$
(A.41)

Fläche	I_x	I_y	I_{xy}	I_p
Rechteck	$\frac{bh^3}{12}$	$\frac{hb^3}{12}$	0	$\frac{hb}{12}(h^2+b^2)$
Quadrat	$\frac{a^4}{12}$	$\frac{a^4}{12}$	0	$\frac{a^4}{6}$
Dreieck	$\frac{bh^3}{36}$	$\frac{bh}{36}(b^2-ba+a^2)$	$\frac{bh^2}{72}(b-2a)$	$\frac{bh}{36}(h^2+b^2-ba+a^2)$
Kreis	$\frac{d^4\pi}{64}$	$\frac{d^4\pi}{64}$	0	$\frac{d^4\pi}{32}$
Halbkreis	$\frac{r^4}{72\pi}(9\pi^2-64)$	$\frac{\pi r^4}{8}$	0	$\frac{r^4}{36\pi}(9\pi^2-32)$
Ellipse	$\frac{\pi}{4}ab^3$	$\frac{\pi}{4}a^3b$	0	$\frac{\pi ab}{4}(a^2+b^2)$

Bredt'sche Formel

1. Bredt'sche Formel

$$\tau = \frac{M_T}{2 \cdot t \cdot A_m}. \tag{A.42}$$

$$W_P = 2 \cdot t \cdot A_m \tag{A.43}$$

2. Bredt'sche Formel

$$\frac{d\vartheta}{dx} = \frac{\oint \tau(s)\,ds}{2\,G \cdot A_m} \tag{A.44}$$

wobei ϑ der Verdrehwinkel ist, x die Laufkoordinate entlang der Stabachse, $\tau(s) = \frac{T}{t(s)}$ die Schubspannung und G das Schubmodul ist.

Anwendung: Torsion

Mit der Bredt'schen Formel lässt sich der Torsionswiderstand (Flächenträgheitsmoment) geschlossener dünnwandiger Profile ermitteln durch Umstellen auf

$$I_T = \frac{M_T \cdot l}{G \cdot \vartheta} = \frac{4 \cdot A_m^2}{\oint \frac{ds}{t(s)}}, \tag{A.45}$$

mit der Länge l des Bauelements.

Deviationsmoment

$$I_{xy} = \int x \cdot y \cdot dA. \tag{A.46}$$

Satz von Steiner

$$I_X = I_{X0} + a^2 \cdot A. \tag{A.47}$$

Flächenmomente bezogen auf eine beliebige Schwerachse

Siehe Abb. A.15.

$$[b]I_u = I_y \cdot \sin^2(\alpha) - I_{xy} \cdot \sin(2 \cdot \alpha) + I_x \cdot \cos^2(\alpha); \tag{A.48}$$

$$I_v = I_x \cdot \sin^2(\alpha) + I_{xy} \cdot \sin(2 \cdot \alpha) + I_y \cdot \cos^2(\alpha). \tag{A.49}$$

Hauptachsen bei Flächenträgheitsmomente

Siehe Abb. A.16.

$$\alpha = \frac{1}{2}\arctan\left(\frac{2 \cdot I_{xy}}{I_y - I_x}\right). \tag{A.50}$$

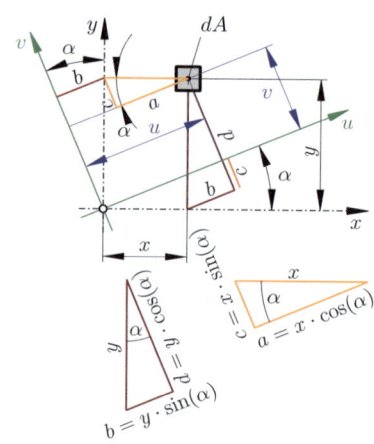

Abb. A.15 Flächenmomente bezogen auf eine beliebige Schwerachse

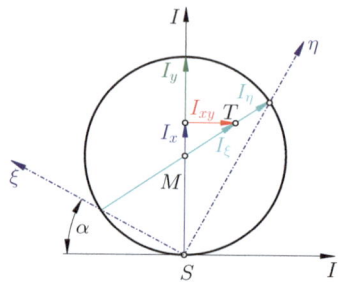

Abb. A.16 Mohr'scher Trägheitskreis

A.5 Abscher- und Schubbeanspruchung

Abscherung

$$\tau_a = \frac{F_Q}{A} \leq \tau_{a,\text{zul}} \tag{A.51}$$

Formänderung

$$\gamma = \frac{\Delta l}{l} \quad [\text{rad}]. \tag{A.52}$$

A.5 · Abscher- und Schubbeanspruchung

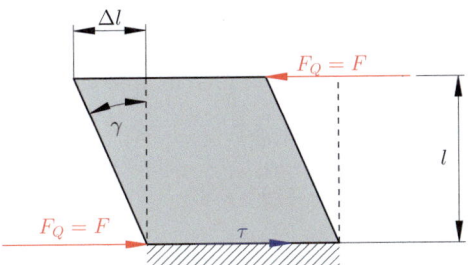

■ Abb. A.17 Formänderung infolge von Schub

Schubspannungen infolge Querkraftbiegung

Satz zugeordneter Schubspannungen

Theorem A.1

Schubspannungen treten in zwei aufeinanderfolgenden, senkrechten Schnittflächen immer paarweise auf. Diese sind gleich groß und treten unter anderem parallel als auch senkrecht auf die Schnittfläche gerichtet auf (vgl. ■ Abb. A.17).

$$\tau(x,z) = \frac{F_Q(x)}{I_A(x) \cdot b(x)} \cdot \int_{z_0}^{z} dA \cdot dz \implies$$
(A.53)

$$\tau(x,z) = \frac{F_Q(x)}{I_A(x) \cdot b(x)} \cdot S(x).$$
(A.54)

Max. Schubspannung einiger Querschnitte

— **Rechteck:**

$$\tau(x,z)_{\text{Rechteck,max}} = \frac{3 \cdot F_Q(x)}{2 \cdot A} = \frac{3}{2} \cdot \tau_m.$$
(A.55)

— **Kreis:**

$$\tau(x,z)_{\text{Kreis,max}} = \frac{4 \cdot F_Q(x)}{3 \cdot A} = \frac{4}{3} \cdot \tau_m.$$
(A.56)

— **Kreisring:**

$$\tau(x,z)_{\text{Kreisring,max}} = \frac{2 \cdot F_Q(x)}{A} = 2 \cdot \tau_m.$$
(A.57)

Dünnwandige offene Querschnitte und der Schubmittelpunkt

$$\tau(x,z)_{\text{dP}} = \frac{F_Q(x)}{I_A(x) \cdot t(x)} \cdot \int_{z_0}^{z} dA \cdot dz$$

$$\implies \tau(x,z)_{\text{dP}} = \frac{F_Q(x)}{I_A(x) \cdot t(x)} \cdot S(x)$$
(A.58)

Geschlitzte, dünnwandige offene Kreisquerschnitte [11]

Vgl. ■ Abb. A.18 und A.19.

$$\tau(\varphi)_{\text{dgP}} = \frac{F_Q \cdot (1 - \cos(\varphi))}{\pi \cdot r \cdot t}.$$
(A.59)

Für ein Winkelprofil gilt für das Maximum [11]

$$\tau(x,z)_{\max} = \frac{F_Q \cdot 3 \cdot \sqrt{2}}{4 \cdot t \cdot b}.$$
(A.60)

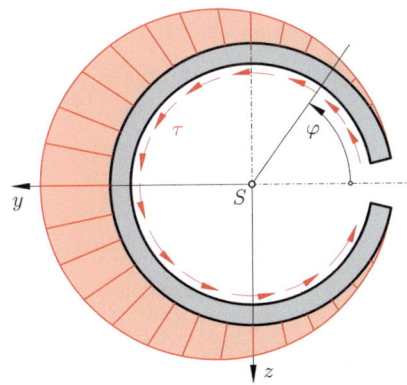

■ Abb. A.18 Die Schubspannungsverteilung

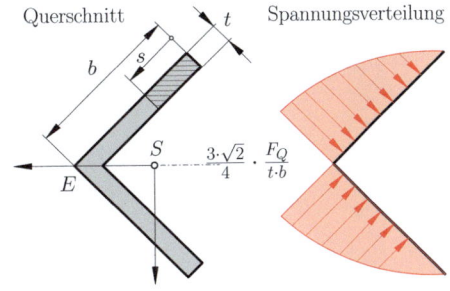

■ Abb. A.19 90 Grad Winkel – Profil

Verformungen infolge Schubbeanspruchung

$$M = E \cdot \psi' \cdot I. \tag{A.61}$$

Diese Formel bezeichnet man als Elastizitätsgesetz für das Biegemoment (vgl. Abb. A.20).

Elastizitätsgesetz für die Querkraft

$$F_Q = \int \tau \cdot dA = \int G(w' + \psi)dA$$
$$= G \cdot (w' + \psi) \cdot A. \tag{A.62}$$

$$F_Q = \aleph \cdot G \cdot A(w' + \psi). \tag{A.63}$$

mit:

$w' + \psi$	Schubverzerrung
$\aleph \cdot A \cdot G = G \cdot A_S$	Schubsteifigkeit
$A_S = \aleph \cdot A$	Schubfläche.

Querschnitt	Schubspannungsverteilung	Gleichung
Rohr		**Schubspannungsverlauf** $\tau(z) = \frac{F_Q(x)}{\pi \cdot r \cdot t} \cdot \cos(\varphi)$ **maximale Schubspannung** $\tau_{max} = \frac{F_Q(x)}{\pi \cdot r \cdot t}$
Welle (Kreis)		**Schubspannungsverlauf** $\tau(z) = \frac{4 \cdot F_Q(x) \cdot \sin^2(\varphi)}{3 \cdot A}$ **maximale Schubspannung** $\tau_{max} = \frac{4 \cdot F_Q(x)}{3 \cdot A} = \frac{4}{3} \cdot \tau_m$
I-Profil		$\tau_1(z) = \frac{F_Q \cdot h}{2 \cdot I_A} \cdot z$ $\tau_2(z) = \frac{F_Q}{I_A} \cdot \left(\frac{h}{2} \cdot b + \frac{h^2}{8} - \frac{z^2}{2}\right)$ $\tau_{1max} = \frac{F_Q \cdot b \, (h-t)}{4 \cdot I_A}$ $\tau_3 = \frac{F_Q \cdot b \, (h-t)}{2 \cdot I_A}$ $\tau_{2max} = \frac{F_Q}{2 \cdot I_A}\left[b(h-t) + \left(\frac{h}{2}-t\right)^2\right]$
T-Profil		$\tau_1(z) = \frac{F_Q}{I_A \cdot t} \cdot S_{y,1}$ $\tau_2(z) = \frac{F_Q}{I_A \cdot t} \cdot S_{y,2}$ $\tau_{1max} = \frac{F_Q \cdot b \, (h-t)}{4 \cdot I_A}$ $\tau_{2max} \approx \frac{F_Q \cdot 1,3}{A}$
Vierkant		**Schubspannungsverlauf** $\tau(z) = \frac{6 \cdot F_Q(x)}{b \cdot h^3} \cdot \left(\frac{h^2}{4} - z^2\right)$ **maximale Schubspannung** $\tau_{max} = \frac{3 \cdot F_Q(x)}{2 \cdot A} = \frac{3}{2} \cdot \tau_m$
C- bzw. U-Profil		$\tau_1(z) = \frac{F_Q \cdot h}{2 \cdot I_A} \cdot z$ $\tau_2(z) = \frac{F_Q}{I_A} \cdot \left(\frac{h}{2} \cdot b + \frac{h^2}{8} - \frac{z^2}{2}\right)$ $\tau_{1max} = \frac{F_Q \cdot b \, (h-t)}{2 \cdot I_A}$ $\tau_{2max} = \frac{F_Q}{2 \cdot I_A}\left[b(h-t) + \left(\frac{h}{2}-t\right)^2\right]$
Winkelprofil		**Schubspannungsverlauf** **maximale Schubspannung** $\tau_{max}(z) = \frac{F_Q \cdot 3 \cdot \sqrt{2}}{4 \cdot t \cdot b}$

Abb. A.20 Tabelle mit Gleichungen zur Berechnung der Schubspannungen wichtiger Figuren

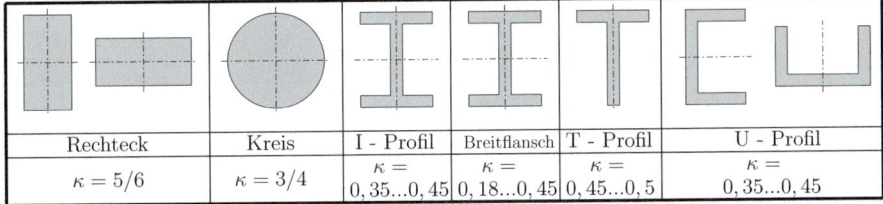

Abb. A.21 Schubkorrekturfaktoren (Werte aus [95])

Durchbiegung infolge Schubbeanspruchung

$$w' = w'_B + w'_S \qquad (A.64)$$

$$w'_s = \frac{F_Q}{G \cdot A_S}. \qquad (A.65)$$

Schubkorrekturfaktor

$$\aleph = \frac{A_S}{A} \implies \aleph \cdot A = A_S \qquad (A.66)$$

Vgl. Abb. A.21.

Balkentheorie nach Bernoulli und Timoschenko

Euler-Bernoulli-Balkentheorie

- Es liegt ein schlanker Balken vor.
- Die Theorie wird auch als **schubstarre Balkentheorie** bezeichnet, da ausschließlich Biegung auftritt, auf den Schub wird nicht näher eingegangen.
- Die Querschnitte bleiben senkrecht auf die Balkenachse, was nicht der Realität entspricht, wie man im Anschluss noch genauer erkennen wird.
- Die Querschnitte bleiben eben und erfahren keine Verwölbung.

Es gelten die bereits kennengelernten Differentialgleichungen.

Timoschenko-Balkentheorie

Es wird dabei die Balkentheorie von Bernoulli um die räumliche Ableitung 2. Grades erweitert, was dies geometrisch für einen Balken bedeutet, wird anhand der folgenden FEM Berechnung gezeigt (vgl. Abb. A.22).

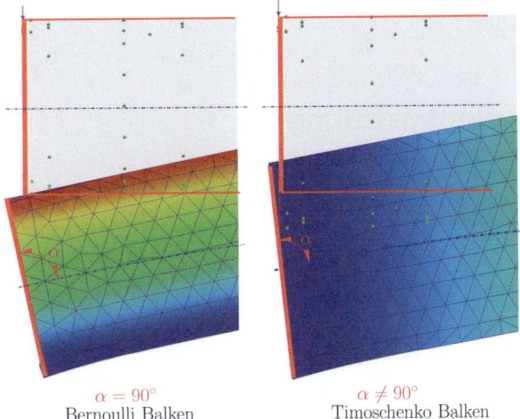

$\alpha = 90°$ Bernoulli Balken
$\alpha \neq 90°$ Timoschenko Balken

Abb. A.22 Vergleich zwischen Timoschenko- und Bernoulli Balken

A.6 Spannungs- und Verzerrungszustand

Hydrostatischer Spannungsanteil

$$\underline{\underline{\sigma}}^h = \frac{1}{3} \cdot \text{SPUR}(\underline{\underline{\sigma}}) \cdot \begin{pmatrix} 1 & 0 & 0 \\ 0 & 1 & 0 \\ 0 & 0 & 1 \end{pmatrix} \qquad (A.67)$$

$$\underline{\underline{\sigma}} = \begin{pmatrix} \boldsymbol{\sigma_{11}} & \sigma_{21} & \sigma_{31} \\ \sigma_{12} & \boldsymbol{\sigma_{22}} & \sigma_{32} \\ \sigma_{13} & \sigma_{23} & \boldsymbol{\sigma_{33}} \end{pmatrix} \qquad (A.68)$$

Es gilt für die Spur (Hauptdiagonalelemente fett)

$$\text{SPUR}(\underline{\underline{\sigma}}) = \sigma_{11} + \sigma_{22} + \sigma_{33}. \qquad (A.69)$$

Spannungsdeviator

$$\underline{\underline{\sigma}} = \underline{\underline{\sigma}}^h + \underline{\underline{\sigma}}^{\text{dev}}. \qquad (A.70)$$

$$\underline{\underline{\sigma}}^{\text{dev}} = \underline{\underline{\sigma}} - \underline{\underline{\sigma}}^h \qquad (A.71)$$

$$\underline{\underline{\sigma}}^{\text{dev}} = \underline{\underline{\sigma}} - \underline{\underline{\sigma}}^{h} = \begin{pmatrix} \sigma_{11} - \frac{1}{3}\text{SPUR}(\underline{\underline{\sigma}}) & \sigma_{12} & \sigma_{13} \\ \sigma_{21} & \sigma_{22} - \frac{1}{3}\text{SPUR}(\underline{\underline{\sigma}}) & \sigma_{23} \\ \sigma_{31} & \sigma_{32} & \sigma_{33} - \frac{1}{3}\text{SPUR}(\underline{\underline{\sigma}}). \end{pmatrix} \quad (A.72)$$

Beispiele können per Hand als auch durch Computerunterstützung gelöst werden. In diesem Buch wird nur die Lösung durch Matlab vorgeführt.

Grundgleichungen der Elastizitätstheorie

Cauchy'sches Fundamentaltheorem

$$t_i = \sigma_{ij} \cdot n_j. \quad (A.73)$$

Satz der zugeordneter Schubspannungen

> **Theorem A.2**
>
> Schubspannungen treten in zwei aufeinanderfolgenden, senkrechten Schnittflächen immer paarweise auf. Diese sind gleich groß und senkrecht zueinander gerichtet.

$$\underline{\underline{\sigma}} = \underline{\underline{\sigma}}^\top; \quad (A.74)$$

Lokales Gleichgewicht

$$\underbrace{\frac{\partial \sigma_{11}}{\partial x_1} + \frac{\partial \sigma_{12}}{\partial x_2} + \frac{\partial \sigma_{13}}{\partial x_3}}_{\sigma_{ij,j}} + \underbrace{\varrho T^{(n)}}_{\varrho f_i} = 0 \quad (A.75)$$

(durch Summenkonvention und mit $i = 1, 2, 3$) folgt (vgl. ◘ Abb. A.23)

$$\sigma_{ij,j} + \varrho f_i = 0. \quad (A.76)$$

Verschiebung
Vgl. ◘ Abb. A.24.

$$\underline{u} = \underline{u}(\underline{x}, t) \qquad u_i = u_i(x_k, t) \quad (A.77)$$

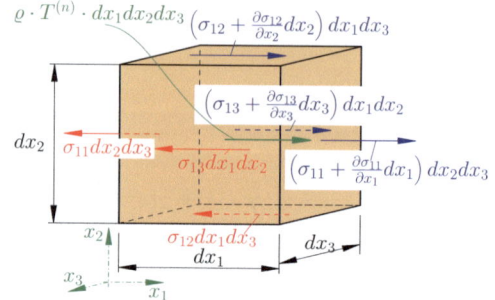

◘ **Abb. A.23** Lokales Gleichgewicht – anhand eines Würfels

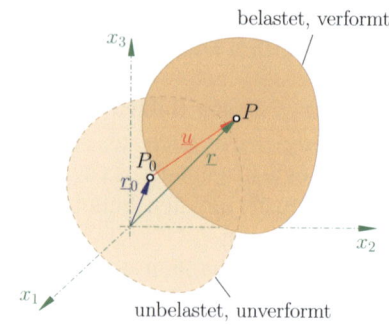

◘ **Abb. A.24** Verformtes – und unveformtes Bauteil

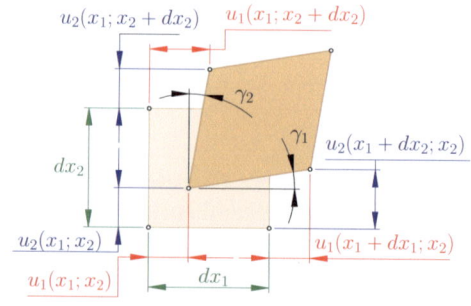

◘ **Abb. A.25** Massenelement mit Verzerrungen

A.6 · Spannungs- und Verzerrungszustand

Sonderfall der Starrkörpertranslation
Der Abstand zwischen zwei beliebigen Punkten ist konstant, obwohl eine Verschiebung vorliegt.

Verzerrungs-Beziehungen
Vgl. Abb. A.25.

$$\gamma_{12} = \gamma_1 + \gamma_2 = u_{1,2} + u_{2,1}. \tag{A.78}$$

$$\varepsilon_{12} = \frac{1}{2} \cdot \gamma_{1,2} = \frac{1}{2}[u_{1,2} + u_{2,1}] \tag{A.79}$$

$$\varepsilon_{23} = \frac{1}{2} \cdot \gamma_{2,3} = \frac{1}{2}[u_{2,3} + u_{3,2}] \tag{A.80}$$

$$\varepsilon_{13} = \frac{1}{2} \cdot \gamma_{1,2} = \frac{1}{2}[u_{1,3} + u_{3,1}] \tag{A.81}$$

oder etwas allgemeiner

$$\varepsilon_{ij} = \frac{1}{2} \cdot \gamma_{i,j} = \frac{1}{2}[u_{i,j} + u_{j,i}]. \tag{A.82}$$

Diese Gleichung beschreibt den linearen Verzerrungstensor.

Koordinatentransformation

$$\sigma_\xi = \frac{1}{2} \cdot (\sigma_x + \sigma_y) + \frac{1}{2} \cdot (\sigma_x - \sigma_y) \cdot \cos(2\varphi) + \tau_{xy} \cdot \sin(2\varphi), \tag{A.83}$$

$$\sigma_\eta = \frac{1}{2} \cdot (\sigma_x + \sigma_y) - \frac{1}{2} \cdot (\sigma_x - \sigma_y) \cdot \cos(2\varphi) - \tau_{xy} \cdot \sin(2\varphi), \tag{A.84}$$

$$\tau_{\xi\eta} = -\frac{1}{2} \cdot (\sigma_x - \sigma_y) \cdot \sin(2\varphi) + \tau_{xy} \cdot \cos(2\varphi). \tag{A.85}$$

Hauptspannungswinkel
Wird von Gleichung σ_ξ oder σ_η der Extremwert, durch Ableitung der Funktion nach dem Winkel und Null gesetzt, gebildet, folgt die Gleichung für den Hauptspannungswinkel, zu

$$\tan(2\varphi) = \frac{2\tau_{xy}}{\sigma_x - \sigma_y}. \tag{A.86}$$

Mohr'scher Spannungskreis

Theorem A.3

(Spannungen σ_1 und σ_2 im Mohr'schen Spannungskreis) Im Mohr'schen Spannungskreis gilt (vgl. Abb. A.26)

$$\sigma_1 = \frac{\sigma_x + \sigma_y}{2} + \sqrt{\left(\frac{\sigma_x - \sigma_y}{2}\right)^2 + \tau_{xy}^2} \tag{A.87}$$

$$\sigma_2 = \frac{\sigma_x + \sigma_y}{2} - \sqrt{\left(\frac{\sigma_x - \sigma_y}{2}\right)^2 + \tau_{xy}^2} \tag{A.88}$$

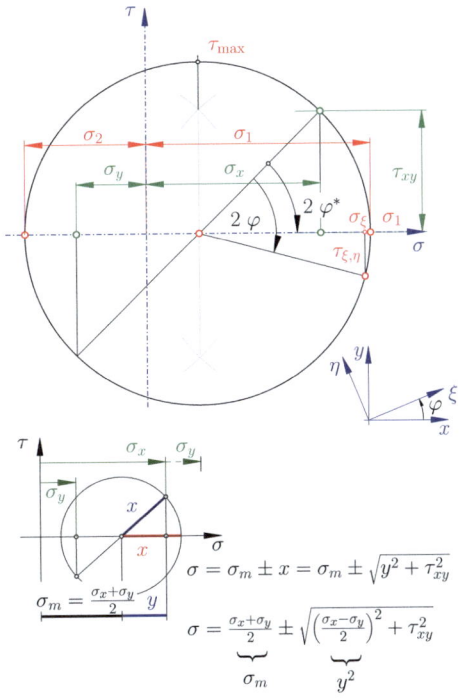

Abb. A.26 Mohr'scher Spannungskreis – Beweis der Gleichungen

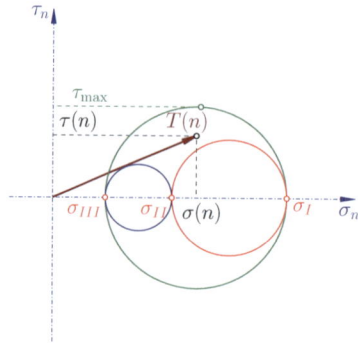

Abb. A.27 Mohr'scher Spannungskreis – 3D-1

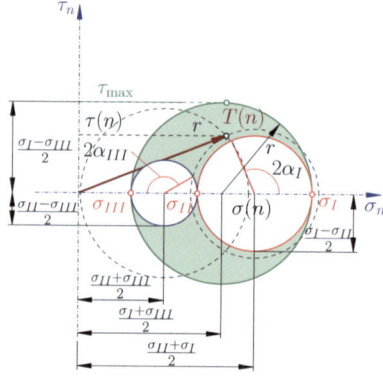

Abb. A.28 Mohr'scher Spannungskreis – 3D-2

Räumlicher Spannungszustand

$$\begin{pmatrix} \sigma_{11} & \tau_{12} & \tau_{13} \\ \tau_{21} & \sigma_{22} & \tau_{23} \\ \tau_{31} & \tau_{32} & \sigma_{33} \end{pmatrix} \quad (A.89)$$

gefunden. Der hydrostatische Spannungstensor wird durch Bilden der SPUR $\sigma_{11} + \sigma_{22} + \sigma_{33} = \sigma_I + \sigma_{II} + \sigma_{III}$ berechnet (vgl. Abb. A.27 und A.28).

Auch für den räumlichen Zustand wurde eine GeoGebra Datei angefertigt, die den Mohr'schen Spannungskreis im Raum veranschaulicht.

$$n = \cos(\alpha_I) \cdot n_I + \cos(\alpha_{II}) \cdot n_{II} + \cos(\alpha_{III}) \cdot n_{III}$$
$$= \left(\cos(\alpha_I), \cos(\alpha_{II}), \cos(\alpha_{III})\right)^T_{e_I, e_{II}, e_{III}} \quad (A.90)$$

Vergleichsspannung
Siehe Abb. A.29.

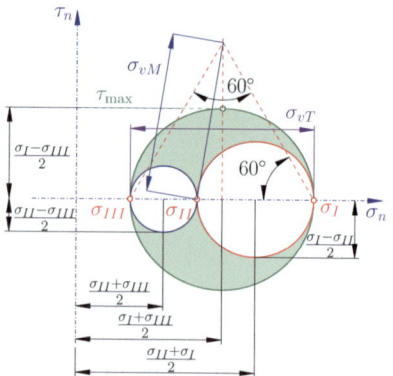

Abb. A.29 Vergleichsspannung (σ_{vM} = von Mises und σ_{vT} = von Tresca)

Dünnwandige Behälter, unter Innendruck

$$p_i = \frac{F}{A_{\text{proj}}} \quad \Longrightarrow \quad F = A_{\text{proj}} \cdot p_i. \quad (A.91)$$

$$10\,\text{bar} = 1\,\frac{\text{N}}{\text{mm}^2} = 10^5\,\text{Pa} = 1\,\text{MPa}. \quad (A.92)$$

Zylindrischer Druckbehälter

$$\sigma_\varphi = \frac{p_i \cdot r}{t}. \quad (A.93)$$

$$\sigma_l = \frac{p_i \cdot r}{2 \cdot t}. \quad (A.94)$$

Kugelförmiger Druckbehälter

$$\sigma = \sigma_\varphi = \sigma_l = \frac{p_i \cdot r}{2 \cdot t}. \quad (A.95)$$

Verzerrungszustand

$$\varepsilon_1 = -\frac{\sigma_1}{E} - \frac{\nu \cdot \sigma_2}{E} - \frac{\nu \cdot \sigma_3}{E} \quad (A.96)$$

$$\varepsilon_2 = -\frac{\nu \cdot \sigma_1}{E} - \frac{\sigma_2}{E} - \frac{\nu \cdot \sigma_3}{E} \quad (A.97)$$

$$\varepsilon_3 = -\frac{\nu \cdot \sigma_2}{E} - \frac{\nu \cdot \sigma_2}{E} - \frac{\sigma_3}{E}. \quad (A.98)$$

$$\varepsilon_x = \frac{1}{E}\left[\sigma_x - \nu(\sigma_y + \sigma_z)\right] \quad (A.99)$$

$$\varepsilon_y = \frac{1}{E}\left[\sigma_y - \nu(\sigma_x + \sigma_z)\right] \quad (A.100)$$

$$\varepsilon_z = \frac{1}{E}\left[\sigma_z - \nu(\sigma_x + \sigma_y)\right]. \quad (A.101)$$

A.7 Biegebeanspruchung

A.7.1 Grundlagen der Biegung

Man unterscheidet bei Biegung zwischen (vgl. Abb. A.30):
1. reine Biegung,
2. gerade Biegung,
3. schiefe Biegung.

Plastische Stützwirkung
Siehe Abb. A.31.

Biegespannungshauptgleichung
Allgemein gilt die Biegespannungshauptgleichung: $\sigma_b = \frac{e \cdot M_{b,\max}}{I_a} = \frac{M_{b,\max}}{W_a}$. Je nach Richtung der Biegung kann diese durch Indizes auf verschiedene Achsen bezogen werden. e ist dabei der maximale Randfaserabstand und I_a das axiale Flächenmoment 2. Ordnung (vgl. Abb. A.32).

$$\sigma_{bx} = \frac{e \cdot M_{b,\max}(y)}{I_{ay}} = \frac{M_{b,\max}(y)}{W_{ay}} \quad (A.102)$$

$$\sigma_{by} = \frac{e \cdot M_{b,\max}(x)}{I_{ax}} = \frac{M_{b,\max}(x)}{W_{ax}} \quad (A.103)$$

$$\sigma_{bz} = \frac{e \cdot M_{b,\max}(y)}{I_{ay}} = \frac{M_{b,\max}(y)}{W_{ay}} \quad (A.104)$$

Dimensionierung einer Welle

$$d_0 = \sqrt[3]{\frac{32 \cdot W_a}{\pi}} \quad \text{mit} \quad d_0 = \frac{d}{\nu}. \quad (A.105)$$

A.7.2 Schnittgrößen in der Ebene

Diagramme
Siehe Abb. A.33.

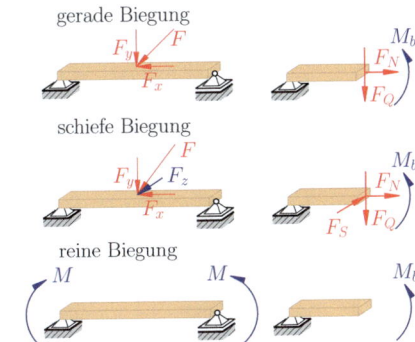

Abb. A.30 Biegung auf Balken

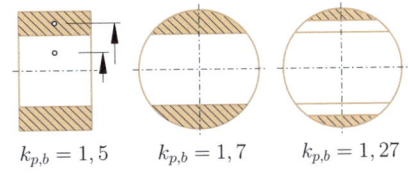

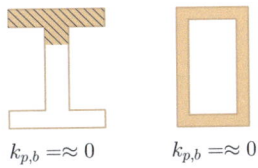

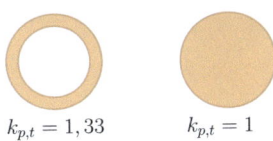

Abb. A.31 Stützzahlen einiger Figuren

Abb. A.32 Achsbeschriftung

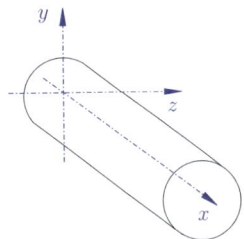

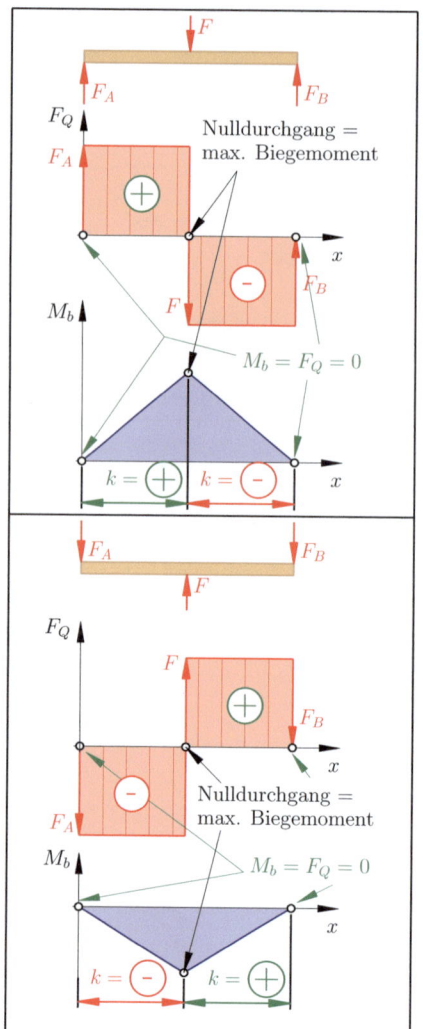

Abb. A.33 Vergleich: Biegemomenten- & Querkraftverlauf

Zusammenhänge

$$M_b(x) = \int F_Q(x) \cdot dx, \quad (A.106)$$

$$F_Q(x) = \frac{dM_b(x)}{dx}. \quad (A.107)$$

Vgl. ◘ Abb. A.35.

Maximales Biegemoment

$$x_{\max} = \frac{dM_b(x)}{dx}. \quad (A.108)$$

$$M_b(x_{\max}) = M_{b,\max}. \quad (A.109)$$

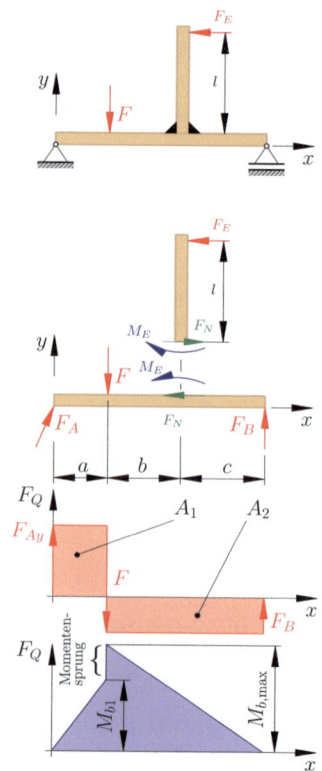

Abb. A.34 Träger mit Hebel

Eingeleitetes Moment

Vgl. ◘ Abb. A.34.

$$A_1 \neq A_2 \implies M_S = A_2 - A_1 \quad (A.110)$$

A.7.3 Schnittgrößen im Raum

Momente als Momentenvektoren

Man schreibt M für Moment, als Indizes die Achse in welcher der Vektor liegt ($x/y/z$) und in Klammer aufgrund welcher Beanspruchung dieser entsteht: Biegung, Torsion etc...

Verschiebung

Verschiebt man eine Kraft entlang der Wirklinie, muss man nichts ersetzen. Verschiebt man sie jedoch parallel, muss man diese mittels eines Kräftepaars ersetzen (siehe auch Statik), welches man anschließend als Moment bzw. als Momentenvektor ersetzen muss.

A.7 · Biegebeanspruchung

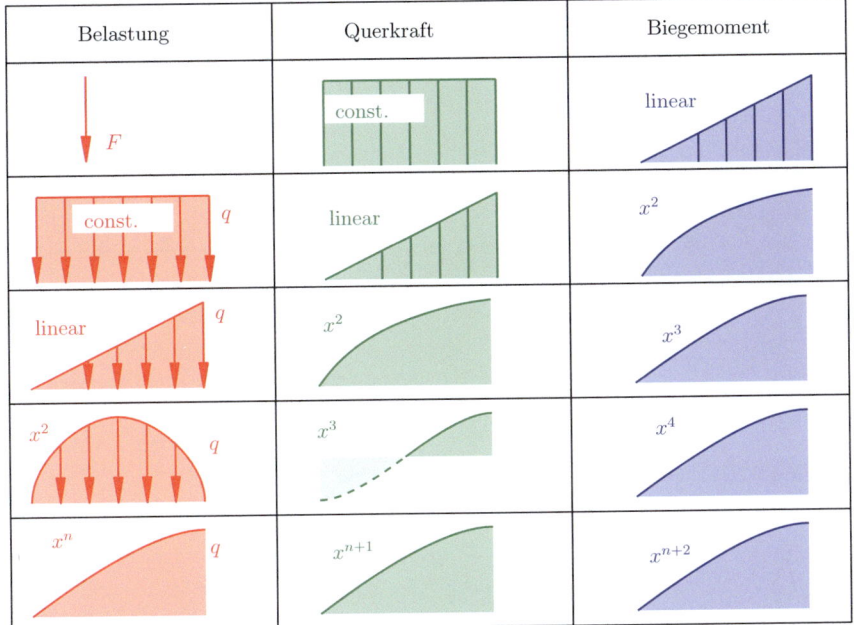

Abb. A.35 Übersicht: Verhalten Biegemomenten-, Querkraft-, und Belastungsverlauf

A.7.4 Spezielle Tragwerke

Dreieckslast

$$F_{eq} = \frac{l_2 \cdot q_{max}}{2} = \int_{l_1}^{l_1+l_2} \frac{q_{max}}{l_2} \cdot x. \quad (A.111)$$

$$F_{eq}(x) = \int_{l_1}^{x+l_1} \frac{q_{max}}{l_2} \cdot x. \quad (A.112)$$

$$M_b(x) = F_A \cdot (x + l_1) - \frac{q_{max}}{l_2} \cdot \frac{l_1^3 - (l_1 + x)^3}{9}. \quad (A.113)$$

Trapezlast

$$F_{eq,T} = F_{eq,R} + F_{eq,D}$$
$$= l_2 \cdot q_{max,2} + \frac{q_{max,1} \cdot l_2}{2}$$
$$= \int_{l_1}^{l_1+l_2} \frac{q_{max}}{l_2} \cdot x + q_{max,2}. \quad (A.114)$$

A.7.5 Biegung bei veränderlichem Querschnitt

Siehe Abb. A.36.

$$\sigma(z) = \frac{6 \cdot F \cdot z}{\left(\dfrac{D-d}{l} \cdot z + d\right)^3}. \quad (A.115)$$

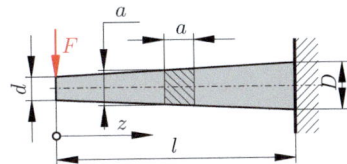

Abb. A.36 Träger mit veränderlichem Querschnitt

A.7.6 Träger gleicher Biegespannung

Anformgleichung

$$\sigma_{b,\max} = \frac{M_{b,\max}}{W_{\max}} = \frac{M_{bx}}{W_X} = \text{const.} \quad (A.116)$$

Freiträger, Kreisquerschnitt, Einzellast

$$d_x = d_{\max} \sqrt[3]{\frac{x}{l}} \quad (A.117)$$

Freiträger, Rechteckquerschnitt, $b = $ const., Einzellast

$$h_x = h_{\max} \sqrt{\frac{x}{l}} \quad (A.118)$$

Freiträger, Rechteckquerschnitt, konstante Höhe, Einzellast

$$b_x = b_{\max} \sqrt{\frac{x}{l}} \quad (A.119)$$

Freiträger, Rechteckquerschnitt, konstante Höhe, Streckenlast

$$h_x = h_{\max} \sqrt{\frac{x}{l}} \quad (A.120)$$

Freiträger, Rechteckquerschnitt, $d = $ const., Dreieckslast

$$d(x) = d_{\max} \sqrt[3]{\frac{x}{l}} \quad (A.121)$$

A.7.7 Grundlagen Formänderung

$$\rho_x = \frac{I_x \cdot E}{M_{bx}}; \quad (A.122)$$

$$\kappa = \frac{1}{\rho}; \quad (A.123)$$

$$\kappa = \frac{M_b}{E \cdot I_x} \quad \left[\frac{1}{\text{mm}}\right]. \quad (A.124)$$

Zulässige Durchbiegung

$$f_{\text{zul}} = \frac{l}{1000} \cdots \frac{l}{800} \cdots \frac{l}{500}. \quad (A.125)$$

A.7.8 Zweiachsige – oder schiefe Biegung

> **Definition A.2 (Nulllinie)**
> Die Nulllinie ist jene Linie, an jener alle Spannungen gleich null sind (Neutrale Faser). Die größten Spannungen sind in jenen Punkten zu erwarten, die am weitesten von der Nulllinie entfernt sind.

$$\sigma_{b,x} = \pm \frac{|M_{bx}|}{I_x} \cdot |e_x| \quad \text{und} \quad (A.126)$$

$$\sigma_{b,y} = \pm \frac{|M_{by}|}{I_y} \cdot |e_y|. \quad (A.127)$$

$$\sigma_{b,\text{Res}} = \sigma_{b,x} + \sigma_{b,y}$$

$$\sigma_{b,\text{Res}} = \pm \frac{|M_{bx}|}{I_x} \cdot |e_x| + \pm \frac{|M_{by}|}{I_y} \cdot |e_y| \quad (A.128)$$

Bestimmung der Nulllinie

Für die Gleichung der Nulllinie gilt

$$y = \frac{M_{by,\max} \cdot I_x}{M_{bx,\max} \cdot I_y} \cdot x. \quad (A.129)$$

$$\beta = \arctan\left(\frac{M_{by,\max} \cdot I_x}{M_{bx,\max} \cdot I_y}\right). \quad (A.130)$$

Doppelte Biegung

$$\beta = \arctan\left(\frac{M_{by,\max}}{M_{bx,\max}}\right). \quad (A.131)$$

A.7.9 Statisch unbestimmte Systeme

Ein System ist dann statisch unbestimmt, wenn mehr Auflagerreaktionen als Gleichgewichtsbedingungen vorhanden sind. Für die Ermittlung der Auflagerreaktionen muss eine weitere Gleichung herangezogen werden, welche man aus der elastischen Formänderung erhält.

A.7 · Biegebeanspruchung

Lösungsanleitung:

1. Entfernung von Lager C
2. Ermittlung der Durchbiegung infolge F anstelle von Lager C
3. Ermittlung der Durchbiegung infolge F anstelle von F
4. Ermittlung der Lagerkraft F_C
5. Ermittlung der Auflagerkräfte infolge F_C
6. Ermittlung der Durchbiegung infolge F_C anstelle von F
7. Ermittlung der resultierenden Lagerkräfte

A.7.10 Die elastische Linie

Vgl. Abb. A.37, A.38 und A.39.

Nr.	Träger	Gleichungen		
1	Einfeldträger mit Einzellast F im Abstand a vom linken Auflager, Länge l, x_{max}	Biegelinie: $0 \leq x \leq a \quad w_I = \frac{F \cdot b}{6 \cdot E \cdot I_A \cdot l}\left[x(L^2 - b^2) - x^3\right]$ $a \leq x \leq l \quad w_{II} = \frac{F \cdot b}{6 \cdot E \cdot I_A \cdot l}\left[\frac{l}{b}(x-a)^3 + x \cdot (l^2 - b^2) - x^3\right]$		
		Stelle der max. Durchbiegung $x_{max} = \sqrt{\frac{l^2-b^2}{3}}$	max. Durchbiegung $f_m = \frac{F \cdot b\sqrt{(l^2-b^2)^3}}{9 \cdot \sqrt{3} \cdot E \cdot I \cdot l}$	Neigung der Endtangente $\tan(\alpha) = \frac{F \cdot b}{6 \cdot E \cdot I_A \cdot l}\left[(L^2 - b^2)\right]$
2	Einfeldträger mit Endmomenten M, Länge l	Biegelinie: $w = \frac{M \cdot l^2}{6 \cdot E \cdot I_A}\left[\frac{x}{l} - \left(\frac{x}{l}\right)^3\right]$		
		Stelle der max. Durchbiegung $x_{max} = 0$	max. Durchbiegung $w_{max} = \frac{F \cdot l^3}{3 \cdot E \cdot I}$	Neigung der Endtangente $\tan(\alpha) = \frac{F \cdot l^2}{2 \cdot E \cdot I}$
3	Einfeldträger mit Moment M am rechten Auflager, α, β	Biegelinie: $w = \frac{F \cdot l^3}{6 \cdot E \cdot I_A} \cdot \left(2 - 3 \cdot \frac{x}{l} + \left(\frac{x}{3}\right)^3\right)$		
		Stelle der max. Durchbiegung $x_{max} = \frac{L}{\sqrt{3}}$	max. Durchbiegung $w_{max} = \frac{M \, l^2 \sqrt{3}}{27 \, E \, I}$	$\tan(\alpha) = \frac{M \cdot l}{6 \cdot E \cdot I_A}$ $\tan(\beta) = \frac{M \cdot l}{3 \cdot E \cdot I_A}$
4	Einfeldträger mit Gleichstreckenlast q(x), Länge l	Biegelinie: $w = \frac{q}{24 \cdot E \cdot I_A}\left(x^4 - 2 \cdot l \cdot x^3 + l^3 \cdot x\right)$		
		Stelle der max. Durchbiegung $x_{max} = \frac{l}{2}$	max. Durchbiegung $w = \frac{5}{384} \cdot \frac{q \cdot l^4}{E \cdot I_A}$	Neigung der Endtangente $\tan(\alpha) = \frac{q \cdot l^3}{24 \cdot E \cdot I_A}$
5	Einfeldträger mit Dreieckslast q_{max}, Länge l	Biegelinie: $w = \frac{q_{max}}{360 \cdot E \cdot I_A}\left(3 \cdot \left(\frac{x}{l}\right)^5 - 10 \cdot \left(\frac{x}{l}\right)^3 + \frac{7 \cdot x}{l}\right)$		
		Stelle der max. Durchbiegung $x_{max} = 0{,}52 \cdot l$	max. Durchbiegung $w_{max} = \frac{q_{max} \cdot l^4}{153{,}3 \cdot E \cdot I_A}$	$\tan(\alpha) = \frac{7 \cdot q_{max} \cdot l^3}{360 \cdot E \cdot I_A}$ $\tan(\beta) = \frac{q_{max} \cdot l^3}{45 \cdot E \cdot I_A}$
6	Kragträger mit Einzellast F am freien Ende, Länge l	Biegelinie: $w = \frac{F \cdot l^3}{6 \cdot E \cdot I_A} \cdot \left(2 - 3 \cdot \frac{x}{l} + \left(\frac{x}{3}\right)^3\right)$		
		Stelle der max. Durchbiegung $x_{max} = 0$	max. Durchbiegung $w_{max} = \frac{F \cdot l^3}{3 \cdot E \cdot I}$	Neigung der Endtangente $\tan(\alpha) = \frac{F \cdot l^2}{2 \cdot E \cdot I}$
	Tabelle Durchbiegungsgleichungen (statisch bestimmt) 1			

Abb. A.37 Biegelinien, statisch bestimmte Systeme 1

Nr.	Träger	Gleichungen		
7	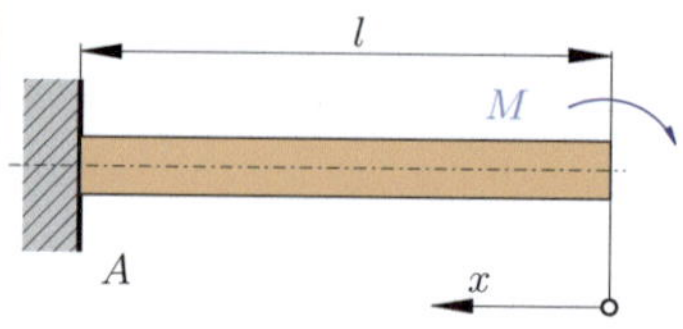 Kragträger mit Endmoment M, Länge l	Biegelinie: $w = \frac{M \cdot l^2}{2 \cdot E \cdot I_A} \cdot \left(1 - 2 \cdot \frac{x}{l} + \left(\frac{x}{l}\right)^2\right)$		
		Stelle der max. Durchbiegung	max. Durchbiegung	Neigung der Endtangente
		$x_{max} = 0$	$w_{max} = \frac{M \cdot l^2}{2 \cdot E \cdot I}$	$\tan(\alpha) = \frac{M \cdot l}{2 \cdot E \cdot I}$
8	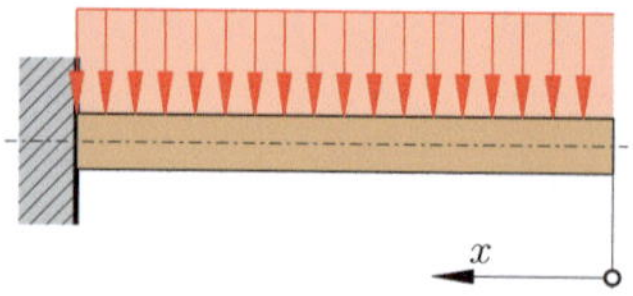 Kragträger mit Streckenlast q	Biegelinie: $w = \frac{q}{24 \cdot E \cdot I_A} \cdot \left(x^4 - 4 \cdot l \cdot x + 3 \cdot l^4\right)$		
		Stelle der max. Durchbiegung	max. Durchbiegung	Neigung der Endtangente
		$x_{max} = 0$	$w_{max} = \frac{F \cdot l^3}{3 \cdot E \cdot I}$	$\tan(\alpha) = \frac{q \cdot l^3}{6 \cdot E \cdot I}$
9	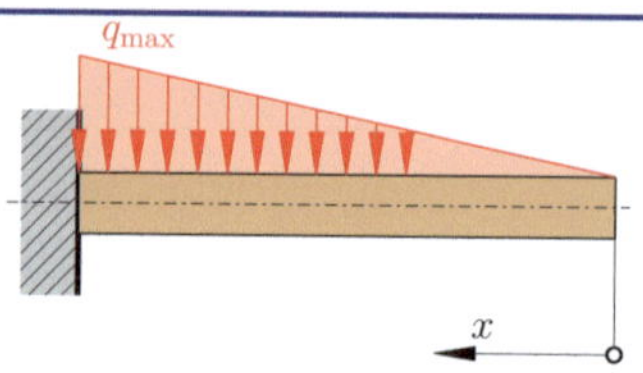 Kragträger mit Dreieckslast q_{max} (Maximum an Einspannung)	Biegelinie: $w = \frac{q_{max} \cdot l^4}{120 \cdot E \cdot l}\left(4 - \frac{5 \cdot x}{l} + \left(\frac{x}{l}\right)^5\right)$		
		Stelle der max. Durchbiegung	max. Durchbiegung	Neigung der Endtangente
		$x_{max} = 0$	$w_{max} = \frac{q_{max} \cdot l^4}{30 \cdot E \cdot I}$	$\tan(\alpha) = \frac{q_{max} \cdot l^3}{24 \cdot E \cdot I}$
10	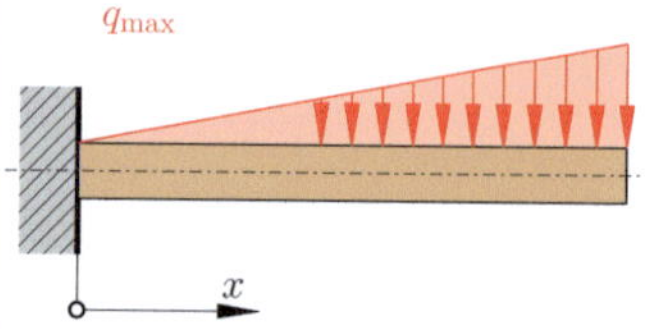 Kragträger mit Dreieckslast q_{max} (Maximum am freien Ende)	Biegelinie: $w = \frac{q_{max} \cdot l^4}{120 \cdot E \cdot l}\left(11 - 15\frac{x}{l} + 5 \cdot \left(\frac{x}{l}\right)^4 \left(\frac{x}{l}\right)^5\right)$		
		Stelle der max. Durchbiegung	max. Durchbiegung	Neigung der Endtangente
		$x_{max} = 0$	$w_{max} = \frac{11 \cdot q_{max} \cdot l^4}{120 \cdot E \cdot I}$	$\tan(\alpha) = \frac{q_{max} \cdot l^3}{24 \cdot E \cdot I}$

Tabelle Durchbiegungsgleichungen (statisch bestimmt) 2

Abb. A.38 Biegelinien, statisch bestimmte Systeme 2

Nr.	Träger	Gleichungen		
1	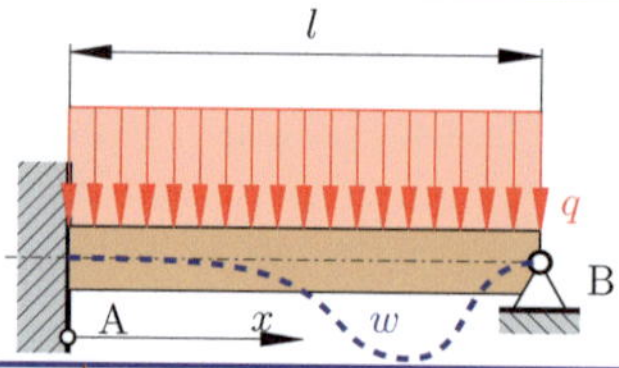 Träger auf zwei Stützen mit Streckenlast q, Länge l	Biegelinie: $w = \frac{q \cdot l^4}{24 \cdot E \cdot I_A}\left[\left(\frac{x}{l}\right)^4 - \frac{5}{2} \cdot \left(\frac{x}{l}\right)^3 + \frac{3}{2} \cdot \left(\frac{x}{l}\right)^2\right]$		
		Stelle der max. Durchbiegung	max. Durchbiegung	$-F_Q = q \cdot \left(x - \frac{5 \cdot l}{8}\right)$
		$x_{max} = 0{,}5 \cdot l$	$w_{max} = \frac{q \cdot l^4}{192 \cdot E \cdot I_A}$	$-M_b = \frac{q}{2}\left(x^2 - \frac{5 \cdot l \cdot x}{4} + \frac{l^2}{4}\right)$
2	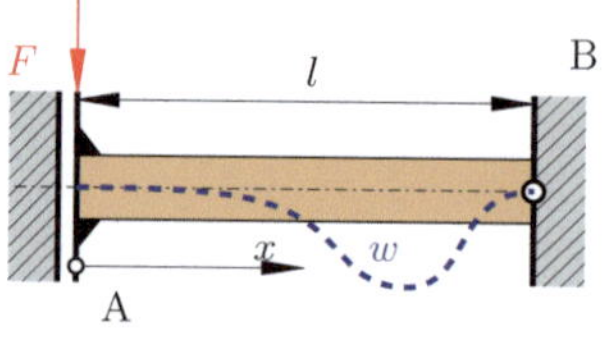 Beidseitig eingespannter Träger mit Einzellast F	Biegelinie: $w = -\frac{F_Q \cdot l^3}{12 \cdot E \cdot I_A}\left[2 \cdot \left(\frac{x}{l}\right)^3 + 3 \cdot \left(\frac{x}{l}\right)^2 + 1\right]$		
		Stelle der max. Durchbiegung	max. Durchbiegung	
		$x_{max} = \frac{-L \pm \sqrt{L^2 - 4\,L}}{2}$	$w = -\frac{F_Q \, L^3}{12\,E\,I}\left(2\left(\frac{x_{max}}{L}\right)^3 + 3\left(\frac{x_{max}}{L}\right)^2 + 1\right)$	
3	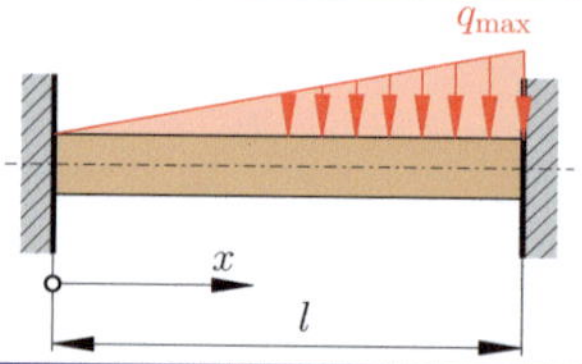 Träger mit Dreieckslast q_{max}	Biegelinie: $w = -\frac{q}{120 \cdot E \cdot I_A}\left[\frac{x^5}{l^2} - 3 \cdot x^3 + 2 \cdot l \cdot x^2\right]$		
		Stelle der max. Durchbiegung	max. Durch-biegung	$F_Q = \frac{q \cdot l}{20}\left[3 - 10 \cdot \left(\frac{x}{l}\right)^2\right]$
		$x_{max} = l \cdot \sqrt{\frac{3}{10}}$	einsetzen von x_{max} in Biegelinie	$M_b = \frac{q \cdot l^2}{60}\left[9 \cdot \frac{x}{l} - 2 - \left(\frac{x}{l}\right)^3\right]$

Tabelle Durchbiegungsgleichungen (statisch unbestimmt)

Abb. A.39 Biegelinien, statisch unbestimmte Systeme

Differentialgleichung der Biegelinie, exakt

$$\frac{M_b}{I_y \cdot E} = -\frac{d^2\omega}{dx^2} = -\omega''. \quad (A.132)$$

$$\kappa = \frac{w''}{(1+w'^2)^{\frac{3}{2}}}. \quad (A.133)$$

$$-\frac{M_b}{I_A \cdot E} = \frac{w''}{(1+w'^2)^{\frac{3}{2}}}. \quad (A.134)$$

w' ... 1. Abl. der Biegelinie $w' = \tan(\varphi)$
Maß für die Steigung d. Biegelinie.

w'' ... 2. Ableitung der Biegelinie
Maß für die Krümmung der Biegelinie & für das Biegemoment

w''' ... 3. Ableitung der Biegelinie
Maß für die Querkraft

Differentialgleichung der Biegelinie, vereinfacht

In der Mechanik vereinfacht sich die Formel

$$-\frac{M_b}{I_A \cdot E} = \frac{w''}{(1+w'^2)^{\frac{3}{2}}}$$

zu

$$\frac{M_b}{I_A \cdot E} = -\frac{d^2 w}{dx^2} = -w''. \quad (A.135)$$

$$-M_b = w'' \cdot E \cdot I_A. \quad (A.136)$$

Durchbiegung, wenn $EI \neq$ const.

$$w_{\max,A} = \frac{6{,}79 \cdot F_A}{E} \cdot \left(\frac{a_1^3}{d_{a1}^4} + \frac{a_2^3 - a_1^3}{d_{a2}^4} + \frac{a_3^3 - a_2^3}{d_{a3}^4} + \dots\right) \quad (A.137)$$

Die gesamte Durchbiegung errechnet sich durch (vgl. Abb. A.40)

$$w = f_A + \frac{a}{l} \cdot (f_B - f_A). \quad (A.138)$$

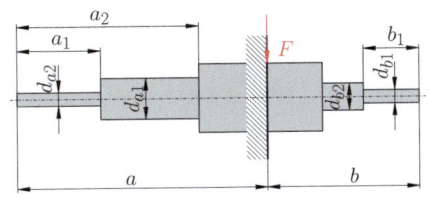

Abb. A.40 Abgestufte Stützzelle mit Einzellast

Durchbiegungsgleichungen

$$w^{IV} \cdot E \cdot I_A = q = q_0 \quad (A.139)$$

$$w^{III} \cdot E \cdot I_A = -F_Q = q \cdot x + C_1 \quad (A.140)$$

$$w^{II} \cdot E \cdot I_A = -M_b = -q \cdot \frac{x^2}{2} + C_1 \cdot x + C_2 \quad (A.141)$$

$$w^{I} \cdot E \cdot I_A = -q \cdot \frac{x^3}{6} + C_1 \cdot \frac{x^2}{2} + C_2 \cdot x + C_3 \quad (A.142)$$

$$w \cdot E \cdot I_A = -q \cdot \frac{x^4}{24} + C_1 \cdot \frac{x^3}{6} + C_2 \cdot \frac{x^2}{1} + C_3 \cdot x + C_4. \quad (A.143)$$

Klammersymbol von Föppl

$$\langle x - a \rangle^n = \begin{cases} 0 & \text{für: } x < a \\ (x-a)^n & \text{für: } x > a \end{cases} \quad (A.144)$$

Differentiation des Föppl Symbols

$$\frac{d}{dx}\langle x-a \rangle^n = n \cdot \langle x-a \rangle^{n-1}. \quad (A.145)$$

Integration des Föppl Symbols

$$\int \langle x-a \rangle^n = \frac{\langle x-a \rangle^{n+1}}{n+1} + C. \quad (A.146)$$

Föppl-Symbol bei Lastverteilungen

Vgl. Abb. A.41 und A.42.

$$q(x) = q_0 - q_0 \cdot \langle x-a \rangle^0. \quad (A.147)$$

$$F_Q(x) = -F\langle x-a \rangle^0. \quad (A.148)$$

$$M(x) = -M_0\langle x-a \rangle^0. \quad (A.149)$$

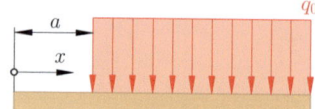

Abb. A.41 Bei konstanter Streckenlast, bei $x = a$

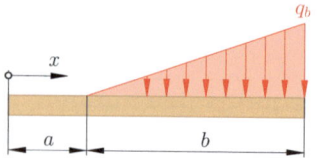

Abb. A.42 Bei Dreieckslast

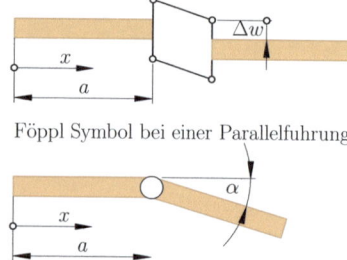

Abb. A.43 Föppl Symbol bei einem Gelenk und Parallelführung

Gelenk, Parallelführung
Vgl. Abb. A.43.

$$w'(x) = \Delta\alpha \langle x - a \rangle^0$$
$$w(x) = \Delta w \langle x - a \rangle^0 \qquad \text{(A.150)}$$

Verformungen infolge schiefer Biegung
Vgl. Abb. A.44.

y, z sind Hauptachsen

$$w'' = -\frac{M_{by}}{E \cdot I_y}. \qquad \text{(A.151)}$$

$$v'' = -\frac{M_{bz}}{E \cdot I_z}. \qquad \text{(A.152)}$$

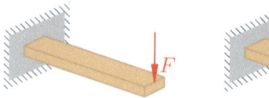
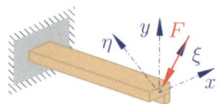

gerade Biegung   schiefe Biegung
Biegung in Hauptachsenrichtung

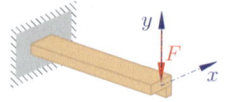

schiefe Biegung
Biegung in beliebiger Richtung

Abb. A.44 Arten von Schiefer Biegung

y, z sind keine Hauptachsen

$$\Delta = I_y \cdot I_z - I_{yz}^2 \qquad \text{(A.153)}$$

$$E \cdot w'' = \frac{1}{\Delta}(-M_y \cdot I_{yz}) \qquad \text{(A.154)}$$

$$E \cdot v'' = \frac{1}{\Delta}(M_z \cdot I_{yz}) \qquad \text{(A.155)}$$

$$f = \sqrt{w^2 + v^2}. \qquad \text{(A.156)}$$

A.7.11 Elastisch gebetteter Träger

> **Proposition A.1**
>
> Jeder Körper wirkt auf deren Unterlage einen elastischen Druck aus.

p Druck
v Durchbiegung
k Bettungszahl

Der Proportionalitätsfaktor oder Bettungszahl besitzt die Einheit $\frac{\text{N}}{\text{mm}^2}$ und wird experimentell bestimmt. Die resultierende Streckenlast ergibt sich aus der Differenz des Gegendruckes und der lokalen Streckenlast, wie bereits erwähnt, zu

$$q_{\text{Res}} = q(z) - p(z). \qquad \text{(A.157)}$$

$$p(z) = \frac{d^2}{dz^2}\left[E \cdot I(z) \cdot \frac{d^2 v(z)}{d^2 z}\right] + k(z) \cdot v(z). \qquad \text{(A.158)}$$

A.7 · Biegebeanspruchung

$$M_b(z) = -E \cdot I(z) \cdot v''(z) \tag{A.159}$$
$$F_Q(z) = -[E \cdot I(z) \cdot v''(z)]'. \tag{A.160}$$

$$q^* = k^* \cdot v(z) + v''''(z). \tag{A.161}$$

Die Lösung der Differentialgleichung des elastisch gebetteten Trägers, bei konstanter Linienlast und konstanter Bettungszahl

$$v(z) = \frac{q^*(z)}{k^*} + e^{\pm \frac{z}{l}}$$
$$\cdot \left(\cos\left(\frac{z}{l}\right) \cdot \overline{C_3} + i \cdot \sin\left(\frac{z}{l}\right) \cdot \overline{C_4} \right) \tag{A.162}$$

$$l = \sqrt[4]{\frac{4 \cdot E \cdot I}{k}}. \tag{A.163}$$

Differenzenverfahren

$$y_i'(x) = \frac{1}{2}\left(\frac{y_{i+1} - y_i}{h} + \frac{y_{i-1} - y_i}{h} \right)$$
$$= \frac{y_{i+1} - y_{i-1}}{2 \cdot h}. \tag{A.164}$$

$$y_i'(x) = \frac{y_{i+1} - y_{i-1}}{2 \cdot h} \tag{A.165}$$

$$y_i''(x) = \frac{1}{h^2} \cdot (y_{i+1} - 2 \cdot y_i + y_{i-1}) \tag{A.166}$$

$$y_i'''(x) = \frac{1}{2 \cdot h^3} \cdot (-y_{i-2} + 2 \cdot y_{i-1} - 2 \cdot y_{i+1} + y_{i+2}) \tag{A.167}$$

$$y_i''''(x) = \frac{1}{h^4} \cdot (y_{i-2} - 4 \cdot y_{i-1} + 6 \cdot y_i - 4 \cdot y_{i+1} + y_{i+2}). \tag{A.168}$$

Biegelinie bei konstanter Biegesteifigkeit

$$\frac{q \cdot h^4}{E \cdot I} = v_{i-2} - 4 \cdot v_{i-1} + 6 \cdot v_i - 4 \cdot v_{i+1} + v_{i+2} \tag{A.169}$$

$$M_{bi} = -\frac{E \cdot I}{h^2}$$
$$= v_{i-1} - 2 \cdot v_i + v_{i+1} \tag{A.170}$$

$$F_{Qi} = -\frac{E \cdot I}{2 \cdot h^3}$$
$$= -v_{i-2} - 2 \cdot v_{i-1} - 2 \cdot v_{i+1} + v_{i+2}. \tag{A.171}$$

Randbedingungen siehe ◘ Abb. A.45.

Biegelinie bei veränderlicher Biegesteifigkeit

$$I_{i-1}v_{i-2} - 2(I_{i-1} + I_i)v_{i-1}$$
$$+ (I_{i-1} + 4 \cdot I_i + I_{i+1})v_{i-1}$$
$$- 2(I_{i+1} + I_i)v_{i+1} + I_{i+1} + v_{i+2}$$
$$= \frac{q_i h^4}{E}. \tag{A.172}$$

$$M_{bi}(z) = \frac{-E \cdot I_i}{h^2} \cdot \{v_{i-2} - 2 \cdot v_{i-1} + v_i\} \tag{A.173}$$

$$F_Q(z) = \frac{-E \cdot I_i}{2h^3}$$
$$\cdot (-I_{i-1}v_{i-2} + 2I_{i-1}v_{i-1} - (I_{i-1} - I_{i-1})v_i - 2 \cdot I_{i+1}v_{i+1} + I_{i+1}v_{i+2}). \tag{A.174}$$

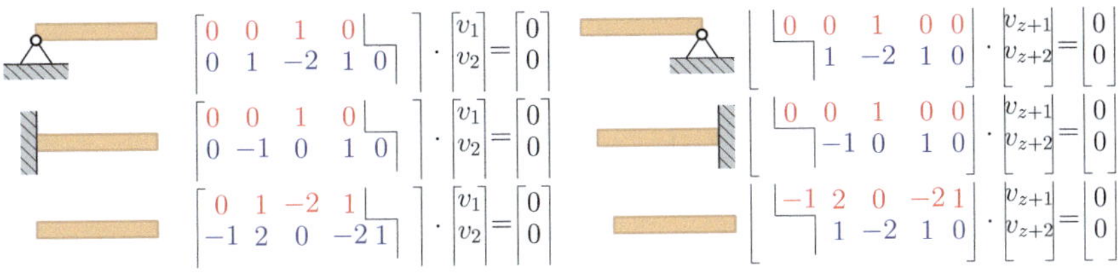

◘ **Abb. A.45** Randbedingungen von Balkenenden

Zusammenfassend ergeben sich die **Differenzenformeln bei veränderlicher Biegesteifigkeit** zu

$$\frac{q_i h^4}{E I_0} = \mu_{i-1} v_{i-2} - 2(\mu_{i-1} + \mu_i) v_{i-1}$$
$$+ (\mu_{i-1} + 4\mu_i + \mu_{i+1}) v_i$$
$$- 2(\mu_i + \mu_{i+1}) v_{i+1} + \mu_{i+1} v_{i+2}$$
(A.175)

$$M_{bi} = -\frac{E I_0}{h^2} (\mu_i v_{i-1} - 2\mu_i v_i + \mu_i v_{i+1})$$
(A.176)

$$F_{Qi} = -\frac{E I_0}{2h^3} [-\mu_{i-1} v_{i-2} + 2\mu_{i-1} v_{i-1}$$
$$- (\mu_{i-1} - \mu_{i+1}) v_i - 2\mu_{i+1} v_{i+1}$$
$$+ \mu_{i+1} v_{i+2}].$$
(A.177)

Differenzengleichung für die Biegelinie bei veränderlicher Biegesteifigkeit beim elastisch gebetteten Träger

$$\frac{q_i \cdot h^4}{E} = I_{i-1} v_{i-2} - 2(I_{i-1} + I_i) v_{i-1}$$
$$+ \left(I_{i-1} + 4 \cdot I_i + I_{i+1} + k_i \frac{h^4}{E} \right) v_i$$
$$- 2(I_{i+1} + I_i) v_{i+1} + I_{i+1} v_{i+2}$$
(A.178)

bzw. **Differenzengleichung bei konstanter Biegesteifigkeit, elastisch gebetteter Träger**

$$\frac{q \cdot h^4}{E \cdot I} = v_{i-2} - 4 \cdot v_{i-1} + \left(6 \cdot k_i \frac{h^4}{E \cdot I} \right) v_i$$
$$- 4 \cdot v_{i+1} + v_{i+2}$$
(A.179)

$$M_{bi}(z) = \frac{-E \cdot I_0}{h^2}$$
$$\cdot \{ \mu_i \cdot v_{i-2} - 2 \cdot \mu_i \cdot v_{i-1} + \mu_i \cdot v_i \}$$
(A.180)

$$F_Q(z) = \frac{-E \cdot I_0}{h^3} (-\mu_{i-1} v_{i-2} + 2 \cdot \mu_{i-1} v_{i-1}$$
$$- (\mu_{i-1} - \mu_{i-1}) v_i)$$
$$- 2 \cdot \mu_{i+1} v_{i+1} + \mu_{i+1} v_{i+2}$$
(A.181)

A.7.12 Der gekrümmte Träger

Differentialgleichungen des gekrümmten Trägers

$$\frac{dF_N(s)}{ds} = -\frac{F_Q(s)}{\rho(s)} - q_t(s), \qquad (A.182)$$
$$\frac{dF_Q(s)}{ds} = \frac{F_N(s)}{\rho(s)} - q_r(s), \qquad (A.183)$$
$$\frac{dM_b(s)}{ds} = F_Q(s). \qquad (A.184)$$

Spannungen beim gekrümmten Träger

$$\sigma = \frac{F_N}{A} \qquad \tau = \frac{F_Q}{A_{\text{proj}}}$$

$$\sigma_b = \frac{M_{b,\max}}{W_{\text{Axial}}} = \frac{e \cdot M_{b,\max}}{I_{\text{Axial}}} \qquad (A.185)$$

Spannungsverteilung, Verformung

$$F_N = E \cdot \int_A \left[\varepsilon_0 + \left(\frac{d\psi}{d\varphi} - \varepsilon_0 \right) \frac{y}{\rho + y} \right] \cdot dA,$$
$$= E \cdot \left[\varepsilon_0 \cdot A + \left(\frac{d\psi}{d\varphi} - \varepsilon_0 \right) \int_A \frac{y}{\rho + y} dA \right];$$
(A.186)

$$M_{b,\max} = E \cdot y \cdot \int_A \left[\varepsilon_0 + \left(\frac{d\psi}{d\varphi} - \varepsilon_0 \right) \frac{y}{\rho + y} \right] \cdot dA$$
$$= E \cdot \left[\varepsilon_0 \int_A y\, dA + \left(\frac{d\psi}{d\varphi} - \varepsilon_0 \right) \int_A \frac{y^2}{\rho + y} dA \right]$$
(A.187)

Spannungsverteilung im Querschnitt des gekrümmten Trägers

$$\sigma(y) = \frac{F_N}{A} + \frac{M_b}{\rho \cdot A} \left(1 + \frac{1}{\kappa} \cdot \frac{y}{\rho + y} \right)$$
(A.188)

mit

$$\kappa = -\frac{1}{A} \int_A \frac{y}{\rho + y} dA. \qquad (A.189)$$

A.8 · Torsionsbeanspruchung

Abb. A.46 Tabelle für κ

	Rechteck					
	e/ρ	0,75	0,5	0,25	0,125	0,1
	κ	0,297273	0,098612	0,021651	0,0052577	0,0033535
	Trapez					
	e/ρ	0,75	0,5	0,25	0,125	0,1
	$a/b = 0$	0,38527	0,13119	0,030118	0,0075546	0,0048553
	$a/b = 0,5$	0,34272	0,11476	0,025643	0,0063056	0,040335
	$a/b = 2$	0,24076	0,079710	0,017280	0,0041544	0,0026436
	Kreis					
	$e/\rho = r/\rho$	0,75	0,5	0,25	0,125	0,1
	κ	0,20378	0,071797	0,016133	0,0039371	0,0025126

Verschiebungen

$$v'' + v = -\frac{M_b}{\kappa \cdot E \cdot A} \qquad (A.190)$$

$$u' + v = \frac{F_N \cdot R + M_b}{E \cdot A}. \qquad (A.191)$$

$$v + v'' = -\frac{R \cdot b}{E \cdot I}. \qquad (A.192)$$

Berechnung von κ

Siehe Abb. A.46.

A.8 Torsionsbeanspruchung

A.8.1 Einfache Torsionstheorie

Vgl. Abb. A.47.

$$\tau = E \cdot \gamma. \qquad (A.193)$$

Torsionsspannungsgleichung für Kreisquerschnitte

$$\tau = \frac{M_T}{I_P} \cdot r = \frac{M_T}{W_P}, \qquad (A.194)$$

$$\tau = \frac{M_T}{I_T} \cdot r = \frac{M_T}{W_P}. \qquad (A.195)$$

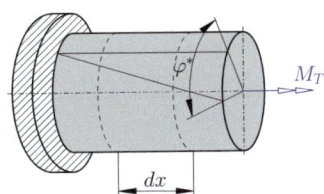

Bei sehr kleinen Längen (dx) ist $\varphi^* \approx \varphi$.

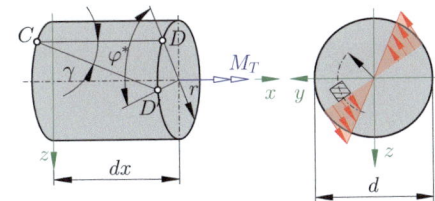

Infinitesimal kleines Stück

Abb. A.47 Verformte Welle aufgrund Torsion

Bemerkung A.1
Für Kreisquerschnitte gilt Gl. (8.9) und für alle anderen Querschnitte spricht man anstelle des polaren Widerstandsmoments von W_T: Widerstandsmoment für Torsionsbeanspruchte Querschnitte, oder auch vom Drillmoment.

Formänderung infolge Torsionsbeanspruchung

$$\varphi_{\text{rad}} = \frac{M_T \cdot l}{I_P \cdot G}. \tag{A.196}$$

$$\varphi_{\text{Grad}} = \frac{180°}{\pi} \frac{M_T \cdot l}{I_P \cdot G}. \tag{A.197}$$

Zulässige Verdrehwinkel

$$\varphi_{\text{zul}} = 0{,}25° \frac{1}{\text{m}} \ldots 0{,}5° \frac{1}{\text{m}} \tag{A.198}$$

Formänderungsarbeit bei Torsion

$$W_f = \frac{M_t \cdot l}{2 \cdot I_P \cdot G}. \tag{A.199}$$

Festigkeitsnachweis bei Torsion

$$\tau_{\text{zul}} \geq \tau_{\max}. \tag{A.200}$$

Plastische Sicherheit

$$\tau_{\text{zul}} = \frac{0{,}58 \cdot R_{P0,2}}{\nu_F} = \frac{0{,}58 \cdot R_e}{\nu_F} \tag{A.201}$$

ν_F Sicherheit gegen Fließen
$R_{P0,2}$ Dehngrenze
R_e Streckgrenze

Sicherheit gegen Bruch

$$\tau_{\text{zul}} = \frac{R_m}{\nu_B} \tag{A.202}$$

ν_B Sicherheit gegen Bruch
R_m Streckgrenze

Werte der Sicherheiten beim Festigkeitsnachweis bei Torsion
Siehe ◘ Abb. A.48.

Sicherheit	Art des Bruches =Sicherheit gegen...	Stähle	duktile Eisenguss Werkstoffe	duktile Aluminiumknet-Legierungen
ν_F	plast. Verformung	1,5	2,1	1,5
ν_B	Gewaltbruch	2,0	2,0	2,0
ν_D	Dauerbruch	1,5	1,5	1,5

Hierbei handelt es sich um Richtwerte!

◘ **Abb. A.48** Tabelle für Sicherheiten bei Torsion; ν_D Sicherheit gegen Dauerbruch

Torsionsfederkonstanten

$$c_T = \frac{l}{I_P \cdot G}. \tag{A.203}$$

$$\frac{1}{c_T} = \frac{1}{c_{T1}} + \frac{1}{c_{T2}} + \ldots + \frac{1}{c_{Tn}} \tag{A.204}$$

$$\frac{1}{c_T} = \frac{I_{P1} \cdot G}{l_1} + \frac{I_{P2} \cdot G}{l_2} + \ldots + \frac{I_{Pn} \cdot G}{l_n}. \tag{A.205}$$

wodurch man mit $\varphi_{\text{rad}} = \frac{M_T}{c_T}$ den Verdrehwinkel von Wellen mit Absatz berechnen kann.

A.8.2 Torsion nach St. Venant

> **Bemerkung A.2**
> Voraussetzung: Die Querschnittvorwölbungen müssen sich ungehindert ausbilden können.

Differentialgleichung für den Verdrehwinkel

$$G \cdot I_t \cdot \varphi' = M_t, \tag{A.206}$$

Maximale Torsionsspannung

$$\tau_t = \frac{M_t}{W_t}, \tag{A.207}$$

A.8 · Torsionsbeanspruchung

Relativer Verdrehwinkel

$$\Delta\varphi = \frac{l \cdot M_t}{G \cdot I_t}. \tag{A.208}$$

Die Berechnung der Verwölbungstorsion nach St. Venant basiert auf der Lösung der partiellen Differentialgleichung (die sogenannte Poisson'sche Differentialgleichung:

$$\frac{\partial^2 \Phi}{\partial x^2} + \frac{\partial^2 \Phi}{\partial y^2} = 1 \tag{A.209}$$

Drillmoment

$$W_T = 2 \cdot t \cdot A_m. \tag{A.210}$$

Spannungen bei Rechteckquerschnitt

$$\tau = e \cdot \frac{M_T}{2 \cdot \int_A \left(\frac{\partial \varphi}{\partial x} \cdot x + \frac{\partial \varphi}{\partial y} \cdot y\right) \cdot dA} \tag{A.211}$$

Dünne, geschlossene Querschnitte

$$M_T = 2 \cdot \tau \cdot t \oint \cdot d \cdot A_m = 2 \cdot T \cdot A_m. \tag{A.212}$$

$$w(s) = \frac{M_T}{2 \cdot A_m \cdot G} \cdot \oint \frac{ds}{t(s)}$$
$$= \oint \gamma_\varphi ds = \varphi' \oint r^* \cdot ds = 2A_m \varphi'. \tag{A.213}$$

$$I_t = \frac{4 \cdot A_m^2}{\oint \frac{ds}{t(s)}} \tag{A.214}$$

$$\int \frac{M_t}{2 \cdot A_m \cdot G \cdot t} ds - \int r^* \cdot \varphi' ds = \int dw$$
$$\frac{M_t}{2 \cdot A_m \cdot G} \int \frac{ds}{t(s)} - \varphi' \int r^* \cdot ds + C = w(s). \tag{A.215}$$

Dünne, offene Querschnitte

$$\tau = \frac{M_T}{W_T} \qquad W_T = \frac{1}{3} \cdot b \cdot a^2. \tag{A.216}$$

$$I_t = \frac{1}{3} \cdot a^3 \cdot b. \tag{A.217}$$

$$I_t = \frac{1}{3} \cdot \sum_{i=1}^{n} a_i^3 \cdot t_i. \tag{A.218}$$

$$W_t = \frac{1}{3 \cdot t_{\max}} \cdot \sum_{i=1}^{n} a_i^3 \cdot t_i. \tag{A.219}$$

$$I_{T,i} = \frac{1}{3} \int_{s_i} t_i^3 \cdot ds. \tag{A.220}$$

A.8.3 Wölbkrafttorsion

Definition A.3 (Verwölbung)

Verwölbung ist die Verformung, die in einem torodierendem Querschnitt infolge der Spannungen, entlang der Stabachse, hervorgerufen wird.

$$I_t = \int_{(A)} \left[\left(\frac{\partial \omega}{\partial x} - y\right)^2 + \left(\frac{\partial \omega}{\partial y} + x\right)^2\right] dA. \tag{A.221}$$

$$\varphi = \frac{M_t \cdot l}{G \cdot I_t} \tag{A.222}$$

Lösungsansatz und Gleichung des tordierten Stabes

$$u_z = \frac{d\varphi}{dz} \cdot \omega(x, y). \tag{A.223}$$

$$\Pi = \frac{E \cdot I_\omega}{2} \cdot \int_{(l)} \left(\frac{d^2\varphi}{dz^2}\right) \cdot dz$$
$$+ \frac{G \cdot I_t}{2} \int \left(\frac{d\varphi}{dz}\right)^2 \cdot dz$$
$$- \sum_i M_i \cdot \varphi_i. \tag{A.224}$$

$$I_\omega = \omega^2(x, y) \cdot dA. \tag{A.225}$$

$$E \cdot I_\omega \frac{d^4\varphi}{dz^4} - G \cdot I_t \frac{d^2\varphi}{dz^2} = 0 \tag{A.226}$$

$$\sigma_z = E \cdot \frac{d^2\varphi}{dz^2} \cdot \omega(x, y). \tag{A.227}$$

Bestimmung der sekundären Schubspannungen

$$\Pi = \frac{1}{2} \cdot G \cdot \int_{(A)} \left[\left(\frac{\partial \overline{u}_z}{\partial x} \right)^2 + \left(\frac{\partial \overline{u}_z}{\partial y} \right)^2 \right] dA$$

$$- E \cdot \frac{d^3\varphi}{dz^3} \int_{(A)} \overline{u}_z \cdot \omega(x, y) dA. \tag{A.228}$$

$$F_i = \int_{(A_i)} N_i \cdot \omega dA_e. \tag{A.229}$$

aufzustellen, wodurch eine Bestimmung der Spannungen mittels

$$\overline{\tau}_{zx} = G \cdot \frac{\partial \overline{u}_z}{\partial x} \quad \text{und} \quad \overline{\tau}_{zy} = G \cdot \frac{\partial \overline{u}_z}{\partial y}. \tag{A.230}$$

ermöglicht wird.

A.9 Zusammengesetzte Beanspruchungen

A.9.1 Gleichartige Beanspruchung

$$\sigma_{\text{Res}} = \sigma_b + \sigma_{Z,D}; \tag{A.231}$$
$$\tau_{\text{Res}} = \tau_T + \tau_A. \tag{A.232}$$

Normalspannungen (1, 2, 3)
Vgl. Abb. A.49 oben und A.50.

$$\sigma_N = \begin{bmatrix} \sigma_x & 0 & 0 \\ 0 & \sigma_y & 0 \\ 0 & 0 & \sigma_z \end{bmatrix}. \tag{A.233}$$

$$\sigma_{\text{Res},Z} = \sigma_{b,z} + \sigma_Z \geq \sigma_{z,\text{zul}}$$
$$\sigma_{\text{Res},D} = \sigma_{b,d} - \sigma_Z \geq \sigma_{d,\text{zul}}. \tag{A.234}$$

$$a = \frac{I_A}{A \cdot l} \tag{A.235}$$

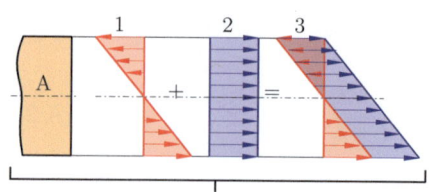
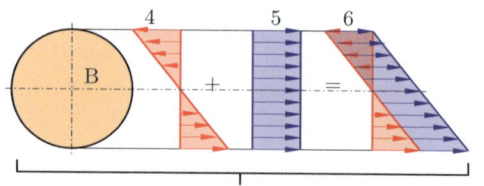

Normalbeanspruchungen
1…Biegung, 2… Zug/Druck, 3.. res. Normalspannung

Tangentialbeanspruchungen
4…Torsion, 2… Schub, 3.. res. Tangentialspannung

Abb. A.49 Beanspruchungsarten

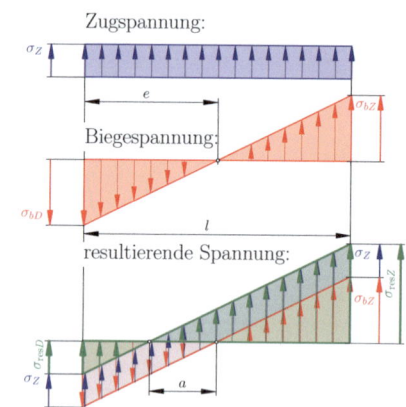

Abb. A.50 Normalspannungsüberlagerung

Schubspannungen (4, 5, 6)
Vgl. Abb. A.49 unten und A.51.

$$\underline{\underline{\sigma}} = \begin{bmatrix} \sigma_x & \tau_{xy} & \tau_{xz} \\ \tau_{yx} & \sigma_y & \tau_{yz} \\ \tau_{zx} & \tau_{zy} & \sigma_z \end{bmatrix}. \tag{A.236}$$

$$\tau_{\text{Res}} = \frac{M_t}{W_P} + \frac{4}{3} \cdot \frac{F_Q}{A}. \tag{A.237}$$

A.9 · Zusammengesetzte Beanspruchungen

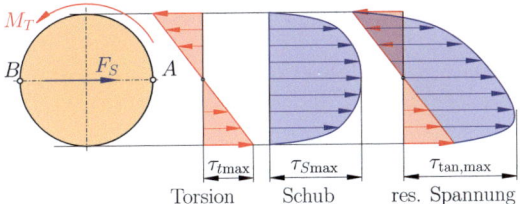

Torsion Schub res. Spannung

Abb. A.51 Tangentialspannungsüberlagerung

Anstregungs-verhältnis	Biegung	Torsion	Belastungsfall Biegung/Torsion
$\alpha_A = 0{,}7$	wechselnd	stat./schw.	III / I, II
$\alpha_A = 1$	gleicher Belastungsfall		I/I, II/II, III/III
$\alpha_A = 1{,}5$	stat./schw.	wechselnd	I, II / III

Abb. A.52 Näherungsfaktoren für α_0 (Stahl)

A.9.2 Ungleichartige Beanspruchung

1. Hypothese der größten Gestaltänderungsarbeit (GE-Hypothese),
2. Hypothese der größten Normalspannung (N-Hypothese),
3. Hypothese der größten Schubspannung (S-Hypothese) (vgl. Abb. A.53).

Hypothese der größten Gestaltänderungsarbeit

$$\sigma_V = \sqrt{\sigma_{\text{Res}}^2 + 3 \cdot (\alpha_0 \cdot \tau_{\text{Resy}})^2} \quad (A.238)$$

$$\alpha_0 = \frac{\sigma_{\text{zul}}}{1{,}73 \cdot \tau_{\text{zul}}}. \quad (A.239)$$

Vgl. Abb. A.52.

Formel für Vergleichsmoment

$$M_V = \frac{1}{W_A} \cdot \sqrt{M_b^2 + 0{,}75 \cdot (\alpha_0 \cdot M_t)^2}. \quad (A.240)$$

$$d_{\text{erf}} = \sqrt[3]{\frac{32 \cdot M_V}{\pi \cdot \sigma_{b,\text{zul}}}} \quad (A.241)$$

Hypothese der größten Normalspannung (Rankine)
Vgl. Abb. A.52.

$$\sigma_V = \frac{\sigma}{2} \cdot \sqrt{\left(\frac{\sigma}{2}\right)^2 + (\alpha_0 \cdot \tau)^2}$$

mit: $\alpha_0 = \dfrac{\sigma_{\text{zul}}}{\tau_{\text{zul}}}.$ (A.242)

GE-Hypothese	N-Hypothese
(meist verwendet)	(für Schweissnahtberechnungen und spröde Werkstoffe)
$\sigma_V = \sqrt{\sigma_{\text{Res}}^2 + 3\,(\alpha_0\,\tau_{\text{Res}})^2}$ $\alpha_0 = \frac{\sigma_{zul}}{1{,}73\,\tau_{zul}}$	$\sigma_V = \frac{\sigma}{2}\sqrt{\left(\frac{\sigma}{2}\right)^2 + 3\,(\alpha_0\,\tau)^2}$ $\alpha_0 = \frac{\sigma_{zul}}{\tau_{zul}}$
S-Hypothese	Bemerkung: Bei unterschiedlich artigen Spannungen (Torsion und Biegung) wird der schlechtere Fall beider Dimensionierung verwendet, also hierin: Torsion. Dies wird in die Formel d_{erf} eingesetzt.
(für duktile Werkstoffe)	
$\sigma_V = \sqrt{\sigma^2 + 4\,(\alpha_0\,\tau)^2}$ $\alpha_0 = \frac{\sigma_{zul}}{2\,\tau_{zul}}$	$d_{\text{erf}} = \sqrt[3]{\frac{32\,M_V}{\pi\,\sigma_{b,zul}}}$

Abb. A.53 Vergleichsspannungen im Überblick

Hypothese der größten Schubspannung

$$\sigma_V = \sqrt{\sigma_b^2 + 4 \cdot (\alpha_0 \cdot \tau)^2}$$

mit: $\alpha_0 = \dfrac{\sigma_{\text{zul}}}{2 \cdot \tau_{\text{zul}}}.$ (A.243)

Zusammenfassung
Siehe Abb. A.53.

A.9.3 Spannungsraum und Fließbedingungen

Fließbedingungen

$$F(\underline{\underline{\sigma}}, \sigma_F) \leq 0. \quad (A.244)$$

- $F(\underline{\underline{\sigma}}) < 0$ elastische Verformungen,
- $F(\underline{\underline{\sigma}}) = 0$ plastische Verformungen,
- $F(\underline{\underline{\sigma}}) > 0$ ist nicht zulässig.

Fließbedingung nach von Mises (Gestaltänderungsenergiehypothese)

$$F(\underline{\sigma}, \sigma_F) = \sqrt{3I_2} - \sigma_F \leq 0 \quad (A.245)$$

Mit der Bildungsvorschrift der 2. Invariante des Spannungstensors und kann

$$\frac{1}{2}\left[(\sigma_{11} - \sigma_{22})^2 + (\sigma_{22} - \sigma_{33})^2 + (\sigma_{33} - \sigma_{11})^2\right]$$
$$+ 2(\sigma_{12}^2 + \sigma_{23}^2 + \sigma_{31}^2) - \frac{2}{3}\sigma_F^2 \leq 0 \quad (A.246)$$

geschrieben werden.

Fließbedingung nach Tresca (Schubspannungshypothese)

$$(\underline{\sigma}, \sigma_F)$$
$$= \max(|\sigma_I - \sigma_{II}|; |\sigma_I - \sigma_{III}|; |\sigma_{II} - \sigma_{III}|)$$
$$- \sigma_F \leq 0 \quad (A.247)$$

Fließbedingung nach Burzyński-Yagn

$$3I_2' = \frac{\sigma_{eq} - \gamma_1 I_1}{1 - \gamma_1} \frac{\sigma_{eq} - \gamma_2 I_1}{1 - \gamma_2}. \quad (A.248)$$

Kriterium nach Drucker und Prager
Für den Konus von Drucker und Prager gilt $\gamma_1 = \gamma_2 \in\ ]0;1[$.

Kriterium nach Balandin
Für den Parabolid von Balandin gilt $\gamma_1 \in\ ]0;1[$, $\gamma_2 = 0$.

Kriterium nach Beltrami
Für den Ellipsoid von Beltrami gilt $\gamma_1 = \gamma_2 \in\ ]0;1[$.

Kriterium nach Schleicher
Für den Ellipsoid von Schleicher gilt $\gamma_1 \in\ ]0;1[$, $\gamma_2 < 0$.

Kriterium nach Burzyński-Yagn
Für den Hyperboloid von Burzyński-Yagn gilt $\gamma_1 \in\ ]0;1[, \gamma_2 \in\ ]0; \gamma_1[$.

Kriterium nach Burzyński-Yagn
Für den Hyperboloid von Burzyński-Yagn gilt $\gamma_1 \in\ ]0;1[$, $\gamma_2 < 0$.

Fließbedingung nach Huber

$$3I_2' = \frac{\sigma_{eq} - \gamma_1 I_1}{1 - \gamma_1} \frac{\sigma_{eq} - \gamma_1 I_1}{1 - \gamma_1}. \quad (A.249)$$

für $I_1 > 0$ und koppelt diesen mit einem zweiten Zylinder, der einen Schnitt mit $I_1 = 0$ besitzt, gemäß (Durchsetzten von $I_1 = 0$)

$$3I_2' = \frac{\sigma_{eq}}{1 - \gamma_1} \frac{\sigma_{eq}}{1 - \gamma_1}. \quad (A.250)$$

A.10 Stabilitätsprobleme

A.10.1 Biegeknickung

Begriffe der Knickung

Knickspannung (σ_K)
Die Knickkraft, dividiert durch den Stabquerschnitt, wird als Knickspannung bezeichnet.

$$\sigma_K = \frac{F_K}{A} \quad (A.251)$$

Knicksicherheit (ν_K)

$$\nu_K = \frac{F_K}{F_d} = \frac{\sigma_K}{\sigma_d} \quad (A.252)$$

Schlankheitsgrad (λ)

$$\lambda = \frac{s}{i} \quad \text{mit:}$$
$$I = A \cdot i^2 \implies i = \sqrt{\frac{I}{A}} \quad (A.253)$$

Euler-Fälle
Siehe ▫ Abb. A.54.

Dimensionierung bei Knickung

$$I_{\min} = \frac{F_D \cdot \nu \cdot s^2}{\pi^2 \cdot E}. \quad (A.254)$$

$$\sigma_K = \frac{\pi^2 \cdot E}{\lambda^2} \leq \sigma_{d,P}. \quad (A.255)$$

Grenzschlankheitsgrad λ_0

$$\lambda_0 = \pi \cdot \sqrt{\frac{E}{\sigma_{d,P}}}. \quad (A.256)$$

A.10 · Stabilitätsprobleme

Abb. A.54 Überblick der Euler Fälle

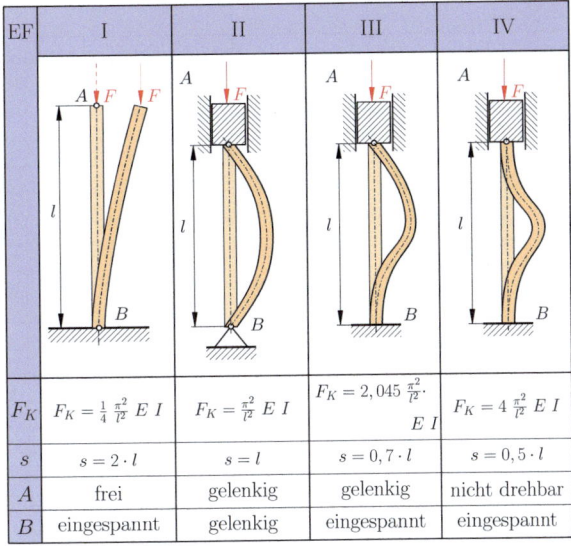

EF ... Euler - Knickfall

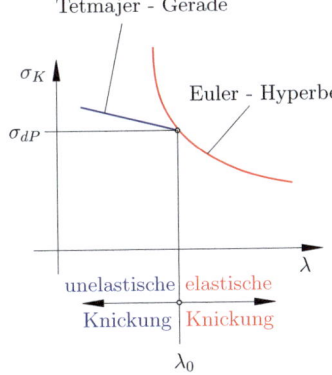

Abb. A.55 Vergleich Euler- und Tetmajer Knickung

Werksoff	a	b	c
Gusseisen (GG)	29,3	-0,194	0
Baustahl (S235)	776	-12	0,053
Baustahl (S355)	335	-0,62	0

Abb. A.56 Werte für Koeffizienten a, b und c

somit lautet die Tetmajer Gleichung für Grauguss (vgl. Abb. A.56):

$$\sigma_K = a - b \cdot \lambda - c \cdot \lambda^2. \tag{A.259}$$

$$v_K = \frac{\sigma_K}{\sigma_{d,\text{vorh}}} > 3\ldots 10. \tag{A.260}$$

Omega Verfahren

$$\sigma_\omega = \frac{F \cdot \omega}{A} \leq \sigma_{d,\text{zul}}. \tag{A.261}$$

Mit ω ... Knickzahl. Dieses Verfahren wird verwendet bei Stäben mit einem Schlankheitsgrad von (vgl. Abb. A.57)

$20 \leq \lambda \leq 250\ldots$ im Stahlbau

$20 \leq \lambda \leq 150\ldots$ im Brückenbau

$20 \leq \lambda \leq 50\ldots$ Einzelstäbe mit zusammengesetzten Knickstäben

Eulerbedingung

$$\lambda_{\text{vorh}} > \lambda_0. \tag{A.257}$$

Elastische Biegeknickung (Tetmajer Gleichungen)

Vgl. Abb. A.55. Die Tetmajer Gleichungen sind vom Werkstoff und vom Schlankheitsgrad abhängig.

$$\sigma_K = a - b \cdot \lambda. \tag{A.258}$$

Bei Bauteilen aus dem Material Grauguss (GG) erhält man anstatt einer Gerade eine Parabel,

λ	0	1	2	3	4	5	6	7	8	9	Knickzahlen ω
20	1,04	1,04	1,04	1,05	1,05	1,06	1,06	1,07	1,07	1,08	
30	1,08	1,09	1,09	1,10	1,10	1,11	1,11	1,12	1,13	1,13	
40	1,14	1,14	1,15	1,16	1,16	1,17	1,18	1,19	1,19	1,20	
50	1,21	1,22	1,23	1,23	1,24	1,25	1,26	1,27	1,28	1,29	
60	1,30	1,31	1,32	1,33	1,34	1,35	1,36	1,37	1,39	1,40	St 360
70	1,41	1,42	1,44	1,45	1,46	1,48	1,49	1,50	1,52	1,53	
80	1,55	1,56	1,58	1,59	1,61	1,62	1,64	1,66	1,68	1,69	
90	1,71	1,73	1,74	1,76	1,78	1,80	1,82	1,84	1,86	1,88	
100	1,90	1,92	1,94	1,96	1,98	2,00	2,02	2,05	2,07	2,09	
110	2,11	2,14	2,16	2,18	2,21	2,23	2,27	2,31	2,35	2,39	
120	2,43	2,47	2,51	2,55	2,60	2,64	2,68	2,72	2,77	2,81	
130	2,85	2,90	2,94	2,99	3,03	3,08	3,12	3,17	3,22	3,26	$\sigma_{d,zul} = 138 \text{ N/mm}^2$
140	3,31	3,36	3,41	3,45	3,50	3,55	3,60	3,65	3,70	3,75	
150	3,80	3,85	3,90	3,95	4,00	4,06	4,11	4,16	4,22	4,27	
160	4,32	4,38	4,43	4,49	4,54	4,60	4,65	4,71	4,77	4,82	
170	4,88	4,94	5,00	5,05	5,11	5,17	5,23	5,29	5,35	5,41	
180	5,47	5,53	5,59	5,66	5,72	5,78	5,84	5,91	5,97	6,03	
190	6,10	6,16	6,23	6,29	6,36	6,42	6,49	6,55	6,62	6,69	
200	6,75	6,82	6,89	6,96	7,03	7,10	7,17	7,24	7,31	7,38	
210	7,45	7,52	7,95	7,66	7,73	7,81	7,88	7,95	8,03	8,10	
220	8,17	8,25	8,32	8,40	8,47	8,55	8,63	8,70	8,78	8,86	
230	8,93	9,01	9,09	9,17	9,25	9,33	9,41	9,49	9,57	9,65	

λ	0	1	2	3	4	5	6	7	8	9	Knickzahlen ω
20	1,06	1,06	1,07	1,07	1,08	1,08	1,09	1,09	1,10	1,11	
30	1,11	1,12	1,12	1,13	1,14	1,15	1,15	1,16	1,17	1,18	
40	1,19	1,19	1,20	1,21	1,22	1,23	1,24	1,25	1,26	1,27	
50	1,28	1,30	1,31	1,32	1,33	1,35	1,36	1,37	1,39	1,40	
60	1,41	1,43	1,44	1,46	1,48	1,49	1,51	1,53	1,54	1,56	
70	1,58	1,60	1,62	1,64	1,66	1,68	1,70	1,72	1,74	1,77	St 510
80	1,79	1,81	1,83	1,86	1,88	1,91	1,93	1,95	1,98	2,01	
90	2,05	2,10	2,14	2,19	2,24	2,29	2,33	2,38	2,43	2,48	
100	2,53	2,58	2,64	2,69	2,74	2,79	2,85	2,90	2,95	3,01	
110	3,06	3,12	3,18	3,23	3,29	3,35	3,41	3,47	3,53	3,59	
120	3,65	3,71	3,77	3,83	3,89	3,96	4,02	4,09	4,15	4,22	
130	4,28	4,35	4,41	4,48	4,55	4,62	4,69	4,75	4,82	4,89	$\sigma_{d,zul} = 210 \text{ N/mm}^2$
140	4,96	5,04	5,11	5,18	5,25	5,33	5,40	5,47	5,55	5,62	
150	5,70	5,78	5,85	5,93	6,01	6,09	6,11	6,24	6,32	6,40	
160	6,58	6,57	6,65	6,73	6,81	6,90	6,98	7,06	7,15	7,23	
170	7,32	7,41	7,49	7,58	7,67	7,76	7,85	7,94	8,03	8,12	
180	8,21	8,30	8,39	8,48	8,58	8,67	8,76	8,86	8,95	9,05	
190	9,14	9,24	9,34	9,44	9,53	9,63	9,73	9,83	9,93	10,03	
200	10,13	10,23	10,34	10,44	10,54	10,65	10,75	10,85	10,96	11,06	
210	11,17	11,28	11,38	11,49	11,60	11,71	11,82	11,93	12,04	12,15	
220	12,26	12,37	12,48	12,60	12,71	12,82	12,94	13,05	13,17	13,28	
230	13,40	13,52	13,63	13,75	13,87	13,99	14,11	14,23	14,35	14,47	

Abb. A.57 Werte für ω

A.10.2 Zweiachsige Biegeknickung

$$I_u = I_y \cdot \sin^2(\alpha) - I_{xy} \cdot \sin(2 \cdot \alpha) + I_x \cdot \cos^2(\alpha) \tag{A.262}$$

$$I_v = I_x \cdot \sin^2(\alpha) + I_{xy} \cdot \sin(2 \cdot \alpha) + I_y \cdot \cos^2(\alpha) \tag{A.263}$$

$$\alpha = \frac{1}{2} \cdot \arctan\left(\frac{2 \cdot I_{xy}}{I_y - I_x}\right). \tag{A.264}$$

A.10.3 Biegedrillknicken (Kippen)

$$M_Y \cdot v'' + E \cdot I_z \cdot \varphi'''' - G \cdot I_T \cdot \varphi'' = 0. \tag{A.265}$$

$$0 = \varphi'' + \frac{M_Y^2}{G \cdot I_T \cdot I_Z \cdot E} \cdot \varphi. \tag{A.266}$$

A.10.4 Übersicht Kippen

Siehe ◻ Abb. A.58.

A.10.5 Beulen

Beulgleichung

$$\Delta\Delta w = -\frac{t}{E \cdot I} \cdot \left(\sigma_x \frac{\partial^2 w}{\partial x^2} + 2\tau_{xy} \frac{\partial^2 w}{\partial x \partial y} + \sigma_y \frac{\partial^2 w}{\partial y^2}\right) \tag{A.267}$$

Lösung der Beulgleichung

$$\sigma_{B,\text{krit}} = \frac{\frac{B \cdot \pi^2}{t} \cdot \left[\left(\frac{l}{a}\right)^2 + \left(\frac{k}{b}\right)^2\right]^2}{\left(\frac{l}{a}\right)^2 + \kappa \cdot \left(\frac{k}{b}\right)^2} \tag{A.268}$$

Kippfall	Belastung	β	Formel
1	Balken auf zwei Stützen, Einzellast F mittig	16,93	$F_K = \beta \frac{1}{l^2} \sqrt{G\, I_T\, I_Z\, E}$
2	Kragbalken, Einzellast F am Ende	4,2	
3	Beidseitig eingespannt, Einzellast F mittig	44,5	
4	Balken auf zwei Stützen, Streckenlast q	28,3	$q_K = \beta \frac{1}{l^3} \sqrt{G\, I_T\, I_Z\, E}$
5	Kragbalken, Streckenlast q	12,85	

Alle Balken besitzen die Länge l

◻ **Abb. A.58** Kippfälle im Überblick

A.11 Arbeitsbegriff in der Elastostatik

Differentielle Arbeit eines Momentes:

$$dW = M \cdot d\varphi. \tag{A.269}$$

Das Potential Π einer konservativen Kraft beträgt

$$\Pi = -W. \tag{A.270}$$

Arbeitssatz der Statik

$$\delta W = 0. \tag{A.271}$$

Formänderungsarbeit

$$W_f = \frac{\Delta F \cdot \Delta l}{2} = \frac{\sigma^2 \cdot V}{2 \cdot E}. \tag{A.272}$$

Sätze von Castigliano und Menabrea

Betrachtet man statisch bestimmte Systeme, so macht man dies mit dem Satz von Castigliano hingegen man bei statisch unbestimmte Systeme auf den Satz von Menabrea zurückgreift.

$$\frac{\partial W}{\partial F} = \frac{Fl}{EA} = \Delta l \quad \text{Zug, Druck,} \quad (A.273)$$

$$\frac{\partial W}{\partial F} = \frac{Fl^3}{3EI_y} = w_{\max} \quad \text{Biegung} \quad (A.274)$$

$$\frac{\partial W}{\partial M_T} = \frac{M_T l}{GI_T} = \vartheta \quad \text{Torsion.} \quad (A.275)$$

$$u_i = \frac{\partial W}{\partial F_i} \quad \text{bzw.} \quad \varphi_i = \frac{\partial W}{\partial M_i}. \quad (A.276)$$

Theorem A.4 (Satz von Castigliano)

$$u_i = \frac{\partial W_i}{\partial F_i}$$

$$= \int_{x=0}^{l} \left(\frac{F_N}{EA} \frac{\partial F_N}{\partial F_i} + \frac{M}{EI_y} \frac{\partial M}{\partial F_i} \right.$$

$$\left. + \frac{M_T}{GI_T} \frac{\partial M_T}{\partial F_i} \right) dx \quad \text{bzw.} \quad (A.277)$$

$$\varphi_i = \frac{\partial W_i}{\partial M_i}$$

$$= \int_{x=0}^{l} \left(\frac{F_N}{EA} \frac{\partial F_N}{\partial M_i} + \frac{M}{EI_y} \frac{\partial M}{\partial M_i} \right.$$

$$\left. + \frac{M_T}{GI_T} \frac{\partial M_T}{\partial M_i} \right) dx. \quad (A.278)$$

$$\frac{\partial U}{\partial F_k} = v_k$$

$$= \sum_{i=1}^{n} \int_{l_i} \left[\frac{M_{bxi}}{(EI_{xx})_i} \frac{\partial M_{bxi}}{\partial F_k} + \frac{M_{byi}}{(EI_{yy})_i} \frac{\partial M_{byi}}{\partial F_k} \right.$$

$$+ \frac{M_{ti}}{(GI_t)_i} \frac{\partial M_{ti}}{\partial F_k} + \frac{F_{Li}}{(EA)_i} \frac{\partial F_{Li}}{\partial F_k}$$

$$\left. + \frac{F_{Qxi}}{(GA\kappa_x)_i} \frac{\partial F_{Qxi}}{\partial F_k} + \frac{F_{Qyi}}{(GA\kappa_y)_i} \frac{\partial F_{Qyi}}{\partial F_k} \right] ds_i$$

$$(A.279)$$

$$\frac{\partial U}{\partial M_k} = \varphi_k$$

$$= \sum_{i=1}^{n} \int_{l_i} \left[\frac{M_{bxi}}{(EI_{xx})_i} \frac{\partial M_{bxi}}{\partial M_k} + \frac{M_{byi}}{(EI_{yy})_i} \frac{\partial M_{byi}}{\partial M_k} \right.$$

$$+ \frac{M_{ti}}{(GI_t)_i} \frac{\partial M_{ti}}{\partial M_k} + \frac{F_{Li}}{(EA)_i} \frac{\partial F_{Li}}{\partial M_k}$$

$$\left. + \frac{F_{Qxi}}{(GA\kappa_x)_i} \frac{\partial F_{Qxi}}{\partial M_k} + \frac{F_{Qyi}}{(GA\kappa_y)_i} \frac{\partial F_{Qyi}}{\partial M_k} \right] ds_i$$

$$(A.280)$$

Theorem A.5 (Satz von Menabrea)

Alle partiellen Ableitungen der Formänderungsenergie nach einer statisch unbestimmten Lagerreaktion sind gleich Null.

$$\frac{\partial U^*}{\partial X_i} = 0 \quad \text{mit:} \quad i = 1, \ldots, n. \quad (A.281)$$

$X_i \ldots$ statisch unbestimmte Größen (deren Arbeitsweg jeweils Null sein muss); $U^* = U^*(X_1, \ldots, X_n) \ldots$ innere Ergänzungsenergie.

Sätze von Betti und Maxwell

Theorem A.6 (Satz von Betti und Maxwell)

Die Arbeiten, die die Kräfte des ersten Systems auf den Wegen des zweiten Systems leisten, sind gleich den Arbeiten, die die Kräfte des zweiten Systems auf den Wegen des ersten Systems leisten.

Theorem A.7 (Satz von Betti)

Bei linear elastischen Bauteilen ist die Formarbeit, die eine Belastung (Kraft) durch F_1 bei nachfolgender Belastung (Kraft) F_2 herrscht dieselbe, als wenn die Fremdarbeit durch die Kraft F_2 bei nachfolgender Kraft F_1 vorliegt. Es gilt demnach:

$$W_{12} = W_{21} \quad (A.282)$$

A.12 · Tensoren und Grundlagen der Tensorrechnung

Theorem A.8 (Satz von Maxwell)

Bei linear elastischen Bauteilen ist die Verschiebung an dem Ort 1 infolge der Kraft $F_2 = 1$ dieselbe als die Verschiebung an dem Ort 2 infolge der Kraft $F_1 = 1$.

Es gilt demnach:

$$\delta_{12} = \delta_{21} \tag{A.283}$$

A.12 Tensoren und Grundlagen der Tensorrechnung

Tensorbegriff

Orthonormierte Basisvektoren als Tensorbasis

$$\underline{e}_i \cdot \underline{e}_j = |e_i||e_j|\cos(\underline{e}_i \cdot \underline{e}_j) = \delta_{ij} \tag{A.284}$$

$$\delta_{ij} = \begin{pmatrix} 1 & 0 & 0 \\ 0 & 1 & 0 \\ 0 & 0 & 1 \end{pmatrix} \tag{A.285}$$

Tensoralgebra

- Symbolische Schreibweise:

$$\underline{a} + \underline{b} = \underline{c} \tag{A.286}$$

- Komponentenschreibweise:

$$A_{ij}\underline{e}_i \otimes \underline{e}_j + B_{ij}\underline{e}_i \otimes \underline{e}_j = C_{ij}\underline{e}_i \otimes \underline{e}_j \tag{A.287}$$

- Koordinatenschreibweise:

$$a_{ij} + b_{ij} = c_{ij} \tag{A.288}$$

- Symbolische Schreibweise:

$$\underline{\underline{a}} \otimes \underline{\underline{b}} = \underline{\underline{c}} \tag{A.289}$$

- Komponentenschreibweise:

$$a_i \underline{e}_i \otimes b_{jk}\underline{e}_j \otimes \underline{e}_k = A_i b_{jk}\underline{e}_i \otimes \underline{e}_j \otimes \underline{e}_k$$
$$= c_{ijk}\underline{e}_i \otimes \underline{e}_j \otimes \underline{e}_k \tag{A.290}$$

- Koordinatenschreibweise:

$$a_i b_{jk} = c_{ijk} \tag{A.291}$$

Einfaches Skalarprodukt (inneres Produkt)

- Symbolische Schreibweise:

$$A_{ij}\underline{e}_i \otimes \underline{e}_j \cdot B_{kl}\underline{e}_k \otimes \underline{e}_l$$
$$= A_{ij} B_{kl}\underline{e}_i \otimes \underbrace{\underline{e}_j \cdot \underline{e}_k}_{\delta_{jk}} \otimes \underline{e}_l$$
$$= A_{ij} B_{kl}\delta_{jk}\underline{e}_i \otimes \underline{e}_l$$
$$= \underbrace{A_{ij} B_{jl}}_{\text{Summation}} \underline{e}_i \otimes \underline{e}_l$$
$$= C_{il}\underline{e}_i \otimes \underline{e}_l \tag{A.292}$$

- Komponentenschreibweise:

$$\underline{\underline{A}} \cdot \underline{\underline{B}} = \underline{\underline{C}} \tag{A.293}$$

- Koordinatenschreibweise:

$$\underbrace{A_{ij} B_{jl}}_{\text{Summation}} = C_{il} \tag{A.294}$$

Tensorkoordinatentransformation

$$\underline{\underline{R}} = \begin{bmatrix} r_{11} & r_{12} & r_{13} \\ r_{21} & r_{22} & r_{23} \\ r_{31} & r_{32} & r_{33} \end{bmatrix}. \tag{A.295}$$

Vgl. ◘ Abb. A.59.

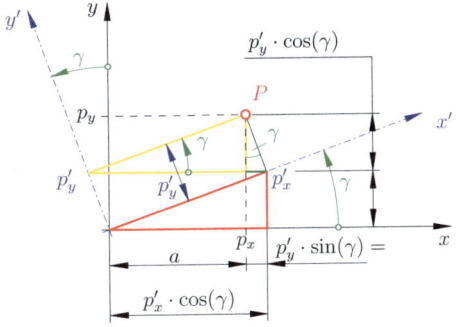

◘ **Abb. A.59** Herleitung der Rotationsmatrix

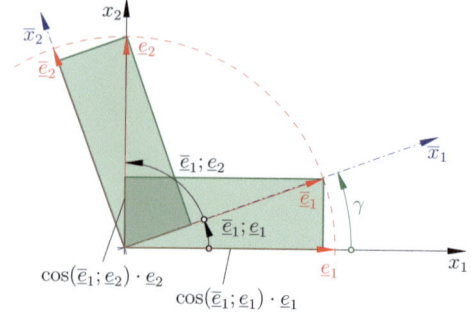

Abb. A.60 Herleitung der Rotationsmatrix eines Tensors

Es ergibt sich eine allgemeine Form der Rotationsmatrix, zu

$$\underline{\underline{R}} = \begin{bmatrix} r_{11} & r_{12} & r_{13} \\ r_{21} & r_{22} & r_{23} \\ r_{31} & r_{32} & r_{33} \end{bmatrix} = \begin{bmatrix} x_x & y_x & z_x \\ x_y & y_y & z_y \\ x_z & y_z & z_z \end{bmatrix}. \tag{A.296}$$

Drehtransformation eines Tensors
Vgl. Abb. A.60.

$$c_{ij} = \begin{pmatrix} c_{11} & c_{12} & c_{13} \\ c_{21} & c_{22} & c_{23} \\ c_{31} & c_{32} & c_{33} \end{pmatrix}. \tag{A.297}$$

Transformation Tensoren zweiter Stufe

$$\overline{n}_{kl} = c_{ki}c_{lj}n_{ij} = c_{ki}n_{ij}c_{lj} \tag{A.298}$$

$$\underline{\overline{\underline{n}}} = \underline{\underline{C}} \cdot \underline{\underline{A}} \cdot \underline{\underline{C}}^\top, \tag{A.299}$$

Hauptspannungen und Hauptachsensystem

Definition A.4 (Hauptspannungen)
Hauptspannungen sind Spannungen, an dessen Spannungstensor die Schubspannungen verschwinden und nur mehr Normalspannungen vorliegen.

$$\overline{\sigma}_{ij} = \begin{pmatrix} \overline{\sigma}_{11} & 0 & 0 \\ 0 & \overline{\sigma}_{22} & 0 \\ 0 & 0 & \overline{\sigma}_{33} \end{pmatrix}. \tag{A.300}$$

Invarianten

$$-\overline{\sigma}_{(ii)}^3 + I_1 \overline{\sigma}_{(ii)}^2 - I_2 \overline{\sigma}_{(ii)} + I_3 = 0 \tag{A.301}$$

Maximale Schnittspannungen

$$|\vec{T}^{(\hat{n})}| = \sqrt{(\sigma^\top \cdot \hat{n}) \cdot (\sigma^\top \cdot \hat{n})}$$
$$= \sqrt{\hat{n} \cdot \sigma \cdot \sigma^\top \cdot \hat{n}} \tag{A.302}$$

Maximale Schubspannungen

$$\tau_{\max} = \sqrt{\left(\frac{\sigma_x - \sigma_y}{2}\right)^2 + \tau_{xy}^2}. \tag{A.303}$$

Nabla-Operator ∇

Definition A.5 (Nabla-Operator)
Sei Nabla ein Vektor, dessen Komponenten partielle Ableitungen der Form $\frac{\partial}{\partial x_i}$ mit $i \in \mathbb{N}$, dann gilt

$$\vec{\nabla} = \sum_{i=1}^n \left(\frac{\partial}{\partial x_i}\right) = \left(\frac{\partial}{\partial x_1}, \ldots, \frac{\partial}{\partial x_n}\right). \tag{A.304}$$

Tritt der Nabla Operator als Divergenz (div) auf, so kann für einen dreidimensionalen Raum

$$\vec{\nabla} = \left(\frac{\partial}{\partial x}, \frac{\partial}{\partial y}, \frac{\partial}{\partial z}\right) \tag{A.305}$$

geschrieben werden, oder durch die Einheitsvektoren

$$\vec{\nabla} = \vec{e}_x \cdot \frac{\partial}{\partial x} + \vec{e}_y \cdot \frac{\partial}{\partial y} + \vec{e}_z \cdot \frac{\partial}{\partial z}. \tag{A.306}$$

Gauß'scher Integralsatz

$$\oint_A \vec{v} \cdot d\vec{A} = \int_V \operatorname{div} \vec{v} \, dV. \quad (A.307)$$

$$\underbrace{\int_V \operatorname{div} \vec{F} \cdot dV}_{A} = \underbrace{\oint_A \vec{F} \cdot \vec{n} \cdot dA}_{B}. \quad (A.308)$$

A.13 Grundgleichungen der linearen Elastizitätstheorie

A.13.1 Stoffunabhängige Gleichungen

$$\underline{\underline{\sigma}} = \underline{\underline{\sigma}}^\top. \quad (A.309)$$

$$\sigma_{ij,j} + \varrho f_i = 0. \quad (A.310)$$

$$\varepsilon_{ij} = \frac{1}{2} \cdot \gamma_{i,j} = \frac{1}{2}[u_{i,j} + u_{j,i}]. \quad (A.311)$$

St.-Venant'sche Kompatibilitätsbedingungen

$$\varepsilon_{ij,kl} + \varepsilon_{kl,ij} - \varepsilon_{il,jk} - \varepsilon_{jk,il} = 0. \quad (A.312)$$

A.13.2 Stoffabhängige Gleichungen

Elastizität im technischen Sinne

$$\sigma_{ij} = E_{ijkl} \cdot \varepsilon_{kl} \quad (A.313)$$

$$\underline{\underline{\sigma}} = \underline{\underline{\underline{E}}} \cdot \underline{\underline{\varepsilon}}. \quad (A.314)$$

Hooke'sches Gesetz in Matrixform

$$\begin{pmatrix} \sigma_{11} \\ \sigma_{22} \\ \sigma_{33} \\ \sigma_{12} \\ \sigma_{23} \\ \sigma_{13} \end{pmatrix} = \begin{pmatrix} E_{1111} & E_{1122} & E_{1133} & E_{1112} & E_{1123} & E_{1113} \\ E_{1122} & E_{2222} & E_{2233} & E_{2212} & E_{2223} & E_{2213} \\ E_{1133} & E_{2233} & E_{3333} & E_{3312} & E_{3323} & E_{3313} \\ E_{1112} & E_{2212} & E_{3312} & E_{1212} & E_{1223} & E_{1213} \\ E_{1123} & E_{2223} & E_{3323} & E_{1223} & E_{2323} & E_{2313} \\ E_{1113} & E_{2213} & E_{3313} & E_{1213} & E_{2313} & E_{1313} \end{pmatrix} \cdot \begin{pmatrix} \varepsilon_{11} \\ \varepsilon_{22} \\ \varepsilon_{33} \\ 2\varepsilon_{12} \\ 2\varepsilon_{23} \\ 2\varepsilon_{13} \end{pmatrix} \quad (A.315)$$

Interpretation der Elastizitätskonstanten

Normalspannungs-Dehnungs-Kopplungen in der gleichen Richtung

$$\sigma_{11} = E_{1111} \cdot \varepsilon_{11}. \quad (A.316)$$

Normalspannungs-Querdehnungs-Kopplungen

$$\sigma_{11} = E_{1111} \cdot \varepsilon_{11} = E_{1122} \cdot \varepsilon_{22}. \quad (A.317)$$

$$\nu_{12} = -\frac{\varepsilon_{22}}{\varepsilon_{22}}. \quad (A.318)$$

$$E_{1122} = -\frac{E_{1111}}{\nu_{21}}. \quad (A.319)$$

Dehnungs-Schiebungs-Kopplung

A.13.3 Spezielle Elastizitätsgesetze

Trikline Anisotropie

— keine Symmetrieebenen im Material
— 21 unabhängige Elastizitätskonstanten beschreiben das Gesetz
— Elastizitätsmodul ist richtungsabhängig
— alle Kopplungen sind vorhanden
— Steifigkeitsmatrix ist voll besetzt

Monokline Anisotropie

— 1 Symmetrieebene im Material
— 13 unabhängige Elastizitätskonstanten beschreiben das Gesetz
— Elastizitätsmodul ist richtungsabhängig
— Kopplungen vorhanden

Orthotropie

- 3 Symmetrieebenen im Material
- 9 unabhängige Elastizitätskonstanten beschreiben das Gesetz
- Elastizitätsmodul ist richtungsabhängig
- keine Dehnungs-Schiebungs-Kopplung vorhanden

Isotropie

- Es gibt unendlich viele Symmetrieebenen im Material.
- Es besteht keinerlei Richtungsabhängigkeit der Konstanten.
- Es existieren keine Schiebungskopplungen.
- Zwei unabhängige Elastizitätskonstanten (ν, E) beschreiben das elastische Materialgesetz: $G = \frac{E}{2(1+\nu)}$

A.13.4 Thermoelastizität

$$\sigma_{ij} = E_{ijkl}\varepsilon_{kl} - \underbrace{E_{ijkl}\alpha_{kl}}_{\beta_{ij}}\vartheta \qquad (A.320)$$

A.13.5 Verallgemeinertes Hooke'sches mit Thermoelastizität bei Isotropie

$$\sigma_{ij} = \frac{E}{1+\nu}\left[\varepsilon_{ij} + \frac{\nu}{1-2\nu}\varepsilon_{kk}\delta_{ij}\right]$$
$$- \frac{E\alpha}{1-2\nu}\delta_{ij}\vartheta. \qquad (A.321)$$

A.14 Spezielle Randwertprobleme

A.14.1 Ebener Spannungszustand

Voraussetzungen

Damit ein ebener Spannungszustand vorliegt, müssen folgende Gesetzmäßigkeiten gelten

- Es dürfen nur Spannungen in der Ebene vorliegen (Raumunabhängig) dies, bedeutet, dass die x_3-Koordinate unabhängig ist.
- Entlang der x_3 Koordinate muss eine konstante Figur vorhanden sein, dies ist bei einem Rohr oder einer Platte der Fall.
- Die Werkstoffeigenschaften sind in der dritten Achse konstant.
- Die Belastung erfolgt innerhalb einer Ebene.

Definition A.6 (Scheibe)

Eine Scheibe ist in der Technischen Mechanik das Modell eines Flächentragwerks, das im Referenzzustand eben ist und durch Kräfte in ihrer Ebene belastet wird. Biegemomente, deren Achse in der Scheibenebene liegen, sowie Kräfte, die senkrecht zur Scheibe wirken, bleiben unberücksichtigt [94].

Definition A.7 (Platte)

Eine Platte gilt in der Technischen Mechanik ebenfalls als ein ebenes Bauteil, wird jedoch mit gerade denjenigen Kräften und Momenten belastet, die bei der Betrachtung des Bauteils als Scheibe vernachlässigt werden [94].

Definition A.8 (Schale)

Eine Schale ist in der Technischen Mechanik ein Flächentragwerk, das gekrümmt ist und Belastungen sowohl senkrecht (wie eine Platte) als auch in seiner Ebene (wie eine Scheibe) aufnehmen kann [93].

Kompatibilitätsbedingungen

$$2\varepsilon_{12,12} - \varepsilon_{22,11} - \varepsilon_{11,22} = 0 \quad (A.322)$$
$$2\varepsilon_{13,13} - \varepsilon_{33,11} - \varepsilon_{11,33} = 0 \quad (A.323)$$
$$2\varepsilon_{23,23} - \varepsilon_{33,22} - \varepsilon_{22,33} = 0 \quad (A.324)$$
$$\varepsilon_{11,23} + \varepsilon_{23,11} - \varepsilon_{12,13} - \varepsilon_{13,12} = 0 \quad (A.325)$$
$$\varepsilon_{22,13} + \varepsilon_{13,22} - \varepsilon_{12,23} - \varepsilon_{23,12} = 0 \quad (A.326)$$
$$\varepsilon_{12,33} + \varepsilon_{33,12} - \varepsilon_{13,23} - \varepsilon_{23,13} = 0 \quad (A.327)$$

Airy'sche Spannungsfunktion

Definition A.9 (Airy'sche Spannungsfunktion)

$$\sigma_{11} = F_{,22} \qquad (A.328)$$
$$\sigma_{22} = F_{,11} \qquad (A.329)$$
$$\sigma_{12} = -F_{,12} - \varrho f_1 x_2 - \rho f_2 x_1 \qquad (A.330)$$

A.14 · Spezielle Randwertprobleme

$$F_{,1111} + 2F_{,1122} + F_{,2222} + \alpha E(\vartheta_{,11} + \vartheta_{,22}) = 0 \quad \text{(A.331)}$$

Definition A.10 (Laplace-Operator)
Der Laplace Operator wird mit Δ abgekürzt. Er beschreibt: $\Delta(\ldots) = (\ldots)_{,11} + (\ldots)_{,22} = (\ldots)_{,kk}$.

$$\Delta\Delta F = -\alpha \cdot E \Delta \vartheta. \quad \text{(A.332)}$$

A.14.2 Ebener Verzerrungszustand

$$\underline{\underline{\varepsilon}} = \begin{pmatrix} \varepsilon_{11} & \varepsilon_{12} & 0 \\ \varepsilon_{12} & \varepsilon_{32} & 0 \\ 0 & 0 & 0 \end{pmatrix} \quad \text{(A.333)}$$

$$\underline{\underline{\sigma}} = \begin{pmatrix} \sigma_{11} & \sigma_{12} & 0 \\ \sigma_{12} & \sigma_{22} & 0 \\ 0 & 0 & \sigma_{33} \end{pmatrix} \quad \text{(A.334)}$$

$$\varepsilon_{11} = \frac{1}{\bar{E}}[\sigma_{11} - \bar{v}\sigma_{22}] + \bar{\alpha}\vartheta \quad \text{(A.335)}$$

$$\varepsilon_{22} = \frac{1}{\bar{E}}[\sigma_{22} - \bar{v}\sigma_{11}] + \bar{\alpha}\vartheta \quad \text{(A.336)}$$

$$\varepsilon_{12} = \frac{1 - \bar{v}}{\bar{E}}\sigma_{12} \quad \text{(A.337)}$$

$$\bar{E} = \frac{E}{1 - v^2} \quad \text{(A.338)}$$

$$\bar{v} = \frac{v}{1 - v} \quad \text{(A.339)}$$

$$\bar{\alpha} = (1 + v)\alpha \quad \text{(A.340)}$$

Kompatibilitätsbedingungen

$$\Delta\Delta F = -\bar{E} \cdot \bar{\alpha} \cdot \Delta\vartheta. \quad \text{(A.341)}$$

A.14.3 Lineare Elastizitätstheorie in Polarkoordinaten

Koordinatentransformation

$$x_1 = r\cos\varphi \quad \text{(A.342)}$$
$$x_2 = r\sin\varphi \quad \text{(A.343)}$$
$$x_3 = z \quad \text{(A.344)}$$

$$r = \sqrt{x_1^2 + x_2^2} \quad \text{(A.345)}$$

$$\varphi = \arctan\left(\frac{x_2}{x_1}\right) \quad \text{(A.346)}$$

$$z = x_3 \quad \text{(A.347)}$$

Axialsymmetrisches Problem

$$\underline{\underline{\varepsilon}} = \begin{pmatrix} \varepsilon_{rr} & 0 & \varepsilon_{rz} \\ 0 & \varepsilon_{\varphi\varphi} & 0 \\ \varepsilon_{rz} & 0 & \varepsilon_{zz} \end{pmatrix} \quad \text{(A.348)}$$

$$\underline{\underline{\sigma}} = \begin{pmatrix} \sigma_{rr} & 0 & \sigma_{rz} \\ 0 & \sigma_{\varphi\varphi} & 0 \\ \sigma_{rz} & 0 & \sigma_{zz} \end{pmatrix} \quad \text{(A.349)}$$

Kinematik in einem Radialschnitt

$$\varepsilon_{rr} = u_{r,r} \quad \text{(A.350)}$$

$$\varepsilon_{\varphi\varphi} = \frac{u_r}{r} \quad \text{(A.351)}$$

$$\varepsilon_{zz} = u_{z,z} \quad \text{(A.352)}$$

$$\varepsilon_{rz} = \frac{1}{2}[u_{r,z} + u_{z,r}]. \quad \text{(A.353)}$$

Gleichgewichtsbedingungen

$$\sigma_{rr,r} + \sigma_{rz,z} + \frac{1}{r}(\sigma_{rr} - \sigma_{\varphi\varphi}) + \rho f_r = 0; \quad \text{(A.354)}$$

$$\sigma_{rz,r} + \sigma_{zz,z} + \frac{1}{r}\sigma_{rz} + \rho f_z = 0. \quad \text{(A.355)}$$

Ebener Spannungszustand bei Axialsymmetrie

- keine Belastung in z-Richtung $\Longrightarrow f_z = 0$, $\Longrightarrow \sigma_{zz} = 0$
- keine Abhängigkeit der Spannungskomponenten von der z-Richtung
- Keine Abhängigkeit der Radialverschiebung von der z-Richtung $\Longrightarrow u_r = u_r(r)$

$$\varepsilon_{rr} = u_{r,r} \quad \text{(A.356)}$$

$$\varepsilon_{\varphi\varphi} = \frac{u_r}{r} \quad \text{(A.357)}$$

$$\varepsilon_{zz} = u_{z,z} \quad \text{(A.358)}$$

$$\varepsilon_{zr} = \frac{1}{2}u_{z,r} \quad \text{(A.359)}$$

$$\varepsilon_{r\varphi} = \varepsilon_{\varphi,z} = 0. \quad \text{(A.360)}$$

$$\left[\frac{1}{r}(ru_r)_{,r}\right]_{,r} = (1+v)\alpha\vartheta_{,r} - \frac{1-v^2}{E}\varrho f_r. \tag{A.361}$$

Ebener Verzerrungszustand bei Rotationssymmetrie

$$\left[\frac{1}{r}(ru_r)_{,r}\right]_{,r} = (1+\bar{v})\bar{\alpha}\vartheta_{,r} - \frac{1-\bar{v}^2}{\bar{E}}\varrho f_r. \tag{A.362}$$

A.14.4 St. Venant'sche Torsion

$$\sigma_{12} = G\left[\underbrace{u_{1,2}}_{\frac{\vartheta}{l}w_{,2}} + \underbrace{u_{2,1}}_{-\frac{\vartheta}{l}x_3}\right] = G\frac{\vartheta}{l}[w_{,2} - x_3] \tag{A.363}$$

$$\sigma_{13} = G\left[\underbrace{u_{1,3}}_{\frac{\vartheta}{l}w_{,3}} + \underbrace{u_{3,1}}_{\frac{\vartheta}{l}x_2}\right] = G\frac{\vartheta}{l}[w_{,3} + x_2] \tag{A.364}$$

$$\sigma_{23} = G\left[\underbrace{u_{2,3}}_{-\frac{\vartheta}{l}x_1} + \underbrace{u_{3,2}}_{\frac{\vartheta}{l}x_1}\right] = 0 \tag{A.365}$$

Prandtl'sche Spannungsfunktion

Definition A.11
(Prandtl'sche Spannungsfunktion)
Gemäß Definition gilt

$$\sigma_{12} = -2\frac{\vartheta}{l}\Phi_{,3} \quad \text{und} \tag{A.366}$$

$$\sigma_{13} = 2\frac{\vartheta}{l}\Phi_{,2}. \tag{A.367}$$

$$\Phi_{,22} + \Phi_{,33} = \Delta\Phi = 1. \tag{A.368}$$

$$\Delta\Phi(x_2, x_3) = -2 \cdot G \cdot \vartheta. \tag{A.369}$$

Gleichgewichtsbedingung für das Torsionsmoment

$$M_t = \int_A (\sigma_{13}dx_2 - \sigma_{12}dx_3)dA \tag{A.370}$$

$$\frac{\vartheta}{l} = \frac{M_t}{GI_t} \quad \text{mit} \tag{A.371}$$

$$I_t = -4\int_A \Phi\, dA \tag{A.372}$$

A.15 FEM zur Lösung des Feldproblems

A.15.1 Prinzip der virtuellen Verschiebungen

Arbeitssatz der Elastizitätstheorie

Theorem A.9

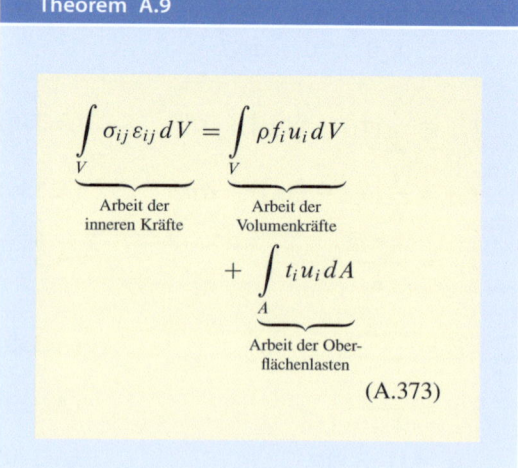

$$\underbrace{\int_V \sigma_{ij}\varepsilon_{ij}dV}_{\text{Arbeit der inneren Kräfte}} = \underbrace{\int_V \rho f_i u_i dV}_{\text{Arbeit der Volumenkräfte}} + \underbrace{\int_A t_i u_i dA}_{\text{Arbeit der Oberflächenlasten}} \tag{A.373}$$

Virtuelle Verrückung [112]

Definition A.12 (Skleronom)
Hängt eine Zwangsbedingung nicht explizit von der Zeit ab, so bezeichnet man diese als skleronome Zwangsbedingung.

Definition A.13 (Holonom)
Zwangsbedingungen, die zwischen dem System und Koordinaten als Gleichungen formuliert werden können, heißen holonome Zwangsbedingungen. Es handelt sich um Gleichungen.

A.15 · FEM zur Lösung des Feldproblems

Definition A.14 (Anholonom)
Zwangsbedingungen, die nicht zwischen dem System und Koordinaten als Gleichungen formuliert werden können, heißen anholonome Zwangsbedingungen. Es handelt sich um Ungleichungen.

Verzerrung

$$\int_V \sigma^T \delta \varepsilon \, dV = \int_V \rho f^T \delta u \, dV + \int_A t^T \delta u \, dA \tag{A.374}$$

Rayleigh–Ritz-Verfahren

$$\underbrace{\left[\int_V E_{ijkl} B_{ij}^M B_{kl}^O dV\right]}_{K^{OM}} \underbrace{a_M}_{a_M}$$

$$= \underbrace{\int_V (\rho f_i N_i^O - \beta_{ij}\vartheta B_{kl}^O) dV + \int_A p_i N_i^O dA}_{f^O}. \tag{A.375}$$

$$K^{OM} a_M = f^O \tag{A.376}$$

A.15.2 Die „finiten Elemente"

$$\underbrace{{}^e u_i(\underline{x})}_{{}^e u_i(\underline{x})} = \sum_{M=1}^p \underbrace{{}^e N_i^M(\underline{x})}_{{}^e N_i^M(\underline{x})} \underbrace{a_M}_{a_M} = {}^e N_i^M(\underline{x}) a_M. \tag{A.377}$$

$$\begin{aligned}
{}^e u_i({}^1\underline{x}) &= {}^e N_i^M({}^1\underline{x}) a_M = {}^1 u_i \\
{}^e u_i({}^2\underline{x}) &= {}^e N_i^M({}^2\underline{x}) a_M = {}^2 u_i \\
&\vdots \qquad \vdots \\
\underbrace{{}^e u_i({}^{n_e}\underline{x})}_{3\times n_e \text{ Gleichungen}} &= {}^e N_i^M({}^{n_e}\underline{x}) a_M = {}^{n_e} u_i.
\end{aligned} \tag{A.378}$$

2D Scheibenelement

$$\underbrace{\left[\int_V {}^e E_{ijkl}\, {}^e B_{ij}^{Mee} B_{kl}^O dV\right]}_{{}^e K^{OM}} {}^e u_M$$

$$= \int_V ({}^e \hat{e} f_i \hat{e} G_i^O - {}^e \beta_{ij}\, {}^e \vartheta\, {}^e B_{kl}^O)$$

$$+ \underbrace{\int_{A^\sigma} {}^e t_i\, {}^e G_i^O dA}_{{}^e f_{(B)}^O} + \underbrace{\int_{A^e} {}^{es} t_i\, {}^e G_i^O dA}_{{}^e f_S^O}. \tag{A.379}$$

$$ {}^e K^{OM\,e} u_M = {}^e f_{(B)}^O + {}^e f_{(S)}^O. \tag{A.380}$$

Zusammenbau der Elemente

$$K^{OM} u_M = f_{(B)}^O. \tag{A.381}$$

Auswertung der anderen Feldgrößen auf Elementebene

$$ {}^e u_i(\underline{x}) = {}^e G_i^M(\underline{x}) {}^e u_M \tag{A.382}$$

$$ {}^e \varepsilon_{ij}(\underline{x}) = {}^e B_{ij}^{Me} u_M \tag{A.383}$$

$$ {}^e \sigma_{ij}(\underline{x}) = {}^e E_{ijkl}\, {}^e B_{ij}^{Me} u_M + {}^e \alpha_{ij}\, {}^e \vartheta \tag{A.384}$$

Literatur

1. Altenbach, H.: Kontinuumsmechanik: Einführung in die materialunabhängigen und materialabhängigen Gleichungen, 3. Aufl. Springer Vieweg (2015)
2. Prof. Dr-Ing. Becker, W., Prof. Dr-Ing. Gross, D.: Mechanik elastischer Körper und Strukturen, 1. Aufl. Springer-Verlag Berlin Heidelberg (2002)
3. Böge, A., Böge, G., Böge, W.: Aufgabensammlung Technische Mechanik, 24. Aufl. Springer Fachmedien Wiesbaden; Springer Vieweg (2019)
4. Dankert, J., Dankert, H.: Technische Mechanik: Statik, Festigkeitslehre, Kinematik/Kinetik, 4. Aufl. Vieweg+Teubner Verlag / Springer Fachmedien Wiesbaden Wiesbaden (2006)
5. Dresig, H., Holzweißig, F.: Maschinendynamik, 12. Aufl. Springer-Verlag Berlin Heidelberg (2016)
6. Gebhart, C.: Praxisbuch FEM mit ANSYS Workbench (Einführung in die lineare und nicht lineare Mechanik, 3. Aufl. HANSER (2018)
7. Gross, D., Hauger, W., Schröder, J., Wall, W.A.: Technische Mechanik: Band 2: Elastostatik, 13. Aufl. Springer-Lehrbuch. Springer (2017)
8. Gross, D., Hauger, W., Schröder, J., Wall, W.A.: Technische Mechanik 2: Elastostatik, 13. Aufl. Springer Vieweg (2017)
9. Gross, D., Seelig, T.: Bruchmechanik: Mit einer Einführung in die Mikromechanik, 6. Aufl. Springer Vieweg (2016)
10. Prof. Dr.-Ing. Gross, D., Prof. Dr. Hauger, W., Prof. Dr. rer. nat. Dr.-Ing. E.h. Schnell, W., Prof. Dr.-Ing. Wriggers, P.: Technische Mechanik: Band 4: Hydromechanik Elemente der Höheren Mechanik Numerische Methoden. Springer-Lehrbuch. Springer Berlin Heidelberg (2004)
11. Hagedorn, P.: Technische Mechanik, Band 2: Festigkeitslehre, 1. Aufl. Verlag Harri Deutsch (2006)
12. Hauger, W., Krempaszky, C., Wall, W.A., Werner, E.: Aufgaben zu Technische Mechanik 1–3: Statik, Elastostatik, Kinetik, 10. Aufl. Springer Berlin Heidelberg; Springer Vieweg (2020)
13. Help, S.: Theoretisches handbuch solidworks simulation 2022 (2022). [PDF; Stand 28. März 2023]
14. Help, S.: Solidworks hilfe spannungskomponenten (2023). URL https://help.solidworks.com/2017/german/solidworks/cworks/c_stress_components.htm. [Online; Stand 28. März 2023]
15. Huber, A.: Technische Mechanik 1; Stereostatik, 1. Auflage. Aufl. mbbv – Buch. mbbv (2020)
16. Huber, A.: Technische Mechanik Band 4; Hydromechanik, 1. Auflage. Aufl. mbbv – Buch. mbbv (2020)
17. Huber, A.: Höhere Mechanik – Band 1 – Höhere Elastostatik, 1. Aufl. Hochschule Mittweida (2022)
18. Kienzler, R., Schröder, R.: Einführung in die Höhere Festigkeitslehre, 2. Aufl. Springer Berlin Heidelberg, Springer Vieweg (2019)
19. Klein, B., Gänsicke, T.: Leichtbau-Konstruktion: Dimensionierung, Strukturen, Werkstoffe und Gestaltung, 11. Aufl. 2019 Aufl. Springer Fachmedien Wiesbaden;Springer Vieweg (2019)
20. Klein, B.: FEM: Grundlagen und Anwendungen der Finite-Element-Methode im Maschinen- und Fahrzeugbau, 10. Aufl. Vieweg+Teubner Verlag (2015)
21. Koczyk, S.: TECHNISCHE MECHANIK Band 14, Heft I (1994). URL http://www15.ovgu.de/ifme/zeitschrift_tm/1994_Heft1/Koczyk.pdf. [Online; Stand 03. Juni 2021]
22. Prof. Dr.-Ing. Kreißig, R., Dr.-Ing. Benedix, U.: Höhere Technische Mechanik: Lehr- und Übungsbuch, 1. Aufl. Springer-Verlag Wien (2002)
23. Mahn, U.: Höhere Festigkeitslehre Skript (2021)
24. Mahnken, R.: Lehrbuch der Technischen Mechanik – Band 2: Elastostatik, 2019. Aufl. Springer-Lehrbuch. Springer (2017)
25. Mahnken, R.: Lehrbuch der Technischen Mechanik – Band 2: Elastostatik: Mit einer Einführung in Hybridstrukturen, 2. Aufl. Springer Berlin Heidelberg; Springer Vieweg (2019)
26. Richard, H.A., Sander, M.: Technische Mechanik. Festigkeitslehre: Lehrbuch mit Praxisbeispielen, Klausuraufgaben und Lösungen, 2. Auflage. (2008)
27. Richard, H.A., Sander, M.: Technische Mechanik. Statik: Mit Praxisbeispielen, Klausuraufgaben und Lösungen, 5. Aufl. Springer Vieweg (2016)
28. Riemer, M., Seemann, W., Wauer, J., Wedig, W.: Mathematische Methoden der Technischen Mechanik: Für Ingenieure und Naturwissenschaftler, 3. Aufl. Springer Fachmedien Wiesbaden; Springer Vieweg (2019)
29. Sattler, K.: Lehrbuch der Statik, Zweiter Band Teil B Höhere Berechnungsverfahren, 6. Aufl. Springer Vieweg (1975)
30. Schöner, W.: Skriptum Technische Mechanik, 3. Klasse, Beispiele. HTBLuVA Salzburg, Wolfgang Schöner (2000)
31. Skolaut, W.: Maschinenbau: Ein Lehrbuch für das ganze Bachelor-Studium, 2. Aufl. Springer Berlin Heidelberg; Springer Vieweg (2018)
32. Spura, C.: Technische Mechanik 1. Stereostatik: Freischneiden und Gleichgewicht – mehr isses nicht!, 2. Aufl. Springer Fachmedien Wiesbaden; Springer Vieweg (2019)
33. Spura, C.: Technische Mechanik 2. Elastostatik: Nach fest kommt ab, 1. Aufl. Springer Fachmedien Wiesbaden;Springer Vieweg (2019)
34. Spura, C.: Energiemethoden der Technischen Mechanik: Mechanische Prinzipe der Elastostatik, 1. Aufl. Springer Fachmedien Wiesbaden;Springer Vieweg (2020)
35. Steiner, T., Kalliauer, J.: Das Koordinatensystem mit den drei Orthotropieachsen Radial, Transversal, Longitudinal (2021). URL https://de.wikipedia.org/wiki/Orthotropie#/media/Datei:Holz_coordinateSystem.svg. [Online; Stand 25. März 2021]

Literatur

36. Dr.-Ing. Szabó, István: Einführung in die Technische Mechanik: Nach Vorlesungen. Springer Berlin Heidelberg (1961)
37. Dr.-Ing. Szabó, István: Höhere Technische Mechanik: Nach Vorlesungen. Klassiker der Technik. Springer Berlin Heidelberg (2001)
38. URL https://de.universaldenker.org/lektionen/202. [Online; Stand 19. März 2021]
39. Wagner, M.: Lineare und nichtlineare FEM: Eine Einführung mit Anwendungen in der Umformsimulation mit LS-DYNA®, 2. Aufl. Springer Fachmedien Wiesbaden;Springer Vieweg (2019)
40. Weltin, U.: Skriptum zur Technischen Mechanik – Elastostaik. TUHH (2014)
41. Wetzell, O., Krings, W.: Verformungen und statisch unbestimmte Systeme: Technische Mechanik für Bauingenieure, 3. Aufl. Springer Vieweg (2016)
42. cae wiki: Diskretisierungsfehler (2016). URL http://www.cae-wiki.info/wikiplus/index.php/Diskretisierungsfehler. [Online; Stand 01. April 2023]
43. cae wiki: Hauptspannung (2016). URL http://www.cae-wiki.info/wikiplus/index.php/Hauptspannung. [Online; Stand 01. April 2023]
44. Wikipedia: Abb. 1: Der Spannungsvektor T(n) an einer Schnittfläche dA ist eine lineare Funktion des Normalenvektors n. (2009). URL https://de.wikipedia.org/wiki/Cauchysches_Fundamentaltheorem#/media/Datei:Cauchy_tetrahedron.svg. [Online; Stand 23. März 2021]
45. Wikipedia: Abbildung 1 schematisches technisches Spannungs-Dehnungs-Diagramm mit ausgeprägter Streckgrenze (2019). URL https://de.wikipedia.org/wiki/Zugversuch#/media/Datei:Spgs-Dehnungs-Kurve_Streckgrenze.svg. [Online; Stand 28. Februar 2021]
46. Wikipedia: Abscherung (Statik) (2021). URL https://de.wikipedia.org/w/index.php?title=Abscherung_(Statik)&oldid=209955473. [Online; Stand 7. April 2021]
47. Wikipedia: Airysche spannungsfunktion (2021). URL https://de.wikipedia.org/w/index.php?title=Airysche_Spannungsfunktion&oldid=213252437. [Online; Stand 16. April 2023]
48. Wikipedia: Belastung (Physik) (2019). URL https://de.wikipedia.org/w/index.php?title=Belastung_(Physik)&oldid=192870150. [Online; Stand 28. Februar 2021]
49. Wikipedia: Bernoullische Annahmen (2021). URL https://de.wikipedia.org/w/index.php?title=Bernoullische_Annahmen&oldid=213327843. [Online; Stand 18. Juli 2021]
50. Wikipedia: Bernoullische annahmen (2022). URL https://de.wikipedia.org/w/index.php?title=Bernoullische_Annahmen&oldid=227975801. [Online; Stand 14. März 2023]
51. Wikipedia: Beulen (2019). URL https://de.wikipedia.org/w/index.php?title=Beulen&oldid=194360490. [Online; Stand 1. August 2021]
52. Wikipedia: Bildhafte Erklärung der Transversalen Isotropie (2021). URL https://de.wikipedia.org/wiki/Transversale_Isotropie#/media/Datei:Transversale_Isotropie.png. [Online; Stand 25. März 2021]
53. Wikipedia: Bredtsche Formel (2021). URL https://de.wikipedia.org/w/index.php?title=Bredtsche_Formel&oldid=208750948. [Online; Stand 4. April 2021]
54. Wikipedia: Carlo Alberto Castigliano (2020). URL https://de.wikipedia.org/w/index.php?title=Carlo_Alberto_Castigliano&oldid=204476137. [Online; Stand 5. August 2021]
55. Wikipedia: Cauchysches Fundamentaltheorem (2020). URL https://de.wikipedia.org/w/index.php?title=Cauchysches_Fundamentaltheorem&oldid=198770197. [Online; Stand 23. März 2021]
56. Wikipedia: Christian Otto Mohr (2020). URL https://de.wikipedia.org/w/index.php?title=Christian_Otto_Mohr&oldid=202639601. [Online; Stand 6. April 2021]
57. Wikipedia: Das Levi-Civita-Symbol im Dreidimensionalen repräsentiert einen besonders einfachen dreistufigen Tensor (2020). URL https://de.wikipedia.org/wiki/Tensor#/media/Datei:Epsilontensor.svg. [Online; Stand 18. März 2021]
58. Wikipedia: Dehnungsmessstreifen (2021). URL https://de.wikipedia.org/w/index.php?title=Dehnungsmessstreifen&oldid=207825045. [Online; Stand 17. April 2021]
59. Wikipedia: Deviationsmoment (2015). URL https://de.wikipedia.org/w/index.php?title=Deviationsmoment&oldid=139806352. [Online; Stand 4. April 2021]
60. Wikipedia: Elastizitätstensor (2019). URL https://de.wikipedia.org/w/index.php?title=Elastizit%C3%A4tstensor&oldid=190580391. [Online; Stand 25. März 2021]
61. Wikipedia: Elastizitätstensor (2019). URL https://de.wikipedia.org/w/index.php?title=Elastizit%C3%A4tstensor&oldid=190580391. [Online; Stand 8. März 2021]
62. Wikipedia: Enrico Betti (2021). URL https://de.wikipedia.org/wiki/Enrico_Betti#/media/Datei:Enrico_Betti.jpg. [Online; Stand 5. August 2021]
63. Wikipedia: Enrico Betti (2021). URL https://de.wikipedia.org/w/index.php?title=Enrico_Betti&oldid=214355884. [Online; Stand 5. August 2021]
64. Wikipedia: Finite-Differenzen-Methode (2021). URL https://de.wikipedia.org/w/index.php?title=Finite-Differenzen-Methode&oldid=210858579. [Online; Stand 18. Mai 2021]
65. Wikipedia: Flächenmoment (2019). URL https://de.wikipedia.org/w/index.php?title=Fl%C3%A4chenmoment&oldid=192730677. [Online; Stand 17. März 2021]
66. Wikipedia: Flächenpressung (2020). URL https://de.wikipedia.org/w/index.php?title=Fl%C3%A4chenpressung&oldid=197365069. [Online; Stand 14. März 2021]
67. Wikipedia: Gaußscher Integralsatz (2019). URL https://de.wikipedia.org/w/index.php?title=Gau%C3%9Fscher_Integralsatz&oldid=191936098. [Online; Stand 20. März 2021]

68. Wikipedia: Hauptinvariante (2022). URL https://de.wikipedia.org/w/index.php?title=Hauptinvariante&oldid=223571427. [Online; Stand 28. März 2023]
69. Wikipedia: James Clerk Maxwell (2021). URL https://de.wikipedia.org/w/index.php?title=James_Clerk_Maxwell&oldid=213612348. [Online; Stand 5. August 2021]
70. Wikipedia: Jean-Baptiste le Rond d'Alembert (2020). URL https://de.wikipedia.org/w/index.php?title=Jean-Baptiste_le_Rond_d%E2%80%99Alembert&oldid=203185374. [Online; Stand 18. Januar 2021]
71. Wikipedia: Knicken (2021). URL https://de.wikipedia.org/w/index.php?title=Knicken&oldid=213137035. [Online; Stand 17. Juli 2021]
72. Wikipedia: Kompatibilitätsbedingung (2020). URL https://de.wikipedia.org/w/index.php?title=Kompatibilit%C3%A4tsbedingung&oldid=204663751. [Online; Stand 27. März 2021]
73. Wikipedia: Komponenten des Spannungstensors sigmaij an einem freigeschnittenen Würfel. Der erste Index verweist auf die Normalenrichtung der Fläche und der zweite Index auf die Wirkrichtung der Spannung. (2009). URL https://de.wikipedia.org/w/index.php?title=Gau%C3%9Fscher_Integralsatz&oldid=191936098. [Online; Stand 22. März 2021]
74. Wikipedia: Kompressionsmodul (2021). URL https://de.wikipedia.org/w/index.php?title=Kompressionsmodul&oldid=209284686. [Online; Stand 8. März 2021]
75. Wikipedia: Krümmung (2021). [Online; Stand 1. Mai 2021]
76. Wikipedia: Laplace-Gleichung (2020). URL https://de.wikipedia.org/w/index.php?title=Laplace-Gleichung&oldid=201675536. [Online; Stand 5. Juli 2021]
77. Wikipedia: Levi-Civita-Symbol (2020). URL https://de.wikipedia.org/w/index.php?title=Levi-Civita-Symbol&oldid=202283273. [Online; Stand 18. März 2021]
78. Wikipedia: Mechanische Spannung (2021). URL https://de.wikipedia.org/w/index.php?title=Mechanische_Spannung&oldid=208808743. [Online; Stand 28. Februar 2021]
79. Wikipedia: Mohrscher Spannungskreis (2020). URL https://de.wikipedia.org/w/index.php?title=Mohrscher_Spannungskreis&oldid=200870117. [Online; Stand 12. April 2021]
80. Wikipedia: Mohrscher Spannungskreis (2020). URL https://de.wikipedia.org/w/index.php?title=Mohrscher_Spannungskreis&oldid=200870117. [Online; Stand 17. April 2021]
81. Wikipedia: Nabla-Operator (2021). URL https://de.wikipedia.org/w/index.php?title=Nabla-Operator&oldid=208389703. [Online; Stand 20. März 2021]
82. Wikipedia: Normal stress in a cross section of a prismatic bar axially loaded by a force F. Shows how the actual force distribution in the section is not uniform but varies. (2009). URL https://de.wikipedia.org/wiki/Prinzip_von_St._Venant#/media/Datei:Normal_stress.svg. [Online; Stand 29. März 2021]
83. Wikipedia: Orthotropie (2021). URL https://de.wikipedia.org/w/index.php?title=Orthotropie&oldid=208446117. [Online; Stand 25. März 2021]
84. Wikipedia: Plastizitätstheorie (2021). URL https://de.wikipedia.org/w/index.php?title=Plastizit%C3%A4tstheorie&oldid=209342188. [Online; Stand 1. April 2021]
85. Wikipedia: Poissonzahl (2021). URL https://de.wikipedia.org/w/index.php?title=Poissonzahl&oldid=209284843. [Online; Stand 7. März 2021]
86. Wikipedia: Prinzip von St. Venant (2020). URL https://de.wikipedia.org/w/index.php?title=Prinzip_von_St._Venant&oldid=197293094. [Online; Stand 29. März 2021]
87. Wikipedia: Regel von Sarrus (2017). URL https://de.wikipedia.org/w/index.php?title=Regel_von_Sarrus&oldid=170678584. [Online; Stand 20. März 2021]
88. Wikipedia: Rosetten-DMS (2020). URL https://de.wikipedia.org/wiki/Dehnungsmessstreifen#/media/Datei:DMS_Messrosette.svg. [Online; Stand 17. April 2021]
89. Wikipedia: Rundprobe einer AlMgSi-Legierung nach dem Bruchtest (2019). URL https://de.wikipedia.org/wiki/Zugversuch#/media/Datei:Al_tensile_test.jpg. [Online; Stand 28. Februar 2021]
90. Wikipedia: Satz von Betti (2019). URL https://de.wikipedia.org/w/index.php?title=Satz_von_Betti&oldid=194700812. [Online; Stand 5. August 2021]
91. Wikipedia: Satz von Castigliano (2021). URL https://de.wikipedia.org/w/index.php?title=Satz_von_Castigliano&oldid=212038738. [Online; Stand 4. August 2021]
92. Wikipedia: Satz von Green (2021). URL https://de.wikipedia.org/w/index.php?title=Satz_von_Green&oldid=211533483. [Online; Stand 6. Juli 2021]
93. Wikipedia: Schale (Technische Mechanik) (2021). URL https://de.wikipedia.org/w/index.php?title=Schale_(Technische_Mechanik)&oldid=209980687. [Online; Stand 27. März 2021]
94. Wikipedia: Scheibe (Technische Mechanik) (2021). URL https://de.wikipedia.org/w/index.php?title=Scheibe_(Technische_Mechanik)&oldid=209518842. [Online; Stand 27. März 2021]
95. Wikipedia: Schubkorrekturfaktor (2020). URL https://de.wikipedia.org/w/index.php?title=Schubkorrekturfaktor&oldid=200905321. [Online; Stand 10. April 2021]
96. Wikipedia: Spannungsdeviator (2019). URL https://de.wikipedia.org/w/index.php?title=Spannungsdeviator&oldid=193033768. [Online; Stand 19. März 2021]
97. Wikipedia: Spannungstensor (2021). URL https://de.wikipedia.org/w/index.php?title=Spannungstensor&oldid=208643962. [Online; Stand 20. März 2021]
98. Wikipedia: Spannungszustand (2021). URL https://de.wikipedia.org/w/index.php?title=Spannungszustand&oldid=209199857. [Online; Stand 27. März 2021]
99. Wikipedia: Steinerscher Satz (2020). URL https://de.wikipedia.org/w/index.php?title=Steinerscher_Satz&oldid=199432266. [Online; Stand 5. April 2021]

Literatur

100. Wikipedia: Tensor (2021). URL https://de.wikipedia.org/w/index.php?title=Tensor&oldid=209215805. [Online; Stand 18. März 2021]
101. Wikipedia: Timoschenko-balken (2022). URL https://de.wikipedia.org/w/index.php?title=Timoschenko-Balken&oldid=227386580. [Online; Stand 14. März 2023]
102. Wikipedia: Torsion (Mechanik) (2020). URL https://de.wikipedia.org/w/index.php?title=Torsion_(Mechanik)&oldid=204663599. [Online; Stand 21. Juni 2021]
103. Wikipedia: Torsion (Mechanik) (2020). URL https://de.wikipedia.org/w/index.php?title=Torsion_(Mechanik)&oldid=204663599. [Online; Stand 28. März 2021]
104. Wikipedia: Torsion eines Winkeleisens (L-Profil) (2020). URL https://de.wikipedia.org/wiki/Torsion_(Mechanik)#/media/Datei:Torsion_of_an_angle_steel1.JPG. [Online; Stand 21. Juni 2021]
105. Wikipedia: Transversale Isotropie (2020). URL https://de.wikipedia.org/w/index.php?title=Transversale_Isotropie&oldid=204913662. [Online; Stand 25. März 2021]
106. Wikipedia: Tresca- und Mises-Festigkeitskriterium im Spannungsraum (2009). URL https://de.wikipedia.org/wiki/Vergleichsspannung#/media/Datei:ReinDeviatorischeFlie%C3%9Ffkt.svg. [Online; Stand 1. April 2021]
107. Wikipedia: Universalprüfmaschine mit PC-Kopplung (2019). URL https://de.wikipedia.org/wiki/Zugversuch#/media/Datei:Inspekt_desk_50kN_IMGP8563.jpg. [Online; Stand 28. Februar 2021]
108. Wikipedia: Verformung (2020). URL https://de.wikipedia.org/w/index.php?title=Verformung&oldid=206905670. [Online; Stand 24. März 2021]
109. Wikipedia: Vergleichsspannung (2021). URL https://de.wikipedia.org/w/index.php?title=Vergleichsspannung&oldid=210281575. [Online; Stand 1. April 2021]
110. Wikipedia: Vergleichsspannung (2021). URL https://de.wikipedia.org/w/index.php?title=Vergleichsspannung&oldid=210281575. [Online; Stand 14. Juli 2021]
111. Wikipedia: Vergleichsspannung (2021). URL https://de.wikipedia.org/w/index.php?title=Vergleichsspannung&oldid=210281575. [Online; Stand 15. April 2021]
112. Wikipedia: Virtuelle Arbeit (2021). URL https://de.wikipedia.org/w/index.php?title=Virtuelle_Arbeit&oldid=209158841. [Online; Stand 30. März 2021]
113. Wikipedia: Wärmeausdehnung (2020). URL https://de.wikipedia.org/w/index.php?title=W%C3%A4rmeausdehnung&oldid=198383477. [Online; Stand 9. März 2021]
114. Wittel, H., Muhs, D., Jannasch, D., Voßiek, J.: Roloff/Matek Maschinenelemente: Normung, Berechnung, Gestaltung, 22., überarb. u. erw. Aufl. 2015 Aufl. Springer Vieweg (2015)

Personenverzeichnis

A
Airy, Biddell 522

B
Balandin 412
Beltrami 412
Bernoulli, Jakob I 171, 419
Betti, Enrico 463
Bredt, Rudolf 121
Burzyński 411, 412

C
Castigliano, Carlo Alberto 459
Cauchy, Augustin-Louis 186

D
de Saint-Venant, Adhémar Jean Claude Barré 496, 509, 532, 534
Drucker 412

E
Einstein, Albert 472
Euler, Leonhard 171, 186, 419

F
Föppl, August 310

G
Gauß, Carl Friedrich 483
Green, George 389

H
Hertz, Heinrich 95
Hooke, Robert 19, 499
Huber 412

K
Kronecker, Leopold 471

L
Lagrange, Joseph-Louis 552
Laplace, Pierre-Simon 523
Levi-Civita, Tullio 471

M
Mao-Hong, Yu 412
Maxwell, James Clerk 463
Mirolyubov 412
Mohr, Christian Otto 127

P
Prager 412
Prandtl, Ludwig 533

R
Rankine 405
Rayleigh, John Strutt, 3. Baron 547
Ritz, Walter 547

S
Sarrus, Pierre Frédéric 479
Schleicher 412
Smith, James Henry 8
Steiner, Jacob 123

T
Tetmajer 424
Torre 412
Tresca, Henri 201, 411
Tymoschenko, Stepan 172

V
von Mises, Richard 201, 406, 410

W
Winkler 317
Wöhler, August 6

Y
Yagn 411

Z
Zimmermann 317

Stichwortverzeichnis

1. Bredt'sche Formel 121
1. Lamé-Konstante 55
2. Bredt'sche Formel 121
2. Invarianten 410
2. Lamé-Konstante 56
2D-Scheibenelement 552
3 Knoten Dreieckselement 552
3D-Druck 268

A

Abscherbeanspruchung 149
Abscherung 21, 149
Abstützung 304
Achsschenkelbolzen 265
Airy'sche Spannungsfunktion 198, 389, 522, 527
allgemeiner Arbeitssatz der linearen Elastizitätstheorie 75, 545
AMPRES 427
Anformungsgleichung 264
anholonom 546
anisotropes Materialmodell 53
anisotropes Materialverhalten 443
Ansatzfreimatrix 549
Anstrengungsverhältnis 404
Arbeitssatz der Elastizitätstheorie 75
Arbeitssatz der Statik 458
Atomabstand 495
äußere Kräfte 547
Auswertung der anderen Feldgrößen auf Elementebene 553
Axiales Flächenmoment 113
Axialsymmetric 520
Axialsymmetrisches Problem 528

B

Balkentheorie 387
beidseitig eingespannt 306
Bernoulli Balkentheorie 168
Bernoullische Hypothese 387
bernoullischen Annahmen 419
Bettungszahl 317
Beulen 442
Beulgleichung 443
Beulspannung 447
biaxiales Flächenmoment 123
Biegebeanspruchung 229
Biegedrillknicken 435
Biegeknicken 419
Biegeknickung 419
Biegelinie beim Kragträger mit eingeleiteten Moment 286
Biegelinie beim Kragträger mit Einzellast 286
Biegemoment 233, 235, 284
Biegespannung 21, 233
Biegespannungsformel 233
Biegespannungshauptgleichung 231
Biegesteifigkeit 272
Biegung 229
biharmonisch 523
bilinearer Ansatz 548
Bipotentialgleichung 523
Bipotenzialgleichung 527
Blattfeder 270
Bodenmechanik 411
Bodenplatte 324
Bogen 259
Bolzen 93
Bredt'sche Formel 121
Bruchdehnung 16
Bruchmechanik 526

C

Castigliano und Menabrea 459
Cauchy'sche Formel 75, 186, 187, 495
Cauchy'sches Fundamentaltheorem 186, 495

D

Dauerbruch 368
Dauerfestigkeitsschaubild 8
Dehngrenze 8, 18
Dehnsteifigkeit 64
Dehnung 19, 80
Dehnungs-Schiebungs-Kopplungen 501
Dehnungstensor 190
Deviationsmoment 123
Differentielle Arbeit eines Momentes 458
Differenzverfahren 326
Differenzialoperatoren 482
Dimensionierung 234
Diskretisierungsfehler 478
Divergenz 482
DMS 193
DMS-Rosette 224
doppelte Biegung 276
doppelte Überschiebung 473
doppeltes Skalarprodukt 473
Drehmomentenschlüssel 290
Drehwinkelverfahren 551
Dreiecksblattfeder 270
Dreieckselement 552
Dreieckslast 257, 297, 306
dreifach gelagerter Träger 280
Drillknicken 419
Drillmoment 367, 377
Druckbehälter 202
Druckdehnung 48
Drucker-Prager 411
Druckfaser 230
Druckspannung 21

Durchbiegung 272
dyadische Produkt 483

E

ebene Flächen 92
ebener Spannungszustand 191, 515, 520
ebener Spannungszustand bei Axialsymmetrie 529
ebener Verzerrungszustand 526
ebener Verzerrungszustand bei Rotationssymmetrie 530
einfache Abscherung 149
einfache Überschiebung 473
einfaches Skalarprodukt (inneres Produkt) 472
Einschnürde 16
Einstein'sche Summationskonvention 472
Einstein'sche Summenkonvention 55
Einstein'schen Summenkonvention 499
Eisenbahnunglück von Timelkam 6
elastisch gebettete Träger 315
elastische Biegeknickung 424
elastische Linie 282
elastischen Volumenänderung 185
Elastizität 495
Elastizität im technischen Sinne 498
Elastizitätsbereich 16
Elastizitätsgesetz für den mehrachsigen Spannungszustand 208
Elastizitätskonstanten 499
Elastizitätsmodul 19
Elastizitätsspannung 16
Elastizitätstensor 55, 498
Elastizitätstheorie 186, 410, 495
Elementarrotationsmatrizen 473
Elementarsteifigkeitsmatrix 81, 552
Elementbelastungsvektor 552
Elementebene 553
Element-Steifigkeitsmatrix 77
Ellipsoid von Beltrami 412
Ellipsoid von Schleicher 412
elliptische Last 259
E-Modul 19
Ersatz E-Modul 96
Eulerbedingung 423
Euler-Bernoulli-Balkentheorie 171
Euler–Cauchy-Spannungsprinzip 186
Euler-Knickung 423
Eulerkurve 423

F

Fachwerk 81
FDM 327
Federrate 459
Federsteifigkeit 459
Feldgrößen 553
FEM 550
FEM zur Lösung des Feldproblems 545
Festigkeitskriterium 411
finite Elemente 77, 550
Finite Elemente Methode 73
Finite-Differenzen-Verfahren 327

FKM-Richtlinie 230
Flächenlast 257
Flächenmoment 0. Ordnung 111, 130
Flächenmoment 1. Ordnung 111, 130
Flächenmoment 2. Ordnung 111, 130
Flächenmomente 113
Flächenpressung 21, 92
Flächenpressung auf ebene Flächen 92
Flächenträgheitsmomente 113
Flankendurchmesser 93
Fliehmoment 123
Fließbedingung nach Burzyński-Yagn 411
Fließbedingung nach Huber 412
Fließbedingung nach Mao-Hong Yu 412
Fließbedingung nach Tresca (Schubspannungshypothese) 411
Fließbedingung nach von Mises (Gestaltänderungsenergiehypothese) 410
Fließbedingungen 410
Fließfläche 410, 411
Föppl 310
Föppl-Symbol 311
Formänderung 271
Formänderungsarbeit 368, 459, 499
Freie Knicklänge 421

G

Gauß'scher Integralsatz 483
gegensinnig gekrümmt 95
GE-Hypothese 404
gekrümmte Träger 336
generalisierter Koordinaten 546
gerade Biegung 230
Gerberträger 276
Gesamtabplattung 96
Gesamtdehnung 16
Gestaltänderungsarbeit 404, 410
Gestaltänderungsenergiehypothese 410
Gewindesteigung 94
Gleichmaßdehnung 16
gleichmäßige Spannungsverteilung 20, 21
gleichsinnig gekrümmt 92
Gleichungen von Tetmajer 424
globales Stabsystem 78
Gradient 482
Grenzschlankheitsgrad 423
Griffith-Riss 526
Grundlagen 271

H

Hauptachsen 126
Hauptachsensystem 477
Hauptschwerachse 123
Hauptspannungen 191, 399, 477
Hauptspannungstransformation 479
Hauptträgheitsachsen 126
Hertz'sche Flächenpressung 95
holonom 546
holonome Zwangsbedingungen 546

homogen 499
Hooke'sches Gesetz 16
Hooke'sches Gesetz in Matrixform 499
hydrostatischer Spannungsanteil 185
Hyperboloid von Burzyński-Yagn 412
Hypothese von Winkler und Zimmermann 317

I

inhomogen 499
innere Kräfte 547
inneres Produkt 472
instationäres Tensorfeld 482
instationäres Vektorfeld 189
INT 481
Integrabilitätsbedingungen 496, 509
Intensität 406
Interpretation der Elastizitätskonstanten 500
Invarianten 479, 480
irreversibel 410
isotrop 34
Isotropie 503
Iterationsformel nach Newton 301
I-Träger 158

K

Kesselgleichungen 203
Kinematik in einem Radialschnitt 528
kinematische Größen 49
Kippen 435
Kippformel 437
Klammersymbol 310
Klammersymbol nach Föppl 310
Knickkraft 420
Knicksicherheit 421
Knickspannung 421
Knickzahl 424
Knotenverschiebung 78
kombiniertes rotationssymmetrisches Kriterium 412
Kommutativgesetz 473
Kompaktum 389
Kompatibilität 78
Kompatibilitätsbedingungen 496, 498, 509
Komponentenschreibweise 472
Kompressionsmodul 55
konservative Kräfte 458
Konsolenträger 269
konstitutive Variablen 508
Kontaktmechanik 91, 111
Kontinuumsmechanik 5, 50, 53, 185
Konturplot 553
Koordinatenschreibweise 472
Koordinatentransformation 190, 528
Kragträger mit Dreieckslast 288, 289
Kragträger mit Einzellast 285
Kragträger mit Rechtecklast 287
Kriterium nach Drucker-Prager (Mirolyubov) 412
Kronecker-Delta 473
Kronecker-Symbol 471
Krümmung 96, 272, 282

Krümmung der Biegelinie 284
Krümmungsradius 271

L

Lage des Drehpunktes 235
Lagerzapfen 92
Lagrange'sche Interpolationspolynome 552
Lamé-Konstanten 55
Längsspannungen 203
Laplace Gleichung 388
Laplace-Differentialgleichung 458
Laplace-Operator 523
Lastebene 273
Lastfaktor 427
Lastspiel 7
Lemma von Green 389
Levi-Civita-Symbol 471
linear elastisch isotrop 499
linear elastisch isotropes Verhalten 49
linear elastisch orthotrop 499
linear elastisch orthotropes Verhalten 52
lineare Elastizität 498
lineare Elastizitätstheorie 495
Lineare Elastizitätstheorie in Polarkoordinaten 527
lineare Spannungsverteilung 20
linearen Verzerrungstensor 190, 496
Lochleibungsdruck 93
lokale Kräfte 77
lokale Verschiebung 77
lokales Gleichgewicht 188, 495
lokales Stabsystem 78
L-Rahmen 302

M

materielle Objektivität 480
Matrix der Ansatzfreiwerte 551
Matrizenaddition 472
Matrizenschreibweise 547
maximale Durchbiegung 286–288, 290
maximale Schnittspannungen 480
maximale Schubspannungen 480
maximales Biegemoment 245
mehrfach abgestufte Welle 303
Membranspannungszustand 442
mesh 478
meshen 478
Minimum Potential Energy 553
MISES Vergleichsspannung 406
Mittelspannung 7
mittlere Fläche 121
Moden 422, 426
Mohr–Coulomb-Hypothese 411
Mohr'schen Verzerrungskreis 208
Mohr'scher Kreis 127
Mohr'scher Spannungskreis 191, 480
Mohr'scher Trägheitskreis 127
Mohr'sches Verfahren 272
Molekülkette 495
Momentensprunggröße 251

Momentenvektor 253
Momentenverlauf 238
Monokline Anisotropie 502, 511
Mutterhöhe 93

N

Nabla-Operator 482
Näherungslösung 76
Navier'sche Torsion 534
Navier'sches Grundliniengesetz 232
Neigungswinkel 272
Neuber-Hyperbel 231
Neutrale Faser 230
N-Hypothese 404
Nieten 93
Nomralkraft 235
Normalbeanspruchungen 399
Normalkraftverlauf 237
Normalspannung 20, 185, 404
Normalspannungs-Dehnungs-Kopplungen 500
Normalspannungs-Querdehnungs-Kopplungen 500
Nulldurchgang 237
Nulllinie 275

O

obere Streckgrenze 16
Omega-Verfahren 424
Orthonormierte Basisvektoren 471
Orthotropie 502
örtliche Dehnung 48

P

Parabellast 259
Parabelträger 336
Paraboloid von Balandin (Burzyński-Torre) 412
Parallelführung 305
Plain Strain 519
Plain Stress 519
Plastische Sicherheit 368
plastische Stützwirkung 230
plastische Verformung 185
Plastizitätstheorie 410
Platte 521
Poisson-Differentialgleichung 377
Poisson'sche Differentialgleichung 376
Poisson'schen Differentialgleichung 458
Poissonzahl 50, 84
Polarkoordinaten 527
Postprozessor 75
Potentialfunktion 458
Potentialgleichung 388
Potentialkräfte 458
Prandtl'sche Spannungsfunktion 199, 389, 533
Präprozessor 74
Prinzip von St. Venant 534
projizierte Fläche 92
Proportionalitätsgrenze 423
Proportionalitätsbereich 16

Proportionalitätsfaktor 317
Proportionalitätsspannung 16

Q

Querdehnung 49
Querkontraktion 49
Querkontraktionszahl 501, 511
Querkraft 235, 284
Querkraftverlauf 237
Querschnittsfläche 49

R

Radialspannungen 203
Radialverschiebung 344
Randfaser 21
Randfaserabstand 112, 131
Randwertprobleme 515, 545
Räumlicher Spannungszustand 199
Rayleigh–Ritz-Verfahren 547, 551
Rechenregeln zum Kronecker-Delta 473
Rechtecklasten 249
Rechteckscheibe 443
Regel von Sarrus 479
Reihenschaltung (Nachgiebigkeit) 79
reine Biegung 230
Reißlänge eines Spinnennetzes 65
Reißlänge von Stahl 65
reversibel 410
Ritz'sches Verfahren 547, 551
Rotation 482
Rotationsmatrizen 473
rotationssymmetrisches Kriterium 411
Rückwärtstransformation 528
ruhende Belastung 8

S

Satz der zugeordneter Schubspannungen 188, 495
Satz von Betti 463
Satz von Castigliano 459
Satz von Gauß–Green 389
Satz von Green 389
Satz von Maxwell 463
Satz von Menabrea 461
Satz von Steiner 123
Satz zugeordneter Schubspannungen 150
Sätze von Betti und Maxwell 462
Schaftdurchmesser 93
Schale 521
Schalenbeulen 443
Scheibe 521
Scheibengleichung 523
Scherfestigkeit 149
Schiebung-Schiebungs-Kopplung 501
schiefe Biegung 230, 273, 313
Schlankheitsgrad 421
Schnittgrößen 336
Schnittgrößen im Raum 253
Schnittkraftvektor 552

Stichwortverzeichnis

Schraubenkraft 93
Schubbeanspruchung 149
Schubfläche 168
Schubfluss 121, 378
Schubkorrekturfaktor 169
Schubmittelpunkt 162, 273
Schubmodul 56, 121
Schubspannung 121
Schubspannungen 402
Schubspannungshypothese 411
schubstarr 168
schubstarre Balkentheorie 171
Schubsteifigkeit 168
Schubverzerrung 168
schwellend 6
schwellende Belastung 8
Schwingspiele 7
Sektorträgheitsmoment 390
sekundäre Schubspannungen 391
S-Hypothese 404
skleronom 546
Smith-Diagramm 6, 8
Solver 75
Sonderfall der Starrkörpertranslation 189, 211, 508
Spaltenmatrix der Elementverschiebungen 551
Spannung 5, 19, 34
Spannungsarten 20
Spannungs-Dehnungs-Beziehungen 530
Spannungs-Dehnungs-Diagramm 9
Spannungsdeviator 186
Spannungsfunktion 389
Spannungsintensität 481
Spannungsraum 410
Spannungstensor 55, 186, 495, 527
Spannungsvektor 185, 186, 495
Spannungsverteilung 20
spezielle Elastizitätsgesetze 501
spezielle Randwertprobleme 515, 545
spezifische Volumenkräfte 186
SPUR 185
St. Venant'sche Torsion 387, 532
Stab optimaler Druckspannung 47
Stabilitätsprobleme 417, 458
stationäres Tensorfeld 482
statisch 6
statisch unbestimmte Systeme 280, 304
statische Belastung 8
statisches Moment 111, 130, 153, 233
Steifigkeitsmatrix 81, 549
Steigung 93
Steigung der Biegelinie 284
Steigungswinkel Nulllinie 275
stetig differenzierbares Feld 496
stoffabhängige Gleichungen 498
stoffunabhängige Gleichungen 495
Streckenlasten 249
Streckenmoment 419
Streckgrenze 8, 16
Stützträger 291
Stützträger mit Einzellast, außermittig 291

St.-Venant'sche Kompatibilitätsbedingungen 496
St.-Venant'sche Torsionstheorie 376
St.-Venant-Torsion 375
Superpositionsprinzip 280, 281
symbolische Darstellung von Tensoren 471
symbolische Schreibweise 472

T

Tangentialbeanspruchung 399
Tangentialspannung 20, 185
Tangentialverschiebung 344
Taylorreihe 56
temperaturabhängige Länge 56
Tensoraddition 472
Tensoralgebra 472
Tensoren 471
Tensorfelder 482
Tensorgleichungen 509
Tensorkoordinatentransformation 473
Tensormultiplikation 472
Tensorrechnung 471
Tetmajer-Gerade 424
Tetmajer-Knickung 423
Thermoelastizität 504
Timoschenko-Balkentheorie 172
Topologieoptimierung 267
tordierter Stab 390
Torsionsbeanspruchung 365
Torsionsfederkonstanten 369
Torsionsspannung 21, 121
Torsionsspannungsgleichung 366
Torsionsträgheitsmoment 377
Torsionswiderstand 121
totales Differential 546
Träger gleicher Biegespannung 264
Trägheitskreis 127
Trägheitskreis nach Mohr 127
Tragtiefe 93
Tragwerke 257
Traktionsvektor 200
Transformationsgleichungen 191
Transformationskoeffizient 476
transponierte Matrix 477
transversale Isotropie 502
Trapezlast 258, 259, 299
TRESCA Vergleichsspannung 406
TRI 481
triaxiale Spannung 481
trikline Anisotropie 501
triviale Lösung 479
T-Träger 158

U

Umfangsspannungen 203
ungleichartige Beanspruchung 404
ungleichmäßig Spannungsverteilung 20
untere Streckgrenze 16

V

Vektor der Randspannungen 527
Vektor der Volumenkräfte 527
Vektorraumbasis 480
Venant, Adhémar Jean Claude Barré de Saint 496, 509
verallgemeinertes Hooke'sches mit Thermoelastizität bei Isotropie 508
veränderlicher Querschnitt 263
Verdrehsteifigkeit 367
Verdrehwinkel 121
Vergleichsspannung 200, 478
Verschiebung 79, 189
Verschiebungsvektor 527
Verwölbung 385
Verwölbungsfunktion 387
Verzerrungs-Beziehungen 189, 495
Verzerrungstensor 55, 527
Verzerrungszustand 185, 204
Verzug 501
virtuelle Verrückung 546
von Mises 201
von Tresca 201
Vorwärtstransformation 528

W

Wanddicke 121
Wärmeausdehnung 56
Wärmeausdehnungskoeffizienten 57
Wärmespannung 56
wechselnd 6
wechselnde Belastung 8
Wellenzapfen 92
Widerstandsfähigkeit 20
Widerstandsmoment 112
Widerstandsmoment für Torsionsbeanspruchte Querschnitte 367
Wöhlerkurve 7
Wöhlerversuch 6
Wölbfunktion 387
Wölbkrafttorsion 385

Z

Zug- und Druckbeanspruchung 33, 185
Zugdehnung 48
Zugfaser 230
Zugfestigkeit 8, 16
Zugspannung 21
Zugversuch 9
zulässige Spannungen 6
Zusammenbau der Elemente 552
zusammengesetzte Beanspruchung 399
zweiachsige Biegeknickung 435
zweiachsige Biegung 273
zyklische Permutation 496, 509
zylindrischer Druckbehälter 203

MIX
Papier aus verantwortungsvollen Quellen
Paper from responsible sources
FSC® C105338

If you have any concerns about our products,
you can contact us on
ProductSafety@springernature.com

In case Publisher is established outside the EU,
the EU authorized representative is:
**Springer Nature Customer Service Center GmbH
Europaplatz 3, 69115 Heidelberg, Germany**

Printed by Libri Plureos GmbH
in Hamburg, Germany